完全版　坂田 理系　大学入試

坂田アキラの物理基礎・物理の解法が面白いほどわかる本

KADOKAWA

＊本書は、『大学入試　坂田アキラの　物理基礎・物理［力学・熱力学編］の解法が面白いほどわかる本』および『大学入試　坂田アキラの　物理基礎・物理［電磁気・波動・原子編］の解法が面白いほどわかる本』を底本とし、最新の学習指導要領に準じて加筆・修正した合本改訂版です。

ドカン!! と 新しい 天下無敵の参考書日本上陸!!

なぜ Why? 無敵なのか…？

そりゃあ，見りゃわかるっしょ!!

死角のない問題がぎっしり！

1問やれば効果10倍！　いや20倍!!

つまり，つまずくことなく**バリバリ進める**!!

前代未聞！　他に類を見ないダイナミックな解説！

詳しい…　詳しすぎる…，これぞ完璧なり♥

つまり，**実力&テクニック&スピード**がつきまくり！

そしてデキまくり!!

理由その

かゆ～いところに手が届く用語説明&補足説明満載！

届きすぎる！

つまり，**「なるほど」の連続! 覚えやすい!! 感激の嵐!!!**

てなワケで，本書は，すべてにわたって **最強** であーーる！

本書を**有効に活用**するためにひと言！

本書自体，**天下最強**であるため，よほど下手な使い方をしない限り，**絶大な効果**を諸君にもたらすことは言うまでもない！

しかーーし，最高の効果を心地よく得るために…

ヒケツその　**まず比較的キソ的なものから固めていってください！**

レベルで言うなら，**キソのキソ** ～ **キソ** 程度のものを，スラスラで

きるようになるまで，くり返し，くり返し**実際に手を動かして**演習してくださいませ♥（同じ問題でよい）

ヒケツその2 キソを固めてしまったら，ちょっと**レベルを上げて**みましょう！

そうです，**標準**に手をつけるときがきたワケだ!!　このレベルでは，**さまざまなテクニック**が散りばめられております♥　そのあたりを，しっかり，着実に吸収しまくってください！

もちろん!!　**くり返し，くり返し，**同じ問題でいいから，スラスラできるまで**実際に手を動かして**演習しまくってくださ――い!!

これで一般的な「物理基礎・物理」の知識はちゃ――んと身につきます。

ヒケツその3 さてさて，**ハイレベルを目指すアナタ**は…**ちょいムズ** & **モロ難** から逃れることはできません!!

でもでも，**キソのキソ** ～ **標準** までをしっかり習得しているワケですから**無理なく進める**はずです。そう，解説が詳し――く書いてありますからネ！　これも，くり返しの演習で，**『物理基礎・物理の超完璧受験生』**に変身してくださいませませ♥

いろいろ言いたいコトを言いましたが本書を活用してくださる諸君の**幸運**を願わないワケにはいきません！

あっ，言い忘れた…。本書を買わないヤツは**負け組決定**だ!!

さすらいの風来坊講師

坂田アキラより

も・く・じ

第4章 電気と磁気

桃
虎

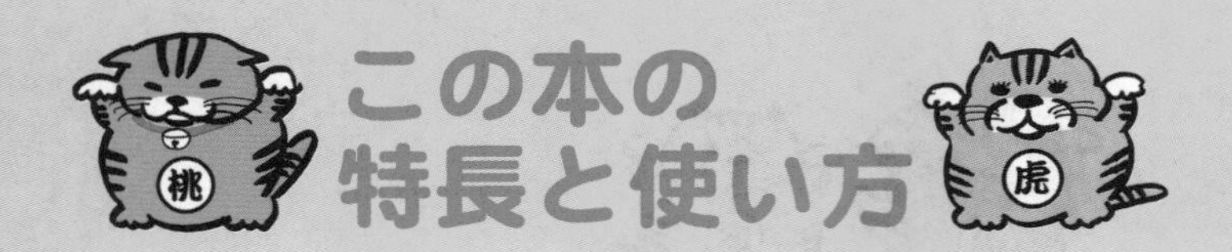

「物理」入試によく出るテーマを完全網羅。少し厚いけど，楽しく読めるからすぐ終わる！

ときどき出てくるナゾのキャラたち。すべて坂田オリジナル。坂田先生，アナタは天才だ！

これぞ坂田ワールド!! ダイナミックな図満載だから，基礎事項を，目で覚えられる!!

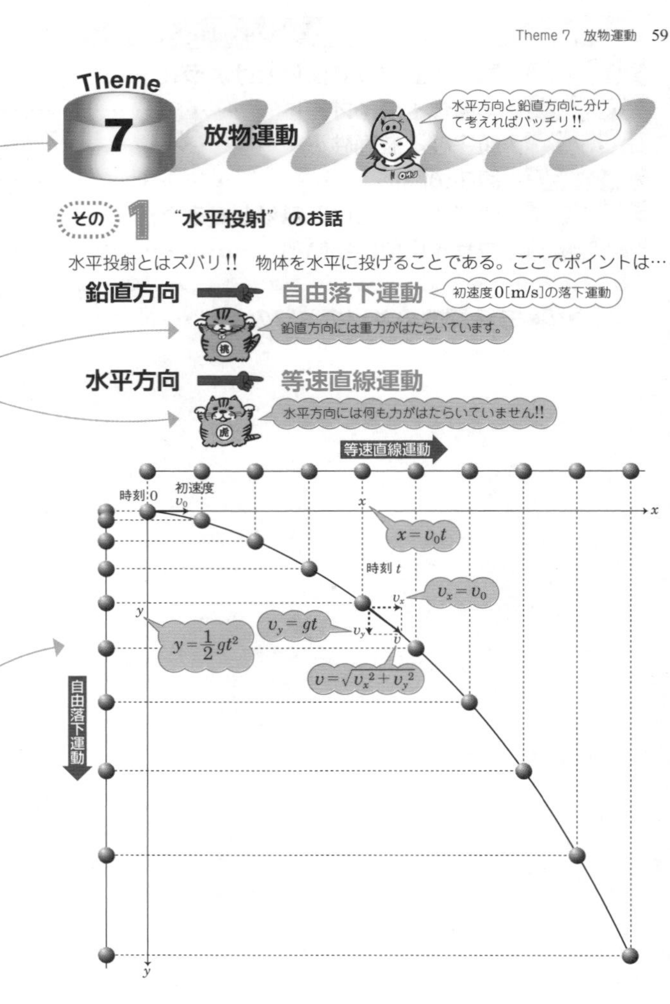

この本は,「物理基礎・物理」の“教科書的な基礎知識”を押さえながら,“実践的な解法”を楽しく,そして記憶に残るやり方で紹介していく画期的な本です。「数学」「化学」でおなじみの「坂田ワールド」は,「物理」でも健在。これでアナタも,坂田のとりこ!

物理は問題をとおして理解しよう!!　とにかく演習です。

力と運動

問題19　標準

水平な地面から斜め上方$30°$の方向に初速度49[m/s]でボールを投げた。重力加速度を9.8[m/s^2]として,次の各問いに答えよ。

(1)　最高点に達するのは何秒後か。
(2)　最高点の高さは何mか。
(3)　ボールが地面に落下するのは何秒後か。
(4)　ボールを投げた地点から落下点までの水平距離を求めよ。
　　ただし,$\sqrt{3}=1.7$とする。
(5)　落下点におけるボールの速さ(速度の大きさ)を求めよ。
(6)　落下点におけるボールの速度の向きを次に示す例にならって答えよ。

例　斜め下方$45°$

「物理」入試によく出る問題をガッチリ収録。試験本番は、見たことのある問題だらけになるゾ!

とにかくコツは…

水平方向と**鉛直方向**に分けて考えよ!!　です。

水平方向はこの世で最も単純な“等速直線運動”であるから,まぁおいといて…

鉛直方向の“鉛直投げ上げ運動”をしっかり復習しておかなければ…

1つの問題に対して,ここまで丁寧な解説があっていいものか……と絶句するほどのわかりやすさ&おもしろさ!

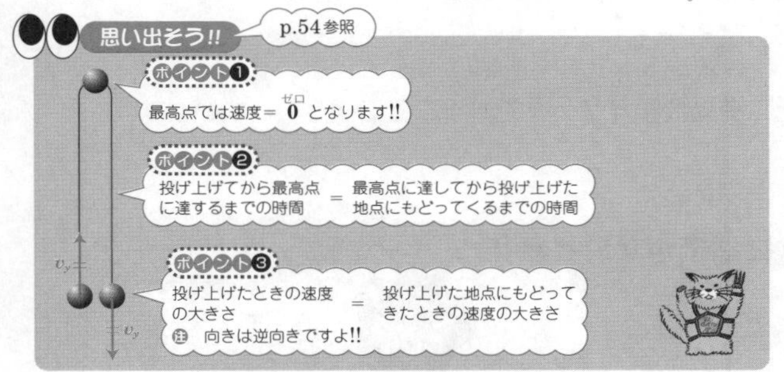

でござる!!

物理の計算問題を解くにあたっての大切なルールです!!

問題文の指示に従うべし!!

例えば，解答が51.2083[g]となったとき…

(1) 『整数値で求めよ』と指示があったら…

$51.2083 \fallingdotseq 51$[g]

ここを四捨五入!!

(2) 『小数第一位までの値で求めよ』と指示があったら…

$51.2083 \fallingdotseq 51.2$[g]

ここを四捨五入!!

なるほど!

(3) 『有効数字3ケタで求めよ』と指示があったら…

$51.2083 \fallingdotseq 51.2$[g]

3ケタです!!

ここを四捨五入!!

注 1.203を有効数字3ケタで表すと…

$1.203 \fallingdotseq 1.20$ となります!!

3ケタ!!

この0が大切!!

ここを四捨五入!!

1.2 としてしまうと，有効数字が2ケタであることになってしまいます。

2ケタ!!

問題文に指示がないとき!!

空気を読むべし!!

空気をしっかり読んでください!!

(1) 問題文中に

『1.50[kg]の物体が速度2.86[m/s]で…』

3ケタ!! 3ケタ!!

のような表現がある場合…

問題文に登場する数値がすべて有効数字3ケタであるので，空気を読んで解答も有効数字**3ケタ**にするべし!!

(2) 問題文中に

『3.0[N]の力で7.25[m]動かし，その後2.5[N]の力で…』
2ケタ!! 3ケタ!! 2ケタ!!

のような表現がある場合…

問題文に登場する数値の有効数字のケタ数が定まっていませんね…

こんなときは，有効数字のケタ数を少ないほうの**2ケタ**にすることが常識になっています。

計算がややこしいとき!!

例えば…

2.367892 × 16.57232

という計算において，

『有効数字**3ケタ**で求めよ』

と問題文に指示があったら…

最終的な解答をはじき出す道具の役割を果たす数字たちは，1ケタ多い**4ケタ**にして計算します。

この場合…

運動の表し方

“平均の速さ” とは…?

これは説明する必要はないかな…。小学校で習うヤツですよ!!

ポイント!

x[m] の距離を t[s] の時間をかけて移動した場合の**平均の速さ v** [m/s]は…？

$$v = \frac{x}{t}$$

ここで…

メートル　　second，つまり秒

注1　単位についてですが…。距離は[m]，時間は[s]，そして，速さは[m/s]で表すことがお約束になってます。

メートル毎秒，つまり秒速をメートルで表す!!

注2　なぜ?? わざわざ“**平均の**速さ”というのか…??

人が歩く場合にせよ，自動車が走行する場合にせよ，速さはたえず変化しているのが普通!! このような変化を一切無視して，単純に物体が移動した距離をそれに要した時間でわって求めた速さを**平均の速さ**と申します。

簡単な話題ですが，とりあえず演習タイムです。

問題1　**キソのキソ**

(1)　1080km離れた2駅間を6.0時間で走行する列車がある。この列車の平均の速さは何[m/s]であるか。

(2)　平均の速さ72[km/h](時速72kmです!!)で走るネコ型ロボットがある。このロボットが10000m走るのに何秒かかるか。

単位については大丈夫!?

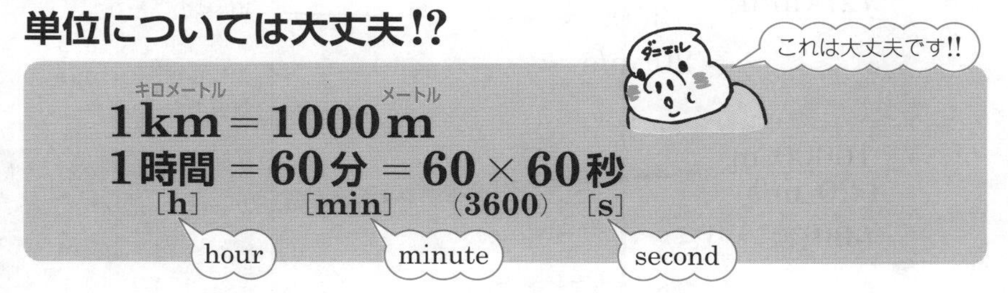

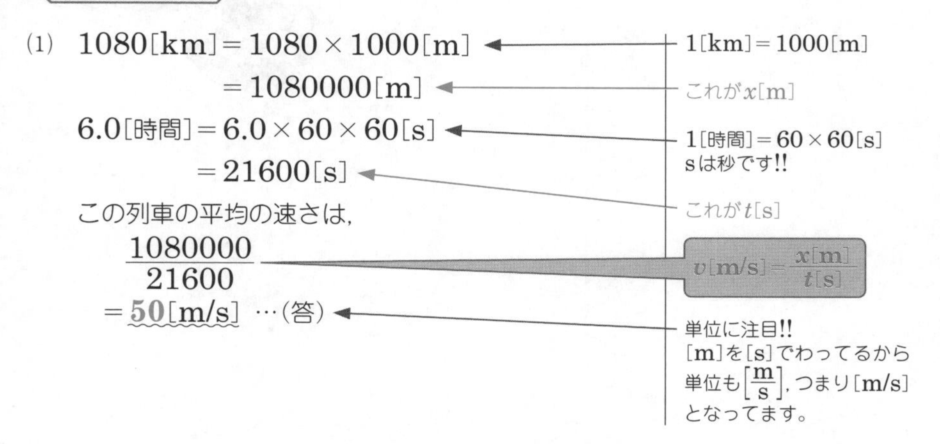

解答でござる

(1)　$1080[\mathrm{km}] = 1080 \times 1000[\mathrm{m}]$ ← 1[km] = 1000[m]

$= 1080000[\mathrm{m}]$ ← これがx[m]

$6.0[時間] = 6.0 \times 60 \times 60[\mathrm{s}]$ ← 1[時間] = 60 × 60[s]　sは秒です!!

$= 21600[\mathrm{s}]$ ← これがt[s]

この列車の平均の速さは，

$\dfrac{1080000}{21600}$ ← $v[\mathrm{m/s}] = \dfrac{x[\mathrm{m}]}{t[\mathrm{s}]}$

$= 50[\mathrm{m/s}]$ …(答) ← 単位に注目!!　[m]を[s]でわってるから単位も$\left[\dfrac{\mathrm{m}}{\mathrm{s}}\right]$，つまり[m/s]となってます。

(2)

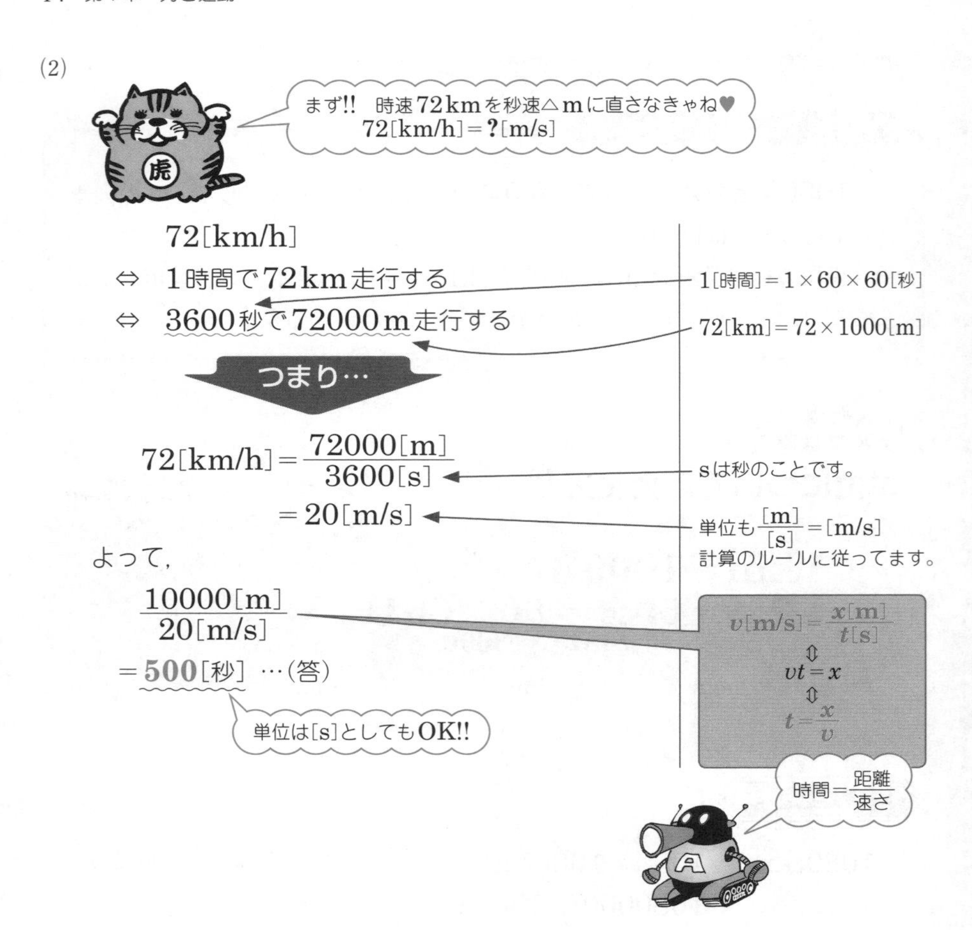
まず!!　時速72kmを秒速△mに直さなきゃね♥
72[km/h]＝?[m/s]
72[km/h]
⇔　1時間で72km走行する
⇔　3600秒で72000m走行する
1[時間]＝1×60×60[秒]
72[km]＝72×1000[m]
つまり…
72[km/h]＝72000[m]/3600[s]
＝20[m/s]
sは秒のことです。
単位も[m]/[s]＝[m/s]
計算のルールに従ってます。
よって,
10000[m]/20[m/s]
＝500[秒]　…(答)
単位は[s]としてもOK!!
v[m/s]＝x[m]/t[s]
⇕
vt＝x
⇕
t＝x/v
時間＝距離/速さ

イメージコーナー

"瞬間の速さ" をイメージしようぜ!!

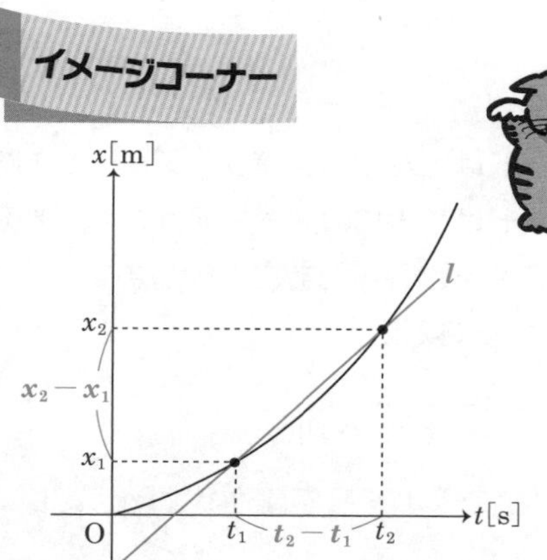

時刻t_1[s]から時刻t_2[s]までの "平均の速さ" は，時間t_2-t_1[s]に対して，距離x_2-x_1[m]であるから…

$$\frac{x_2-x_1}{t_2-t_1}\,[\mathrm{m/s}]$$

と表されます。

このとき!!　この "平均の速さ" は直線lの傾きになっています。

ここで!!　$t_2=t_1+\Delta t$　$x_2=x_1+\Delta x$とおいて，Δtを限りなく0に近づけることをイメージしてください。

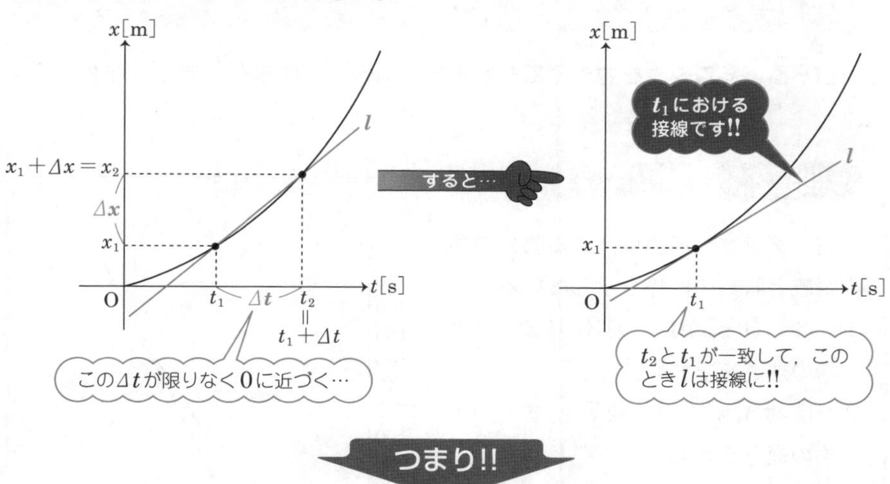

つまり!!

時刻t_1[s]における "瞬間の速さ" は，$t=t_1$における**接線の傾き**で表されるわけです。

数Ⅱの微分をかじったことがある人には無用な説明でしたね…

その2 “瞬間の速さ”とは…?

自動車に乗り，アクセルを踏むと，スピードはどんどん上がり，ブレーキを踏むと，スピードは落ちる。この場合のスピードは“平均の速さ”ではなく，その時間，その時間で変化する速さのことで，これを**瞬間の速さ**と申します。

注 “瞬間の速さ”のことを一般的に“速さ”と呼ぶ!!

ポイント!

ぶっちゃけ限りなく0に近いってことです!!

きわめて短い時間Δt[s]に対して，その間の移動距離をΔx[m]としたとき，瞬間の速さv[m/s]は…

$$v = \frac{\Delta x}{\Delta t}$$

注 Δtは，きわめて小さくなければいけません!!

うじゃうじゃゴタクを並べてても始まらないので，問題をとおして理解してくれ!!

問題2 キソ

右のグラフの赤線は，ある物体の移動距離と時刻の関係を示している。

(1) 時刻0[s]から時刻3[s]までの平均の速さを求めよ。

(2) 時刻3[s]から時刻7[s]までの平均の速さを求めよ。

(3) 時刻3[s]での瞬間の速さを求めよ。

(4) 時刻7[s]での瞬間の速さを求めよ。

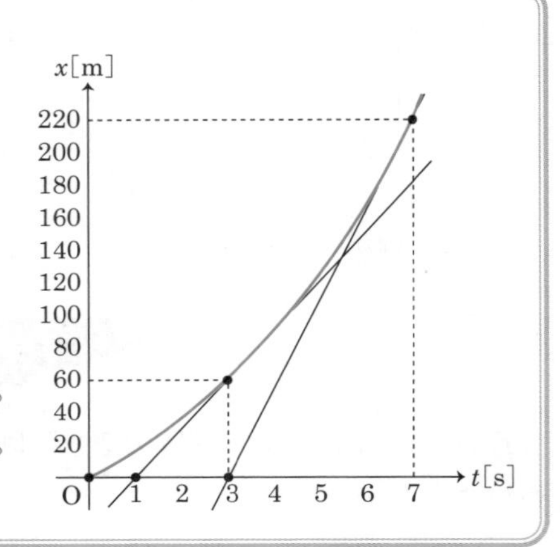

ナイスな導入

(1)と(2)はもうすでに学習済み!! 問題は(3)と(4)です。

解答でござる

(1)　時刻0[s]から時刻3[s]までの時間は3[s]，この間の移動距離は60[m]。

よって，求めるべき平均の速さは，

$$\frac{60}{3} = 20[\mathrm{m/s}]$$ …(答)

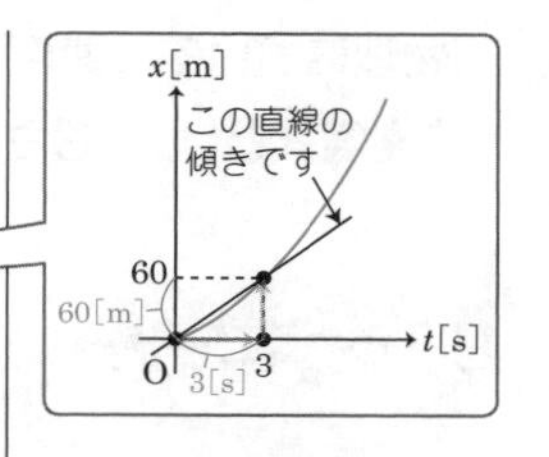

(2)　時刻3[s]から時刻7[s]までの時間は4[s]，この間の移動距離は160[m]。

よって，求めるべき平均の速さは，

$$\frac{160}{4} = 40[\mathrm{m/s}]$$ …(答)

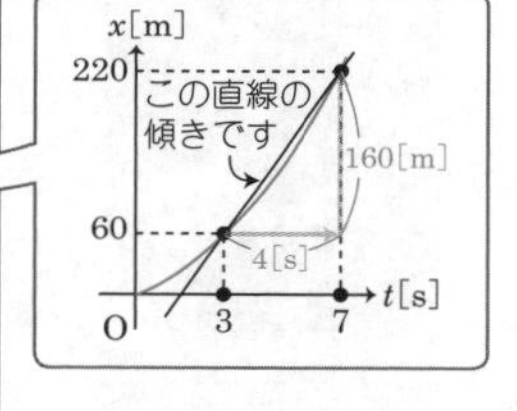

(3)　時刻3[s]での瞬間の速さは，$t = 3$[s]における接線の傾きと一致する。

グラフから読みとれる傾きは，

$$\frac{60}{2} = 30[\mathrm{m/s}]$$ …(答)

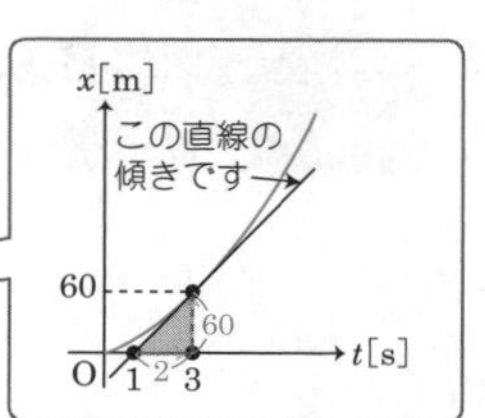

(4)　時刻7[s]での瞬間の速さは，$t = 7$[s]における接線の傾きに一致する。

グラフから読みとれる傾きは，

$$\frac{220}{4} = 55[\mathrm{m/s}]$$ …(答)

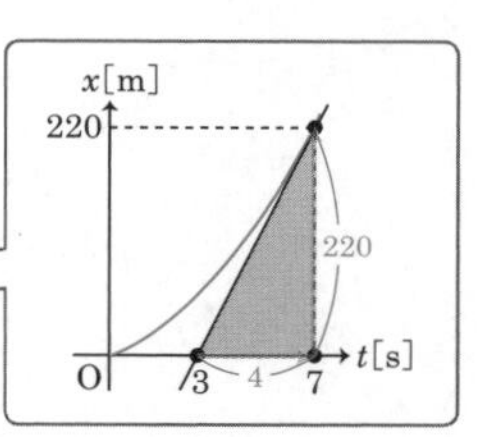

その3　“速度”とは…?

物理において“速度”と“速さ”は違う意味なんです!!
“**速度**”とは，“速さ”に“**向き**”の意味もつけ加えたものなんです。

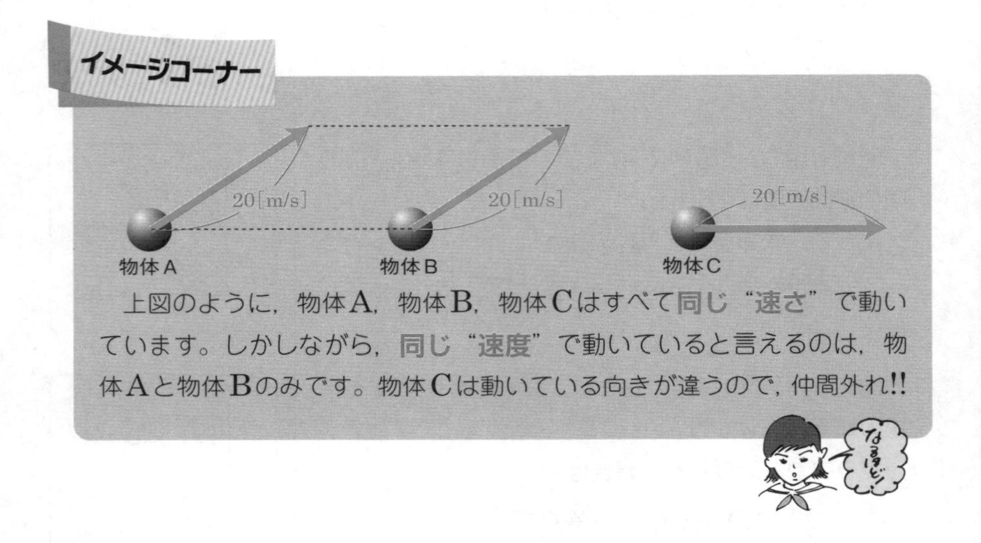

上図のように，物体A，物体B，物体Cはすべて**同じ“速さ”**で動いています。しかしながら，**同じ“速度”**で動いていると言えるのは，物体Aと物体Bのみです。物体Cは動いている向きが違うので，仲間外れ!!

その4　“等速直線運動” とは…?

その名のとおり!!　同じ“速さ”で，同じ“向き”に一直線に進んでいく運動のことです。つまり，“速度”が一定の運動のことであるから，別名“**等速度運動**”ともいいます。

“速度”って，“速さ”に“向き”の意味を加えたものでしたね。
等速直線運動＝等速度運動

すげぇ簡単な問題ですが…とりあえず，おひとつ…。

問題3　**キソのキソ**

ある物体が30[m/s]で等速直線運動をしている。20秒間移動したときの距離を求めよ。

ナイスな導入

速さv[m/s]で等速直線運動している物体が，t[s]間で移動する距離x[m]は…

秒です!!

$$x = vt$$

☞　1[s]につき，v[m]ずつ移動するわけだから，t[s]間での移動距離はvt[m]

これは簡単すぎる…

解答でござる

$30 \times 20 = $ **600[m]**　…(答) ← $x = vt$

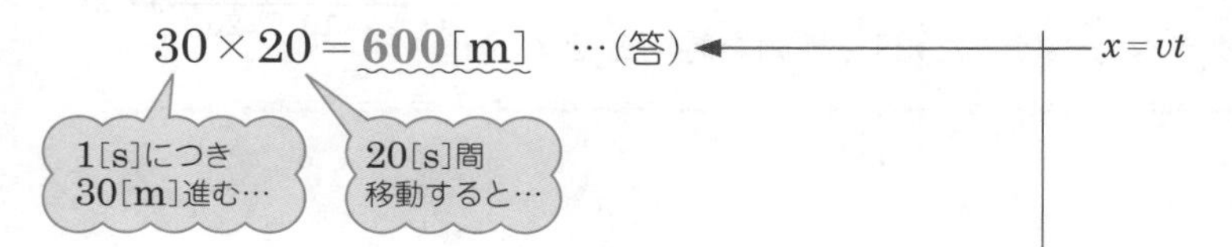

その5 “$x-t$グラフ”とは…?

物体の移動距離x[m]を縦軸，時間t[s]を横軸にとったグラフのことを“$x-t$グラフ”と呼びます。

注 右のグラフは“等速直線運動”の場合の“$x-t$グラフ”です。すでに解説済みですが，直線の傾きが速さv[m/s]を表します。

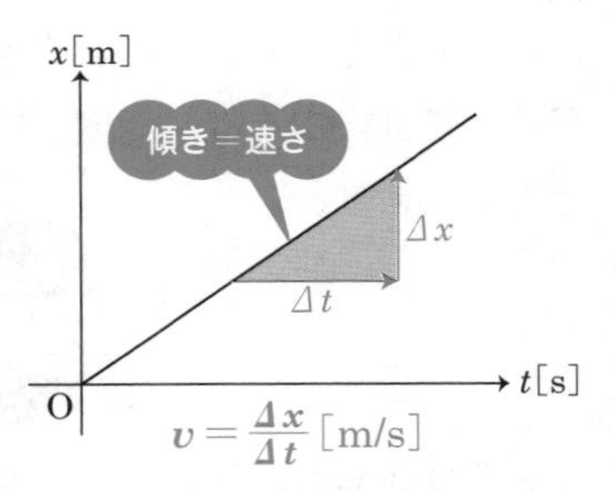

その6 “$v-t$グラフ”とは…?

速さv[m/s]を縦軸，時間t[s]を横軸にとったグラフのことを“$v-t$グラフ”と呼びます。

注 右のグラフは“等速直線運動”の場合の“$v-t$グラフ”です。**問題3**でも学習しましたが，$x=vt$であるので，移動距離x[m]は右に示す長方形の面積と一致します。

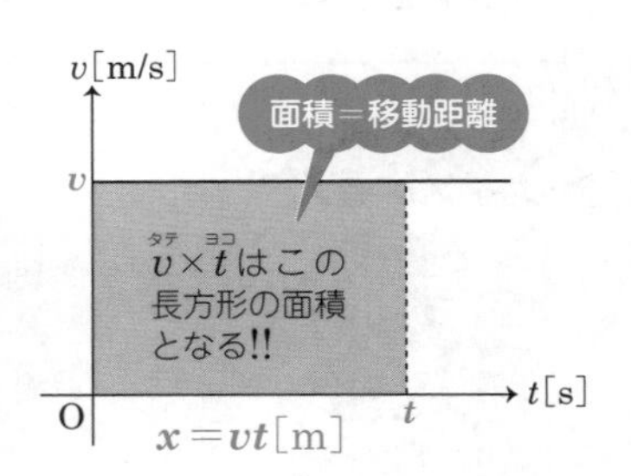

問題4 キソ

右のグラフは，ある物体の速さと時間の関係を表している。

(1) 0～20秒間に移動した距離を求めよ。

(2) この物体の移動距離x[m]と時刻t[s]の関係を表すグラフをかけ。ただし，横軸を時刻とせよ。

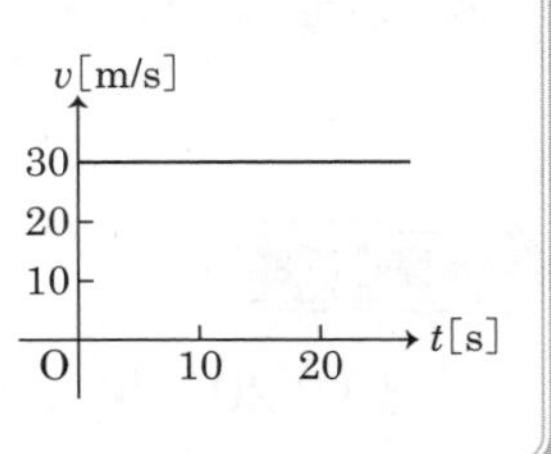

力と運動

解答でござる

(1)　30×20

$= \mathbf{600}$[m]　…(答)

$x = vt$

v[m/s]

30

この面積です!!

O　20　t[s]

(2)　移動距離をx[m]，速さをv[m/s]，時刻をt[s]としたとき，

$$x = vt$$

前ページのその6を参照!!

グラフから，$v = 30$[m/s] であるから，

$$x = 30t$$

傾き30の直線の方程式

よって，グラフをかくと，

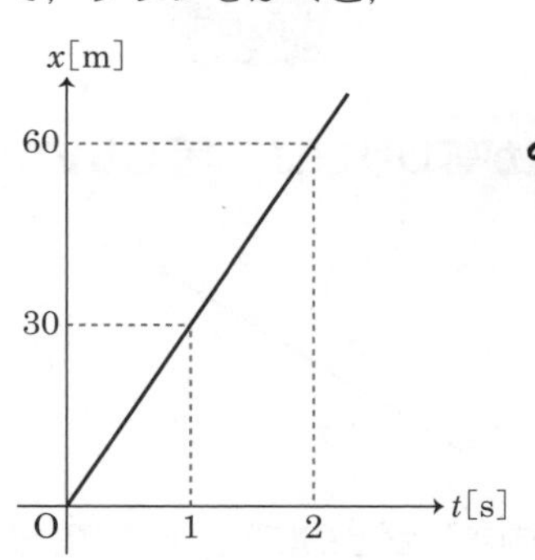

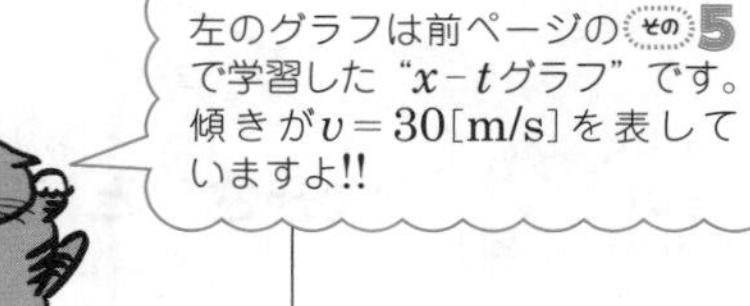

ナイスフォロー

大丈夫だとは思いますが…

$\boldsymbol{y} = \boldsymbol{ax}$のグラフは傾き$a$，原点(0，0)を通る直線です。

xが1だけ増加するとyはaだけ増加する。

本問の(2)では，yがxに対応し，xがtに対応している。

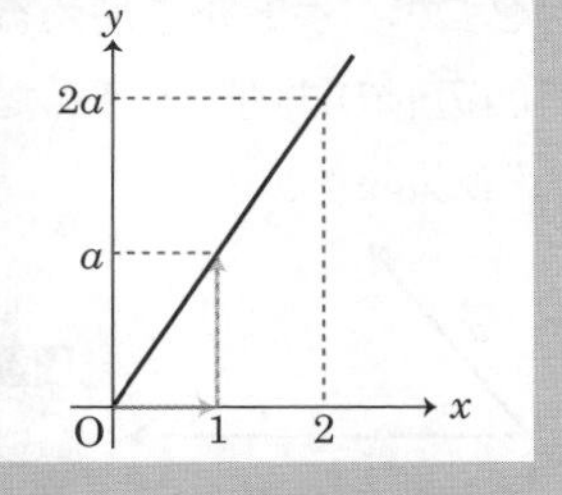

Theme 2 ベクトルについて説明しておこう!!

その1 “ベクトル”とは…?

ベクトルとは**大きさ**と**向き**で定まるものであり，$\vec{v}$ などと表します。点Aから点Bまでの大きさ(長さ)と向きをもつベクトルは $\overrightarrow{AB}$ とかき，Aを始点，Bを終点と呼びます。

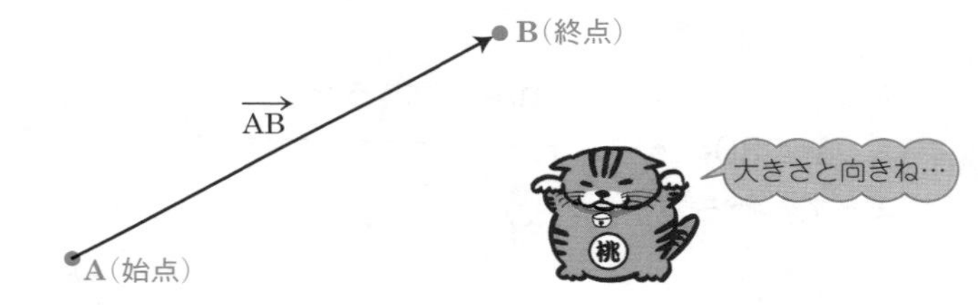

その2 “大きさ”と“向き”が等しければ“等しいベクトル”

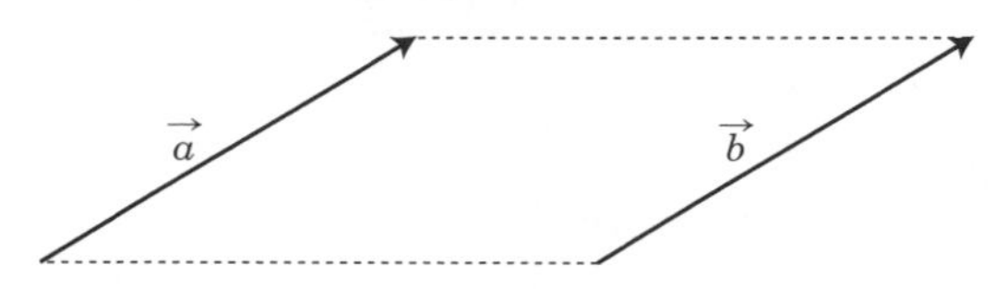

上図のように $\vec{a}$ と $\vec{b}$ は，“大きさ”と“向き”がともに等しいので，“等しいベクトルである”といいます。数学では $\vec{a} = \vec{b}$ と表現しますね…

その3 “平行四辺形の法則”

２つのベクトルを加える場合，平行四辺形をイメージして加えます。これを“平行四辺形の法則”と呼んだりします。

例えば…

では確認の意味もかねて…

問題5　キソ

右の平行四辺形ABCDにおいて，AE＝EB＝DF＝FC，さらにAG＝GH＝HD＝BI＝IJ＝JCである。このとき，次の各問いに答えよ。

(1)　$\overrightarrow{BG}$ と等しいベクトルをすべて答えよ。

(2)　$\overrightarrow{BG}+\overrightarrow{BJ}$ を求めよ。

(3)　$\overrightarrow{AJ}+\overrightarrow{AG}$ を求めよ。

(4)　$\overrightarrow{BF}+\overrightarrow{EA}$ を求めよ。

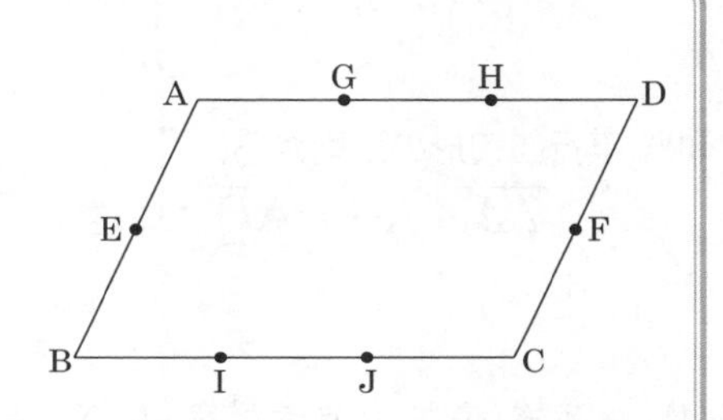

ナイスな導入

この平行四辺形の中には，多数の平行線を引くことができるので，大小さまざまな平行四辺形が存在しています。

例えば…

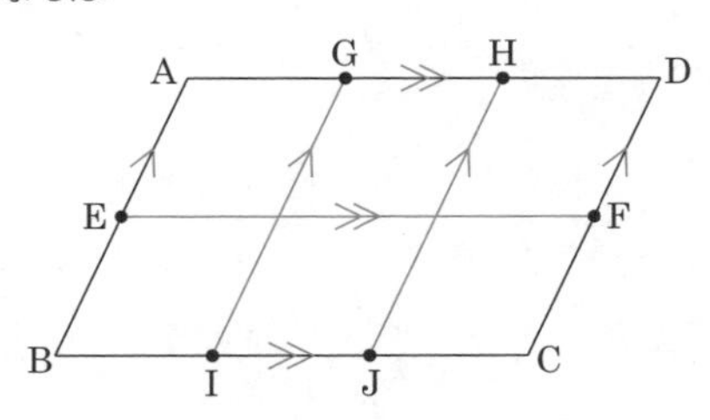

これを踏まえて…

ほかにも，もっともっと平行線が存在するぞ!!

解答でござる

(1)　$\overrightarrow{BG}$ と大きさ(長さ)と向きが等しいベクトルを見つければよいから，

$\overrightarrow{IH}$ と $\overrightarrow{JD}$　…(答)

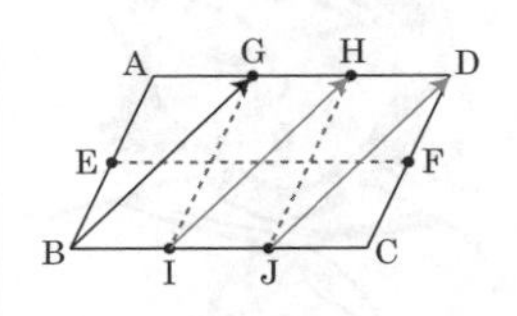

(2) 平行四辺形の法則から,

$$\overrightarrow{BG} + \overrightarrow{BJ} = \overrightarrow{BD} \quad \cdots(答)$$

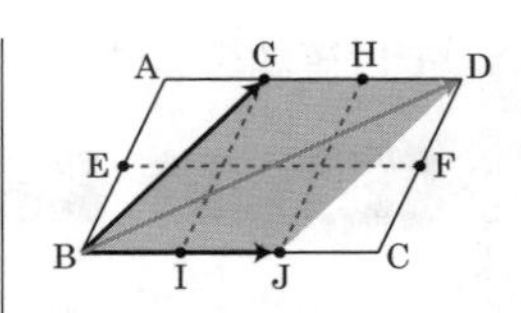

(3) 平行四辺形の法則から,

$$\overrightarrow{AJ} + \overrightarrow{AG} = \overrightarrow{AC} \quad \cdots(答)$$

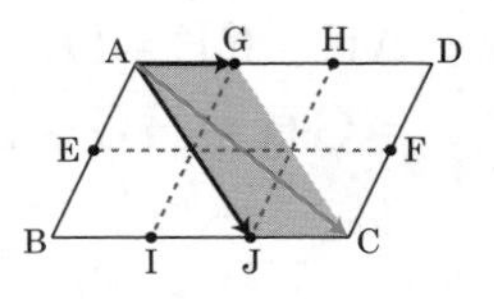

(4) 大きさ(長さ)と向きが等しいベクトルは等しいベクトルであるから,

$$\overrightarrow{EA} = \overrightarrow{BE}$$

よって,

$$\overrightarrow{BF} + \overrightarrow{EA} = \overrightarrow{BF} + \overrightarrow{BE}$$

平行四辺形の法則から,

$$\overrightarrow{BF} + \overrightarrow{BE} = \overrightarrow{BD} \quad \cdots(答)$$

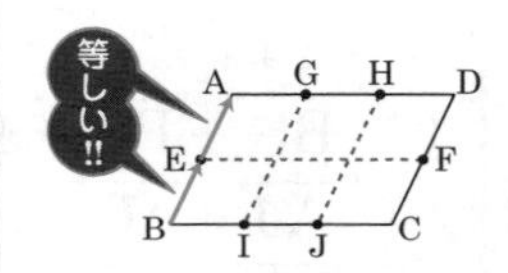

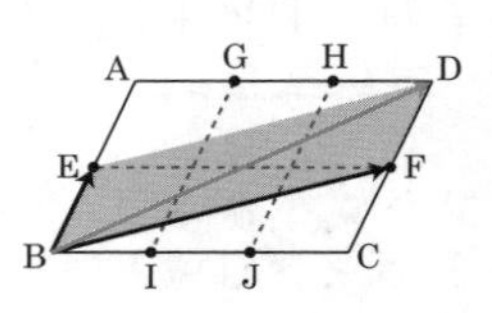

プロフィール

みっちゃん(17才)

究極の癒(いや)し系!! あまり勉強は得意ではないようだが,「やればデキる!!」タイプ♥

「みっちゃん」と一緒に頑張ろうぜ!!

Theme 3 速度の合成＆分解

注 “速さ”は大きさだけだったのに対し，“速度”は**大きさ**と**向き**を考えた量でしたね!! つまり，“速度”は“ベクトル”だったんです。

その1 “速度の合成”について…

問題6 キソ

静水面を3.0[m/s]の速さで進むボートが，4.0[m/s]の速さで流れる川を流れに対して垂直方向に進もうとしたとき，川岸にいる人から見たボートの速さを求めよ。

ナイスな導入

流れている水の上でボートが進むわけであるから，ボートの速度と川の流れの速度を加えればOK!! 速度はベクトルであるから**平行四辺形の法則**を用いて加えます。これを**速度の合成**と呼びます。

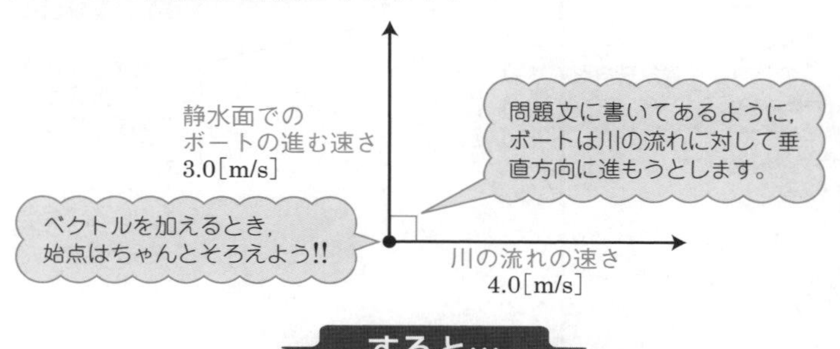

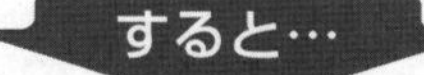

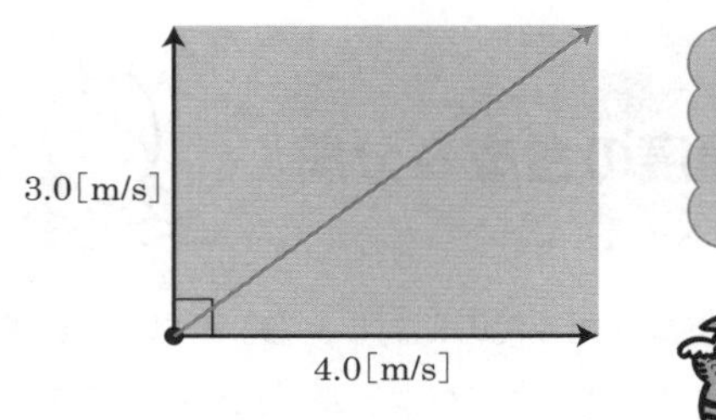

ボートは左のような速さで斜めに進むことになる!! この場合の平行四辺形は長方形になります。

解答でござる

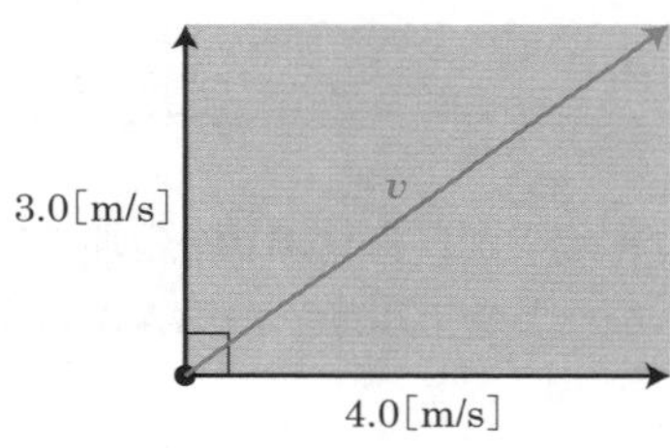

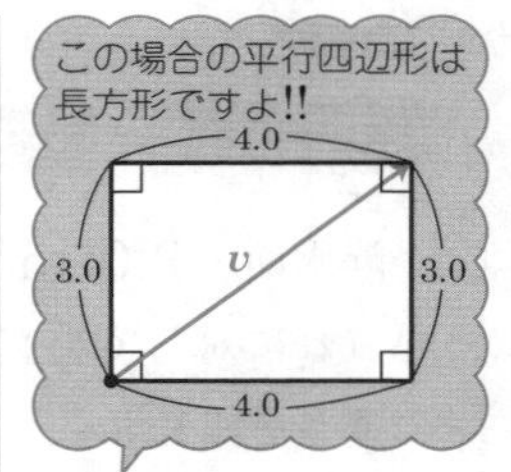

川岸にいる人から見たボートの速さをvとすると，三平方の定理から，

$$v^2 = 3.0^2 + 4.0^2$$
$$= 9 + 16$$
$$= 25$$
$$\therefore \quad v = \underline{5.0[\text{m/s}]} \quad \cdots(答)$$

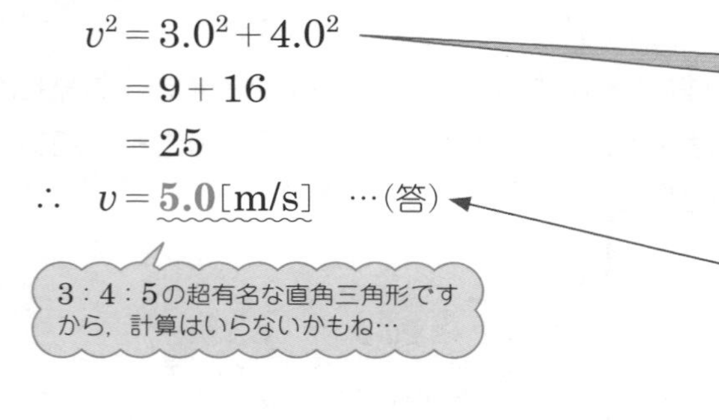

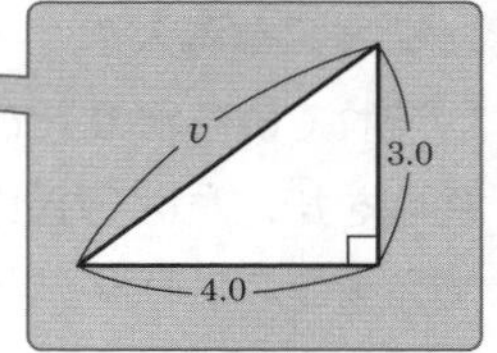

3：4：5の超有名な直角三角形ですから，計算はいらないかもね…

問題文に3.0や4.0とあるので，答えも同じように，有効数字2ケタで表すべし!!

その2 “速度の分解”について…

ぶっちゃけ“速度の合成”の逆ですよ!! “平行四辺形の法則”にしたがって，1つの速度(速度ベクトル)を２つに分解するという話です。

イメージは…

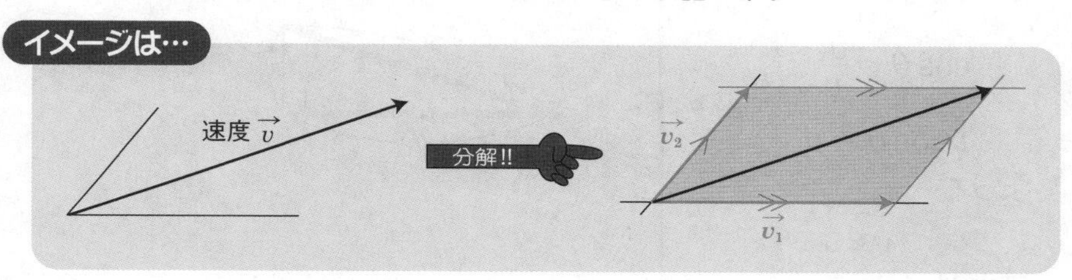

特に!!　水平方向(一般にx成分と呼ぶ)と
鉛直方向(一般にy成分と呼ぶ)に分解するとき

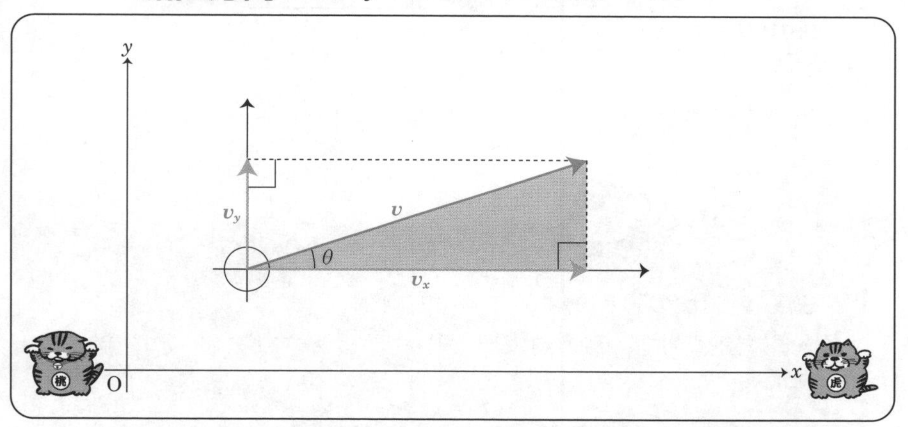

上図において，物体の速度の大きさ(速さ)をv，x成分の大きさをv_x，y成分の大きさをv_y，さらに，水平方向(x軸方向)と物体の速度のなす角をθとすると…

上図の直角三角形に注目して…

まず三平方の定理より…

$$v^2 = {v_x}^2 + {v_y}^2$$

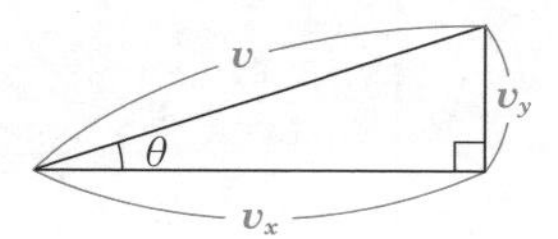

つまり…

$$v=\sqrt{{v_x}^2+{v_y}^2}$$

注　vは速度の大きさ(速さ)であるから$v>0$として考えます。

さらに，三角比の基礎を活用して…

$$\cos\theta=\frac{v_x}{v}$$

両辺をv倍!!

$$v\cos\theta=v_x$$

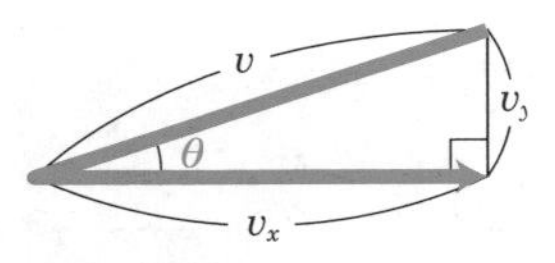

よって…

$$v_x=v\cos\theta$$

同様に…

$$\sin\theta=\frac{v_y}{v}$$

両辺をv倍!!

$$v\sin\theta=v_y$$

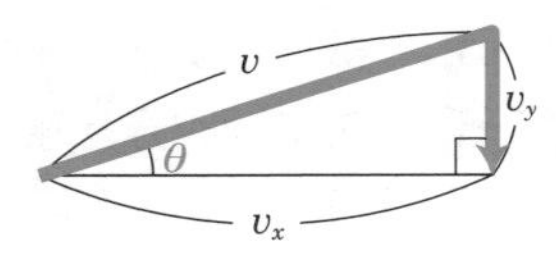

よって…

$$v_y=v\sin\theta$$

ザ・まとめ

速度$\vec{v}$(速度の大きさはv)を水平方向(x軸方向)と鉛直方向(y軸方向)に分解!!

x成分は…$v_x=v\cos\theta$

y成分は…$v_y=v\sin\theta$

さらに…$v=\sqrt{{v_x}^2+{v_y}^2}$

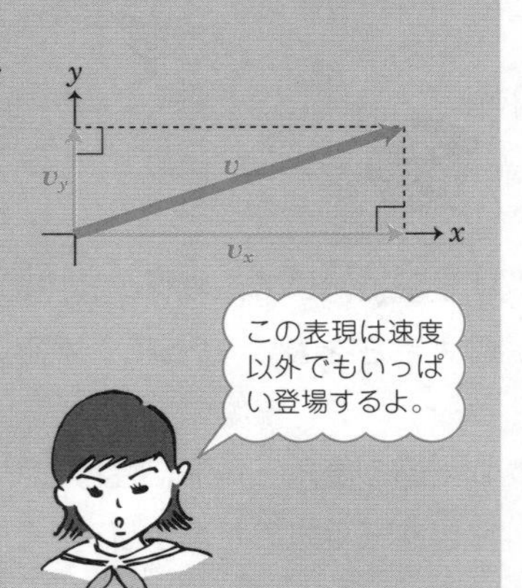

“相対速度”って何??

まあ，とりあえず小学生レベルの問題から…

問題7　キソのキソ

一直線上を時速200[km/h]で走るオートバイを，時速200[km/h]でパトカーが追っている。このとき，パトカーから見たオートバイの時速はどのように見えるか。

解答でござる

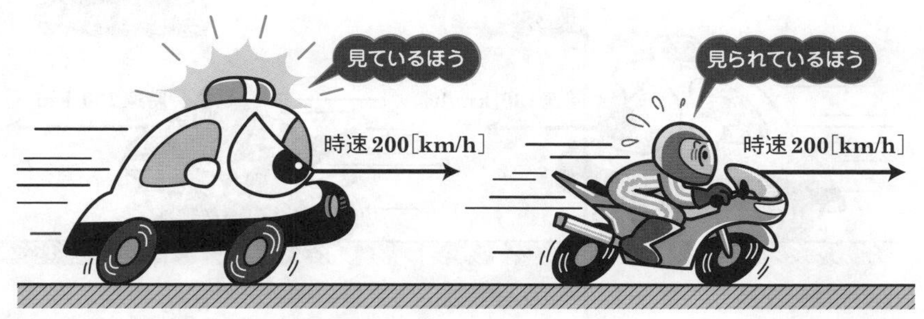

これは，じつに簡単な問題です。

同じ時速で同じ方向に走ってますから，パトカーから見ると前のオートバイは止まって見えます。つまりパトカーから見たオートバイの時速は0[km/h] です。

これを計算式で表すと…

$$200 - 200 = 0[\mathrm{km/h}]$$ …(答)

（200：見られているほうの速度，200：見ているほうの速度）

では，もう少し…

問題8　**キソのキソ**

(1)　一直線上を時速200[km/h]で走るオートバイを，時速130[km/h]でパトカーが追っている。このとき，パトカーから見たオートバイの時速はどのように見えるか。

(2)　お互いに向かい合って，一直線上を時速200[km/h]で走行するオートバイと時速300[km/h]で走行するトラックがある。このとき，オートバイから見たトラックの時速はどのように見えるか。

解答でござる

(1)

パトカーから見たオートバイの速度は，

200 − 130 = **70**[km/h] …(答)

(2)

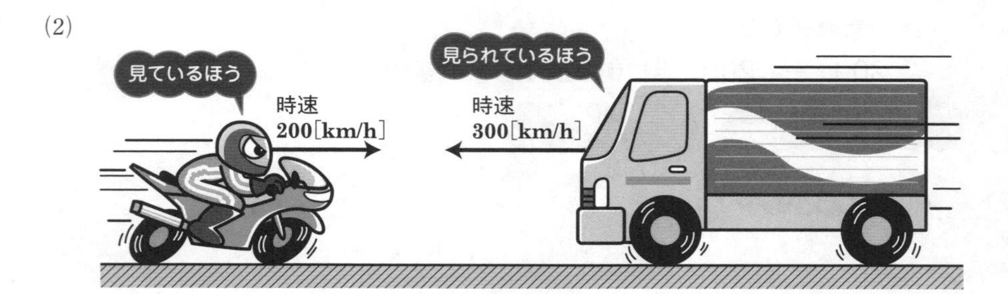

ぶっちゃけオートバイから見たトラックの速度は，

300 ＋ 200 ＝ **500**[km/h] …(答)

となることは，ほとんどの人が理解できると思います。

それはそれとして…，(1)のように**引き算**で求めてみよう!!

今回は，オートバイ(見ているほう)とトラック(見られているほう)の速度の向きが違います。そこで，トラック(**見られているほう**)の速度の向きを**正の向き**とします。

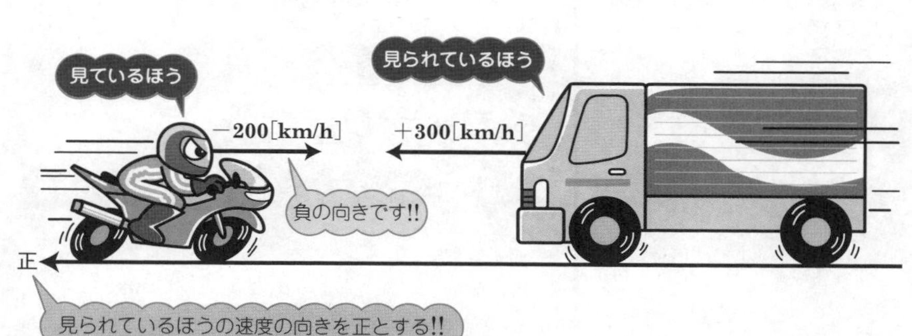

(1)と同様の求め方で，オートバイから見たトラックの速度は，

$300-(-200)=$ **500[km/h]**　…(答)

見られているほうの速度　見ているほうの速度

このように地面(大地)に対して物体Aと物体Bが運動しているとき，**物体Aを基準にして見たときの物体Bの速度**を**物体Aに対する物体Bの相対速度**といいます。

問題7 ＆ 問題8 ですでにふれていますが…

① 一直線上を物体Aが速度 v_A，物体Bが速度 v_B で運動しているとき，
物体Ȧに対する物体Ḃの**相対速度 V** は

見ているほう　見られているほう

$$V=v_B-v_A$$

見られているほうの速度　見ているほう，つまり基準になるほうの速度

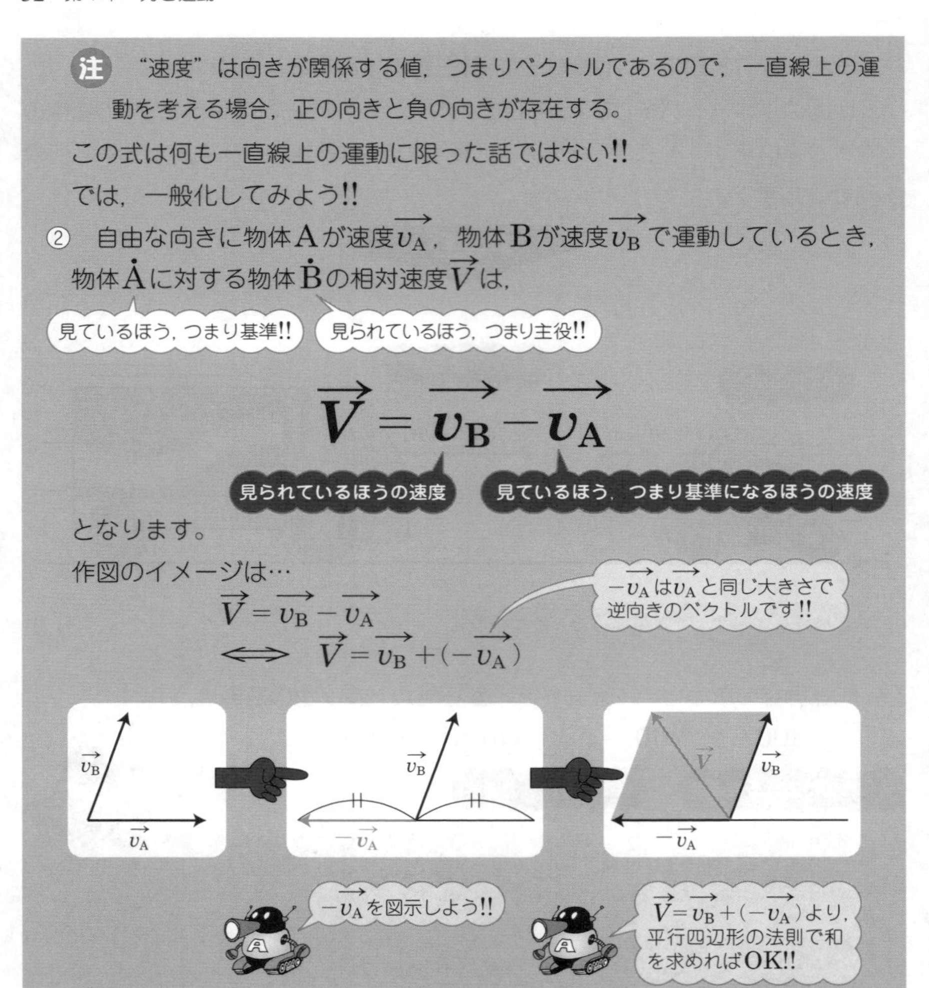

注　“速度”は向きが関係する値，つまりベクトルであるので，一直線上の運動を考える場合，正の向きと負の向きが存在する。

この式は何も一直線上の運動に限った話ではない!!

では，一般化してみよう!!

② 自由な向きに物体Aが速度$\overrightarrow{v_A}$，物体Bが速度$\overrightarrow{v_B}$で運動しているとき，物体Ȧに対する物体Ḃの相対速度$\overrightarrow{V}$は，

$$\overrightarrow{V}=\overrightarrow{v_B}-\overrightarrow{v_A}$$

となります。

作図のイメージは…

$$\overrightarrow{V}=\overrightarrow{v_B}-\overrightarrow{v_A}$$

$$\Longleftrightarrow\quad \overrightarrow{V}=\overrightarrow{v_B}+(-\overrightarrow{v_A})$$

では，TRYしてみましょう!!

問題9　**標準**

物体Aがx軸上の正の向きに10[m/s]で，物体Bがy軸上の正の向きに10[m/s]でそれぞれ進んでいる。このとき，物体Aに対する物体Bの相対速度の大きさと向きを答えよ。

“物体$\dot{\mathrm{A}}$に対する物体$\dot{\mathrm{B}}$の相対速度”であるから…

見ているほう，つまり基準になるほうが物体$\dot{\mathrm{A}}$，見られているほう，つまり主役が物体$\dot{\mathrm{B}}$です。

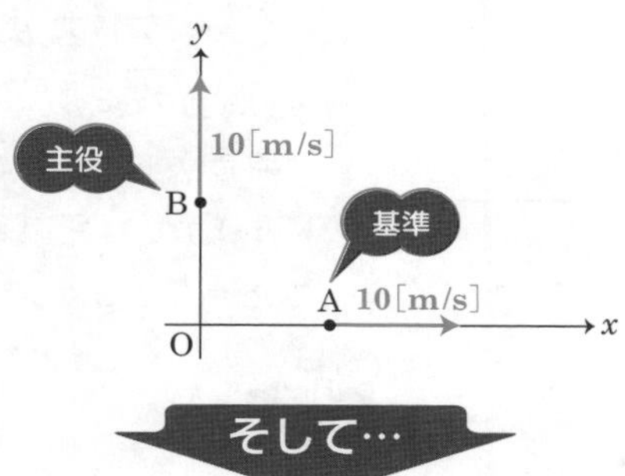

そして…

ここからはベクトルの計算になります。

物体Aの速度(速度ベクトル)を$\overrightarrow{v_A}$，物体Bの速度(速度ベクトル)を$\overrightarrow{v_B}$とする。さらに，物体Aに対する物体Bの相対速度を$\overrightarrow{V}$とすると…

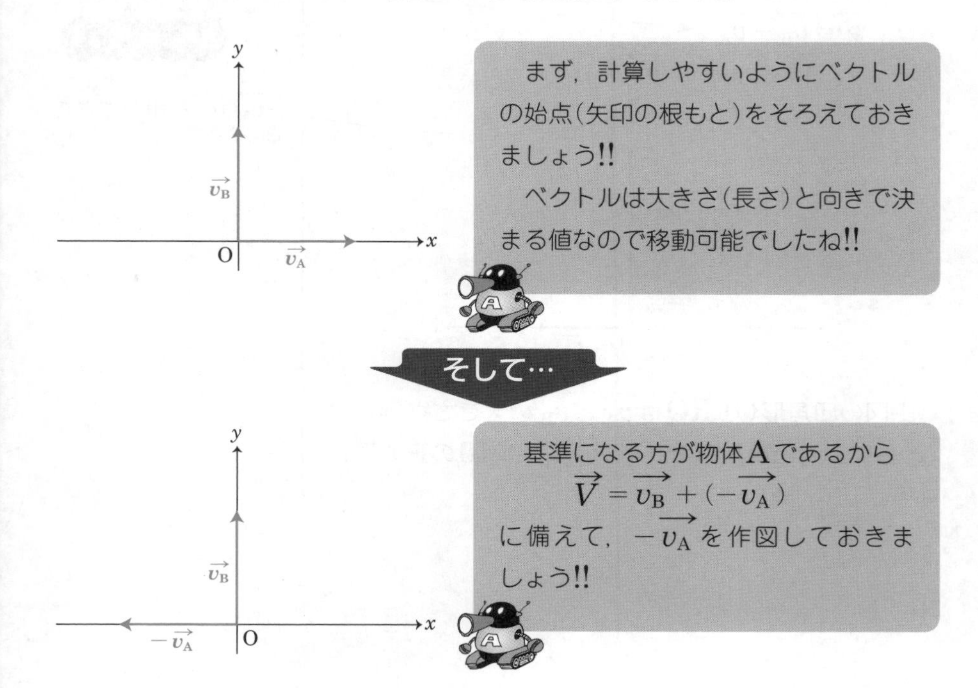

そして…

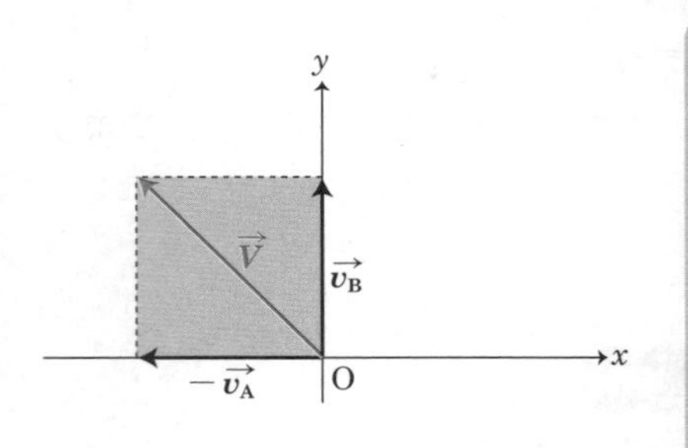

$$\vec{V} = \vec{v_B} + (-\vec{v_A})$$

であるから…

仕上げは平行四辺形の法則により，$\vec{v_B}$と$-\vec{v_A}$を加えるだけ!!

　本問では$\vec{v_A}$と$\vec{v_B}$の大きさはともに10[m/s]であるので，平行四辺形は正方形となる。

解答でござる

　物体A，Bの速度を$\vec{v_A}$，$\vec{v_B}$とし，Aに対するBの相対速度を$\vec{V}$とする。

$$\vec{V} = \vec{v_B} - \vec{v_A}$$

$$\therefore \quad \vec{V} = \vec{v_B} + (-\vec{v_A})$$

見ているほう
Aが基準でBが主役!!
見られているほう

$-\vec{v_A}$は$\vec{v_A}$と同じ大きさで逆向きです。

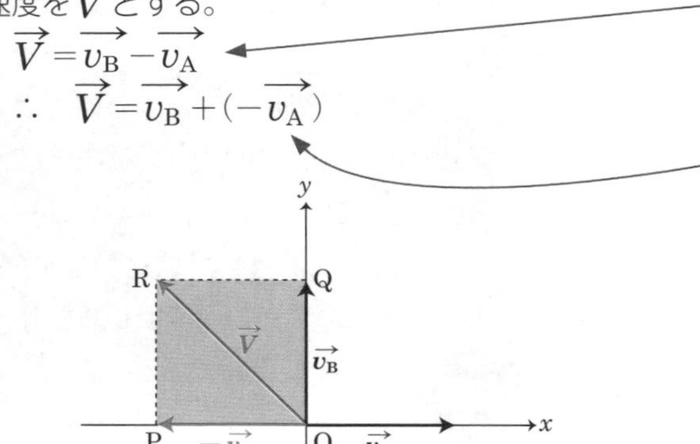

　上図の四角形OPRQは$\vec{v_A}$と$\vec{v_B}$の大きさが等しい（ともに10[m/s]）ので，1辺の長さが10の正方形となる。

よって，

$\angle \mathrm{ROP} = 45^\circ$

さらに，

$\mathrm{RO} = 10\sqrt{2}$

以上から，$\vec{V}$ の大きさは，

$\mathbf{10\sqrt{2}}$ [m/s]　…(答)

$\vec{V}$ の向きは，

x軸と 45° の角をなす第２象限の向き　…(答)

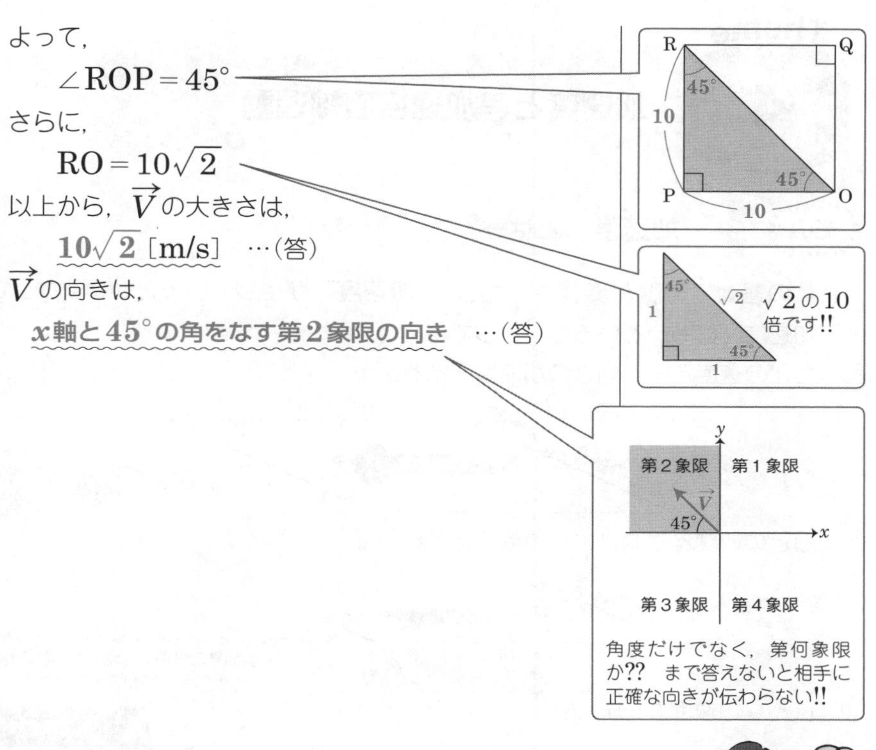

Theme 4 加速度と等加速度直線運動

その1 “加速度”とは…?

物体の運動で**速度が変化**する場合，“**加速度**”が生じているといいます。この“加速度”にもいろいろありまして…

① もとの速度と同じ向きの加速度であれば…

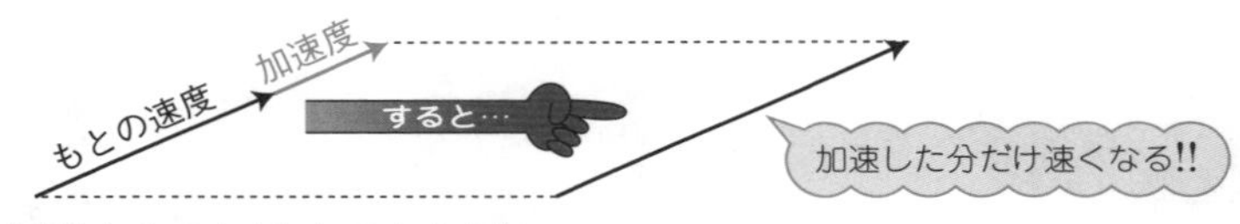

② もとの速度と逆向きの加速度であれば…

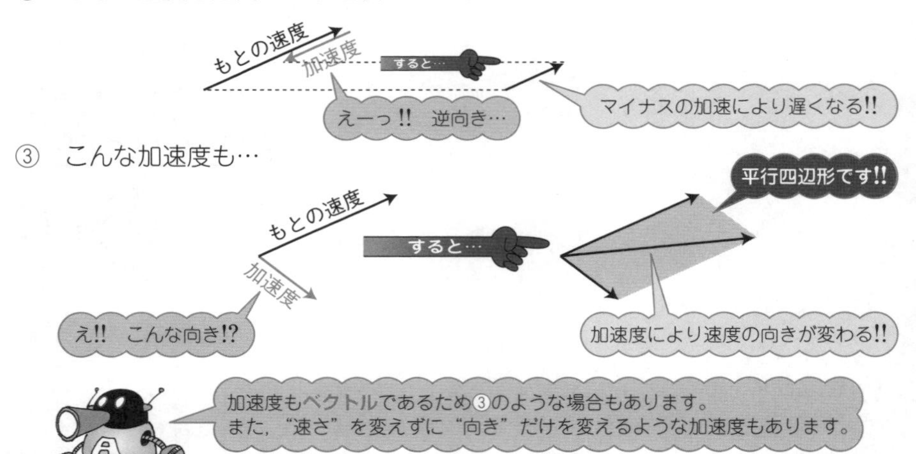

その2 “加速度の大きさ”を求めよう!!

単位時間（一般に1秒間）あたりの速度の変化が加速度である。このとき加速度はベクトルである。

で!! “向き”は無視して“大きさ”だけに注目してみよう!!

すると…

“加速度の大きさ”とは単位時間（一般に1秒間）あたりの“速さ（速度の大きさ）”の変化を数値で表したものとなります。

秒です!!

Δt[s]の時間をかけてΔv[m/s]だけ速さが変化したとき，加速度の大きさa[m/s²]は…

$$a = \frac{\Delta v}{\Delta t}$$

注　加速度の大きさaの単位についてですが…

$$a = \frac{\Delta v[\mathrm{m/s}]}{\Delta t[\mathrm{s}]}$$

上の式ですよ!!

右辺の単位にのみ注目すると…

$$\frac{[\mathrm{m/s}]}{[\mathrm{s}]} = [\mathrm{m/s}] \div [\mathrm{s}] = \left[\frac{\mathrm{m}}{\mathrm{s}}\right] \times \left[\frac{1}{\mathrm{s}}\right] = \left[\frac{\mathrm{m}}{\mathrm{s}^2}\right] = [\mathrm{m/s}^2]$$

完成!!

$\div \mathrm{s}$と$\times \frac{1}{\mathrm{s}}$は同じ意味!!

このとき，この加速度の大きさaは“平均の加速度”の大きさということになります。“加速度”も“速度”と同様で，運動によっては刻々と変化する可能性があります。つまり“瞬間の加速度”というものもありますので，頭のスミにおいておいてください。

その3 “等加速度直線運動”

まあ，その名のとおりですね…。物体に生じた加速度と運動の向きが同じとき，物体は一直線上を速さ（速度の大きさ）を変えながら運動をします。この運動を人呼んで“**等加速度直線運動**”と申します。

注　“等加速度直線運動”の場合，加速度の向きは進行方向と同じ向きと，進行方向と逆向きの2種類しかない。

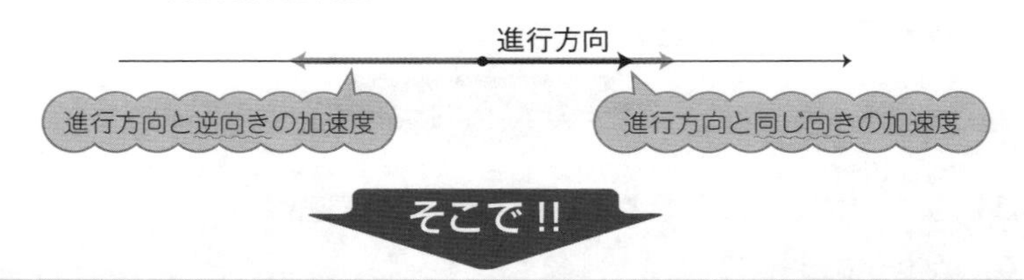

そこで!!

加速度を**正**or**負**で表現することがお約束になっています。

一般に…

正の加速度 ☞ 進行方向と同じ向きの加速度，つまり速さがだんだんと速くなる場合の加速度

負の加速度 ☞ 進行方向と逆向きの加速度，つまり速さがだんだん遅くなる場合の加速度

その4　$v-t$グラフと加速度の関係

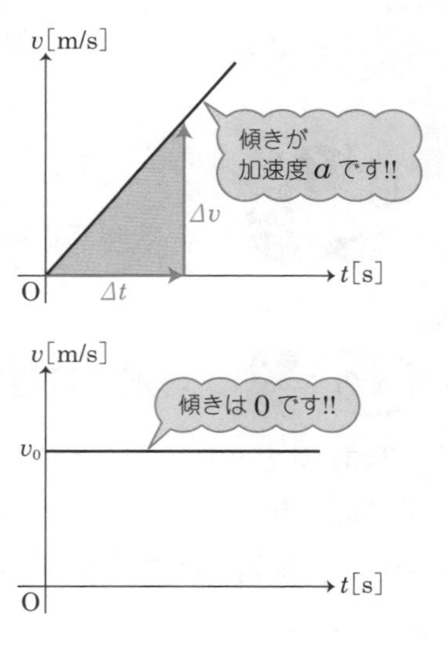

等加速度直線運動を$v-t$グラフで表したとき，**傾き**が加速度$\boldsymbol{a}$を表します(右上図)。

$$\boldsymbol{a} = \frac{\Delta \boldsymbol{v}}{\Delta \boldsymbol{t}}$$

特に加速度が0[m/s^2]の場合，右下図のようなグラフになります。このグラフは速さがv_0[m/s] で一定であることを表してます。そうです，等速直線運動ですね。

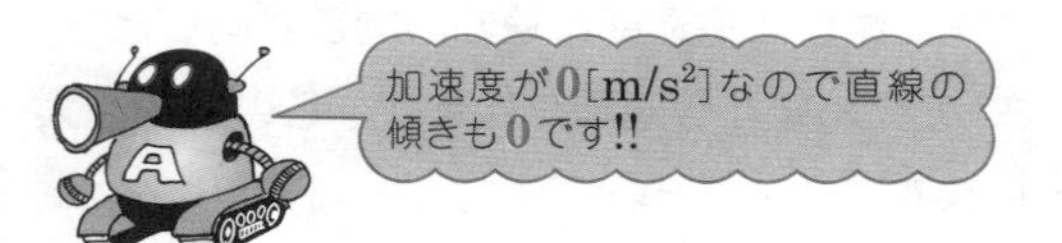

問題10　キソ

右のグラフは，一直線上を運動している物体の速さと時間の関係を表している。このとき，次の各問いに答えよ。

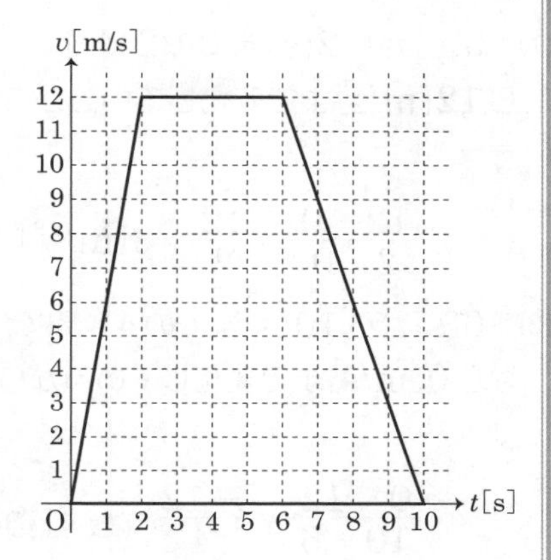

(1)　0[s]から2[s]の間の加速度を求めよ。

(2)　6[s]から10[s]の間の加速度を求めよ。

(3)　加速度a[m/s^2]と時間t[s]の関係をグラフにかけ，ただし時間を横軸にせよ。

(4)　この物体が動きはじめてから静止するまでに動いた距離を求めよ。

ナイスな導入

(1)，(2)　"v-tグラフ" において直線の傾きが加速度を表します。

(3)　2[s]から6[s]の間の加速度は，直線の傾きが0なので**0**[m/s^2]です。すなわち，等速直線運動を表してます。

(4)　"v-tグラフ" において，移動距離は面積に一致しましたね!!(p.20参照!!)今回も同じです。

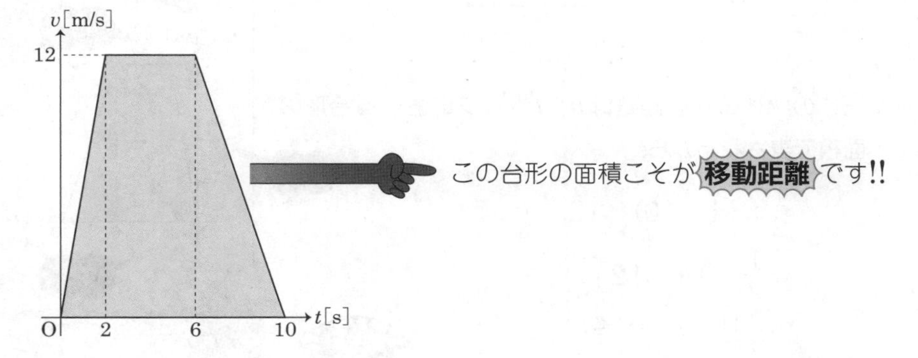

解答でござる

(1)　$0[\mathrm{s}]$から$2[\mathrm{s}]$までの2秒間で，速さは$0[\mathrm{m/s}]$から$12[\mathrm{m/s}]$まで変化しているから，求めるべき加速度は，

$$\frac{12-0}{2-0}=\frac{12}{2}=6[\mathrm{m/s^2}]\quad\cdots(\text{答})$$

(2)　$6[\mathrm{s}]$から$10[\mathrm{s}]$までの4秒間で，速さは$12[\mathrm{m/s}]$から$0[\mathrm{m/s}]$まで変化しているから，求めるべき加速度は，

$$\frac{0-12}{10-6}=\frac{-12}{4}=-3[\mathrm{m/s^2}]\quad\cdots(\text{答})$$

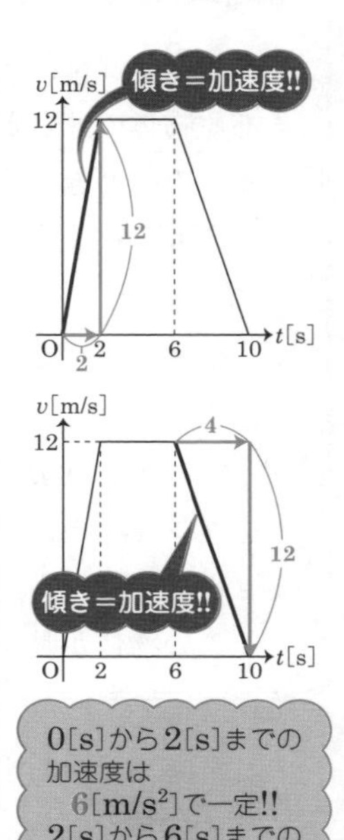

(3)　(1)と(2)の結果と，$2[\mathrm{s}]$から$6[\mathrm{s}]$までの間の加速度は$0[\mathrm{m/s^2}]$であることを考え，

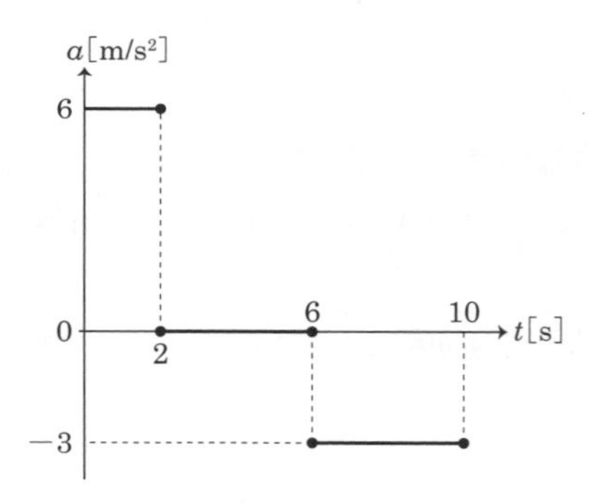

(4)　この物体の移動距離は$v-t$グラフにおける台形の面積で表されるから，

上底
高さ
下底

$$\frac{1}{2}\times(4+10)\times12$$
$$=\frac{1}{2}\times14\times12$$
$$=84[\mathrm{m}]\quad\cdots(\text{答})$$

Theme 5 等加速度直線運動と３つの公式

ここで新しい用語が登場します!!

時刻$t=0$[s]での速度，つまりスタート時の速度を**初速度**と呼びます。

初速度$\boldsymbol{v_0}$[m/s]，加速度$\boldsymbol{a}$[m/s^2]で等加速度直線運動をする物体の$\boldsymbol{t}$[s]後の速度を$\boldsymbol{v}$[m/s]とすると…

$$\boldsymbol{v=v_0+at}$$

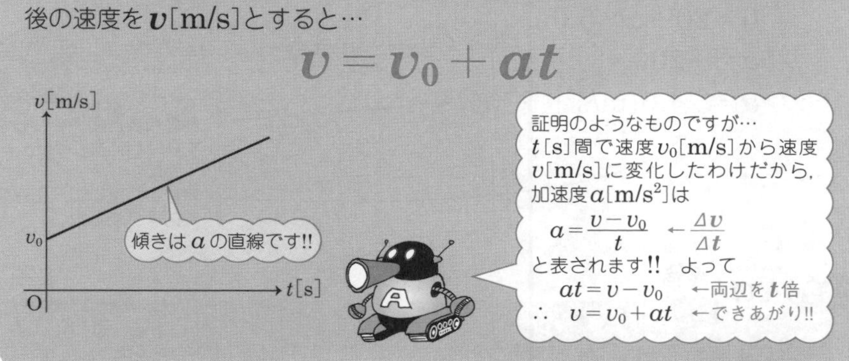

さっそく使ってみよう!!

問題11 キソ

(1) 2.0[m/s^2]で等加速度直線運動をしている物体がある。初速度が3.0[m/s]であったとき，10[s]後の速度を求めよ。

(2) 初速度20[m/s]で動き出した物体が一定の割合で減速し，5.0[s]後に静止した。この物体の加速度を求めよ。

ナイスな導入

(2) “一定の割合で減速”と書いてあるので，この物体の運動は等加速度直線運動である。ちなみに減速する運動であるので，加速度は**負**の値で求められる。

解答でござる

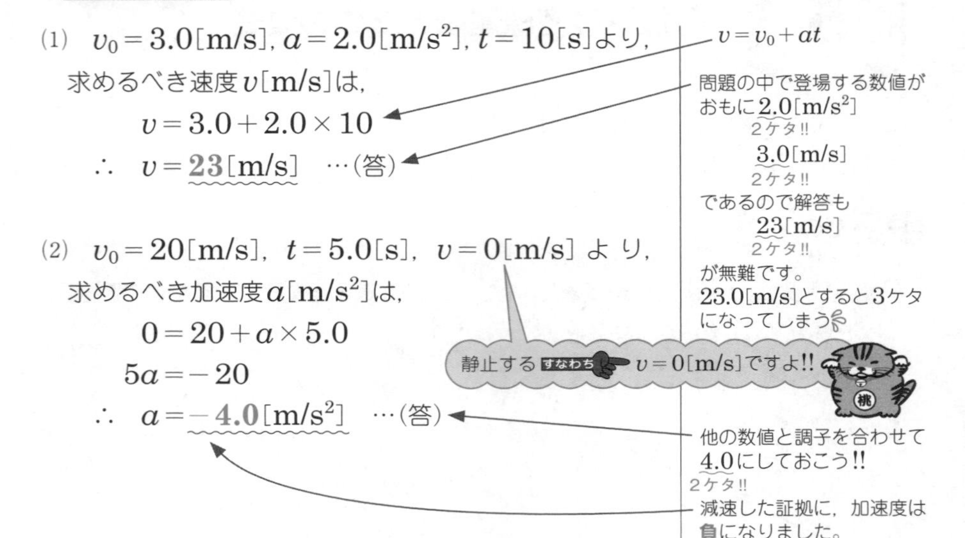

公式その2

初速度$\boldsymbol{v_0}$[m/s]，加速度$\boldsymbol{a}$[m/s^2]で等加速度運動をする物体の$\boldsymbol{t}$[s]後における出発点からの位置$\boldsymbol{x}$[m]は，
これを"変位"と呼ぶ!!

$$x=v_0t+\frac{1}{2}at^2$$

注　位置xにも**正**と**負**があります!!

今後登場する運動は，出発した向きとは逆向きに動いてしまう運動もあり，正と負を使い分けないと表現しきれません

だから，今までのような移動距離という曖昧な表現ではダメ!!

とりあえず，この公式を使ってみよう!!

問題12　キソ

$3.0[\mathrm{m/s^2}]$で等加速度直線運動をしている物体がある。初速度が$5.0[\mathrm{m/s}]$であったとき，$20[\mathrm{s}]$後までに進んだ移動距離を求めよ。

ナイスな導入

本問での運動をイメージしてみよう!!

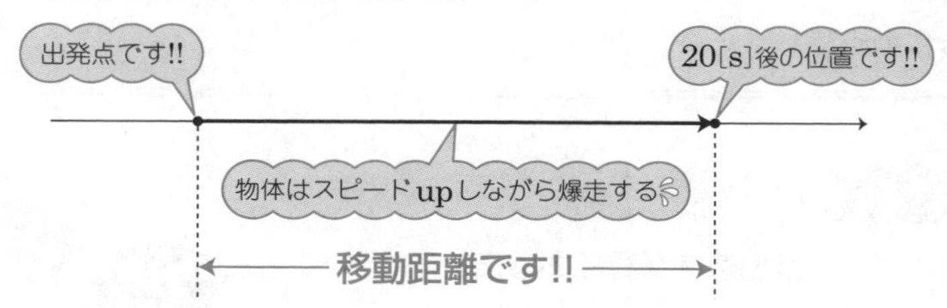

つまり，“出発点からの位置(**変位**と申します)が，そのまま**移動距離**”になります。

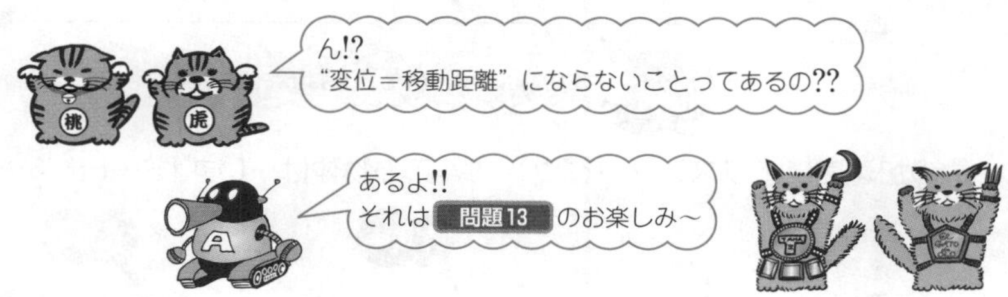

解答でござる

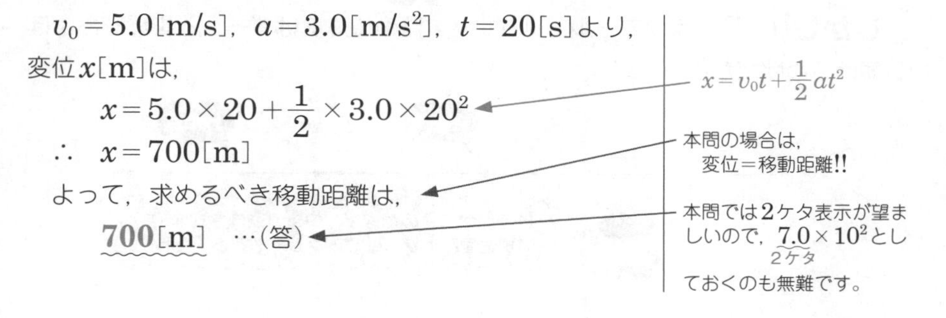

$v_0 = 5.0[\mathrm{m/s}]$，$a = 3.0[\mathrm{m/s^2}]$，$t = 20[\mathrm{s}]$より，

変位$x[\mathrm{m}]$は，

$$x = 5.0 \times 20 + \frac{1}{2} \times 3.0 \times 20^2$$

$\therefore\ \ x = 700[\mathrm{m}]$

よって，求めるべき移動距離は，

700[m]　…(答)

$x = v_0 t + \frac{1}{2}at^2$

本問の場合は，変位＝移動距離!!

本問では2ケタ表示が望ましいので，$\underbrace{7.0}_{2ケタ} \times 10^2$としておくのも無難です。

さてさて，**変位**と**移動距離**が必ずしも一致しないことを目の当たりにするときがきましたよ

問題13　**標準**

$-2.0[\mathrm{m/s^2}]$で東向きに等加速度直線運動をしている物体がある。A地点における物体の速度は$50[\mathrm{m/s}]$であった。このとき，次の各問いに答えよ。

(1)　B地点でこの物体はいったん静止する。A地点とB地点の距離を求めよ。

(2)　この物体はA地点にいた時刻から$60[\mathrm{s}]$後にC地点にいた。C地点はA地点から考えて，どのような位置であるか。また，この$60[\mathrm{s}]$間における移動距離を求めよ。

ナイスな導入

今回のポイントは加速度が**負**であることです。

ではこの運動をイメージしてみよう!!

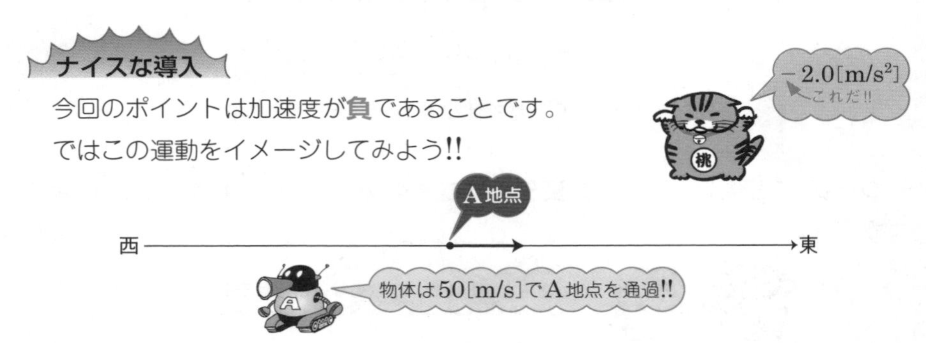

負の加速度によりスピードダウンするこの物体は…いずれ…止まる…

しかし!!　B地点がゴールではない!!　**負**の加速度はずーっと影響をおよぼし続けるわけだから…

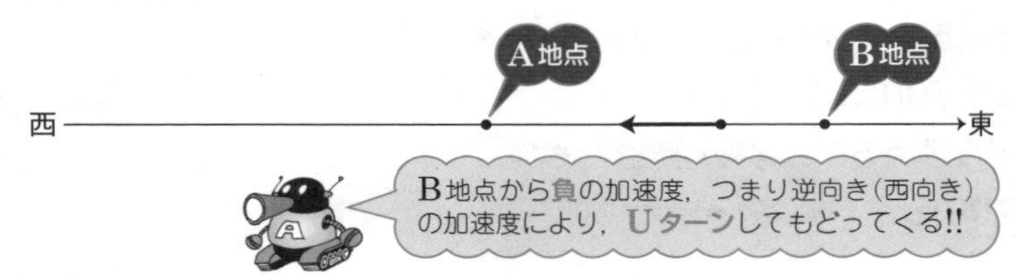

そして!!　A地点を通過してから60秒後…。C地点とは!?

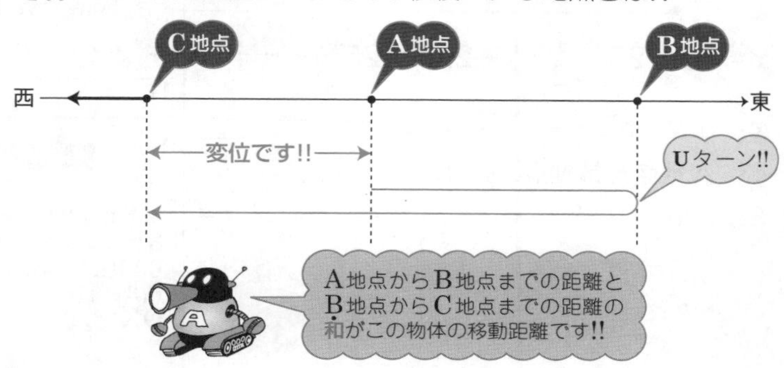

つまり!!　本問では，向きをしっかり考えなければなりません!!
こんなときは**座標**を導入するべし!!

解答でござる

(1)　A地点を原点($x=0$)として，東向きを正の向きとした座標を考える。

　ここで，A地点での速度$v_0=50$[m/s]，加速度$a=-2.0$[m/s^2]，B地点で速度$v=0$[m/s]より，A地点からB地点までの所要時間をt[s] として，

$$0=50-2.0\times t$$
$$2t=50$$
$$\therefore\quad t=25[\mathrm{s}]$$

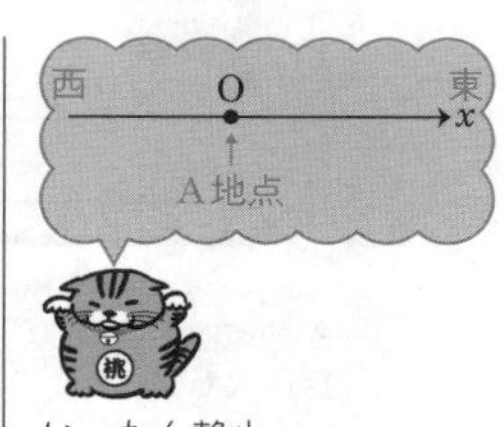

いったん静止
$\Longleftrightarrow$ $v=0$[m/s]

$v=v_0+at$

A地点からB地点までの移動時間は25秒!!

B地点の座標x[m]は，

$$x = 50 \times 25 + \frac{1}{2} \times (-2.0) \times 25^2$$

$$x = 625[\mathrm{m}]$$

よって，A地点とB地点の距離は，

625[m]　…(答)

変位を座標として考えます!!

$x = v_0 t + \frac{1}{2}at^2$

西　0　625　625　東　x　A地点　B地点

有効数字2ケタと考えて，3ケタめを四捨五入して630[m]，あるいは6.3×10^2[m]としてもOKです!!

(2)　60秒後のC地点の座標x[m]は，

$$x = 50 \times 60 + \frac{1}{2} \times (-2.0) \times 60^2$$

$$x = -600[\mathrm{m}]$$

よって，C地点は，

A地点から西向きに600[m]の位置　…(答)

$v = v_0 t + \frac{1}{2}at^2$

おーっと!!　負の値　つまり…西向き…。

6.0×10^2[m]としてもOK!!

西　−600　0　東　x　C地点　A地点

さらに，この60[s]間における移動距離は，

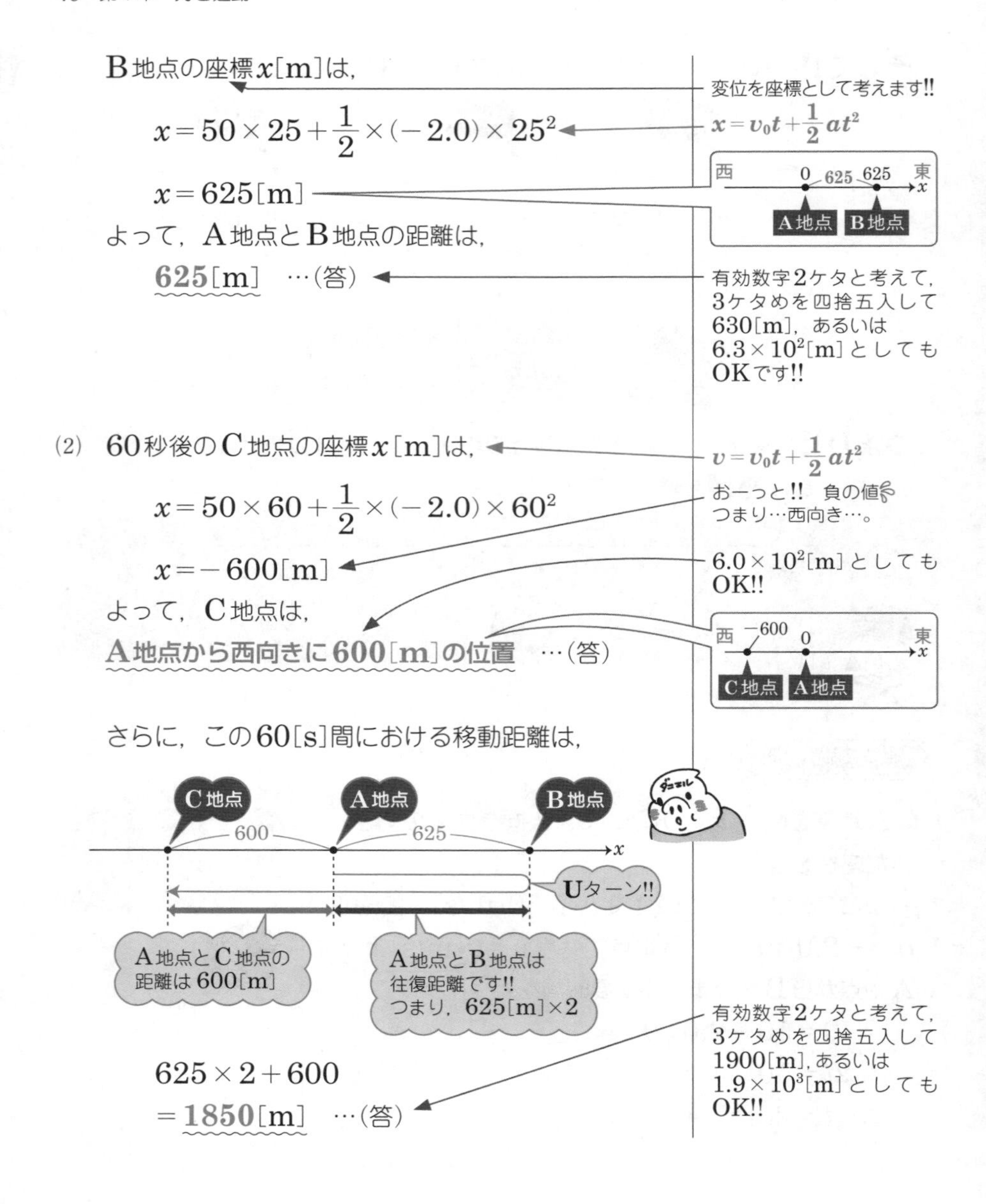

$$625 \times 2 + 600$$

$$= \mathbf{1850}[\mathrm{m}]$$　…(答)

有効数字2ケタと考えて，3ケタめを四捨五入して1900[m]，あるいは1.9×10^3[m]としてもOK!!

初速度$\boldsymbol{v_0}$[m/s]，加速度$\boldsymbol{a}$[m/s²]，変位$\boldsymbol{x}$[m]，そして…変位x[m]の位置における速度$\boldsymbol{v}$[m/s] として…

$$v^2 - v_0{}^2 = 2ax$$

じつは…，この公式…，導こうと思えば導けるんですが…。大変ですよ

$$\begin{cases} v = v_0 + at & \cdots ① \\ x = v_0 t + \dfrac{1}{2}at^2 & \cdots ② \end{cases}$$

①←公式その1です!!
②←公式その2です!!

①より

$$at = v - v_0$$

$$\therefore \quad t = \frac{v - v_0}{a} \quad \cdots ①'$$

$a \fallingdotseq 0$であることを前提に考えます!!
だからaでわってもOK!!

①′を②に代入して…

$$x = v_0 \times \frac{v - v_0}{a} + \frac{1}{2}a \times \left(\frac{v - v_0}{a}\right)^2$$

$$= \frac{v_0 v - v_0{}^2}{a} + \frac{1}{2}a \times \frac{(v - v_0)^2}{a^2}$$

aで約分!!

$$= \frac{v_0 v - v_0{}^2}{a} + \frac{v^2 - 2vv_0 + v_0{}^2}{2a}$$

両辺を$2a$倍!!

$$2ax = 2v_0 v - 2v_0{}^2 + v^2 - 2vv_0 + v_0{}^2$$

$$= v^2 - v_0{}^2$$

←$2v_0v$は消える!!

$$\therefore \quad v^2 - v_0{}^2 = 2ax$$

←左辺と右辺をチェンジ!!

完成!!

大変でしょ…!?　だから暗記しておいたほうがいいってば

ではさっそく!! 活用すべし!!

問題14 キソ

初速度20[m/s]，加速度2.0[m/s^2]で，等加速度直線運動をしている物体が，速度60[m/s]となるまでに移動した距離を求めよ。

ナイスな導入

今回は**負の加速度**ではないので，問題13 のように物体がUターンしてもどってくることはない!!

さらに，今回は時刻tの話題も完全にスルー!! こんなときは…，tが登場しないあの公式ですね…

そのとおり…
$v^2-v_0{}^2=2ax$
のお出ましだぜ!!

解答でござる

$v_0 = 20[\mathrm{m/s}]$，$a = 2.0[\mathrm{m/s^2}]$，$v = 60[\mathrm{m/s}]$，

変位を$x[\mathrm{m}]$として，

$$60^2 - 20^2 = 2 \times 2.0 \times x$$
$$3600 - 400 = 4x$$
$$3200 = 4x$$
$$x = 800[\mathrm{m}]$$

このxが求めるべき移動距離であるから，

800[m]　…(答)

正の加速度ですから，物体がUターンすることはない!!

$v^2 - v_0{}^2 = 2ax$

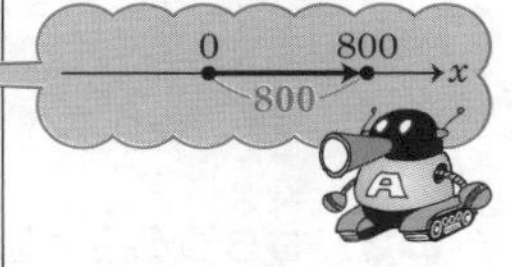

$8.0 \times 10^2[\mathrm{m}]$としてもOK!!

プロフィール

オムちゃん(40才)

5匹の猫を飼う謎の女性!

実は未来のみっちゃんです。

高校生時代の自分が心配になってしまい様子を見にタイムマシーンで……

Theme 6 鉛直方向の運動

その1 “重力加速度”とは…？

物体を落下させる場合，物体の質量に関係なく同じ加速度を生じる。これを“重力加速度”と呼び，記号 g で表す。

この値を覚えておこう!!

$$g = 9.8[\mathrm{m/s^2}]$$

注 もちろん空気抵抗がないことを前提にした値です。重いものも軽いものも同じように落下していきます。不思議だよね…。しかし物理を学習するにつれて，これがアタリマエに思えてきます!!

その2 “自由落下運動”のお話

初速度を与えずに(☞つまり初速度が $0[\mathrm{m/s}]$)物体を落下させる運動を“自由落下運動”と呼びます。

自由落下運動は，加速度 $g = 9.8[\mathrm{m/s^2}]$ の鉛直方向の等加速度直線運動であるから，次のような公式になります。

“自由落下運動”の公式です!!

❶ $v = gt$

❷ $y = \dfrac{1}{2}gt^2$

❸ $v^2 = 2gy$

あくまでもベースは Theme 5 の3つの公式です。

$$\begin{cases} v = v_0 + at \\ x = v_0 t + \dfrac{1}{2}at^2 \\ v^2 - {v_0}^2 = 2ax \end{cases}$$

この3つの公式において次のように置き換える!!

$v_0 \Rightarrow 0$　　$a \Rightarrow g$　　$x \Rightarrow y$

“自由落下運動”では，$v_0 = 0[\mathrm{m/s}]$

重力加速度は，$g = 9.8[\mathrm{m/s^2}]$ で一定

鉛直方向なので，y のほうがイメージしやすい

注 鉛直下向きを正の向きと考えています!!

ちょっくら演習タイム!!

問題15 キソ

地上から $78.4[\mathrm{m}]$ の高さの地点で，静かに手を放し鉄球を落下させた。このとき，次の各問いに答えよ。ただし重力速度は $9.8[\mathrm{m/s^2}]$ とする。

(1)　地面に達するときの速さを求めよ。

(2)　手を放してから地面に達するまでに要する時間を求めよ。

解答でござる

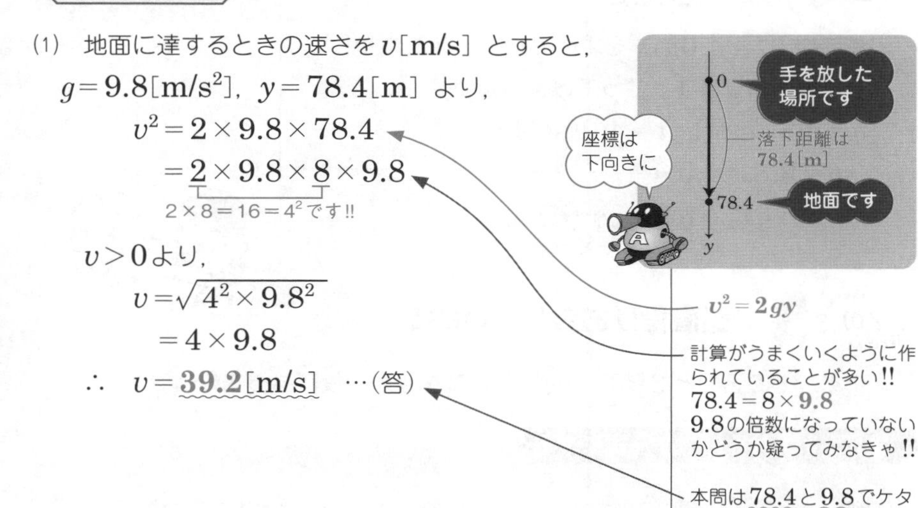

(1)　地面に達するときの速さを $v[\mathrm{m/s}]$ とすると，

$g = 9.8[\mathrm{m/s^2}]$，$y = 78.4[\mathrm{m}]$ より，

$$v^2 = 2 \times 9.8 \times 78.4$$
$$= 2 \times 9.8 \times 8 \times 9.8$$

$2 \times 8 = 16 = 4^2$ です!!

$v > 0$ より，

$$v = \sqrt{4^2 \times 9.8^2}$$
$$= 4 \times 9.8$$

$\therefore$　$v = \mathbf{39.2}[\mathrm{m/s}]$　…(答)

$v^2 = 2gy$

計算がうまくいくように作られていることが多い!!
$78.4 = 8 \times \mathbf{9.8}$
9.8 の倍数になっていないかどうか疑ってみなきゃ!!

本問は 78.4（3ケタ!!）と 9.8（2ケタ!!）でケタ数にバラつきがあります。こんなときはケタ数が**少ない**ほうにあわせることが多いです。よって，有効数字2ケタと考えて…，39.2 の3ケタ目を四捨五入して $39[\mathrm{m/s}]$ と解答してもOK!!

(2)　手を放してから地面に達するまでに要する時間を t $[\mathrm{s}]$とすると，$g = 9.8[\mathrm{m/s^2}]$，$v = 39.2[\mathrm{m/s}]$から，

（(1)の答です!!）

$$39.2 = 9.8 \times t$$

$\therefore$　$t = \mathbf{4.0}[\mathrm{s}]$　…(答)

$v = gt$

$4[\mathrm{s}]$ としてもよいが，有効数字2ケタで $4.0[\mathrm{s}]$ としたほうが無難です。

別解でござる

(2)　$g=9.8[\mathrm{m/s^2}]$，$y=78.4[\mathrm{m}]$ より，

$$78.4=\frac{1}{2}\times 9.8\times t^2$$

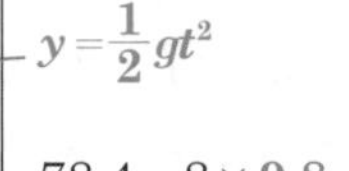

$y=\frac{1}{2}gt^2$

$$t^2=16$$

$78.4=8\times 9.8$ であるから計算は簡単!!

$t>0$ より，

$\therefore\quad t=\underline{4.0[\mathrm{s}]}$　…(答)

ちょっと言わせて

先に(2)の $t=4.0[\mathrm{s}]$ を求めて，(1)をあとまわしにする作戦もあります。やってみましょう!!

$g=9.8[\mathrm{m/s^2}]$，$t=4.0[\mathrm{s}]$ より，

$$v=9.8\times 4.0$$

$v=gt$

$\therefore\quad v=\underline{39.2[\mathrm{m/s}]}$　…(答)

その3 “鉛直投げおろし” のお話

まあ，その名のとおりです　初速度を与えて投げおろすわけです。

“鉛直投げおろし” の公式です!!

❶　$v=v_0+gt$

❷　$y=v_0t+\frac{1}{2}gt^2$

❸　$v^2-{v_0}^2=2gy$

あくまでもベースは Theme 5 の3つの公式です!!

$$\begin{cases} v=v_0+at \\ x=v_0t+\frac{1}{2}at^2 \\ v^2-{v_0}^2=2ax \end{cases}$$

この3つの公式において次のように置き換える!!

$$a\Rightarrow g \qquad x\Rightarrow y$$

注　今回も鉛直下向きを正の向きと考えます!!

では，演習タイムです!!

問題16　キソ

ある物体に初速度v_0[m/s]を与えて投げおろしたところ，t_0秒間で地面に達した。この高さからこの物体を自由落下させた場合，何秒間で地面に達するか。ただし，重力加速度をg[m/s^2]とする。

物理では文字の問題が主流!!　このあたりで慣れておこう!!

解答でござる

物体を落下させた地上からの高さをy[m]とおくと，

$$y = v_0 t_0 + \frac{1}{2} g t_0{}^2 \quad \cdots ①$$

$y = v_0 t + \frac{1}{2} g t^2$ において$t = t_0$を代入!!

この高さから自由落下させたとき，地面に達するまでの時間をt[s]とすると，

$$y = \frac{1}{2} g t^2 \quad \cdots ②$$

p.50参照!!
自由落下の公式です!!
求めるべきはこのtです!!

①と②より，

$$\frac{1}{2} g t^2 = v_0 t_0 + \frac{1}{2} g t_0{}^2$$

yを消去

両辺を2倍して，

$$g t^2 = 2 v_0 t_0 + g t_0{}^2$$

$$t^2 = \frac{2 v_0 t_0 + g t_0{}^2}{g}$$

$t > 0$より，

$$t = \sqrt{\frac{2 v_0 t_0 + g t_0{}^2}{g}} \text{ [s]} \quad \cdots (答)$$

$$t = \sqrt{\frac{2 v_0 t_0 + g t_0{}^2}{g}} = \sqrt{\frac{2 v_0 t_0}{g} + \frac{g t_0{}^2}{g}} = \sqrt{\frac{2 v_0 t_0}{g} + t_0{}^2}$$

としてもOK!!

“鉛直投げ上げ”のお話

その名のとおり，物体に初速度を与えて投げ上げるだけです。

ここで注意してほしいのは，初速度の向きと重力加速度の向きは逆向きであるということです。

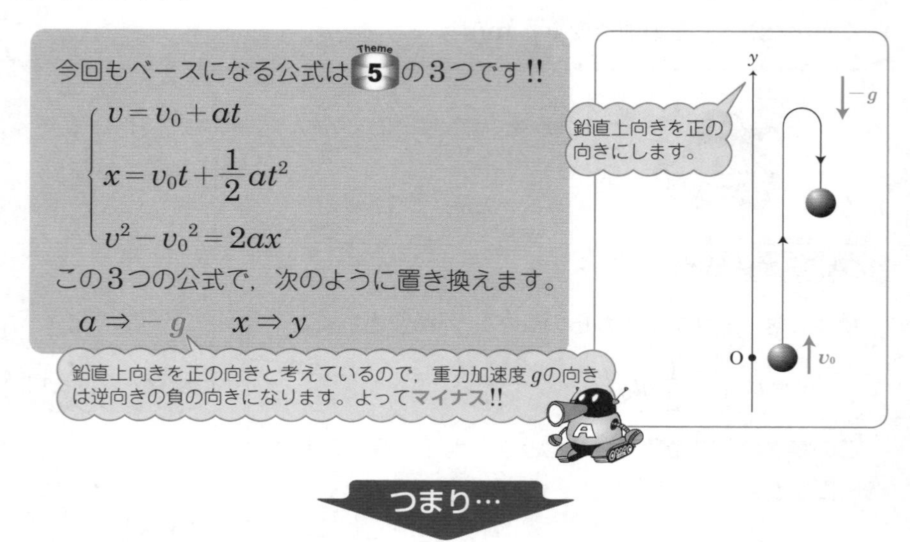

“鉛直投げ上げ”の公式です!!

❶ $v = v_0 - gt$

❷ $y = v_0 t - \frac{1}{2}gt^2$

❸ $v^2 - {v_0}^2 = -2gy$

さて演習しましょう!!

問題17 キソ

ある物体を初速度98[m/s] で鉛直方向に投げ上げた。重力加速度を9.8 [m/s^2] として，次の各問いに答えよ。

(1)　最高点に達するのは何秒後か。

(2)　最高点の高さは何mか。

(3)　この物体は何秒後に投げ出された位置にもどってくるか。

(4)　投げ出された位置にもどってきたときの速さを求めよ。

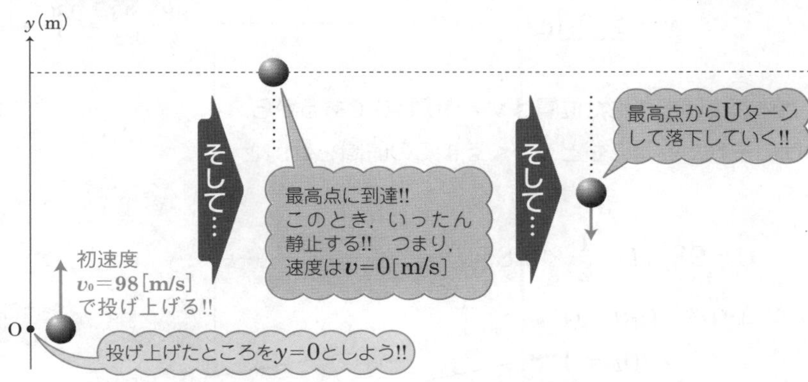

ポイントは最高点での速度が0[m/s] であることです。
(3)と(4)の意外な結末は覚えておくべし!!

解答でござる

(1)　最高点に達するまでの時間をt[s]として，最高点での速度は0[m/s] であるから，

$$0=98-9.8t$$

$$9.8t=98$$

$$t=\underline{10[\mathrm{s}]}$$ …(答)

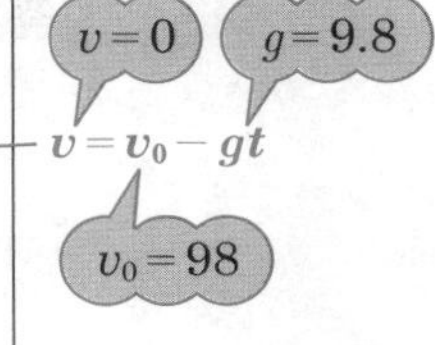

(2)　最高点の高さをy[m]として，

$$y = 98 \times 10 - \frac{1}{2} \times 9.8 \times 10^2$$

$\therefore\ y = \mathbf{490}$[m]　…（答）

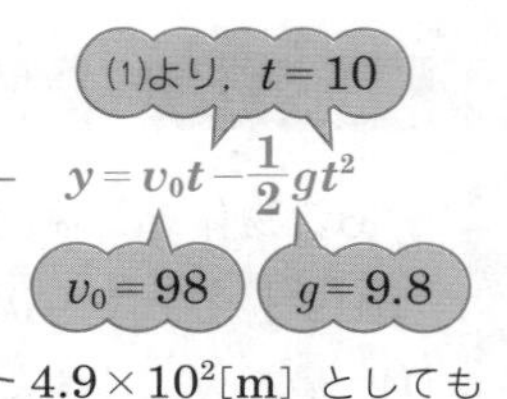

4.9×10^2[m]としてもOK!!

別解でござる

(2)　$$0^2 - 98^2 = -2 \times 9.8 \times y$$

$$2 \times 9.8 \times y = 98^2$$

$$y = \frac{98 \times 98}{2 \times 9.8}$$

$\therefore\ y = \mathbf{490}$[m]　…（答）

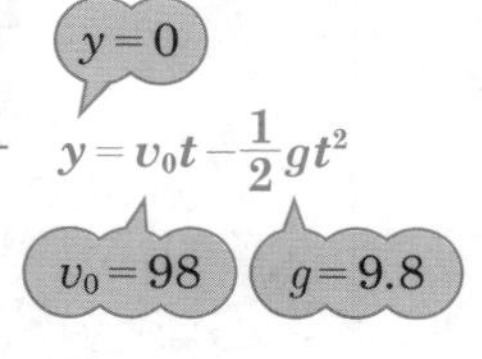

$98^2 = 98 \times 98$

$\frac{98 \times 98}{2 \times 9.8} = \frac{980}{2} = 490$（$98 \div 9.8 = 10$）

(3)　物体が投げ出された位置は$y=0$（原点）であるから，投げ出された位置にもどってくるまでの時間をt[s]として，

$$0 = 98 \times t - \frac{1}{2} \times 9.8 \times t^2$$

$$4.9t^2 - 98t = 0$$

$$t^2 - 20t = 0$$

$$t(t-20) = 0$$

$\therefore\ t = 0,\ 20$

$y=0$　$y = v_0 t - \frac{1}{2} g t^2$　$v_0 = 98$　$g = 9.8$

移項しました。

両辺を4.9でわって　$98 \div 4.9 = 20$です!!

tでくくる!!

つまり，$y=0$の位置に物体がいるのは，投げ出した時間である$t=0$[s]と，投げ出された位置にもどってくる$t=20$[s]である。

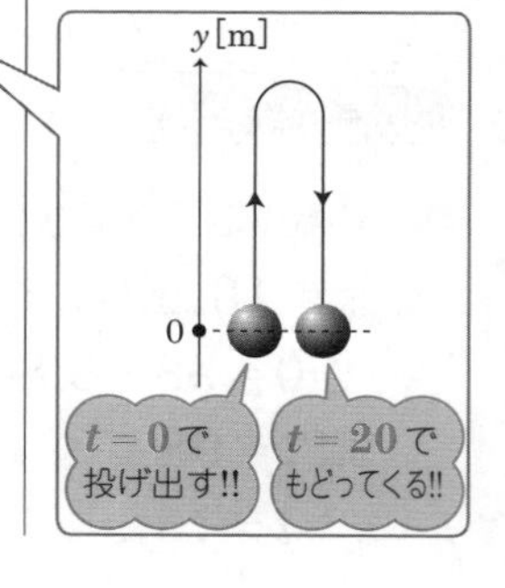

よって，物体が投げ出された位置にもどってくるのは，

20秒後　…（答）

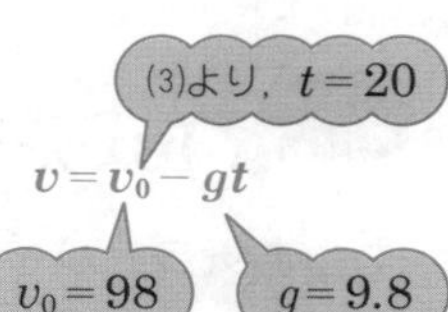

(4)　物体が投げ出された位置にもどってきたときの速度をv[m/s] とすると，

$$v=98-9.8\times 20$$

$$\therefore\quad v=-98\,[\mathrm{m/s}]$$

したがって，求める速さは，

98[m/s]　…(答)

ここで負の値になったのはあたりまえです!!
下図参照!!

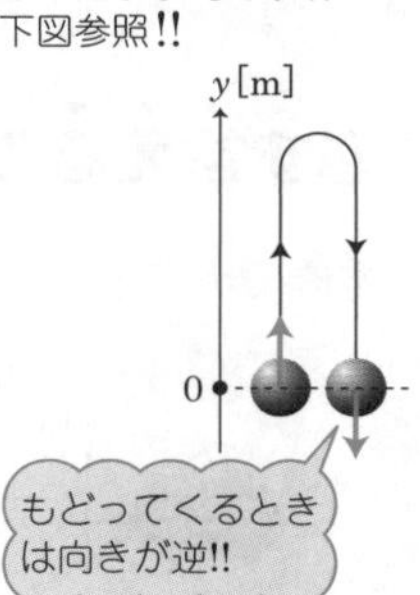

本問では“速さ”を答えればよいので，大きさだけでよい!!　つまり，向きは無関係なのでマイナスはいらないよ

別解でござる

(4)　$y=0$の地点にもどってくるわけだから…

$$v^2-98^2=-2\times 9.8\times 0$$

$$v^2-98^2=0$$

$$v^2=98^2$$

$$\therefore\quad v=\pm 98$$

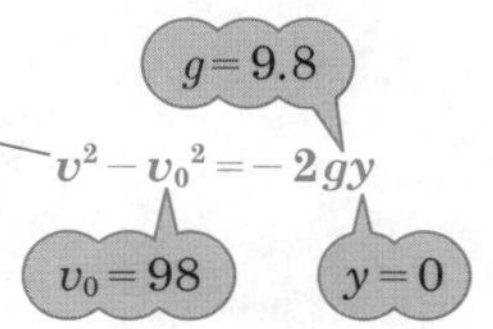

このとき，もどってきた物体の速度は初速度と逆向きであるから，

$$v=-98\,[\mathrm{m/s}]$$

このマイナスは結局関係なくなるんだけど…，事実ですから…

よって，求める速さは，

98[m/s]　…(答)

“速さ”は大きさなのでマイナスはとる!!

もうお気づきかもしれませんが…

必ず言えることが２つあります!!

本問でのストーリーを振り返ってみよう…。

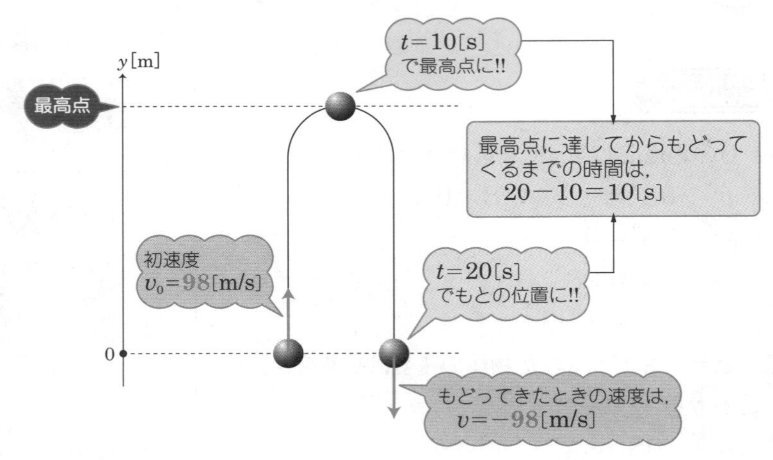

あれーっ!!
初速度ともどってきたときの速さが同じだ!!
あれーっ!!
投げ出してから最高点に達するまでの時間と，最高点に達してからもどってくるまでの時間も同じだ!!

よく気がついたね!!
これが"鉛直投げ上げ"で必ず言えることだよ。

その１　初速度の大きさ＝もどってくるときの速さ

その２　投げ出してから最高点に達するまでの時間
＝
最高点に達してからもどってくるまでの時間

放物運動

その1 “水平投射”のお話

水平投射とはズバリ!!　物体を水平に投げることである。ここでポイントは…

鉛直方向 ━━☞ **自由落下運動**（初速度0[m/s]の落下運動）

鉛直方向には重力がはたらいています。

水平方向 ━━☞ **等速直線運動**

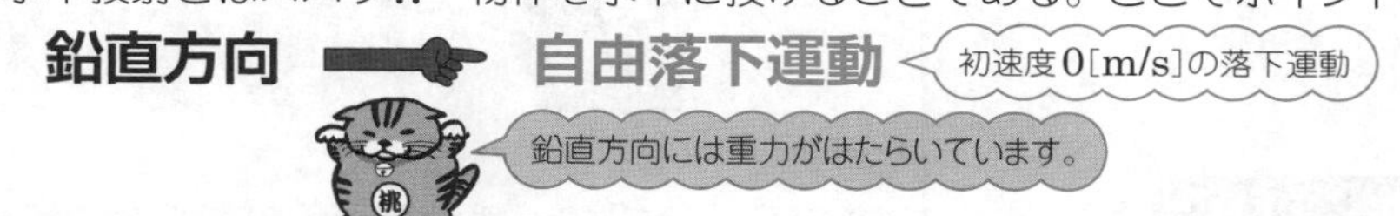

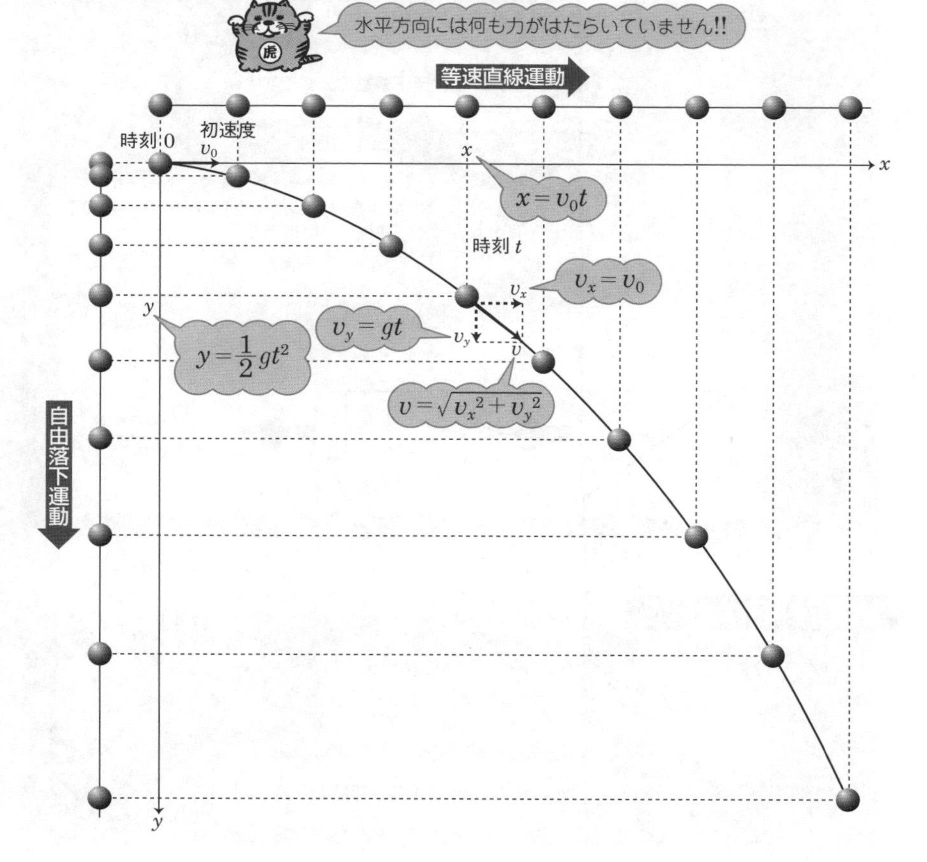

では，この図の補足説明を…

時刻$t=0$のときの水平方向の初速度をv_0とします。出発点を原点Oとして，水平方向右向きにx軸，鉛直方向下向きにy軸をとります。

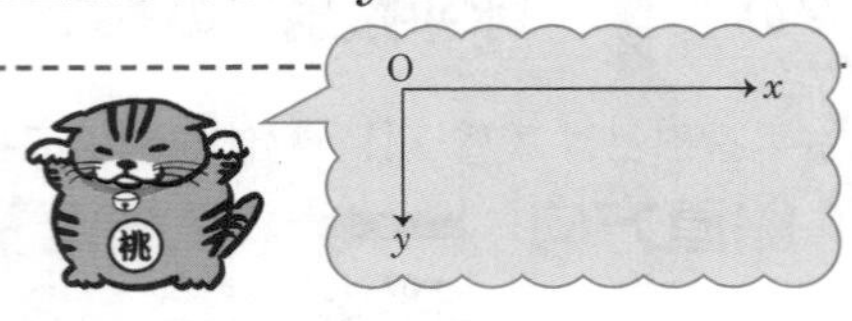

速度について

時刻tにおける速度vのx成分をv_x，y成分をv_yとすると…

$$v_x = v_0$$

等速直線運動ですから一定です!!

$$v_y = gt$$

Theme 6でおなじみ，自由落下運動の公式です!!

よって!!

時刻tにおける速さvは

向きを無視した“速度の大きさ”なので“速さ”と呼ぼう!!

$$v = \sqrt{{v_x}^2 + {v_y}^2}$$

これは三平方の定理です!!

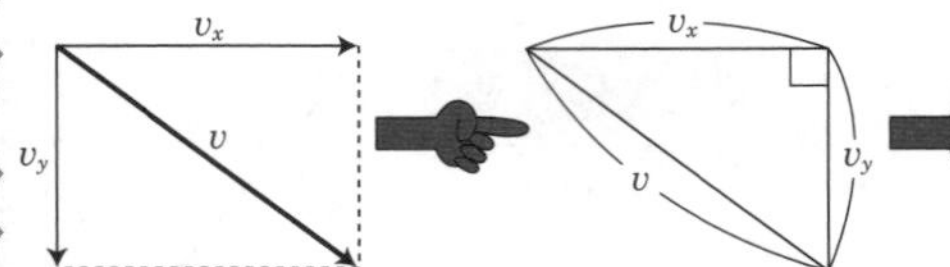

$v^2 = {v_x}^2 + {v_y}^2$

$\therefore \quad v = \sqrt{{v_x}^2 + {v_y}^2}$

位置（座標）について

時刻tにおける位置(x, y)は…

$$x = v_0 t$$

等速直線運動ですから…（速さ）×（時間）です!!

$$y = \frac{1}{2}gt^2$$

Theme 6でおなじみ，自由落下運動の公式です!!

さらに，自由落下の公式といえば…

$$v_y{}^2 = 2gy$$

も使いますよ!!　p.50参照!!

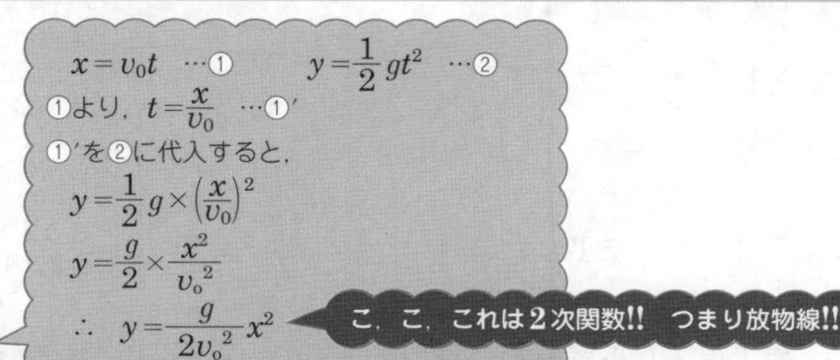

こ，こ，これは2次関数!!　つまり放物線!!

物理はとにかく問題をこなすべし!!　Let's Try!!

問題18　**キソ**

高さ22.5[m]の塔の上から，ボールを初速度21[m/s]で水平方向に投げ出した。このとき，次の各問いに答えよ。ただし，重力加速度を9.8 [m/s^2]とする。

(1)　地面に達するのは投げ出してから何秒後か。

(2)　塔の真下からボールの着地点までの水平距離は何mか。

(3)　着地点でのボールの速さを求めよ。ただし，$\sqrt{2} = 1.4$とせよ。

解答でござる　ポイントはすでに述べてあるとおりです!!

(1)　地面に達するまでの時間をt[s]とすると，鉛直方向は自由落下運動であるから，

$$22.5 = \frac{1}{2} \times 9.8 \times t^2$$

$$22.5 = 4.9t^2$$

$$225 = 49t^2$$

$$t^2 = \frac{225}{49}$$

自由落下運動
＝初速度0の落下運動

$y = \frac{1}{2}gt^2$

小数がイヤだから両辺を10倍する!!

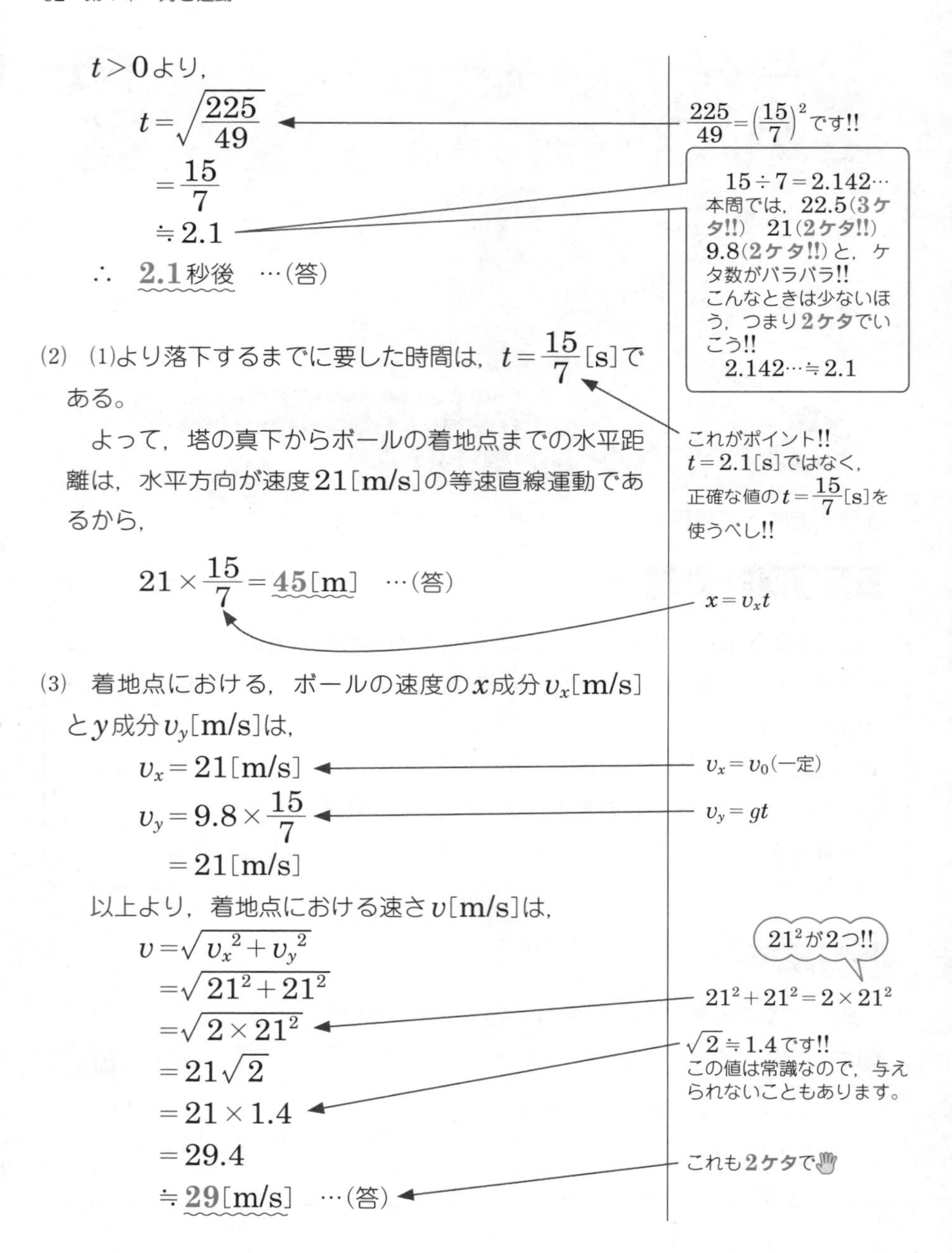

$t>0$ より，

$$t=\sqrt{\frac{225}{49}}$$

$$=\frac{15}{7}$$

$$\fallingdotseq 2.1$$

∴ **2.1**秒後 …(答)

$\frac{225}{49}=\left(\frac{15}{7}\right)^2$ です!!

$15\div 7=2.142\cdots$
本問では，22.5(**3ケタ!!**) 21(**2ケタ!!**) 9.8(**2ケタ!!**)と，ケタ数がバラバラ!!
こんなときは少ないほう，つまり**2ケタ**でいこう!!
$2.142\cdots \fallingdotseq 2.1$

(2) (1)より落下するまでに要した時間は，$t=\frac{15}{7}$[s]である。

よって，塔の真下からボールの着地点までの水平距離は，水平方向が速度21[m/s]の等速直線運動であるから，

$$21\times\frac{15}{7}=\mathbf{45}[\mathrm{m}] \quad \cdots(答)$$

これがポイント!!
$t=2.1$[s]ではなく，正確な値の $t=\frac{15}{7}$[s]を使うべし!!

$x=v_x t$

(3) 着地点における，ボールの速度の x 成分 v_x[m/s]と y 成分 v_y[m/s]は，

$$v_x=21[\mathrm{m/s}]$$

$$v_y=9.8\times\frac{15}{7}$$

$$=21[\mathrm{m/s}]$$

$v_x=v_0$(一定)

$v_y=gt$

以上より，着地点における速さ v[m/s]は，

$$v=\sqrt{{v_x}^2+{v_y}^2}$$

$$=\sqrt{21^2+21^2}$$

$$=\sqrt{2\times 21^2}$$

$$=21\sqrt{2}$$

$$=21\times 1.4$$

$$=29.4$$

$$\fallingdotseq \mathbf{29}[\mathrm{m/s}] \quad \cdots(答)$$

21^2が2つ!!

$21^2+21^2=2\times 21^2$

$\sqrt{2}\fallingdotseq 1.4$ です!!
この値は常識なので，与えられないこともあります。

これも**2ケタ**で

その2 “斜方投射”のお話

まず，水平方向となす角θで初速度v_0を与えるところから物語は始まるのであった…。

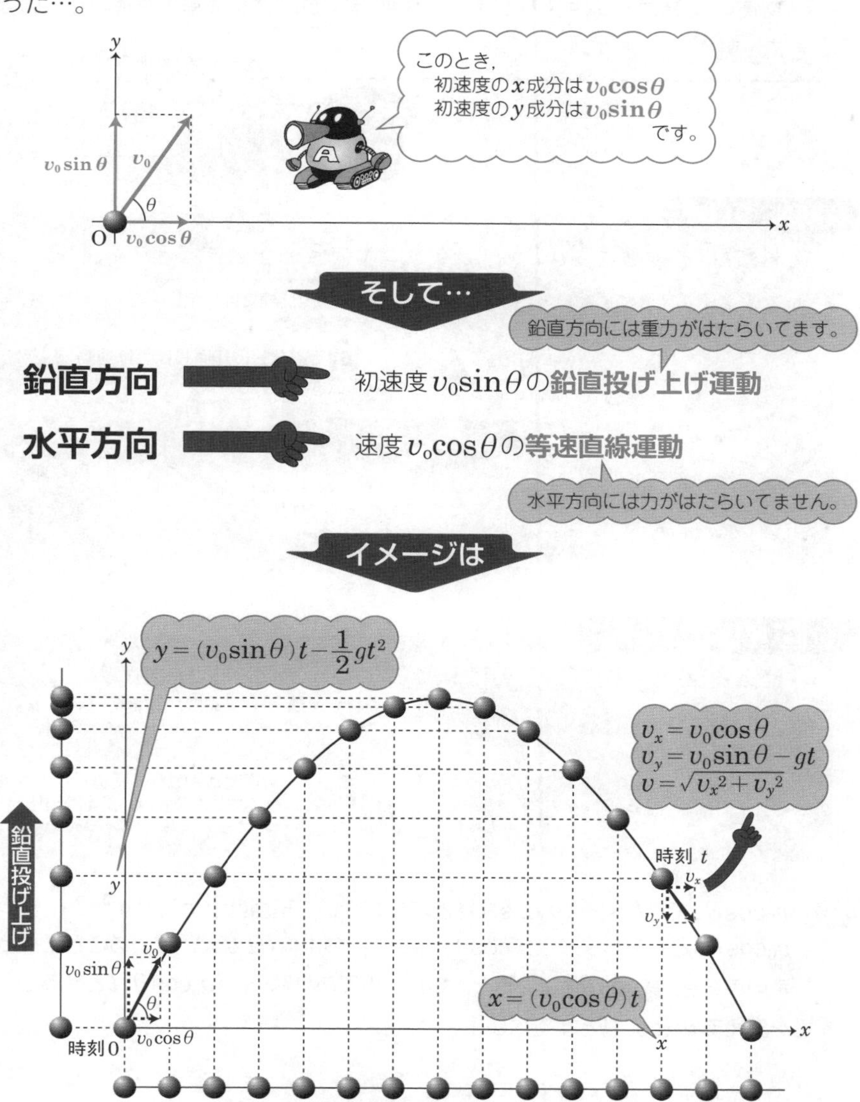

この図の補足説明をしておこう!!

物体の出発点を原点Oとして，水平方向右向きにx軸，鉛直方向上向きにy軸をとります。

速度について

時刻tにおける速度vのx成分をv_x，y成分をv_yとすると…

$$v_x = v_0\cos\theta$$

等速直線運動です!! 速度は一定!!

$$v_y = v_0\sin\theta - gt$$

Theme 6 でおなじみ鉛直投げ上げ運動の公式です!!

このとき!!

$$v = \sqrt{{v_x}^2 + {v_y}^2}$$

三平方の定理です!!

位置(座標)について

時刻tにおける位置(x, y)は…

$$x = (v_0\cos\theta)t$$

等速直線運動より，(速さ)×(時間)です。

$$y = (v_0\sin\theta)t - \frac{1}{2}gt^2$$

初速度$v_0\sin\theta$の鉛直投げ上げ運動です!! 公式はp.54参照!!

注 $v_0\cos\theta t$ではなく，$(v_0\cos\theta)t$と表現している理由は大丈夫ですか？
$v_0\cos\theta t$としてしまうと，cos□の□の中にθtが入っていることになってしまいます💦 $v_0\cos\theta$とtの積を表したいのであれば…，$(v_0\cos\theta)t$とするか，順番を変えて$v_0 t\cos\theta$とするべし!!

物理は問題をとおして理解しよう!!　とにかく演習です。

問題19　標準

水平な地面から斜め上方$30°$の方向に初速度49[m/s]でボールを投げた。重力加速度を9.8[m/s^2]として，次の各問いに答えよ。

(1)　最高点に達するのは何秒後か。

(2)　最高点の高さは何mか。

(3)　ボールが地面に落下するのは何秒後か。

(4)　ボールを投げた地点から落下点までの水平距離を求めよ。
ただし，$\sqrt{3} = 1.7$とする。

(5)　落下点におけるボールの速さ(速度の大きさ)を求めよ。

(6)　落下点におけるボールの速度の向きを次に示す例にならって答えよ。

例　斜め下方$45°$

ナイスな導入

とにかくコツは…

水平方向と**鉛直方向**に分けて考えよ!!　です。

水平方向はこの世で最も単純な“等速直線運動”であるから，まぁおいといて…

鉛直方向の“鉛直投げ上げ運動”をしっかり復習しておかなければ…

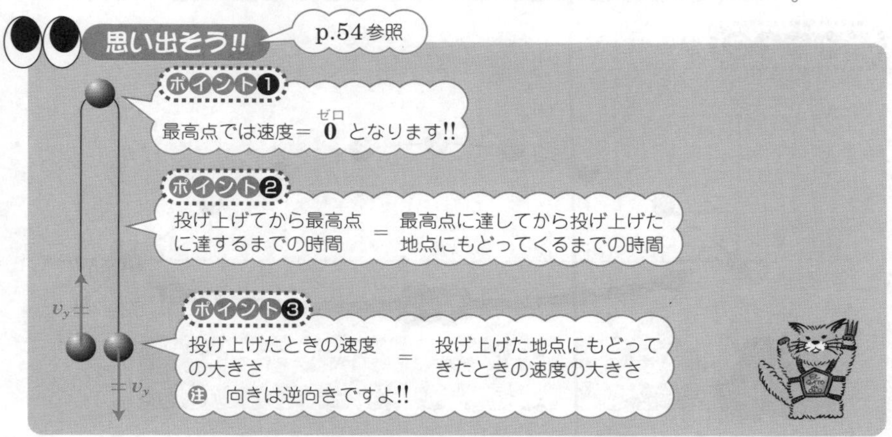

ポイント❶ から…

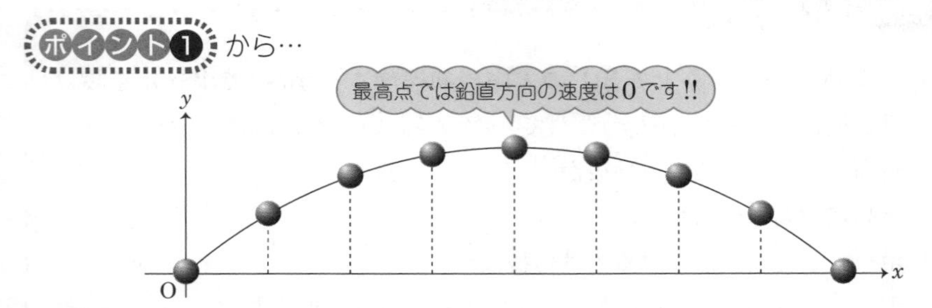

ポイント❷ から…

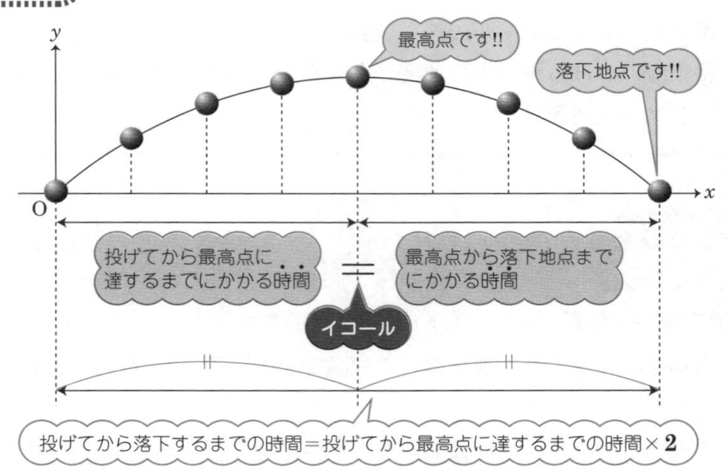

ポイント❸ から…

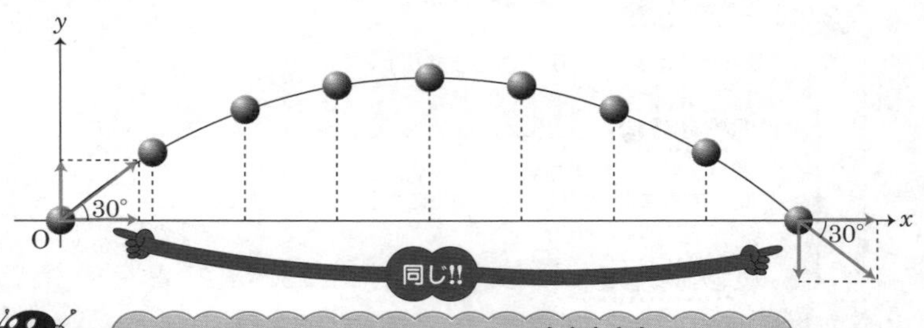

x方向の速度は一定!!　y方向の速度は同じ大きさで逆向き!!
つまり，図形的にはまったく同じ状況になります。

では，解答をつくりましょう。

解答でござる

初速度の水平成分 V_x，鉛直成分 V_y は，

$$V_x = 49\cos 30^\circ$$
$$= 49 \times \frac{\sqrt{3}}{2}$$
$$= \frac{49\sqrt{3}}{2}\,[\mathrm{m/s}]$$

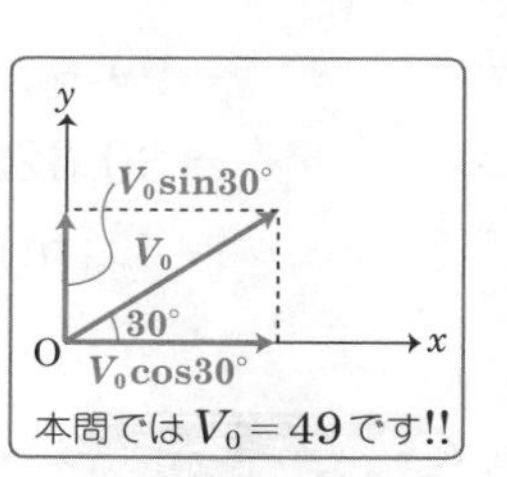

あとで $\sqrt{3} \fallingdotseq 1.7$ を用いて計算します。

$$V_y = 49\sin 30^\circ$$
$$= 49 \times \frac{1}{2}$$
$$= 24.5\,[\mathrm{m/s}]$$

(1)　鉛直方向は鉛直投げ上げ運動であるから，最高点での鉛直方向の速度は0である。これに注意して，投げ上げから最高点に達するまでの時間を T[s]とすると，

$$0 = V_y - gT$$
$$0 = 24.5 - 9.8T$$
$$9.8T = 24.5$$
$$T = \frac{24.5}{9.8}$$

$\therefore\ \ T = 2.5$

よって，最高点に達するのは，

2.5秒後　…(答)

公式です!!　p.54参照!!

$$v = v_0 - gt$$

今回は…
$v_0 = V_y = 24.5\,[\mathrm{m/s}]$
$v = 0\,[\mathrm{m/s}]$
$t = T\,[\mathrm{s}]$
です!!

(2)　最高点の高さを h[m]とすると，

$$h = V_yT - \frac{1}{2}gT^2$$
$$= 24.5 \times 2.5 - \frac{1}{2} \times 9.8 \times 2.5^2$$
$$= 30.625$$
$$\fallingdotseq 31[\mathrm{m}]$$ …(答)

公式です!!　p.54参照!!

$$y = v_0t - \frac{1}{2}gt^2$$

今回は…
$v_0 = V_y = 24.5$[m/s]
$t = T = 2.5$[s] ←(1)の答
$y = h$[m]
です!!

本問で登場する数字は
49[m/s]　9.8[m/s]
2ケタ!!　2ケタ!!
なので，解答も2ケタで!!
よって3ケタ目を四捨五入!!

別解でござる　tを消去した公式を用いる。

(2)　$0^2 - V_y{}^2 = -2gh$

$$-(24.5)^2 = -2 \times 9.8 \times h$$
$$h = \frac{(24.5)^2}{2 \times 9.8}$$
$$= 30.625$$
$$\fallingdotseq 31[\mathrm{m}]$$ …(答)

tを消去した公式を用いる。
公式です!!　p.54参照!!

$$v^2 - v_0{}^2 = -2gy$$

今回は…
$v = 0$[m/s]
$v_0 = V_y = 24.5$[m/s]
$y = h$[m]
です!!

計算ひとくちメモ

分数にしてしまうのはいかがでしょうか？

(2)　$h = V_yT - \frac{1}{2}gT^2$

$$= 24.5 \times 2.5 - \frac{1}{2} \times 9.8 \times 2.5^2$$
$$= \frac{49}{2} \times \frac{5}{2} - \frac{1}{2} \times \frac{98}{10} \times \left(\frac{5}{2}\right)^2$$
$$= \frac{49 \times 5}{4} - \frac{1}{2} \times \frac{49}{5} \times \frac{25}{4}$$
$$= \frac{245}{4} - \frac{245}{8}$$
$$= \frac{245}{8}$$
$$= 30.625$$
$$\fallingdotseq 31[\mathrm{m}]$$ …(答)

(3) ここがポイント!!

ボールを投げてから最高点に達するまでの時間	＝	ボールが最高点に達してから落下するまでの時間

p.66の ポイント❷ から…を参照!!

よって，ボールを投げてから地面に落下するまでの時間は，(1)の時間Tの2倍となる。

$$2T = 2\times 2.5$$
$$= \mathbf{5.0}\,[\mathrm{s}] \quad \cdots(\text{答})$$

これも2ケタでっ…

(4) 水平方向は，速度$V_x=\dfrac{49\sqrt{3}}{2}$[m/s]の等速直線運動であるから，(3)の結果より，ボールを投げた地点から落下地点までの水平距離は，

$$V_x\times 2T = \frac{49\sqrt{3}}{2}\times 5.0$$
$$= \frac{49\times 1.7}{2}\times 5.0$$
$$= 208.25$$
$$\fallingdotseq \mathbf{210}\,[\mathrm{m}] \quad \cdots(\text{答})$$

$\sqrt{3}\fallingdotseq 1.7$です。
本問では与えられてますが，
覚えておくべき数字です。

今回も210で
2ケタ!!

もちろん!! 2.1×10^2[m]としてもOKです。

(5) ここがポイント!!

初速度の大きさ ＝ 落下地点での速度の大きさ

もちろん!! 両者の高さは同じでなければいけませんよ!!

よって，落下地点での速さ(速度の大きさ)は，

49[m/s] …(答)

計算する必要なし!!

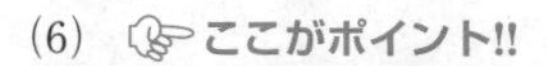

・落下地点での速度の水平成分＝初速度の水平成分
・落下地点での速度の鉛直成分は，初速度の鉛直成分と同じ大きさで逆向き

よって，初速度の方向が斜め上方30°の方向であったから，落下地点における速度の方向は，

斜め下方30° …(答)

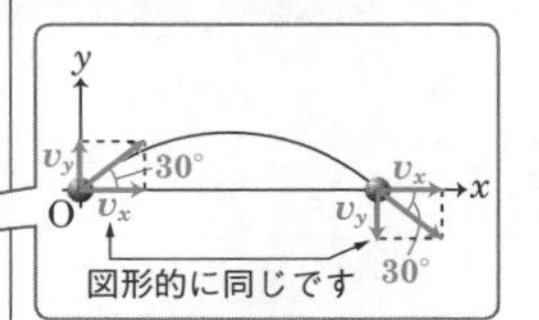

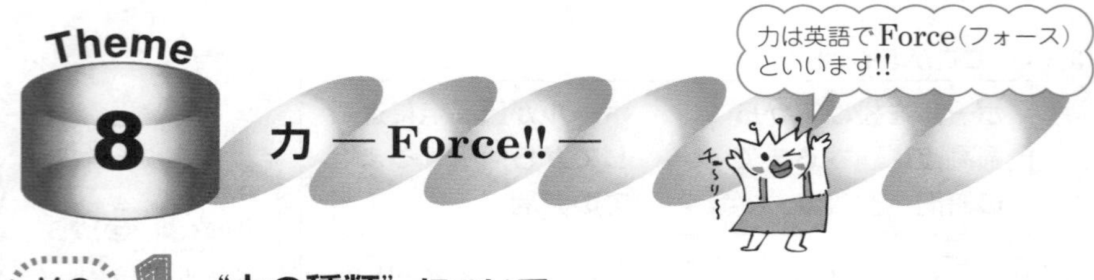

力 ―Force!!―

その1 “力の種類” について…

“力” とは目に見えないものですが，物体を変形させたり，速度を変化させたりすることで，その存在を知ることができます。

ある物体を伸ばしたり，曲げたり…
ある物体の速度を速くしたり，遅くしたり，止めたり，あるいは速度の方向を変えたり…

で!! これから登場する “力” を先まわりして紹介しておこう!!

重　力

地球が万有引力により地球上の物体を引く力である。

注 地球を離れている物体(空中の物体)にも作用する。
万有引力についてはp.308を読むべし!!

糸の張力

ピンっと張った糸(あるいは綱など)が物体を引く力である。

注 糸がピンっと張っているときだけ作用する。もちろん!! 糸がたるんでいてはダメですよ。

ばねの弾性力

ばね(つるまきばね)の伸びや縮みにより生じる力である。

注 物体の変形により生じる力を一般に弾性力と呼びます。例えば，ゴム状の物体やプラスチックの板などを変形させると力が生じますよね。

摩擦力

物体が他の物体と接触しながら動くときにはたらく力である。いずれ静止摩擦力と動摩擦力の2種類をおもに学ぶことになる!!

垂直抗力

2つの物体が接触するとき，接触面に対してお互いに垂直に押し合う力です。今後やたら登場しますよ!!

電気力

帯電した(電気を帯びた)物体どうしの間で作用する力です。いずれ公式とともに学ぶことになります。

磁気力

磁気(磁石などから生じる目に見えないあれですよ!!　あれ!!)により生じる力です。これもいずれしっかり学びましょう。

これら以外に浮力，圧力，流体の抵抗力(空気抵抗など)，表面張力などがあります。聞いたことはあるでしょう!?

“力の単位と表現方法” について…

力の単位

質量1kgの物体に$1\,\mathrm{m/s^2}$の加速度を生じさせる力を**1N**と定義する。このとき単位は**N**で**ニュートン**と読む。

力は矢印で表せ!!

力には“大きさ”と“向き”があります!!

これをうまく表現するには…，矢印の長さで力の“大きさ”を表し，矢印の向きで力の“向き”を表すしかない!! この矢印を**ベクトル**と呼びます。ベクトルなので$\vec{F}$と表します。

作用線とは!?

力が作用している点を力の**作用点**と呼び，作用点を通って力の向きに引いた直線を**作用線**と呼びます。

注 上の矢印で，矢印の向きは力の“向き”を表し，矢印の長さは力の“大きさ”を表してます。さらに，力の大きさ，力の向き，作用線(あるいは作用点)を**力の三要素**と申します。

矢印は動かせる!!

物体に作用する力は，作用線上であれば移動可能です。つまり，自分の都合のよいように矢印をかき直すことができます。

その3 "力の合成" のお話

複数の力が物体に作用するとき，これらの力の合計が**合力**として物体に作用します。この合力を求めることを**力の合成**と呼びます。

で!! 力はベクトル(大きさと向きがある量)であるから，**平行四辺形の法則**により，合力を求めることができます。

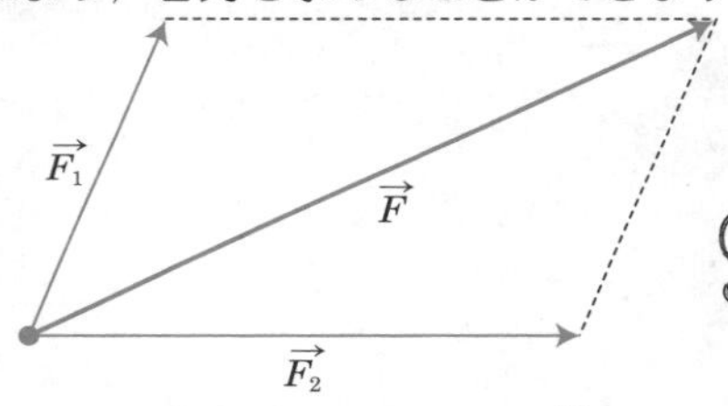

左図のように，$\overrightarrow{F_1}$ と $\overrightarrow{F_2}$ の合力 $\overrightarrow{F}$ の向きは平行四辺形の対角線の向きであり，合力 $\overrightarrow{F}$ の大きさは対角線の長さである。

では，実際にやってみよう!!

問題20　**キソのキソ**

右図のように，ある物体に2つの力 $\overrightarrow{F_1}$ と $\overrightarrow{F_2}$ が作用している。これらの大きさはともに10[N]であり，作用線のなす角は120°である。$\overrightarrow{F_1}$ と $\overrightarrow{F_2}$ の合力 $\overrightarrow{F}$ の大きさを求めよ。

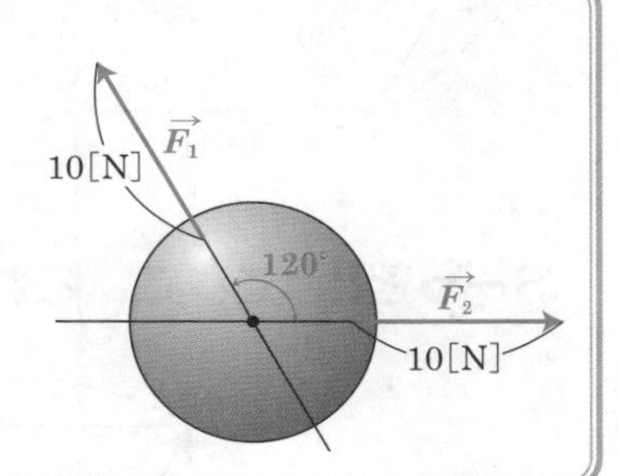

ナイスな導入

ベクトルは作用線上で移動可能であるから，離れている矢印の根もとをくっつけましょう!!

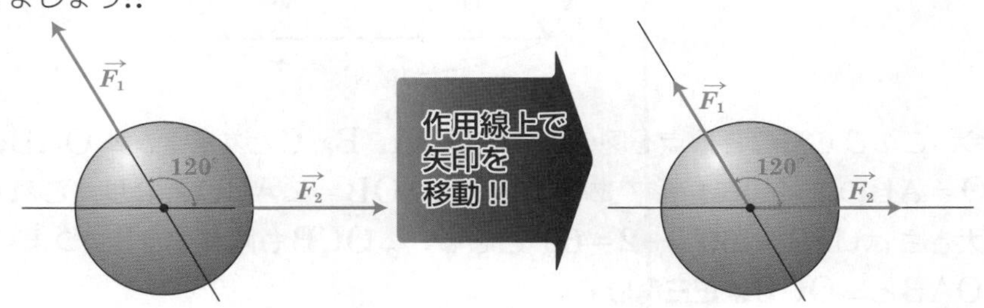

こうなれば平行四辺形の法則の出番です。

本問の特徴は，$\overrightarrow{F_1}$と$\overrightarrow{F_2}$の大きさがともに10[N]で，作用線のなす角が120°であることです。

ここからは図形のお話です。

おーっと!! こ，こ，これは…

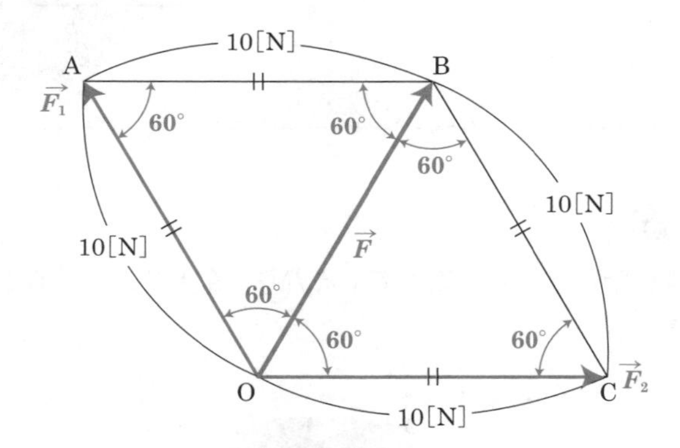

今，このひし形の各頂点を図のようにO，A，B，Cとすると，△OABはAO＝ABの二等辺三角形であるから，∠AOB＝∠ABOとなり，これらの大きさは(180°−60°)÷2＝60°となる。△OCBも同様です!! つまり，△OABと△OCBは**正三角形**です。

よって，合力$\overrightarrow{F}$の大きさはOBの長さであるから，OB＝OA＝OCであるので，**10[N]**となる!!

解答でござる

$\overrightarrow{F_1}$と$\overrightarrow{F_2}$で決定する平行四辺形を，下図のようにOABCとする。

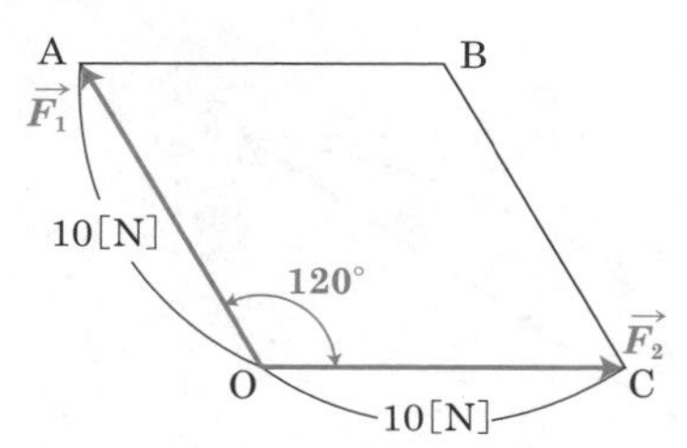

このとき，平行四辺形OABCはひし形となり，∠AOC=120°であることから，△OABと△OCBはともに正三角形となる。

$\overrightarrow{F_1}$と$\overrightarrow{F_2}$の合力$\overrightarrow{F}$の大きさは，OBの長さであるから，

10[N] …(答)

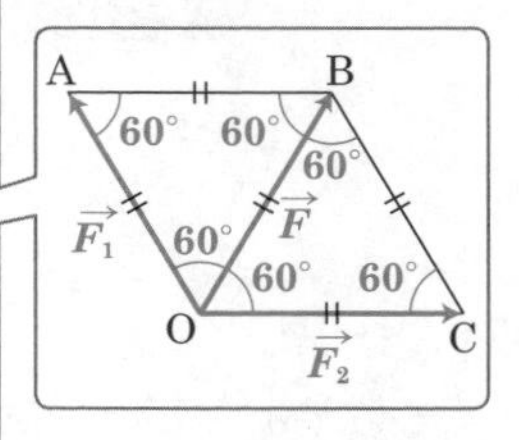

その4 “力の分解” のお話

ズバリ!! 力の合成の逆ですよ!!

一般に，1つの力を平行四辺形の法則を用いて2つの力に分解することを**力の分解**と呼び，この2つの力を**分力**と呼びます。

そのなかでもよく用いられる力の分解は，互いに直交する向きに力を分解するパターンで，x成分，y成分なんて呼んだりします。

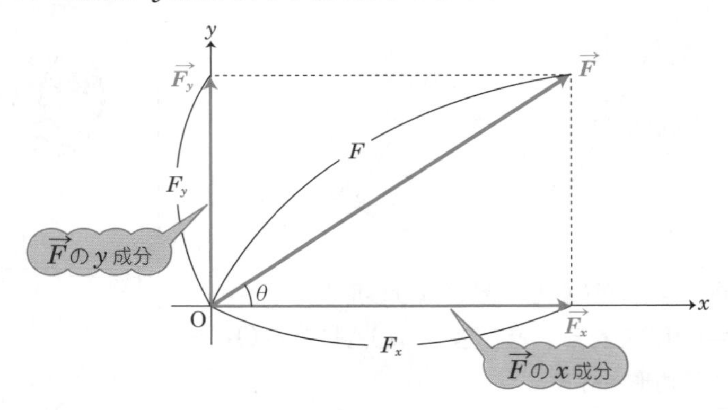

もはやおなじみの話ですが…，上図において，$\overrightarrow{F}$の大きさをF，$\overrightarrow{F_x}$の大きさをF_x，$\overrightarrow{F_y}$の大きさをF_yとすると…

$$F_x = F\cos\theta$$
$$F_y = F\sin\theta$$

また，この表し方かぁ…

と表されます。

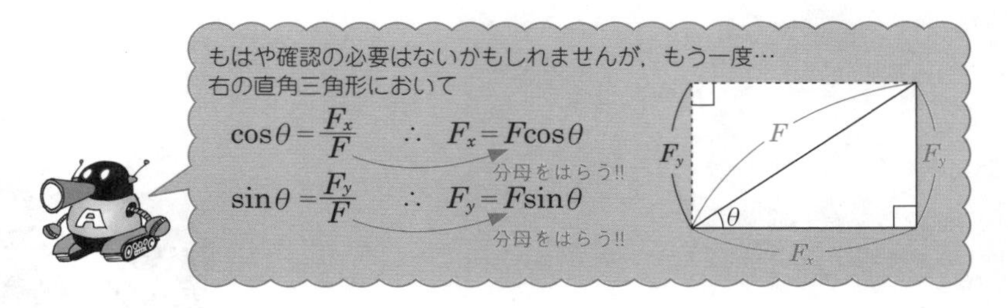

力のつり合い

ボクたちの暮らしのなかでも，いろんなところで力がつり合ってるよ!!

1 “力がつり合う”ためには…??

2つの力がつり合うためには，次の3つの条件が必要です。

大きさが等しい!!

同一作用線上にある!!

お互いに逆向きである!!

これらの条件がそろえば，2つの力はつり合います。

左図の場合…
桃太郎＋じゅうたんを地球が引っ張る力，つまり引力 $\vec{F_1}$ と床が桃太郎を支える垂直抗力 $\vec{F_2}$ はつり合ってます。

注　上図の場合，$\vec{F_1}$ と $\vec{F_2}$ の合力は0です。力がつり合っている場合，必ずこれらの合力は0となります。

問題21　キソ

水平な2点A，Bにひもの両端を固定し，その途中の点Oに鉛直下向きに6.0[N]の力を加えたところ，右図のような状態となった。このとき，ひもOAの張力を求めよ。

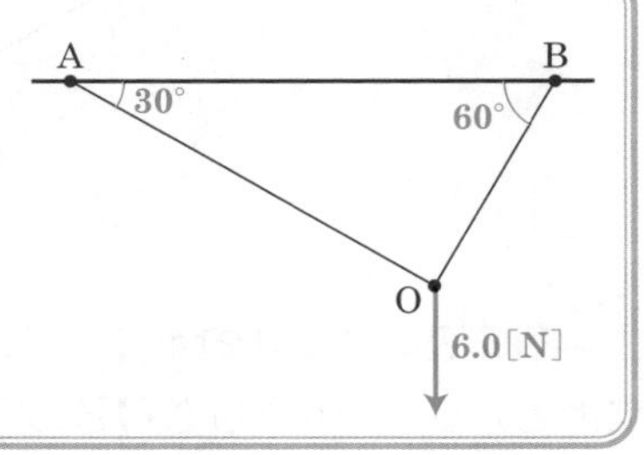

ナイスな導入

今まで，力はベクトルなので$\overrightarrow{F}$と忠実に表現してまいりましたが，問題において“力を求めよ!!”と言われたら，単に“力の大きさ”を求めればOKであることが常識となっております。ですから，本問からは$\overrightarrow{F_1}$や$\overrightarrow{F_2}$といった表現ではなく，F_1やF_2と表しますので，よろしくお願いします。

では!!　本問の解説を始めます。

“力がつり合う”条件を思い出しましょう!!

①大きさが等しい　②同一作用線上　③お互いに逆向き　ということは…

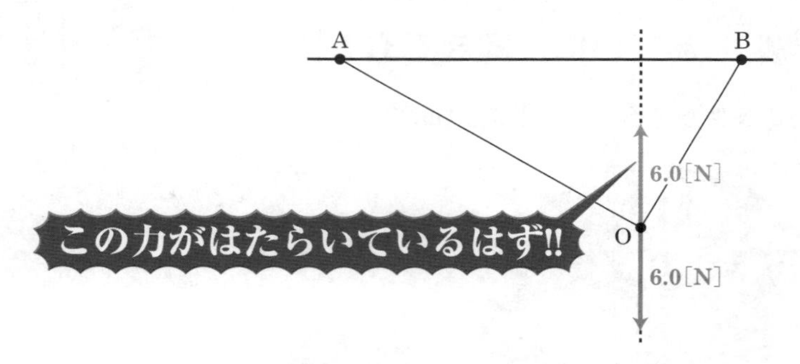

この鉛直上向きの力6.0[N]は，ひもOAとひもOBがピンっと張ることによる力，つまり張力の合力である!!

よって!!

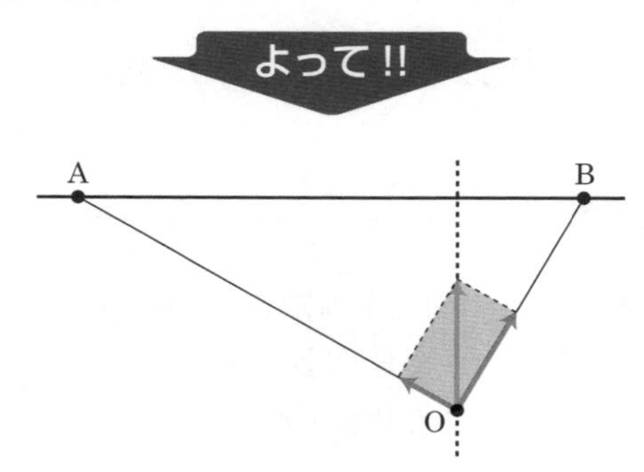

平行四辺形の法則を用いて，この6.0[N]をOAとOBの方向に分解すれば，これらがひもOAとひもOBの張力である。

ここで，$\angle \mathrm{OAB}=30^\circ$，$\angle \mathrm{OBA}=60^\circ$であるから，$\angle \mathrm{AOB}=90^\circ$となる。

さらに，Oから辺ABに垂線を下ろすと，右図のような角度に…

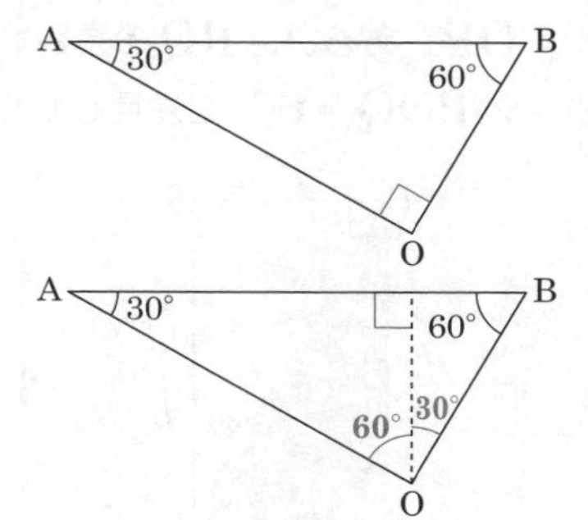

ひもOAの張力をF_1，ひもOBの張力をF_2とすると，

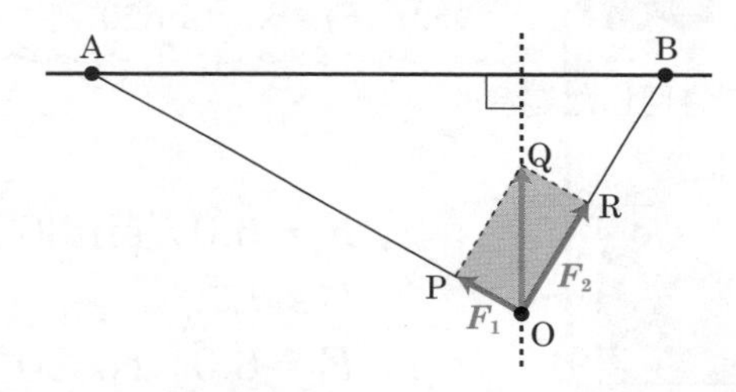

このとき，平行四辺形OPQRは，$\angle \mathrm{POR}=90^\circ$により長方形である。長方形OPQRを拡大すると…

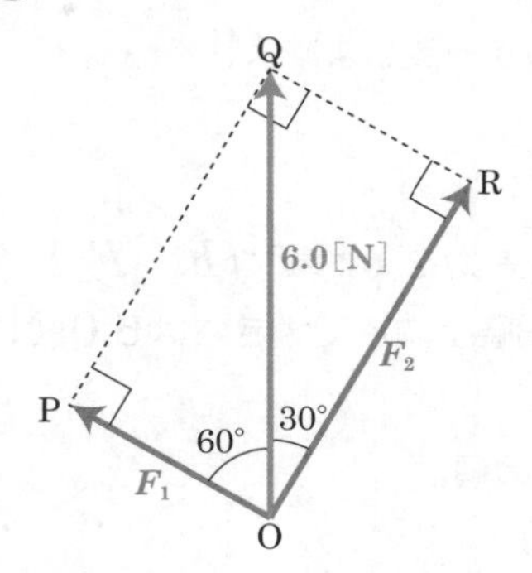

問われているのは，ひもOAの張力，つまりF_1であるから…

OP，あるいはRQの長さを求めればよい。

$\angle$POQ $= 60°$ に注目した場合…

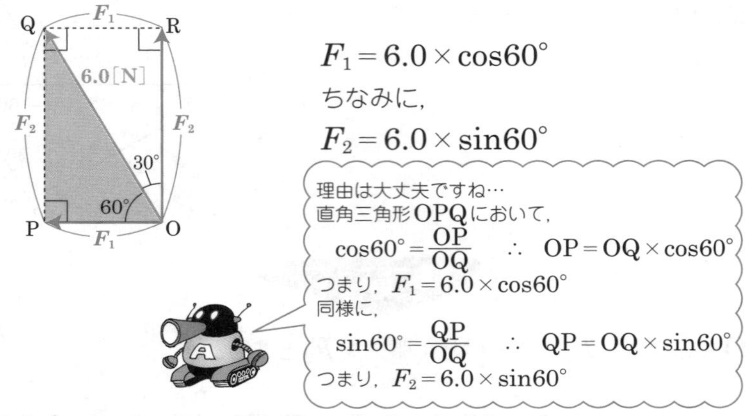

$F_1 = 6.0 \times \cos 60°$

ちなみに，

$F_2 = 6.0 \times \sin 60°$

$\angle$ROQ $= 30°$ に注目した場合…

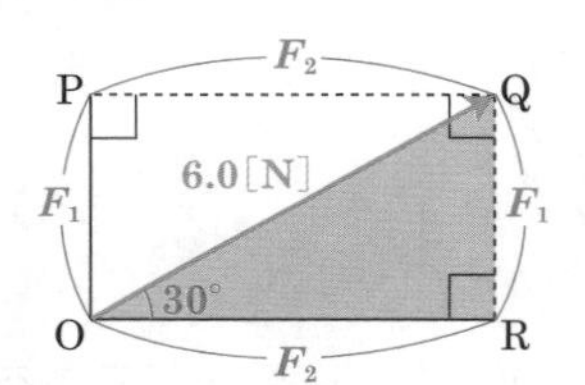

$F_1 = 6.0 \times \sin 30°$

ちなみに，

$F_2 = 6.0 \times \cos 30°$

30°を使うか？　60°を使うか？　は人によって自由なので，途中式は2とおりあります。が!!　解答は必ず一致しますよ!!

解答でござる

ひもOAとひもOBの張力をそれぞれ F_1，F_2 とすると，F_1 と F_2 の合力は鉛直上向きで大きさは6.0[N]になる。

よって，求めるべき F_1 の値は，

$$F_1 = 6.0 \times \cos 60°$$
$$= 6.0 \times \frac{1}{2}$$
$$= \underline{3.0}\,[\mathrm{N}] \quad \cdots(答)$$

$\cos 60° = \dfrac{1}{2}$ です!!

その2 “作用・反作用の法則”

物体Aが物体Bにある力をおよぼすと…，物体Bも物体Aに**同一作用線上で，大きさが同じで逆向き**の力を同時におよぼします。これを“作用・反作用の法則”と呼びます。作用する力と反作用する力がそれぞれ**別々の物体にはたらく一組の力**です。

では，ウザイ問題を…

問題22　キソのキソ

ある物体を水平な床に置いた。右図のようにこの物体と床にはF_1，F_2，F_3の力が作用している。

(1)　つり合いの関係にあるのは，どれとどれか。

(2)　作用・反作用の関係にある力は，どれとどれか。

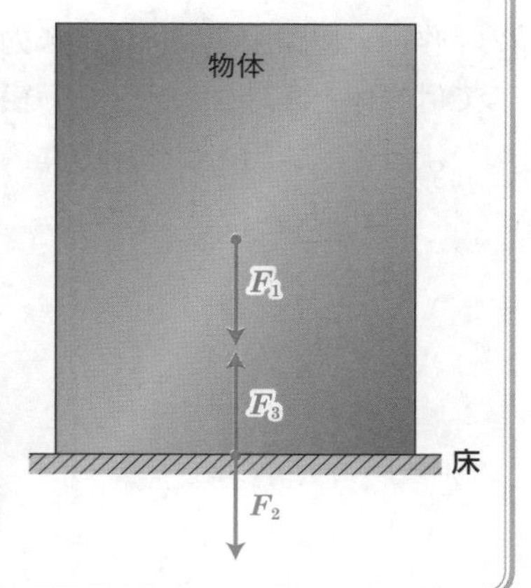

ナイスな導入

それぞれの力について説明しておこう!!

F_1 ➡ 物体の中心(いわば重心)から矢印が鉛直下向きにかいてあります。これは，地球が物体を引っ張ることにより生じる力です。すなわち，この物体にはたらく**重力**(p.83で学習します)を表します。

F_2 ➡ この物体が床におよぼしている力です。
たしかに，F_2の原因となっているのはF_1であり，F_1とF_2の大きさは等しいのですが，**意味の違い**をしっかり押さえておいてください。

F_3 ➡ 床がこの物体におよぼしている力です。

これらを踏まえて…

解答でござる

(1)　2つの力がつり合っていることを考えるうえで注意することは，**同一の物体にはたらく力**がつり合っていなければならないということである。

よって，つり合いの関係にある力は，

F_1とF_3　…(答)

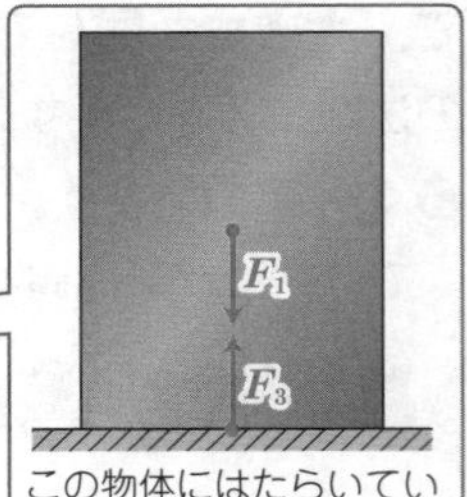

この物体にはたらいている力は，F_1とF_3です!!

(2)　作用・反作用の関係にある力は，**別々の物体**(本問では物体と床)**にはたらく一組の力**です。

よって，作用・反作用の関係にある力は，

F_2とF_3　…(答)

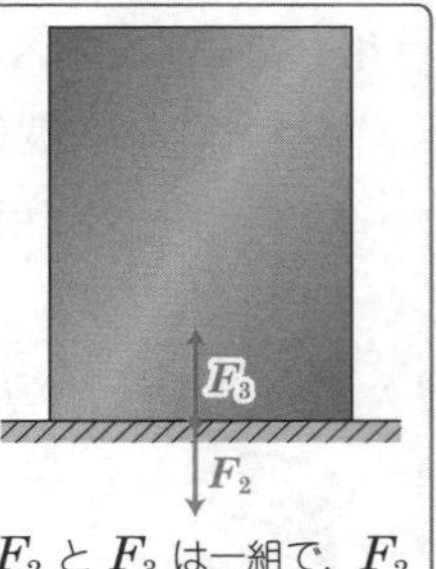

F_2とF_3は一組で，F_2は床に，F_3は物体に別々にはたらいている。

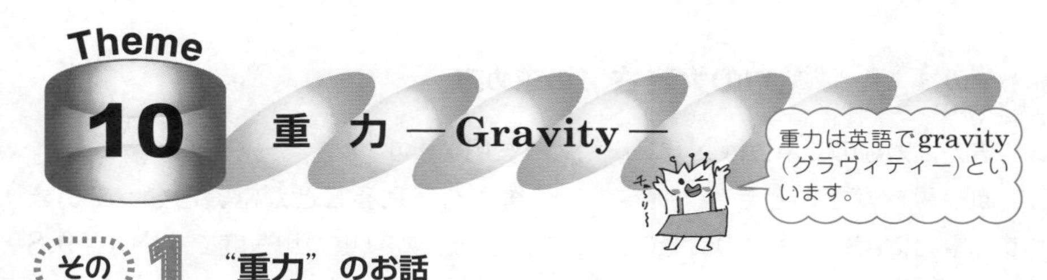

その1 “重力”のお話

世の中のすべての物体の間には，例外なく互いに引力が生じており，これを**万有引力**と呼びます。

驚くかもしれませんが，机の上に置いてあるボールペンと消しゴムの間にも万有引力が生じています。しかしながら，この力は弱く，無視できる程度です。万有引力についての詳しいお話は Theme 28 にて…

で!! 地球と地球上の物体も互いに引力をおよぼし合っており，地球があまりにも巨大なため，この引力は無視できるものではありません。この引力が**重力**です。

その2 “重さと質量”の意味の違いとは…?

物体にはたらく重力の大きさを**重さ**といいます。つまり，重さは重力によって変化します。例えば，同じ物体であっても地球上での重さと月面上での重さは違いますよね??

これに対して，**質量**とは，その物体を構成している原子や分子の種類や個数で決まる値で，重さのような不安定な値ではない!! 通常，地球上での重さをその物体の質量と考える。

例えば，地球上で60kgの物体は，質量は60kg，重さも60kgである。月面上でのこの物体の質量は60kgのままで変化しないが，重さは変化してかなり軽くなる。

で!! 質量の単位は**キログラム[kg]**を用います。

 “重力の大きさ”の求め方

重力は力なので単位はN(ニュートン)を用います。

断り書きがないときは，地球上での重さを考えることが常識となっています。重力により，物体の質量によらず一定の加速度(重力加速度です!!) $g=9.8$ [m/s^2]を得ることは，すでに学習してます(p.50参照!!)。

よって!!

1[kg]の物体に加速度1[m/s^2]を与える力が1[N]であるから…

$\times m$　　　　$\times g$

m[kg]の物体に加速度g[m/s^2]を与える重力W[N]は…

$$W = mg \text{ [N]}$$

となる。

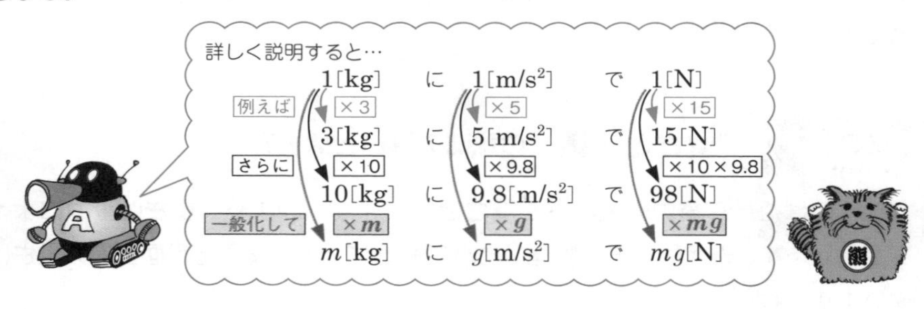

問題23 **キソのキソ**

10[kg]の物体にはたらく重力を求めよ。ただし，重力加速度は，$g=9.8$ [m/s^2]とする。

解答でござる

10[kg]の物体にはたらく重力は，

$10 \times 9.8 = 98$[N] …(答)

$W=mg$です!!
本問では，$m=10$[kg]です。

ばねの弾性力とフックの法則

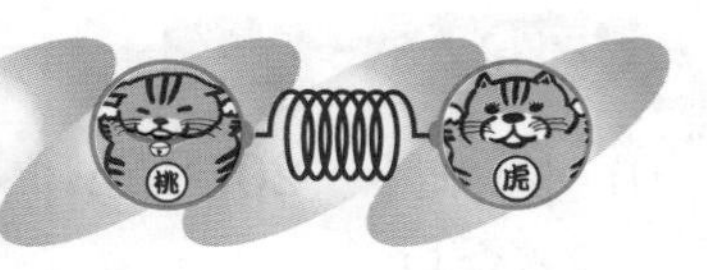

その1　“フックの法則”とは…??

物体を変形させるとき，その変形の大きさは加えた力に比例することが実験により知られています。このとき，加える力は小さいことが条件で，これを“**フックの法則**”といいます。

特に“ばね”の場合，次のような公式を用いる。

ばねの場合のフックの法則

ばねにF[N]の力を加えたとき，ばねがx[m]伸びたり縮んだりしたとすると，次の公式，

$$F = kx$$

が成立する。

このとき，kは**ばね定数**と呼び，単位は[N/m]である。

問題24 キソ

(1) ばね定数が20[N/m]であるばねを，3.0[cm]伸ばすために必要な力を求めよ。

(2) 0.50[N]の力を加えると，2.0[cm]縮むばねのばね定数を求めよ。

先ほどの公式…

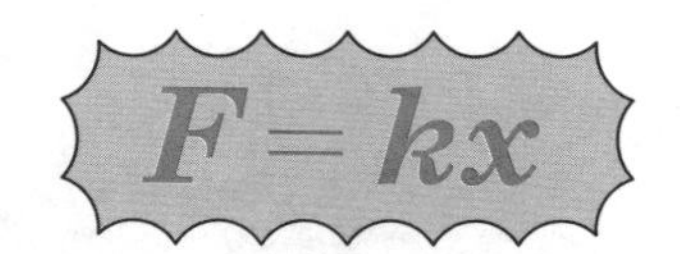

で，すべて解決します!!

解答でござる

(1) ばね定数$k=20$[N/m]

ばねが伸びた長さ$x=3.0$[cm]$=0.030$[m]

以上より，求める力F[N]は，

$$F=kx$$
$$=20\times0.030$$
$$=\mathbf{0.60}\text{[N]}$$ …(答)

> 1[m]=100[cm]
> つまり
> 1[cm]=0.01[m]
> つまり
> 3.0[cm]=0.030[m]

(2) 加えた力$F=0.50$[N]

ばねが縮んだ長さ$x=2.0$[cm]$=0.020$[m]

以上より，求めるばね定数をk[N/m]として，

$$F=kx$$
$$0.50=k\times0.020$$
$$50=2k$$
$$k=\mathbf{25}\text{[N/m]}$$ …(答)

> 1[m]=100[cm]
> つまり
> 1[cm]=0.01[m]
> つまり
> 2.0[cm]=0.020[m]

両辺を100倍しました。
少数はキライ!!

問題25　キソ

右図のように，あるばねを10[N]の力で引っ張ったとき，次の各値を求めよ。

(1)　点Aでばねがもとにもどろうとする力の大きさを求めよ。

(2)　点Bでばねがもとにもどろうとする力の大きさを求めよ。

(3)　点Bで壁がばねを引っ張っている力の大きさを求めよ。

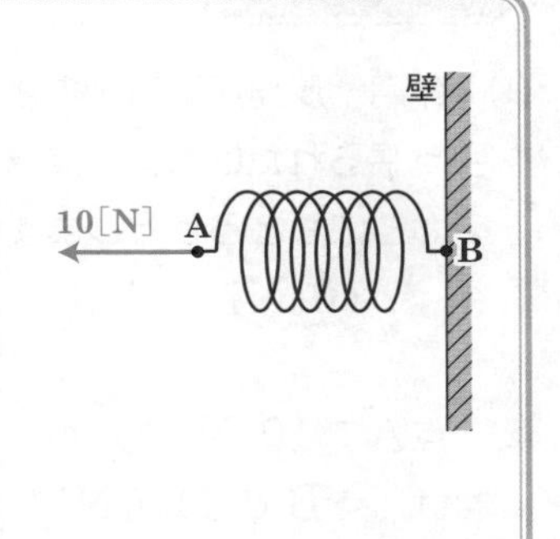

ナイスな導入

この問題はかなり重要ですよ!!

下図に示す，力の関係をしっかり頭に入れてください。

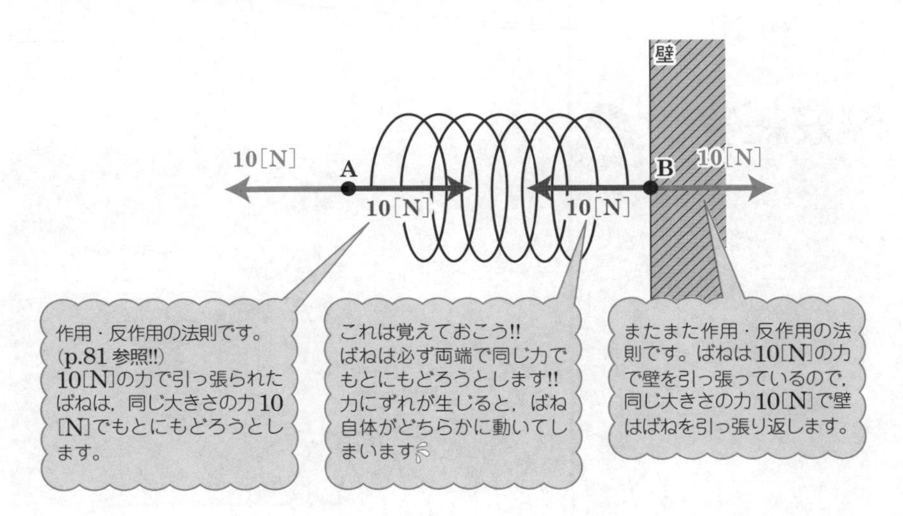

解答でござる

(1)　作用・反作用の法則により，点Aで10[N]の力で引っ張られたばねは，点Aで同じ大きさの力10[N]でもとにもどろうとします。

10[N]　…(答)

(2)　点Aで10[N]の力でもとにもどろうとしているばねは，点Bでも10[N]の力でもとにもどろうとしている。

10[N]　…(答)

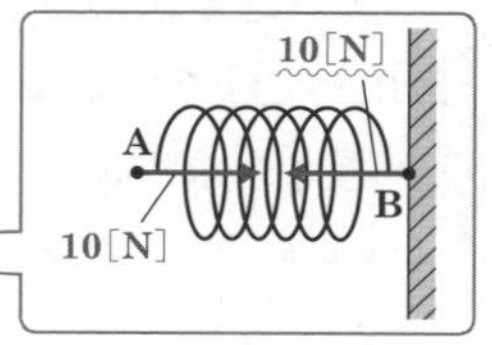

(3)　作用・反作用の法則より，点Bで10[N]の力で引っ張られた壁は，点Bで同じ大きさの力10[N]でばねを引っ張り返す。

10[N]　…(答)

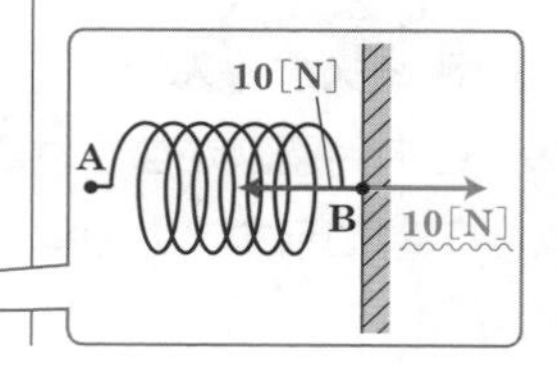

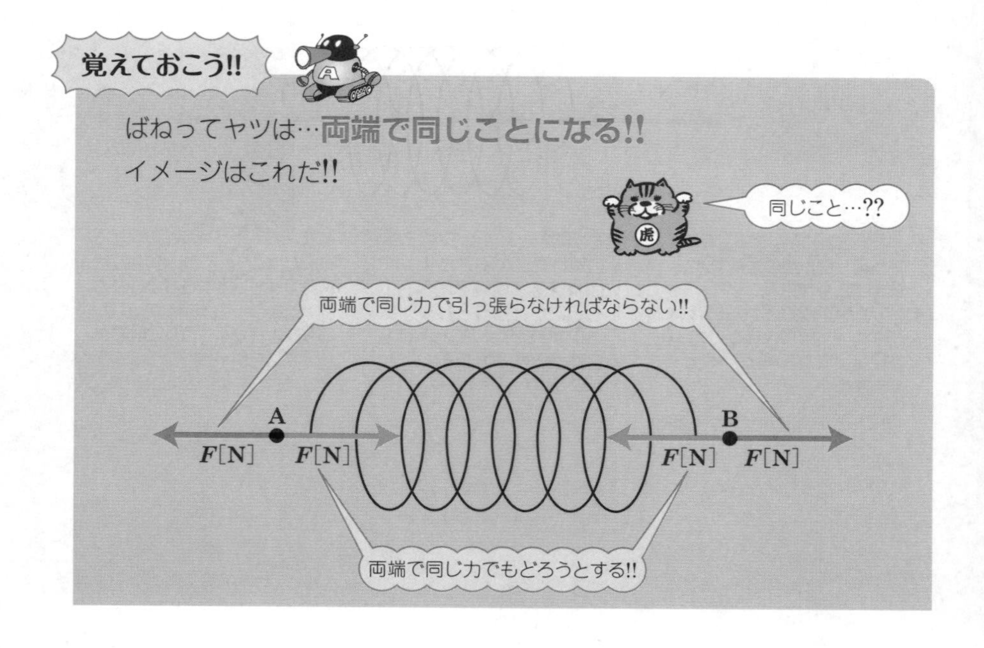

つまーり!! 問題25 では，壁がもう一方で引っ張っているわけです。

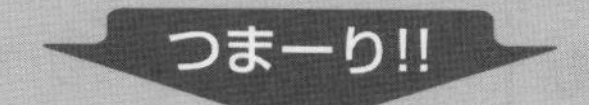

次の2つのケースは同じです!!

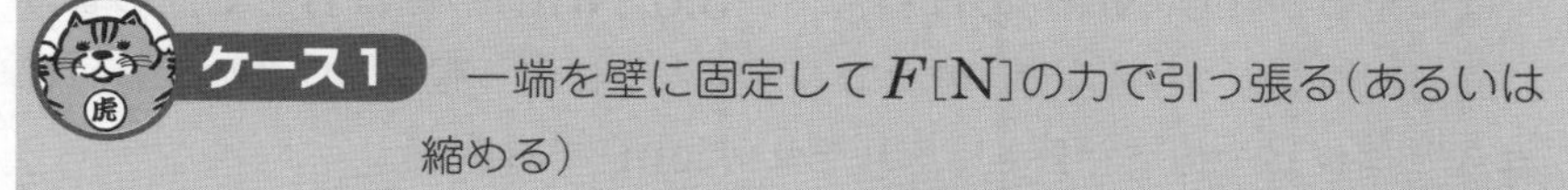

ケース1 一端を壁に固定して F[N]の力で引っ張る（あるいは縮める）

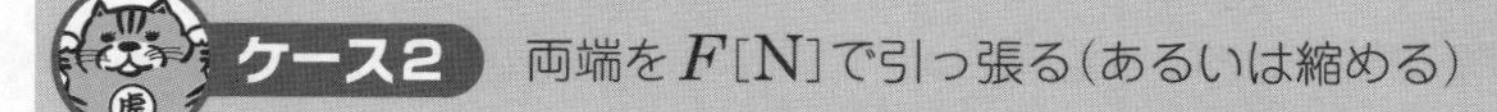

ケース2 両端を F[N]で引っ張る（あるいは縮める）

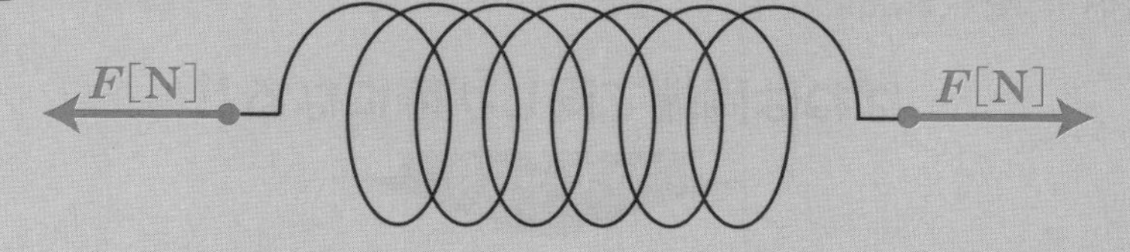

注 とゆーわけで…，ケース2 の場合，ばねにかかる力が $2F$[N]と思ってはいけません!!

$F \times 2$

 “ばねを直列につなぐ”お話

じつは，準備は 問題25 で万全です。いきなり問題へGO!!

問題26 キソ

ばね定数が5.0[N/m]のばねAと，3.0[N/m]のばねBを下図のように直列につなぎ，0.15[N]の力で右側を水平に引っ張った。このとき，ばねAとばねBの伸びた長さはそれぞれ何[cm]であるか。

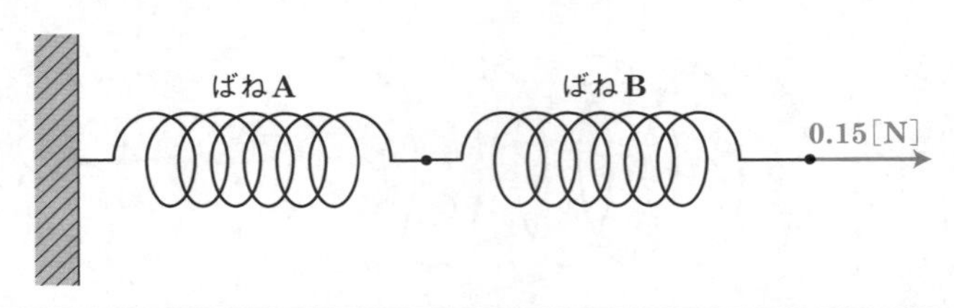

ナイスな導入

p.88の 覚えておこう!! でも述べたとおり…

ばねは両端で同じ状態になる!!

つまーり!!

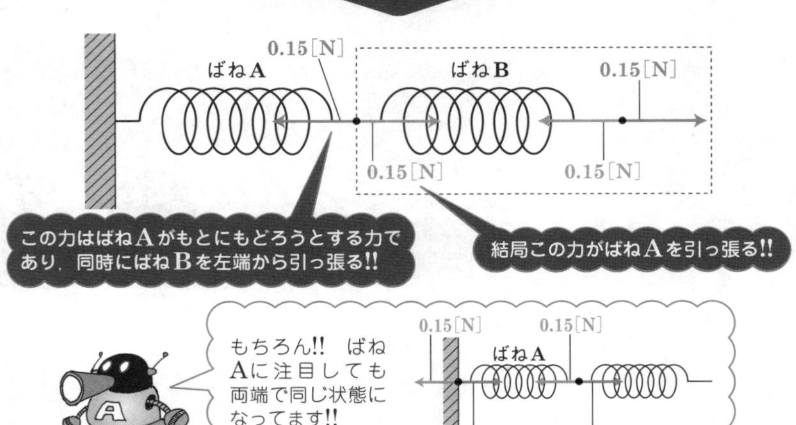

結論です!!

ばねBを右端から引っ張った0.15[N]の力は…

そのままばねAに伝わる!!

よって，ばねAも0.15[N]の力で引っ張られる。

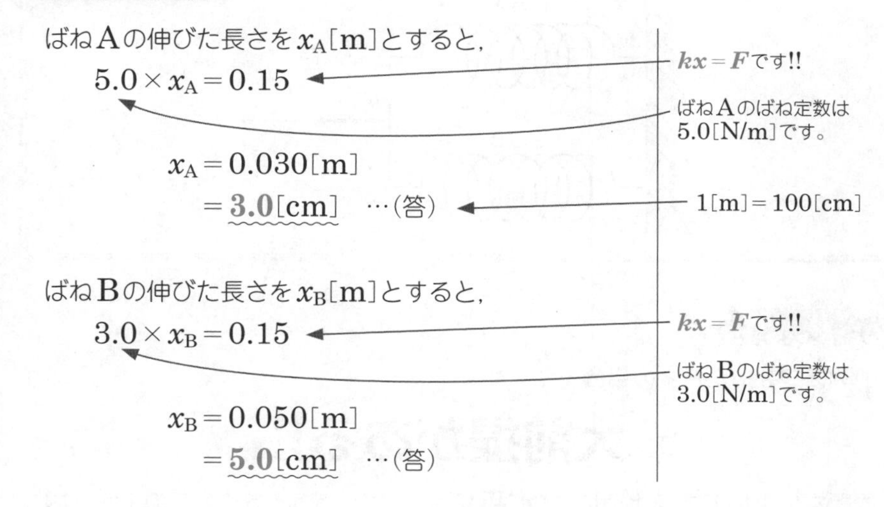

解答でござる

ばねAの伸びた長さをx_A[m]とすると，

$$5.0 \times x_A = 0.15$$

$$x_A = 0.030[\mathrm{m}]$$

$$= \mathbf{3.0}[\mathrm{cm}] \quad \cdots(答)$$

ばねBの伸びた長さをx_B[m]とすると，

$$3.0 \times x_B = 0.15$$

$$x_B = 0.050[\mathrm{m}]$$

$$= \mathbf{5.0}[\mathrm{cm}] \quad \cdots(答)$$

　“ばねを並列につなぐ方法”

今回もいきなり問題に突入しよう!!

問題27　キソ

ばね定数が5.0[N/m]であるばねAと，3.0[N/m]であるばねBを下図のように並列につなぎ，0.16[N]の力で右端を水平に引っ張った。このとき，ばねAとばねBの伸びた長さはそれぞれ何[cm]か。

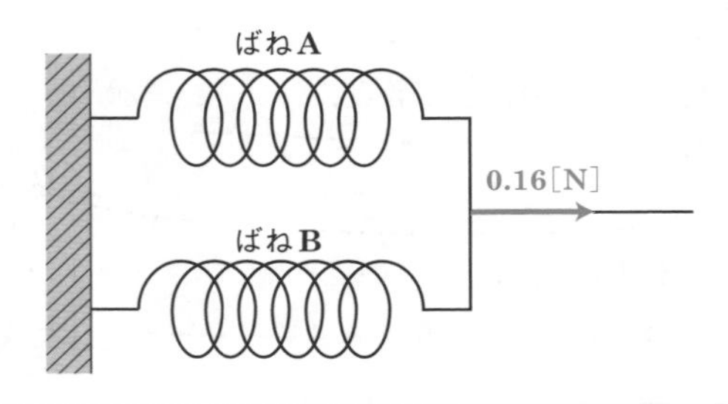

ナイスな導入

並列につないだバネの場合…

大前提がある!!

問題文に書いてあるように，“**水平に**引っ張った”とある。このような問題を考えるときは…

伸びていない状態での2本のばねの長さは等しい!!

親切な問題では断り書きがあるが，ない場合も多い!!

大前提その2

2本のばねの伸びた長さは等しい!!

伸びた長さが違うと，水平が保てない恐れが…

解答でござる

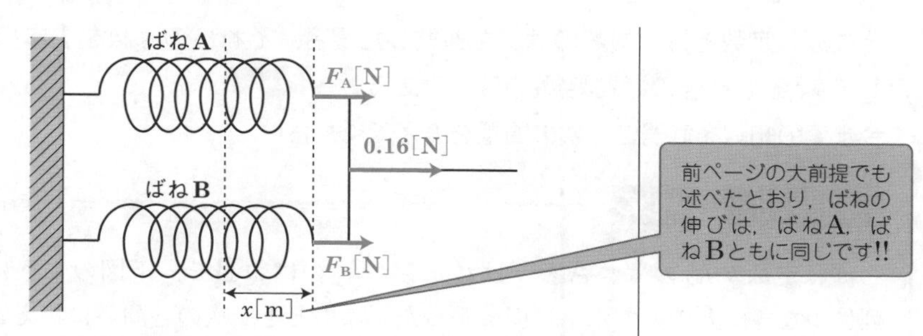

ばねA，ばねBに加わる力をそれぞれF_A[N]，F_B[N]とし，ばねA，ばねBの伸びた長さをx[m]とすると，

$$5.0\times x = F_A \quad \cdots ①$$

$$3.0\times x = F_B \quad \cdots ②$$

さらに，

$$F_A + F_B = 0.16 \quad \cdots ③$$

①と②を③に代入して，

$$5.0\times x + 3.0\times x = 0.16$$

$$8.0\times x = 0.16$$

$$x = 0.020 [\mathrm{m}]$$

$$= 2.0 [\mathrm{cm}] \quad \cdots (答)$$

伸びは同じなので両方ともxとおける!!

$kx = F$です!!

これはあたりまえの式です!! 0.16[N]の力が，ばねAとばねBに分散する!!

$F_A + F_B = 0.16 \quad \cdots ③$

$F_A = 5.0\times x \cdots ①$

$F_B = 3.0\times x \cdots ②$

ちょっと言わせて

並列にばねをつないだ場合，加えた力が均等にそれぞれのばねに分散しない!!
本問の場合，$x = 0.020$[m]より，

①から　$F_A = 5.0\times 0.020 = 0.10$[N]

②から　$F_B = 3.0\times 0.020 = 0.060$[N]

違う!!

結論を言えば，それぞれの力はばね定数に比例します。

その4 “合成ばね定数”のお話です

合成ばね定数とは，複数のばねを連結した場合，それらのばねを**1本のばねとして考えたときのばね定数**のことである。

今までの知識を武器に，次の問題を考えてください。

問題28 標準

ばね定数がk_1のばねAと，ばね定数がk_2のばねBを，下図のように直列につなぎ，Fの力で水平に引っ張った。このとき，次の各問いに答えよ。

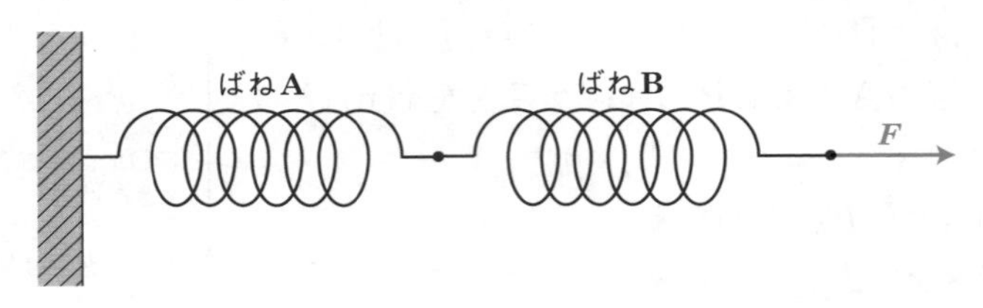

(1) ばねBが伸びた長さを求めよ。

(2) ばねAが伸びた長さを求めよ。

(3) ばねAとばねBを1本のばねと考えたときのばね定数(合成ばね定数)を求めよ。

ナイスな導入

問題26でもやりましたが，直列の場合，ばねBを引っ張っているFの力はそのままばねAに伝わります。

あと…，本問にはまったく単位がありません 文字の問題の場合，このようなケースが多々あります。皆さんは心の中で，ばね定数は[N/m]，長さは[m]，力は[N]と思ってください。ただし，解答は単位なしでお願いします。

まぁ，とりあえず 解答でござる にいきますか…。

解答でござる

(1)　ばねBの伸びた長さをx_2とすると,

$$k_2x_2 = F$$

$kx = F$です!!

$$\therefore\quad x_2 = \frac{F}{k_2}\quad \cdots(答)$$

単位は不要!!

(2)　ばねAの伸びた長さをx_1とすると,

$$k_1x_1 = F$$

ばねBを引っ張った力はそのままばねAに伝わります!!

$$\therefore\quad x_1 = \frac{F}{k_1}\quad \cdots(答)$$

(3)　ばねAとばねBを1本のばねと考えたとき，伸びた長さxは,

$$x = x_1 + x_2$$

2本のばねの伸びの合計!!

$$= \frac{F}{k_1} + \frac{F}{k_2}\quad \cdots①$$

ばねAとばねBを1本のばねと考えたときのばね定数(合成ばね定数)をKとすると,

$$Kx = F\quad \cdots②$$

ばねAとばねBを1本のばねと考えた場合，この1本のばねに加わる力もFです!!

①を②に代入して,

$$K\left(\frac{F}{k_1} + \frac{F}{k_2}\right) = F$$

$$KF\left(\frac{1}{k_1} + \frac{1}{k_2}\right) = F$$

Fでくくる。

$$K\left(\frac{1}{k_1} + \frac{1}{k_2}\right) = 1$$

両辺をFでわる。

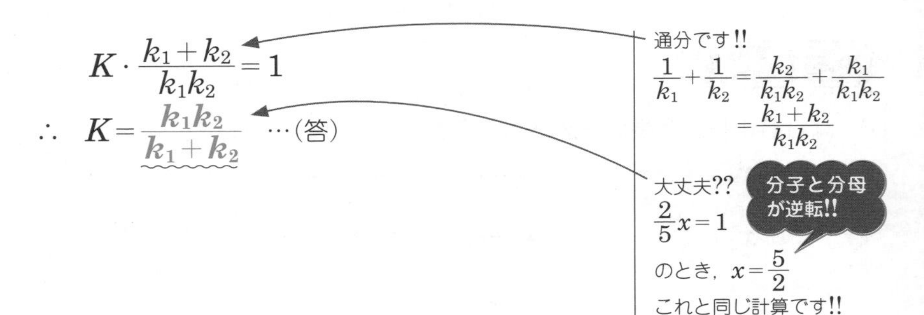

$$K\cdot\frac{k_1+k_2}{k_1k_2}=1$$

$$\therefore\quad K=\frac{k_1k_2}{k_1+k_2}\quad\cdots(\text{答})$$

通分です!!

$$\frac{1}{k_1}+\frac{1}{k_2}=\frac{k_2}{k_1k_2}+\frac{k_1}{k_1k_2}=\frac{k_1+k_2}{k_1k_2}$$

大丈夫??

$\frac{2}{5}x=1$

のとき，$x=\frac{5}{2}$

これと同じ計算です!!

分子と分母が逆転!!

覚えておこう!!

問題28 の(3)より，ばね定数がk_1とk_2のばねを直列につないだときの合成ばね定数（1本のばねと考えたときのばね定数）Kは，

$$K=\frac{k_1k_2}{k_1+k_2}$$

でした。

ここで!! 両辺を逆数にして，

$$\frac{1}{K}=\frac{k_1+k_2}{k_1k_2}=\frac{k_1}{k_1k_2}+\frac{k_2}{k_1k_2}$$

$$\therefore\quad\frac{1}{K}=\frac{1}{k_2}+\frac{1}{k_1}$$

$K=\frac{k_1k_2}{k_1+k_2}$ より

$\frac{K}{1}=\frac{k_1k_2}{k_1+k_2}$

両辺の分子と分母を逆にする!!

つまり…

$$\frac{1}{K}=\frac{1}{k_1}+\frac{1}{k_2}$$

こっちの式を覚えておくほうがオススメ!!
こっちを覚えるなら，上の式は覚えなくてよい!!

が成立する!!

並列の場合もやってみようよ!!

問題 29　標準

ばね定数がk_1のばねAと，ばね定数がk_2のばねBを，下図のように並列につなぎ，Fの力で水平に引っ張った。このとき，次の各問いに答えよ。

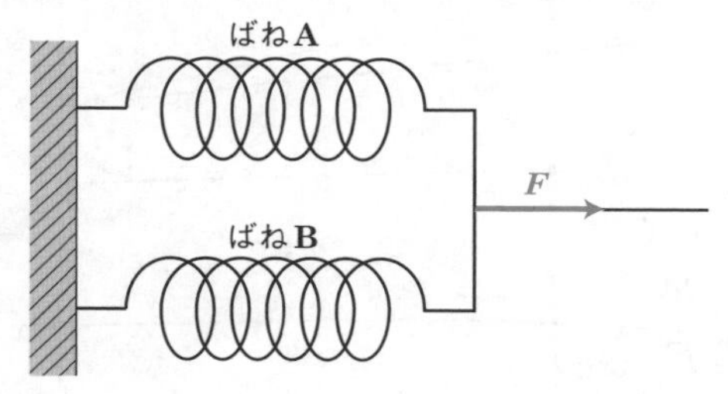

(1)　ばねAが伸びた長さを求めよ。

(2)　ばねBが伸びた長さを求めよ。

(3)　ばねAとばねBを1本のばねと考えたときのばね定数(合成ばね定数)を求めよ。

ナイスな導入

問題27 で学習したように，並列の場合，ばねAとばねBの伸びは等しい!!
つまり…

(1)と(2)の解答は同じ!!

これさえ思い出してもらえれば…

解答でござる

ばねAとばねBの伸びた長さをxとし，ばねAに加わる力をF_1，ばねBに加わる力をF_2とする。

$k_1x = F_1$ …①

$k_2x = F_2$ …②

さらに，

$F_1 + F_2 = F$ …③

①と②を③に代入して，

$k_1x + k_2x = F$

$(k_1 + k_2)x = F$ …④

$\therefore\quad x = \dfrac{F}{k_1 + k_2}$

よって，

(1) $\dfrac{F}{k_1 + k_2}$ …(答)　(2) $\dfrac{F}{k_1 + k_2}$ …(答)

並列の場合，伸びは同じ!! つまり，ともにxとしてOK!!

並列の場合，力は均等に加わらないので，別々にする!!

$kx = F$です。

これはあたりまえ!! 問題27参照!!

xでくくる!!

ばねAとばねBの伸びは等しい!! 並列ですから…

(3) ばねAとばねBを1本のばねと考えたときのばね定数(合成ばね定数)をKとおくと，

$Kx = F$ …⑤

④と⑤を比較して，

$K = k_1 + k_2$ …(答)

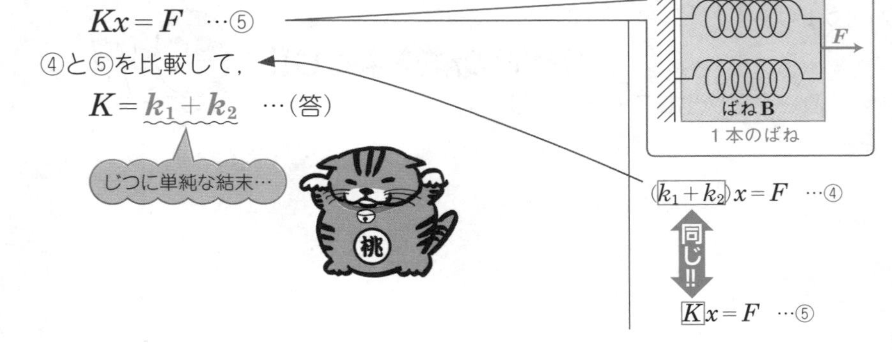

$(\boxed{k_1 + k_2})x = F$ …④

$\boxed{K}x = F$ …⑤

覚えておこう!!

ばね定数がk_1とk_2のばねを並列につないだときの合成ばね定数(1本のばねと考えたときのばね定数)Kは,

$$K = k_1 + k_2$$

ばねは2本とは限らない!!　どうせなら,この問題を…

問題30　ちょいムズ

ばね定数がk_1, k_2, k_3, …の複数のばねがある。このとき,次の各問いに答えよ。

(1)　これらのばねをすべて直列につないだときの合成ばね定数(1本のばねと考えたときのばね定数)をKとしたとき,次の式が成り立つことを証明せよ。

$$\frac{1}{K} = \frac{1}{k_1} + \frac{1}{k_2} + \frac{1}{k_3} + \cdots$$

(2)　これらのばねをすべて並列につないだときの合成ばね定数(1本のばねと考えたときのばね定数)をKとしたとき,次の式が成り立つことを証明せよ。

$$K = k_1 + k_2 + k_3 + \cdots$$

基本がしっかりしていれば決して難しくないよ!!

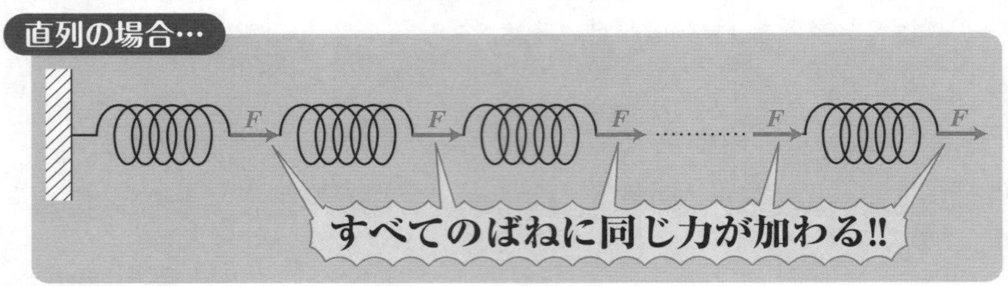

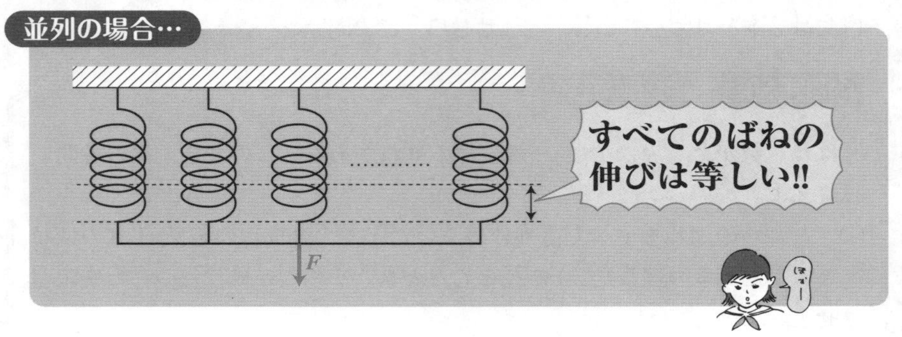

このことを踏まえて…

解答でござる

(1)　直列につないだばねの一端を壁に固定し，もう一端をFの力で引っ張ったとする。このとき，ばね定数がk_1，k_2，k_3，…のばねの伸びた長さがそれぞれx_1，x_2，x_3，…であったとすると，

$$\left.\begin{aligned} k_1x_1 &= F \quad \cdots① \\ k_2x_2 &= F \quad \cdots② \\ k_3x_3 &= F \quad \cdots③ \\ &\ \vdots \qquad\quad \vdots \end{aligned}\right\}$$

直列の場合，すべてのばねに同じ力が伝わる!!

が成立する。

力と運動

よって，

①より　$x_1 = \dfrac{F}{k_1}$　…①′

②より　$x_2 = \dfrac{F}{k_2}$　…②′

③より　$x_3 = \dfrac{F}{k_3}$　…③′

$\vdots$

が成立する。

一方，これらの合成ばね定数がKであるから，ばね全体としての伸びた長さをxとおくと，

$$Kx = F \quad \cdots (*)$$

問題28 参照!!
F
1本のばねと考える!!

さらに，

$$x = x_1 + x_2 + x_3 + \cdots$$

であるから，これを(＊)に代入して，

$$K(x_1 + x_2 + x_3 + \cdots) = F \quad \cdots (*)'$$

(＊)′に①′，②′，③′，…を代入して，

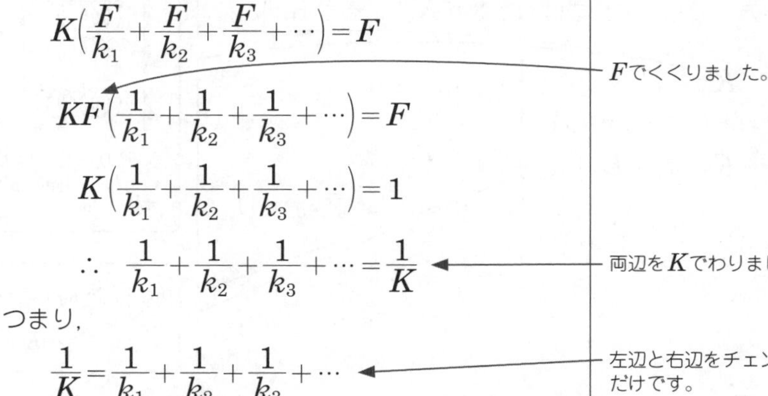

$$K\left(\frac{F}{k_1} + \frac{F}{k_2} + \frac{F}{k_3} + \cdots\right) = F$$

Fでくくりました。

$$KF\left(\frac{1}{k_1} + \frac{1}{k_2} + \frac{1}{k_3} + \cdots\right) = F$$

$$K\left(\frac{1}{k_1} + \frac{1}{k_2} + \frac{1}{k_3} + \cdots\right) = 1$$

$$\therefore \quad \frac{1}{k_1} + \frac{1}{k_2} + \frac{1}{k_3} + \cdots = \frac{1}{K}$$

両辺をKでわりました。

つまり，

$$\frac{1}{K} = \frac{1}{k_1} + \frac{1}{k_2} + \frac{1}{k_3} + \cdots$$

左辺と右辺をチェンジしただけです。

（証明おわり）

(2)　並列につないだそれぞれのばねの一端を壁に固定し，もう一端をそれぞれのばねを水平に保った状態でまとめてFの力で引っ張ったとする。これらのばねの伸びた長さをx，ばね定数がk_1，k_2，k_3，…のばねに加わる力をそれぞれF_1，F_2，F_3，…とすると，

$$\left.\begin{array}{ll} k_1x=F_1 & \cdots① \\ k_2x=F_2 & \cdots② \\ k_3x=F_3 & \cdots③ \\ \vdots & \vdots \end{array}\right\}$$

①＋②＋③＋…より，

$$(k_1+k_2+k_3+\cdots)x=F_1+F_2+F_3+\cdots$$

このとき，

$$F_1+F_2+F_3+\cdots=F$$

より，

$$(k_1+k_2+k_3+\cdots)x=F \quad \cdots(*)$$

一方，これらの合成ばね定数がKであるから，

$$Kx=F$$

これと(＊)を比較して，

$$K=k_1+k_2+k_3+\cdots$$

（証明おわり）

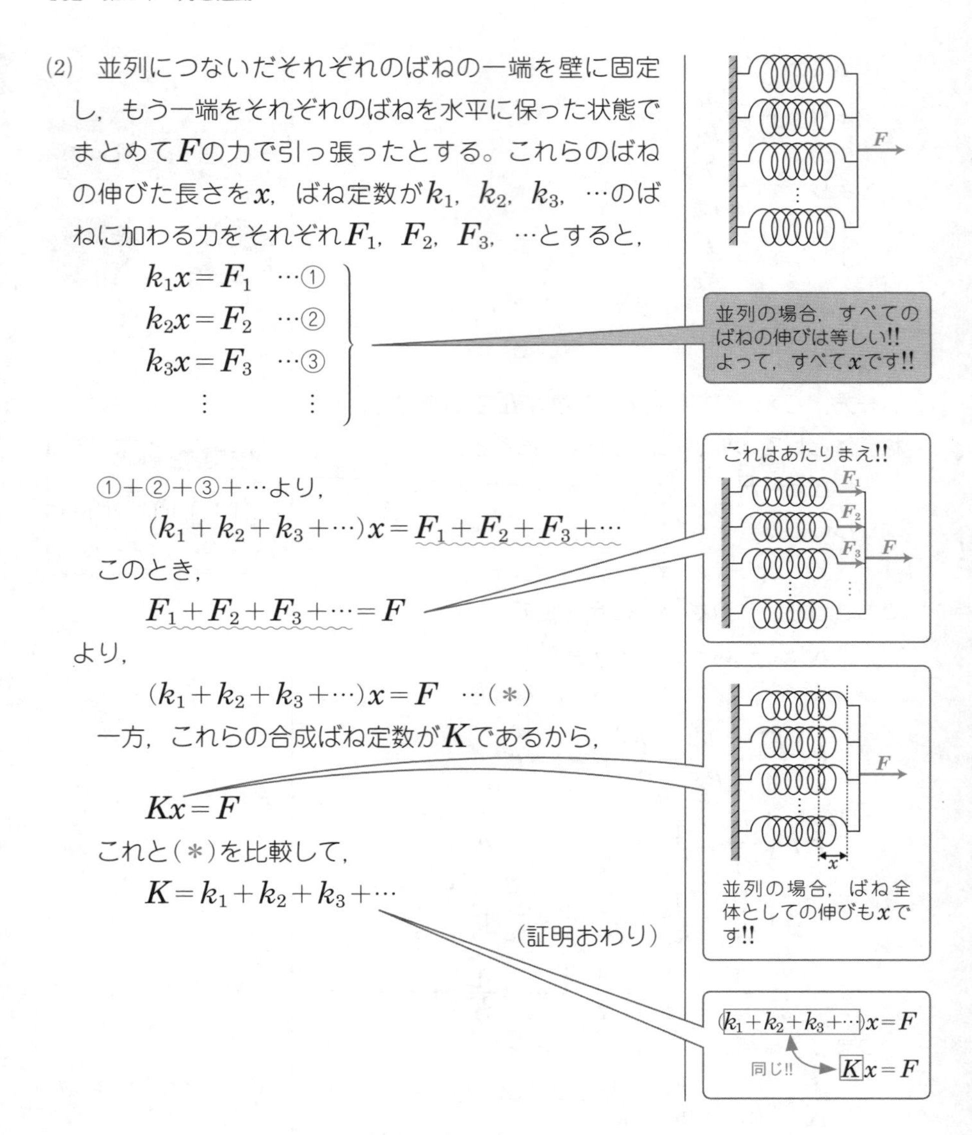

ばね定数がk_1，k_2，k_3，…の複数のばねを…

① **直列** につないだとき!!　合成ばね定数をKとして，

$$\frac{1}{K}=\frac{1}{k_1}+\frac{1}{k_2}+\frac{1}{k_3}+\cdots$$

② **並列** につないだとき!!　合成ばね定数をKとして，

$$K=k_1+k_2+k_3+\cdots$$

覚えたからには活用してみようよ♥

問題31 標準

ばねA(ばね定数5.0[N/m])，ばねB(ばね定数2.0[N/m])，ばねC(ばね定数3.0[N/m])の3種類のばねがある。次の図のように，これらのばねを連結したときの合成ばね定数(1本のばねと考えたときのばね定数)を求めよ。

(1)

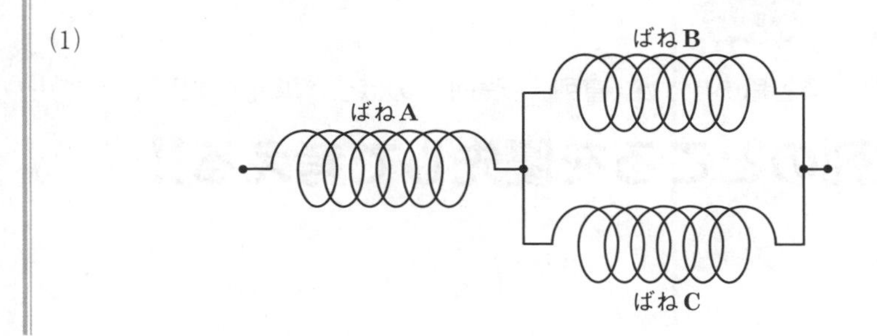

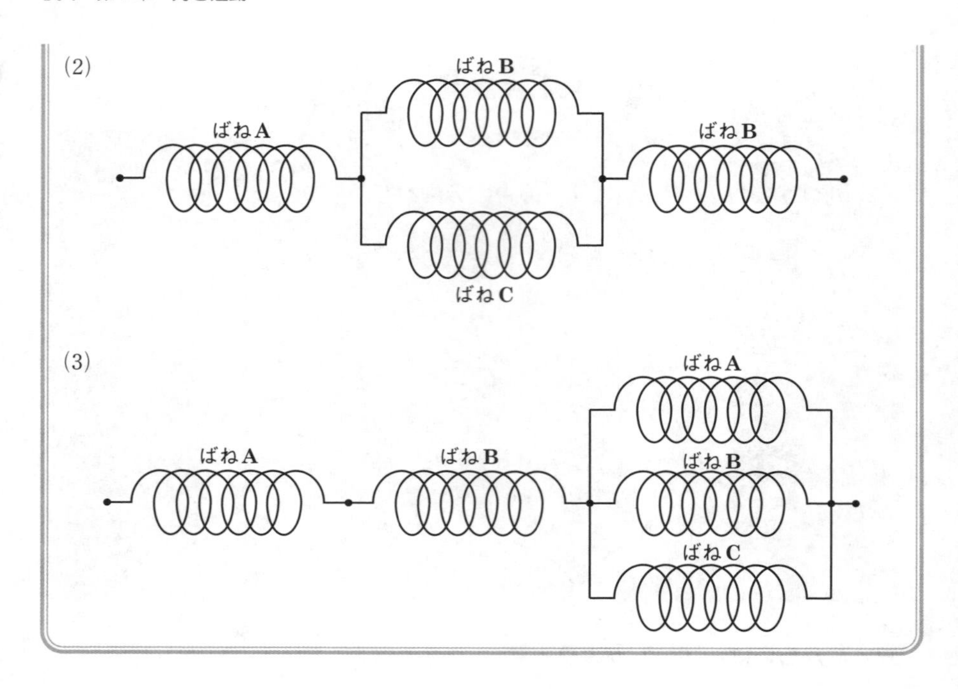

ナイスな導入

前ページの ザ・まとめ を活用すれば万事解決!!　とりあえずやってみようぜ!!

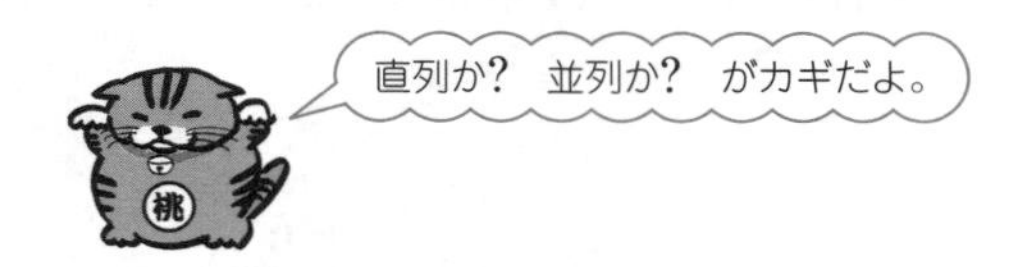

もう気づいていると思いますが，直列よりも並列のほうが単純です!!　よって…

並列のところを優先して考える!!

解答でござる

(1)　ばねBとばねCを1本のばねとして考えたばねをばねDとする。ばねBとばねCは並列だから，これらの合成ばね定数(つまり，ばねDのばね定数)K_Dは，

$$K_D = 2.0 + 3.0$$
$$= 5.0[\mathrm{N/m}]$$

並列のときは…
$K = k_1 + k_2 + k_3 + \cdots$

このとき，ばねAとばねDは直列だから，これらのばね定数をKとして，

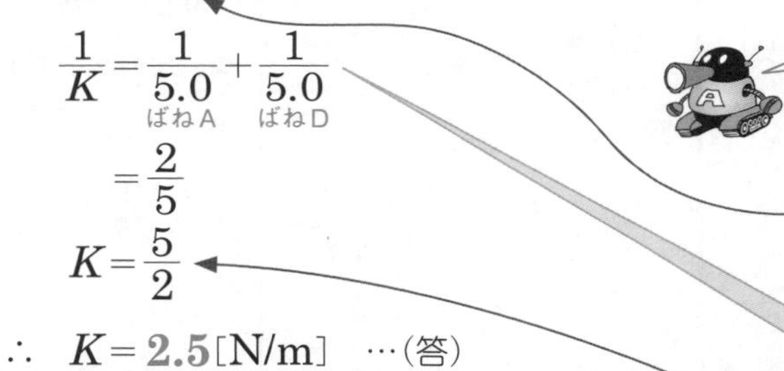

$$\frac{1}{K} = \frac{1}{5.0} + \frac{1}{5.0}$$
ばねA　ばねD

$$= \frac{2}{5}$$

$$K = \frac{5}{2}$$

$$\therefore \quad K = 2.5[\mathrm{N/m}] \quad \cdots(答)$$

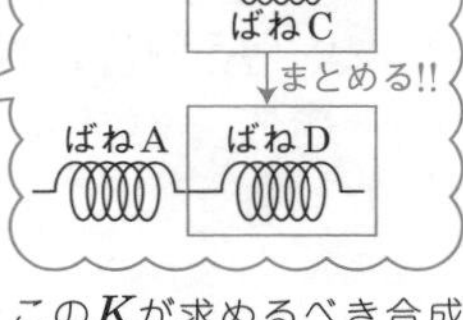

このKが求めるべき合成ばね定数です!!

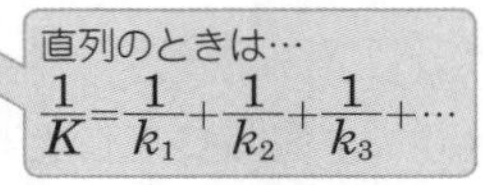

両辺の分子と分母をチェンジ!!　つまり，逆数をとりました。

(2)　(1)と同様に，ばねBとばねCを1本のばねとして考えたばねをばねDとする。並列につないだばねBとばねCの合成ばね定数(つまり，ばねDのばね定数)K_Dは，

$$K_D = 2.0 + 3.0$$
$$= 5.0[\mathrm{N/m}]$$

並列のときは…
$K = k_1 + k_2 + k_3 + \cdots$

このとき，全体としてばねA，ばねD，ばねBは直列だから，これらの合成ばね定数をKとして，

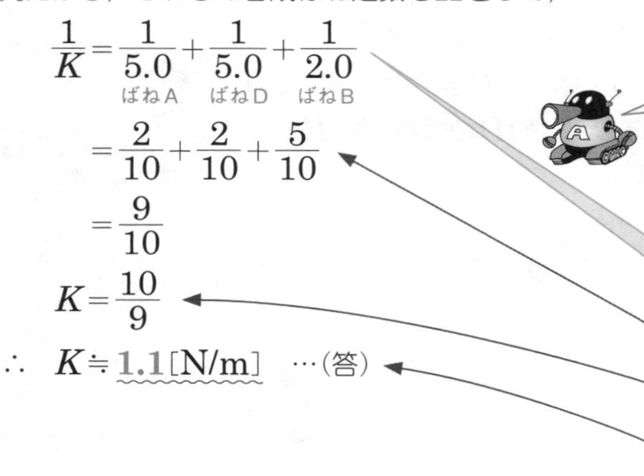

$$\frac{1}{K}=\underset{\text{ばねA}}{\frac{1}{5.0}}+\underset{\text{ばねD}}{\frac{1}{5.0}}+\underset{\text{ばねB}}{\frac{1}{2.0}}$$

$$=\frac{2}{10}+\frac{2}{10}+\frac{5}{10}$$

$$=\frac{9}{10}$$

$$K=\frac{10}{9}$$

$\therefore$　$K \fallingdotseq$ **1.1**[N/m]　…(答)

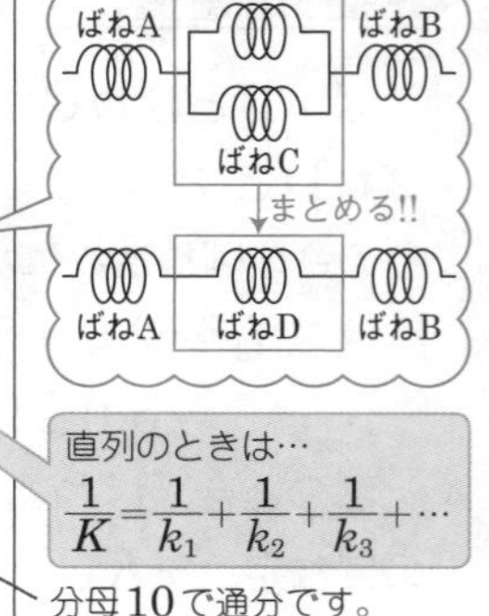

直列のときは…
$\frac{1}{K}=\frac{1}{k_1}+\frac{1}{k_2}+\frac{1}{k_3}+\cdots$

分母10で通分です。

両辺の逆数をとる!!

$\frac{10}{9}=1.11\cdots$
$\fallingdotseq 1.1$
2ケタで表しました!!

(3)　並列につないだばねA，ばねB，ばねCを1本のばねと考えたばねをばねDとする。並列につないだばねA，ばねB，ばねCの合成ばね定数(つまり，ばねDのばね定数)K_{D}は，

$$K_{\mathrm{D}}=5.0+2.0+3.0$$

$$=10[\mathrm{N/m}]$$

このとき，全体としてばねA，ばねB，ばねDは直列であるから，これらのばね定数をKとして，

並列のときは…
$K=k_1+k_2+k_3+\cdots$

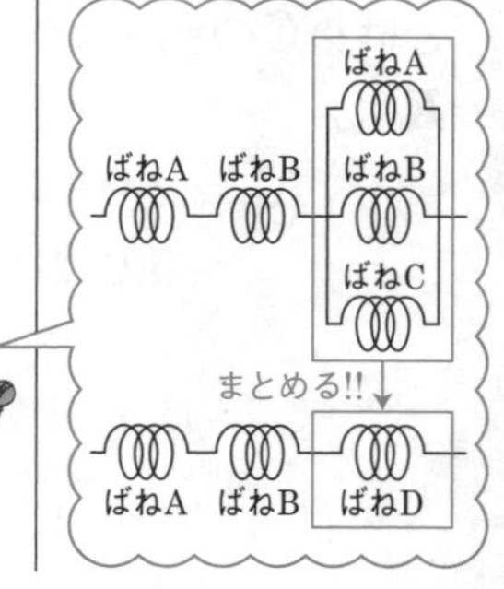

$$\frac{1}{K}=\frac{1}{5.0}+\frac{1}{2.0}+\frac{1}{10}$$

ばねA　ばねB　ばねD

直列のときは…
$\frac{1}{K}=\frac{1}{k_1}+\frac{1}{k_2}+\frac{1}{k_3}+\cdots$

$$=\frac{2}{10}+\frac{5}{10}+\frac{1}{10}$$

$$=\frac{8}{10}$$

$$K=\frac{10}{8}$$

逆数をとりました。

$$\therefore\ K=\frac{5}{4}=1.25$$

2ケタにしました!!

$$\therefore\ K \fallingdotseq \mathbf{1.3}\,[\mathrm{N/m}]$$ …(答)

プロフィール

桃太郎（猫界のBIG BOSS!!）

性格が穏やかなモカブラウンのシマシマ猫，おなじみオムちゃんの飼い猫です。品種はスコティッシュフォールドです。

OMU

Theme 12 摩擦力には2種類ある!!

冷蔵庫のような重いものを，押して動かそうとした経験はありますか?? なかなか動きませんね…。それは，その物体と床の間に摩擦がはたらいているからです。動かすまでは，けっこう大変なんですよね…。

でも，グラッと動き始めちゃうと，意外にスムーズに押して動かし続けることができます。その理由は，動き始める前の摩擦力(**静止摩擦力**といいます)と，動いてしまってからの摩擦力(**動摩擦力**といいます)が違うからです。

その1 "静止摩擦力"のお話

水平面上に置いた物体を水平方向に押しても物体が動かないとき，この物体には水平方向に押した力と同じ大きさの力が逆向きにはたらいており，これらがつり合った状態になっている。

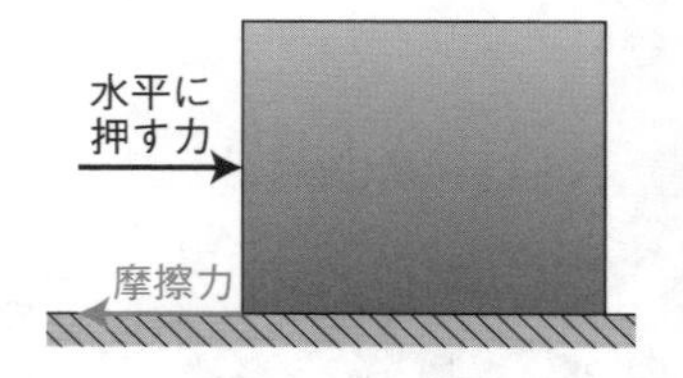

この，物体の動きを妨げる力が，**静止摩擦力**である。

押す力を大きくしていくと，いつかは動き出す!!

しかしながら…

この静止摩擦力にも限界があり，この限界の大きさの摩擦力を**最大静止摩擦力**(**最大摩擦力**)と申します。この最大静止摩擦力については公式が存在します。

最大静止摩擦力の公式

最大静止摩擦力F_0は…

$$F_0 = \mu N$$

このとき，Nは物体にはたらく垂直抗力，μは**静止摩擦係数**といい，単位がない値です。

注　静止摩擦係数は物体と面によって変化する値です。

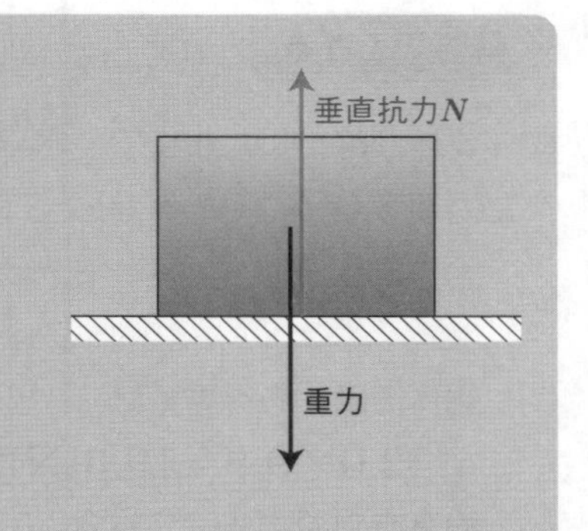

問題32　キソ

水平面上に置かれている2.0[kg]の物体に，水平面に対して平行な力を加える。その力の大きさを徐々に増やしていったところ，4.9[N]に達すると物体は動いた。重力加速度を9.8[m/s^2]として，次の各問いに答えよ。

(1)　物体に加える力が3.0[N]のときの静止摩擦力はいくらか。

(2)　この物体と水平面との静止摩擦係数を求めよ。

ナイスな導入

問題文からもわかるように，今回の**最大静止摩擦力**は4.9[N]である。

(1)　3.0[N]は，4.9[N]より小さいので，当然，物体は動かない!!　物体が動かないとき，

水平に加えた力 ＝ 静止摩擦力

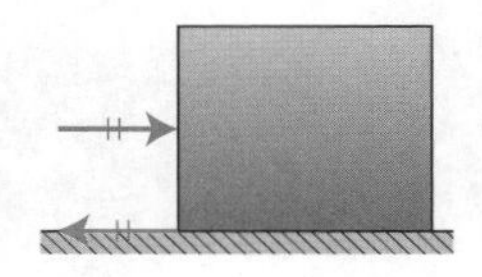

(2)　最大静止摩擦力については上の公式がありましたね!!

解答でござる

(1) 物体が静止したままで，水平面に対して平行に加えた力が3.0[N]であるから，このときの静止摩擦力は，

3.0[N] …(答)

物体が動かないとき，
水平に加えた力 ＝ **静止摩擦力**

(2) 物体にはたらく重力は，

$2.0 \times 9.8 = 19.6$[N]

重力はmgです!!

鉛直方向で物体はつり合っているから，物体に加わる垂直抗力Nは，

$N = 19.6$[N]

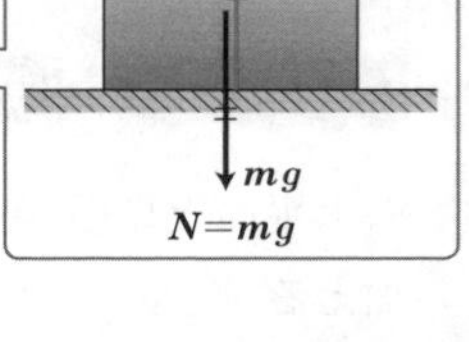

である。

このとき，静止摩擦係数をμとおくと，最大静止摩擦力F_0が，

$F_0 = 4.9$[N]

動き出す瞬間の静止摩擦力の限界の値です。すなわち，**最大静止摩擦力**です。

であるから，

$F_0 = \mu N$

公式です。p.109参照!!

より，

$4.9 = \mu \times 19.6$

$\mu = \dfrac{4.9}{19.6}$

$= \mathbf{0.25}$ …(答)

静止摩擦係数に単位はありません。

“動摩擦力”のお話

なめらかでない面の上で物体を動かすとき，物体の運動方向と逆向きの力が面から物体にはたらき，物体の運動を妨げる。この運動している物体にはたらく摩擦力を**動摩擦力**と呼びます。

この動摩擦力にも公式が存在します。

動摩擦力の公式

動摩擦力 F' は…

$$F' = \mu N$$

垂直抗力 N

重力

このとき，N は物体にはたらく垂直抗力，

μ' は**動摩擦係数**といい，単位がない値です。

注1　動摩擦係数は物体と面によって変化する値です。

注2　動摩擦力の大きさは，物体の**速度によって変化しない!!**　つまり，速く動かそうが，ゆっくり動かそうが，物体にはたらく動摩擦力は同じ大きさです。

注3　一般に，動摩擦係数は静止摩擦係数より小さい。床の上で重い物体を押して動かすとき，動かすまでは大変でも，動いてしまってからは意外にスムーズに押して動かすことができます。つまり…

動摩擦力 F' ＜ 最大静止摩擦力 F_0

その理由は…

動摩擦係数 μ' ＜ 静止摩擦係数 μ

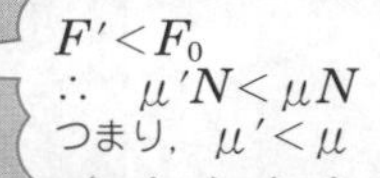

では，もう1問…

問題33　標準

水平な床の上に質量5.0[kg]の物体を置き，水平面から30°上方に物体を引くとき，その力が何[N]以上になると物体は滑り出すか。ただし，この床と物体の静止摩擦係数を$\mu=0.60$，重力加速度を9.8[m/s^2]とする。

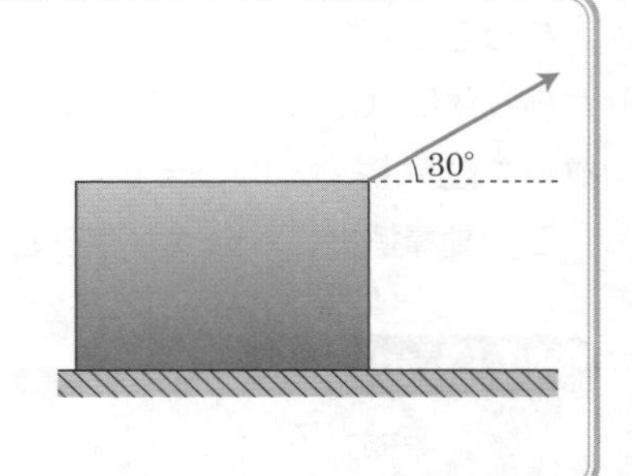

ナイスな導入

斜めに力を加えているので，**水平方向**と**鉛直方向**に力を分解して考えなければなりません。

物体が滑り出す瞬間，この物体にはたらく静止摩擦力が**最大静止摩擦力**である。このとき，下図のようになる!!

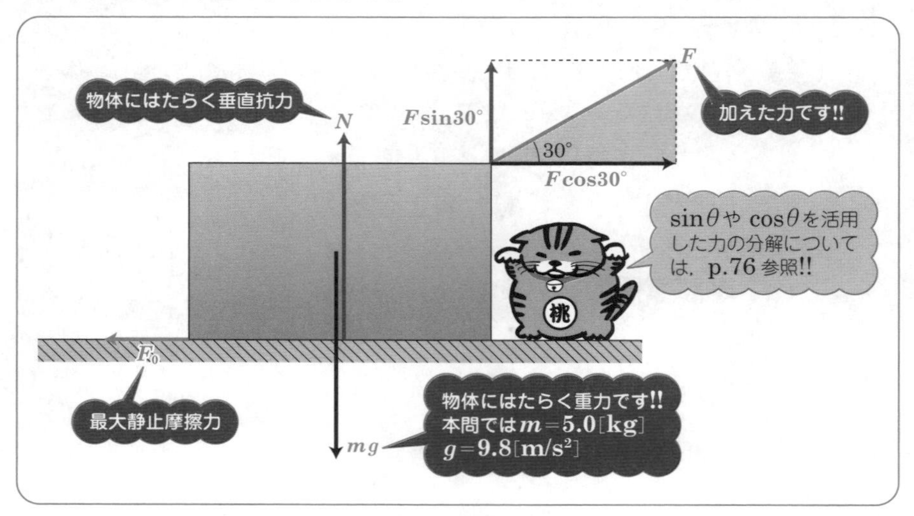

よって!!

水平方向のつり合いの式

$$F_0 = F\cos 30^\circ$$

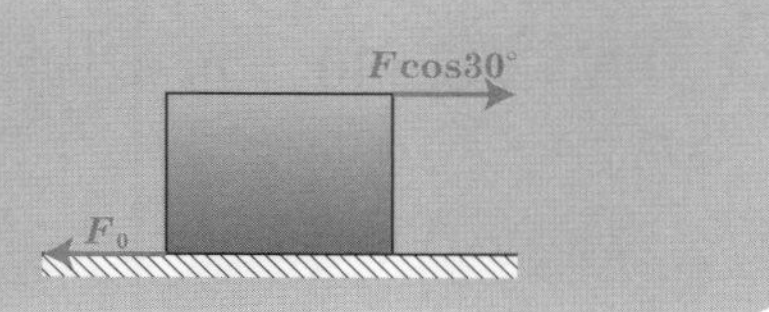

鉛直方向のつり合いの式

$$N + F\sin 30^\circ = mg$$

これを忘れるな!!

$N=mg$でないのかも…

N
$F\sin30^\circ$
mg

つまり…

$$N = mg - F\sin 30^\circ$$

となります!!

で!!

$$F_0 = \mu N$$

最大静止摩擦力の公式です。

を活用すればゴール目前!!

解答でござる

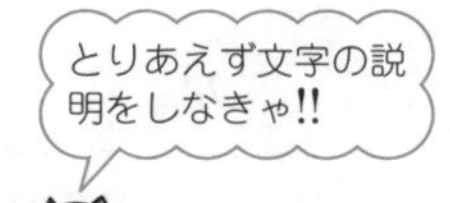

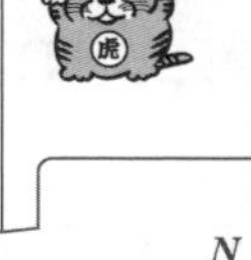

物体が滑り出すときの力をF[N]，物体にはたらく垂直抗力をN[N]，物体にはたらく最大静止摩擦力をF_0[N]とする。

（物体の質量$m=5.0$[kg]，重力加速度$g=9.8$[m/s^2]，静止摩擦係数$\mu=0.60$）

このとき，水平方向のつり合いの式は，

$$F_0 = F\cos 30^\circ \quad \cdots ①$$

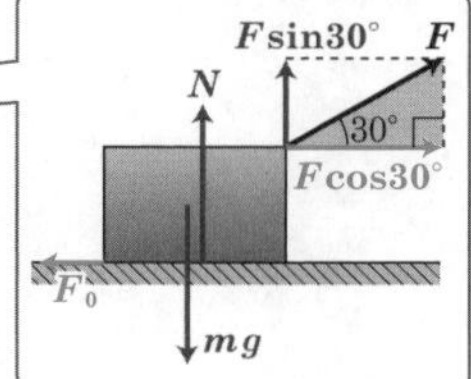

垂直方向のつり合いの式は，

$$N+F\sin 30^\circ = mg \quad \cdots②$$

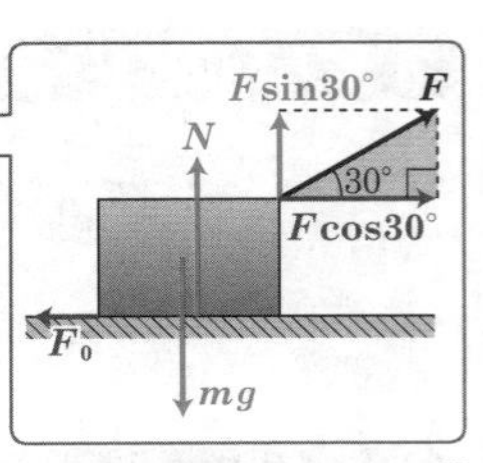

さらに，

$$F_0 = \mu N \quad \cdots③$$

最大静止摩擦力の公式です!!

②より，

$$N = mg - F\sin 30^\circ \quad \cdots②'$$

②′を③に代入して，

$$F_0 = \mu(mg - F\sin 30^\circ) \quad \cdots④$$

アドバイス

序盤から数値を代入するとゴチャゴチャするので，最初は文字式で攻めていこう!!

④を①に代入して，

$$\mu(mg - F\sin 30^\circ) = F\cos 30^\circ$$

$F_0 = F\cos 30^\circ$ …①

$F_0 = \mu(mg - F\sin 30^\circ)$ …④

数値を代入して，

$$0.60\times\left(5.0\times 9.8 - F\times\frac{1}{2}\right) = F\times\frac{\sqrt{3}}{2}$$

$$0.60\times 5.0\times 9.8 - 0.60\times F\times\frac{1}{2} = F\times\frac{\sqrt{3}}{2}$$

$$29.4 - 0.30\times F = \frac{\sqrt{3}}{2}\times F$$

$$29.4 = \frac{\sqrt{3}}{2}\times F + 0.30\times F$$

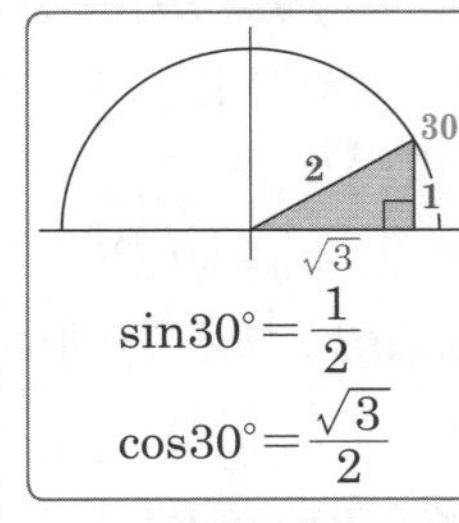

$$\sin 30^\circ = \frac{1}{2}$$

$$\cos 30^\circ = \frac{\sqrt{3}}{2}$$

両辺を2倍して，

$$58.8 = \sqrt{3}\times F + 0.60\times F$$
$$\fallingdotseq 1.73\times F + 0.60\times F$$
$$= 2.33\times F$$
$$F = \frac{58.8}{2.33}$$
$$= 25.236\cdots$$

$\sqrt{3} = 1.7320508\cdots$（ヒトナミニオゴレヤ）
最終的な解答は2ケタにするので，途中の計算では1ケタ多い3ケタでやるべし!!　よって
$\sqrt{3} \fallingdotseq 1.73$
にする。

$\therefore\quad F \fallingdotseq$ **25**［N］　…(答)

$1.73 + 0.60 = 2.33$

2ケタにしました。

静止摩擦力の仕上げといえば，この問題です!!

問題34　**標準**

ある物体を水平な板の上に置き，板をゆっくり傾けていったところ，板と水平面との間の角がθになったとき，物体が板の上を滑り始めた。このとき，$\tan\theta$の値を求めよ。ただし，静止摩擦係数をμとする。

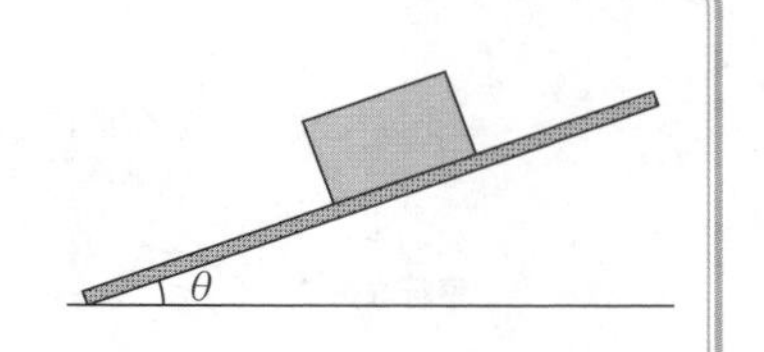

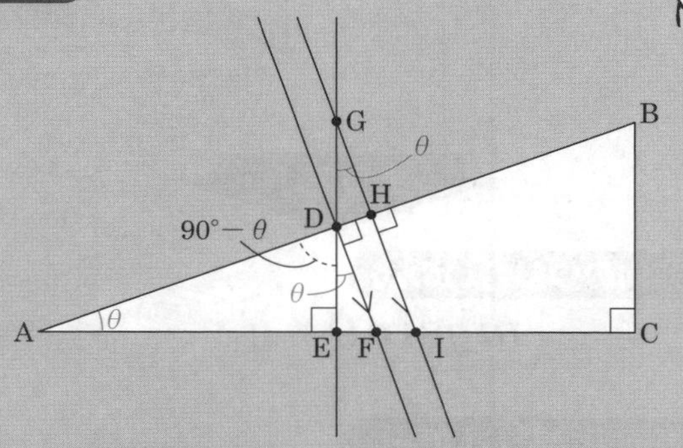

まず，上図で$\angle\mathrm{EDF}=\angle\mathrm{DGH}=\theta$であることが証明できないといけません。

$\triangle\mathrm{DAE}$において，$\angle\mathrm{AED}=90°$かつ$\angle\mathrm{DAE}=\theta$より，$\angle\mathrm{EDA}=90°-\theta$となる。よって，$\angle\mathrm{ADF}=90°$から，$\angle\mathrm{EDF}=\theta$となる!!　さらに，DF//GIより，同位角が等しいことから，$\angle\mathrm{DGH}=\angle\mathrm{EDF}=\theta$となーる!!

ではでは本題です。

本問も，斜面に**平行な方向**と**垂直な方向**に分解して考えなければならない。

物体の質量をm[kg]，重力加速度をg[m/s^2]，物体にはたらく垂直抗力をN[N]，最大静止摩擦力をF_0[N]とすると，物体が滑り出す瞬間の図は次のようになる。

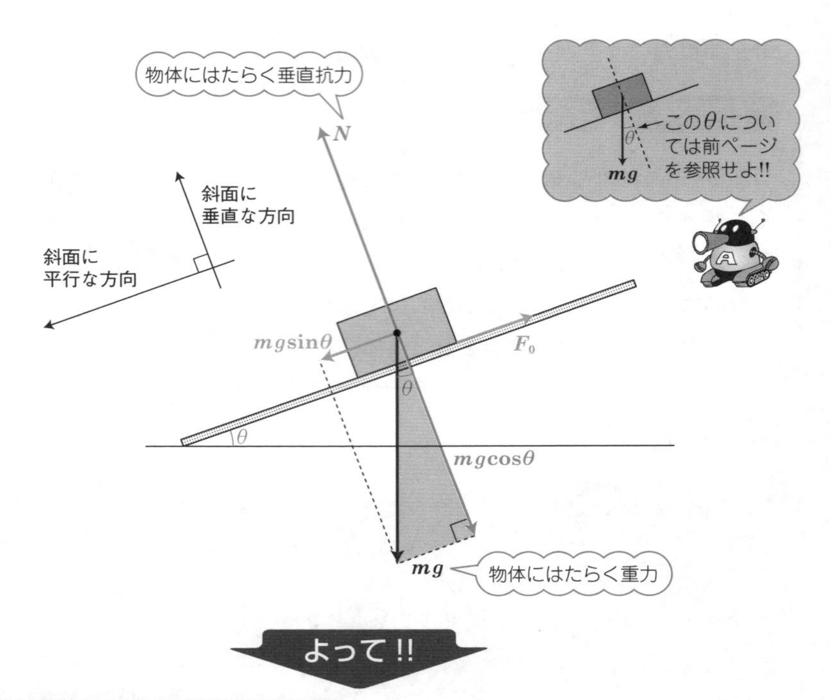

よって!!

斜面に平行な方向のつり合いの式

$$mg\sin\theta = F_0 \quad \cdots①$$

斜面に垂直な方向のつり合いの式

$$mg\cos\theta = N \quad \cdots②$$

さらに，最大静止摩擦力の公式より，

$$F_0 = \mu N \quad \cdots③$$

①と②を③に代入すると…，

$$mg\sin\theta = \mu mg\cos\theta$$

$$\sin\theta = \mu\cos\theta$$

両辺を mg でわる!!

$$\frac{\sin\theta}{\cos\theta} = \mu$$

$\tan\theta = \dfrac{\sin\theta}{\cos\theta}$ ですよ!!

$$\therefore \quad \tan\theta = \mu$$

できあがり!!

解答でござる

物体の質量をm，重力加速度をg，物体にはたらく垂直抗力をN，最大静止摩擦力をF_0とおくと，

斜面に平行な方向のつり合いの式は，

$$mg\sin\theta = F_0 \quad \cdots ①$$

斜面に垂直な方向のつり合いの式は，

$$mg\cos\theta = N \quad \cdots ②$$

さらに，

$$F_0 = \mu N \quad \cdots ③$$

①と②を③に代入して，

$$mg\sin\theta = \mu mg\cos\theta$$

$$\sin\theta = \mu\cos\theta$$

$$\frac{\sin\theta}{\cos\theta} = \mu$$

$$\therefore \quad \tan\theta = \mu \quad \cdots (答)$$

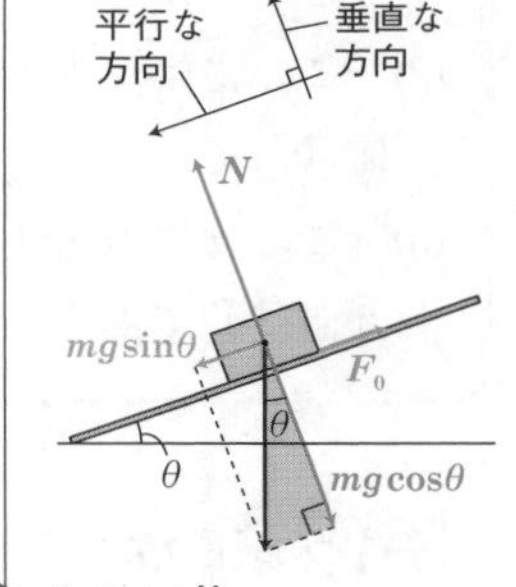

公式です!!

両辺をmgでわる。

両辺を$\cos\theta$でわる。

$\tan\theta = \dfrac{\sin\theta}{\cos\theta}$です!!

ちょっと言わせて

本問におけるこのような角θを**摩擦角**と呼ぶ。つまり，摩擦角とは，物体を置いた板をゆっくり傾けていくとき，滑り出す限界の角のことである。

摩擦角をθ，静止摩擦係数をμとして，

$$\tan\theta = \mu$$

覚えるか？　覚えないか？　はアナタ次第です…

問題35 キソ

なめらかでない水平面の上に，質量3.0[kg]の物体を置き，水平に力を加える。この力の大きさを徐々に大きくしていくと，物体は滑り始めた。その後も力を加えつづけたところ，物体は加速度運動をした。

静止摩擦係数$\mu=0.80$，動摩擦係数$\mu'=0.50$，重力加速度$g=9.8$[m/s^2]として，次の各問いに答えよ。

(1) この物体を動かすために必要な力の大きさは何[N]であったか。

(2) この物体の速度が20[m/s]に達したとき，この物体にはたらく摩擦力は何[N]であるか。

(3) この物体の速度が100[m/s]に達したとき，この物体にはたらく摩擦力は何[N]であるか。

ナイスな導入

(1) 静止している物体を動かすために必要な力…

つまり，最大静止摩擦力と同じ大きさの力を加えないと物体は動きません。

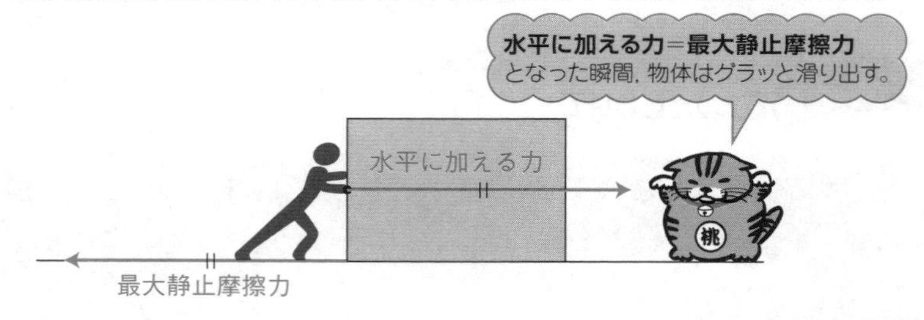

よって，“この物体を動かすために必要な力の大きさ”は**最大静止摩擦力**と同じ大きさです。

(2)(3)

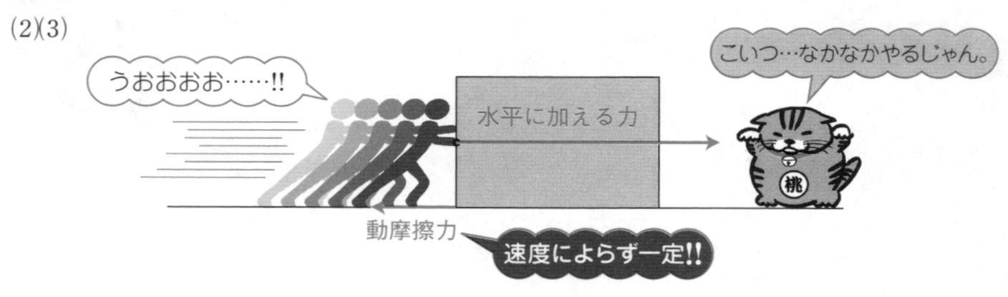

p.111の注2でも述べたとおり,

動摩擦力の大きさは物体の速度とは無関係である!!

つまり，(2)と(3)で求める動摩擦力は同じ値です。

解答でござる

とりあえず登場する文字たちの説明から…

物体の質量　$m = 3.0[\mathrm{kg}]$

重力加速度　$g = 9.8[\mathrm{m/s^2}]$

物体にはたらく垂直抗力　$N[\mathrm{N}]$

物体を水平に押す力　$F[\mathrm{N}]$

静止摩擦係数　$\mu = 0.80$

動摩擦係数　$\mu' = 0.50$

(1)　鉛直方向のつり合いの式から,

$$N = mg$$
$$= 3.0 \times 9.8$$
$$= 29.4[\mathrm{N}]$$

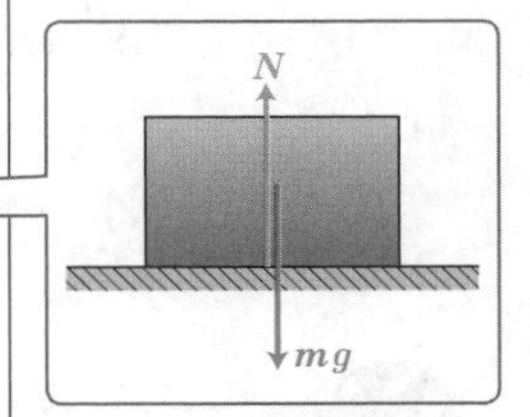

この物体にはたらく最大静止摩擦力 F_0 は,

$$F_0 = \mu N$$
$$= 0.80 \times 29.4$$
$$= 23.52$$
$$\fallingdotseq 24[\mathrm{N}]$$

“最大静止摩擦力”の公式

2ケタにしました。

よって，この物体を動かすために必要な力の大きさは,

24[N]　…(答)

水平に加える力＝最大静止摩擦力となった瞬間に物体はグラッと滑り始める。

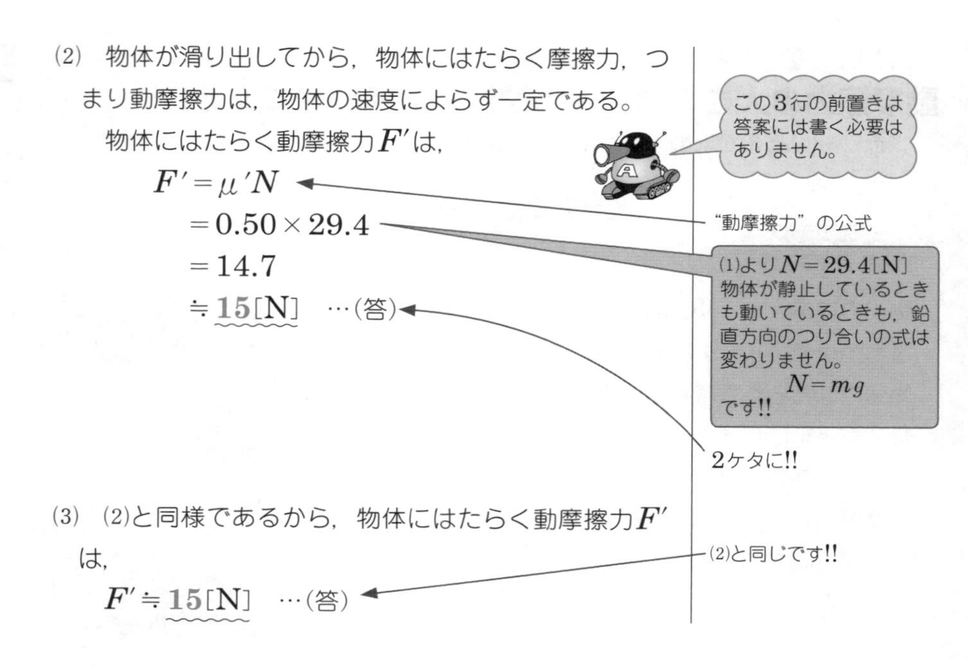

(2)　物体が滑り出してから，物体にはたらく摩擦力，つまり動摩擦力は，物体の速度によらず一定である。

物体にはたらく動摩擦力F'は，

$$
\begin{aligned}
F' &= \mu' N \\
&= 0.50 \times 29.4 \\
&= 14.7 \\
&\fallingdotseq 15\,[\mathrm{N}]
\end{aligned}
$$
…(答)

(3)　(2)と同様であるから，物体にはたらく動摩擦力F'は，

$F' \fallingdotseq 15$[N]　…(答)

摩擦力に注目してみよう!!

時刻に比例して増加する水平な力を加えたとすると，物体にはたらく摩擦力は時間とともに右のグラフのように変化する。

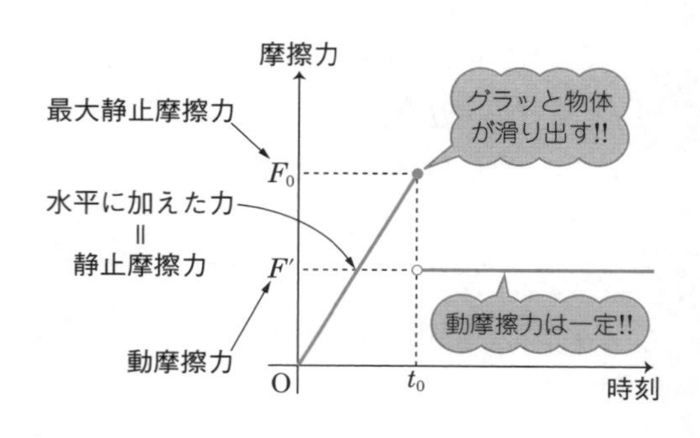

静止している物体に水平な力を加えていくと，**加えた力と同じ大きさの摩擦力**が逆向きにはたらきます。これが**静止摩擦力**です。

時刻t_0で物体が滑り始めた!! つまり，このときの摩擦力F_0が**最大静止摩擦力**です。滑り始めてからは一定の摩擦力F'がはたらきます。これが**動摩擦力**です。

運動の法則

力と運動

その1 "慣性の法則(運動の第1法則)" とは…??

物体に外部から力が作用していない(もしくは，外部から作用している合力が0)のとき…，

静止していた物体はいつまでも**静止の状態を保ち**，**運動**していた物体はいつまでもその速度を保って**等速直線運動**をする。

この法則を**慣性の法則**(別名，運動の第1法則)と申します。

ん!?　外部から力が作用していないとき，静止した物体がいつまでも静止したままっていうのは，あたりまえな気がするけど…
"運動していた物体がいつまでも**等速直線運動**をする" ってところがひっかかるなぁ…

運動している物体を止める，あるいは速度を変えるには，それなりの力が必要では??　外部から力が作用してないのだから，**速度が変化する理由もない**わけだよ。

その2 "運動の第2法則" とは…??

ズバリ，この公式のことです!!

質量m[kg]の物体にF[N]の力を加えたとき，a[m/s^2]の大きさの加速度が生じたとすると…，

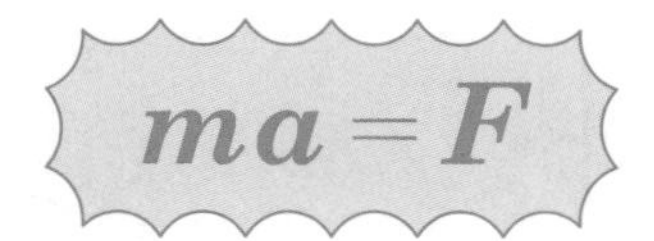

$$ma = F$$

が成立する。

まぁ，“運動の第2法則”の本来の意味は，“加速度の大きさaは物体に加わる力Fに比例し，物体の質量mに反比例する”ことをいったものです。

でも，こんな話はどーでもいいじゃん!!　さっきの公式さえ覚えておけば理解できる話です。

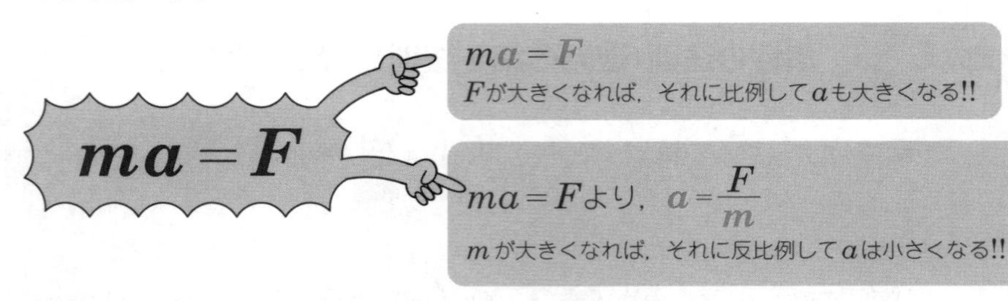

で!!　この“$ma=F$”という式自体は**運動方程式**と呼ばれます。

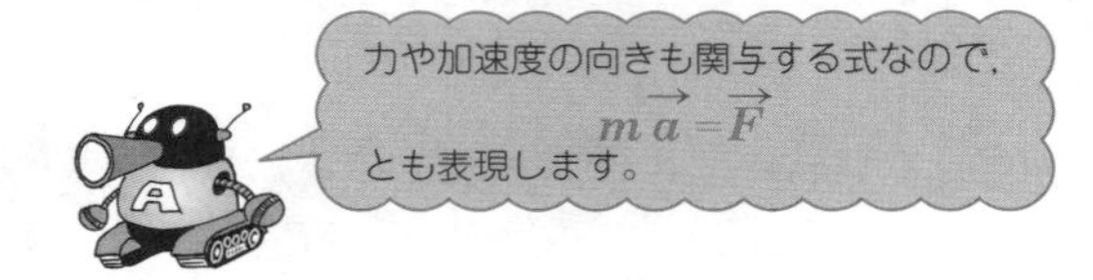

問題36　**キソのキソ**

(1)　8.0[kg]の物体にある力を加えたところ，この物体に2.0[m/s^2]の加速度が生じた。この物体に加えた力の大きさは何[N]か。

(2)　3.0[kg]の物体に15[N]の力を加えたとき，この物体に生じる加速度の大きさは何[m/s^2]か。

ですよ!!

解答でござる

(1)　物体に加えた力の大きさをF[N]とすると，

$$8.0 \times 2.0 = F$$

$\therefore$　$F = \mathbf{16}$[N]　…(答)

$ma = F$

(2)　物体に生じた加速度の大きさをa[m/s^2]とすると，条件から，

$$3.0 \times a = 15$$

$\therefore$　$a = \mathbf{5.0}$[m/s^2]　…(答)

$ma = F$

プロフィール

虎次郎（不動のセンター!!）

桃太郎よりもひとまわり小さいキャラメル色のシマシマ猫。運動神経抜群のアスリート猫です。しかしやや臆病な性格…。虎次郎も**オムちゃん**の飼い猫です。

“運動方程式”の基礎を固めよう!!

問題37 キソ

質量m[kg]の物体に糸をつけて，F[N]の力で引き上げたとき，物体に生じる加速度の大きさを求めよ。ただし，重力加速度をg[m/s^2]とする。

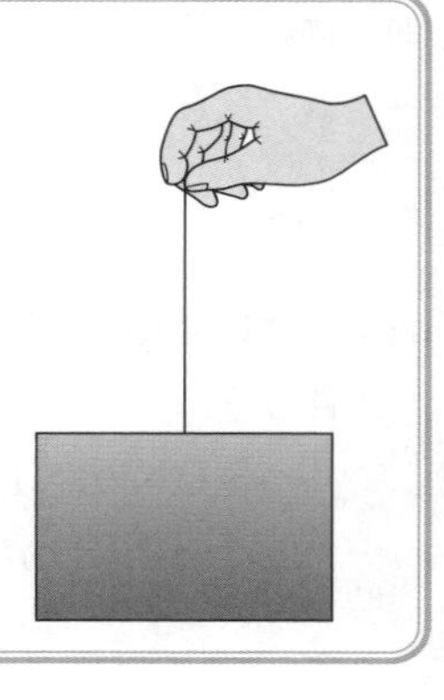

ナイスな導入

運動方程式のつくり方 基本編

物体にはたらいている力をすべて図示せよ!!

物体が運動する向きを予想して正の向きを決める!!

本問において…

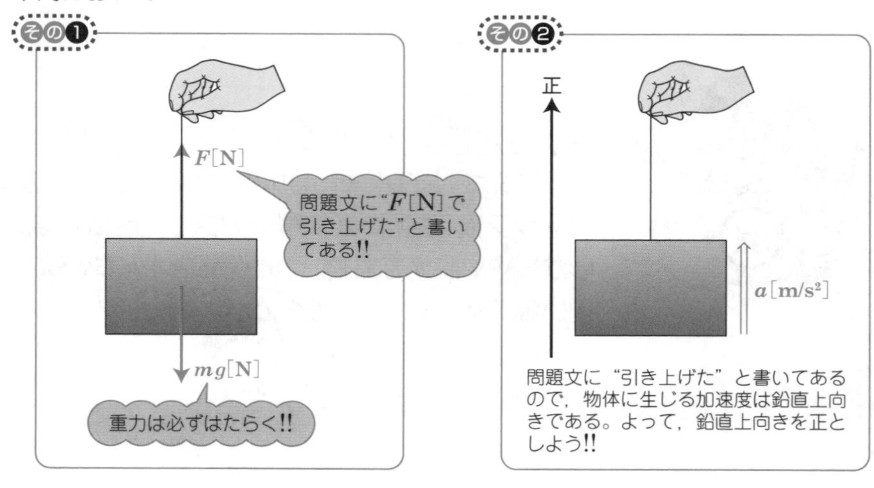

以上より，鉛直上向きを正とした運動方程式は…，鉛直上向きに生じる加速度の大きさをa[m/s^2]として，

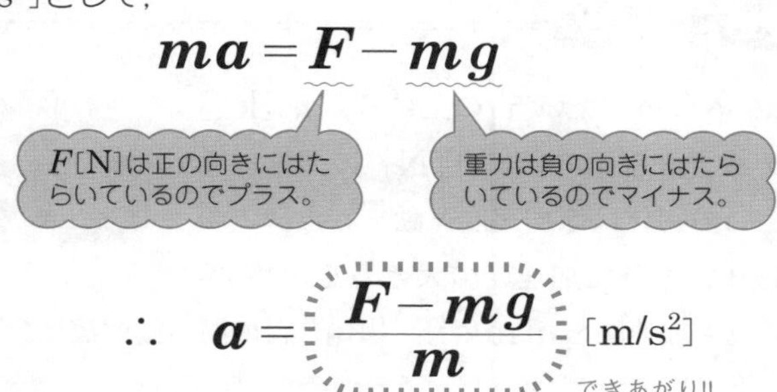

$$\boldsymbol{ma = F - mg}$$

$$\therefore \quad \boldsymbol{a = \frac{F - mg}{m}} \ [\mathrm{m/s^2}]$$

できあがり!!

解答でござる

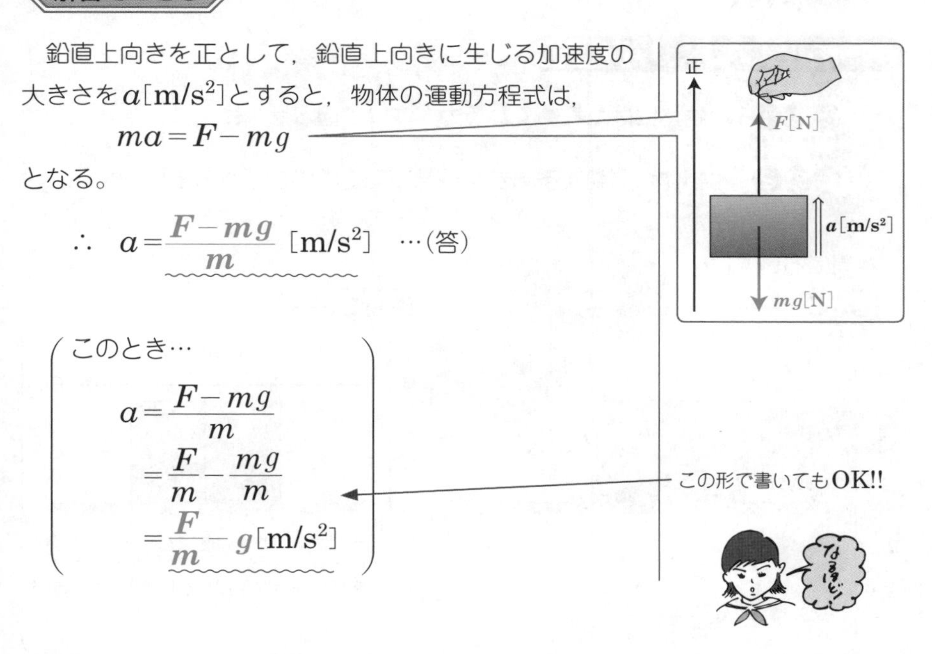

鉛直上向きを正として，鉛直上向きに生じる加速度の大きさをa[m/s^2]とすると，物体の運動方程式は，

$$ma = F - mg$$

となる。

$$\therefore \quad a = \frac{F - mg}{m} \ [\mathrm{m/s^2}] \quad \cdots(答)$$

（このとき…

$$a = \frac{F - mg}{m} = \frac{F}{m} - \frac{mg}{m} = \frac{F}{m} - g \ [\mathrm{m/s^2}]$$

）

まだまだ基礎固めをせねば…

問題38　キソ

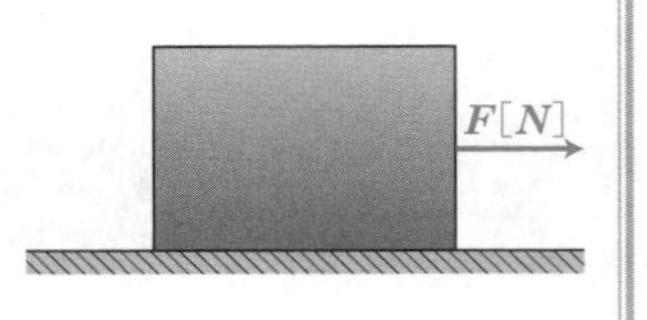

粗(あら)い(なめらかでない)台の上に質量m[kg]の物体を置き，水平方向にF[N]の力を加えたとき，この物体は等加速度運動をした。このとき，物体に生じた加速度の大きさを求めよ。ただし，重力加速度をg[m/s^2]，物体と台の間の動摩擦係数をμ'とする。

ナイスな導入

運動方程式のつくり方　基本編

物体にはたらいている力をすべて図示せよ!!

物体が運動する向きを予想して正の向きを決める!!

本問においては…

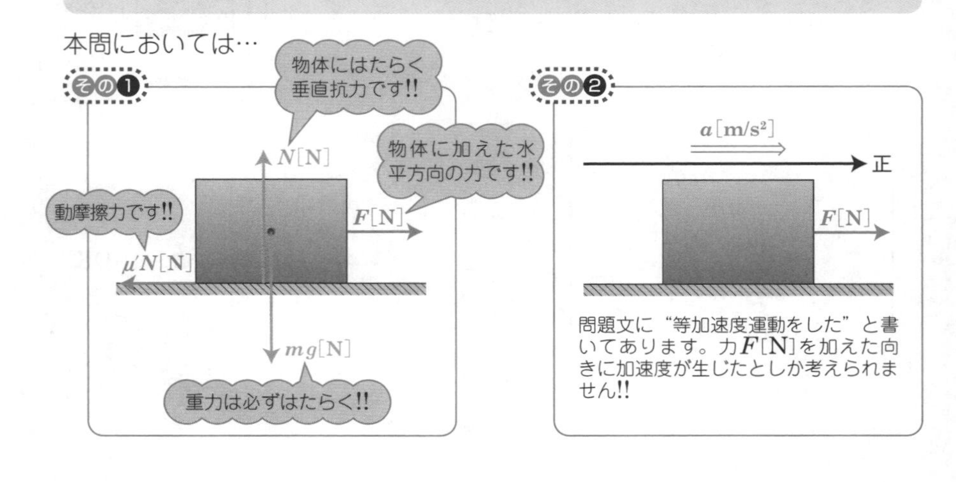

以上より，鉛直方向の**つり合いの式**は…

$N = mg$　…①

水平方向の**運動方程式**は，

$ma = F - \mu' N$　…②

鉛直方向はつり合っているので，加速度は生じない!!　よって，**運動方程式**とは呼びません!!

①を②に代入して，

$ma = F - \mu' mg$

$ma = F - \mu' N$　…②
$N = mg$　…①

$\therefore\ \ a = \dfrac{F - \mu' mg}{m}$ [m/s²]

力と運動

解答でござる

物体にはたらく垂直抗力をN[N]とすると，鉛直方向のつり合いの式は，

$N = mg$　…①

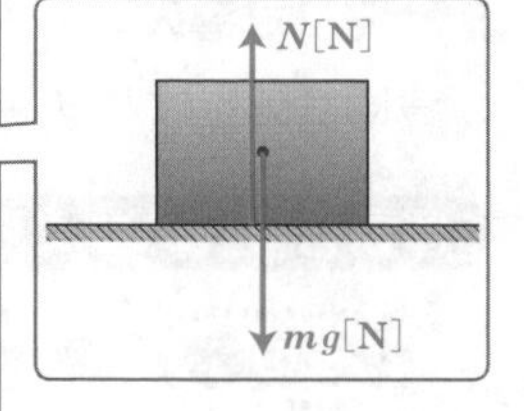

水平方向の力F[N]がはたらく向きを正とする。加速度の大きさをa[m/s²]として，水平方向の運動方程式は，

$ma = F - \mu' N$　…②

となる。

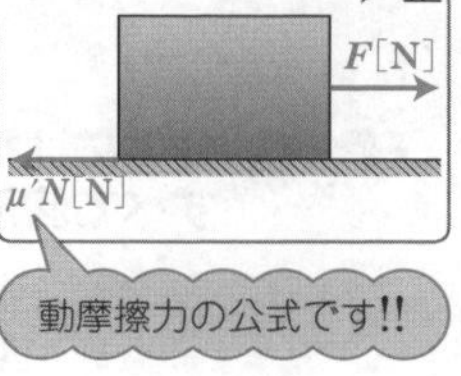

動摩擦力の公式です!!

①を②に代入して，

$ma = F - \mu' mg$

$\therefore\ \ a = \dfrac{F - \mu' mg}{m}$ [m/s²]　…(答)

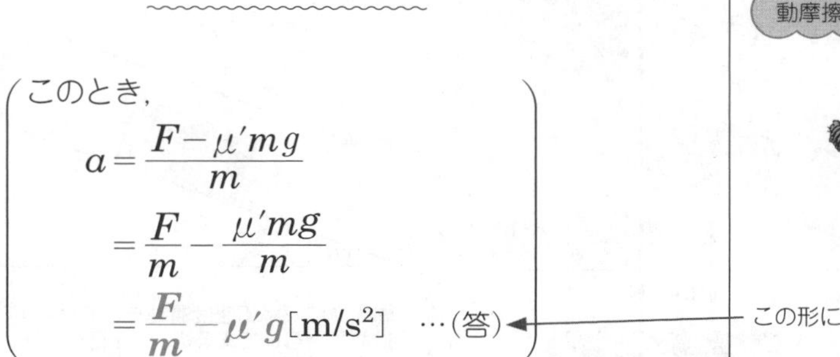

このとき，

$$a = \frac{F - \mu' mg}{m} = \frac{F}{m} - \frac{\mu' mg}{m} = \frac{F}{m} - \mu' g \text{ [m/s}^2\text{]}$$　…(答)

この形にしてもOK!!

これで基礎固めも終わる!!

問題39　キソ

傾きの角θの斜面に質量m[kg]の物体を置いたところ，この物体は等加速度運動をして斜面を滑り下りた。重力加速度をg[m/s^2]，物体と斜面の間の動摩擦係数をμ'として，物体に生じる加速度の大きさを求めよ。

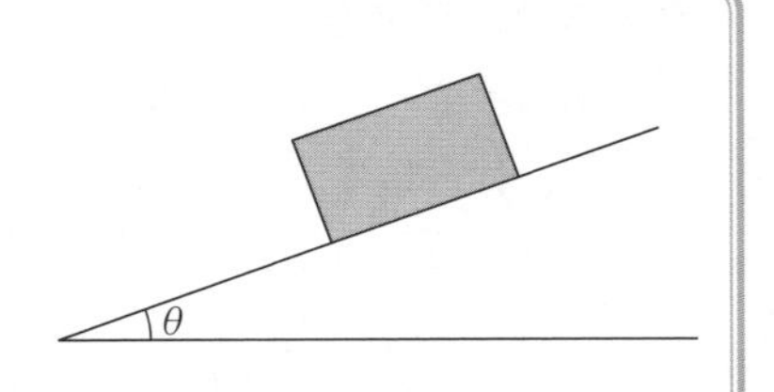

ナイスな導入

今回は少しばかりやることが増えます…

運動方程式のつくり方 標準編

物体にはたらいている力をすべて図示せよ!!

物体が運動する向きを予想して正の向きを決める!!

力を，速度が生じている向きとそれに垂直な方向とに分解する!!

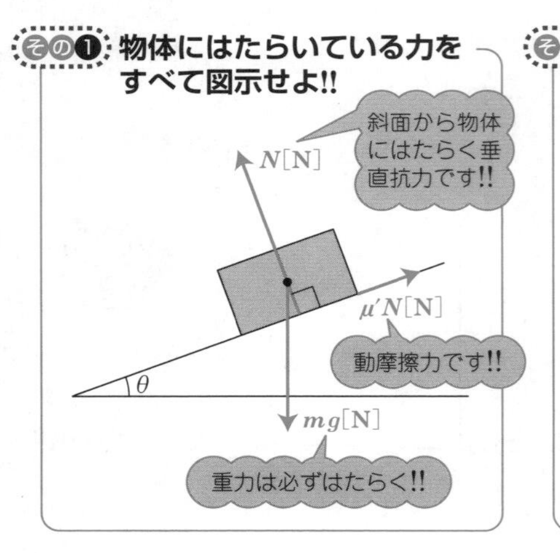

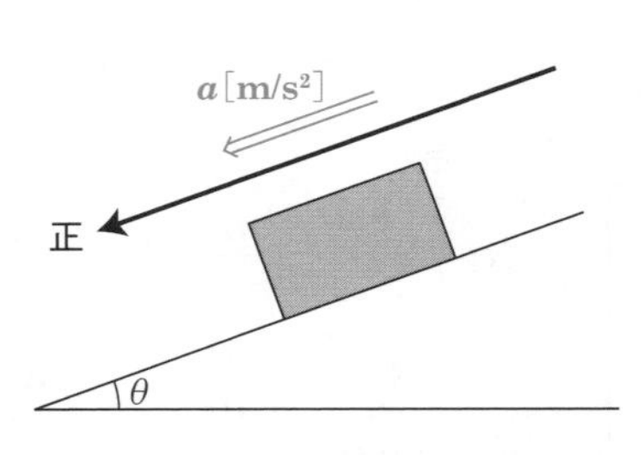

その❸ 力を，速度が生じている方向とそれに垂直な方向とに分解する!!

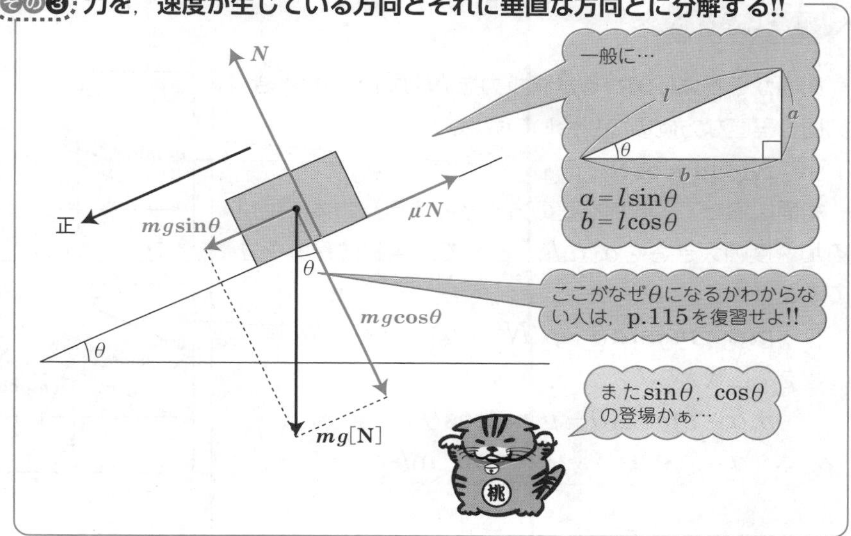

以上より…，斜面に垂直な方向のつり合いの式は，

$$N = mg\cos\theta \quad \cdots ①$$

斜面に平行下向きを正の向きとしたとき，加速度の大きさをa[m/s^2]とする運動方程式は，

$$ma = mg\sin\theta - \mu' N \quad \cdots ②$$

①を②に代入して，

$$ma = mg\sin\theta - \mu' mg\cos\theta$$

両辺をmでわる!!

$$a = g\sin\theta - \mu' g\cos\theta \text{ [m/s}^2\text{]}$$

できあがり!!

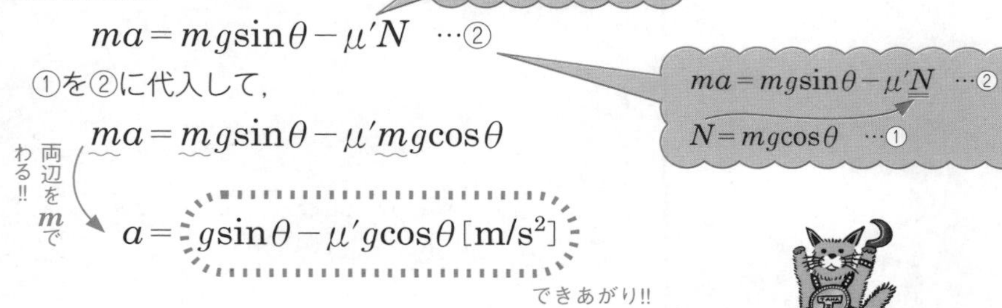

解答でござる

斜面から物体に加わる垂直抗力をN[N]としたとき，斜面と垂直な方向のつり合いの式は，

$$N = mg\cos\theta \quad \cdots ①$$

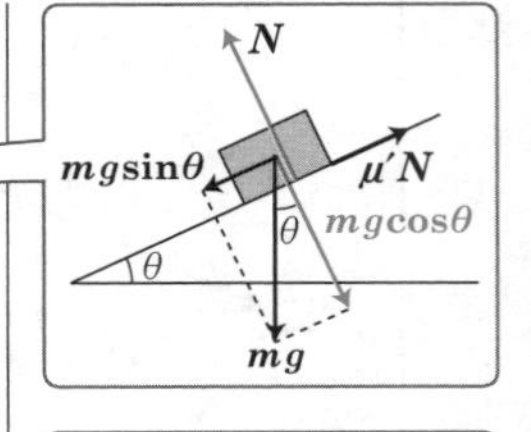

斜面に沿って下向きを正の方向と考える。物体に生じる加速度の大きさをa[m/s²]として，運動方程式を立てると，

$$ma = mg\sin\theta - \mu' N \quad \cdots ②$$

①を②に代入して，

$$ma = mg\sin\theta - \mu' mg\cos\theta$$

$$\therefore \quad a = g\sin\theta - \mu' g\cos\theta \,[\mathrm{m/s^2}] \quad \cdots (答)$$

（このとき…

$$a = g(\sin\theta - \mu'\cos\theta)\,[\mathrm{m/s^2}] \quad \cdots (答)$$
）

gでくくるとカッコイイ!!
このほうがよいかも…
どっちでも正解ですが…

複数の物体がからむ運動方程式

とにかく!!　次のような矢印をかき込むクセをつけろ!!

2つの物体が糸(あるいはひも)でつながっていたら，張力Tを向き合うよう($\xrightarrow{T}$———$\xleftarrow{T}$)にかき込め!!

横向きにつながっていても…

縦向きにつながっていても…

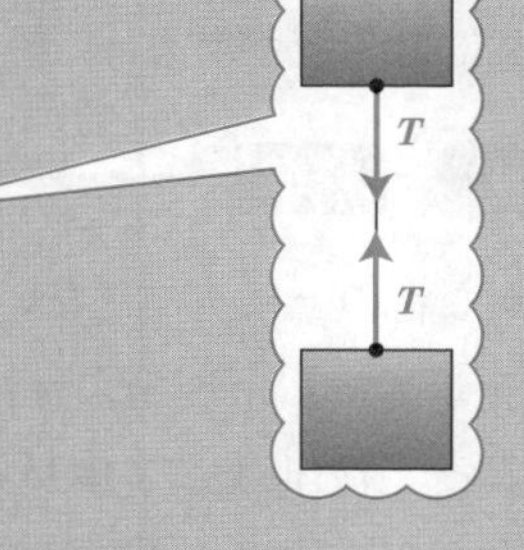

滑車で向きが変わっても…

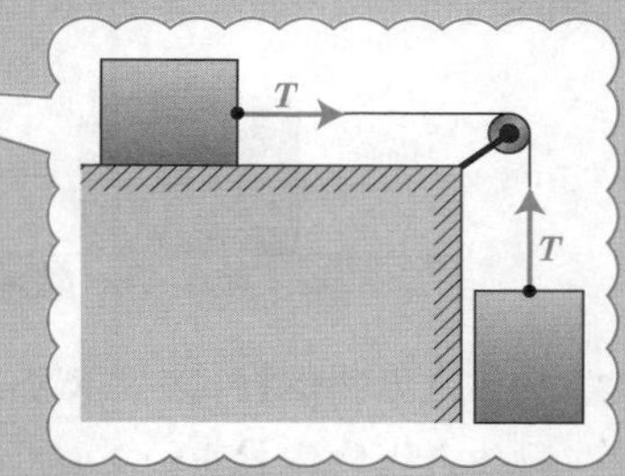

張力とは，糸がピンッと張ったときに生じる力です。まぁ，つべこべ言わずにかき込みなさい。

2つの物体が面と面で接していたら，抗力Nを作用・反作用の法則のイメージ($\overset{N}{\longleftarrow}\!\!\bullet\!\!\overset{N}{\longrightarrow}$)でかき込め!!

横向きに接していても…

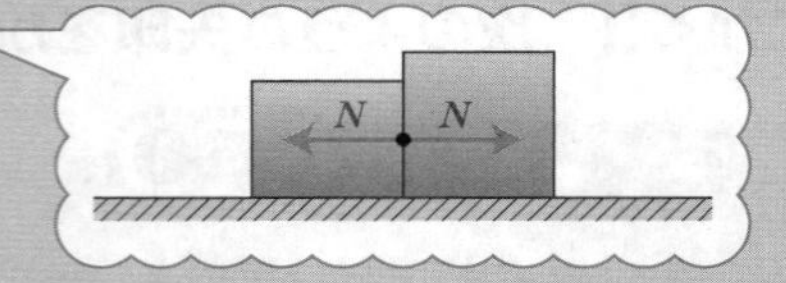

縦向きに接していても…

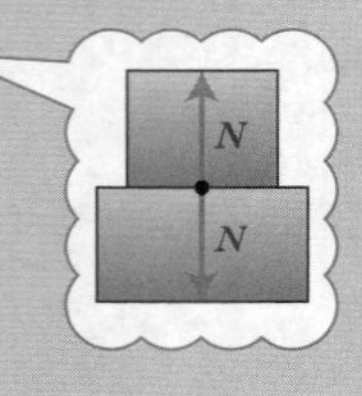

運動方程式にはコツがある!!　最初は覚え込むつもりで!!

問題40　標準

なめらかな台の上に，伸びない糸でつないだ質量m_Aの物体Aと質量m_Bの物体Bを置いた。下図のように，物体Aに台に対して水平な力F[N]を加えたところ，物体Aと物体Bは同じ等加速度運動をした。重力加速度をg[m/s^2]として，次の各問いに答えよ。

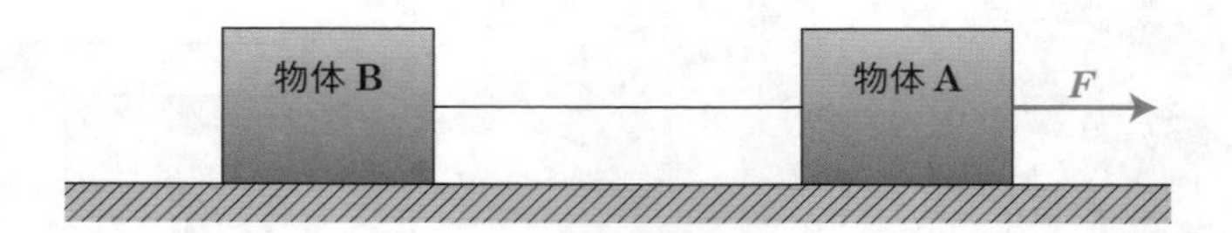

(1)　物体Aと物体Bに生じる加速度の大きさを求めよ。

(2)　物体Aと物体Bをつないだ糸にはたらく張力の大きさを求めよ。

“なめらかな台”と書いてあるので，摩擦力は無視してください!!　さらに，糸が登場したときは，“糸の質量は無視する”ことも常識です!!

運動方程式のつくり方 基本編

その❶　物体にはたらいている力をすべて図示せよ!!

その❷　物体が運動する向きを予想して正の向きを決める!!

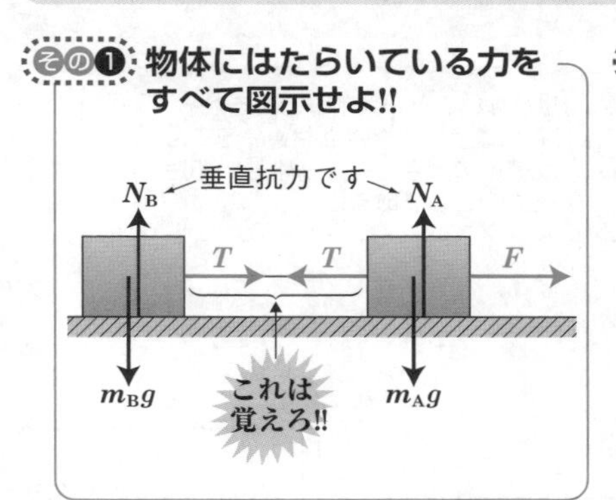

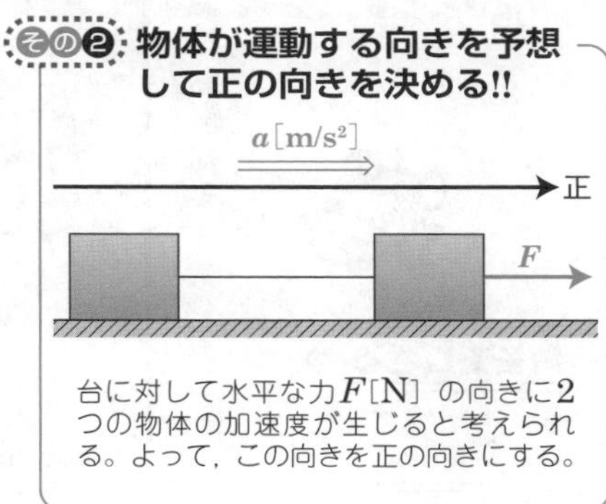

台に対して水平な力F[N]の向きに2つの物体の加速度が生じると考えられる。よって，この向きを正の向きにする。

仕上げは1つひとつの物体について独立した運動方程式をつくるべし!!

物体Aについて…

台に対して垂直な方向のつり合いの式は，物体Aにはたらく垂直抗力をN_Aとして，

$$N_A = m_A g$$

台に対して平行な方向の運動方程式は，張力をT[N]，加速度の大きさをa[m/s²]として，

$$m_A a = F - T$$

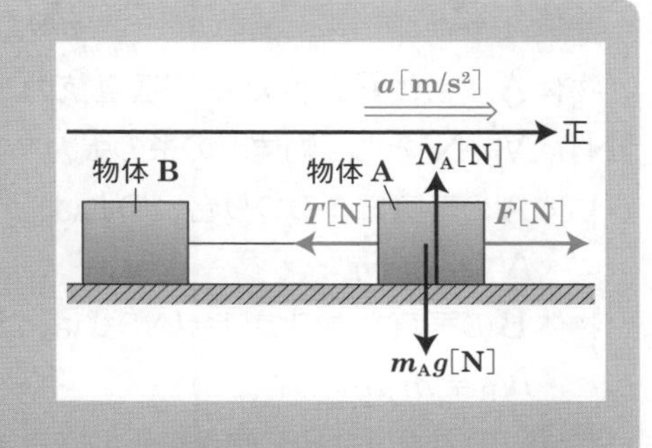

物体Bについて…

台に対して垂直な方向のつり合いの式は，物体Bにはたらく垂直抗力をN_Bとして，

$$N_B = m_B g$$

台に対して平行な方向の運動方程式は，張力をT[N]，加速度の大きさをa[m/s²]として，

$$m_B a = T$$

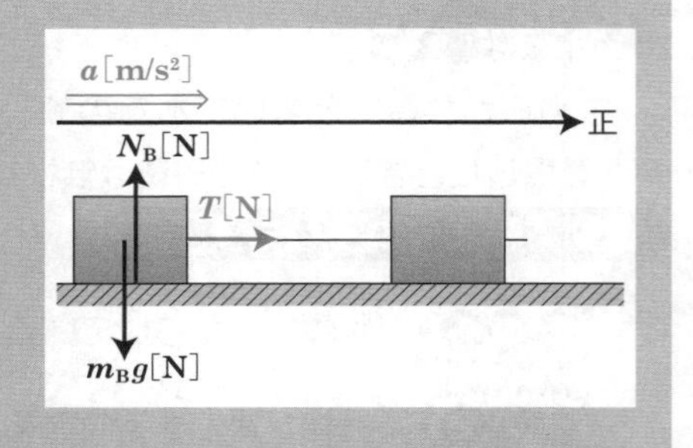

糸は伸びたりたるんだりしないことが大前提であるから，物体Aと物体Bに生じる加速度の大きさは共通の値である。よって，物体Aの加速度の大きさも，物体Bの加速度の大きさもともにa[m/s²]としてある!!

解答でござる

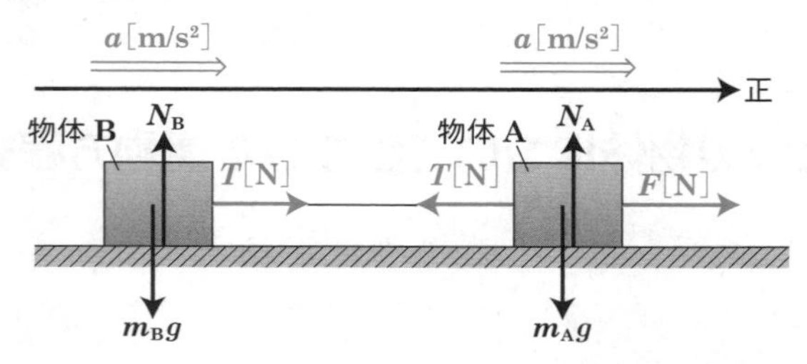

この張力Tはかき込むクセをつけろ!!

物体A，物体Bにはたらく垂直抗力をそれぞれN_A[N]，N_B[N]とし，物体間の糸の張力をT[N]とする。

物体Aの垂直方向のつり合いの式は，

$$N_A = m_A g$$

物体Bの垂直方向のつり合いの式は，

$$N_B = m_B g$$

たしかに!!
本問ではこの式はムダです。摩擦力もなければ，斜面が登場しているわけでもありません。
しか～し!!
普段からこの気配りをすることを心がけていないと，いずれ泣くことになるよ!!

F[N]の力がはたらく向きを正の向きとする。

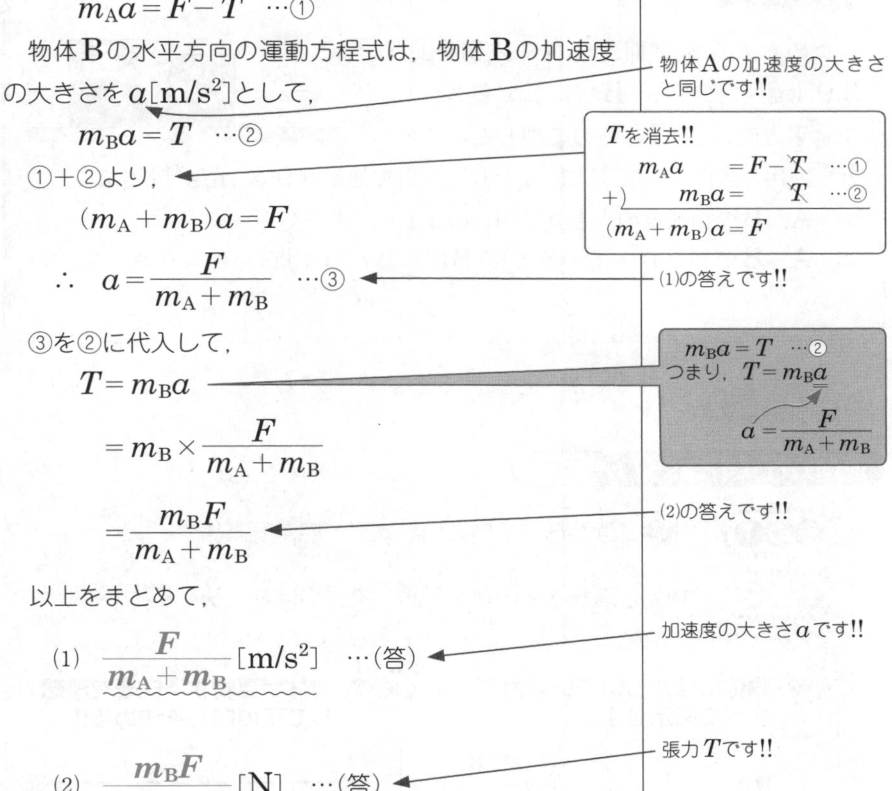

物体Aの水平方向の運動方程式は，物体Aの加速度の大きさをa[m/s^2] として，

$$m_A a = F - T \quad \cdots①$$

物体Bの水平方向の運動方程式は，物体Bの加速度の大きさをa[m/s^2]として，

$$m_B a = T \quad \cdots②$$

①＋②より，

$$(m_A + m_B)a = F$$

$$\therefore \quad a = \frac{F}{m_A + m_B} \quad \cdots③$$

③を②に代入して，

$$T = m_B a$$

$$= m_B \times \frac{F}{m_A + m_B}$$

$$= \frac{m_B F}{m_A + m_B}$$

以上をまとめて，

(1)　$\dfrac{F}{m_A + m_B}$ [m/s^2]　…(答)

(2)　$\dfrac{m_B F}{m_A + m_B}$ [N]　…(答)

まだまだいくぜーっ!!

問題41　**標準**

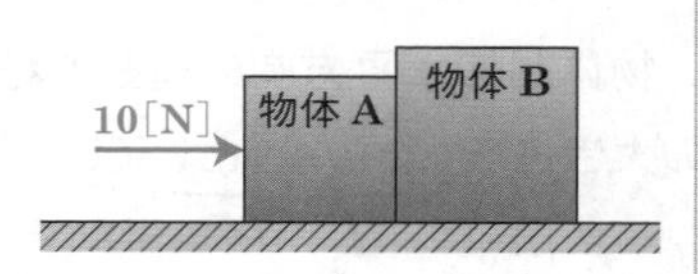

なめらかな水平面上に質量2.0[kg]，3.0[kg]の物体A，Bを接して置き，Aを水平方向に10[N]の力で押した。このとき，次の各問いに答えよ。ただし，重力加速度は9.8[m/s^2]とする。

(1)　A，Bの加速度の大きさは何[m/s^2]か。

(2)　A，Bが押し合っている力(AB間にはたらく抗力)の大きさは何[N]か。

ナイスな導入

運動方程式のつくり方　基本編

その❶　物体にはたらいている力をすべて図示せよ!!

その❷　物体が運動する向きを予想して正の向きを決める!!

その❶　**物体にはたらいている力をすべて図示せよ!!**

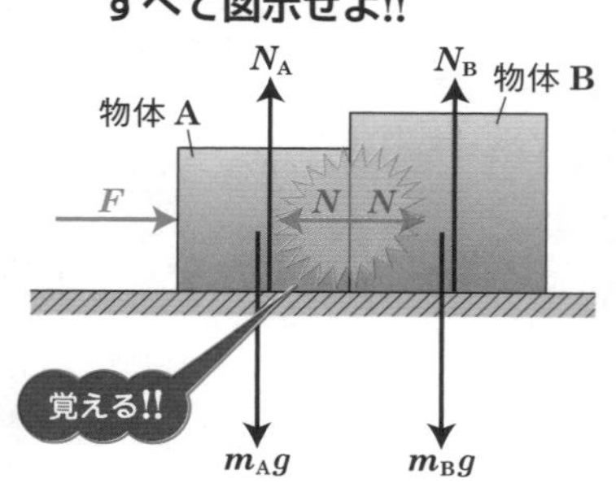

物体Aに水平に加えた力……………F[N]
AB間にはたらく抗力……………N[N]
物体Aの質量……………m_A[kg]
物体Bの質量……………m_B[kg]
水平面から物体Aにはたらく垂直抗力…N_A[N]
水平面から物体Bにはたらく垂直抗力…N_B[N]
重力加速度……………g[m/s^2]

その❷　**物体が運動する向きを予想して正の向きを決める!!**

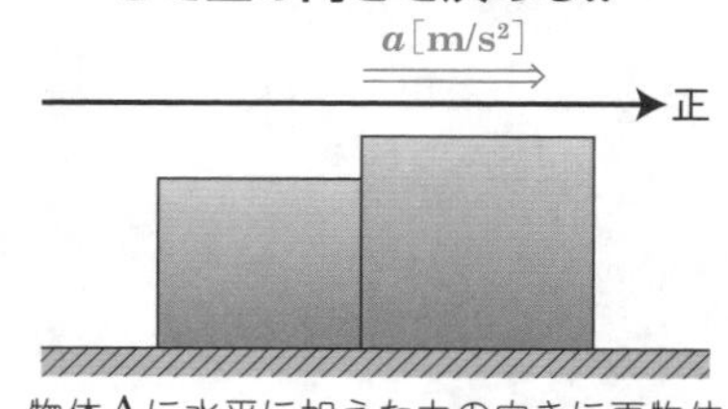

物体Aに水平に加えた力の向きに両物体の加速度が生じたと考えられる。よって，その向きを正の向きをとしよう。

物理では文字式に慣れることが大切!!
数値はあとで代入しよう!!

仕上げは１つひとつの物体について独立した運動方程式をつくるべし!!

解答でござる

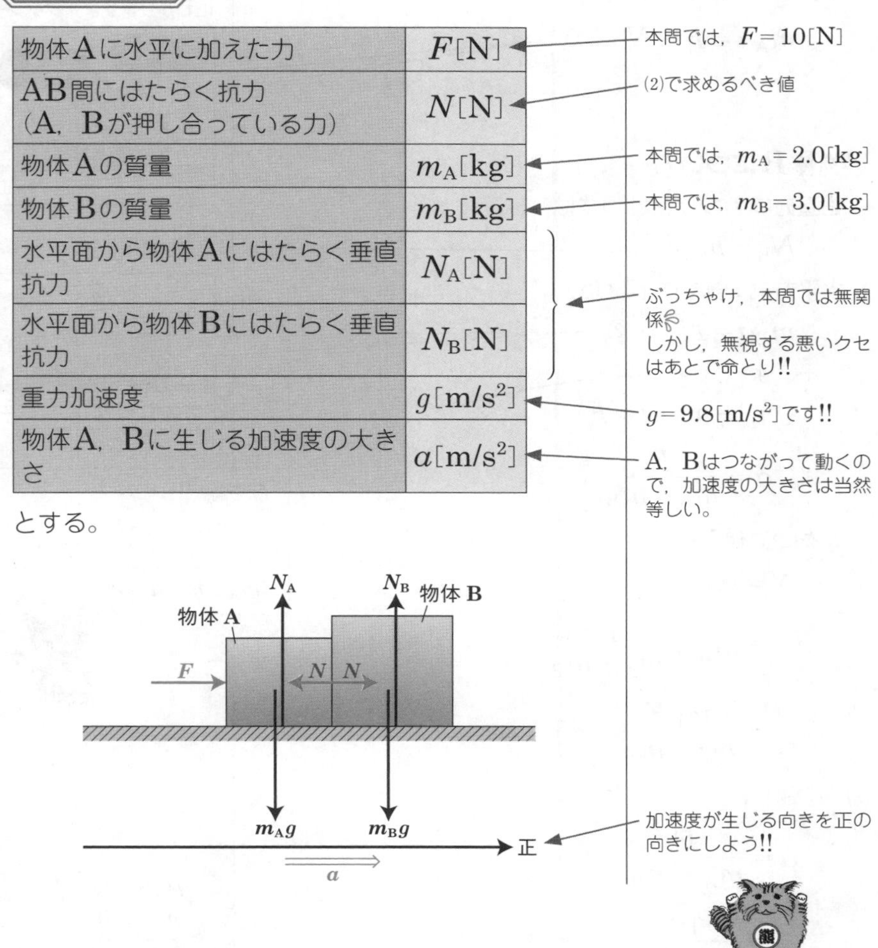

物体Aに水平に加えた力	F[N]
AB間にはたらく抗力 （A，Bが押し合っている力）	N[N]
物体Aの質量	m_A[kg]
物体Bの質量	m_B[kg]
水平面から物体Aにはたらく垂直抗力	N_A[N]
水平面から物体Bにはたらく垂直抗力	N_B[N]
重力加速度	g[m/s^2]
物体A，Bに生じる加速度の大きさ	a[m/s^2]

本問では，$F = 10$[N]

(2)で求めるべき値

本問では，$m_A = 2.0$[kg]

本問では，$m_B = 3.0$[kg]

ぶっちゃけ，本問では無関係
しかし，無視する悪いクセはあとで命とり!!

$g = 9.8$[m/s^2]です!!

A，Bはつながって動くので，加速度の大きさは当然等しい。

とする。

加速度が生じる向きを正の向きにしよう!!

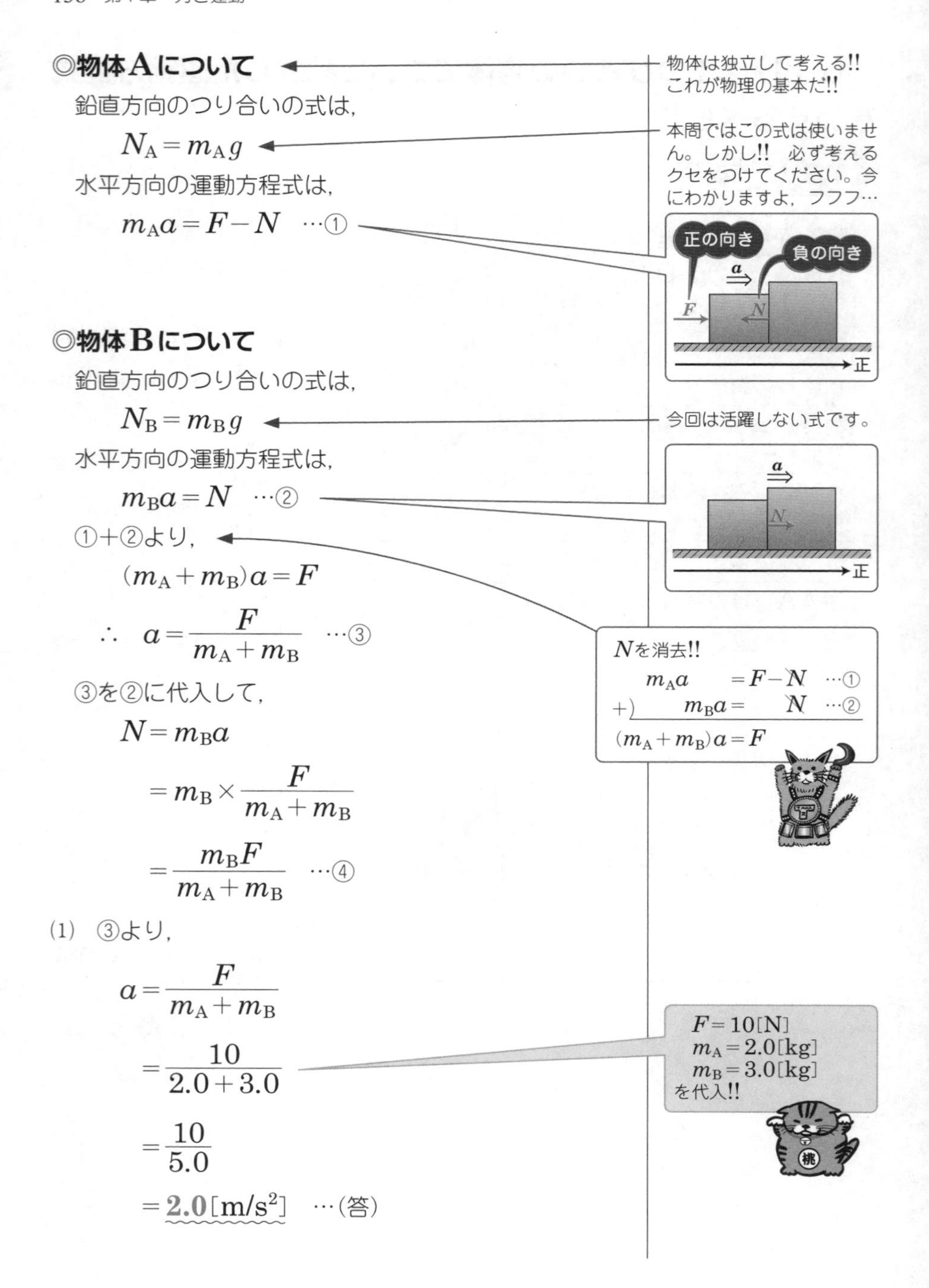

◎物体Aについて

鉛直方向のつり合いの式は，

$$N_A = m_A g$$

水平方向の運動方程式は，

$$m_A a = F - N \quad \cdots ①$$

◎物体Bについて

鉛直方向のつり合いの式は，

$$N_B = m_B g$$

水平方向の運動方程式は，

$$m_B a = N \quad \cdots ②$$

①＋②より，

$$(m_A + m_B)a = F$$

$$\therefore \quad a = \frac{F}{m_A + m_B} \quad \cdots ③$$

③を②に代入して，

$$N = m_B a = m_B \times \frac{F}{m_A + m_B} = \frac{m_B F}{m_A + m_B} \quad \cdots ④$$

(1)　③より，

$$a = \frac{F}{m_A + m_B} = \frac{10}{2.0 + 3.0} = \frac{10}{5.0} = \mathbf{2.0}[\mathrm{m/s^2}] \quad \cdots (答)$$

(2)　④より，

$$N=\frac{m_{\mathrm{B}}F}{m_{\mathrm{A}}+m_{\mathrm{B}}}$$

$$=\frac{3.0\times10}{2.0+3.0}$$

$$=\frac{30}{5.0}$$

$$=\mathbf{6.0}\,[\mathrm{N}]$$ …(答)

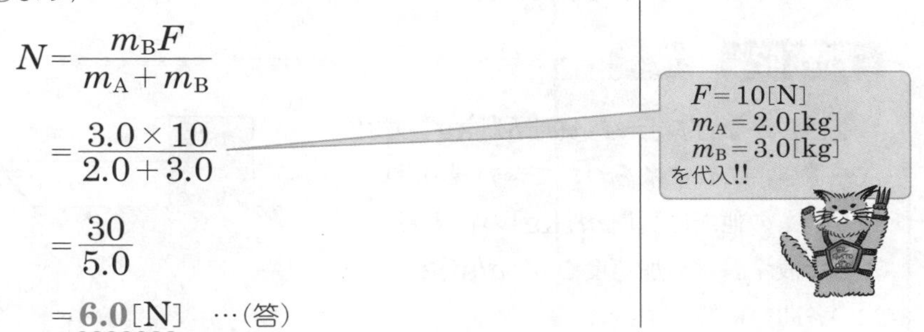

プロフィール

クリスティーヌ

オムちゃんを救うべく，遠い未来から現れた教育プランナー。見た感じはロボットのようですが，詳細は不明…

虎君はクリスティーヌが大好きのようですが，桃君はクリスティーヌが発言すると，迷惑そうです。

コツをつかむまで，まだまだ特訓!!

問題42 標準

なめらかな台の上に，質量M[kg]の物体Aを置き，これに糸をつけて台の端の滑車を通し，糸の他端に質量m[kg]の物体Bをつるして放す。重力加速度をg[m/s^2]として，次の各問いに答えよ。

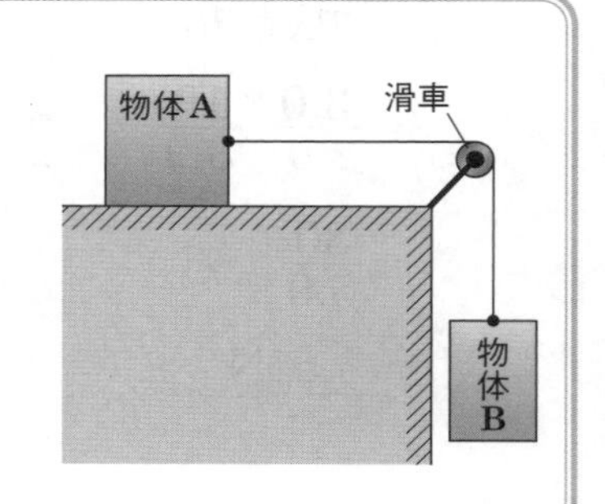

(1) 物体Aの加速度の大きさは何[m/s^2]か。

(2) 糸の張力は何[N]か。

“なめらかな台”と書いてあるので，摩擦力は無視!!

さらに，糸と滑車の間の摩擦力は考えないことが常識である。

運動方程式のつくり方 基本編

物体にはたらいている力をすべて図示せよ!!

物体が運動する向きを予想して正の向きを決める!!

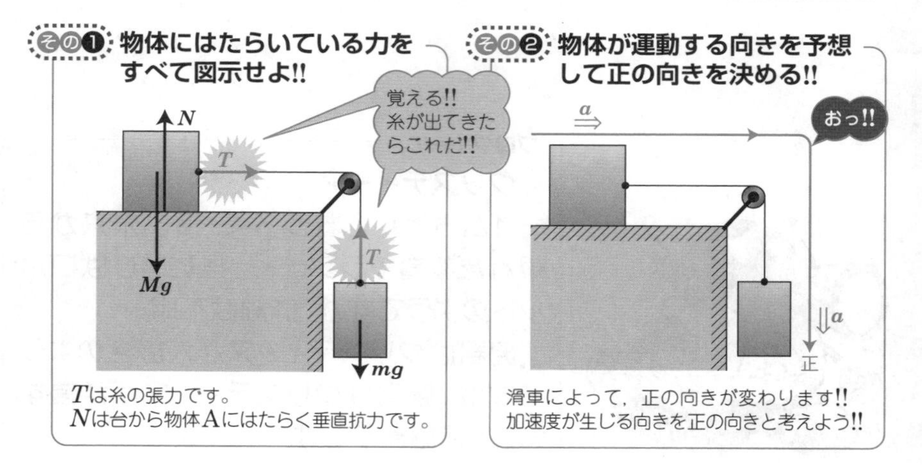

仕上げは1つひとつの物体について独立した運動方程式をつくるべし!!

解答でござる

A, Bに生じる加速度の大きさ	a[m/s^2]
糸の張力	T[N]
台からAにはたらく垂直抗力	N[N]

(1)で求める値です!!

(2)で求める値です!!

とする。

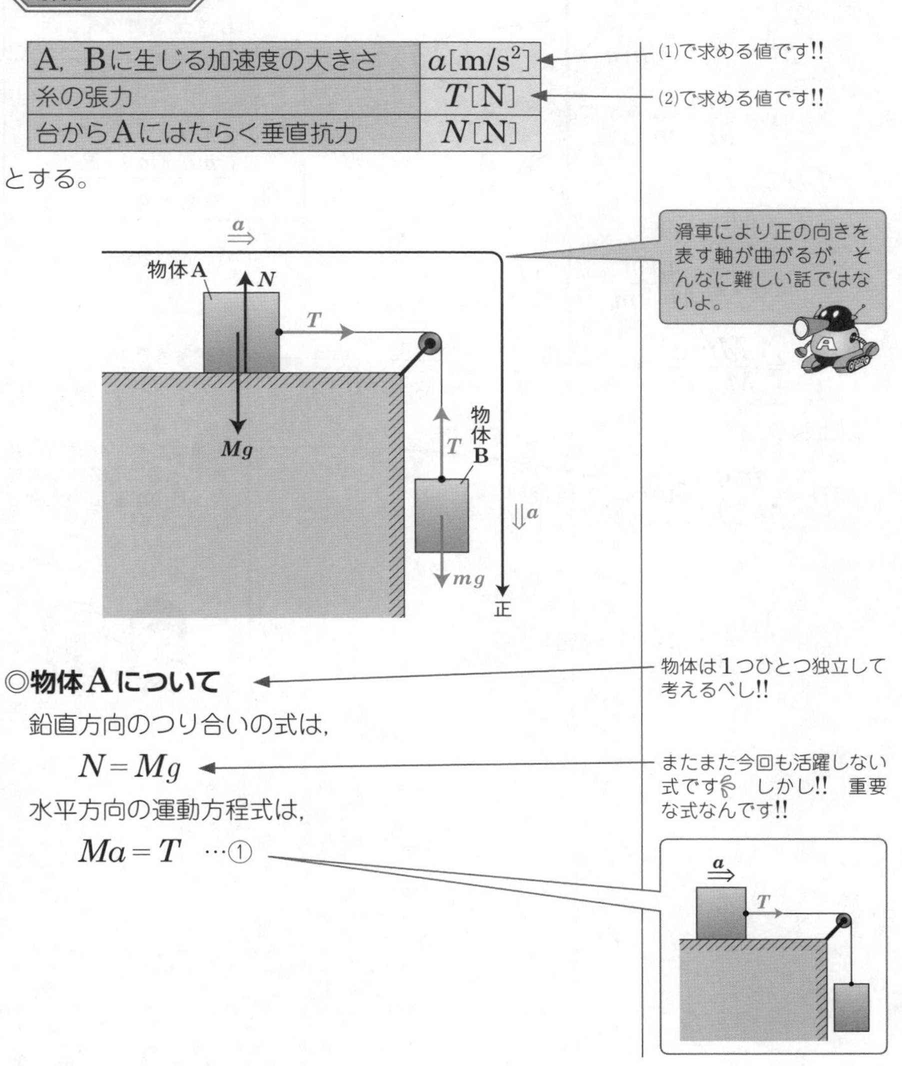

◎物体Aについて

物体は1つひとつ独立して考えるべし!!

鉛直方向のつり合いの式は,

$$N = Mg$$

またまた今回も活躍しない式です　しかし!!　重要な式なんです!!

水平方向の運動方程式は,

$$Ma = T \quad \cdots ①$$

◎物体Bについて

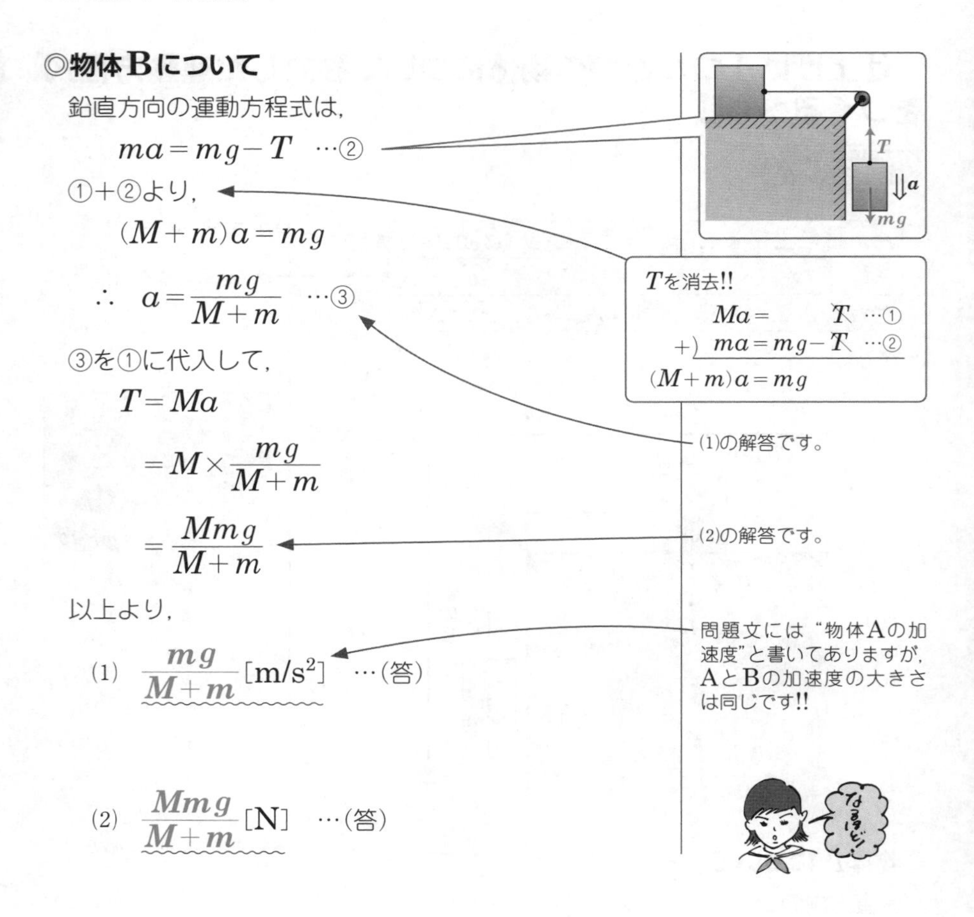

鉛直方向の運動方程式は,

$$ma = mg - T \quad \cdots ②$$

①+②より,

$$(M+m)a = mg$$

$$\therefore \quad a = \frac{mg}{M+m} \quad \cdots ③$$

③を①に代入して,

$$T = Ma$$

$$= M \times \frac{mg}{M+m}$$

$$= \frac{Mmg}{M+m}$$

以上より,

(1) $\dfrac{mg}{M+m}$ [m/s²] …(答)

(2) $\dfrac{Mmg}{M+m}$ [N] …(答)

Tを消去!!

$$\begin{array}{rl} Ma = & T \quad \cdots ① \\ +) \quad ma = & mg - T \quad \cdots ② \\ \hline (M+m)a = & mg \end{array}$$

(1)の解答です。

(2)の解答です。

問題文には“物体Aの加速度”と書いてありますが,AとBの加速度の大きさは同じです!!

次の問題でひと皮むける…。

問題43　標準

右図のように，上面が水平な質量M[kg]の物体Aの上に，質量m[kg]の物体Bをのせて，F[N]の力で鉛直上向きに引き上げた。このとき，物体Bは物体Aから離れることなく，これらの物体は鉛直上向きに等加速度運動をしたという。重力加速度をg[m/s^2]として，次の各問いに答えよ。

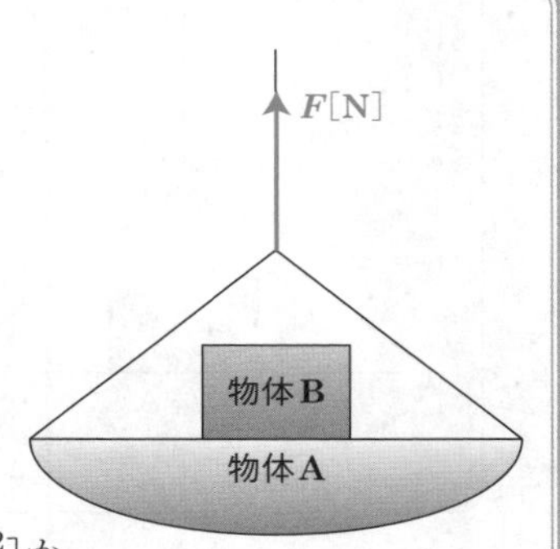

(1)　A，Bに生じる加速度の大きさは何[m/s^2]か。

(2)　A，Bが押し合っている力(AB間の抗力)の大きさは何[N]か。

ナイスな導入

運動方程式のつくり方　基本編

またこれかぁ…

その❶　物体にはたらいている力をすべて図示せよ!!

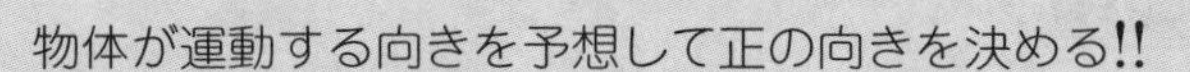

その❷　物体が運動する向きを予想して正の向きを決める!!

その❶　**物体にはたらいている力をすべて図示せよ!!**

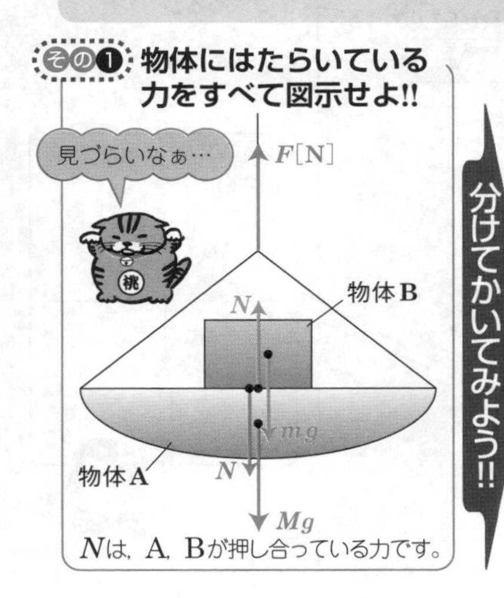

Nは，A，Bが押し合っている力です。

分けてかいてみよう!!

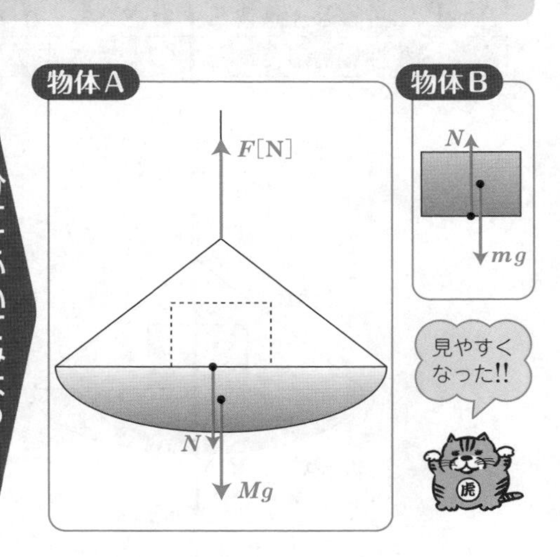

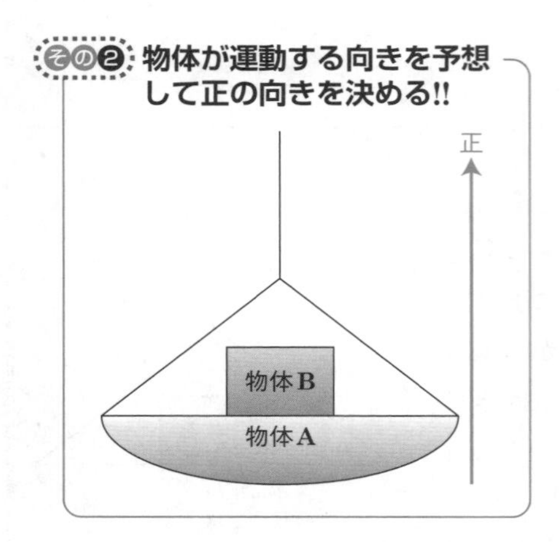

仕上げは…

解答でござる

A，Bに生じる加速度の大きさ	a[m/s^2]
A，Bが押し合っている力の大きさ	N[N]

(1)で求める値です!!
(2)で求める値です!!

とする。

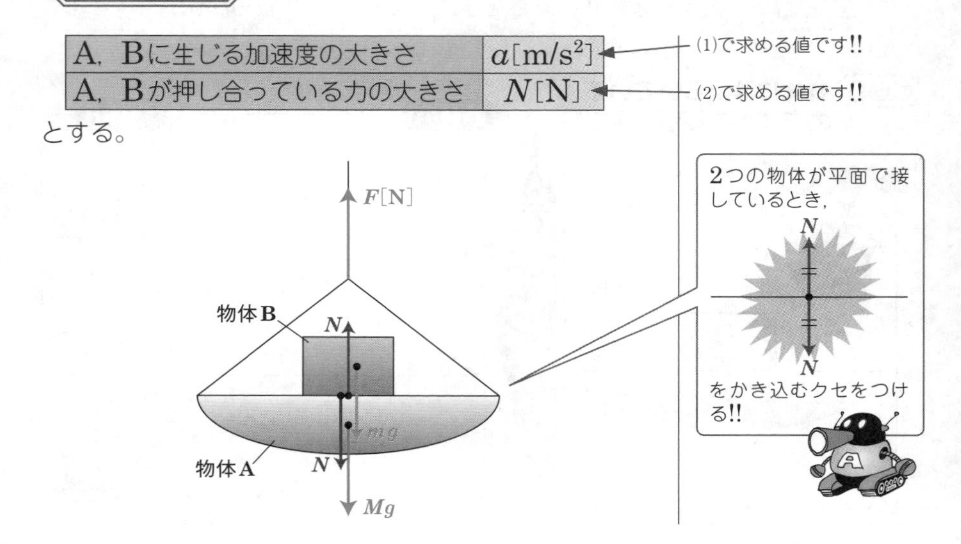

物体Aの運動方程式は，

$$Ma = F - Mg - N \quad \cdots ①$$

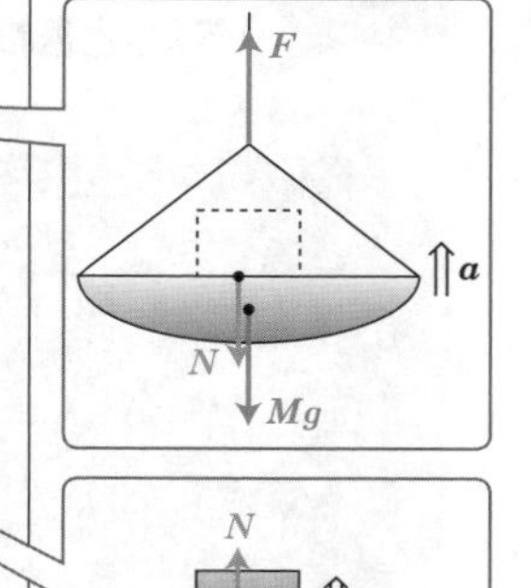

物体Bの運動方程式は，

$$ma = N - mg \quad \cdots ②$$

N
a
mg

①＋②より，

$$(M+m)a = F - (M+m)g$$

$$a = \frac{F-(M+m)g}{M+m}$$

$$= \frac{F}{M+m} - \frac{(M+m)g}{M+m}$$

$$\therefore \quad a = \frac{F}{M+m} - g \quad \cdots ③$$

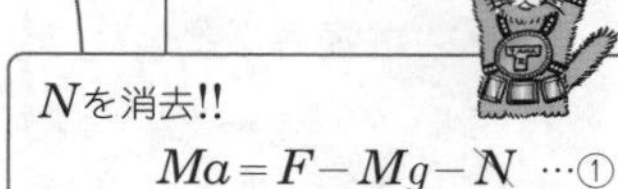

Nを消去!!

$$Ma = F - Mg - N \quad \cdots ①$$
$$+)\quad ma = N - mg \quad \cdots ②$$
$$(M+m)a = F - (M+m)g$$

この変形は義務ではないが，今回はこっちの形のほうが身軽でカッコイイ♥
もちろん!!

$$a = \frac{F-(M+m)g}{M+m}$$

のままでもOKです!!

②より，

$$N = ma + mg \quad \cdots ②'$$

③を②′に代入して，

$$N = m \times \left(\frac{F}{M+m} - g\right) + mg$$

$$= \frac{mF}{M+m} - mg + mg$$

$$\therefore \quad N = \frac{mF}{M+m} \quad \cdots ④$$

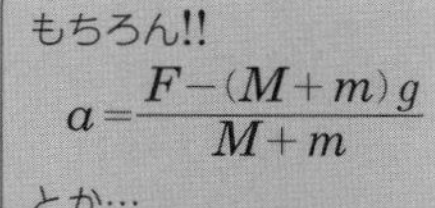

もちろん!!

$$a = \frac{F-(M+m)g}{M+m}$$

とか…

$$a = \frac{F-Mg-mg}{M+m}$$

としてもOK!!

以上より，

(1)　③から，A，Bに生じる加速度の大きさは，

$$\frac{F}{M+m} - g \,[\mathrm{m/s^2}] \quad \cdots (答)$$

(2)　④から，A，Bが押し合っている力の大きさは，

$$\frac{mF}{M+m}\,[\mathrm{N}] \quad \cdots (答)$$

物体Bに注目!!

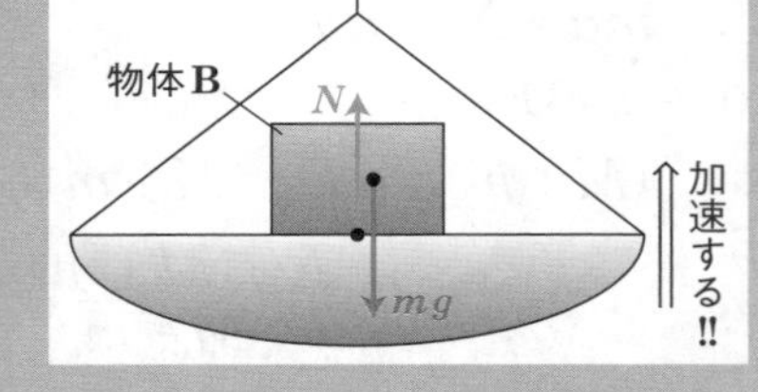

普通ならば，鉛直方向のつり合いの式より，

$$N = mg$$

となるはずだが，本問ではそうはいきません!!

鉛直上向きの加速度が生じるためには…

$$N > mg$$

の条件が必要になります。

みなさんも経験ありませんか??

エレベーターに乗ったとき，エレベーターが動き出した瞬間と止まろうとする寸前に，ヘンな感じになることを…。

このとき!! まさにみなさんが物体Bのようなもんです。

エレベーターが静止，または等速直線運動をしている(一定のスピードで上昇あるいは下降している)とき，エレベーターの中にいる人間には加速度が生じてません。つまり，本問でいうなら…

$$N = mg$$

が成立しています。

しかし!! エレベーターが動き出した瞬間，あるいは止まろうとする寸前に，エレベーターには加速度が生じます。つまり，エレベーターの中にいる人間にも加速度が生じており，本問でいうなら，

$$N \neq mg$$

となってしまいます。

だから，自分の体重が重く感じたり，軽く感じたりする違和感に襲われるわけなのです!!

なるほど!

ダメ押しです。今までの問題が合体しました!!

問題44　ちょいムズ

右図のように，滑車をつけた十分に長い糸の両端に物体Aと，物体Cをのせた物体Bをつけて静かに放した。A，B，Cの質量をそれぞれm_A[kg]，m_B[kg]，m_C[kg]，重力加速度をg[m/s^2]として，次の各問いに答えよ。

ただし，$m_A < m_B + m_C$とし，物体Bと物体Cは離れなかったとする。

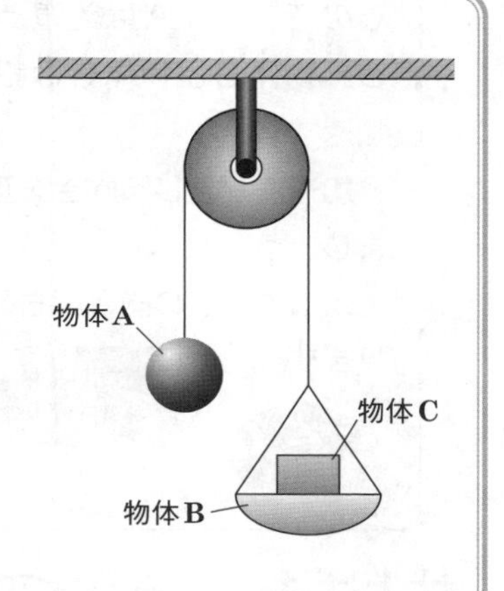

(1)　物体Aの加速度の大きさを求めよ。

(2)　張力Tの大きさを求めよ。

(3)　物体Bと物体Cが押し合っている力(BC間の抗力)を求めよ。

ナイスな導入

本問では単位の指定がないが，力は[N]，加速度は[m/s^2]とすることがもはや常識!!

その❶　物体にはたらいている力をすべて図示せよ!!

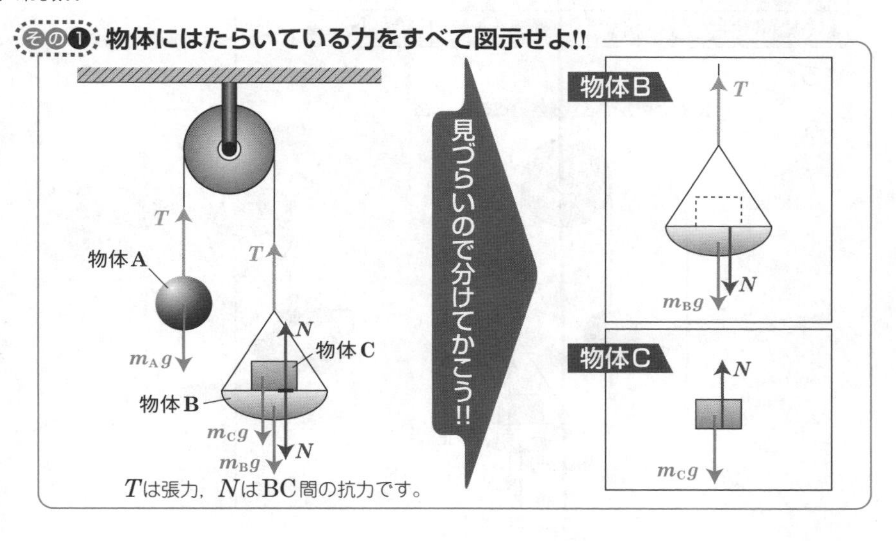

Tは張力，NはBC間の抗力です。

その❷ 物体が運動する向きを予想して正の向きを決める!!

条件に$m_A < m_B + m_C$と書いてあるので，物体Aは鉛直上向きに加速し，物体Bと物体Cは鉛直下向きに加速する!!

加速度が生じる向きを正の向きとしましょう。

よって，正の向きは右図のようになります。

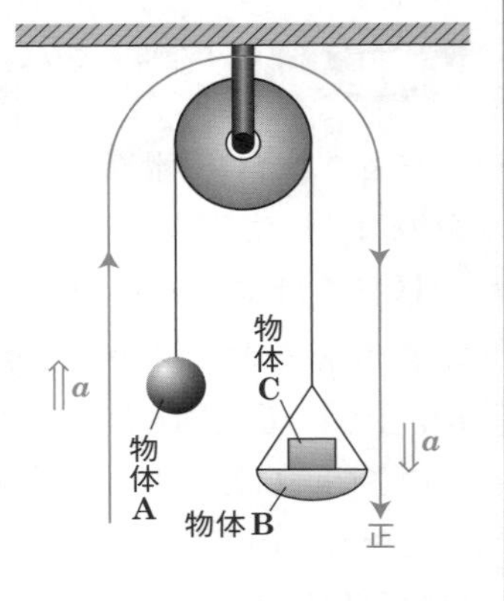

滑車の存在は，正の向きを表す軸を曲げるだけか…

仕上げは…，もう大丈夫ですね。

1つひとつの物体に分けて運動方程式をつくる!!　でしょ!?

解答でござる

A，B，Cに生じる加速度の大きさ	a[m/s^2]
糸の張力	T[N]
BC間にはたらく抗力	N[N]

(1)の解答になる!!
(2)の解答になる!!
(3)の解答になる!!

とする。

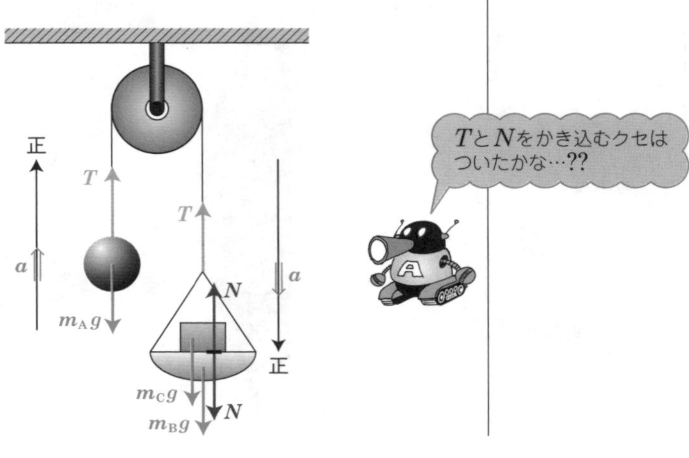

Aについての運動方程式は，

$$m_{\mathrm{A}}a = T - m_{\mathrm{A}}g \quad \cdots ①$$

Bについての運動方程式は，

$$m_{\mathrm{B}}a = m_{\mathrm{B}}g + N - T \quad \cdots ②$$

Cについての運動方程式は，

$$m_{\mathrm{C}}a = m_{\mathrm{C}}g - N \quad \cdots ③$$

①＋②＋③より，

$$(m_{\mathrm{A}} + m_{\mathrm{B}} + m_{\mathrm{C}})a = (m_{\mathrm{B}} + m_{\mathrm{C}} - m_{\mathrm{A}})g$$

$$\therefore \quad a = \frac{(m_{\mathrm{B}} + m_{\mathrm{C}} - m_{\mathrm{A}})g}{m_{\mathrm{A}} + m_{\mathrm{B}} + m_{\mathrm{C}}} \quad \cdots ④$$

①より，

$$T = m_{\mathrm{A}}a + m_{\mathrm{A}}g \quad \cdots ①'$$

④を①′に代入して，

$$T = m_{\mathrm{A}} \times \frac{(m_{\mathrm{B}} + m_{\mathrm{C}} - m_{\mathrm{A}})g}{m_{\mathrm{A}} + m_{\mathrm{B}} + m_{\mathrm{C}}} + m_{\mathrm{A}}g$$

$$= \frac{m_{\mathrm{A}}(m_{\mathrm{B}} + m_{\mathrm{C}} - m_{\mathrm{A}})g + (m_{\mathrm{A}} + m_{\mathrm{B}} + m_{\mathrm{C}})m_{\mathrm{A}}g}{m_{\mathrm{A}} + m_{\mathrm{B}} + m_{\mathrm{C}}}$$

$$= \frac{m_{\mathrm{A}}m_{\mathrm{B}}g + m_{\mathrm{A}}m_{\mathrm{C}}g - m_{\mathrm{A}}{}^2g + m_{\mathrm{A}}{}^2g + m_{\mathrm{A}}m_{\mathrm{B}}g + m_{\mathrm{A}}m_{\mathrm{C}}g}{m_{\mathrm{A}} + m_{\mathrm{B}} + m_{\mathrm{C}}}$$

$$= \frac{2m_{\mathrm{A}}m_{\mathrm{B}}g + 2m_{\mathrm{A}}m_{\mathrm{C}}g}{m_{\mathrm{A}} + m_{\mathrm{B}} + m_{\mathrm{C}}}$$

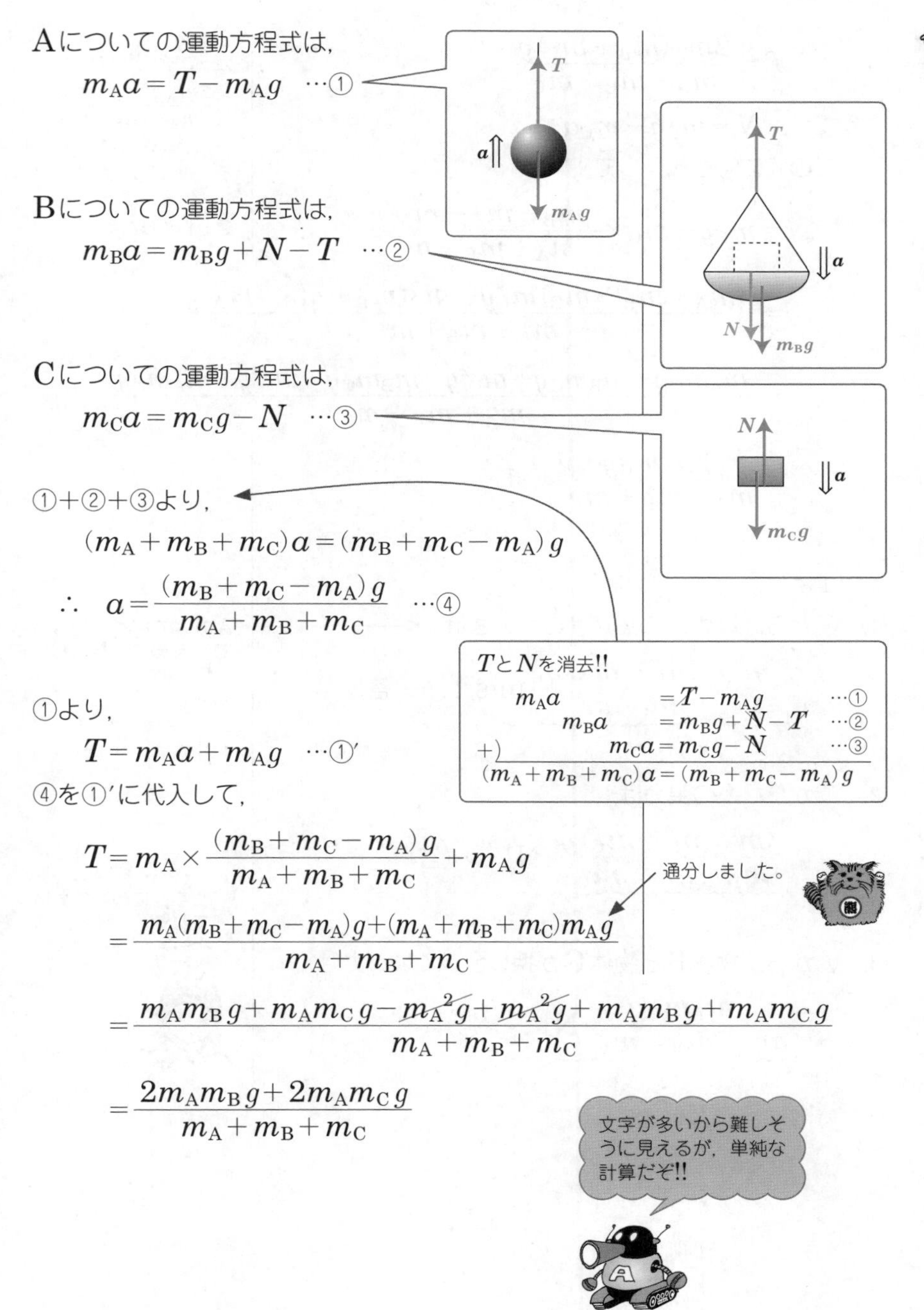

$$\therefore \quad T = \frac{2m_A(m_B + m_C)g}{m_A + m_B + m_C} \quad \cdots⑤$$

$2m_Ag$でくくったほうがカッコイイ!!

$$\frac{2m_Ag(m_B + m_C)}{m_A + m_B + m_C}$$

としてもよいが，gはうしろに書くことが多い。

③より，$N = m_Cg - m_Ca$

この式に④を代入して，

$$N = m_Cg - m_C \times \frac{(m_B + m_C - m_A)g}{m_A + m_B + m_C}$$

通分しました。

$$= \frac{(m_A + m_B + m_C)m_Cg - m_C(m_B + m_C - m_A)g}{m_A + m_B + m_C}$$

$$= \frac{m_Am_Cg + m_Bm_Cg + m_C{}^2g - m_Bm_Cg - m_C{}^2g + m_Am_Cg}{m_A + m_B + m_C}$$

$$= \frac{2m_Am_Cg}{m_A + m_B + m_C} \quad \cdots⑥$$

以上より，

(1) ④から，物体Aの加速度の大きさは，

$$\frac{(m_B + m_C - m_A)g}{m_A + m_B + m_C} \text{[m/s}^2\text{]} \quad \cdots(答)$$

Aのみでなく，つながっているので，BもCも同じ値です。

(2) ⑤から，糸の張力は，

$$\frac{2m_A(m_B + m_C)g}{m_A + m_B + m_C} \text{[N]} \quad \cdots(答)$$

(3) ⑥から，物体Bと物体Cが押し合っている力は，

$$\frac{2m_Am_Cg}{m_A + m_B + m_C} \text{[N]} \quad \cdots(答)$$

ついでに“動滑車”も攻略しよう!!

問題45　ちょいムズ

右図のように，定滑車と動滑車からなる装置がある。定滑車にかけた軽い糸の一端に，質量$2m$[kg]のおもりAをつるし，他端に質量の無視できる動滑車をつけ，天井に固定する。動滑車に質量m[kg]のおもりBをつるして放した。重力加速度をg[m/s^2]として，次の各問いに答えよ。

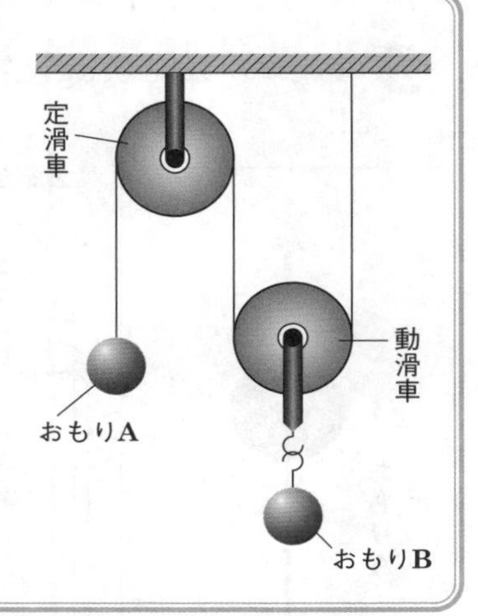

(1)　Aの加速度の大きさを求めよ。

(2)　Bの加速度の大きさを求めよ。

(3)　糸の張力を求めよ。

ナイスな導入

糸はひとつづきにつながっているので，糸の張力はどこでも同じである!!

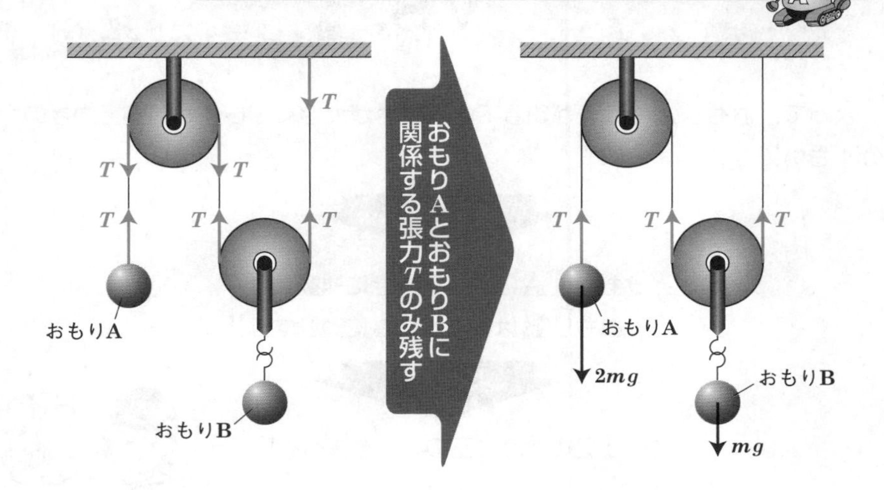

おもりAとおもりBの運動する向きは…??

注　動滑車の質量は0[kg]と考えることができるから，おもりBとセットで考える!!

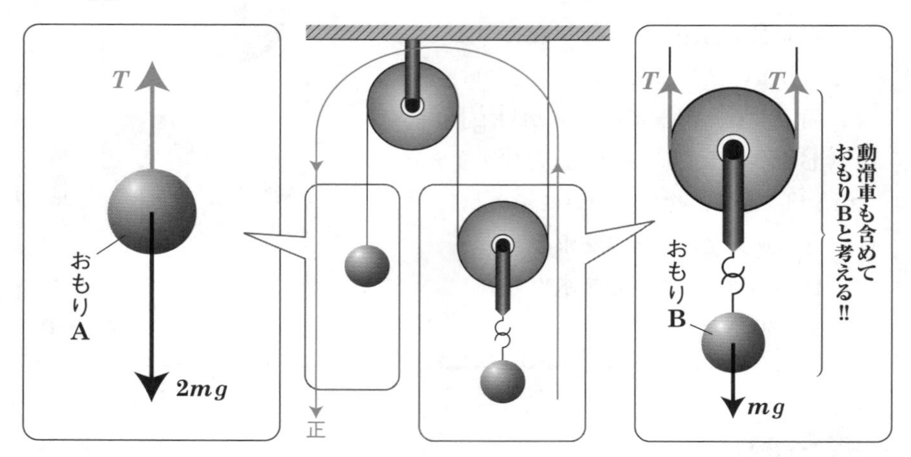

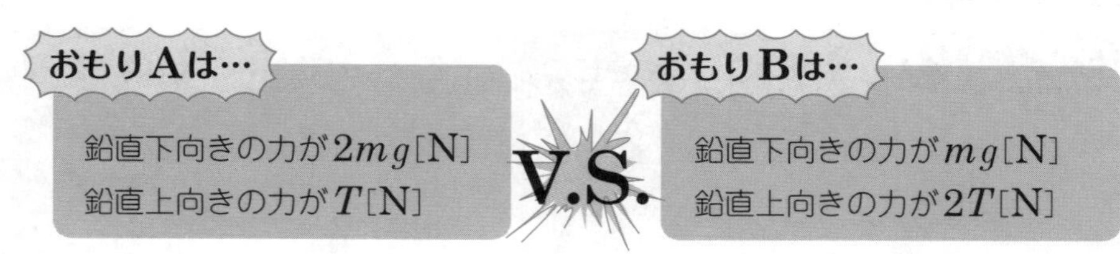

よって，おもりAのほうが鉛直下向きの力が大きく，しかも鉛直上向きの力が小さい!!

とゆーことは…

おもりAは鉛直**下**向きに運動し，
おもりBは鉛直**上**向きに運動する!!

上図のように正の向きを決める!!

おもりAとおもりBの加速度の大きさは同じではない!!

① おもりAが鉛直下向きにL[m]運動すると，おもりBと動滑車は，糸が2手に分かれているので，トータルL[m]の長さが左右に$\frac{L}{2}$[m]ずつ分けられる。

よって，鉛直上向きに$\frac{L}{2}$[m]運動する。

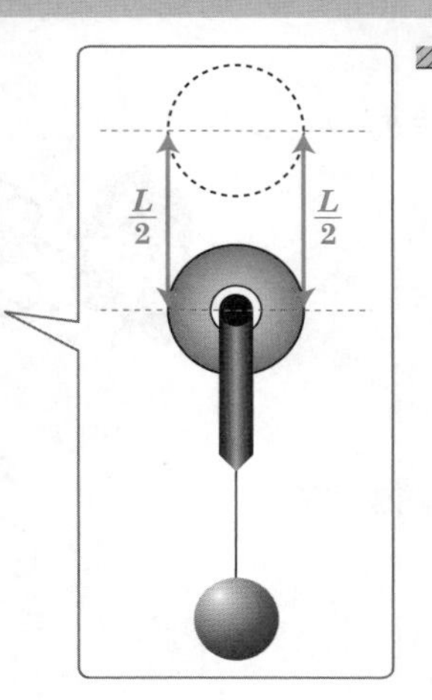

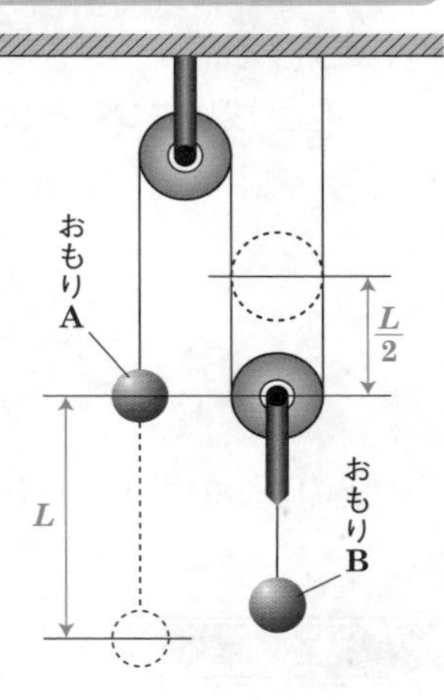

つまり…

② おもりAがv[m/s]の速さで運動しているとき，おもりBは$\frac{v}{2}$[m/s]の速さで運動している。

速さの話としては，①を1秒ごとの話に変えただけです!!　よって，あたりまえの話です。

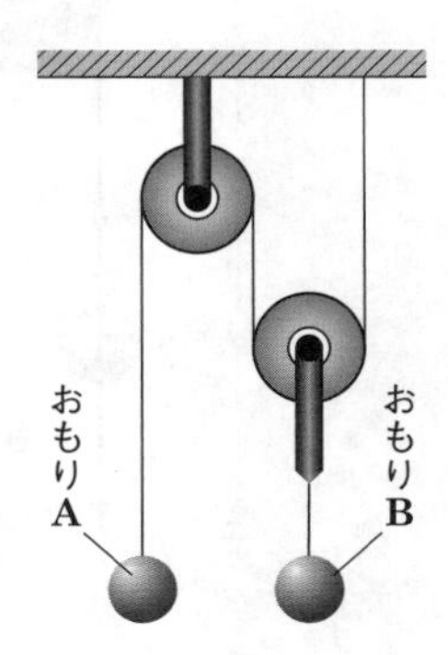

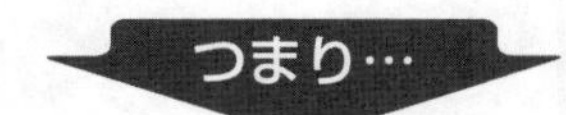

③　おもりAがa[m/s^2]の加速度の大きさで運動するとき，おもりBは$\dfrac{a}{2}$[m/s^2]の加速度の大きさで運動する。

②が成り立つなら③も成り立つ!!

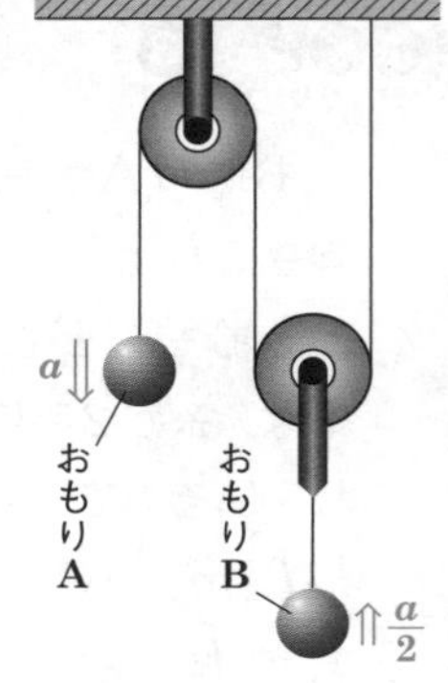

以上の3つのポイントを踏まえて…

解答でござる

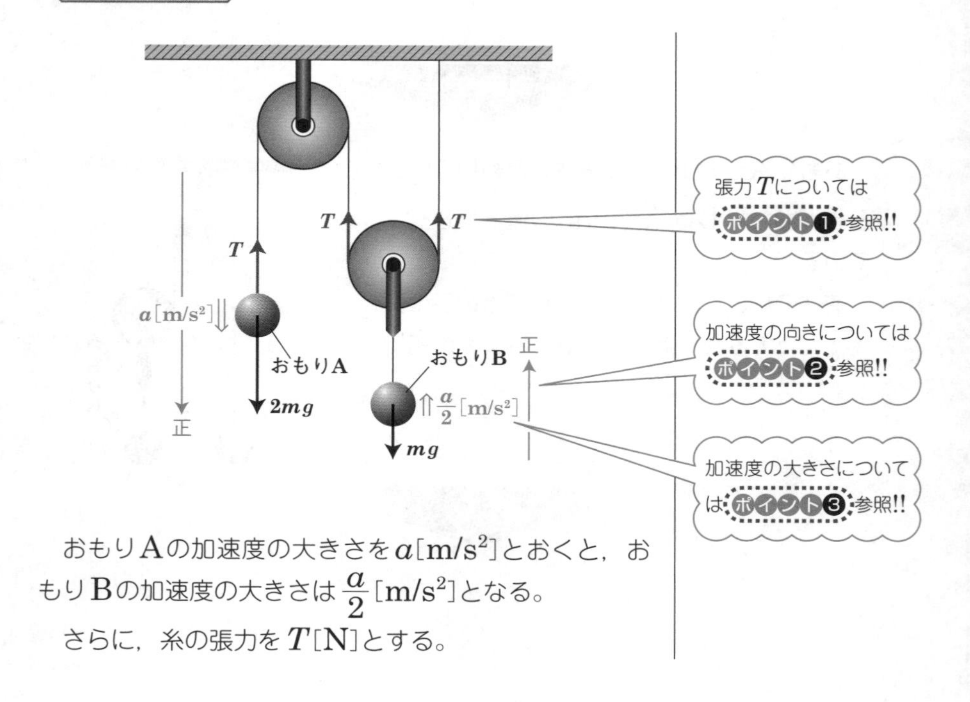

おもりAの加速度の大きさをa[m/s^2]とおくと，おもりBの加速度の大きさは$\dfrac{a}{2}$[m/s^2]となる。

さらに，糸の張力をT[N]とする。

おもりAの運動方程式は,

$$2ma = 2mg - T \quad \cdots ①$$

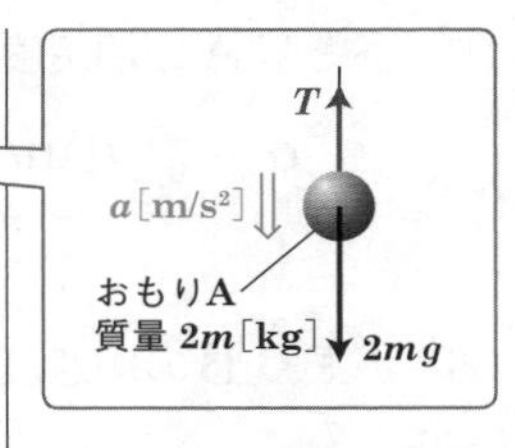

おもりBと動滑車の運動方程式は

$$m \times \frac{a}{2} = 2T - mg$$

つまり,

$$\frac{1}{2}ma = 2T - mg \quad \cdots ②$$

T　T
ひとつのセット!!
おもりB
質量 m[kg]
$\Uparrow \frac{a}{2}$ [m/s²]
mg

> **注**　ポイント❷でも述べたが,動滑車の質量は無視できるので,動滑車もおもりBの一部として考える!!

①×2＋②より,　← Tを消去する!!

$$\begin{aligned} 4ma &= 4mg - 2T \quad \cdots ① \times 2 \\ +)\ \frac{1}{2}ma &= \quad 2T - mg \quad \cdots ② \\ \hline \frac{9}{2}ma &= 3mg \end{aligned}$$

$$\frac{9}{2}a = 3g$$　← 両辺を m でわった!!

$$a = \frac{2}{9} \times 3g$$　← 両辺を $\frac{2}{9}$ 倍した!!

$$\therefore \quad a = \frac{2}{3}g \quad \cdots ③$$　← おもりAの加速度が求まりました!!　つまり,(1)の解答です!!

①から,

$$T = 2mg - 2ma$$　← 移項しただけです。

これに③を代入して,

$$\begin{aligned} T &= 2mg - 2m \times \frac{2}{3}g \\ &= 2mg - \frac{4}{3}mg \\ &= \frac{2}{3}mg \quad \cdots ④ \end{aligned}$$

← 糸の張力が求まりました!!
つまり,(3)の解答です!!

(1)　おもりAの加速度の大きさは③より,

$$a=\frac{2}{3}g\,[\mathrm{m/s^2}]$$ …(答)

(2)　おもりBの加速度の大きさは$\dfrac{a}{2}$[m/s²]より, ③から,

$$\frac{a}{2}=\frac{1}{2}a$$
$$=\frac{1}{2}\times\frac{2}{3}g$$
$$=\frac{1}{3}g\,[\mathrm{m/s^2}]$$ …(答)

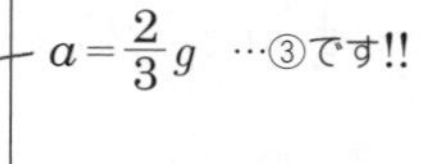

運動方程式さえ立てちゃえば, 簡単!!

(3)　糸の張力は④より,

$$T=\frac{2}{3}mg\,[\mathrm{N}]$$ …(答)

Theme 15 もう少し突っ込んで運動方程式

物体は2つ!!　さらに摩擦が加わると…

問題46 標準

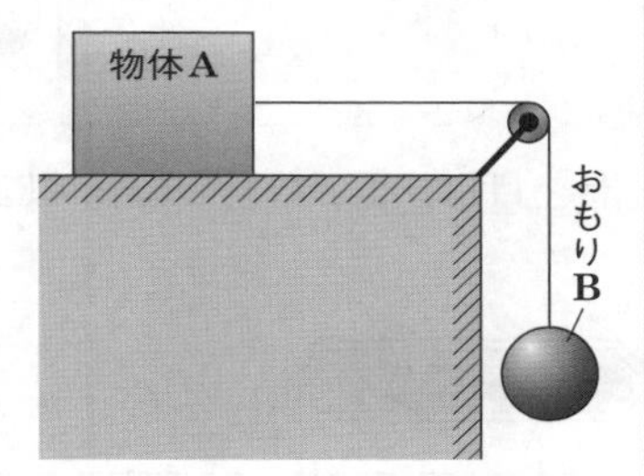

右図のように，水平な台の上に6.0[kg]の物体Aを置き，これに糸をつけて滑車を通し，他端におもりBをつるす。物体Aと台との静止摩擦係数を0.50，動摩擦係数を0.20，重力加速度を9.8[m/s^2]として，次の各問いに答えよ。

(1)　おもりBの質量を徐々に増やす。おもりが何[kg]になれば物体Aは動き始めるか。

(2)　おもりBの質量を4.0[kg]にしたとき，物体Aの加速度と糸の張力をそれぞれ求めよ。

ナイスな導入

(1)は，とっくに学習済みのお話です。（Theme 14を復習せよ!!）

(2)もTheme 14の延長にすぎません。

その❶　物体にはたらいている力をすべて図示せよ!!

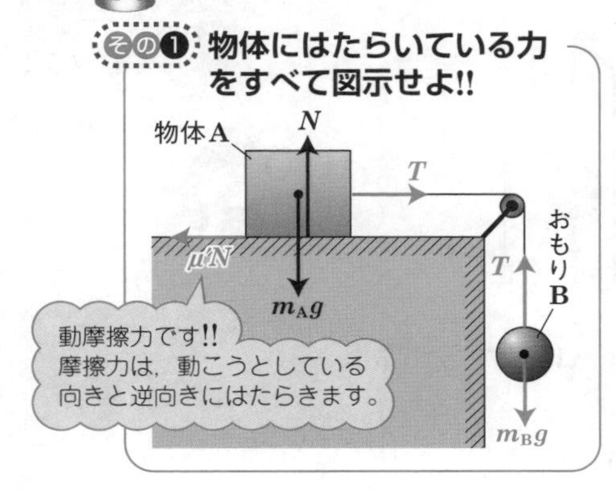

物体Aの質量	m_A[kg]
おもりBの質量	m_B[kg]
糸の張力	T[N]
台から物体Aにはたらく垂直抗力	N[N]
動摩擦係数	μ'

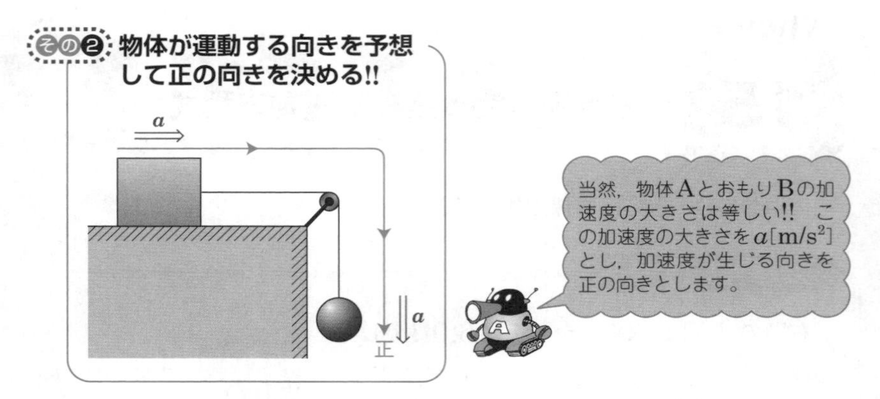

仕上げは，1つひとつの物体について運動方程式を立てればOK!!

解答でござる

(1)

物体Aの質量	m_A[kg]
おもりBの質量	m_B[kg]
重力加速度	g[m/s^2]
糸の張力	T[N]
台から物体Aにはたらく垂直抗力	N[N]
静止摩擦係数	μ

$m_A = 6.0$[kg]
求める値です!!
$g = 9.8$[m/s^2]です!!
$\mu = 0.50$です!!

とする。

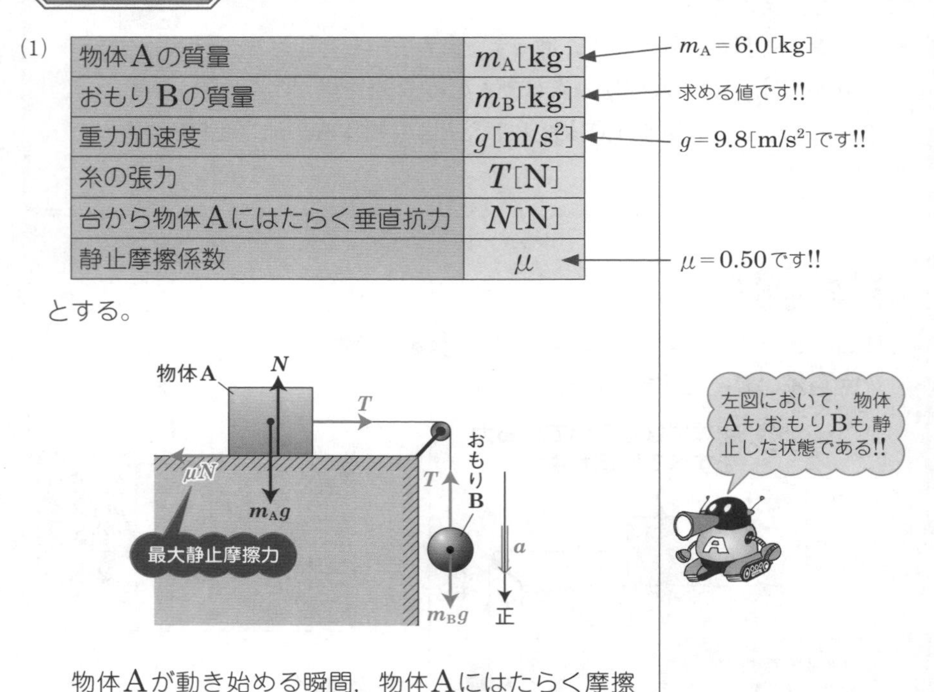

物体Aが動き始める瞬間，物体Aにはたらく摩擦力は最大静止摩擦力μNである。

◎物体Aについて

台に対して平行な方向のつり合いの式は，

$T = \mu_0 N$ …①

台に対して垂直な方向のつり合いの式は，

$N = m_{\mathrm{A}} g$ …②

◎おもりBについて

鉛直方向のつり合いの式は，

$T = m_{\mathrm{B}} g$ …③

②と③を①に代入して，

$m_{\mathrm{B}} g = \mu m_{\mathrm{A}} g$

$T = \mu N$ …①　$T = m_{\mathrm{B}} g$ …③　$N = m_{\mathrm{A}} g$ …②

$m_{\mathrm{B}} = \mu m_{\mathrm{A}}$ ← 両辺を g でわった!!

$m_{\mathrm{B}} = 0.50 \times 6.0$ ← $\mu = 0.50$　$m_{\mathrm{A}} = 6.0[\mathrm{kg}]$ を代入しました。

∴　$m_{\mathrm{B}} = 3.0$

物体Aが動き始めるときのおもりBの質量は，

3.0[kg] …(答)

(2)　物体A，おもりBに生じる加速度の大きさを $a[\mathrm{m/s^2}]$ とする。

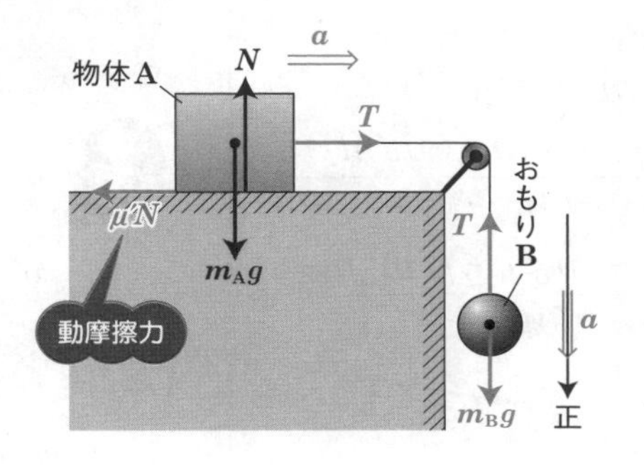

本問において…
$m_{\mathrm{B}} = 4.0[\mathrm{kg}]$ で，(1)で求めた3.0[kg]よりも重い!!
よって，物体Aは滑り始め，物体A，おもりBともに等加速度運動を始める!!

◎物体Aについて

台に対して垂直な方向のつり合いの式は，

$$N = m_A g \quad \cdots ①$$

今回はこの式がムダにならない。

台に対して平行な方向の運動方程式は，

$$m_A a = T - \mu' N \quad \cdots ②$$

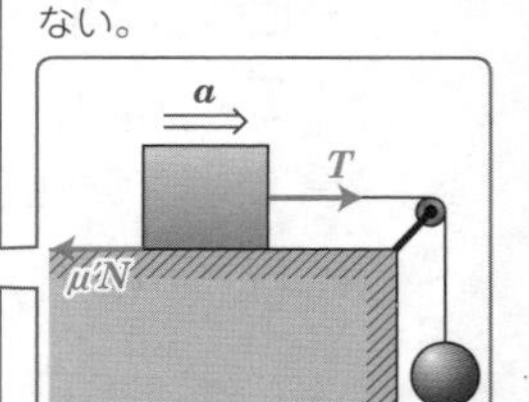

◎おもりBについて

鉛直方向の運動方程式は，

$$m_B a = m_B g - T \quad \cdots ③$$

②＋③より，

$$(m_A + m_B) a = m_B g - \mu' N \quad \cdots ④$$

①を④に代入して，

$$(m_A + m_B) a = m_B g - \mu' m_A g$$

$$\therefore \quad a = \frac{(m_B - \mu' m_A) g}{m_A + m_B} \quad \cdots ⑤$$

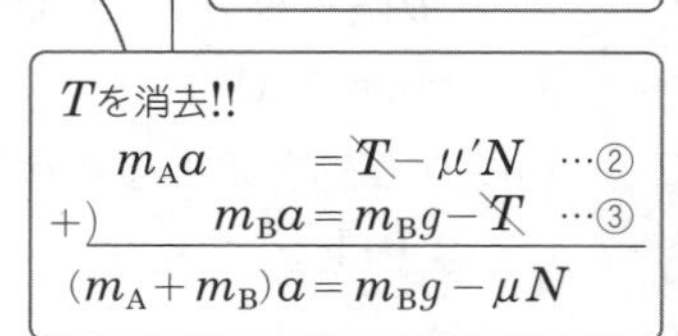

③より，

$$T = m_B g - m_B a \quad \cdots ③'$$

③′に⑤を代入して，

$$T = m_B g - m_B \times \frac{(m_B - \mu' m_A) g}{m_A + m_B}$$

$$= \frac{(m_A + m_B) m_B g - m_B (m_B - \mu' m_A) g}{m_A + m_B}$$

$$= \frac{m_A m_B g + m_B^2 g - m_B^2 g + \mu' m_A m_B g}{m_A + m_B}$$

$$= \frac{(1 + \mu') m_A m_B g}{m_A + m_B} \quad \cdots ⑥$$

文字式には慣れておいたほうがいいよ!! 数値は最後に代入しましょう!!

通分しました!!

$m_A m_B g$でくくりました!!
$1 \times m_A m_B g + \mu' m_A m_B g$
$\parallel$
$(1 + \mu') m_A m_B g$

⑤に数値を代入して，

$$a=\frac{(m_{\mathrm{B}}-\mu' m_{\mathrm{A}})g}{m_{\mathrm{A}}+m_{\mathrm{B}}}$$

$$=\frac{(4.0-0.20\times6.0)\times9.8}{6.0+4.0}$$

$$=\frac{2.8\times9.8}{10}$$

$$=2.744$$

$$\fallingdotseq 2.7[\mathrm{m/s^2}]$$

よって，物体Aの加速度の大きさは，

2.7[m/s²]　…(答)

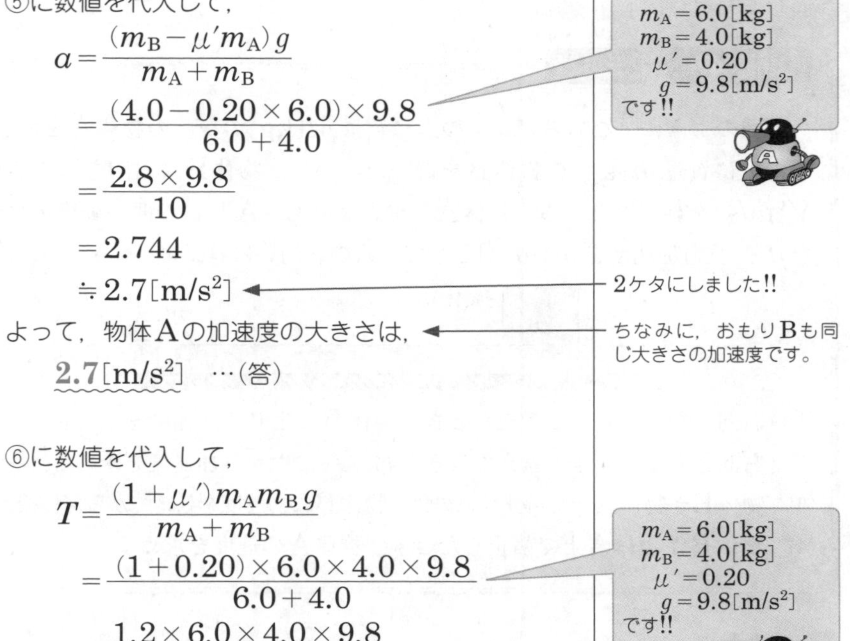

⑥に数値を代入して，

$$T=\frac{(1+\mu')m_{\mathrm{A}}m_{\mathrm{B}}g}{m_{\mathrm{A}}+m_{\mathrm{B}}}$$

$$=\frac{(1+0.20)\times6.0\times4.0\times9.8}{6.0+4.0}$$

$$=\frac{1.2\times6.0\times4.0\times9.8}{10}$$

$$=28.224$$

$$\fallingdotseq 28[\mathrm{N}]$$

よって，糸の張力の大きさは，

28[N]　…(答)

$m_{\mathrm{A}}=6.0[\mathrm{kg}]$
$m_{\mathrm{B}}=4.0[\mathrm{kg}]$
$\mu'=0.20$
$g=9.8[\mathrm{m/s^2}]$
です!!

2ケタにしました。

これで勝負だ!!

問題47　**モロ難**

下図のように，なめらかな床の上に質量M[kg]の板状の物体Aを置き，その上に質量m[kg]の物体Bを置いた。いま，物体Bに右向きの初速度V[m/s]を与えたところ，物体Aも動き始めた。AとBの間の動摩擦係数をμ'，重力加速度をg[m/s^2]として，次の各問いに答えよ。

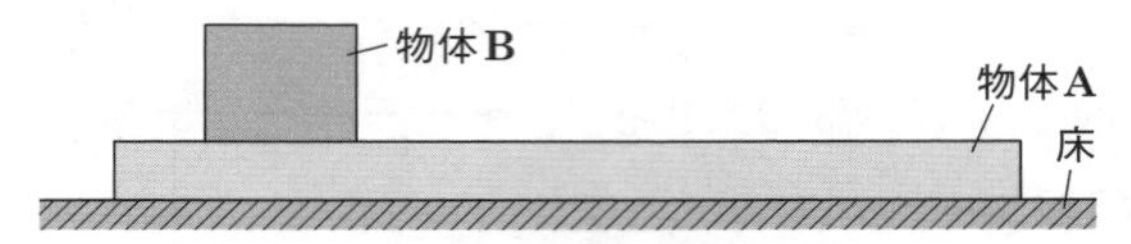

(1)　右向きを正の向きと考えたとき，物体Bに生じる加速度を求めよ。
(2)　右向きを正の向きと考えたとき，物体Aに生じる加速度を求めよ。
(3)　物体Bが物体A上で静止するのは，物体Bに初速度を与えてから何秒後か。
(4)　物体Bが物体A上で静止したとき，物体Aの速度を求めよ。

ナイスな導入

まず，物体Bに与えた初速度V[m/s]は**力ではない**ので，運動方程式にはまったく関与しないので注意しよう!!

本問の最大のポイントはこれだぁーっ!!

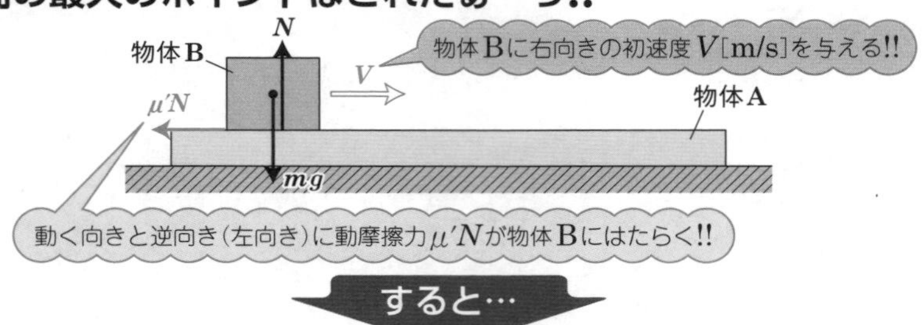

すると…

摩擦力は物体Aと物体Bの接している面の間でおよぼし合う力です。よって…

この右向きの力$\mu' N$[N]により，物体Aは右向きに運動する!!
これこそが最大のポイント!!

では，それぞれの物体について運動方程式を考えよう!!

(1) **物体Bについて**

物体Bの床に対する加速度をa_B[m/s^2]とする。

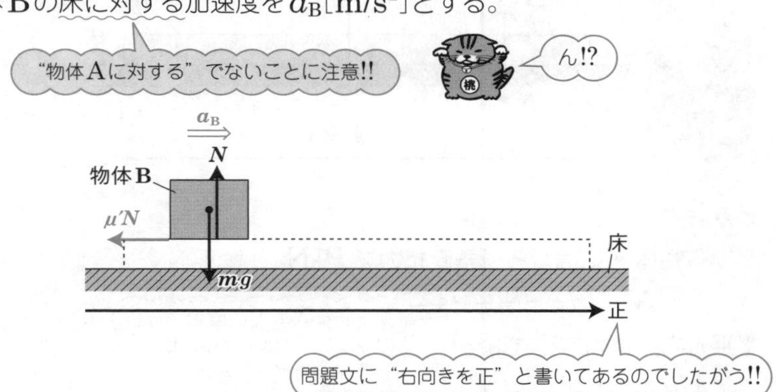

鉛直方向のつり合いの式は…

物体Aから物体Bにはたらく垂直抗力をN[N]として，

$$N = mg \quad \cdots ①$$

水平方向の運動方程式は…

$$ma_B = -\mu' N \quad \cdots ②$$

負の向きです!!

①を②に代入して，

$$ma_B = -\mu' mg$$

$$\therefore \quad a_B = -\mu' g \text{[m/s}^2\text{]}$$

(1)の答えです!!

"加速度の大きさ" ではなく，"加速度" なので，しっかりマイナスをつけましょう。

(2) **物体Aについて**

物体Aの床に対する加速度をa_A[m/s^2]とする。

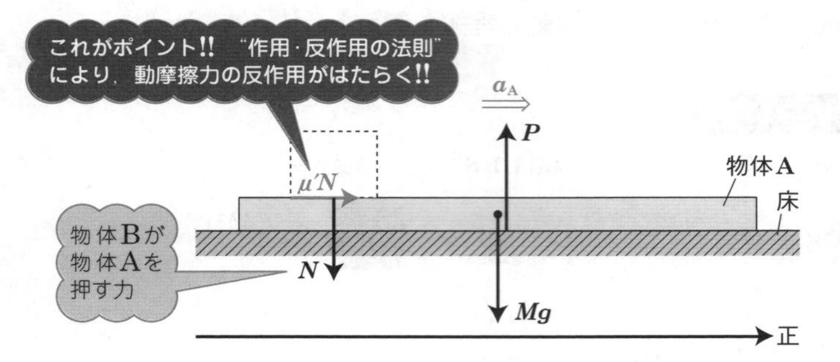

鉛直方向のつり合いの式は…

床から物体Aにはたらく垂直抗力をP[N]として，

$$P = N + Mg$$

床と物体Aの間に摩擦はないので，この式は活躍しません

水平方向の運動方程式は…

$$Ma_A = \mu' N \quad \cdots ③$$

①を③に代入して，

$$Ma_A = \mu' mg$$

$$\therefore \quad a_A = \frac{\mu' mg}{M} \text{[m/s}^2\text{]}$$

(2)の答えです!!

(3)，(4)は…

"物体B が物体A上で静止する" ということは…

"床に対する物体Bの速度 = 床に対する物体Aの速度"

ということである。

例えば…，電車の中でくつろいでいる状況を思い浮かべてみよう。

われわれは電車の中ではじっとしていますが，地面に対しては電車と同じスピードで運動していることになります。

まぁ，話はそれましたが，(1)，(2)で加速度は求まっているので，公式さえ使えば（Theme 5 のヤツですよ!!　久々の登場です）OKです。

解答でござる

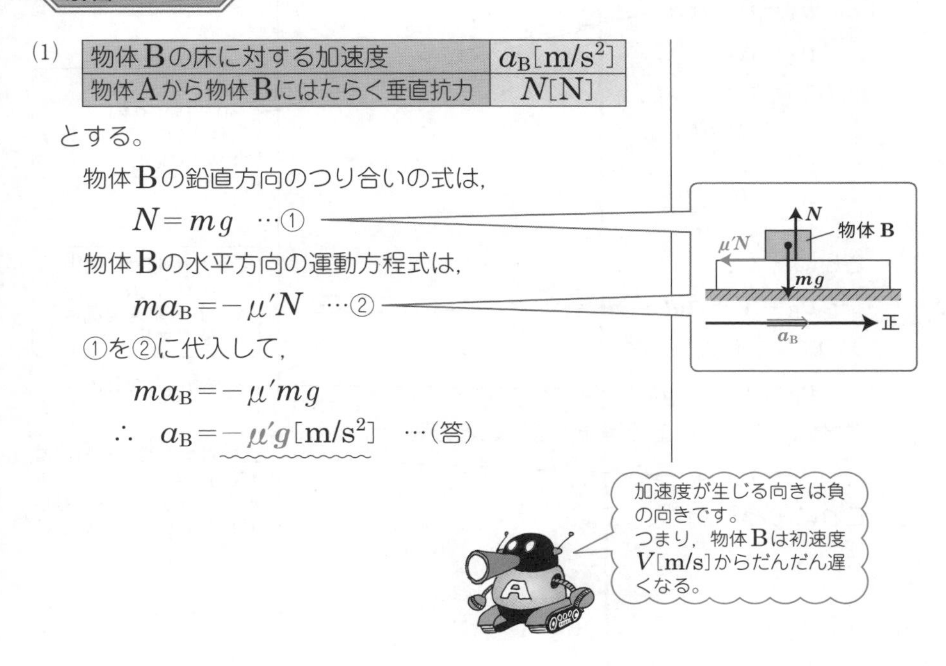

(1)

物体Bの床に対する加速度	a_B[m/s^2]
物体Aから物体Bにはたらく垂直抗力	N[N]

とする。

物体Bの鉛直方向のつり合いの式は，

$$N = mg \quad \cdots ①$$

物体Bの水平方向の運動方程式は，

$$ma_B = -\mu' N \quad \cdots ②$$

①を②に代入して，

$$ma_B = -\mu' mg$$

$$\therefore \quad a_B = -\mu' g \text{[m/s}^2\text{]} \quad \cdots (答)$$

(2) **物体Aの床に対する加速度** a_A[m/s²]

とする。

物体Aの水平方向の運動方程式は，

$$Ma_A = \mu' N \quad \cdots③$$

①を③に代入して，

$$Ma_A = \mu' mg$$

$$\therefore \quad a_A = \frac{\mu' mg}{M} \text{[m/s}^2\text{]} \quad \cdots(答)$$

動摩擦力の反作用です!!

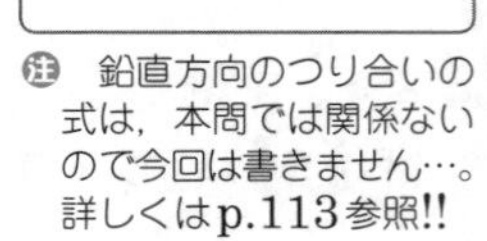

注 鉛直方向のつり合いの式は，本問では関係ないので今回は書きません…。詳しくはp.113参照!!

(3) 物体Bに初速度V[m/s]を与えてからt秒後の，床に対する物体A，物体Bの速度を，それぞれv_A，v_Bとおくと，

$$v_A = 0 + a_A t$$

$$\therefore \quad v_A = a_A t$$

(2)の結果を代入して，

$$v_A = \frac{\mu' mg}{M} \times t$$

$$\therefore \quad v_A = \frac{\mu' mgt}{M} \quad \cdots④$$

p.41の公式です!! $v = v_0 + at$ 物体Aの初速度v_0は0[m/s]です!!

さらに，

$$v_B = V + a_B t$$

これもp.41の公式!! $v = v_0 + at$ 物体Bの初速度v_0はV[m/s]です!!

(1)の結果を代入して，

$$v_B = V - \mu' gt \quad \cdots⑤$$

$a_B = -\mu' g$です!!

"物体Bが物体A上で静止する" ことから，

$$v_A = v_B$$

Aに対するBの相対速度が0[m/s]になるという表現もできます。Aに対してBが静止するということです。

これに④と⑤を代入して，

力と運動

$$\frac{\mu' mgt}{M} = V - \mu' gt$$

$$\mu' mgt = MV - \mu' Mgt$$ ← 両辺をM倍!!

$$\mu' Mgt + \mu' mgt = MV$$ ← tを左辺に集める。

$$(M+m)\mu' gt = MV$$ ← 左辺を$\mu' gt$でくくる。

$$\therefore \quad t = \frac{MV}{(M+m)\mu' g}$$

よって，物体Bが物体A上で静止するのは，

$\frac{MV}{(M+m)\mu' g}$ 秒後　…(答)

(4)　(3)の結果を④に代入して，

$$v_{\mathrm{A}} = \frac{\mu' mgt}{M}$$ ← (3)のときのv_{A}の値を求めればOK!! もちろん!!　$v_{\mathrm{A}} = v_{\mathrm{B}}$ですから，$v_{\mathrm{B}}$の値も同じ値になります。

$$= \frac{\mu' mg}{M} \times t$$

$$= \frac{\mu' mg}{M} \times \frac{MV}{(M+m)\mu' g}$$

$$= \frac{mV}{M+m}$$

よって，物体Bが物体A上で静止したときの物体Aの速度は，

$\frac{mV}{M+m}$ [m/s]　…(答)

Theme 21の“運動量保存の法則”を活用すれば一発で求まります。まぁ，それは，そのときに…

本問のように，文字が大量に登場した場合，確かめ計算の一環として，単位チェックをおすすめします。

例えば(3)では…

$$t=\frac{MV}{(M+m)\mu' g}$$

左辺の単位は…

t　…[s] ←— 秒です。

右辺の単位は…

$$\frac{MV}{(M+m)\mu' g}\quad\cdots\quad\frac{[\mathrm{kg}]\times[\mathrm{m/s}]}{[\mathrm{kg}]\times[\mathrm{m/s^2}]}$$

μ'に単位はない!!

$$=\frac{\left[\dfrac{\mathrm{m}}{\mathrm{s}}\right]}{\left[\dfrac{\mathrm{m}}{\mathrm{s^2}}\right]}$$

分子と分母をs^2倍!!

$$=\frac{[\mathrm{ms}]}{[\mathrm{m}]}=[\mathrm{s}]$$ ←— 秒です。

ちゃんと単位が一致しました!!

解答に不安なときは，この単位チェックをしてみてください。

プロフィール

チューリーちゃん(6才)

妖精(ようせい)学校「花組」の福を招く少女妖精。

「虫組」ティンカーベルとは大の仲良し!!　妖精界に年齢は関係ないようだ…

空気抵抗を考える問題の登場です。意外に簡単です!!

問題48　標準

小球が空気中を落下するときの空気抵抗は，ほぼ球の半径と速さに比例することが知られている。空気中では質量m[kg]，半径r[m]の小球が空気中を落下するとき，次の各問いに答えよ。ただし，重力加速度をg[m/s^2]とする。

(1)　小球が速さv[m/s]で落下しているときの加速度の大きさを求めよ。ただし，空気抵抗はkrv[N]で表されるものとする。

(2)　この小球は最終的に一定の速さとなり，落下運動をする。この最終的な速さ(最終速度の大きさ)を求めよ。

ナイスな導入

(1)を見よ!!　空気抵抗は…

$$krv\text{[N]}$$

空気抵抗を考える問題の場合，必ずこの類の式を問題文中で教えてくれます。

で表されると書いてある!!

これに素直にしたがえば，万事解決である。

解答でござる

(1)　鉛直下向きを正の向きとし，小球の加速度の大きさをa[m/s]とする。

"落下している"わけですから，当然，鉛直下向きを正の向きとします。

問題文中に"空気抵抗はkrv[N]と表される"と書いてあります。空気抵抗ですから，落下している向きとは逆向きにはたらきます。

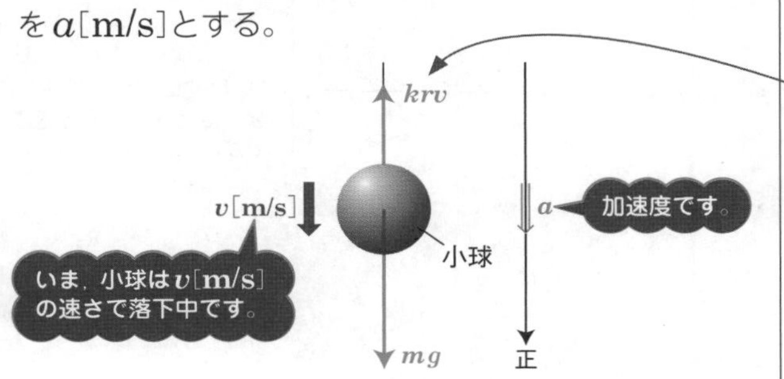

小球の鉛直方向の運動方程式は，

$$ma = mg - krv$$

$$a = \frac{mg - krv}{m} \text{[m/s}^2\text{]} \quad \cdots \text{(答)}$$

意外に単純な運動方程式でした。

ここで…

$$a = \frac{mg - krv}{m}$$

$$= \frac{mg}{m} - \frac{krv}{m}$$

$$= g - \frac{krv}{m} \text{[m/s}^2\text{]} \quad \cdots \text{(答)}$$

このほうがカッコイイ…

(2)　“最終的に一定の速さになる”

⟺ “最終的に加速度が0[m/s^2] になる”

速度が一定になるということは，加速しないということである。

(1)より，

$$a = \frac{mg - krv}{m}$$

$a = 0$とすると，

$$\frac{mg - krv}{m} = 0$$

$$mg - krv = 0$$

$$mg = krv$$

$$\therefore \quad v = \frac{mg}{kr}$$

$a = \frac{mg - krv}{m}$ （a ← 0 です!!）

両辺をm倍!!

このvの値が$a = 0$[m/s^2] のときの小球の速さを表している。つまり，小球の最終的な速さを表している。

$$\frac{mg}{kr} \text{[m/s]} \quad \cdots \text{(答)}$$

“最終的に一定の速さ”となったときの一定の速さこそがこれ!!

この小球の速さは，時間とともに下のグラフのように変化する。

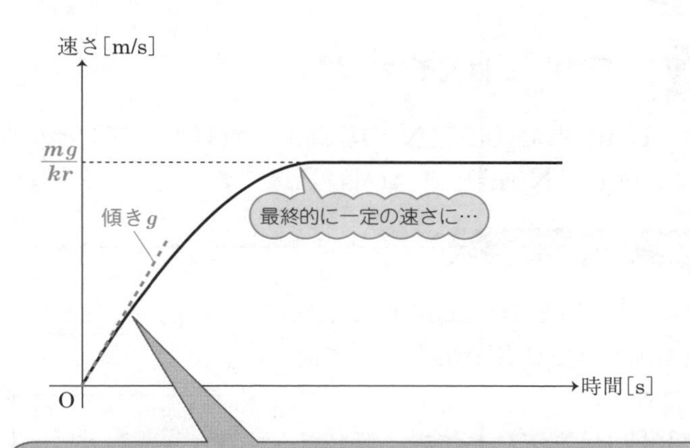

この接線の傾きは，小球が落ち始めた瞬間の加速度を表しています。このとき，小球の速さは0[m/s]なので，空気抵抗もまだはたらいていません。

空気抵抗はkrvです。$v=0$より，$kr\times 0=0$です。

ということは…。小球が落ち始めた瞬間は，小球に重力しかはたらいていないことになるので，このときの加速度は重力加速度g[m/s^2]に一致します。よって，この接線の傾きはg[m/s^2]です。

Theme 16 圧力があるから浮力が生じる!!

水圧とか…気圧とか…

その1　“圧力”とは何ぞや…??

圧力とは，$1[\mathrm{m}^2]$あたりに何$[\mathrm{N}]$の垂直な力がはたらいているのか?? を表したもので，単位は $[\mathrm{N/m}^2]$，あるいは$[\mathrm{Pa}]$（パスカル）です。

問題49　キソのキソ

右図のような，質量$10[\mathrm{kg}]$の直方体がある。重力加速度を$9.8[\mathrm{m/s}^2]$として次の各問いに答えよ。

(1)　平面EFGHを下にして床に置いたとき，床にはたらく圧力は何$[\mathrm{N/m}^2]$か。

(2)　平面CGHDを下にして床に置いたとき，床にはたらく圧力は何$[\mathrm{Pa}]$か。

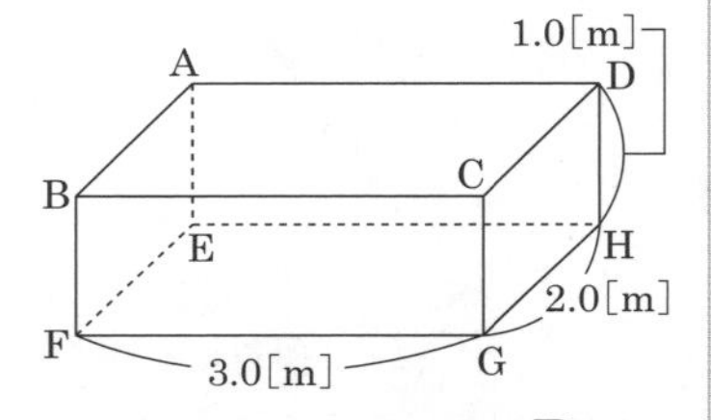

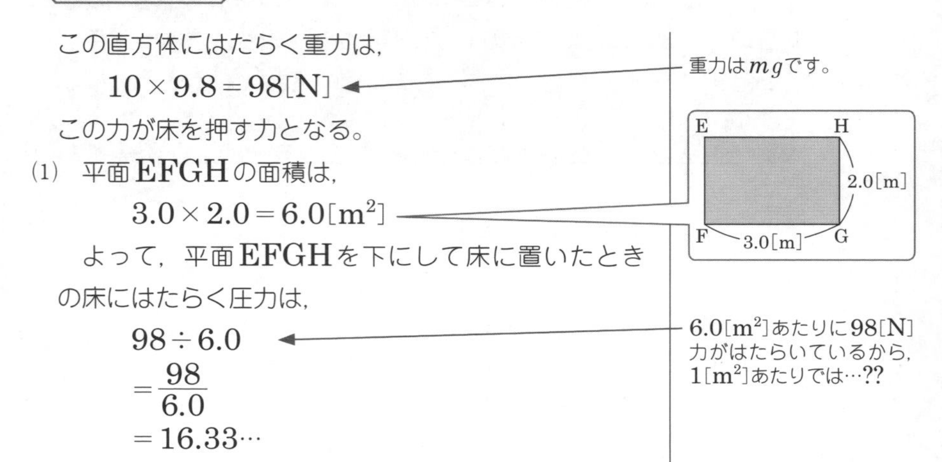

解答でござる

この直方体にはたらく重力は，

$$10 \times 9.8 = 98[\mathrm{N}]$$

重力はmgです。

この力が床を押す力となる。

(1)　平面EFGHの面積は，

$$3.0 \times 2.0 = 6.0[\mathrm{m}^2]$$

よって，平面EFGHを下にして床に置いたときの床にはたらく圧力は，

$$98 \div 6.0 = \frac{98}{6.0} = 16.33\cdots \fallingdotseq 16[\mathrm{N/m}^2] \quad \cdots(答)$$

$6.0[\mathrm{m}^2]$あたりに$98[\mathrm{N}]$力がはたらいているから，$1[\mathrm{m}^2]$あたりでは…??

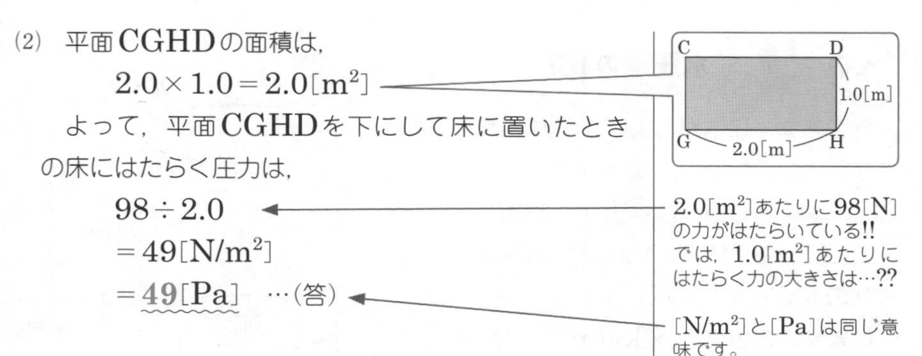

(2)　平面CGHDの面積は，

$2.0 \times 1.0 = 2.0[\mathrm{m}^2]$

よって，平面CGHDを下にして床に置いたときの床にはたらく圧力は，

$98 \div 2.0$

$= 49[\mathrm{N/m}^2]$

$= \underline{49[\mathrm{Pa}]}$　…(答)

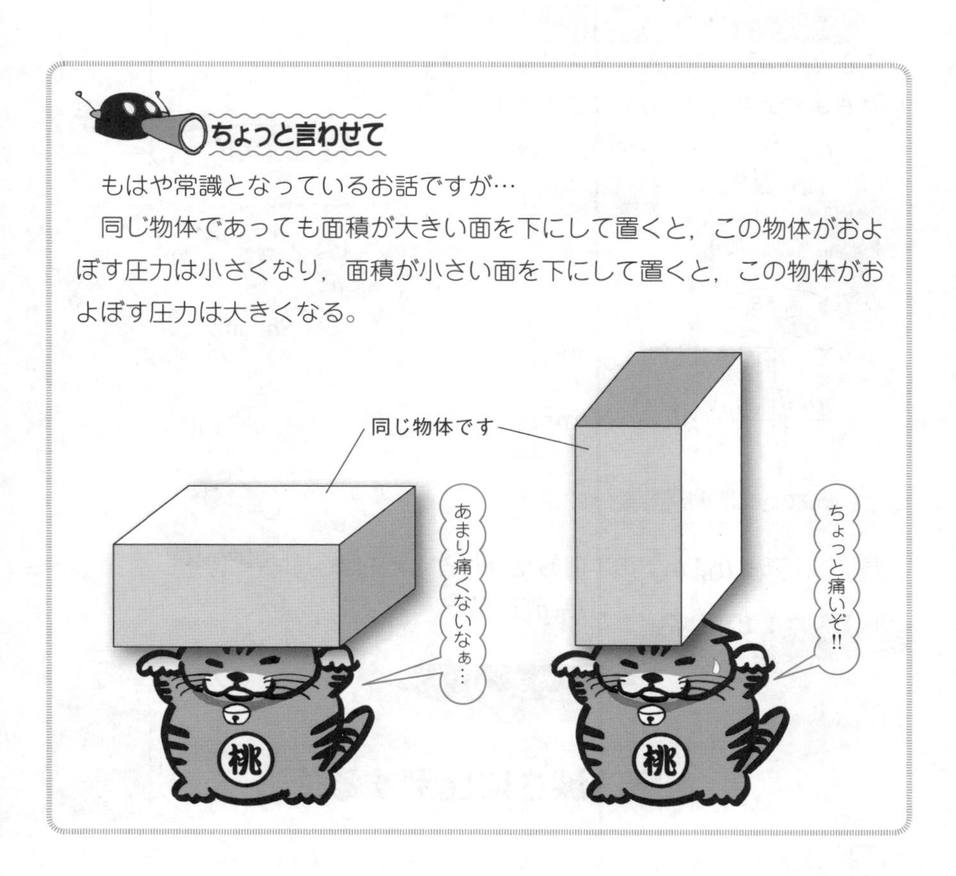

もはや常識となっているお話ですが…

同じ物体であっても面積が大きい面を下にして置くと，この物体がおよぼす圧力は小さくなり，面積が小さい面を下にして置くと，この物体がおよぼす圧力は大きくなる。

その2　"水圧"のお話

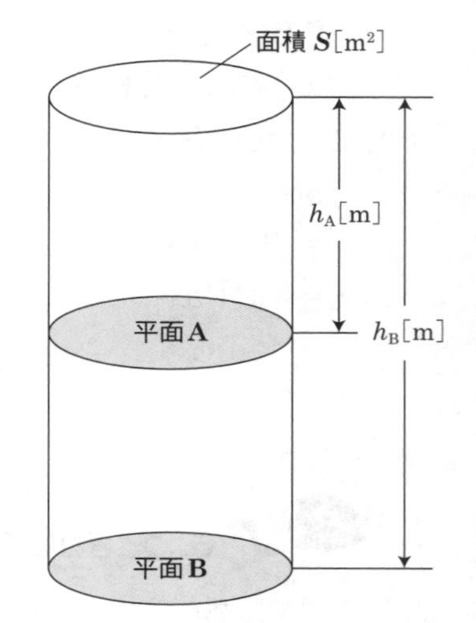

水中の物体に水がおよぼす圧力を水圧と呼びます。水中において，浅いところでは水圧は小さく，深いところでは水圧は大きい!!

ここで，右図のような底面積S[m^2] の円柱状の水槽で考えてみよう。

いま，水の密度をρ（ロー）[kg/m^3] とする。

1[m^3]あたりの質量がρ[kg]ということです。

深さh_A[m]の平面Aにおよぼす水の力は，平面Aより上方の水にかかる重力であるから，

$$\rho \times Sh_A \times g = \rho Sh_A g \text{[N]}$$

重力加速度

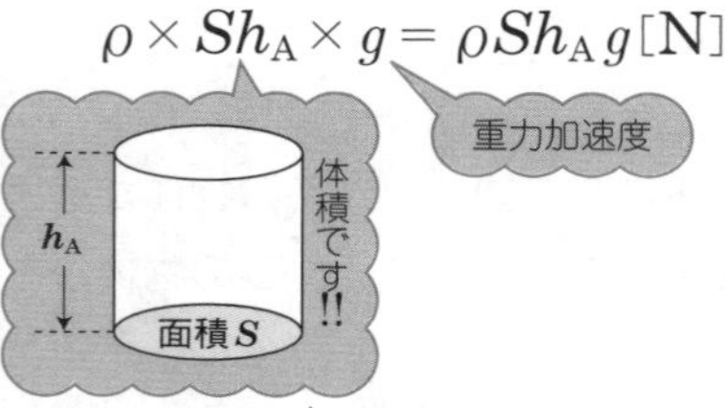

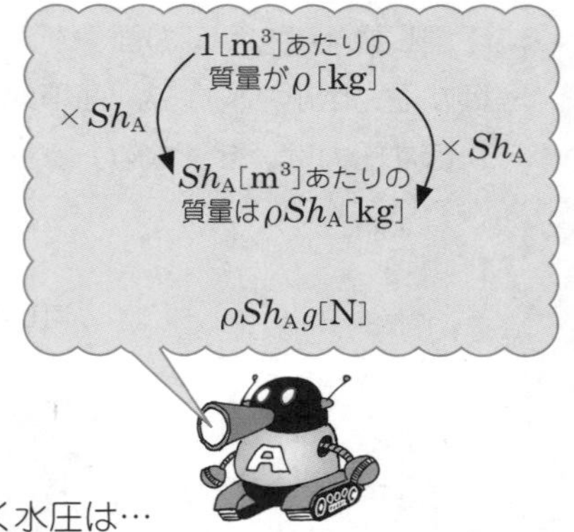

よって，平面Aにはたらく水圧は…

$$\frac{\rho Sh_A g}{S} = \rho h_A g \text{[N/m}^2\text{]}$$

面積でわる!!　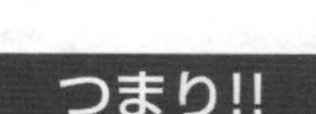問題49 参照!!

同様に，深さh_B[m] の平面Bにはたらく水圧は…

h_Aがh_Bに変わっただけ!!

$\rho h_B g$[N/m^2]　となる。

つまり!!

水圧は深さに比例する!!

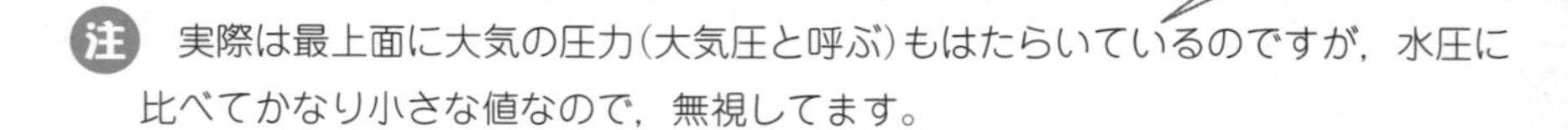

注　実際は最上面に大気の圧力（大気圧と呼ぶ）もはたらいているのですが，水圧に比べてかなり小さな値なので，無視してます。

“浮力”のお話

まず，水圧について勘違いしてほしくないのは，水圧ってヤツは，すべての方向から物体におよぼすということです。

このことを踏まえて，考えてみよう!!

右図のような高さl[m]，底面積S[m^2]の円柱を水中に入れた場合，上面にかかる水圧よりも下面にかかる水圧のほうが大きくなります。これが上向きの力となってはたらき，これを**浮力**と呼びます。

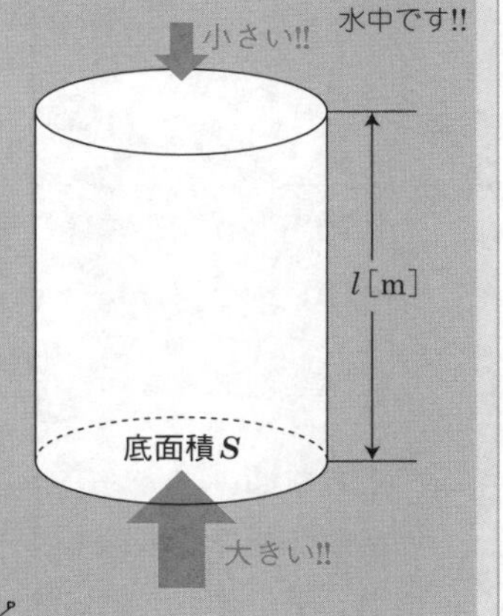

注　側面にも水圧ははたらきます。しかし，これらは対称性により打ち消し合い，合力は0（ゼロ）となります。よって，無視してOK!!

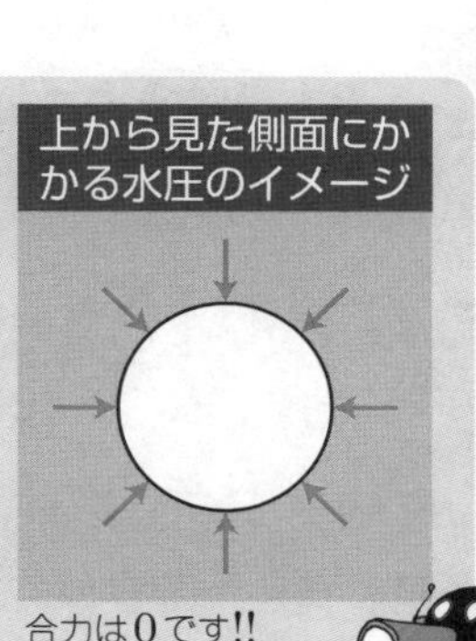

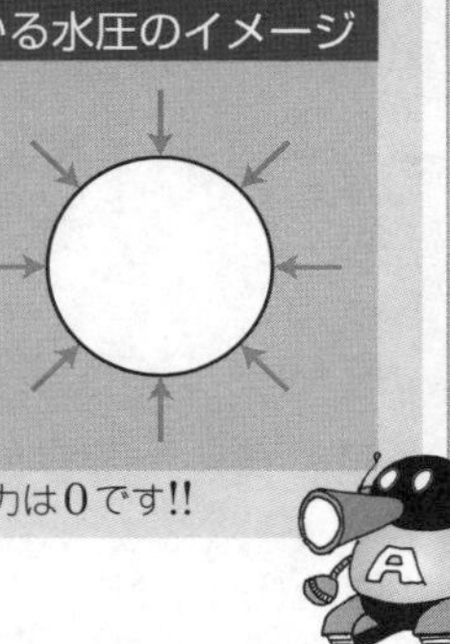

上面と下面との水圧の差は…
水の密度をρ[kg/m^3]とすると，

$$\rho l g \text{ [N/m}^2\text{]}$$ となります。

（前ページ参照!!）
（深さの差l[m]の分だけ差がつきます!!）

よって，水圧の差によって生じる上向きの力，つまり**浮力f**は，

$$f = \rho l g \times S$$
$$= \rho l S g \text{ [N]} \quad \cdots ①$$

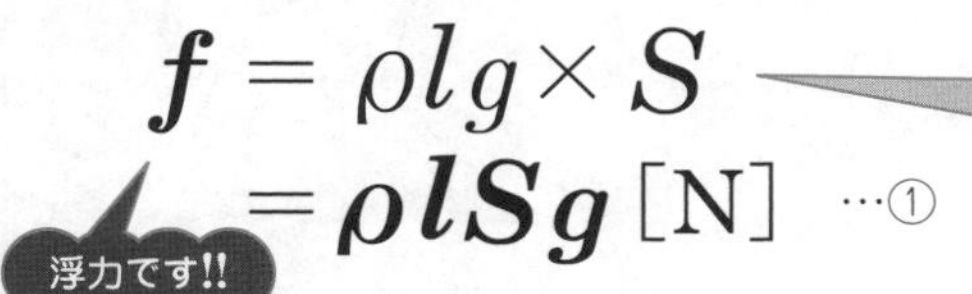

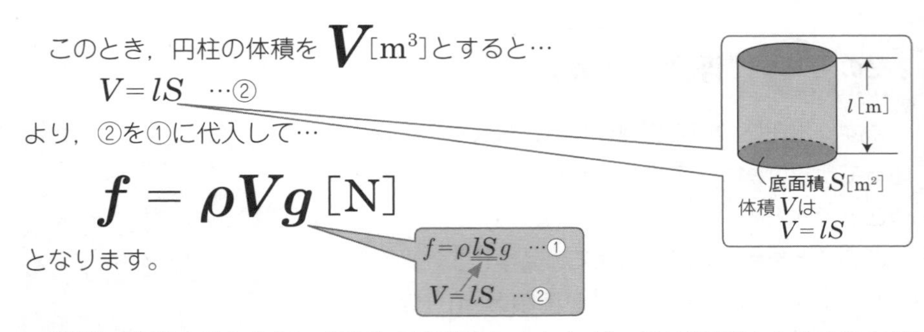

このとき，円柱の体積を $\boldsymbol{V}$[m^3]とすると…

$V=lS$　…②

より，②を①に代入して…

$$f=\rho Vg\ [\mathrm{N}]$$

となります。

簡単に説明するために，“円柱で説明”しましたが，この理屈はすべての立体に対して成立します。これを**アルキメデスの原理**と呼びます。

体積V[m^3]の物体に液体中ではたらく**浮力f**は，液体の密度をρ[kg/m^3]，重力加速度をg[m/s^2]として…

$$f=\rho Vg\ [\mathrm{N}]$$

で表される。

これを文章で表現したものが**アルキメデスの原理**で，『液体中の物体には，その物体と同じ体積の液体の重さと等しい浮力がはたらく』

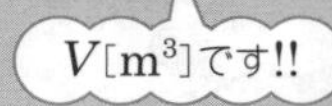

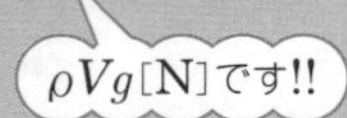

問題50　キソ

右図のように，体積V[m^3]，質量M[kg]の物体が液体中で静止している。このとき，この液体の密度を求めよ。

力と運動

解答でござる

重力加速度をg[m/s^2]とすると，物体にはたらく重力はMg[N]，液体の密度をρ[kg/m^3]としたときのこの物体にはたらく浮力は，

ρVg[N]

よって，つり合いの式より，

$\rho Vg = Mg$

$\therefore \quad \rho = \dfrac{M}{V}$[kg/m^3]　…(答)

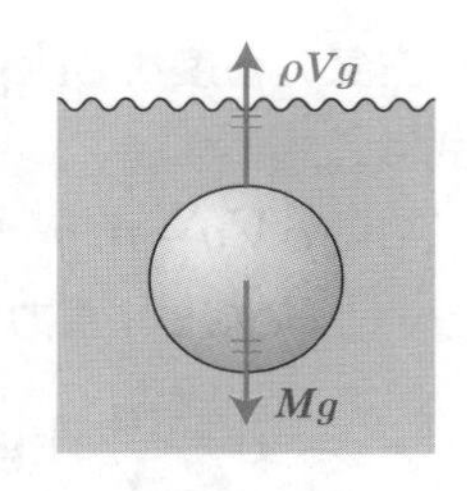

物体が静止していることから，"重力＝浮力"ということになる!!

その4 "大気中でも浮力ははたらく!!"の巻

液体中だろうが，気体中だろうが理屈は同じです。水に対して水圧という言葉があるように，空気に対して**大気圧**という言葉があります。いずれも圧力を表しています。

で!!　水圧のときとまったく同じ理由で…

空気の密度をρ[kg/m^3]とすると，体積V[m^3]の物体にはたらく浮力fは…

$$f = \rho Vg \text{ [N]}$$

gは重力加速度!!

となります。

まぁ，空気の密度ρなんて，たかがしれてますよね…。しかし，物体の体積Vが大きかったら…。**そうです!!** 気球を思い出してください。

問題51　キソ

右図のように，質量m[kg]，体積V[m^3]の風船が空中で静止している。風船をとりまく空気の密度を求めよ。

解答でござる

空気の密度をρ[kg/m^3]として，風船のつり合いの式は，

$$\rho Vg = mg$$

（ただし，重力加速度をg[m/s^2]とする）

$$\therefore \quad \rho = \frac{m}{V}\,[\mathrm{kg/m^3}] \quad \cdots(答)$$

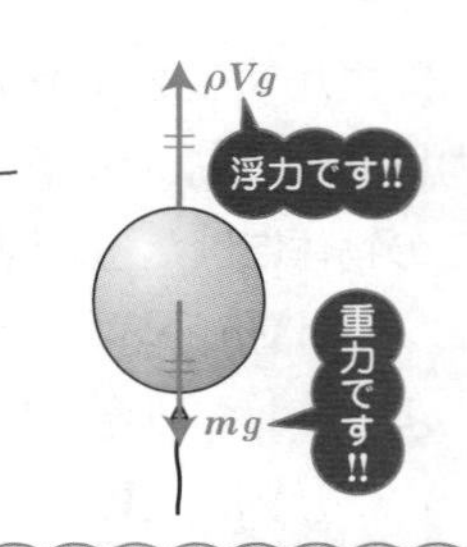

ぶっちゃけ 問題50 と同じです!!　液体が気体に変わっただけです。

プロフィール
玉三郎（食いしん坊!）

虎次郎と仲良しの小型猫。品種は美声で名高いソマリで毛はフサフサ，少し気まぐれな性格ですが気になることはとことん追究する性分です!!　玉三郎もオムちゃんの飼い猫です。

力と運動

Theme 17 仕事だぜ!!

仕事がすんだら
仕事だぜ!!

その1 “仕事” とは…??

これは定義なので，覚えないと始まらない!!

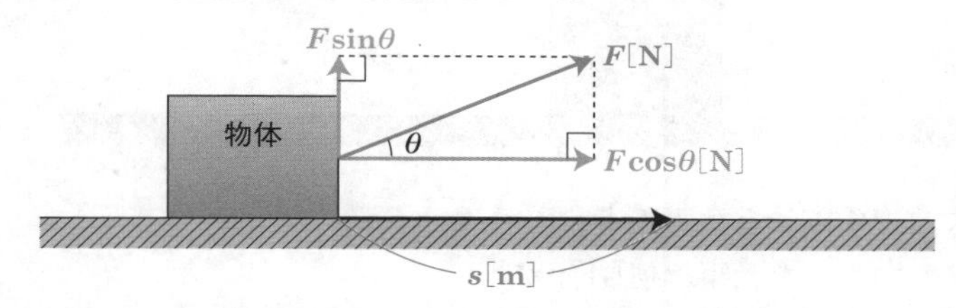

上図のように，ある物体に水平方向となす角θの一定の力F[N]を加えながら，s[m]動かしたとき，この物体になされた仕事W[J] は…

$$W = Fs\cos\theta$$

と定義する。

このとき，仕事の単位は[N]×[m]＝[N·m]となることから，[J]（ジュール）と表現します。

つまり，仕事とは…

物体を動かす向きに関与した力 × 物体の動いた距離

ということになります。

よって，物体を動かす向きに対して**垂直な方向の力は仕事に無関係**ということになります。

上図の$F\sin\theta$

まぁ，とりあえず具体的にやってみましょう。

問題52　**キソ**

水平な床の上に質量10[kg]の物体を置き，下図のように水平方向に一定の力を加え，等速度で2.0[m]移動させた。物体と床との間の動摩擦係数を0.50，重力加速度を9.8[m/s^2]として，次の各問いに答えよ。

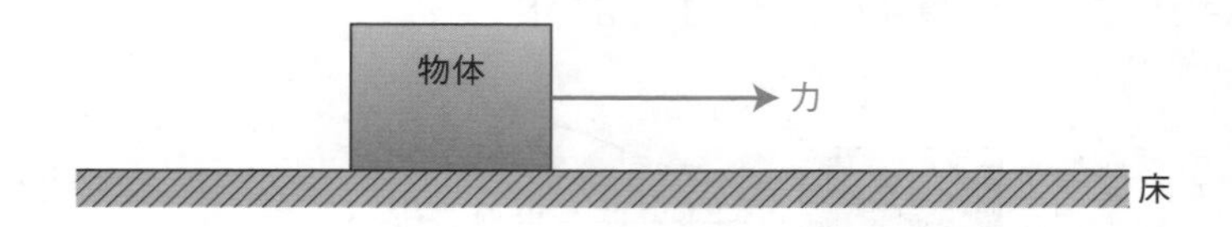

(1)　加えた力の大きさを求めよ。
(2)　加えた力のした仕事は何[J]か。
(3)　摩擦力がした仕事は何[J]か。
(4)　床から物体にはたらく垂直抗力がした仕事は何[J]か。

仕事の公式は…

$$W = Fs\cos\theta$$

でしたが…，よく出題されるパターンとして，

①　物体が動く向きと同じ向きの力がする仕事は…

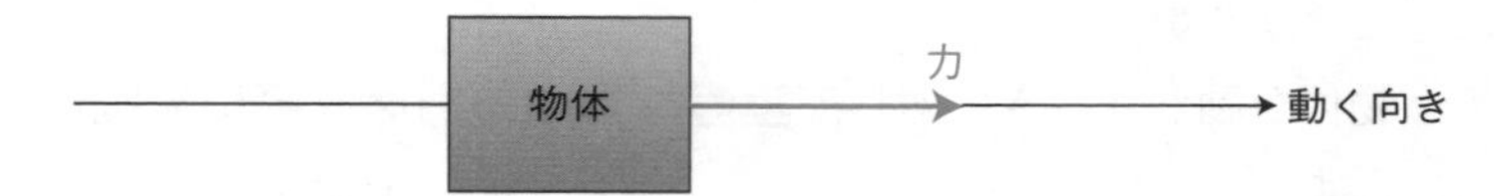

動く向きと力の向きのなす角θが$\theta = 0°$より，

$$W = Fs\cos 0°$$

$$\therefore\ W = Fs$$

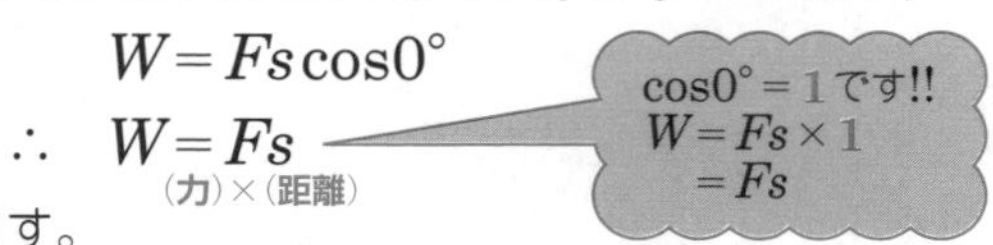

となります。

さらに…

② 物体が動く向きと逆向きの力がする仕事は…

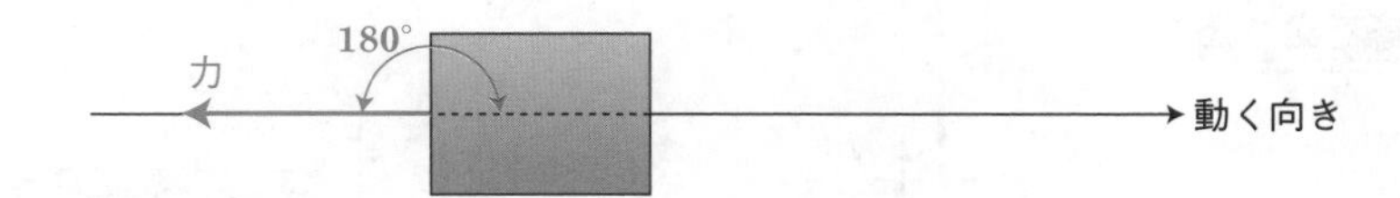

動く向きと力の向きのなす角θが$\theta=180°$より，

$$W=Fs\cos 180°$$

$$\therefore\quad W=-Fs$$

（力）×（距離）

となります。

③ 物体が動く向きと垂直な力がする仕事は…

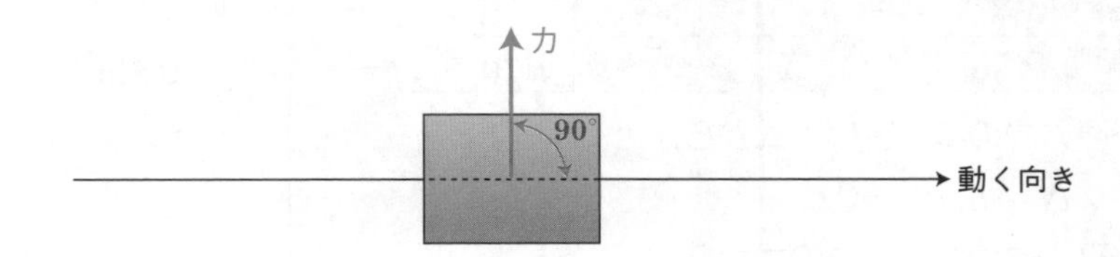

動く向きと力の向きのなす角θが$\theta=90°$より，

$$W=Fs\cos 90°$$

$$\therefore\quad W=0$$

となります。

cos90°＝0です!!
$W=Fs\times 0$
$=0$

これらを踏まえて…

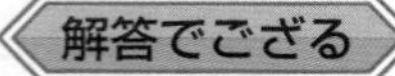

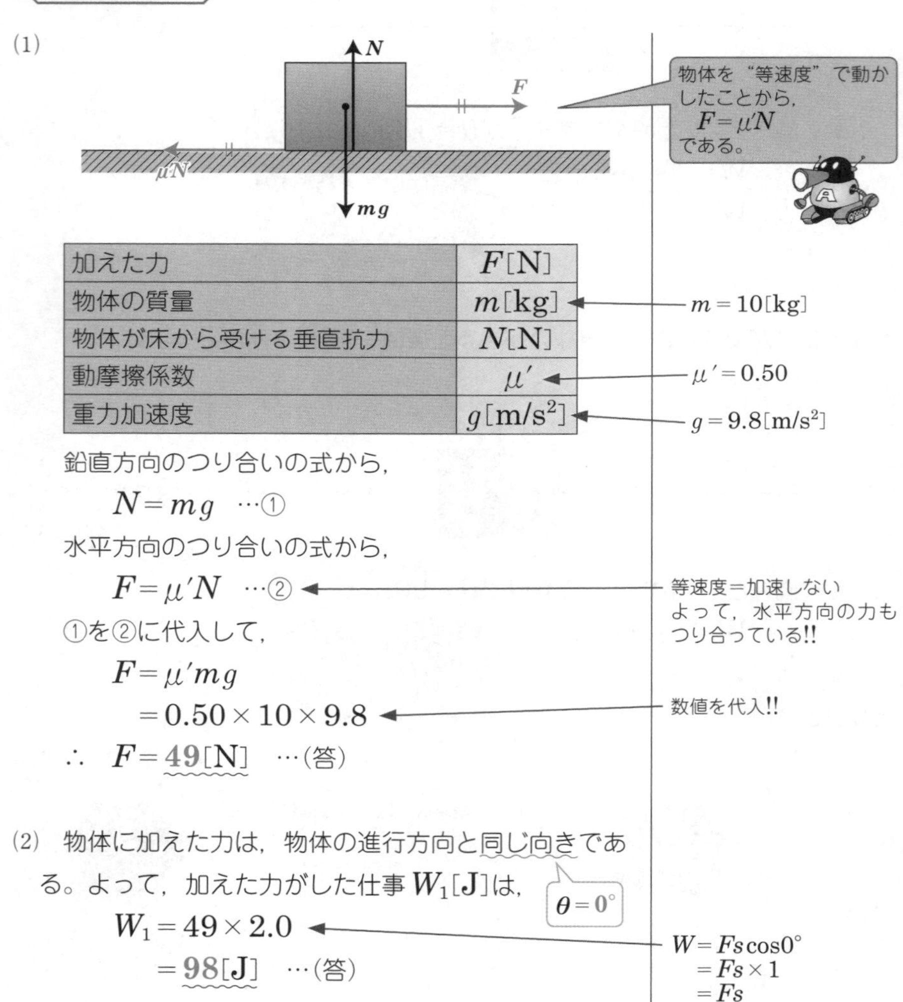

(1)

加えた力	F[N]
物体の質量	m[kg]
物体が床から受ける垂直抗力	N[N]
動摩擦係数	μ'
重力加速度	g[m/s^2]

$m=10$[kg]
$\mu'=0.50$
$g=9.8$[m/s^2]

鉛直方向のつり合いの式から，

$N=mg$　…①

水平方向のつり合いの式から，

$F=\mu'N$　…②

等速度＝加速しない
よって，水平方向の力もつり合っている!!

①を②に代入して，

$F=\mu'mg$
$\quad=0.50\times10\times9.8$

数値を代入!!

∴　$F=$**49**[N]　…(答)

(2)　物体に加えた力は，物体の進行方向と同じ向きである。よって，加えた力がした仕事W_1[J]は，

$\theta=0°$

$W_1=49\times2.0$
$\quad=$**98**[J]　…(答)

$W=Fs\cos0°$
$\quad=Fs\times1$
$\quad=Fs$

(3)　物体にはたらく摩擦力（動摩擦力）は，物体の進行方向と逆向きである。よって，摩擦力がした仕事 W_2[J]は，

$\theta = 180^\circ$

$$W_2 = -49 \times 2.0$$
$$= -98\text{[J]}$$ …(答)

(1)より，動摩擦力の大きさも，Fと同じ49[N]である。

$W = Fs\cos 180^\circ$
$= Fs \times (-1)$
$= -Fs$

進行方向と逆向きの力がする仕事はマイナスになるよ。

(4)　床から物体にはたらく垂直抗力は，物体の進行方向に垂直である。よって，垂直抗力がした仕事 W_3[J]は，

$$W_3 = 0\text{[J]}$$ …(答)

進行方向に垂直な力がした仕事は0!!
つまり，仕事には無関係です。p.181参照!!

ザ・まとめ

$$W = Fs\cos\theta$$

① $\theta = 0^\circ$のとき，
$\cos 0^\circ = 1$より，
$$W = Fs$$
問題52 (2)のタイプ
（力）×（距離）です。

② $\theta = 180^\circ$のとき，
$\cos 180^\circ = -1$より，
$$W = -Fs$$
問題52 (3)のタイプ
−（力）×（距離）です。

③ $\theta = 90^\circ$のとき，
$\cos 90^\circ = 0$より，
$$W = 0$$
問題52 (4)のタイプ
動く向きと垂直な力は仕事には無関係!!

次の問題は，“仕事の原理”にまつわる大切なお話です。

問題53 **キソ**

(1) 質量m[kg]の物体をh[m]上方まで運ぶのに必要な仕事W_1[J]を求めよ。ただし，重力加速度をg[m/s^2]とする。

(2) 右図のように，質量m[kg]の物体を傾きが角θのなめらかな斜面に沿って，もとの高さから鉛直方向にh[m]だけ高い位置まで運ぶのに必要な仕事W_2[J]を求めよ。ただし，重力加速度をg[m/s^2]とする。

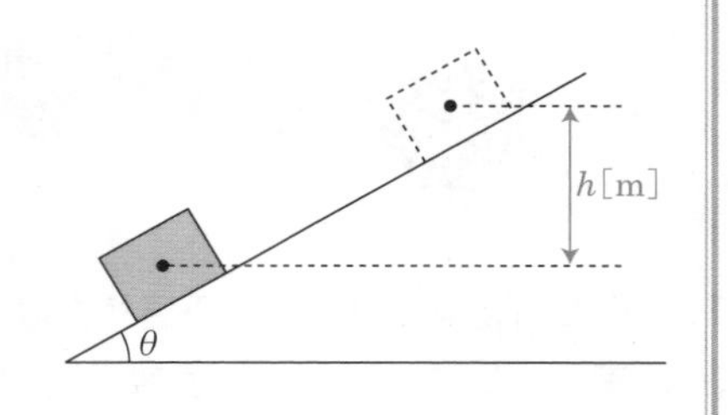

ナイスな導入

“…に必要な仕事”と書いてある場合，次のことが大前提となる。

① 力の主役は，物体をそのような状態にするために必要な外力である。

② ①の外力は，つり合いを保ちながら慎重に加える。けっして物体を加速させてはならない。

これらを踏まえて…

解答でござる

(1) 物体に加えた力F[N]は，鉛直方向のつり合いの式より，

$$F=mg \quad \cdots①$$

このF[N]の力で物体をh[m]動かしたことから，求めるべき必要な仕事W_1[J]は，

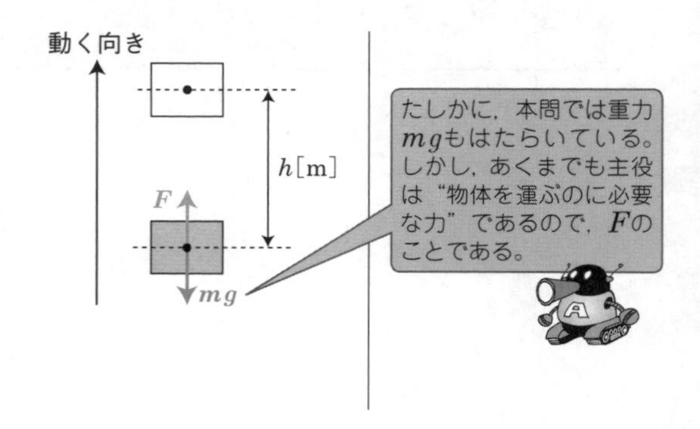

$$W_1 = F \times h$$
$$= mg \times h$$
$$= mgh \,[\mathrm{J}]$$ …(答)

力×距離です!!
問題52 で学習したように，力の向きと物体が動く向きが一致しているとき，
$\theta = 0°$
です。
一般に…
$W = Fs\cos\theta$
$= Fs\cos 0°$
$= Fs \times 1$
$= Fs$

力と運動

(2)

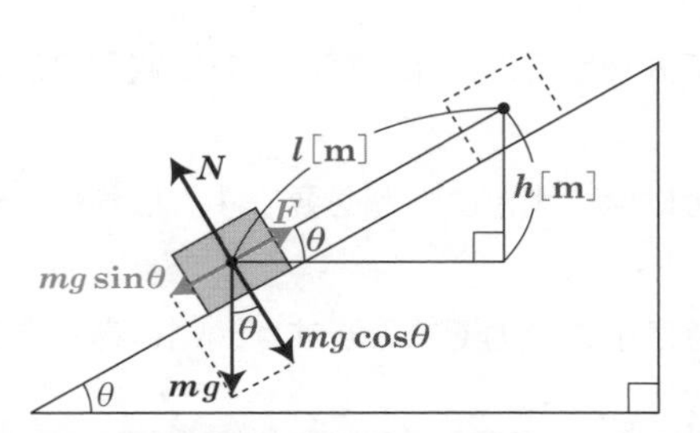

物体に加えた斜面に平行な上向きの力	F[N]
斜面から物体にはたらく垂直な力	N[N]
物体が斜面に平行な向きに動いた距離	l[m]

とする。

斜面に平行な向きのつり合いの式より，

$$F = mg\sin\theta \quad \cdots ①$$

（斜面に垂直な向きのつり合いの式より，

$$N = mg\cos\theta$$ ）

本問では無関係。
斜面に垂直な力は仕事には無関係です。

さらに，lとhの関係は，

$$\sin\theta = \frac{h}{l} \text{より，}$$
$$l\sin\theta = h$$
$$l = \frac{h}{\sin\theta} \quad \cdots ②$$

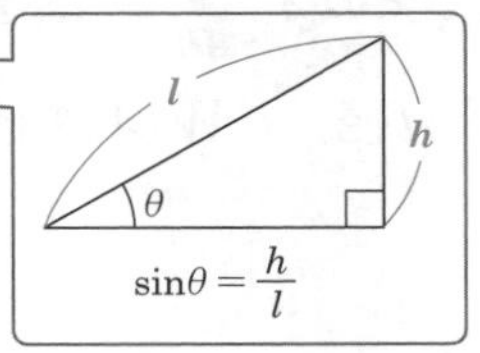

このとき，物体を運ぶのに必要な仕事W_2[J]は，

$$W = Fl \quad \cdots ③$$

①と②を③に代入して，

$$W = mg\sin\theta \times \frac{h}{\sin\theta}$$

$$\therefore \quad W_2 = mgh\,[\mathrm{J}]$$ …(答)

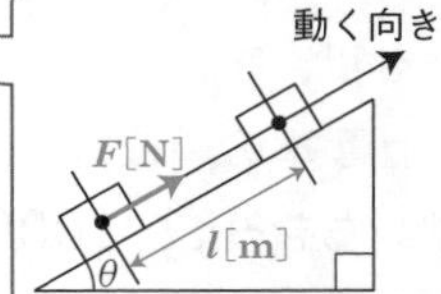

加えた力の向きと物体の動く向きが一致している場合，“仕事＝力×距離”です。

(1)で求めたW_1と，(2)で求めたW_2が一致しました。

これぞ!!　**仕事の原理**です。

両者ともに，重力mg[N]に逆らって，h[m]だけ上方に運ぶのに必要な仕事であることには変わりはないのです。

物体を真上に持ち上げるためには，大きい力が必要です。しかし，距離は短くてすみます。

物体を斜面に沿って運ぶときは小さい力ですみますが，同じ高さまで運ぶためには長い距離が必要となります。

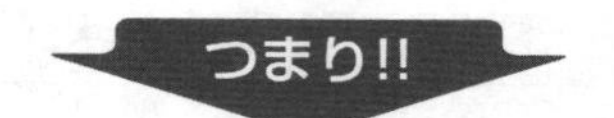

仕事の原理

結果が同じであれば，いろいろ小細工（道具や装置を活用する）したところで，

仕事の総量は変化しません!!

“仕事率”とは…??

t[s] でW[J]の仕事をしたとき，仕事率P[W(ワット)] は…

$$P=\frac{W}{t}$$

となります。

仕事率の単位は，[J]÷[s]＝[J/s]となるところだが，これを[W(ワット)]と表します。ちなみに，1000[W]＝1[kW(キロワット)]です。

問題54 キソ

高さ$20[\mathrm{m}]$のビルの屋上に$5.0[\mathrm{kg}]$の物体を引き上げるのに$49[\mathrm{s}]$かかった。重力加速度を$9.8[\mathrm{m/s^2}]$として，次の各問いに答えよ。

(1)　必要な仕事は何[J]か。

(2)　この場合の仕事率は何[W]か。

解答でござる

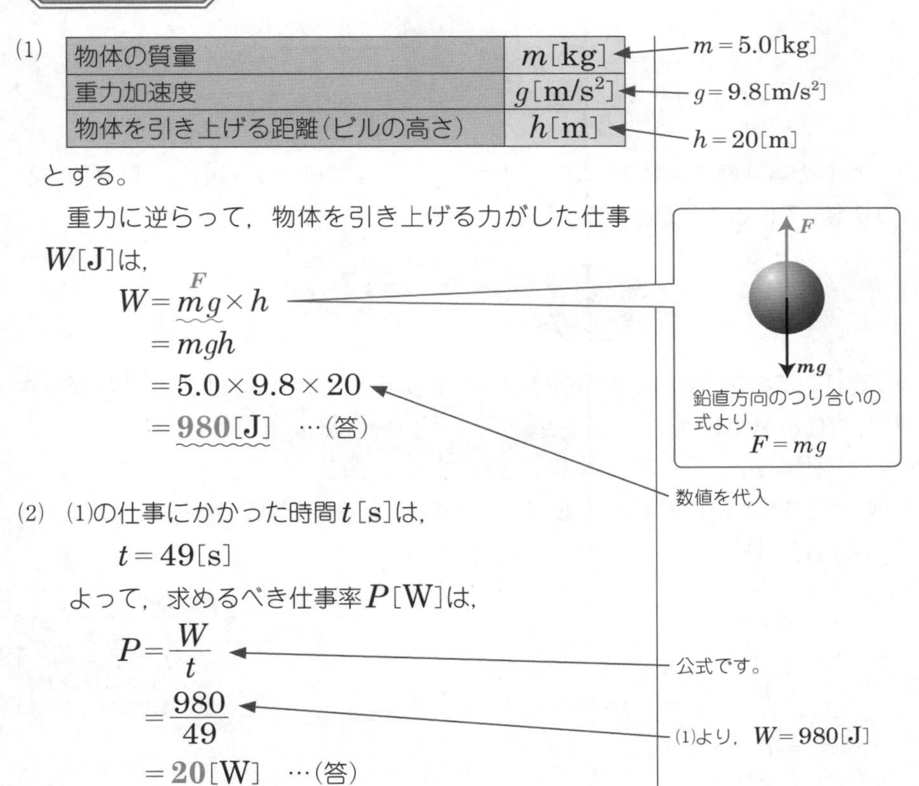

(1)

物体の質量	$m[\mathrm{kg}]$
重力加速度	$g[\mathrm{m/s^2}]$
物体を引き上げる距離（ビルの高さ）	$h[\mathrm{m}]$

$m=5.0[\mathrm{kg}]$
$g=9.8[\mathrm{m/s^2}]$
$h=20[\mathrm{m}]$

とする。

重力に逆らって，物体を引き上げる力がした仕事$W[\mathrm{J}]$は，

$$W=\overset{F}{mg}\times h$$
$$=mgh$$
$$=5.0\times 9.8\times 20$$
$$=\mathbf{980}[\mathrm{J}]\quad\cdots(答)$$

鉛直方向のつり合いの式より，
$F=mg$

数値を代入

(2)　(1)の仕事にかかった時間$t[\mathrm{s}]$は，

$$t=49[\mathrm{s}]$$

よって，求めるべき仕事率$P[\mathrm{W}]$は，

$$P=\frac{W}{t}$$
$$=\frac{980}{49}$$
$$=\mathbf{20}[\mathrm{W}]\quad\cdots(答)$$

公式です。

(1)より，$W=980[\mathrm{J}]$

問題55　キソ

摩擦のある平面上にある物体を置き，水平方向にF[N]の力を加えつづけたところ，この物体は速度v[m/s]で等速直線運動をした。このとき，力のした仕事率を求めよ。

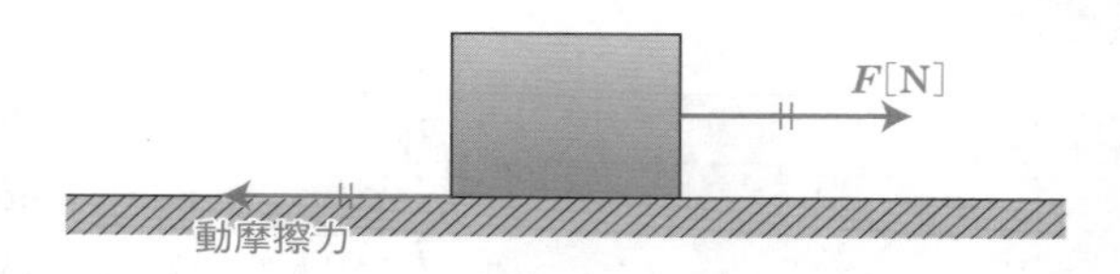

“物体が等速直線運動をした”ことから，水平方向の力F[N]は，動摩擦力とつり合っていることがわかる。

で!!　この物体の動いた距離をs[m]とすると，水平方向の力F[N]が物体にした仕事W[J]は…

$$W = Fs$$

力の向きと動く向きが同じなので，“仕事＝力×距離”です。p.183参照!!

これに要した時間がt[s]であったとすると，仕事率P[W]は…

$$P = \frac{W}{t} = \frac{Fs}{t} = F \times \boxed{\frac{s}{t}} = F \times v = Fv\,[\mathrm{W}]$$

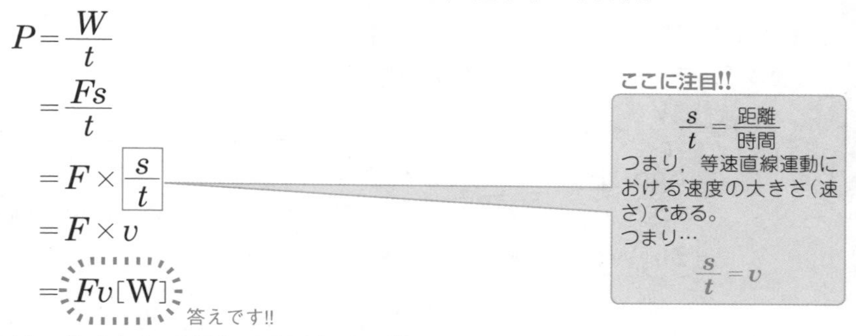

これは，公式として覚えておくとよい!!

仕事率をP[W]とすると，
$P = Fv$[W]　…(答)

公式として覚えよ!!
詳しくは ナイスな導入 参照。

ザ・まとめ

仕事率P[W]は，

$$P = \frac{W}{t} = Fv$$

t[s]でW[J]の仕事をしたとき

物体にF[N]の力を加えつづけることにより，物体がv[m/s]の等速直線運動をしたとき

物体が仕事をなし得る状態にあるとき，その物体は…

“**エネルギーをもっている!!**”といいます。

では，この“仕事をなし得る状態”とは，どんな状態であろうか??

例えば，ある物体が，ある速さで運動している。

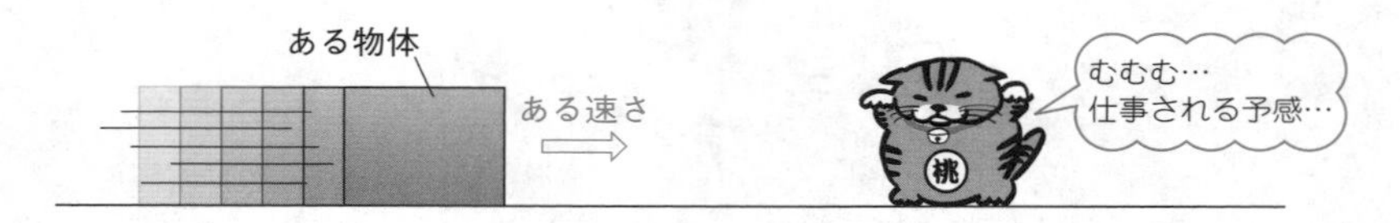

速さをもった物体は衝突などをすることによって他の物体に力をおよぼし，動かす可能性がある!!　つまり，仕事をなし得る状態にある。

例えば，ある物体がある高さに置いてある。

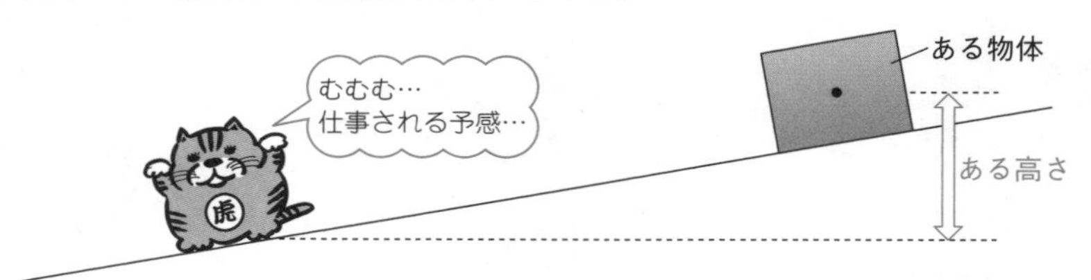

高いところに置いてある物体は，すべり落ちる(あるいは落ちる)ことによって他の物体に力をおよぼし，動かす可能性がある!!　つまり，仕事をなし得る状態にある。

で!!　この**エネルギーの単位**も，仕事に換算できる量であるので，仕事と同じ[J](ジュール)を用いる。

その1　“運動エネルギー”のお話

先ほども述べたとおり，速度をもった物体はエネルギーをもっています。このエネルギーを運動エネルギーと申します。

覚えろ!!

質量m[kg]の物体が速さv[m/s]で運動しているとき，この物体がもつエネルギー，つまり**運動エネルギー**K[J]は…

$$K=\frac{1}{2}mv^2\ [\mathrm{J}]$$

理由はですねェ…

なめらかな水平面上に置いてある質量m[kg]の物体に水平方向に一定の力F[N]を加えつづけたところ，l[m]移動した地点での速さがv[m/s]になったとしましょう!!

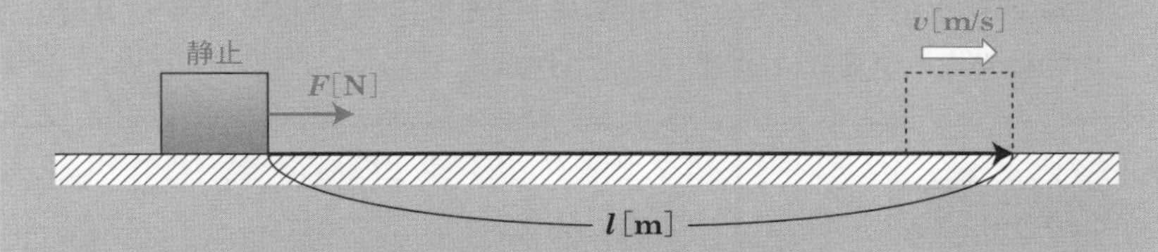

この物体に生じる加速度をa[m/s^2]とすると，

$$ma=F$$ 運動方程式

$$\therefore\quad a=\frac{F}{m}\quad\cdots①$$

一方，この物体に水平方向の力F[N]が加えた仕事W[J]は，

$$W=Fl\quad\cdots②$$

力の向きと移動する向きが一致しているから… **仕事＝力×距離** p.183参照!!

で!! p.47で学習した速度と距離の公式から，

$$v^2-0^2=2al$$

$$\therefore\quad v^2=2al\quad\cdots③$$

p.47でおなじみ!! $v^2-v_0{}^2=2ax$ 今回は，$v_0=0$，$x=l$です!!

①を③に代入して，

$$v^2=2\times\frac{F}{m}\times l$$

$$=\frac{2\boxed{Fl}}{m}\quad\cdots④$$

②を④に代入して，

$$v^2=\frac{2\boxed{W}}{m}$$

$$\therefore \quad W=\frac{1}{2}mv^2$$

さっきの運動エネルギーの公式

つまり，この仕事 $W=\frac{1}{2}mv^2$ が，物体の運動エネルギーとして蓄えられたと考えられるから，この物体がもつ運動エネルギー K[J]は，

$$K=\frac{1}{2}mv^2[\mathrm{J}]$$

となる。

問題56　キソのキソ

質量2.0[kg]の物体が，3.0[m/s]の速度で運動している。このとき，この物体がもつ運動エネルギーは何[J]か。

解答でござる

求める運動エネルギーを K[J]として，

$$K=\frac{1}{2}\times 2.0\times 3.0^2$$

$$=\underline{9.0[\mathrm{J}]} \quad \cdots(答)$$

$K=\frac{1}{2}mv^2$

さらに，“エネルギーの原理” のお話

エネルギーが仕事に変換可能であると同時に，仕事もエネルギーに変換される。これが，エネルギーの原理である。

エネルギーの原理

運動エネルギーの変化量は，加えた仕事に等しい!!

仕事 W[J]により，速さ v_0[m/s]で運動していた物体の速さが v[m/s]に変化したとすると…

$$\frac{1}{2}mv^2-\frac{1}{2}m{v_0}^2=W$$

仕事を加えた後の運動エネルギー　仕事を加える前の運動エネルギー　加えた仕事

力と運動

問題57　キソ

なめらかな水平面上を，速さ3.0[m/s]で運動している質量2.0[kg]の物体に，運動している向きに一定の力を加えつづけたところ，この物体の速さは5.0[m/s]となった。このとき，外力が物体に加えた仕事は何[J]か。

解答でござる

外力が物体に加えた仕事をW[J]とすると，

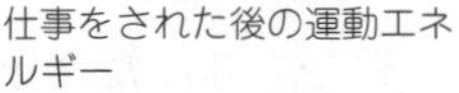

$$W = \frac{1}{2} \times 2.0 \times 5.0^2 - \frac{1}{2} \times 2.0 \times 3.0^2$$

$$= 25 - 9$$

$$= \mathbf{16}[\mathrm{J}] \quad \cdots(\text{答})$$

仕事をされた後の運動エネルギー

仕事をされる前の運動エネルギー

運動エネルギーの差が加えた仕事です!!

問題58　標準

摩擦のある水平面上に質量6.0[kg]の物体を置き，初速度3.0[m/s]を与えたところ，90[cm]進んだところで物体は静止した。重力加速度を10[m/s^2]として，次の各問いに答えよ。

(1)　外力(摩擦力)が物体に加えた仕事は何[J]か。

(2)　物体にはたらいた摩擦力の大きさは何[N]か。

(3)　物体と水平面間の動摩擦係数を求めよ。

ナイスな導入

本問での外力とは，動摩擦力のことである。動摩擦力は物体の進行方向とは逆向きにはたらくので，当然，物体に加わる仕事は**マイナス**となる。また，公式どおりに計算すれば，ちゃんとマイナスの値になります。

解答でござる

(1)　外力が物体に加えた仕事を W[J]とすると，

$$W=\frac{1}{2}\times6.0\times\underset{\text{静止!!}}{0^2}-\frac{1}{2}\times6.0\times3.0^2$$
$$=0-27$$
$$=-27\text{[J]}$$ …(答)

仕事をされた後の運動エネルギー

仕事をされる前の運動エネルギー

ちゃんとマイナスになったよ。

(2)　物体にはたらいた動摩擦力の大きさを F'[N]とすると，進んだ距離が90[cm]＝0.90[m]であるから，(1)の結果より，

$$-F'\times0.90=-27$$
$$F'=\frac{27}{0.90}$$
$$\therefore\quad F'=30\text{[N]}$$ …(答)

進行方向

$-F$[N]

0.90[m]

仕事は…
$-F\times0.90$

進行方向と逆向きの力がする仕事はマイナス!!　p.183参照!!

(3)　動摩擦係数を μ' とする。

(2)の結果より，

$$\mu'\times6.0\times10=30$$
$$60\mu'=30$$
$$\mu'=\frac{30}{60}$$
$$\therefore\quad \mu'=0.50$$ …(答)

本問では，$g=10$[m/s^2]です!!

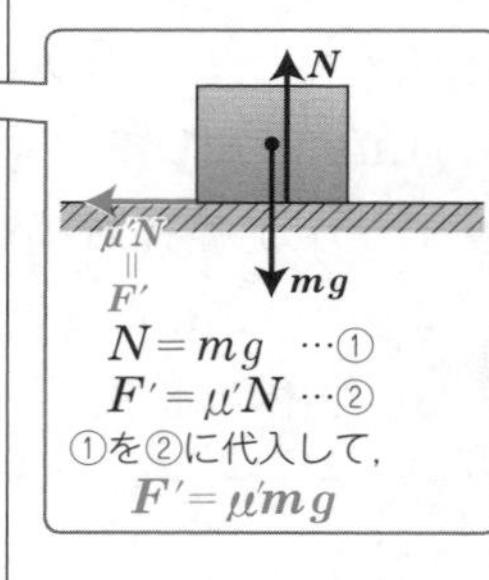

“重力による位置エネルギー”のお話

p.190でも述べたように，高い位置に存在する物体はエネルギーをもっている。この位置によって決まるエネルギーを**重力による位置エネルギー**と呼ぶ。

覚えろ!!

質量m[kg]の物体が基準点から高さh[m]のところにあるとき，この物体がもつ**重力による位置エネルギー**U[J]は，重力加速度をg[m/s^2]として…

$$U = mgh\,[\mathrm{J}]$$

理由は簡単です!!

質量m[kg]の物体を基準点からの高さh[m]まで，重力mg[N]に逆らってゆっくり持ち上げる。

このときの仕事W[J]は，上向きにmg[N]の力を加えつづけてh[m]持ち上げるわけだから…

$$\underset{\text{仕事}}{W} = \underset{\text{力}}{mg} \times \underset{\text{距離}}{h} = mgh\,[\mathrm{J}]$$

となり，この仕事が物体の位置エネルギーとして蓄えられるので，物体のもつ重力による位置エネルギーU[J]は…

$U = mgh$[J]

となる。

注1　基準点はどこにとってもよい。その基準点からの高さh[m]により，重力による位置エネルギーは決まる。

注2　必ず鉛直上向きを正の向きと考えるべし!!

エネルギーの原理は，重力による位置エネルギーについても成立します。

エネルギーの原理

重力による位置エネルギーの変化量は，加えた仕事に等しい!!

仕事W[J]により，高さh_0[m]の位置にあった質量m[kg]の物体が，高さh[m]の位置に移動したとすると，重力加速度をg[m/s^2]として，

$$mgh - mgh_0 = W$$

仕事を加えた後の重力による位置エネルギー

仕事を加える前の重力による位置エネルギー

加えた仕事

mgでくくると，式は単純化され…

$$mg(h - h_0) = W$$

高さの変化!!

まぁ，仕事を加える前の高さを基準点(高さ0)と設定すれば，そこからの高さの変化に注目しやすくなります。もちろん，鉛直下向きの高さの変化はマイナスになるよ。

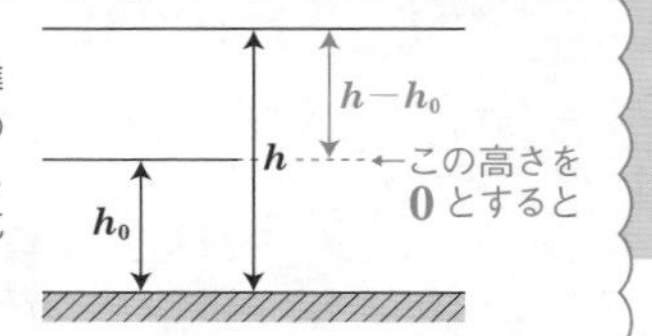

問題59 キソのキソ

質量5.0[kg]の物体が地面から2.0[m]の地点にある。重力加速度を9.8[m/s^2]として，次の各問いに答えよ。

(1) 地面を基準点としたとき，この物体の重力による位置エネルギーを求めよ。

(2) 地上5.0[m]の地点を基準点としたとき，この物体の重力による位置エネルギーを求めよ。

解答でござる

(1)　求める重力による位置エネルギーを U[J]として，

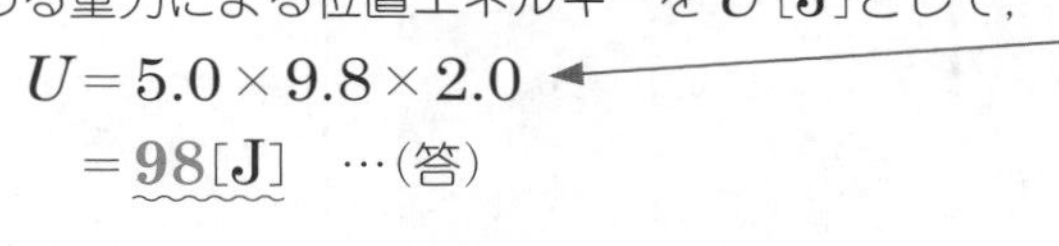

$$U=5.0\times 9.8\times 2.0$$
$$=\mathbf{98}[\mathrm{J}]$$　…(答)

$U=mgh$

正の向き
基準点
5.0[m]
−3.0[m]
物体の位置
2.0[m]
地面

(2)　物体は基準点より鉛直下向きに，

$$5.0-2.0=3.0[\mathrm{m}]$$

の地点にあるから，地上5.0[m]の地点を基準点とした物体の重力による位置エネルギー U[J]は，

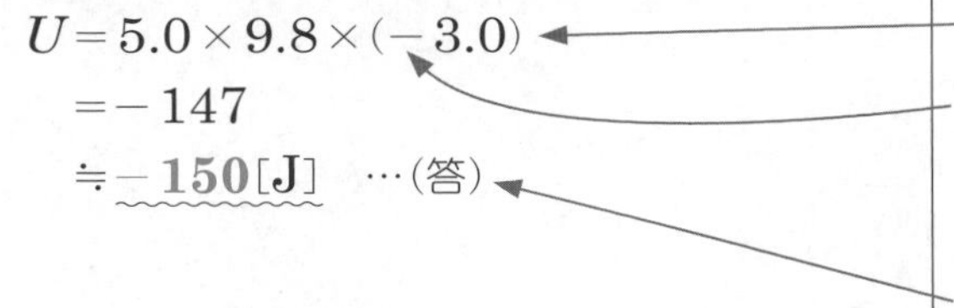

$$U=5.0\times 9.8\times(-3.0)$$
$$=-147$$
$$\fallingdotseq \mathbf{-150}[\mathrm{J}]$$　…(答)

$U=mgh$

基準点よりも下にあり，鉛直上向きを正にしているので，
$h=-3.0$[m]となる。
マイナス

2ケタに!!

その3　"弾性力による位置エネルギー"のお話

変形したばねはもとにもどろうとするので，エネルギーを蓄えていると考えられます。このエネルギーを**弾性力による位置エネルギー**，または**弾性エネルギー**と呼びます。

ばね定数が k[N/m]のばねが x[m]伸びている(あるいは縮んでいる)とき，このばねがもつ**弾性力による位置エネルギー** U[J]は，

$$U=\frac{1}{2}kx^2[\mathrm{J}]$$

で表される。

理由は…

理由はあとまわしにするのも上手な勉強法です。

力の向きと動かす向きが一致しているとき，仕事W[J]は，力F[N]と動かした距離l[m]の積で表されました。

$$W=Fl\,[\mathrm{J}]$$

このとき，仕事Wは右図の赤い部分の面積に一致します。

では!!　ここから本題です。

ばね定数k[N/m]のばねをx[m]だけ引き伸ばしたとき，ばねを引く力F[N]は，フックの法則により，

$$F=kx\,[\mathrm{N}]$$

である。

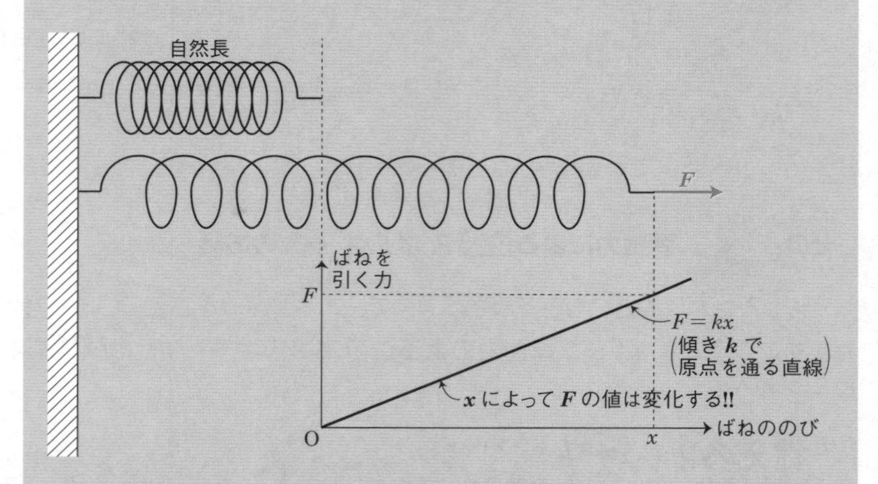

ばねを自然長からx[m]引き伸ばすまでに，引く力がした仕事W[J]は，次ページの図の赤い部分の面積に等しいから，

$$W=\frac{1}{2}\times x\times kx$$

三角形の面積の公式です。

$$\therefore\quad W=\frac{1}{2}kx^2$$

おっ!!　さっきの公式だ!!

ばねを引く力

F は変化しながら仕事する!!

$F=kx$

F

kx

W

O

x

x

ばねののび

この仕事 W がばねに蓄えられるエネルギーであるから，ばね定数 k [N/m]のばねが x [m]伸びたときの弾性力による位置エネルギー U は…

$$U=\frac{1}{2}kx^2\,[\mathrm{J}]$$

となる。

なるほど!

注　ばねが縮む場合も同様です。

ばね定数が100[N/m]のばねを30[cm]引き伸ばしたとき，このばねに蓄えられる弾性力による位置エネルギーを求めよ。

解答でござる

求める弾性力による位置エネルギーを U [J]として，

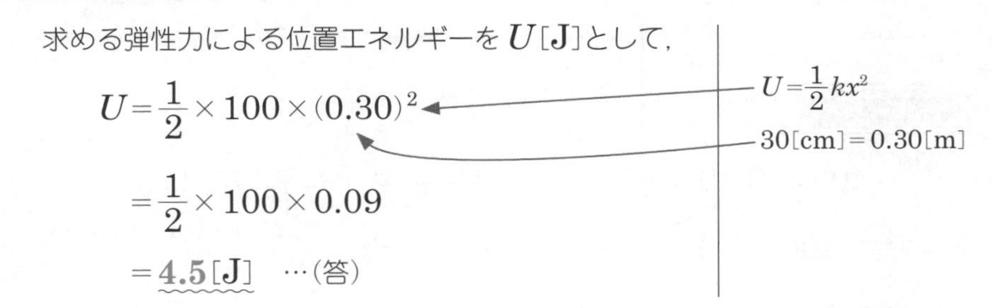

$$U=\frac{1}{2}\times 100\times(0.30)^2$$

$$=\frac{1}{2}\times 100\times 0.09$$

$$=\underline{4.5\,[\mathrm{J}]}\quad\cdots(答)$$

当然!! **エネルギーの原理**は，弾性力による位置エネルギーについても成立します。

エネルギーの原理

弾性力による位置エネルギー(弾性エネルギー)の変化は，加えた仕事に等しい!!

仕事W[J]により，x_0[m]伸びていた(縮んでいた)ばねがx[m]伸びている(縮んでいる)状態に変化したとき，ばね定数をk[N/m]とすると…

$$\frac{1}{2}kx^2 - \frac{1}{2}kx_0{}^2 = W$$

仕事を加えた後の弾性力による位置エネルギー

仕事を加える前の弾性力による位置エネルギー

加えた仕事

問題61 キソ

ばね定数が400[N/m]のばねがある。これについて，次の各問いに答えよ。

(1) 10[cm]引き伸ばしたとき，ばねに蓄えられる弾性力による位置エネルギーは何[J]か。

(2) (1)の状態から，さらに10[cm]引き伸ばすとき必要な仕事は何[J]か。

解答でござる

(1) $\frac{1}{2} \times 400 \times (0.10)^2$

$= \frac{1}{2} \times 400 \times 0.01$

$= \underline{2.0[\mathrm{J}]}$ …(答)

$U = \frac{1}{2}kx^2$

10[cm] = 0.10[m]

(2)　10[cm]引き伸ばした状態から，さらに10[cm]引き伸ばしたので，ばねの伸びは10＋10＝20[cm]，つまり0.20[m]である。

必要な仕事をW[J]とすると，エネルギーの原理から，

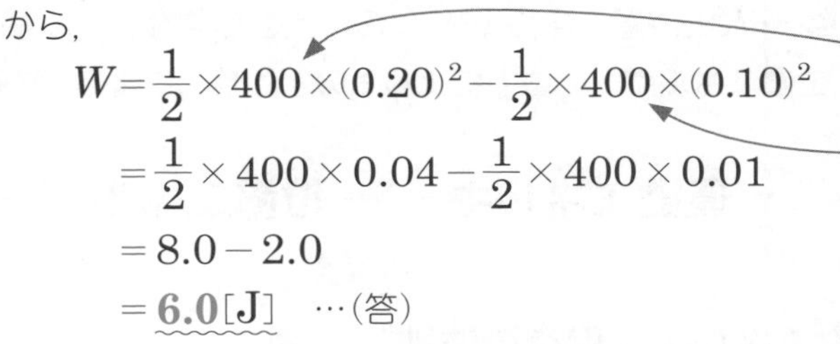

$$W=\frac{1}{2}\times 400\times(0.20)^2-\frac{1}{2}\times 400\times(0.10)^2$$
$$=\frac{1}{2}\times 400\times 0.04-\frac{1}{2}\times 400\times 0.01$$
$$=8.0-2.0$$
$$=\mathbf{6.0}[\mathrm{J}]\quad \cdots(答)$$

仕事を加えた後の弾性エネルギー

仕事を加える前の弾性エネルギーで，(1)と同じ式です。

(2)で，さらに伸ばした長さ10[cm]＝0.10[m]のみに注目して，

$$W=\frac{1}{2}\times 400\times(0.10)^2$$
$$=2.0[\mathrm{J}]$$

としてしまうと爆死です!!

仕事を加えた後のエネルギーと，仕事を加える前のエネルギーを別々に計算して，差をとらないといけません!!

Theme 19 力学的エネルギー保存の法則

物体がもつ**運動エネルギー** K と**位置エネルギー** U の合計を**力学的エネルギー**と申します。このとき，位置エネルギーは重力によるものと弾性力によるものの両方を指しています。

力学的エネルギー ＝ 運動エネルギー ＋ 位置エネルギー

その1 “力学的エネルギー保存の法則”

物体にはたらく力が重力や弾性力のみの場合…

力学的エネルギー ＝ 一定

つまり…

運動エネルギー ＋ 位置エネルギー ＝ 一定

となります。これを，**力学的エネルギー保存の法則**と呼びます。

注 摩擦力や空気抵抗などがはたらく場合は，力学的エネルギー保存の法則は成立しません。

問題62　キソ

質量 $1.0[\mathrm{kg}]$ の物体を $28[\mathrm{m/s}]$ の速さで鉛直上向きに投げ上げた。重力加速度を $9.8[\mathrm{m/s^2}]$ として，次の各問いに答えよ。

(1)　投げ上げた瞬間，物体がもっている運動エネルギーは何[J]か。

(2)　物体は投げ上げた地点から何[m]の高さまで上昇するか。

(3)　高さ $20[\mathrm{m}]$ の地点での運動エネルギーは何[J]か。

(4)　物体の速さが $14[\mathrm{m/s}]$ となるのは，投げ上げてから何[m]の高さの点であるか。

Theme 6 の $v = v_0 - gt$ や $y = v_0 t - \frac{1}{2}gt^2$ などの公式を活用しても解けますが，**力学的エネルギー保存の法則**を活用するとラク勝である。

この物体に関与している力は**重力のみ**であるので，力学的エネルギー保存の法則が成立します。つまり…

本問では，重力による位置エネルギー

運動エネルギー ＋ 位置エネルギー ＝ 一定

では，実際にやってみましょう。

解答でござる

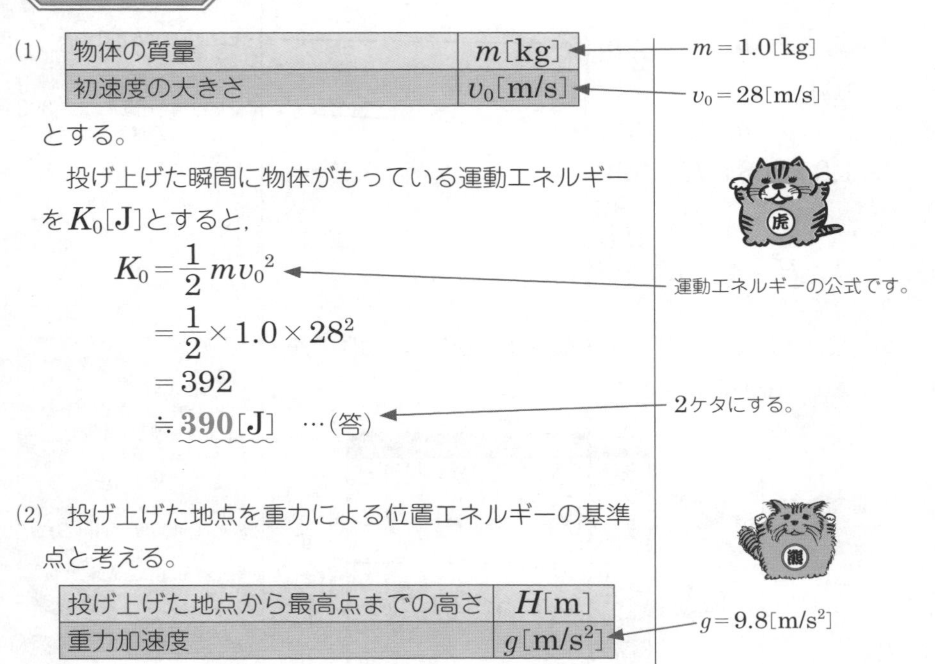

(1)

物体の質量	m[kg]
初速度の大きさ	v_0[m/s]

$m = 1.0$[kg]

$v_0 = 28$[m/s]

とする。

投げ上げた瞬間に物体がもっている運動エネルギーを K_0[J]とすると，

$$K_0 = \frac{1}{2}mv_0^2$$

運動エネルギーの公式です。

$$= \frac{1}{2} \times 1.0 \times 28^2$$

$$= 392$$

$$\fallingdotseq 390\text{[J]} \quad \cdots(答)$$

2ケタにする。

(2)　投げ上げた地点を重力による位置エネルギーの基準点と考える。

投げ上げた地点から最高点までの高さ	H[m]
重力加速度	g[m/s²]

$g = 9.8$[m/s²]

とする。

最高点では静止する。つまり，速さは0[m/s]

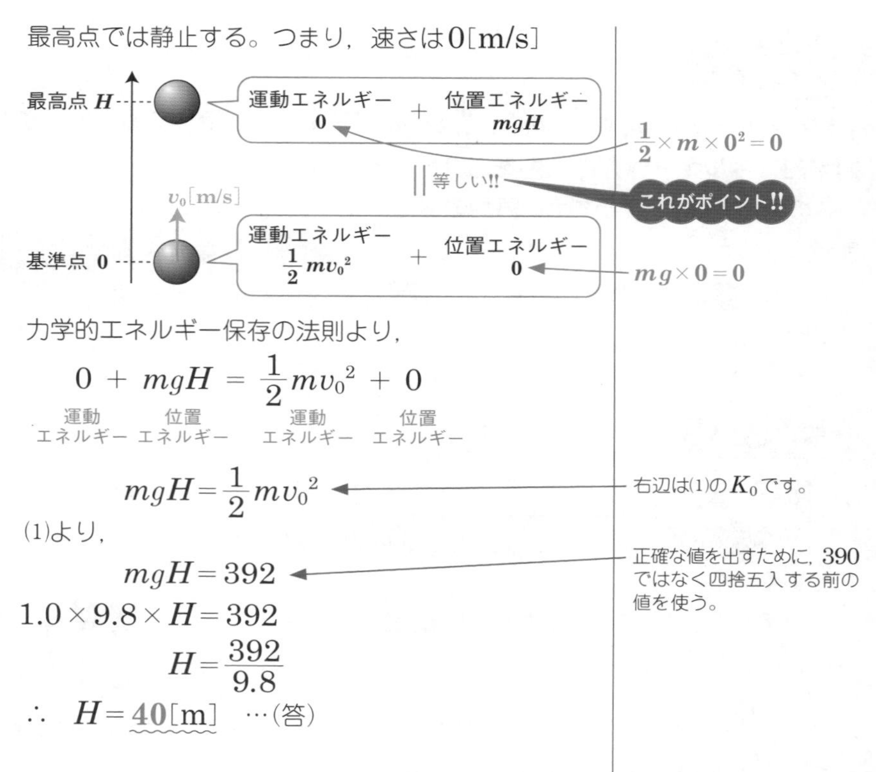

力学的エネルギー保存の法則より，

$$0 + mgH = \frac{1}{2}mv_0{}^2 + 0$$

運動エネルギー　位置エネルギー　運動エネルギー　位置エネルギー

$$mgH=\frac{1}{2}mv_0{}^2$$

右辺は(1)のK_0です。

(1)より，

$$mgH=392$$

正確な値を出すために，390ではなく四捨五入する前の値を使う。

$$1.0\times 9.8\times H=392$$

$$H=\frac{392}{9.8}$$

$\therefore$　$H=$ **40**[m]　…(答)

(3)　投げ上げた地点から高さh[m]の地点での物体の速さをv[m/s]とすると，

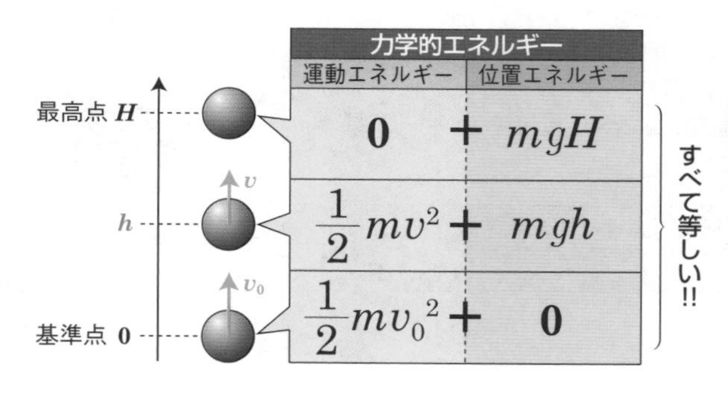

速度の向きを表す矢印が鉛直上向きになっているが，エネルギーはベクトルではないので，速度の向きは無関係です!!　つまり，最高点に達してから落下してくる場合も同じ式になります。

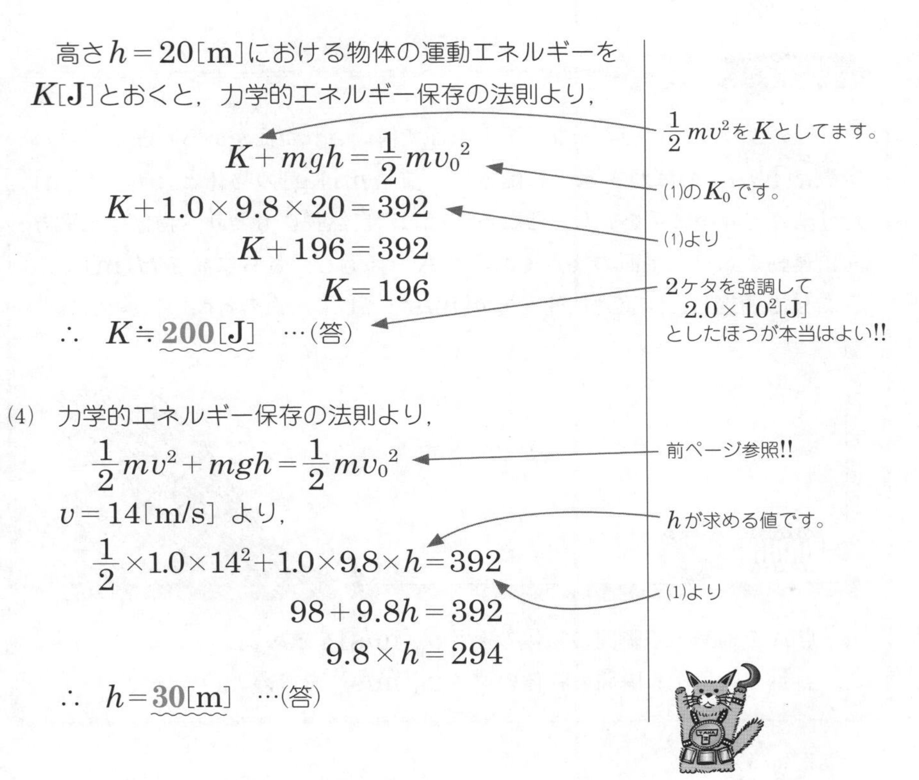

高さ$h=20$[m]における物体の運動エネルギーをK[J]とおくと，力学的エネルギー保存の法則より，

$$K+mgh=\frac{1}{2}m{v_0}^2$$

$$K+1.0\times9.8\times20=392$$

$$K+196=392$$

$$K=196$$

$\therefore$　$K\fallingdotseq$ **200**[J]　…(答)

$\frac{1}{2}mv^2$をKとしてます。

(1)のK_0です。

(1)より

2ケタを強調して2.0×10^2[J]としたほうが本当はよい!!

(4)　力学的エネルギー保存の法則より，

$$\frac{1}{2}mv^2+mgh=\frac{1}{2}m{v_0}^2$$

$v=14$[m/s] より，

$$\frac{1}{2}\times1.0\times14^2+1.0\times9.8\times h=392$$

$$98+9.8h=392$$

$$9.8\times h=294$$

$\therefore$　$h=$ **30**[m]　…(答)

前ページ参照!!

hが求める値です。

(1)より

その2　“保存力と非保存力”のお話

保存力　とは…　“力学的エネルギー保存の法則”が成立する力です。

例　重力，弾性力，万有引力，
静電気力

いずれ登場します。

非保存力　とは…　“力学的エネルギー保存の法則”が成立しない力です。

例　摩擦力，抵抗力(空気抵抗など)

問題63　キソ

下図のような，なめらかな平面と曲面で構成された面がある。左端にばね定数k[N/m]のばねを水平に配置し，質量m[kg]の物体とともにl[m]だけ縮めて静かに手を放したところ，ばねは自然長にもどり，物体は水平方向に運動を始め，平面の終点である点Aを通過し，さらに高さH[m]である点Bも通過した。重力加速度をg[m/s^2]として，次の各問いに答えよ。

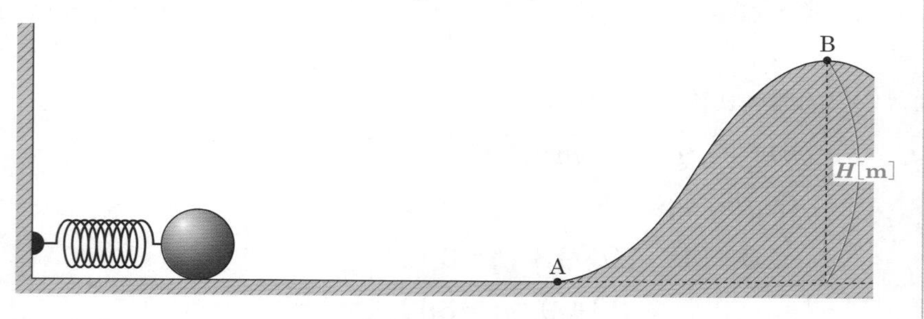

(1)　点Aを通過する瞬間の物体の速さv_A[m/s]を求めよ。

(2)　点Bを通過する瞬間の物体の速さv_B[m/s] を求めよ。

ナイスな導入

この物体にはたらいた力は**重力**と**ばねの弾性力**のみである。よって，“力学的エネルギー保存の法則”は成立する。

イメージコーナー

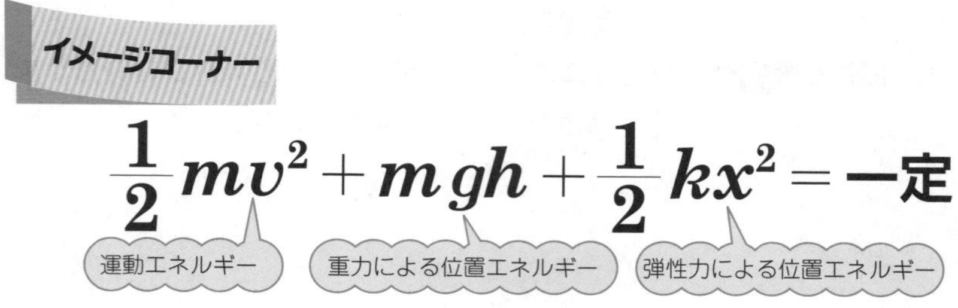

である。

本問での運動の流れは…

① 最初は，ばねに蓄えられた弾性力による位置エネルギーのみである。

② 物体がばねから離れたとき，ばねの弾性エネルギーはすべて，物体の運動エネルギーに変換される。そのまま点Aを通過!!

③ 点Aを通過した物体は，斜面を登っていく。このとき，

運動エネルギー ＋ 重力による位置エネルギー ＝ 一定

を保ちながら，斜面を登っていく。

では，実際にやってみましょう。

解答でござる

重力による位置エネルギーの基準点は，最初の物体の高さとする。

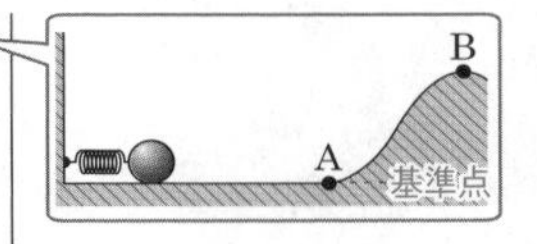

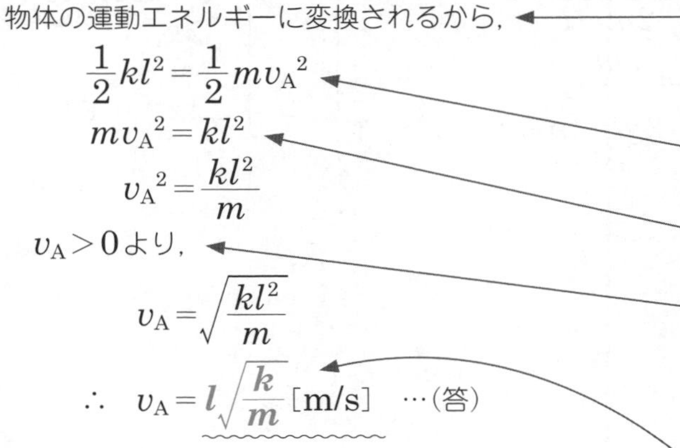

(1) 物体がばねから離れた瞬間の速さと，物体が点Aを通過する瞬間の速さv_A[m/s]は等しい。

ばねに最初に蓄えられた弾性エネルギーが，すべて物体の運動エネルギーに変換されるから，

$$\frac{1}{2}kl^2 = \frac{1}{2}mv_A{}^2$$

$$mv_A{}^2 = kl^2$$

$$v_A{}^2 = \frac{kl^2}{m}$$

$v_A > 0$より，

$$v_A = \sqrt{\frac{kl^2}{m}}$$

$$\therefore \quad v_A = l\sqrt{\frac{k}{m}}\ \text{[m/s]} \quad \cdots(答)$$

摩擦がないから!!

問題文に“ばねは自然長にもどり”と書いてあるので，ばねに残っているエネルギーはない!!

“力学的エネルギー保存の法則”です。

両辺を2倍して，右辺と左辺を入れかえました。

v_Aは“速さ”なので，正の値です。よって，$v_A = \pm\sqrt{\frac{kl^2}{m}}$ではない。

文字式の場合，分母の有理化をする必要はない!!

(2)　ばねに最初に蓄えられた弾性エネルギーが保存されたまま，物体は点Bを通過する。

力学的エネルギー保存の法則より，

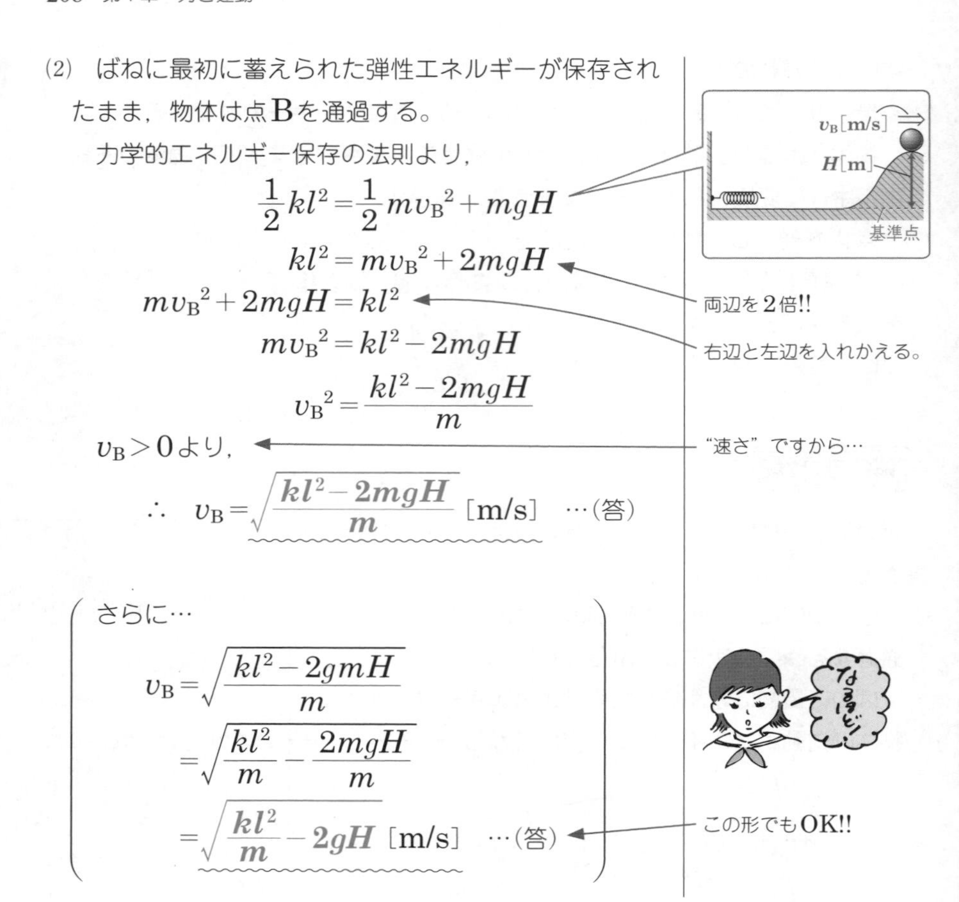

$$\frac{1}{2}kl^2=\frac{1}{2}mv_B{}^2+mgH$$

$$kl^2=mv_B{}^2+2mgH$$

両辺を2倍!!

$$mv_B{}^2+2mgH=kl^2$$

右辺と左辺を入れかえる。

$$mv_B{}^2=kl^2-2mgH$$

$$v_B{}^2=\frac{kl^2-2mgH}{m}$$

$v_B>0$より，

"速さ" ですから…

$$\therefore\quad v_B=\sqrt{\frac{kl^2-2mgH}{m}}\ \text{[m/s]}\quad \cdots(答)$$

さらに…

$$v_B=\sqrt{\frac{kl^2-2gmH}{m}}$$

$$=\sqrt{\frac{kl^2}{m}-\frac{2mgH}{m}}$$

$$=\sqrt{\frac{kl^2}{m}-2gH}\ \text{[m/s]}\quad \cdots(答)$$

この形でもOK!!

運動量と力積

その1 “運動量” とは…?

質量m[kg]の物体が，速度v[m/s]で運動しているとき，この物体は$\boldsymbol{mv}$の運動量をもっているという。

このとき，運動量の単位は，[kg]×[m/s]＝[kg·m/s]

えーっ!!
そのまま…??

運動量の公式

質量m[kg]，速度v[m/s]の物体がもつ運動量は…

$$mv\ [\mathrm{kg \cdot m/s}]$$

質量×速度

で!! 速度は向きをもつベクトルなので，$\overrightarrow{v}$ [m/s]と実際考えるべきで，これにより，運動量もベクトル(運動量ベクトルと呼んだりします)となる。よって…

$$m\overrightarrow{v}\ [\mathrm{kg \cdot m/s}]$$

と表現する場合もある。

その2 “力積” とは…??

ある物体に対してF[N]の力をt[s]間加えたとき，その物体に$\boldsymbol{Ft}$の力積を加えたという。

このとき，力積の単位は，[N]×[s]＝[N·s]

力積の公式

力F[N]がt[s]間はたらいたとき，力積は…

$$Ft\ [\mathrm{N \cdot s}]$$

力×時間

で!! 本来，力は向きをもつベクトルであるから，$\vec{F}$[N]と考えると，力積もベクトル(力積ベクトルと呼んだりします)になる。よって…

$$\vec{Ft}\ [\mathrm{N \cdot s}]$$

と表現する場合もある。

注 はたらく力が一定でない場合の力積については，平均の力で考えます。例えば，バットでボールを打つときなどは，バットとボールが接触している時間(かなり短い時間ですが…)の間で，ボールにはたらく力は一定でない。このような場合，(平均の力)×(時間)で力積を考えます。

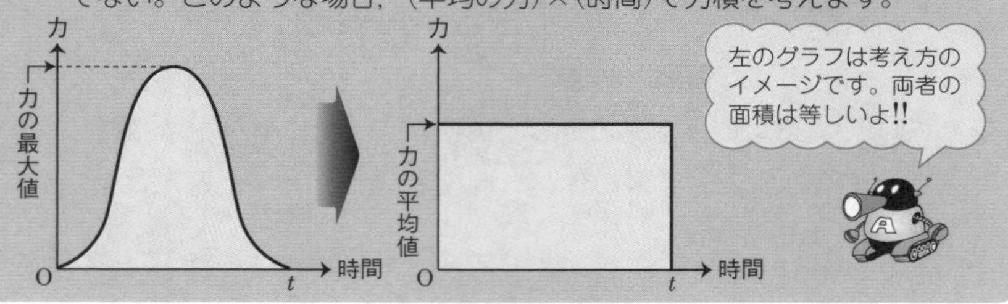

その3 "運動量と力積の単位は同じ!!" の巻

まず!!

$[\mathrm{N}] = [\mathrm{kg}] \times [\mathrm{m/s^2}]$

$= [\mathrm{kg \cdot m/s^2}]$

$F = ma$です!!
[N] [kg]×[m/s²]

ここで，力積の単位は，[N·s]でしたね。

$[\mathrm{N \cdot s}] = [\mathrm{kg \cdot m/s^2 \cdot s}]$

$= [\mathrm{kg \cdot m/s}]$

$\mathrm{kg \cdot m/s^2 \cdot s}$
$= \mathrm{kg} \times \dfrac{\mathrm{m}}{\mathrm{s^2}} \times \mathrm{s}$
$= \mathrm{kg} \times \dfrac{\mathrm{m}}{\mathrm{s}}$

これは，運動量の単位でしたね。

つまり!!

結局は，**運動量と力積の単位は同じ!!**

 “運動量と力積の関係” に迫る!!

結論から言うと，運動量の変化は力積に等しい。

運動量の変化と力積

力積$\overrightarrow{F}t$[N·s]によって，質量m[kg]の物体の速度が$\overrightarrow{v_0}$[m/s]から$\overrightarrow{v}$[m/s]に変化したとすると…

$$\overrightarrow{F}t = m\overrightarrow{v} - m\overrightarrow{v_0}$$

力積

力積がはたらいた後の運動量

力積がはたらく前の運動量

理由は…

m[kg]の物体に$\overrightarrow{F}$[N]の力をt[s]間加えたとき，この物体の速度が$\overrightarrow{v_0}$[m/s]から$\overrightarrow{v}$[m/s]に変化したわけです。

ここで，この物体に生じた加速度を$\overrightarrow{a}$[m/s^2]とすると，運動方程式から…

$$\overrightarrow{F} = m\overrightarrow{a} \quad \cdots ①$$

運動方程式です。

さらに，加速度の意味から，

$$\overrightarrow{a} = \frac{\overrightarrow{v} - \overrightarrow{v_0}}{t} \quad \cdots ②$$

加速度＝$\dfrac{速度の変化}{時間}$

②を①に代入して，

$$\overrightarrow{F} = m \times \frac{\overrightarrow{v} - \overrightarrow{v_0}}{t}$$

$$\overrightarrow{F}t = m(\overrightarrow{v} - \overrightarrow{v_0})$$

両辺をt倍しました。

$$\overrightarrow{F}t = m\overrightarrow{v} - m\overrightarrow{v_0}$$

証明おわり!!

注　力積も運動量もベクトル(向きをもつ量)であるので，次のようなイメージである。

$$\vec{F}t=m\vec{v}-m\vec{v_0}\quad \text{より}\quad m\vec{v_0}+\vec{F}t=m\vec{v}$$

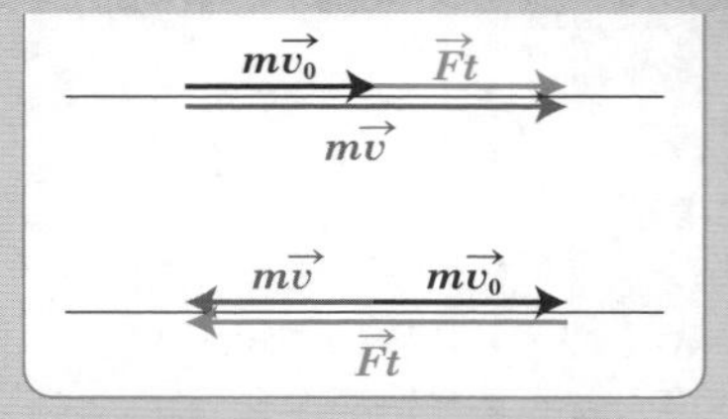

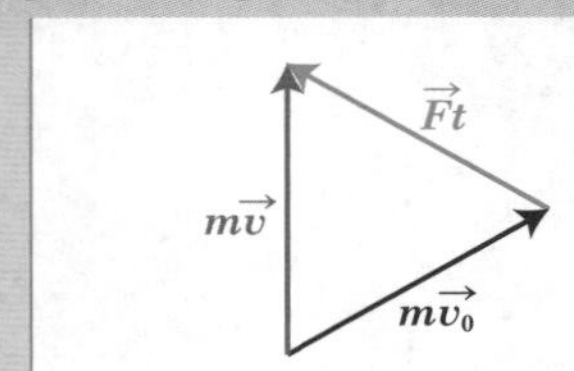

"平行四辺形の法則" 以外の考え方です。
ベクトルの和は，矢印をつなぐことにより求まる。

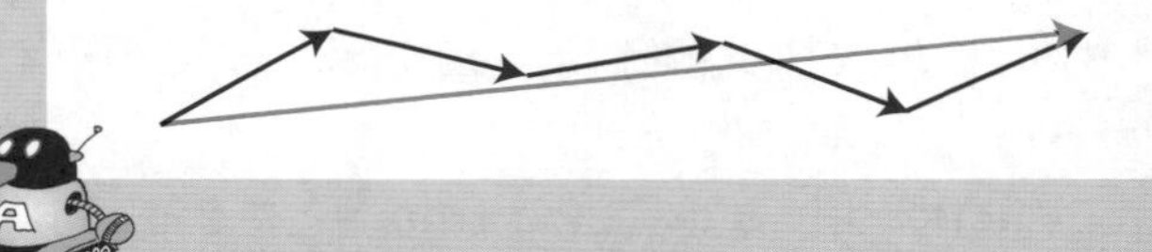

問題64　キソ

一直線上を15[m/s]の速さで運動している質量2.0[kg]の物体がある。この物体に，運動している向きと同じ向きに50[N·s]の力積を加えたとき，次の各問いに答えよ。

(1)　力積を加えたあとの物体の運動量の大きさを求めよ。

(2)　力積を加えたあとの物体の速さを求めよ。

運動量の変化と力積の関係をしっかりつかんでいればOK!!

$$\overrightarrow{F}t = m\overrightarrow{v} - m\overrightarrow{v_0}$$

よって…

$$m\overrightarrow{v} = m\overrightarrow{v_0} + \overrightarrow{F}t$$

本問は一直線上でのお話であり，運動量の向きと力積の向きが一致しているので，じつに単純…

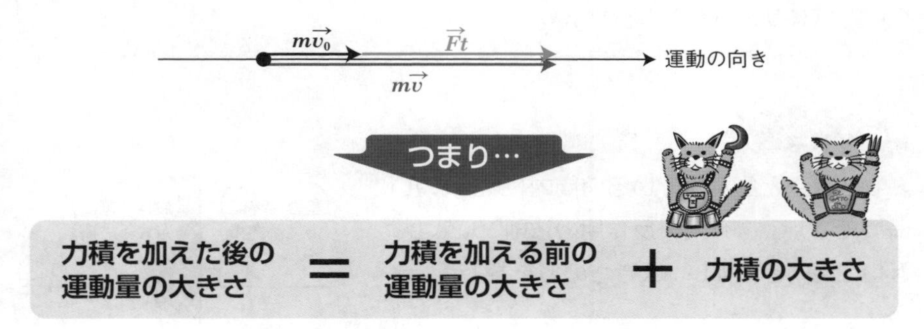

解答でござる

(1)　力積を加えた後の運動量の大きさは，

$$2.0 \times 15 + 50 = \underline{80}[\mathrm{kg \cdot m/s}] \quad \cdots(答)$$

力積を加える前の運動量の大きさです。（2.0×15）

加えた力積の大きさです。（50）

(2)　力積を加えた後の物体の速さをv[m/s]として，

$$2.0 \times v = 80$$

$$\therefore \quad v = \underline{40}[\mathrm{m/s}] \quad \cdots(答)$$

運動量の公式mvです。

問題65　キソ

右図のように，質量0.20[kg]の物体が右向きに20[m/s]の速さで壁に当たり，左向きに8.0[m/s]の速さではねかえってきた。右向きを正の向きとして，次の各問いに答えよ。

(1)　衝突前の運動量を求めよ。

(2)　衝突後の運動量を求めよ。

(3)　物体に与えられた力積を求めよ。

(4)　壁に与えられた力積を求めよ。

ナイスな導入

物体が壁と衝突している時間内（かなり短い時間です）で，“作用・反作用の法則”により，互いに逆向きで等しい大きさの力をおよぼし合う。

つまり…

“壁が物体に与える力積”と“物体が壁に与える力積”は，互いに逆向きで大きさは等しい。

本問は，“運動量の大きさ”ではなく“運動量”
“力積の大きさ”ではなく“力積”…
つまり，向きも大切!!　プラスorマイナスが必要!!

解答でござる

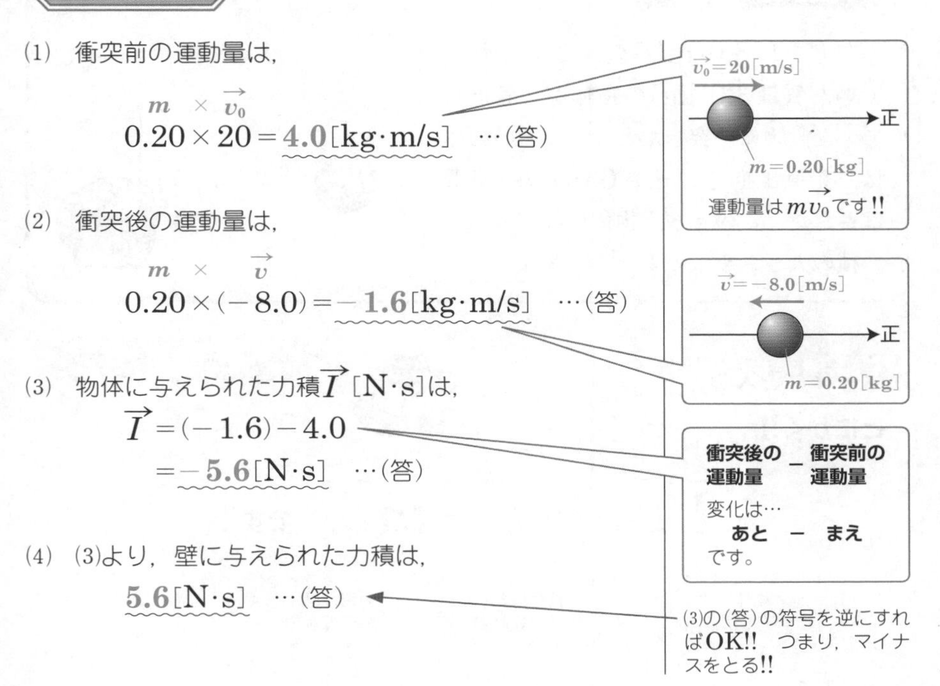

(1)　衝突前の運動量は，

$$\overset{m}{0.20}\times\overset{\vec{v_0}}{20}=\underline{4.0[\mathrm{kg\cdot m/s}]}\quad\cdots(答)$$

(2)　衝突後の運動量は，

$$\overset{m}{0.20}\times\overset{\vec{v}}{(-8.0)}=\underline{-1.6[\mathrm{kg\cdot m/s}]}\quad\cdots(答)$$

(3)　物体に与えられた力積$\vec{I}$[N·s]は，

$$\vec{I}=(-1.6)-4.0$$
$$=\underline{-5.6[\mathrm{N\cdot s}]}\quad\cdots(答)$$

(4)　(3)より，壁に与えられた力積は，

$$\underline{5.6[\mathrm{N\cdot s}]}\quad\cdots(答)$$

注　運動量の単位[kg·m/s]と力積の単位[N·s]が同じ意味であることはp.210で述べてあります。しかし，運動量のときは[kg·m/s]，力積のときは[N·s]と使い分けることをおすすめします。

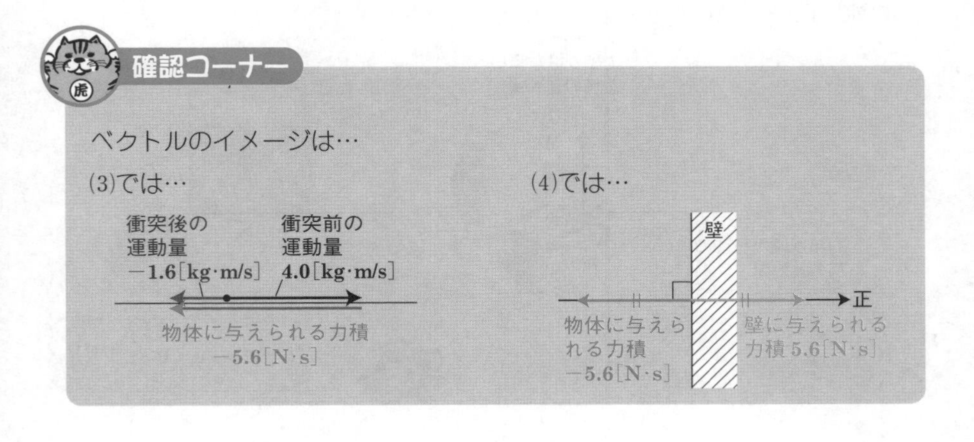

問題66　**標準**

右向きに$8.0[\mathrm{m/s}]$の速さで運動していた質量$3.0[\mathrm{kg}]$の物体が，静止していた動物に激突したところ，その物体は，鉛直上向きに速さ$6.0[\mathrm{m/s}]$で飛ばされた。このとき，物体にはたらいた力積の大きさを求めよ。

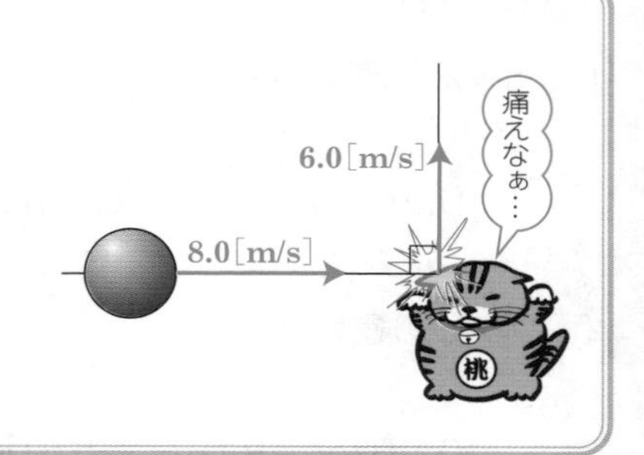

とにかく!!

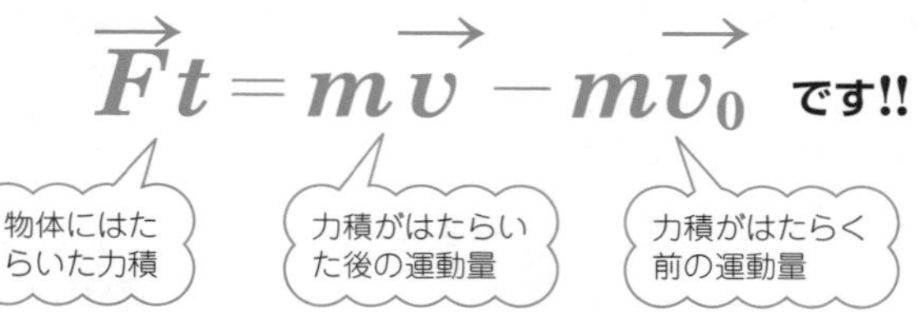

よって…

$$\vec{F}t = m\vec{v} + (-m\vec{v_0})$$

と考えられるから…

本問のイメージは…

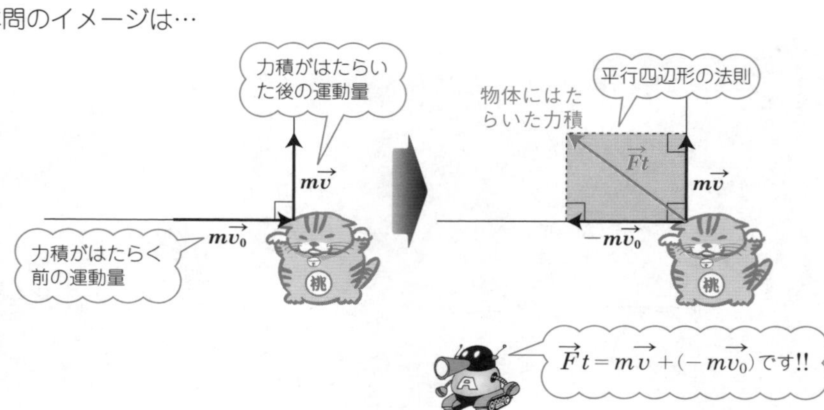

解答でござる

撃突する前の運動量の大きさは,

$$3.0\times 8.0=24[\mathrm{kg\cdot m/s}]$$

撃突した後の運動量の大きさは,

$$3.0\times 6.0=18[\mathrm{kg\cdot m/s}]$$

物体にはたらいた力積の大きさをI[N·s]とすると,
三平方の定理より,

$$\begin{aligned}I^2&=24^2+18^2\\&=576+324\\&=900\end{aligned}$$

$I>0$より,

$\therefore\quad I=$ **30[N·s]**　…(答)

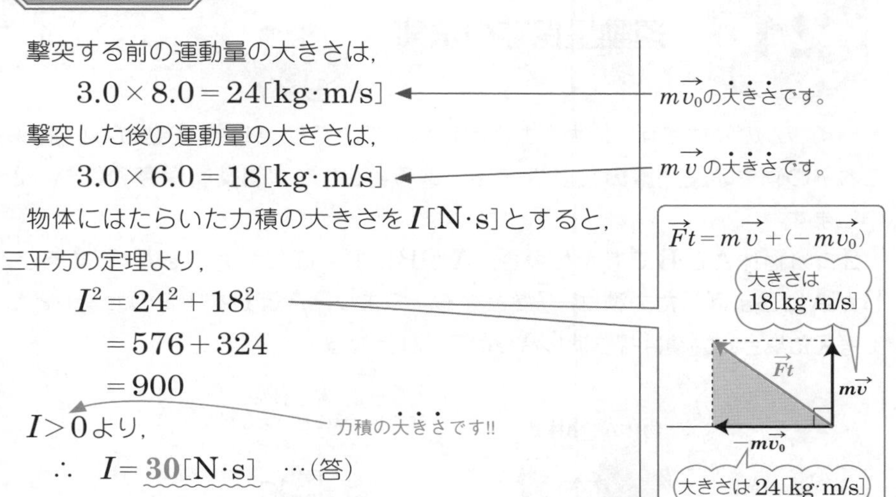

本問に登場した直角三角形は…

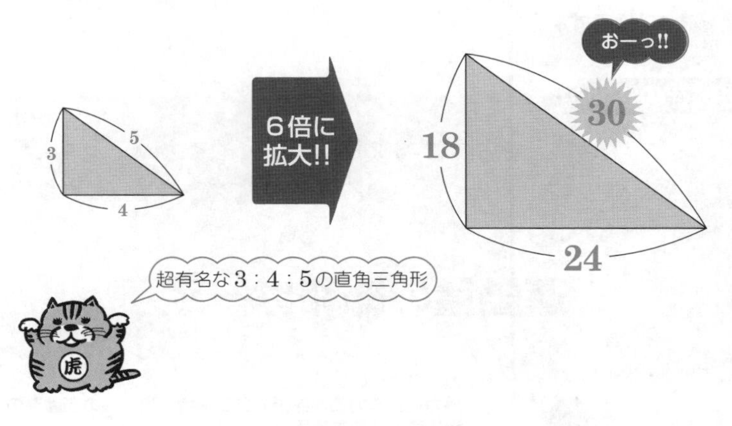

これに気づけば計算いらず!!

Theme 21 運動量保存の法則

いくつかの物体が互いに力をおよぼし合っていても，外力の影響がない限り，これらの物体の**運動量の合計は一定**である。これを "**運動量保存の法則**" と申します。

2つの物体AとBで考えた場合，AがBにおよぼした力積を$\vec{F}t$とすると，BがAにおよぼした力積は$-\vec{F}t$となる。つまり，AとBを1つのセットとして考えた場合，力積は打ち消し合うので，0となる。

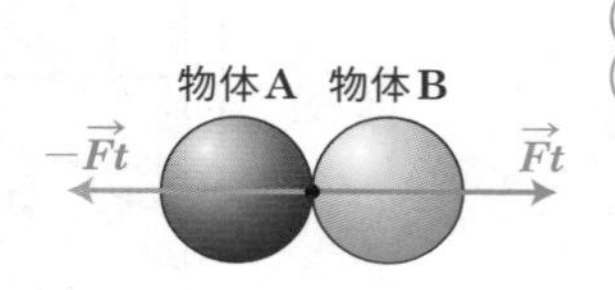

つまり，力積がはたらいてないとみなせるならば，運動量は変化しないので，AとBの運動量の合計は変化しない。

このような，AB間にはたらく力(作用・反作用の法則により，合計すると打ち消し合う力)を**内力**と呼びます。これに対して，外からはたらく力が**外力**(すぐに登場します!!)です

運動量保存の法則

複数の物体が**内力**により力をおよぼし合う(これをカッコよく表現すると**物体系**と申します)とき，**外力**の影響がないのであれば(外力による力積が無視できるということです!!)，これらの物体の

運動量の総和は一定

である。

では，“運動量保存の法則”が使える場合を，問題とともに…

エントリー No.1　衝突!!

問題67　キソ

なめらかな床の上で，質量5.0[kg]の物体Aが右向きに3.0[m/s]の速さで，質量2.0[kg]の物体Bが左向きに7.0[m/s]の速さでそれぞれ運動している。これらの物体は一直線上を運動していたため，衝突するハメになり，衝突後，物体Bは右向きに4.0[m/s]の速さで運動していた。衝突後の物体Aはどの向きに何[m/s]の速さで運動しているか。

ナイスな導入

外力をチェックしてみよう!!

本問では，“なめらかな床”と書いてあるので，摩擦力は無視できます。

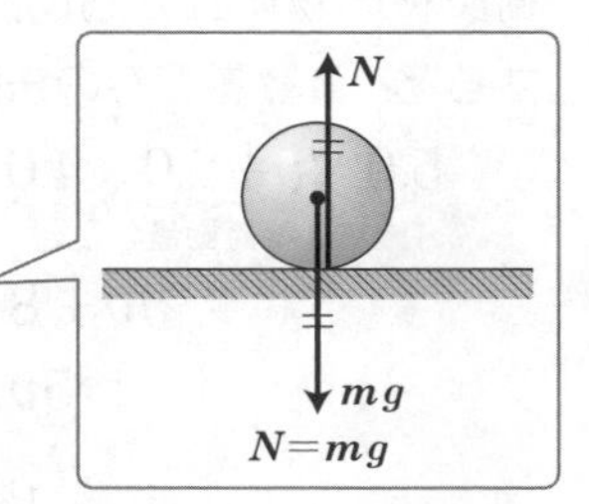

物体には重力と床から受ける垂直抗力がはたらきますが，これらもつり合っているので無視できます。

あとは物体Aと物体Bが衝突するときにはたらく**内力**のみであるから…，物体Aと物体Bで（物体系A，Bで），

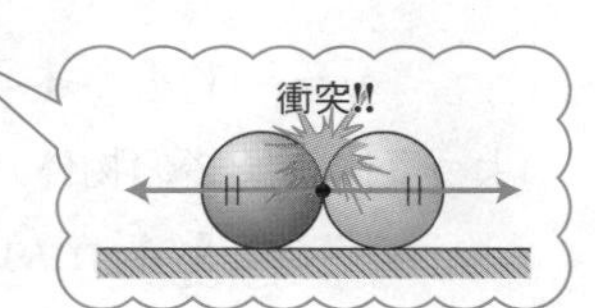

運動量保存の法則

が成立します。

イメージは…

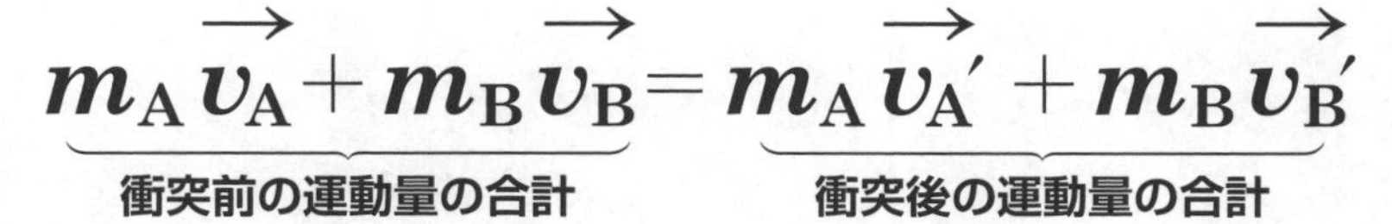

$$\underbrace{m_A\vec{v_A}+m_B\vec{v_B}}_{\text{衝突前の運動量の合計}}=\underbrace{m_A\vec{v_A'}+m_B\vec{v_B'}}_{\text{衝突後の運動量の合計}}$$

あとは，右向きを正にするか？　左向きを正にするか？　はお好みで…

解答でござる

右向きを正の向きとする。

左向きなのでマイナス!!

衝突前

$3.0[\mathrm{m/s}]$ →　　　　← $-7.0[\mathrm{m/s}]$

物体A $5.0[\mathrm{kg}]$　　　　物体B $2.0[\mathrm{kg}]$　→正

どちら向きに運動するか?? は不明なので，とりあえず正の向きに(右向きに)$v[\mathrm{m/s}]$とします。

衝突後

$v[\mathrm{m/s}]$ →　　　　$4.0[\mathrm{m/s}]$ →

物体A $5.0[\mathrm{kg}]$　　　　物体B $2.0[\mathrm{kg}]$　→正

衝突後の物体Aが右向きに速さ$v[\mathrm{m/s}]$で運動したとすると，運動量保存の法則より，

$$\underbrace{5.0\times v+2.0\times 4.0}_{\text{衝突後の運動量の合計}}=\underbrace{5.0\times 3.0+2.0\times(-7.0)}_{\text{衝突前の運動量の合計}}$$

$$5v+8=15-14$$

$$5v=-7$$

$$v=-\frac{7}{5}$$

$$\therefore\quad v=-1.4$$

もしも，左向きだったら，ちゃんとマイナスの値で求まるから安心しろ!!

おーっ!!　マイナス!!
つまり，物体Aは衝突後，左向きに運動した!!

よって，衝突後の物体Aは，

　　左向きに$1.4[\mathrm{m/s}]$　…(答)

で運動した。

エントリー No.2 合体!!

問題68 キソ

なめらかな床の上で，質量8.0[kg]の物体Aが右向きに3.0[m/s]の速さで，質量2.0[kg]の物体Bが左向きに9.0[m/s]の速さでそれぞれ運動している。これらの物体は一直線上を運動していたので，やがて衝突し，一体となって運動した。このとき，一体となった物体はどの向きに何[m/s]の速さで運動するか。

ナイスな導入

本問も 問題67 と同様で，物体系に影響をおよぼす外力ははたらいていません。よって，“運動量保存の法則”が成立します。

解答でござる

右向きを正の向きとする。

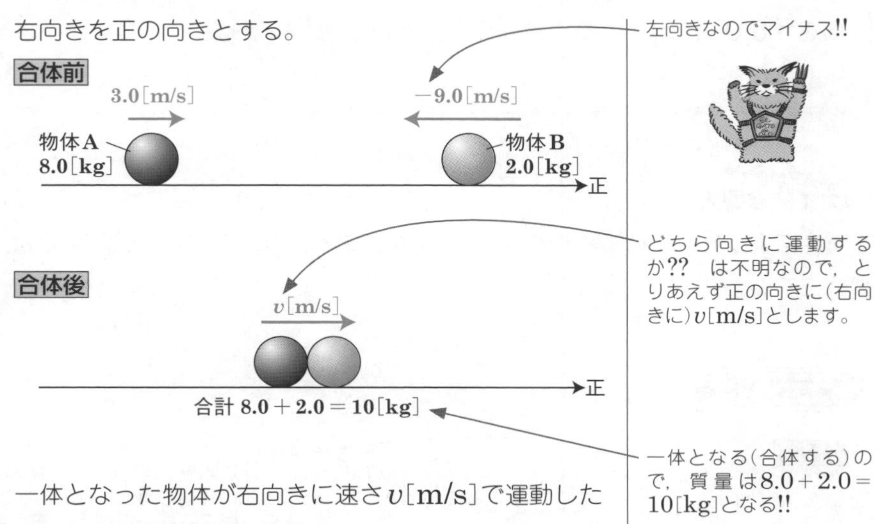

一体となった物体が右向きに速さv[m/s]で運動したとすると，運動量保存の法則より，

$$\underbrace{(8.0+2.0)\times v}_{\text{合体後の運動量の合計}}=\underbrace{8.0\times 3.0+2.0\times(-9.0)}_{\text{合体前の運動量の合計}}$$

$$10v=24-18$$

$$10v=6$$

$$v=\frac{6}{10}$$

$$\therefore\quad v=0.60$$

よって，一体となった物体は，

右向きに **0.60[m/s]**　…(答)

で運動した。

プラスなので，運動の向きは右向きです!!

意外に簡単だなぁ…

これも，内力により分裂するわけだから，"運動量保存の法則"が成立する。

問題69　キソ

水平方向に運動していた質量5.0[kg]の物体が爆発して，質量2.0[kg]の物体Aと，質量3.0[kg]の物体Bに分裂し，Aは速さ4.0[m/s]で，Bは速さ6.0[m/s]で，それぞれ爆発前と同じ向きに運動した。爆発前の物体の速さを求めよ。

ナイスな導入

爆発による分裂も物体系の内力によるものである。よって，"運動量保存の法則"が成立する。

解答でござる

分裂前

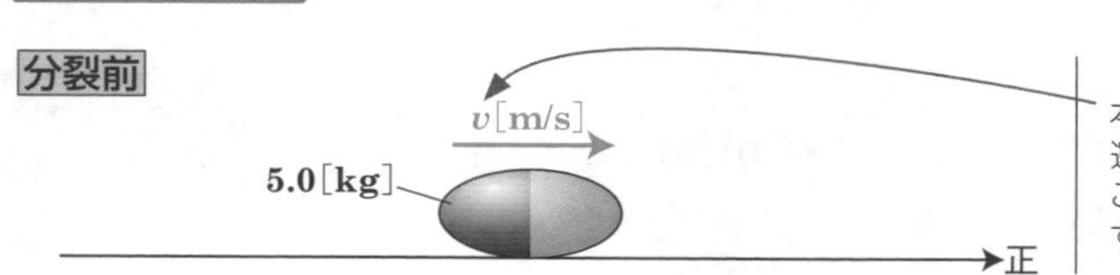

本問では，すべての物体の運動の向きが同じなので，これを正の向きと考えます。

分裂後

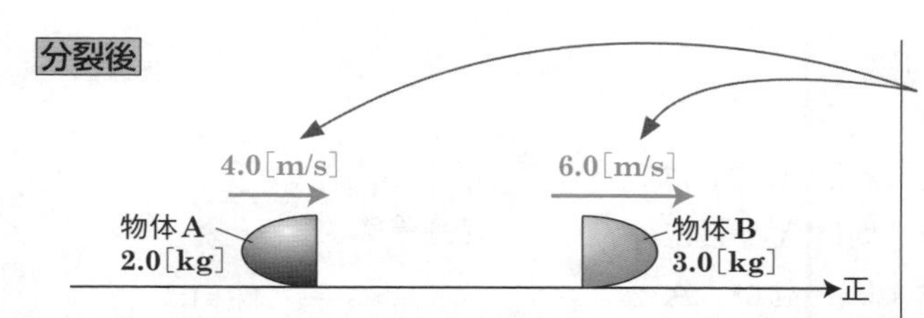

"爆発前と同じ向きに運動した"と問題文にあります。

爆発前(分裂前)の物体の速さをv[m/s]とすると，運動量保存の法則より，

$$\underbrace{5.0\times v}_{\text{分裂前の運動量}}=\underbrace{2.0\times 4.0+3.0\times 6.0}_{\text{分裂後の運動量の合計}}$$

$$5v=8+18$$

$$5v=26$$

$v=$ **5.2[m/s]**　…(答)

これがそのまま，解答になります。

このあたりで経験値を増やし，羽ばたきましょう!!

問題70　標準

(1)　右図のように，なめらかな床の上に質量M[kg]の板状の物体Aを置き，その上に，質量m[kg]の物体Bを置いた。今，物体Bに右向きの初速度v_0[m/s]を与えたところ，AとBの間の摩擦力により物体Aも動き始め，最終的に物体Aと物体Bは一体となって運動をした。最終的な物体の速さを求めよ。

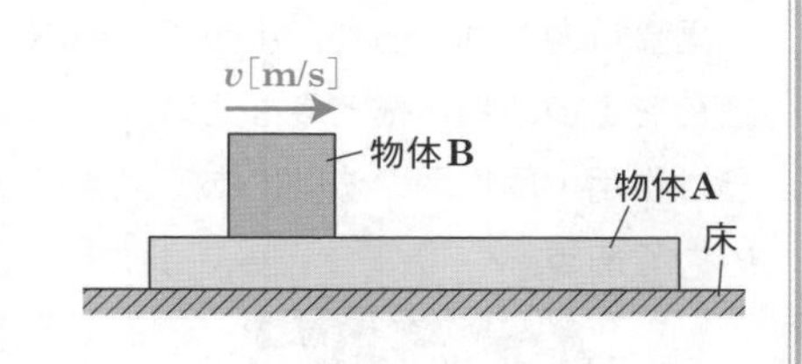

(2)　なめらかな水平面と曲面が続いている質量M[kg]の台を，なめらかな床の上に置く。台の水平面上に質量m[kg]の小球を置き，曲面のほうへ向けて，初速度v_0[m/s]で滑らせる。小球が運動の最高点まで達したときの台の速さを求めよ。

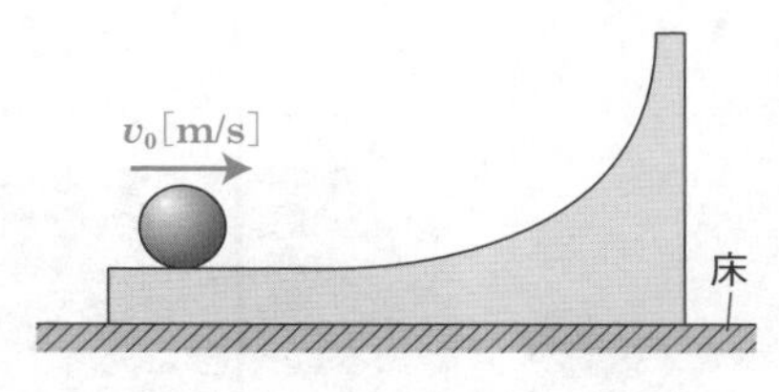

ナイスな導入

(1) 鉛直方向の力(重力と垂直抗力)はつり合っているので，物体AとBに外力として影響をおよぼさない。AとBの間には動摩擦力がはたらくが，作用・反作用の法則にあてはまる内力である。

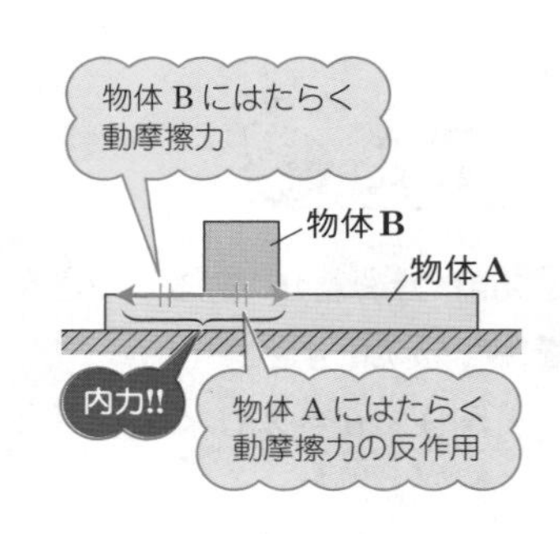

“運動量保存の法則”が成立!!

(2) 右図のように，小球が曲面を登る際，小球が曲面を垂直に押す力が発生するので，この力が台を動かす要因となる。同時に，小球にも曲面から同じ大きさの垂直抗力がはたらく。よって，小球と台を1つの物体系とみなせば，これらは作用・反作用の法則にあてはまる内力である。

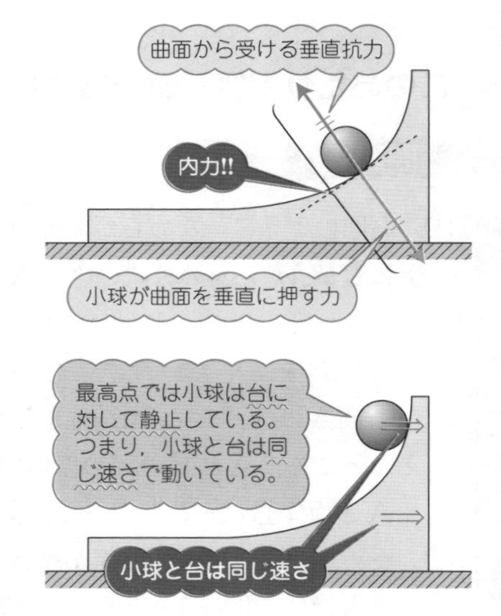

“運動量保存の法則”が成立!!

(1)と(2)は，似たものどうし!!
一方の物体に初速度を与え，一体となって動いたときの速さを求める!!
ある意味，合体のタイプに属する。

解答でござる

(1)　最終的に一体となって運動したときの速さをV [m/s]とすると，運動量保存の法則より，

$$\underbrace{\overset{\text{物体Aの運動量}}{M\times 0}+\overset{\text{物体Bの運動量}}{mv_0}}_{\text{最初の運動量の合計}}=\underset{\text{最終的に一体となったときの運動量}}{(M+m)V}$$

$$mv_0=(M+m)V$$

$$\therefore\quad V=\frac{mv_0}{M+m}\ \text{[m/s]}\quad \cdots\text{(答)}$$

最初は…
物体Bに v_0[m/s]
v_0
物体B
物体A
物体Aは0[m/s]
最終的には…
V
一体となってV[m/s]

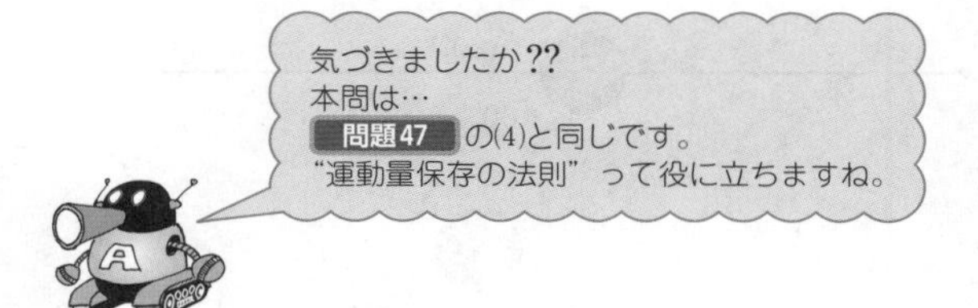

(2)　小球が最高点に達した瞬間，小球の台に対する速度は0であるので，水平面に対する小球の速度は，水平面に対する台の速度と等しい。この速度をV[m/s]とする。

運動量保存の法則より，

$$\underbrace{\overset{\text{台の運動量}}{M\times 0}+\overset{\text{小球の運動量}}{mv_0}}_{\text{最初の運動量の合計}}=\underset{\text{小球が最高点に達したときの運動量}}{(M+m)V}$$

$$mv_0=(M+m)V$$

$$\therefore\quad V=\frac{mv_0}{M+m}\ \text{[m/s]}\quad \cdots\text{(答)}$$

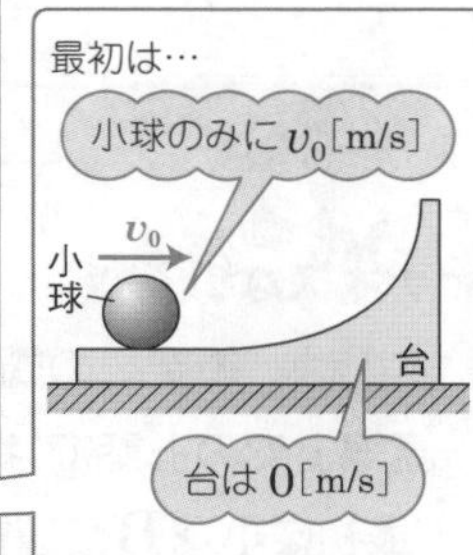

小球が最高点に達したとき…

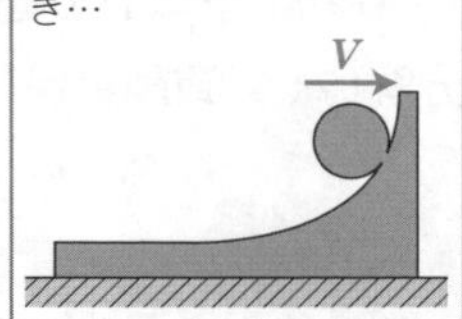

小球は台に対して静止している!!　つまり，1つの物体とみなせる!!

仕上げです。

問題71 ちょいムズ

なめらかな水平面上に静止しているある質量の小球Aに，同じ質量の小球Bを速度v[m/s]で衝突させたところ，A，Bは下図のように小球Bのもとの進行方向に対して，それぞれ30°，60°の角をなす向きに進んだ。このとき，衝突後のA，Bの速さv_A，v_Bをvで表せ。

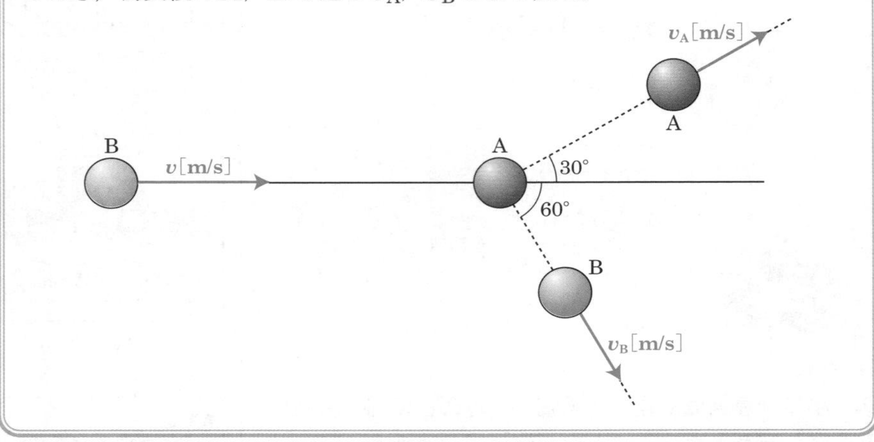

ナイスな導入

本問は“衝突”の問題であるので，“運動量保存の法則”が成立する。今回は，一直線上でのお話ではないので…

“最初に小球Bが運動していた方向”と…

“最初に小球Bが運動していた方向と垂直な方向”に…

分解して，運動量保存の法則を考えればよい。

そこで!!

最初に小球Bが運動していた方向を$\boldsymbol{x}$**軸方向**，

最初に小球Bが運動していた方向と垂直な方向を$\boldsymbol{y}$**軸方向**と考える。

小球Aと小球Bは同じ質量なので，ともにm[kg]とおきましょう。

すると…

衝突前は…

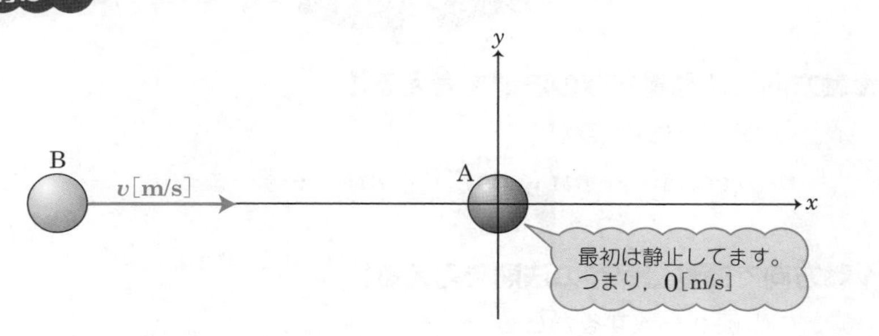

x軸方向の運動量の合計は…

$$\underset{\text{Aの運動量}}{m \times 0} + \underset{\text{Bの運動量}}{mv} = mv \quad \cdots ㋑$$

速度のy成分はともに0です!!

y軸方向の運動量の合計は…

$$\underset{\text{Aの運動量}}{m \times 0} + \underset{\text{Bの運動量}}{m \times 0} = 0 \quad \cdots ㋺$$

衝突後は…

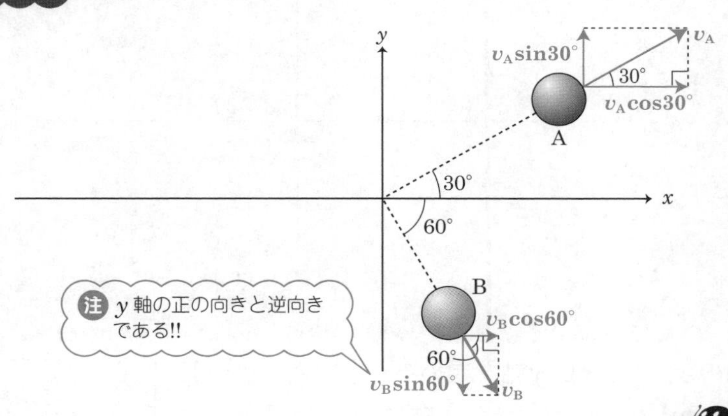

x軸方向の運動量の合計は…

$$m \times v_A\cos30° + m \times v_B\cos60° \quad \cdots ㋩$$

y軸方向の運動量の合計は…

$$m \times v_A\sin30° - m \times v_B\sin60° \quad \cdots ㋥$$

y軸の正の向きと逆向きなので，マイナスをつけるべし!!

◎x軸方向で運動量保存の法則を考える!!

㋑と㋩の値が一致するから…

$$\underbrace{mv_A\cos 30^\circ + mv_B\cos 60^\circ}_{㋩} = \underbrace{mv}_{㋑} \quad \cdots ①$$

◎y軸方向で運動量保存の法則を考える!!

㋺と㋥の値が一致するから…

$$\underbrace{mv_A\sin 30^\circ - mv_B\sin 60^\circ}_{㋥} = \underbrace{0}_{㋺} \quad \cdots ②$$

連立方程式①＆②を解けば，万事解決!!

解答でござる

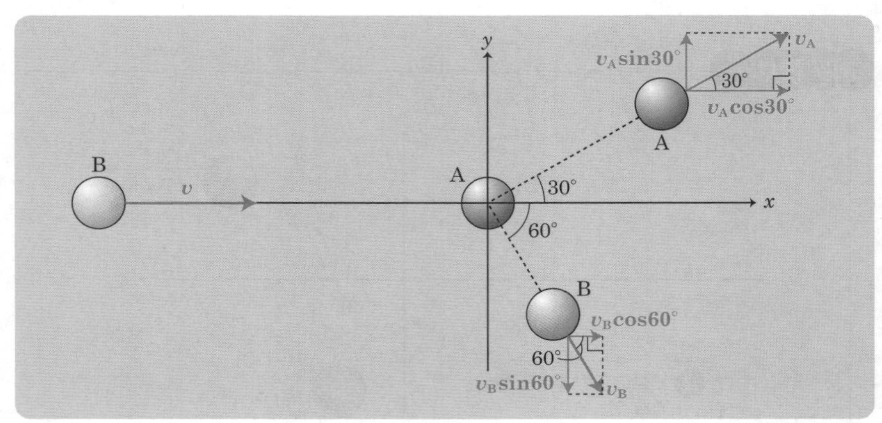

上図のようにx軸，y軸を定める。小球Aと小球Bの質量をm[kg]としたとき，x軸方向の運動量保存の法則を考えると，

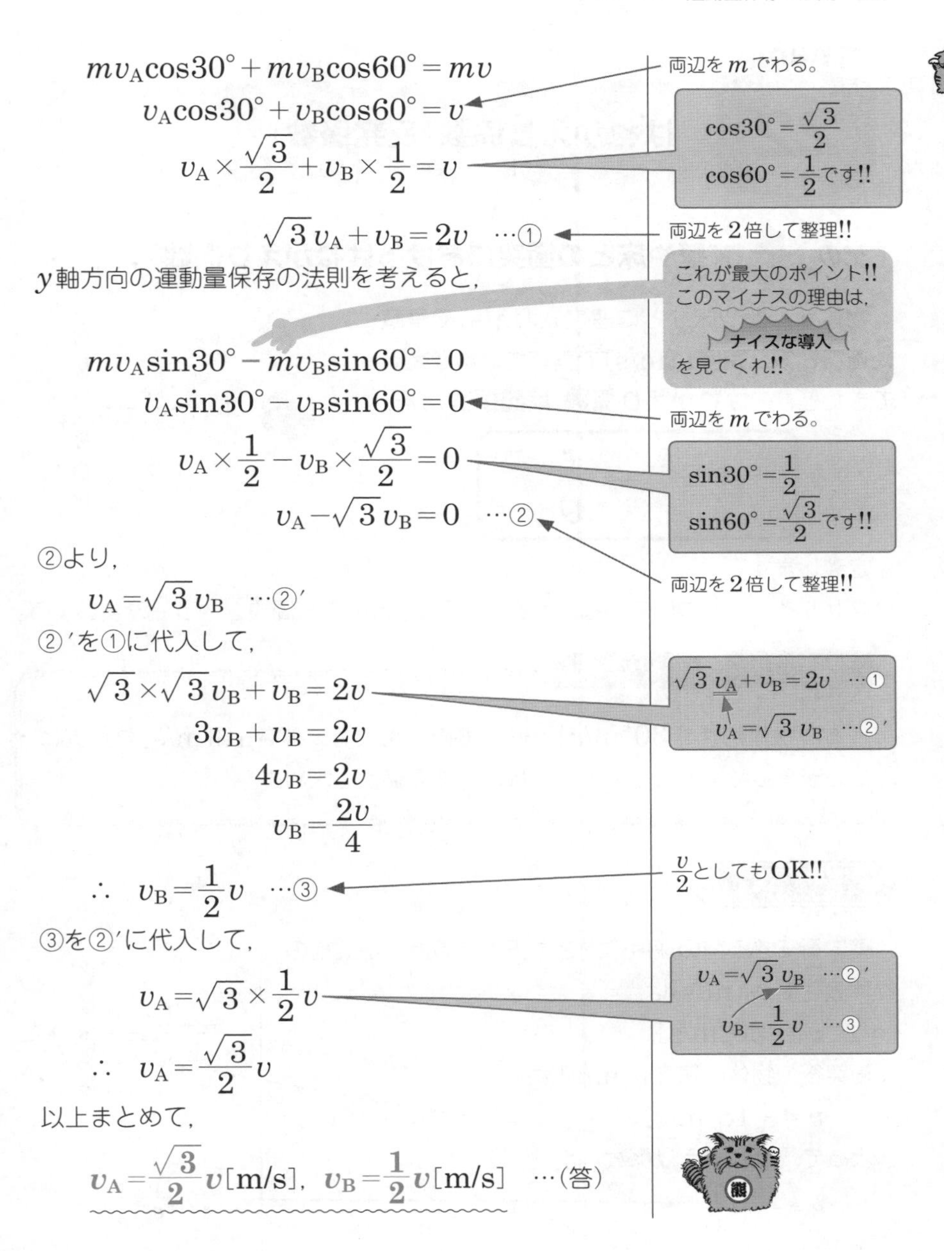

$$mv_A\cos 30^\circ + mv_B\cos 60^\circ = mv$$

両辺をmでわる。

$$v_A\cos 30^\circ + v_B\cos 60^\circ = v$$

$$v_A \times \frac{\sqrt{3}}{2} + v_B \times \frac{1}{2} = v$$

$\cos 30^\circ = \frac{\sqrt{3}}{2}$
$\cos 60^\circ = \frac{1}{2}$です!!

$$\sqrt{3}\,v_A + v_B = 2v \quad \cdots ①$$

両辺を2倍して整理!!

y軸方向の運動量保存の法則を考えると，

これが最大のポイント!!
このマイナスの理由は，
ナイスな導入
を見てくれ!!

$$mv_A\sin 30^\circ - mv_B\sin 60^\circ = 0$$

両辺をmでわる。

$$v_A\sin 30^\circ - v_B\sin 60^\circ = 0$$

$$v_A \times \frac{1}{2} - v_B \times \frac{\sqrt{3}}{2} = 0$$

$\sin 30^\circ = \frac{1}{2}$
$\sin 60^\circ = \frac{\sqrt{3}}{2}$です!!

$$v_A - \sqrt{3}\,v_B = 0 \quad \cdots ②$$

両辺を2倍して整理!!

②より，

$$v_A = \sqrt{3}\,v_B \quad \cdots ②'$$

②′を①に代入して，

$$\sqrt{3} \times \sqrt{3}\,v_B + v_B = 2v$$

$\sqrt{3}\,v_A + v_B = 2v \quad \cdots ①$
$v_A = \sqrt{3}\,v_B \quad \cdots ②'$

$$3v_B + v_B = 2v$$

$$4v_B = 2v$$

$$v_B = \frac{2v}{4}$$

$$\therefore \quad v_B = \frac{1}{2}v \quad \cdots ③$$

$\frac{v}{2}$としてもOK!!

③を②′に代入して，

$$v_A = \sqrt{3} \times \frac{1}{2}v$$

$v_A = \sqrt{3}\,v_B \quad \cdots ②'$
$v_B = \frac{1}{2}v \quad \cdots ③$

$$\therefore \quad v_A = \frac{\sqrt{3}}{2}v$$

以上まとめて，

$$\boldsymbol{v_A = \frac{\sqrt{3}}{2}v\,[\mathrm{m/s}],\quad v_B = \frac{1}{2}v\,[\mathrm{m/s}]} \quad \cdots(答)$$

Theme 22 はねかえり係数（反発係数）

その1 “壁や床との衝突におけるはねかえり係数”

物体が，壁や床などに速度v_0[m/s]で垂直に衝突して，速度v[m/s]で垂直にはねかえってきたとき，**はねかえり係数（反発係数）**eを，

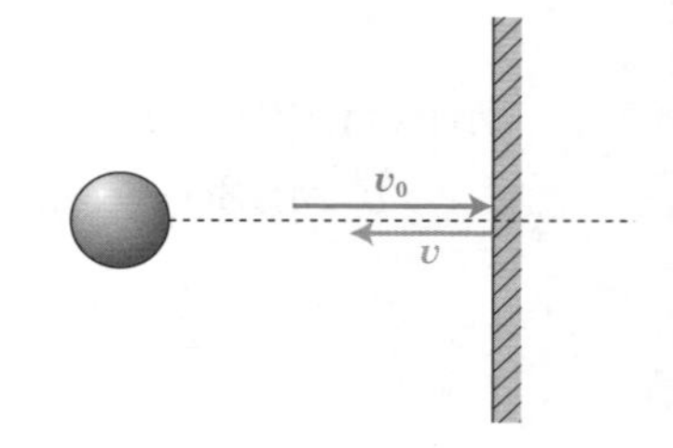

$$e = -\frac{v}{v_0}$$

と定義します。

なぜマイナスがついているのか？ の理由も含めて，問題をやってみましょう。

問題72　キソのキソ

ある物体が速さ30[m/s]で壁に垂直に衝突し，速さ18[m/s]で垂直にはねかえってきた。このとき，はねかえり係数を求めよ。

解答でござる

壁に衝突する前の速度の向きを正とすると，衝突前の物体の速度v_0[m/s]は，

$v_0 = 30$[m/s]

衝突後の物体の速度v[m/s]は，

$v = -18$[m/s]

30[m/s]　→正　−18[m/s]

よって，はねかえり係数eは，

$$e = -\frac{-18}{30}$$

$$= \frac{18}{30}$$

$$= \mathbf{0.60}$$ …(答)

$e = -\frac{v}{v_0}$

はねかえり係数に単位はない!!

とにかく!!　eを正の値にしたいんです!!

はねかえるわけですから，当然速度の向きは変わります。

v_0を正とすればvが負となり…，v_0を負とすればvが正となる。

つまり…

$\dfrac{v}{v_0}$を正の値に補正するために，$-\dfrac{v}{v_0}$とする!!（マイナス!!）

その2　“eの値の範囲”の巻

結論から言うと…

$$0 \leqq e \leqq 1$$

となります。

で!!　いろいろと名前がついてまして…

$e=1$のとき

$1=-\dfrac{v}{v_0}$　より　$v=-v_0$　（$e=-\dfrac{v}{v_0}$）

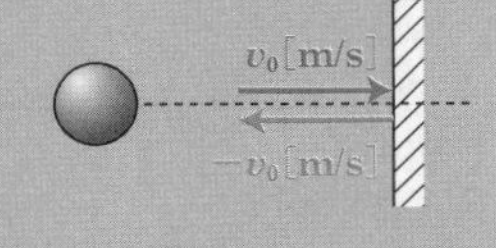

つまり，同じ速さではねかえってきます。

これを**弾性衝突**（あるいは，完全弾性衝突）と呼ぶ。

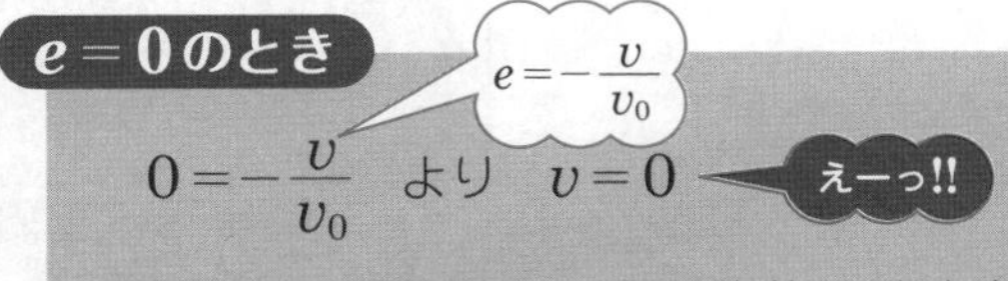

$e=0$のとき

$0=-\dfrac{v}{v_0}$　より　$v=0$　（$e=-\dfrac{v}{v_0}$）　えーっ!!

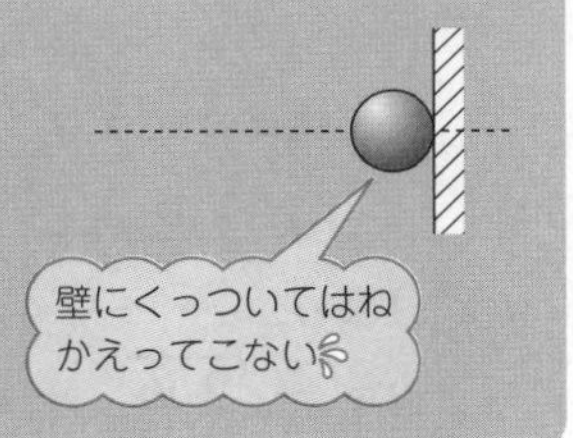

つまり，衝突した瞬間，物体は壁や床にくっついてしまう状態です。

これを**完全非弾性衝突**と申す。

さらに，$e=1$，$e=0$以外の場合にも名前がついてまして…

$0<e<1$のとき

非弾性衝突と呼びます。

問題73 標準

高さh_0[m]の地点から静かに落としたボールが，床ではねかえって，高さh[m]に達した。この床とボールのはねかえり係数を求めよ。

ナイスな導入

とにかく，床に衝突する直前の速度v_0と，床からはねかえった直後の速度vを求めればOK!!

鉛直下向きを正にするか？ 鉛直上向きを正にするか？ はアナタの自由です。

解答でござる

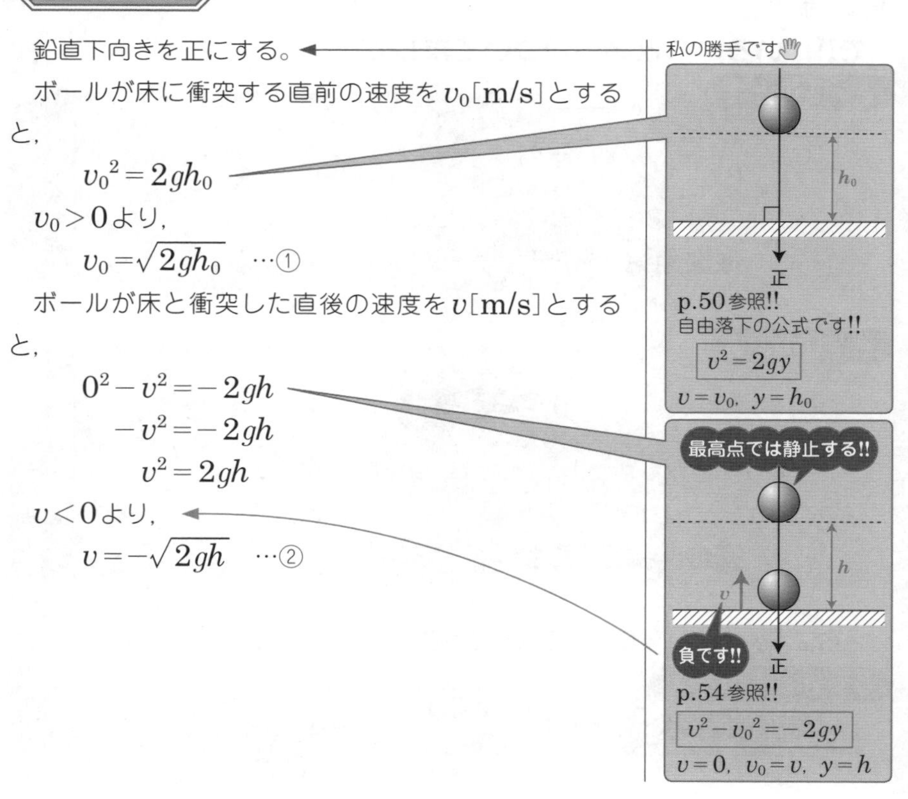

鉛直下向きを正にする。

ボールが床に衝突する直前の速度をv_0[m/s]とすると，

$${v_0}^2=2gh_0$$

$v_0>0$より，

$$v_0=\sqrt{2gh_0} \quad \cdots①$$

ボールが床と衝突した直後の速度をv[m/s]とすると，

$$0^2-v^2=-2gh$$
$$-v^2=-2gh$$
$$v^2=2gh$$

$v<0$より，

$$v=-\sqrt{2gh} \quad \cdots②$$

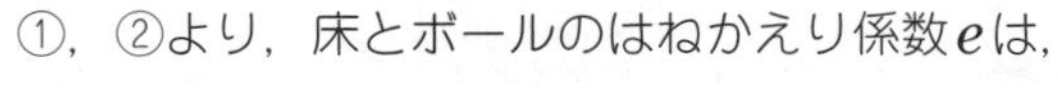

①，②より，床とボールのはねかえり係数eは，

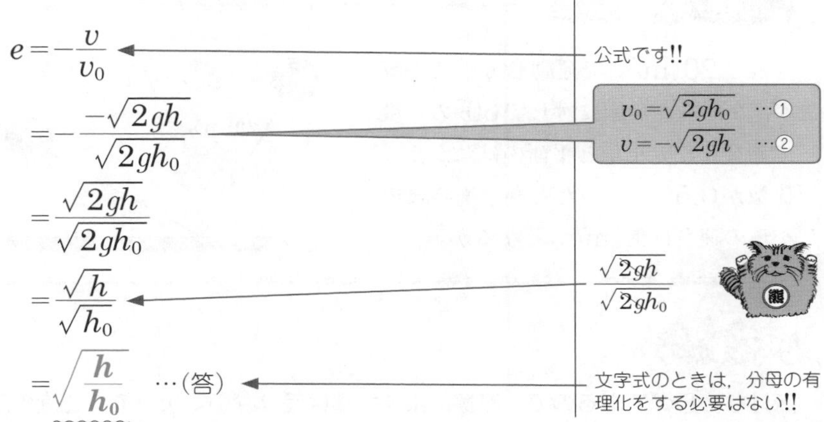

$$e = -\frac{v}{v_0}$$

公式です!!

$$= -\frac{-\sqrt{2gh}}{\sqrt{2gh_0}}$$

$v_0 = \sqrt{2gh_0}$ …①
$v = -\sqrt{2gh}$ …②

$$= \frac{\sqrt{2gh}}{\sqrt{2gh_0}}$$

$$= \frac{\sqrt{h}}{\sqrt{h_0}}$$

$\frac{\sqrt{2gh}}{\sqrt{2gh_0}}$

$$= \sqrt{\frac{h}{h_0}} \quad \cdots(答)$$

文字式のときは，分母の有理化をする必要はない!!

ちょっと言わせて

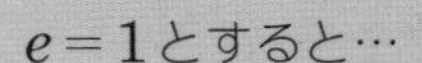

$e = 1$とすると…

$$1 = \sqrt{\frac{h}{h_0}}$$

両辺を2乗して，

$$1 = \frac{h}{h_0}$$

$$\therefore \quad h_0 = h$$

つまり，$e = 1$のときは，同じ高さまではねかえる!!

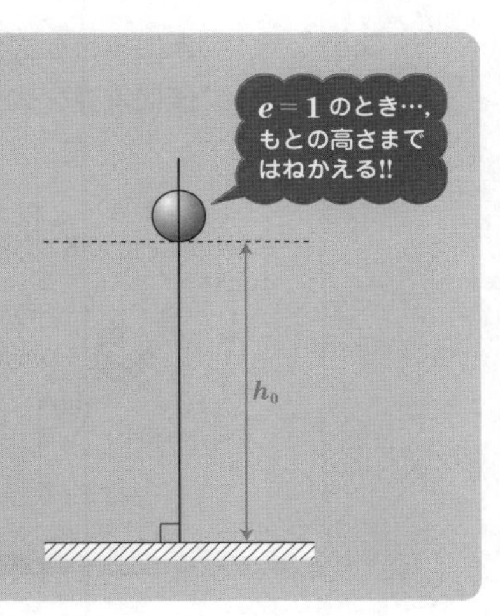

問題74 標準

速さ20[m/s]で運動していた小球が，なめらかな床に対して60°の角度で衝突した。小球と平面のはねかえり係数が0.50であったとき，衝突後の小球の速さは何[m/s]となるか。

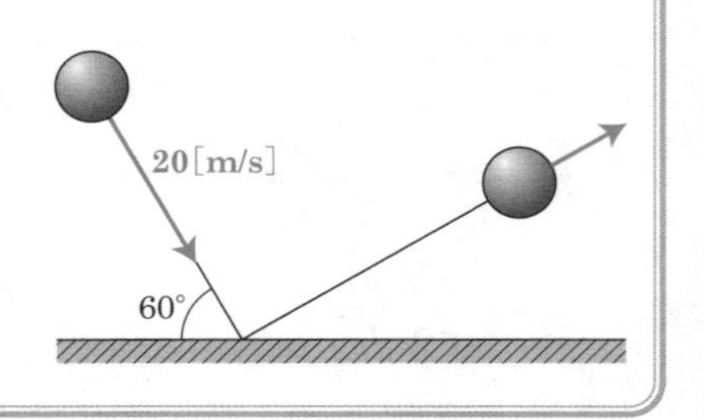

ナイスな導入

床はなめらかであるので，摩擦による力積は受けない。よって，速度の床に平行な成分は変化せず，床に垂直な成分だけはねかえり係数にしたがって変化する。

床に平行な成分をx成分（右向きを正），
床に垂直な成分をy成分（鉛直上向きを正）

としよう。

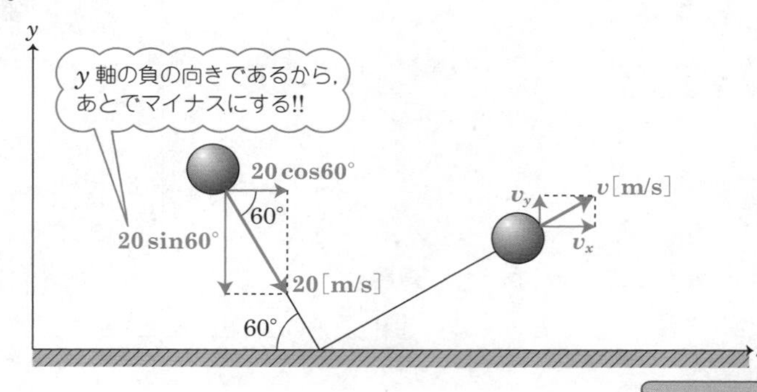

衝突後の速度をv[m/s]とする。このv[m/s]のx成分をv_x[m/s]，y成分をv_y[m/s]とする。このとき，

$$v=\sqrt{v_x^2+v_y^2} \quad \cdots①$$

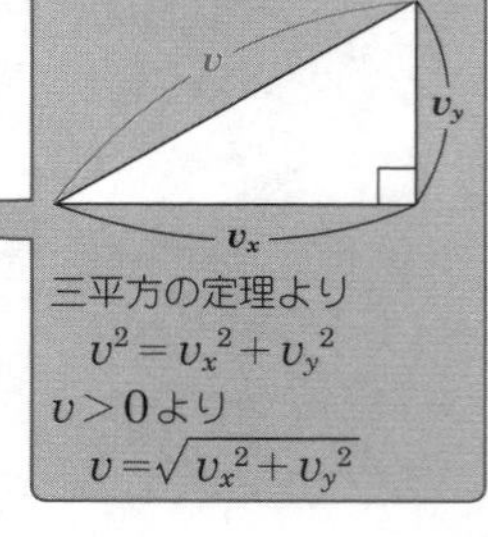

速度のx成分は変化しないから，

$$v_x = 20\cos 60° \quad \cdots ②$$

速度のy成分は，はねかえり係数にしたがうから，

$$0.50 = -\frac{v_y}{-20\sin 60°}$$

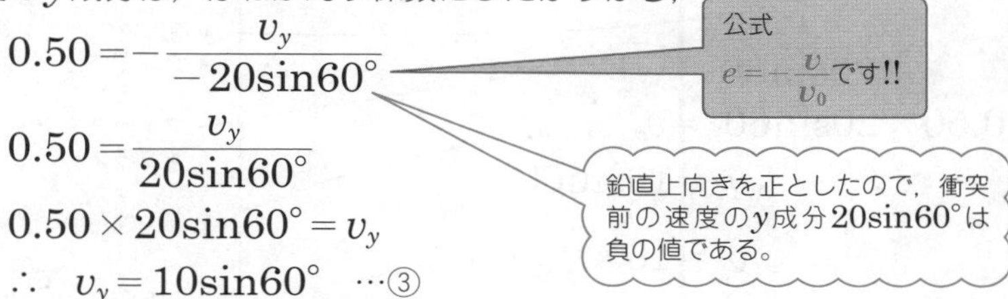

$$0.50 = \frac{v_y}{20\sin 60°}$$

$$0.50 \times 20\sin 60° = v_y$$

$$\therefore \quad v_y = 10\sin 60° \quad \cdots ③$$

①，②，③を連立すれば，万事解決です。

解答でござる

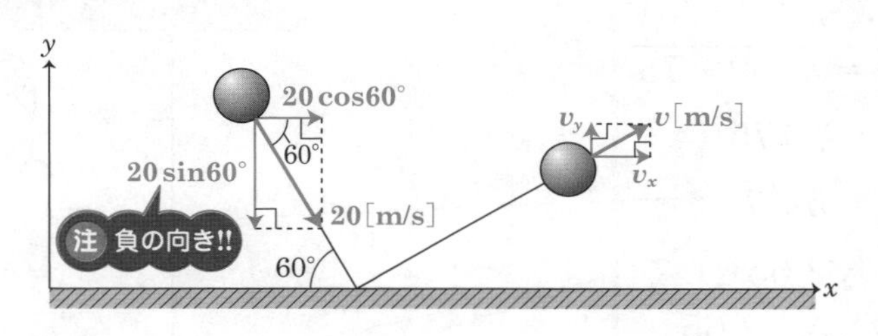

衝突後の速度をv[m/s]とする。上図のようにx軸とy軸を定め，

v[m/s]の $\begin{cases} x\text{成分を}v_x\text{[m/s]} \\ y\text{成分を}v_y\text{[m/s]} \end{cases}$ とする。

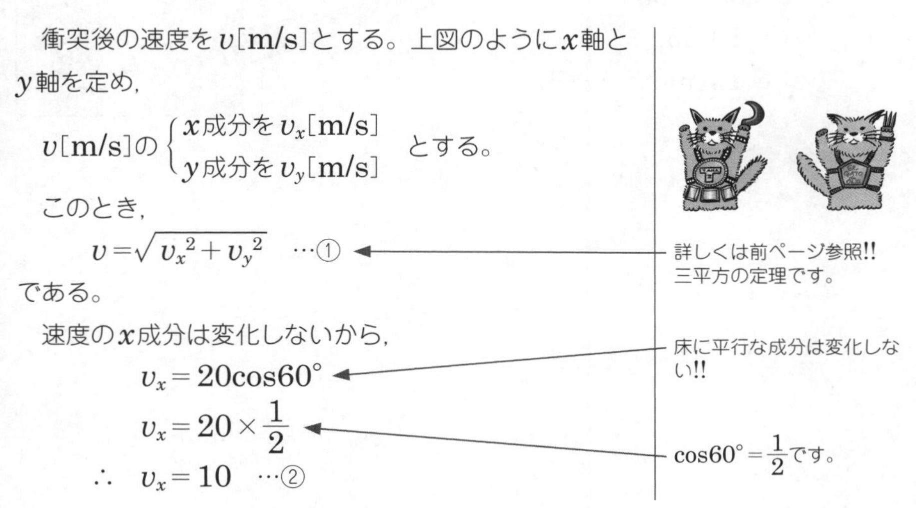

このとき，

$$v = \sqrt{v_x^2 + v_y^2} \quad \cdots ①$$

である。

詳しくは前ページ参照!! 三平方の定理です。

速度のx成分は変化しないから，

$$v_x = 20\cos 60°$$

床に平行な成分は変化しない!!

$$v_x = 20 \times \frac{1}{2}$$

$\cos 60° = \frac{1}{2}$です。

$$\therefore \quad v_x = 10 \quad \cdots ②$$

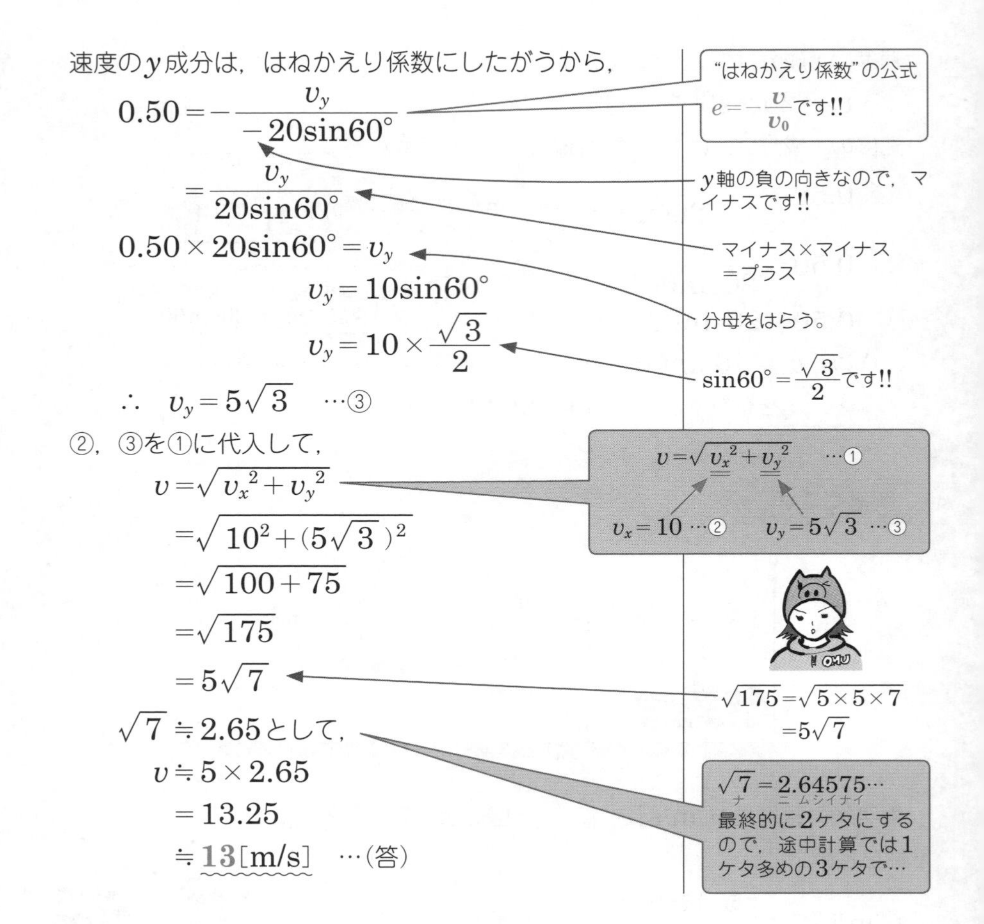

速度のy成分は，はねかえり係数にしたがうから，

$$0.50 = -\frac{v_y}{-20\sin 60^\circ}$$

$$= \frac{v_y}{20\sin 60^\circ}$$

$$0.50 \times 20\sin 60^\circ = v_y$$

$$v_y = 10\sin 60^\circ$$

$$v_y = 10 \times \frac{\sqrt{3}}{2}$$

$$\therefore \quad v_y = 5\sqrt{3} \quad \cdots ③$$

②，③を①に代入して，

$$v = \sqrt{{v_x}^2 + {v_y}^2}$$

$$= \sqrt{10^2 + (5\sqrt{3})^2}$$

$$= \sqrt{100 + 75}$$

$$= \sqrt{175}$$

$$= 5\sqrt{7}$$

$\sqrt{7} \fallingdotseq 2.65$として，

$$v \fallingdotseq 5 \times 2.65$$

$$= 13.25$$

$$\fallingdotseq \mathbf{13}\,[\mathrm{m/s}] \quad \cdots(答)$$

“動いている物体どうしの衝突におけるはねかえり係数”

動いている物体どうしなので，**相対速度**で考えます。

衝突前の物体A，物体Bの速度をそれぞれv_A，v_Bとする!!

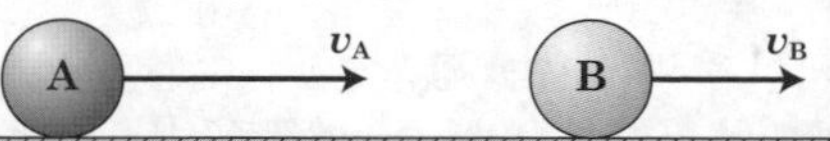

Bに対するAの相対速度Vは…

$$V = v_A - v_B$$

Theme 3（p.31）参照!!

である。

そして…2つの物体は衝突する!!

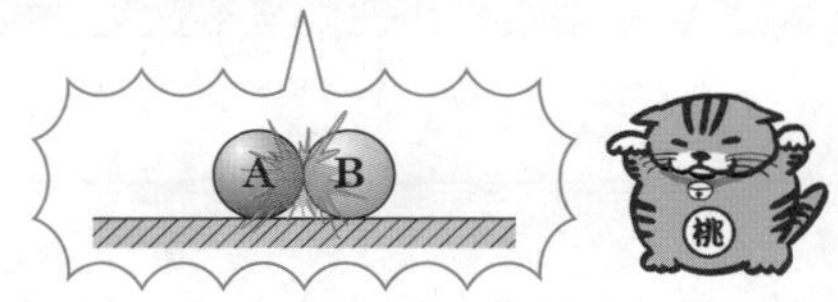

衝突後

衝突後の物体A，物体Bの速度をそれぞれv_A'，v_B'とする。

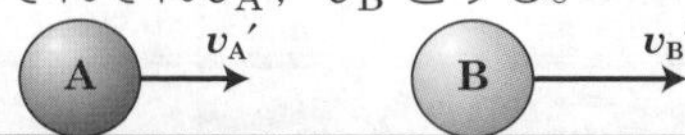

Bに対するAの相対速度V'は…

$$V' = v_A' - v_B'$$

Theme 3 参照!!

である。

これらを先ほどのはねかえり係数の公式になぞらえて…

$$e = -\frac{V'}{V} = -\frac{v_A' - v_B'}{v_A - v_B}$$

注　**VとV'が，同じ向きになるような衝突は存在しません!!**
だから，今回もeを0以上の値にするために，前にマイナスがつきます。

はねかえり係数eは…

① 壁や床に衝突する場合

$$e=-\frac{v}{v_0}$$

v…衝突後の速度

v_0…衝突前の速度

② 動いている物体どうしの衝突の場合

$$e=-\frac{v_A'-v_B'}{v_A-v_B}$$

$v_A'-v_B'$…衝突後のBに対するAの相対速度

v_A-v_B…衝突前のBに対するAの相対速度

③ eの範囲は，$0\leqq e\leqq 1$

$e=1$のときは　弾性衝突(完全弾性衝突)

$0<e<1$のときは　非弾性衝突

$e=0$のときは　完全非弾性衝突

問題75 キソ

一直線上を右向きに5.0[m/s]の速さで進む物体Aと，左向きに7.0[m/s]の速さで進む物体Bが正面衝突した。衝突後，物体Aは左向きに速さ3.0[m/s]で進み，物体Bは右向きに6.0[m/s]で進んだ。この衝突のはねかえり係数を求めよ。

ナイスな導入

速度の向きをしっかり押さえるべし!!

右向きを正とすると…

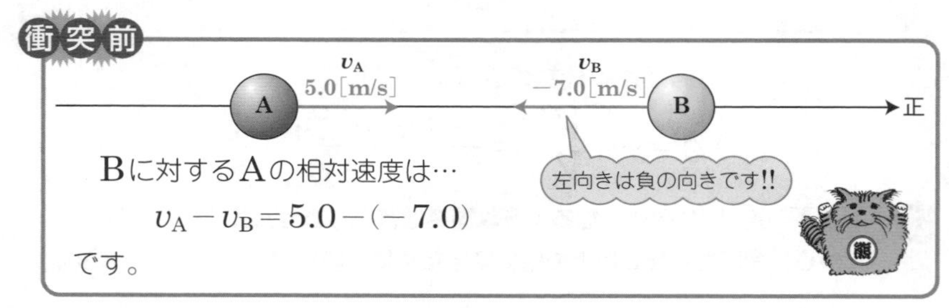

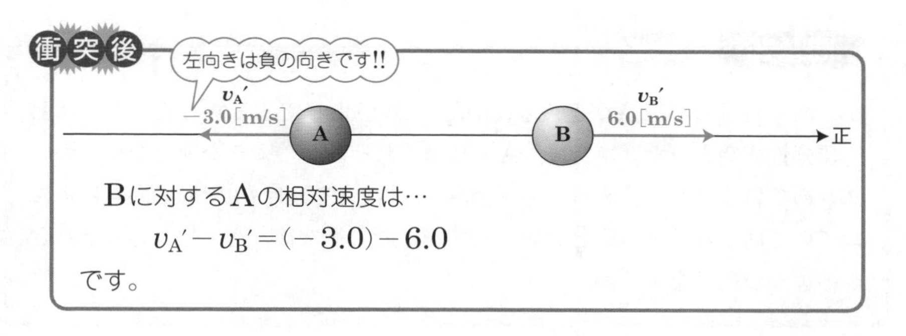

以上より，この衝突のはねかえり係数をeとすると…

$$e = -\frac{v_A' - v_B'}{v_A - v_B}$$
$$= -\frac{(-3.0) - 6.0}{5.0 - (-7.0)}$$
$$= -\frac{-9}{12}$$
$$= \frac{9}{12}$$
$$= \frac{3}{4}$$
$$= 0.75$$

解答でーす!!

一応確認ですが…
Aに対するBの相対速度で考えると，

$$e = -\frac{v_B' - v_A'}{v_B - v_A}$$

となりますが，分子と分母に（-1）をかけると，

$$e = -\frac{v_A' - v_B'}{v_A - v_B}$$

となるので，結局は同じ式です。

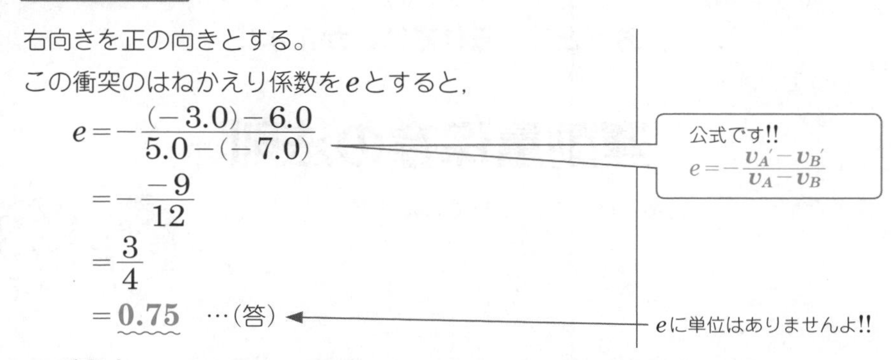

解答でござる

右向きを正の向きとする。

この衝突のはねかえり係数をeとすると，

$$e = -\frac{(-3.0) - 6.0}{5.0 - (-7.0)}$$
$$= -\frac{-9}{12}$$
$$= \frac{3}{4}$$
$$= \mathbf{0.75} \quad \cdots(\text{答})$$

公式です!!
$e = -\dfrac{v_A' - v_B'}{v_A - v_B}$

eに単位はありませんよ!!

問題76 標準

(1) ある質量の小球Aが速度v_A[m/s]で，静止している同じ質量の小球Bに弾性衝突をした。衝突後，A，Bはそれぞれどのような運動をするか。

(2) ある質量の小球Aが速度v_A[m/s]で，前方を速度v_Bで同じ向きに進んでいる同じ質量の小球Bに弾性衝突をした。衝突後，A，Bはそれぞれどのような運動をするか。

(1)，(2)ともに…

問題をよく読むべし!!

弾性衝突

であるから，はねかえり係数は，

そうきたかぁーっ!!

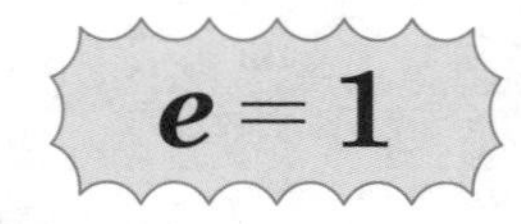

です!!

で!! 衝突後のA，Bの速度をv_A'，v_B'などとおけばよいのであるが，どう考えても式が2つ必要です(v_A'，v_B'の2つの未知数がありますもんで…)。

1つは，はねかえり係数についての式ですが…

おっと!! 忘れてはいかんよ!!

もう1つは…

運動量保存の法則

の式ですぜ…!! 衝突といえば，これでしたね♥

解答でござる

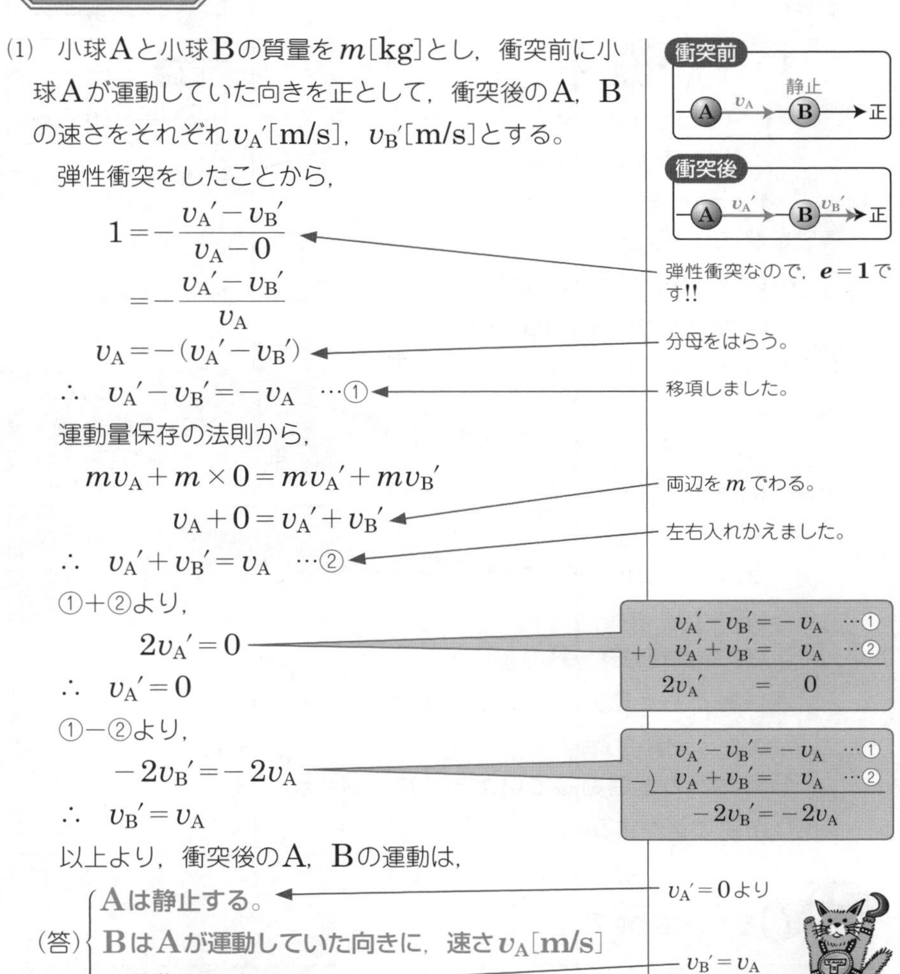

(1)　小球Aと小球Bの質量をm[kg]とし，衝突前に小球Aが運動していた向きを正として，衝突後のA，Bの速さをそれぞれv_A'[m/s]，v_B'[m/s]とする。

弾性衝突をしたことから，

$$1=-\frac{v_A'-v_B'}{v_A-0}$$

$$=-\frac{v_A'-v_B'}{v_A}$$

$$v_A=-(v_A'-v_B')$$

$$\therefore\quad v_A'-v_B'=-v_A\quad\cdots①$$

運動量保存の法則から，

$$mv_A+m\times0=mv_A'+mv_B'$$

$$v_A+0=v_A'+v_B'$$

$$\therefore\quad v_A'+v_B'=v_A\quad\cdots②$$

①＋②より，

$$2v_A'=0$$

$$\therefore\quad v_A'=0$$

$$\begin{array}{rrcl} & v_A'-v_B' & = & -v_A\quad\cdots① \\ +) & v_A'+v_B' & = & v_A\quad\cdots② \\ \hline & 2v_A' & = & 0 \end{array}$$

①−②より，

$$-2v_B'=-2v_A$$

$$\therefore\quad v_B'=v_A$$

$$\begin{array}{rrcl} & v_A'-v_B' & = & -v_A\quad\cdots① \\ -) & v_A'+v_B' & = & v_A\quad\cdots② \\ \hline & -2v_B' & = & -2v_A \end{array}$$

以上より，衝突後のA，Bの運動は，

(答)
- **Aは静止する。**
- **BはAが運動していた向きに，速さv_A[m/s]で運動する。**

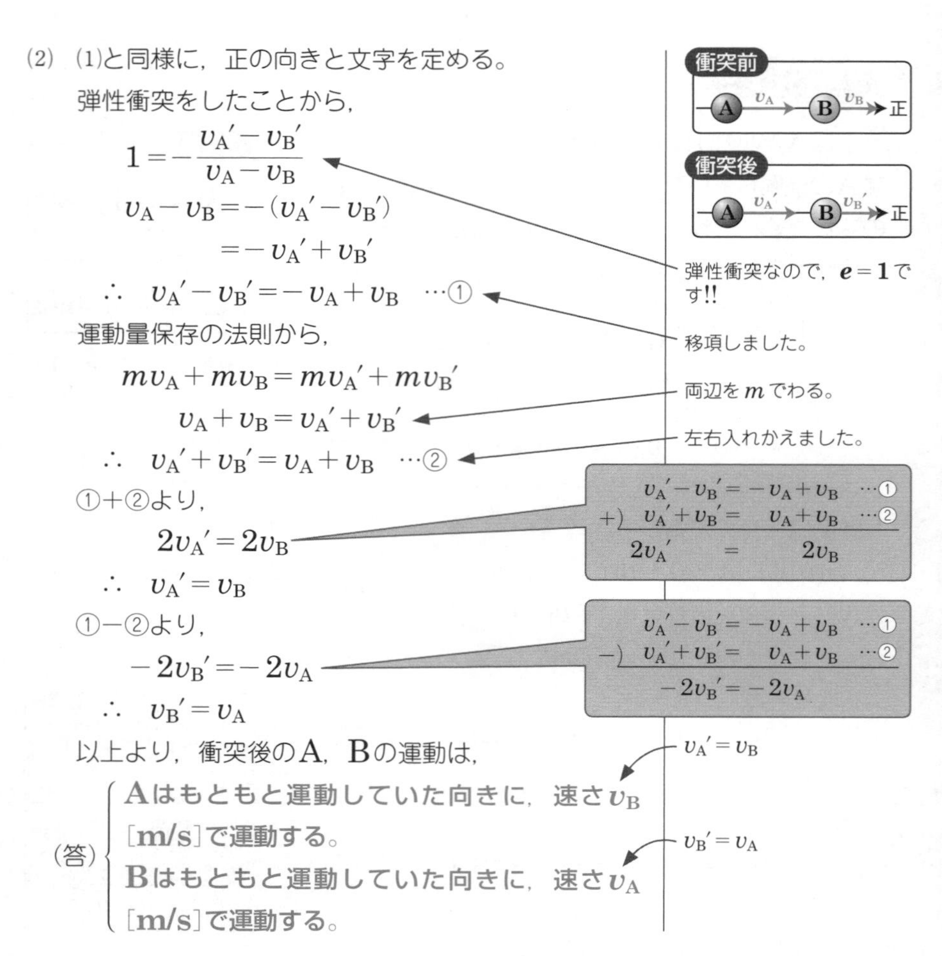

(2)　(1)と同様に，正の向きと文字を定める。

弾性衝突をしたことから，

$$1 = -\frac{v_A' - v_B'}{v_A - v_B}$$

$$v_A - v_B = -(v_A' - v_B')$$

$$= -v_A' + v_B'$$

$$\therefore \quad v_A' - v_B' = -v_A + v_B \quad \cdots ①$$

運動量保存の法則から，

$$mv_A + mv_B = mv_A' + mv_B'$$

$$v_A + v_B = v_A' + v_B'$$

$$\therefore \quad v_A' + v_B' = v_A + v_B \quad \cdots ②$$

①＋②より，

$$2v_A' = 2v_B$$

$$\therefore \quad v_A' = v_B$$

①－②より，

$$-2v_B' = -2v_A$$

$$\therefore \quad v_B' = v_A$$

以上より，衝突後のA，Bの運動は，

(答) Aはもともと運動していた向きに，速さv_B [m/s]で運動する。
Bはもともと運動していた向きに，速さv_A [m/s]で運動する。

弾性衝突なので，$e = 1$です!!

移項しました。

両辺をmでわる。

左右入れかえました。

$$\begin{array}{lrcl} & v_A' - v_B' &=& -v_A + v_B \quad \cdots ① \\ +) & v_A' + v_B' &=& v_A + v_B \quad \cdots ② \\ \hline & 2v_A' &=& 2v_B \end{array}$$

$$\begin{array}{lrcl} & v_A' - v_B' &=& -v_A + v_B \quad \cdots ① \\ -) & v_A' + v_B' &=& v_A + v_B \quad \cdots ② \\ \hline & -2v_B' &=& -2v_A \end{array}$$

$v_A' = v_B$

$v_B' = v_A$

(1)と(2)で気づいたと思いますが，同じ質量の2つの物体が弾性衝突($e = 1$の衝突)をすると，2つの物体の速さが入れかわります!!

電車が動き出すと，つり革がいっせいに後ろに向かって傾く!!　こ，こ，これはいったい…??

じつはあたりまえの話なんです!!

加速度a[m/s^2]で動いている電車の天井から，質量m[kg]のおもりを糸でぶらさげると…

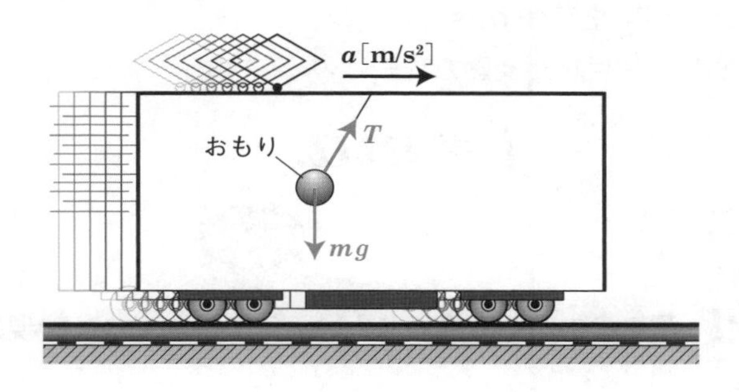

実際におもりにはたらいている力は…

重力mg[N]と糸の張力T[N]のみです!!

え!?　なんでおもりが傾くのか??
傾かないといけない，正統な理由があります!!

それは…

おもりも，電車とともに加速度a[m/s^2]で運動しているので，おもりにも加速度が生じる方向，つまり水平方向の力が必要になります。

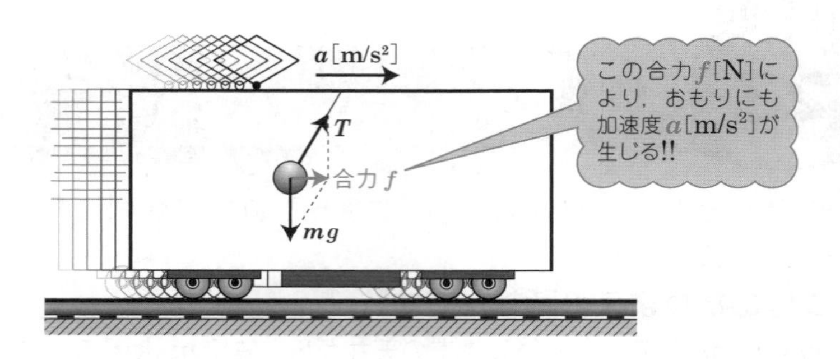

おもりが傾くことにより，上図のような合力 f[N]が生まれ，この合力により，おもりは電車と同じ加速度 a[m/s^2]をもつ。

よって，おもりに注目した運動方程式は…

$$f = ma \quad \cdots ①$$

となります。

ところが!! 電車の中にいる**無知な人**は，このあたりまえの現象が不思議で仕方ない

この無知な人に対して合理的に説明するために，実際にははたらいていない空想の力を導入することにより，強引に解決します。この空想の力こそが，**慣性力**です。

電車の中にいて，おもりが静止していると考えている人は，上図のような**慣性力 f'** がはたらいていると思えば納得がいくわけだ。

このとき，f' の大きさは…

$$f' = ma \quad \cdots②$$

慣性力は加速度の向きと逆向きにはたらく。

重要!!

①の実際におもりにはたらいている合力 f と，②の慣性力 f' は，同じ大きさで逆向きの関係である。

しかし!! この f と f' は，作用・反作用の関係でないことに注意しよう!!

おもりが，実際に加速度運動をしていると考えるならば…

①の f のみを考え，②の f' は考えてはいけない!!

おもりが静止していると考えるならば…

②の f' のみを考え，①の f は考えてはいけない!!

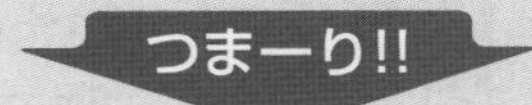

f と f' は同時に存在できない!!

問題77 キソ

右図のように，ばね定数10[N/m]のばねの一端を電車の壁に，他端に質量2.0[kg]の物体をつないだ。電車が右向きに動き出すと，ばねは自然の長さから30[cm]伸びた。このとき，電車の加速度の大きさを求めよ。ただし，物体と床との摩擦力は無視できるものとする。

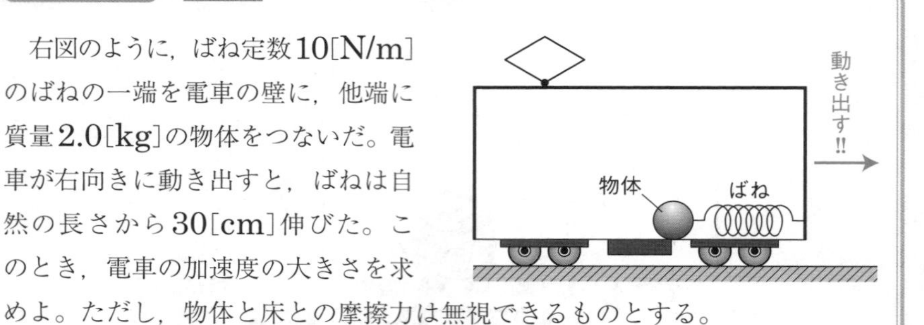

ナイスな導入

まず，電車の加速度の大きさをa[m/s²]としよう!! 考え方は2つあります。

方針❶ 物体に注目した運動方程式を考える!!

伸びたばねの弾性力が，おもりの水平方向の力としてはたらき，これが物体を加速させる要因となった。よって，物体に注目した運動方程式は，

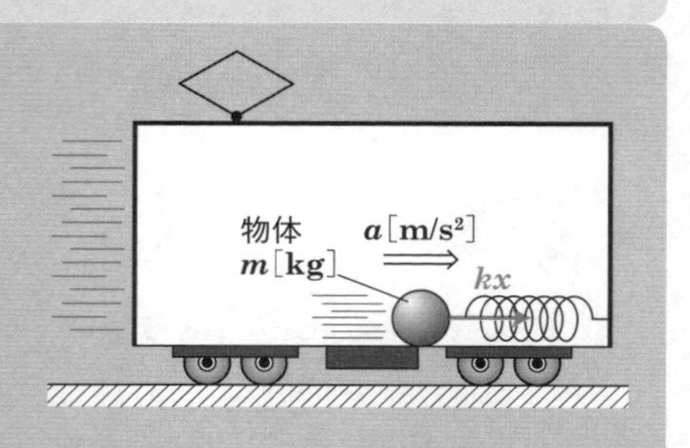

$$ma = kx$$

（mは物体の質量，kはばね定数，xはばねの伸びた長さです）

方針❷ 電車の中にいる人の気持ちになって，物体が静止していると思い込んで**慣性力**を導入し，つり合いの式を考える!!

電車が加速している向きと逆向きの見かけの力，つまり慣性力によって，ばねが伸びたと考える。

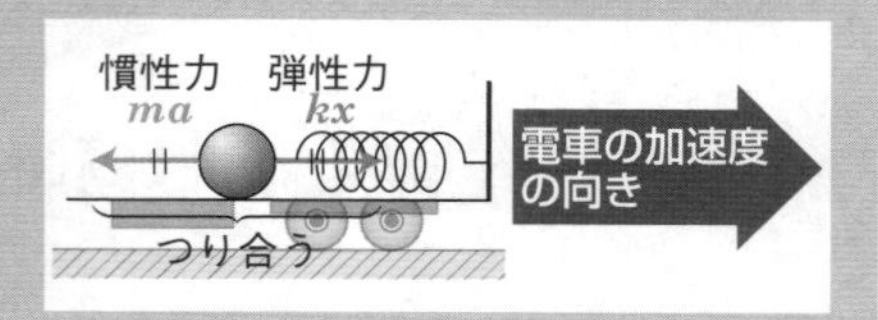

このとき，慣性力の大きさはmaであるから，つり合いの式は…

$$ma = kx$$

となります。

方針❶と方針❷の結果をご覧いただければおわかりだと思いますが，最終的にまったく同じ式になります。

しかし，方針❶と方針❷はまったく考え方が違うので，けっして同時に考えてはいけません!!

解答でござる

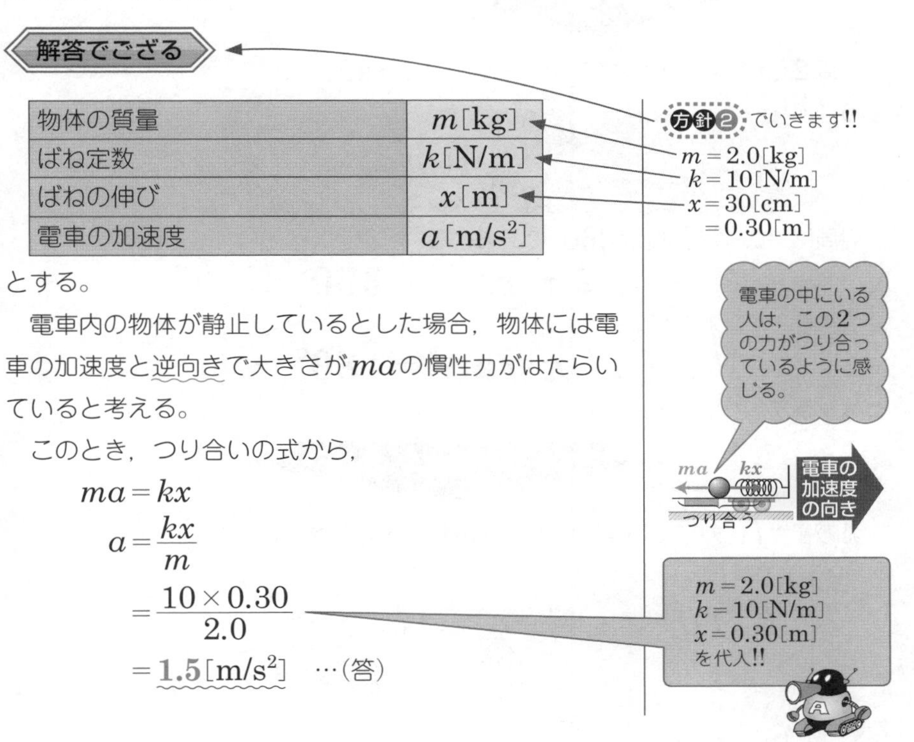

物体の質量	m[kg]
ばね定数	k[N/m]
ばねの伸び	x[m]
電車の加速度	a[m/s^2]

とする。

電車内の物体が静止しているとした場合，物体には電車の加速度と逆向きで大きさがmaの慣性力がはたらいていると考える。

このとき，つり合いの式から，

$$ma = kx$$

$$a = \frac{kx}{m}$$

$$= \frac{10 \times 0.30}{2.0}$$

$$= \mathbf{1.5}\,[\mathrm{m/s^2}]$$ …(答)

等速円運動

“ラジアン(rad)” について

半径rの円において，長さがrの弧の長さに対応する中心角の大きさを1[rad]（ラジアン）と決める!!

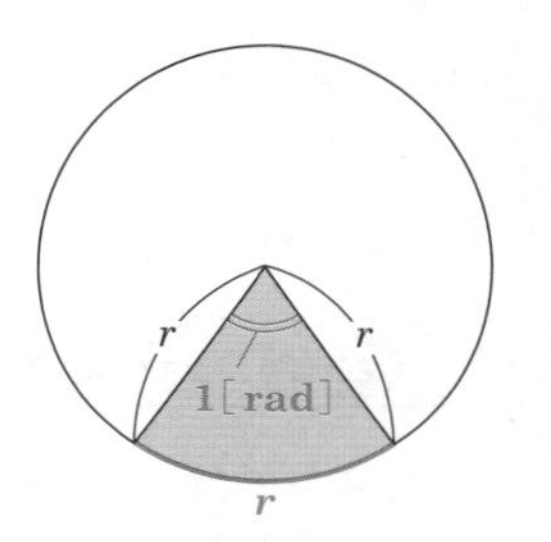

すると…

円周$2\pi r$に対応する角の大きさは，2π[rad]となる。

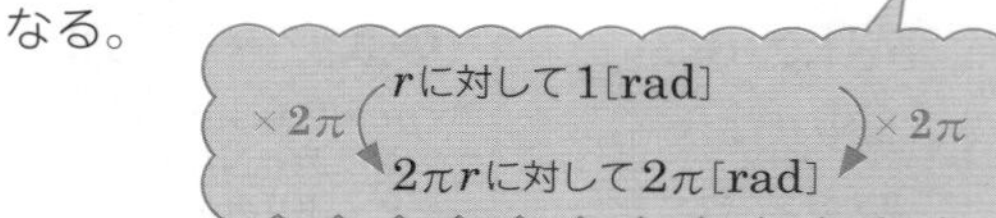

円周に対応する角度は360°であるから…

$$2\pi[\mathrm{rad}] = 360°$$

つまり…

$$\pi[\mathrm{rad}] = 180°$$

となります。

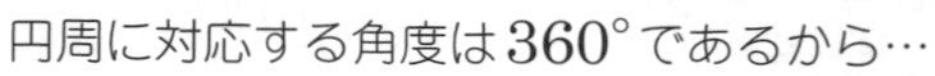

弧の長さlに対応する中心角がθ[rad]であるとすると…

$$r : 1 = l : \theta$$

$$\therefore \ l = r\theta$$

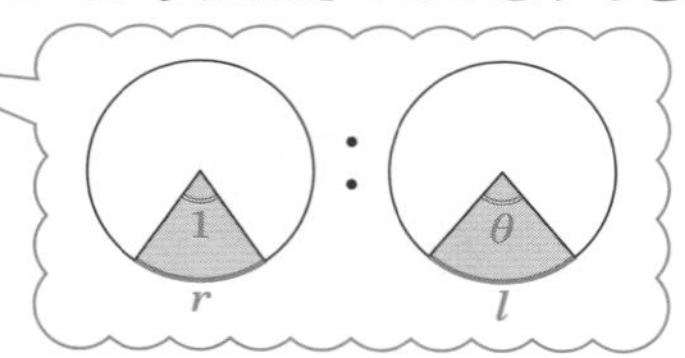

ザ・まとめ

$$\pi[\mathrm{rad}] = 180°$$

覚えるべし!!

半径rの円で，弧の長さlに対応する中心角がθ[rad]のとき，

$$l = r\theta$$

 "等速円運動" のお話

等速円運動とはその名のとおり，円周に沿って一定の速さで回転する物体の運動のことである。

この等速円運動を表現する方法がいろいろありまして…

角速度 ω[rad/s]

オメガと読みます!!　どうぞお見しりおきを…

勘(かん)のいい人は，単位を見てピンッときたと思いますが…

角速度とは，1[s]間に回転する角度(回転角という)が何[rad]か??を表したものです。

例　2.0[s]間で6.0[rad]回転する等速円運動の角速度 ω[rad/s]は…

$$\omega = \frac{6.0}{2.0} = 3.0\text{[rad/s]}$$

です。

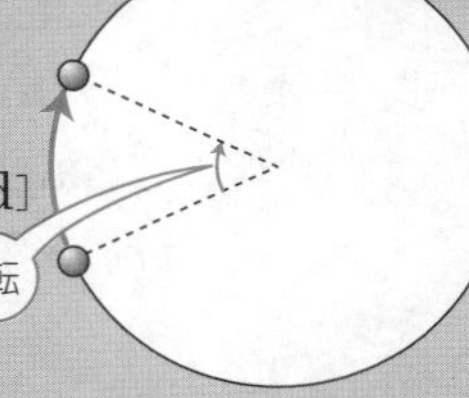

等速円運動の速さ

等速円運動をする物体が，1回転するのに必要な時間 T[s]を**周期**と呼びます。

このことから，いろいろな公式が生まれまして…

ある物体が，半径 r[m]の円周上を周期 T[s]で等速円運動をしているとします。

① 円周 $2\pi r$[m]の距離を周期 T[s]かけて進むわけだから，速さ v[m/s]は…

$$v = \frac{2\pi r}{T}$$

速さ＝距離/時間

$$vT = 2\pi r$$

$$\therefore\ T = \frac{2\pi r}{v} \quad \cdots ㋑$$

② 1周の回転角2π[rad]を周期T[s]で1回転するわけだから，角速度ω[rad]は…

$$\omega = \frac{2\pi}{T}$$

前ページ参照!!
角速度の意味より

$$\omega T = 2\pi$$

$$\therefore \quad T = \frac{2\pi}{\omega} \quad \cdots ロ$$

③ イとロから，Tを消去すると…

$$\frac{2\pi}{\omega} = \frac{2\pi r}{v}$$

$$2\pi v = 2\pi r\omega$$

両辺に$v\omega$をかける!!
$\frac{2\pi}{\omega} \times v\omega = \frac{2\pi r}{v} \times v\omega$
$\therefore \quad 2\pi v = 2\pi r\omega$

よって，

$$v = r\omega$$

重要な式です!!

例 半径$r = 3.0$[m]の円周上を角速度$\omega = 2.0$[rad/s]で等速円運動する物体の速さv[m/s]は…

$$v = r\omega = 3.0 \times 2.0 = 6.0\,[\mathrm{m/s}]$$

です。

回転数n[Hz]

物体が1[s]間に円周上を回転する回数を**回転数**と呼び，単位は[Hz]（ヘルツ）を用います。

周期T[s]の等速円運動の回転数n[Hz]は…

$$n = \frac{1}{T}$$

1[s]の中にT[s]が
何回あるか??
これが回転数です!!

例 周期が$T = 0.020$[s] の円運動の回転数n[Hz] は…

$$n = \frac{1}{T} = \frac{1}{0.020} = \frac{100}{2} = 50\,[\mathrm{Hz}]$$

です。

問題78　**キソ**

半径2.0[m]の円周上を，10秒間に5.0回の割合で等速円運動をする物体がある。このとき，次の各問いに答えよ。

(1)　周期を求めよ。

(2)　角速度を求めよ。

(3)　速さを求めよ。

(4)　回転数を求めよ。

ナイスな導入

(1)　周期T[s]は公式を覚えるのではなく，意味を押さえるべし!!

5.0回転するのに10[s]かかる!!　1.0回転では…??

(2)　$\omega=\dfrac{2\pi}{T}$です。これも意味を理解していれば，暗記することはない!!

(3)　$v=r\omega$の活用です!!　これは覚えておこう!!

(4)　$n=\dfrac{1}{T}$です。

解答でござる

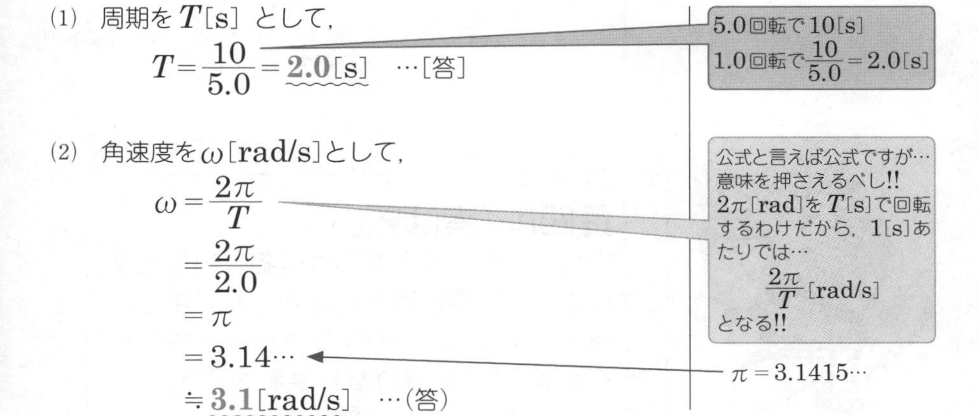

(1)　周期をT[s]として，

$$T=\frac{10}{5.0}=\mathbf{2.0}\text{[s]}\quad\cdots\text{[答]}$$

5.0回転で10[s]
1.0回転で$\dfrac{10}{5.0}=2.0$[s]

(2)　角速度をω[rad/s]として，

$$\omega=\frac{2\pi}{T}$$
$$=\frac{2\pi}{2.0}$$
$$=\pi$$
$$=3.14\cdots$$
$$\fallingdotseq\mathbf{3.1}\text{[rad/s]}\quad\cdots\text{(答)}$$

公式と言えば公式ですが…
意味を押さえるべし!!
2π[rad]をT[s]で回転するわけだから，1[s]あたりでは…
$\dfrac{2\pi}{T}$[rad/s]
となる!!

$\pi=3.1415\cdots$

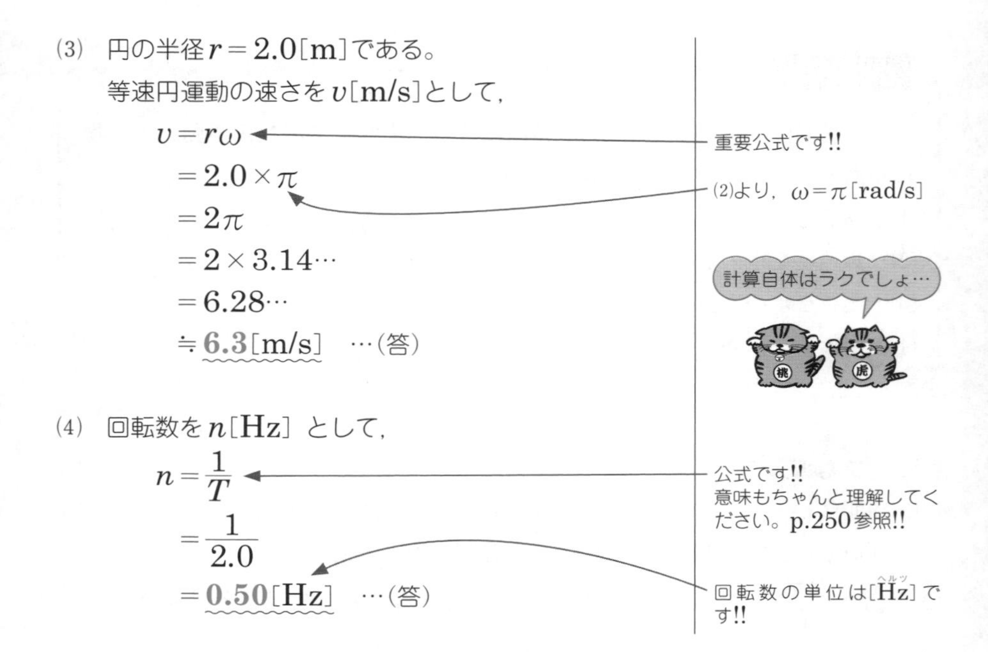

(3)　円の半径 $r = 2.0$[m]である。

等速円運動の速さを v[m/s]として，

$$v = r\omega$$
$$= 2.0 \times \pi$$
$$= 2\pi$$
$$= 2 \times 3.14\cdots$$
$$= 6.28\cdots$$
$$\fallingdotseq \mathbf{6.3}\,[\mathrm{m/s}] \quad \cdots（答）$$

重要公式です!!

(2)より，$\omega = \pi$[rad/s]

(4)　回転数を n[Hz] として，

$$n = \frac{1}{T}$$
$$= \frac{1}{2.0}$$
$$= \mathbf{0.50}\,[\mathrm{Hz}] \quad \cdots（答）$$

公式です!!
意味もちゃんと理解してください。p.250参照!!

回転数の単位は[Hz（ヘルツ）]です!!

プロフィール

金四郎（実は賢い!!）

桃太郎を兄貴と慕う大型猫。少し乱暴な性格なので虎次郎には嫌われてます。品種はノルウェージャンフォレットキャットで超剛毛!!　夏はかなり暑そうです。もちろんオムちゃんの飼い猫です。

その2 “等速円運動の加速度と力”

加速度の大きさと向き

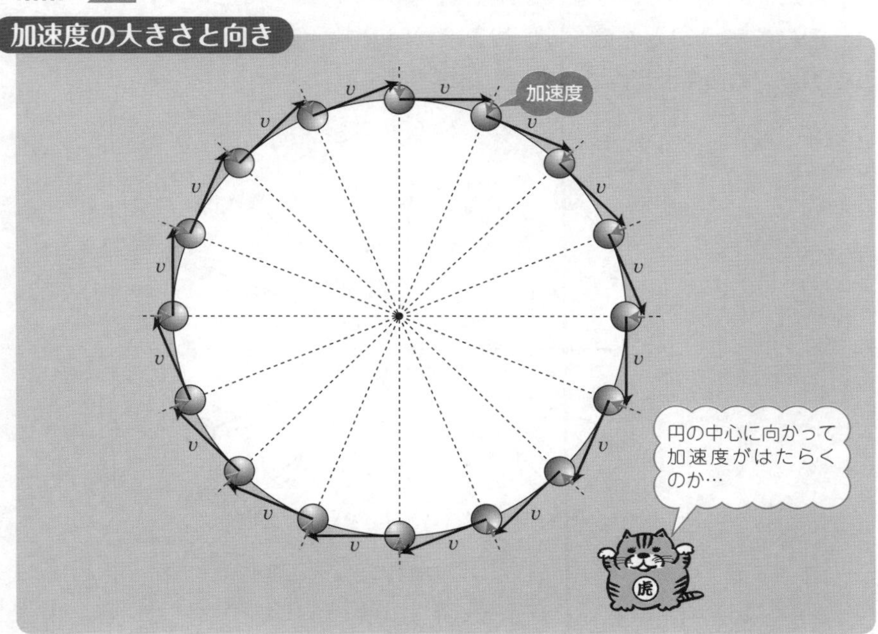

上図のように，円周上で物体を運動させるためには，円の中心に向かう加速度を加えつづけなければならない!!　この加速度により，速度の向きが絶えず変化し，うまく円周上に乗るわけです。

この加速度の大きさa[m/s^2]は，速さv[m/s]と角速度ω[rad/s]で次のように表される!!

$$a = v\omega$$

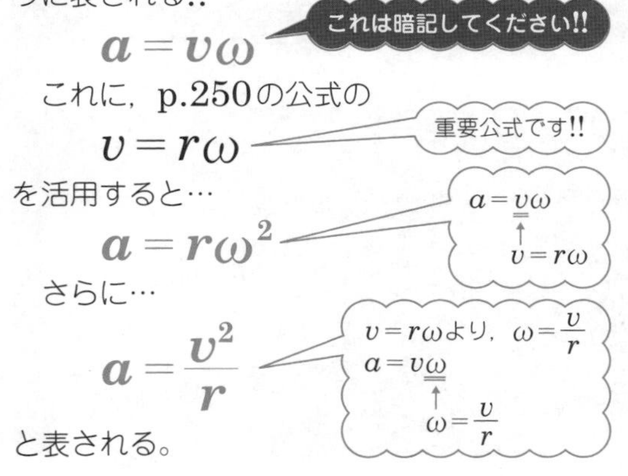

これに，p.250の公式の

$$v = r\omega$$

を活用すると…

$$a = r\omega^2$$

さらに…

$$a = \frac{v^2}{r}$$

と表される。

向心力

加速度が生じるということは，力がはたらいているということです。この力を**向心力**と呼びます。加速度が円の中心に向かってはたらくので，当然，力も中心に向かってはたらきます。

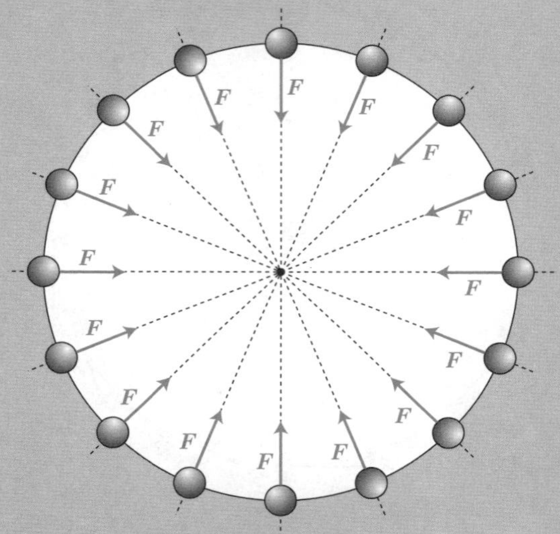

この向心力の大きさをF[N]とすると…

$$F = ma$$

これはふつうの運動方程式です。

これに前ページの値を代入して…

$$F = mr\omega^2$$

$a = r\omega^2$より

$$F = m\frac{v^2}{r}$$

$a = \frac{v^2}{r}$より

ザ・まとめ

円の中心に向かう加速度の大きさa[m/s]は…

$$a = v\omega = r\omega^2 = \frac{v^2}{r}$$

向心力の大きさF[N]は…

$$F = mr\omega^2 = m\frac{v^2}{r}$$

たしかに
$F = mv\omega$
にもなるが…
あまり使うことはない!!

問題79 **キソ**

なめらかな水平面上を，質量5.0[kg]の物体が糸でつながれ，角速度3.0[rad/s]で半径2.0[m]の等速円運動をしている。このとき，次の各問いに答えよ。

(1) 糸の張力の大きさを求めよ。

(2) 角速度を3倍にすると，張力の大きさは何倍になるか。

ナイスな導入

本問では…

糸の張力が向心力となる!!

つまり…

(1)も(2)も向心力の公式を思い浮かべれば，解決です。

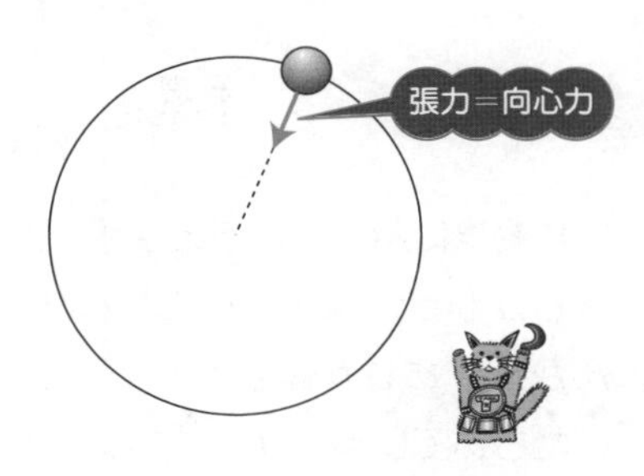

解答でござる

(1) 糸の張力は円運動の向心力であるから，これをF[N]とすると，

$$F = 5.0 \times 2.0 \times 3.0^2$$
$$= 90[\mathrm{N}] \quad \cdots(答)$$

> 等速円運動の運動方程式です。
> $F = ma$
> $a = r\omega^2$より…
> $F = mr\omega^2$
> です。

(2) 向心力Fはω^2に比例するから，ωが3倍になると，ω^2は9倍になることより，張力の大きさは，

9倍になる …(答)

> 張力＝向心力です。
> $F = mr\omega^2$
> もとの向心力をω_0とする。
> このとき…
> $F = mr\omega_0{}^2$
> 向心力が$3\omega_0$になると…
> $F = mr \times (3\omega_0)^2$
> $= mr \times 9\omega_0{}^2$
> $= 9mr\omega_0{}^2$

その3 “遠心力も慣性力”の巻

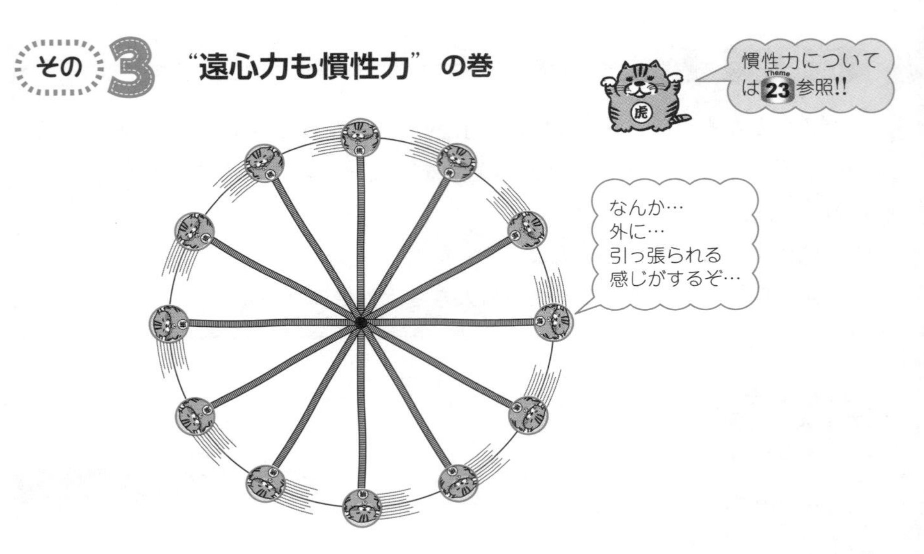

自動車に乗っているときや，ジェットコースターに乗っているとき，カーブにさしかかった瞬間，なにやら外に引っ張られる感じに襲われたことはありませんか?? あれが**遠心力**です。しかし，これも 23 で学習した慣性力で，実際にはたらいているわけではないのです。

ただ，円運動をしている物体とともに運動している観測者の立場から見ると，この遠心力の考え方を導入するとうまく説明がつきます。

遠心力

円の中心と反対向きにはたらく慣性力です。遠心力 F[N]の大きさは向心力と同じで，

$$F = mr\omega^2 = m\frac{v^2}{r}$$

注 遠心力は，あくまでも慣性力であるので，実際にはたらいているわけではありません。向心力と作用・反作用の関係にあるわけではないので，ご注意を!!

- 向心力を考えるときは，遠心力を考えてはダメ!!
- 遠心力を考えるときは，向心力を考えてはダメ!!

問題80　標準

右図のように，長さl[m]の糸の一端に質量m[kg]のおもりをつけ，他端を天井の一点に固定し，糸が鉛直方向とθの角をなすように，おもりを水平面内で等速円運動をさせる。重力加速度をg[m/s^2]として，以下の問いに答えよ。

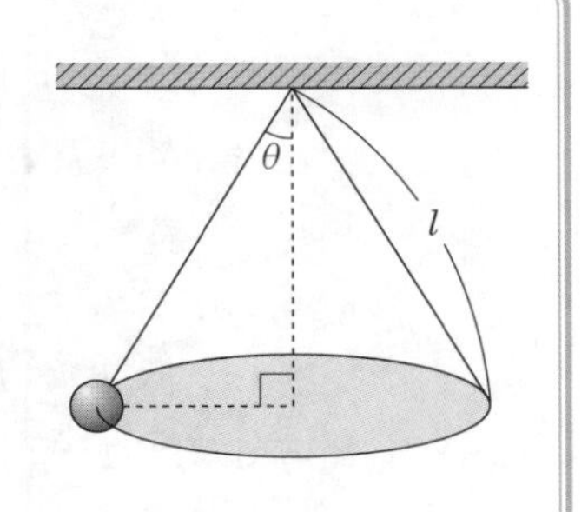

(1)　糸の張力の大きさを求めよ。

(2)　角速度を求めよ。

ナイス な導入

向心力で考えるか？　遠心力で考えるか？　アナタ次第です…。

実際にはたらいている力の向心力で，等速円運動を考える。

張力T[N]と重力mg[N]の合力が向心力としてはたらく。

Tの鉛直成分は重力とつり合っているから，

$$T\cos\theta = mg \quad \cdots ①$$

Tの水平成分が向心力としてはたらく。

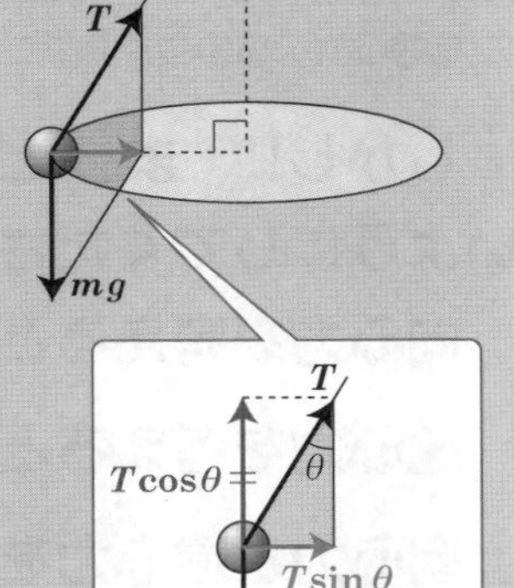

水平方向の運動方程式は，等速円運動の円の半径をr[m]として，

$$T\sin\theta = mr\omega^2 \quad \cdots ②$$

向心力の公式です!!

さらに，

$$r = l\sin\theta \quad \cdots ③$$

①，②，③を連立すれば，すべて解決!!

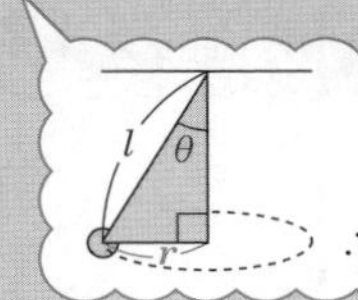

おもりを止めて考え，慣性力である遠心力で考える。

おもりが静止していると考えてください(おもりの写真を撮って，その写真をながめているイメージです)。Tの鉛直成分が重力とつり合っているから，

$$T\cos\theta = mg \quad \cdots①$$

Tの水平成分は遠心力とつり合っているから，等速円運動の円の半径をr[m]として，

$$T\sin\theta = mr\omega^2 \quad \cdots②$$

遠心力の公式です!!

さらに，

$$r = l\sin\theta \quad \cdots③$$

理由は前ページ参照

①，②，③を連立すればすべて解決!!

方針1も方針2も結局は同じ式になります。

しかし!! まったく違う考え方なので，ごっちゃにしないようにしてください!!

向心力を考えるときは，遠心力は考えない!!

遠心力を考えるときは，向心力は考えない!!

向心力と遠心力を両立するのは，NG!!

解答でござる

糸の張力をT[N]，おもりが等速円運動をしている円の半径をr[m]とする。

おもりを止めて考えたとき，鉛直方向のつり合いの式から，

$$T\cos\theta = mg \quad \cdots ①$$

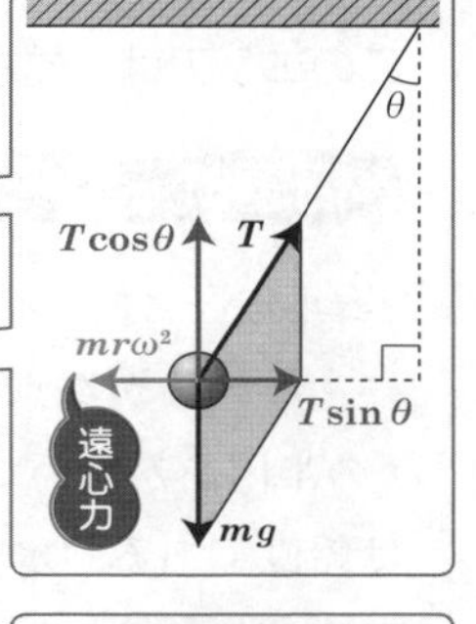

水平方向のつり合いの式から，

$$T\sin\theta = mr\omega^2 \quad \cdots ②$$

さらに，

$$r = l\sin\theta \quad \cdots ③$$

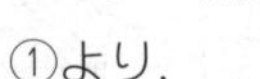

①より，

$$T = \frac{mg}{\cos\theta} \quad \cdots ④$$

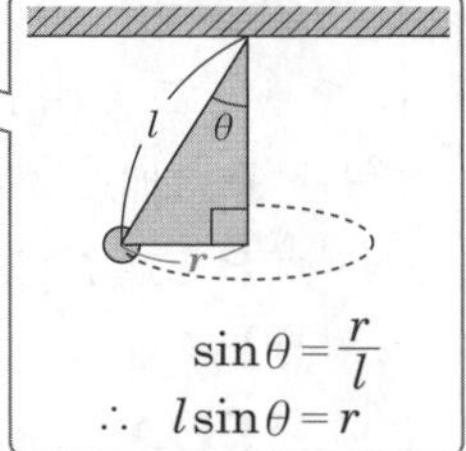

(1)の解答です。

③と④を②に代入して，

$$\frac{mg}{\cos\theta} \times \sin\theta = m \times (l\sin\theta) \times \omega^2$$

$$\frac{g}{\cos\theta} = l\omega^2$$

$$\omega^2 = \frac{g}{l\cos\theta}$$

$$T\sin\theta = mr\omega^2 \quad \cdots ②$$
$$T = \frac{mg}{\cos\theta} \quad \cdots ④ \qquad r = l\sin\theta \quad \cdots ③$$

両辺をmと$\sin\theta$でわりました。

$\omega > 0$より，

$$\omega = \sqrt{\frac{g}{l\cos\theta}} \quad \cdots ⑤$$

角速度は必ず正です。

以上から，

(1)　④より，

$$T = \frac{mg}{\cos\theta}\ [\mathrm{N}] \quad \cdots (答)$$

(2)の解答です。

(2)　⑤より，

$$\omega = \sqrt{\frac{g}{l\cos\theta}}\ [\mathrm{rad/s}] \quad \cdots (答)$$

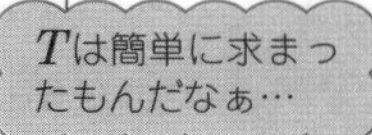

Theme 25 鉛直面内の円運動

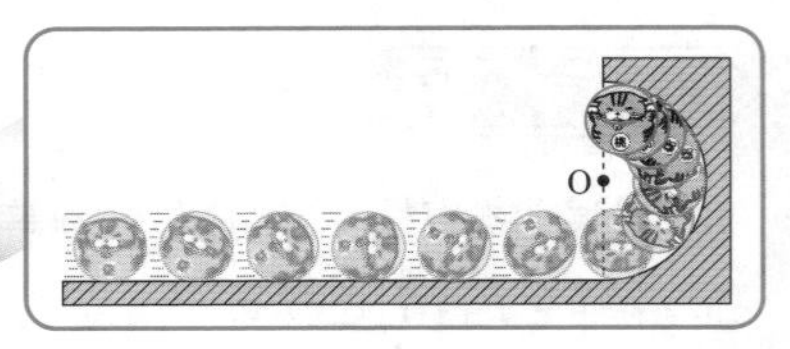

このエリアは，問題の解き方をテーマにお送りします。

問題81　ちょいムズ

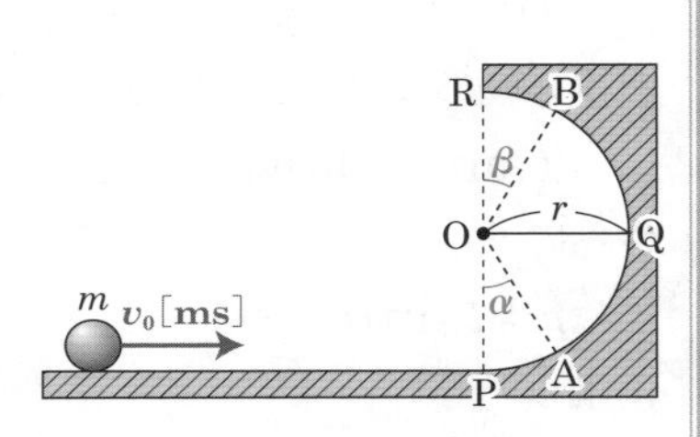

右図のように，なめらかな水平面の右端に，なめらかな点Oを中心とする半径rの半円筒が続いている。縦断面PORは鉛直である。水平面に質量mの小さな物体を置き，縦断面に垂直な初速度v_0を与えて，半円筒の面内を滑り上らせるとき，次の各問いに答えよ。ただし，重力加速度をgとする。

(1)　点Pを通る直前の物体にはたらく垂直抗力を求めよ。

(2)　点Pを通った直後の物体にはたらく垂直抗力を求めよ。

(3)　$\angle$POA$=\alpha$としたとき，物体が点Aを通過する瞬間に，面が物体におよぼす垂直抗力の大きさを求めよ。

(4)　物体が点Oと同じ高さである点Qまで上がるためには，v_0をいくら以上にすればよいか。

(5)　物体が頂点Rを通過するためには，v_0をいくら以上にすればよいか。

(6)　物体が$\angle$ROB$=\beta$となるような点Bで半円筒の面から離れるとき，$\cos\beta$の値を求めよ。

ナイスな導入

本問には単位がありませんが，r[m]，m[kg]，v_0[m/s]，g[m/s^2]，α[rad]，β[rad]であることが前提です。文字の問題の場合，単位がないことが多々あります。

ということは，解答も単位なしで答えるわけだね!!

では，本題です。

物体が半円筒の面内を滑り上るとき，**円運動**になります。しかし，鉛直面の円運動では，物体の速さが変化します(上れば上るほど，どんどん遅くなる!!)。

したがって，Theme 24 で学習したような等速円運動ではありません。

で!! 物体にはたらく力は，重力と垂直抗力のみです。

垂直抗力は運動方向に対して常に垂直にはたらくので，物体に仕事をしません。つまり…

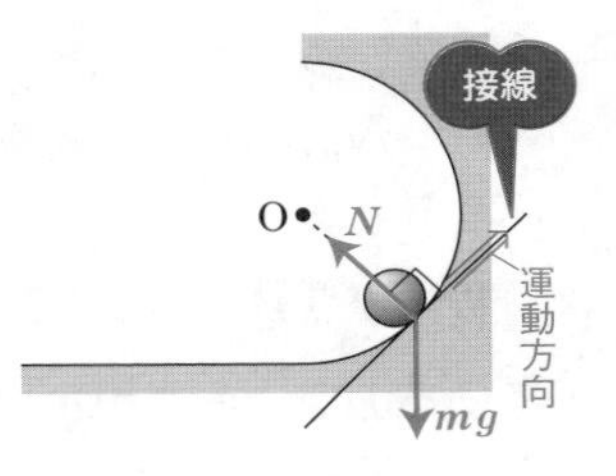

力学的エネルギー保存の法則

が成立します。

これにより，各点における物体の速さを求めることができます。

ここで，右図のような，ある瞬間における物体の運動について考えてみよう。

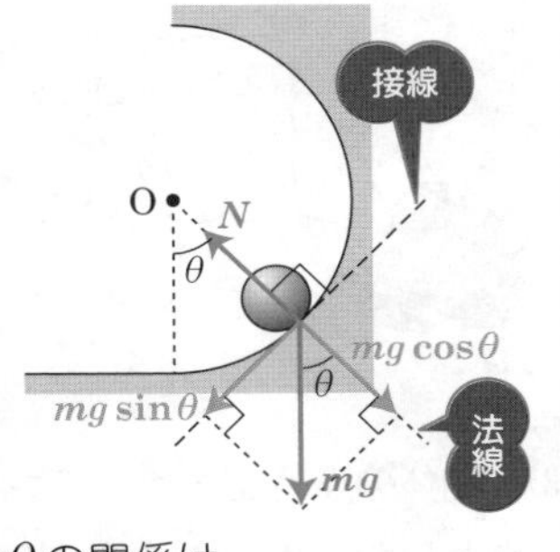

◎接線方向では…

重力の接線方向の成分 $mg\sin\theta$ のみがはたらき，これが，速さを小さくする要因です。

◎法線方向(接線と垂直な方向で，円の中心を通る方向)では…

垂直抗力 N と重力の法線方向の成分 $mg\cos\theta$ の関係は，

$$N > mg\cos\theta$$

であり，$N - mg\cos\theta$ が向心力としてはたらきます。

これが，実際に物体に起こっている話ですが…

本問の場合，点 P やら点 A やら点 B やら…，さまざまな点における状況についての設問が並んでいます。

このようなときは，物体とともに運動している観測者の立場に立って**遠心力**を導入し，物体をその点で止めて考え，つり合いの式を立てることをおすすめします。

まぁ，とにかくやってみましょう!!

解答でござる

(1)　物体が点Pを通る直前では，物体にはたらく重力mgと水平面から物体にはたらく垂直抗力N_{p}はつり合っている。よって，

$$N_{\mathrm{p}} = mg \quad \cdots(答)$$

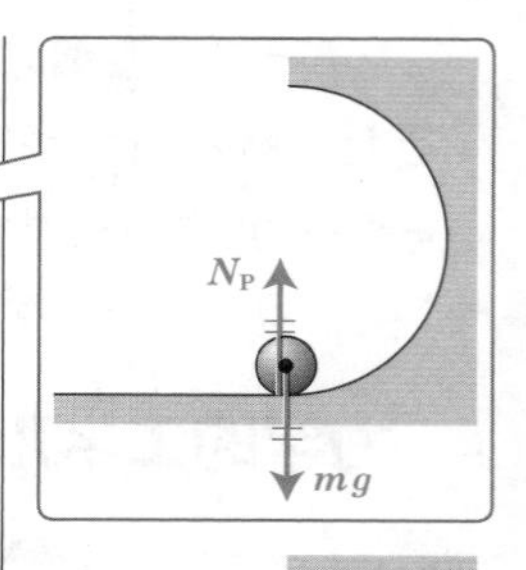

(2)　物体が点Pを通った直後では，物体は円運動を始めているので，重力mg，垂直抗力N_{p}'，遠心力$m\dfrac{v_0^2}{r}$がつり合う。よって，

$$N_{\mathrm{p}}' = mg + m\frac{v_0^2}{r} \quad \cdots(答)$$

半径r，速さv_0です!!
公式はp.256参照!!

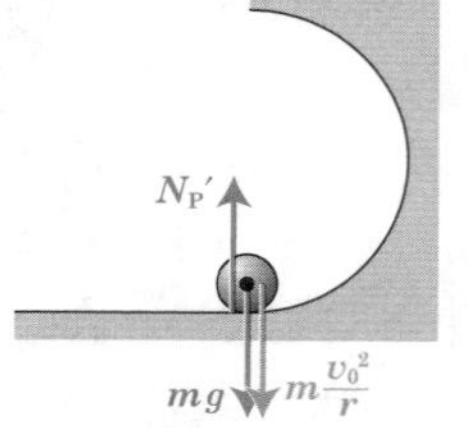

半円筒の面に差しかかった瞬間!!
遠心力$m\dfrac{v_0^2}{r}$の分だけ垂直抗力は大きくなります。

(3)　物体の点Aにおける速さをv_{A}とすると，点Pを基準点としたときの点Aの鉛直方向の高さh_{A}は，

$$h_{\mathrm{A}} = r - r\cos\alpha$$
$$= r(1-\cos\alpha)$$

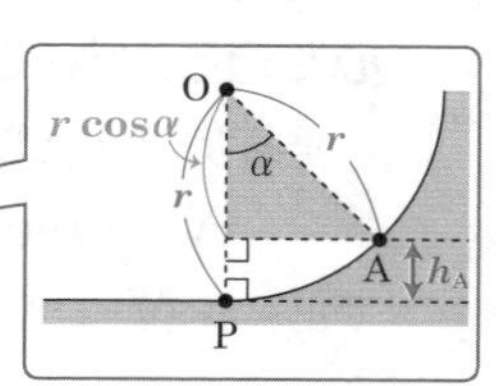

力学的エネルギー保存の法則から，

$$\frac{1}{2}mv_0^2 = \frac{1}{2}mv_{\mathrm{A}}^2 + mgh_{\mathrm{A}}$$

点Pでの力学的エネルギー ＝ 点Aでの力学的エネルギー

$$\frac{1}{2}mv_0^2 = \frac{1}{2}mv_{\mathrm{A}}^2 + mgr(1-\cos\alpha)$$

$$v_0^2 = v_{\mathrm{A}}^2 + 2gr(1-\cos\alpha)$$

両辺を2倍して，mでわった。

$$\therefore \quad v_{\mathrm{A}}^2 = v_0^2 - 2gr(1-\cos\alpha) \quad \cdots①$$

点Aで面が物体におよぼす垂直抗力をN_Aとすると，遠心力も含めた法線方向のつり合いの式より，

$$N_A = mg\cos\alpha + m\frac{v_A{}^2}{r} \quad \cdots②$$

①を②に代入して，

$$N_A = mg\cos\alpha + m \times \frac{v_0{}^2 - 2gr(1-\cos\alpha)}{r}$$

$$= mg\cos\alpha + \frac{mv_0{}^2}{r} - \frac{2mgr(1-\cos\alpha)}{r}$$

$$= mg\cos\alpha + \frac{mv_0{}^2}{r} - 2mg(1-\cos\alpha)$$

$$= mg\cos\alpha + \frac{mv_0{}^2}{r} - 2mg + 2mg\cos\alpha$$

$$= 3mg\cos\alpha - 2mg + \frac{mv_0{}^2}{r}$$

$$= mg(3\cos\alpha - 2) + \frac{mv_0{}^2}{r} \quad \cdots(答)$$

点Aで物体を止めて考えたときの力の関係です。

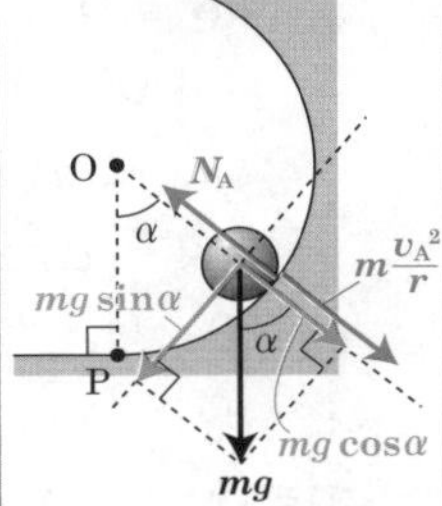

注　重力の接線方向の成分である$mg\sin\alpha$はそのまま残り，物体のスピードを弱めるはたらきをもつ。

mをかけ忘れるべからず!!

とりあえずバラバラに…

$mg\cos\theta$をまとめる。

mgでくくりました。

(4)　物体の点Qにおける速さをv_Qとする。点Pを基準点としたときの点Qの鉛直方向の高さh_Qは，

$$h_Q = r$$

力学的エネルギー保存の法則から，

$$\frac{1}{2}mv_0{}^2 = \frac{1}{2}mv_Q{}^2 + mgh_Q$$

$$\frac{1}{2}mv_0{}^2 = \frac{1}{2}mv_Q{}^2 + mgr$$

$$v_0{}^2 = v_Q{}^2 + 2gr$$

$$\therefore \quad v_Q{}^2 = v_0{}^2 - 2gr \quad \cdots③$$

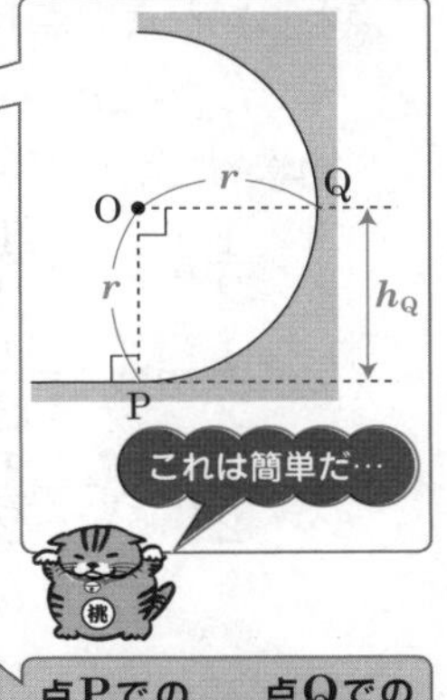

点Pでの力学的エネルギー ＝ 点Qでの力学的エネルギー

両辺をmでわり，2倍に!!

点Qまで上がるためには，点Qでの速さv_Qが，

$$v_\mathrm{Q} \geqq 0$$

でなければならない。つまり，

$$v_\mathrm{Q}{}^2 \geqq 0 \quad \cdots ④$$

③，④より，

$$v_0{}^2 - 2gr \geqq 0$$

$$v_0{}^2 \geqq 2gr$$

$v_0 > 0$より，

$$v_0 \geqq \sqrt{2gr}$$

つまり，

v_0を$\sqrt{2gr}$以上にすればよい。 …(答)

点Qでスピードが残ってないとまずい!!
最悪，点Qでいったん止まって，点Pの方へもどっていく。

$v_\mathrm{Q}{}^2 = v_0{}^2 - 2gr \geqq 0$

注
$x^2 \geqq 9$のとき，
数学では$x \geqq 3$としてはNG!!
$x^2 - 9 \geqq 0$
$(x+3)(x-3) \geqq 0$
$x \leqq -3,\ 3 \leqq x$
である!!
しかし，$x > 0$であることが前提なら，
$x^2 \geqq 9$
$x \geqq 3$としてOK!!
本問はこのタイプです。

(5)

今回は，物体が落ちてきてしまう可能性があります。よって，(4)のように，力学的エネルギー保存の法則だけを考えてもダメ!!

点Rにおける物体の速さをv_Rとする。点Pを基準点としたときの点Rの鉛直方向の高さh_Rは，

$$h_\mathrm{R} = 2r$$

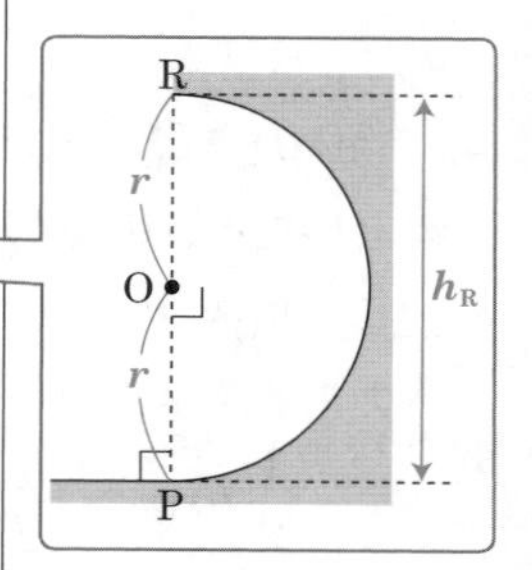

力学的エネルギー保存の法則から，

$$\frac{1}{2}mv_0{}^2 = \frac{1}{2}mv_\mathrm{R}{}^2 + mgh_\mathrm{R}$$

$$\frac{1}{2}mv_0{}^2 = \frac{1}{2}mv_\mathrm{R}{}^2 + mg \times 2r$$

$$\frac{1}{2}mv_0{}^2 = \frac{1}{2}mv_\mathrm{R}{}^2 + 2mgr$$

$$v_0{}^2 = v_\mathrm{R}{}^2 + 4gr$$

$$\therefore \quad v_\mathrm{R}{}^2 = v_0{}^2 - 4gr \quad \cdots ⑤$$

点Pでの力学的エネルギー ＝ 点Rでの力学的エネルギー

両辺をmでわり，2倍に!!

点Rで，面が物体におよぼす垂直抗力をN_Rとすると，遠心力も含めた法線方向のつり合いの式より，

$$N_R + mg = m\frac{v_R{}^2}{r}$$

$$\therefore \quad N_R = m\frac{v_R{}^2}{r} - mg \quad \cdots ⑥$$

⑤を⑥に代入して，

$$N_R = m \times \frac{v_0{}^2 - 4gr}{r} - mg$$

$$= \frac{mv_0{}^2}{r} - \frac{4mgr}{r} - mg$$

$$= \frac{mv_0{}^2}{r} - 4mg - mg$$

$$= \frac{mv_0{}^2}{r} - 5mg \quad \cdots ⑦$$

⑦において，$N_R \geqq 0$であればよいから，

$$\frac{mv_0{}^2}{r} - 5mg \geqq 0$$

$$\frac{mv_0{}^2}{r} \geqq 5mg$$

$$\frac{v_0{}^2}{r} \geqq 5g$$

$$v_0{}^2 \geqq 5gr$$

$v_0 > 0$より，

$$v_0 \geqq \sqrt{5gr}$$

つまり，

v_0を$\sqrt{5gr}$以上にすればよい。 …(答)

点Rで物体を止めて考えたときの力の関係です。

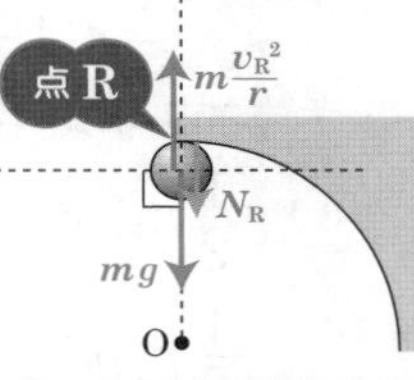

㊟ 今回は，法線方向(いわば鉛直方向)にしか，力ははたらいていません。

とりあえずバラバラに…

物体が面とくっついているアカシ…
それは，面が物体に垂直抗力をおよぼしているということです!!

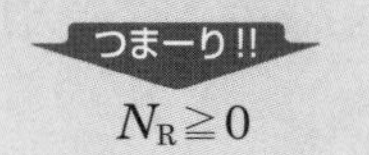

(6)　物体の点Bにおける速さをv_Bとする。点Pを基準点としたときの点Bの鉛直方向の高さh_Bは，

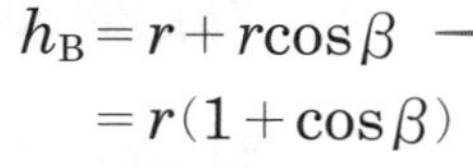

$$h_B = r + r\cos\beta$$
$$= r(1+\cos\beta)$$

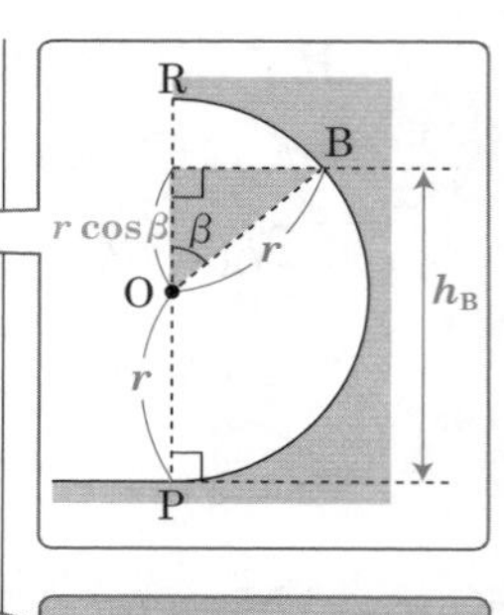

力学的エネルギー保存の法則から，

$$\frac{1}{2}mv_0{}^2 = \frac{1}{2}mv_B{}^2 + mgh_B$$

$$\frac{1}{2}mv_0{}^2 = \frac{1}{2}mv_B{}^2 + mgr(1+\cos\beta)$$

$$v_0{}^2 = v_B{}^2 + 2gr(1+\cos\beta)$$

$$\therefore\ v_B{}^2 = v_0{}^2 - 2gr(1+\cos\beta) \quad \cdots⑧$$

点Pでの力学的エネルギー ＝ 点Bでの力学的エネルギー

両辺をmでわり，2倍!!

点Bで，面が物体におよぼす垂直抗力をN_Bとすると，遠心力も含めた法線方向のつり合いより，

$$N_B + mg\cos\beta = m\frac{v_B{}^2}{r}$$

$$\therefore\ N_B = m\frac{v_B{}^2}{r} - mg\cos\beta \quad \cdots⑨$$

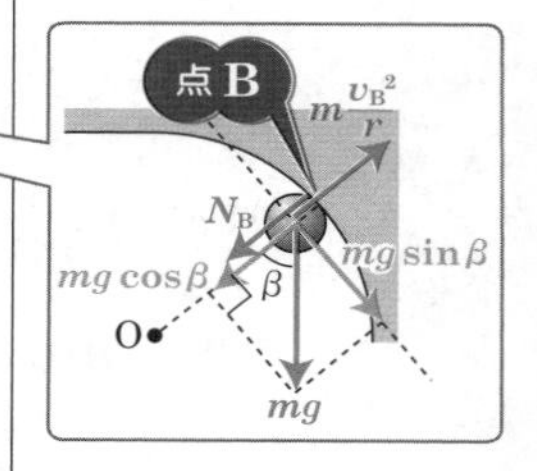

⑧を⑨に代入して，

$$N_B = m \times \frac{v_0{}^2 - 2gr(1+\cos\beta)}{r} - mg\cos\beta$$

$$= m\frac{v_0{}^2}{r} - \frac{2mgr(1+\cos\beta)}{r} - mg\cos\beta$$

とりあえずバラバラに!!

$$= m\frac{v_0{}^2}{r} - 2mg(1+\cos\beta) - mg\cos\beta$$

$$= m\frac{v_0{}^2}{r} - 2mg - 2mg\cos\beta - mg\cos\beta$$

$$= m\frac{v_0{}^2}{r} - 2mg - 3mg\cos\beta$$

$mg\cos\beta$をまとめる。

$$\therefore\ N_B = m\frac{v_0{}^2}{r} - mg(2+3\cos\beta) \quad \cdots⑩$$

mgでくくりました。

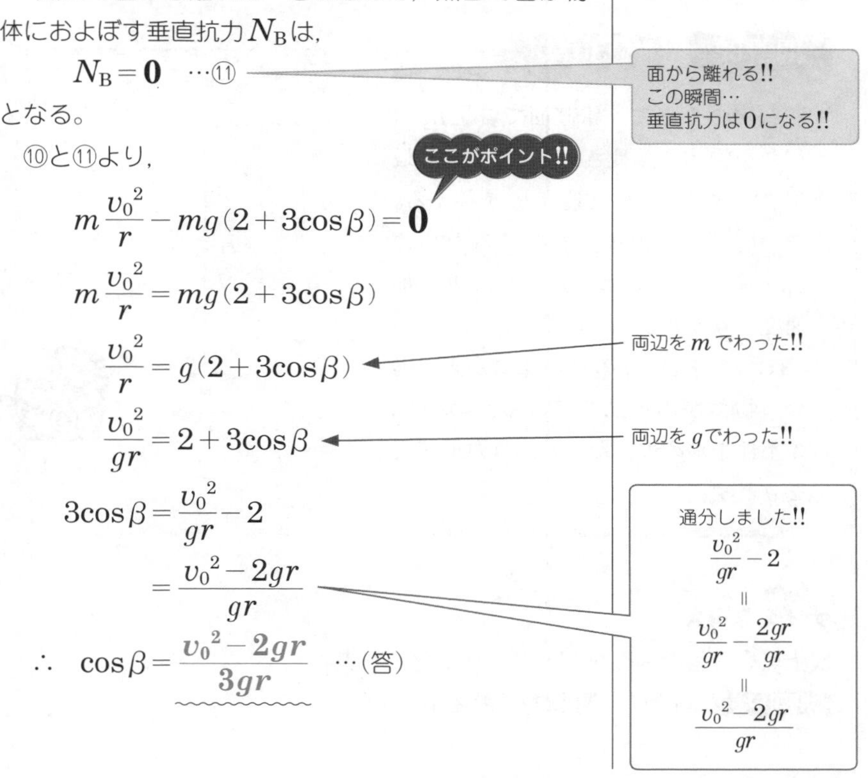

"点Bで面から離れた" とあるので，点Bで面が物体におよぼす垂直抗力N_Bは，

$$N_B = \mathbf{0} \quad \cdots ⑪$$

となる。

⑩と⑪より，

$$m\frac{v_0{}^2}{r} - mg(2+3\cos\beta) = \mathbf{0}$$

$$m\frac{v_0{}^2}{r} = mg(2+3\cos\beta)$$

$$\frac{v_0{}^2}{r} = g(2+3\cos\beta)$$

$$\frac{v_0{}^2}{gr} = 2+3\cos\beta$$

$$3\cos\beta = \frac{v_0{}^2}{gr} - 2$$

$$= \frac{v_0{}^2 - 2gr}{gr}$$

$$\therefore \quad \cos\beta = \frac{v_0{}^2 - 2gr}{3gr} \quad \cdots(答)$$

プロフィール

熊五郎(インスタで大人気!!)

オムちゃんの5匹目の飼い猫(ペルシャ猫)です。なかなか一筋縄にいかない厄介な猫です。虎次郎を追いまわし，玉三郎のお尻を噛み，金四郎の顔にも飛びかかります。桃太郎のことは尊敬している様子です。

ガンガンいきまっせ～♥

問題82　ちょいムズ

(1)　右図のように，鉛直面で質量mの小さな物体に，長さlの糸をつけ，最下点で水平方向の初速度v_0を与える。この物体が，円運動を続けるためのv_0の条件を求めよ。ただし，重力加速度をgとする。

(2)　(1)の糸を長さlの軽い棒にかえた場合，物体が円運動を続けるためのv_0の条件を求めよ。ただし，重力加速度をgとする。

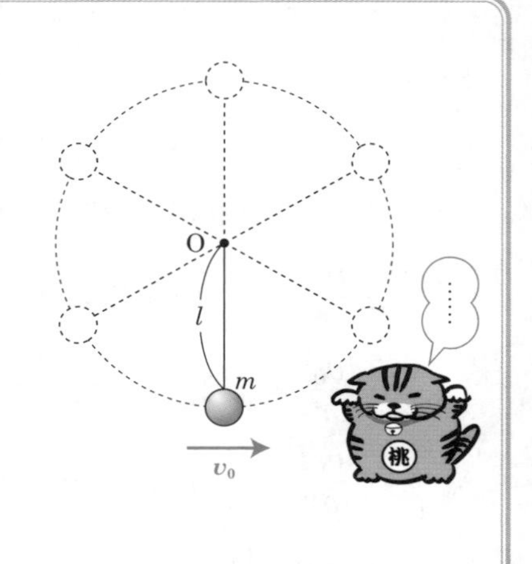

ナイスな導入

最上点を通過できるか??　が，ポイントです。

問題81 と同様に，**遠心力**で考えましょう。

解答でござる

(1)　最上点における物体の速さをvとおく。力学的エネルギー保存の法則から，

$$\frac{1}{2}mv_0{}^2 = \frac{1}{2}mv^2 + mg\times 2l$$

$$\frac{1}{2}mv_0{}^2 = \frac{1}{2}mv^2 + 2mgl$$

$$v_0{}^2 = v^2 + 4gl$$

$$\therefore\quad v^2 = v_0{}^2 - 4gl \quad \cdots ①$$

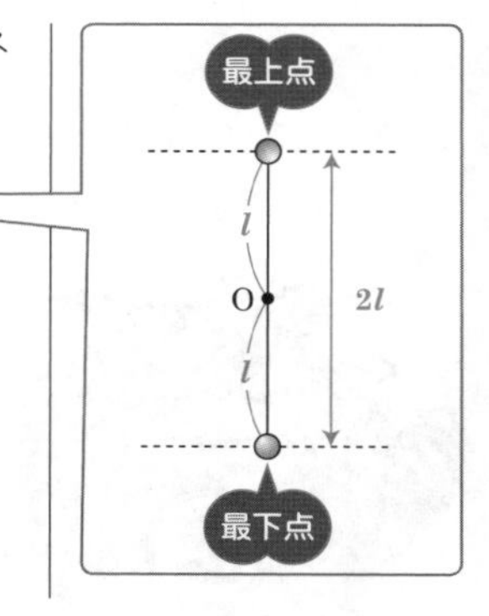

最上点における糸の張力を T とすると，遠心力も含めた力のつり合いは，

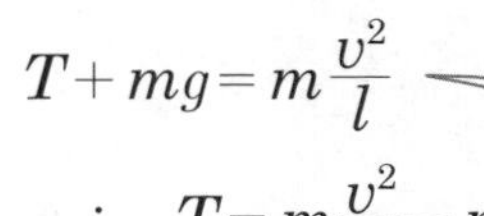

$$T+mg=m\frac{v^2}{l}$$

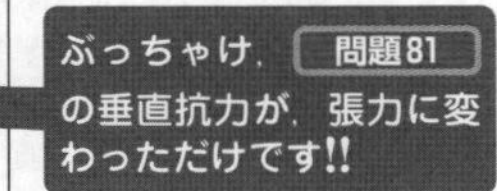

$$\therefore\quad T=m\frac{v^2}{l}-mg \quad \cdots②$$

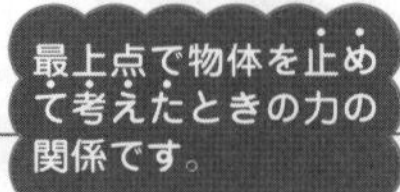

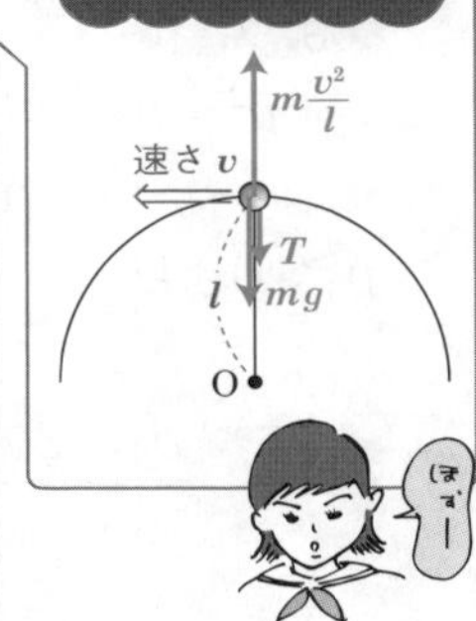

①を②に代入して，

$$T=m\times\frac{v_0{}^2-4gl}{l}-mg$$

$$=\frac{mv_0{}^2}{l}-\frac{4mgl}{l}-mg$$

$$=\frac{mv_0{}^2}{l}-4mg-mg$$

$$=\frac{mv_0{}^2}{l}-5mg \quad \cdots③$$

最上点を通過するための条件は，最上点で糸がたるまないことである。よって，

$$T\geqq 0$$

となればよい。

糸がたるまない!!
つまり，
張力 T が0以上!!

つまり③から，

$$\frac{mv_0{}^2}{l}-5mg\geqq 0$$

$$\frac{mv_0{}^2}{l}\geqq 5mg$$

$$v_0{}^2\geqq 5gl$$

$v_0>0$ より，

$$v_0\geqq\sqrt{5gl} \quad \cdots(答)$$

これが v_0 の条件です!!

(2)

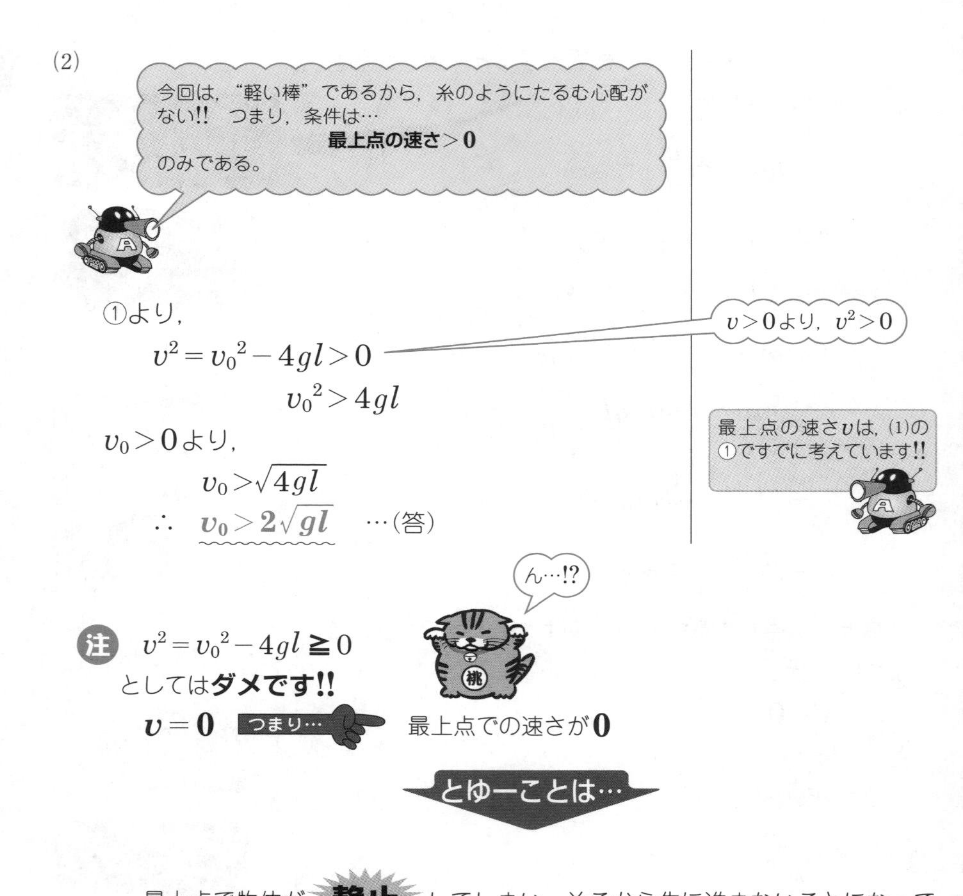

①より，

$$v^2 = v_0{}^2 - 4gl > 0$$

$$v_0{}^2 > 4gl$$

$v_0 > 0$より，

$$v_0 > \sqrt{4gl}$$

$$\therefore\ \boldsymbol{v_0 > 2\sqrt{gl}}\quad \cdots(答)$$

注 $v^2 = v_0{}^2 - 4gl \geqq 0$

としては**ダメです!!**

$\boldsymbol{v=0}$ つまり… 最上点での速さが$\boldsymbol{0}$

とゆーことは…

最上点で物体が **静止** してしまい，そこから先に進まないことになってしまいます

つまり，“円運動を続ける”条件にあてはまらない!!

ピタッ!!

O

こ，こ，これは…

虎

さらに!!　もう一発!!

問題83　ちょいムズ

表面がなめらかな半径rの半球が，地面に固定されている。その頂点Pに質量mの小球を置き，水平方向の初速度v_0を与える。重力加速度をgとして，次の各問いに答えよ。

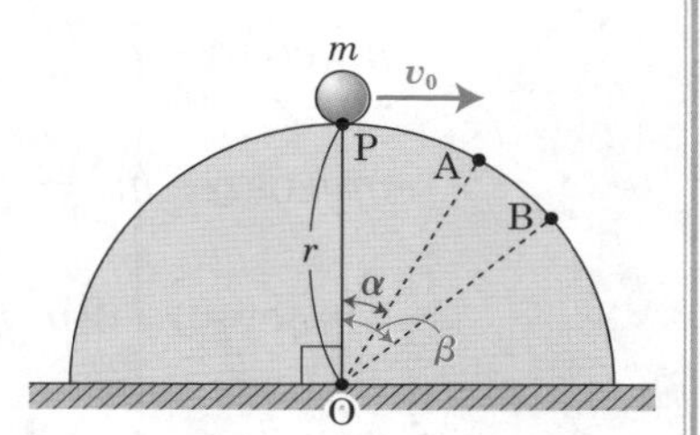

(1)　小球が点Aを通過する瞬間に，面が小球におよぼす抗力の大きさを求めよ。ただし，∠POA＝αとする。

(2)　小球が点Bで面から離れるとする。∠POB＝βのとき，$\cos\beta$の値を求めよ。

(3)　小球が点Pでただちに面から離れるためのv_0の条件を求めよ。

解答でござる　問題81 の類題です!!　さっそく解答にまいりましょう!!

(1)　小球の点Aにおける速さをv_Aとする。点Pを基準点としたときの点Aの高さは，

$$-(r-r\cos\alpha)=-r(1-\cos\alpha)$$

である。

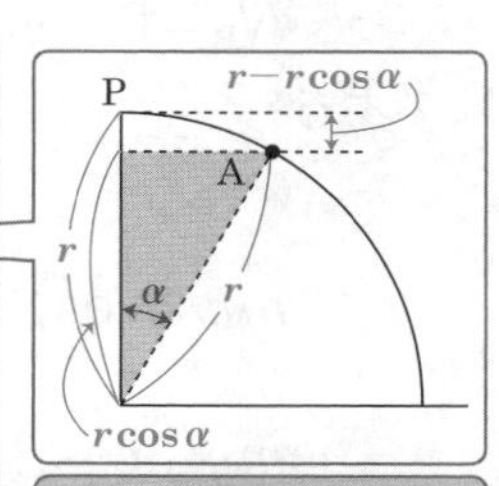

力学的エネルギー保存の法則より，

$$\frac{1}{2}mv_0{}^2=\frac{1}{2}mv_A{}^2-mgr(1-\cos\alpha)$$

点Pでの力学的エネルギー ＝ 点Aでの力学的エネルギー

$$\therefore\quad v_A{}^2=v_0{}^2+2gr(1-\cos\alpha)\quad\cdots①$$

両辺をmでわり，2倍!! そして，右辺と左辺を入れかえる!!

点Aで，面が小球におよぼす抗力(垂直抗力)の大きさをN_Aとして，遠心力を含めた点Aの法線方向のつり合いの式は，

$$N_A+m\frac{v_A{}^2}{r}=mg\cos\alpha$$

$$\therefore\quad N_A=mg\cos\alpha-m\frac{v_A{}^2}{r}\quad\cdots②$$

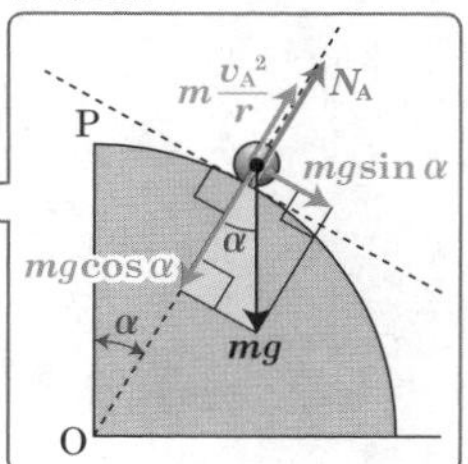

①を②に代入して，

$$N_A = mg\cos\alpha - m \times \frac{v_0^2 + 2gr(1-\cos\alpha)}{r}$$

$$= mg\cos\alpha - m\frac{v_0^2}{r} - \frac{2mgr(1-\cos\alpha)}{r}$$

とりあえずバラバラに…

$$= mg\cos\alpha - m\frac{v_0^2}{r} - 2mg + 2mg\cos\alpha$$

$$= 3mg\cos\alpha - 2mg - m\frac{v_0^2}{r}$$

$mg\cos\alpha$をまとめる!!

$$= \boldsymbol{mg(3\cos\alpha - 2) - m\frac{v_0^2}{r}} \quad \cdots(答)$$

mgでくくるとカッコイイ!!

(2) 点Bで，面が小球におよぼす抗力（垂直抗力）の大きさをN_Bとする。(1)と同様に，

$$N_B = mg(3\cos\beta - 2) - m\frac{v_0^2}{r} \quad \cdots③$$

(1)の解答のαをβに書きかえればOK!!

小球が点Bで面から離れたことから，

$$N_B = 0 \quad \cdots④$$

である。

面から離れるということは，この瞬間，垂直抗力が0になったということである。

③，④から，

$$mg(3\cos\beta - 2) - m\frac{v_0^2}{r} = 0$$

$$mg(3\cos\beta - 2) = m\frac{v_0^2}{r}$$

$$g(3\cos\beta - 2) = \frac{v_0^2}{r}$$

両辺をmでわった!!

$$3\cos\beta - 2 = \frac{v_0^2}{gr}$$

両辺をgでわった!!

$$3\cos\beta = \frac{v_0^2}{gr} + 2$$

$$= \frac{v_0^2 + 2gr}{gr}$$

右辺を通分しました!!

$$\therefore \quad \cos\beta = \boldsymbol{\frac{v_0^2 + 2gr}{3gr}} \quad \cdots(答)$$

両辺を3でわった!!

(3)　点Pで，面が小球におよぼす抗力(垂直抗力)の大きさをN_Pとして，遠心力を含めた点Pでの法線方向のつり合いの式は，

$$N_P + m\frac{{v_0}^2}{r} = mg$$

$$\therefore \quad N_P = mg - m\frac{{v_0}^2}{r} \quad \cdots⑤$$

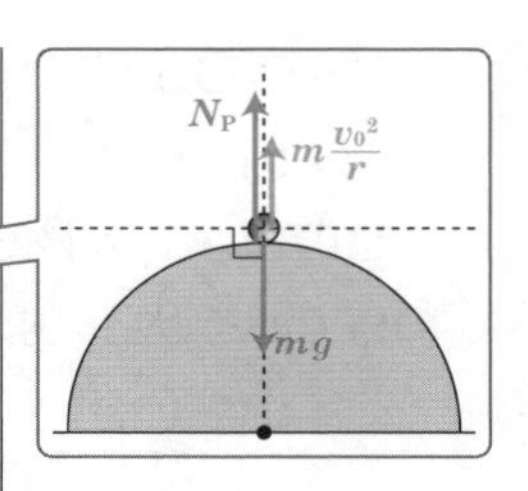

点Pでは，初速度v_0です。

点Pで，小球が面から離れるためには，

$$N_P \leqq 0 \quad \cdots⑥$$

が条件である。

N_Pが0のとき，点Pで小球が面から離れるギリギリの値です。N_Pが0より小さいときは，余裕で小球が面から離れます。以上から，点Pで小球が面から離れる条件は，
$N_P \leqq 0$

⑤，⑥より，

$$mg - m\frac{{v_0}^2}{r} \leqq 0$$

$$mg \leqq m\frac{{v_0}^2}{r}$$

$$g \leqq \frac{{v_0}^2}{r}$$

両辺をmでわった!!

$$gr \leqq {v_0}^2$$

両辺をr倍した!!

$${v_0}^2 \geqq gr$$

右辺と左辺を入れかえました。

$v_0 > 0$より，

$$v_0 \geqq \sqrt{gr} \quad \cdots(答)$$

別解でござる　デキるヤツはこう解く!!

(3)　$\beta = 0$の場合，点Bは点Pの位置となる。

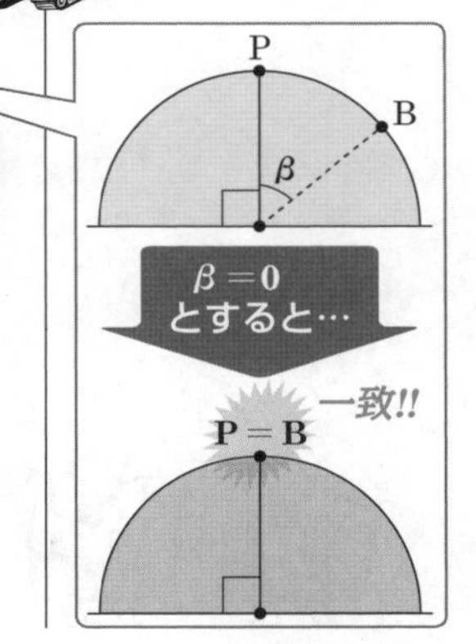

(2)の結果で，$\beta = 0$として，

$$\cos 0 = \frac{{v_0}^2 + 2gr}{3gr}$$

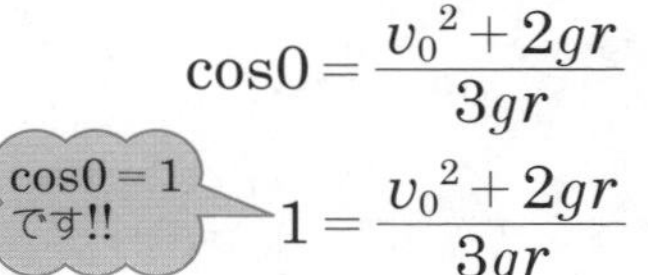

$$1 = \frac{{v_0}^2 + 2gr}{3gr}$$

$$3gr = {v_0}^2 + 2gr$$

$${v_0}^2 = gr$$

$v_0 > 0$ より，

$$v_0 = \sqrt{gr}$$

この値が，点Pで小球が面から離れるための最小の値であるから，求めるべき条件は，

$$v_0 \geqq \sqrt{gr} \quad \cdots(\text{答})$$

この値が，点Pで小球が面から離れるギリギリの値です。

単振動

準備コーナー “正射影” ってなんだ…??

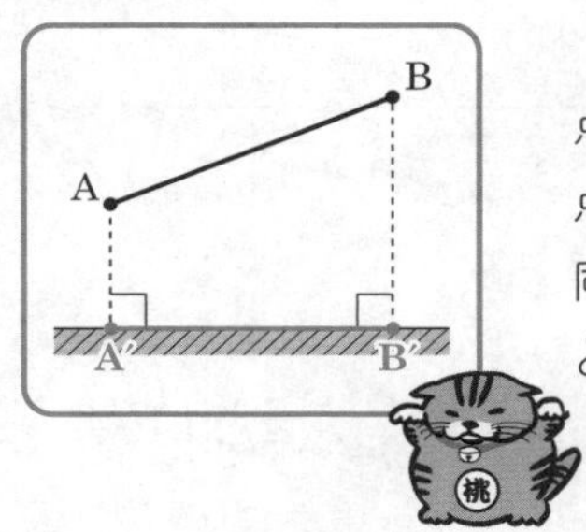

左図のように…
点Aの垂線の足A′をAの正射影
点Bの垂線の足B′をBの正射影
同時に，線分A′B′は，線分ABの正射影と呼びます。

その1 “単振動と等速円運動の関係” の巻

まず，**等速円運動の正射影が単振動**です!!

物体Pは，中心O，半径Aの円周上を等速円運動している。

右図のように，x軸を設定し，点O，物体Pのx軸への正射影をそれぞれO′，P′とする。

このとき，P′はO′を中心に左右対称の往復運動をくりかえす。これが，**単振動**である。

いま，物体Pは時刻$t=0$で，円周と線分OO′の交点を出発して，時計と反対まわり（左まわり）に等速円運動をした。

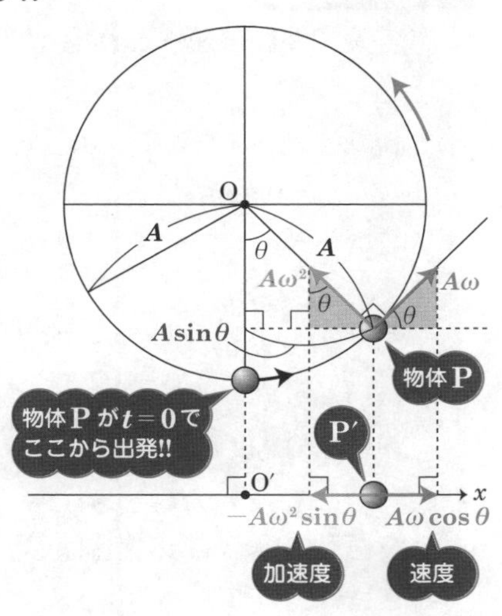

単振動の変位

等速円運動の角速度をω[rad/s]とする。右図が，出発してからt秒後であるとすると，

$$\theta=\omega t$$

となる。

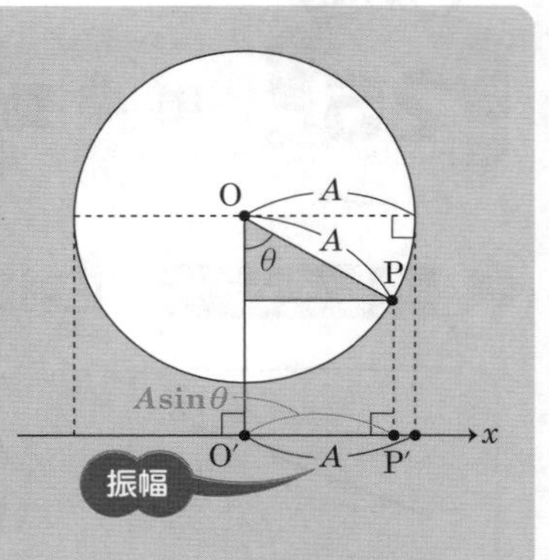

ここで，P′のx座標（変位）は，

$$x=A\sin\theta$$

と表されるから…

単振動の変位xは…

$$x=A\sin\omega t$$

$\theta=\omega t$を代入!!

このとき，Aは変位xの最大値であり，このAを**振幅**と呼ぶ!!

注　等速円運動の場合，$\theta=\omega t$を回転角と呼びましたが，単振動の場合，**位相**と呼ぶ。

単振動の速度

等速円運動の速さをv_0[m/s]とすると…

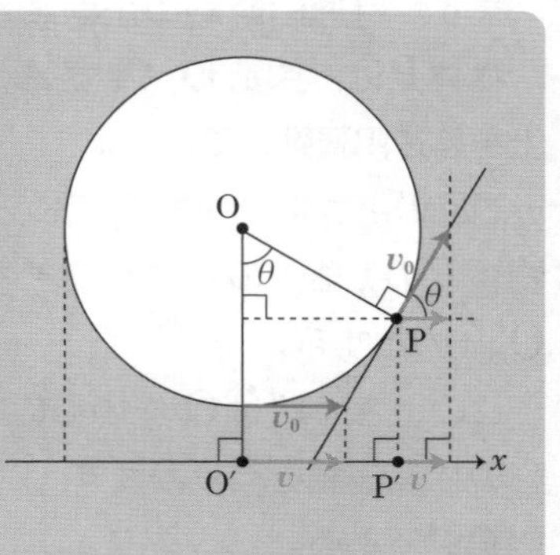

v_0のx軸への正射影vは，

$$v=v_0\cos\theta$$

このとき，

$$v_0=A\omega$$

$$\theta=\omega t$$

であるから…

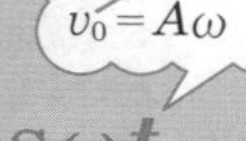

単振動の速度vは…

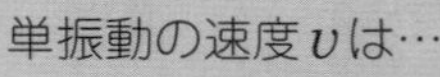

$$v=A\omega\cos\omega t$$

① 振動の中心（この場合はO′）を通過する瞬間の速さが最大で，この大きさは$A\omega$である。

② 振幅の両端での速さは0である。

角度については大丈夫ですか…??
右図において，
$\angle$POA$=\theta$より，$\angle$OPA$=90°-\theta$
このとき，
$\angle BPC = 180° - \angle OPC - \angle OPA$
$= 180° - 90° - (90° - \theta)$
$= \theta$

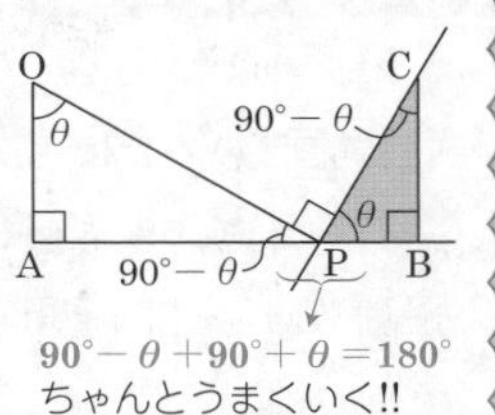

単振動の加速度

等速円運動の向心加速度を $\boldsymbol{a_0}$[m/s²]とすると…

a_0のx軸への正射影aは，

$$a = -a_0 \sin\theta$$

x軸の正の向きと逆向きです!!

このとき，

$$a_0 = A\omega^2$$
$$\theta = \omega t$$

等速円運動の公式です!!
p.253参照!! $a = r\omega^2$

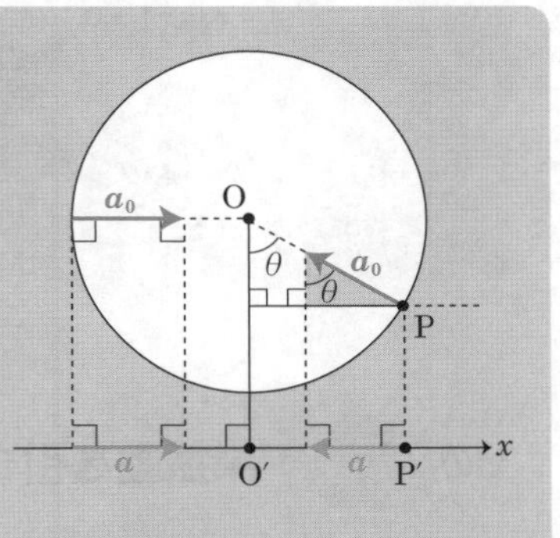

であるから…

単振動の加速度aは…

$$a = -A\omega^2 \sin\omega t$$

このマイナスがポイント

① 振動の両端で加速度の大きさは最大。この大きさは$A\omega^2$である。

② 振動の中心O′での加速度の大きさは0です。

ここで，ものすごいことが起こります!!

$$x = A\sin\omega t \quad \cdots ①$$

前ページ参照!!

さらに，

$$a = -A\omega^2 \sin\omega t$$
$$= -\omega^2 \times A\sin\omega t \quad \cdots ②$$

①を②に代入して…

$$a = -\omega^2 \times x$$

よって…

$$a = -\omega^2 x$$

かなり!!
大切な公式!!

単振動の周期と振動数

単振動が1往復(1振動)する時間Tを**周期**と呼び，1秒間の往復回数(振動回数)fを**振動数**と呼ぶ。

そもそも，単振動は等速円運動の正射影であるから，周期は同じであり，振動数は等速円運動の回転数に対応する。

$$T=\frac{2\pi}{\omega}\,[\mathrm{s}]$$

$$f=\frac{1}{T}\,[\mathrm{Hz}]$$

ヘルツ

等速円運動のときとまったく同じ公式です!!　等速円運動のTとfについては，p.249参照!!

注　円運動ではωを角速度と呼びましたが，単振動では**角振動数**と呼びます。

その2　“単振動を引き起こす力”とは…??

単振動の加速度aは…

$$a=-\omega^2 x$$

前ページ参照!!

で表されました。

このとき，単振動をしている物体の質量をm[kg]，単振動を引き起こす力をF[N]とすると…

運動方程式から…

$$F=ma$$
$$=m\times(-\omega^2 x)$$
$$=-m\omega^2 x$$

となります。

このマイナスがポイント!!

つまり…

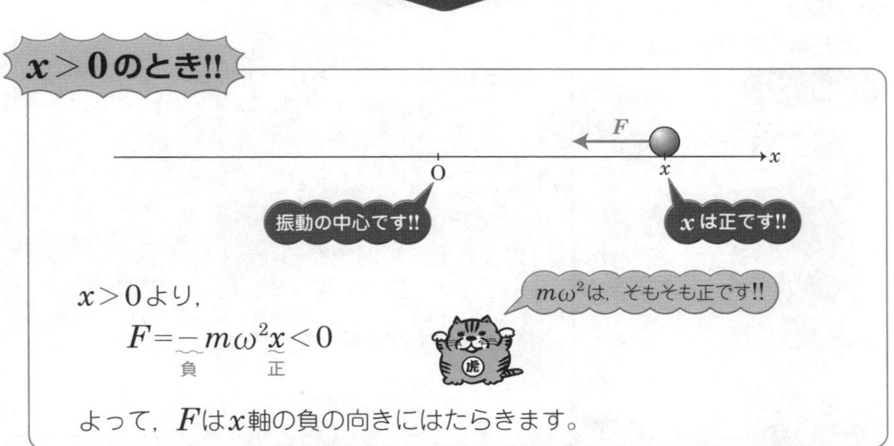

$x > 0$ より，

$$F = \underset{負}{\underset{\sim}{-}}\, m\omega^2 \underset{正}{\underset{\sim}{x}} < 0$$

よって，Fはx軸の負の向きにはたらきます。

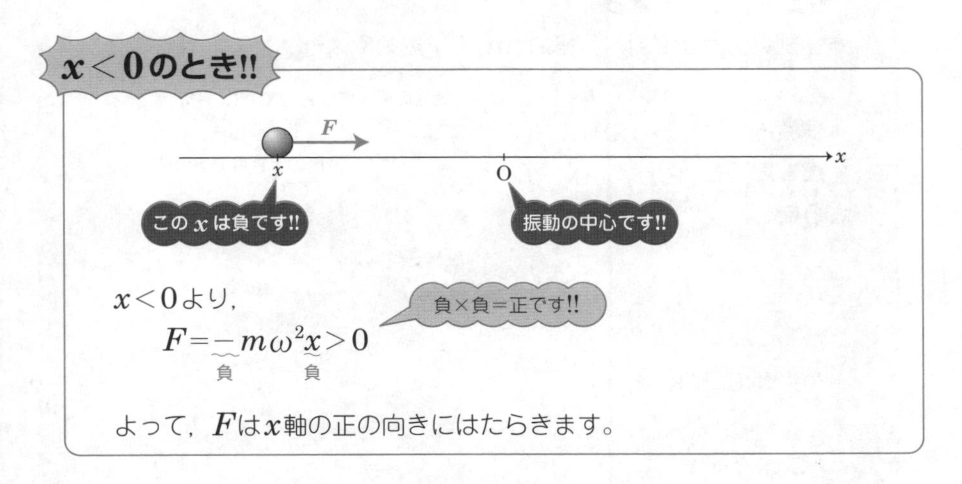

$x < 0$ より，

$$F = \underset{負}{\underset{\sim}{-}}\, m\omega^2 \underset{負}{\underset{\sim}{x}} > 0$$

よって，Fはx軸の正の向きにはたらきます。

よって!!

単振動をしている物体には…

変位xに比例した，変位とは逆向きの力がはたらいている!!

この，単振動を引き起こしている力（振動の中心にもどろうとする力）のことを，**復元力**と呼びます。

まとめておきましょう。

復元力　単振動を引き起こしている力です!!

振動の中心からの変位をxとすると，復元力Fは…

$$F=-m\omega^2x$$

（mは物体の質量，ωは角振動数）

円運動のときは，角速度と呼んでました。

ザ・まとめ

角振動数ω[rad/s]，振幅A[m]の単振動では…

変位：$x=A\sin\omega t$

速度：$v=A\omega\cos\omega t$　速さの最大値は$A\omega$です!!

加速度：$a=-A\omega^2\sin\omega t$　加速度の大きさの最大値は$A\omega^2$です!!

さらに…

$$a=-\omega^2x$$

超重要!!

単振動の周期：$T=\dfrac{2\pi}{\omega}$

振動数：$f=\dfrac{1}{T}$

等速円運動のときと同じ!!

復元力：$F=-m\omega^2x$　超重要!!

mは単振動をする物体の質量[kg]

問題84 標準

右のグラフは，単振動する物体の原点からの変位x[m]と，時間t[s]の関係を表している。

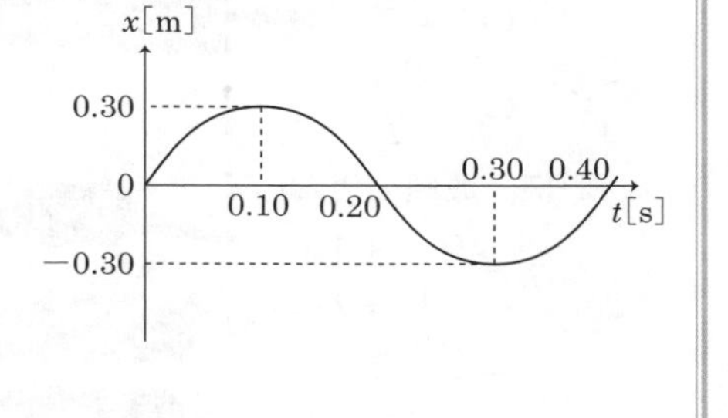

(1) 振幅A[m]を求めよ。

(2) 周期T[s]を求めよ。

(3) 振動数f[Hz]を求めよ。

(4) 角振動数ω[rad/s]を求めよ。

(5) 速度v[m/s]と時間T[s]との関係を表すグラフをかけ。

(6) 加速度a[m/s^2]と時間T[s]との関係を表すグラフをかけ。

(7) $x = 0.10$[m]のときの加速度を求めよ。

(8) $x = -0.20$[m]のときの加速度を求めよ。

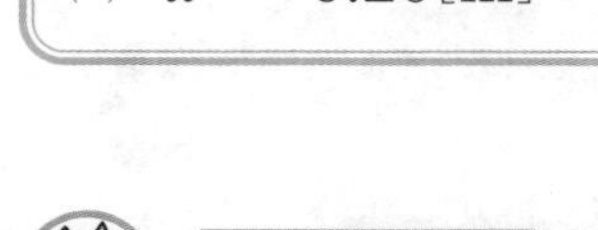

(1) グラフより振幅は，

$A = \mathbf{0.30}$[m] …(答)

振幅 A

(2) グラフより周期は，

$T = \mathbf{0.40}$[s] …(答)

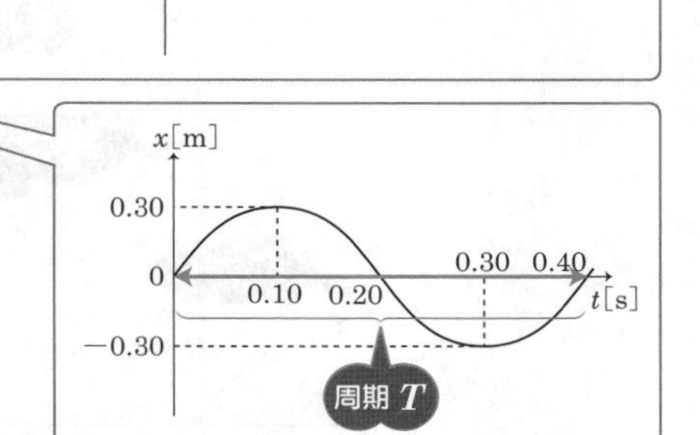

(3)

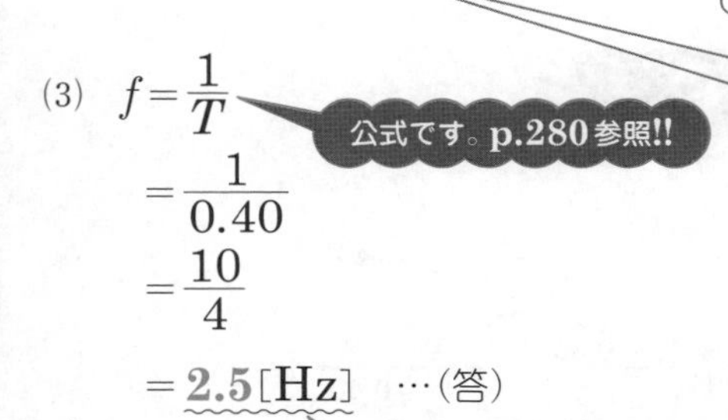

$$f = \frac{1}{T}$$

公式です。p.280参照!!

$$= \frac{1}{0.40}$$

$$= \frac{10}{4}$$

$= \mathbf{2.5}$[Hz] …(答)

単位はヘルツです!!

(4)　$T=\dfrac{2\pi}{\omega}$ より，

公式です!!　p.278参照!!

$T\omega=2\pi$

右辺の分母を払いました。

$\therefore\quad \omega=\dfrac{2\pi}{T}$

これに，数値を代入して…

$\pi=3.14$ です。

$$\omega=\frac{2\times3.14}{0.40}$$

(2)より，$T=0.40$[s]

$$=\frac{62.8}{4}$$

$$=15.7$$

2ケタにしました!!

$\fallingdotseq$ **16**[rad/s]　…(答)

(5)　速さの最大値 $\boldsymbol{A\omega}$[m/s]は…

$$\boldsymbol{A\omega}=0.30\times15.7$$

$$=4.71$$

$\fallingdotseq$ **4.7**[m/s]

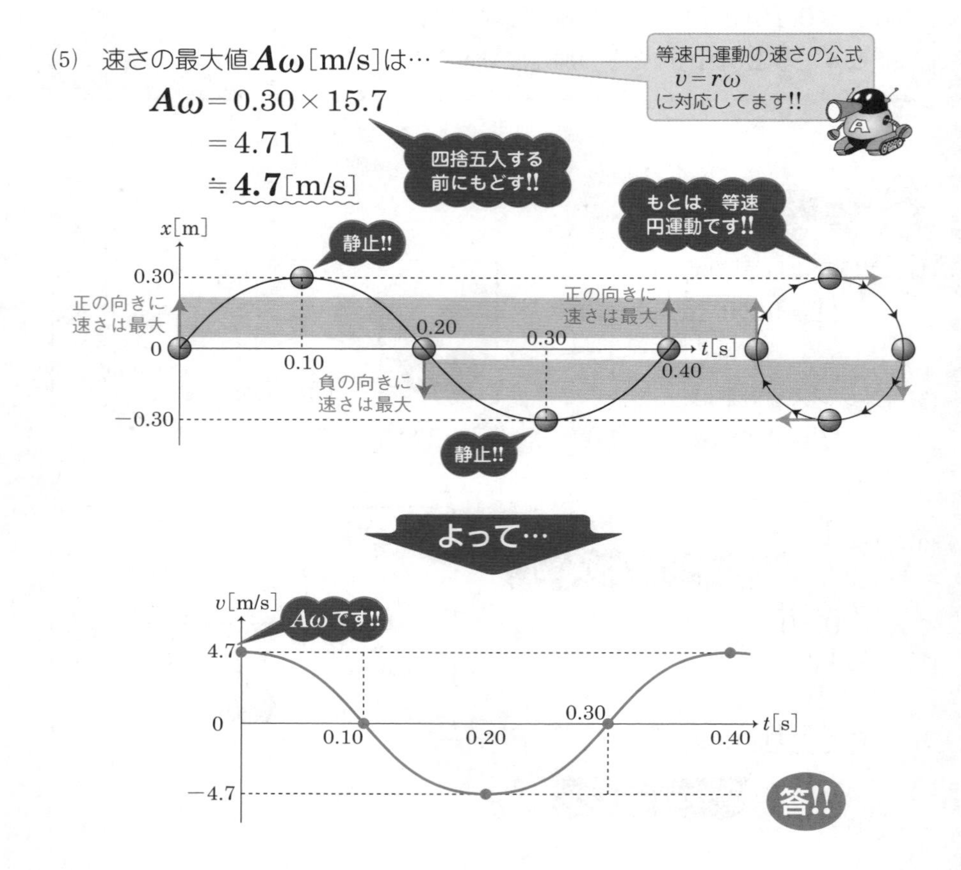

(6) 加速度の大きさの最大値 $\boldsymbol{A\omega^2}$[m/s²]は…

$$A\omega^2 = 0.30 \times 15.7^2$$
$$= 73.947$$
$$\fallingdotseq \mathbf{74}\,[\mathrm{m/s^2}]$$

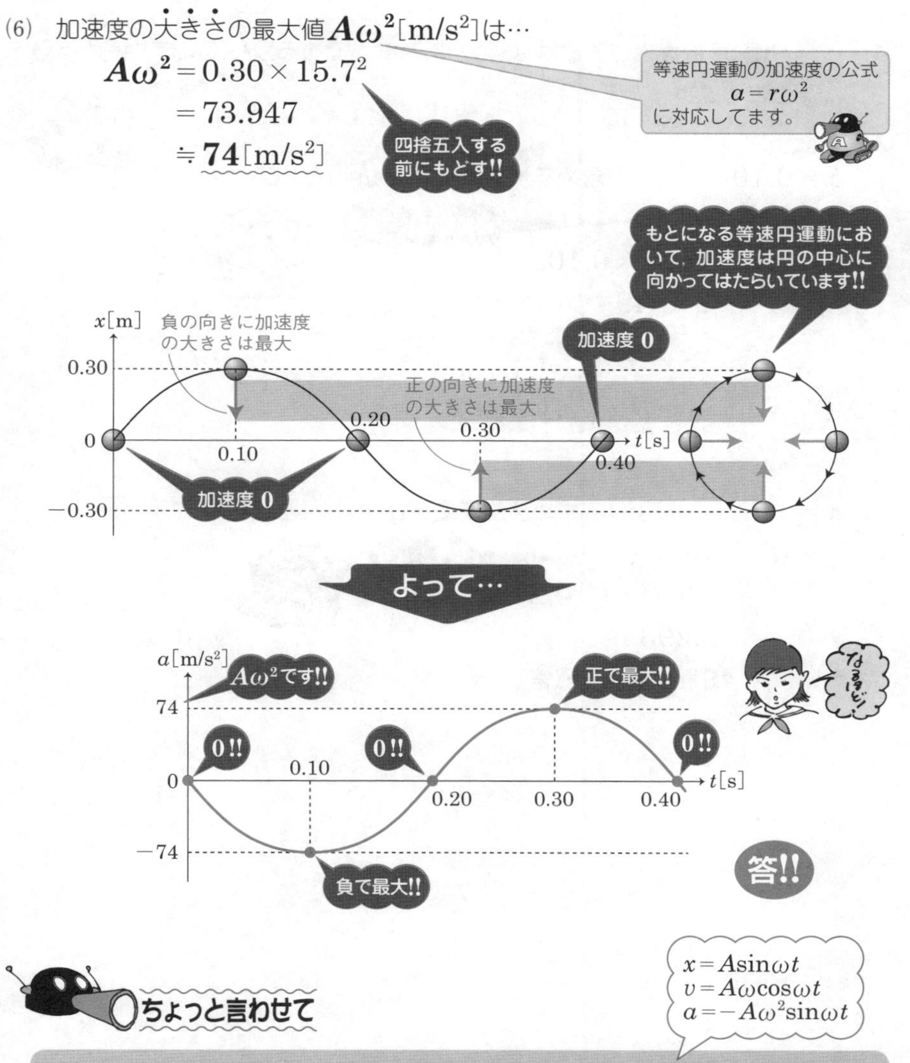

ちょっと言わせて

(5)や(6)は公式を機械的に活用して考えてもよいが，応用が効かなくなるので，おすすめしません。

問題によっては，$\boldsymbol{x = A\cos\omega t}$のようなグラフで攻めてくるかもしれないので，もとになる等速円運動の動きと照らし合わせて，理解しましょう!!

(7) “加速度の大きさ”ではなく，“加速度”であるから，向きも考える必要があります。

$x=0.10$[m]より，求める加速度をa[m/s^2]として，

$$\boldsymbol{a}=-\boldsymbol{\omega}^2\boldsymbol{x}$$

超重要公式です!!

$$=-15.7^2\times0.10$$
$$=-24.649$$
$$\fallingdotseq \mathbf{-25}\,[\mathrm{m/s^2}]$$ …(答)

マイナスをつけないとダメ!!

(8) $x=-0.20$[m]より，求める加速度をa[m/s^2]として，

$$\boldsymbol{a}=-\boldsymbol{\omega}^2\boldsymbol{x}$$

重要公式!!

$$=-15.7^2\times(-0.20)$$
$$=49.298$$
$$\fallingdotseq \mathbf{49}\,[\mathrm{m/s^2}]$$ …(答)

問題85 標準

下図のように，なめらかな水平面上に，質量m[kg]のおもりのついたばね定数k[N/m]のばねが，一端を壁に固定して置かれている。ばねが自然長のときのおもりの位置を原点Oとし，ばねが伸びる向きを正の向きとしたx軸を定める。ばねをl[m]引いて放したところ，おもりは単振動を始めた。このとき，次の各問いに答えよ。

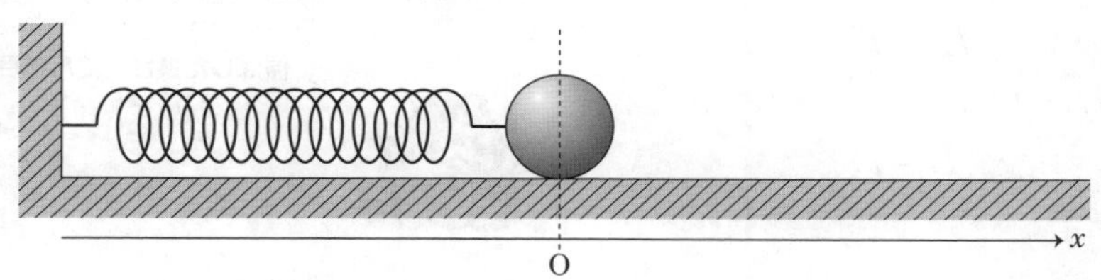

(1) この単振動の振幅を求めよ。

(2) おもりが座標xにいるときの加速度を求めよ。

(3) この単振動の角振動数を求めよ。

(4) この単振動の周期を求めよ。

ナイスな導入

(1) 単振動は，振動の中心に対して対称に運動します。

ばねをl[m]引いて放したのであるから，ばねがl[m]縮んだところまでいって，おもりは引き返してきます。

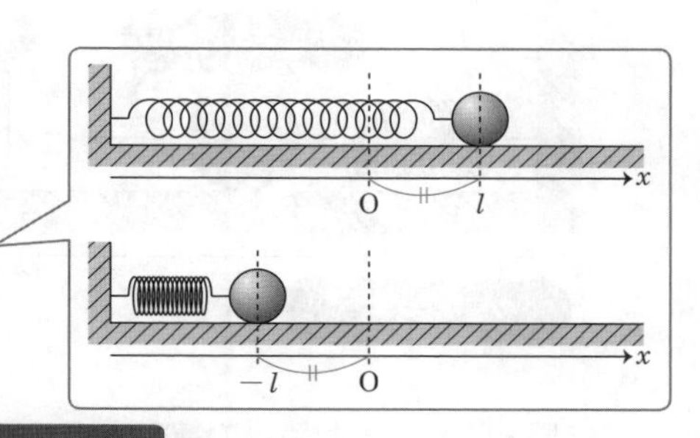

よって!!

振幅は l[m] です!!

ラク勝!!

これは，“力学的エネルギー保存の法則”からも簡単に説明がつきます。やってみましょう!!

ばねが縮む最大値をL[m]とおきます。力学的エネルギー保存の法則から…

両端ではおもりはいったん静止するので，運動エネルギーはともに0[J]です!!

$$\frac{1}{2}kL^2 = \frac{1}{2}kl^2$$

ばねがL[m]縮んだときの弾性力による位置エネルギー

ばねをl[m]引いたときの弾性力による位置エネルギー

$$L^2 = l^2$$

$L > 0$として，

$$L = l$$

本当だ!!
伸ばした長さ＝縮んだ長さ
になるわけか…

(2)

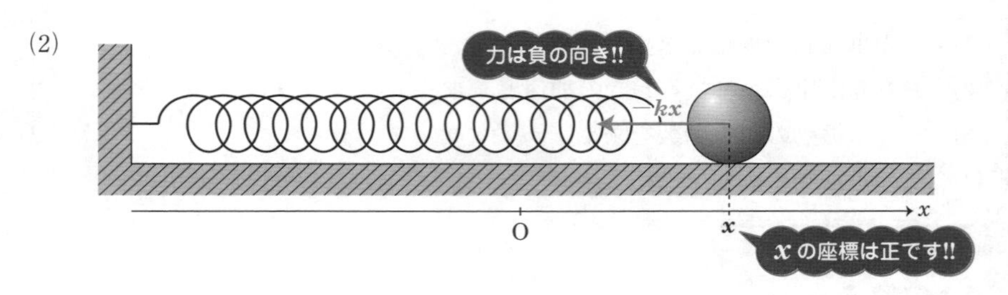

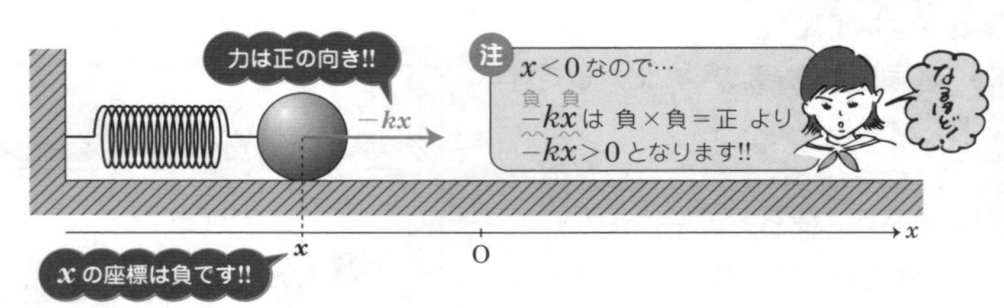

座標xにおけるおもりの運動方程式は，

$$\boldsymbol{ma = -kx}$$

$x>0$のときも，
$x<0$のときも
成立するよ!!　上図参照!!

$$\therefore \quad a = -\frac{kx}{m}\ [\mathrm{m/s^2}]$$

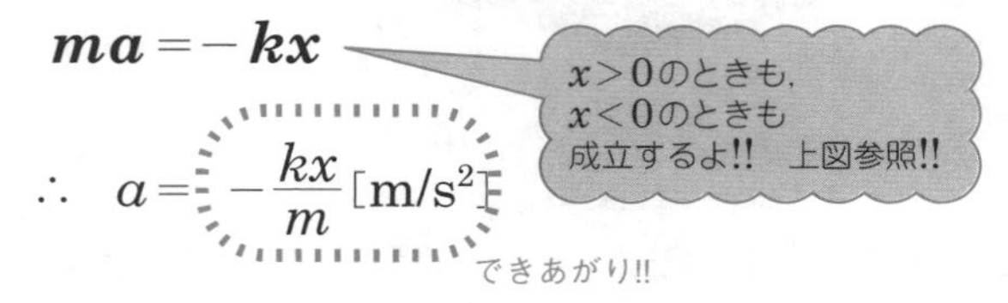

(3) 角振動数をω[rad/s]とすると…

$$a = -\omega^2 x$$

p.277参照!! 重要公式です!!

これに(2)の結果を用いて,

$$-\omega^2 x = -\frac{kx}{m}$$

$$\omega^2 = \frac{k}{m}$$

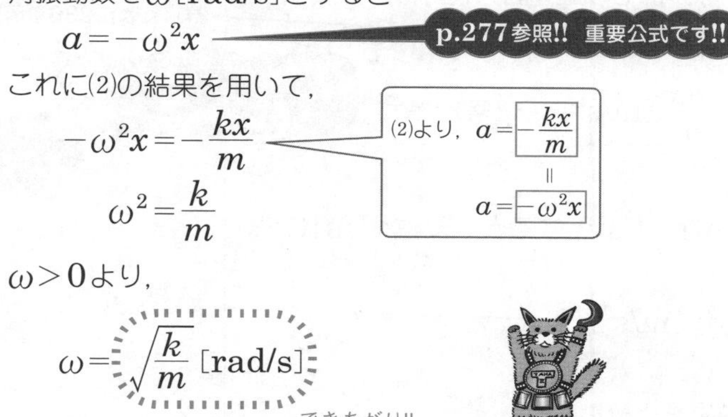

$\omega > 0$より,

$$\omega = \sqrt{\frac{k}{m}}\ \text{[rad/s]}$$

できあがり!!

(4) 単振動の周期をT[s]として…

$$T = \frac{2\pi}{\omega}$$

等速円運動のころからおなじみの公式です。

$$= \frac{2\pi}{\sqrt{\frac{k}{m}}}$$

$$= \frac{2\pi\sqrt{m}}{\sqrt{k}}$$

分子と分母に$\sqrt{m}$をかけた!!

$$\frac{2\pi \times \sqrt{m}}{\sqrt{\frac{k}{m}} \times \sqrt{m}} = \frac{2\pi\sqrt{m}}{\sqrt{k}}$$

$$= 2\pi\sqrt{\frac{m}{k}}\ \text{[s]}$$

できあがり!!

解答でござる

(1) 単振動は，振動の中心に関して対称的に運動する。ばねをl[m]引いて放したことから，この単振動の振幅は,

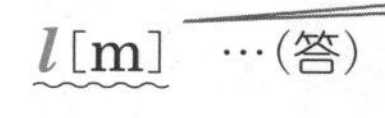

l[m] …(答)

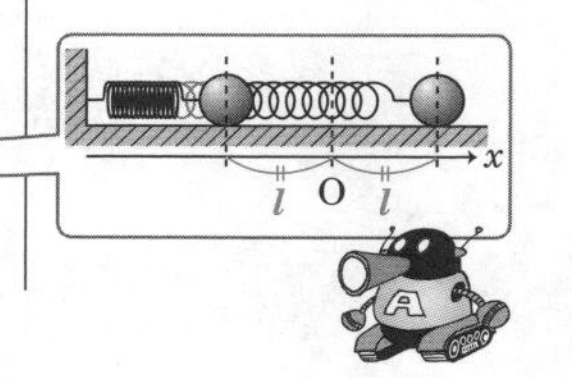

(2)　座標xにおける，おもりの運動方程式は，

$$ma = -kx$$

$$\therefore \quad a = -\frac{kx}{m} \text{[m/s}^2\text{]} \quad \cdots\text{(答)}$$

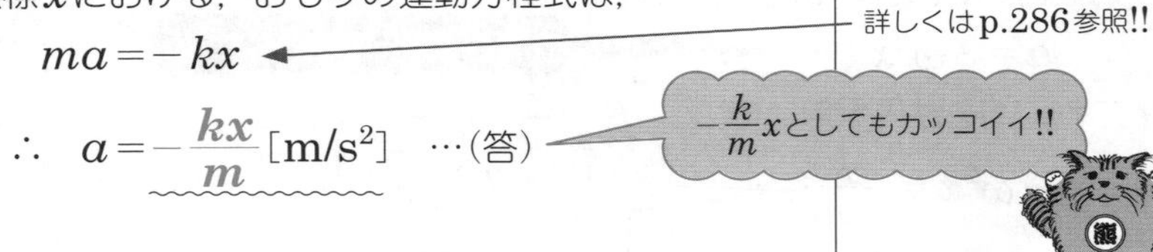

(3)　角振動数をω[rad/s]とすると，変位x[m]における加速度は，

$$a = -\omega^2 x \text{[m/s}^2\text{]}$$

と表される。

重要公式!!

これと(2)の結果を比較して，

$$-\omega^2 x = -\frac{kx}{m}$$

$$\omega^2 = \frac{k}{m}$$

この類の式が，今後しょっちゅう登場します。

$\omega > 0$より，

$$\omega = \sqrt{\frac{k}{m}} \text{[rad/s]} \quad \cdots\text{(答)}$$

(4)　周期をT[s]として，

$$T = \frac{2\pi}{\omega}$$

$$= \frac{2\pi}{\sqrt{\frac{k}{m}}}$$

$$= \frac{2\pi\sqrt{m}}{\sqrt{k}}$$

$$= 2\pi\sqrt{\frac{m}{k}} \text{[s]} \quad \cdots\text{(答)}$$

等速円運動のときと同じ公式です。

分子と分母に$\sqrt{m}$をかけました!!

こんなのはいかが??

問題86 ちょいムズ

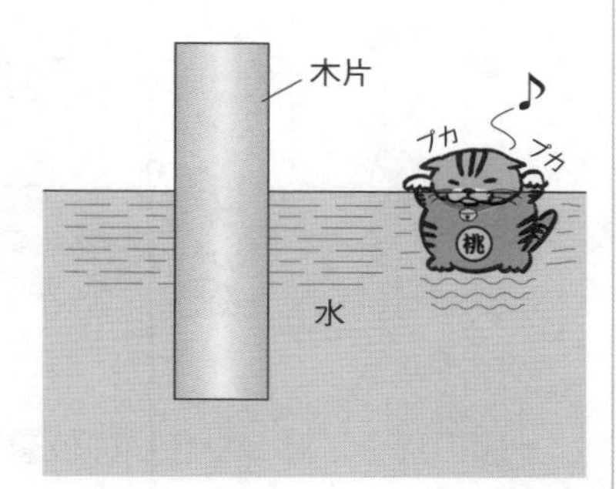

質量m[kg]，断面積S[m^2]の円筒形の木片が，鉛直に浮いている。

重力加速度の大きさをg[m/s^2]，水の密度をρ[kg/m^3]として，次の各問いに答えよ。

(1) 木片が水中に入っている長さl_0[m]を求めよ。

(2) 木片を少し指で真下に押して，静かに指をはなしたところ，木片は単振動をした。この単振動の周期T[s]を求めよ。

ビジュアル解答

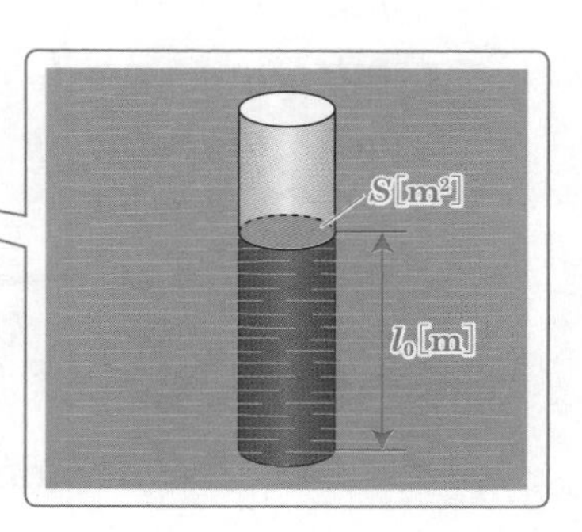

(1) 木片が水中に入っている体積は…

$$S \times l_0 = Sl_0 \text{[m}^3\text{]}$$

この体積分の水の質量は…

$$\rho \times Sl_0 = \rho Sl_0 \text{[kg]}$$

よって，木片にはたらく浮力f_0[N]は，

$$f_0 = \rho Sl_0 g \text{[N]}$$

この浮力f_0[N]が，木片の重力mg[N]

とつり合うから，

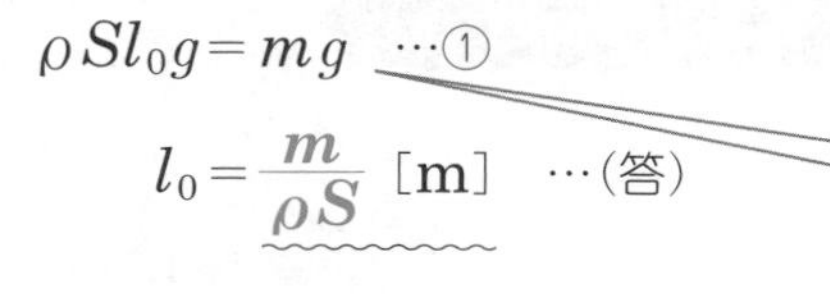

$$\rho Sl_0 g = mg \quad \cdots①$$

$$l_0 = \frac{m}{\rho S} \text{[m]} \quad \cdots(答)$$

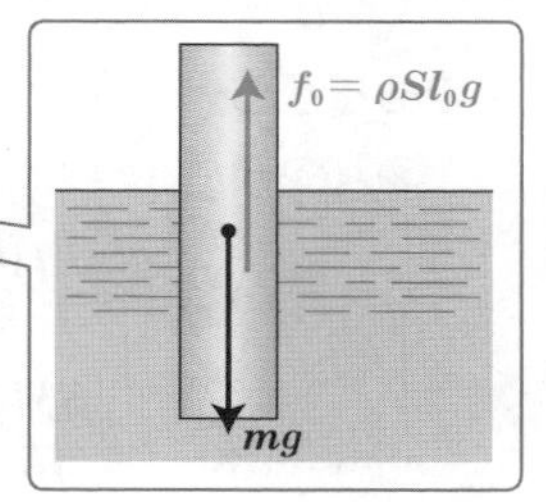

(2)

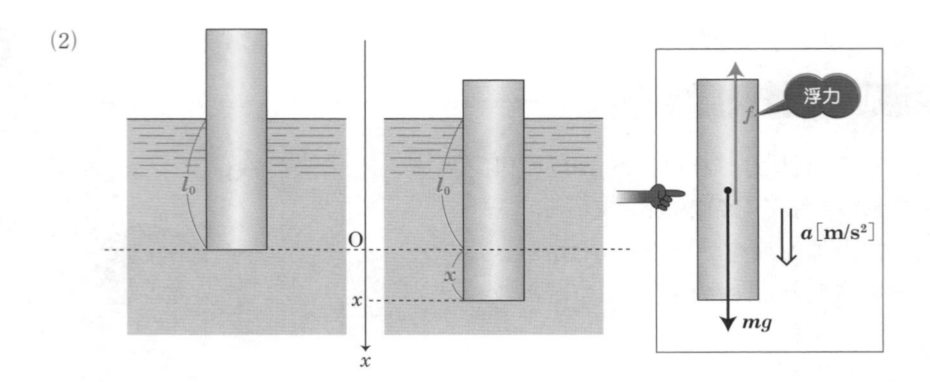

上図のように，つり合いの位置での木片の下端を原点Oとして，鉛直下向きにx軸をとる。木片の下端が，座標xにあるときの木片の運動方程式を考えることにしよう!!

まず，このときの木片にはたらく浮力fは…

$$f = \rho S(l_0 + x)g$$

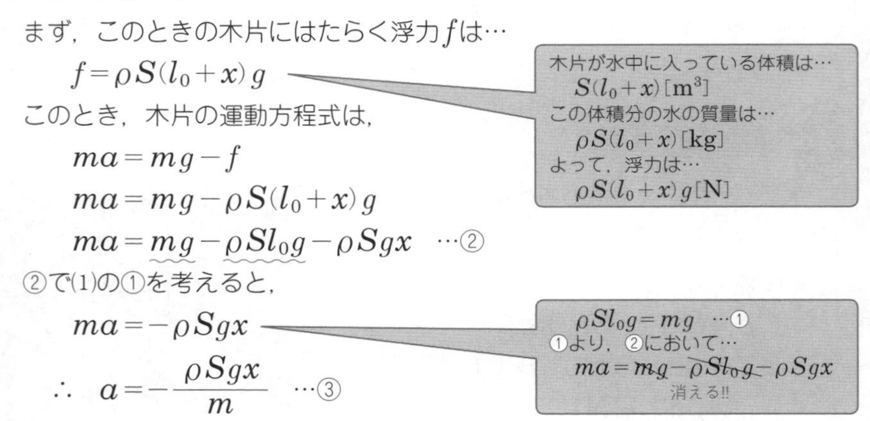

このとき，木片の運動方程式は，

$$ma = mg - f$$

$$ma = mg - \rho S(l_0 + x)g$$

$$ma = mg - \rho Sl_0 g - \rho Sgx \quad \cdots②$$

②で(1)の①を考えると，

$$ma = -\rho Sgx$$

$$\therefore \quad a = -\frac{\rho Sgx}{m} \quad \cdots③$$

一方，角振動数がω[rad/s]である単振動の変位xにおける加速度aは，

$$a = -\omega^2 x \quad \cdots④$$

おーっ!! また出てきた!!

であるから，

③と④から，

$$-\omega^2 x = -\frac{\rho Sgx}{m}$$

$$\omega^2 = \frac{\rho Sg}{m}$$

$\omega > 0$ より，

$$\omega = \sqrt{\frac{\rho S g}{m}}$$

よって，単振動の周期 T[s]は，

$$T = \frac{2\pi}{\omega}$$

公式です!!

$$= \frac{2\pi}{\sqrt{\frac{\rho S g}{m}}}$$

$$= \frac{2\pi\sqrt{m}}{\sqrt{\rho S g}}$$

分子と分母に $\sqrt{m}$ をかけた!!

$$= \mathbf{2\pi\sqrt{\frac{m}{\rho S g}}} \quad \cdots(答)$$

ばねを縦にしてみましょう。

問題87 標準

ばね定数k[N/m]のばねの一端を天井に固定し，他端に質量m[kg]のおもりをつけて，つり合いの位置からl[m]引いて放すと，おもりは単振動を始めた。このとき，次の各問いに答えよ。

(1) この単振動の周期を求めよ。

(2) この単振動の振幅を求めよ。

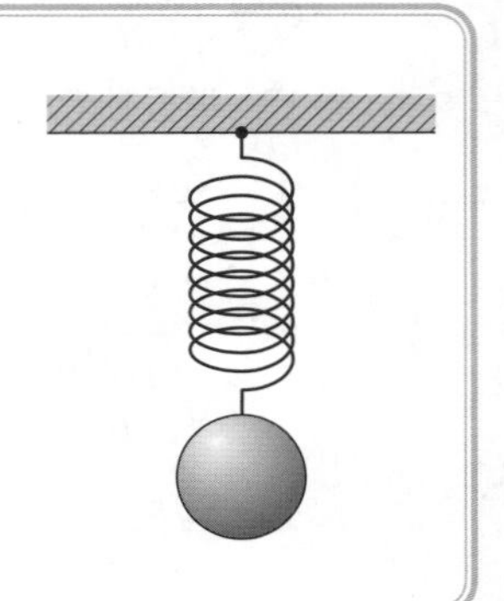

ビジュアル解答

(1) 質量m[kg]のおもりをつけたとき，ばねが自然長からd[m]だけ伸びてつり合うとすると，つり合いの式は，

$$kd = mg \quad \cdots①$$

つり合いの位置を原点Oとし，鉛直下向きを正の向きとして，x軸を定める。

座標xにおける，おもりの運動方程式は，

$$ma = mg - k(x+d) \quad \cdots②$$

つり合いの位置でd伸びていて，さらにx伸ばしているので，合計$x+d$伸びている!!

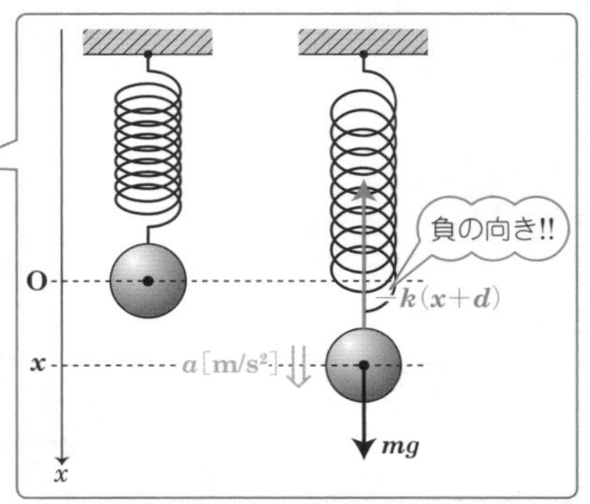

②より，

$$ma = mg - kx - kd$$

これに①を用いて，

$$ma = mg - kx - kd$$

$$\therefore \quad ma = -kx \quad \cdots③$$

③より，

$$a = -\frac{kx}{m} \quad \cdots④$$

一方，角振動数をω[rad/s]としたとき，変位x[m]における加速度は，

$$a = -\omega^2 x \quad \cdots⑤$$

重要公式です!!

④と⑤より，

$$-\omega^2 x = -\frac{kx}{m}$$

$$\omega^2 = \frac{k}{m}$$

$\omega > 0$より，

$$\omega = \sqrt{\frac{k}{m}}$$

よって，この単振動の周期をT[s]とすると，

$$T = \frac{2\pi}{\omega}$$

$$= \frac{2\pi}{\sqrt{\frac{k}{m}}}$$

$$= \frac{2\pi\sqrt{m}}{\sqrt{k}}$$

分子と分母に$\sqrt{m}$をかけた!!

$$= 2\pi\sqrt{\frac{m}{k}}\ [\mathrm{s}] \quad \cdots(答)$$

問題85 と同じ答えです!!

(2) 単振動は振動の中心に対して対称に運動する。この単振動の振動の中心は，つり合いの位置である。このつり合いの位置からl[m]引いて放したことから，このl[m]こそが振幅となる。よって，振幅は l[m] …(答)

(2)の証明をしてみましょう!!

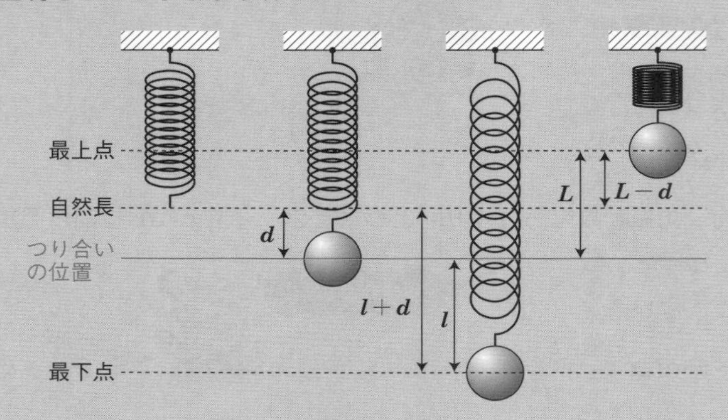

最下点と最上点では，おもりがいったん停止しているので，ともに運動エネルギーは0[J]です。

つり合いの位置を基準点として，重力による位置エネルギーを考える。最上点がつり合いの位置よりL[m]上方にあるとして，

最上点における力学的エネルギーの総和は，

$$mgL+\frac{1}{2}k(L-d)^2 \quad \cdots ㋑$$

上図参照!! $L-d$[m]ばねは縮んでいる。

最下点における力学的エネルギーの総和は，

$$-mgl+\frac{1}{2}k(l+d)^2 \quad \cdots ㋺$$

“力学的エネルギー保存の法則”から，㋑と㋺の値は等しくなる!!

$$mgL+\frac{1}{2}k(L-d)^2=-mgl+\frac{1}{2}k(l+d)^2$$

×2

$$2mgL+k(L-d)^2=-2mgl+k(l+d)^2$$

p.292の①より，$kd=mg$であるから，

$$2kdL+k(L-d)^2=-2kdl+k(l+d)^2$$

$$2kdL+k(L^2-2Ld+d^2)=-2kdl+k(l^2+2ld+d^2)$$

$$2kdL+kL^2-2kLd+kd^2=-2kdl+kl^2+2kld+kd^2$$

$$kL^2=kl^2$$

$$L^2=l^2$$

$L > 0$として，

$L = l$　キターッ!!

よって，

つり合いの位置から最上点までの距離 ＝ **つり合いの位置から最下点までの距離** ＝ l

ザ・まとめ

① ばね定数k[N/m]のばねに，質量m[kg]の物体をつけて単振動させたときの周期T[s]は…

☞ 一般的に**ばね振子**と呼びます。

$$T = 2\pi\sqrt{\frac{m}{k}}\ [\mathrm{s}]$$

注 問題85 と 問題87 を比較してもらえばわかると思いますが，この値はばねをつるす向きに関係ありません!!

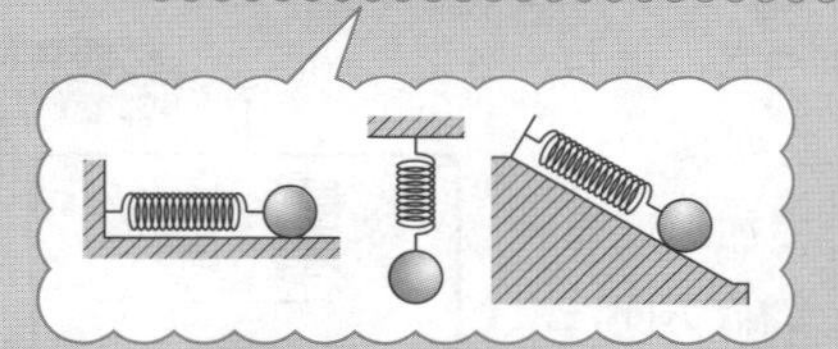

mとkで…
みかんと覚えよう!!

② 単振動における振幅は，つり合いの位置から，最初に与えた変位の大きさで決まる。

問題88 標準

次のそれぞれのばね振子の周期T[s]を求めよ。ただし，おもりの質量はすべてm[kg]とする。

(1) ばね定数がk_1[N/m]のばねと，ばね定数がk_2[N/m]のばねを直列につなぎ，なめらかな水平面で単振動させる。

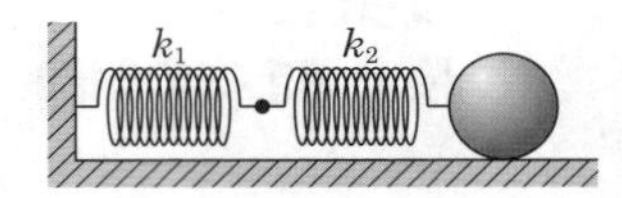

(2) ばね定数がk_1[N/m]のばねと，ばね定数がk_2[N/m]のばねを並列につなぎ，鉛直方向に単振動させる。

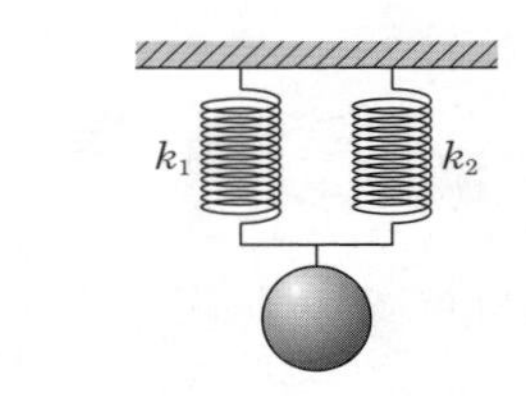

(3) ばね定数がk_1[N/m]のばねと，ばね定数がk_2[N/m]のばねを直列につなぎ，傾きθのなめらかな斜面で単振動させる。

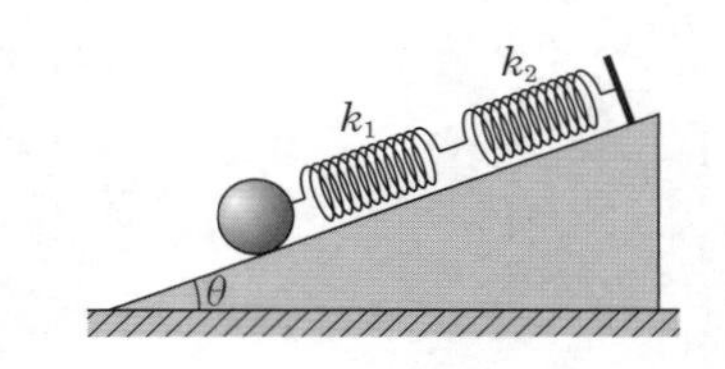

(4) ばね定数がk_1[N/m]のばねと，ばね定数がk_2[N/m]のばねを並列につなぎ，鉛直上向きにa[m/s^2]で加速度運動するエレベーターの中で，鉛直方向に単振動させる。

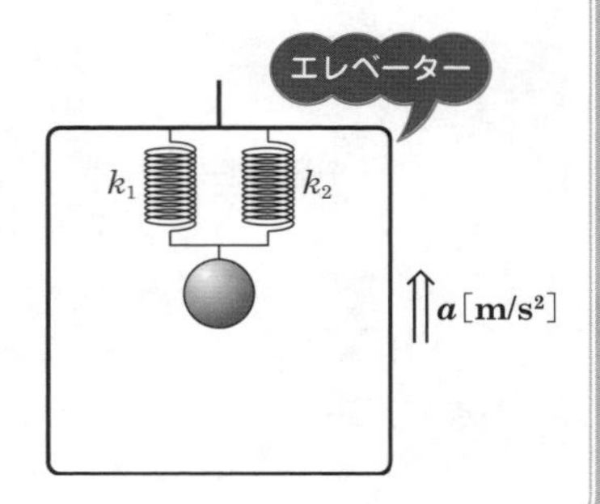

ナイスな導入

前ページの ザ・まとめ でも述べましたが，ばね振子の周期T[s]は，ばねの性質であるばね定数k[N/m]と物体の質量m[kg]のみで決まりました。つまり，重力や慣性力の影響はないということです。

mとkで"みかん"と覚えよう!!

$$T = 2\pi\sqrt{\frac{m}{k}}\,[\mathrm{s}]$$

あとは，合成ばね定数の求め方を覚えていれば，ラク勝です。

合成ばね定数（1本のばねと考えたときのばね定数）

ばね定数がk_1[N/m]のばねと，ばね定数がk_2[N/m]のばねを，次のようにつないだときの合成ばね定数をK[N/m]とする。

① 直列につなぐとき

$$\frac{1}{K} = \frac{1}{k_1} + \frac{1}{k_2}$$

p.99で学習しましたよ!!

② 並列につなぐとき

$$K = k_1 + k_2$$

解答でござる

(1) 直列だから，合成ばね定数K[N/m]として，

$$\frac{1}{K} = \frac{1}{k_1} + \frac{1}{k_2}$$

$$\frac{1}{K} = \frac{k_1 + k_2}{k_1 k_2}$$ ← 通分しました!!

$$\therefore\ K = \frac{k_1 k_2}{k_1 + k_2}\,[\mathrm{N/m}]$$ ← 両辺逆数をとる!!

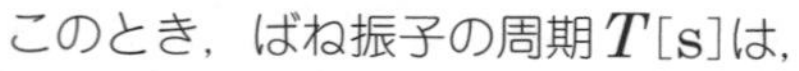
このとき，ばね振子の周期 T[s]は，

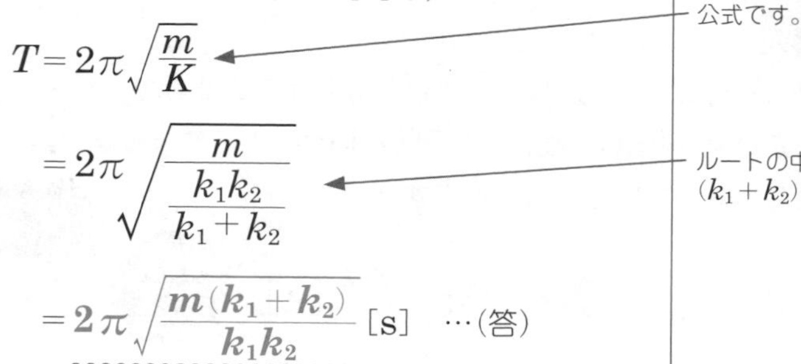

$$T=2\pi\sqrt{\frac{m}{K}}$$

公式です。

$$=2\pi\sqrt{\frac{m}{\frac{k_1k_2}{k_1+k_2}}}$$

ルートの中の分子と分母に (k_1+k_2) をかける。

$$=2\pi\sqrt{\frac{m(k_1+k_2)}{k_1k_2}}\ [\mathrm{s}] \quad \cdots (答)$$

(2) **注** ばねが鉛直方向になっているが，周期には無関係です。

並列だから，合成ばね定数を K[N/m]として，

$$K=k_1+k_2\ [\mathrm{N/m}]$$

このとき，ばね振子の周期 T[s]は，

$$T=2\pi\sqrt{\frac{m}{K}}$$

公式です!!

$$=2\pi\sqrt{\frac{m}{k_1+k_2}}\ [\mathrm{s}] \quad \cdots (答)$$

(3) **注** ばねが斜めになっていますが，周期には無関係です。

直列だから，(1)と同様に，

$$T=2\pi\sqrt{\frac{m(k_1+k_2)}{k_1k_2}}\ [\mathrm{s}] \quad \cdots (答)$$

(1)とまったく同じ計算になります。

(4) **注** エレベーター内で，おもりに慣性力がはたらきますが，周期には無関係です。ばね定数と質量のみで周期は決まる!!

並列だから，(2)と同様に，

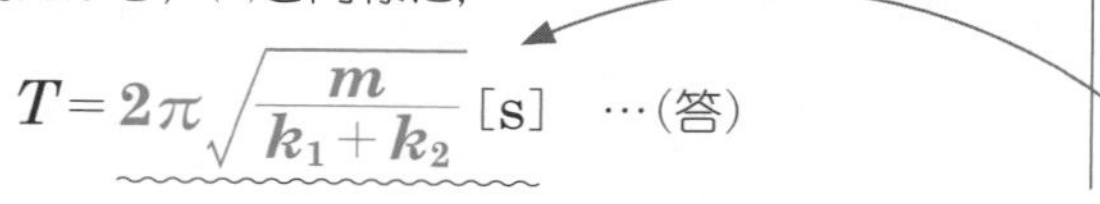

$$T=2\pi\sqrt{\frac{m}{k_1+k_2}}\ [\mathrm{s}] \quad \cdots (答)$$

(2)とまったく同じ計算になります。

くれぐれも油断しないように!!

問題89 標準

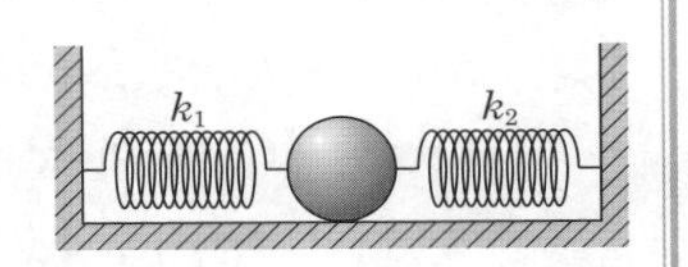

右図のように，ばね定数がk_1，k_2のばねを水平につないだ質量mの物体が，水平でなめらかな平面上に置かれている。2つのばねの一端は壁に固定され，ばねは自然長である。いま，物体を右にlだけ動かして放すと，物体は単振動を始めた。このとき，次の各問いに答えよ。

(1) この単振動の振幅を求めよ。

(2) この単振動の周期を求めよ。

(3) 物体がはじめの静止の位置を通る瞬間の速さを求めよ。

ナイスな警告!! えーっ!!

ばねが2つ横に並んでるからって，直列じゃないぞ!! よく見てくれ!! 物体が間にはさまってるじゃん!!

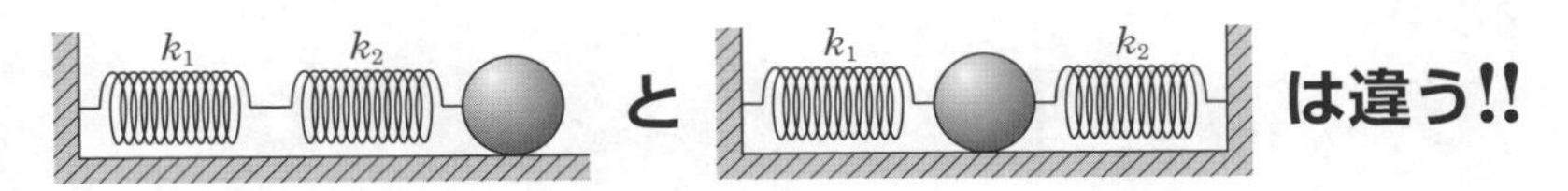

まぁ，詳しくは解答にて

解答でござる

(1) つり合いの位置(単振動の中心)から，最初に動かした距離がlであるから，この単振動の振幅は，

l …(答)

(2)

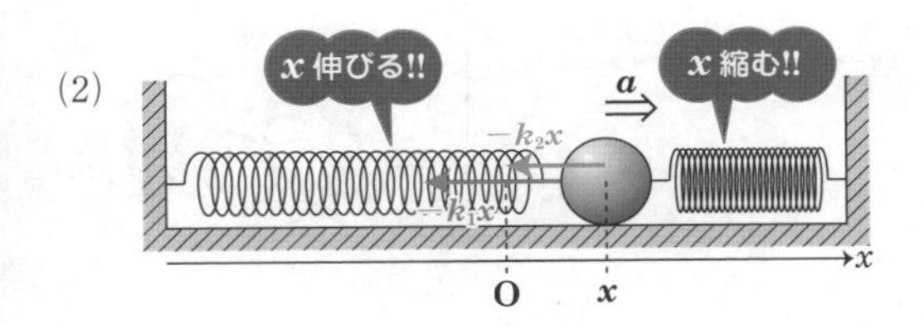

最初のおもりの位置を原点Oとし，右向きを正の向きとしてx軸を定める。おもりが座標xにあるときの運動方程式は，

$$ma = -k_1x - k_2x$$

いずれのばねの弾性力も変位と逆向きにはたらく!!

$$ma = -(k_1 + k_2)x$$

$$\therefore \quad a = -\frac{(k_1 + k_2)x}{m} \quad \cdots①$$

一方，角振動数をωとしたとき，座標xにおける加速度aは，

$$a = -\omega^2 x \quad \cdots②$$

重要公式です。

と表せる。

①と②より，

$$-\omega^2 x = -\frac{(k_1 + k_2)x}{m}$$

いつものパターンです!! 問題85 & 問題87 でも登場しました!!

$$\omega^2 = \frac{k_1 + k_2}{m}$$

$\omega > 0$より，

$$\therefore \quad \omega = \sqrt{\frac{k_1 + k_2}{m}}$$

この単振動の周期をTとして，

$$T = \frac{2\pi}{\omega}$$

等速円運動と共通の公式

$$= \frac{2\pi}{\sqrt{\frac{k_1 + k_2}{m}}}$$

$$= \frac{2\pi\sqrt{m}}{\sqrt{k_1 + k_2}}$$

分子と分母に$\sqrt{m}$をかけた。

$$= 2\pi\sqrt{\frac{m}{k_1 + k_2}} \quad \cdots(答)$$

(3)

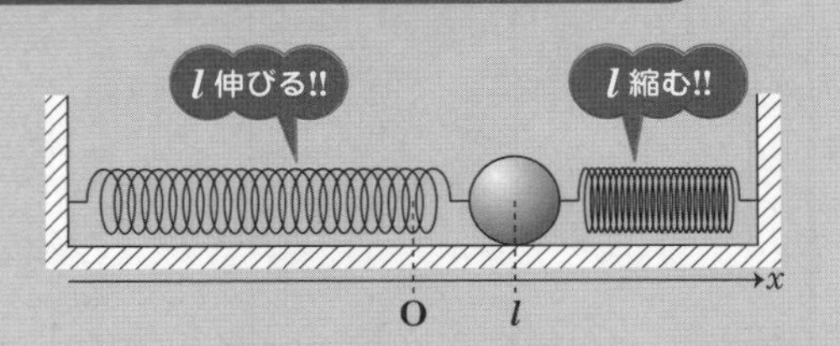

ばねの弾性力による位置エネルギーの合計は,

$$\frac{1}{2}k_1l^2+\frac{1}{2}k_2l^2$$

このとき,物体は静止しているので,運動エネルギーは0である!!

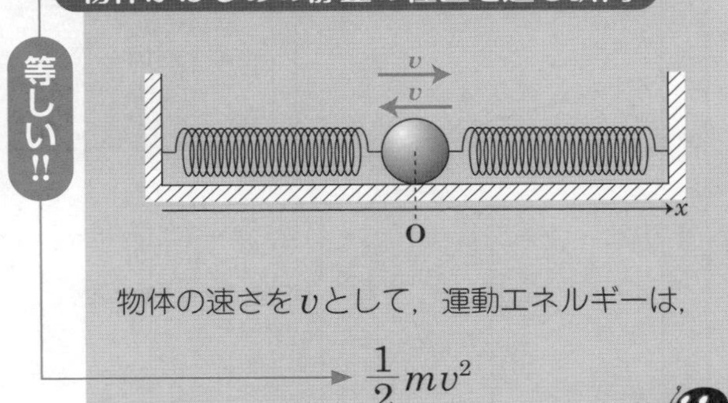

物体の速さをvとして,運動エネルギーは,

$$\frac{1}{2}mv^2$$

このとき,2本のばねは自然長であるから,ばねの弾性力による位置エネルギーは0である!!
単振動であるから,vの向きは2通りある!!

力学的エネルギー保存の法則から,物体がはじめの静止の位置を通る瞬間の速さをvとして,

$$\frac{1}{2}mv^2=\frac{1}{2}k_1l^2+\frac{1}{2}k_2l^2$$

上の解説を見てくれ!!

$$mv^2=k_1l^2+k_2l^2$$

両辺を2倍!!

$$=(k_1+k_2)l^2$$

$$v^2=\frac{(k_1+k_2)l^2}{m}$$

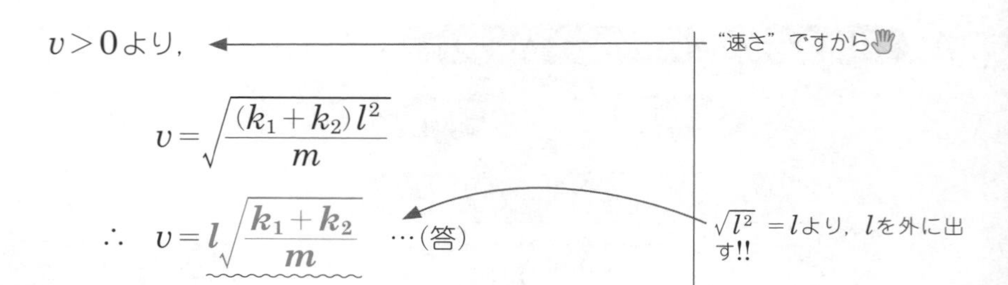

$v > 0$ より，

$$v = \sqrt{\frac{(k_1 + k_2) l^2}{m}}$$

$$\therefore \quad v = l\sqrt{\frac{k_1 + k_2}{m}} \quad \cdots(\text{答})$$

“速さ” ですから

$\sqrt{l^2} = l$ より，l を外に出す!!

別解でござる

(3)　振動の中心を通るとき，速さは最大である。この速さを v とおくと，

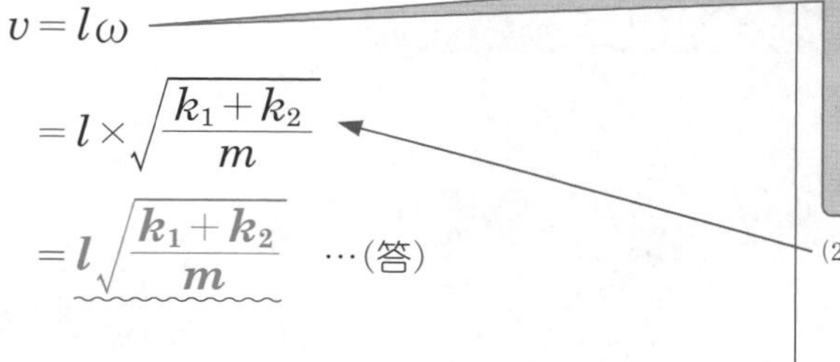

$$v = l\omega$$

$$= l \times \sqrt{\frac{k_1 + k_2}{m}}$$

$$= l\sqrt{\frac{k_1 + k_2}{m}} \quad \cdots(\text{答})$$

p.276参照!!
振動の中心を通るときの速さ v は…

$v = A\omega$

等速円運動の公式

$v = r\omega$

に対応してます。

(2)で

$$\omega = \sqrt{\frac{k_1 + k_2}{m}}$$

は，求めてあります。

Theme 27 単振り子

とりあえず覚えてくれ!!

長さl[m]の糸におもりをつけて，小さく振動させたときの単振動の周期T[s]は，重力加速度をg[m/s^2]として…

$$T = 2\pi\sqrt{\frac{l}{g}}$$

この証明は 問題92 でやりましょう!!

注　振幅が大きいと，円運動の一部になってしまうので，単振動に近似することはできない!!

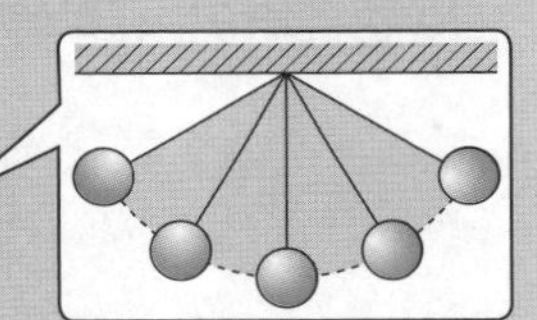

問題90　キソ

長さ0.80[m]の糸に0.20[kg]のおもりをつけて，小さく振動させた。この単振り子の周期を求めよ。ただし，重力加速度の大きさを9.8[m/s^2]とする。

解答でござる

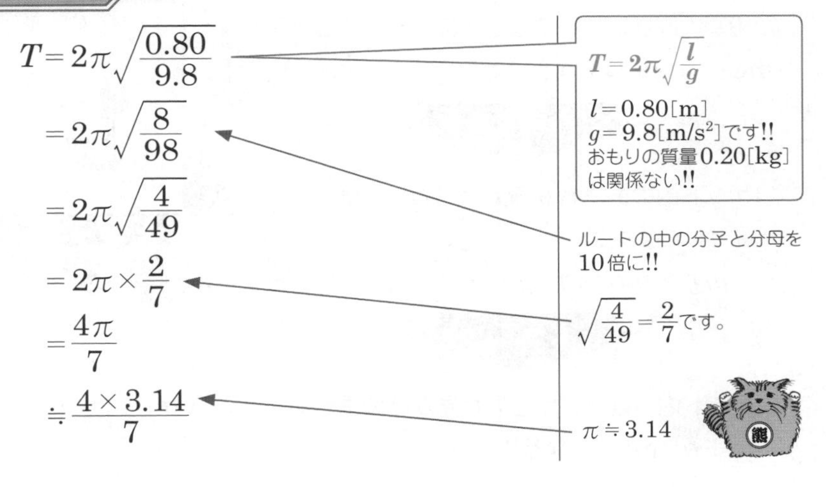

$$T = 2\pi\sqrt{\frac{0.80}{9.8}}$$
$$= 2\pi\sqrt{\frac{8}{98}}$$
$$= 2\pi\sqrt{\frac{4}{49}}$$
$$= 2\pi \times \frac{2}{7}$$
$$= \frac{4\pi}{7}$$
$$\fallingdotseq \frac{4 \times 3.14}{7}$$

$T = 2\pi\sqrt{\frac{l}{g}}$
$l = 0.80$[m]
$g = 9.8$[m/s^2]です!!
おもりの質量0.20[kg]は関係ない!!

ルートの中の分子と分母を10倍に!!

$\sqrt{\frac{4}{49}} = \frac{2}{7}$です。

$\pi \fallingdotseq 3.14$

$= 1.794\cdots$

$\fallingdotseq \underline{1.8}(\mathrm{s})$ …(答)

問題91　標準

鉛直上向きに加速度a[m/s^2]で上昇するロケットの天井に，長さl[m]の単振り子を小さく振動させた。重力加速度をg[m/s^2]として，この単振り子の周期T[s]を求めよ。

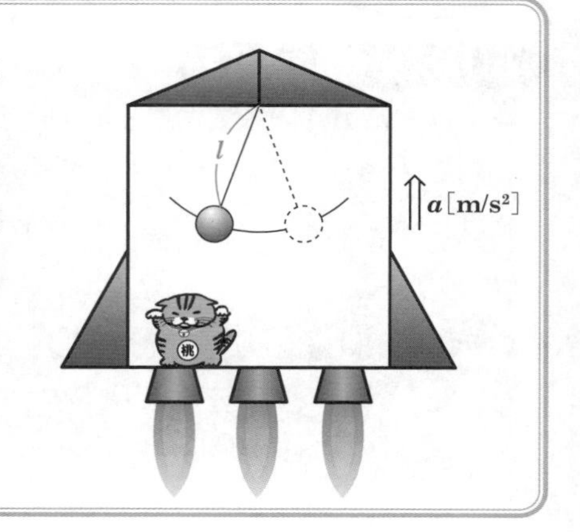

ナイスな導入

本問のテーマは…

重力と慣性力の合力 ＝ 見かけの重力

おもりの質量をm[kg]とすると…

ロケット内のおもりには，重力mg[N]と，ロケットが鉛直上向きに加速することによって生じる慣性力ma[N]が鉛直下向きにはたらく。

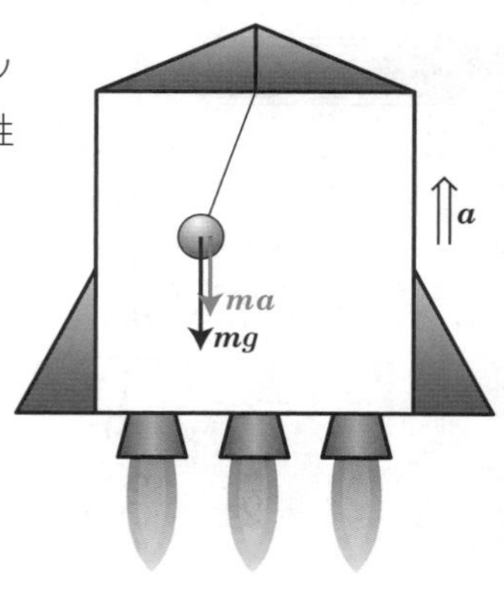

つまり…

ロケット内の観測者から見たおもりにはたらく見かけの重力は…

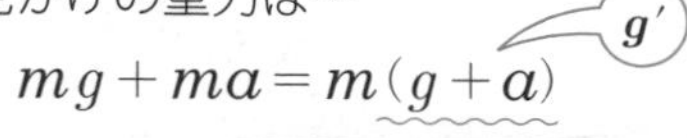

$$mg + ma = m(g + a)$$

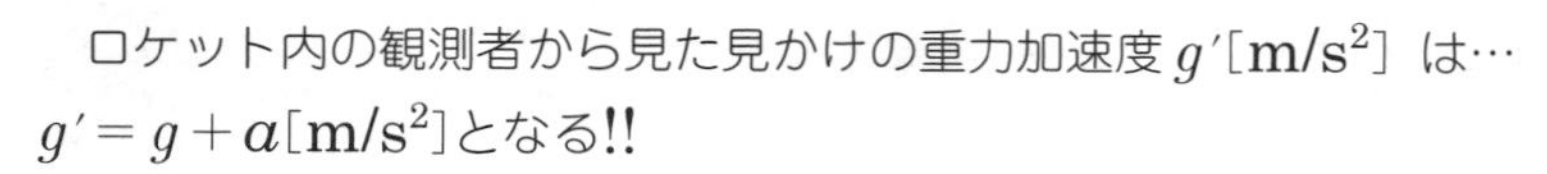

よって!!

ロケット内の観測者から見た見かけの重力加速度g'[m/s^2] は…

$g' = g + a$[m/s^2]となる!!

解答でござる

ロケット内の見かけの重力加速度 g'[m/s²]は，

$$g' = g + a$$

詳しくは ナイスな導入 参照!!

よって，この単振り子の周期 T[s] は…

$$T = 2\pi\sqrt{\frac{l}{g'}}$$

$$= 2\pi\sqrt{\frac{l}{g+a}} \quad \cdots(答)$$

とうとう，この問題をやるときが…

問題92 モロ難

長さl，おもりの質量mの単振り子の周期をTと考える。振動の中心をOとして，水平方向にx軸をとり，糸が鉛直方向と角θをなしているときのおもりの座標をxとする。

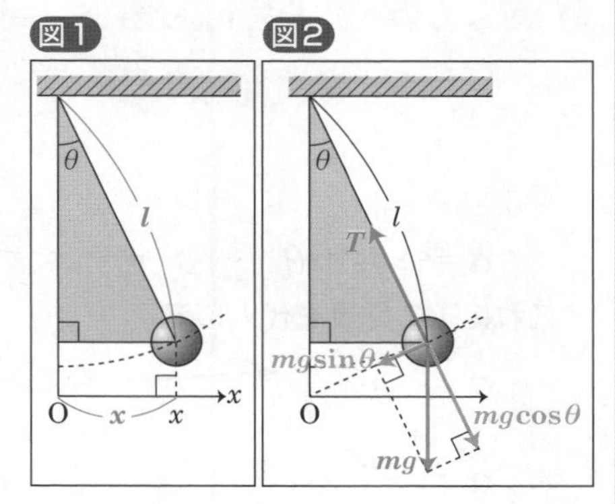

(1) 図1において，$\sin\theta$の値をlとxで表せ。

(2) 図2において，糸の張力Tと，重力の法線方向の成分$mg\cos\theta$はつり合っている。重力の接線方向の成分$mg\sin\theta$が，ほぼx軸と平行であると考えて，x軸の正の向きの加速度をaとして，おもりの運動方程式を立てよ。

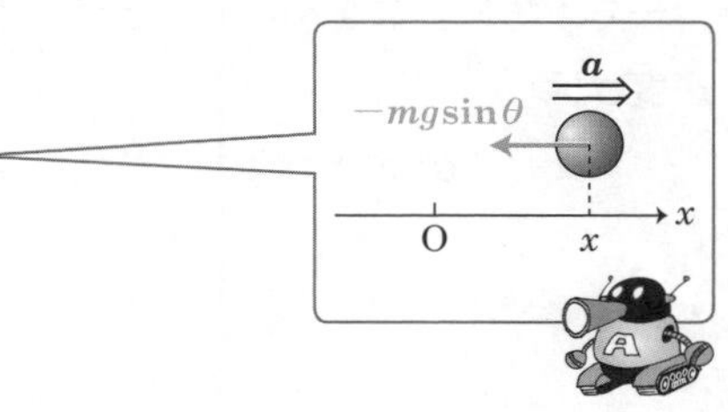

(3) (1)と(2)から，この単振り子の周期Tを求めよ。

解答でござる

(1) 図1より,

$$\sin\theta = \frac{x}{l} \quad \cdots(答)$$

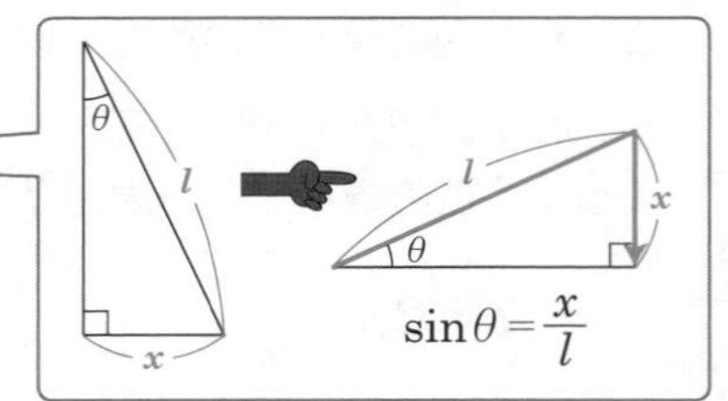

(2) おもりのx軸方向の運動方程式は,

$$ma = -mg\sin\theta \quad \cdots(答)$$

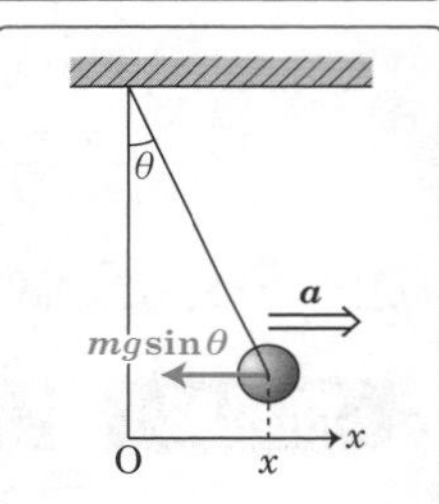

注 実際は, $mg\sin\theta$は, 接線方向にはたらいている(前ページ図2参照!!)。ところが, θがかなり小さい値と考えたとき, $mg\sin\theta$の向きは, x軸とほぼ平行であると考えてよい。

(3) (2)より,

$$a = -g\sin\theta \quad \cdots①$$

両辺をmでわった。

これに(1)の結果を代入して,

$$a = -g \times \frac{x}{l}$$

$\sin\theta = \frac{x}{l}$

$$\therefore \quad a = -\frac{gx}{l} \quad \cdots②$$

一方, 角振動数をωとしたとき, 変位xにおける加速度aは,

$$a = -\omega^2 x \quad \cdots③$$

②と③より，

$$-\omega^2 x = -\frac{gx}{l}$$

また，このパターンだよ!!

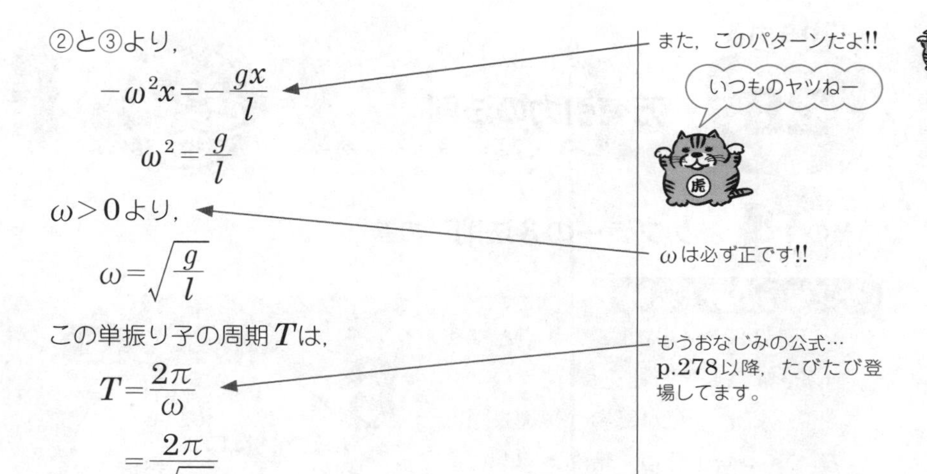

$$\omega^2 = \frac{g}{l}$$

$\omega > 0$ より，

ω は必ず正です!!

$$\omega = \sqrt{\frac{g}{l}}$$

この単振り子の周期 T は，

もうおなじみの公式…p.278以降，たびたび登場してます。

$$T = \frac{2\pi}{\omega}$$

$$= \frac{2\pi}{\sqrt{\frac{g}{l}}}$$

分子と分母に $\sqrt{l}$ をかけた!!

$$= \frac{2\pi\sqrt{l}}{\sqrt{g}}$$

$$= 2\pi\sqrt{\frac{l}{g}} \quad \cdots (答)$$

Theme 28 万有引力の法則

その1 “ケプラーの３法則”の巻

ケプラーの第１法則

惑星は，太陽を１つの焦点とする**楕円軌道上**を運動する。

右図のように，惑星が最も太陽に近づく点を近日点，最も太陽から遠ざかる点を遠日点と呼びます。

注　太陽系の惑星の軌道は，かなり円に近い楕円です。

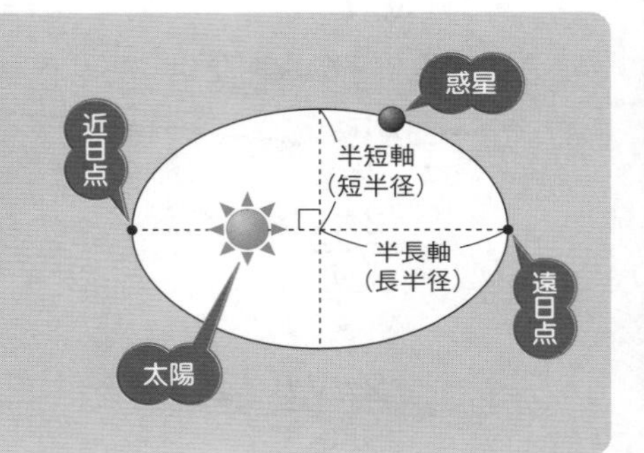

ケプラーの第２法則

惑星と太陽とを結ぶ線分が，単位時間(通常１秒間)に描く面積(これを**面積速度**と呼ぶ!!)は，一定である。もちろん!!　この一定値は，惑星によって異なります。

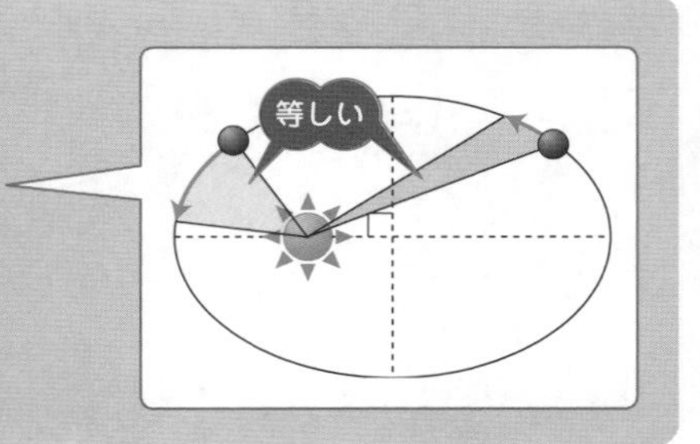

問題93　標準

ある惑星が近日点A，遠日点Bを通過する速さがそれぞれ，v_A，v_Bで，点Aと太陽までの距離がr_Aであるとき，点Bと太陽までの距離r_Bを求めよ。

楕円の性質より，点Aと点Bにおける接線は，線分AB(長軸)と垂直である。

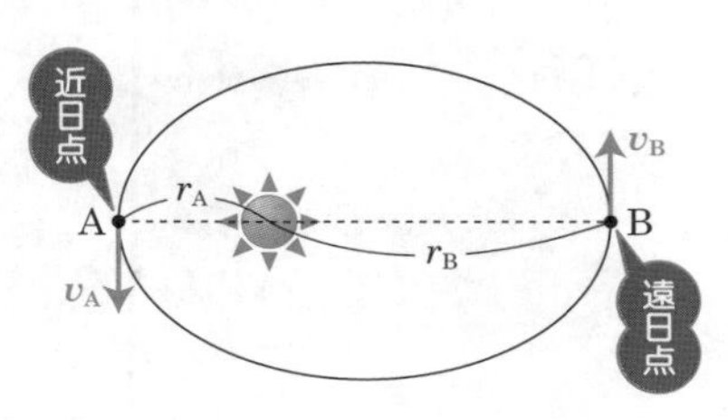

よって，v_A，v_Bの向きは，線分ABに垂直である。

さらに，単位時間(通常1秒間)において，点A，点Bにおける面積速度は，それぞれ三角形の面積に近似できます。

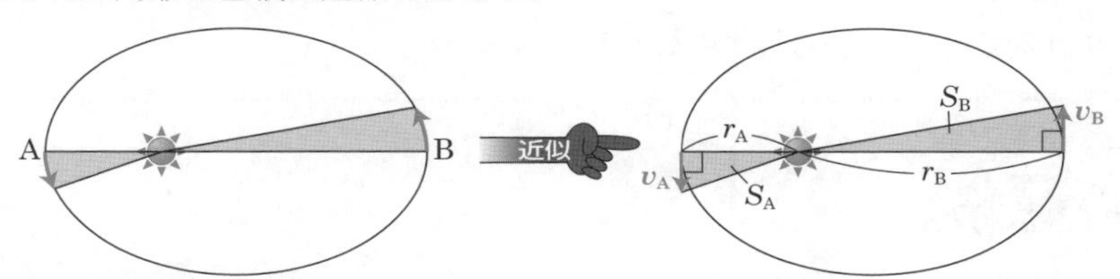

点Aでの面積速度S_Aは…

$$S_A = \frac{1}{2} r_A v_A \quad \cdots ①$$

点Bでの面積速度S_Bは…

$$S_B = \frac{1}{2} r_B v_B \quad \cdots ②$$

ケプラーの第2法則より，

$$S_A = S_B \quad \cdots ③$$

面積速度が等しい!!

①と②を③に代入して，

$$\frac{1}{2} r_A v_A = \frac{1}{2} r_B v_B$$

$$r_A v_A = r_B v_B$$

両辺を2倍!!

$$\therefore \quad r_B = \frac{r_A v_A}{v_B} \quad \cdots (答)$$

ケプラーの第3法則

惑星の公転周期Tの2乗(T^2)は，惑星の楕円軌道の半長軸(長半径)aの3乗(a^3)に比例する。

$$T^2 = ka^3$$

注 kは惑星の種類によらない比例定数です。つまり，すべての惑星において同じ値です!!

問題94 キソ

木星の公転軌道の半長軸(長半径)は，地球の約5倍ある。木星の公転周期は約何年であるか。有効数字2桁で答えよ。

ナイスな導入

$T^2 = ka^3$ より $\dfrac{T^2}{a^3} = k = $一定 である。

ケプラーの第3法則です!!

地球の公転周期は? 大丈夫??

解答でござる

地球の公転軌道の半長軸をlとおくと，木星の公転軌道の半長軸は$5l$となる。

問題文より，約5倍

木星の公転周期をT[年]として，ケプラーの第3法則から，

地球の公転周期は1年

$$\frac{T^2}{(5l)^3} = \frac{1^3}{l^3}$$

$$\frac{T^2}{125l^3} = \frac{1}{l^3}$$

$$T^2 = 125$$

両辺を$125l^3$倍した。

$T>0$ より，

$$T=\sqrt{125}$$
$$=5\sqrt{5}$$
$$\fallingdotseq 5\times 2.24$$
$$=11.2$$
$$\fallingdotseq \mathbf{11}\text{[年]}$$
…(答)

$\sqrt{5}=2.2360679$（フジサンロクオームナク）
$\sqrt{5}\fallingdotseq 2.24$ としました。
2ケタより1ケタ多めに…

問題文に"有効数字2ケタ"と指示があります。

11年…長っ…

その2 “万有引力の法則”の巻

万有引力の法則とは，結局，次の式のことである。

万有引力の法則

質量m[kg]の物体と質量M[kg]の物体が，距離R[m]離れて置かれているとき，物体間にはたらく力の大きさF[N]は…

$$F = G\frac{mM}{R^2}\ [\mathrm{N}]$$

で表されます。この力Fを**万有引力**と呼び，Gを**万有引力定数**と呼びます。このとき，

$$G = 6.67 \times 10^{-11}\ [\mathrm{N \cdot m^2/kg^2}]$$

です。

暗記する必要はない!!

なんてヒドイ扱いなんだ

そんなことより，腹へったなぁ…

F[N]　F[N]

m[kg]　R[m]　M[kg]

注 すべての物体間で，万有引力ははたらいています。上の2匹のネコの間にも万有引力ははたらいています。しかし，2匹ともそれに気づいていません。それは，万有引力定数Gがあまりにも小さな値なので，mかMのいずれかがとてつもなく大きな値でない限り，万有引力の存在は無視できます。太陽や地球のような天体の質量はハンパなく大きな値なので，われわれは地球に引きつけられ，地球は太陽のまわりを運動します。

問題95 標準

重力加速度g[m/s^2]を，地球の質量M[kg]，地球の半径R[m]，万有引力定数G[N·m^2/kg^2]で表せ。ただし，地球は完全な球体であるとし，遠心力は無視できるものとする。

ナイスな導入

われわれは，地球の自転とともに回転してます。つまり，われわれには地球の引力(われわれと地球との間の万有引力)以外に，遠心力もはたらいています。しかし，この遠心力は引力の0.3[%]程度なので，無視できます。

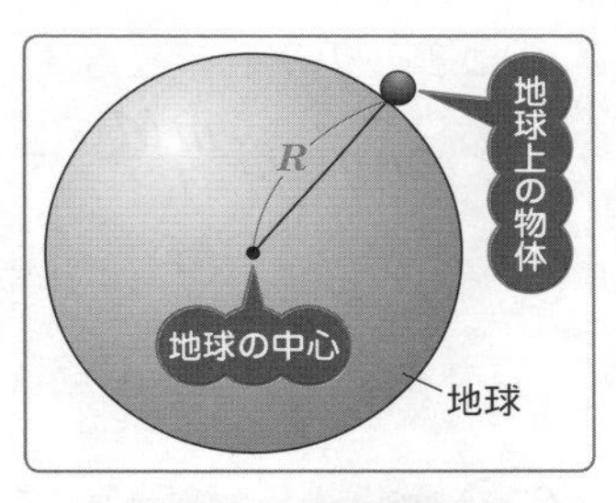

で!!　本問のポイントは…

こう考える!!

地球は大きいので，地球の質量すべてが地球の中心(重心)に存在しているものと考えることです。

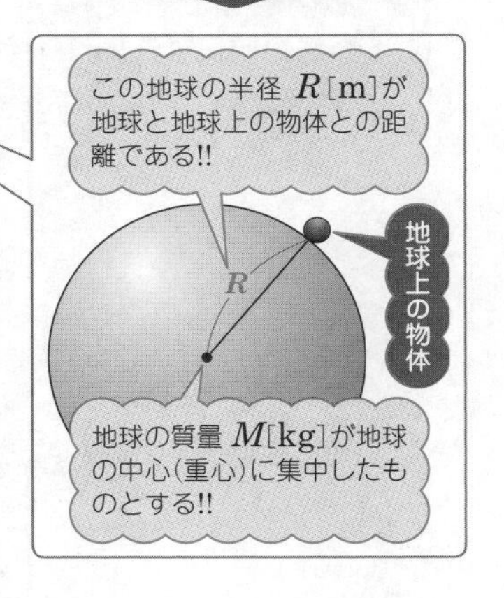

すると…

地球上の物体と地球の中心との距離，つまり地球の半径が地球上の物体と地球との距離となります。

解答でござる

地球上のある物体の質量を m[kg] とする。このとき，この物体と地球の間にはたらく万有引力 F[N] は，

$$F = G\frac{mM}{R^2} \quad \cdots ①$$

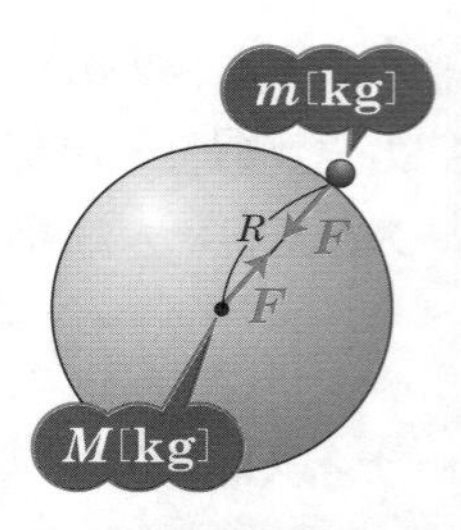

この F[N] を重力加速度 g[m/s^2] で表すと，

$$F = mg \quad \cdots ②$$

①と②より，

$$mg = G\frac{mM}{R^2}$$

遠心力は小さいので無視できるから…
重力＝万有引力です!!

$$\therefore \quad g = \frac{GM}{R^2} \quad \cdots (\text{答})$$

これは，よく使う式です!!

押さえておこう!!

地球の質量 M[kg]，地球の半径 R[m] とすると，重力加速度 g[m/s^2] は…

$$g = \frac{GM}{R^2}$$

G は万有引力定数だよ。

問題96　**標準**

ある人工衛星が，地球の中心からr[m]の円軌道を運動している。地球の半径をR[m]，重力加速度の大きさをg[m/s^2]として，人工衛星の速さを求めよ。

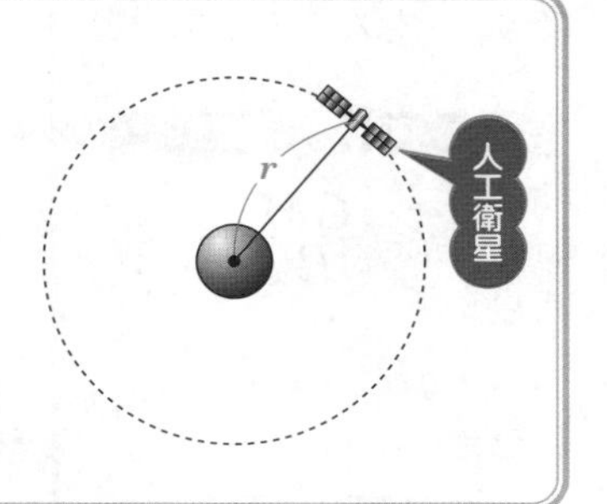

人工衛星と地球間の万有引力が，この人工衛星が等速円運動するための向心力となっている!!

ここで…

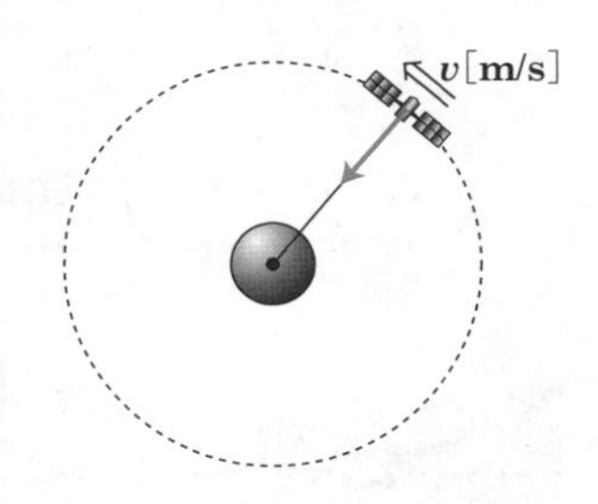

人工衛星の質量……………m[kg]
地球の質量…………………M[kg]
万有引力定数………………G[N·m^2/kg^2]
人工衛星の速さ……………v[m/s]

として…

人工衛星の運動方程式は…

$$m\frac{v^2}{r} = G\frac{mM}{r^2}$$

向心力　万有引力の法則

$$v^2 = \frac{GM}{r}$$

両辺をmでわり，さらに両辺をr倍した!!

$v > 0$より，

$$v = \sqrt{\frac{GM}{r}} \quad \cdots①$$

ん??

これが解答といいたいところだが…。GとMは問題文に登場していない文字です　なんとかしないと…。

そこで!! 問題95 のあの式が登場!!

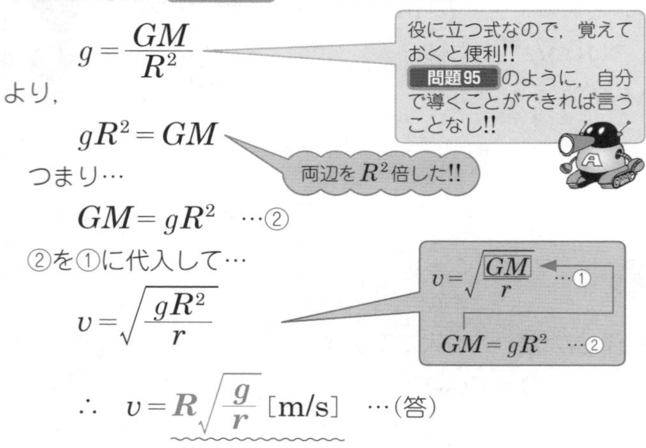

$$g=\frac{GM}{R^2}$$

より，

$$gR^2=GM$$

つまり…

$$GM=gR^2 \quad \cdots②$$

②を①に代入して…

$$v=\sqrt{\frac{gR^2}{r}}$$

$$\therefore \quad v=R\sqrt{\frac{g}{r}}\ [\mathrm{m/s}] \quad \cdots(答)$$

追加コーナー

赤道上の円軌道を地球の自転と同じ周期でまわる人工衛星を，特に**静止衛星**と呼びます。つまり，地球から見ると，赤道の上空に静止して見えるわけです。

“万有引力による位置エネルギー” のお話

数Ⅲの積分を使わないと証明できない話なので，次の公式は丸暗記してください。証明はバッサリカットします。

万有引力による位置エネルギー

万有引力による位置エネルギーの基準は，**無限遠方**です。質量$\boldsymbol{M}$[kg]の物体から，距離$\boldsymbol{R}$[m]の点に置かれている質量$\boldsymbol{m}$[kg]の物体がもつ万有引力による位置エネルギー$\boldsymbol{U}$[J]は…

$$U = -G\frac{mM}{R}\,[\mathrm{J}]$$

となります。

注　無限遠方の位置エネルギーを0[J] としています。

問題97　ちょいムズ

地表面から鉛直上向きに物体を打ち上げる。地球の中心から距離rのところまで到達させるためには，初速度v_0をいくらにすればよいか。ただし，地球の半径をR，重力加速度の大きさをgとする。

ナイスな導入

地球付近では，重力加速度の大きさは一定であると考えてよいが，地表からはるかに高い位置のお話になってしまうと…　地表から離れれば離れるほど，重力は小さくなってしまうので，重力による位置エネルギーの公式$U = mgh$は役に立たない!!

重力による位置エネルギー

$$U = mgh$$

ではなく…

万有引力による位置エネルギー

$$\boldsymbol{U = -G\frac{mM}{r}}$$

を活用する!!

もちろん!!　天体でも“力学的エネルギー保存の法則”は成立!!

具体的に表現すると…

$$\boldsymbol{\frac{1}{2}mv^2 - G\frac{mM}{r} = 一定}$$

運動エネルギー　万有引力による位置エネルギー

ふーん…

解答でござる

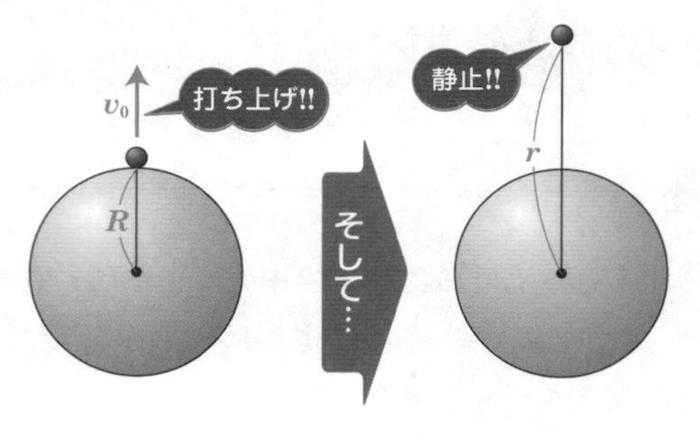

物体の質量を m，地球の質量を M，万有引力定数を G とおくと，力学的エネルギー保存の法則から，

打ち上げた瞬間の力学的エネルギー　目的の地点まで到達したときの力学的エネルギー

$$\frac{1}{2}mv_0{}^2 - G\frac{mM}{R} = 0 - G\frac{mM}{r}$$

運動エネルギー　万有引力による位置エネルギー　運動エネルギー　万有引力による位置エネルギー

$$\frac{1}{2}mv_0{}^2 - G\frac{mM}{R} = -G\frac{mM}{r}$$

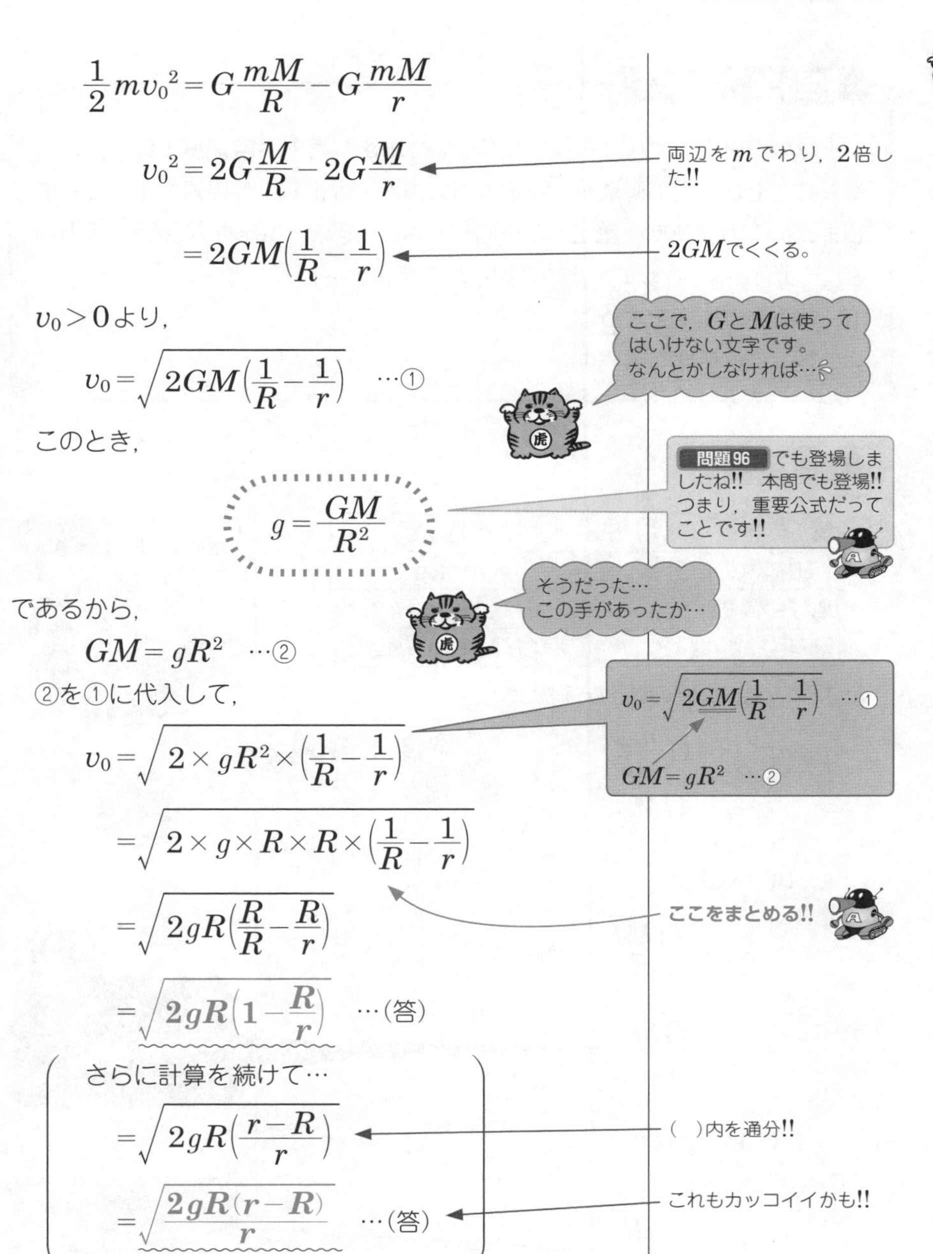

$$\frac{1}{2}m{v_0}^2 = G\frac{mM}{R} - G\frac{mM}{r}$$

$${v_0}^2 = 2G\frac{M}{R} - 2G\frac{M}{r}$$

両辺をmでわり，2倍した!!

$$= 2GM\left(\frac{1}{R} - \frac{1}{r}\right)$$

$2GM$でくくる。

$v_0 > 0$より，

$$v_0 = \sqrt{2GM\left(\frac{1}{R} - \frac{1}{r}\right)} \quad \cdots ①$$

このとき，

$$g = \frac{GM}{R^2}$$

であるから，

$$GM = gR^2 \quad \cdots ②$$

②を①に代入して，

$$v_0 = \sqrt{2 \times gR^2 \times \left(\frac{1}{R} - \frac{1}{r}\right)}$$

$$= \sqrt{2 \times g \times R \times R \times \left(\frac{1}{R} - \frac{1}{r}\right)}$$

$$= \sqrt{2gR\left(\frac{R}{R} - \frac{R}{r}\right)}$$

ここをまとめる!!

$$= \sqrt{2gR\left(1 - \frac{R}{r}\right)} \quad \cdots (答)$$

さらに計算を続けて…

$$= \sqrt{2gR\left(\frac{r - R}{r}\right)}$$

(　)内を通分!!

$$= \sqrt{\frac{2gR(r - R)}{r}} \quad \cdots (答)$$

これもカッコイイかも!!

問題98 標準

地球の表面すれすれにまわる人工衛星の速さを**第1宇宙速度**と呼び，地上から打ち上げた人工衛星が，地球の引力圏から脱出し，無限遠方まで行ってしまう最小の初速度を**第2宇宙速度**と呼ぶ。地球の半径をR[m]，重力加速度をg[m/s^2]として，次の各問いに答えよ。

(1) 第1宇宙速度を求めよ。

(2) 第2宇宙速度を求めよ。

解答でござる

(1)

第1宇宙速度	v_1[m/s]
人工衛星の質量	m[kg]
地球の質量	M[kg]
万有引力定数	G[N・m^2/kg^2]

地球です!!
人工衛星
R

とする。人工衛星の運動方程式は，

$$m\frac{{v_1}^2}{R}=G\frac{mM}{R^2}$$

地表ギリギリをまわるなんて…
とんでもないなぁ…

$${v_1}^2=\frac{GM}{R}$$

$v_1>0$より，

$$v_1=\sqrt{\frac{GM}{R}} \quad \cdots ①$$

さらに，

$$g=\frac{GM}{R^2}$$

より，

$$GM=gR^2 \quad \cdots ②$$

②を①に代入して，

$$v_1=\sqrt{\frac{gR^2}{R}}$$

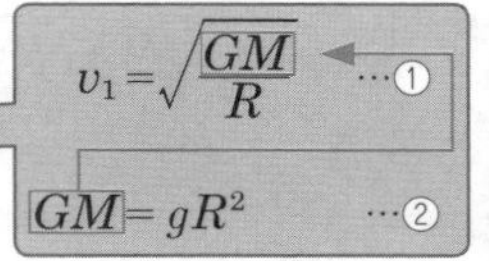

$$\therefore\ v_1=\sqrt{gR}\ \text{[m/s]} \quad \cdots(答)$$

(2)　地上から打ち上げた人工衛星の初速度を v_0[m/s]とする。

この人工衛星が地球の中心から r[m]の距離で v[m/s]の速さで運動していたとすると，力学的エネルギー保存の法則から，

$$\frac{1}{2}mv_0^2-G\frac{mM}{R}=\frac{1}{2}mv^2-G\frac{mM}{r}\quad\cdots③$$

となる。

③で，$r=\infty$（rを無限遠方と考える）とすると，

$$\frac{1}{2}mv_0^2-G\frac{mM}{R}=\frac{1}{2}mv^2-0$$

$$\frac{1}{2}mv_0^2-G\frac{mM}{R}=\frac{1}{2}mv^2\quad\cdots④$$

人工衛星が無限遠方に達するための条件は，④で，

$$\frac{1}{2}mv^2\geqq 0$$

となることである。よって，

$$\frac{1}{2}mv_0^2-G\frac{mM}{R}\geqq 0$$

$$\frac{1}{2}mv_0^2\geqq G\frac{mM}{R}$$

$$v_0^2\geqq\frac{2GM}{R}$$

$v_0>0$ より，

$$v_0\geqq\sqrt{\frac{2GM}{R}}\quad\cdots⑤$$

②を⑤に代入して，

$$v_0\geqq\sqrt{\frac{2gR^2}{R}}$$

$$\therefore\quad v_0\geqq\sqrt{2gR}\quad\cdots⑥$$

$-G\frac{mM}{\infty}$となり，0に限りなく近づく!!

そもそも…**無限遠方が万有引力による位置エネルギーの基準点**でしたね。
つまり…無限遠方の万有引力による位置エネルギーは，0[J]です!!

$\lim_{r\to\infty}\left(-G\frac{Mm}{r}\right)=0$ なんて表現するとカッコイイ!!

無限遠方でも，運動エネルギーが残っている（0以上）イメージです。

両辺を m でわり，2倍した!!

またまた，いつものヤツです!!

$v_0\geqq\sqrt{\frac{2GM}{R}}\quad\cdots①$

$GM=gR^2\quad\cdots②$

第$\mathbf{2}$宇宙速度v_2[m/s]は，人工衛星が無限遠方に達するためのv_0の最小値であるから，⑥より，

$$v_2 = \sqrt{2gR}\ [\mathrm{m/s}] \quad \cdots(答)$$

Theme 29 剛体のつり合い

モーメントが登場するよ!!

今までは物体の形状についてまったく無視してまいりましたが，今回はこれがテーマになります。

実際の物体にはいろいろな形状（棒状のもの，円板状のもの，その他いろいろ…）があり，その形状の中で質量が分散してます。

しかしながら，密度が均一でないその辺のぬいぐるみとかおにぎりなどを題材にすると，かなり難しい問題に発展してしまうので，高校物理では密度が均一な堅い物体（変形しない物体），つまり**剛体**（ごうたい）のみを扱います。

その1 “力のモーメント”について

点Oのまわりに剛体を回転させるはたらきを**力のモーメント**と呼びます。力のモーメントM[N·m]は，右図のような場合，次のように表されます。

$$M = Fh = Fl\sin\theta$$

$h = l\sin\theta$です!!

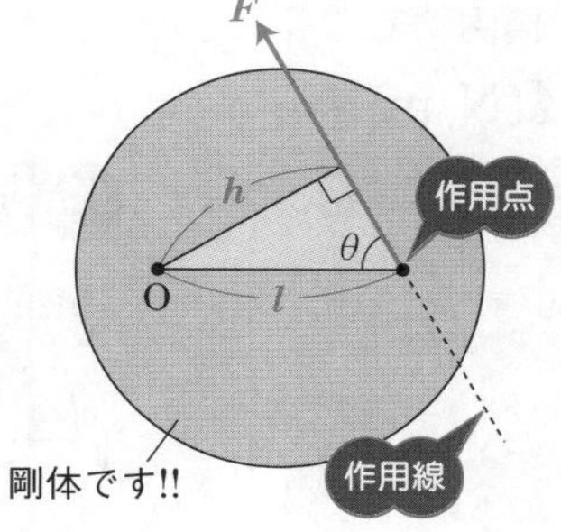

力のモーメントの単位は，[N]×[m]＝[N·m]です。ただし，回転方向が関係する値なので，一般に**反時計まわりを正の向き**とします。

問題99 キソ

下図のような，楕円状の剛体にF_1～F_5の力がはたらいている。反時計まわりを正の向きとして，点Oのまわりの力のモーメントを求めよ。ただし，力の大きさはすべて10[N]で，距離や角度は図中の値を用いよ。

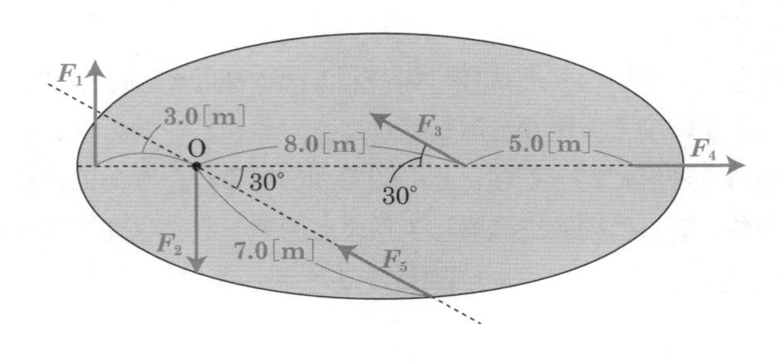

ナイスな導入

楕円状であることは，いっさい関係ありません。とにかく，力のモーメントM[N·m]は…

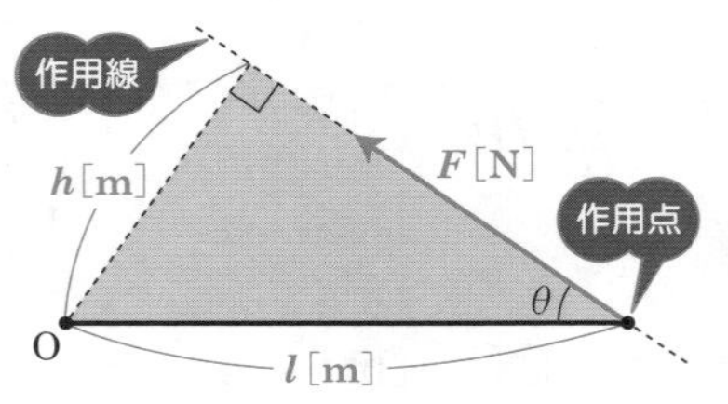

このとき，$h = l\sin\theta$

$$M = Fh$$

$$M = Fl\sin\theta \text{ [N·m]}$$

注 ただし，反時計まわりを正の向きとします。

特に!!　$\theta = 90^\circ$ の場合は!!

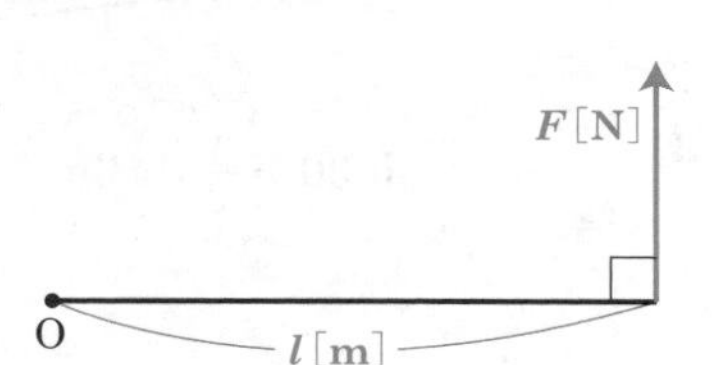

$$M = Fl\,[\mathrm{N \cdot m}]$$

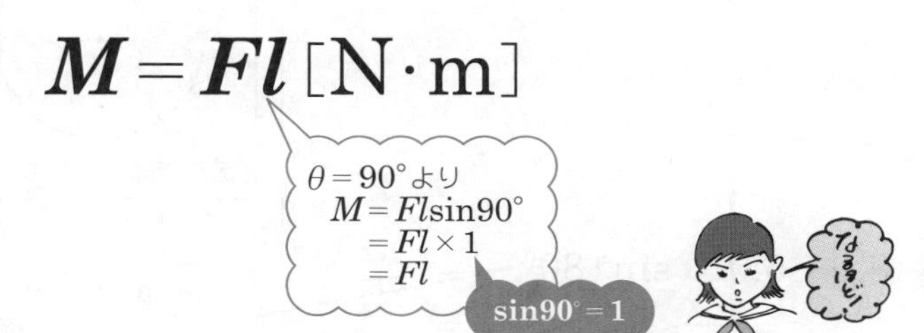

解答でござる

$F_1 \sim F_5$の力に対応する点Oのまわりの力のモーメントを$M_1 \sim M_5$とする。

(1)　$M_1 = -\underset{F_1}{10} \times 3.0$

$= -30\,[\mathrm{N \cdot m}]$　…(答)

時計まわりなので負!!

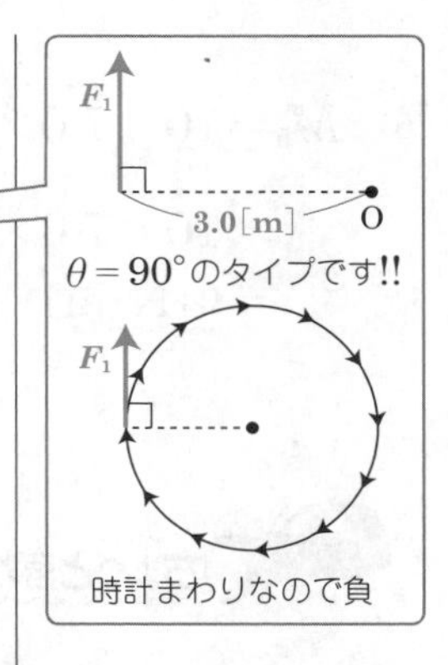

(2)　$M_2 = \underset{F_2}{10} \times 0$

$= 0\,[\mathrm{N \cdot m}]$　…(答)

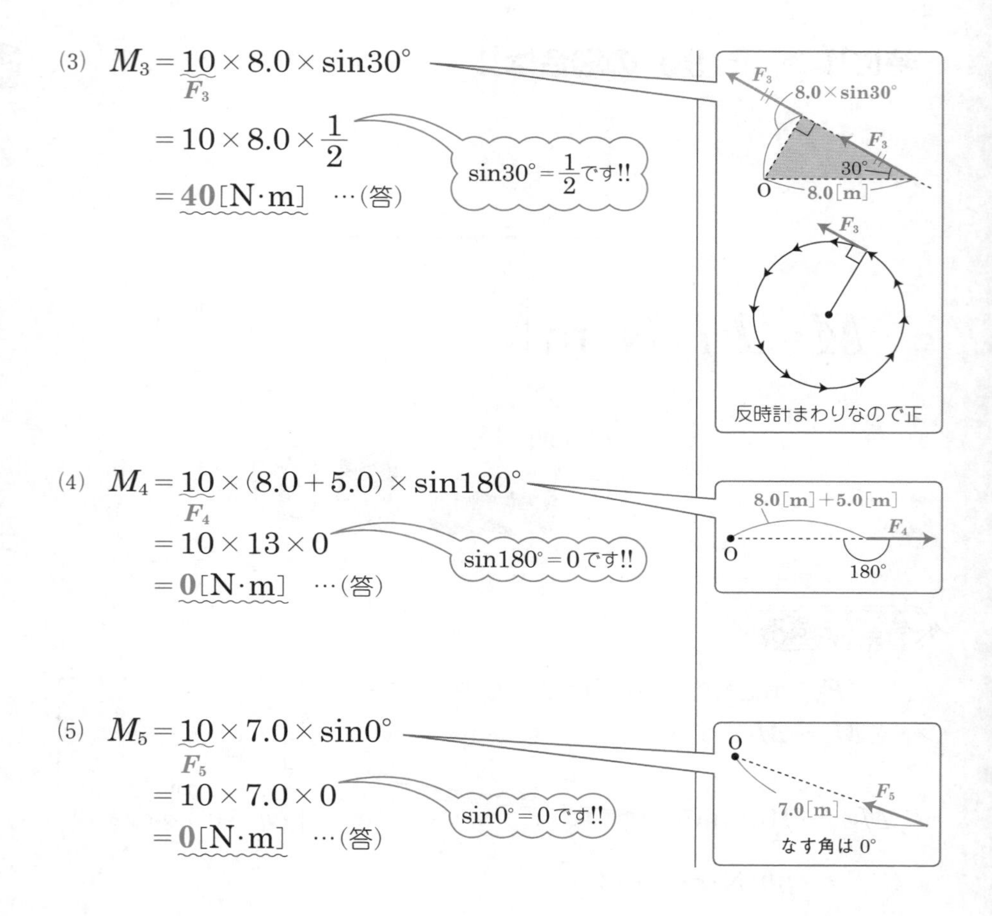

(3) $M_3 = \underbrace{10}_{F_3} \times 8.0 \times \sin 30°$

$= 10 \times 8.0 \times \frac{1}{2}$

$= \mathbf{40}$[N·m]　…(答)

(4) $M_4 = \underbrace{10}_{F_4} \times (8.0 + 5.0) \times \sin 180°$

$= 10 \times 13 \times 0$

$= \mathbf{0}$[N·m]　…(答)

(5) $M_5 = \underbrace{10}_{F_5} \times 7.0 \times \sin 0°$

$= 10 \times 7.0 \times 0$

$= \mathbf{0}$[N·m]　…(答)

ちょっと言わせて

(2)のように点**O**がそのまま作用点の場合，(4)と(5)のように点**O**と作用点を結んだ直線上ではたらく力は，物体を回転させるはたらきがまったくありません。よって，わざわざ公式を活用しなくても，力のモーメントは**0**[N・m]と即答可能です。

その2 “物体が回転しない条件”

物体にいくつかの力F_1，F_2，F_3，…がはたらいていて，それぞれの力のモーメントがM_1，M_2，M_3，…で表されるとき，

$$M_1+M_2+M_3+\cdots=0$$

の関係が成立すれば，力のモーメントはつり合っており，このとき，**物体は回転しない!!**

問題100 キソ

下図のような棒状の剛体がある。この棒上の点Oを固定することにより，次のような2力F_1，F_2を加えても，回転することはなかった。このとき，AO間の距離x[m]を求めよ。

(1)

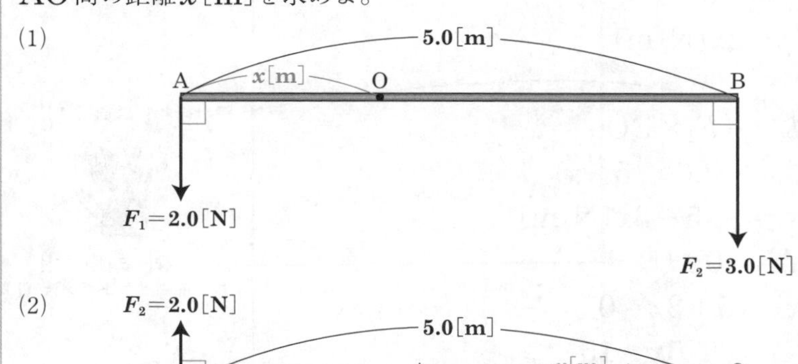

(2)

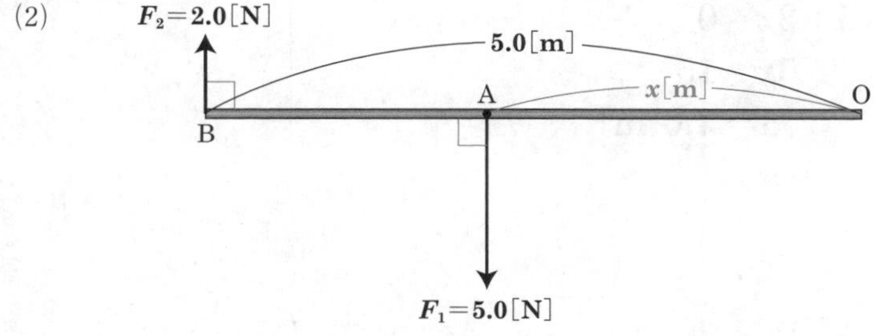

回転しない条件は，

力のモーメントの和 ＝ 0

です!!

解答でござる

点OのまわりのF_1，F_2の力のモーメントをそれぞれM_1，M_2とする。

(1)

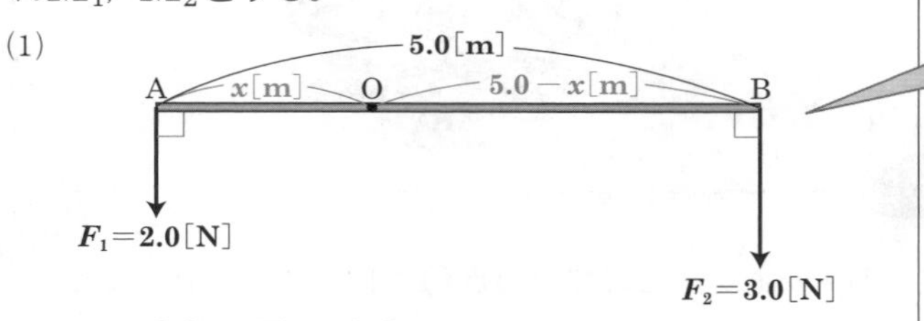

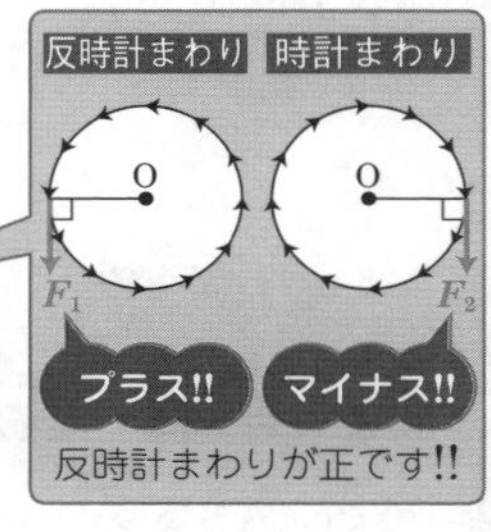

$$\begin{aligned} M_1 &= F_1 \times \mathrm{AO} \\ &= 2.0 \times x \\ &= 2x\,[\mathrm{N \cdot m}] \end{aligned}$$

$$\begin{aligned} M_2 &= -F_2 \times \mathrm{BO} \\ &= -3.0 \times (5 - x) \\ &= -15 + 3x\,[\mathrm{N \cdot m}] \end{aligned}$$

時計まわりは負です!!

$M_1 + M_2 = 0$より，

回転しない条件です!!
力のモーメントの和＝0

$$\begin{aligned} 2x - 15 + 3x &= 0 \\ 5x &= 15 \\ x &= 3.0\,[\mathrm{m}] \end{aligned}$$ …(答)

(2)

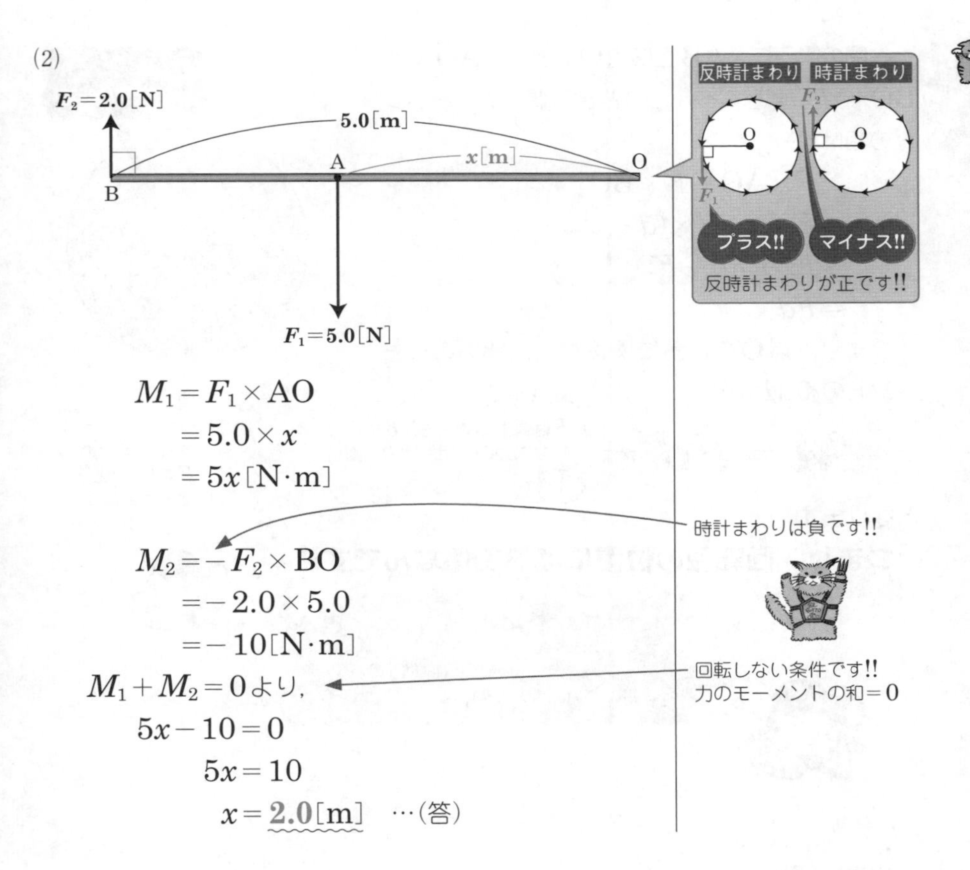

$$M_1 = F_1 \times \mathrm{AO}$$
$$= 5.0 \times x$$
$$= 5x\,[\mathrm{N \cdot m}]$$

時計まわりは負です!!

$$M_2 = -F_2 \times \mathrm{BO}$$
$$= -2.0 \times 5.0$$
$$= -10\,[\mathrm{N \cdot m}]$$

$M_1 + M_2 = 0$ より，

回転しない条件です!!
力のモーメントの和＝0

$$5x - 10 = 0$$
$$5x = 10$$
$$x = \mathbf{2.0}\,[\mathrm{m}] \quad \cdots(\text{答})$$

その3 “偶力”のお話

異なる作用線上の2つの力について，互いに平行で大きさが等しく，向きが反対の1組の力を**偶力**と呼びます。ドライバーでねじを回すときの力などが，この偶力に属します。

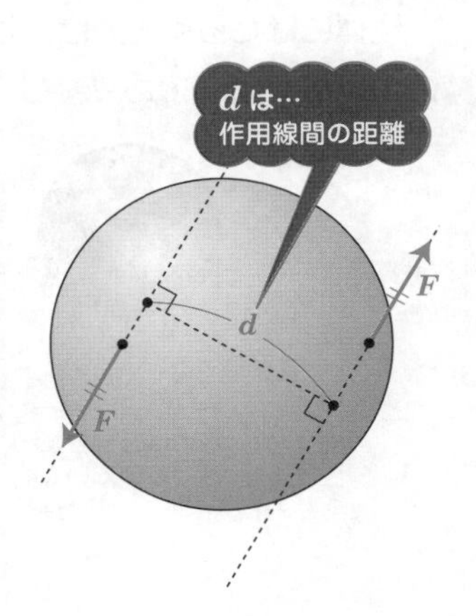

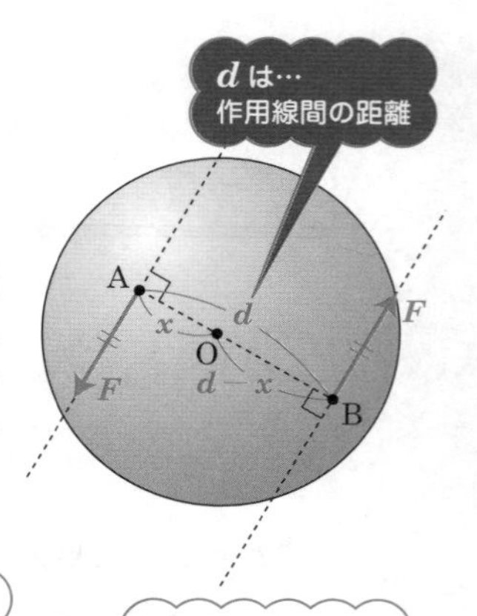

右図のように，AB上に点Oをとり，$\mathrm{AO}=x$，$\mathrm{BO}=d-x$とする。このとき，偶力のモーメントの和は，

$$\begin{aligned}&F\times \mathrm{AO}+F\times \mathrm{BO}\\&=F\times x+F\times (d-x)\\&=Fx+Fd-Fx\\&=Fd\end{aligned}$$

つまり，点Oの位置に関係なく，偶力のモーメントの和Mは…

$$M=Fd$$

Fは偶力の大きさ，dは平行な偶力の作用線間の距離です。

となります。

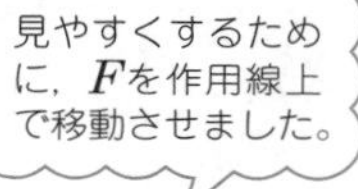

つまり，回転軸の位置には無関係なんです!!

偶力については，計算問題としてはあまり登場しません
とりあえず偶力という名前と性質だけ，頭の片スミにおいといてください。

その4 “重心”のお話

物体にはたらく重力は，物体の各部分にはたらく重力の合力である。この合力の作用点が**重心**であり，Gで表します。

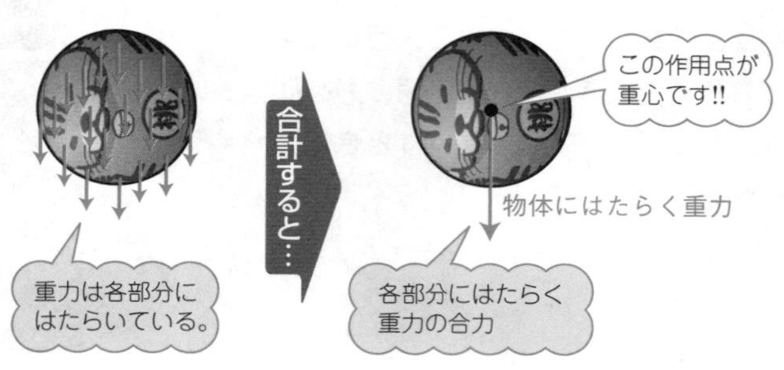

注　各部分にはたらく重力の合力を，普通に“物体にはたらく重力”と呼ぶ。

で!!　2つの物体が合体すると，新たな位置に重心が生まれる!!
そこで!!　次の公式を覚えておくと便利です。

新たな重心

重心の座標

上図のような座標軸を定めた。

座標$\boldsymbol{x_1}$のところに質量$\boldsymbol{m_1}$[kg]が存在し，座標$\boldsymbol{x_2}$のところに質量$\boldsymbol{m_2}$[kg]が存在している。これらをつないだときの重心の座標は…

$$\frac{m_1x_1+m_2x_2}{m_1+m_2}$$

となる。

問題101　キソ

質量がm[kg]の正方形の鉄板5枚を，右図のようにつなぎ合わせたとき，この鉄板の重心の位置を図中にかき込め。

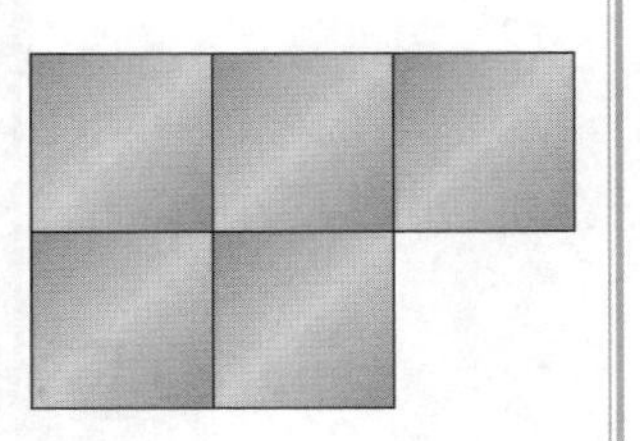

正方形の重心の位置は，対角線の交点であるから(ド真ん中ってことです)，

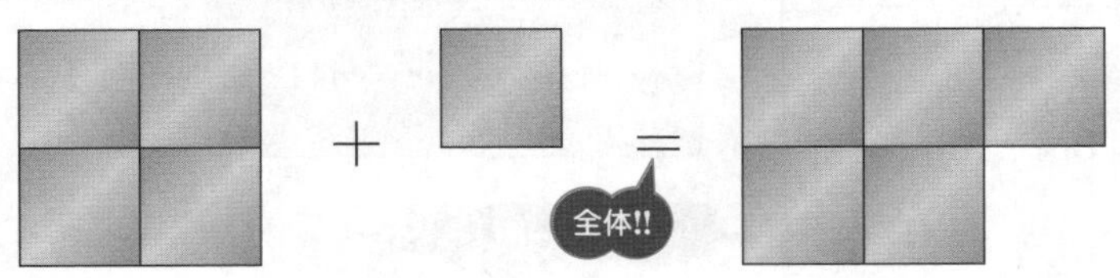

と考える!!

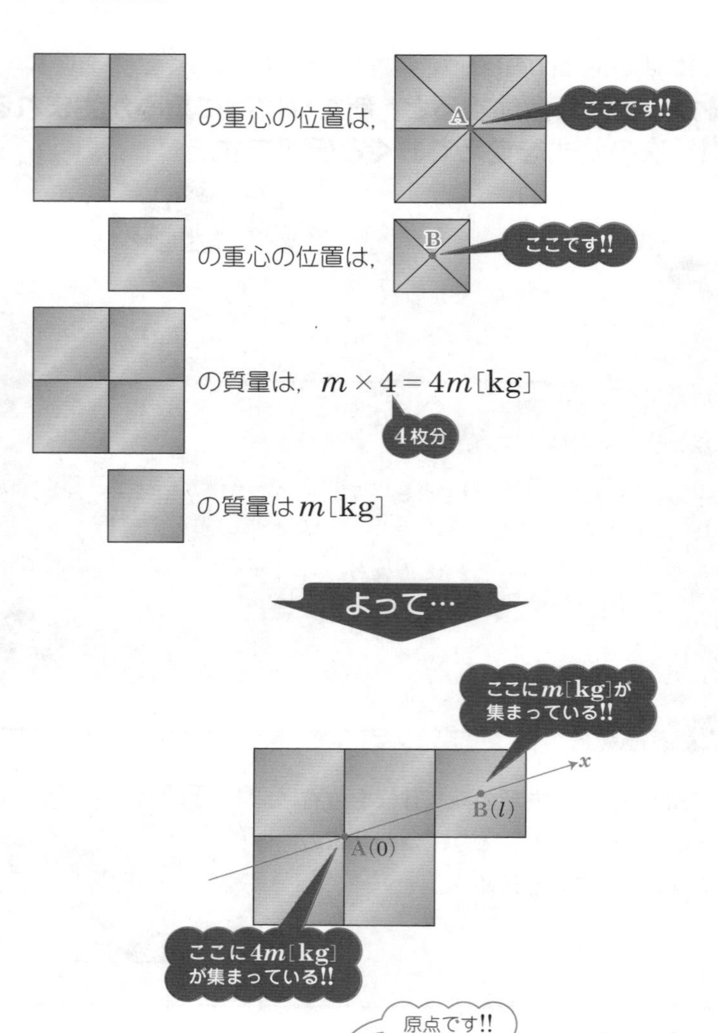

上図のように座標軸を考え，A(0)，B(l)とする。このとき，重心の座標Gは，

$$\frac{4 \times 0 + 1 \times l}{4+1}$$

$$= \frac{1}{5} l$$

> $\frac{m_1 x_1 + m_2 x_2}{m_1 + m_2}$ です!!
> $m_1 = 4m$[kg]，$m_2 = m$[kg]
> $x_1 = 0$，$x_2 = l$

つまーり!!

この5枚の鉄板の重心の位置Gは…

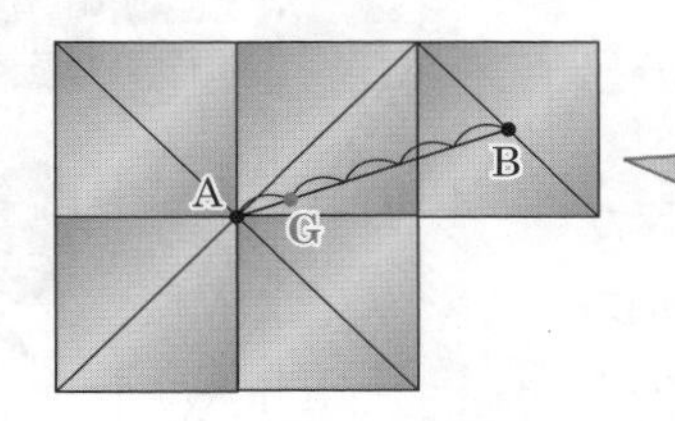

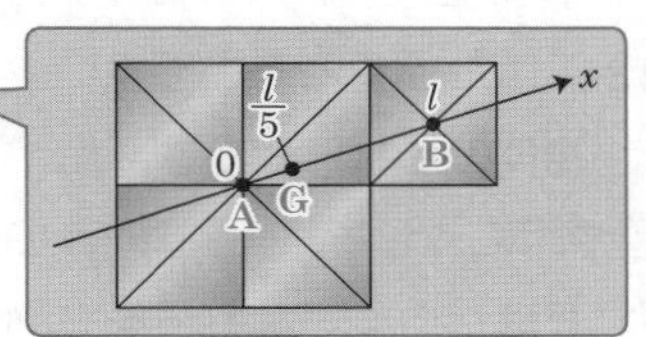

ABを1：4に内分する点である。

“剛体がつり合うための条件”とは…??

剛体が完全につり合い，まったく動かないための条件は…

① **合力が0である!!**　これは，あたりまえ!!　とっくの昔に学習済みです。

② **力のモーメントの和が0である!!**

では，代表的な問題を通して，イメージをつかもう!!

問題102　標準

右図のように，なめらかで鉛直な壁と摩擦のある床に，質量M[kg]の棒が立てかけてあり，静止している。3点O，A，Bを決め，∠ABO＝60°であったとき，点Bにはたらく摩擦力は何[N]であるか。ただし，重力加速度をg[m/s^2]とする。

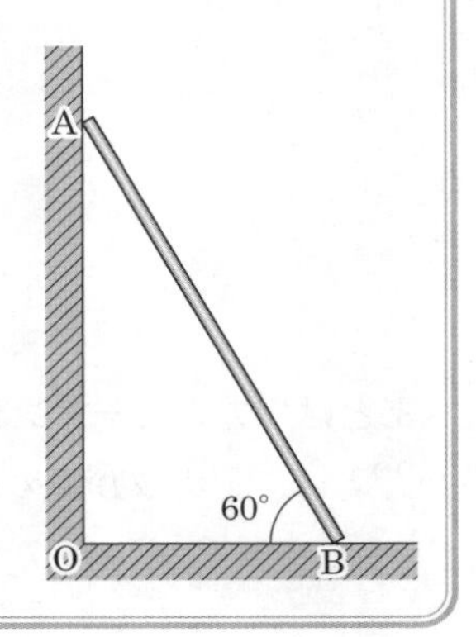

ナイスな導入

棒は一様であると考えることは常識なので，重力は棒の重心G(ABの中点)から鉛直下向きにはたらくと考えてよい。

さらに，物体の形状によらず，壁や床からは，(壁や床に対して)垂直な向きの抗力(垂直抗力)がはたらく。これらを右図のように，N_A，N_Bとする。

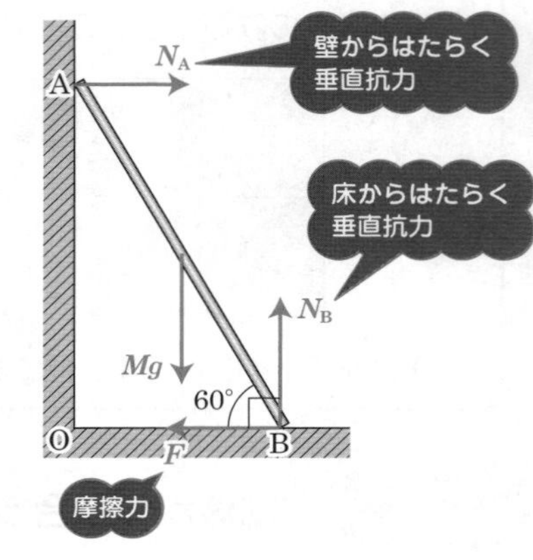

さらに，求めるべき摩擦力をFとする。

●水平方向の力のつり合いの式は…

$$N_A = F \quad \cdots ①$$

●鉛直方向の力のつり合いの式は…

$$N_B = Mg \quad \cdots ②$$

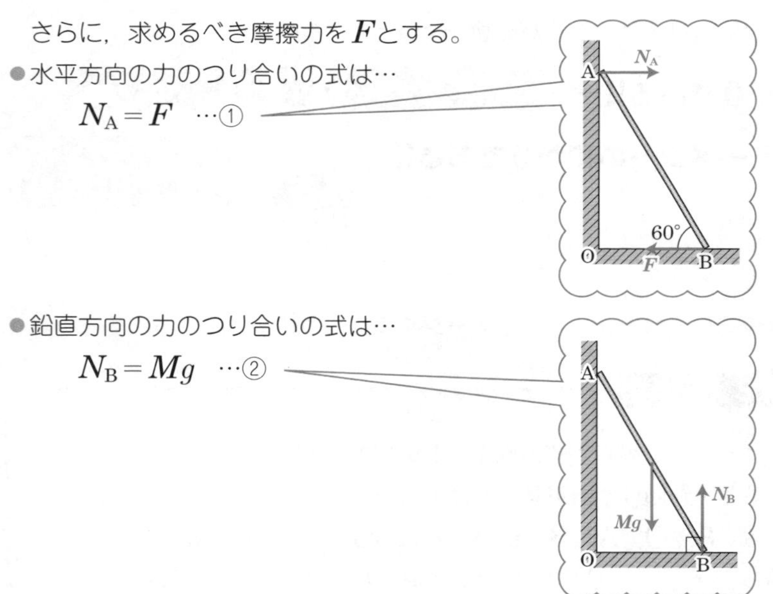

あとは，力のモーメントのつり合いの式が必要です。回転の中心をどこにするか?? は，アナタが決めることです!!

しかし!! 点Bがオススメ!!

理由は，回転の中心ではたらく力のモーメントは0なので，無視できます。点Bでは，FとN_Bの2つの力がはたらいているので，お得感が大きいですよ♥

棒の長さを$\boldsymbol{l}$として，ABの中点をGとする!! 力N_Aのモーメントは…

$$-N_A \times l\sin60°$$

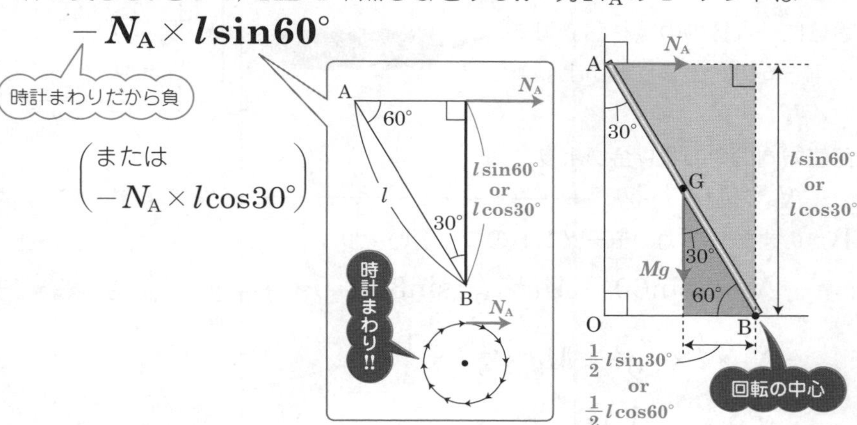

$$\left(\begin{array}{l}\text{または}\\ -N_A \times l\cos30°\end{array}\right)$$

さらに…

重力Mgのモーメントは…

$$Mg \times \frac{1}{2}l\sin30°$$

$$\left(\begin{array}{l}\text{または}\\ Mg \times \frac{1}{2}l\cos60°\end{array}\right)$$

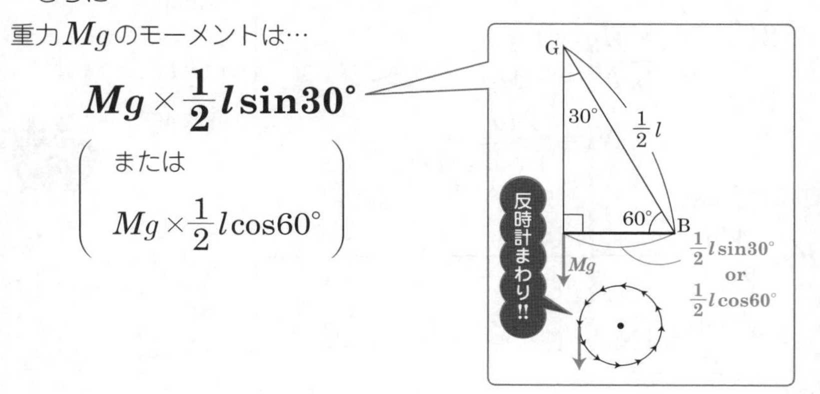

これらの力のモーメントの和が0となるから，

$$-N_A \times l\sin60° + Mg \times \frac{1}{2}l\sin30° = 0 \quad \cdots③$$

以上，①，②，③を連立すれば，Fを求めることができます。

解答でござる

点Aで，壁から棒にはたらく垂直抗力	N_A[N]
点Bで，床から棒にはたらく垂直抗力	N_B[N]
点Bで，床と棒の間にはたらく摩擦力	F[N]
棒の長さ(ABの長さ)	l[m]

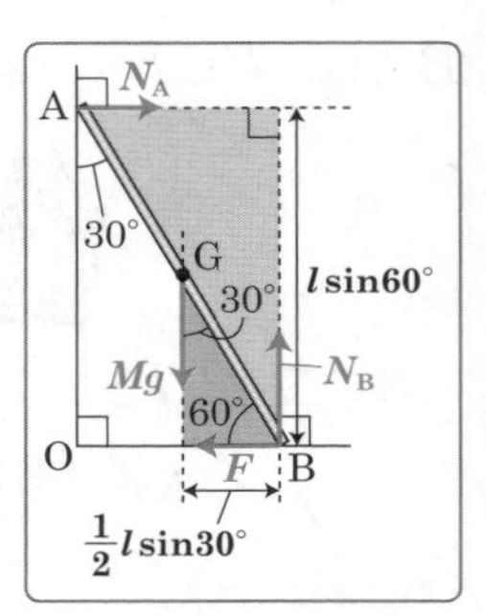

とする。

さらに，ABの中点をGとする。（棒の重心です。）

水平方向の力のつり合いより，

$$N_A = F \quad \cdots①$$

鉛直方向の力のつり合いより，

$$N_B = Mg \quad \cdots②$$

（本問では，結果的にこの式は使いません。しかし，重要な式です!!）

B点のまわりの力のモーメントのつり合いより，

$$-N_A \times l\sin 60° + Mg \times \frac{1}{2}l\sin 30° = 0$$

（詳しくは ナイスな導入 参照）

$$-N_A \times l \times \frac{\sqrt{3}}{2} + Mg \times \frac{1}{2}l \times \frac{1}{2} = 0$$

（$\sin 60° = \frac{\sqrt{3}}{2}$　$\sin 30° = \frac{1}{2}$）

$$-\frac{\sqrt{3}}{2}N_A + \frac{1}{4}Mg = 0$$

（両辺をlでわって整理）

$$-2\sqrt{3}\ N_A + Mg = 0$$

（両辺を4倍!!）

$$-2\sqrt{3}\ N_A = -Mg$$

$$\therefore \quad N_A = \frac{Mg}{2\sqrt{3}} \quad \cdots③$$

③を①に代入して，

$$F = \frac{Mg}{2\sqrt{3}}$$

（①より，$F = N_A$ つまり，③がそのままFです!!）

$$= \frac{\sqrt{3}Mg}{6}\text{[N]} \quad \cdots(\text{答})$$

（分母を有理化しました。）

Theme 30 熱と温度

その1 “絶対温度” について

t[℃]を絶対温度T[K]で表すと…

$$T = 273 + t$$

絶対温度の単位は[K](ケルビン)です。

気体分子の熱運動がなくなる温度が-273[℃]なので，これを0[K]と定めた。

その2 “熱量の計算” の巻

比熱

比熱とは，物質**1**[g]の温度を**1**[K]だけ上昇させるのに必要な熱量である。単位は[**J/(g·K)**]です。

例　36[J/(g·K)]の物体 ➡ 物質1[g]の温度を1[K]上昇させるのに36[J]必要

熱容量

熱容量とは，ある物体全体の温度を**1**[K]だけ上昇させるのに必要な熱量である。単位は[**J/K**]です。

質量には無関係!!

例　500[J/K]の物体 ➡ 1[K]上昇させるのに500[J]必要

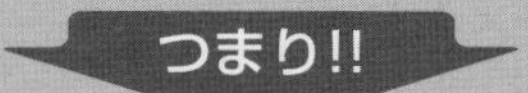

質量m[g]，比熱c[J/(g·K)]の物体の熱容量C[J/K]は，

$$C = mc \text{[J/K]}$$

熱容量は物体の質量も加味した値である!!

熱量の求め方

比熱c[J/(g·K)]と熱容量C[J/K]の意味さえ理解できれば，次の公式が成立することも理解できるでしょう。

物体の質量をm[g]，温度上昇をΔt[K]

物体の比熱をc[J/(g·K)]，物体の熱容量をC[J/K]

としたとき，温度の上昇に必要な熱量Q[J]は…

問題103 キソのキソ

(1) 比熱0.30[J/(g·K)]の物体200[g]の温度を12[K]上げるのに必要な熱量を求めよ。

(2) 熱容量25[J/K]の物体の温度を2.6[K]上げるのに必要な熱量を求めよ。

解答でござる

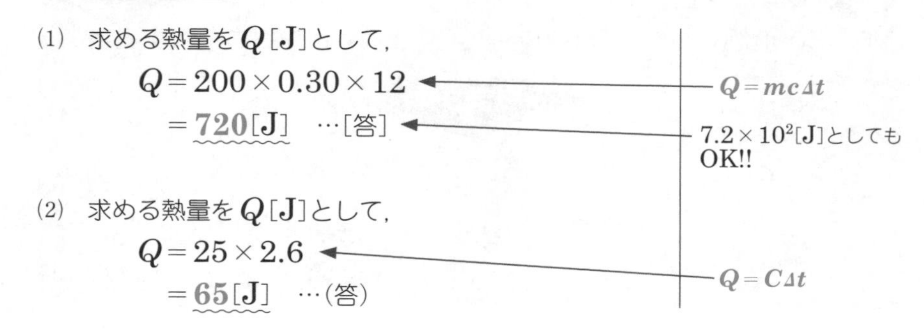

(1) 求める熱量をQ[J]として，

$$Q = 200 \times 0.30 \times 12$$
$$= 720\text{[J]} \quad \cdots\text{[答]}$$

← $Q = mc\Delta t$

← 7.2×10^2[J]としてもOK!!

(2) 求める熱量をQ[J]として，

$$Q = 25 \times 2.6$$
$$= 65\text{[J]} \quad \cdots\text{(答)}$$

← $Q = C\Delta t$

カロリー VS ジュール

次の関係は覚えておこう!!

$$1\,[\text{cal}] = 4.19\,[\text{J}]$$

（カロリー）（ジュール）

問題104　キソ

比熱$0.35\,[\text{J/(g·K)}]$の物体$30\,[\text{g}]$の温度を$2.0\,[\text{K}]$上昇させるのに必要な熱量は何[cal]か。ただし，$1\,[\text{cal}] = 4.2\,[\text{J}]$とする。

ナイスな導入

実際は，$1\,[\text{cal}] = 4.19\,[\text{J}]$であるが…
計算を簡単にするために，$1\,[\text{cal}] = 4.2\,[\text{J}]$とすることが多々ある。本問も同様です。

あと…

両辺を4.2でわる!!

$$1\,[\text{cal}] = 4.2\,[\text{J}] \iff \frac{1}{4.2}\,[\text{cal}] = 1\,[\text{J}]$$

です。

解答でござる

必要な熱量を$Q\,[\text{J}]$とする。　まずは[J]で!!　ジュール

$$Q = 30 \times 0.35 \times 2.0$$
$$= 21\,[\text{J}]$$

$Q = mc\Delta t$

これを[cal]に直せばよい。

$1\,[\text{J}] = \dfrac{1}{4.2}\,[\text{cal}]$より，　ナイスな導入参照!!

$$Q = 21\,[\text{J}]$$
$$= 21 \times \frac{1}{4.2}\,[\text{cal}]$$
$$= 5.0\,[\text{cal}] \quad \cdots(答)$$

$21\,[\text{J}]$
$= 21 \times 1\,[\text{J}]$
$= 21 \times \dfrac{1}{4.2}\,[\text{cal}]$

熱の仕事当量

仕事と熱の関係は，W[J]の仕事がすべてQ[cal]の熱に変わることを前提とすると…

カロリー!!

$$W = JQ$$

このとき，Jを**熱の仕事当量**と呼び，

単位に注目!!
1[cal]につき，
4.19[J]です!!

$$J = 4.19[\mathrm{J/cal}]$$

である。

前ページで見ましたよね??
1[cal] = 4.19[J]ですから，あたりまえの値です。

問題105 キソ

質量5.0[kg]の物体を，高さ3.0[m]の地点から落としたときに発生する熱量は何[cal]か。ただし，熱の仕事当量は4.2[J/cal]，重力加速度を9.8[m/s^2]とする。

ナイスな導入

本問で求める値です!!

$$W = JQ \iff Q = \frac{W}{J}$$

解答でござる

地面を基準点として，最初に物体がもつエネルギーは，

mgh
Wになります。

$$5.0 \times 9.8 \times 3.0 = 147[\mathrm{J}]$$

この位置エネルギーが仕事に変換され，さらに熱量に変換されたと考えればよいから，発生する熱量をQ[cal]とすると，

実際は，すべて熱量に変換されるような上手い話はない!! 必ずムダがあるもんさ。

誰…?

$$Q = \frac{147}{4.2}$$
$$= 35\,[\mathrm{cal}]$$ …(答)

$Q = \dfrac{W}{J}$

その3 “熱量保存の法則” のお話

高温の物体と低温の物体を接触させた場合，外部との熱の出入りがなければ…

高温物体が失った熱量 ＝ 低温物体が得た熱量

が成立します。これを，**熱量保存の法則**と申します。

注 熱は必ず，高温の物体から低温の物体へと移動します。

問題106 標準

熱容量80[J/K]の容器に温度10[℃]の水200[g]が入っている。この水の中に，80[℃]，質量1.0[kg]の金属球を入れた。十分時間がたってから温度を測ったところ，水の温度は34[℃]であった。水の比熱を4.2[J/(g·K)]として，次の各問いに答えよ。

(1) 容器と水が得た熱量は何[J]か。

(2) 金属球の比熱は何[J/(g·K)]か。

ナイスな導入

最初は，容器の温度と水の温度は常に等しいと考えるべし!!

さらに，“十分時間がたってから”と書いてあるので，最終的には水，容器，金属球の温度はすべて同じになったと考える!!

これは常識だぞ!!

本問のテーマは…

金属球が失った熱量 ＝ 水と容器が得た熱量

である。

解答でござる

(1)

水と容器の最初の温度	10[℃]
水と容器の最終的な温度	34[℃]

以上より，

水と容器の上がった温度	24[K]

このとき，水が得た熱量Q_1は，

$$Q_1 = 4.2 \times 200 \times 24$$
$$= 20160[\mathrm{J}]$$

容器が得た熱量Q_2[J]は，

$$Q_2 = 80 \times 24$$
$$= 1920[\mathrm{J}]$$

よって，水と容器が得た熱量は，

$$Q_1 + Q_2 = 20160 + 1920$$
$$= 22080$$
$$\fallingdotseq \underline{22000[\mathrm{J}]}$$

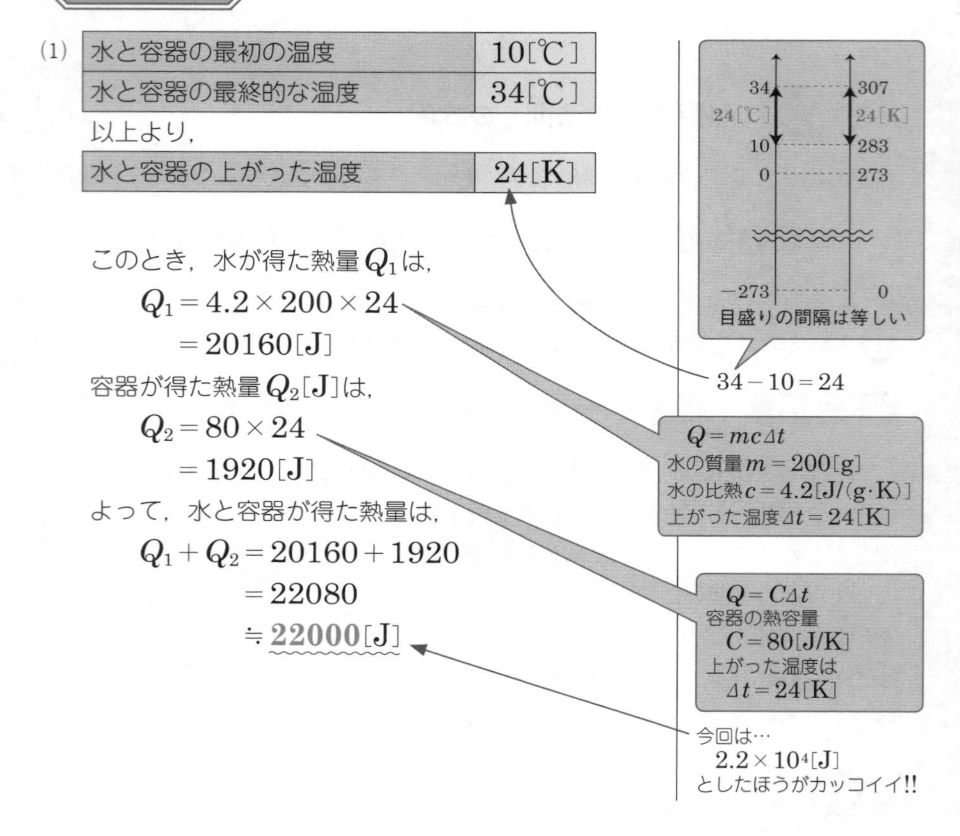

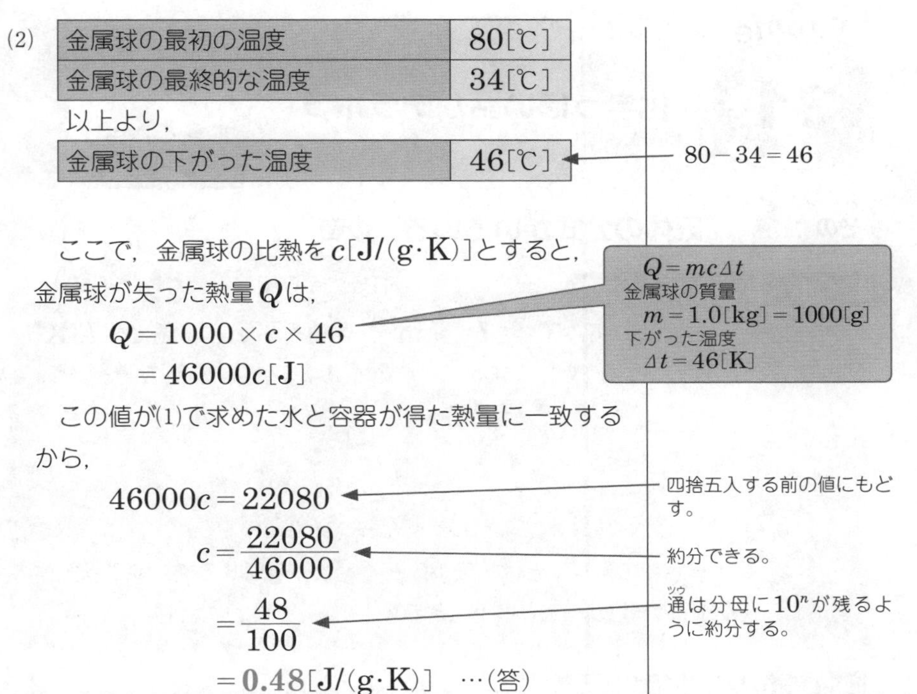

(2)

金属球の最初の温度	80[℃]
金属球の最終的な温度	34[℃]

以上より,

金属球の下がった温度	46[℃]

$80-34=46$

ここで，金属球の比熱を c[J/(g·K)]とすると，金属球が失った熱量 Q は，

$$Q=1000\times c\times 46$$
$$=46000c\text{[J]}$$

$Q=mc\Delta t$
金属球の質量
$m=1.0\text{[kg]}=1000\text{[g]}$
下がった温度
$\Delta t=46\text{[K]}$

この値が(1)で求めた水と容器が得た熱量に一致するから，

$$46000c=22080$$
$$c=\frac{22080}{46000}$$
$$=\frac{48}{100}$$
$$=\mathbf{0.48}\text{[J/(g·K)]} \quad \cdots(答)$$

四捨五入する前の値にもどす。

約分できる。

通(ツウ)は分母に10^nが残るように約分する。

Theme 31 化学っぽい話がチラホラ

その1 “気体の公式がいろいろ”の巻

ボイル・シャルルの法則

[Pa]でもOK!!　必ず[K]ですよ!!

一定量の気体において，圧力をP[N/m^2]，体積をV[m^3]，温度をT[K]とすると，次の公式が成立します。これを**ボイル・シャルルの法則**という。

$$\frac{PV}{T} = 一定$$

注1　単位にはくれぐれも注意してくださいませ。

注2　“一定量の気体”とは，モル数が一定という意味です。つまり気体の分子の個数が一定ということです!!

問題107　キソのキソ

27[℃]，3.0×10^5[Pa]で0.80[m^3]の気体は，127[℃]，2.0×10^5[Pa]では，何[m^3]を占めるか。

解答でござる

求める体積をV[m^3]とする。

ボイル・シャルルの法則から，

$$\frac{3.0 \times 10^5 \times 0.80}{273 + 27} = \frac{2.0 \times 10^5 \times V}{273 + 127}$$

$$\frac{3.0 \times 10^5 \times 0.80}{300} = \frac{2.0 \times 10^5 \times V}{400}$$

$$V = \frac{3.0 \times 10^5 \times 0.80}{300} \times \frac{400}{2.0 \times 10^5}$$

$= \mathbf{1.6}$[m^3]　…(答)

$\frac{PV}{T}$＝一定
ということは…
P_1[Pa]，V_1[m^3]，T_1[K]の気体が…
P_2[Pa]，V_2[m^3]，T_2[K]に変化したとすると，
$$\frac{P_1V_1}{T_1} = \frac{P_2V_2}{T_2}$$
が成り立つ。

27[℃]＝273＋ 27＝300[K]
127[℃]＝273＋127＝400[K]
温度はケルビンですよ!!

ボイルの法則

一定量の気体の温度を一定に保って，圧力と体積だけを変化させることを**等温変化**と呼びます。

ボイル・シャルルの法則において，一定値をkとおくと，

$$\frac{PV}{T}=k$$

ここで!!　等温変化の場合，温度T＝一定であるので…

$$PV=kT$$

$\frac{PV}{T}=k$ の両辺をT倍する!!

このとき，kTがまるごと一定値となるので…

$$PV=一定$$

となります。これを**ボイルの法則**と呼びます。

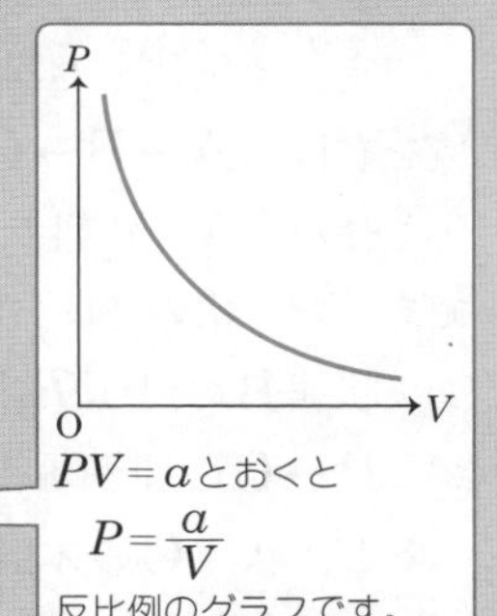

$PV=a$とおくと

$P=\frac{a}{V}$

反比例のグラフです。

シャルルの法則

一定量の気体の圧力を一定に保って，温度と体積だけを変化させることを**定圧変化**と呼びます。

またまた，ボイル・シャルルの法則において一定値をkとおくと，

$$\frac{PV}{T}=k$$

一定です!!

ここで!!　定圧変化の場合，圧力P＝一定であるので…

$$\frac{V}{T}=\frac{k}{P}$$

$\frac{PV}{T}=k$ の両辺をPでわる!!

このとき，$\frac{k}{P}$がまるごと一定値となるので…

$$\frac{V}{T}=一定$$

となります。これを**シャルルの法則**と呼びます。

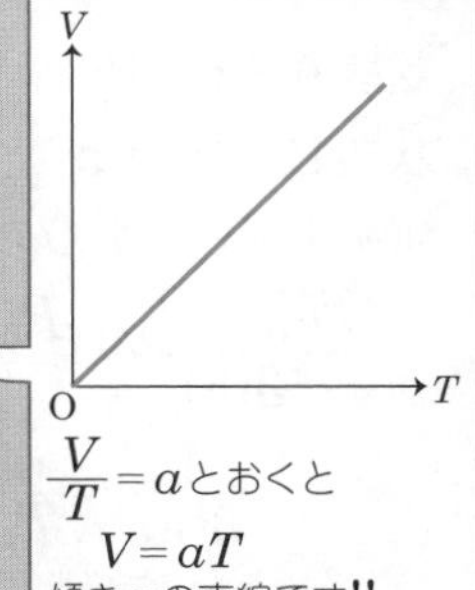

$\frac{V}{T}=a$とおくと

$V=aT$

傾きaの直線です!!

ぶっちゃけ!! “ボイル・シャルルの法則”だけ覚えておけば，すべての計算問題に対応できます。“ボイルの法則”と“シャルルの法則”は“ボイル·シャルルの法則”の一部にすぎません。

問題108 **標準**

一定量の気体を容器に入れて，圧力と体積を右図のA→B→C→D→Aの順で変化させた。Aの状態では，温度が300[K]であった。次の各問いに答えよ。

(1) 状態Bの温度T_B[K]を求めよ。

(2) B→Cの間が等温変化であったとすると，状態Cの体積V_C[m^3]を求めよ。

(3) 状態Dの温度T_D[K]を求めよ。

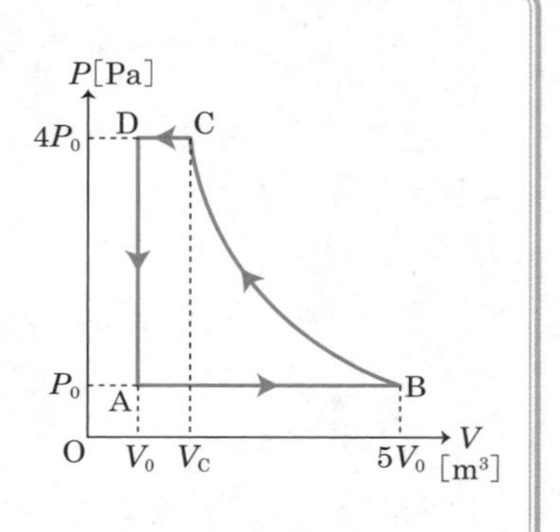

ナイスな導入

“ボイル・シャルルの法則”のみですべて解決!!

$$\frac{PV}{T}=\text{一定} \iff \frac{P_1V_1}{T_1}=\frac{P_2V_2}{T_2}$$

解答でござる

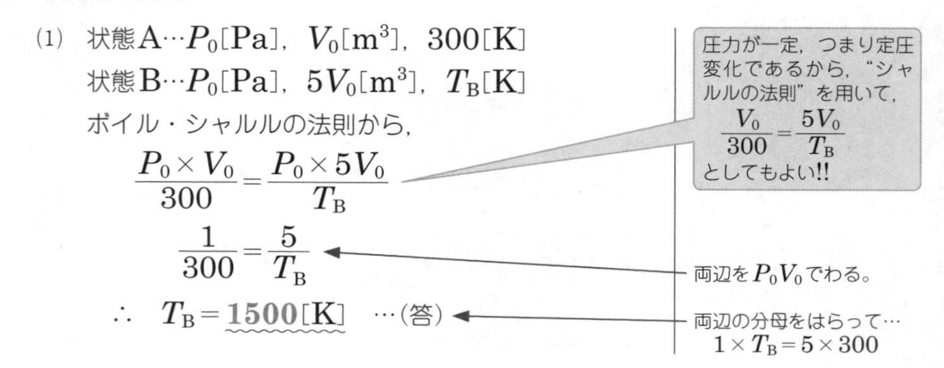

(1) 状態A…P_0[Pa]，V_0[m^3]，300[K]
状態B…P_0[Pa]，$5V_0$[m^3]，T_B[K]
ボイル・シャルルの法則から，

$$\frac{P_0\times V_0}{300}=\frac{P_0\times 5V_0}{T_B}$$

$$\frac{1}{300}=\frac{5}{T_B}$$

$\therefore\ T_B=$ **1500[K]** …(答)

圧力が一定，つまり定圧変化であるから，“シャルルの法則”を用いて，$\frac{V_0}{300}=\frac{5V_0}{T_B}$ としてもよい!!

両辺をP_0V_0でわる。

両辺の分母をはらって…
$1\times T_B=5\times 300$

(2)　B→Cの間は等温変化であるから，　← 問題文に書いてある。

状態Cの温度は，1500[K]である。　← T_Bと同じです。

状態B…P_0[Pa]，$5V_0$[m^3]，1500[K]

状態C…$4P_0$[Pa]，V_C[m^3]，1500[K]　← このV_Cを求める!!

ボイル・シャルルの法則から，

$$\frac{P_0 \times 5V_0}{1500} = \frac{4P_0 \times V_C}{1500}$$

温度が一定，つまり等温変化であるから，“ボイルの法則”より，
$P_0 \times 5V_0 = 4P_0 \times V_C$
としてもOKです。

$$P_0 \times 5V_0 = 4P_0 \times V_C$$

← 両辺を1500倍!!

$$5V_0 = 4V_C$$

← 両辺をP_0でわる!!

$$\therefore \quad V_C = \frac{5}{4}V_0 \text{[m}^3\text{]} \quad \cdots(答)$$

← 文字の問題なので分数のままでよいが…
小数に直すのならば…
$\frac{5}{4}V_0 = 1.25V_0$
$\fallingdotseq 1.3V_0$

热 力 学

(2)　状態Aと状態Cで“ボイル・シャルルの法則”を用いる!!

状態A…P_0[Pa]，V_0[m^3]，300[K]

状態C…$4P_0$[Pa]，V_C[m^3]，1500[K]

ボイル・シャルルの法則から，

$$\frac{P_0 \times V_0}{300} = \frac{4P_0 \times V_C}{1500}$$

$$5V_0 = 4V_C$$

$$\therefore \quad V_C = \frac{5}{4}V_0 \text{[m}^3\text{]} \quad \cdots(答)$$

そうか…
すべての状態で“ボイル・シャルルの法則”が使えるわけか…

← 両辺を1500倍して，さらにP_0でわる。

← さっきと同じになりました。

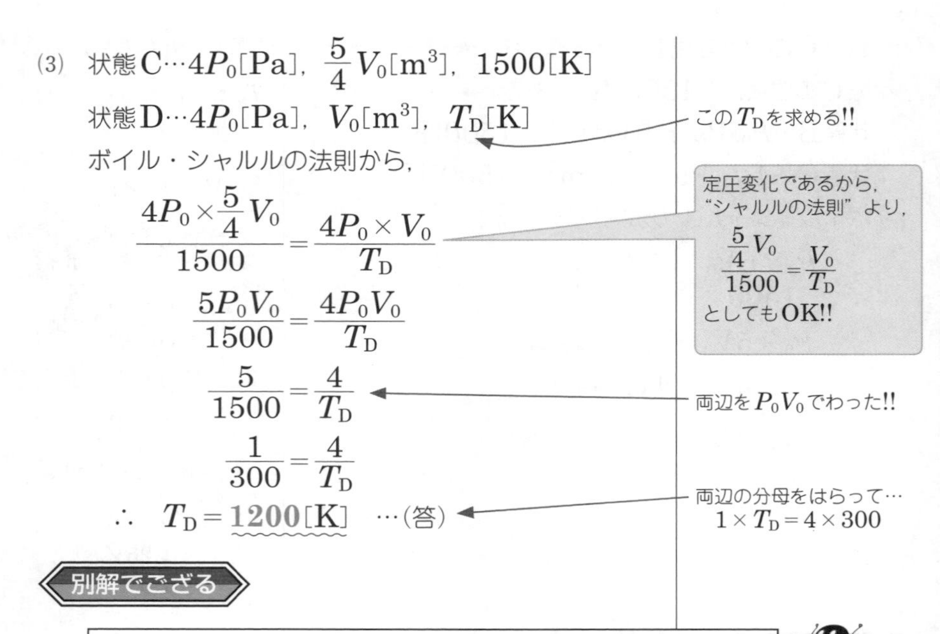

(3) 状態C…$4P_0$[Pa], $\frac{5}{4}V_0$[m^3], 1500[K]

状態D…$4P_0$[Pa], V_0[m^3], T_D[K]

ボイル・シャルルの法則から,

$$\frac{4P_0 \times \frac{5}{4}V_0}{1500} = \frac{4P_0 \times V_0}{T_D}$$

$$\frac{5P_0V_0}{1500} = \frac{4P_0V_0}{T_D}$$

$$\frac{5}{1500} = \frac{4}{T_D}$$

$$\frac{1}{300} = \frac{4}{T_D}$$

$\therefore$ $T_D = $ **1200[K]** …(答)

別解でござる

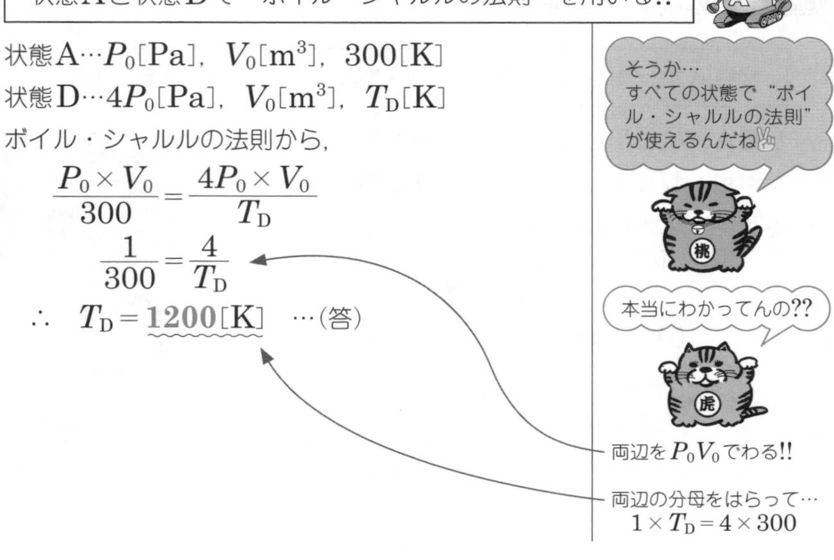

(3) 状態Aと状態Dで“ボイル・シャルルの法則”を用いる!!

状態A…P_0[Pa], V_0[m^3], 300[K]

状態D…$4P_0$[Pa], V_0[m^3], T_D[K]

ボイル・シャルルの法則から,

$$\frac{P_0 \times V_0}{300} = \frac{4P_0 \times V_0}{T_D}$$

$$\frac{1}{300} = \frac{4}{T_D}$$

$\therefore$ $T_D = $ **1200[K]** …(答)

Theme 32 熱と仕事

右図のようなピストンがついた容器に，一定量の気体を入れて，熱を加えてみよう。すると，気体は膨張し，与えた熱量は外部にする仕事に変化する。

気体が外部にする仕事

容器内の気体の圧力を P[N/m²] とすると…

内側からピストンを押す力 F[N]は，

$$F = PS \text{[N]} \quad \cdots ①$$

圧力×断面積＝力です!!

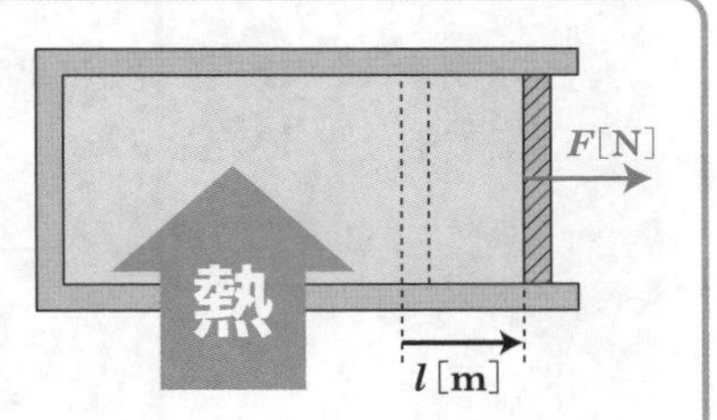

ピストンが l[m]移動するとすると…

この力 F[N]が外部にする仕事 W'[J]は，

$$W' = F \times l \text{[J]} \quad \cdots ②$$

仕事＝力×距離です!!

①を②に代入して…

$$W' = PS \times l = PSl \quad \cdots ③$$

このとき，気体の体積の増加量 ΔV[m³]に注目すると，

$$\Delta V = S \times l = Sl \text{[m}^3\text{]} \quad \cdots ④$$

③に④を代入すると…

$$\boldsymbol{W' = P\Delta V} \textbf{[J]}$$

となる。

これが容器内の気体が外部にする仕事になります。

で!! 冷却した場合は…

気体は縮小して，容器内の圧力による力F[N]と逆向きにピストンが移動するので，気体が外部にする仕事は**負**になります。つまり，気体が外部からされる仕事は**正**です。

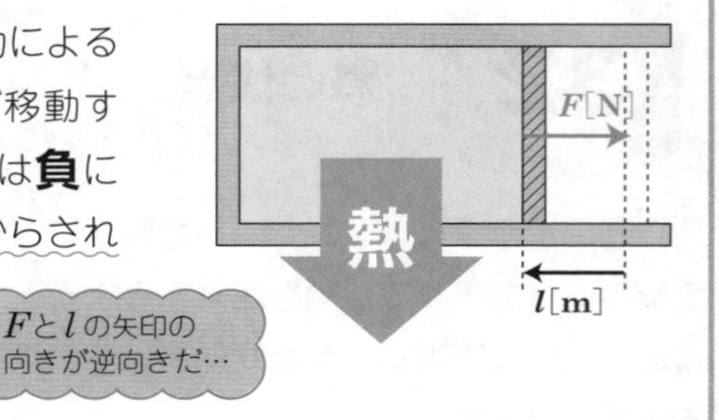

Fとlの矢印の向きが逆向きだ…

ザ・まとめ

[Pa]でもOK!!

圧力がP[N/m^2]の気体の体積がΔVだけ変化するとき，この気体が外部にする仕事W'[J]は…

$$W' = P\Delta V\,[\mathrm{J}]$$

です。

体積が増加!!

で!! $\Delta V > 0$ のとき，$W' > 0$
$\Delta V < 0$ のとき，$W' < 0$ です。

体積が減少!!

いずれWで表します。

注 “気体が外部からされる仕事”の場合は，上のお話と正・負が逆転します。“する”か？ “される”か？ これから先，よく注意しましょう!!

P-Vグラフの面積は…??

$W' = P\Delta V$ でしたね…。

定圧変化（等圧変化）の場合，圧力 P[N/m²]は一定であるので，気体の体積が ΔV[m³]変化するようすのグラフで表される。

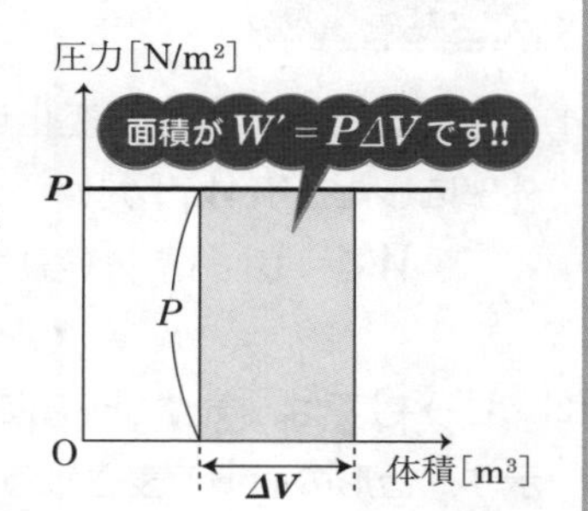

よって !!

気体が外部にする仕事 $W' = P\Delta V$ は…

グラフのピンク色の部分の面積で表されます。

このお話は何も定圧変化のときだけではなく，すべての場合で成立します!!

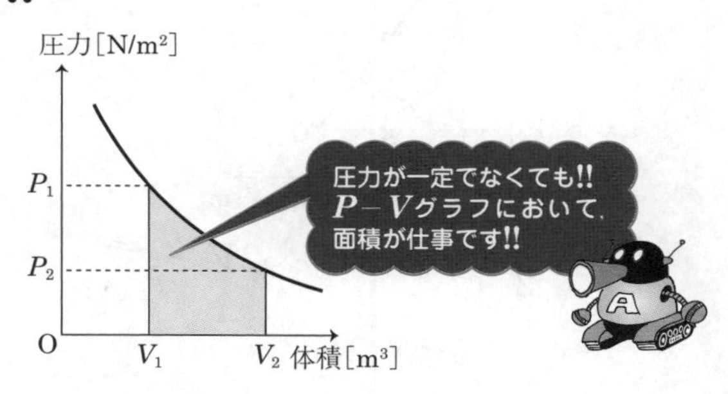

問題109　キソ

一定量の気体を右図のようにA→B→C→Aの順に変化させた。次の各問いに答えよ。

(1)　A→Bで，気体が外部にした仕事は何[J]か。

(2)　B→Cで，気体が外部にした仕事は何[J]か。

(3)　C→Aで，気体が外部にした仕事は何[J]か。

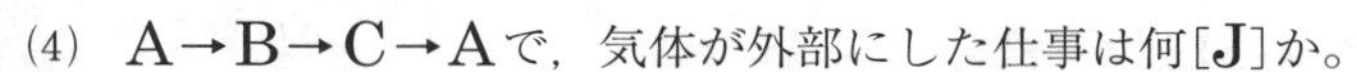

(4)　A→B→C→Aで，気体が外部にした仕事は何[J]か。

(5)　A→B→C→Aで，気体が外部からされた仕事は何[J]か。

解答でござる

(1) A→Bでは，体積が変化していないから，気体が外部にした仕事W_1'[J]は，

$$W_1' = 0[\mathrm{J}] \quad \cdots(答)$$

$W' = P\Delta V$
において
$\Delta V = 0$より
$W' = 0$

(2) B→Cでは，気体が外部にした仕事W_2'[J]は図に示す，台形の面積で表される。

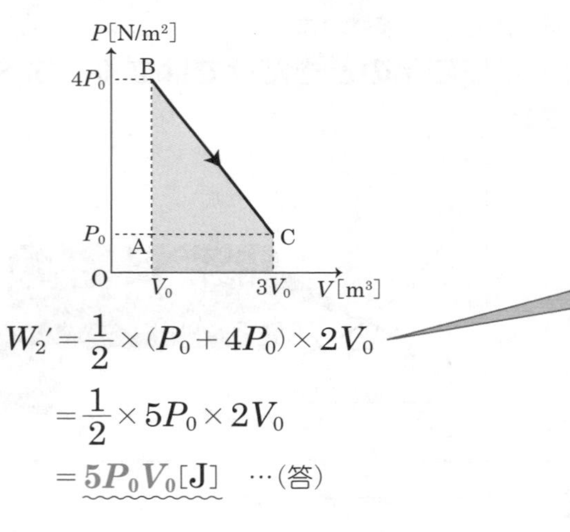

$$W_2' = \frac{1}{2} \times (P_0 + 4P_0) \times 2V_0$$
$$= \frac{1}{2} \times 5P_0 \times 2V_0$$
$$= 5P_0V_0[\mathrm{J}] \quad \cdots(答)$$

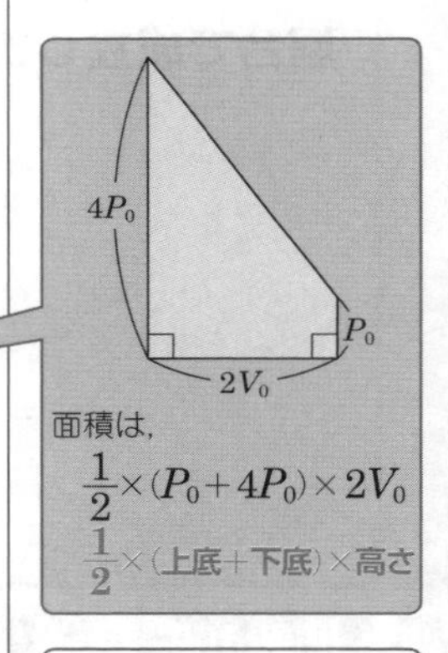

面積は，
$\frac{1}{2} \times (P_0 + 4P_0) \times 2V_0$
$\frac{1}{2} \times$(上底＋下底)×高さ

(3) C→Aでは，気体が外部にした仕事W_3'は，

$$W_3' = P_0 \times (-2V_0)$$
$$= -2P_0V_0[\mathrm{J}] \quad \cdots(答)$$

体積は減少してます!!

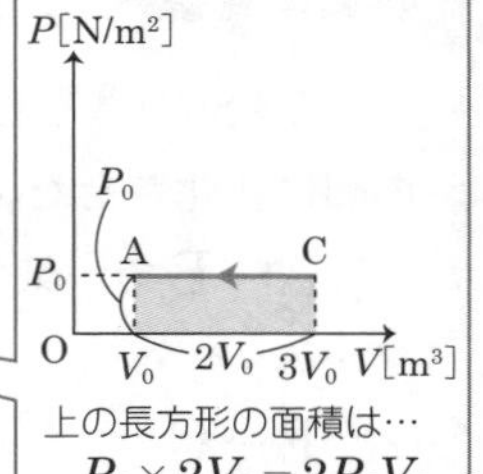

上の長方形の面積は…
$P_0 \times 2V_0 = 2P_0V_0$
しかし，矢印の向きに注意しよう!!
体積は減少しているので，気体が外部にした仕事は，
$-2P_0V_0$[J]
ちなみに，気体が外部からされた仕事は，
$2P_0V_0$[J]

(4) A→B→C→Aで，気体が外部にした仕事W'[J]は，W_1'，W_2'，W_3'の和であるから，(1)，(2)，(3)より，

$$W' = W_1' + W_2' + W_3'$$
$$= 0 + 5P_0V_0 + (-2P_0V_0)$$
$$= 3P_0V_0[\mathrm{J}] \quad \cdots(答)$$

(5)　A→B→C→Aで，気体が外部からされた仕事をW[J]とすると，

$$W = -W'$$
$$= -\mathbf{3P_0V_0}[\mathrm{J}] \quad \cdots (答)$$

“気体が外部にした仕事W'”と，“気体が外部からされた仕事W”は大きさは同じですが，符号は変わります。

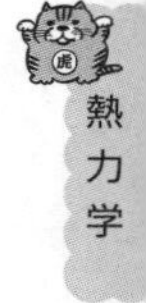

ぶっちゃけ，(4)のW'[J] は，

△ABCの面積になります。

△ABCの面積は…

$$\frac{1}{2} \times 3P_0 \times 2V_0 = 3P_0V_0[\mathrm{J}]$$

おっ!!　(4)の答えだ!!

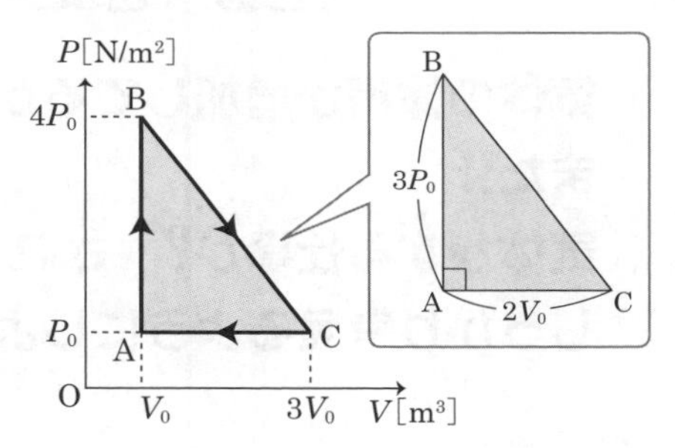

しかし!!
矢印の向きに注意しないと爆死する!!

今回はたまたま，**プラス**でした!!

A→Bでは，気体が外部にする仕事W_1'は…

B→Cでは，気体が外部にする仕事W_2'は…

C→Aでは，気体が外部にする仕事W_3'は…

0 ＋

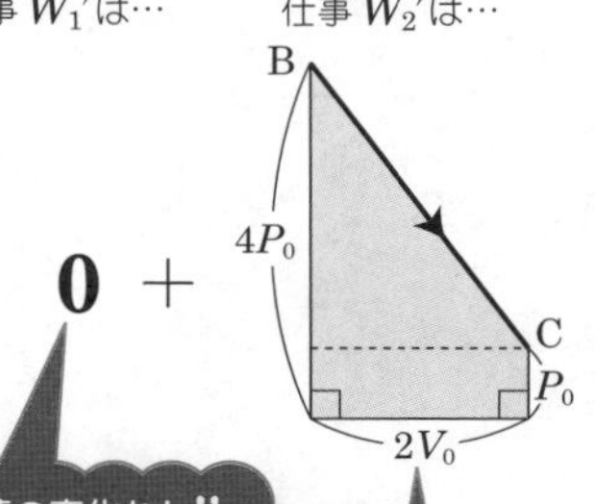

－

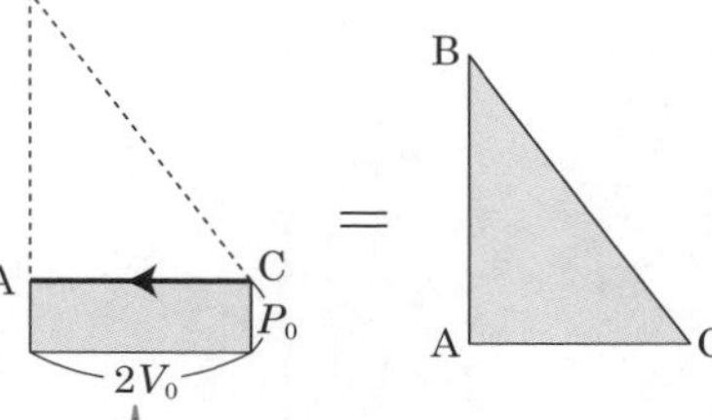

体積の変化なし!!　よって，仕事はしない!!

体積が増加する向きに矢印が向いているので，この面積はプラス!!

体積が減少する向きに矢印が向いているので，この面積はマイナス!!

つまり!! 矢印が逆向きだと正・負が逆転するので，三角形ABCの面積にマイナスをつけなければならない!!

気体の体積が増加してるか？ 減少してるか？
また!!
気体がする仕事か？ されるする仕事か？
しっかり考えるようにしよう!!

その2 “気体の内部エネルギー” って何??

気体は分子の集まりである。分子にも質量があるが，軽すぎるので無視できます。つまり，分子の重力による位置エネルギーは，無視してOKです。

が!! 分子の運動をあなどってはいけない!! 分子はさまざまなスピードで，自由に飛びまわっています。つまり，運動エネルギーは無視できません!! しかも，この連中が集団になれば，かなりのエネルギーをもっていることになります。

で!! 一定量の気体において，この中にいる分子がもつ運動エネルギーを合計したものを**気体の内部エネルギー**と呼びます。

注 **高温**だと気体の分子運動が盛んになるので，**気体の内部エネルギーは大きい!!** **低温**だとその逆になるので，**気体の内部エネルギーは小さい!!**

その3 “熱力学第１法則” のお話

では，気体の内部エネルギーを増加させたいとき，どうすればよいでしょうか??

まぁ，1つの方法として，**熱を加える!!** という手があります。

じつは，もう1つ方法があるんですよ…。わかりますか…? つい先ほどまで登場していたお話です。

もう1つの方法とは…，**外部から仕事する!!** という手です。

これら，2つの方法により，気体の分子運動が盛んになり，気体の内部エネルギーは増加します。これを式で表したものが，**熱力学第１法則**です。

つまーり!!

熱力学第１法則

内部エネルギーの増加量をΔU[J]，外部から加えた熱量をQ[J]，さらに外部から加えた仕事（気体が外部からされた仕事）をW[J]とすると…

$$\Delta U = Q + W$$

が成立します。

問題110　キソ

（一般にシリンダーと呼びます。）

右図のような，なめらかなピストンのついた頑丈（がんじょう）な容器内に気体が入れてある。この気体に500[J]の熱を加え，2.0×10^5[Pa]の圧力で1.5×10^{-3}[m^3]の体積だけ圧縮した。次の各問いに答えよ。

(1)　外部から気体に加えた仕事は何[J]か。

(2)　気体の内部エネルギーの増加量は何[J]か。

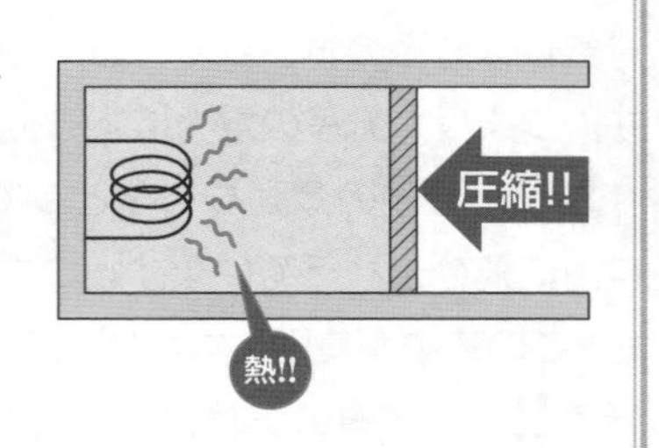

ナイス な導入

熱力学第1法則です!!

$$\Delta U = Q + W$$

内部エネルギーの増加量（ΔU）　外部から加えた熱量（Q）　外部から加えた仕事（W）

解答でござる

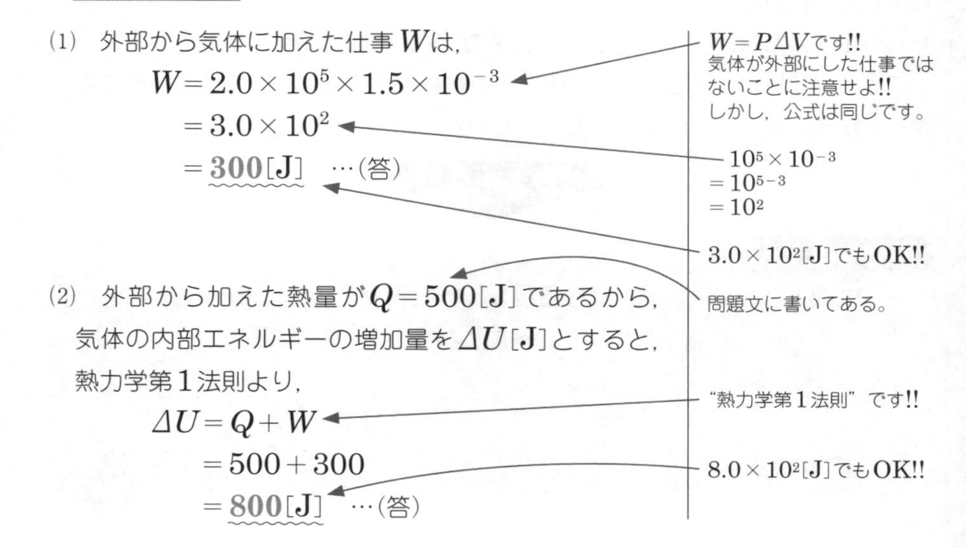

(1)　外部から気体に加えた仕事Wは，

$$W = 2.0\times10^5\times1.5\times10^{-3}$$
$$= 3.0\times10^2$$
$$= \underline{300\text{[J]}}$$ …(答)

(2)　外部から加えた熱量が$Q=500$[J]であるから，気体の内部エネルギーの増加量をΔU[J]とすると，熱力学第1法則より，

$$\Delta U = Q + W$$
$$= 500 + 300$$
$$= \underline{800\text{[J]}}$$ …(答)

問題111 標準

なめらかなピストンがついたシリンダー内に気体が入れてある。この気体に500[J]の熱を加えたところ，体積が2.0×10^{-3}[m^3]だけ膨張した。

大気圧(外部の圧力)を1.0×10^5[Pa]として，次の各問いに答えよ。

(1) 外部から気体に加えた仕事は何[J]か。

(2) 気体の内部エネルギーの増加量は何[J]か。

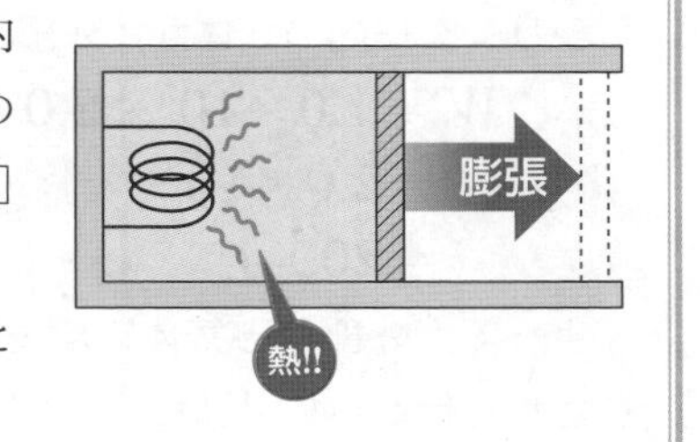

ナイスな導入

押さえておきたいのは…

ピストンの両面で圧力はつり合ってます!!

つり合っていないと，ピストンがどちらかの向きに加速度運動をしてしまいます

ピストンがつり合っている状態

||

内側の圧力と外側の圧力は等しい!!

ということです。

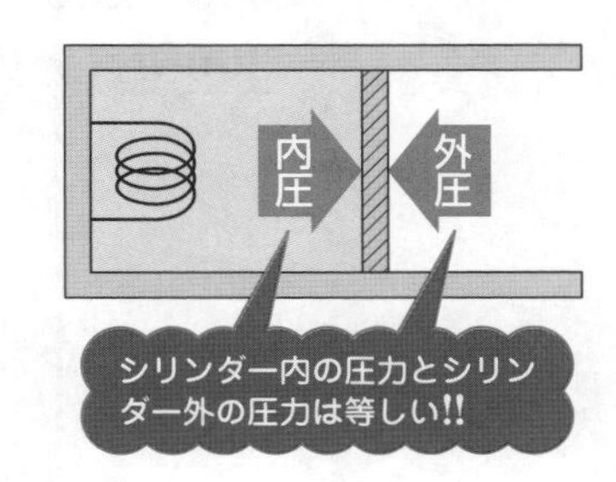

つまーり!!

大気圧(外部の圧力)が1.0×10^5[Pa]で一定であるので，シリンダー内の気体の圧力も1.0×10^5[Pa]で一定であったことになります。

注 ピストンが動いているときも，“ゆっくり動いている”ことが大前提です!! つまり，内圧と外圧がつり合いながらピストンは動いたと考えてください。

解答でござる

(1) シリンダー内の気体が，外部にした仕事 W'[J]は，

$$W' = 1.0 \times 10^5 \times 2.0 \times 10^{-3}$$
$$= 2.0 \times 10^2$$
$$= 200[\mathrm{J}]$$

$W' = P\Delta V$

よって，外部から気体に加えた仕事（気体が外部からされた仕事）W[J]は，

$$W = -W'$$
$$= \mathbf{-200[J]} \quad \cdots(答)$$

-2.0×10^{-2}[J]でもOK!!

(2) 外部から加えた熱量が $Q=500$[J]であるから，気体の内部エネルギーの増加量を ΔU[J]とすると，熱力学第1法則から，

$$\Delta U = Q + W$$
$$= 500 - 200$$
$$= \mathbf{300[J]} \quad \cdots(答)$$

3.0×10^2[J]でもOK!!

その4 “断熱変化” のお話です

“断熱” とは，その名が示すとおり，外部との熱のやりとりがいっさいないということです。

そこで，“熱力学第1法則” を思い出してください…。

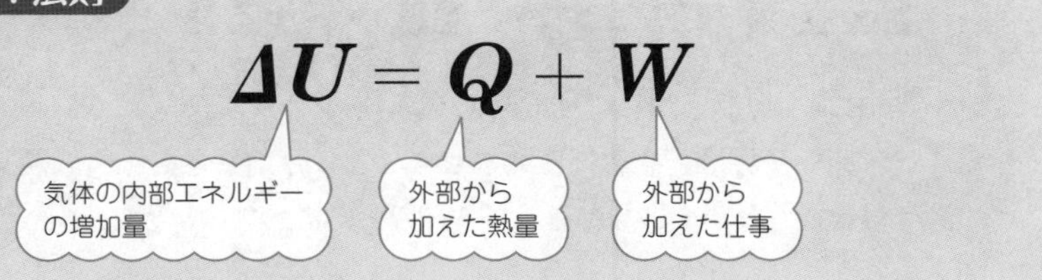

で!! “断熱” ですから… $Q = 0$ です!!

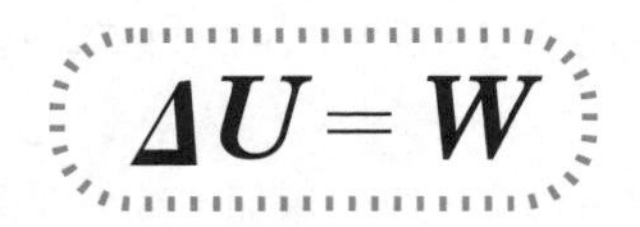

になります。

とゆーことは…

① $W > 0$ のとき，$\Delta U > 0$ も成立!!

外部からの仕事が正だと，気体の内部エネルギーは増加!!

圧縮されると気体の温度が上がる!!

② $W < 0$ のとき，$\Delta U < 0$ も成立!!

外部からの仕事が負だと，気体の内部エネルギーは減少!!

気体が外部にする仕事が正だと，気体の内部エネルギーは減少!!

つまり…　**膨張すると気体の温度は下がる!!**

ザ・まとめ

① **断熱圧縮** といえば… **温度が上がる!!**

理由は，$\Delta U = W > 0$です。

② **断熱膨張** といえば… **温度が下がる!!**

理由は，$\Delta U = W < 0$です。

注 断熱変化は“急激に変化させること”が前提となる。問題文にこの断り書きが書いていないことが多いが，気にしないように…。

問題112 標準

断熱材でつくられたシリンダー内に気体を入れ，ピストンを引いて膨張させた。ピストンを引く力がした仕事が30[J]であったとき，次の各問いに答えよ。

(1) 気体の内部エネルギーの変化を，増加・減少も含めて答えよ。

(2) 気体の温度は上がったか，下がったか。

解答でござる

(1) 内部エネルギーの変化量…………ΔV[J]

気体に外部から加えた仕事………W[J]

とすると，断熱変化の場合，

$$\Delta U = W \quad \cdots①$$

“熱力学第1法則”より
$\Delta U = Q + W$
$Q = 0$より
$\Delta U = W$

ピストンを引いて膨張させたことから，$W < 0$である。

膨張した
⇔ 気体が外部に正の仕事を**した**
⇔ 気体が外部から負の仕事をされた
⇔ 気体に外部から加えた仕事は負

よって，条件より，

$$W = -30[\mathrm{J}] \quad \cdots②$$

①と②より，

$$\Delta U = -30[\mathrm{J}]$$

つまり，気体の内部エネルギーは，

30［J］ 減少する　…(答)

マイナスですから!!

ピストンを引く力がピストンにした仕事は30［J］であるが，気体は膨張しているので，この力が気体にした仕事は，－30［J］です。

マイナス!!

圧縮させた　→　気体に外部からした仕事は正

膨張させた　→　気体に外部からした仕事は負

(2)　温度は下がった　…(答)

気体の内部エネルギーが減少した

⇔　気体の分子運動が弱まった

⇔　温度が下がったことになる

その5 “熱効率”のお話

何かを燃焼させ，そこから熱エネルギーを得て，この熱エネルギーを仕事に変換する装置を**熱機関**と申します。

しかしながら，発生させた熱エネルギーをすべて仕事に変換できる夢のような熱機関は，この世に存在しません!! 実際はいろいろとムダが出てしまいます

発生させた熱エネルギーをどのくらいの割合で仕事に変換できるか？を表した値が**熱効率**です。

熱効率

発生させた熱エネルギーをQ[J]，実際にできた仕事をW[J]としたとき，熱効率eは…

$$e = \frac{W}{Q}$$

となります。

注 熱効率に単位はありませんが，100倍すると%(パーセント)になります。

問題113 キソ

ある装置で，1.0[g]あたり3.0×10^5[J]の熱エネルギーが生じる燃料を2.0[kg]消費したところ，1.5×10^8[J]の仕事を取り出すことができた。このとき，この装置の熱効率は何[%]か。

解答でござる

発生させた熱量Q[J] は，

$$Q = 3.0 \times 10^5 \times 2.0 \times 10^3$$
$$= 6.0 \times 10^8 \text{[J]}$$

1.0[g]あたり3.0×10^5[J]だから
2.0[kg] = 2.0×10^3[g]では…
$3.0 \times 10^5 \times 2.0 \times 10^3$
$= 6.0 \times 10^8$[J]

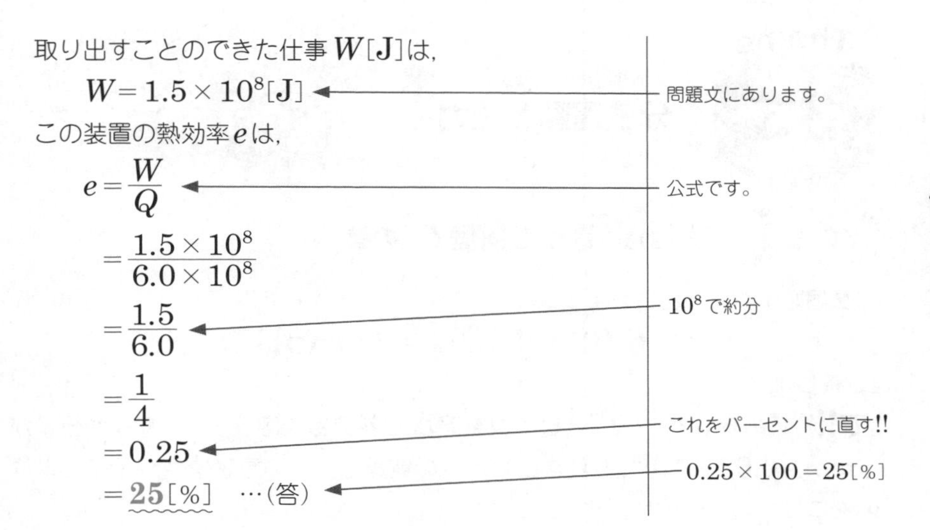

取り出すことのできた仕事 W[J]は,

$$W = 1.5 \times 10^8 [\mathrm{J}]$$

問題文にあります。

この装置の熱効率 e は,

$$e = \frac{W}{Q}$$

公式です。

$$= \frac{1.5 \times 10^8}{6.0 \times 10^8}$$

$$= \frac{1.5}{6.0}$$

10^8 で約分

$$= \frac{1}{4}$$

$$= 0.25$$

これをパーセントに直す!!

$$= 25[\%]$$ …(答)

$0.25 \times 100 = 25[\%]$

熱力学

その6 "熱力学第2法則" ってあるの…??

私は忘れない…あの日のことを…
"ラジオ体操第1" があるということは, "ラジオ体操第2" もあるのかも…
ずーっと心の片スミで思っていた…
そして, とうとう "ラジオ体操第2" を体験する日がきた…
なんだ…こ, こ, これは…
暗い音楽…ヘンな動き…今から, これと似た経験をするかもよ…

熱力学第2法則

実際は複雑な表現なのですが, 簡単にまとめると,
次の①と②のお話になります。

① 熱が高温の物体から低温の物体へ移動する現象は, もとにもどすことはできない("不可逆反応である" と申します)。

② 仕事をすべて熱に変換することはできるが, 熱をすべて仕事に変換することはできない。つまり, 熱効率が100[%]である熱機関は存在しない。

えーっ!!　これだけーっ!?
と思うかもしれませんが…大切なお話です。
特に①はあたりまえですよね…

その1 "1[mol]って何個?"の巻

12個を1ダースというように…

$$\mathbf{6.02 \times 10^{23}}\text{個} = \mathbf{1}\,[\text{mol}]$$

と定義します。

で!! この6.02×10^{23}という数を**アボガドロ数**と呼びます。原子や分子が1[mol](6.02×10^{23}個)集まったときの質量は，その原子量や分子量に単位[g]をつけた値に一致します。

例 水素分子H_2の1[mol]の質量は…

$H_2 = 2$(分子量は2)より，2[g]です。

その2 "気体の状態方程式"のお話

1[mol]の気体で，ボイル・シャルルの法則を考えたとき，「$\dfrac{PV}{T}=$一定」の一定値を$\boldsymbol{R}$とおきます。

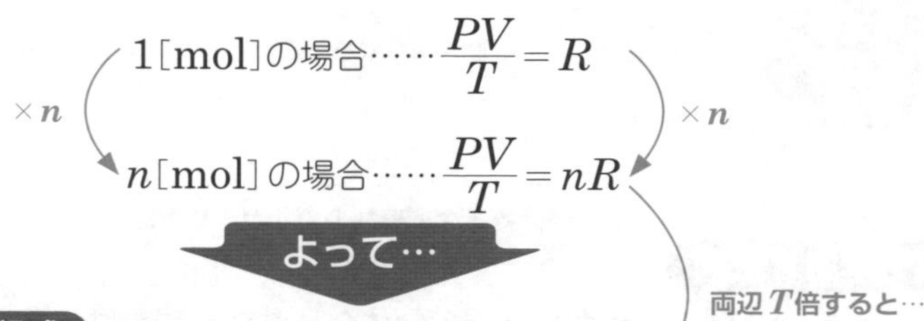

気体の状態方程式

$$\boldsymbol{PV = nRT}$$

圧力…P[Pa]，体積…V[m^3]，モル数…n[mol]，温度…T[K]，そしてRは**気体定数**と呼び，$R = 8.31$[J/(mol·K)]です。

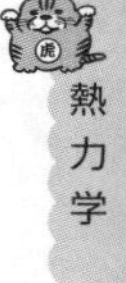

問題114　キソ　人呼んで，"標準状態"と申します。

0[℃]，1.013×10^{5}[Pa]で，1[mol]の気体が占める体積が2.24×10^{-2}[m^3]であることを利用して，気体定数を有効数字3ケタで求めよ。

ナイスな導入

$$PV=nRT$$

より…

$$R=\frac{PV}{nT}$$

$PV=nRT$
の両辺をnTでわる!!
$\frac{PV}{nT}=R$

これに，上記の値を代入すれば解決です!!

が!!　単位が…

では，単位についてです。　[Pa]=[N/m^2]です!!

$$R=\frac{PV}{nT}\cdots\cdots\cdots\frac{[\mathrm{N/m^2}]\times[\mathrm{m^3}]}{[\mathrm{mol}]\times[\mathrm{K}]}$$

$$=\frac{[\mathrm{N\cdot m}]}{[\mathrm{mol\cdot K}]}$$

$$=\frac{[\mathrm{J}]}{[\mathrm{mol\cdot K}]}$$

$$=[\mathbf{J/(mol\cdot K)}]$$

仕事を思い出そう!!
仕事[J]=力[N]×距離[m]
つまり…
[J]=[N・m]

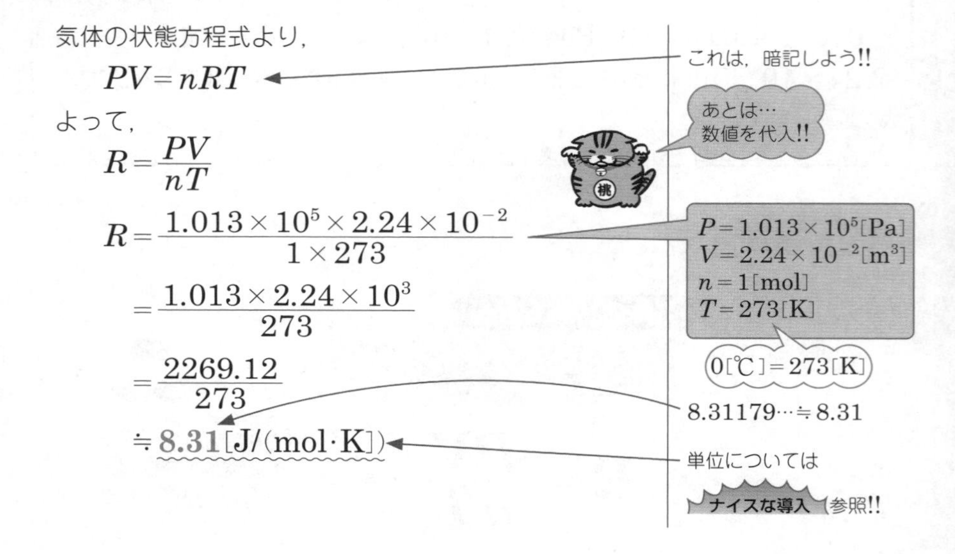

解答でござる

気体の状態方程式より，

$$PV = nRT$$

よって，

$$R = \frac{PV}{nT}$$

$$R = \frac{1.013 \times 10^5 \times 2.24 \times 10^{-2}}{1 \times 273}$$

$$= \frac{1.013 \times 2.24 \times 10^3}{273}$$

$$= \frac{2269.12}{273}$$

$$\fallingdotseq \mathbf{8.31}\,[\mathrm{J/(mol \cdot K)}]$$

気体定数 $R = 8.31$[J/(mol·K)]は，覚えておきましょう!!
化学とは数値と単位が違うので注意しよう。

問題115　キソ

ある気体を5.0×10^{-3}[m^3]の容器に入れて密封し，227[℃]まで加熱したところ，圧力は6.0×10^5[Pa]を示した。この気体のモル数を求めよ。ただし，気体定数は$R=8.31$[J/(mol·K)]とする。

解答でござる

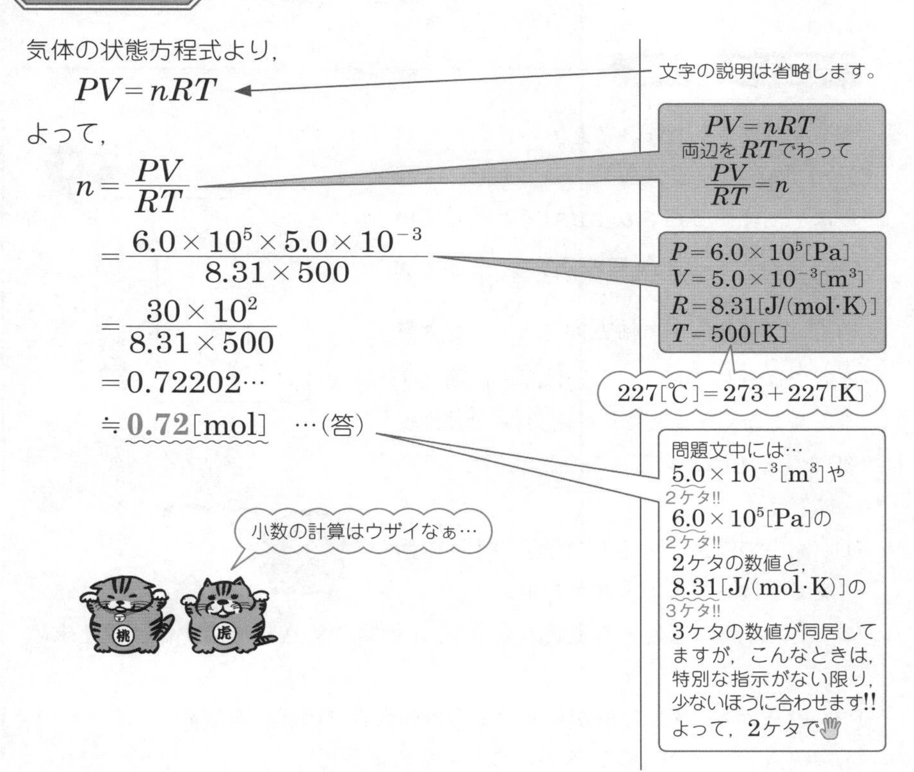

その3 “気体の分子運動から圧力を議論する!!”

問題116 標準

1辺の長さl[m]の立方体の容器に，質量m[kg]の分子がN個入っており，それらはすべて同じ速さv[m/s]で運動しているものとする。N個の分子は$\dfrac{N}{3}$個がx軸方向，$\dfrac{N}{3}$個がy軸方向，$\dfrac{N}{3}$個がz軸方向に運動しており，分子は互いに衝突することもなく，壁とは弾性衝突(完全弾性衝突)をするものとする。このとき，次の各問いに答えよ。

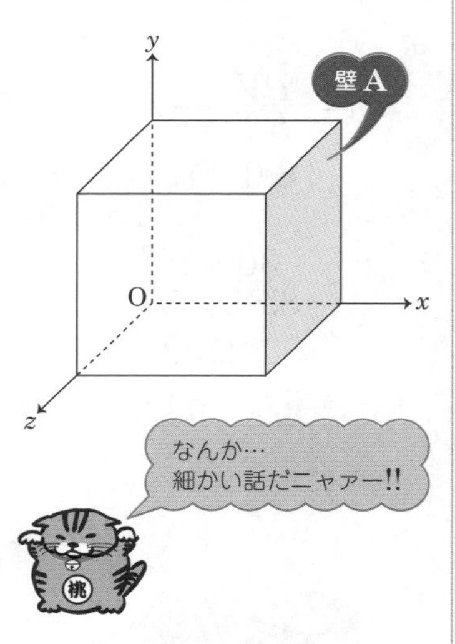

(1) 図中の壁Aが，1個の分子の1回の衝突で受ける力積の大きさを求めよ。

(2) x軸方向に運動する1個の分子が，t秒間に壁Aに衝突する回数を求めよ。

(3) 壁Aがt秒間に分子から受ける力積の大きさの総和を求めよ。

(4) 壁Aが分子から受ける平均の力を求めよ。

(5) 壁Aにはたらく圧力を求めよ。

(1)　x軸方向に速度v[m/s]で運動している分子は，壁Aで**弾性衝突**をし，x軸方向に$-v$[m/s]ではねかえってくる。

弾性衝突は，同じ速さではねかえる衝突です。Theme 22参照!!

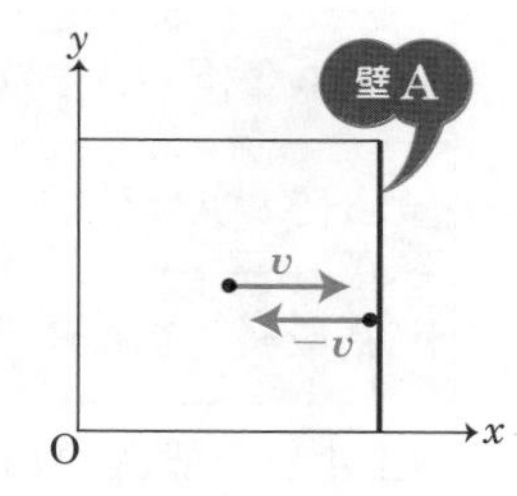

このとき，1個の分子が壁Aから受ける力積は，運動量の変化よりx軸方向を正として，

$$-mv-mv=-2mv$$

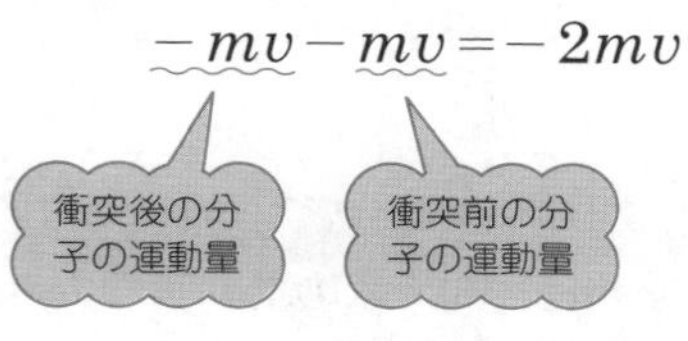

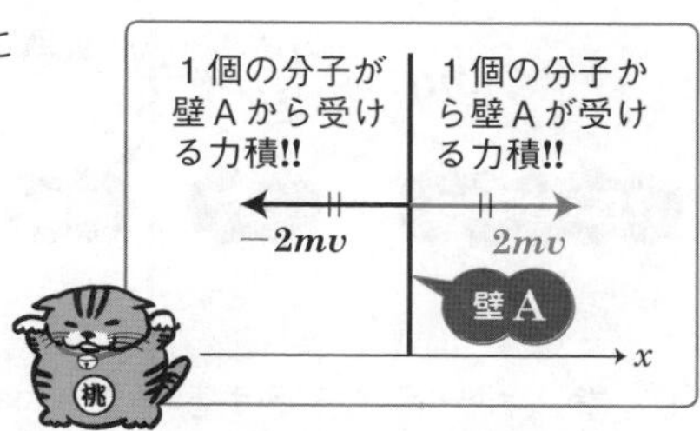

よって，壁Aが1個の分子の1回の衝突で受ける力積は，x軸方向を正として$2mv$である。よって，力積の大きさは，$2mv$[N·s]　…(答)

正の値であるから，そのまま力積の大きさです。

(2)　壁Aに衝突した分子が，反対側の壁に衝突して再び壁Aに衝突するには，往復$2l$[m]の距離を運動しなければならない。

x軸方向に運動する1個の分子は，1秒間にv[m]の距離をはねかえりながら移動する。

よって，t秒間ではvt[m]の距離をはねかえりながら移動することになる。

$2l$[m]ごとに壁に衝突するから，壁Aに衝突する回数は，

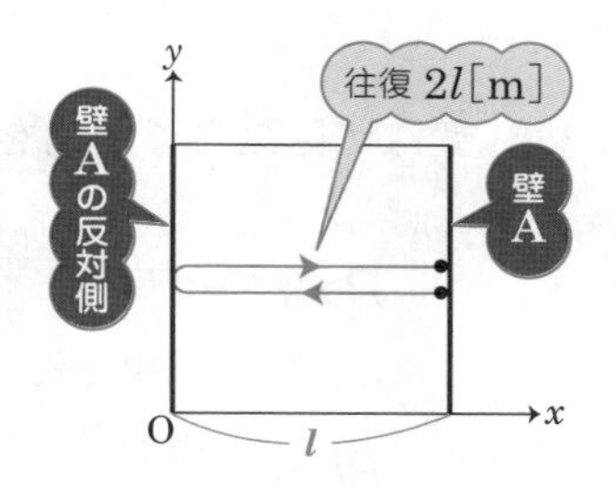

イメージは…
vt
2l　2l　2l　……　2l

$\dfrac{vt}{2l}$回　…(答)

(3) 壁Aに衝突する分子の個数は，x軸方向に運動している分子であるから，$\dfrac{N}{3}$個である。これと，(1)，(2)から…

壁Aが1個の分子から1回の衝突で受ける力積の大きさ	$2mv$[N·s]
壁Aにt秒間で1個の分子が衝突する回数	$\dfrac{vt}{2l}$回
壁Aに衝突する分子の個数	$\dfrac{N}{3}$個

以上より，壁Aがt秒間に分子から受ける力積の大きさの総和は，

$$2mv \times \frac{vt}{2l} \times \frac{N}{3} = \frac{Nmv^2t}{3l}\,[\mathrm{N \cdot s}] \quad \cdots(答)$$

1個1回につき　回数　個数

(4) 壁Aが分子から受ける平均の力をF[N]とすると，(3)で求めた力積の大きさの総和は，Ft[N·s]で表せる。

力×時間

よって，

$$Ft = \frac{Nmv^2t}{3l}$$

両辺をtでわる。

$$\therefore \quad F = \frac{Nmv^2}{3l}\,[\mathrm{N}] \quad \cdots(答)$$

(5) 壁Aにはたらく圧力をP[N/m²]とすると，

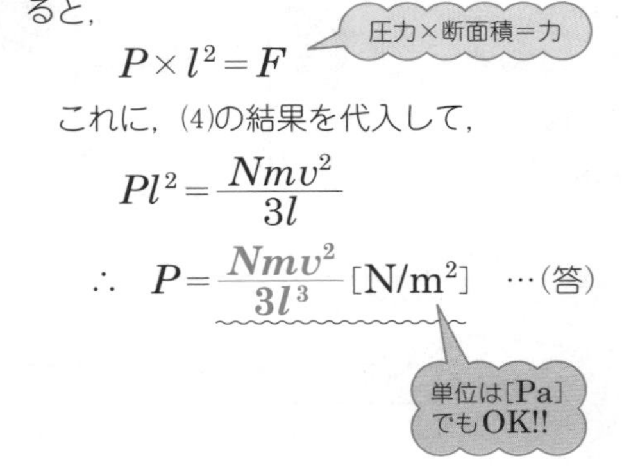

$$P \times l^2 = F$$

圧力×断面積＝力

これに，(4)の結果を代入して，

$$Pl^2 = \frac{Nmv^2}{3l}$$

$$\therefore \quad P = \frac{Nmv^2}{3l^3}\,[\mathrm{N/m^2}] \quad \cdots(答)$$

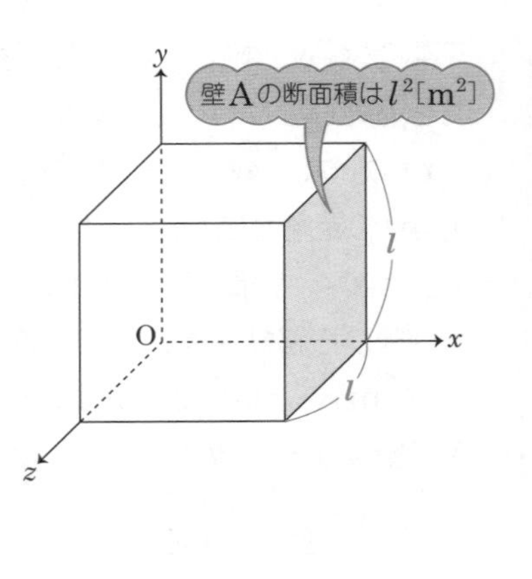

l^3は，立方体の体積V[m^3]を表しているので，$l^3 = V$とし，v^2も実際はいろいろな速さの分子があるので，v^2の平均値ということで$\overline{v^2}$とします。

よって…

$$P = \frac{Nmv^2}{3l^3} \quad \text{改良して…} \quad P = \frac{Nm\overline{v^2}}{3V}$$

v^2の平均という意味です。

これが本当の形

似た問題をもう1問!!

問題117　ちょいムズ

半径r[m]の球形容器に，質量m[kg]の気体分子がN個含まれ，各分子は等しい速さv[m/s]で不規則な方向に飛びまわっている。これらは互いに衝突することなく壁面と弾性衝突(完全弾性衝突)するものとする。次の各問いに答えよ。

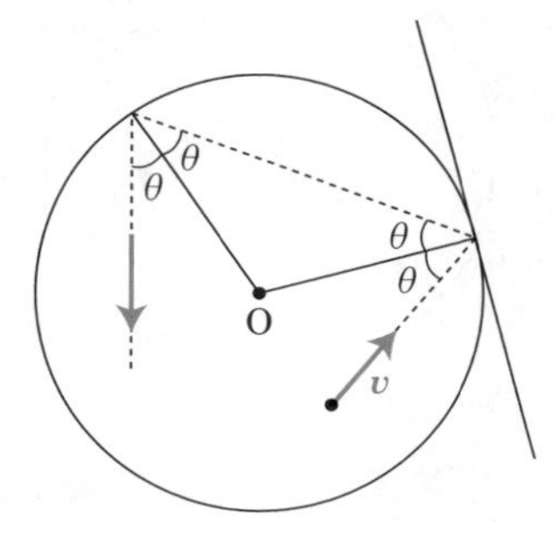

(1)　図のように，1個の分子が入射角θで壁面に衝突するとき，この分子にはたらいた力積の大きさを求めよ。

(2)　(1)の分子が壁面に与える力積の大きさを求めよ。

(3)　(1)の分子は1秒間あたり何回壁面に衝突するか。

(4)　1個の分子が1秒間に壁面に与える力積の大きさを求めよ。

(5)　全分子が1秒間に壁面に与える力積の大きさを求めよ。

(6)　全分子から壁面が受ける平均の力の大きさを求めよ。

(7)　全分子から壁面が受ける圧力を求めよ。

ビジュアル解答

まず押さえておいてほしいのは…

弾性衝突であるから，分子が壁面との衝突をいくらくり返しても，分子の速さは永久にv[m/s]のままで一定です!!

(1) 一般に…

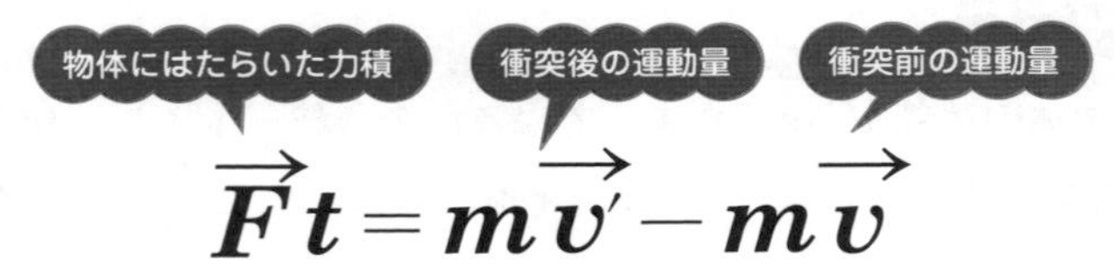

$$\vec{F}t = m\vec{v'} - m\vec{v}$$

が成立することは大丈夫ですね？

力積も運動量もベクトルであるので，(1)はベクトルの計算になります。

衝突前の分子の運動量を$m\vec{v}$，衝突後の分子の運動量を$m\vec{v'}$とし，さらに壁面が分子に与えた力積(分子にはたらいた力積)を$\vec{F}t$とおきます。

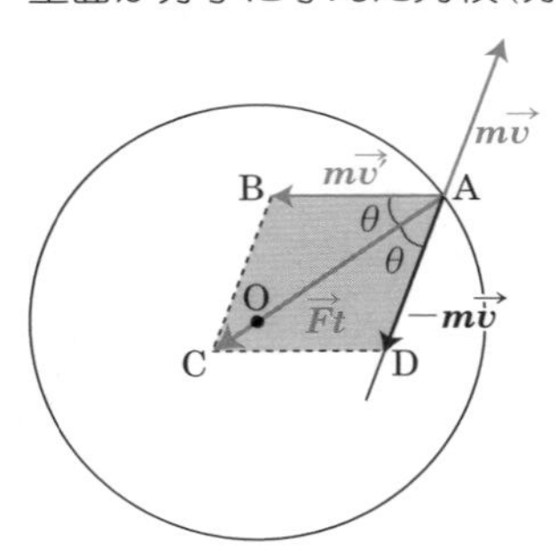

$m\vec{v}$と$m\vec{v'}$の大きさは等しい(ともにmv)ので，左図の平行四辺形ABCDはひし形になります。

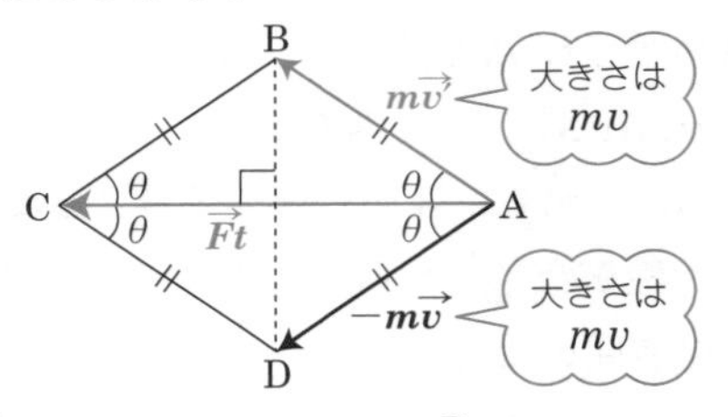

求める力積の大きさは，ひし形ABCDの対角線ACの長さである。

対角線ACとBDの交点をHとしたとき，直角三角形ABHにおいて，

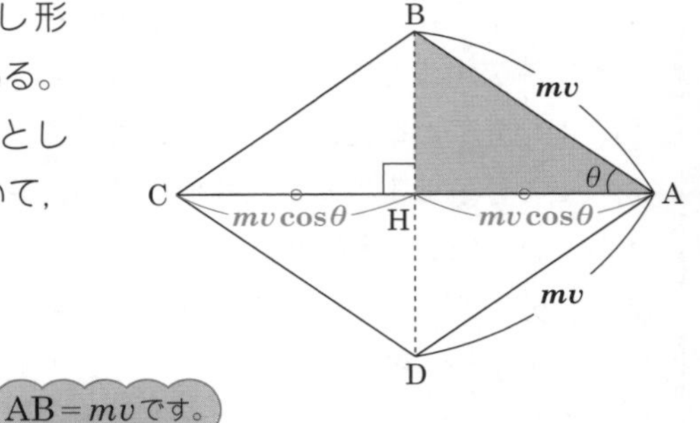

$$\cos\theta = \frac{AH}{AB}$$

$$AH = AB\cos\theta$$

$$\therefore \quad AH = mv\cos\theta$$

AB＝mvです。

よって，

$$AC = 2 \times AH$$

$$\therefore \quad AC = 2mv\cos\theta$$

これが力積$\vec{F}t$の大きさです。

分子にはたらいた力積の大きさは…

$2mv\cos\theta$ [N·s] …(答)

問題文の図中に書いてありますが…
弾性衝突では入射角と反対角は等しい。

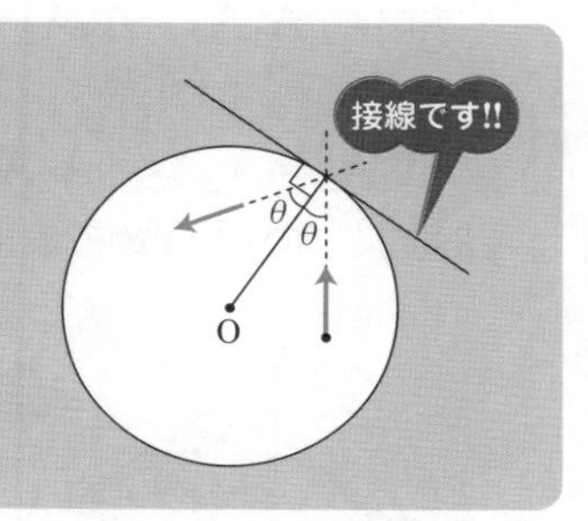

(2)　**壁面が分子に与えた力積の大きさ**(分子にはたらいた力積の大きさ)

‖

分子が壁面に与えた力積の大きさ

(1)より，分子が壁面に与えた力積の大きさは…

$\boldsymbol{2mv\cos\theta}$ [N・s]　…(答)

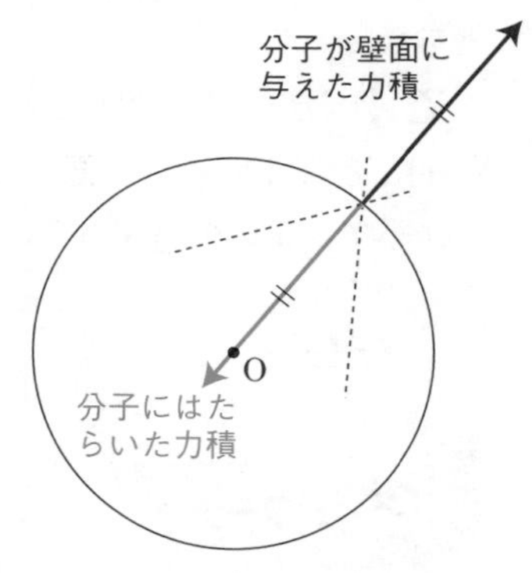

(3)　右図のように，分子は同じ入射角と反対角の衝突をくり返しながら運動する。

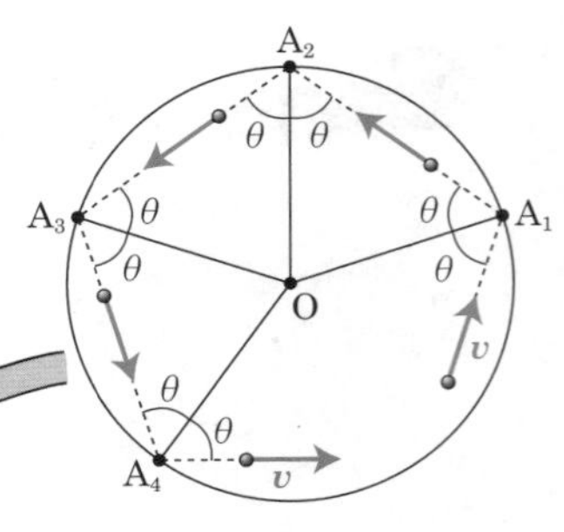

つまり，$A_1A_2 = A_2A_3 = A_3A_4 = \cdots$

今…

$$A_1A_2 = A_2A_3 = A_3A_4 = \cdots = l\,[\mathrm{m}]$$

とおき，このlを求めてみよう。

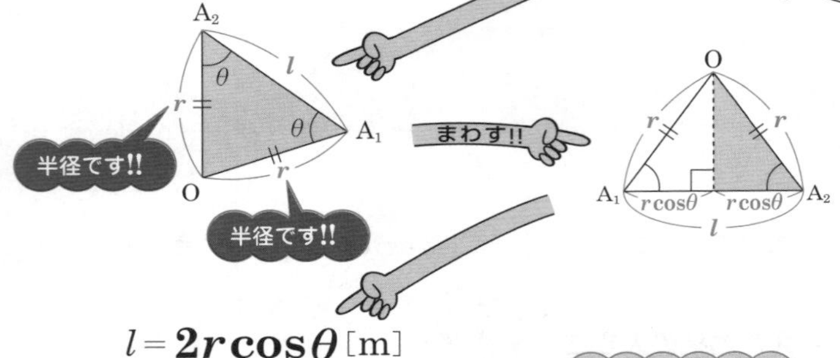

$$l = \mathbf{2r\cos\theta}\,[\mathrm{m}]$$

となる。

v[m/s]ですから!!

で!!　分子が1秒間に運動する距離は$\boldsymbol{v}$[m]であるから，距離$2r\cos\theta$[m]ごとに1回ずつ壁面に衝突することになる。

よって，1個の分子が1秒間に壁面に衝突する回数は…

$$\frac{v}{2r\cos\theta}\text{回}\quad\cdots(\text{答})$$

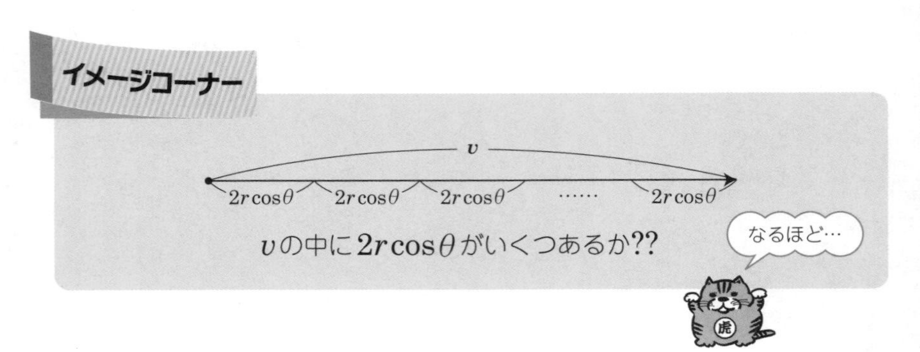

(4)

(2)で 

1個の分子が壁面に与える力積の大きさは…

$$2mv\cos\theta\,[\mathrm{N\cdot s}]$$

(3)で 

1個の分子が1秒間に壁面に衝突する回数は…

$$\frac{v}{2r\cos\theta}\,回$$

以上より，1個の分子が1秒間に壁面に与える力積の大きさは…

$$2mv\cos\theta \times \frac{v}{2r\cos\theta} = \frac{mv^2}{r}\,[\mathrm{N\cdot s}] \quad \cdots(答)$$

(5)　(4)より，全分子(N個)が，1秒間に壁面に与える力積の大きさは…

$$\frac{mv^2}{r} \times N = \frac{Nmv^2}{r}\,[\mathrm{N\cdot s}] \quad \cdots(答)$$

1個の分子が1秒間に壁面に与える力積の大きさ

N個分!!

(6)　全分子から壁面が受ける平均の力の大きさをF[N]とする。
このとき，

力積の大きさ ＝ 力の大きさ × 時間

であるから…

$$\frac{Nmv^2}{r} = F \times 1$$

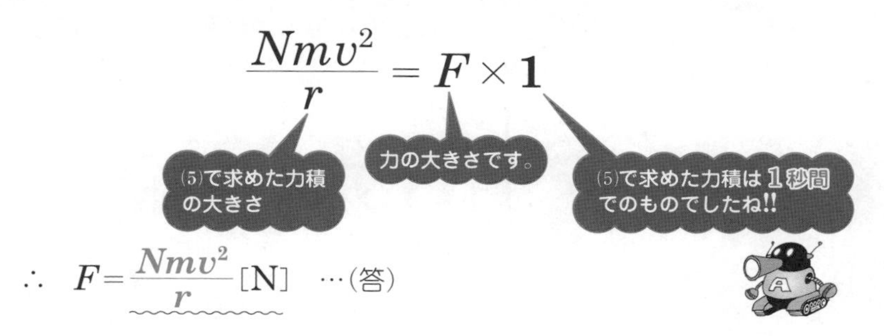

$$\therefore \quad F = \frac{Nmv^2}{r}\,[\mathrm{N}] \quad \cdots(答)$$

(7) 球の表面積は$4\pi r^2$[m^2]であるから，全分子から壁面が受ける圧力をP[N/m^2]として…

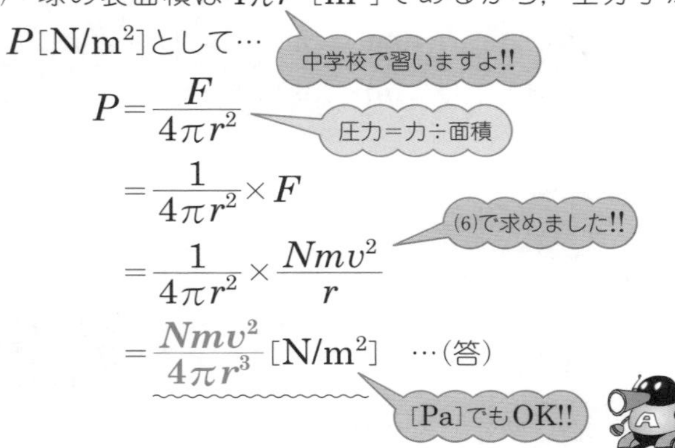

$$P=\frac{F}{4\pi r^2}$$

$$=\frac{1}{4\pi r^2}\times F$$

$$=\frac{1}{4\pi r^2}\times\frac{Nmv^2}{r}$$

$$=\frac{Nmv^2}{4\pi r^3}\text{[N/m}^2\text{]}$$ …(答)

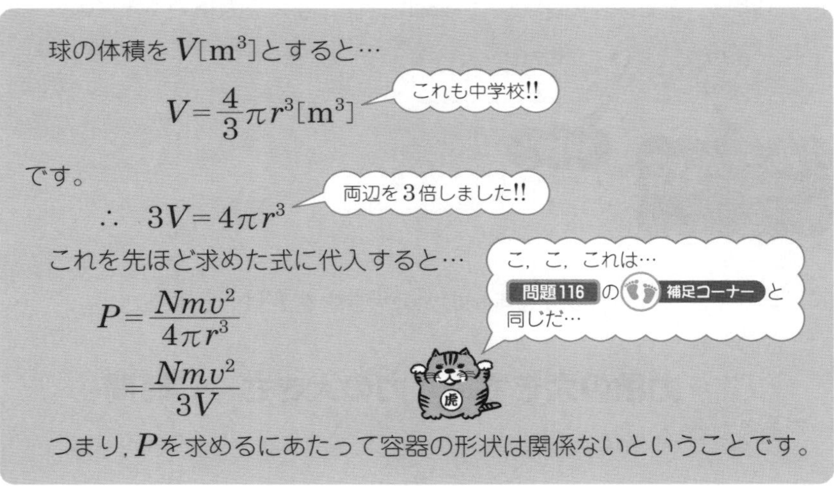

球の体積をV[m^3]とすると…

$$V=\frac{4}{3}\pi r^3\text{[m}^3\text{]}$$

です。

$$\therefore\quad 3V=4\pi r^3$$

これを先ほど求めた式に代入すると…

$$P=\frac{Nmv^2}{4\pi r^3}$$

$$=\frac{Nmv^2}{3V}$$

つまり，Pを求めるにあたって容器の形状は関係ないということです。

ザ・まとめ

体積 V[m^3]の中に，N個の気体分子が含まれており，この分子1個の質量がm[kg] で，速さの2乗の平均が$\overline{v^2}$[(m/s)^2]のとき，この気体の圧力P[Pa]は…

$$P=\frac{Nm\overline{v^2}}{3V}\ [\mathrm{Pa}]$$

または[N/m^2]

である。

注 気体分子は**理想気体**(分子の大きさが無視できて，かつ分子間力も無視できる実際にはない夢のような気体分子です♥)であることを前提としています。**実在気体**(分子の大きさがあり，分子間力もはたらく本物の気体分子)で考えると，かなりややこしいことになります。

その4 “気体分子の運動エネルギー”を考える。

N個の気体分子のモル数をn[mol]とすると…

アボガドロ数をN_Aとして…

$$n=\frac{N}{N_A}\quad \cdots ①$$

となります。

> $N_A=6.02\times10^{23}$
> 例えば，$N=6.02\times10^{24}$個のとき，
> モル数n[mol]が知りたいなら…
> $n=\frac{N}{N_A}=\frac{6.02\times10^{24}}{6.02\times10^{23}}=10$[mol]
> としますよね??

さらに，上の ザ・まとめ の圧力Pの式から…

$$P=\frac{Nm\overline{v^2}}{3V}\quad \cdots ②$$

> 気体分子1個の質量……m[kg]
> 速さの2乗の平均………$\overline{v^2}$[(m/s)^2]

そして!! 気体の状態方程式から…

$$PV=nRT\quad \cdots ③$$

> 圧力…………P[Pa]
> 体積…………V[m^3]
> 温度…………T[K]
> 気体定数……R[J/(mol·K)]

まず，①と②を③に代入して，

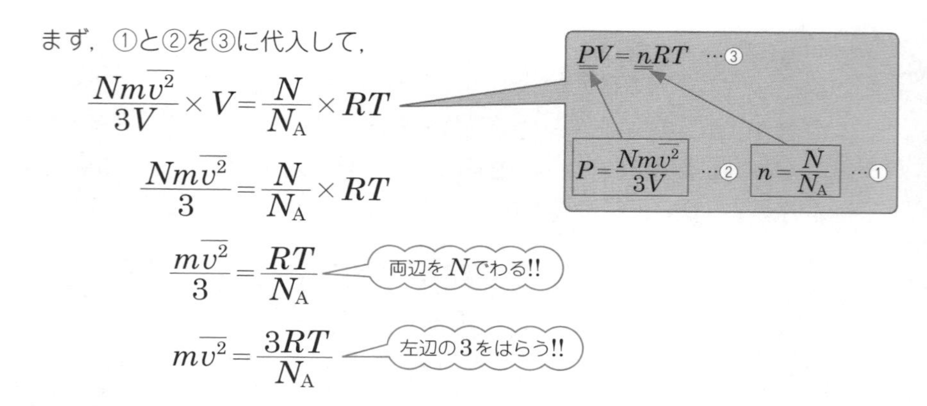

$$\frac{Nm\overline{v^2}}{3V} \times V = \frac{N}{N_A} \times RT$$

$$\frac{Nm\overline{v^2}}{3} = \frac{N}{N_A} \times RT$$

$$\frac{m\overline{v^2}}{3} = \frac{RT}{N_A}$$

$$m\overline{v^2} = \frac{3RT}{N_A}$$

で!! 両辺を2でわると…

$$\frac{1}{2}m\overline{v^2} = \frac{3RT}{2N_A}$$

こ，こ，これは… 運動エネルギー!!

みんなが同じ点数だったら，その点が平均点となるのと同じ理屈!!

左辺の式は，気体分子1個あたりの運動エネルギーの平均値を表します。
$\frac{1}{2}mv^2$ の平均は，$\overline{\frac{1}{2}mv^2}$ と表されますが…
$\frac{1}{2}m$ の部分はすべての気体分子で同じ値なので，$\overline{\frac{1}{2}m} = \frac{1}{2}m$ です。
よって，v^2 だけ平均値で考える必要があるので，気体分子の運動エネルギーの平均値は，$\frac{1}{2}m\overline{v^2}$ と表されます。

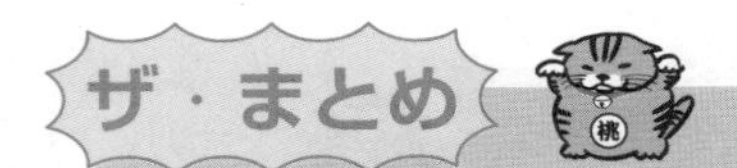

気体分子 1 個あたりの運動エネルギーの平均値 $\frac{1}{2}m\overline{v^2}$ は…

$$\frac{1}{2}m\overline{v^2}=\frac{3RT}{2N_A}$$

ここで，R は気体定数，N_A はアボガドロ数で，ともに決まった値です。

そこで!! $\frac{R}{N_A}=k$ と表すと…

$$\frac{1}{2}m\overline{v^2}=\frac{3}{2}kT$$

$$\frac{3RT}{2N_A}=\frac{3}{2}\times\boxed{\frac{R}{N_A}}\times T=\frac{3}{2}\times\boxed{k}\times T$$

このとき，この k を**ボルツマン定数**と呼びます。

ちなみに，計算してみると…

$$k=\frac{R}{N_A}=\frac{8.31}{6.02\times10^{23}}=1.38\times10^{-23}[\mathrm{J/K}]$$

覚えなくてもよい…

それよりも大切なことが…

$\frac{1}{2}m\overline{v^2}=\frac{3}{2}kT$ が成立するということは…

k は定数なので，“気体分子の平均運動エネルギーは T に比例する” ことが言えます。

つまり…

気体分子の平均運動エネルギーは，
絶対温度に比例する!!

とゆーことは…

気体分子の運動エネルギーの合計が，気体の内部エネルギーであるから…

気体の内部エネルギーも絶対温度に比例する!!

熱力学

Theme 34 さらに突っ込んだ熱力学

その1　さらに突っ込んだ"内部エネルギー"のお話

p.378でも学習しましたが，気体分子1個あたりの平均運動エネルギー $\frac{1}{2}m\overline{v^2}$ は…

$$\frac{1}{2}m\overline{v^2}=\frac{3RT}{2N_A}\quad\cdots①$$

のように表されます。

で!! "気体の内部エネルギーは，全気体分子の運動エネルギーの総和"であるから…（N_A 個です。）

1[mol]の気体分子がもつ内部エネルギーは，

①の両辺に N_A をかけて…

$$N_A\times\frac{1}{2}m\overline{v^2}=N_A\times\frac{3RT}{2N_A}$$

$$=\frac{3}{2}RT$$

（N_A：アボガドロ数）（$\frac{3}{2}RT$：1[mol]分の内部エネルギー）

つまり…

n[mol]の気体分子がもつ内部エネルギー U[J]は…

$$U=\frac{3}{2}nRT\,[\mathrm{J}]$$

となります。

この式から…

温度が ΔT[K]上昇したときの内部エネルギーの変化量 ΔU[J]は，

$$\Delta U=\frac{3}{2}nR\Delta T\,[\mathrm{J}]$$

n[mol]の気体の内部エネルギー U[J] は…

$$U = \frac{3}{2}nRT \text{[J]}$$

さらに，温度がΔT[K]上昇したときの内部エネルギーの変化量ΔU[J]は…

$$\Delta U = \frac{3}{2}nR\Delta T$$

注　このお話は単原子分子(He（ヘリウム），Ne（ネオン），Ar（アルゴン），…など)に特にあてはまります。2原子分子や3原子分子になると，分子の回転エネルギーや振動エネルギーなどの話も加わり，ややこしくなります

まぁ，大学で本格的に学習してくれ

おいらは，これ以上，
学習する気はないぜ

 “気体の比熱”のお話

1[mol]の気体を1[K]だけ温度上昇させるのに必要な熱量を**モル比熱**と呼びます。

モル比熱をC[J/(mol·K)]，モル数をn[mol]，温度上昇をΔT[K]とすると…

$$Q = nC\Delta T \text{[J]}$$

となります。

1[mol]，1[K]で　C
$\times n$　$\times \Delta T$　$\times n \times \Delta T$
n[mol]，ΔT[K]で$nC\Delta T$

で!! このモル比熱には，2種類ありまして…

定積モル比熱

定積変化(体積が変わらないようにして気体に熱を加えるお話)のときのモル比熱を**定積モル比熱**と呼びます。

定積変化において，気体は外部に仕事をすることもなければ，また外部から仕事をされることもありません。

熱力学第1法則において，$W' = 0$より，

$$\Delta U = Q + 0$$

$\Delta U = Q + W$で，$W = W' = 0$です!!

$$\therefore \quad \Delta U = Q \quad \cdots ①$$

さらに，p.380で学習したように，

$$\Delta U = \frac{3}{2}nR\Delta T \quad \cdots ②$$

①と②より，

$$Q = \frac{3}{2}nR\Delta T$$

$$= \boldsymbol{n} \times \frac{\boldsymbol{3}}{\boldsymbol{2}}\boldsymbol{R} \times \boldsymbol{\Delta T} \quad \cdots③$$

これと，前ページのモル比熱の式

$$\boldsymbol{Q} = \boldsymbol{nC\Delta T} \quad \cdots④$$

を比較して…

③と④より，定積モル比熱 C_V[J/(mol·K)] は…

$$\boldsymbol{C_V = \frac{3}{2}R}$$

となります。

ちなみにこの値は…

$$C_V = \frac{3}{2}R = \frac{3}{2} \times 8.31 \fallingdotseq 12.5 \text{[J/(mol·K)]}$$

覚える必要なし!!

そして…もうひとつ…

定圧モル比熱

定圧変化(圧力が変わらないようにして気体に熱を加えるお話)のときのモル比熱を**定圧モル比熱**と呼びます。

圧力P[Pa], 温度T[K], 体積V[m^3]のn[mol]の気体に, 圧力を変えないように, 外部からQ[J]の熱を加えるとき, 温度がΔT[K]上昇し, 体積がΔV[m^3]増加するとする。

熱を加える前の気体の状態方程式から…

$$PV = nRT \quad \cdots イ$$

熱を加えた後の気体の状態方程式から…

$$P(V+\Delta V) = nR(T+\Delta T)$$

つまり,

$$PV + P\Delta V = nRT + nR\Delta T \quad \cdots ロ$$

ロ－イより,

$$\boldsymbol{P\Delta V = nR\Delta T} \quad \cdots ①$$

$$\begin{array}{lrl} & PV+P\Delta T= & nRT+nR\Delta T \quad \cdots イ \\ -) & PV \qquad = & nRT \quad \cdots ロ \\ \hline & P\Delta V= & \qquad nR\Delta T \end{array}$$

この気体が外部から**される**仕事Wは…

$$W = -P\Delta V \quad \cdots ハ$$

気体が外部に**する**仕事W'は,
$W' = P\Delta V$
気体が外部から**される**仕事Wは,
$W = -P\Delta V$

①とハより,

$$\boldsymbol{W = -nR\Delta T} \quad \cdots ②$$

さらに, p.380の気体の内部エネルギーの変化の式から…

$$\boldsymbol{\Delta U = \frac{3}{2}nR\Delta T} \quad \cdots ③$$

熱力学第1法則から,

$$\Delta U = Q + W$$

$$\therefore \quad \boldsymbol{Q = \Delta U - W} \quad \cdots ④$$

②と③を④に代入して…

$$Q=\frac{3}{2}nR\Delta T-(-nR\Delta T)$$
$$=\frac{3}{2}nR\Delta T+nR\Delta T$$
$$=\frac{5}{2}nR\Delta T$$
$$=\boldsymbol{n\times\frac{5}{2}R\times\Delta T} \quad \cdots⑤$$

これを，p.382のモル比熱の式，

$$\boldsymbol{Q=nC\Delta T} \quad \cdots⑥$$

と比較して…

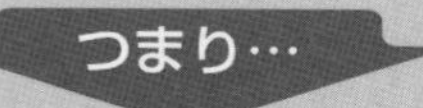

⑤と⑥より，定圧モル比熱 C_P[J/(mol·K)]は…

$$\boldsymbol{C_P=\frac{5}{2}R}$$

となります。

ちなみにこの値は…

$$C_P=\frac{5}{2}R=\frac{5}{2}\times 8.31\fallingdotseq 20.8\text{[J/(mol·K)]}$$

覚える必要なし!!

ザ・まとめ

① 定積モル比熱 C_V[J/(mol·K)]として…

$$\boldsymbol{Q=nC_V\Delta T} \quad \text{このとき} \quad \boldsymbol{C_V=\frac{3}{2}R}$$

② 定圧モル比熱 C_P[J/(mol·K)]として…

$$\boldsymbol{Q=nC_P\Delta T} \quad \text{このとき} \quad \boldsymbol{C_P=\frac{5}{2}R}$$

問題118 標準

この断り書きがなくても，こう考えてください。

単原子分子理想気体n[mol]の圧力と体積を右図のようにA→B→C→Aの経路で変化させた。状態Aの温度をT_0[K]，気体定数をR[J/(mol·K)]として，次の各問いに答えよ。ただし，$\boldsymbol{n}$，$\boldsymbol{R}$，$\boldsymbol{T_0}$以外の文字を用いてはいけない!!

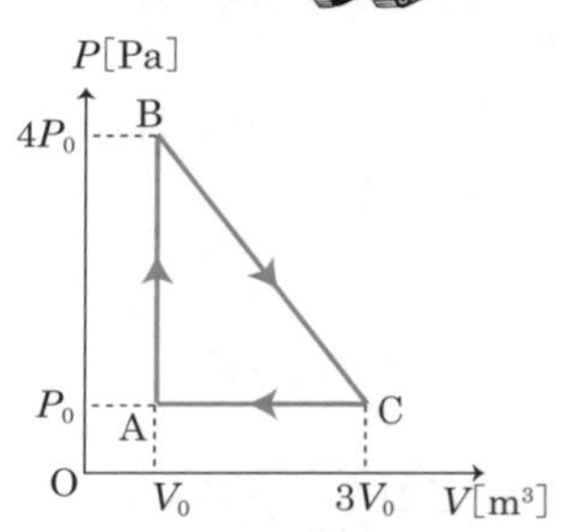

(1) 状態Bでの温度T_B[K]を求めよ。

(2) A→Bの変化で，気体が外部にした仕事W'_{AB}[J]を求めよ。

(3) A→Bの変化で，気体に加えられた熱量Q_{AB}[J] を求めよ。

(4) 状態Cでの温度T_C[K]を求めよ。

(5) B→Cの変化で，気体が外部にした仕事W'_{BC}[J]を求めよ。

(6) B→Cの変化で，気体の内部エネルギーの増加量ΔU_{BC}[J]を求めよ。

(7) B→Cの変化で，気体に加えられた熱量Q_{BC}[J]を求めよ。

(8) C→Aの変化で，気体が外部にした仕事W'_{CA}[J]を求めよ。

(9) C→Aの変化で，気体の内部エネルギーの増加量ΔU_{CA}[J]を求めよ。

(10) C→Aの変化で，気体に加えられた熱量Q_{CA}[J]を求めよ。

(11) このサイクルを熱機関と考えたとき，熱効率e[%]を求めよ。

一定量の気体の圧力，体積，温度をいろいろ変化させて，最初の状態にもどす過程をサイクル(循環過程)と呼びます。

ナイスな導入

“熱力学第1法則”の表現を変えてみよう!!

今までは…

気体に外部がした仕事(気体が外部からされた仕事)

$$\Delta U = Q + W \quad \cdots①$$

ここで，気体が外部にした仕事をW'とすると…

$$W = -W' \quad \cdots②$$

②を①に代入して，

$$\Delta U = Q - W'$$

$$\therefore \quad Q = \Delta U + W'$$

この形のほうが，この手の問題には役立ちます。

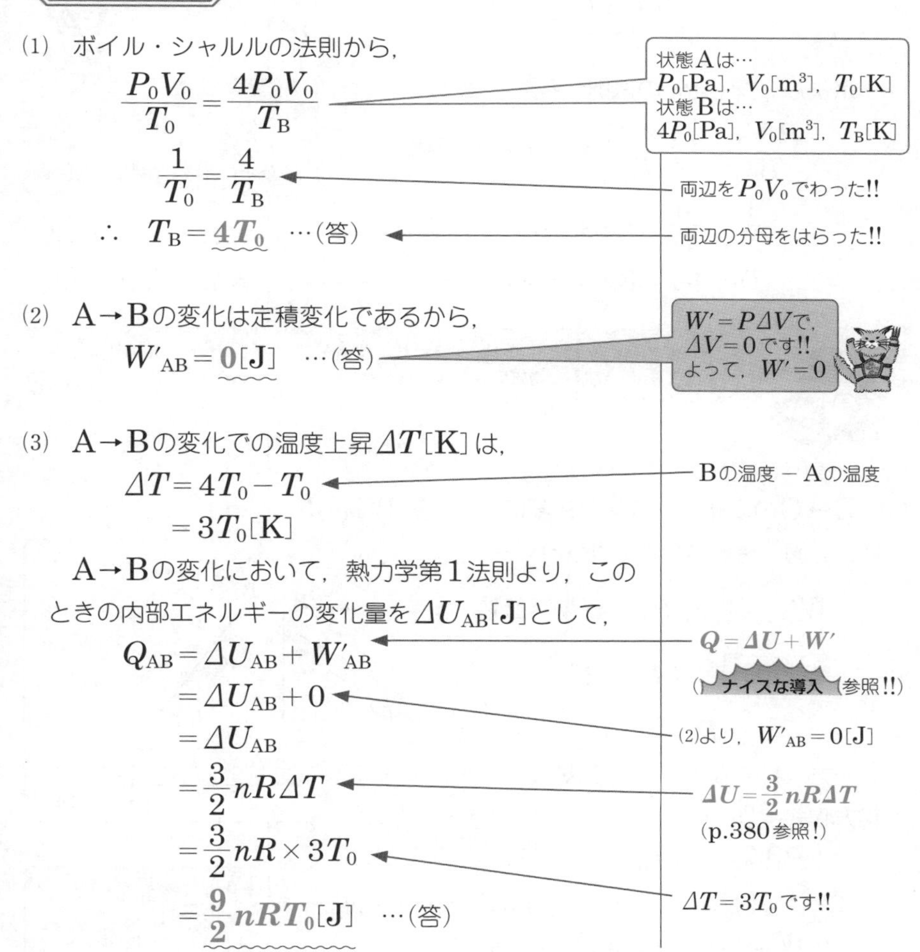

解答でござる

(1)　ボイル・シャルルの法則から，

$$\frac{P_0V_0}{T_0} = \frac{4P_0V_0}{T_B}$$

$$\frac{1}{T_0} = \frac{4}{T_B}$$

$$\therefore \quad T_B = 4T_0 \quad \cdots(\text{答})$$

(2)　A→Bの変化は定積変化であるから，

$$W'_{AB} = 0\,[\text{J}] \quad \cdots(\text{答})$$

(3)　A→Bの変化での温度上昇ΔT[K]は，

$$\Delta T = 4T_0 - T_0$$
$$= 3T_0\,[\text{K}]$$

A→Bの変化において，熱力学第1法則より，このときの内部エネルギーの変化量をΔU_{AB}[J]として，

$$Q_{AB} = \Delta U_{AB} + W'_{AB}$$
$$= \Delta U_{AB} + 0$$
$$= \Delta U_{AB}$$
$$= \frac{3}{2}nR\Delta T$$
$$= \frac{3}{2}nR \times 3T_0$$
$$= \frac{9}{2}nRT_0\,[\text{J}] \quad \cdots(\text{答})$$

別解でござる

(3) A→Bの変化は定積変化であるから,

$$Q_{AB} = nC_V \Delta T$$
$$= n \times \frac{3}{2}R \times 3T_0$$
$$= \frac{9}{2}nRT_0\text{[J]} \quad \cdots(\text{答})$$

体積は$V_0[\text{m}^3]$で一定

C_Vは定積モル比熱

$C_V = \frac{3}{2}R$(p.383参照!!)

(4) ボイル・シャルルの法則から,

$$\frac{P_0V_0}{T_0} = \frac{P_0 \times 3V_0}{T_C}$$
$$\frac{1}{T_0} = \frac{3}{T_C}$$
$$\therefore \quad T_C = 3T_0\text{[K]} \quad \cdots(\text{答})$$

状態Aは…
P_0[Pa], $V_0[\text{m}^3]$, T_0[K]
状態Cは…
P_0[Pa], $3V_0[\text{m}^3]$, T_C[K]

両辺をP_0V_0でわった!!

両辺の分母をはらった!!

とっくの昔に学習済みですが, 状態Bと状態Cでボイル・シャルルの法則を活用しても, 当然同じ結果になります。

(5) B→Cの変化で, 気体が外部にした仕事W'_{BC}[J]は, 右図の台形の面積で表される。

$$W'_{BC} = \frac{1}{2} \times (P_0 + 4P_0) \times 2V_0$$
$$= \frac{1}{2} \times 5P_0 \times 2V_0$$
$$= 5P_0V_0 \quad \cdots①$$

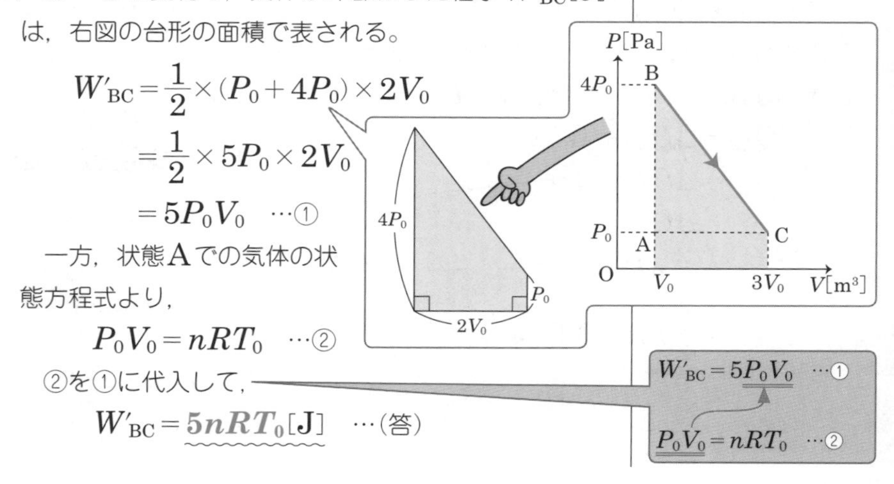

一方, 状態Aでの気体の状態方程式より,

$$P_0V_0 = nRT_0 \quad \cdots②$$

②を①に代入して,

$$W'_{BC} = 5nRT_0\text{[J]} \quad \cdots(\text{答})$$

$W'_{BC} = 5P_0V_0 \quad \cdots①$
$P_0V_0 = nRT_0 \quad \cdots②$

(6)　B→Cの変化での温度上昇ΔT[K]は，

$$\Delta T = T_C - T_B$$
$$= 3T_0 - 4T_0$$
$$= -T_0 \text{[K]}$$

(1)と(4)より

温度は下がった!!

B→Cの変化での内部エネルギーの増加量ΔU_{BC}は，

$$\Delta U_{BC} = \frac{3}{2}nR\Delta T$$
$$= \frac{3}{2}nR \times (-T_0)$$
$$= -\frac{3}{2}nRT_0 \text{[J]}$$　…(答)

$\Delta U = \frac{3}{2}nR\Delta T$
(p.380参照!!)

温度が下がったので，
内部エネルギーは減少!!
つまり…
内部エネルギーの増加量は負!!

(7)　B→Cの変化において，熱力学第1法則より，

$$Q_{BC} = \Delta U_{BC} + W'_{BC}$$
$$= -\frac{3}{2}nRT_0 + 5nRT_0$$
$$= \frac{7}{2}nRT_0 \text{[J]}$$　…(答)

$Q = \Delta U + W'$
(ナイスな導入参照!!)

(8)　
$$W'_{CA} = P_0 \times (V_0 - 3V_0)$$
$$= P_0 \times (-2V_0)$$
$$= -2P_0V_0$$　…③

②を③に代入して，

$$W'_{CA} = -2nRT_0 \text{[J]}$$　…(答)

C→Aでは…
体積が$3V_0$からV_0に
減少している!!

体積が減少したとき，
“気体が外部にした仕事”
はマイナスです!!

ちなみに，C→Aの変化で，気体に外部がした仕事W_{CA}は…
$W_{CA} = -W'_{CA} = -(-2nRT_0) = 2nRT_0$[J]

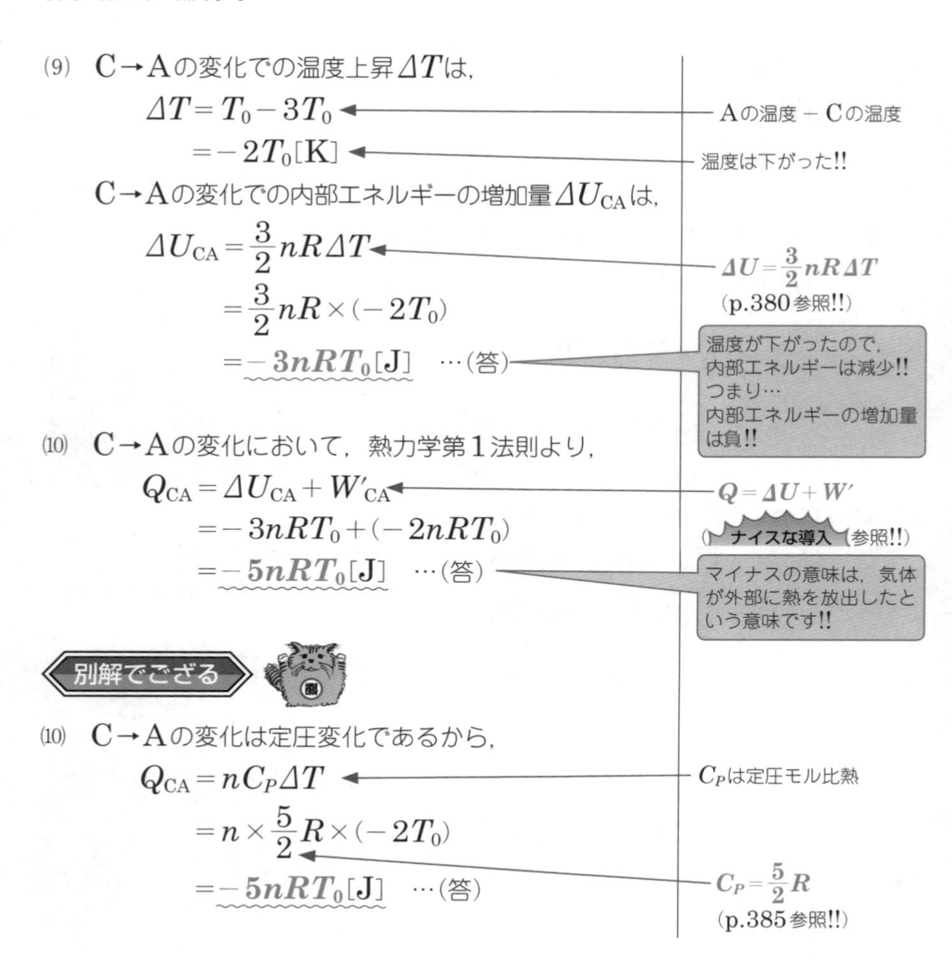

(9)　C→Aの変化での温度上昇ΔTは，

$$\Delta T = T_0 - 3T_0$$

$$= -2T_0 \text{[K]}$$

Aの温度 − Cの温度

温度は下がった!!

C→Aの変化での内部エネルギーの増加量ΔU_{CA}は，

$$\Delta U_{\text{CA}} = \frac{3}{2}nR\Delta T$$

$$= \frac{3}{2}nR \times (-2T_0)$$

$$= -3nRT_0 \text{[J]} \quad \cdots \text{(答)}$$

$\Delta U = \frac{3}{2}nR\Delta T$
(p.380参照!!)

温度が下がったので，内部エネルギーは減少!! つまり…内部エネルギーの増加量は負!!

(10)　C→Aの変化において，熱力学第1法則より，

$$Q_{\text{CA}} = \Delta U_{\text{CA}} + W'_{\text{CA}}$$

$$= -3nRT_0 + (-2nRT_0)$$

$$= -5nRT_0 \text{[J]} \quad \cdots \text{(答)}$$

$Q = \Delta U + W'$
(ナイスな導入 参照!!)

マイナスの意味は，気体が外部に熱を放出したという意味です!!

別解でござる

(10)　C→Aの変化は定圧変化であるから，

$$Q_{\text{CA}} = nC_P\Delta T$$

$$= n \times \frac{5}{2}R \times (-2T_0)$$

$$= -5nRT_0 \text{[J]} \quad \cdots \text{(答)}$$

C_Pは定圧モル比熱

$C_P = \frac{5}{2}R$
(p.385参照!!)

(11)

熱効率 ＝ $\dfrac{\text{気体が外部にした仕事の合計}}{\text{気体に加えられた熱量}}$

$$e=\frac{W'_{AB}+W'_{BC}+W'_{CA}}{Q_{AB}+Q_{BC}}$$

正・負にかかわらず，仕事はすべて加える!!

ここがポイント!! Q_{CA}は負なので，加えられた熱量ではない!! よって，無視する!!

$$=\frac{0+5nRT_0+(-2nRT_0)}{\frac{9}{2}nRT_0+\frac{7}{2}nRT_0}$$

$$=\frac{3nRT_0}{8nRT_0}$$

$$=\frac{3}{8}$$

nRT_0で約分!!

$$=\frac{3}{8}\times 100[\%]$$

パーセントにするために100倍!!

$$=\frac{300}{8}$$

$$=37.5$$

$\fallingdotseq$ **38**[%]　…(答)

Theme 35 波の伝わり方

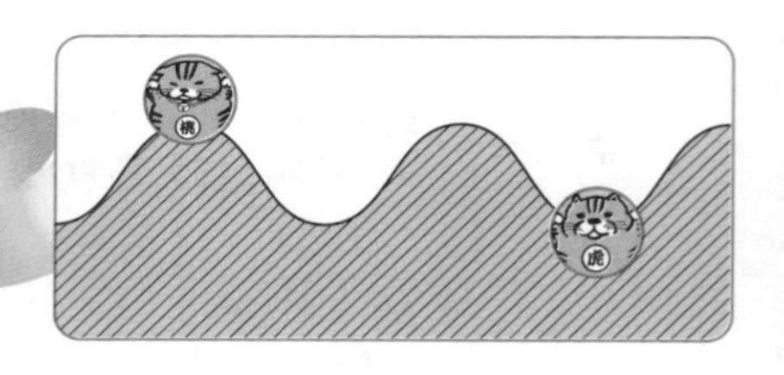

その1 “波のイメージ”

コンサートやスポーツ観戦などで，観客が突然ウェーヴ(波を英語にしただけです)なる動きをして，その場を無理矢理盛り上げます。この様子を思い浮かべてみよう!!

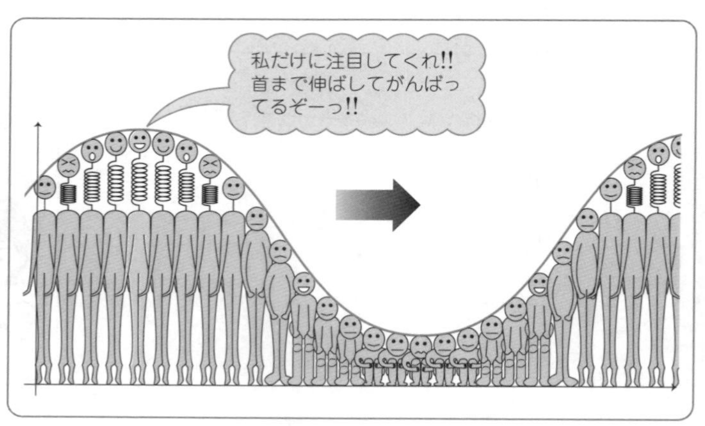

数秒後…

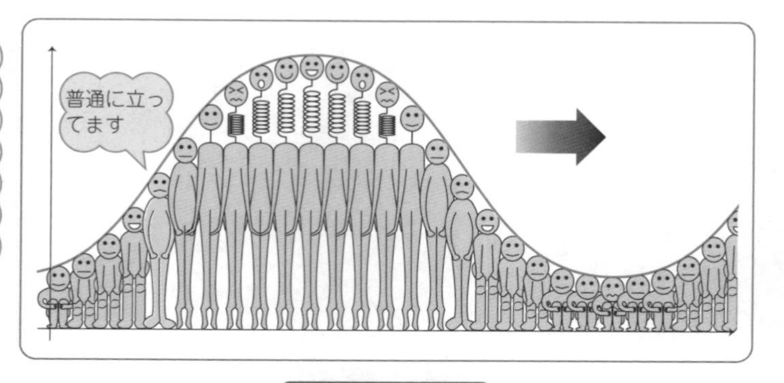

数秒後…

つまり!!
波は左から右へと伝わっていきますが，波を構成している人間たちは，その場で上下運動(これを単振動と申します)をしているだけです。

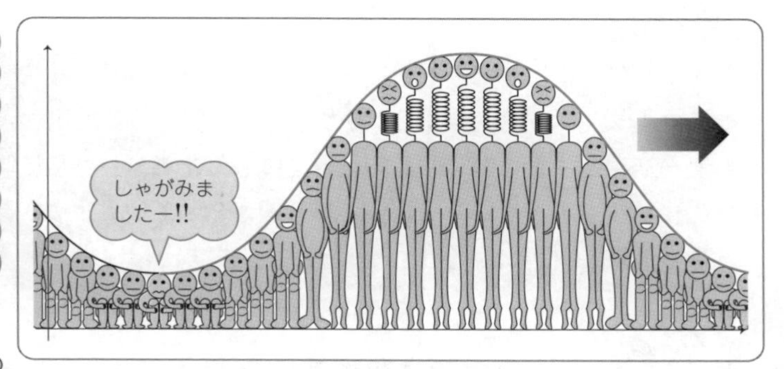

このウェーヴ(波)を構成している人間たちが水に変われば，水面に生じる波のお話になり，空気に変われば空気中に生じる波，つまり音波の話になったりします。詳しいことはいずれ学習するとして，いまは波というものが，ある一点一点における上下運動によってつくられていることを押さえておいてください。

ここで!!　ちょっと名前を覚えてもらおう!!

媒質（ばいしつ）

波を伝える物質のことを媒質と呼びます。先ほどのウェーヴの場合だと，人間が媒質ということになります。**媒質**は，その場その場で上下運動をしているだけで，**波とともに移動することはない**ことを押さえておいてください。ウェーヴを構成していた人間たちも，左右への動きはありませんでしたよ!!

波源（はげん）

振動(上下運動)を始めた点を**波源**と呼びます。先ほどのウェーヴで言うなら，最初にウェーヴをやり始めるお調子者が波源となります。このお調子者のまねを隣りのヤツがして，さらにその隣りのヤツがまねをする。このくり返しでウェーヴ(波)ができあがります。

波動（はどう）

またまた，p.392・393のウェーヴを例にして説明しよう。最初に振動を始めたお調子者（波源）の動きを隣りがまねし，さらに隣りがその動きのまねをする。そして，全体として波が動いていくように見える。この現象が**波動**です（単に波と呼ぶこともあります）。

“波の大きさを表すにあたって…”

下の図は，ある瞬間の“波”の写真です。

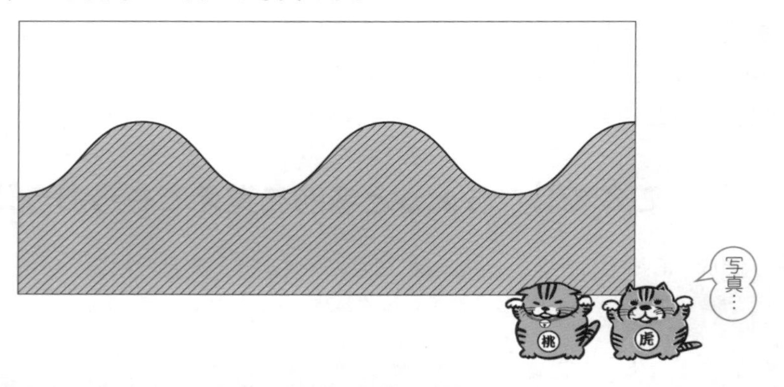

ここで!!　またまた覚えてほしい用語があります。

波によって媒質がもとの位置からずれた距離を**変位**と呼びます。

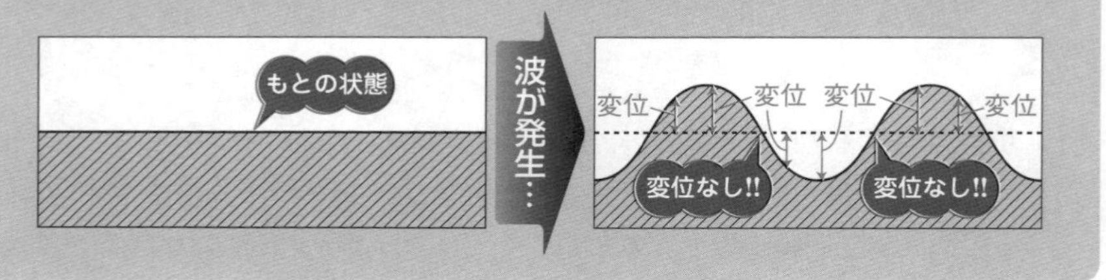

山＆谷

変位の大きさが最大のところです。山と谷の名の由来はおバカちゃんでもわかります。右の図を見てください!!

山　山　谷　谷

振幅（しんぷく）

変位の最大値を**振幅**と呼びます。つまり，“山の高さ”あるいは“谷の深さ”ということです。

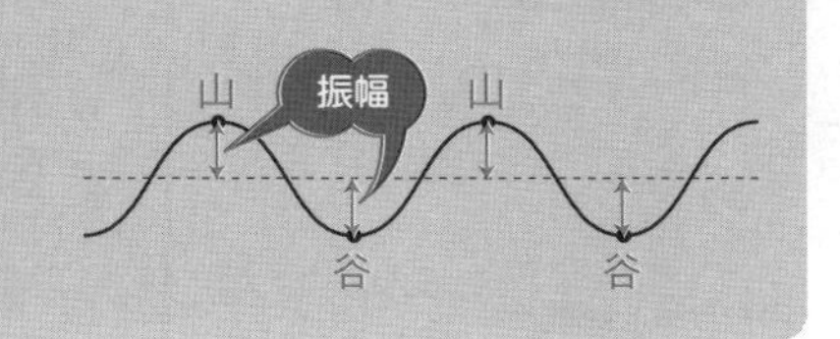

波長（はちょう）

山と山の距離，または，谷と谷の距離を**波長**と呼びます。

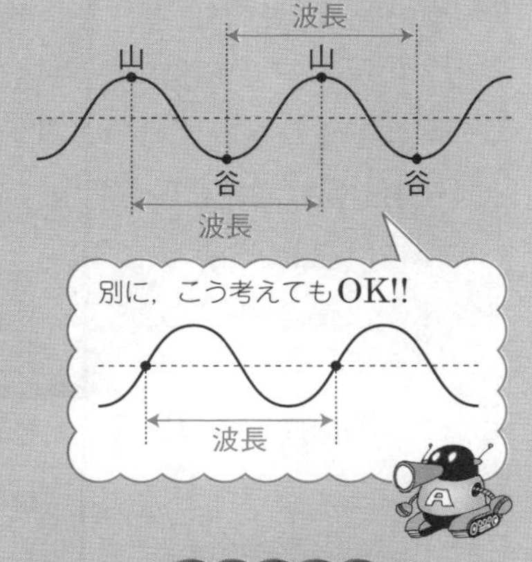

 **補足です!!**

難しい言い方をすれば…

波源の1回の振動によってできる波の長さが，波長ということになります。

壁に固定したロープを水平に張り，手で上下に1回だけ振動させると，波長ひとつ分の波ができます。

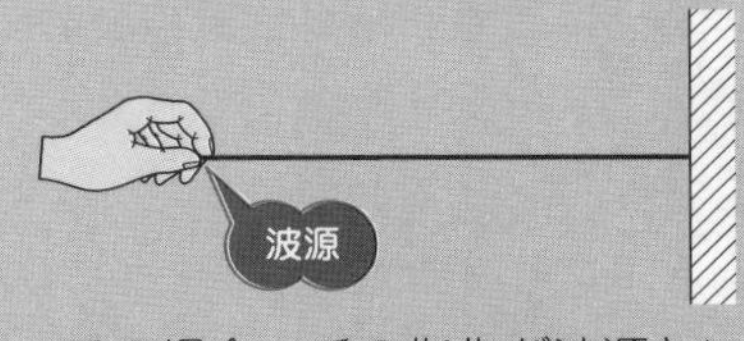

手を上下に１回だけ振動させる。

波長

この場合，手の指先が波源ということになります。

問題119 キソのキソ

右の図の波において，振幅と波長を求めよ。

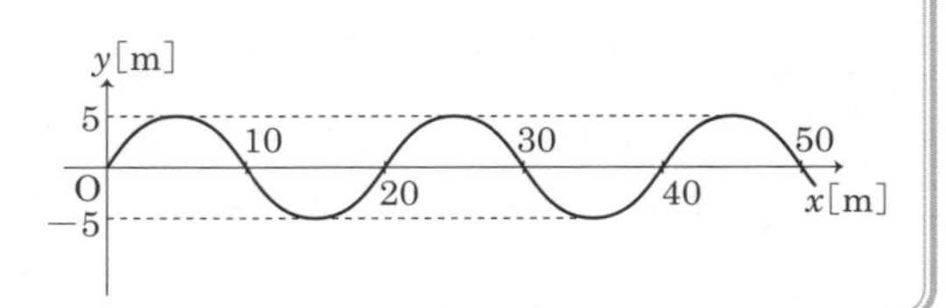

振幅は $\mathbf{5}$[m] …(答)
波長は $\mathbf{20}$[m] …(答)

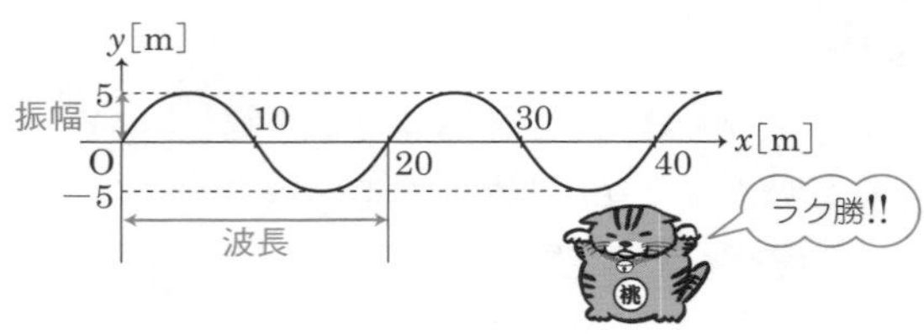

その3 “波の速さ”のお話

周期 & 振動数

媒質が振動することにより波が生じます(p.392・393で人間のウェーヴでイメージしましたね)。

媒質が1回振動するのに要する時間を**周期**と呼びます。

で!! 1秒間に媒質が振動する回数のことを**振動数**と呼びます。振動数の単位は[Hz(ヘルツ)]を用います。

このとき，次の式が成立します。

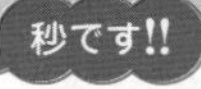

波の周期を T[s]，振動数を f[Hz]とすると…

$$f=\frac{1}{T}$$

T[s]ごとに1回振動するから，1[s]の中に T[s]が何個あるか?? を考えればよい。
$1\div T=\frac{1}{T}$

Theme 26 単振動の公式と同じだよ!!

変形すると…

$$T=\frac{1}{f}$$

$f=\frac{1}{T}$ より，$\frac{f}{1}=\frac{1}{T}$
両辺の分子と分母をひっくり返して
$\frac{1}{f}=\frac{T}{1}$ ∴ $T=\frac{1}{f}$

が成立します。

波の速さ

波の速さを求めるにあたって，次の公式があります。
波長 $\boldsymbol{\lambda}$（ラムダ）[m]，振動数 $\boldsymbol{f}$[Hz]の波の速さ $\boldsymbol{v}$[m/s]は…

$$v = f\lambda$$

と表されます。

波源が1回振動すると，波長ひとつ分の波が生じます。つまり，1回振動する時間（周期 $\boldsymbol{T}$[s]です!!）で波長ひとつ分（$\boldsymbol{\lambda}$[m]です!!）の波が進むということです。よって，波の速さ $\boldsymbol{v}$[m/s]は…

$$v = \frac{\lambda}{T}$$

速さ＝距離/時間

$$= \frac{1}{T} \times \lambda$$

変形しただけです。

ここで，振動数を $\boldsymbol{f}$[Hz]とすると…

$$\boldsymbol{v = f\lambda}$$

$v = \boxed{\frac{1}{T}} \times \lambda$

$f = \frac{1}{T}$

問題 120　キソ

波長 $\lambda = 3.0$[m]，速さ $v = 15$[m/s]の波がある。この波の振動数 f[Hz]と周期 T[s]を求めよ。

解答でござる

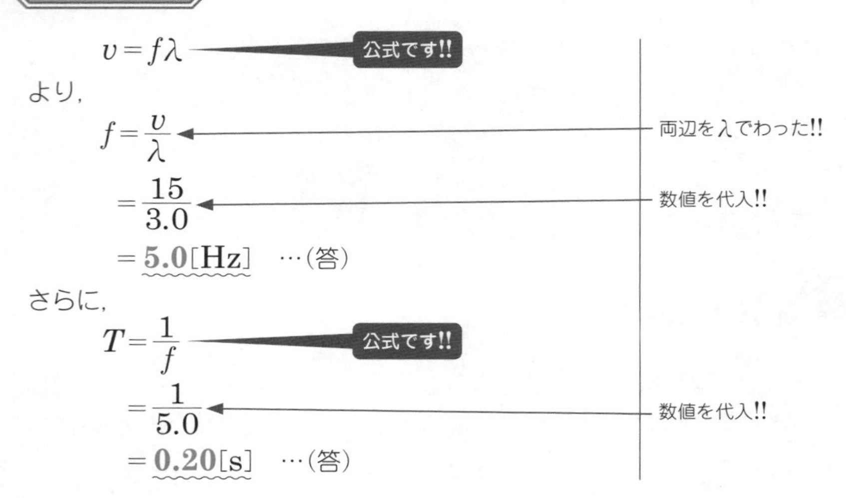

$$v = f\lambda$$

より，

$$f = \frac{v}{\lambda}$$

$$= \frac{15}{3.0}$$

$$= \mathbf{5.0}[\mathrm{Hz}]$$ …(答)

さらに，

$$T = \frac{1}{f}$$

$$= \frac{1}{5.0}$$

$$= \mathbf{0.20}[\mathrm{s}]$$ …(答)

問題121 キソ

下図のように，x軸の正の向きに伝わる波がある。時刻0のとき，図の実線で表されるような波である。この波の山**P**が，**P′**の位置に初めてくるのに0.20秒の時間を要した。このとき，次の各問いに答えよ。

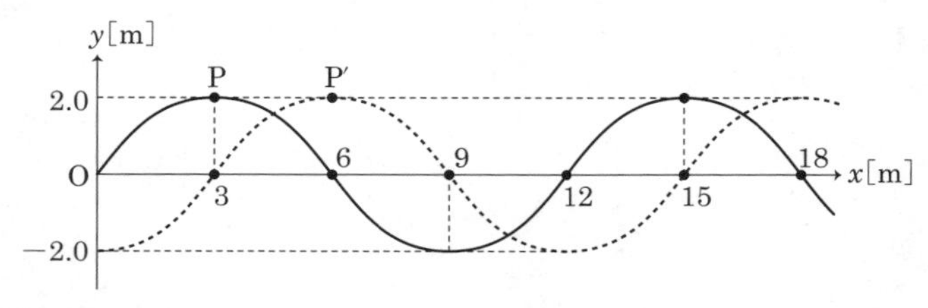

(1)　振幅を求めよ。

(2)　波長を求めよ。

(3)　速さを求めよ。

(4)　振動数を求めよ。

(5)　周期を求めよ。

おいらでもできるぞ

(1)・(2)　図を見れば秒殺!!

(3)　波の速さは問題をしっかり読めば小学生レベルのお話です。

図より，PP′ 間の距離は，

$$6-3=3[\mathrm{m}]$$

　この距離を **0.20** 秒かけて移動したわけだから，波の速さ v[m/s]は…

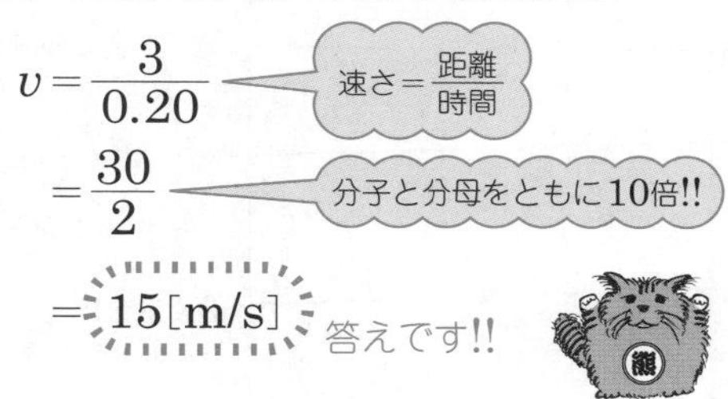

$$v=\frac{3}{0.20}=\frac{30}{2}=15[\mathrm{m/s}]$$

(4)・(5)　公式を活用すれば解決!!

解答でござる

(1)　振幅は **2.0**[m]　…(答)

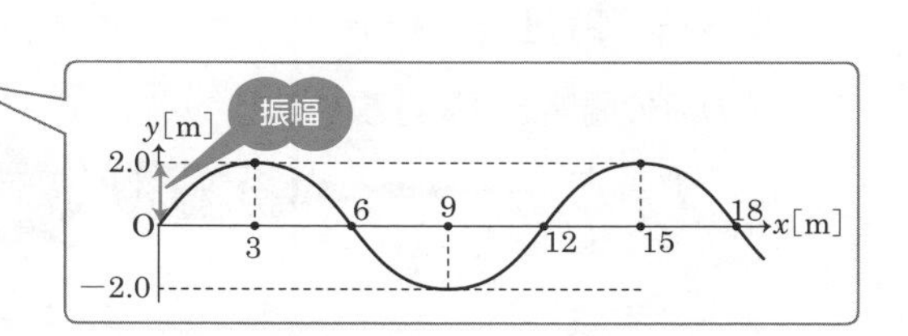

(2)　波長は **12**[m]　…(答)

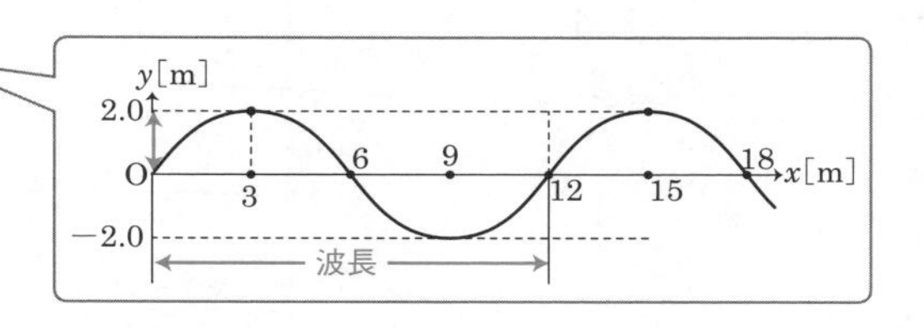

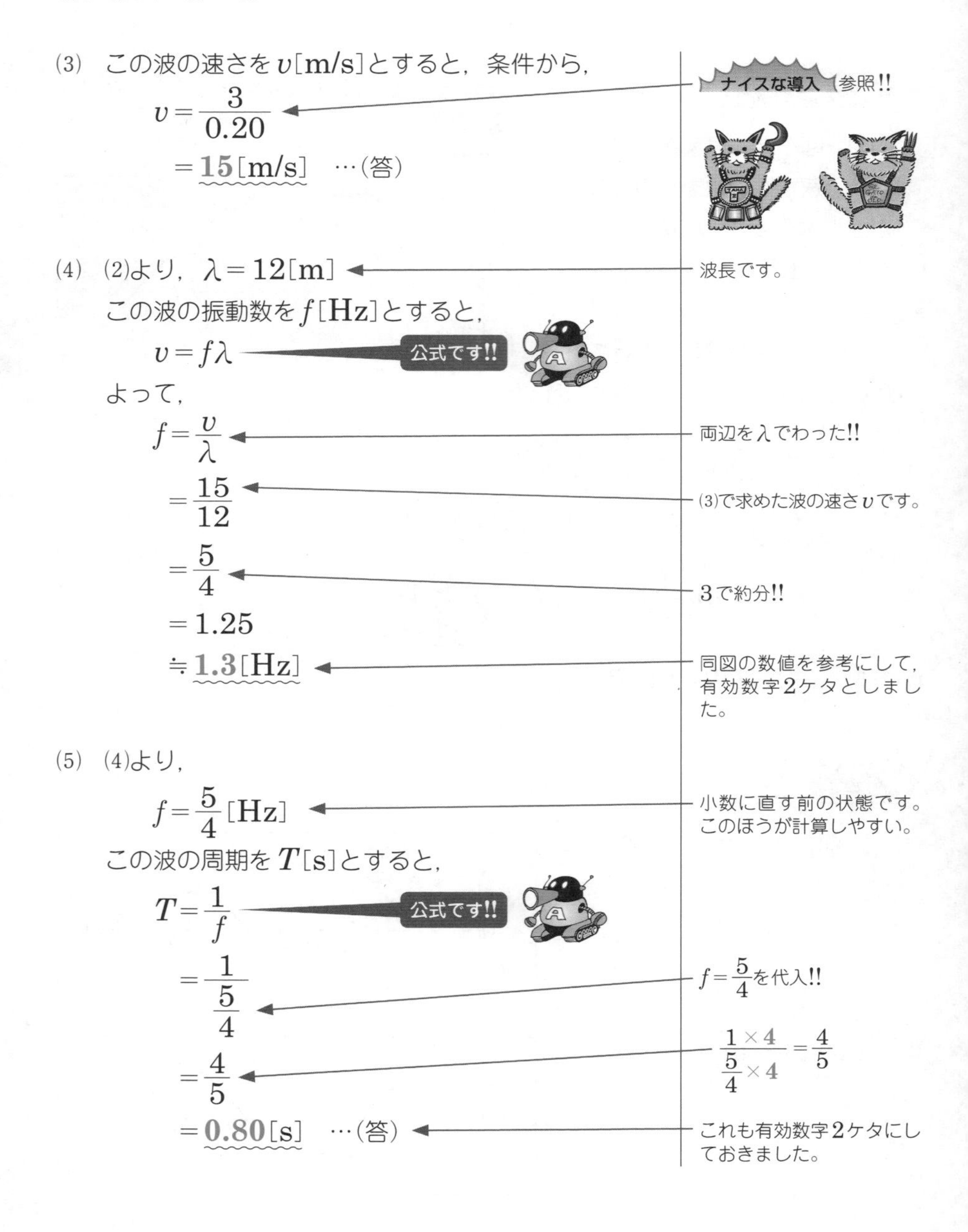

(3)　この波の速さを v[m/s]とすると，条件から，

$$v = \frac{3}{0.20}$$

> ナイスな導入 参照!!

$$= \mathbf{15}\text{[m/s]}\quad \cdots(\text{答})$$

(4)　(2)より，$\lambda = 12$[m]

> 波長です。

この波の振動数を f[Hz]とすると，

$$v = f\lambda$$

公式です!!

よって，

$$f = \frac{v}{\lambda}$$

> 両辺をλでわった!!

$$= \frac{15}{12}$$

> (3)で求めた波の速さvです。

$$= \frac{5}{4}$$

> 3で約分!!

$$= 1.25$$

$$\fallingdotseq \mathbf{1.3}\text{[Hz]}$$

> 同図の数値を参考にして，有効数字2ケタとしました。

(5)　(4)より，

$$f = \frac{5}{4}\text{[Hz]}$$

> 小数に直す前の状態です。このほうが計算しやすい。

この波の周期を T[s]とすると，

$$T = \frac{1}{f}$$

公式です!!

$$= \frac{1}{\frac{5}{4}}$$

> $f = \frac{5}{4}$を代入!!

$$= \frac{4}{5}$$

> $\dfrac{1\times 4}{\frac{5}{4}\times 4} = \dfrac{4}{5}$

$$= \mathbf{0.80}\text{[s]}\quad \cdots(\text{答})$$

> これも有効数字2ケタにしておきました。

Theme 36 正弦波(サインカーブ)

波の形にはいろいろあります。

 とか  とか 

で!! いろいろある中で最もメジャーな波形が正弦波で，サインカーブとも呼ばれ，波形が$y = \sin\theta$の形で表されます。

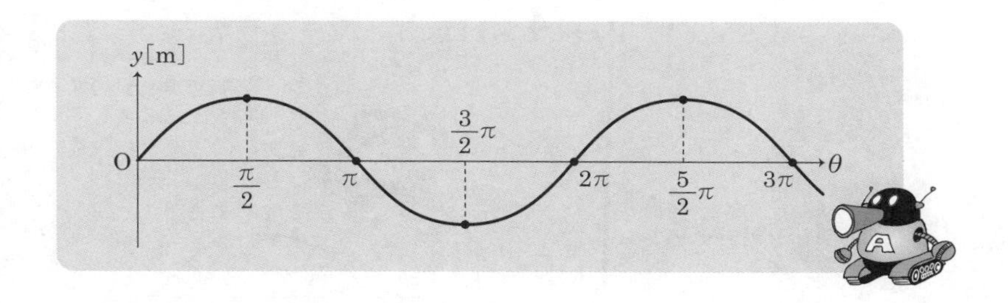

ここから先の話題は，三角関数の計算が出まくります!!

三角関数の基本がサッパリなアナタ!!

ムリです!! ここから先に進めません

そんなアナタは，**p.841**の「三角関数は大丈夫ですか!?」でしっかりトレーニングしましょう!! それから，このページに帰ってきてください。

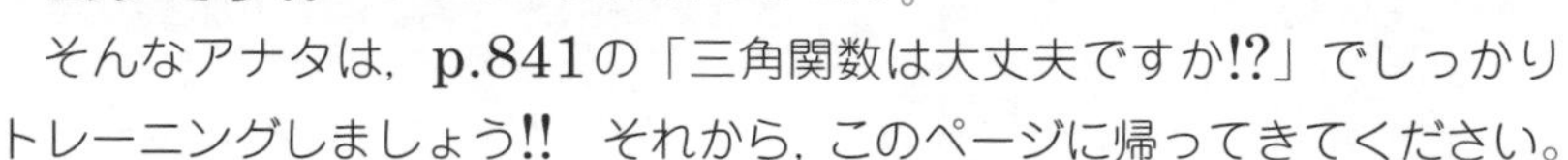

“正弦波の式”の登場です

正弦波は，ある点での単振動が少しずつ遅れて伝わっていくことによって形づくられます。

波源での媒質の単振動(上下運動)の様子は，一般に次のような式で表されることが多いです。

イメージできるようにしておいてください!!

$$y = A\sin\frac{2\pi}{T}t$$

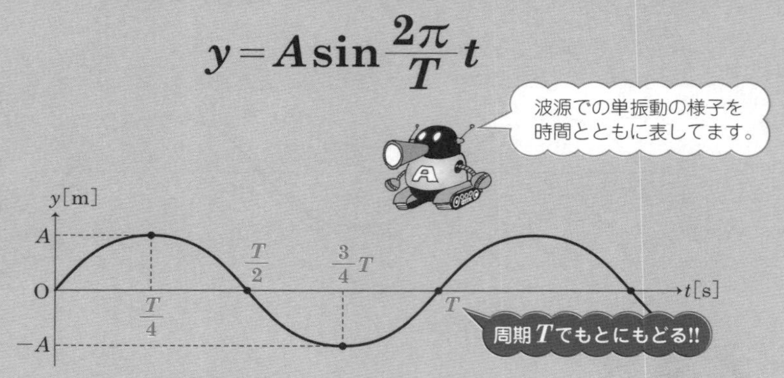

ここで!! 重要なことは，このグラフは波源における単振動の様子を表したものであり，波全体の形を表しているわけではありません!!

どうしても，グラフが波の形をしているので，カンちがいしないように!!

ステップ

波源での単振動の式が…

$$y = A\sin\frac{2\pi}{T}t \quad \cdots①$$

で表せた場合，波源から波が進む向きにx[m]だけ離れた点での単振動の様子をイメージしてみよう!!

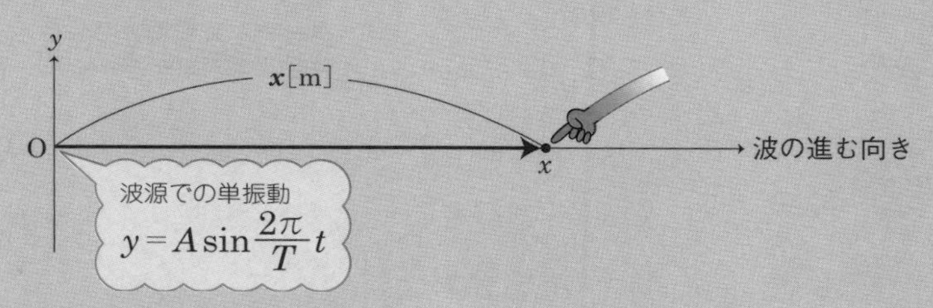

注　あくまでも，上の式①は波源での単振動の様子を表した式である!! つまり，下のグラフはOでの単振動の様子を表したグラフであり，波そのものの形を表しているわけではな―――い!!

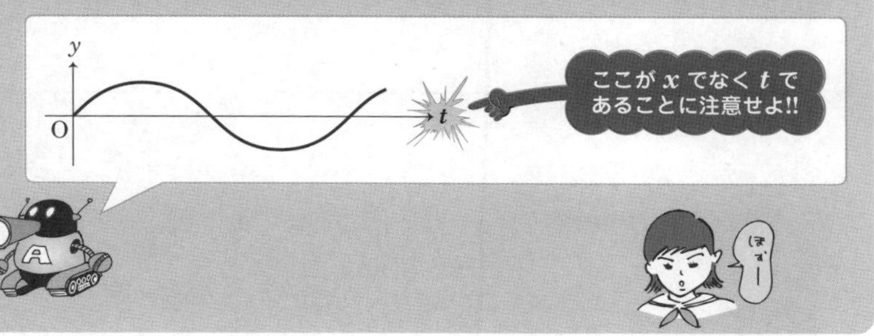

今度は，次のような座標を設定しましょう。

波が進む向きにx軸をとります。

波源の座標を$x=0$とし，$x=0$における単振動の式が次のように表されるとします。

$$y=A\sin\frac{2\pi}{T}t \quad \cdots①$$

このとき，座標$x=l$での単振動の式はどうなるでしょうか??

いま，波が進む速さをv[m/s]とすると…

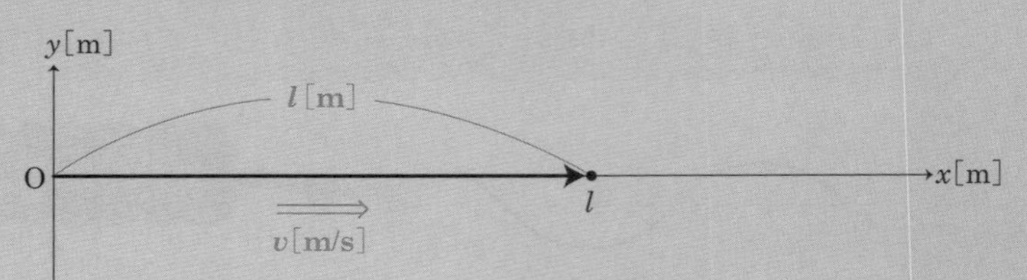

$x=0$での単振動が，$x=l$に伝わるまでの時間は…

$$\frac{l}{v}\,[\mathrm{s}]$$

時間＝$\dfrac{距離}{速さ}$

となります。

つまーり!!

$x=l$での単振動は，$x=0$での単振動より$\dfrac{l}{v}$[s]だけ過去の単振動ということになります。

そこで!!　①の時刻t[s]から$\dfrac{l}{v}$[s]だけ時間を巻きもどして…

$x=l$における単振動の式は…

$$\boldsymbol{y=A\sin\frac{2\pi}{T}\left(t-\frac{l}{v}\right)}\quad\cdots②$$

という式で表されます。

時刻t[s]より$\dfrac{l}{v}$[s]だけ過去にもどす!!

②を少しいじってみましょう。

$$y=A\sin\frac{2\pi}{T}\left(t-\frac{l}{v}\right)$$

$$=A\sin2\pi\times\frac{1}{T}\left(t-\frac{l}{v}\right)$$

$\dfrac{2\pi}{T}=2\pi\times\dfrac{1}{T}$

$$=A\sin2\pi\left(\frac{t}{T}-\frac{l}{Tv}\right)\quad\cdots②'$$

$\dfrac{1}{T}\left(x-\dfrac{l}{v}\right)$
$=\dfrac{1}{T}\times x-\dfrac{1}{T}\times\dfrac{l}{v}$
$=\dfrac{x}{T}-\dfrac{l}{Tv}$

波動

ここで，波長を$\boldsymbol{\lambda}$[m]，
振動数を$\boldsymbol{f}$[Hz]とすると…

$$v=f\lambda$$
公式です!!

$$\lambda=\frac{v}{f}$$
両辺をfでわりました!!

$$=\frac{1}{f}\times v$$

$$\therefore\quad\lambda=Tv$$
$T=\dfrac{1}{f}$です!!

これを先ほどの②′に代入して…

$$\boldsymbol{y=A\sin2\pi\left(\frac{t}{T}-\frac{l}{\lambda}\right)}\quad\cdots③$$

とも表すことができます。

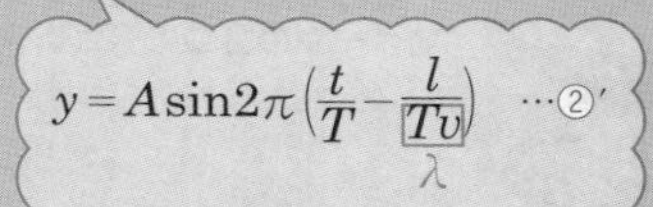

仕上げです!!

$\boldsymbol{l}$のところを自由な座標に対応させるべく，$\boldsymbol{x}$に書き直すと…

正弦波を表す式

原点Oから$\boldsymbol{x}$[m]だけ離れた点における，時刻$\boldsymbol{t}$[s]のときの媒質の変位$\boldsymbol{y}$[m]は…

$$y = A\sin\frac{2\pi}{T}\left(t - \frac{x}{v}\right)$$

$$y = A\sin 2\pi\left(\frac{t}{T} - \frac{x}{\lambda}\right)$$

注　この式が成立するためには，次の2つの前提条件が必要です。

前提①　波がx軸の正の向きに伝わる。

前提②　原点Oでの単振動の式が

$$y = A\sin\frac{2\pi}{T}t$$

である。

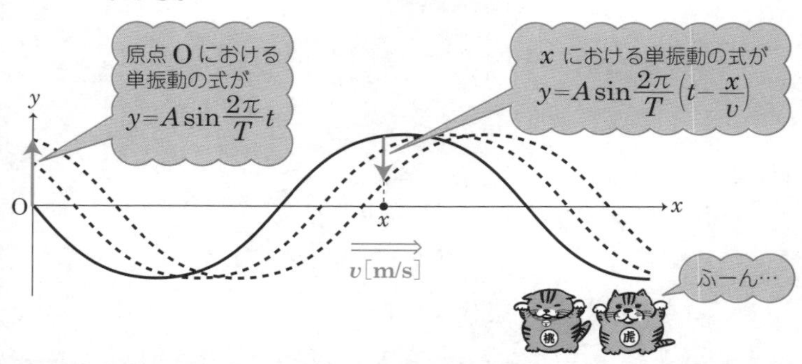

前提②をぶち壊した問題がいずれ登場します。実力をつける意味で，前ページの2つの公式は自分で導けるようにしておこう。

まず，公式に慣れておきましょう。

問題122　キソ

位置x[m]の変位y[m]の関係が次の式で表される波がある。

$$y = 3\sin 20\pi(t - 0.01x)$$

tは時刻で，単位は秒であるとして，次の各値を求めよ。

(1)　振幅A[m]

(2)　周期T[s]

(3)　振動数f[Hz]

(4)　速さv[m/s]

(5)　波長λ[m]

ナイスな導入

前ページの2つのタイプの式

$$y = A\sin\frac{2\pi}{T}\left(t - \frac{x}{v}\right) \quad \cdots①$$

または

$$y = A\sin 2\pi\left(\frac{t}{T} - \frac{x}{\lambda}\right) \quad \cdots②$$

と比較すればOK!!

さて，①と②のどっちがいいですか??

本問の式は…

ここに注目!!

$$y = 3\sin 20\pi(t - 0.01x) \quad \cdots③$$

となっているので，①の形がバッチリはまります!!

だって②は…

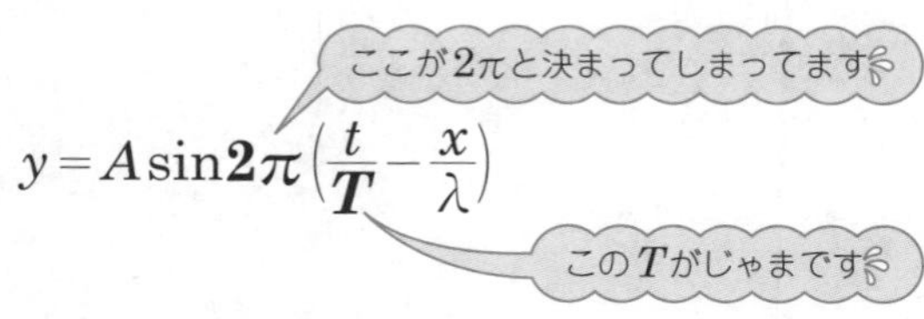

まったく③と形が違います。

あとは，①と③を比較するだけです。

③より，

$$y=3\sin 20\pi(t-0.01x)$$

ちょっと変形して…

$0.01x=\dfrac{1}{100}x=\dfrac{x}{100}$

$$y=3\sin 2\pi\times 10\left(t-\frac{x}{100}\right)\quad\cdots③'$$

とにかく2πをつくる!!

一方①は…

$$y=A\sin\frac{2\pi}{T}\left(t-\frac{x}{v}\right)$$

ちょっと変形して…

$$y=A\sin 2\pi\times\frac{1}{T}\left(t-\frac{x}{v}\right)\quad\cdots①'$$

①′と③′をよーく見比べてみてください。

すると…

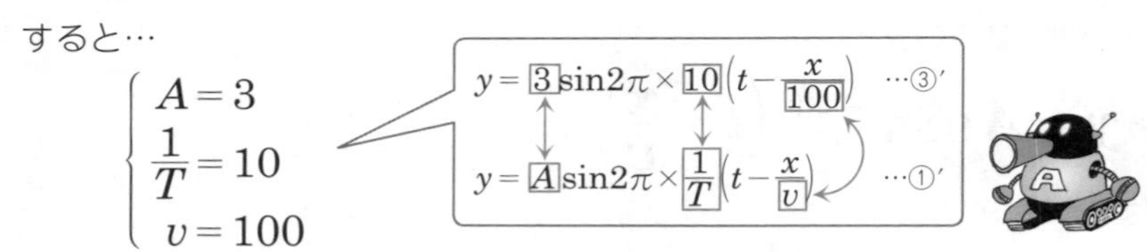

が，浮き上がって見えてきます。仕上げは〈解答でござる〉にて

解答でござる

$$y=3\sin 20\pi(t-0.01x)$$

$$\therefore\quad y=\underset{A}{\boxed{3}}\sin 2\pi\times\underset{\frac{1}{T}}{\boxed{10}}\left(t-\frac{x}{\underset{v}{\boxed{100}}}\right)$$

変形しました。

(1)　$A=3$[m]　…(答)

(2)　$\dfrac{1}{T}=10$ より，

$$T=\frac{1}{10}$$

$\therefore\quad T=\underline{0.10[\mathrm{s}]}$　…（答）

$\dfrac{1}{T}=10$ より

$\dfrac{1}{T}=\dfrac{10}{1}$

両辺の分子と分母をひっくり返して

$\dfrac{T}{1}=\dfrac{1}{10}$

$\therefore\quad T=\dfrac{1}{10}$

(3)　$f=\dfrac{1}{T}$ より，　公式です!!

$\therefore\quad f=\underline{10[\mathrm{Hz}]}$　…（答）

(2)の冒頭で
$\dfrac{1}{T}=10$
と求まってます。

(4)　$v=\underline{100[\mathrm{m/s}]}$　…（答）

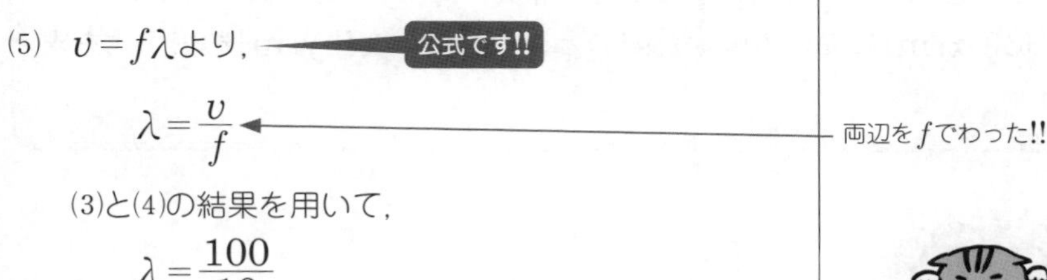

(5)　$v=f\lambda$ より，　公式です!!

$$\lambda=\frac{v}{f}$$

両辺を f でわった!!

(3)と(4)の結果を用いて，

$$\lambda=\frac{100}{10}$$

$\therefore\quad \lambda=\underline{10[\mathrm{m}]}$　…（答）

さて，ここからが本番です。

問題123　標準

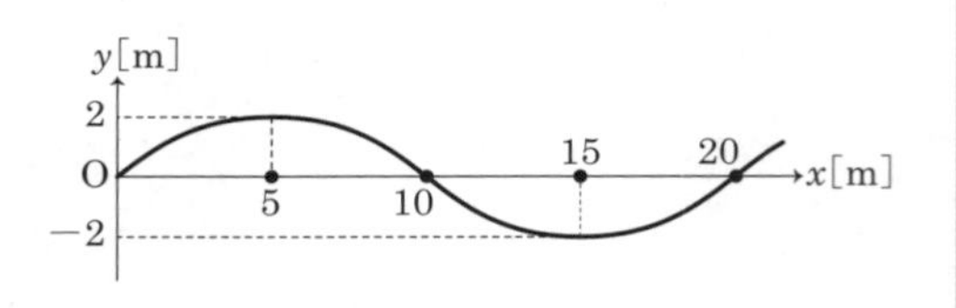

右図は，x軸の正の向きに進む，周期0.20[s]の正弦波の時刻$t=0$[s]における媒質の位置x[m]と変位y[m]の関係を表したものである。次の各問いに答えよ。

(1)　この正弦波の振幅A[m]を求めよ。

(2)　この正弦波の波長λ[m]を求めよ。

(3)　この正弦波の振動数f[Hz]を求めよ。

(4)　この正弦波の速さv[m/s]を求めよ。

(5)　原点Oにおける時刻t[s]のときの媒質の変位y[m]を表す式を求めよ。

(6)　位置x[m]における時刻t[s]のときの媒質の変位y[m]を表す式を求めよ。

ナイスな導入

(1)〜(4)　ラク勝モードなので，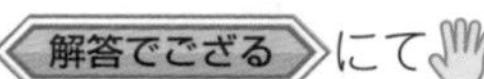にて

(5)　鬼門(きもん)ですぞ!!

時刻$t=0$[s]の波形が，問題文とともに載せてあります。

では，ほんの少しの時間が経過したとき，この波形はどうなりますか??

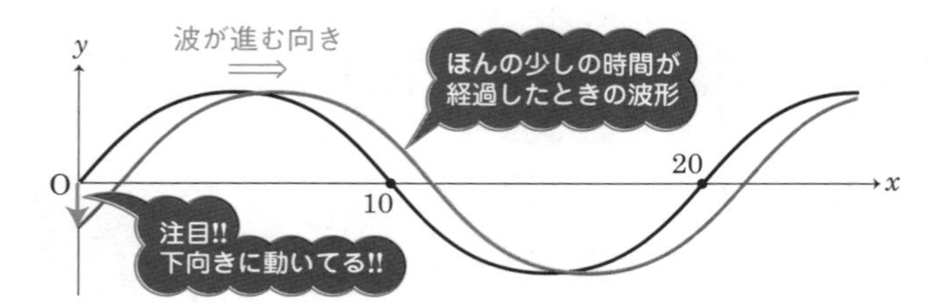

原点Oにおける媒質の動きを見逃すな!!

時刻$t=0$[s]で変位$y=0$[m]の状態から**下向き**に単振動を始めようとしています。

つまーり!!

原点Oにおける媒質の変位y[m]と時間的経過の関係を表したグラフは…

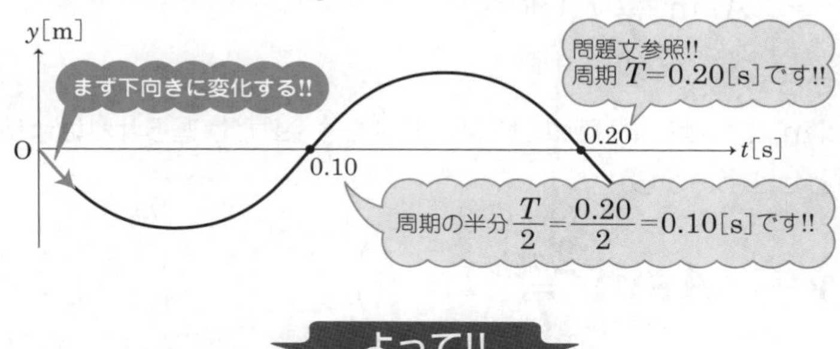

よって!!

原点Oにおける時刻t[s]のときの媒質の変位y[m]を表す式は…

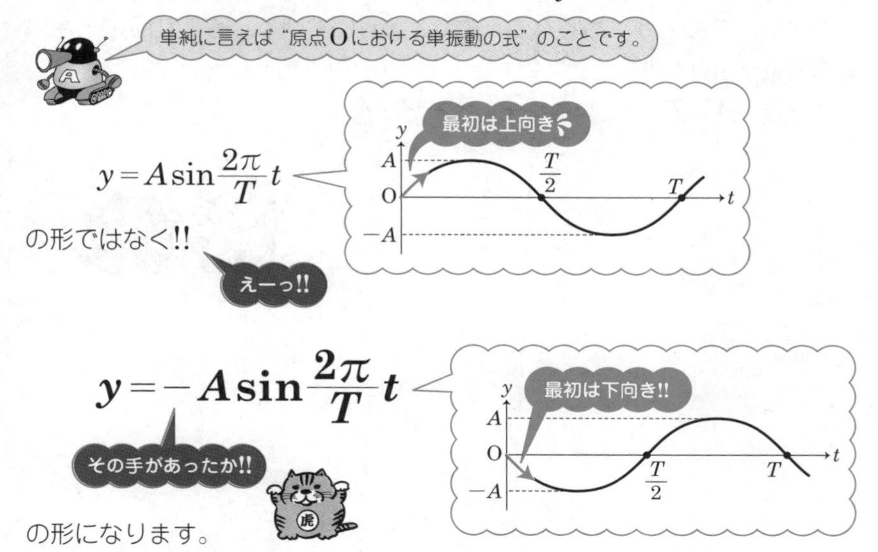

$$y=A\sin\frac{2\pi}{T}t$$

の形ではなく!!

$$y=-A\sin\frac{2\pi}{T}t$$

の形になります。

仕上げは，AとTに数値を代入すればOK!!

(6)　位置x[m]に達するまでに要する時間は，波の速さがv[m/s]であれば，

$$\frac{x}{v}\,[\mathrm{s}]$$

時間＝$\frac{距離}{速さ}$

である。

(5)で，原点Oにおける単振動の式は…

$$y=-A\sin\frac{2\pi}{T}t \quad \cdots①$$

であるから…

“位置x[m]における単振動の式”は，時刻を$\frac{x}{v}$[s]だけ遅らせればよいから(過去にもどせばよいから)，

$$\boldsymbol{y=-A\sin\frac{2\pi}{T}\left(t-\frac{x}{v}\right)}$$

$\frac{x}{v}$[s]だけ時間を遅らせる!!(過去にもどす!!)

で表せる。

つまり，この式が求めるべき“位置x[m]における，時刻t[s]のときの媒質の変位y[m]を表した式”です。

あとは，A，T，vに数値を代入するだけ✌

(1)　$A=2[\mathrm{m}]$　…(答)

(2)　$\lambda=20[\mathrm{m}]$　…(答)

(3)　$T=0.20[\mathrm{s}]$より，

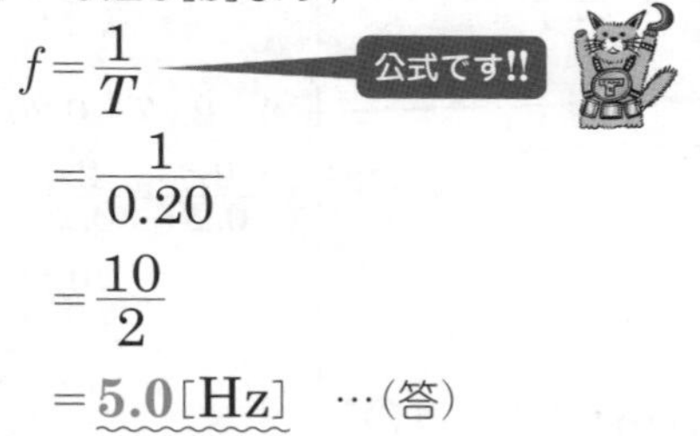

$$f=\frac{1}{T}=\frac{1}{0.20}=\frac{10}{2}=5.0[\mathrm{Hz}]$$　…(答)

(4)　(2)と(3)の結果から，

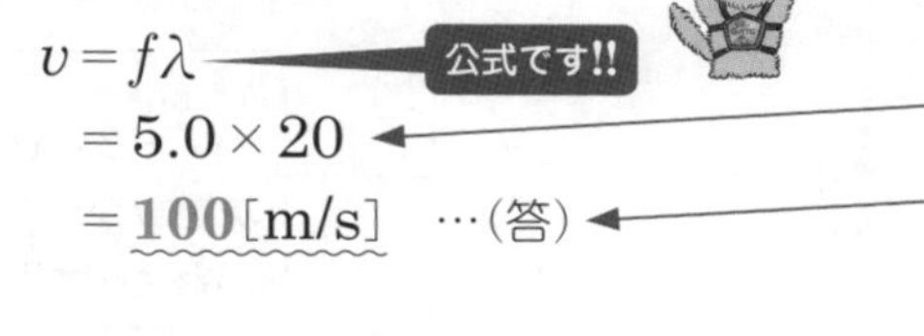

$$v=f\lambda=5.0\times 20=100[\mathrm{m/s}]$$　…(答)

$f=5.0[\mathrm{Hz}]$　$\lambda=20[\mathrm{m}]$

$1.0\times 10^2[\mathrm{m/s}]$としてもOKですが，本問において，有効数字の話は微妙です…

(5)　原点Oにおける媒質の変位y[m]と時間的経過の関係をグラフにすると次のようになる。

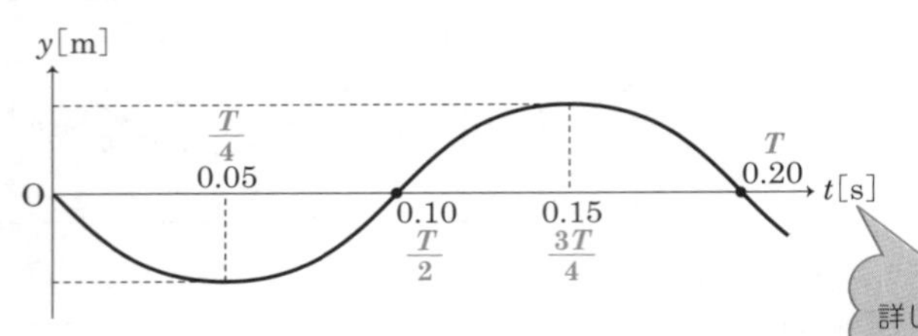

このグラフを表す式を求めればよいから，

$$y = -A\sin\frac{2\pi}{T}t$$

数値を代入して，

このマイナスがポイント!!

$$y = -2\sin\frac{2\pi}{0.20}t$$

$A=2$，$T=0.20$を代入

$\therefore$　$y = -2\sin 10\pi t$　…(答)

$\frac{2\pi}{0.20} = \frac{2\pi \times 10}{0.20 \times 10} = \frac{20\pi}{2} = 10\pi$

(6)　位置x[m]における媒質の変位y[m]は，原点Oの媒質の変位より$\frac{x}{v}$[s]だけ遅れている。

言い方を変えれば，“$\frac{x}{v}$[s]だけ過去のものである”

よって，位置x[m]における時刻t[s]のときの媒質の変位y[m]を表す式は，

$$y = -2\sin 10\pi\left(t - \frac{x}{v}\right)$$

(5)の解答
$y = -2\sin 10\pi t$
の時刻tから$\frac{x}{v}$[s]だけ時間をもどす!!

数値を代入して，

$$y = -2\sin 10\pi\left(t - \frac{x}{100}\right)$$ …(答)

(4)で求めた$v=100$を代入!!

本問がウワサの前提②がぶち壊された問題です（p.406で少しふれましたよ!!）。
原点Oにおける時刻t[s]のときの媒質の変位y[m]の式が

$$y = A\sin\frac{2\pi}{T}t$$

とはならないところが最大のポイント!!

Theme 37 位相について押さえておこう!!

そもそも“位相”とは何ぞや…??

$\sin\theta$や$\cos\theta$などの三角関数において，角度を表す部分であるθを**位相**と呼びます。

つまり，Theme 36で学習した正弦波を表す式においては

$$y = A\sin 2\pi\left(\frac{t}{T} - \frac{x}{\lambda}\right)$$

$2\pi\left(\frac{t}{T} - \frac{x}{\lambda}\right)$ が**位相**ということです。

“同位相”とは…??

角度において，$390°$は$390° = 360° + 30°$であるので，$30°$と同じ意味になります。このように，結局同じ角度を表すことを“**同位相である**”，または“**同じ位相である**”といいます。

これを一般化すると…

$n = 0,\ 1,\ 2,\ 3,\ \cdots$

θと$\theta \pm 360° \times n$は同位相!!

カッコよく rad（ラジアン）で表すと…

$360° = 2\pi\,[\mathrm{rad}]$であるから，$360° \times n = 2\pi \times n = 2n\pi$より…

$n = 0,\ 1,\ 2,\ 3,\ \cdots$

θと$\theta \pm 2n\pi$は同位相!!

まぁ，数学をしっかり学習している人にとっては，ラク勝のお話でしたね…

その3 “周期 T と位相の関係”

前ページの正弦波を表す式

$$y = A\sin 2\pi\left(\frac{t}{T} - \frac{x}{\lambda}\right) \quad \cdots①$$

において，位相に注目してみましょう。

$$2\pi\left(\frac{t}{T} - \frac{x}{\lambda}\right) \quad \cdots②$$

いま，時間 t を n 周期分ずらしてみましょう(ただし，$n = 0,\ 1,\ 2,\ 3,\ \cdots$)。つまり，②で t を $t \pm nT$ に置きかえてみます。

すると…

$$2\pi\left(\frac{t \pm nT}{T} - \frac{x}{\lambda}\right)$$
$$= 2\pi\left(\frac{t}{T} \pm \frac{nT}{T} - \frac{x}{\lambda}\right)$$
$$= 2\pi\left(\frac{t}{T} \pm n - \frac{x}{\lambda}\right)$$
$$= 2\pi\left(\frac{t}{T} - \frac{x}{\lambda} \pm n\right)$$

(　)の中身を並べかえました!!

$$= 2\pi\left(\frac{t}{T} - \frac{x}{\lambda}\right) \pm n \times 2\pi$$

n を(　)の外に出す!!

$$= 2\pi\left(\frac{t}{T} - \frac{x}{\lambda}\right) \pm 2n\pi \quad \cdots③$$

$2n\pi$ ずれても位相は同じ!!

とゆーわけで…

②と③は，すべての n($n = 0,\ 1,\ 2,\ 3,\ \cdots$)に対して同位相ということになります。

時間において

1周期ごとに同じ位相になる!!

なるほどね…

 “波長λと位相の関係” 

またまた正弦波を表す式の登場です。

$$y = A\sin 2\pi\left(\frac{t}{T} - \frac{x}{\lambda}\right) \quad \cdots①$$

またまた位相に注目しましょう!!

$$2\pi\left(\frac{t}{T} - \frac{x}{\lambda}\right) \quad \cdots②$$

いま，位置xを波長n個分だけずらしてみましょう(ただし，$n = 0, 1, 2, 3, \cdots$)。

つまり，②でxを$x \pm n\lambda$で置きかえてみます。

すると…

$$2\pi\left(\frac{t}{T} - \frac{x \pm n\lambda}{\lambda}\right)$$

$$= 2\pi\left(\frac{t}{T} - \frac{x}{\lambda} \mp \frac{n\lambda}{\lambda}\right)$$

$-\left(\pm \frac{n\lambda}{\lambda}\right) = \mp \frac{n\lambda}{\lambda}$
結局，±も∓も同じ意味ですがね…

$$= 2\pi\left(\frac{t}{T} - \frac{x}{\lambda} \mp n\right)$$

$$= 2\pi\left(\frac{t}{T} - \frac{x}{\lambda}\right) \mp n \times 2\pi$$

nを(　)の外に出す!!

$$= 2\pi\left(\frac{t}{T} - \frac{x}{\lambda}\right) \mp 2n\pi \quad \cdots③$$

$2n\pi$ずれても位相は同じ!!

とゆーわけで…

②と③は，すべてのn($n = 0, 1, 2, 3, \cdots$)に対して同位相ということになります。

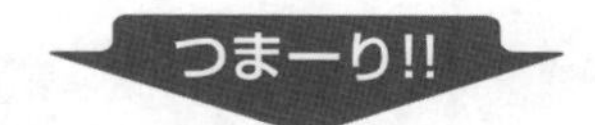

位置において

波長ひとつ分ごとに同じ位相になる!!

その5 “位相差πがもつ意味”

数学で登場する重要公式のひとつです。

$$\sin(\theta \pm \pi) = -\sin\theta$$

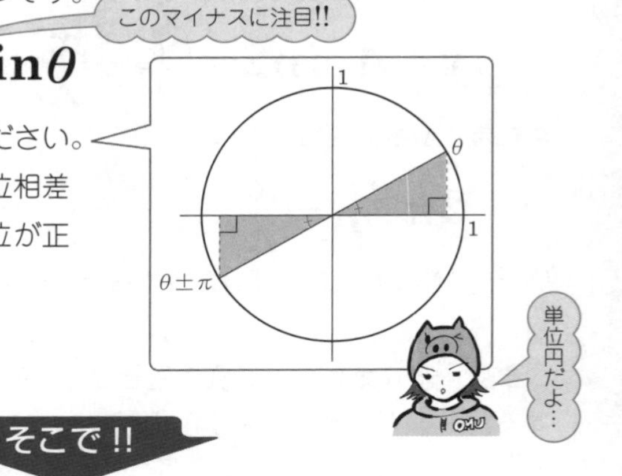

まぁ，単位円で確認してみてください。

この式からも明らかなように，位相差π（$\pm\pi$ずれる!!）が生じると，変位が正反対になります。

そこで!!

その3とその4で学習したように，

“1周期分の時間$\boldsymbol{T}$と波長ひとつ分の長さ$\boldsymbol{\lambda}$は，位相$\boldsymbol{2\pi}$に相当する” ことを思い出してください。

とゆーことは…

1周期の半分の時間$\boldsymbol{\dfrac{T}{2}}$（半周期分の時間）と波長ひとつ分の半分の長さ$\boldsymbol{\dfrac{\lambda}{2}}$（半波長分の長さ）は，

位相$\boldsymbol{\pi}$に相当することになります。

$2\pi \times \dfrac{1}{2} = \pi$

すなわち!!

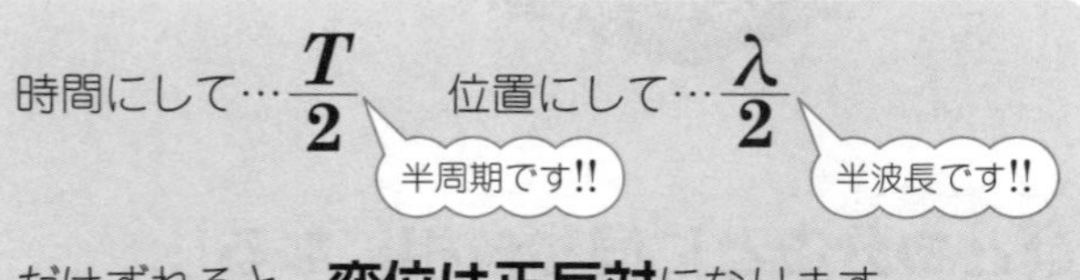

時間にして…$\boldsymbol{\dfrac{T}{2}}$　位置にして…$\boldsymbol{\dfrac{\lambda}{2}}$

半周期です!!　半波長です!!

だけずれると，**変位は正反対**になります。

問題124　**キソ**

周期$T=2.0$[s]，波長$\lambda=6.0$[cm]の正弦波がx軸上を右向きに進んでいる。ある時刻で波源Oでの変位が$y=3.0$[cm]であることが確認された。このとき，次の各問いに答えよ。

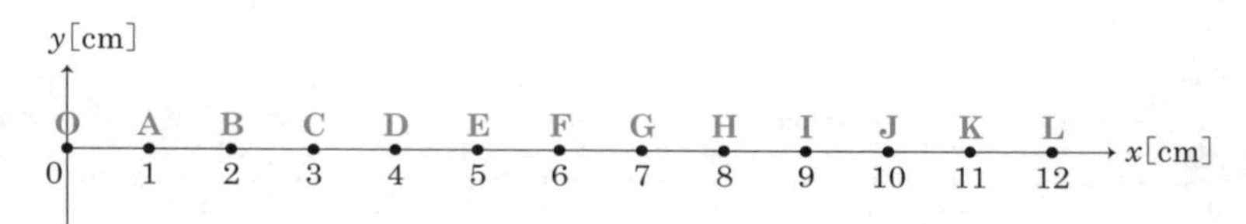

(1)　この時刻における点Fの変位を求めよ。
(2)　この時刻における点Lの変位を求めよ。
(3)　この時刻における点Cの変位を求めよ。
(4)　この時刻における点Iの変位を求めよ。
(5)　この時刻から4.0秒後の波源Oの変位を求めよ。
(6)　この時刻から7.0秒後の波源Oの変位を求めよ。
(7)　この時刻から6.0秒後の点Lの変位を求めよ。
(8)　この時刻から9.0秒後の点Iの変位を求めよ。

ナイスな導入

波形をイメージせず，機械的に変位を求めることができるか??　が本問のテーマです。

ポイント1　波源Oと同位相である点はどこですか??

“波長ひとつ分ごとに同じ位相になる!!” ことを思い出そう!!
本問において，$\lambda=6.0$[cm]であるから…

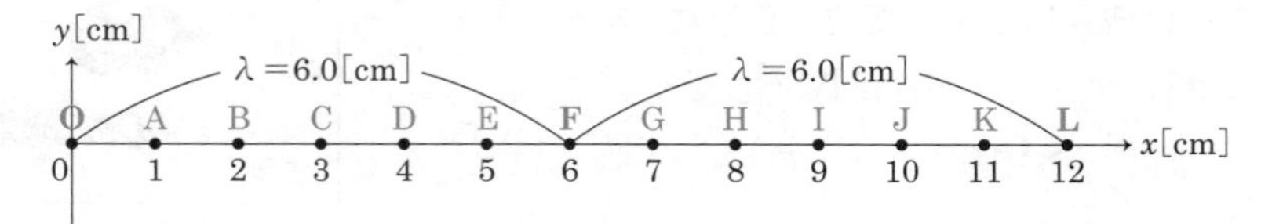

Oと**F**と**L**は同位相なので，まったく同じ振動をします。

ポイント❷ 波源Oと常に変位が正反対である点はどこですか??

“半波長分ずれると，変位が正反対になる!!” ことを思い出そう!!

$\lambda = 6.0$[cm]より，$\dfrac{\lambda}{2} = 3.0$[cm]であることと，ポイント❶のOとFとLが同位相であることを踏まえて…

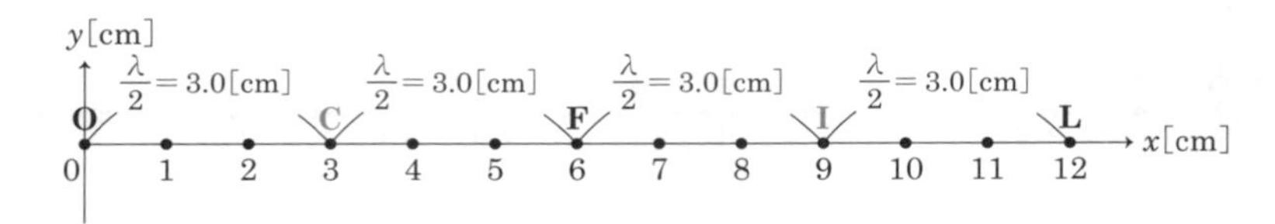

FとLはOと同位相である。また，CとIはO，F，Lから$\dfrac{\lambda}{2} = 3.0$[m]だけ離れています。つまり…

CとIは，Oと常に変位が正反対となります。

以上のことさえ押さえておけば大丈夫✌

解答でござる

(1)　点Fは波源Oと同位相なので，同じ時刻において，同じ変位である。

よって，点Fのこの時刻における変位は，

$y = 3.0$[cm]　…(答)

この時刻における波源Oの変位は，$y = 3.0$[cm]と問題文に書いてあります。

(2)　(1)と同様に，点Lは波源Oと同位相である。

詳しくは ナイスな導入 参照!!

よって，点Lのこの時刻における変位は，

$y = 3.0$[cm]　…(答)

(3)　点Cは波源Oと常に変位が正反対である。

よって，点Cのこの時刻における変位は，

$y = -3.0$[cm]　…(答)

(4)　(3)と同様に，点Iは波源Oと常に変位が正反対である。

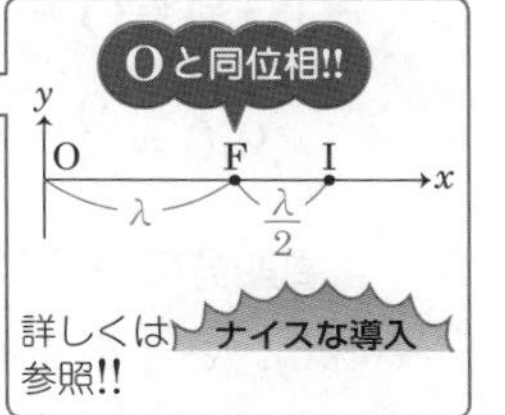

よって，点Iのこの時刻における変位は，

$$y = -3.0\,[\mathrm{cm}]\quad\cdots(答)$$

(5)　周期$T = 2.0\,[\mathrm{s}]$より，

$$4.0 = 2\times2.0 = 2T$$

2周期です。

1周期ごとに同じ位相になるから，波源Oの4.0秒後の変位は最初の時刻の変位と同じである。

よって，波源Oの4.0秒後の変位は

$$y = 3.0\,[\mathrm{cm}]\quad\cdots(答)$$

もとにもどります。

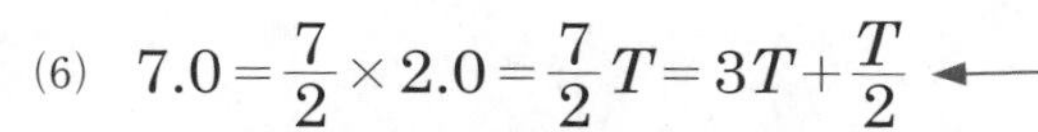

(6)　$7.0 = \dfrac{7}{2}\times2.0 = \dfrac{7}{2}T = 3T + \dfrac{T}{2}$

3周期と半周期

3周期分のずれはもとの位相にもどるが，さらに半周期分のずれで変位は正反対となる。

よって，波源Oの7.0秒後の変位は，

$$y = -3.0\,[\mathrm{cm}]\quad\cdots(答)$$

$\dfrac{T}{2}$の時間差により，変位は正反対となる!!

(7)　点Lは波源Oと同位相である。

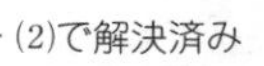

$$6.0 = 3\times2.0 = 3T$$

3周期分

ちょうど3周期分の時間のずれは，もとの位相にもどることを意味する。

よって，6.0秒後の点Lの変位は最初の波源Oの変位に等しいから，

$$y = 3.0\,[\mathrm{cm}]\quad\cdots(答)$$

(8) 点Iは波源Oと常に変位が正反対である。 ← (4)で解決済み

$$9.0=\frac{9}{2}\times 2.0=\frac{9}{2}T=4T+\frac{T}{2}$$ ← 4周期と半周期

4周期分の時間のずれは，もとの位相にもどることを意味し，さらなる半周期分のずれは，変位が正反対となったことを意味する。

最初の時刻における点Iの変位は$y=-3.0$[cm]であったから，この値を正反対にすればよい。 ← (4)より

よって，9.0秒後の点Iの変位は，

$y=$ **3.0[cm]** …(答)

Theme 38 横波と縦波の違い

その1 “横波” とは…??

波の伝わる向きが，媒質の振動方向と垂直である波のことを横波といいます。

水平に張ったロープの一端を手で持ち，鉛直方向(上下)に振動させると，横波が生じます。

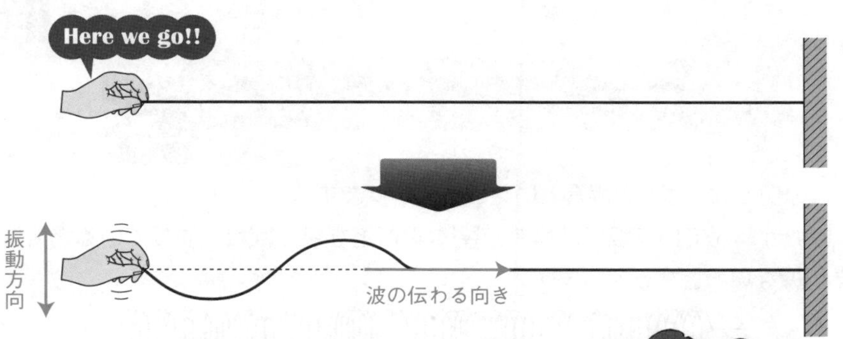

もう，お気づきかもしれませんが…

Theme 36 までに登場した波は，すべて横波ということです。

ん!? では，縦波って何者だよ…

その2 “縦波” とは…??

波の伝わる向きが，媒質の振動方向と平行である波のことを縦波といいます。

えっ!?　そんな波があんのか?ですって??　ありますよ!!

水平にした長くて軽いばねの一端を手で持ち，水平方向(前後)に振動させると，縦波が生じます。

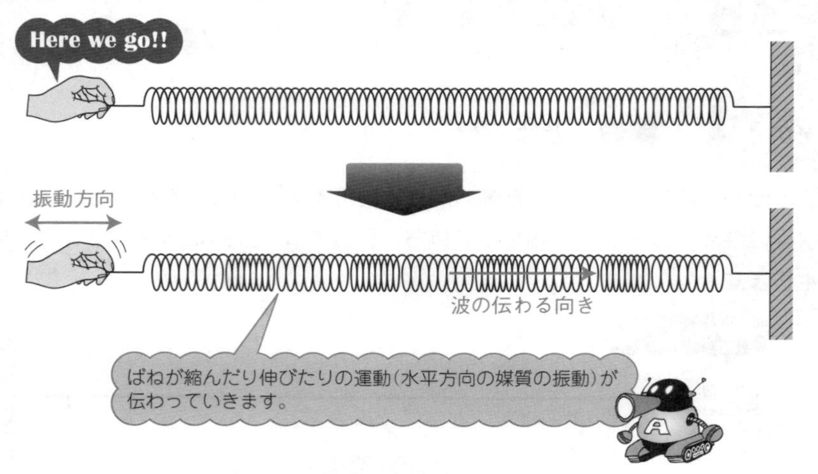

この例では，ばねが媒質ということになります。

ばねが縮んでいる場所は媒質が**密**な場所となり，ばねが伸びている場所は媒質が**疎**な場所となっています。

疎　密　疎　密　疎　密　疎　密　疎

このように，縦波は密な部分と疎な部分を交互につくりながら進んでいくので，**疎密波**とも呼ばれます。

縦波の代表例としては，音波と地震波のP波があります。

ちなみに，地震波のS波は横波です。

“縦波は表現しづらい”の巻

縦波をビジュアル化することは困難なため，変位の様子を横波に置きかえて表現します。

ここで，次のように約束します。

波の進行方向にx軸をとったとき…

媒質の（縦波におけるx軸の正の向きへの変位は，
横波におけるy軸の正の向きへの変位に対応させ，
（縦波におけるx軸の負の向きへの変位は，
横波におけるy軸の負の向きへの変位に対応させる。

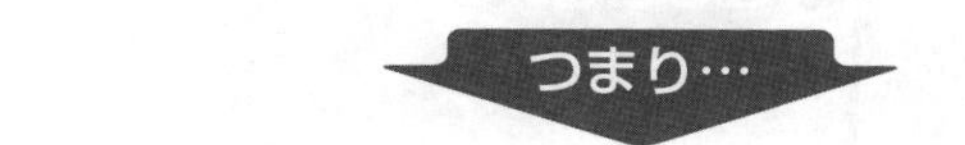

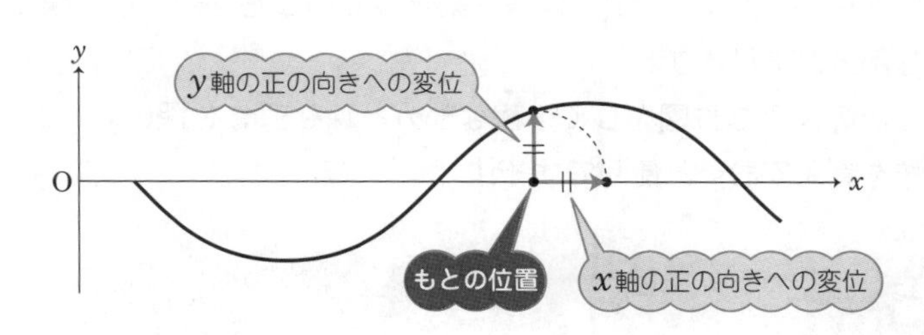

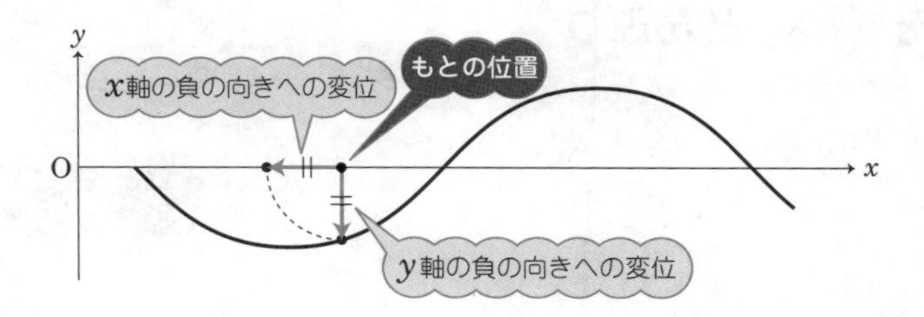

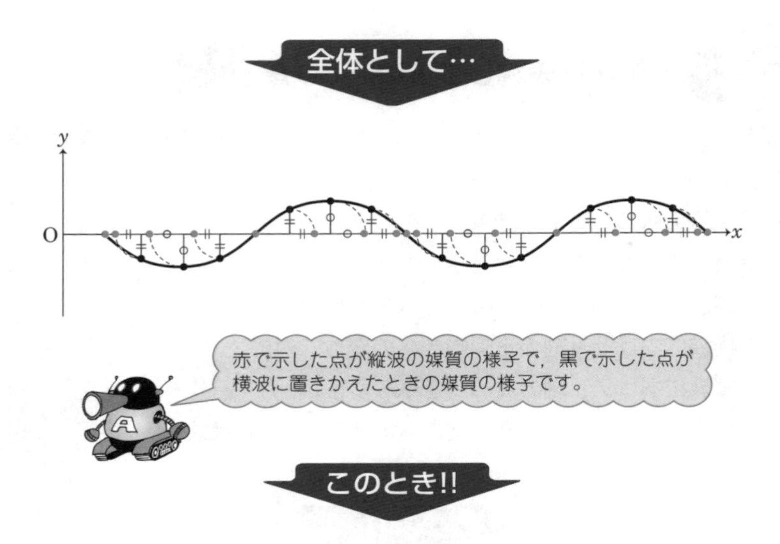

赤い点に注目してください!!　媒質が集まっている密な部分と，媒質がまばらである疎な部分があります。

いちいち上のような作図をして，密な部分と疎な部分を探してもよいですが，次の必殺技を覚えておくと便利ですぞ!!

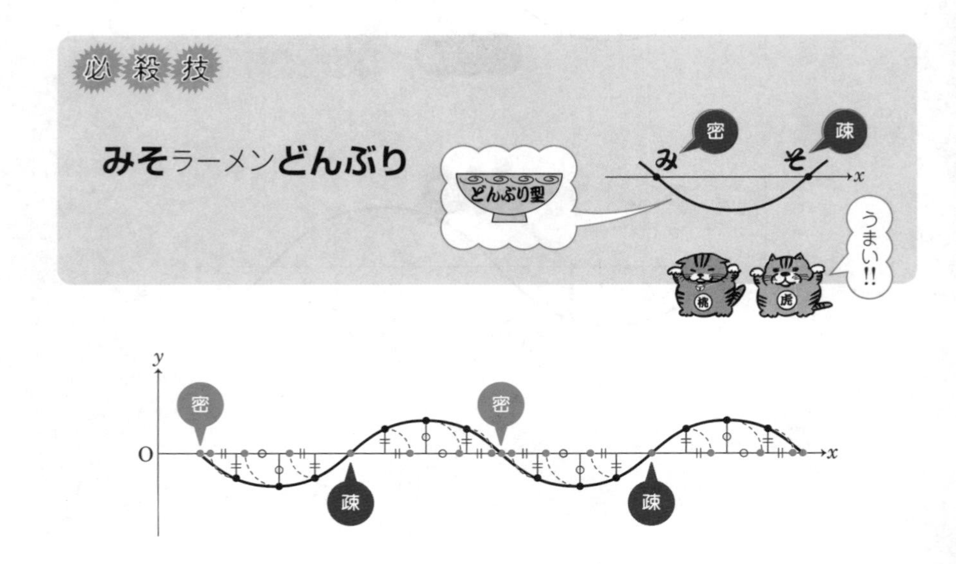

使い方なんですが…

縦波を横波に置きかえたグラフが登場して，“密な部分と疎な部分はどこか??”みたいに聞いてきます。

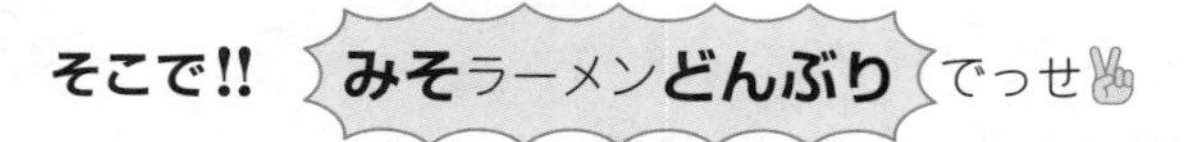

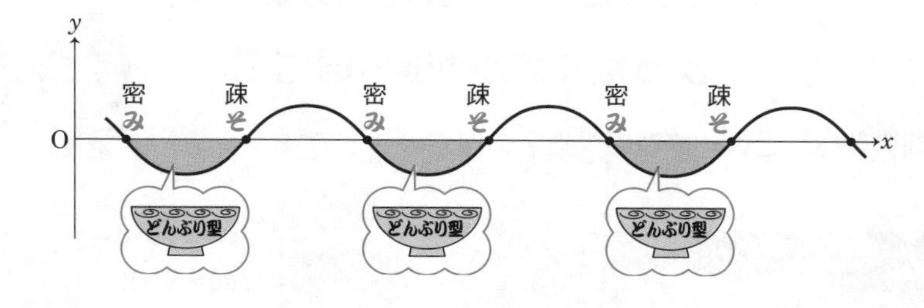

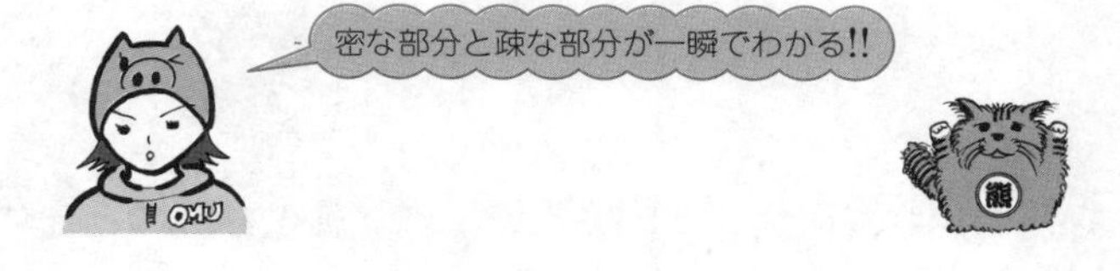

問題125　**標準**

下図は，x軸の正の向きに伝わる縦波の右向きの変位を上向きの変位に対応させ，横波としてかいたグラフである。このとき，次の各問いに答えよ。

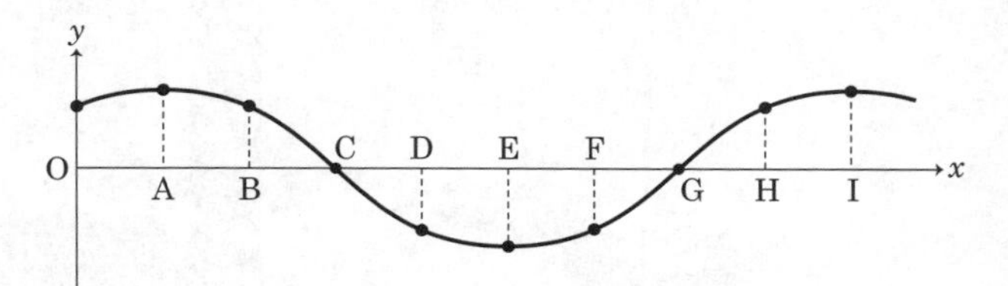

(1)　媒質が最も密になっている点は，A～Iのうちどこか。

(2)　媒質が最も疎になっている点は，A～Iのうちどこか。

(3)　媒質の速さが0の点は，A～Iのうちどこか。

(4)　媒質の右向きの速さが最大の点は，A～Iのうちどこか。

(5)　媒質の左向きの速さが最大の点は，A～Iのうちどこか。

ナイスな導入

⑴と⑵は秘技"**みそ**ラーメン**どんぶり**"で解決✌

⑶，⑷，⑸のお話ですが…

"媒質の速さ" と **"波の進む速さ"** は…

まったく意味が違います!!

"媒質の速さ"とは，媒質の単振動の速さのことです。

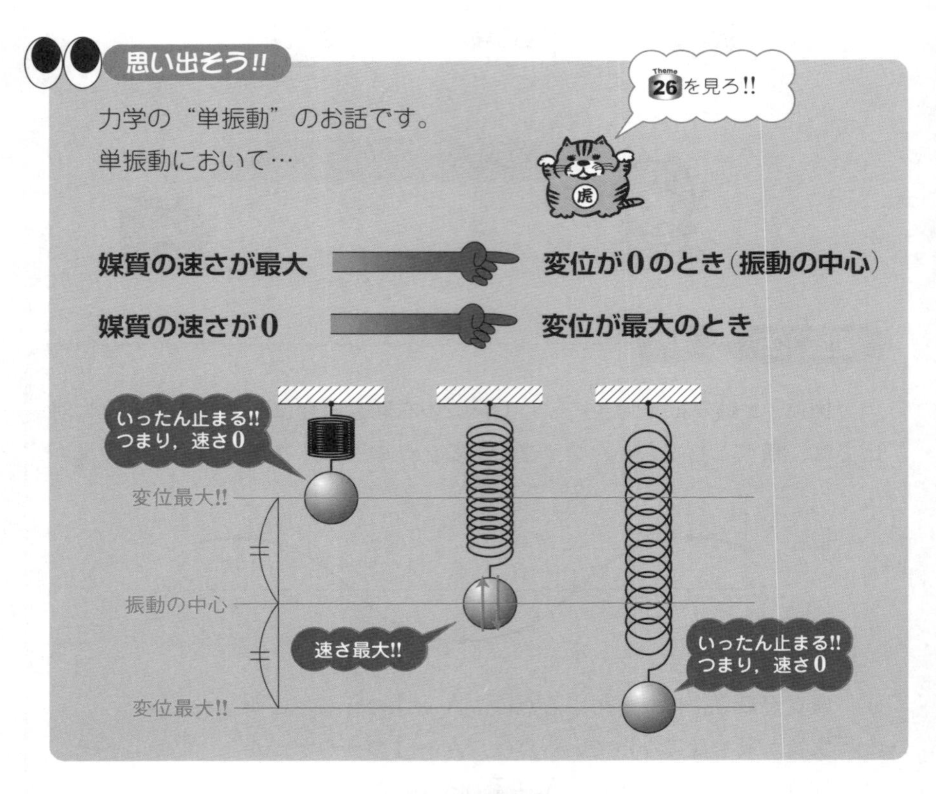

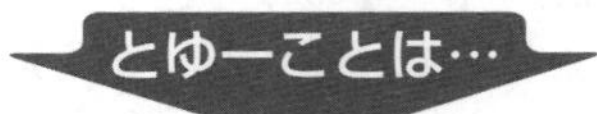

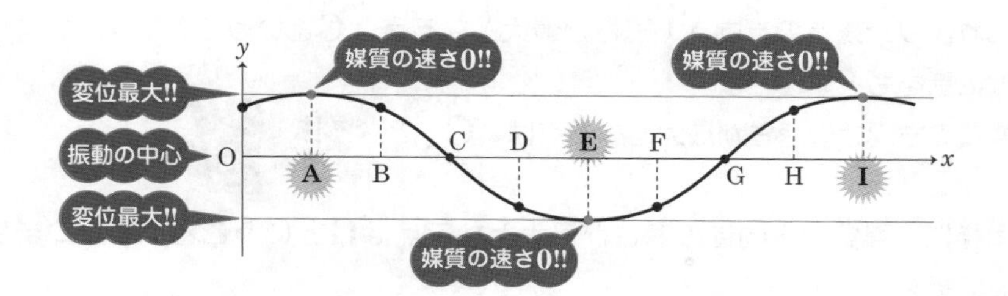

よって，媒質の速さが0の点は，**A，E，I** となる!!
(3)の答え!!

同じ調子で媒質の速さが最大となる点は，振動の中心(変位が0の点)となるので**C**と**G**となります。

しかし!! 向きがわからない!!

そんなときは…

波を少しだけ進めてみましょう!!

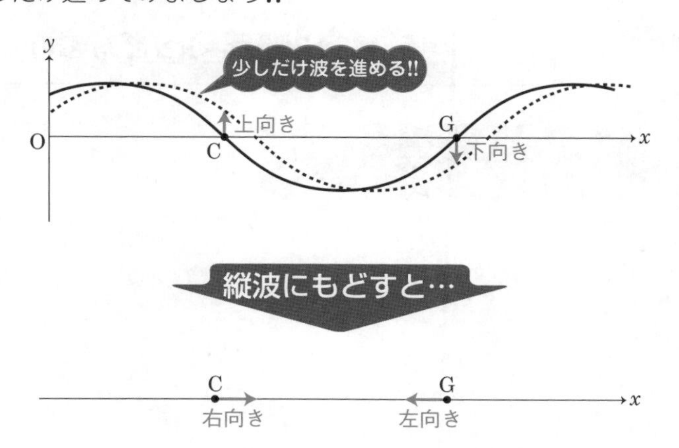

これより，媒質の上向きの速さが最大となる点はCということです。つまり，縦波に話をもどすと…

媒質の右向きの速さが最大となる点は **C** となる!!
(4)の答え!!

同様に，媒質の下向きの速さが最大となる点はGということです。つまり，縦波に話をもどすと…

媒質の左向きの速さが最大となる点は **G** となる!!
(5)の答え!!

解答でござる

(1)　C

(2)　G

(3)　A，E，I

(4)　C

(5)　G

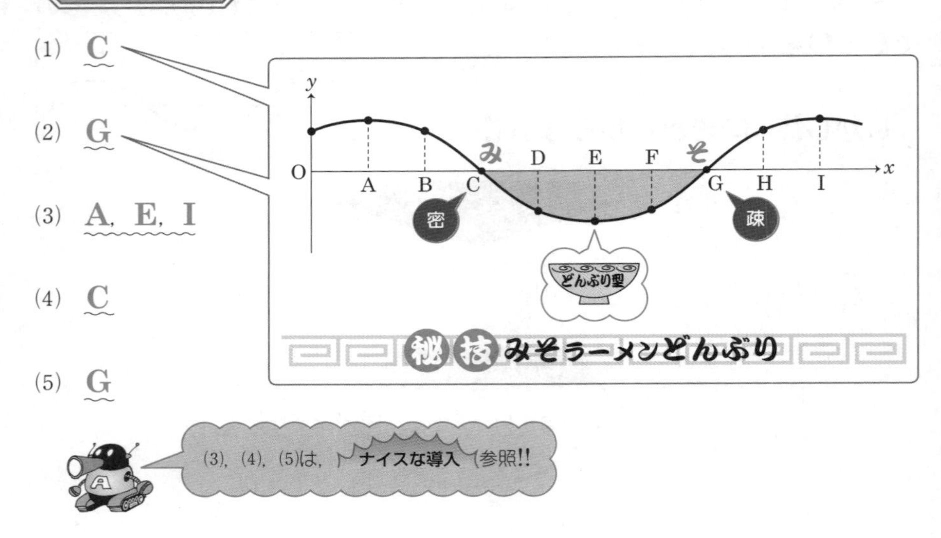

Theme 39 波の重ね合わせと干渉，そして回折

その1 “重ね合わせの原理”

ある点に2つの波が同時に到達したとき，その点の変位はその点におけるそれぞれの波の変位の和に等しい!!　これを**重ね合わせの原理**と呼びます。

で!!　波が重なることによってできた波を**合成波**と申します。

まぁ，とにかくイメージしてみましょう。

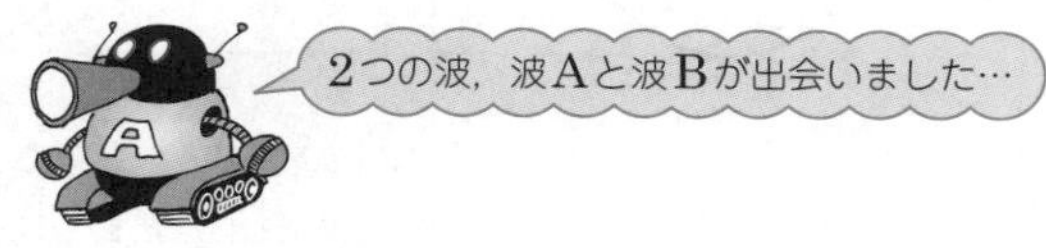

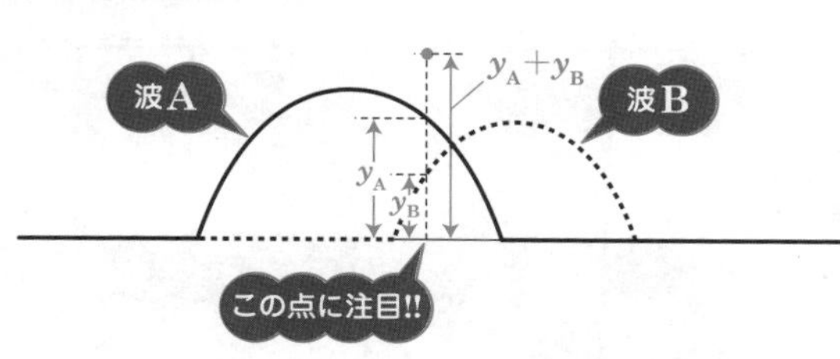

ある点における波Aの変位y_Aと波Bの変位y_Bの和y_A+y_Bが，この点における合成波の変位となります。このように，すべての点における合成波の変位を考えると，下図の赤線のようになります。

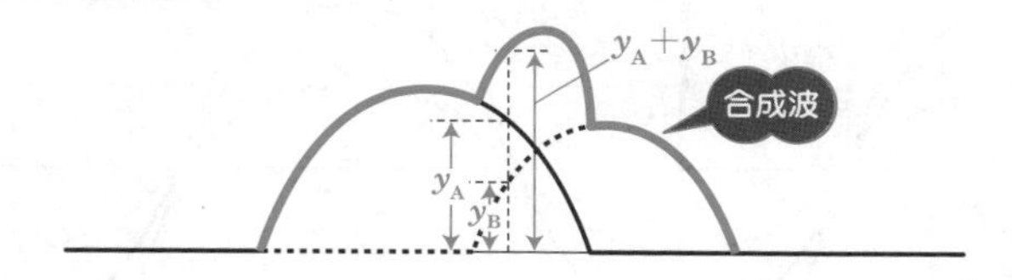

まぁ，とにかく，変位をたし算して合成波を作図できりゃあいいんだよ!!

言うねぇ…

そんなに難しいお話ではないので，とにかく演習!!　演習!!

問題126 キソ

波Aと波Bの合成波の波形を作図せよ。

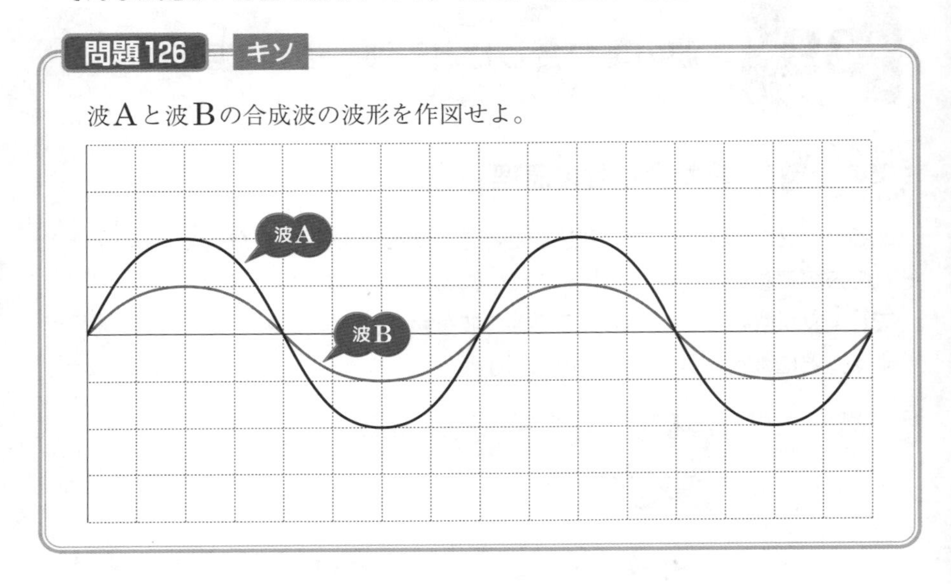

解答でござる

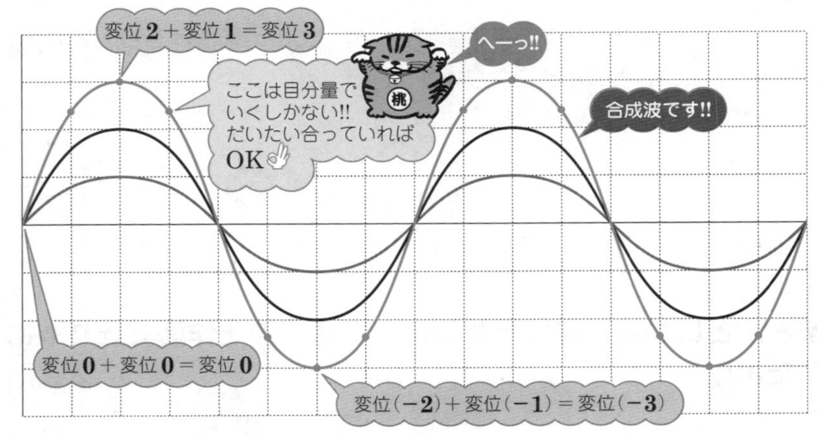

合成波の波形は上図の赤い線です。

その2 “波の独立性” のお話

2つの波がぶつかり，一時的に重なったとしても，それぞれの波の性質は保存されます。つまり，振幅や波長などは変化しません!!　これを**波の独立性**と呼びます。

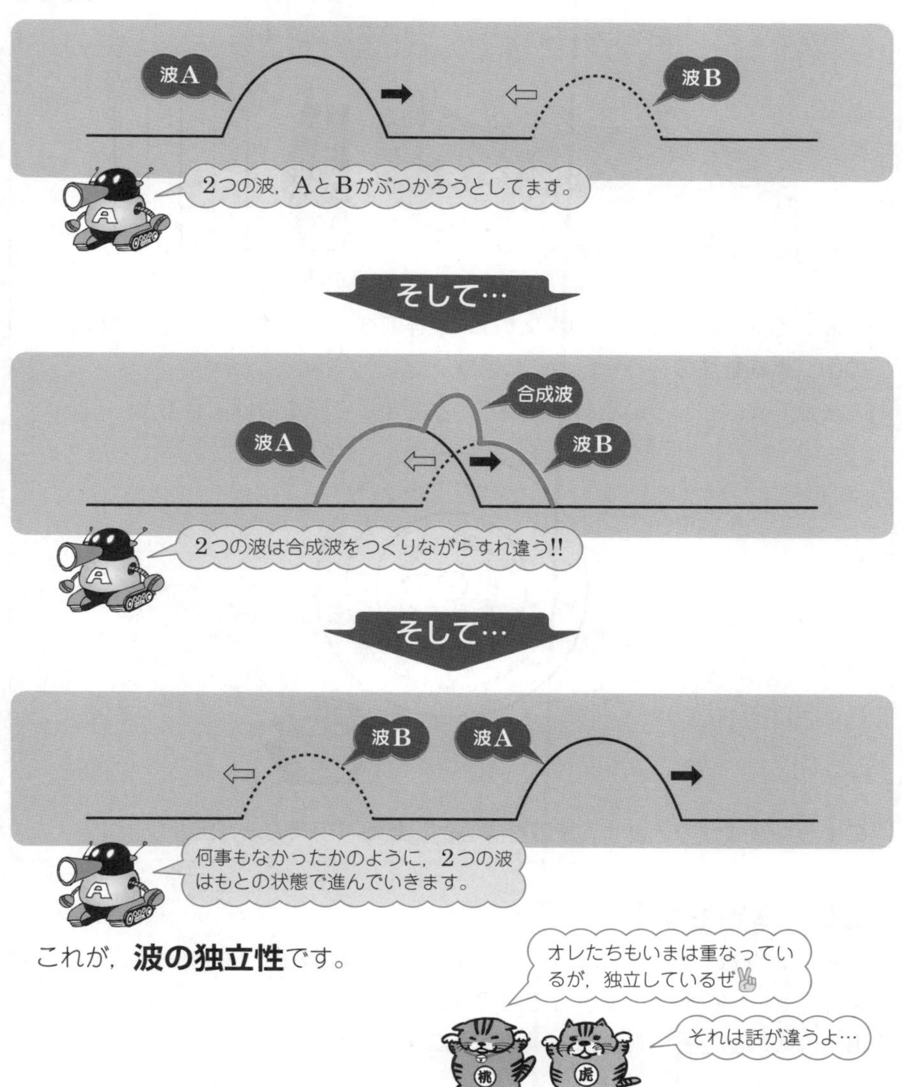

これが，**波の独立性**です。

 “波の干渉”とは…??

2つの波が重なり合い，互いに強め合ったり，弱め合ったりする現象のことを**波の干渉**と申します。

今から重要なお話をします。ですが，その前に約束事を…

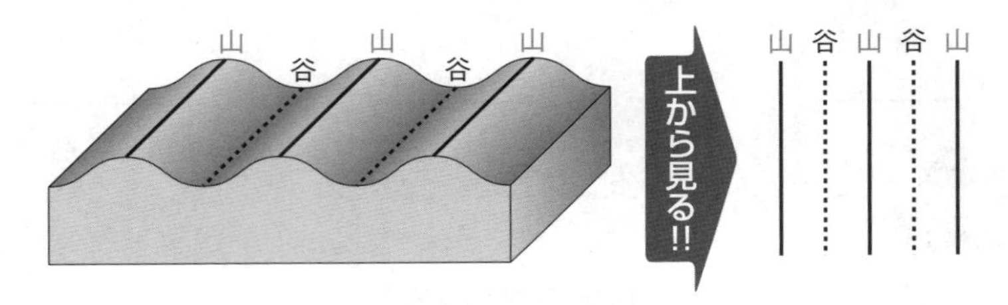

波ってヤツは，実際は上図のように立体的なものです。そこで，実線を波の山，点線を波の谷ってことにします。

まぁ，波にもいろいろありまして，水たまりに石を投げ入れると…

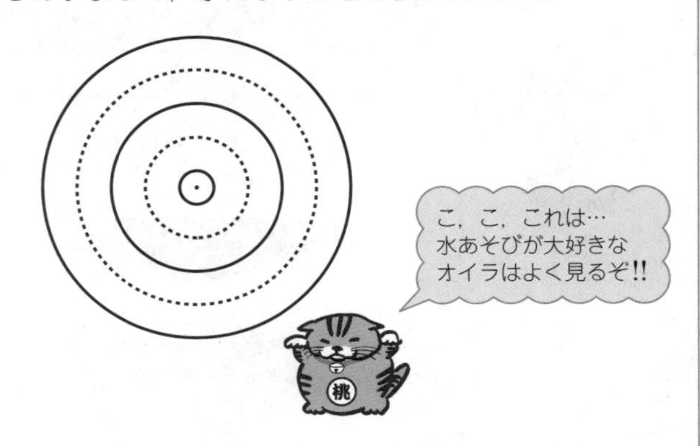

のような波紋ができます。波源を中心とした同心円状の波が広がります。

では，本題です!!

水面の2点A，Bを同じ周期でたたき，同じ振幅，同じ速さ，同じ波長の波を発生させ，波の干渉の様子を考えてみましょう。

ある瞬間の山と谷の位置は，次のようになります。

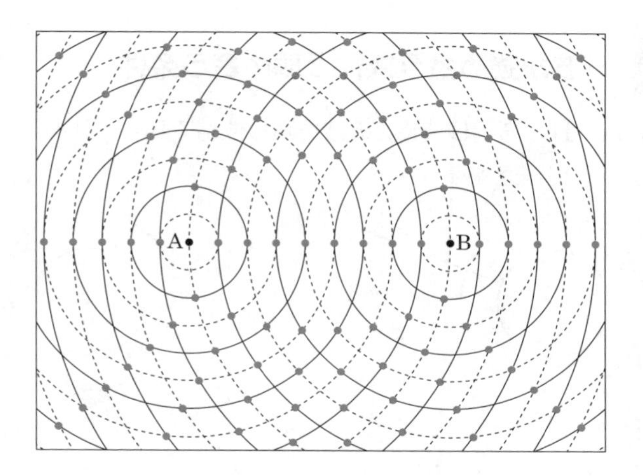

上図において，赤い点で示した山と谷が重なったところでは，2つの波が打ち消し合って変位が0となります。このように，変位が0となり振動しない点を**節**（ふし）といいます。

この赤い点をつないでいくと，下図のような赤で表した曲線ができあがります。この線のことを**節線**（せっせん）（節（ふし）の線とも呼ぶ!!）といい，数学的には**双曲線**となることが知られています。

まぁ，頭の片スミに置いておいて

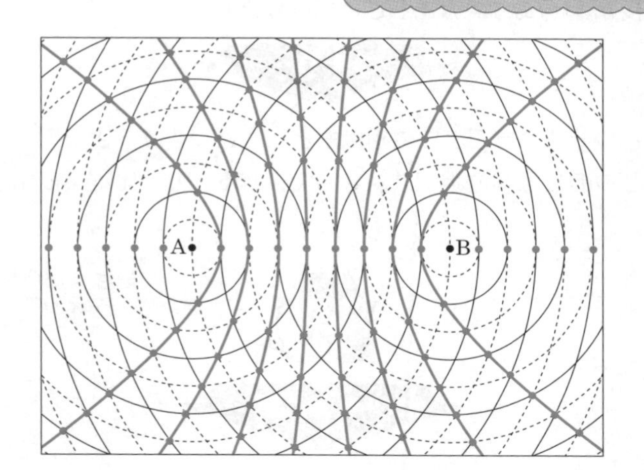

この曲線が双曲線となる理由は数Cの範囲になります。よってスルーします

その4 “波が強め合う条件と弱め合う条件”

2つの波源A，Bから同じ波長λの波を同じ位相で発生させる。この2つの波が媒質上の1点Pに到達するとき…

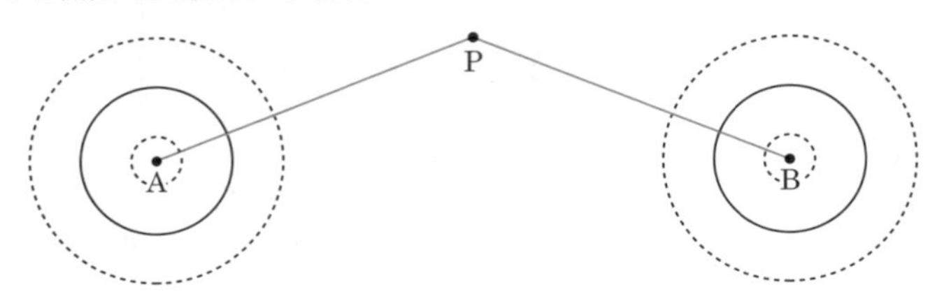

① この点Pが…

$m=0,\ 1,\ 2,\ 3,\ \cdots$として，

$$|\mathbf{AP}-\mathbf{BP}|=\boldsymbol{m\lambda}$$

が成立するような点であれば，点Pにおいて2つの波は強め合います。

理由は…

波源A，Bからの距離の差$|\mathrm{AP}-\mathrm{BP}|$が，波長$m$個分の長さであるということなので，波源Aから点Pに到達する波と波源Bから点Pに到達する波とは，波長m個分のずれがあることになります。

つまり…

波長ひとつ分ずれるごとに位相はもとにもどります。よって，波長m個分ずれても2つの波は同位相です。よって，点Pでは同じ位相の振動が重なり合います。

とゆーことは…

点Pにおいて2つの波は強め合う!!

$$|\mathrm{AP}-\mathrm{BP}| = m\lambda$$

前ページの式です!!

この式を少しいじって…

$$|\mathbf{AP}-\mathbf{BP}| = \underbrace{\mathbf{2}\boldsymbol{m}}_{\text{偶数}} \times \frac{\boldsymbol{\lambda}}{\mathbf{2}}$$

偶数×半波長

と表現することもあります。

波動

② この点Pが…

$m = 0,\ 1,\ 2,\ 3,\ \cdots$として，

$m = 0,\ 1,\ 2,\ 3\cdots$
このとき…
$2m+1 = 1,\ 3,\ 5,\ 7\cdots$

$$|\mathbf{AP}-\mathbf{BP}| = \underbrace{(\mathbf{2}\boldsymbol{m}+\mathbf{1})}_{\text{奇数です!!}} \times \frac{\boldsymbol{\lambda}}{\mathbf{2}}$$

半波長の奇数個分

が成立するような点であれば，点Pにおいて2つの波は弱め合います。

理由は…

$$|\mathrm{AP}-\mathrm{BP}| = (2m+1)\times\frac{\lambda}{2}$$

この式を少しいじって…

$$|\mathrm{AP}-\mathrm{BP}| = 2m\times\frac{\lambda}{2}+\frac{\lambda}{2}$$

右辺を展開

$$\therefore\quad |\mathrm{AP}-\mathrm{BP}| = m\lambda+\frac{\lambda}{2}$$

波長m個分と半波長ひとつ

この式は，波源A，Bからの距離の差$|\mathrm{AP}-\mathrm{BP}|$が，波長$m$個分に半波長を加えた長さであることを表しています。波長m個分の位相のずれは考えなくてよい(同位相になるから!!)ので，半波長分の位相のずれだけが残ります。

半波長分のずれは逆の位相(位相差π)となることを意味するから，点Pでは逆の位相の振動が重なり合います。

とゆーことは…

点Pにおいて2つの波は弱め合う!!

2つの波源A, Bから同じ波長λの波が同じ位相で発生する。
この2つの波が媒質上の1点Pに到達するとき…

① 波が**強め合う条件**

$$|\mathbf{AP}-\mathbf{BP}|=m\lambda=\underbrace{2m}_{\text{偶数}}\times\frac{\lambda}{2}$$

② 波が**弱め合う条件**

$$|\mathbf{AP}-\mathbf{BP}|=(\underbrace{2m+1}_{\text{奇数}})\times\frac{\lambda}{2}$$

(ただし, $m=0$, 1, 2, 3, …)

半波長×偶数 ➡ 強め合う!!
半波長×奇数 ➡ 弱め合う!!
のように, 2つセットにして覚えておくとよい。

注1　この公式が成立するためには, 2つの波源から同じ位相で2つの波が生じなければならない!!

注2　②の波が弱め合う場合, 2つの波の振幅が同じ値のときに限り, 点Pにおいて2つの波は完全に打ち消し合って変位は0となり, 振動しなくなります。

つまり, 節になるということですね!!

問題127　キソ

水面上で離れた2点A，Bから，振幅0.50[m]，波長2.0[m]の等しい波が同位相で，連続して送り出されている。

(1)　A，Bからの距離が8.0[m]，5.0[m]の点Pは，どのような振動をしているか。

(2)　A，Bからの距離が3.0[m]，7.0[m]の点Qは，どのような振動をしているか。

波動

解答でござる

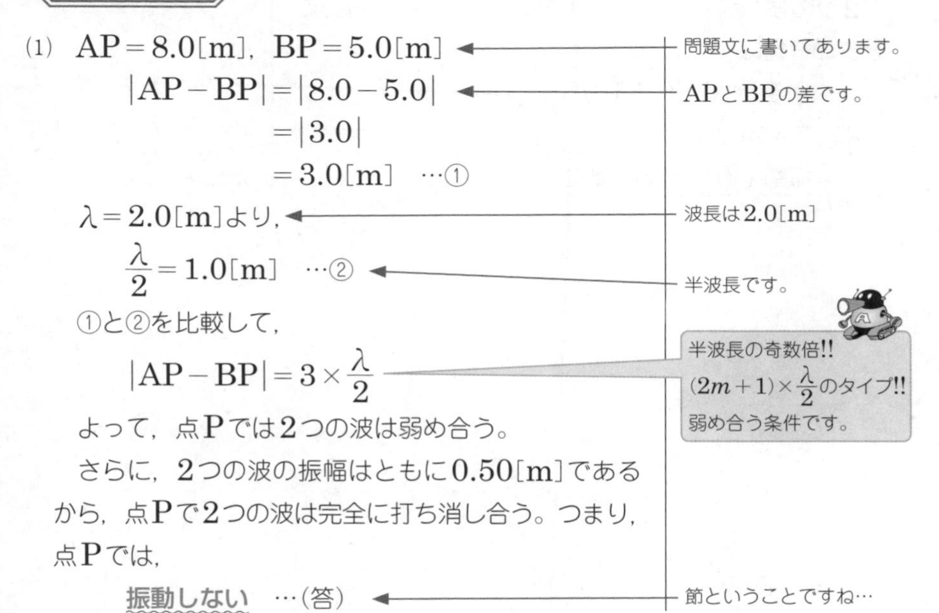

(1)　AP = 8.0[m]，BP = 5.0[m]　← 問題文に書いてあります。

$$|\mathrm{AP}-\mathrm{BP}| = |8.0-5.0|$$ ← APとBPの差です。

$$= |3.0|$$

$$= 3.0[\mathrm{m}] \quad \cdots ①$$

$\lambda = 2.0[\mathrm{m}]$より，← 波長は2.0[m]

$$\frac{\lambda}{2} = 1.0[\mathrm{m}] \quad \cdots ②$$ ← 半波長です。

①と②を比較して，

$$|\mathrm{AP}-\mathrm{BP}| = 3\times\frac{\lambda}{2}$$

よって，点Pでは2つの波は弱め合う。

さらに，2つの波の振幅はともに0.50[m]であるから，点Pで2つの波は完全に打ち消し合う。つまり，点Pでは，

振動しない　…(答)　← 節ということですね…

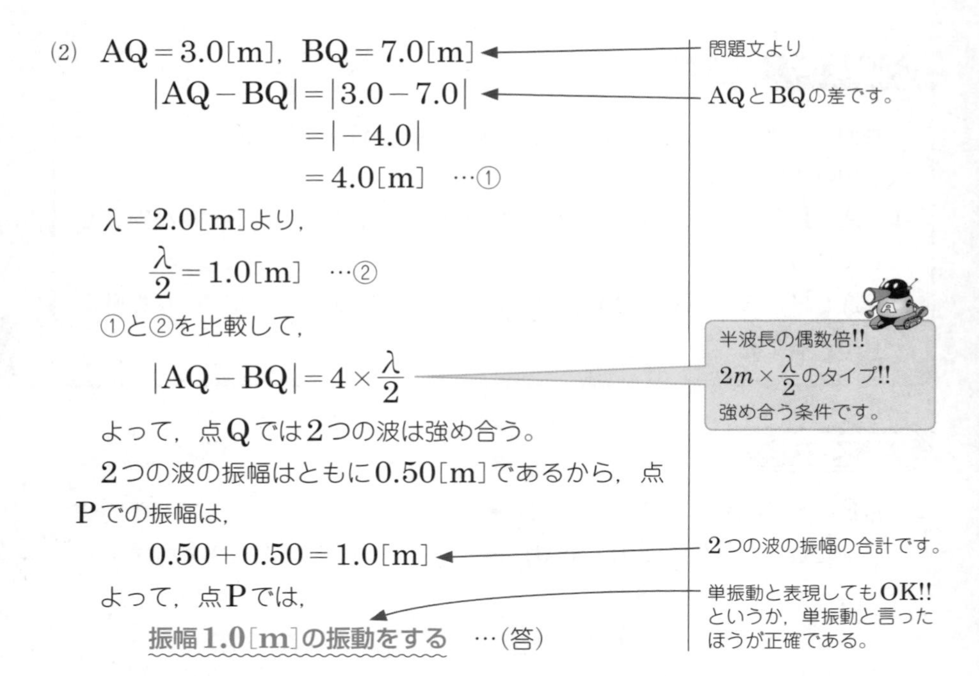

(2) $AQ = 3.0[m]$, $BQ = 7.0[m]$ ← 問題文より

$$|AQ - BQ| = |3.0 - 7.0| = |-4.0| = 4.0[m] \quad \cdots ①$$

← AQとBQの差です。

$\lambda = 2.0[m]$より,

$$\frac{\lambda}{2} = 1.0[m] \quad \cdots ②$$

①と②を比較して,

$$|AQ - BQ| = 4 \times \frac{\lambda}{2}$$

半波長の偶数倍!!
$2m \times \frac{\lambda}{2}$のタイプ!!
強め合う条件です。

よって，点Qでは2つの波は強め合う。

2つの波の振幅はともに0.50[m]であるから，点Pでの振幅は,

$$0.50 + 0.50 = 1.0[m]$$

← 2つの波の振幅の合計です。

よって，点Pでは,

振幅1.0[m]の振動をする …(答)

単振動と表現してもOK!!
というか，単振動と言ったほうが正確である。

問題128　標準

水面上で18[cm]離れた2点A，Bから，波長4.0[cm]の等しい波が同位相で連続して送り出されている。このとき，次の各問いに答えよ。

(1)　AB間における節(ふし)の数はいくつあるか(ただし，点Aと点Bは含まない)。

(2)　水面上における節線(せっせん)(節の線)はいくつあるか。

$|\boldsymbol{x}-\boldsymbol{2}|=\boldsymbol{3}$　を解け!!

……

$|3|=3$と$|-3|=3$であることを思い浮かべればラク勝✌

$|x-2|=3$より，

$x-2=\pm3$　（$|\triangle|=3$のとき，$\triangle=3$ or $\triangle=-3$）

$x=2\pm3$

$\therefore\ \ x=\underline{5,\ -1}$　…(答)　（$3+2=5$，$-3+2=-1$）

では，では，本題です…

ナイスな導入

いきなり結論からまいります。

AB間における節の数

‖　イコール!!

水面上における節線の数

となります。

波動

では，確認してみよう

いつものように山を実線，谷を点線として，ある瞬間の2つの波源から送り出される波の様子を考えてみよう。

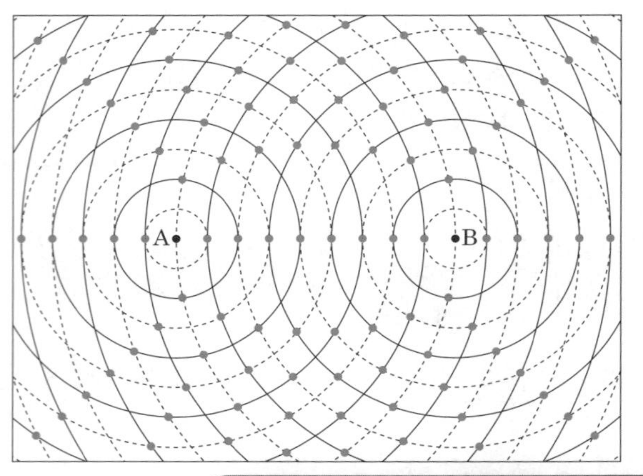

山と谷が重なって変位を打ち消し合うことで節となる点をすべて赤い点で示しました。

この赤い点を結んでみましょう!!

たしかに，ABの延長線上に節はできますが，これらは点として存在するだけで節線をつくらない。

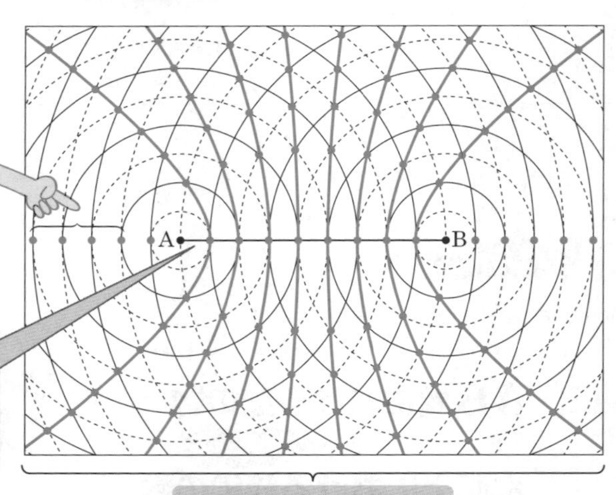

AB間における節の数は…
8個!!

A　B

節線は8本!!

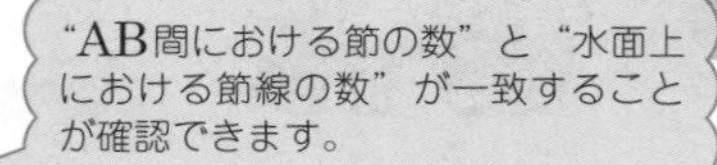

理系の人だけ読んでください

このお話は，あたりまえなんですよね…

節となるある点をPとおくと…

$$|\mathrm{AP}-\mathrm{BP}|=(2m+1)\times\frac{\lambda}{2}$$

弱め合う条件です!!

$(m=0,\ 1,\ 2,\ 3,\ \cdots)$

つまり，この式は…

2点A，Bからの距離の差 ＝ 一定

という条件をみたしています。

これって，**AとBを焦点とする双曲線**を描くうえでの条件です。

数学Cの“2次曲線”という分野で学習します!!

とゆーことは…

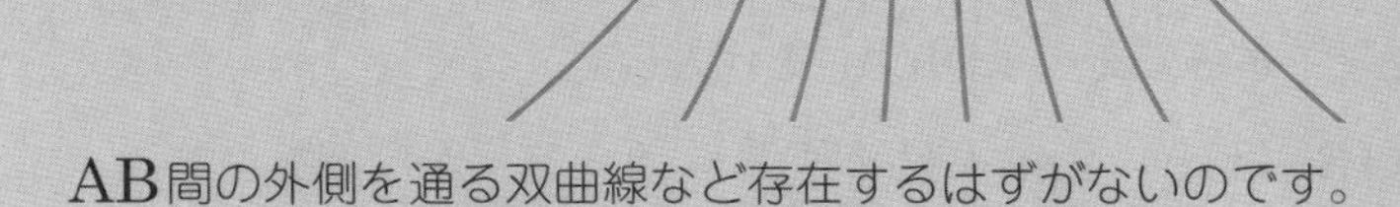

AB間の外側を通る双曲線など存在するはずがないのです。

つまーり!!

すべての双曲線は，必ずAB間を通ります!!

このお話は，数学Cの“2次曲線”を学習していないとムリです。まだ学習していない人は，このページはスルーしてください

話は長くなりましたが…

本問において，節線を実際に引いてみる必要などまったくなく，単にAB間の節の数を求めればOKなんです。これは，計算によって求めることができます。

では…

解答でござる

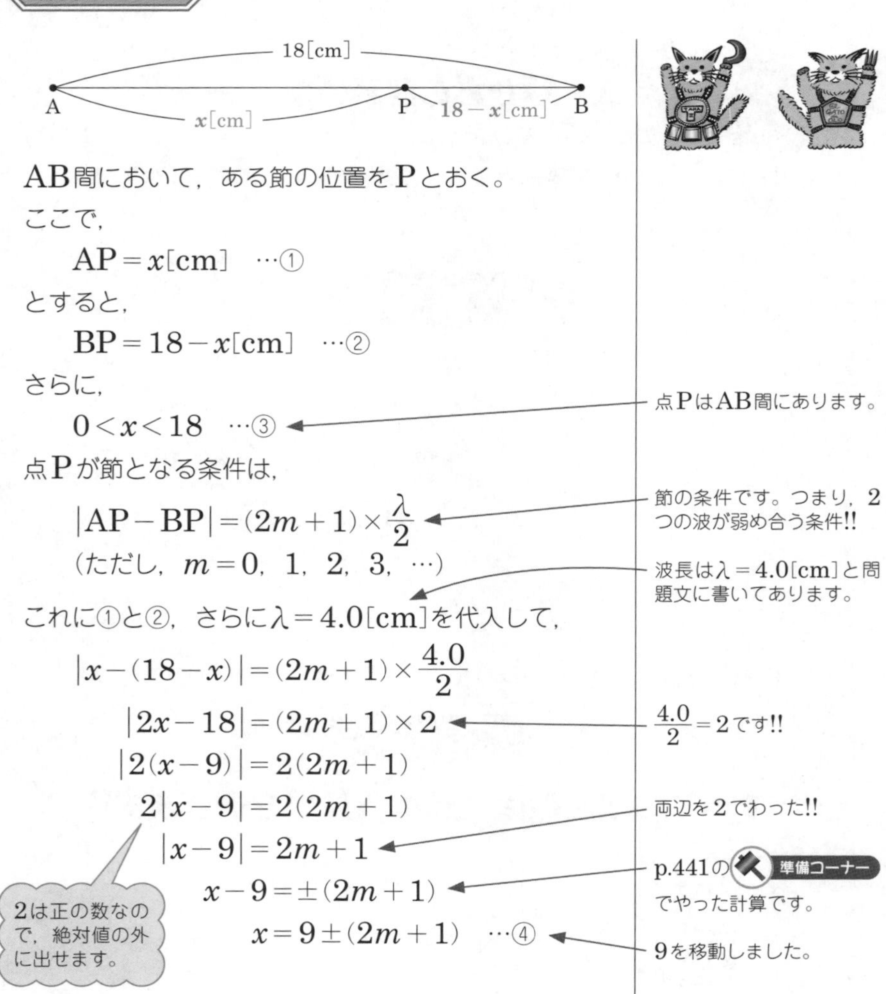

AB間において，ある節の位置をPとおく。

ここで，

$$AP = x[\mathrm{cm}] \quad \cdots①$$

とすると，

$$BP = 18 - x[\mathrm{cm}] \quad \cdots②$$

さらに，

$$0 < x < 18 \quad \cdots③$$

点Pが節となる条件は，

$$|AP - BP| = (2m+1) \times \frac{\lambda}{2}$$

（ただし，$m = 0,\ 1,\ 2,\ 3,\ \cdots$）

これに①と②，さらに$\lambda = 4.0[\mathrm{cm}]$を代入して，

$$|x - (18 - x)| = (2m+1) \times \frac{4.0}{2}$$

$$|2x - 18| = (2m+1) \times 2$$

$$|2(x-9)| = 2(2m+1)$$

$$2|x-9| = 2(2m+1)$$

$$|x-9| = 2m+1$$

$$x - 9 = \pm(2m+1)$$

$$x = 9 \pm (2m+1) \quad \cdots④$$

点PはAB間にあります。

節の条件です。つまり，2つの波が弱め合う条件!!

波長は$\lambda = 4.0[\mathrm{cm}]$と問題文に書いてあります。

$\frac{4.0}{2} = 2$です!!

両辺を2でわった!!

p.441の準備コーナーでやった計算です。

9を移動しました。

で，

$m=0$のとき，$x=9\pm(2\times0+1)$
$=9\pm1$
$=8,\ 10$

$m=1$のとき，$x=9\pm(2\times1+1)$
$=9\pm3$
$=6,\ 12$

$m=2$のとき，$x=9\pm(2\times2+1)$
$=9\pm5$
$=4,\ 14$

$m=3$のとき，$x=9\pm(2\times3+1)$
$=9\pm7$
$=2,\ 16$

$m=4$のとき，$x=9\pm(2\times4+1)$
$=9\pm9$
$=0,\ 18$

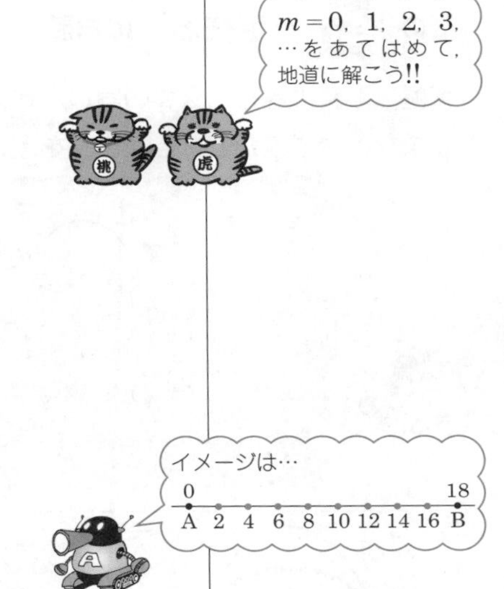

$x=0$のときは，点Pが点Aに一致して，$x=18$のときは，点Pが点Bに一致する。

$m=4$のときは点Aまたは点Bと一致するので不適。

さらに，$m=5,\ 6,\ 7,$ …としても，③の$0<x<18$をみたすxは求まらない。

AB間の外側の節が求まってしまいます。

以上より，解を整理すると，

$$x=2,\ 4,\ 6,\ 8,\ 10,\ 12,\ 14,\ 16$$

8個です!!

よって，

(1)　AB間の節の数は，

8個　…(答)

(2)　節線の本数はAB間の節の数に一致するから，節線の本数は，

8本　…(答)

その5 “定在波”のお話

振幅，波長の等しい2つの同じ形状の波がすれ違い重なるとき，左右どちらにも進まない合成波ができる。これを**定在波**(**定常波**)と呼びます。

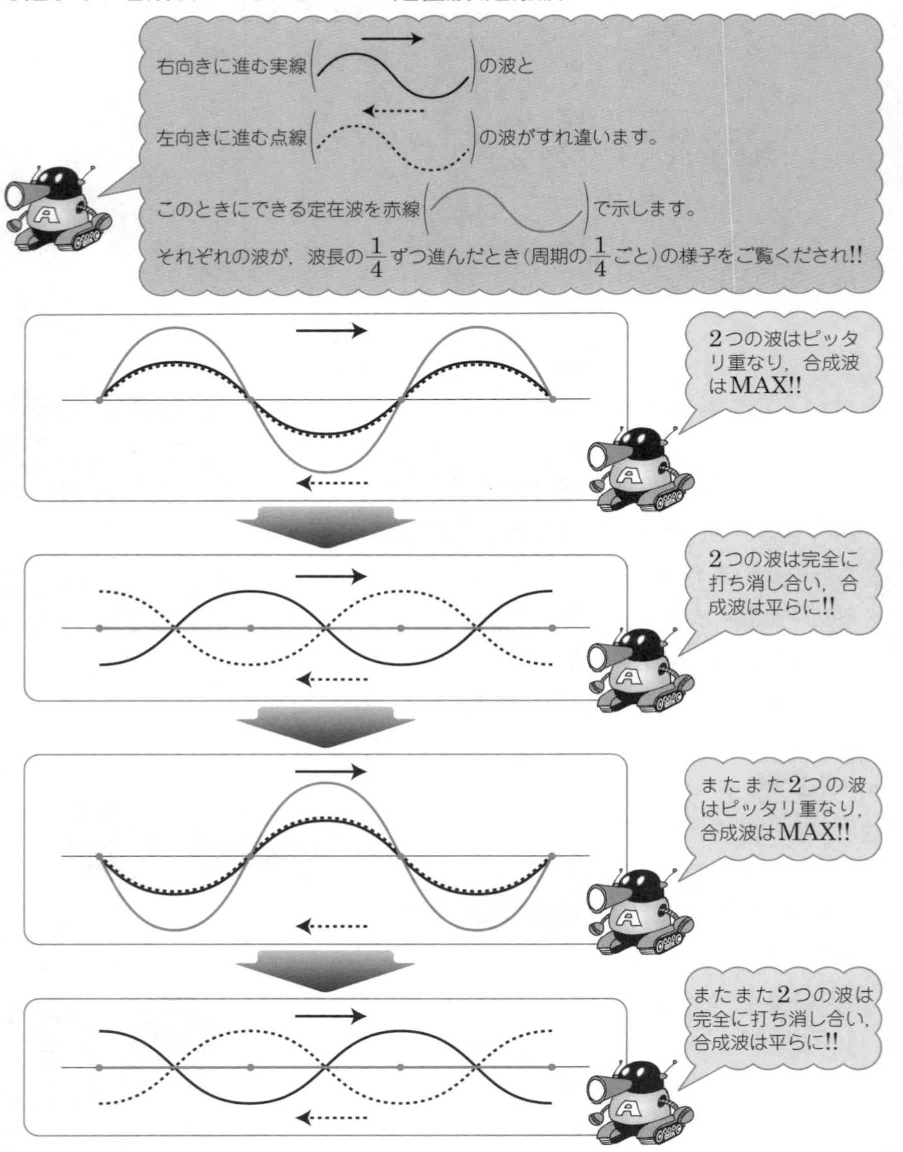

で!!　定在波にだけ注目してみよう!!

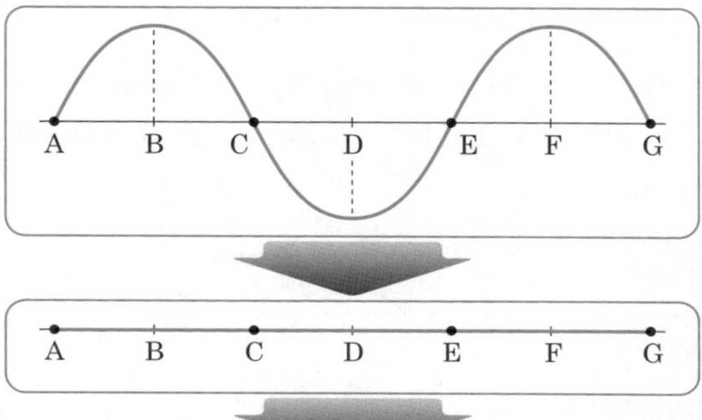

たしかに，左右どちらにも進まない合成波である**定在波**ができました!!
このとき!!
A，C，E，Gに注目してください!!
まったく振動していませんね!!
そう，つまり，**節**になってます。
さらに…
B，D，Fに注目してください!!
激しく振動していることがわかりますね!!　このような位置を**腹**と呼びます。

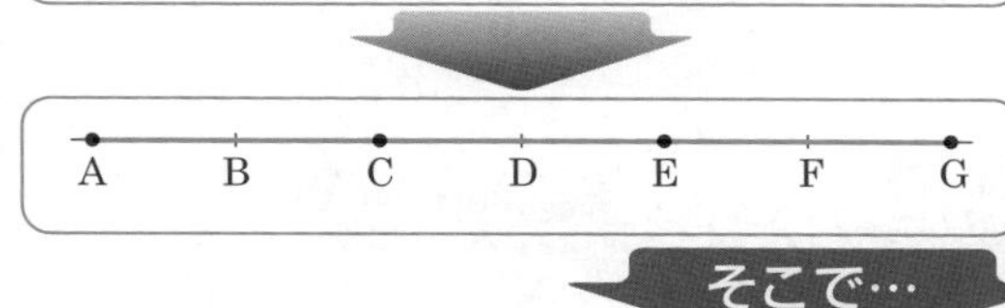

覚えておこう!!

波長と振幅が等しい2つの波が反対向きに進み干渉すると，**定在波**と呼ばれる左右どちらにも進まない合成波ができる。この定在波には，**節と腹**が交互に現れ，節どうし，腹どうしの間隔は**波長の$\frac{1}{2}$**(半波長)である。

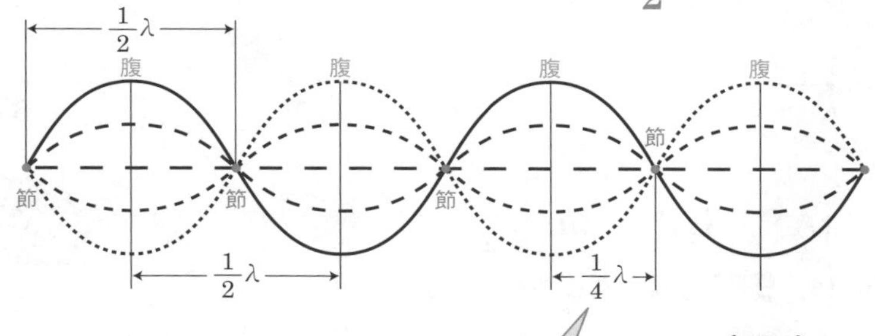

注　あたりまえの話だが，節と腹の間隔は$\frac{1}{4}\lambda$です!!

問題129　標準

下図のように，波長4.0[cm]で振幅と位相がそろった波が波源Aからは右向き，波源Bからは左向きに連続して送り出されている。AB間の距離が18[cm]のとき，次の各問いに答えよ。

(1)　AB間に生じる合成波の名称を答えよ。
(2)　AB間において，腹は何か所できるか。ただし，AとBは含まないものとする。
(3)　AB間において，節は何か所できるか。ただし，AとBは含まないものとする。

ナイスな導入

(1)

(2)　**腹**(はら)　━━☞　2つの波が**強め合う**ところ!!

結局あれの登場ですよ!!

腹の位置をPとおくと…

$$|\mathbf{AP}-\mathbf{BP}| = 2m \times \frac{\lambda}{2}$$

"強め合う条件"です!!

あとは，問題128と同じやり方で解決です。

(3) なんですが…

節 ☞ 2つの波が**弱め合う**ところ!!

そこで!! 節の位置をQとおくと…

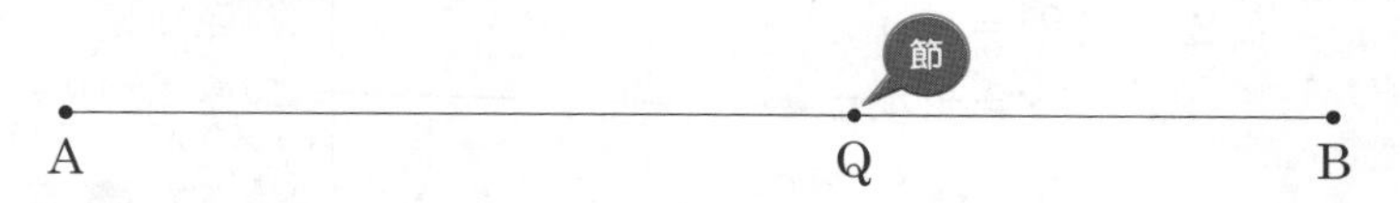

$$|\mathbf{AQ}-\mathbf{BQ}|=(\mathbf{2}m+\mathbf{1})\times\frac{\lambda}{\mathbf{2}}$$

"弱め合う条件"です!!

を活用すればよいのですが…

腹と腹の間に必ず節があるので

(2)の結果を利用したほうが速いし，ラクチンですよ♥

波動

解答でござる

(1) 定在波(定常波) …(答) ← 名前くらいは覚えようぜ!!

(2) 腹の位置のひとつを点Pとおき，AP$=x$[cm]とすると，

BP$=18-x$[cm]

(ただし，$0<x<18$)

点PはAB間にあり，AとBは含まないと書いてあるので，P$=$A，つまり$x=0$と，P$=$B，つまり$x=18$となる場合は除く!! よって… $0<x<18$

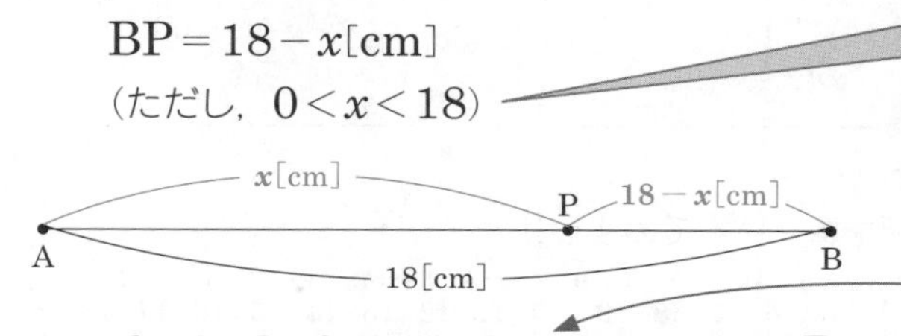

問題文に波長は4.0[cm]と書いてあります。

$m=0,\ 1,\ 2,\ 3,\ \cdots,\ \lambda=4.0$として，点Pが腹となるための条件は，

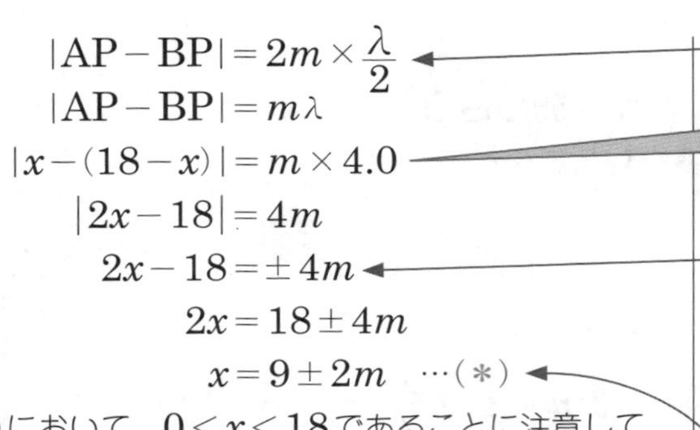

$$|AP-BP| = 2m\times\frac{\lambda}{2}$$

$$|AP-BP| = m\lambda$$

$$|x-(18-x)| = m\times 4.0$$

$$|2x-18| = 4m$$

$$2x-18 = \pm 4m$$

$$2x = 18\pm 4m$$

$$x = 9\pm 2m \quad \cdots(*)$$

(＊)において，$0<x<18$であることに注意して，

$m=0$のとき，$x=9\pm2\times0=9$

$m=1$のとき，$x=9\pm2\times1=9\pm2=7,\ 11$

$m=2$のとき，$x=9\pm2\times2=9\pm4=5,\ 13$

$m=3$のとき，$x=9\pm2\times3=9\pm6=3,\ 15$

$m=4$のとき，$x=9\pm2\times4=9\pm8=1,\ 17$

以上を整理して，

$$x=\underbrace{1,\ 3,\ 5,\ 7,\ 9,\ 11,\ 13,\ 15,\ 17}_{9個}$$

よって，AB間における腹の数は

9か所 …(答)

強め合う条件です!!

$AP=x$
$BP=18-x$
$\lambda=4.0$
を代入

この解法は大丈夫??
ダメな人はp.441の

を復習せよ!!

両辺を2でわった!!

$m=5$のとき
$x=9\pm2\times5$
$=9\pm10$
$=-1,\ 19$
となり
$0<x<18$
をみたさない。
$m=6,\ 7,\ 8,\ \cdots$
としても同じ結果!!

上の計算結果を小さい順に並べ直しただけです。

先程求めた9か所を書き込んでみよう!!

	$x=1$		$x=3$		$x=5$		$x=7$		$x=9$		$x=11$		$x=13$		$x=15$		$x=17$	
0	1	2	3	4	5	6	7	8	9	10	11	12	13	14	15	16	17	18
A	腹	2.0	腹	2.0	腹	2.0	腹	2.0	腹	2.0	腹	2.0	腹	2.0	腹	2.0	腹	B

腹と腹の間隔は，波長の半分の$\frac{\lambda}{2}=\frac{4.0}{2}=2.0$[cm]になってます。

(3)　(2)より…

節の位置は，$0 < x < 18$に注意して，

$$x = \underbrace{2,\ 4,\ 6,\ 8,\ 10,\ 12,\ 14,\ 16}_{8個}$$

以上

8か所　…(答)

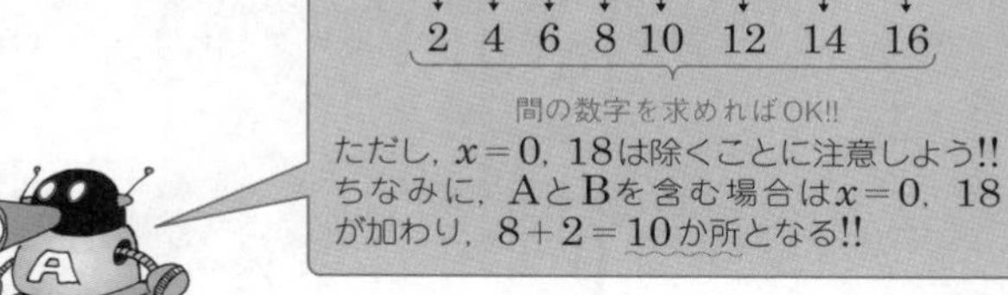

いちいち書き出さなくても，(2)の解答が**9**か所だったわけで，それらの間に節があるから，小学校で教わった植木算により…

9 − 1 = 8か所

ですな…

"波の回折" のお話

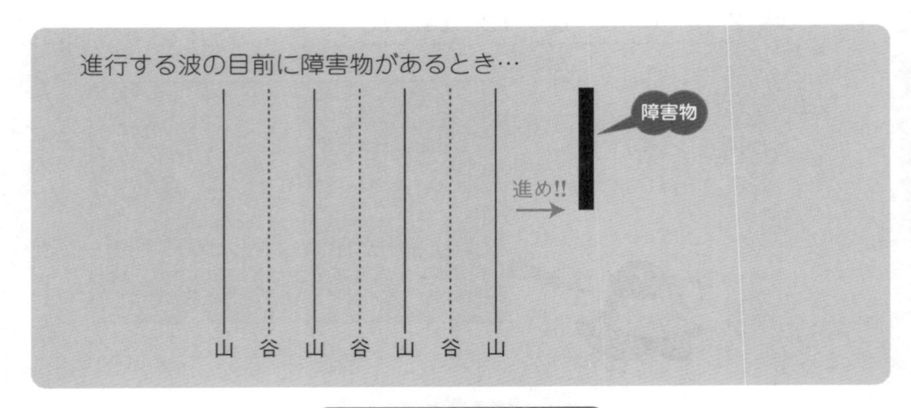

さぁ!!　どうなる!!

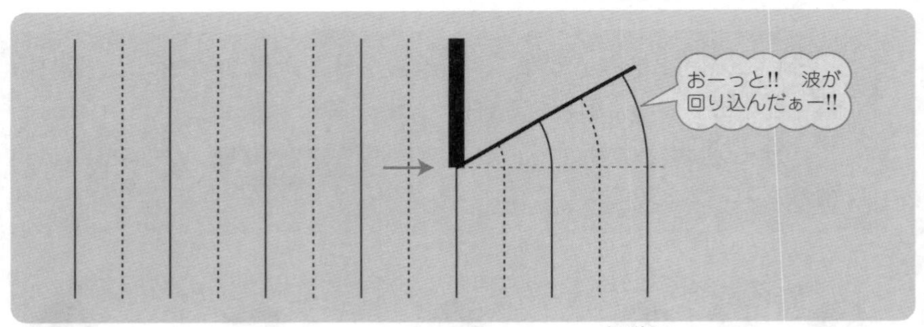

このように，波が障害物の裏側にも回り込む現象を**回折**（かいせつ）と呼びます。

われわれは日々，障害物に囲まれております。そんな中で，ケータイの電波やテレビの電波を受信することができるのは，この**回折**のおかげなのです。

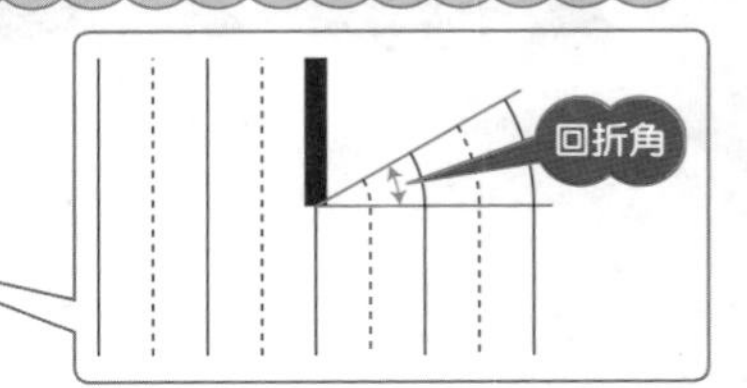

ここで，波の進行方向に対して，波がどれだけ回り込めたか??　を表す角度を**回折角**と申します。

ちなみに…回折角は**波長λが大きいほど大きくなる**ことが知られています。

大きい波はパワーがあるから，力まかせに回り込むわけか…

スリットの場合の波のイメージは，次のようになります。

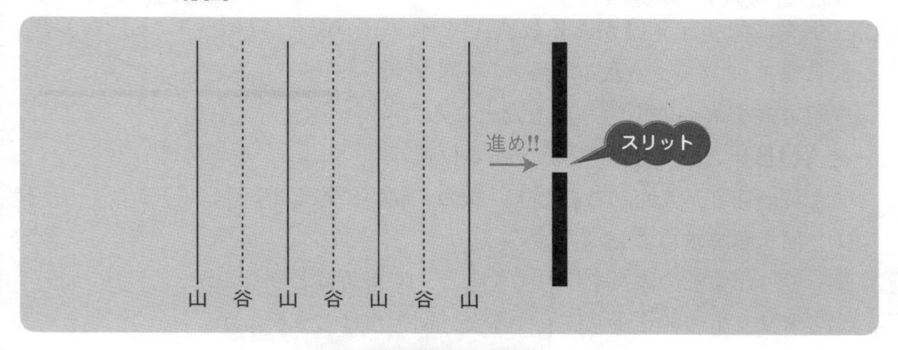

さぁ!! どうなる!!

ちなみに…回折角は**スリットの幅が狭いほど大きくなる**ことが知られています。

スリットの幅が狭ければ狭いほど，波のパワーを1点に集中できるわけだね…

問題130 キソ

中央にスリットOがある板AA′を水面に垂直に立て，AA′に対して垂直な進行方向をもつ波を送り出したところ，∠AOB＝∠A′OB′＝26°となる位置まで波が回り込んだ。このとき，次の各問いに答えよ。

(1) 回折角を求めよ。

(2) 送り出す波の波長を小さくすると，回折角はどうなるか。

(3) スリットの幅を少し広くすると，回折角はどうなるか。

ナイスな導入

(1)

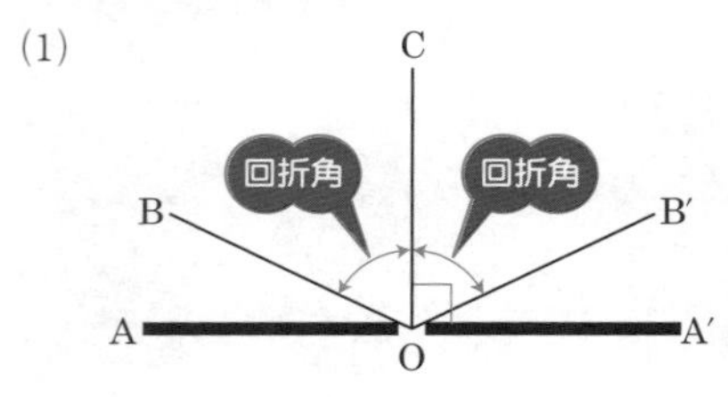

OC⊥AA′として，回折角は，∠BOC（＝∠B′OC）です。p.452参照!!

(2) 波長を大きくすると回折角も大きくなり，波長を小さくすると回折角も小さくなる!! これもp.452でやりましたよ!!

(3) スリットの幅を狭くすると回折角は大きくなり，スリットの幅を広くすると，回折角は小さくなる!! これも前ページでやりましたよ!!

解答でござる

(1) 90°－26°＝64° …(答)

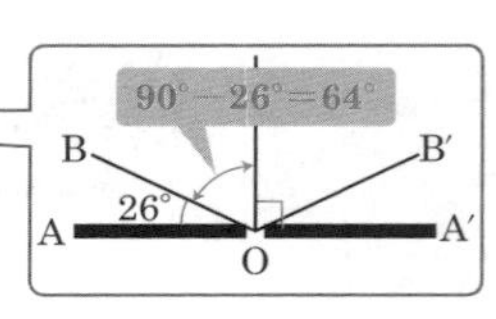

(2) 小さくなる …(答)

(3) 小さくなる …(答)

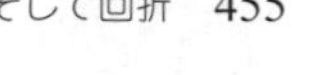

“ホイヘンス の原理”

まず，“素元波（そげんは）”という用語を押さえておいてください。ある1つの点を波源とする波を素元波と呼びます。

で!!　オランダ人のホイヘンスってヤツが，次のようなことを語り出したわけだ…

ホイヘンスの原理

前進する波面の各点から出る無数の素元波が重なり合い，次の瞬間の波面をつくる!!

ちょっとわかりづらいので，イメージしてみよう!!

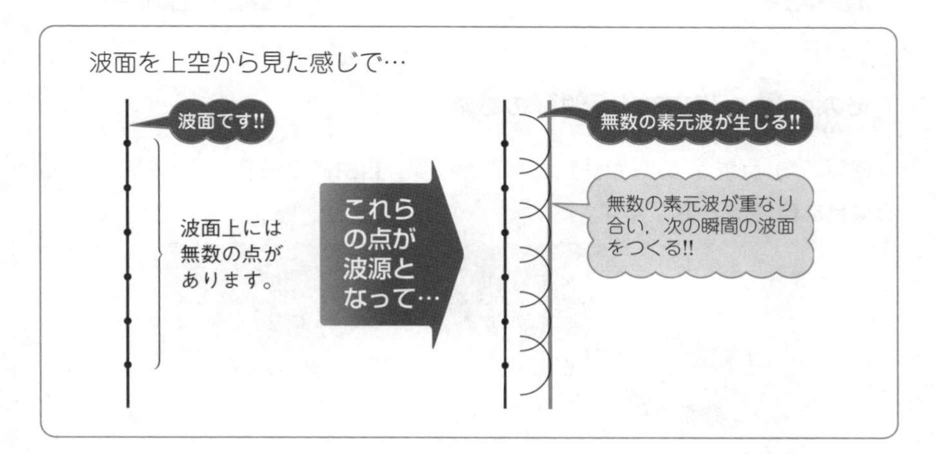

まぁ，なんとなくでいいから，“ホイヘンスの原理”という名前とあらすじを覚えておいてください。

Theme 40 自由端反射と固定端反射

パルス波について…

実験によく登場する波で，山または谷が1つしかない単独の波を“パルス波”と呼びます。

その1 “自由端反射”のお話

媒質の端（反射する点）が固定されておらず，自由に振動できる状態になっている場合を**自由端**と呼びます。

では，本題です!!

自由端反射とはどのような反射なのか??　パルス波を用いて解説します。

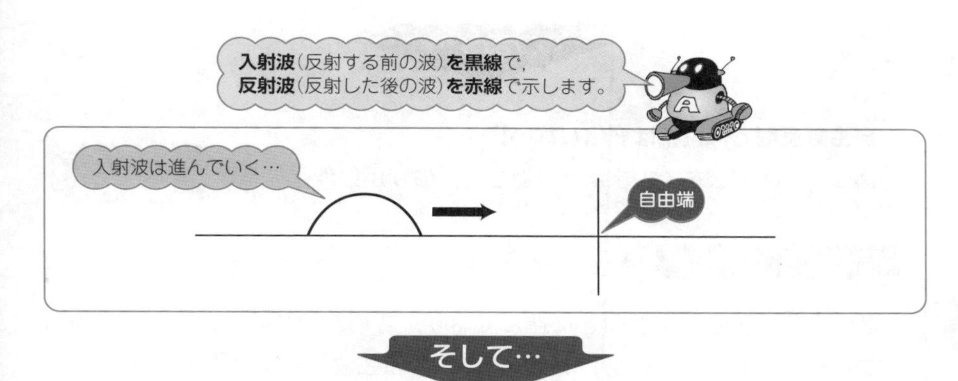

そして…

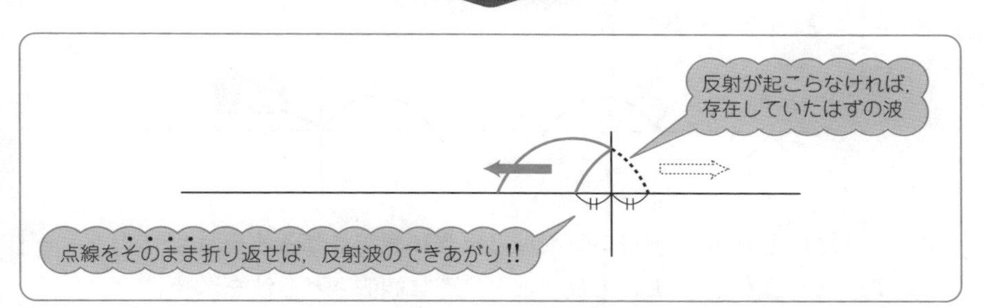

そしてそして…

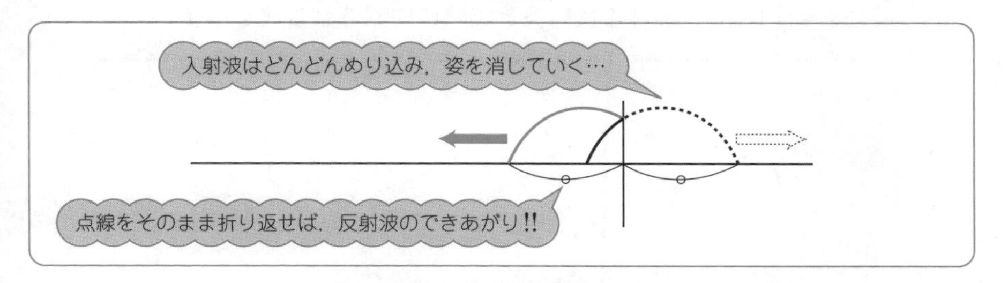

最終的に…

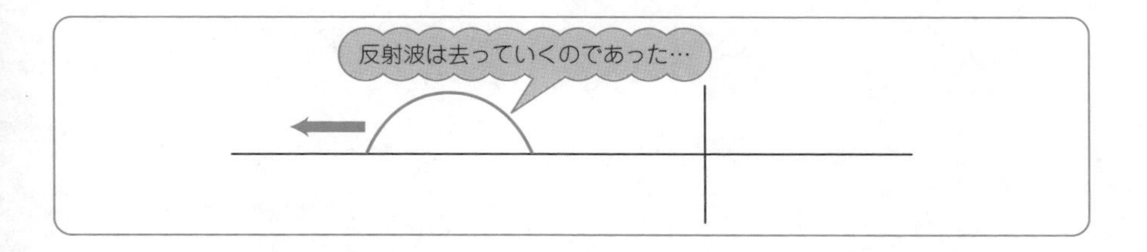

自由端反射では位相は変化しない!!

よって，入射波をそのまま折り返したものが反射波となる。

問題131 標準

2波長分の正弦波が右向きに進んでおり，時刻$t=0$[s]において，下図のように一端が自由端に差しかかった。この正弦波の周期が$T=4.0$[s]であったとき，次の各問いに答えよ。

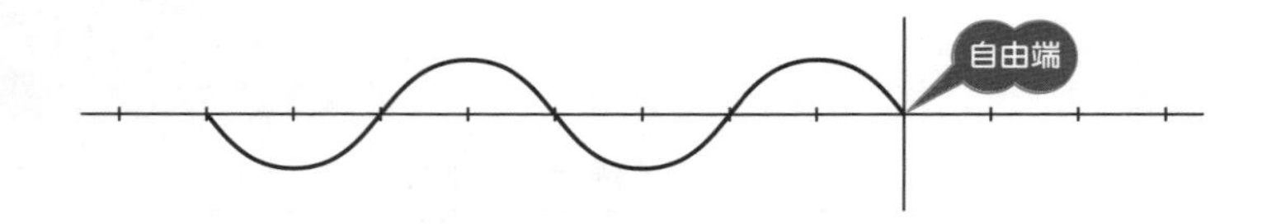

(1)　時刻$t=1.0$[s]における反射波と実際に観測される波を示せ。

(2)　時刻$t=2.0$[s]における反射波と実際に観測される波を示せ。

(3)　時刻$t=3.0$[s]における反射波と実際に観測される波を示せ。

(4)　時刻$t=4.0$[s]における反射波と実際に観測される波を示せ。

(5)　時刻$t=5.0$[s]における反射波と実際に観測される波を示せ。

ナイスな導入

周期 $T = 4.0$[s]より，4.0[s]で波は1波長分進みます。

つまり…

1.0[s]ごとに波は，$\frac{1}{4}$波長ずつ進む!!

あと!!　注意してほしいのは波の進み方です。いまさら大丈夫だと思いますが，そのまま右向きにずらしていけばいいんですよ!!

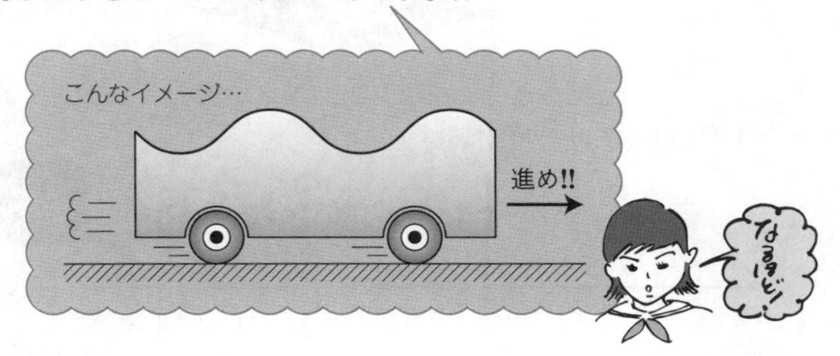

で!!　"**実際に観測される波**"の意味ですが，実際は入射波と反射波の両者が存在するので，それらが重なり合って合成波となったものが観測されます。その合成波をかけばOK✌

では，実際にやってみましょう。

(1)　周期 $T=4.0[\mathrm{s}]$ より，時刻 $t=1.0[\mathrm{s}]$ では，時刻 $t=0[\mathrm{s}]$ に比べて波長の $\dfrac{1}{4}$ だけ波は進んでいる。

1周期で1波長だけ波は進む…もはや常識だぞ!!

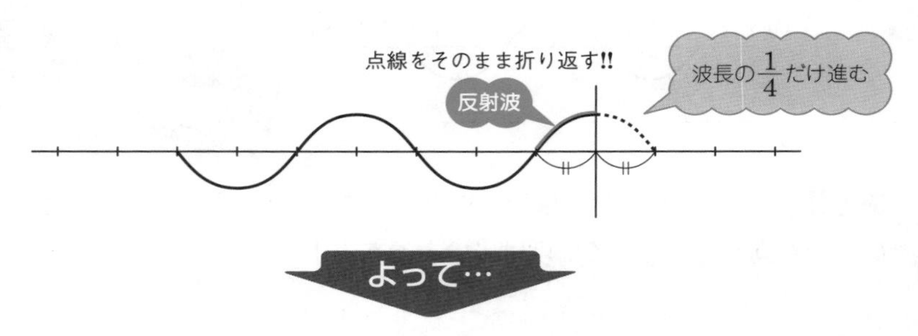

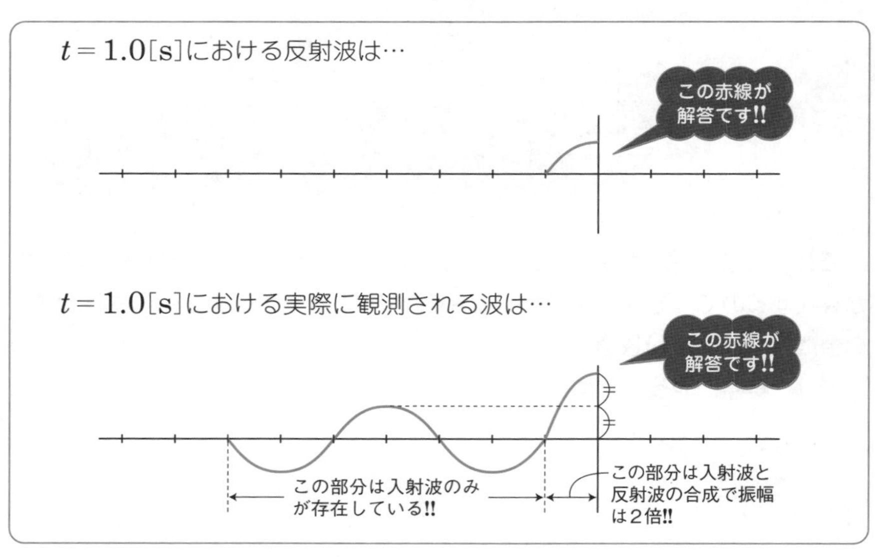

(2)　時刻$t=2.0$[s]では，(1)よりもさらに波長の$\dfrac{1}{4}$だけ波は進んでいる。

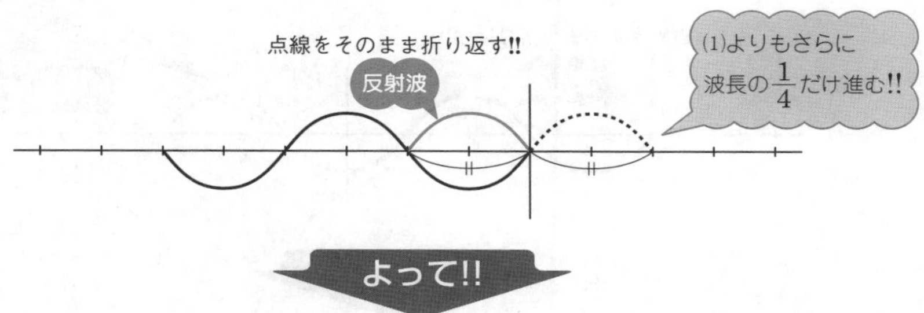

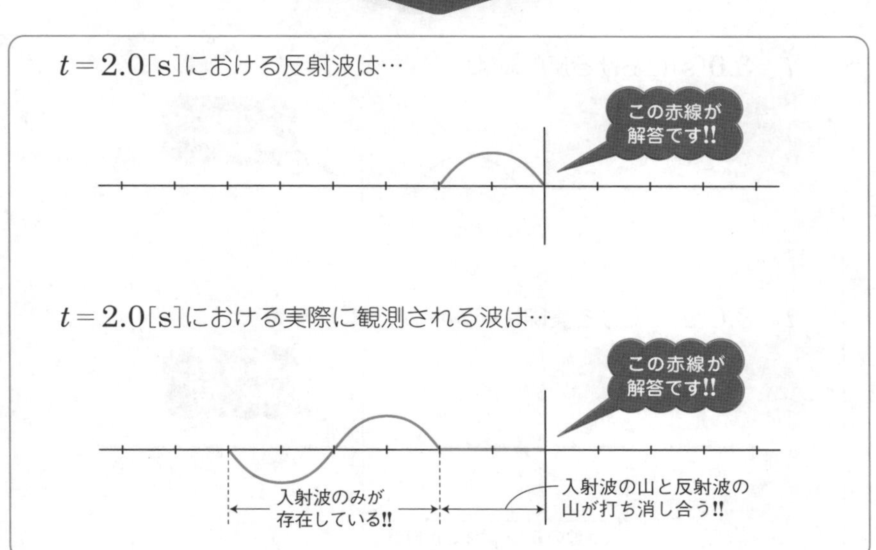

(3) 時刻 $t=3.0[\mathrm{s}]$ では，(2)よりもさらに波長の $\dfrac{1}{4}$ だけ波は進む。

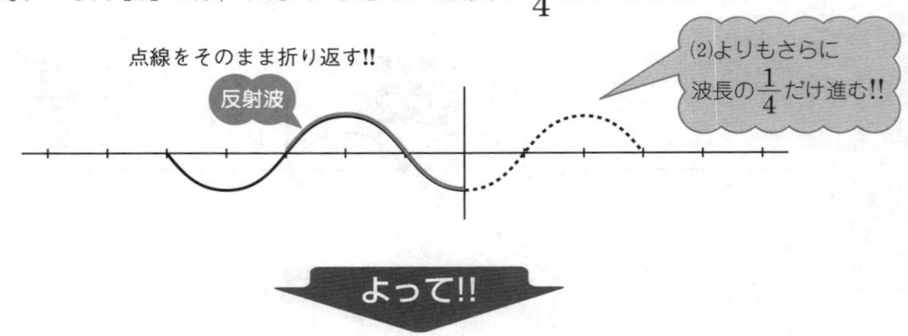

よって!!

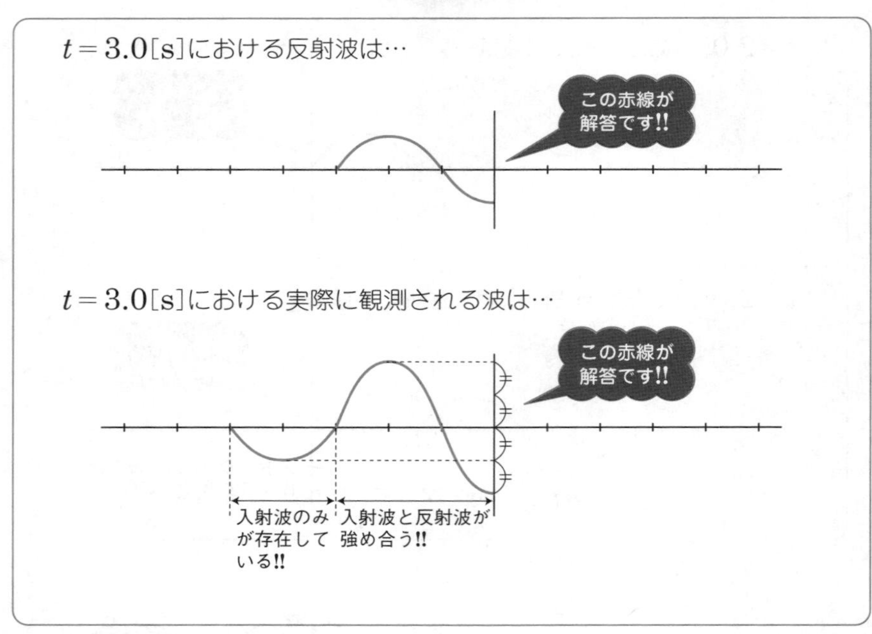

(4) 時刻$t=4.0[\mathrm{s}]$では，(3)よりもさらに波長の$\dfrac{1}{4}$だけ波は進む。

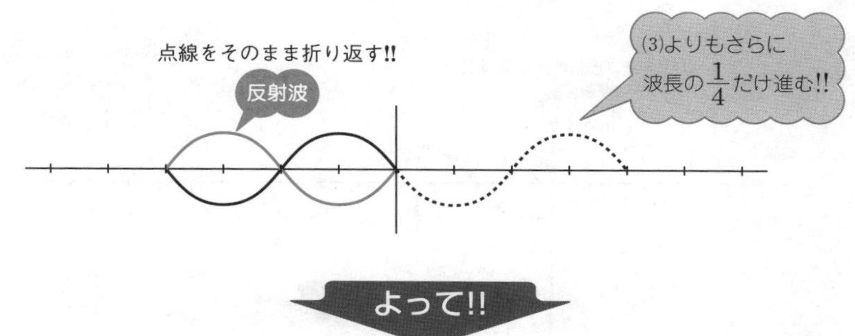

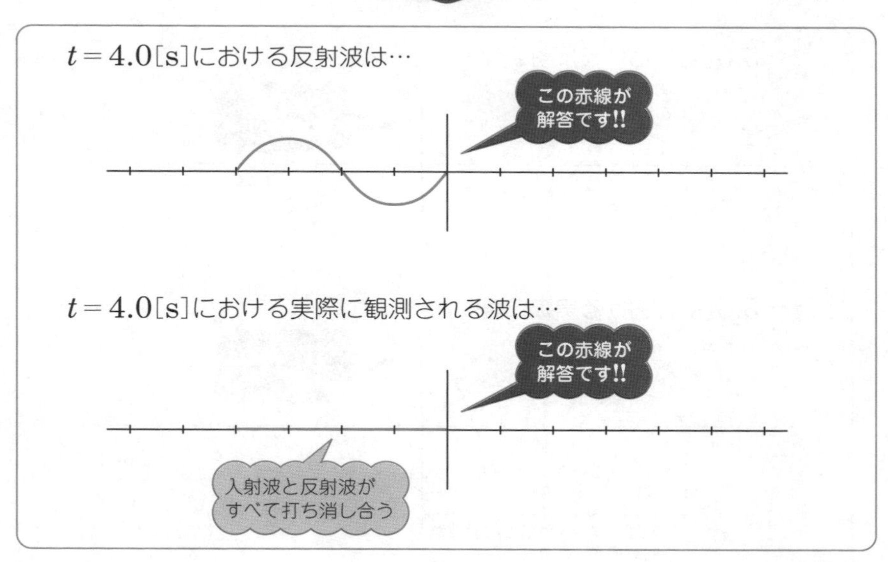

(5)　時刻$t=5.0$[s]では，(4)よりもさらに波長の$\dfrac{1}{4}$だけ波は進む。

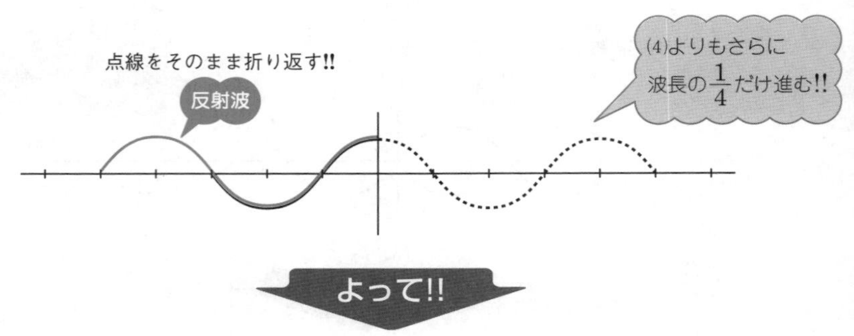

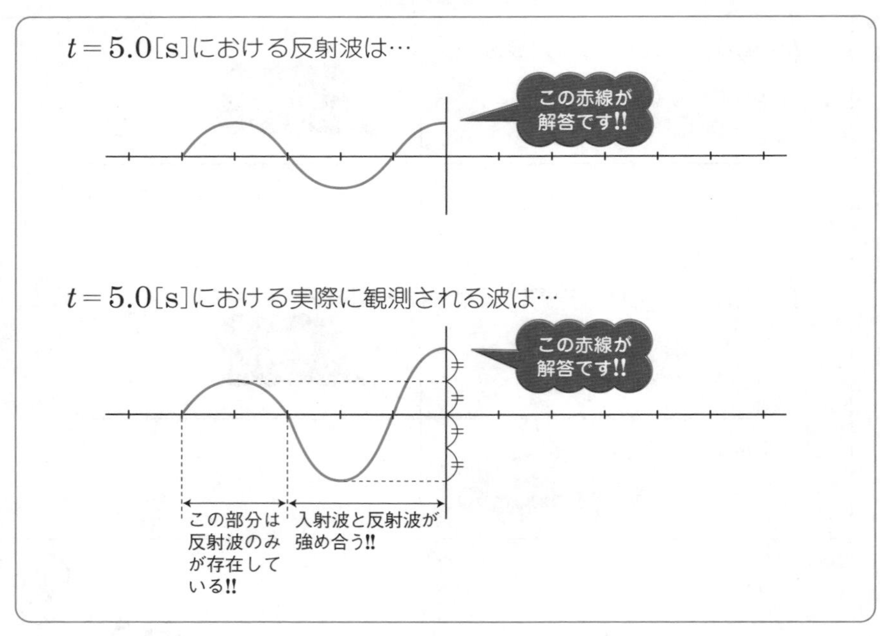

"固定端反射" のお話

媒質の端(反射する点)が固定されており，まったく振動できない状態になっている場合を**固定端**と呼びます。

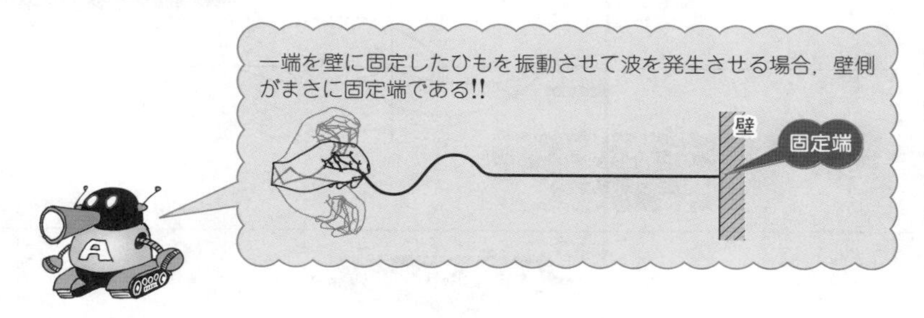

では，本題です!!

固定端反射とはどのような反射なのか??

またまたパルス波を用いて解説します。

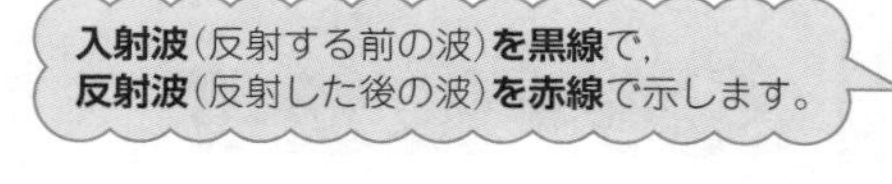

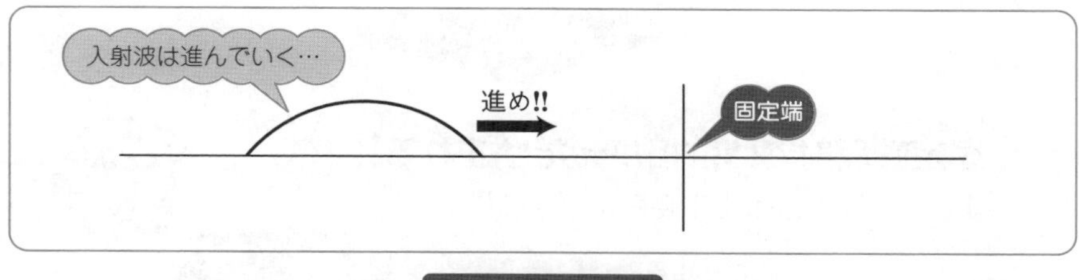

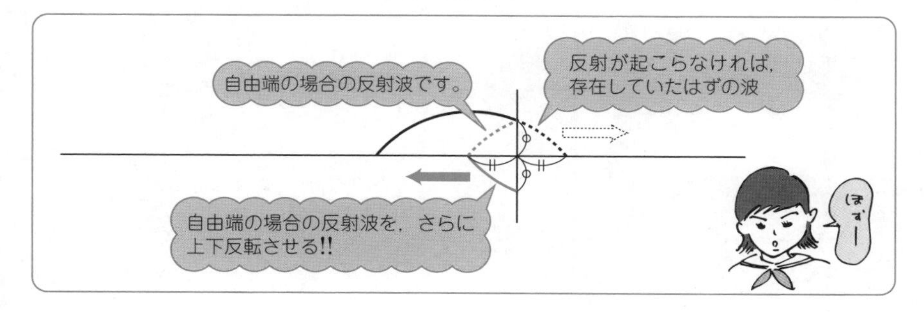

そして，そして…

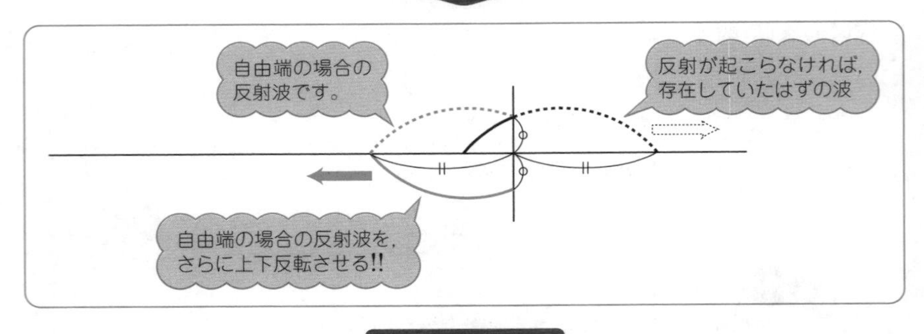

最終的に…

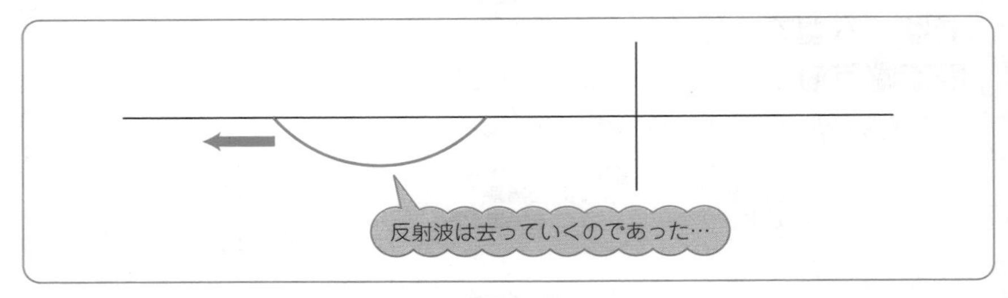

つまり…

固定端反射では位相がπだけずれる!!

よって，反射波は上下逆さまとなる!!

問題132　**標準**

2波長分の正弦波が右向きに進んでおり，時刻$t=0$[s]において，下図のように一端が固定端に差しかかった。この正弦波の周期が$T=4.0$[s]であったとき，次の各問いに答えよ。

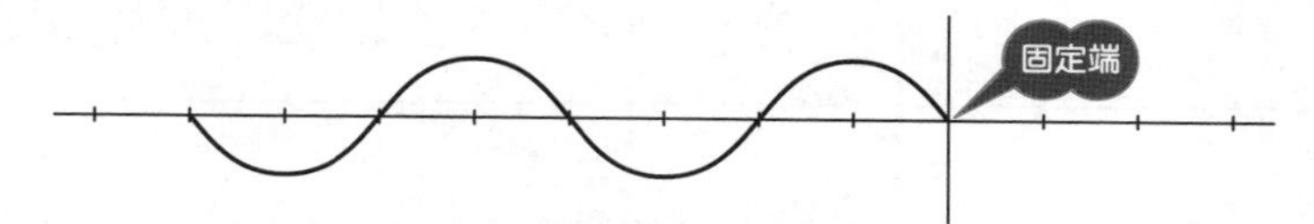

(1)　時刻$t=1.0$[s]における反射波と実際に観測される波を示せ。
(2)　時刻$t=2.0$[s]における反射波と実際に観測される波を示せ。
(3)　時刻$t=3.0$[s]における反射波と実際に観測される波を示せ。
(4)　時刻$t=4.0$[s]における反射波と実際に観測される波を示せ。
(5)　時刻$t=5.0$[s]における反射波と実際に観測される波を示せ。

ナイスな導入

本問は問題131の固定端反射バージョンです。周期$T=4.0$[s]であるから，波は1.0[s]ごとに波長の$\frac{1}{4}$ずつ進んでいます。このことを踏まえて…

(1) 時刻$t=1.0$[s]では，時刻$t=0$[s]の瞬間から波長の$\frac{1}{4}$だけ波は進む。

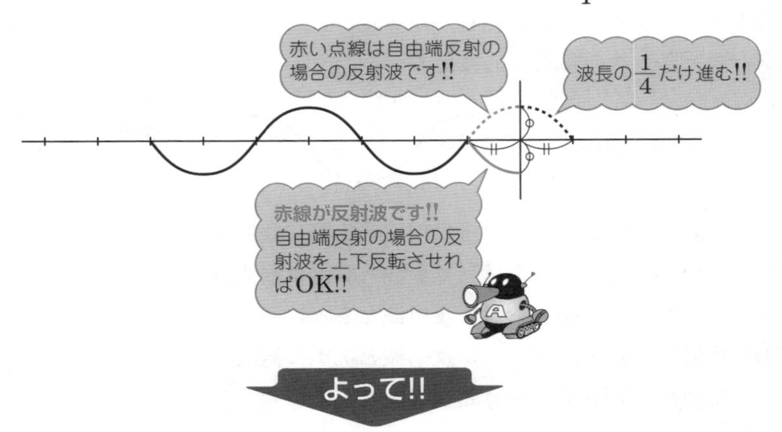

よって!!

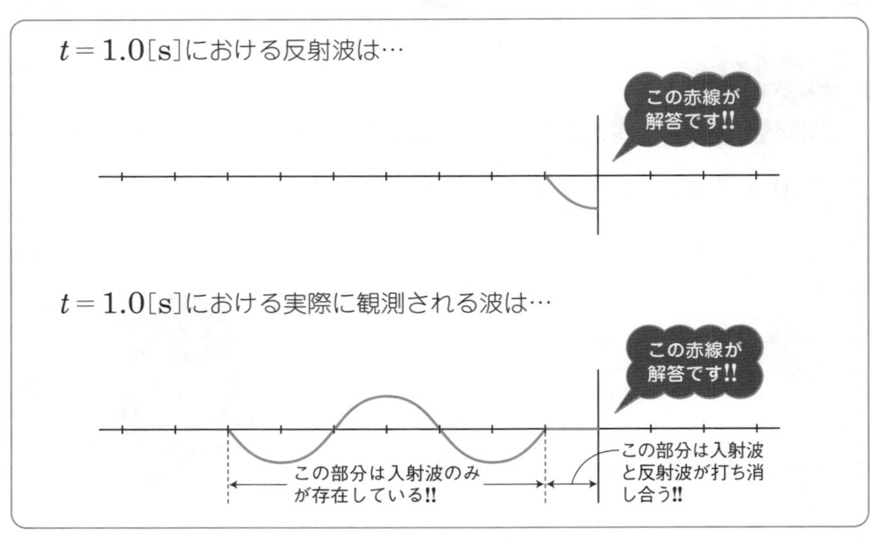

(2) 時刻$t=2.0$[s]では，(1)よりもさらに波長の$\frac{1}{4}$だけ波は進む。

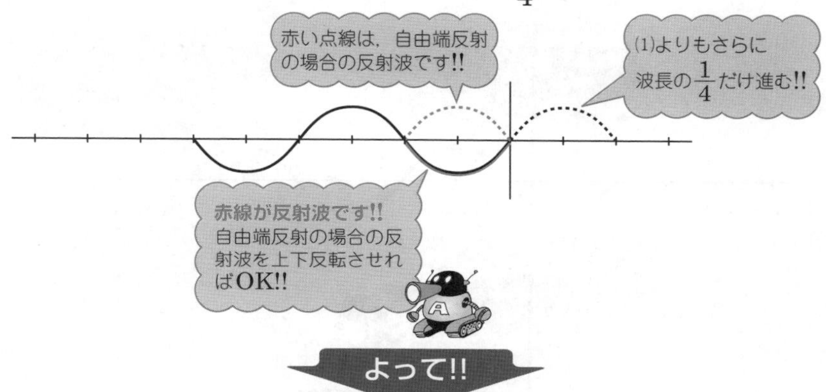

よって!!

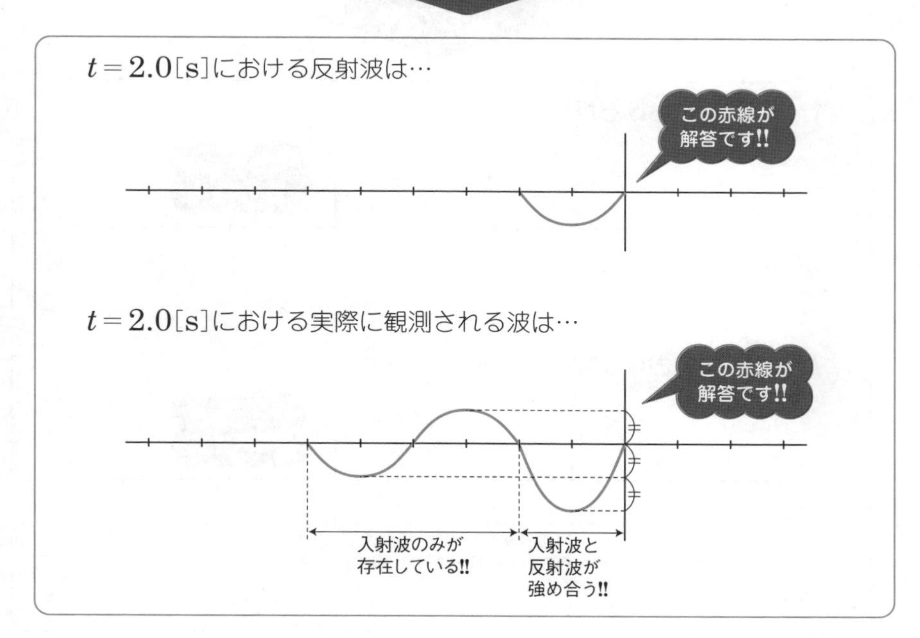

(3) 時刻 $t=3.0$[s]では，(2)よりもさらに波長の $\dfrac{1}{4}$ だけ波は進む。

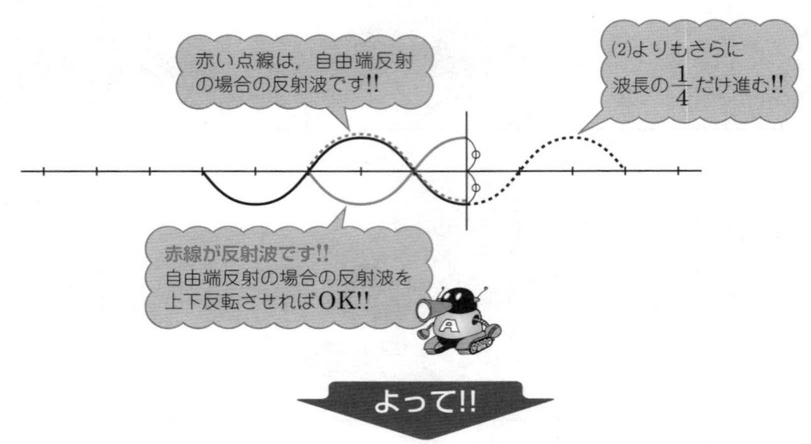

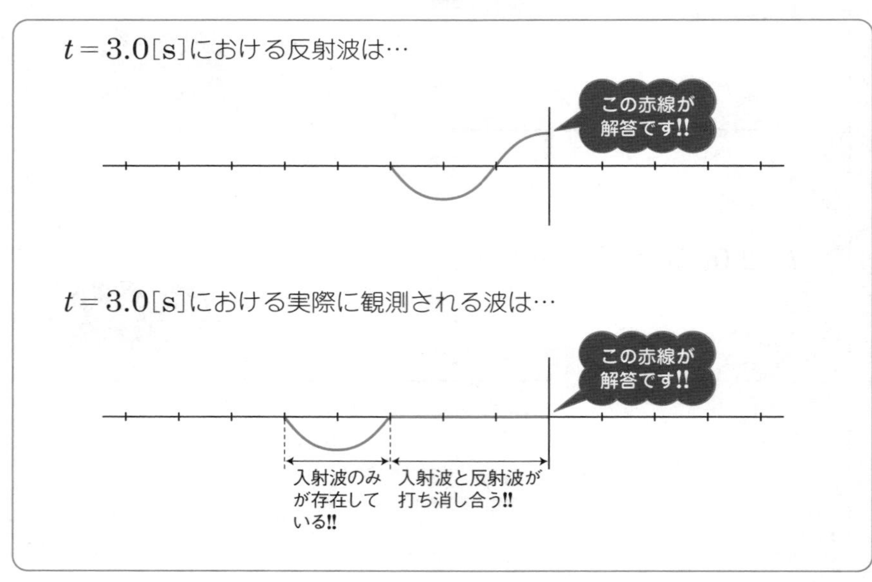

(4)　時刻 $t = 4.0[\mathrm{s}]$ では，(3)よりもさらに波長の $\dfrac{1}{4}$ だけ波は進む。

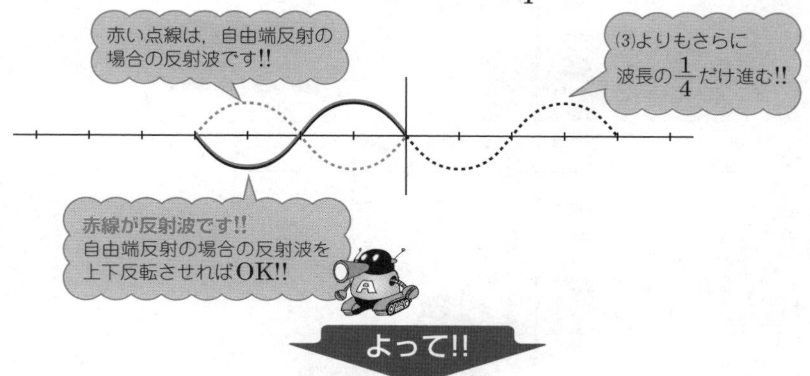

$t = 4.0[\mathrm{s}]$ における反射波は…

この赤線が解答です!!

$t = 4.0[\mathrm{s}]$ における実際に観測される波は…

この赤線が解答です!!

入射波と反射波はピッタリ重なり強め合う!!

(5) 時刻$t=5.0[\mathrm{s}]$では，(4)よりもさらに波長の$\dfrac{1}{4}$だけ波は進む。

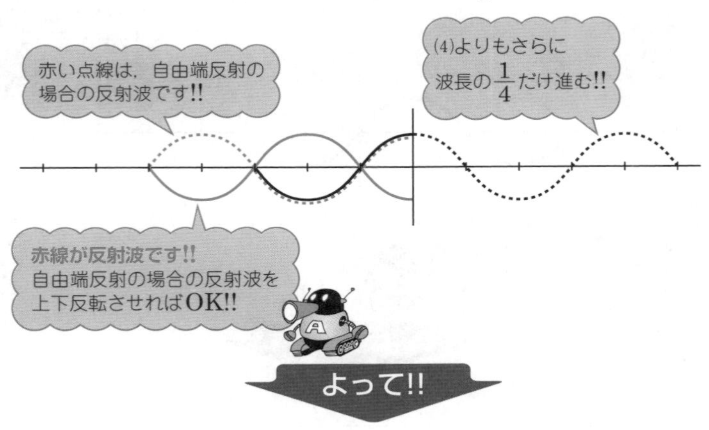

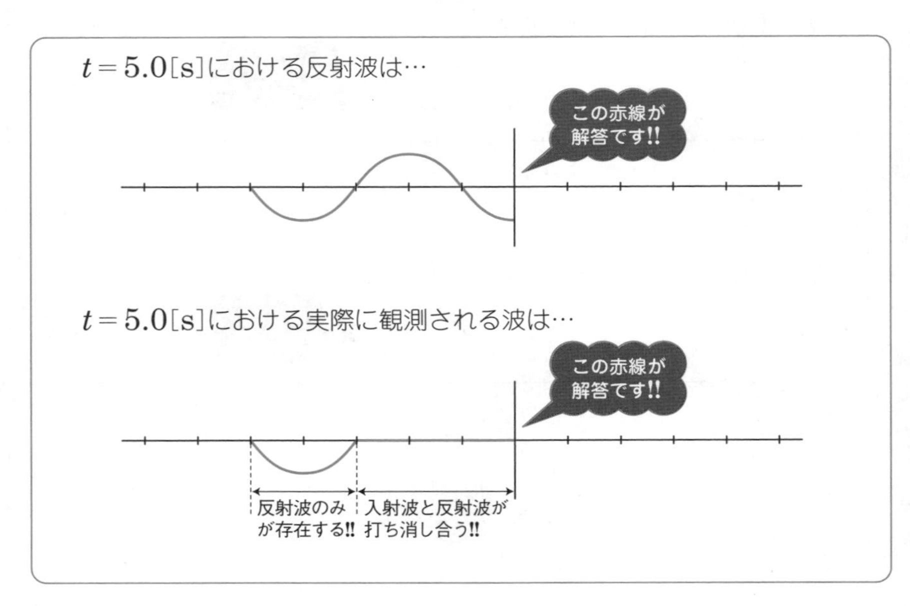

“入射波と反射波がつくる定在波” のお話

自由端反射にせよ，固定端反射にせよ，反射の前後において波長と振幅は変化しません。つまり，入射波と反射波の波長と振幅は同じです。

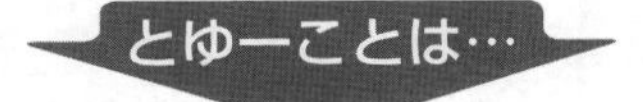

入射波が連続波(連続して送り出される波)である場合，
入射波と反射波による合成波は**定在波**(ていざいは)となる!!

同じ波長と振幅の波がすれ違い重なるとき，定在波ができる!!
詳しくは，p.446を参照せよ!!

つまり…

節と腹ができる!!

そこで…

自由端反射の場合の節と腹の位置

自由端反射では位相が変化しないので，自由端において入射波と反射波は同位相となり，2つの波は強め合う。つまり，自由端では腹となる。

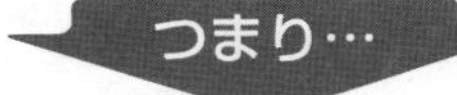

波長をλとして，イメージは次のとおり✌

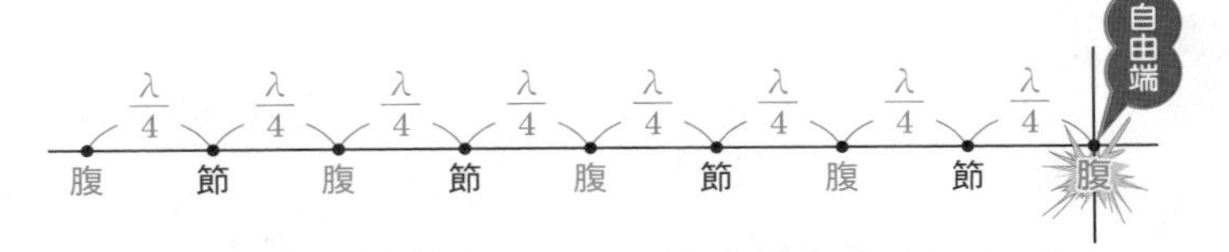

節と腹の間隔は波長の$\frac{1}{4}$です!!　詳しくは，p.447参照!!

固定端反射の場合の節と腹の位置

固定端反射では位相がπだけずれる!!

つまり固定端において，入射波と反射波の位相は常に逆なので，お互いに打ち消し合い，まったく振動しない。よって，固定端は節となる。

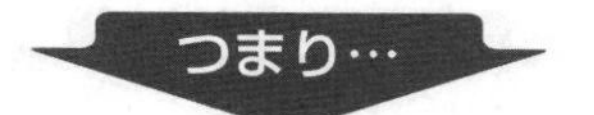

波長をλとして，イメージは次のとおり

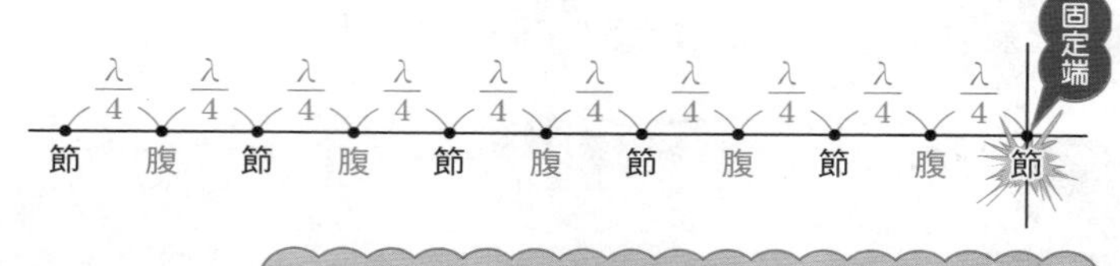

節と腹の間隔は波長の$\frac{1}{4}$です!!　詳しくは，p.447参照!!

その4 “反射波の正弦波の式を求めてみよう!!”

世間一般では難問とされていますが，コツさえつかめばラク勝ですよ!!

では，具体的な問題をとおしてコツをつかもう!!

波動

問題133 ちょいムズ

原点Oからx軸の正の方向に振幅A，速さv，振動数fの正弦波が連続して送り出されている。原点Oでの時刻tにおける媒質の変位yが，$y = A\sin 2\pi ft$で表されるとき，次の各問いに答えよ。

(1)　x軸上の座標lの位置にx軸と垂直な自由端が設置されている。このとき，反射波の座標x，時刻tにおける媒質の変位yを表す式を求めよ。ただし，$0 < x < l$とする。

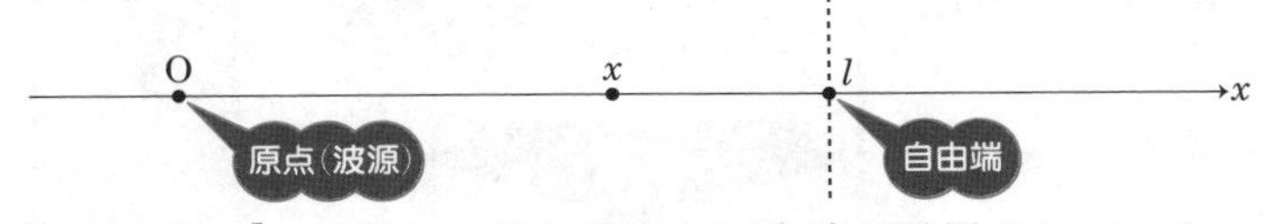

(2)　x軸上の座標lの位置にx軸と垂直な固定端が設置されている。このとき，反射波の座標x，時刻tにおける媒質の変位yを表す式を求めよ。ただし，$0 < x < l$とする。

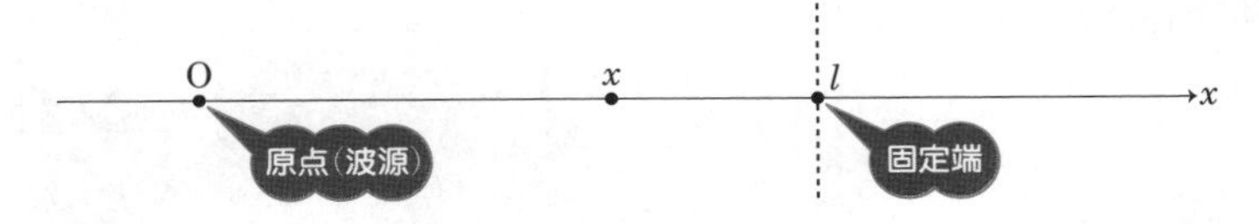

原点Oから出た波は，座標lで反射して座標xまでもどってくる。

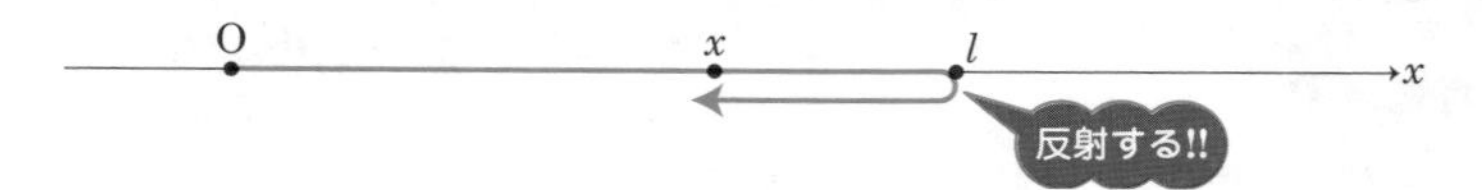

波が進んだ距離を求めてみよう!!

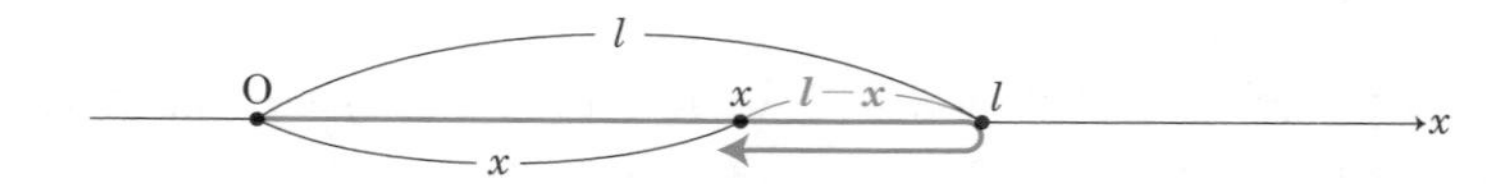

トータルで波が進んだ距離は…

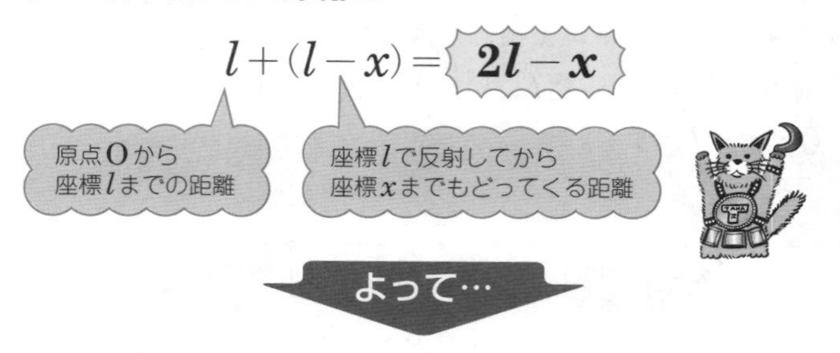

よって…

原点Oから出た波が，座標lで反射して座標xまでもどってくるのに要する時間は…

波が進む速さがvであるから…

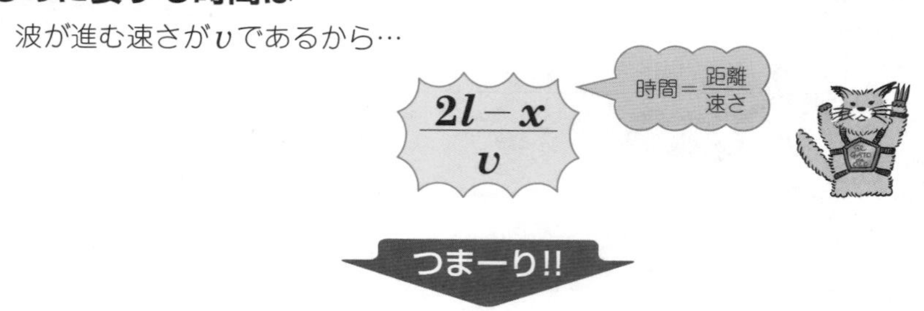

つまーり!!

座標 x における反射波は，
原点 O で生じる波よりも

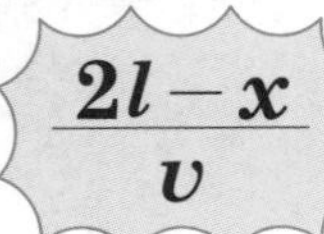

$\dfrac{2l-x}{v}$ だけ時間が遅れる!!

とゆーことは…

原点 O での媒質の変位の式

$$y = A\sin 2\pi f t$$

の時間 t を $\dfrac{2l-x}{v}$ だけ過去にもどせばよいから…

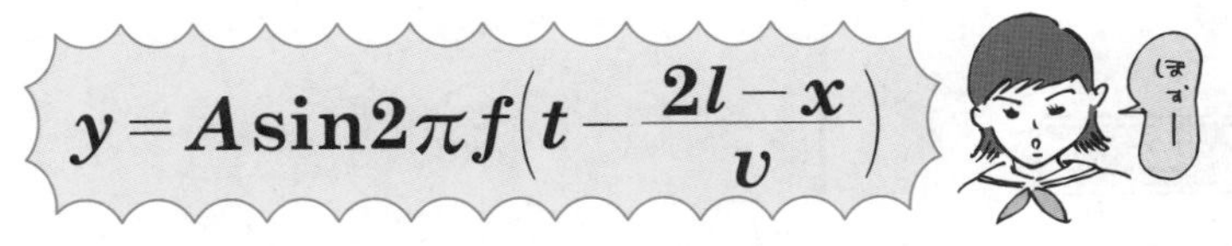

$$y = A\sin 2\pi f\left(t - \frac{2l-x}{v}\right)$$

となる。

で!!

(1)は自由端反射であるから，このままで OK✌

しかーし!!

(2)は固定端反射であるから，位相が π だけずれます。

よって，(2)は…

$$y = A\sin\left\{2\pi f\left(t - \frac{2l-x}{v}\right) + \pi\right\}$$

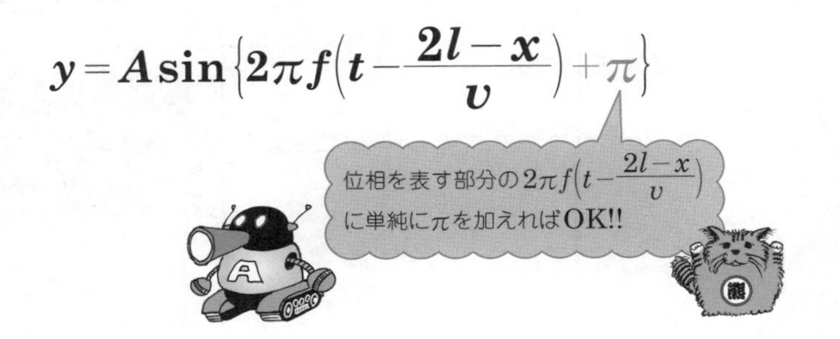

ここで思い出してほしいのは…

数学の重要公式の

$$\sin(\theta+\pi)=-\sin\theta$$

です。これを活用すれば，先ほどの式がカッコよくなります。

$$y=A\sin\left\{\boxed{2\pi f\left(t-\frac{2l-x}{v}\right)}+\pi\right\}$$

この部分が上の公式のθです!!

$$y=-A\sin\boxed{2\pi f\left(t-\frac{2l-x}{v}\right)}$$

θ

上の公式より，前にマイナスがつく!!

これが(2)の答えとなります✌

解答でござる

原点Oでの時刻tにおける媒質の変位yは，

$$y=A\sin 2\pi ft \quad \cdots①$$ ← 問題文より

と表される。

(1)　原点Oで生じた波が，座標lで反射して座標xにもどるまでの距離は，

$$l+l-x=2l-x$$

である。

よって，そこまでに要する時間は，

$$\frac{2l-x}{v} \quad \cdots②$$

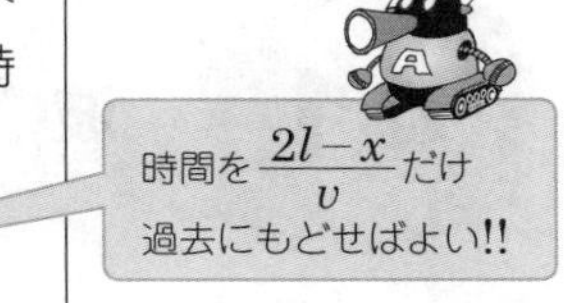

　自由端反射において位相は変化しないから，反射波の座標x，時刻tにおける媒質の変位の式は，①の時間を②だけもどせばよい。

　よって

$$\underline{y = A\sin 2\pi f\left(t - \frac{2l-x}{v}\right)} \quad \cdots(答)$$

波動

(2)　固定端反射において位相はπだけ変化する。

　よって，(1)の結果（自由端反射の場合の反射波の式）の位相をπだけずらせばよいから，

πだけずらす!!

$$y = A\sin\left\{2\pi f\left(t - \frac{2l-x}{v}\right) + \pi\right\}$$

公式を活用!!
$\sin(\theta+\pi) = -\sin\theta$

$$\therefore \quad \underline{y = -A\sin 2\pi f\left(t - \frac{2l-x}{v}\right)} \quad \cdots(答)$$

ちょっと言わせて

(2)で，位相をπだけずらすとき，$+\pi$でなく$-\pi$としてもOK!!　とにかくずらせばよいのです。

　では，やってみましょう。

πだけずらす!!

$$y = A\sin\left\{2\pi f\left(t - \frac{2l-x}{v}\right) - \pi\right\}$$

これもまた重要公式!!
$\sin(\theta-\pi) = -\sin\theta$

$$\therefore \quad \underline{y = -A\sin 2\pi f\left(t - \frac{2l-x}{v}\right)} \quad \cdots(答)$$

Theme 41 波の反射＆屈折

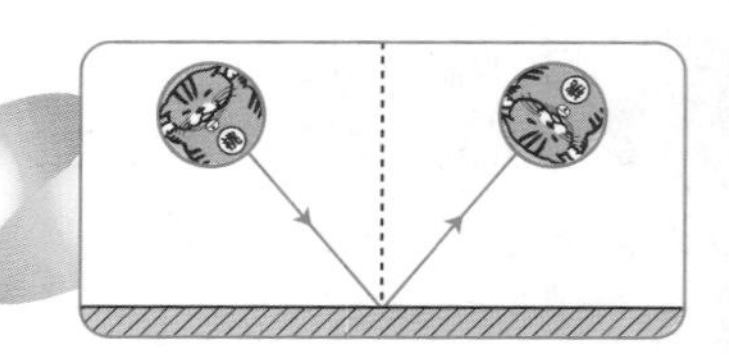

その1 “反射の法則”

Theme 40 の反射のお話とは別で，今回は波の進行方向に関するお話です。

反射面に垂直な直線(法線と呼びます)と入射波の進行方向がなす角を**入射角**，反射波の進行方向がなす角を**反射角**と呼びます。

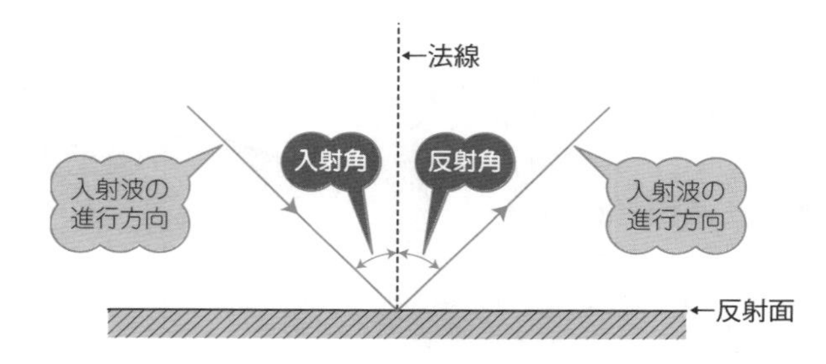

で!! 反射面が自由端であろうが，固定端であろうが，

入射角 ＝ 反射角

が必ず成立します。これを**反射の法則**と申します。

反射の法則の証明にスポットを当てた，ややめんどうくさい問題があります。次の 問題134 がそうです!! 数学・物理が苦手な人は，あとまわしにすることをおすすめします

問題134 ちょいムズ

下図で，入射波の波面 AA′ が反射面 MN に斜めに入射して，波面 BB′ の反射波になる場合，波面 AA′ の一端 A が反射面に達した段階では，他端 A′ はまだ反射面に達していない。

媒質中を伝わる波の速さを v とし，A′ を通過した波が時間 t で B に達したとする。入射角を θ，反射角を θ' として，次の各問いに答えよ。

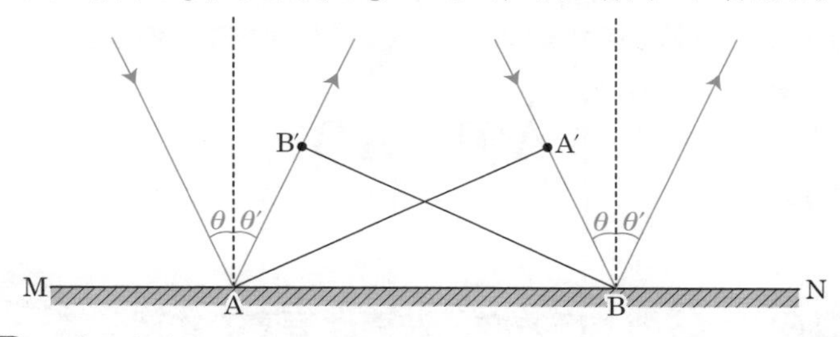

(1)　A′B の長さを求めよ。

(2)　AB′ の長さを求めよ。

(3)　∠AA′B と ∠BB′A の大きさを求めよ。

(4)　△ABA′ と △BAB′ が合同であることを証明せよ。

(5)　$\theta=\theta'$ となることを証明せよ。

ナイスな導入

入射波と反射波の速さは同じです!!

つまり…

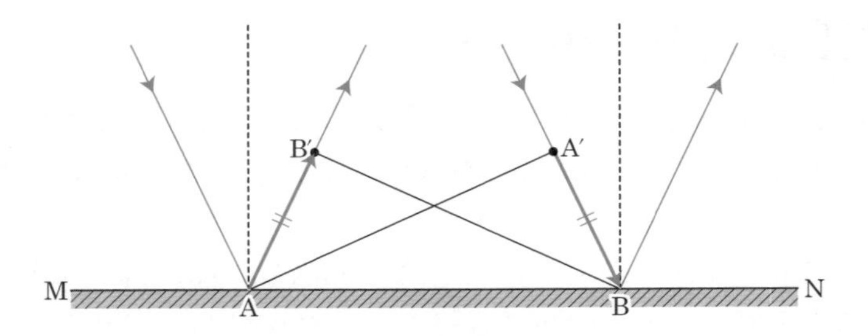

A′を通過した波がBに達する間に，Aで反射した波はB′に達します。
波の速さは変化しないから…

$$\mathbf{A'B = AB'}$$

が成立します。

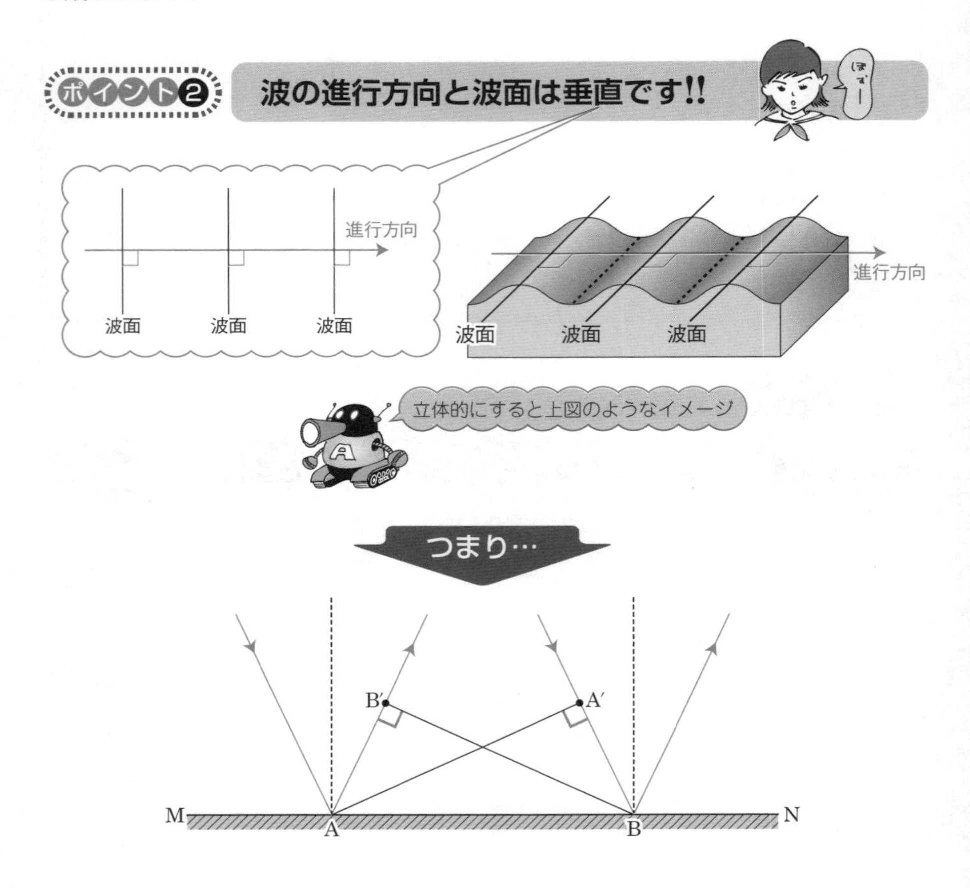

入射波において，$A'B$は波の進行方向で，AA'は波面である。
よって，$A'B \perp AA'$　つまり，$\angle \mathbf{AA'B} = \mathbf{90^\circ}$
反射波において，AB'は波の進行方向で，BB'は波面である。
よって，$AB' \perp BB'$　つまり，$\angle \mathbf{BB'A} = \mathbf{90^\circ}$

解答でござる

(1)　$A'B = \underline{vt}$　…(答)

“速さ×時間”です!!

(2)　AとA′は同一波面上にあり，BとB′も同一波面上にある。したがって，A′を通過した波がBに達する時間と，Aで反射した波がB′に達する時間は等しい。波の速さはいずれもvであるから，

$AB' = \underline{vt}$　…(答)

$AB' = A'B$です!!

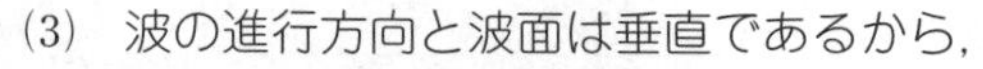

(3)　波の進行方向と波面は垂直であるから，

$\angle AA'B = \underline{90^\circ}$　…(答)
$\angle BB'A = \underline{90^\circ}$　…(答)

ナイスな導入の
ポイント❷です!!

(4)

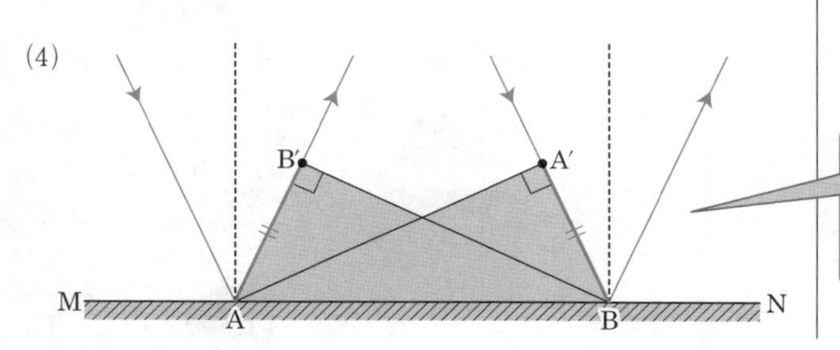

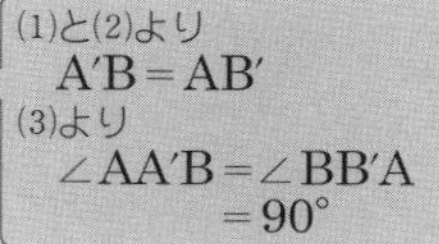

(1)と(2)より，

$$A'B = AB' \quad \cdots ①$$

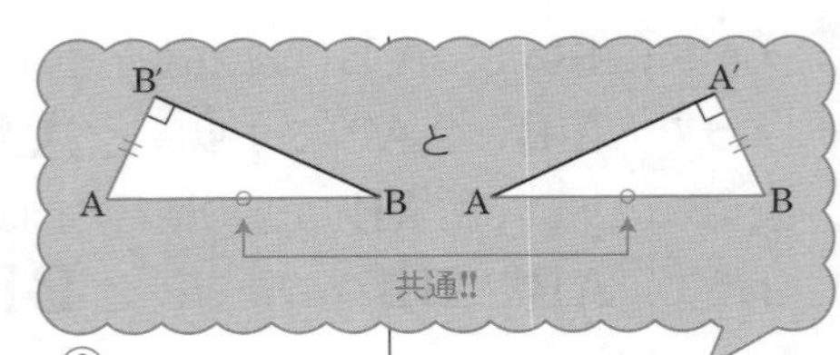

(3)より，

$$\angle AA'B = \angle BB'A = 90° \quad \cdots ②$$

さらに，△ABA′と△BAB′において，辺ABは共通である。　…③

①，②，③より，△ABA′と△BAB′は斜辺と他の1辺が等しい直角三角形どうしである。

よって，△ABA′と△BAB′は合同である。

（証明おわり）

なつかしいなぁ…
中学校で学習した直角三角形の合同条件だぁ…

△ABA′≡△BAB′
と表現してもOK!!

(5)　(4)より，

△ABA′と△BAB′は合同であるから，

$$\angle A'BA = \angle B'AB \quad \cdots ④$$

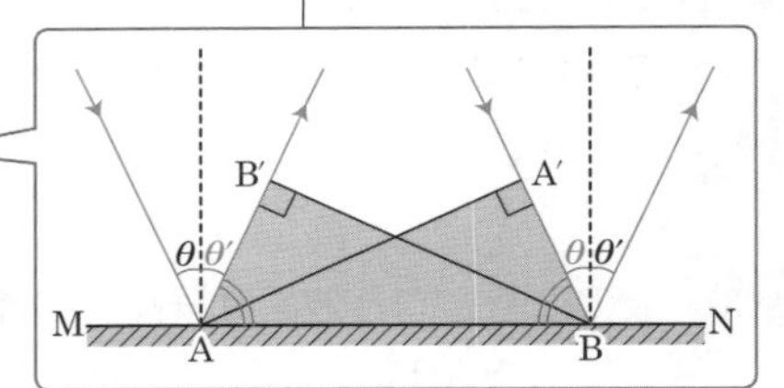

一方，

$$\theta = 90° - \angle A'BA \quad \cdots ⑤$$

さらに，

$$\theta' = 90° - \angle B'AB \quad \cdots ⑥$$

④，⑤，⑥より，

$$\theta = \theta'$$

念のためですが…
入射角と反射角の定義より，上の2つの角は直角ですよ!!

ちょっと言わせて

(2)の解説なんですが…じつは乱暴なんですよね。理系で難関大を志望する人は，**ホイヘンスの原理**と**素元波**の2つのキーワードを用いて説明できるようにしておいてください。

ホイヘンスの原理に関しては，p.455を復習せよ!!

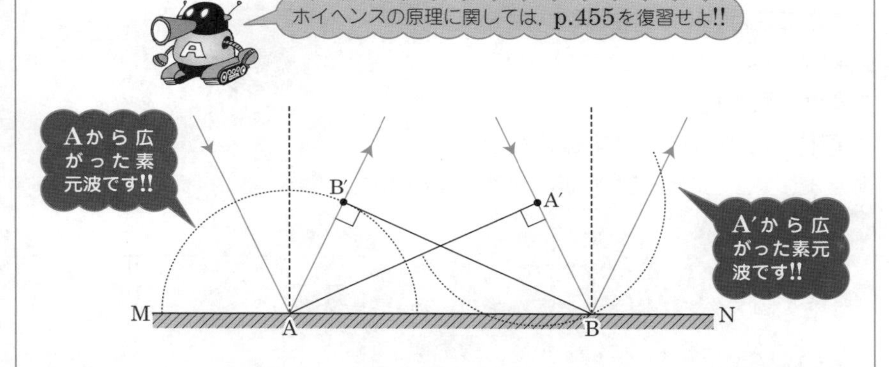

A′から広がる**素元波**がBに達するのに時間tだけ要したことから，この時間tの間にAから広がった**素元波**の半径はvtである。

ホイヘンスの原理によれば，Bを通る波面BB′はAから出た**素元波**に接するはずであるから，AB′がAから広がった**素元波**の半径を表していることになる。

へえ〜

よって!!

$$AB' = vt$$

その2 “屈折の法則”

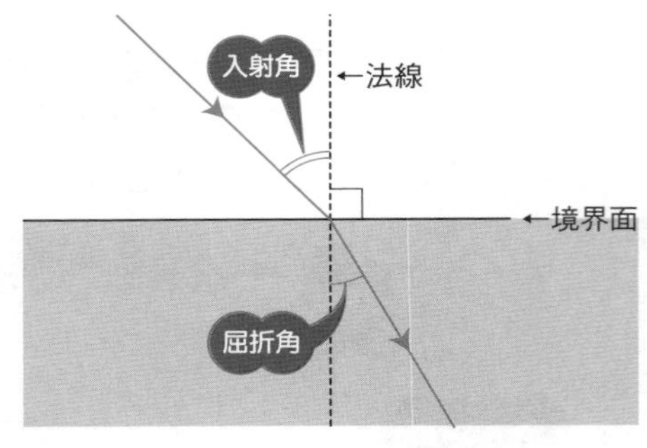

波は異なる媒質の境界を通るとき，その進行方向が変化します。この現象を波の**屈折**と呼びます。

右図のように，境界面の法線とのなす角に注目して，入射波の角度を**入射角**，屈折波(屈折したあとの波)の角度を**屈折角**といいます。

で!! このお話に関する公式がありまして，この公式を屈折の法則と申します。

屈折の法則

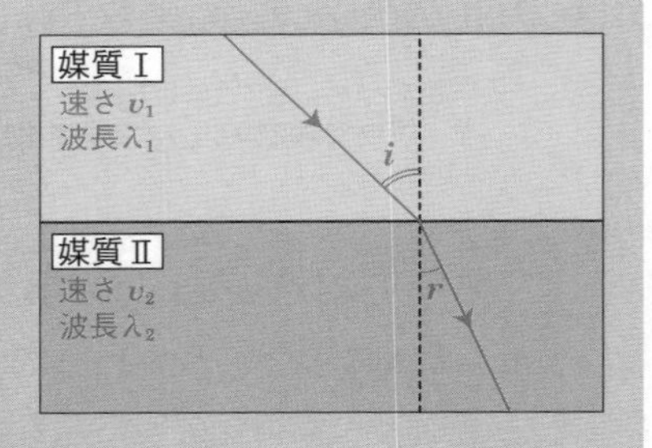

入射角をi，屈折角をrとする。媒質Ⅰ中での波の速さと波長をそれぞれv_1，λ_1とする。媒質Ⅱ中での波の速さと波長をそれぞれv_2，λ_2とする。

このとき…

媒質Ⅰに対する媒質Ⅱの**屈折率**をn_{12}とすると…

$$n_{12}=\frac{\sin i}{\sin r}=\frac{v_1}{v_2}=\frac{\lambda_1}{\lambda_2}$$

が成立します。

注 波の振動数fは変化しません!!

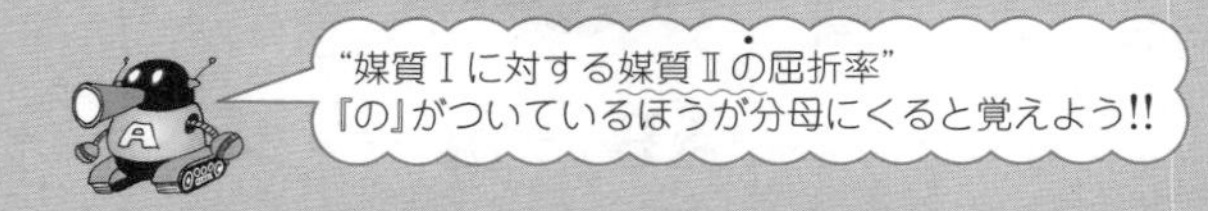

ちなみに…

媒質Ⅱに対する媒質Ⅰの屈折率をn_{21}とすると…

$$n_{21}=\frac{\sin r}{\sin i}=\frac{v_2}{v_1}=\frac{\lambda_2}{\lambda_1}$$

となります。

とゆーことは，n_{12}とn_{21}は逆数の関係なので，

$$n_{12} = \frac{1}{n_{21}}$$

も成立します。

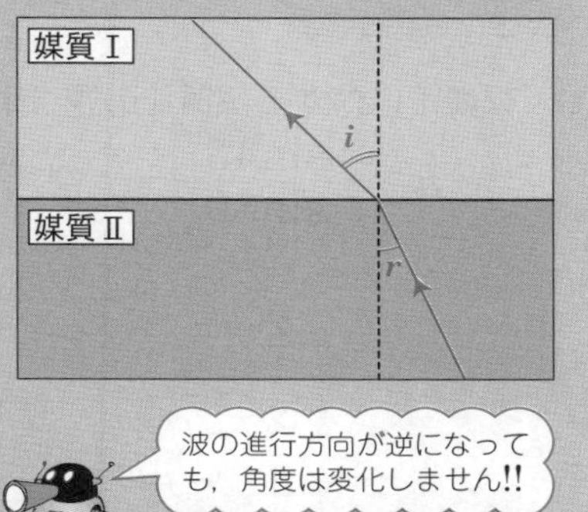

波動

とりあえず，公式の活用法をマスターしよう!!

問題135　標準

右の図に示すように，媒質Ⅰと媒質Ⅱの境界面で波が屈折した。媒質Ⅰにおける波の速さは3.0[m/s]で，振動数は6.0[Hz]であったという。このとき，次の各問いに答えよ。

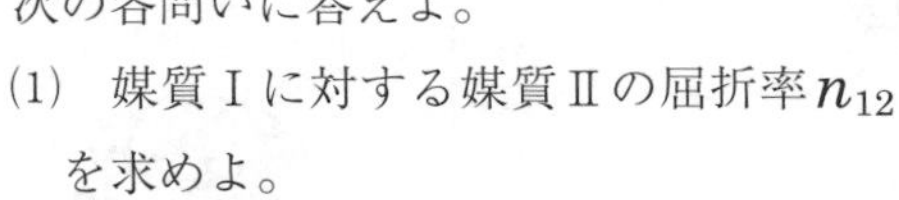

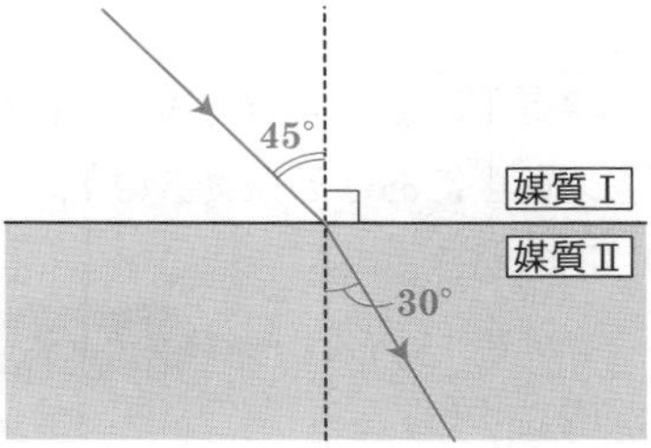

(1)　媒質Ⅰに対する媒質Ⅱの屈折率n_{12}を求めよ。
(2)　媒質Ⅰにおける波の波長λ_1を求めよ。
(3)　媒質Ⅱにおける波の速さv_2を求めよ。
(4)　媒質Ⅱにおける波の振動数f_2を求めよ。
(5)　媒質Ⅱにおける波の波長λ_2を求めよ。
(6)　媒質Ⅱに対する媒質Ⅰの屈折率n_{21}を求めよ。

解答でござる

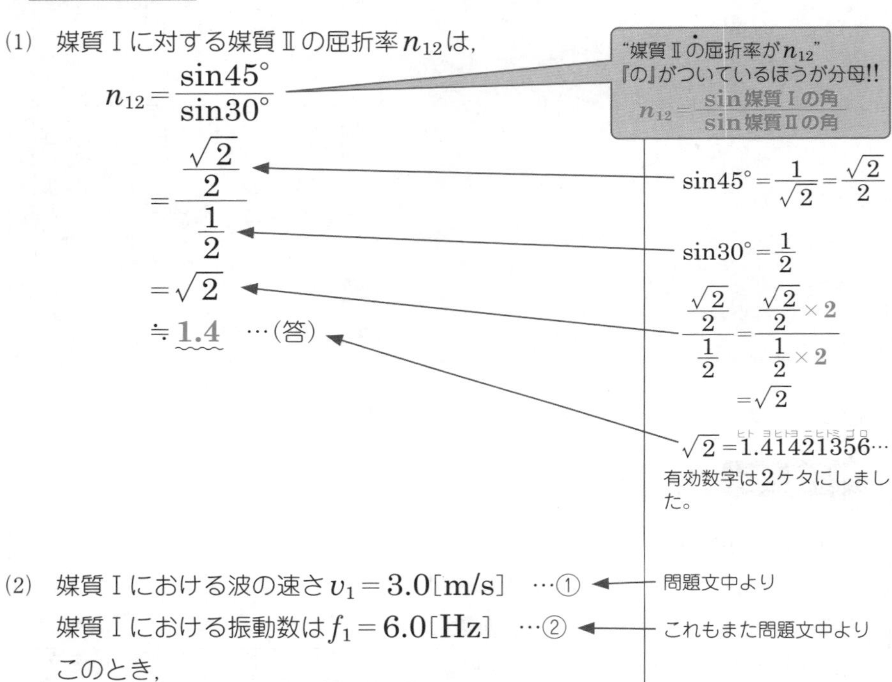

(1) 媒質Ⅰに対する媒質Ⅱの屈折率 n_{12} は，

$$n_{12} = \frac{\sin 45^\circ}{\sin 30^\circ}$$

$$= \frac{\frac{\sqrt{2}}{2}}{\frac{1}{2}}$$

$$= \sqrt{2}$$

$$\fallingdotseq \underline{1.4} \quad \cdots(答)$$

“媒質Ⅱの屈折率が n_{12}”
『の』がついているほうが分母!!
$n_{12} = \dfrac{\sin 媒質Ⅰの角}{\sin 媒質Ⅱの角}$

$\sin 45^\circ = \dfrac{1}{\sqrt{2}} = \dfrac{\sqrt{2}}{2}$

$\sin 30^\circ = \dfrac{1}{2}$

$\dfrac{\frac{\sqrt{2}}{2}}{\frac{1}{2}} = \dfrac{\frac{\sqrt{2}}{2} \times 2}{\frac{1}{2} \times 2} = \sqrt{2}$

$\sqrt{2} = 1.41421356\cdots$（ヒト ヨヒトヨ ニヒトミ ゴロ）
有効数字は2ケタにしました。

(2) 媒質Ⅰにおける波の速さ $v_1 = 3.0$[m/s] …① ← 問題文中より

媒質Ⅰにおける振動数は $f_1 = 6.0$[Hz] …② ← これもまた問題文中より

このとき，

$$v_1 = f_1 \lambda_1$$

基本公式です!!

が成立する。

よって，

$$\lambda_1 = \frac{v_1}{f_1}$$

$$= \frac{3.0}{6.0}（①と②を代入）$$

$$= \underline{0.50\,[\mathrm{m}]} \quad \cdots(答)$$

問題文中に登場する数値がすべて2ケタであるので，有効数字は2ケタにしました。

(3)　(1)より，

$$n_{12} = \sqrt{2} \quad \cdots ③$$

正確な値にもどしておきます。

このとき，

$$n_{12} = \frac{v_1}{v_2}$$

が成立する。

"媒質Ⅱの屈折率がn_{12}"
『の』がついているほうが分母!!
$n_{12} = \frac{媒質Ⅰの値}{媒質Ⅱの値}$

$$n_{12}v_2 = v_1$$

右辺の分母v_2をはらう!!

$$v_2 = \frac{v_1}{n_{12}}$$

①と③を代入して，

$$v_2 = \frac{3.0}{\sqrt{2}}$$

まず，分母の有理化をしよう!!

$$\frac{3.0}{\sqrt{2}} = \frac{3.0 \times \sqrt{2}}{\sqrt{2} \times \sqrt{2}} = \frac{3.0 \times \sqrt{2}}{2}$$

$$= \frac{3.0 \times \sqrt{2}}{2}$$

$$\fallingdotseq 1.5 \times 1.41$$

$$\frac{\overset{1.5}{\cancel{3.0}} \times \sqrt{2}}{\cancel{2}} = 1.5 \times \sqrt{2} \fallingdotseq 1.5 \times 1.41$$

$$= 2.115$$

$$\fallingdotseq \mathbf{2.1}[\mathrm{m/s}] \quad \cdots(答)$$

注　有効数字は2ケタとしたいので，途中計算において$\sqrt{2}$の値は1ケタ多い1.41で計算します。

(4)　振動数は媒質によって変化しないから，

$$f_2 = f_1$$
$$= \mathbf{6.0}[\mathrm{Hz}] \quad \cdots(答)$$

(5)　(2)より，$\lambda_1 = 0.50[\mathrm{m}] \quad \cdots ④$

このとき，

$$n_{12} = \frac{\lambda_1}{\lambda_2}$$

"媒質Ⅱの屈折率がn_{12}"
『の』がついているほうが分母!!
$n_{12} = \frac{媒質Ⅰの値}{媒質Ⅱの値}$

が成立するから，

$$n_{12}\lambda_2 = \lambda_1$$

$$\lambda_2 = \frac{\lambda_1}{n_{12}}$$

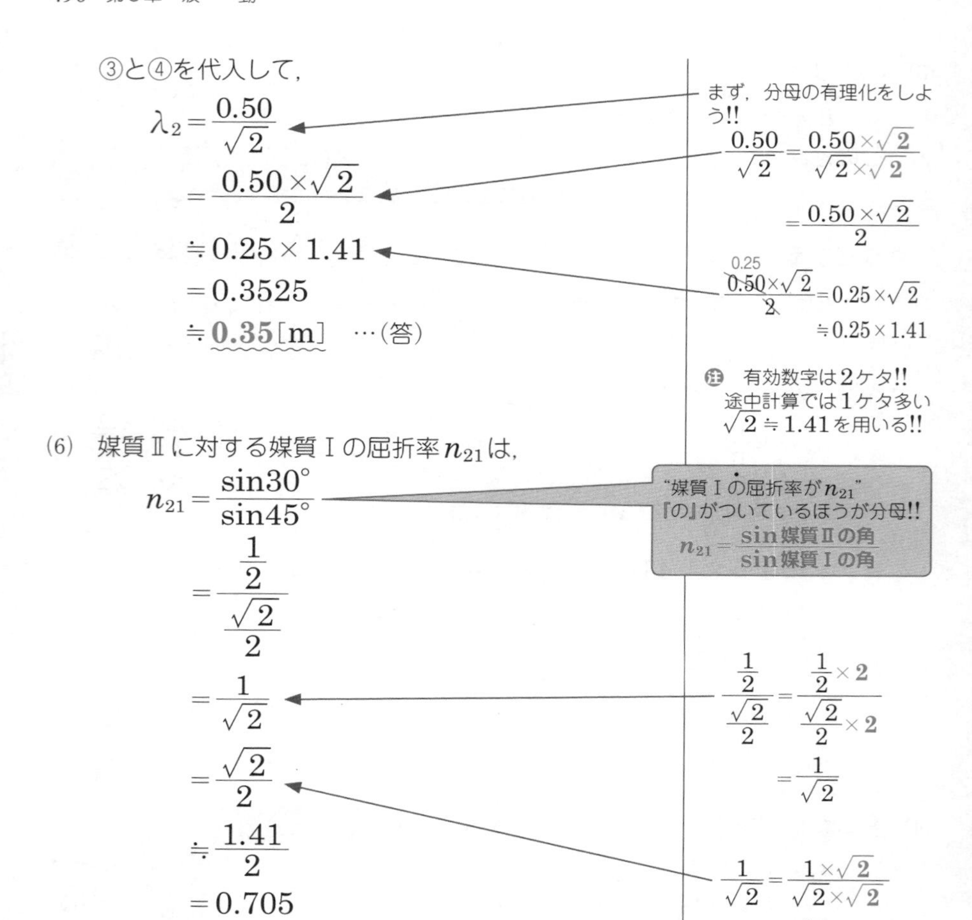

③と④を代入して,

$$\lambda_2 = \frac{0.50}{\sqrt{2}}$$

$$= \frac{0.50 \times \sqrt{2}}{2}$$

$$\fallingdotseq 0.25 \times 1.41$$

$$= 0.3525$$

$$\fallingdotseq \mathbf{0.35[m]}$$ …(答)

まず，分母の有理化をしよう!!

$$\frac{0.50}{\sqrt{2}} = \frac{0.50 \times \sqrt{2}}{\sqrt{2} \times \sqrt{2}}$$

$$= \frac{0.50 \times \sqrt{2}}{2}$$

$$\frac{\overset{0.25}{\cancel{0.50}} \times \sqrt{2}}{\cancel{2}} = 0.25 \times \sqrt{2}$$

$$\fallingdotseq 0.25 \times 1.41$$

注　有効数字は2ケタ!!
途中計算では1ケタ多い
$\sqrt{2} \fallingdotseq 1.41$を用いる!!

(6)　媒質Ⅱに対する媒質Ⅰの屈折率n_{21}は,

$$n_{21} = \frac{\sin 30^\circ}{\sin 45^\circ}$$

$$= \frac{\frac{1}{2}}{\frac{\sqrt{2}}{2}}$$

$$= \frac{1}{\sqrt{2}}$$

$$= \frac{\sqrt{2}}{2}$$

$$\fallingdotseq \frac{1.41}{2}$$

$$= 0.705$$

$$\fallingdotseq \mathbf{0.71}$$ …(答)

"媒質Ⅰの屈折率がn_{21}"
『の』がついているほうが分母!!

$$n_{21} = \frac{\sin 媒質Ⅱの角}{\sin 媒質Ⅰの角}$$

$$\frac{\frac{1}{2}}{\frac{\sqrt{2}}{2}} = \frac{\frac{1}{2} \times 2}{\frac{\sqrt{2}}{2} \times 2} = \frac{1}{\sqrt{2}}$$

$$\frac{1}{\sqrt{2}} = \frac{1 \times \sqrt{2}}{\sqrt{2} \times \sqrt{2}} = \frac{\sqrt{2}}{2}$$

お次は“屈折の法則”の証明をテーマにした問題です。いったんあとまわしにしてもよいですが，重要なので必ず修得してください。特に理系の人は!!

問題136　ちょいムズ

下図で，入射波の波面AA'が媒質Ⅰと媒質Ⅱの境界面に斜めに入射して波面BB'の屈折波になる場合，波面AA'の一端Aが境界面に達したとき，他端A'は，まだ境界面に達していない。

媒質Ⅰを伝わる波の速さをv_1，媒質Ⅱを伝わる波の速さをv_2，A'を通過した波がB'に達するまでの時間をt，さらに入射角をi，屈折角をrとして次の各問いに答えよ。

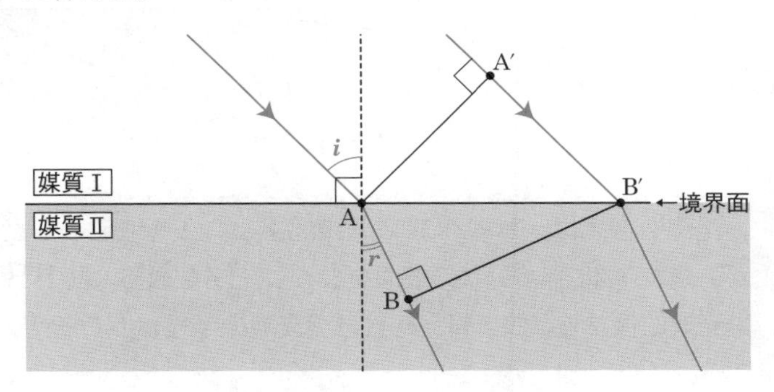

(1)　$A'B'$の長さを求めよ。

(2)　ABの長さを求めよ。

(3)　媒質Ⅰに対する媒質Ⅱの屈折率n_{12}をiとrで表せ。

(4)　$\angle A'AB'$の大きさを求めよ。

(5)　$\angle BB'A$の大きさを求めよ。

(6)　$n_{12}=\dfrac{v_1}{v_2}$となることを証明せよ。

(7)　媒質Ⅰでの波長をλ_1，媒質Ⅱでの波長をλ_2としたとき，

$n_{12}=\dfrac{\lambda_1}{\lambda_2}$となることを証明せよ。

(1) 媒質Ⅰを伝わる波の速さがv_1，A′を通過した波がB′に達するまでの時間がtであるから，

$$A'B' = v_1 t \quad \cdots(答)$$

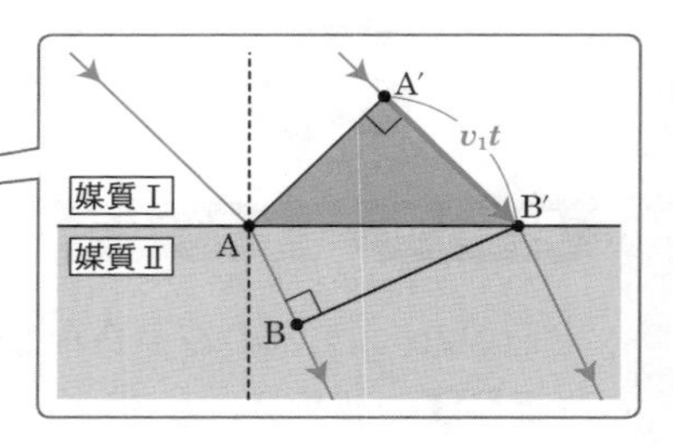

(2) A′を通過した波がB′に達するまでの時間tの間に，Aから生じた波はBに達する。媒質Ⅱを伝わる波の速さはv_2であるから，

$$AB = v_2 t \quad \cdots(答)$$

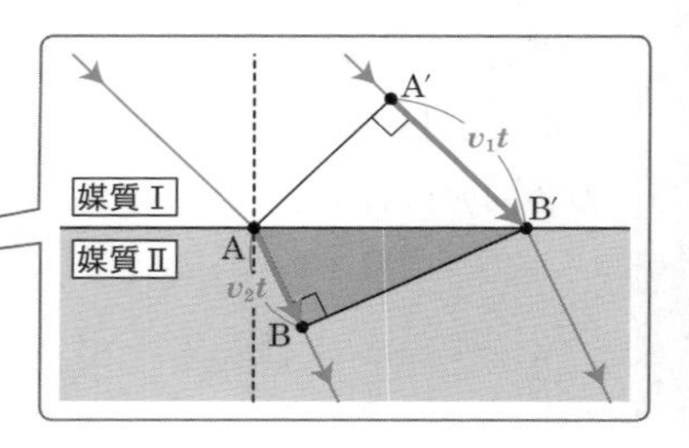

正確に言えば，ホイヘンスの原理より，Aを波源とした素元波が時間tの間に半径v_2tの波面をつくり，B′を通る波面BB′はこの素元波に接する。つまり，ABが素元波の半径v_2tに一致する。

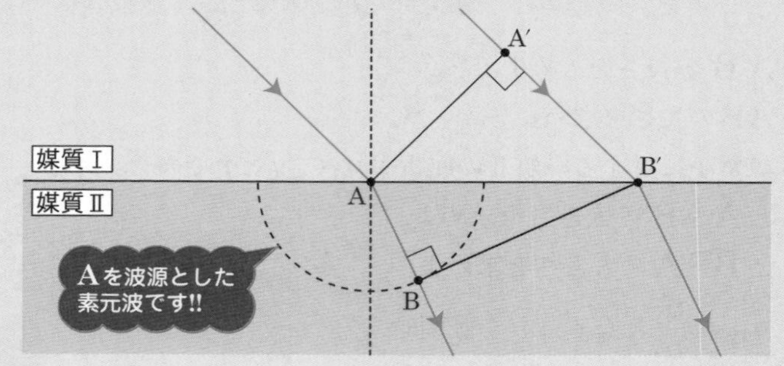

(3)　屈折の法則から，媒質Ⅰに対する媒質Ⅱの屈折率 n_{12} は，

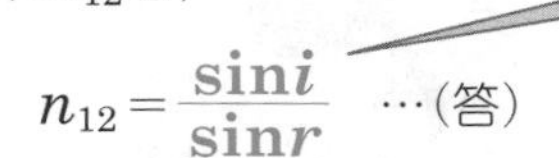

$$n_{12} = \frac{\sin i}{\sin r} \quad \cdots (答)$$

これは公式です!!
つうか定義です!!
“媒質Ⅱの屈折率が n_{12}”のときは
『の』がついているほうが分母です。

$$n_{12} = \frac{\sin 媒質Ⅰの角}{\sin 媒質Ⅱの角}$$

(4)

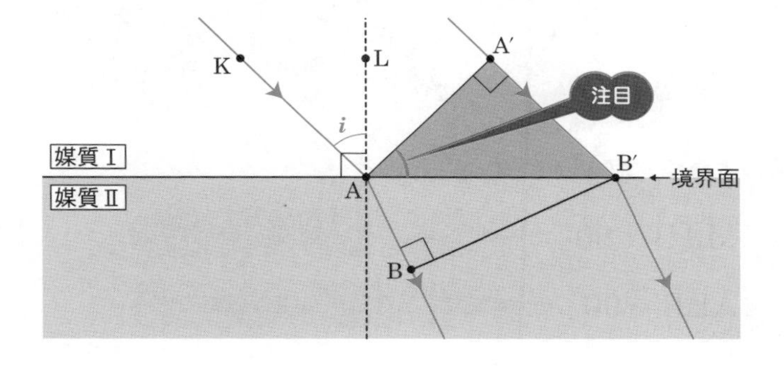

上図のように，点Kと点Lを定める。このとき，

$\angle \mathrm{KAA'} = 90°$　波の進行方向と波面は垂直です!!

$\angle \mathrm{LAB'} = 90°$　上図の点線は境界面の法線です!!

$i = \angle \mathrm{KAA'} - \angle \mathrm{LAA'}$

$\therefore \quad i = 90° - \angle \mathrm{LAA'} \quad \cdots①$　$\angle \mathrm{KAA'} = 90°$ です!!

一方，

$\angle \mathrm{A'AB'} = \angle \mathrm{LAB'} - \angle \mathrm{LAA'}$

$\therefore \quad \angle \mathrm{A'AB'} = 90° - \angle \mathrm{LAA'} \quad \cdots②$　$\angle \mathrm{LAB'} = 90°$ です!!

①と②より，

$\angle \mathrm{A'AB'} = i \quad \cdots (答)$

①と②の右辺はまったく同じです!!

(5)

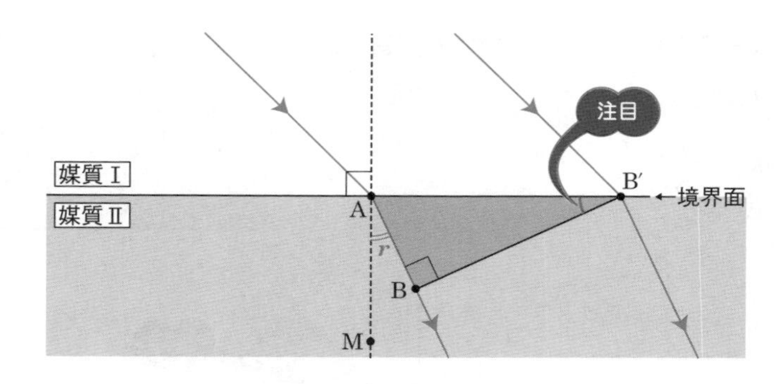

上図のように，点Mを定める。このとき，

$\angle \mathrm{MAB'} = 90°$　上図の点線は境界面の法線です!!

$\angle \mathrm{ABB'} = 90°$　波の進行方向と波面は垂直です!!

$\therefore \quad r = 90° - \angle \mathrm{BAB'} \quad \cdots ③$

一方，$\triangle \mathrm{ABB'}$の内角の和に注目して，

$$\angle \mathrm{BB'A} + \angle \mathrm{ABB'} + \angle \mathrm{BAB'} = 180°$$

よって，

$\angle \mathrm{BB'A} + 90° + \angle \mathrm{BAB'} = 180°$　$\angle \mathrm{ABB'} = 90°$です!!

$\therefore \quad \angle \mathrm{BB'A} = 90° - \angle \mathrm{BAB'} \quad \cdots ④$　移動しただけです!!

③と④より，

$\angle \mathrm{BB'A} = r \quad \cdots$(答)

③と④の右辺はまったく同じです!!

(6) (4)より，直角三角形AA′B′に注目して，

$$\sin i = \frac{\mathrm{A'B'}}{\mathrm{AB'}}$$

(1)で，$\mathrm{A'B'} = v_1 t$ より，

$$\sin i = \frac{v_1 t}{\mathrm{AB'}} \quad \cdots ⑤$$

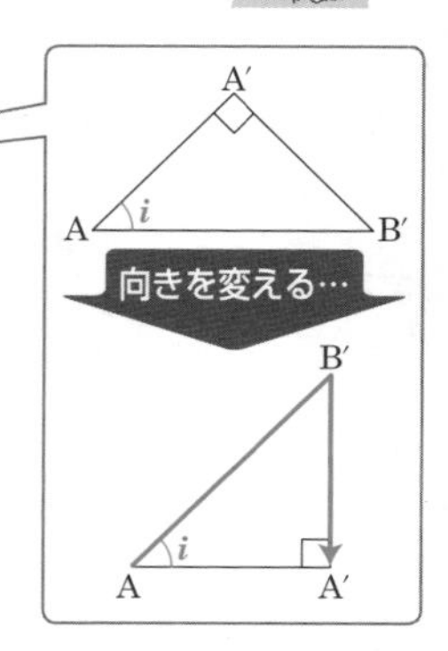

(5)より，直角三角形ABB′に注目して，

$$\sin r = \frac{AB}{AB'}$$

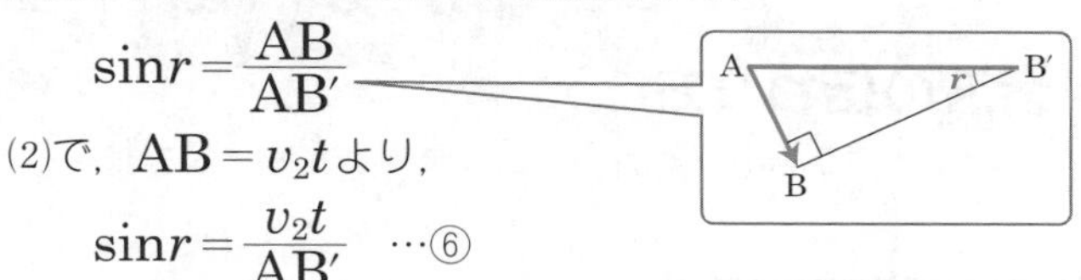

(2)で，$AB = v_2 t$ より，

$$\sin r = \frac{v_2 t}{AB'} \quad \cdots ⑥$$

(3)より，

$$n_{12} = \frac{\sin i}{\sin r} \quad \cdots ⑦$$

波動

⑤と⑥を⑦に代入して，

$$n_{12} = \frac{\dfrac{v_1 t}{AB'}}{\dfrac{v_2 t}{AB'}}$$

$\sin i = \dfrac{v_1 t}{AB'}$ …⑤

$n_{12} = \dfrac{\sin i}{\sin r}$ …⑦

$\sin r = \dfrac{v_2 t}{AB'}$ …⑥

$$n_{12} = \frac{v_1 t}{v_2 t}$$

分子と分母をAB′倍!!

$$n_{12} = \frac{\dfrac{v_1 t}{AB'} \times AB'}{\dfrac{v_2 t}{AB'} \times AB'}$$

$$\therefore \quad n_{12} = \frac{v_1}{v_2} \quad \text{（証明おわり）}$$

(7)　波の振動数を f とすると，

$$v_1 = f\lambda_1 \quad \cdots ⑧$$

$$v_2 = f\lambda_2 \quad \cdots ⑨$$

さらに(6)より，

$$n_{12} = \frac{v_1}{v_2} \quad \cdots ⑩$$

⑧と⑨を⑩に代入して，

$$n_{12} = \frac{f\lambda_1}{f\lambda_2}$$

$$\therefore \quad n_{12} = \frac{\lambda_1}{\lambda_2} \quad \text{（証明おわり）}$$

Theme 42 音波の伝わり方

その1 “音波は縦波である!!”

音波を伝える媒質(空気や水など)に疎密を与えることにより，音波は伝わっていきます。つまり，**音波は縦波**(疎密波)です。

注 音波は縦波(疎密波)なので，疎密を与えることができるものであれば，気体，液体，固体を問わず，すべて媒質となり得る。

その2 “音波の速さ”

空気中を伝わる音の速さ(音速)は温度によって変化します。そこで，次の公式を覚えるべし!!

音速と温度の関係

気温が t [℃]のときの空気中の音速 V[m/s]は…

$$V = 331.5 + 0.6t$$

注 ちなみに，水中における音速は常温で1500[m/s]，さらに鉄などの金属中を伝わる場合，その音速は5000[m/s]を超える。一般に音速の大きさは…

固体中＞液体中＞気体中

となる。

問題137　キソ

次の各問いに答えよ。

(1)　気温$15[℃]$の空気中を伝わる音速を有効数字3ケタで求めよ。

(2)　(1)で，音源が$10[\mathrm{m/s}]$で観測者に近づくときの音速を有効数字3ケタで求めよ。

(3)　(1)で，音源から観測者に向かって，$20[\mathrm{m/s}]$の風が吹いているときの音速を有効数字3ケタで求めよ。

(1)　$\boldsymbol{V = 331.5 + 0.6t}$　重要公式です!!

において，$t = 15[℃]$とすればOK!!

(2)　**音の伝わる速さは媒質によって決まります。**

つまり…

本問では空気です!!

音源が運動しても音速は変わらない!!

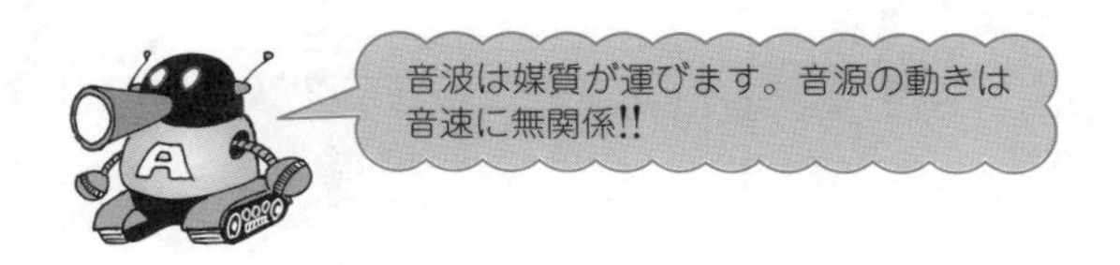

(3)　**風が吹く!!**　とゆーことは…　**媒質自体が速さをもつ!!**

まさに，流れている川の上を運動するモーターボートのようなイメージです。

つまり…

風が吹く方向と同じ方向の音速は，風の速さの分だけ速くなり，風が吹く方向と逆の方向の音速は，風の速さの分だけ遅くなる!!

解答でござる

(1) 求める音速をV[m/s]として，

$$V = 331.5 + 0.6 \times 15$$
$$= 331.5 + 9.0$$
$$= 340.5$$
$$\fallingdotseq \mathbf{341}\text{[m/s]} \quad \cdots(答)$$

$V = 331.5 + 0.6t$
において，$t = 15$[℃]
とした!!

有効数字3ケタにするため，
4ケタ目を四捨五入!!

(2) 音源が運動しても音速には影響しないから，(1)の結果より，求める音速は，

341[m/s] …(答)

音波は媒質(本問では空気)が運びます。音源が運動しても，媒質が動くわけではない!!

(3) 風の速さが音速に加わるから，

$341 + 20 = \mathbf{361}$[m/s] …(答)

(1)の結果に，風の速さ20[m/s]を加える!!

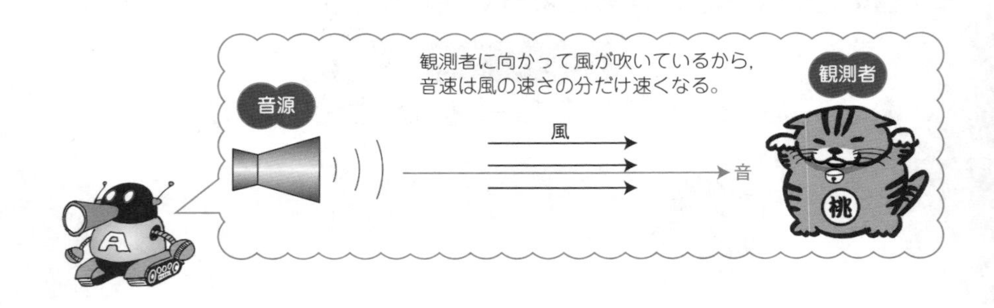

“音波の干渉”

音波もしょせんは波なので，干渉については Theme 5 で学習した内容がそのまま活用できます。では，さっそく…

問題138　**標準**

小さいスピーカーA，Bが4.0[m]の間隔で置かれており，同じ波長0.80[m]で同位相の音波が出ている。ABに平行に12[m]離れた直線l上で音を観測したところ，音が大きくなる点と音が小さくなる点が交互に存在した。

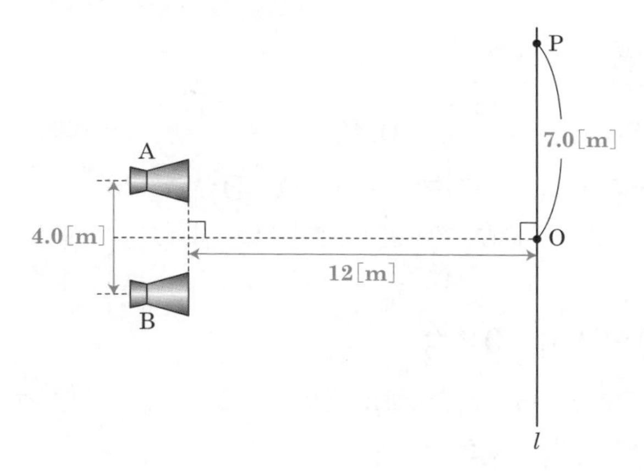

(1)　ABの垂直2等分線上にある点Oでは，音が大きく聞こえるか，小さく聞こえるか答えよ。

(2)　OP＝7.0[m]であるl上の点Pでは，音が大きく聞こえるか，小さく聞こえるか答えよ。

ナイスな導入

Theme 39 のお話を思い出そう!!

2つの波源から同位相で波が生じている場合に限って…

偶数!!

$$\text{波源からの距離の差} = 2m \times \frac{\lambda}{2}$$

半波長の偶数倍です!!

波が弱め合う条件

奇数!!

$$\text{波源からの距離の差} = (2m+1) \times \frac{\lambda}{2}$$

半波長の奇数倍です!!

解答でござる

波長 $\lambda = 0.80[\text{m}]$ より，$\dfrac{\lambda}{2} = 0.40[\text{m}]$ ← 問題文より

(1)　点Oは音源である2つのスピーカーA，Bから等距離にあるので，音源からの距離の差 $|AO-BO|$ はゼロである。よって，

$$|AO-BO| = \mathbf{0} \times \frac{\lambda}{2}$$

ゼロは偶数であるから，点Oにおいて，

音は大きく聞こえる　…(答)

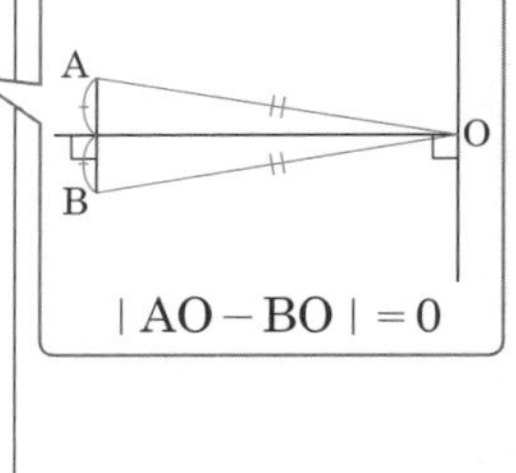

(2)

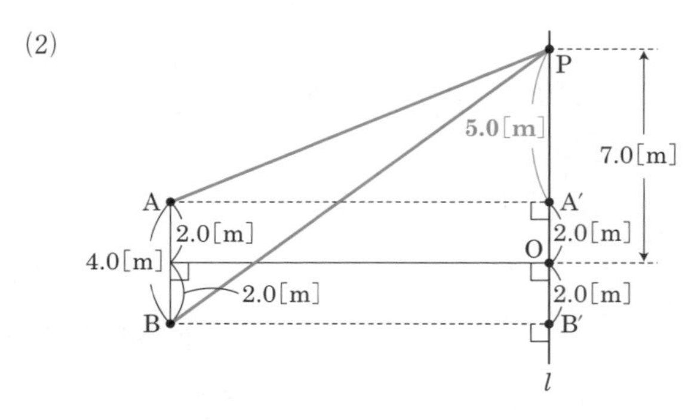

上図のように，Aから直線 l に下ろした垂線の足をA′，Bから直線 l に下ろした垂線の足をB′とする。

このとき，

$$\begin{cases} A'P = OP - OA' = 7.0 - 2.0 = 5.0[\text{m}] \\ B'P = OP + OB' = 7.0 + 2.0 = 9.0[\text{m}] \end{cases}$$

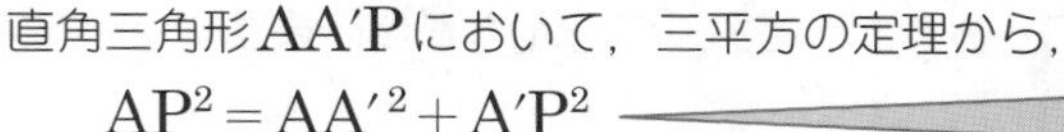

直角三角形AA′Pにおいて，三平方の定理から，

$$\begin{aligned} AP^2 &= AA'^2 + A'P^2 \\ &= 12^2 + 5.0^2 \\ &= 144 + 25 \\ &= 169 \end{aligned}$$

13^2です!!

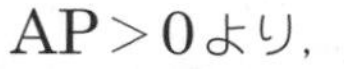

$AP > 0$より，

$$AP = 13[\text{m}]$$

ぶっちゃけ5：12：13の直角三角形は有名です。じつは，計算する必要なし!!

直角三角形BB′Pにおいて，三平方の定理から，

$$\begin{aligned} BP^2 &= BB'^2 + B'P^2 \\ &= 12^2 + 9.0^2 \\ &= 144 + 81 \\ &= 225 \end{aligned}$$

$BP > 0$より，

$$BP = 15[\text{m}]$$

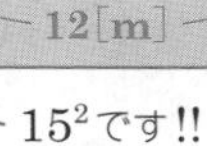

15^2です!!

音源からの距離の差$|AP - BP|$は，

$$\begin{aligned} |AP - BP| &= |13 - 15| \\ &= |-2| \\ &= 2.0[\text{m}] \end{aligned}$$

$BP > AP$より，$BP - AP$とすれば絶対値なんか無用!!

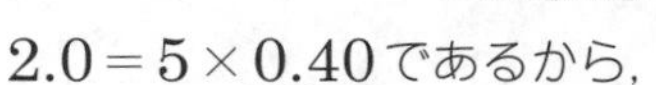

$2.0 = 5 \times 0.40$であるから，

$\frac{\lambda}{2}$です!!

この直角三角形もじつは有名です!!

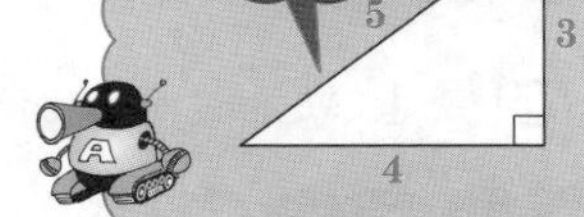

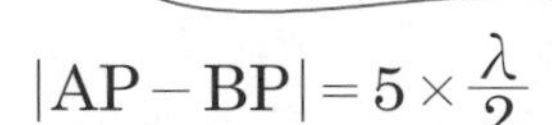

$$|AP - BP| = 5 \times \frac{\lambda}{2}$$

5は奇数であるから，点Pにおいて，

音は小さく聞こえる　…(答)

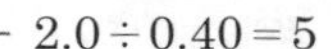

$2.0 \div 0.40 = 5$

その4 “音波だってしょせんは波です!!”

その3でふれましたが，音波もしょせんは波なので，干渉をはじめ，回折，反射，屈折のすべてについて，いままでどおりの考え方が使えます。とりあえず，押さえておいてください

その5 “うなり”

振動数がわずかに異なる2つの音波が干渉すると，

うなり という現象が起こる!!　これは，音の強さが周期的に変化する現象で，『うぉーん!!　うぉーん!!』というように聞こえる。

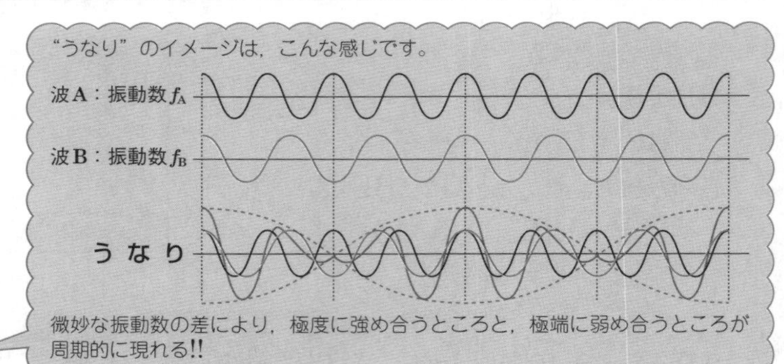

で!!　1つだけ，じつに簡単な公式が存在します。

公式でーす!!

振動数がf_Aとf_Bの音波から生じる1秒間のうなりの回数nは…

$$n = |f_A - f_B|$$

注　f_Aとf_Bとの差は，わずかでなければなりません!!

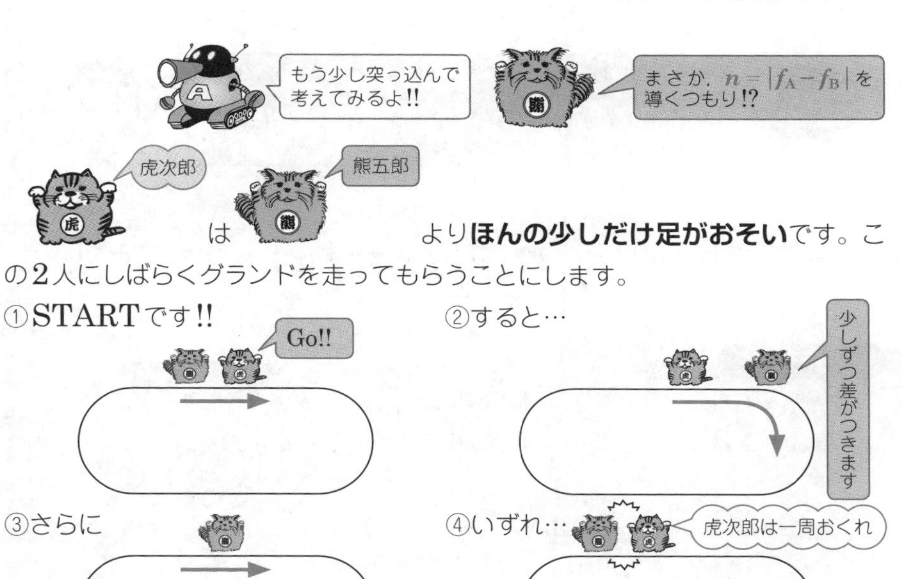

（虎次郎）は（熊五郎）より**ほんの少しだけ足がおそい**です。この2人にしばらくグランドを走ってもらうことにします。

ポイントです!!

強調しておきたいのは，いきなり2周おくれとか，3周おくれになるなんてことはない!!　当たり前です

では本題です!!　ん!?

少しだけ波長が異なる波Aと波Bがあったとします。

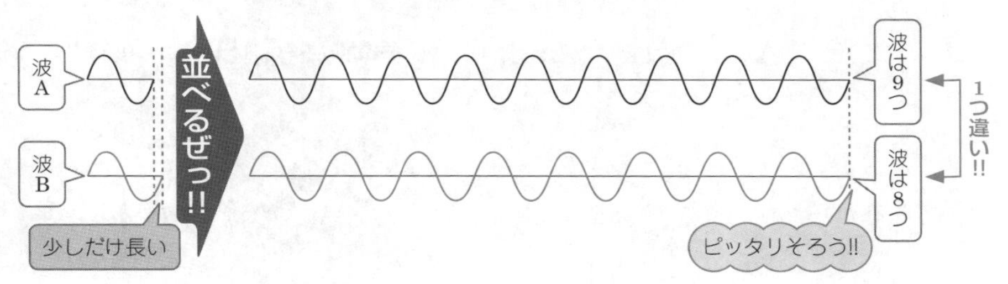

波動

先ほどの虎次郎と熊五郎のお話と同様に，波Aと波Bの図のように初めてそろうのは，波の個数が**1つ違い**のときです!!
㊟先ほどの図のように振動の中心(横軸上)でピッタリそろうのは，波長の差がほとんどない場合です!!

ではではでは，p502の $\boldsymbol{n=|f_A-f_B|}$ 証明してみましょう。

波Aの周期をT_A[s]，波Bの周期をT_B[s]($T_A<T_B$とする)，さらに，波Aと波Bが初めてそろうまでの時間をτ[s]とします。

τ秒間に生じる波Aの個数は $\dfrac{\tau}{T_A}$ ← T_A秒ごとに波Aは生じます

τ秒間に生じる波Bの個数は $\dfrac{\tau}{T_B}$ ← T_B秒ごとに波Bは生じます

$T_A<T_B$より， $\dfrac{\tau}{T_A}>\dfrac{\tau}{T_B}$ ← 分母が小さい方がデカイ!!

さらに!!

初めて波Aと波Bがそろったときの波の個数の差は **1つ** のはずだから…

$$\frac{\tau}{T_A}-\frac{\tau}{T_B}=1$$

両辺をτで割って…

$$\frac{1}{T_A}-\frac{1}{T_B}=\frac{1}{\tau} \quad \cdots①$$

ここで，波Aの振動数をf_A[Hz]，波Bの振動数をf_B[Hz] とすると，

$$f_A=\frac{1}{T_A} \quad \cdots② \qquad f_B=\frac{1}{T_B} \quad \cdots③$$

であるから，②，③を，①に代入して，

公式ですよ!! $f=\dfrac{1}{T}$

$$f_A - f_B = \frac{1}{\tau} \quad \cdots④$$

ここで，波Aと波Bは$\boldsymbol{\tau}$秒ごとにそろうわけだから，1秒間に波がそろう回数$\boldsymbol{n}$は，特に$\dfrac{1}{\tau}$である。

例えば，0.2秒ごとにそろうとき，1秒間に$\dfrac{1}{0.2}=5$(個)そろう!!

つまり…

$$n = \frac{1}{\tau} \quad \cdots⑤$$

⑤を④に代入して，

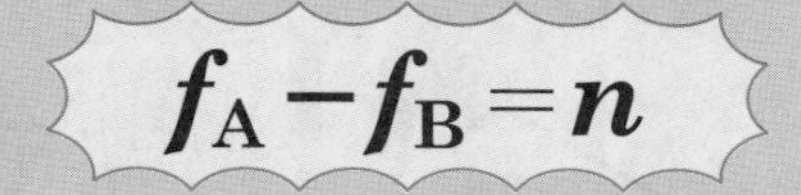

$$\boldsymbol{f_A - f_B = n}$$

波Aと波Bがそろうごとにうなりが1個ずつ発生するわけだから，この$\boldsymbol{n}$こそが1秒間に生じるうなりの数を表します。

まとめです!!

このお話を一般化すると，f_Aとf_Bの大小関係も考えて絶対値をつけて，1秒間に生じるうなりの回数$\boldsymbol{n}$は…

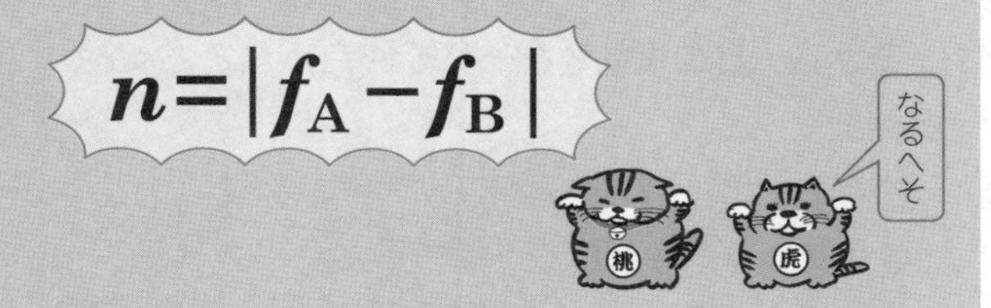

$$\boldsymbol{n = |f_A - f_B|}$$

と表されます。

問題139 標準

A，B2つの音さから出る音の振動数の比は73：72で，これらの音さを同時に鳴らすと，周期的に強弱する音が観測され，その周期は毎秒3回であった。このとき，次の各問いに答えよ。

(1) この現象の名称を答えよ。

(2) 音さA，Bの振動数を求めよ。

解答でござる

(1) うなり …(答)

名前も聞かれますぞ!!

(2) 音さA，Bの振動数をそれぞれf_A，f_Bとおくと，条件より，

$$f_A : f_B = 73 : 72$$

よって，$k > 0$として，

振動数は必ず正の値です。

$$f_A = 73k \qquad f_B = 72k$$

とする。

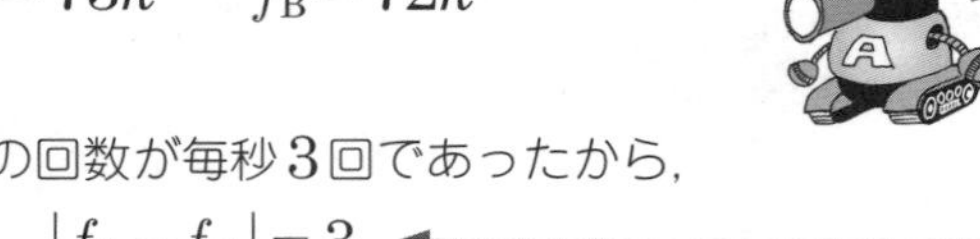

比例式はkとおけ!!
数学では鉄則です!!

うなりの回数が毎秒3回であったから，

$$|f_A - f_B| = 3$$

うなりの公式です!!

$$|73k - 72k| = 3$$

$f_A = 73k$，$f_B = 72k$ です!!

$$|k| = 3$$

$$\therefore \quad k = 3$$

$k > 0$より，$k = \pm 3$にする必要なし!!

よって，

$$f_A = 73k = 73 \times 3 = 219$$
$$f_B = 72k = 72 \times 3 = 216$$

以上をまとめて，

音さAの振動数は **219[Hz]**
音さBの振動数は **216[Hz]**　…(答)

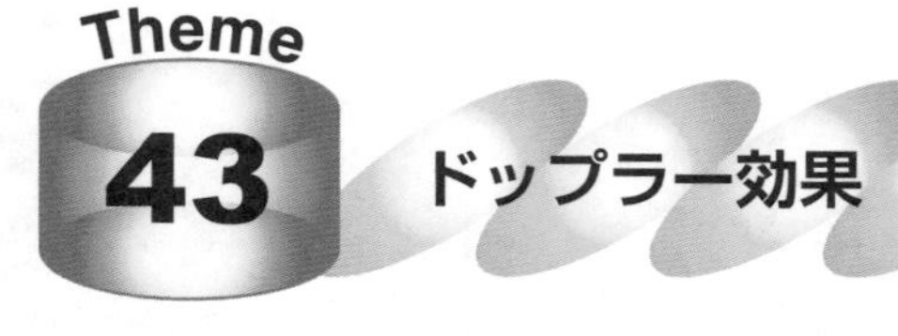

ドップラー効果

パトカーや救急車のサイレンの音を思い出そう!!

近づいてくるサイレンの音は，『ピーポー!!　ピーポー!!』と激しく聞こえるのに対して，遠ざかるサイレンの音は，『ホーワー…，ホーワー…』となにやら物悲しい　これこそが，ドップラー効果である!!

その1 “音源が動く場合のドップラー効果”

とりあえず結論から…

公式 Part I

音速 V[m/s]，音源の振動数を f[Hz]，観測される音の振動数を f'[Hz]として…

① 静止している観測者に音源が v[m/s]で近づく場合

$$f' = \frac{V}{V-v} f$$

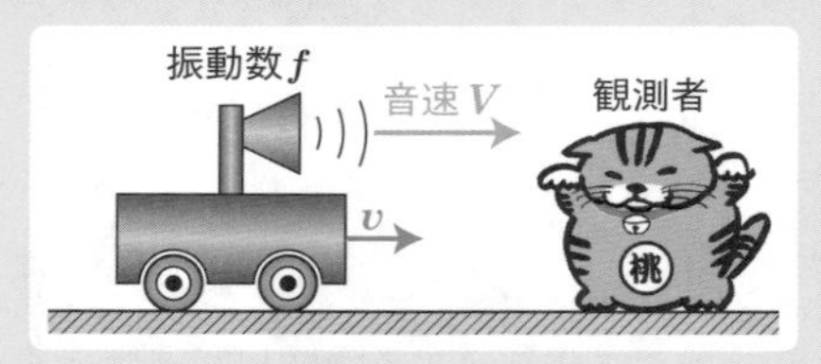

② 静止している観測者から音源が v[m/s]で遠ざかる場合

$$f' = \frac{V}{V+v} f$$

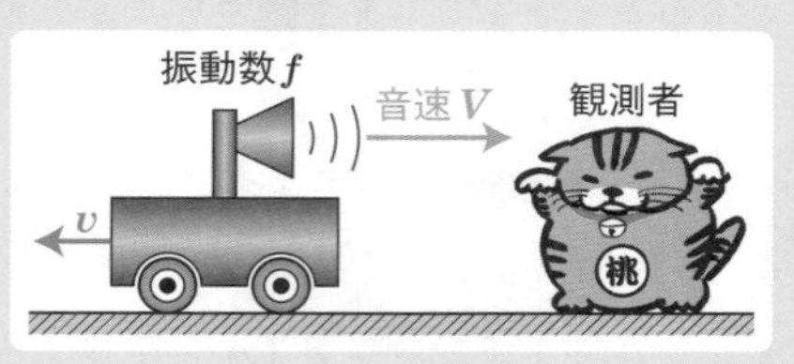

$+v$にするべきか？　$-v$にするべきか？　は…
振動数を大きくしたいか？　小さくしたいか？　を考えればOK!!
公式も覚えやすくなるよ!!　まず，次の感覚を押さえるべし!!

高い音 とゆーことは… **振動数が大きい!!**

低い音 とゆーことは… **振動数が小さい!!**

では，この感覚を押さえつつ，さっきの公式を見てみましょう。

① 観測者に音源が近づく場合…

　思い出してみよう!!　パトカーや救急車が近づくとき，サイレンの音は激しく甲高く聞こえます。つまり，振動数が大きくなったということです。分母が小さいほうが分数全体の値は大きくなるから…

$$f' = \frac{V}{V-v}f$$

分数全体を大きくするためには，分母を小さくするべし!!　つまりここは，**マイナス!!**

② 観測者から音源が遠ざかる場合…

　思い出してみよう!!　パトカーや救急車が遠ざかるとき，サイレンの音は穏やかに低く聞こえます。つまり，振動数が小さくなったということです。分母が大きいほうが分数全体の値は小さくなるから…

$$f' = \frac{V}{V+v}f$$

分数全体を小さくするためには，分母を大きくするべし!!　つまりここは，**プラス!!**

まぁ，活用してみましょう。

問題140 キソ

(1) 振動数560[Hz]の音波を出す音源が，60[m/s]の速さで観測者に近づいているとき，観測される音の振動数を求めよ。ただし，音速は340[m/s]とする。

(2) 振動数540[Hz]の音波を出す音源が，20[m/s]の速さで観測者から遠ざかるとき，観測される音の振動数を求めよ。ただし，音速は340[m/s]とする。

解答でござる

(1) $V=340$[m/s]，$v=60$[m/s]，$f=560$[Hz]，
観測される音の振動数をf'[Hz]とすると，

$$f'=\frac{V}{V-v}f$$ ◀ 音源が近づく場合の公式

$$=\frac{340}{340-60}\times 560$$

$$=\frac{340}{280}\times 560$$

$$=\underline{680\text{[Hz]}}\ \cdots\text{(答)}$$

$$\frac{340}{280}\times \overset{2}{\cancel{560}}$$
$$=340\times 2$$
$$=680$$

(2) $V=340$[m/s]，$v=20$[m/s]，$f=540$[Hz]，
観測される音の振動数をf'[Hz]とすると，

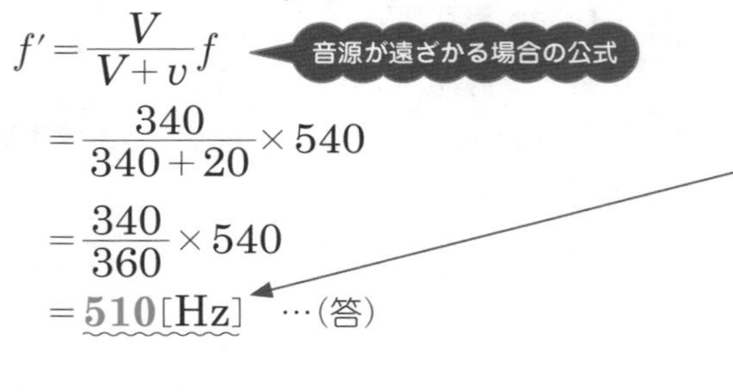

$$f'=\frac{V}{V+v}f$$ ◀ 音源が遠ざかる場合の公式

$$=\frac{340}{340+20}\times 540$$

$$=\frac{340}{360}\times 540$$

$$=\underline{510\text{[Hz]}}\ \cdots\text{(答)}$$

$$\frac{340}{\underset{2}{\cancel{360}}}\times \overset{3}{\cancel{540}}$$
$$=\frac{340}{2}\times 3$$
$$=170\times 3$$
$$=510$$

次の問題はp.508で紹介した公式の証明もかねています。
ちょっとウザイ問題ですが，よく出題されますぞ!!

問題141　**標準**

振動数がf[Hz]の音を出す音源が，静止している観測者に速さv[m/s]で近づいている。音速をV[m/s]として，次の各問いに答えよ。

(1)　音源から出た音波が1秒間に進む距離を求めよ。

(2)　1秒間に音源が観測者に近づく距離を求めよ。

(3)　1秒間に音源が出した波の個数を求めよ。

(4)　観測される音波の波長を求めよ。

(5)　観測される音の振動数を求めよ。

音源が音波を出しながら動くとき，観測される波長は変化します。まず，この事実をイメージできるようにしましょう!!

イメージコーナー

音源が静止している場合，右図のように，音波は音源を中心とした同心円状(実際は空間なので球ですが…)に広がっていきます。

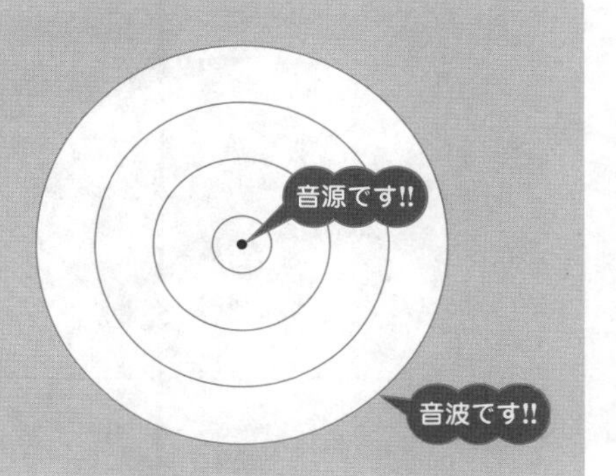

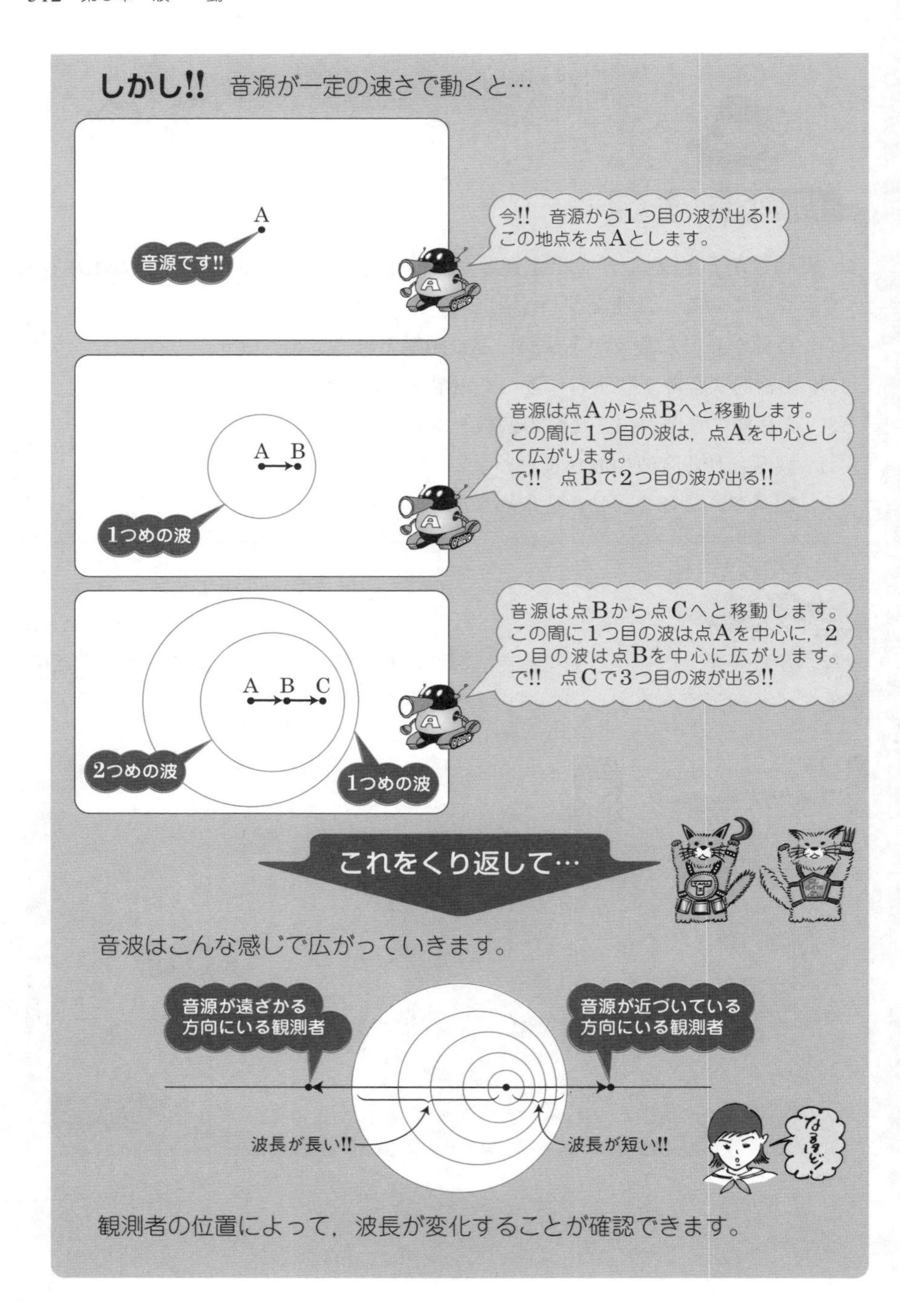
しかし!! 音源が一定の速さで動くと…
A
音源です!!
今!! 音源から1つ目の波が出る!!
この地点を点Aとします。
A B
1つめの波
音源は点Aから点Bへと移動します。
この間に1つ目の波は，点Aを中心として広がります。
で!! 点Bで2つ目の波が出る!!
A B C
2つめの波
1つめの波
音源は点Bから点Cへと移動します。
この間に1つ目の波は点Aを中心に，2つ目の波は点Bを中心に広がります。
で!! 点Cで3つ目の波が出る!!
これをくり返して…
音波はこんな感じで広がっていきます。
音源が遠ざかる方向にいる観測者
音源が近づいている方向にいる観測者
波長が長い!!
波長が短い!!
なるほど!
観測者の位置によって，波長が変化することが確認できます。

あとは，問題をとおして解説してまいりましょう。

解答でござる

(1)　音速がV[m/s]であるから，音波が1秒間に進む距離は，

V[m]　…(答)

おい!!　おい!!
簡単すぎるぞ!!

(2)　音源は速さv[m/s]で観測者に近づいているから，1秒間に音源が観測者に近づく距離は，

v[m]　…(答)

おい!!　おい!!
またかよ!!
バカにすんな!!

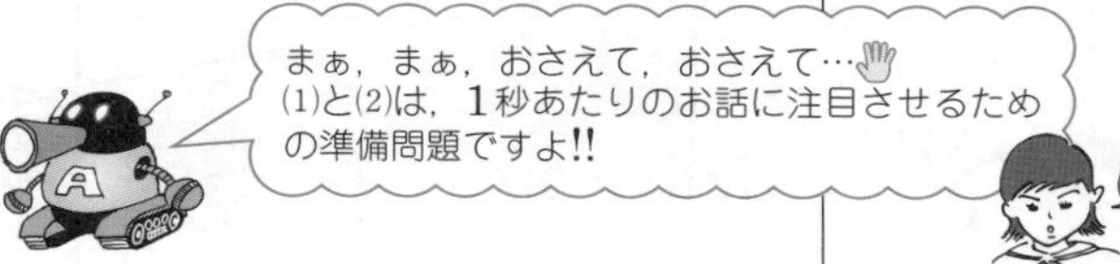

(3)　振動数がf[Hz]であるから，1秒間に音源が出した波の個数は，

f[個]　…(答)

振動数のそもそもの意味は，1秒間に出す波の個数でしたね!!
あやふやな人はp.396を復習せよ!!

(4)

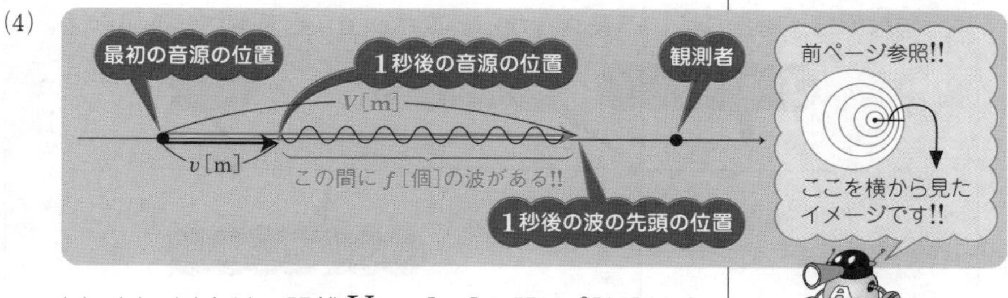

(1)，(2)，(3)より，距離$V-v$[m]の間にf[個]の波が存在するから，観測される音波の波長をλ'[m]として，

$$\lambda' = \frac{V-v}{f}\text{[m]}\quad\cdots\text{(答)}$$

波長とは，波ひとつ分の長さです。つまり，距離を個数でわればOKです。

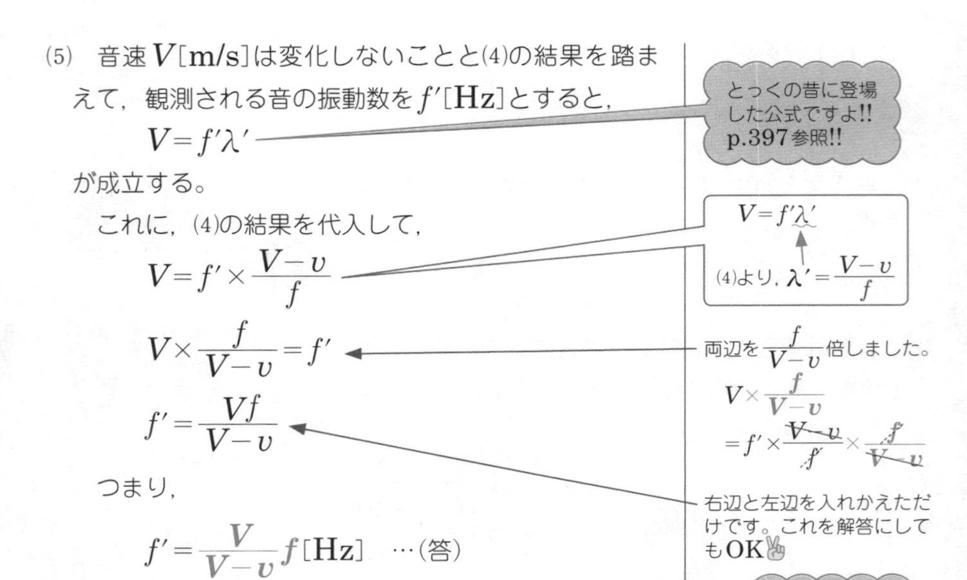

(5) 音速 V[m/s]は変化しないことと(4)の結果を踏まえて，観測される音の振動数を f'[Hz]とすると，

$$V = f'\lambda'$$

が成立する。

これに，(4)の結果を代入して，

$$V = f' \times \frac{V-v}{f}$$

$$V \times \frac{f}{V-v} = f'$$

$$f' = \frac{Vf}{V-v}$$

つまり，

$$f' = \frac{V}{V-v} f \text{[Hz]} \quad \cdots(\text{答})$$

ちなみに，静止している観測者から音源が v[m/s]で遠ざかる場合は…

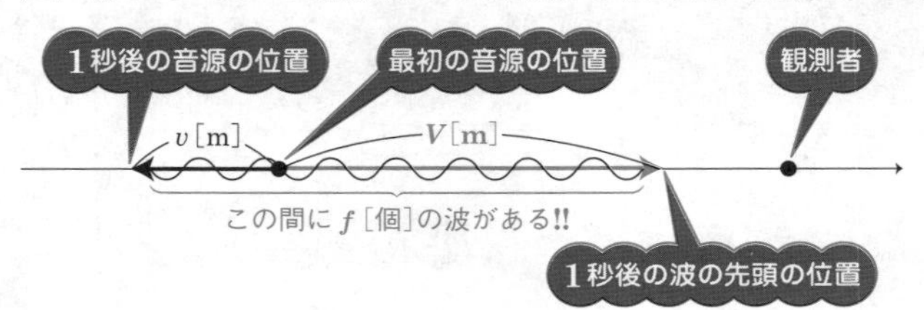

よって，観測される音波の波長 λ' は…

$$\lambda' = \frac{V+v}{f} \text{[m]}$$

となる!!

“観測者が動く場合のドップラー効果”

とりあえず結論から…

公式 Part II

音速を $\boldsymbol{V}$[m/s]，音源の振動数を $\boldsymbol{f}$[Hz]，観測される音の振動数を $\boldsymbol{f'}$[Hz]として…

① 観測者が $\boldsymbol{u}$[m/s]で静止している音源に近づく場合

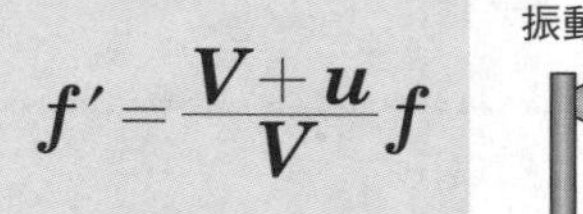

$$f' = \frac{V+u}{V}f$$

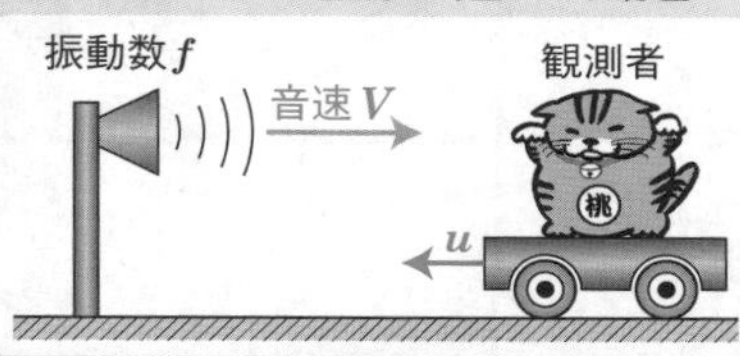

② 観測者が $\boldsymbol{u}$[m/s]で静止している音源から遠ざかる場合

$$f' = \frac{V-u}{V}f$$

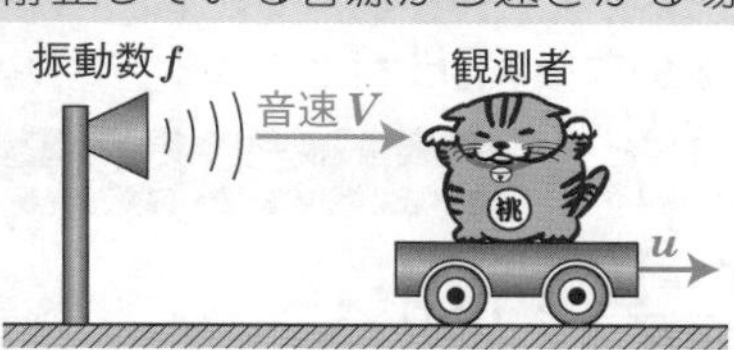

ちょっと言わせて

今回も 公式 Part I のときと同様です!!

① 観測者が音源に近づく ⟹ 音が高くなる!! ⟹ 振動数大

つまり…

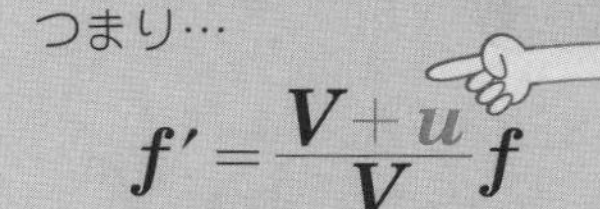

$$f' = \frac{V+u}{V}f$$

f'を大きくするためには，分子は大きいほうがよい!!　よって，**プラス!!**

② 観測者が音源から遠ざかる ⟹ 音が低くなる!! ⟹ 振動数小

つまり…

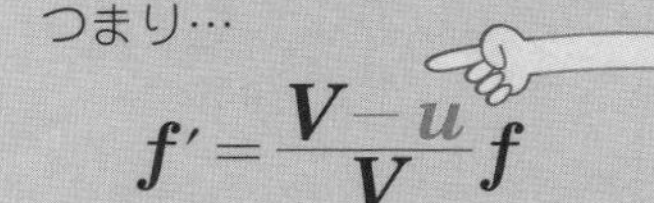

$$f' = \frac{V-u}{V}f$$

f'を小さくするためには，分子が小さいほうがよい!!　よって，**マイナス!!**

まず，この公式を使ってみよう!!

問題142 キソ

(1) 振動数680[Hz]の音波を出す音源に，20[m/s]の速さで観測者が近づくとき，観測される音の振動数を求めよ。ただし，音速は340[m/s]とする。

(2) 振動数510[Hz]の音波を出す音源から，40[m/s]の速さで観測者が遠ざかるとき，観測される音の振動数を求めよ。ただし，音速は340[m/s]とする。

解答でござる

(1) $V=340$[m/s]，$u=20$[m/s]，$f=680$[Hz]，
観測される音の振動数をf'[Hz]とすると，

$$f'=\frac{V+u}{V}f$$

観測者が近づく場合の公式

$$=\frac{340+20}{340}\times 680$$

$$=\frac{360}{340}\times 680$$

$$=\mathbf{720}\text{[Hz]}$$ …(答)

$\frac{360}{340}\times \overset{2}{\cancel{680}}$
$=360\times 2$
$=720$

(2) $V=340$[m/s]，$u=40$[m/s]，$f=510$[Hz]，
観測される音の振動数をf'[Hz]とすると，

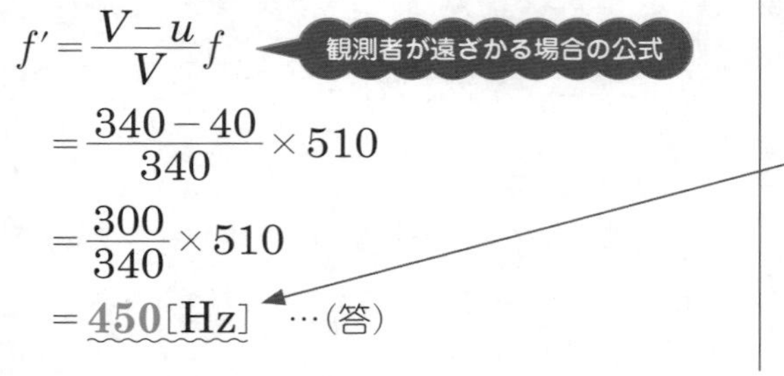

$$f'=\frac{V-u}{V}f$$

観測者が遠ざかる場合の公式

$$=\frac{340-40}{340}\times 510$$

$$=\frac{300}{340}\times 510$$

$$=\mathbf{450}\text{[Hz]}$$ …(答)

$\frac{300}{\underset{2}{\cancel{340}}}\times \overset{3}{\cancel{510}}$
$=\frac{300}{2}\times 3$
$=150\times 3$
$=450$

では，証明タイムです。

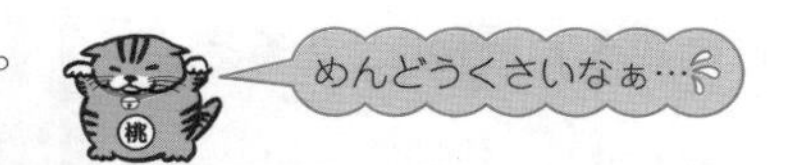

問題143　標準

振動数が f[Hz]の音を出す静止している音源に，速さ u[m/s]で観測者が近づいている。音速を V[m/s]として，次の各問いに答えよ。

(1)　観測される音波の波長を求めよ。

(2)　観測者から見た音速を求めよ。

(3)　観測される音の振動数を求めよ。

ナイスな導入

今回は音源が静止しているので，**波長λは変化しない!!**

本問のポイントは…ズバリ!!　観測者から見た音速が変わることです!!

これを踏まえて…

“相対速度”のお話ですな…

解答でござる

(1)　観測される音波の波長を λ とすると，

$$V = f\lambda$$

より，

$$\lambda = \frac{V}{f}\text{[m]} \quad \cdots(\text{答})$$

> 観測者の動きは波長には関与しません。
> 音源から，音速 V[m/s]，振動数 f[Hz]の音波が出ていることだけを考えてください。

(2)　観測者から見た音速を V'[m/s]とすると，

$$V' = V + u\text{[m/s]} \quad \cdots(\text{答})$$

> 観測者は音源に近づいているので，実際の音速よりも自分の速さの分だけ音速を速く感じる。
> 相対速度の考え方です!!

(3) 観測される音の振動数を f'[Hz]とすると,

$$V' = f'\lambda$$

が成立する。

これに(1)と(2)の結果を代入して,

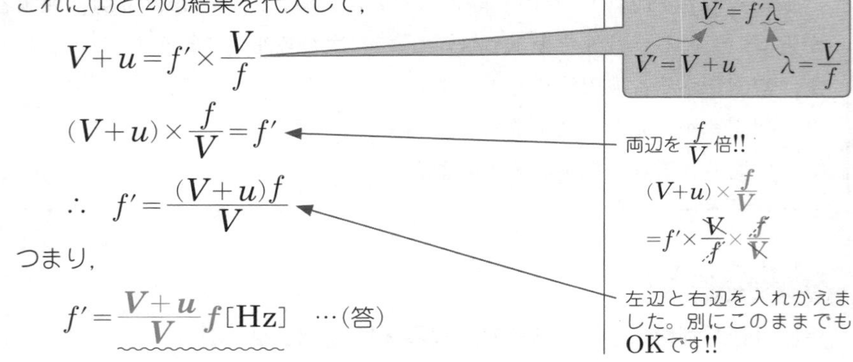

$$V + u = f' \times \frac{V}{f}$$

$$(V+u) \times \frac{f}{V} = f'$$

$$\therefore \quad f' = \frac{(V+u)f}{V}$$

つまり,

$$f' = \frac{V+u}{V} f \text{[Hz]} \quad \cdots (答)$$

補足コーナー

静止している音源から, 速さ u[m/s]で観測者が遠ざかる場合は…
観測者の速さの分だけ音速が遅くなるので,
観測者から見た音速が $V - u$[m/s]になるだけです。

“音源も観測者も動くぜーっ!!”

その1とその2の合作です!!

この公式は 問題141 と 問題143 のお話を合体させれば証明できます。よって，今回は証明はスルーしますよ

賛成!!

波動

公式 Part Ⅲ

音速を$\boldsymbol{V}$[m/s]，音源の振動数を$\boldsymbol{f}$[Hz]，観測される音の振動数を$\boldsymbol{f'}$[Hz]とする。

さらに，一直線上における音源の速さを$\boldsymbol{v}$[m/s]，観測者の速さを$\boldsymbol{u}$[m/s]とすると…

$$f' = \frac{V \pm u}{V \pm v} f$$

分子が観測者

分母が音源

で!! 符号についてですが…

観測される振動数f'を大きくするべきか？　小さくするべきか？　を考えて符号を決めてください!!

例えば，下図のような場合では…

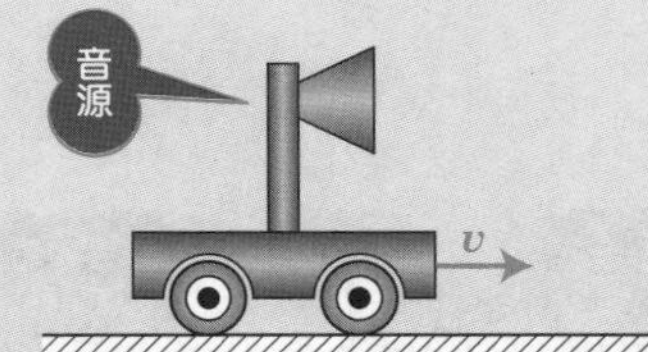

音源は観測者に近づこうとしています!!

つまり，観測される振動数f'を大きくするはたらきがある!!

よって，分母は$\boldsymbol{V - v}$のほうがよい!!

観測者は音源に近づこうとしています!!

つまり，観測される振動数f'を大きくするはたらきがある!!

よって，分子は$\boldsymbol{V + u}$のほうがよい!!

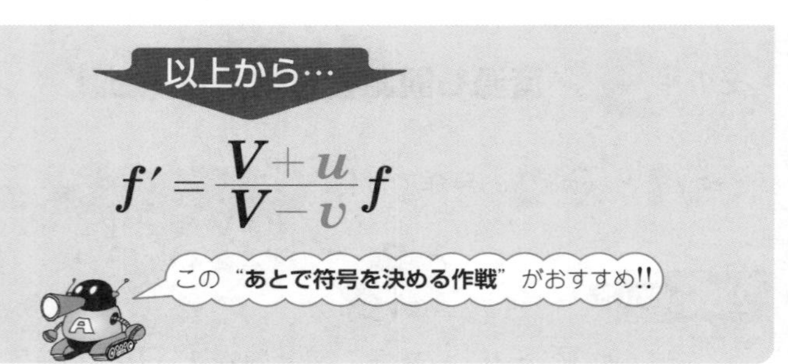

となります。

では，実際にやってみましょう。

問題144 標準

(1) パトカーが振動数640[Hz]のサイレンを鳴らしながら，前方を爆走するオートバイを追いかけている。パトカーの速さが20[m/s]，オートバイの速さが30[m/s]であるとき，オートバイに乗っている悪人が聞くサイレンの振動数を求めよ。ただし，音速を340[m/s]とする。

(2) お互いに逆向きに走行する740[Hz]のサイレンを鳴らしているパトカーとタクシーがすれ違う。パトカーの速さは30[m/s]で，タクシーの速さは20[m/s]である。すれ違ったあとにタクシーの運転手が聞くサイレンの振動数を求めよ。ただし，音速を340[m/s]とする。

(1)

本問では…

分　子

観測者は遠ざかろうとしています。

つまり… 振動数を小さくするはたらきがある!!

よって… 分子は小さいほうがよいので，$V-u$ を選択!!

分　母

音源は近づこうとしています。

つまり… 振動数を大きくするはたらきがある!!

よって… 分母は小さいほうがよいので，$V-v$ を選択!!

以上から…

$$f'=\frac{V-u}{V-v}f$$

(2)

パトカーとタクシーがすれ違ったあとのお話だから…

分　子

観測者は遠ざかろうとしています。

つまり… 振動数を小さくするはたらきがある!!

よって… 分子は小さいほうがよいから，$V-u$ を選択!!

分 母

音源も遠ざかろうとしています。

つまり… 振動数を小さくするはたらきがある!!

よって… 分母は大きいほうがよいから，$\boldsymbol{V+u}$ を選択!!

以上から…

$$f'=\frac{V-u}{V+v}f$$

解答でござる

(1) 観測されるサイレンの振動数を f'[Hz]として，

$$f'=\frac{340-30}{340-20}\times 640$$

$$=\frac{310}{320}\times 640$$

$$=\mathbf{620}\text{[Hz]}$$ …(答)

> $f'=\dfrac{V-u}{V-v}f$
> $u=30$[m/s]
> $v=20$[m/s]
> $f=640$[Hz]
> 符号については **ナイスな導入** 参照!!

(2)

$$f'=\frac{340-20}{340+30}\times 740$$

$$=\frac{320}{370}\times 740$$

$$=\mathbf{640}\text{[Hz]}$$ …(答)

> $f'=\dfrac{V-u}{V+v}f$
> $u=20$[m/s]
> $v=30$[m/s]
> $f=740$[Hz]
> 符号については **ナイスな導入** 参照!!

Theme 44 さらに突っ込んだドップラー効果

その1 “風が吹いている場合!!”

媒質である空気が運動しているので，風速が音速に関与します。

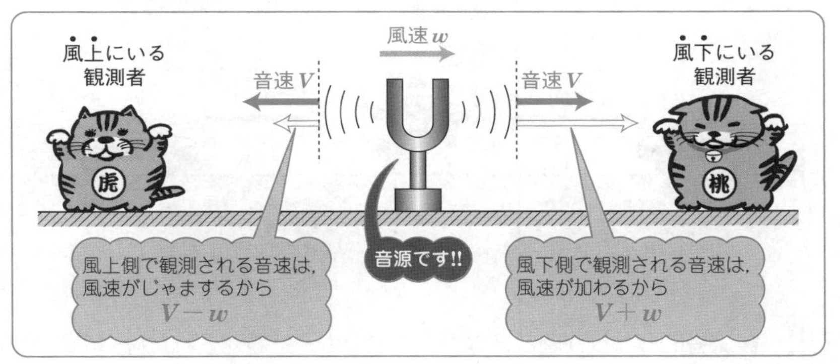

問題145 ちょいムズ

それは風が強い日のできごとだった…。

同じ道路を向かい合って走行する2台のパトカーがあった。一方は，880[Hz]のサイレンを鳴らしながら30[m/s]の速さで東向きに走行しており，もう一方は，900[Hz]のサイレンを鳴らしながら20[m/s]の速さで西向きに走行していた。この2台のパトカーの間で静止していた観測者にはまったくうなりが聞こえなかったとき，風の吹く向きと速さを求めよ。ただし，風がない場合の音速を340[m/s]とする。

ナイスな導入

風が東向きに風速w[m/s]で吹いていたとする!!

とりあえず，風向きを決めておかないと何もできない
もしも，逆向き(西向き)だったら，負の値が求まるだけです。

すると…

観測される音速は…

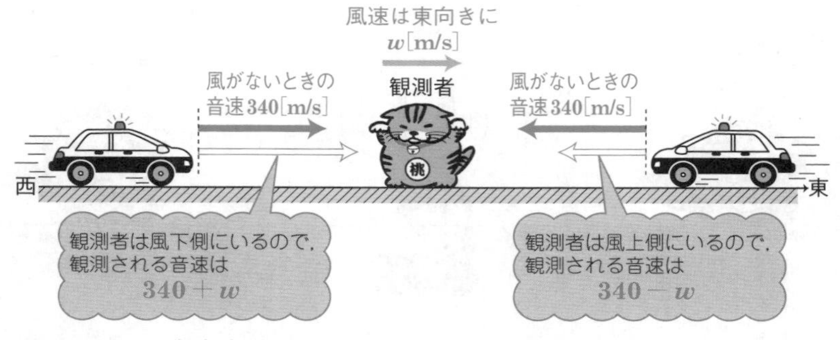

で!!　観測者にうなりが聞こえなかったことから，観測された両方のパトカーのサイレンの**振動数は等しい!!**

以上を踏まえて，ドップラー効果の公式を活用すればラク勝

解答でござる

風が東向きに風速w[m/s]で吹いていたとする。観測された，東向きに走行しているパトカーのサイレンの振動数をf_1[Hz]とすると，

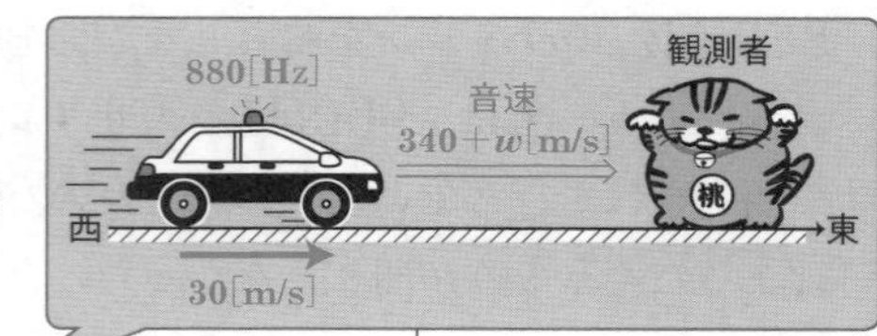

$$f_1=\frac{340+w}{340+w-30}\times 880$$

$$\therefore\quad f_1=\frac{340+w}{310+w}\times 880 \quad \cdots ①$$

パトカーは観測者に近づこうとしている!!
振動数を大きくしたいから，ここはマイナス!!

観測された，西向きに走行しているパトカーのサイレンの振動数をf_2[Hz]とすると，

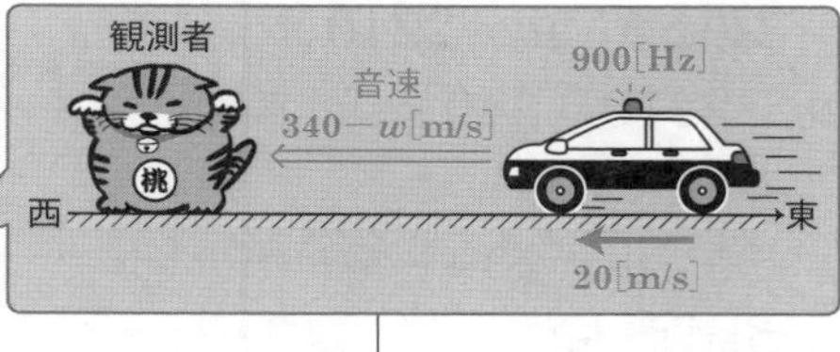

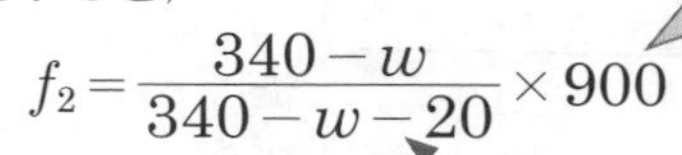

$$f_2=\frac{340-w}{340-w-20}\times900$$

$$\therefore\quad f_2=\frac{340-w}{320-w}\times900\quad\cdots②$$

パトカーは観測者に近づこうとしている!! 振動数を大きくしたいから，ここはマイナス!!

観測者にまったくうなりが聞こえなかったことから，

$$f_1=f_2\quad\cdots③$$

振動数に差が出ると，うなりが生じてしまう。

波動

①と②を③に代入して，

$$\frac{340+w}{310+w}\times880=\frac{340-w}{320-w}\times900$$

数の大きさにビビるな!! 少しずつ計算すればよい!!

$$(340+w)\times880\times(320-w)=(340-w)\times900\times(310+w)$$

両辺の分母をはらいました!!

$$880(340+w)(320-w)=900(340-w)(310+w)$$

並べかえただけです。

$$44(340+w)(320-w)=45(340-w)(310+w)$$

両辺を20でわった!!

$$44(340\times320-20w-w^2)=45(340\times310+30w-w^2)$$

まだ計算しない!!　まだ計算しない!!

両辺の(　)内を展開!!

$$44\times340\times320-880w-44w^2=45\times340\times310+1350w-45w^2$$

まだ計算しない!!　まだ計算しない!!

$$w^2-2230w+44\times340\times320-45\times340\times310=0$$

$$w^2-2230w+340\times130=0$$

このままのほうがよい!!

340に注目せよ!!
$340\times(44\times320-45\times310)$
$=340\times(14080-13950)$
$=340\times130$

$$(w-20)(w-2210)=0$$

340×130
‖
$2\times17\times10\times13\times10$
‖
$2\times10\times17\times13\times10$
‖
20×2210
のように見つけることができる!!

$$\therefore\quad w=20,\ 2210$$

このとき，$w=2210$は，

$w=2210>340$より，不適 ← 音速を超えてしまう

よって，

$w=20$ ← プラスの解が求まりました!! つまり，東向きでOK!!

つまり，風は，

東向きに20[m/s]の速さで吹いている …(答)

$(w-20)(w-2210)=0$

$\therefore\ w=20,\ 2210$

ここで，2210[m/s]の風速の場合も求まりますが，風速は音速よりも小さいと考えるのが常識です!!

その2 “反射板がある場合!!”

具体的な問題をとおして解説します。

問題146　ちょいムズ

下図のように，音源S，観測者M，反射板Rがこの順に並び，Sが右向きに速さv[m/s]，Mが右向きにu[m/s]で移動し，Rは静止している。Sが出している音の振動数はf[Hz]とする。音速をV[m/s]として，次の各問いに答えよ。ただし，$v<V$，$u<V$とする。

(1)　Mが観測するSから直接届く音の振動数を求めよ。
(2)　反射板Rで反射される音の振動数を求めよ。
(3)　Mが観測するRで反射される音の振動数を求めよ。
(4)　Mが観測する1秒あたりのうなりの回数を求めよ。

ナイスな導入

(1)　これまでどおりの問題です。
(2)　ある意味主役です!!

反射板は観測者でもあり，音源でもある!!

反射板Rは観測者としてSからの音を受け取ります。

そして!!　音源として，そのまま音を反射します。

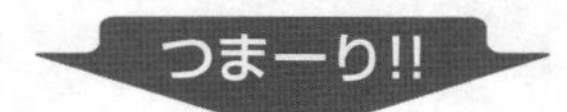

Rが観測するSからの振動数 ＝ Rで反射される音の振動数

(3)　(2)が解決すれば，今までの問題と変わりません

(4)　うなりと言えば…？

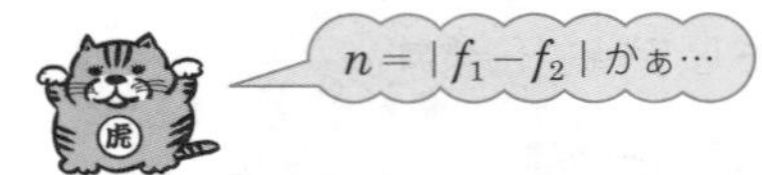

(1)

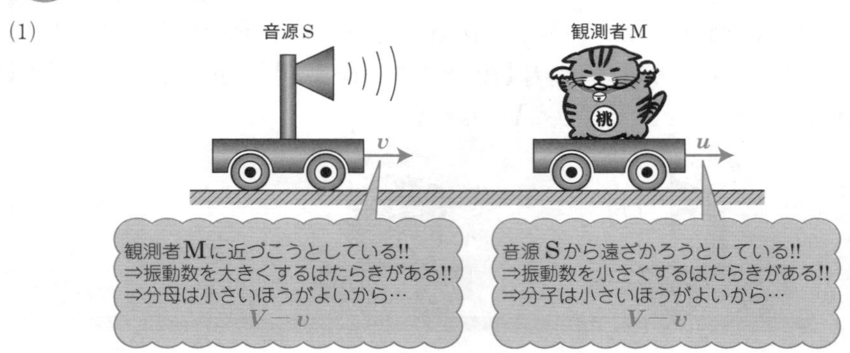

Mが観測する，Sから直接届く音の振動数をf_1[Hz]とすると，

$$f_1=\frac{V-u}{V-v}f\,[\mathrm{Hz}]\quad\cdots(\text{答})$$

(2)

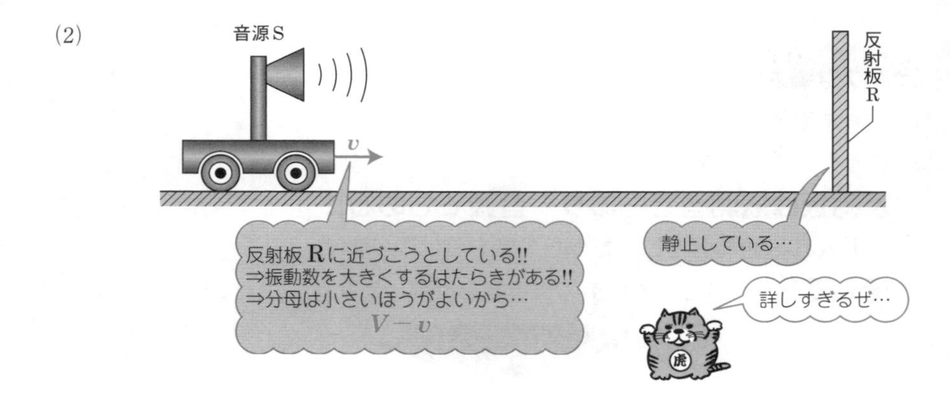

反射板Rが観測する，Sからの音の振動数をf_2[Hz]とすると，

$$f_2=\frac{V}{V-v}f\,[\text{Hz}]$$

反射板Rはこの音をそのまま反射するから，反射板Rで反射される音の振動数は，

$$f_2=\frac{V}{V-v}f\,[\text{Hz}]\quad\cdots(答)$$

同じです!!

(3)

Mが観測する，Rで反射される音の振動数をf_3[Hz]とすると，

$$f_3=\frac{V+u}{V}f_2$$

これに(2)の結果を代入して，

$$f_3=\frac{V+u}{V}\times\frac{V}{V-v}f$$

$$f_3=\frac{V+u}{\cancel{V}}\times\frac{\cancel{V}}{V-v}f$$

$$\therefore\quad f_3=\frac{V+u}{V-v}f\,[\text{Hz}]\quad\cdots(答)$$

(4) Mが観測する，1秒あたりのうなりの回数をnとすると，nはMが観測した2つの音の振動数の差で表される。

さらに，$f_3 > f_1$であるから，

$$n = f_3 - f_1$$
$$= \frac{V+u}{V-v}f - \frac{V-u}{V-v}f$$
$$= \frac{(V+u)f}{V-v} - \frac{(V-u)f}{V-v}$$
$$= \frac{Vf+uf}{V-v} - \frac{Vf-uf}{V-v}$$
$$= \frac{2uf}{V-v}\text{［回］} \quad \cdots\text{(答)}$$

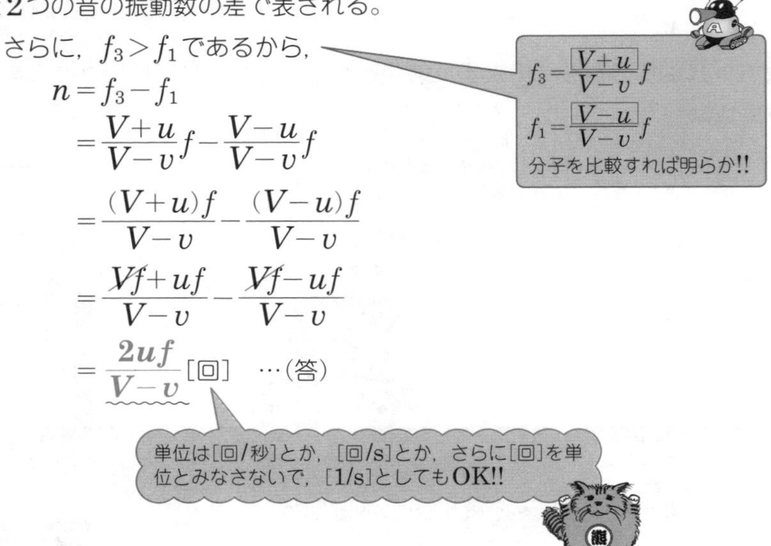

Theme 45 弦の振動

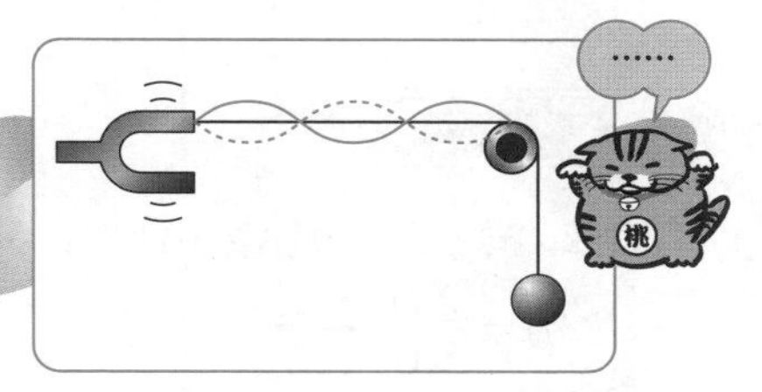

その1 “弦を伝わる波の速さ”

公式でーす!!

線密度 ρ（ロー）[kg/m]の弦を張力 S[N]で張った場合，弦を伝わる横波の速さ v[m/s]は…

$$v = \sqrt{\frac{S}{\rho}}$$

で表されます。ここで，**線密度**とは弦1[m]あたりの質量のことです。

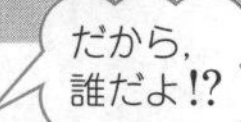

とりあえず活用してみましょう。

問題147　キソ

長さ5.0[m]，質量2.0[kg]の弦を8.1[N]の張力で張った場合，弦を伝わる横波の速さを求めよ。

解答でござる

この弦の線密度をρ[kg/m]とすると,

$$\rho=\frac{2.0}{5.0}$$

$$=0.40[\text{kg/m}]$$

5.0[m]で2.0[kg]です!!

線密度は1[m]あたりの弦の質量だよ!!

さらに，弦を張った張力が$S=8.1$[N]であるから，弦を伝わる横波の速さをv[m/s]とすると,

$$v=\sqrt{\frac{S}{\rho}}$$ 公式です!!

$$=\sqrt{\frac{8.1}{0.40}}$$

$S=8.1$[N]
$\rho=0.40$[kg/m]
を代入しました!!

$$=\sqrt{\frac{81}{4}}$$

$$\sqrt{\frac{0.1}{0.40}}=\sqrt{\frac{8.1\times10}{0.40\times10}}=\sqrt{\frac{81}{4}}$$

$$=\frac{9}{2}$$

$$\sqrt{\frac{81}{4}}=\frac{\sqrt{81}}{\sqrt{4}}=\frac{9}{2}$$

$=$ **4.5**[m/s] …(答)

お節介コーナー

前ページの公式の単位チェックをしてみよう!!

左辺の$\boldsymbol{v}$の単位は[m/s]です。

さらに…

Sの単位は，[N](ニュートン)$=$[kg]$\times$[m/s^2]

$F=ma$を思い出そう!!
[N]$=$[kg]$\times$[m/s^2]です!!

ρの単位は，[kg/m]

以上より,

右辺の$\sqrt{\dfrac{S}{\rho}}$の単位は…

$$\sqrt{\frac{[\text{kg}]\times[\text{m/s}^2]}{[\text{kg/m}]}}=\sqrt{\frac{[\text{m/s}^2]}{[1/\text{m}]}}=\sqrt{\frac{[\text{m/s}^2]\times[\text{m}]}{[1/\text{m}]\times[\text{m}]}}=\sqrt{\frac{[\text{m}^2/\text{s}^2]}{1}}$$

$$=\sqrt{[(\text{m/s})^2]}=[\text{m/s}]$$

両辺の単位がピッタリ一致しました✌

“弦の振動の問題と言えば…”

いつもいつもこんな感じです♥

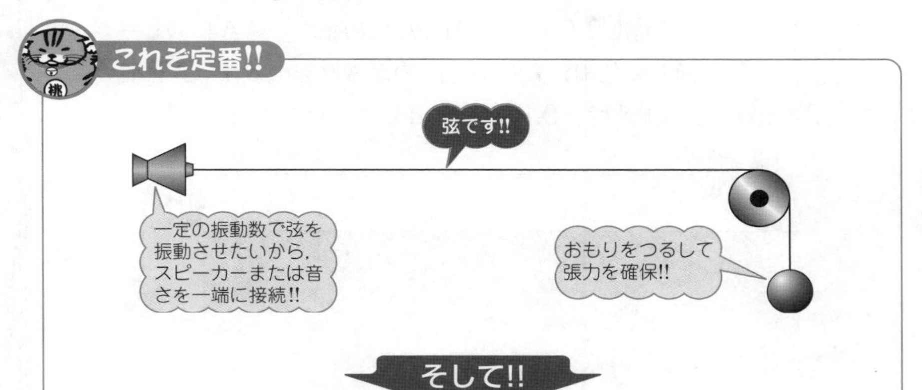

そして!!

スピーカー（または音さ）から送り出された横波は他端（おもり側）で反射され，入射波と反射波の合成波である定在波が生じる!!

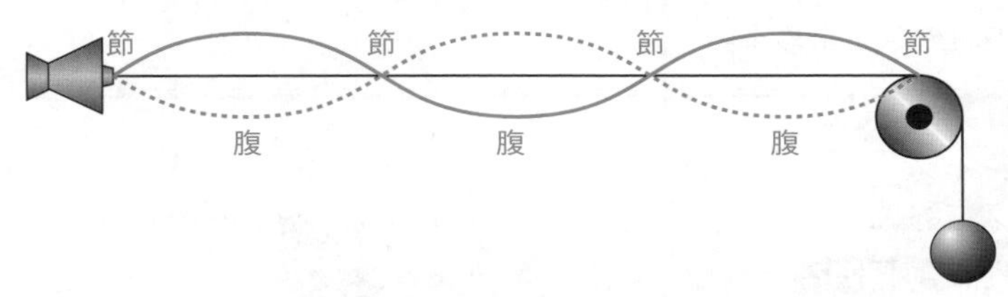

注　このとき，両端は自由に大きく振動することができないので，必ず節になります。固定端ってことです。

問題をとおしてコツをつかんでいきましょう。

問題148 **標準**

下図のように，線密度2.0×10^{-4}[kg/m]の弦の一端Aにスピーカーをつけ，滑車Bを通して他端に質量16[g]のおもりをつるす。AB間の長さを0.20[m]，重力加速度を9.8[m/s^2]として，次の各問いに答えよ。

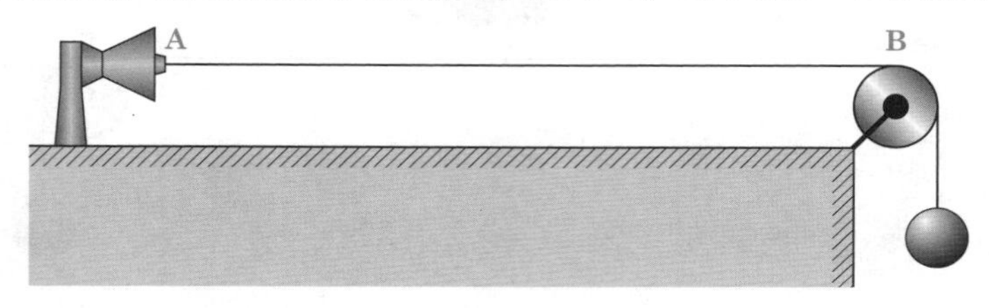

(1) この弦を伝わる波の速さを求めよ。

(2) AB間に5つの腹をもつ定在波を生じさせるための，スピーカーの振動数を求めよ。

(3) スピーカーの振動数を280[Hz]に設定したとき，AB間に生じる定在波の腹の数を求めよ。

ナイスな導入

(1) これは 問題147 と同様です!!

(2) **波長は図から求めるべし!!**

AB間に5つの腹が生じるということは…

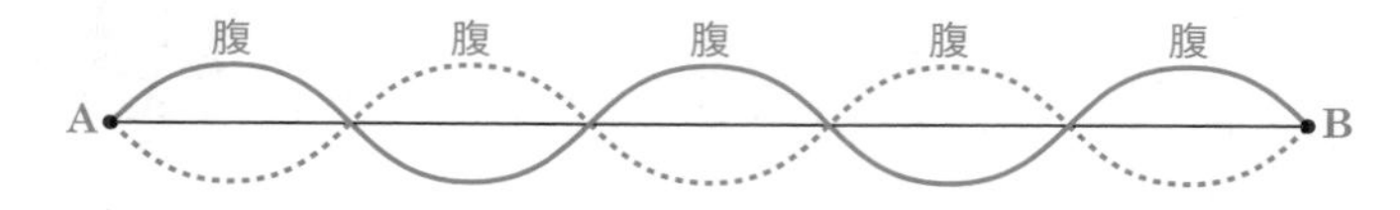

で!! 波長ひとつ分の長さは，腹2つ分です!!

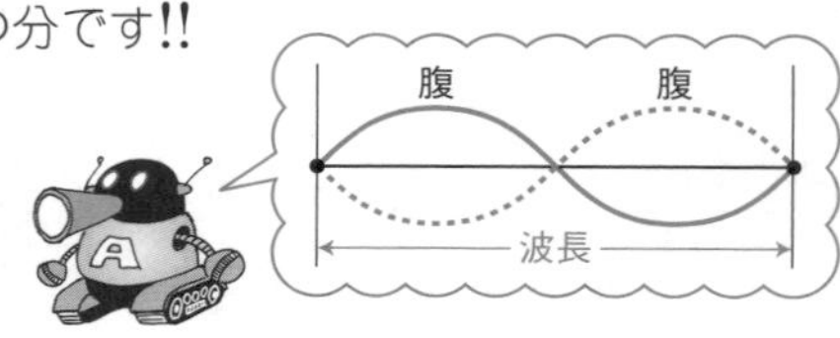

ここまで言えば，波長を求めるのは簡単ですね。
波長さえ求まれば，振動数も求まります。

(3) (2)の逆パターンです。まぁ，Tryしてみてください。

解答でござる

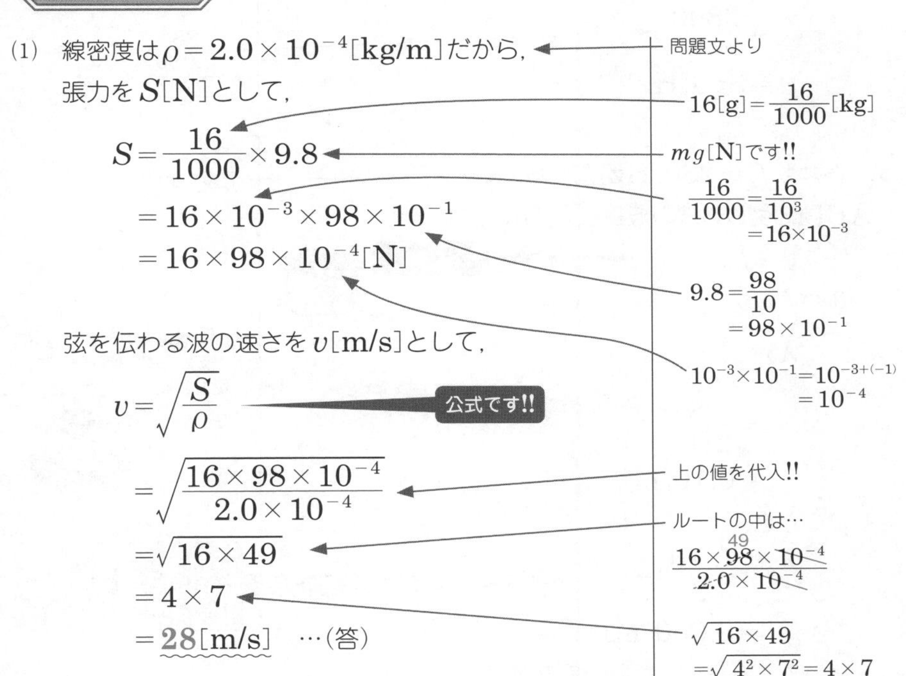

(1) 線密度は$\rho = 2.0\times10^{-4}$[kg/m]だから，← 問題文より
張力をS[N]として，

$$S = \frac{16}{1000}\times 9.8$$
$$= 16\times10^{-3}\times 98\times10^{-1}$$
$$= 16\times 98\times 10^{-4}\text{[N]}$$

$16[\text{g}] = \frac{16}{1000}[\text{kg}]$

mg[N]です!!

$\frac{16}{1000} = \frac{16}{10^3} = 16\times10^{-3}$

$9.8 = \frac{98}{10} = 98\times10^{-1}$

$10^{-3}\times10^{-1} = 10^{-3+(-1)} = 10^{-4}$

弦を伝わる波の速さをv[m/s]として，

$$v = \sqrt{\frac{S}{\rho}}$$ 公式です!!

$$= \sqrt{\frac{16\times98\times10^{-4}}{2.0\times10^{-4}}}$$
$$= \sqrt{16\times49}$$
$$= 4\times7$$
$$= \mathbf{28}\text{[m/s]} \quad \cdots(\text{答})$$

上の値を代入!!

ルートの中は…
$\frac{16\times\overset{49}{\cancel{98}}\times\cancel{10^{-4}}}{\cancel{2.0}\times\cancel{10^{-4}}}$

$\sqrt{16\times49} = \sqrt{4^2\times7^2} = 4\times7$

(2) AB間に5つの腹が生じたとき，半波長の長さ$\frac{\lambda_1}{2}$は，

$$\frac{\lambda_1}{2} = \frac{0.20}{5}$$
$$= 0.040$$
$$\therefore \quad \lambda_1 = 0.080\text{[m]}$$

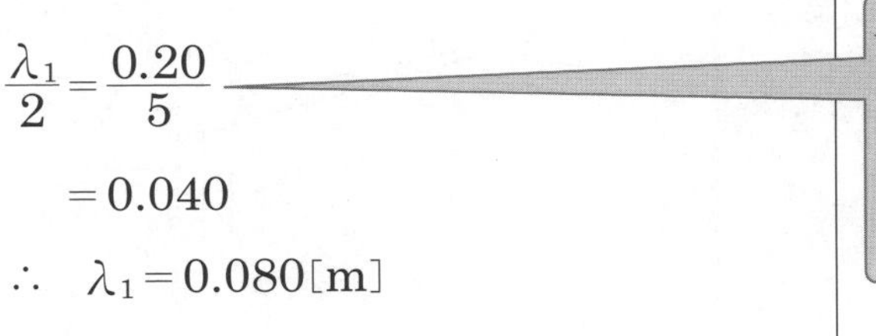

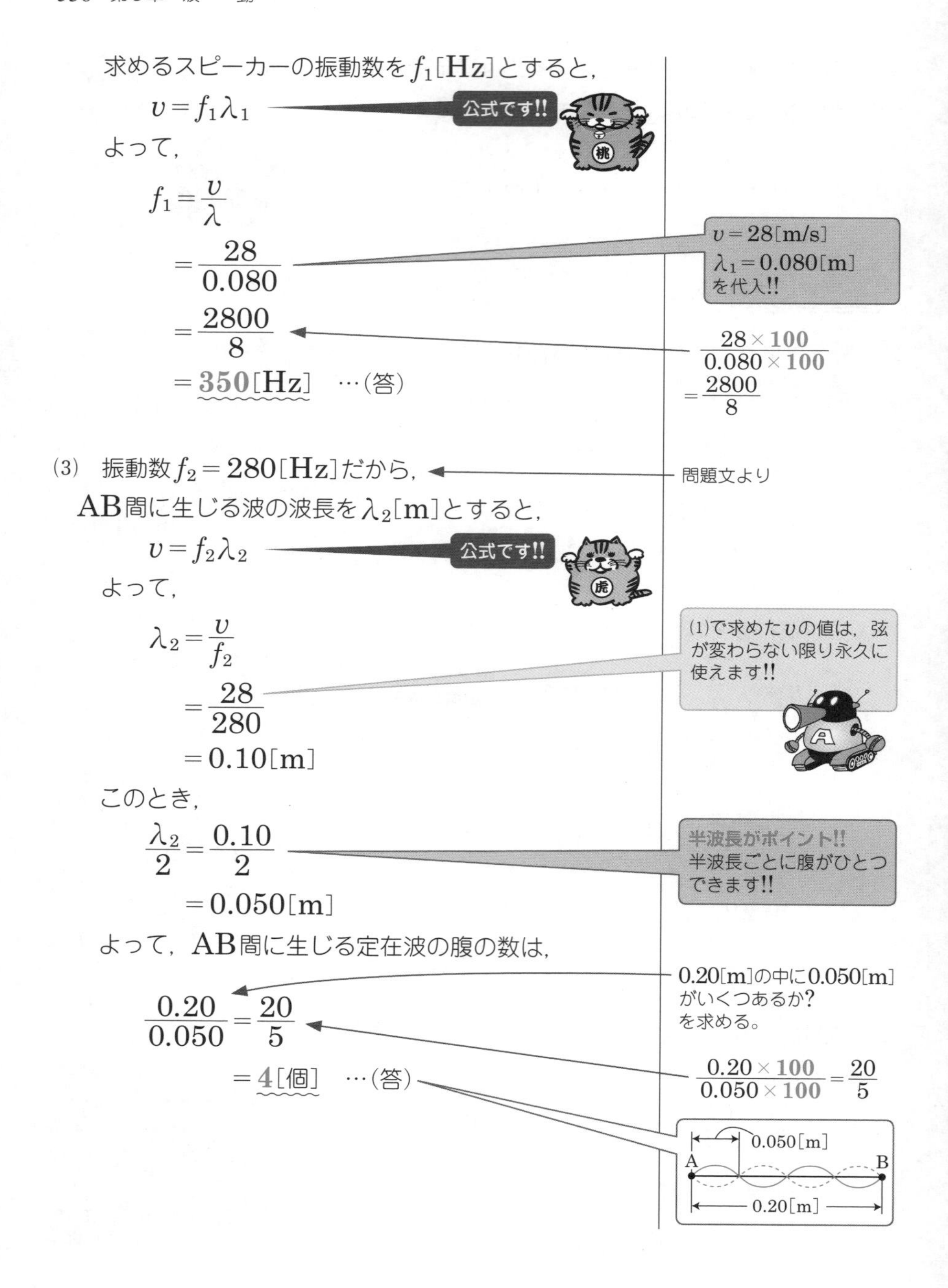

求めるスピーカーの振動数をf_1[Hz]とすると，

$$v = f_1\lambda_1$$

公式です!!

よって，

$$f_1 = \frac{v}{\lambda}$$

$$= \frac{28}{0.080}$$

$v = 28$[m/s]
$\lambda_1 = 0.080$[m]
を代入!!

$$= \frac{2800}{8}$$

$$\frac{28\times100}{0.080\times100} = \frac{2800}{8}$$

$$= \mathbf{350}[\mathrm{Hz}]$$ …(答)

(3) 振動数$f_2 = 280$[Hz]だから，（問題文より）

AB間に生じる波の波長をλ_2[m]とすると，

$$v = f_2\lambda_2$$

公式です!!

よって，

$$\lambda_2 = \frac{v}{f_2}$$

$$= \frac{28}{280}$$

(1)で求めたvの値は，弦が変わらない限り永久に使えます!!

$$= 0.10[\mathrm{m}]$$

このとき，

$$\frac{\lambda_2}{2} = \frac{0.10}{2}$$

$$= 0.050[\mathrm{m}]$$

半波長がポイント!!
半波長ごとに腹がひとつできます!!

よって，AB間に生じる定在波の腹の数は，

0.20[m]の中に0.050[m]がいくつあるか?を求める。

$$\frac{0.20}{0.050} = \frac{20}{5}$$

$$\frac{0.20\times100}{0.050\times100} = \frac{20}{5}$$

$$= \mathbf{4}[個]$$ …(答)

スピーカーを音さにかえてみましょう。

まぁ，考え方を覚えてくださいよ

問題149　モロ難

下図のように，線密度3.0×10^{-4}[kg/m]の弦の一端Aに横向きにした音さをつけ，滑車Bを通して他端に6.0[g]のおもりをつるす。AB間の長さを0.10[m]，重力加速度を9.8[m/s^2]として，次の各問いに答えよ。

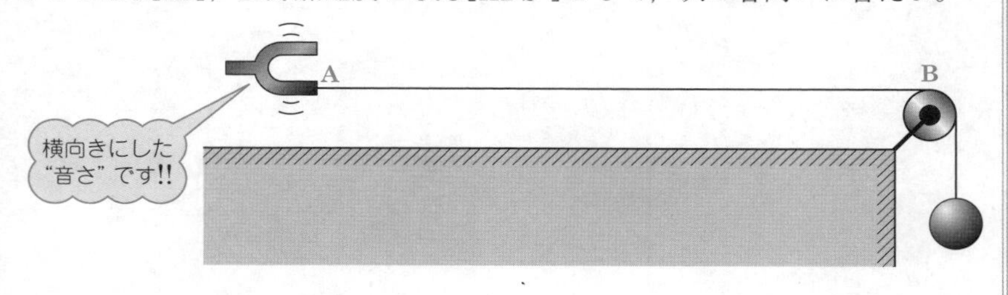

(1)　この弦を伝わる波の速さを求めよ。

(2)　この実験によって，AB間に10個の腹をもつ定在波が生じたとき，この音さの振動数を求めよ。

(3)　(2)の音さを縦向きにした場合，AB間に生じる定在波の腹の数を求めよ。

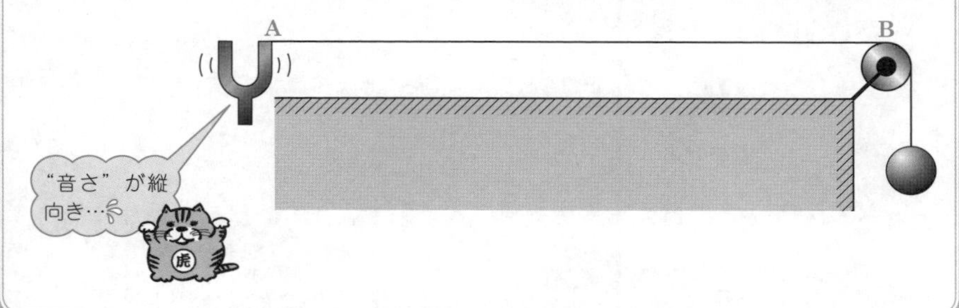

本問のテーマはズバリ**音さの向き**です!!
結論から申しますと…

① 音さが横向きの場合!!

正確に言うと，“音さの板と弦とが一直線になっている場合”です。

音さの振動数を f[Hz]，弦の振動数を f'[Hz]とすると…

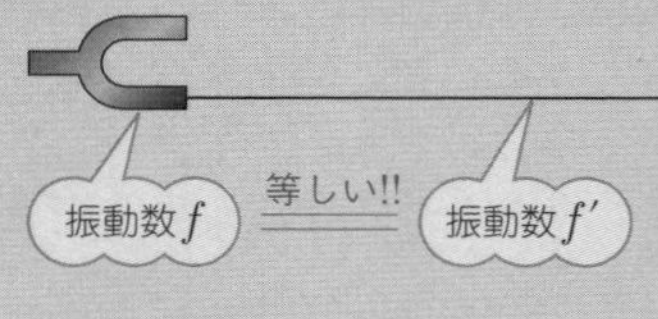

② 音さが縦向きの場合!!

正確に言うと，“音さの板と弦とが垂直になっている場合”です。

音さの振動数を f[Hz]，弦の振動数を f'[Hz]とすると…

$$f' = \frac{1}{2}f$$

半分!!

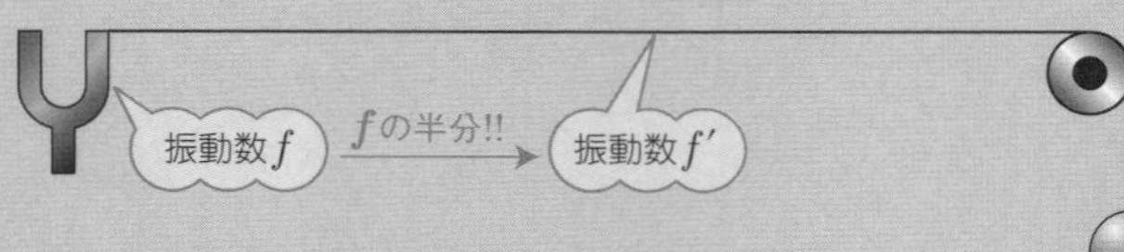

理由が気になりますよねぇ…??　では，スローモーションで

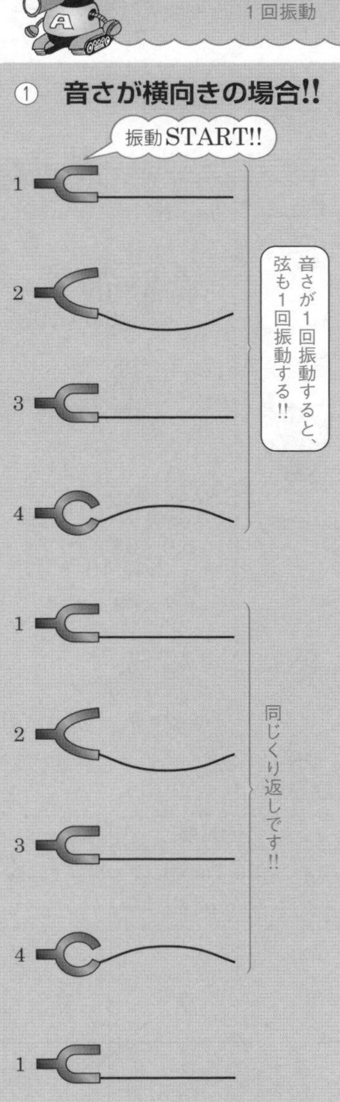

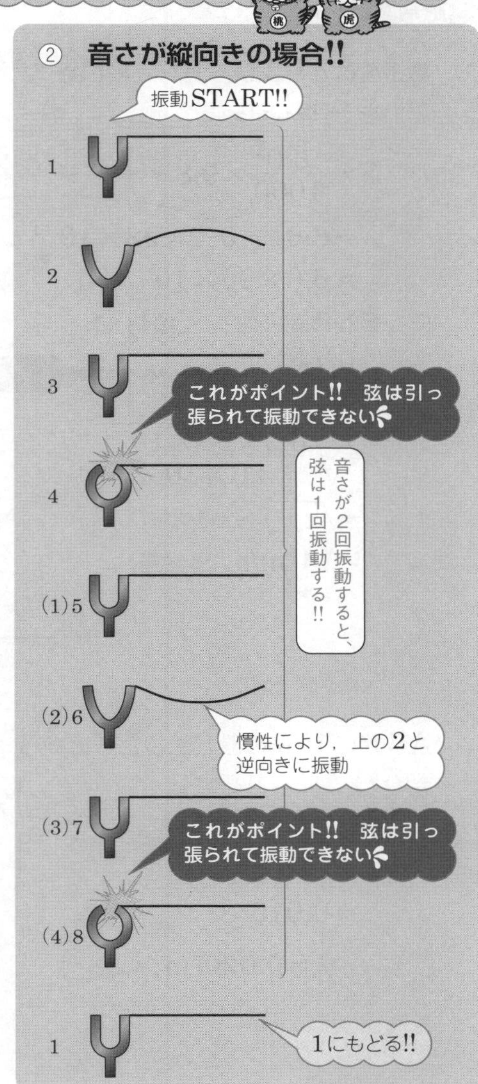

つまり，音さが縦向きの場合，弦の振動数は音さの振動数の$\frac{1}{2}$となる!!

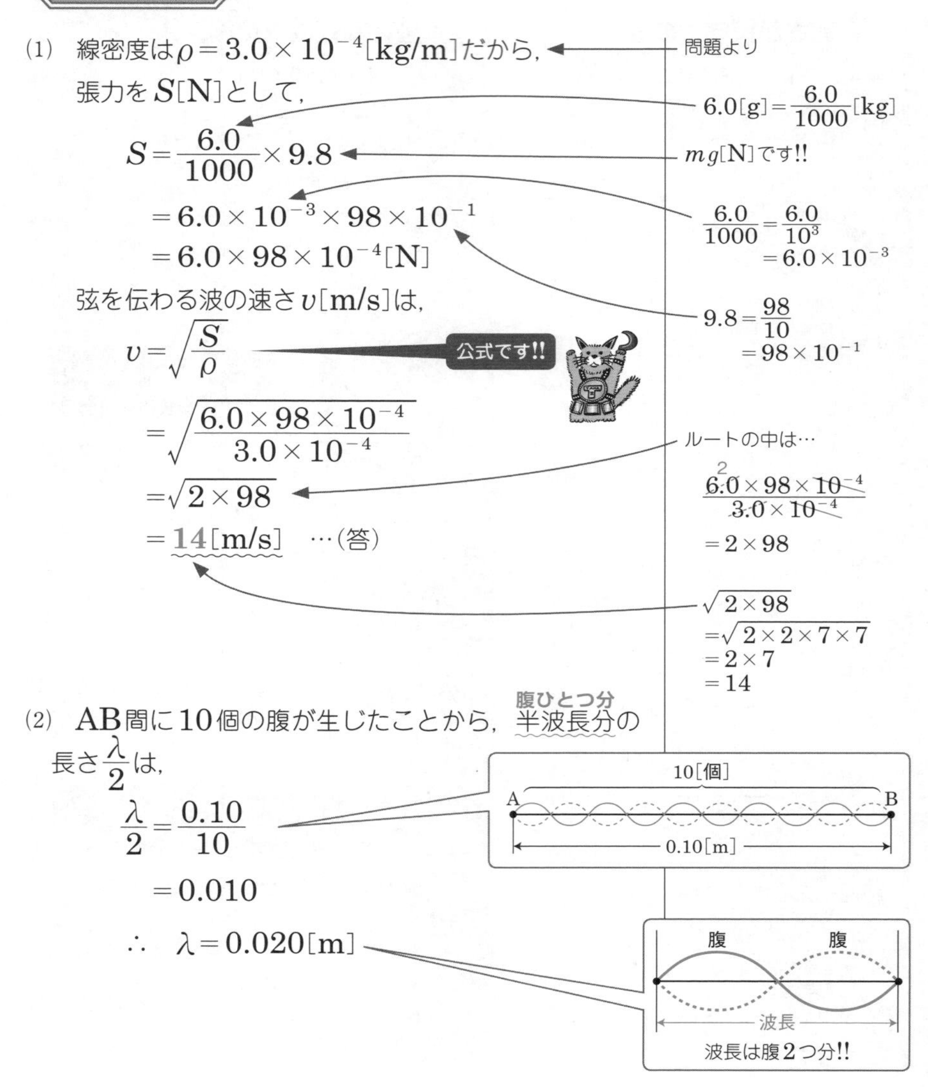

解答でござる

(1)　線密度は$\rho = 3.0 \times 10^{-4}$[kg/m]だから，　← 問題より

張力をS[N]として，

$$S = \frac{6.0}{1000} \times 9.8$$

$$= 6.0 \times 10^{-3} \times 98 \times 10^{-1}$$

$$= 6.0 \times 98 \times 10^{-4} \text{[N]}$$

$6.0\text{[g]} = \frac{6.0}{1000}\text{[kg]}$

mg[N]です!!

$\frac{6.0}{1000} = \frac{6.0}{10^3} = 6.0 \times 10^{-3}$

$9.8 = \frac{98}{10} = 98 \times 10^{-1}$

弦を伝わる波の速さv[m/s]は，

$$v = \sqrt{\frac{S}{\rho}}$$

公式です!!

$$= \sqrt{\frac{6.0 \times 98 \times 10^{-4}}{3.0 \times 10^{-4}}}$$

$$= \sqrt{2 \times 98}$$

$$= \mathbf{14}\text{[m/s]} \quad \cdots \text{(答)}$$

ルートの中は…

$\frac{6.0 \times 98 \times 10^{-4}}{3.0 \times 10^{-4}} = 2 \times 98$

$\sqrt{2 \times 98} = \sqrt{2 \times 2 \times 7 \times 7} = 2 \times 7 = 14$

(2)　AB間に10個の腹が生じたことから，半波長分（腹ひとつ分）の長さ$\frac{\lambda}{2}$は，

$$\frac{\lambda}{2} = \frac{0.10}{10}$$

$$= 0.010$$

$$\therefore \quad \lambda = 0.020\text{[m]}$$

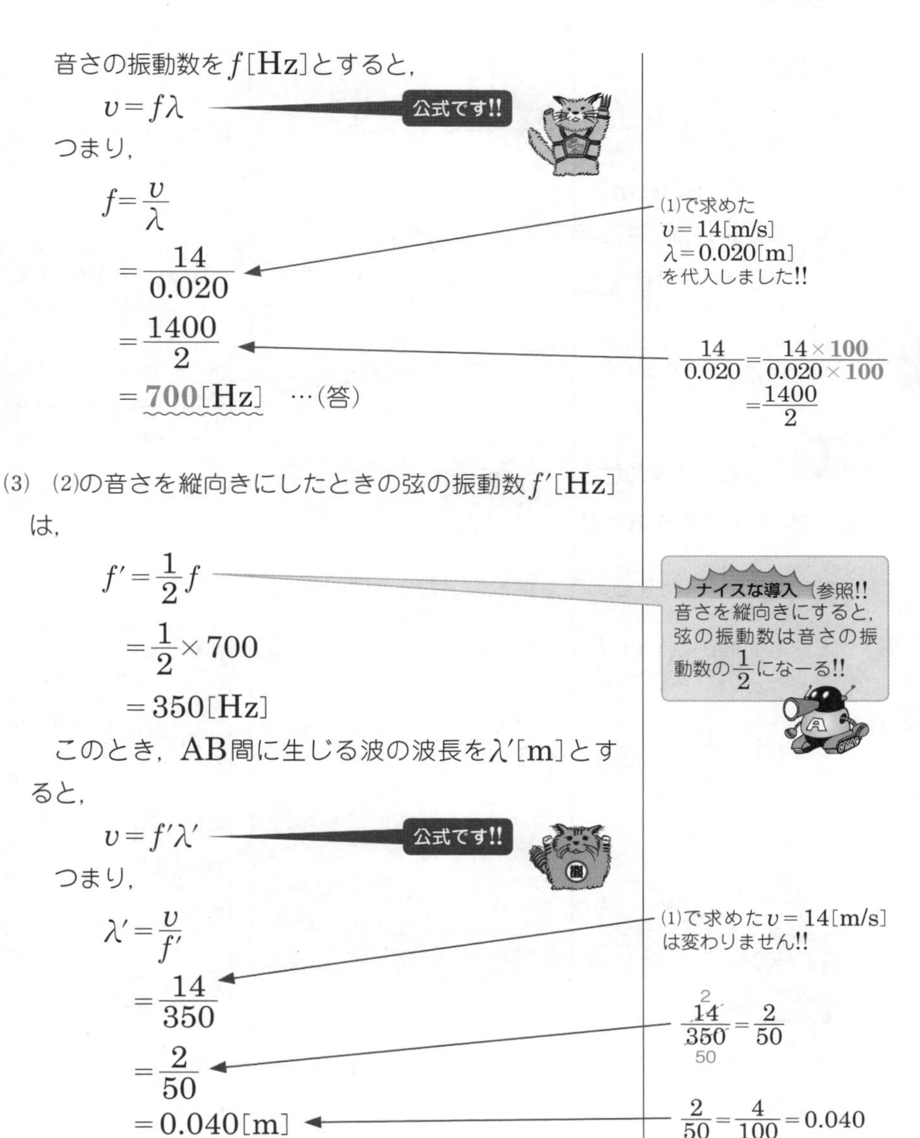

音さの振動数をf[Hz]とすると,

$$v = f\lambda$$

公式です!!

つまり,

$$f = \frac{v}{\lambda}$$

$$= \frac{14}{0.020}$$

(1)で求めた
$v = 14$[m/s]
$\lambda = 0.020$[m]
を代入しました!!

$$= \frac{1400}{2}$$

$$\frac{14}{0.020} = \frac{14 \times 100}{0.020 \times 100} = \frac{1400}{2}$$

$$= 700\text{[Hz]}$$ …(答)

(3)　(2)の音さを縦向きにしたときの弦の振動数f'[Hz]は,

$$f' = \frac{1}{2}f$$

ナイスな導入 参照!!
音さを縦向きにすると,弦の振動数は音さの振動数の$\frac{1}{2}$になーる!!

$$= \frac{1}{2} \times 700$$

$$= 350\text{[Hz]}$$

このとき,AB間に生じる波の波長をλ'[m]とすると,

$$v = f'\lambda'$$

公式です!!

つまり,

$$\lambda' = \frac{v}{f'}$$

$$= \frac{14}{350}$$

(1)で求めた$v = 14$[m/s]は変わりません!!

$$= \frac{2}{50}$$

$$\frac{\overset{2}{\cancel{14}}}{\underset{50}{\cancel{350}}} = \frac{2}{50}$$

$$= 0.040\text{[m]}$$

$$\frac{2}{50} = \frac{4}{100} = 0.040$$

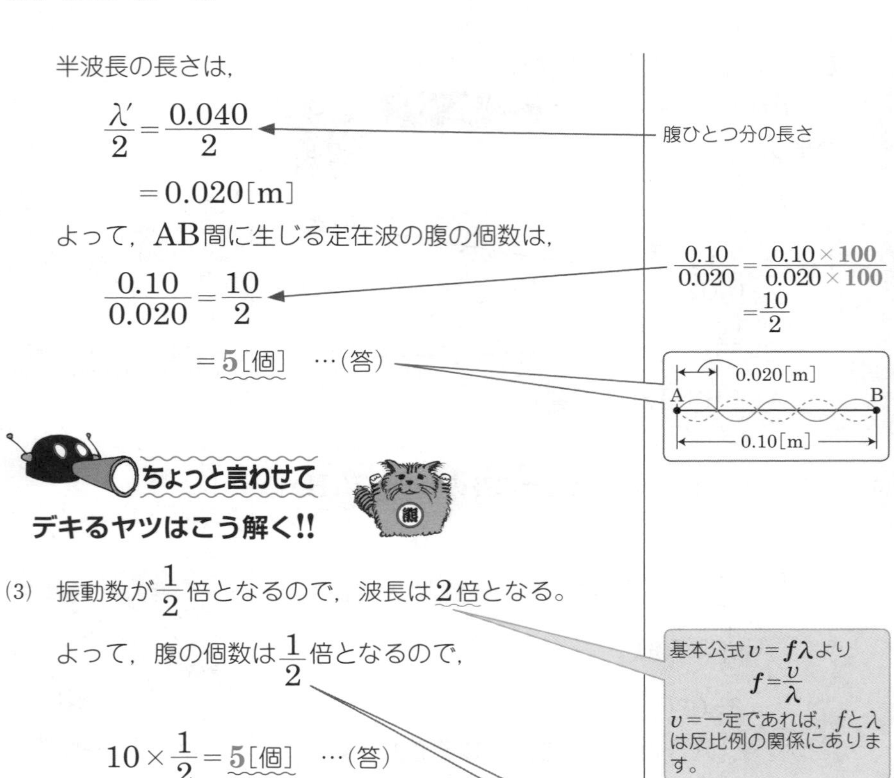

半波長の長さは,

$$\frac{\lambda'}{2}=\frac{0.040}{2}$$

$$=0.020[\mathrm{m}]$$

腹ひとつ分の長さ

よって，AB間に生じる定在波の腹の個数は,

$$\frac{0.10}{0.020}=\frac{10}{2}$$

$$=\mathbf{5}[個] \quad \cdots(答)$$

$$\frac{0.10}{0.020}=\frac{0.10\times 100}{0.020\times 100}=\frac{10}{2}$$

ちょっと言わせて

デキるヤツはこう解く!!

(3) 振動数が$\frac{1}{2}$倍となるので，波長は2倍となる。

よって，腹の個数は$\frac{1}{2}$倍となるので,

$$10\times\frac{1}{2}=\mathbf{5}[個] \quad \cdots(答)$$

基本公式$v=f\lambda$より

$$f=\frac{v}{\lambda}$$

v＝一定であれば，fとλは反比例の関係にあります。

波長が2倍になると腹は$\frac{1}{2}$倍!!

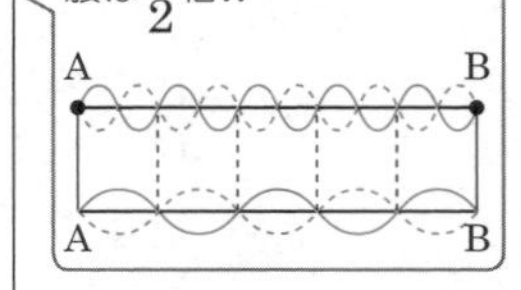

そうか…波長が短いほうが波は細かくなるから，腹もいっぱいできるけど，波長が長くなると，その逆で腹の数は少なくなる…

“うざいネーミング”

問題148 & 問題149 を解いてみてお気づきだと思いますが，弦に定在波が生じるためには，弦の長さや振動数などの各条件がしっかりそろってないといけません!!

で!! 弦が定在波をつくって振動するときの振動数を**弦の固有振動数**と呼びます。

さらに，うざいことに定在波にできる腹の数によって，次のような振動の名称がついています。

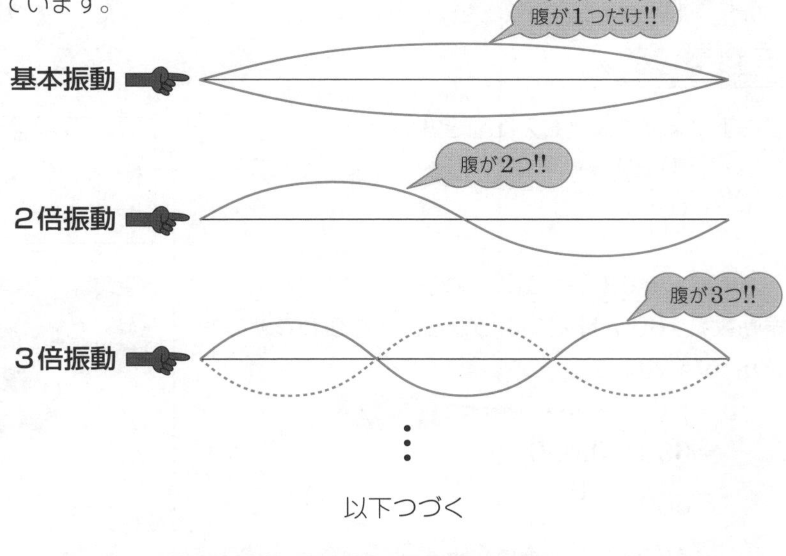

⋮

以下つづく

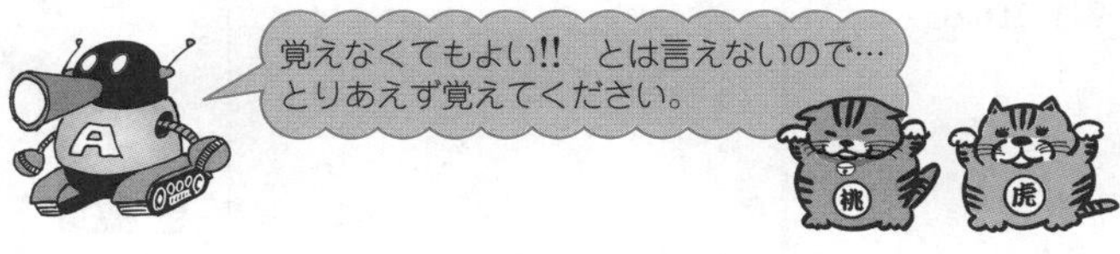

こんな問題が出るもんで…

問題150 キソ

600[Hz]でしっかり張られた0.20[m]の弦を振動させたところ，5倍振動をした。この弦を伝わる波の速さと波長を求めよ。

ナイスな導入

5倍振動 とゆーことは… 腹が5つできる定在波!!

これさえ頭に浮かべばラク勝です!!

解答でござる

弦に生じる波の波長をλ[m]とすると，

$$\frac{\lambda}{2}=\frac{0.20}{5}$$
$$=0.040$$

$\therefore\ \ \lambda=$ **0.080[m]** …(答)

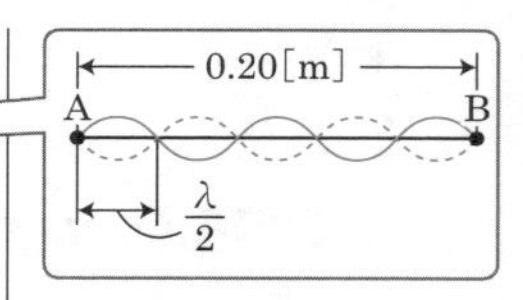

振動数$f=600$[Hz]であるから，弦を伝わる波の速さをv[m/s]とすると，

$$v=f\lambda \quad \text{公式です!!}$$
$$=600\times 0.080$$
$$=600\times\frac{8}{100}$$
$$=\mathbf{48}\text{[m/s]} \quad \cdots(\text{答})$$

Theme 46 気柱の振動

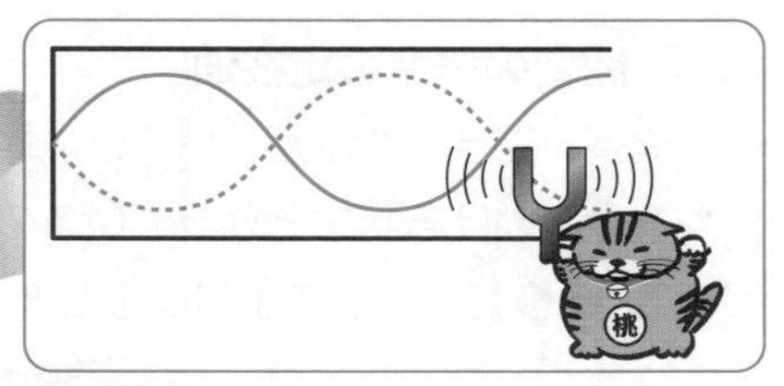

管の中の空気を**気柱**と呼び，これに音波が伝わり，振動数や管の長さの条件がうまく合えば定在波ができます。

この定在波が生じ，音が鳴り響いたとき，“**共鳴した**”と表現します。

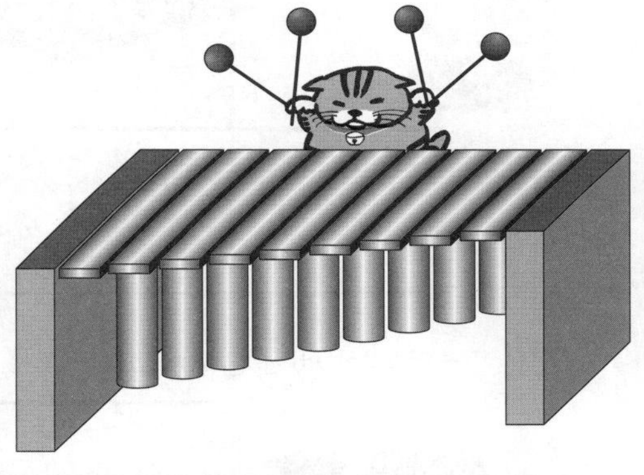

鉄琴を思い出してみよう。金属製のけん盤の下に管が取りつけてありますよね。けん盤が音さのような役目を果たし，管はうまく共鳴する長さ（定在波ができる長さ）に設定してあるわけです。

その1 “開管と閉管”のお話

両端が開いている管を開管と呼び，一端のみが閉じている管を閉管と呼びます。

注 両端が閉じている管は考えません!!

もうご存じだと思いますが，音波は縦波です（Theme 42 参照!!）。縦波は図示することが困難なので，すべて横波に置きかえて表現してまいります。

① 開管の場合の定在波

開管の場合，両端が開いています。つまり，両端では音波の媒質である空気が自由に動ける状態となっているので，**自由端反射**が行われます。

つまり!! 開管に生じる定在波において，両端は**腹**となります。

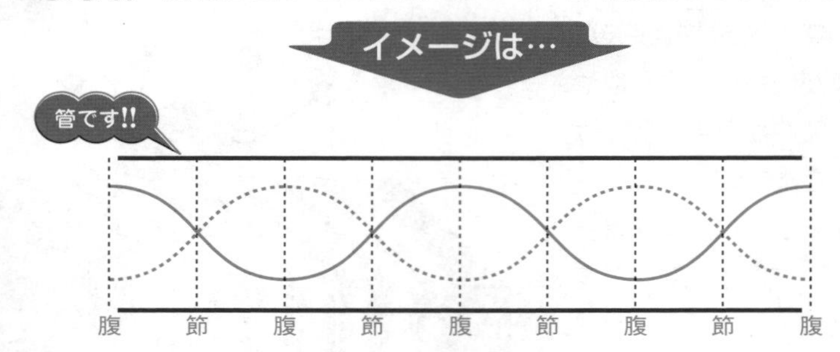

で!! またまたウザイ名称がついてまして…

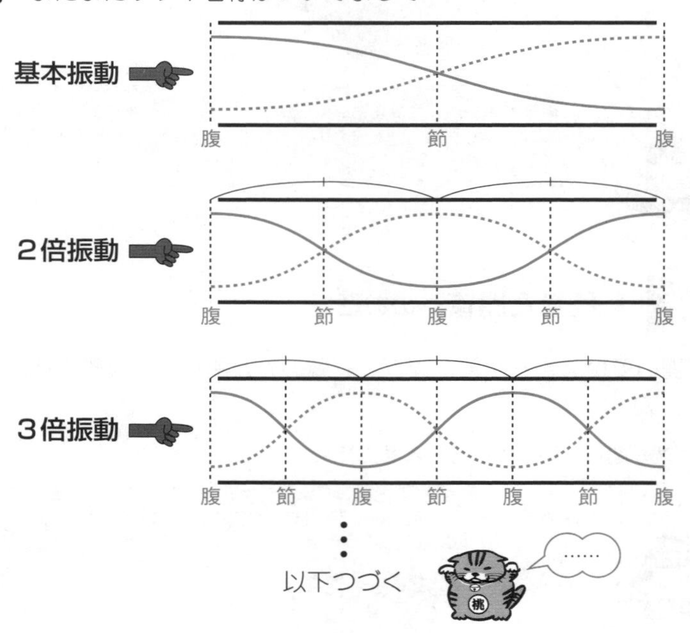

補足コーナー

管にできる定在波の波長が一番長い状態が**基本振動**です。音速vを一定と考えた場合…

$$v = f\lambda$$

重要公式です!!

この公式から，振動数fと波長λは反比例の関係となります。

- 基本振動のときの振動数を**2**倍にすると，波長は$\frac{1}{2}$倍となり，上図の**2**倍振動の状態になります。
- 基本振動のときの振動数を**3**倍にすると，波長は$\frac{1}{3}$倍となり，上図の**3**倍振動の状態になります。

つまり，この2倍振動とか3倍振動とかの名称の由来は，基本振動のときの振動数を何倍にした状態であるかを表しています。

で!!　うまく共鳴するときの(定在波が生じるときの)振動数を**固有振動数**と呼びます。まぁ，弦のときと同じですよ

② **閉管の場合の定在波**

閉管の場合，一端が閉じて一端が開いています。つまり，閉じている一端では空気が自由に動けないので**固定端反射**が行われ，開いている一端では①で述べたとおり**自由端反射**が行われます。

つまり!!　閉管に生じる定在波において，閉じている一端は**節**，開いている一端は**腹**となります。

イメージは…

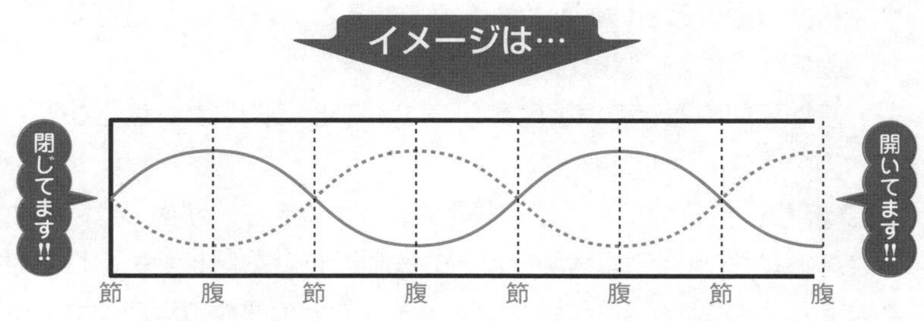

で!!　またまたまたウザイ名称がついてます…。

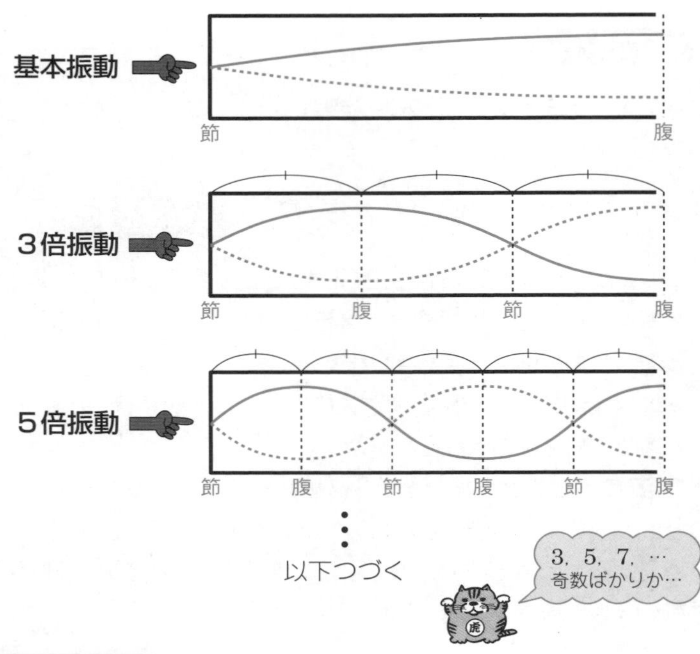

補足コーナー

管にできる定在波の波長が一番長い状態が**基本振動**です。音速vを一定と考えた場合…

$$v = f\lambda$$

重要公式です!!

この公式から，振動数fと波長λは反比例の関係となります。

- 基本振動のときの振動数を**3**倍にすると，波長は$\frac{1}{3}$倍となり，上図の**3**倍振動の状態となります。
- 基本振動のときの振動数を**5**倍にすると，波長は$\frac{1}{5}$倍となり，上図の**5**倍振動の状態となります。

つまり，閉管の場合の**固有振動数**(うまく定在波が生じ，共鳴するときの振動数)は，基本振動のときの振動数を**奇数倍**したものしか存在しません!!　これが，2倍振動や4倍振動などの偶数倍振動がない理由です。

“開口端補正” って何…??

注意力のある人はお気づきかもしれませんが…

じつは!!

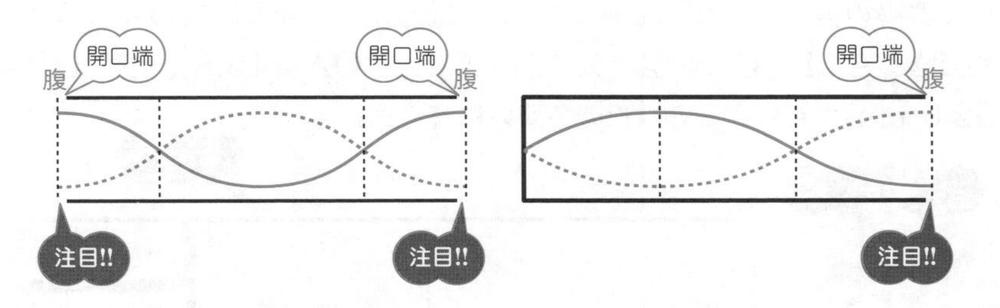

開口端側の腹の位置は少しだけとび出しているんです!!

この管口(かんこう)から少し外にある腹の位置と管口までの距離を

開口端補正(かいこうたんほせい)と呼びます。

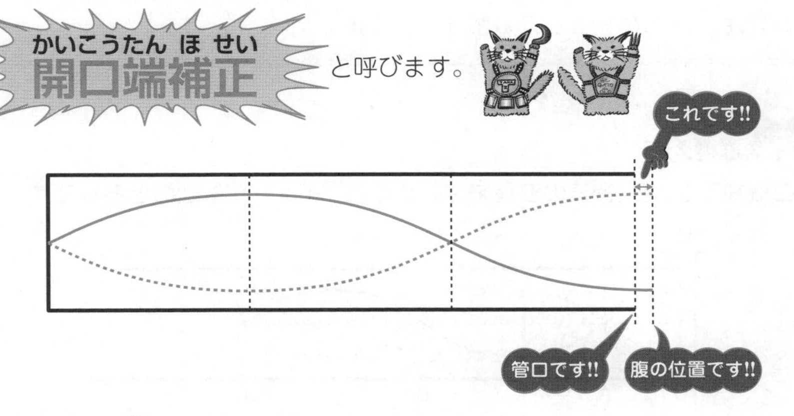

> **注** 問題によっては，「ただし，開口端補正は無視する」と書いてある場合もあります。このときは，管口の位置と腹の位置が一致すると考えてください!!

では，バリバリ演習しましょう。

問題151 標準

長い管に柄のついた栓をはめ込み，管口Oのすぐそばにスピーカーを置いて共鳴の実験をした。振動数を475[Hz]にして栓を管口Oから遠ざけたとき，A，B，Cの位置で気柱が共鳴した。OA＝16.8[cm]，OB＝52.0[cm]であったとき，次の各問いに答えよ。

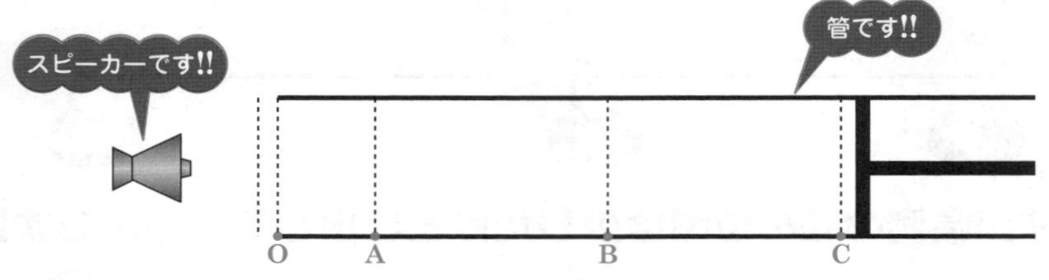

(1) この音波の波長は何cmか。小数第1位までの値で答えよ。

(2) 開口端補正は何cmか。小数第1位までの値で答えよ。

(3) OCの長さは何cmか。小数第1位までの値で答えよ。

(4) 音速は何m/sか。有効数字3ケタで答えよ。

ナイスな導入

開口端補正をΔl，音波の波長をλとすると，イメージは次のとおりです。

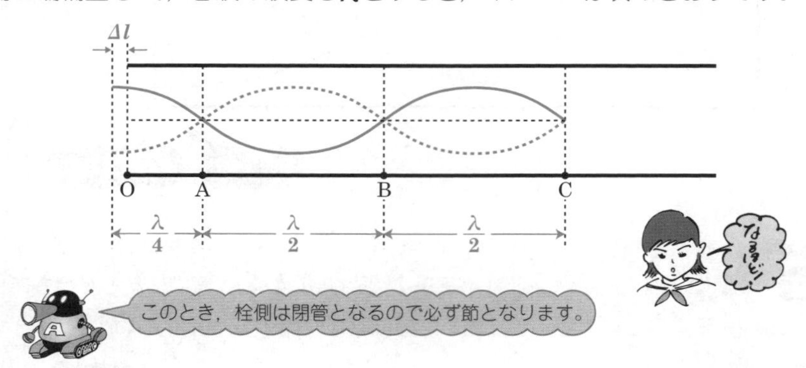

この図が頭に浮かべばラク勝ですよ✌

解答でござる

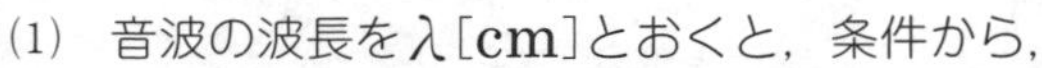

(1)　音波の波長をλ[cm]とおくと，条件から，

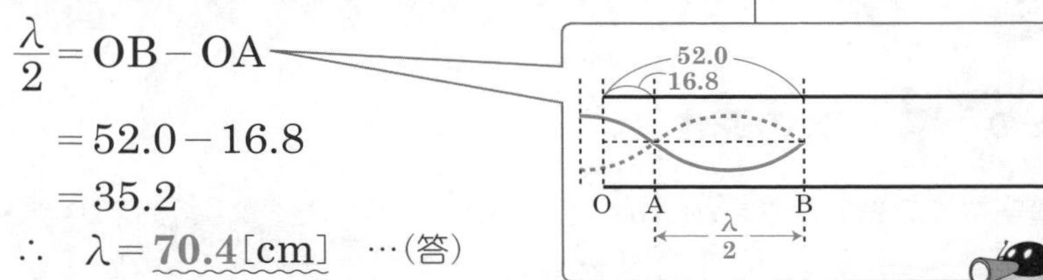

$$\frac{\lambda}{2}=\mathrm{OB}-\mathrm{OA}$$
$$=52.0-16.8$$
$$=35.2$$
$$\therefore\quad \lambda=\mathbf{70.4}\,[\mathrm{cm}]\quad\cdots(答)$$

(2)　開口端補正をΔl[cm]とおくと，

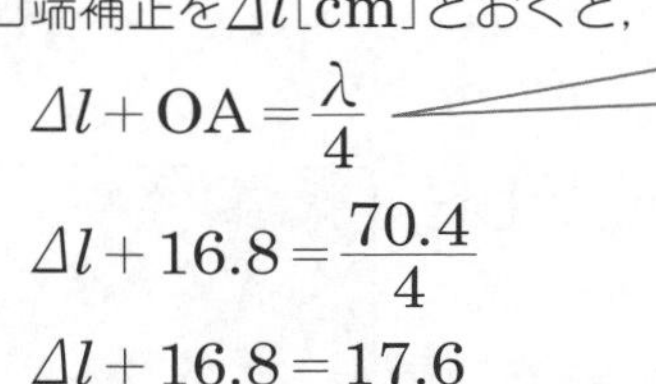

$$\Delta l+\mathrm{OA}=\frac{\lambda}{4}$$
$$\Delta l+16.8=\frac{70.4}{4}$$
$$\Delta l+16.8=17.6$$

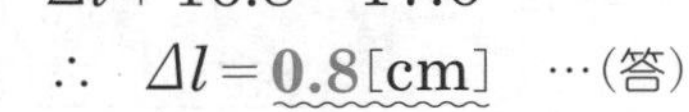

$$\therefore\quad \Delta l=\mathbf{0.8}\,[\mathrm{cm}]\quad\cdots(答)$$

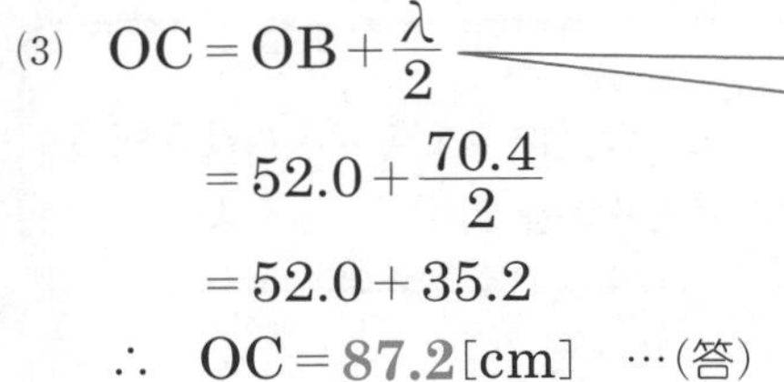

(3)　$\mathrm{OC}=\mathrm{OB}+\dfrac{\lambda}{2}$
$$=52.0+\frac{70.4}{2}$$
$$=52.0+35.2$$

$$\therefore\quad \mathrm{OC}=\mathbf{87.2}\,[\mathrm{cm}]\quad\cdots(答)$$

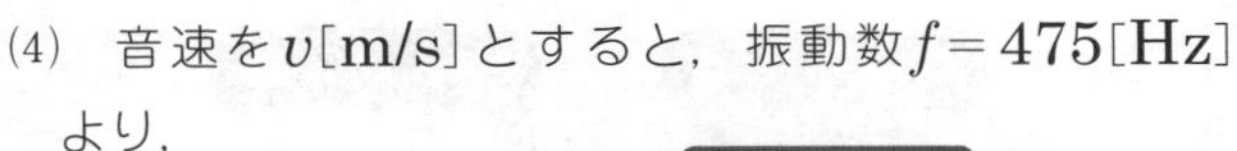

(4)　音速をv[m/s]とすると，振動数$f=475$[Hz]より，

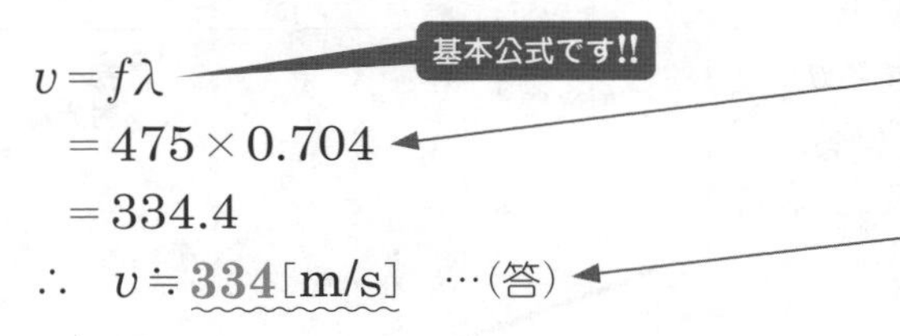

$$v=f\lambda$$
$$=475\times0.704$$
$$=334.4$$
$$\therefore\quad v\fallingdotseq\mathbf{334}\,[\mathrm{m/s}]\quad\cdots(答)$$

70.4[cm]＝0.704[m]
公式を活用するときは，
単位に注意せよ!!

有効数字3ケタにするため，
4ケタ目を四捨五入!!

波動

Theme 47 光の進み方

その1 “光の速さ”

真空中での光の速さをc[m/s]とすると…

$$c = 3.0 \times 10^8 \text{[m/s]}$$

3億[m/s]です!!
1秒間に地球を7周半します。
覚えておきましょう!!

その2 “光の反射”

光も波の一種なので，Theme 41で学習した規則にしたがいます。

入射角θ ＝ 反射角θ'

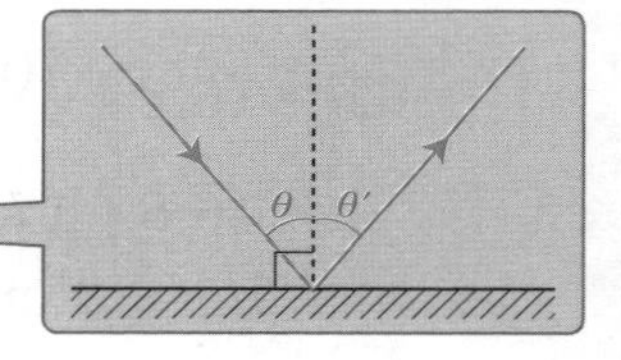

問題152 キソ

平面鏡にある方向から光を当てておいて，この平面鏡を角度αだけ回転させた。このとき，反射光はどれだけ方向を変えるかαを用いて答えよ。

ビジュアル解答

最初の入射角をθとおく。

平面鏡をαだけ回転させると**法線もαだけ回転する**ので，入射角は$\theta+\alpha$となる。このとき，反射角も$\theta+\alpha$となる。

反射光の方向が変化した角度は，入射角と反射角の和の変化に一致するから，

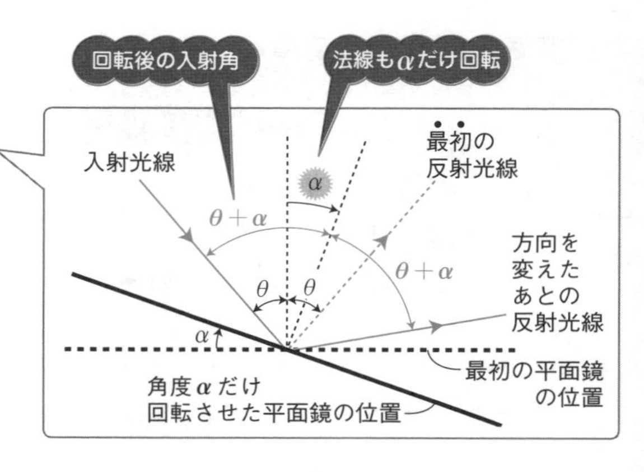

$$2(\theta+\alpha)-2\theta=2\alpha$$

反射光の方向は角度 2α だけ変化する　…(答)

角度に注目!!

$2\times(\theta+\alpha)$
$=2\theta+2\alpha$

入射光線

最初の反射光線

$2\theta+2\alpha$

2θ

2α

方向を変えたあとの反射光線

反射光の方向の変化!!

その3 “光の屈折のお話はなにかとウザイ!!”

Theme 41でも学習したように，光も波なので屈折します。
しかしながら，光の場合，屈折率が2種類あります。

①　相対屈折率

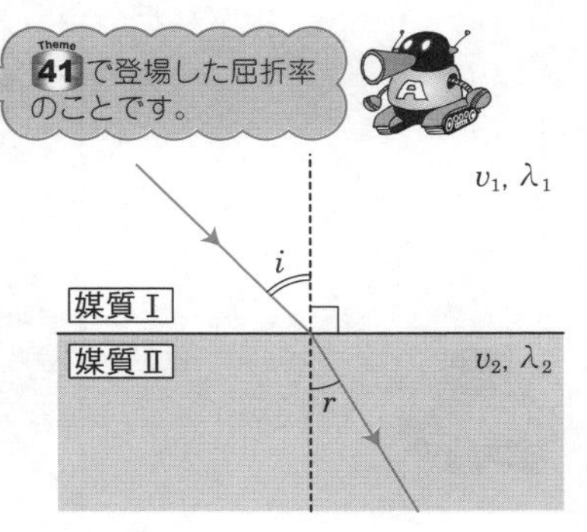

2種類の媒質間の屈折率のことを**相対屈折率**と呼びます。媒質Ⅰから媒質Ⅱへと光が進む場合，入射角を i，屈折角を r，媒質Ⅰ，Ⅱの中での光の速さを v_1，v_2，波長を λ_1，λ_2 とする。このとき，媒質Ⅰに対する媒質Ⅱの相対屈折率 n_{12} は…

$$n_{12}=\frac{\sin i}{\sin r}=\frac{v_1}{v_2}=\frac{\lambda_1}{\lambda_2}$$

②　絶対屈折率

真空に対するある媒質の相対屈折率を，この媒質の**絶対屈折率**と呼びます。

波動

問題153 キソ

真空中の光速をcとしたとき，絶対屈折率nの媒質中の光速をcとnで表せ。

解答でござる

この媒質の絶対屈折率はn

$\Longleftrightarrow$ 真空に対するこの媒質の相対屈折率がn

この媒質中の光速をvとすると，

$$n=\frac{c}{v}$$

$$vn=c$$

$$\therefore\ v=\frac{c}{n}$$

"真空に対するこの媒質の相対屈折率"です。Theme 41 で学習したとおり，『の』がついているほうの話が分母になります。

$$n=\frac{\text{真空中の光速}}{\text{この媒質中の光速}}$$

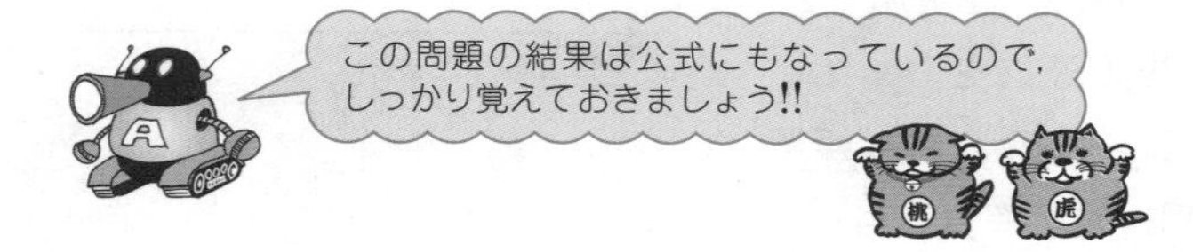

問題154　キソ

媒質Ⅰ，Ⅱの絶対屈折率をそれぞれn_1，n_2としたとき，媒質Ⅰに対する媒質Ⅱの相対屈折率n_{12}をn_1，n_2で表せ。

解答でござる

媒質Ⅰ，Ⅱでの光速をそれぞれv_1，v_2とし，真空中での光速をcとすると，

$$v_1=\frac{c}{n_1}\quad\cdots①\qquad v_2=\frac{c}{n_2}\quad\cdots②$$

①と②は 問題153 参照!!

このとき，①，②から，

$$n_{12}=\frac{v_1}{v_2}=\frac{\frac{c}{n_1}}{\frac{c}{n_2}}=\frac{c}{n_1}\div\frac{c}{n_2}=\frac{c}{n_1}\times\frac{n_2}{c}=\frac{n_2}{n_1}$$

$$\therefore\quad n_{12}=\frac{n_2}{n_1}$$

ザ・まとめ

☞ 真空中での光速をcとしたとき，絶対屈折率nの媒質中における光速vは…

$$v=\frac{c}{n}$$

☞ 絶対屈折率n_1の媒質Ⅰに対する，絶対屈折率n_2の媒質Ⅱの相対屈折率n_{12}は…

$$n_{12}=\frac{n_2}{n_1}$$

$n_{12}=\frac{n_2}{n_1}=\frac{v_1}{v_2}=\frac{\lambda_1}{\lambda_2}$
として覚えておいたほうが役に立つ!!

問題155 標準

水面から深さhの点Mにある物体から出た光は水面で屈折し，あたかも水面からの深さh'の点M′から出たかのように進んで目に入る。したがって，点Mにある物体は点M′の位置にあるように見える。空気に対する水の屈折率をn，水から空気へ光が進むときの入射角をr，屈折角をiとして，次の各問いに答えよ。

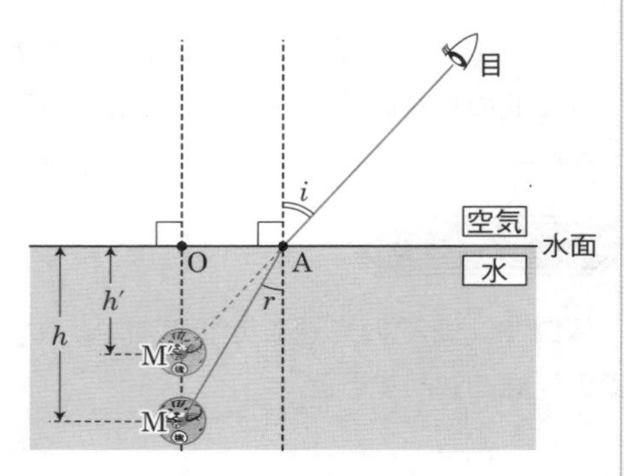

(1) nをiとrを用いて表せ。

(2) nを図中の2つの直角三角形，△OAMと△OAM′の斜辺AMとAM′を用いて表せ。

(3) この物体をOの真上から見た場合，nをhとh'を用いて表せ。

ビジュアル解答

(1) $n=\dfrac{\sin i}{\sin r}$ …(答)

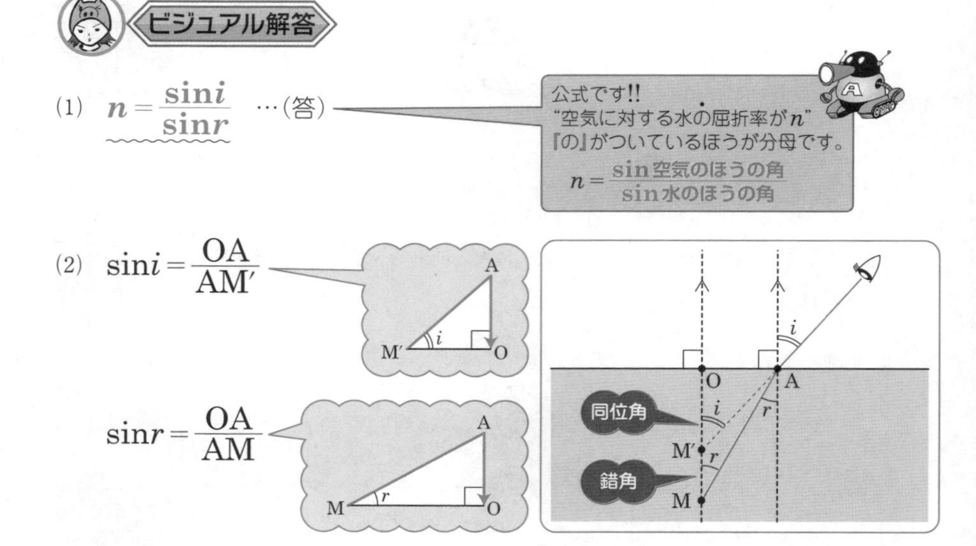

これらを(1)の結果に代入して，

$$n = \frac{\dfrac{\mathrm{OA}}{\mathrm{AM'}}}{\dfrac{\mathrm{OA}}{\mathrm{AM}}}$$

$$= \frac{\mathrm{OA}}{\mathrm{AM'}} \div \frac{\mathrm{OA}}{\mathrm{AM}}$$

$$= \frac{\cancel{\mathrm{OA}}}{\mathrm{AM'}} \times \frac{\mathrm{AM}}{\cancel{\mathrm{OA}}}$$

一般に $\dfrac{a}{b} = a \div b$ あたりまえですね…

$$\therefore \quad \boldsymbol{n = \frac{\mathrm{AM}}{\mathrm{AM'}}} \quad \cdots \text{(答)}$$

(3)　Oの真上から見た場合，2つの直角三角形△OAMと△OAM′において，AM＝OM，AM′＝OM′と考えることができる。

(2)の結果から，

$$n = \frac{\mathrm{AM}}{\mathrm{AM'}}$$

$$= \frac{\mathrm{OM}}{\mathrm{OM'}}$$

$$\therefore \quad \boldsymbol{n = \frac{h}{h'}} \quad \cdots \text{(答)}$$

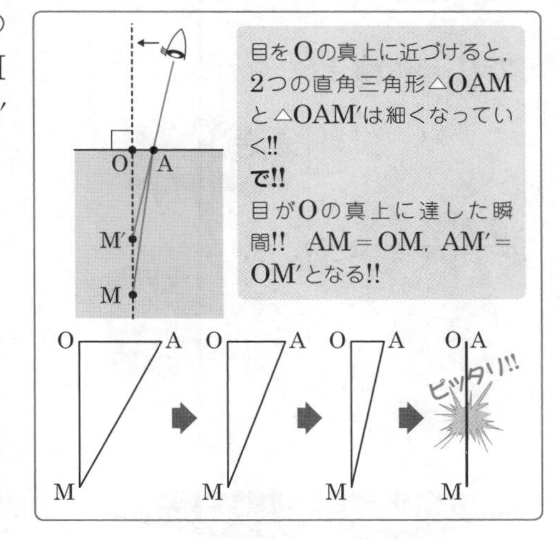

この結果は，次のように式を変形して覚えておこう!!

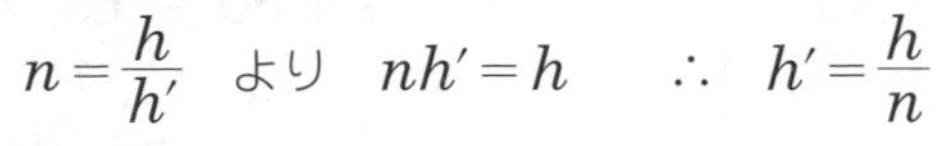

$$n = \frac{h}{h'} \quad \text{より} \quad nh' = h \qquad \therefore \quad h' = \frac{h}{n}$$

ザ・まとめ

☞　深さhにある物体は，$\dfrac{1}{n}$の深さh'に見える!!
（nは空気に対する水の屈折率）

$$\boldsymbol{h' = \frac{h}{n}}$$

その4 “臨界角”

水中から空気中に進む光について考えてみよう!!

① 水面に対して垂直に進む光　　② 水面に対して斜めに進む光

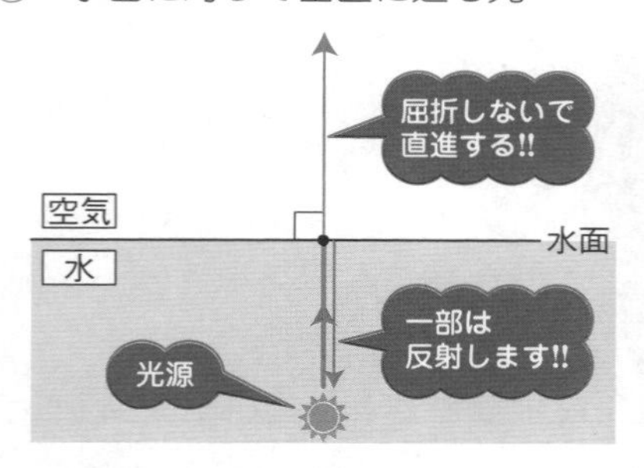

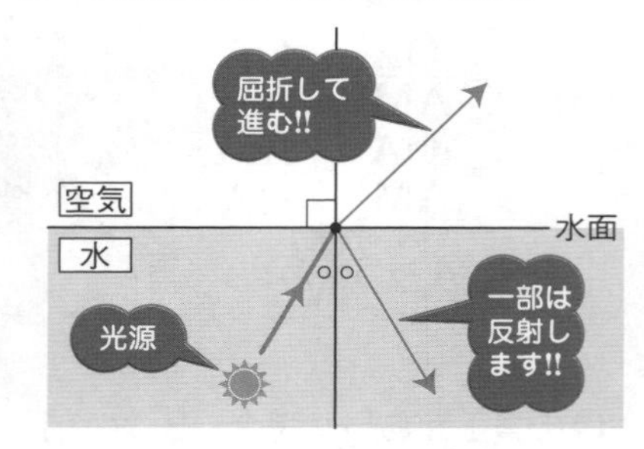

で!! ②の場合がエスカレートすると…

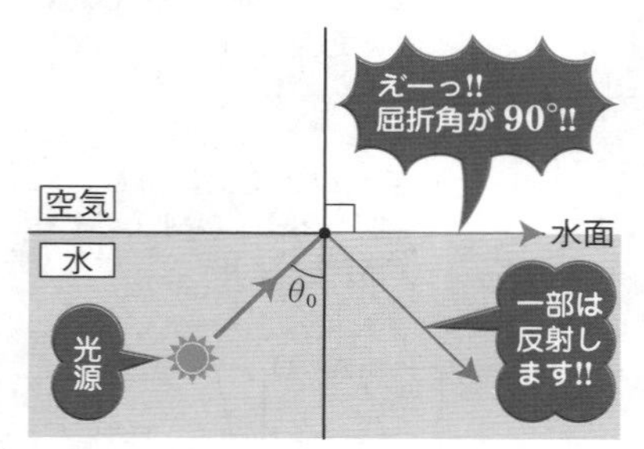

左の図からもおわかりのとおり，屈折角が90°になってしまうと，屈折光は水面と重なってしまいます

このように，屈折角が90°になるときの入射角θ_0を**臨界角**と呼びます。

空気対する水の屈折率をnとして…

$$n = \frac{\sin 90^\circ}{\sin\theta_0}$$

公式です!!

$\sin 90^\circ = 1$より，

$$n = \frac{1}{\sin\theta_0}$$

$$n\sin\theta_0 = 1$$

さらにエスカレートすると…

∴

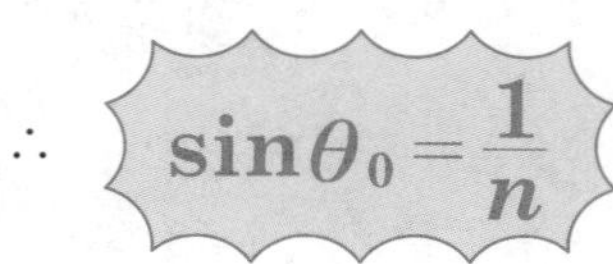

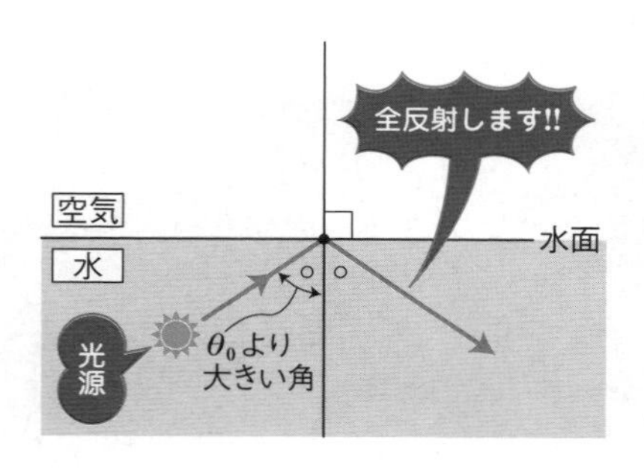

入射角が臨界角θ_0を超えると，光は**全反射**します!!

ザ・まとめ

空気に対する水の屈折率(単に“水の屈折率”と呼ぶこともあります)をn，臨界角をθ_0とすると…

$$\sin\theta_0 = \frac{1}{n}$$

で!! 入射角が臨界角θ_0より大きくなると，光は**全反射**する。

注 媒質が水であるとは限りません!! 問題によって，ガラスなどの他の媒質が登場する場合もあります。

問題156　標準

水面下hのところに点光源がある。この点光源の真上の水面に円板を浮かべて，空気中から点光源がまったく見えないようにしたい。このとき，円板の半径の最小値rを求めよ。ただし，水の屈折率をnとする(空気に対する水の屈折率をnとする)。

右図のように，点光源から円板のへりに進む光の入射角が臨界角に等しければよい。

臨界角をθ_0とおくと，

$$\sin\theta_0 = \frac{1}{n} \quad \cdots①$$

上の公式です!!

直角三角形に注目すると，

$$\sin\theta_0 = \frac{r}{\sqrt{r^2+h^2}} \quad \cdots②$$

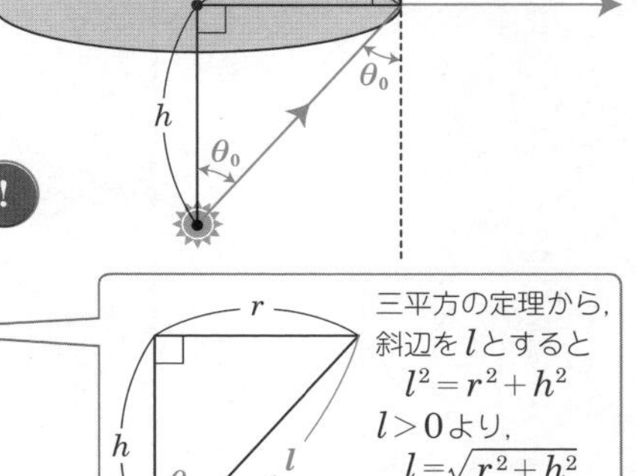

①と②より，

$$\frac{r}{\sqrt{r^2+h^2}}=\frac{1}{n}$$

$$r\times n=1\times\sqrt{r^2+h^2}$$

$$rn=\sqrt{r^2+h^2}$$

両辺の分母をはらいました!!

$$\frac{r}{\boxed{\sqrt{r^2+h^2}}}=\frac{1}{\boxed{n}}$$

$$r\times n=1\times\sqrt{r^2+h^2}$$

両辺を2乗して，

$$(rn)^2=\sqrt{r^2+h^2}^{\,2}$$

$$r^2n^2=r^2+h^2$$

$$r^2n^2-r^2=h^2$$

r^2を左辺へ

$$(n^2-1)r^2=h^2$$

r^2で左辺をまとめる!!

$$r^2=\frac{h^2}{n^2-1}$$

$r>0$より，

$$r=\sqrt{\frac{h^2}{n^2-1}}$$

$$\therefore\quad r=\frac{h}{\sqrt{n^2-1}}\quad\cdots(\text{答})$$

$$\sqrt{\frac{h^2}{n^2-1}}=\frac{\sqrt{h^2}}{\sqrt{n^2-1}}=\frac{h}{\sqrt{n^2-1}}$$

Theme 48 レンズのはたらき

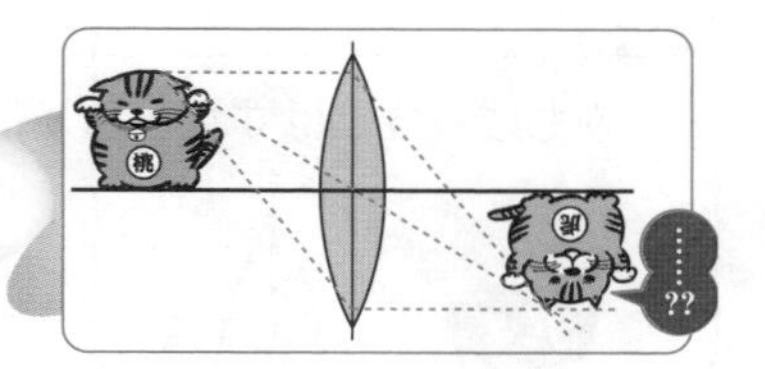

その1 “光がレンズを通ると…”

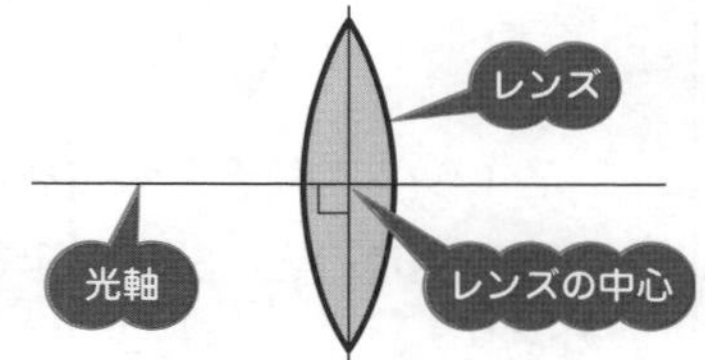

レンズの中心を通り，レンズ面に垂直な直線を**光軸**と呼びます。

レンズに光軸と平行な光を当てると…

で!! レンズには光軸上に**焦点**と呼ばれる点があり，レンズの中心から対称な位置に2つ存在します。

では，本題です!!

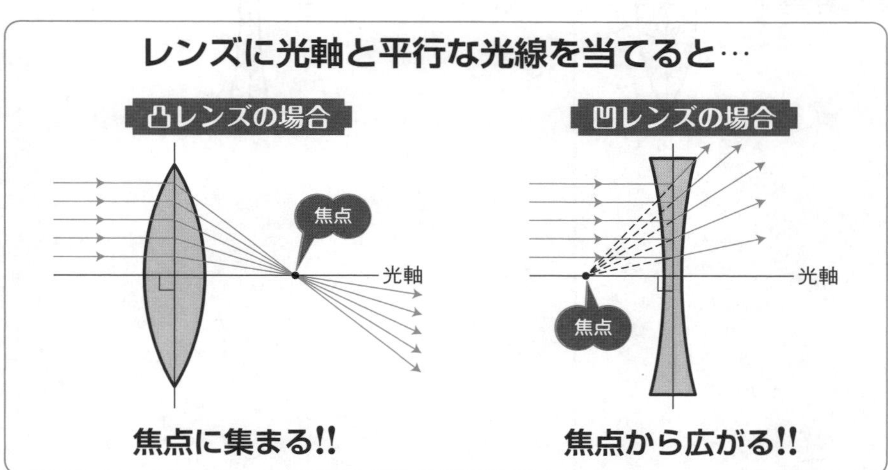

とゆーことは…

逆も成り立つはずだから…

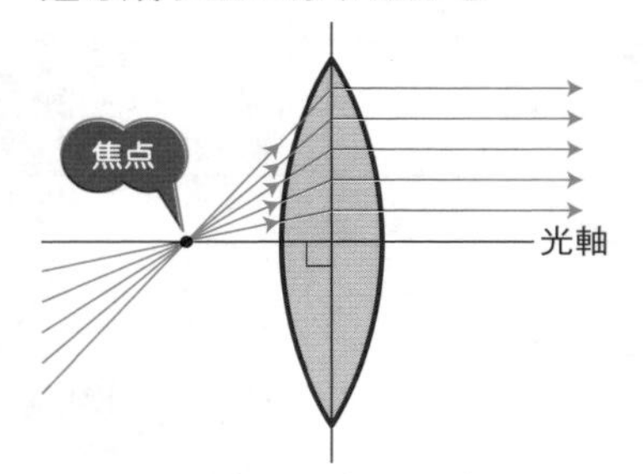

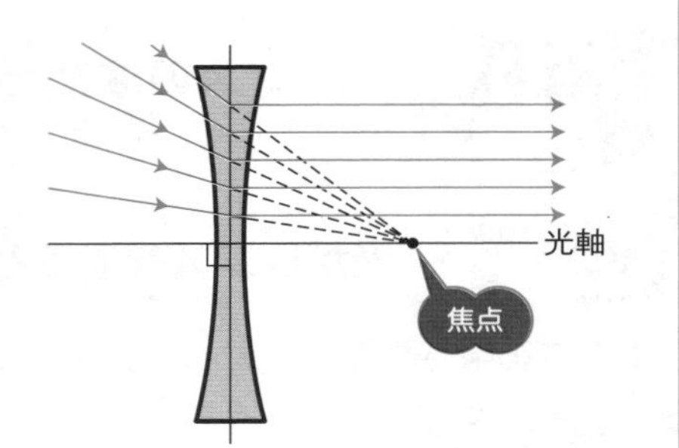

凸レンズの場合，焦点を通る光線を当てると，光軸と平行になる!!

凹レンズの場合，反対側の焦点に向かおうとする光線を当てると，光軸に平行になる!!

さらに，**レンズの中心を通る光線は直進します!!**

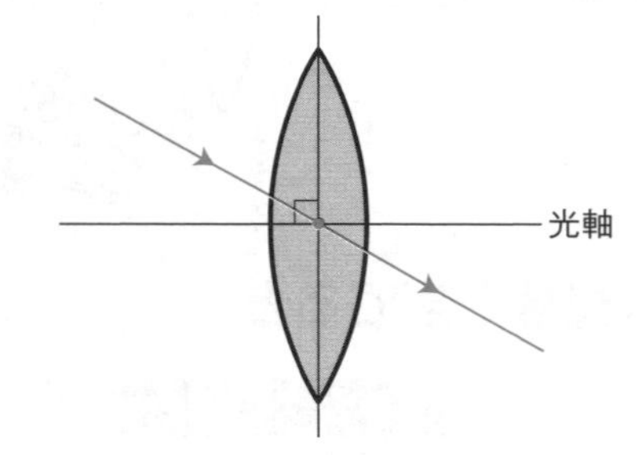

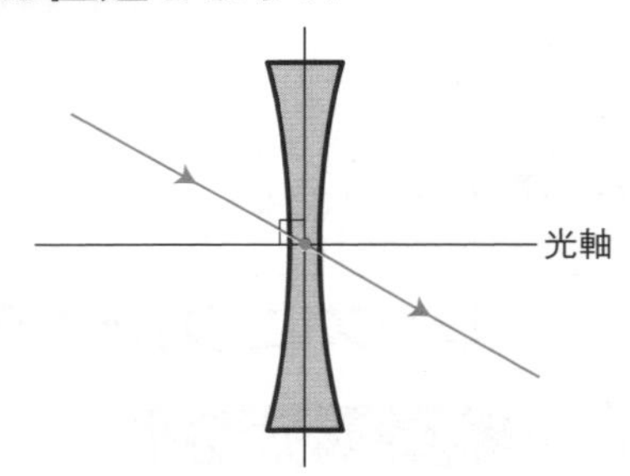

“レンズの式”のお話

物体をレンズを通して見たとき，どのように見えるか?? これが像です。この像を作図するにあたって，新たなる物体が…

…

これが基本パターンとなります!!

凸レンズの場合 Part I

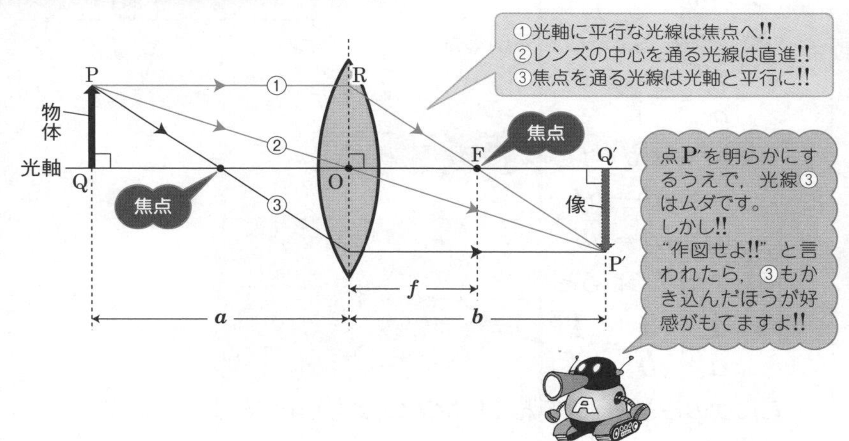

注 上図のように，レンズに対して物体と反対側にできる像を**実像**と呼びます。

このとき，$\mathrm{OF}=f$，$\mathrm{OQ}=a$，$\mathrm{OQ'}=b$ とおくと…

焦点距離と呼びます!!

△PQOと△P′Q′Oは相似だから…

$$a:\mathrm{PQ}=b:\mathrm{P'Q'}$$

$$a\times\mathrm{P'Q'}=b\times\mathrm{PQ}$$

PQを左辺へ…，P′Q′を右辺へ…

$$\therefore\ \frac{\mathrm{P'Q'}}{\mathrm{PQ}}=\frac{b}{a}\quad\cdots①$$

いきなりこの式を立てることができる人は，そうしてください

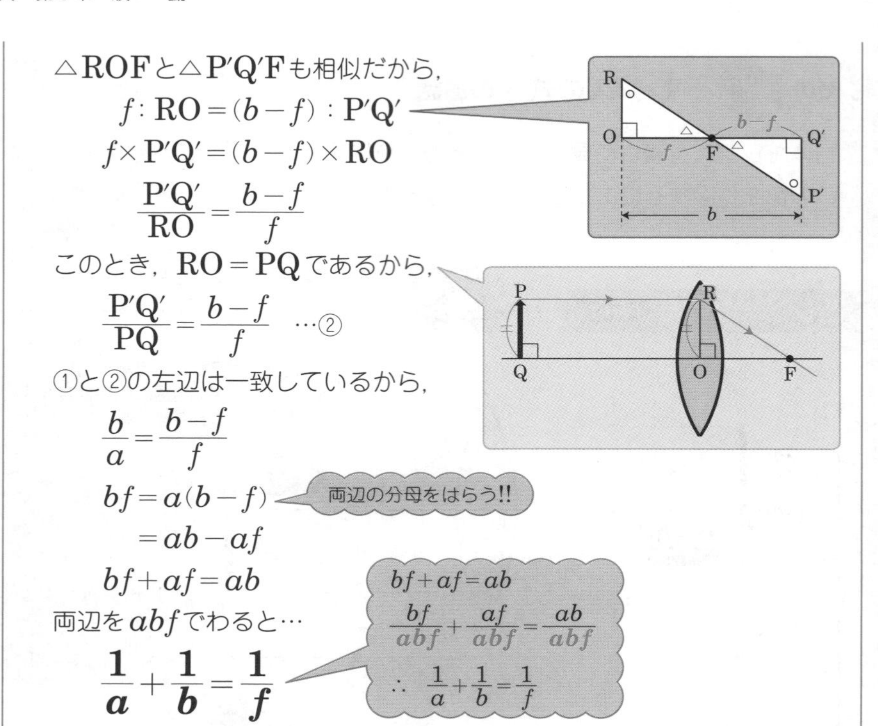

△ROFと△P′Q′Fも相似だから，

$$f : \mathrm{RO} = (b-f) : \mathrm{P'Q'}$$

$$f \times \mathrm{P'Q'} = (b-f) \times \mathrm{RO}$$

$$\frac{\mathrm{P'Q'}}{\mathrm{RO}} = \frac{b-f}{f}$$

このとき，RO＝PQであるから，

$$\frac{\mathrm{P'Q'}}{\mathrm{PQ}} = \frac{b-f}{f} \quad \cdots②$$

①と②の左辺は一致しているから，

$$\frac{b}{a} = \frac{b-f}{f}$$

$$bf = a(b-f)$$

$$= ab - af$$

両辺の分母をはらう!!

$$bf + af = ab$$

両辺をabfでわると…

$$\boldsymbol{\frac{1}{a} + \frac{1}{b} = \frac{1}{f}}$$

$$bf + af = ab$$

$$\frac{bf}{abf} + \frac{af}{abf} = \frac{ab}{abf}$$

$$\therefore \quad \frac{1}{a} + \frac{1}{b} = \frac{1}{f}$$

この式のことを，人呼んで**レンズの公式**と申します。

凸レンズの場合 Part II

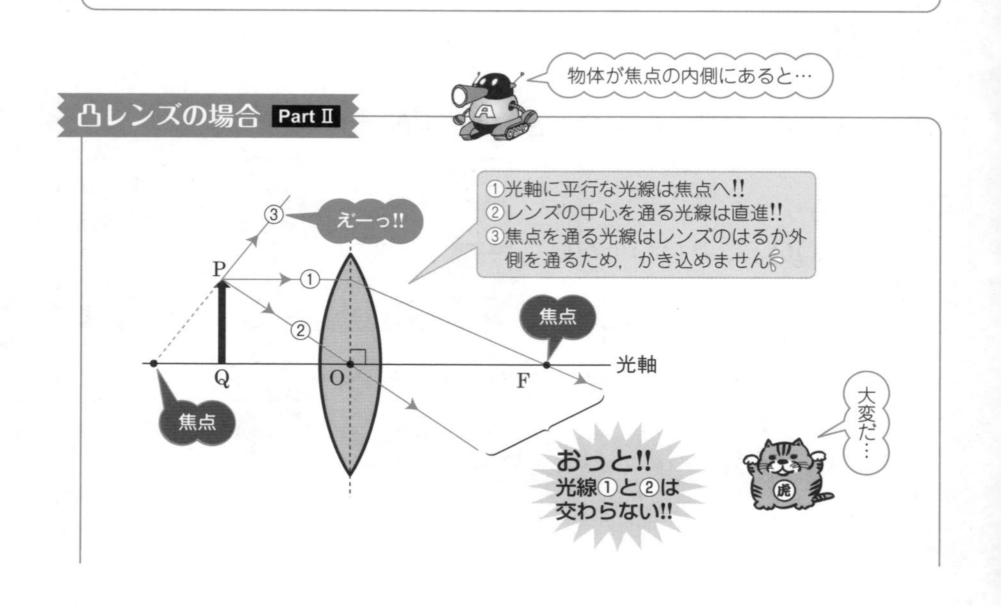

こんなときは…

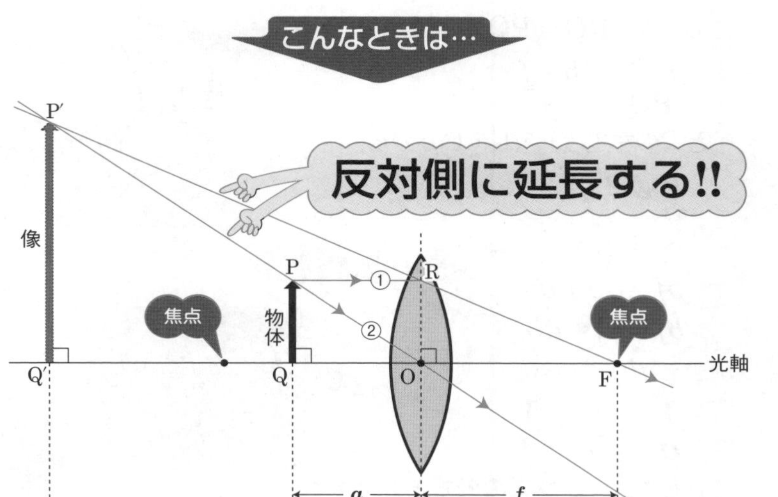

注　上図のように，レンズに対して物体と同じ側にできる像を**虚像**と呼びます。まさに，虫めがねで物体を拡大して見るときのお話と同じです。

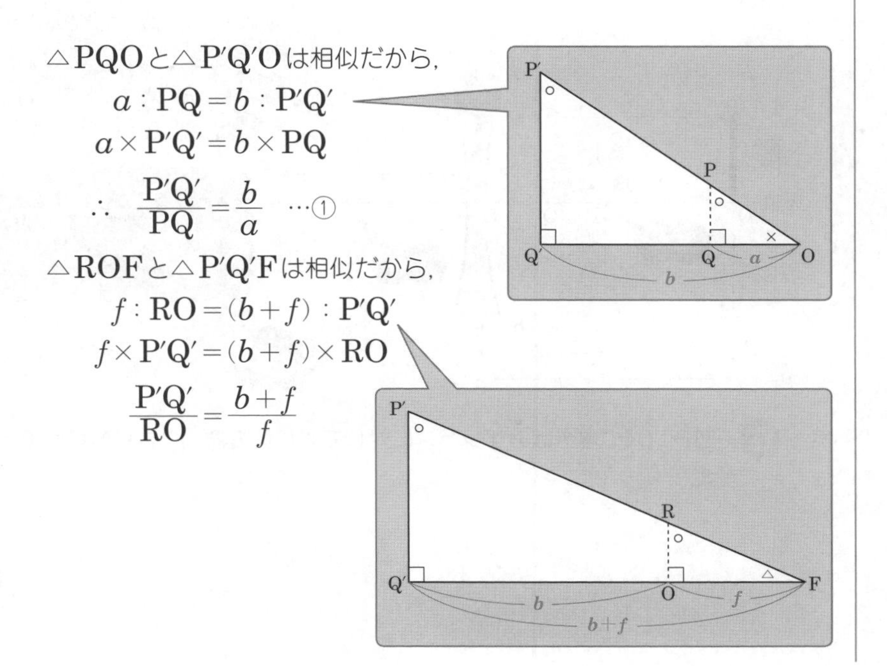

△PQOと△P′Q′Oは相似だから，

$$a : \mathrm{PQ} = b : \mathrm{P'Q'}$$

$$a \times \mathrm{P'Q'} = b \times \mathrm{PQ}$$

$$\therefore \ \frac{\mathrm{P'Q'}}{\mathrm{PQ}} = \frac{b}{a} \quad \cdots ①$$

△ROFと△P′Q′Fは相似だから，

$$f : \mathrm{RO} = (b+f) : \mathrm{P'Q'}$$

$$f \times \mathrm{P'Q'} = (b+f) \times \mathrm{RO}$$

$$\frac{\mathrm{P'Q'}}{\mathrm{RO}} = \frac{b+f}{f}$$

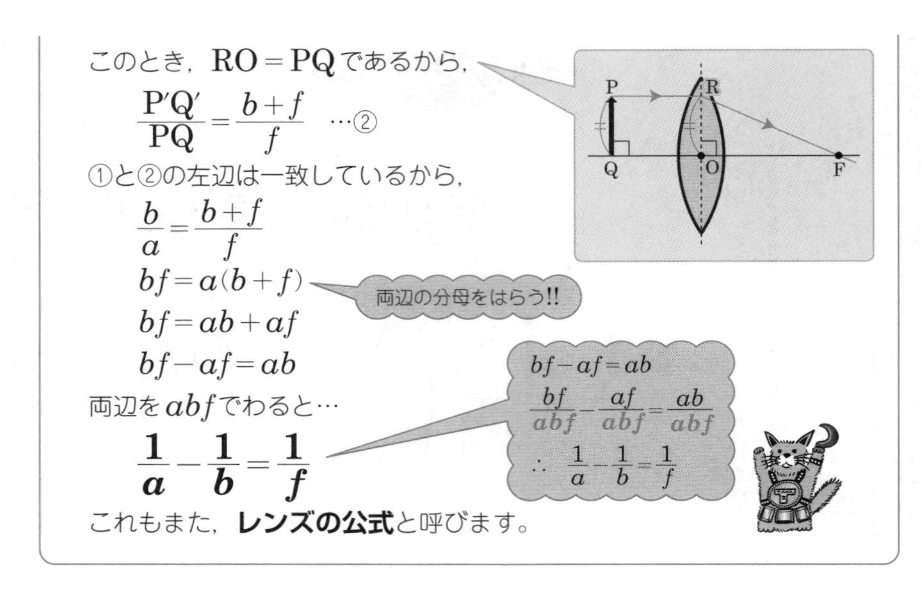

このとき，RO＝PQであるから，

$$\frac{\mathrm{P'Q'}}{\mathrm{PQ}}=\frac{b+f}{f}\quad\cdots②$$

①と②の左辺は一致しているから，

$$\frac{b}{a}=\frac{b+f}{f}$$

$$bf=a(b+f)$$

$$bf=ab+af$$

$$bf-af=ab$$

両辺をabfでわると…

$$\boldsymbol{\frac{1}{a}-\frac{1}{b}=\frac{1}{f}}$$

これもまた，**レンズの公式**と呼びます。

凹レンズの場合

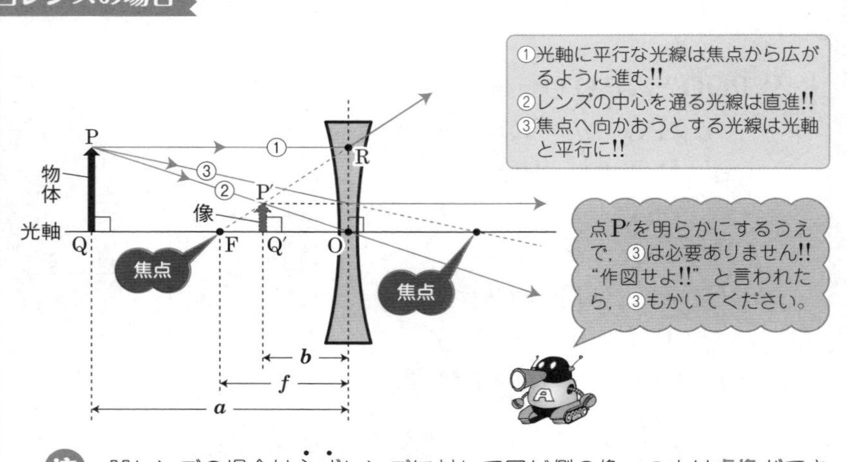

注 凹レンズの場合は必ずレンズに対して同じ側の像，つまり**虚像**ができます。

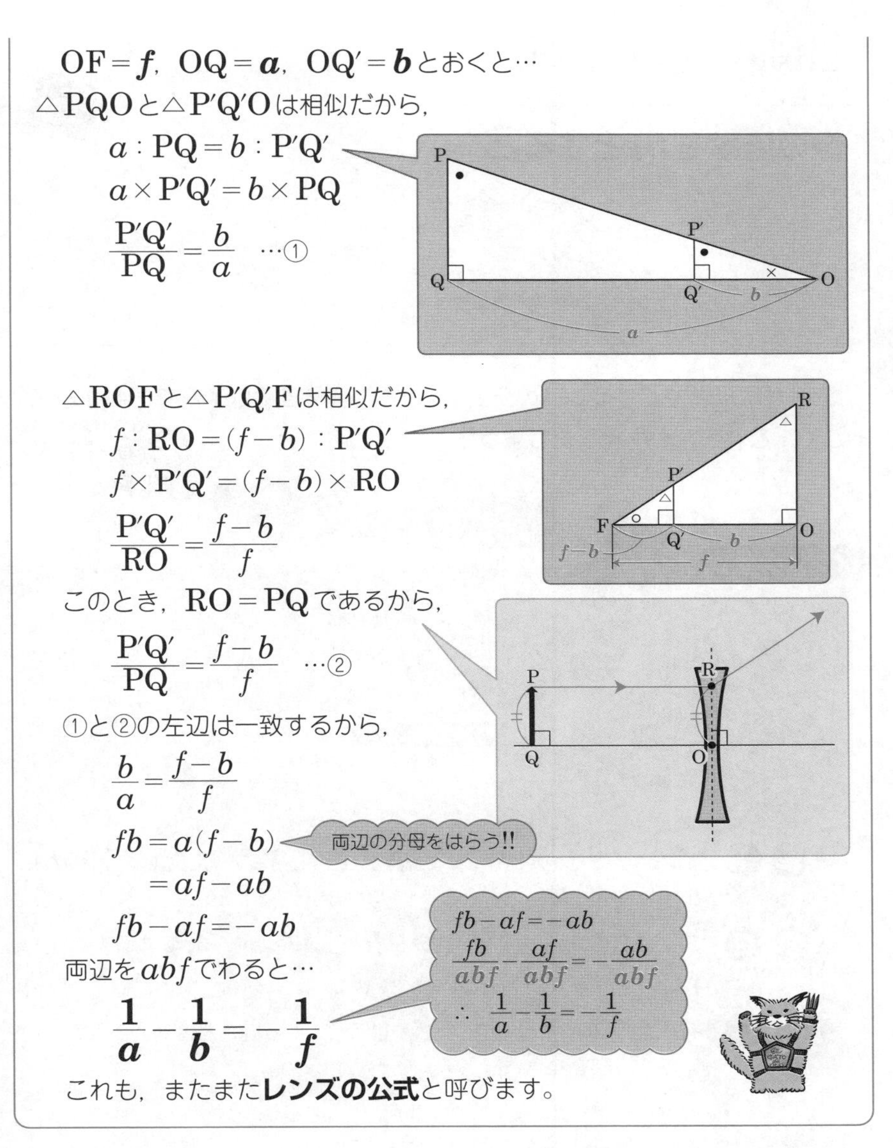

$\mathrm{OF}=\boldsymbol{f}$，$\mathrm{OQ}=\boldsymbol{a}$，$\mathrm{OQ'}=\boldsymbol{b}$とおくと…

△PQOと△P′Q′Oは相似だから，

$$a : \mathrm{PQ}=b : \mathrm{P'Q'}$$

$$a\times \mathrm{P'Q'}=b\times \mathrm{PQ}$$

$$\frac{\mathrm{P'Q'}}{\mathrm{PQ}}=\frac{b}{a} \quad \cdots ①$$

△ROFと△P′Q′Fは相似だから，

$$f : \mathrm{RO}=(f-b) : \mathrm{P'Q'}$$

$$f\times \mathrm{P'Q'}=(f-b)\times \mathrm{RO}$$

$$\frac{\mathrm{P'Q'}}{\mathrm{RO}}=\frac{f-b}{f}$$

このとき，RO＝PQであるから，

$$\frac{\mathrm{P'Q'}}{\mathrm{PQ}}=\frac{f-b}{f} \quad \cdots ②$$

①と②の左辺は一致するから，

$$\frac{b}{a}=\frac{f-b}{f}$$

$$fb=a(f-b)$$

$$=af-ab$$

$$fb-af=-ab$$

両辺をabfでわると…

$$\boldsymbol{\frac{1}{a}-\frac{1}{b}=-\frac{1}{f}}$$

$$fb-af=-ab$$

$$\frac{fb}{abf}-\frac{af}{abf}=-\frac{ab}{abf}$$

$$\therefore \frac{1}{a}-\frac{1}{b}=-\frac{1}{f}$$

これも，またまた**レンズの公式**と呼びます。

で!!　以上3つの場合，すべてに登場した①の式は像の倍率を表しています。

$$\frac{\mathrm{P'Q'}}{\mathrm{PQ}}=\frac{b}{a} \quad \cdots ①$$

（像の大きさ／物体の大きさ）

これも覚えておきましょう!!

像の倍率をmとすると…

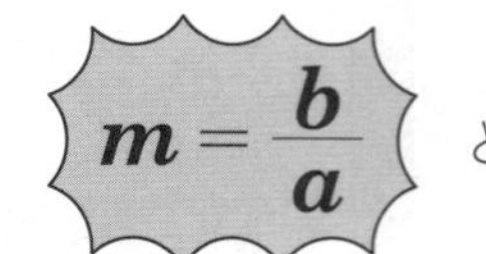

$$m=\frac{b}{a}$$ となります。

以上，3つの場合の“レンズの公式”をすべて覚えるのはイヤですよねぇ…??
そこで，これらを一本化しましょう!!

一本化…

覚える公式はこれ1つでOK✌
ただし，使い方を間違えないように!!

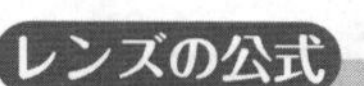

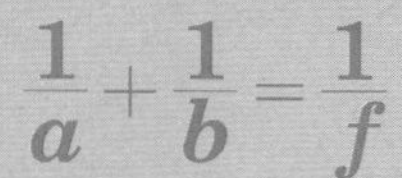

$$\frac{1}{a}+\frac{1}{b}=\frac{1}{f}$$

これは 凸レンズの場合 Part I のときのレンズの公式です!!　これを強引に使いまわします!!

捉❶ レンズから物体までの距離をaとします。ただし，このaの値は必ず正とします。

捉❷ レンズから像までの距離をbとしますが，実像の場合は$b>0$，虚像の場合は$b<0$とします。

捉❸ 焦点距離をfとしますが，凹レンズの場合は注目する焦点が凸レンズの場合と逆になるので，$f<0$とします。

距離は正の値でなければならないので，正確に言うと，レンズから像までの距離は$|b|$，焦点距離は$|f|$と言うべきですね…

そこで，像の倍率の公式も改良しておきましょう。

像の倍率

像の倍率 m は…

$$m=\frac{|b|}{a}$$

$m=\dfrac{\text{レンズと像との距離}}{\text{レンズと物体との距離}}$
虚像の場合 $b<0$ となってしまうので，$|b|$ としておきます。

では，実際に活用してみましょう。

問題157　キソ

(1)　あるレンズの前方60[cm]のところに物体を置いたところ，レンズの後方30[cm]のところにあるスクリーン上に実像ができた。このレンズの焦点距離とレンズの種類を答えよ。

(2)　あるレンズの前方30[cm]のところに物体を置いたところ，レンズの前方40[cm]のところに虚像ができた。このレンズの焦点距離とレンズの種類を答えよ。

(3)　あるレンズの前方50[cm]のところに物体を置いたところ，レンズの前方40[cm]のところに虚像ができた。このレンズの焦点距離とレンズの種類を答えよ。

波動

ビジュアル解答

凹レンズの場合は必ず虚像です!!

(1)　**実像**とあるので，レンズは凸レンズ　…(答)

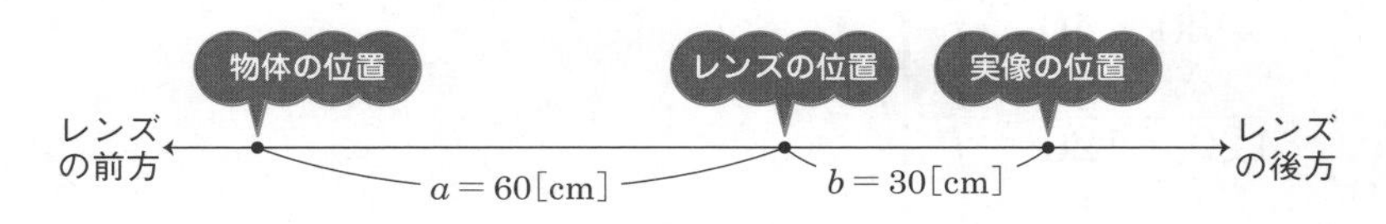

レンズの公式より，

$$\frac{1}{60}+\frac{1}{30}=\frac{1}{f}$$

レンズの公式です!! $\frac{1}{a}+\frac{1}{b}=\frac{1}{f}$ $a=60$，$b=30$を代入!!

$$\frac{1}{60}+\frac{2}{60}=\frac{1}{f}$$

$$\frac{3}{60}=\frac{1}{f}$$

$$\frac{1}{20}=\frac{1}{f}$$

$$\therefore \quad f=20$$

よって，焦点距離は**20[cm]**　…(答)

(2) 虚像と言われても，凸レンズか？　凹レンズか？　はまだ不明!!
fの値を求めてみないとわかりません!!

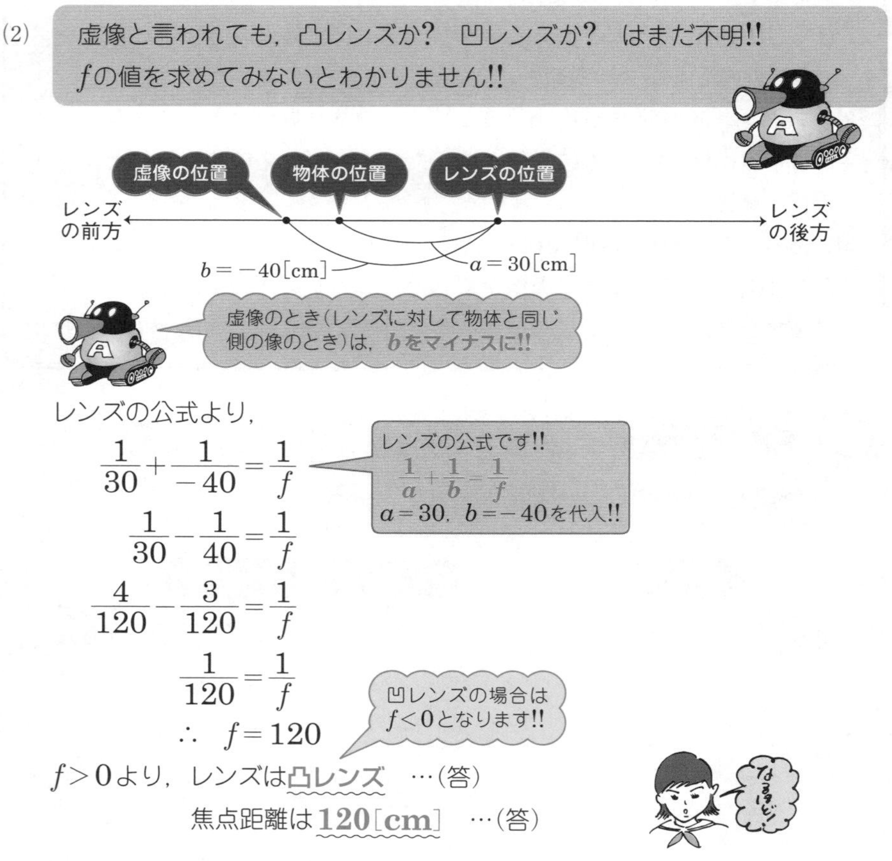

レンズの公式より，

$$\frac{1}{30}+\frac{1}{-40}=\frac{1}{f}$$

レンズの公式です!! $\frac{1}{a}+\frac{1}{b}=\frac{1}{f}$ $a=30$，$b=-40$を代入!!

$$\frac{1}{30}-\frac{1}{40}=\frac{1}{f}$$

$$\frac{4}{120}-\frac{3}{120}=\frac{1}{f}$$

$$\frac{1}{120}=\frac{1}{f}$$

$$\therefore \quad f=120$$

$f>0$より，レンズは**凸レンズ**　…(答)

焦点距離は**120[cm]**　…(答)

(3)

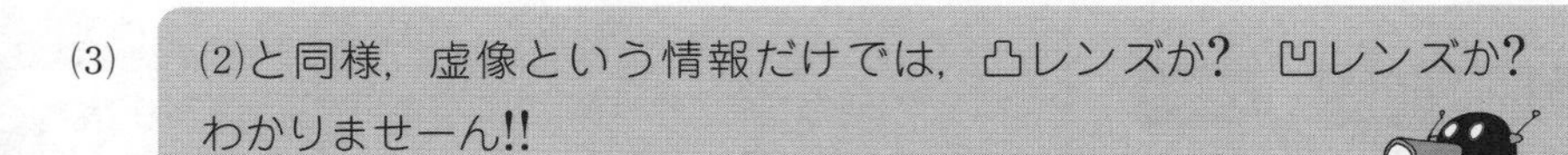

(2)と同様，虚像という情報だけでは，凸レンズか？　凹レンズか？　わかりませーん!!

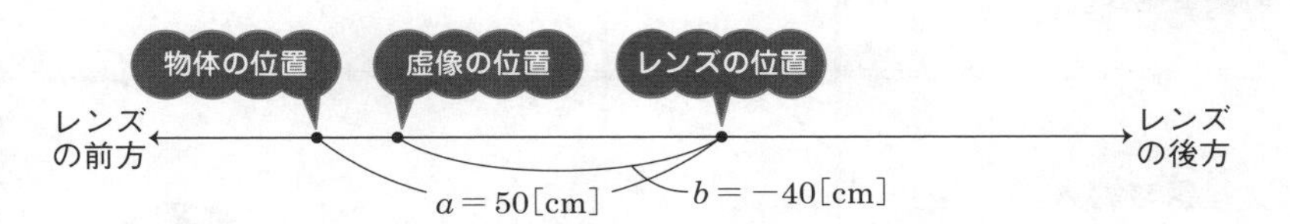

レンズの公式より，

$$\frac{1}{50}+\frac{1}{-40}=\frac{1}{f}$$

$$\frac{1}{50}-\frac{1}{40}=\frac{1}{f}$$

$$\frac{4}{200}-\frac{5}{200}=\frac{1}{f}$$

$$-\frac{1}{200}=\frac{1}{f}$$

$$\frac{1}{-200}=\frac{1}{f}$$

$$\therefore \quad f=-200$$

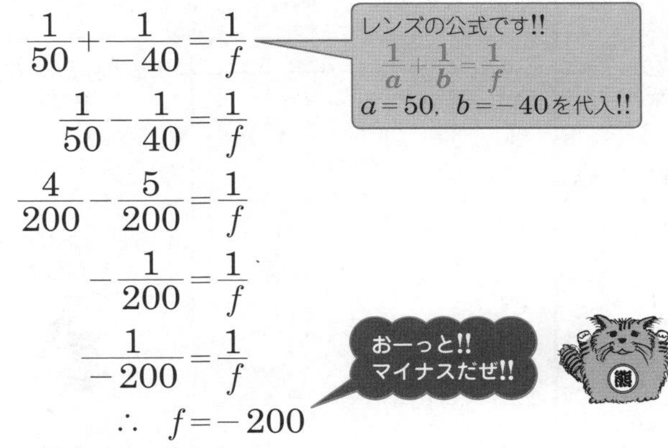

$f<0$より，レンズは**凹レンズ**　…(答)

$|f|=|-200|=200$より，焦点距離は**200[cm]**　…(答)

問題158 標準

凸レンズによって物体の2倍の大きさの実像ができるのは，物体をどこに置いたときか。

ナイスな導入

レンズの公式$\frac{1}{a}+\frac{1}{b}=\frac{1}{f}$と倍率$m=\frac{|b|}{a}$を活用する!!

本問で倍率は$m=2$です!!　さらに，実像であるから$b>0$，つまり$|b|=b$

解答でござる

倍率2であるから，

$$\frac{b}{a}=2$$

実像であるから$b>0$です。よって，絶対値は無用!!

$$\therefore \quad b=2a \quad \cdots①$$

レンズの公式から，

$$\frac{1}{a}+\frac{1}{b}=\frac{1}{f} \quad \cdots②$$

凸レンズなので$f<0$となる心配なし!!

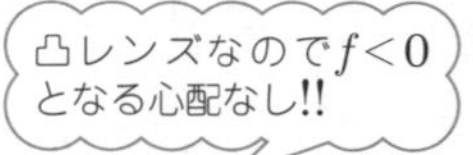

①を②に代入して，

$$\frac{1}{a}+\frac{1}{2a}=\frac{1}{f}$$

$$\frac{2}{2a}+\frac{1}{2a}=\frac{1}{f}$$

$$\frac{3}{2a}=\frac{1}{f}$$

$$\frac{2a}{3}=f$$

$\frac{3}{2a}=\frac{1}{f}$より
両辺の分子と分母をひっくり返す!!
$\frac{2a}{3}=\frac{f}{1}$
$\therefore \quad \frac{2a}{3}=f$

$$a=\frac{3}{2}f$$

レンズと物体との距離$=\frac{3}{2}\times$焦点距離

$$\therefore \quad a=1.5\times f$$

よって，**物体を焦点距離の1.5倍の点に置いたとき**

…(答)

Theme 49 光の回折と干渉 前編

光も波なので回折もするし，干渉もします。これを踏まえて…

その1 “ヤングの実験”

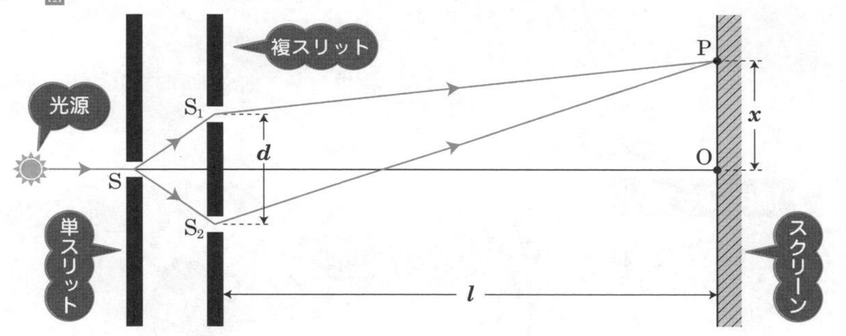

単スリットSで回折した光の波は，Sから等距離の2つのスリットS_1，S_2でさらに回折されて，スクリーンにたどり着きます。

注 $SS_1 = SS_2$なので，S_1とS_2から送り出される光の波は同位相です!!

このとき，$S \to S_1 \to P$の順に進む光の波と，$S \to S_2 \to P$の順に進む光の波との道のりの差は$SS_1 = SS_2$であるから，$|S_1P - S_2P|$となります。この道のりの差のことを，光の場合に限り**経路差**と呼びます。Pの場所によってこの経路差が変化するので，Pで光の波が強め合って明るいしまができたり，逆に弱め合って暗いしまができたりします。

そこで!!

ヤングの実験の公式

複スリットの2つのスリットS_1，S_2間の距離を$\boldsymbol{d}$，複スリットからスクリーンまでの距離を$\boldsymbol{l}$，$OP = \boldsymbol{x}$，光の波の波長を$\boldsymbol{\lambda}$とすると…

上の図とセットで押さえてね!!

経路差は…

$$|S_1P - S_2P| = \frac{dx}{l}$$

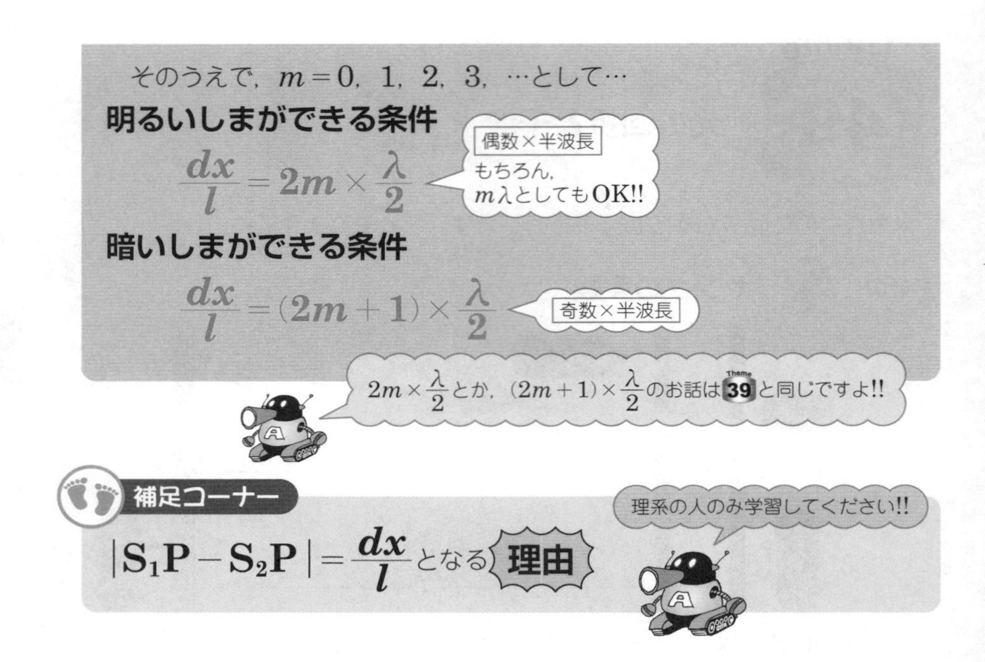

そのうえで，$m=0,\ 1,\ 2,\ 3,\ \cdots$として…

明るいしまができる条件

$$\frac{dx}{l}=2m\times\frac{\lambda}{2}$$

暗いしまができる条件

$$\frac{dx}{l}=(2m+1)\times\frac{\lambda}{2}$$

補足コーナー

$|S_1P-S_2P|=\dfrac{dx}{l}$となる理由

光の波ってヤツは激しく高速で，激しく波長が短い!!　よって，実験道具も極端なものになります。そこで，強調しておきたいのは…

dは，lに対して極端に小さい!!

① S_1とS_2の中点をAとしたとき，$\mathbf{S_1P/\!/S_2P/\!/AP}$と考えてよい!!

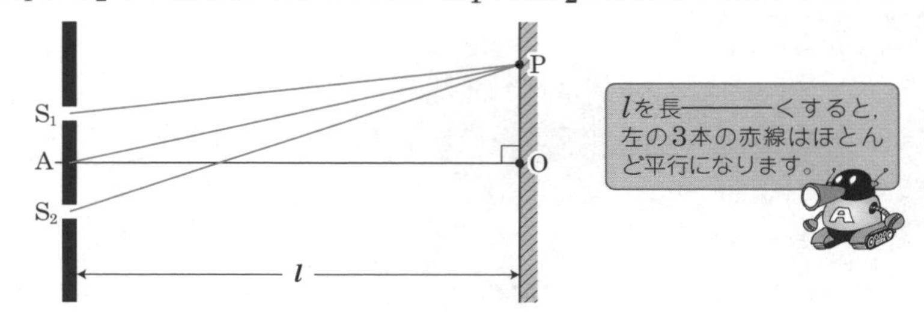

② 細長―――い直角三角形では，**斜辺＝底辺**と考えてよい!!

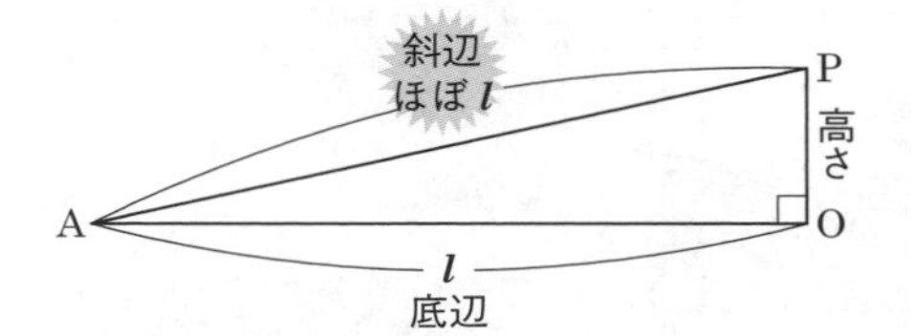

③ S_1からS_2Pに下ろした垂線の足をHとおくと，経路差$|S_1P-S_2P|$はS_2Hとみなせる!!

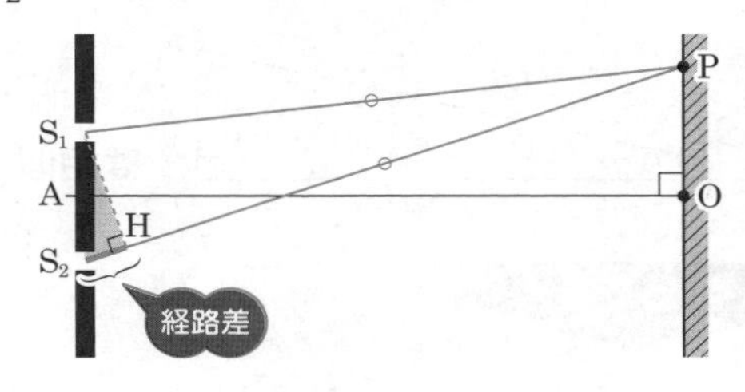

直角三角形PS_1Hは②の細長―――い直角三角形であるから，$S_1P=HP$と考えてよい!! よって，S_1PとS_2Pの距離の差$|S_1P-S_2P|$は，S_2Hとみなせる!!

④ **$\angle S_2S_1H=\angle PAO$**と考えてよい!!

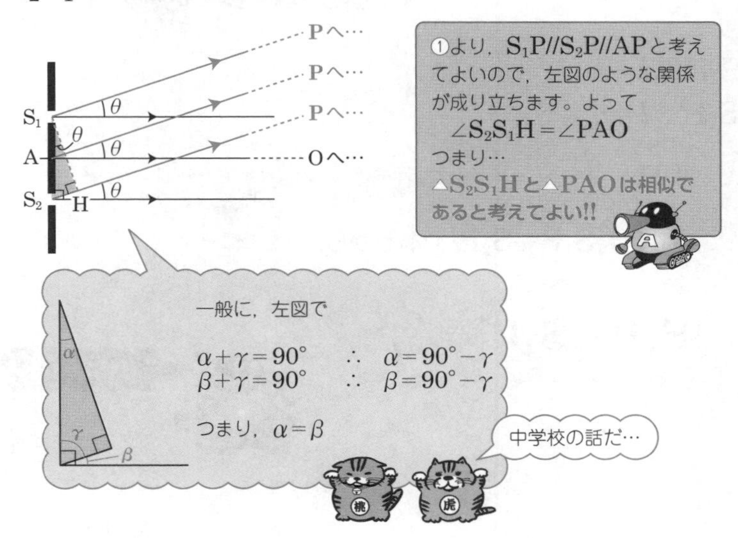

①より，$S_1P /\!/ S_2P /\!/ AP$と考えてよいので，左図のような関係が成り立ちます。よって

$\angle S_2S_1H=\angle PAO$

つまり…

$\triangle S_2S_1H$と$\triangle PAO$は相似であると考えてよい!!

⑤ 仕上げです!! **S_2Hをl，d，xで表せ!!**

④でも述べたとおり，$\triangle S_2S_1H$と$\triangle PAO$は相似です!!

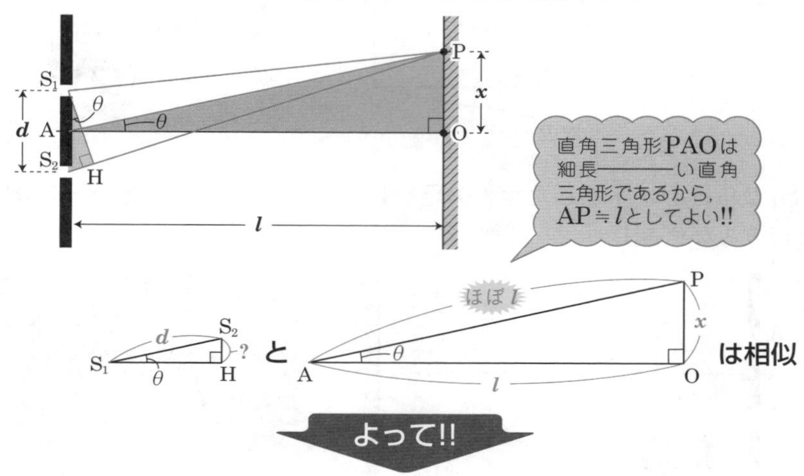

$$S_2H : S_1S_2 = PO : AP$$

高さ：斜辺の比です!!

つまり，

$$S_2H : d = x : l$$

$$S_2H \times l = d \times x$$

$$\therefore \quad S_2H = \frac{dx}{l}$$

おっ!!　これは…

③より，$S_2H = |S_1P - S_2P|$であるから，

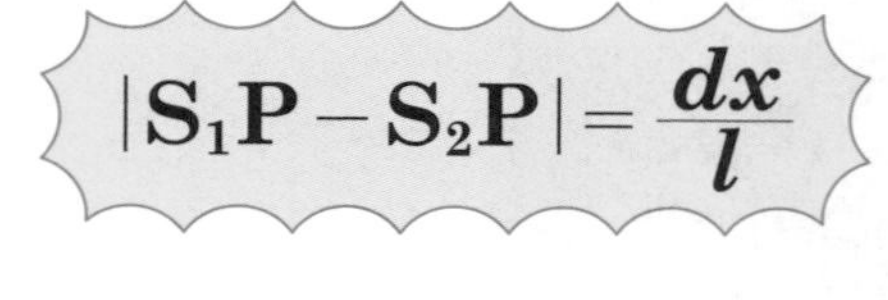

$$|S_1P - S_2P| = \frac{dx}{l}$$

問題159　標準

ヤングの実験で，複スリットの間隔をd，複スリットからスクリーンまでの距離をlとしたとき，明るいしまの間隔(干渉じまの間隔)を求めよ。ただし，光の波長をλとする。

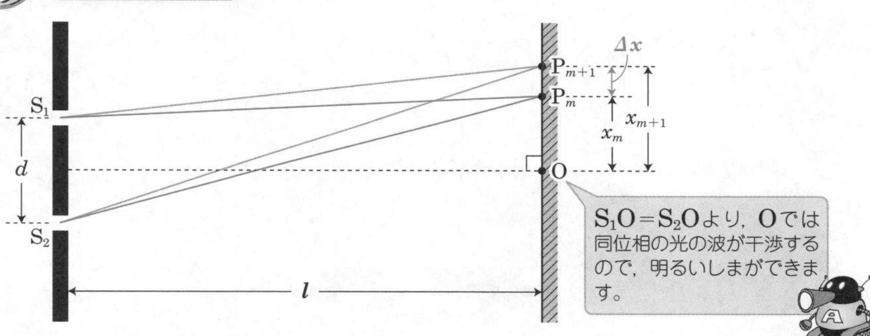

$\overset{オー}{O}$での明るいしまを$\overset{ゼロ}{0}$番目として，m番目の明るいしまの位置をP_m，$m+1$番目の明るいしまの位置をP_{m+1}とする。ここで，

$$OP_m=x_m,\quad OP_{m+1}=x_{m+1}$$

とおくと，明るいしまの間隔$\overset{デルタ}{\Delta} x$は，

$$\Delta x=x_{m+1}-x_m \quad \cdots ①$$

上図参照!!

と表される。

ヤングの実験の公式から，

$\dfrac{dx}{l}=2m\times\dfrac{\lambda}{2}$において，$m\to0$が点O，$m\to m$が点$P_m$，$m\to m+1$が点$P_{m+1}$に対応してます。

波が強め合う条件です!!

$$\begin{cases}\dfrac{dx_m}{l}=2m\times\dfrac{\lambda}{2} & \therefore\ x_m=\dfrac{ml\lambda}{d} \quad \cdots ②\\ \dfrac{dx_{m+1}}{l}=2(m+1)\times\dfrac{\lambda}{2} & \therefore\ x_{m+1}=\dfrac{(m+1)l\lambda}{d} \quad \cdots ③\end{cases}$$

②と③を①に代入して，

$$\Delta x=\frac{(m+1)l\lambda}{d}-\frac{ml\lambda}{d}$$

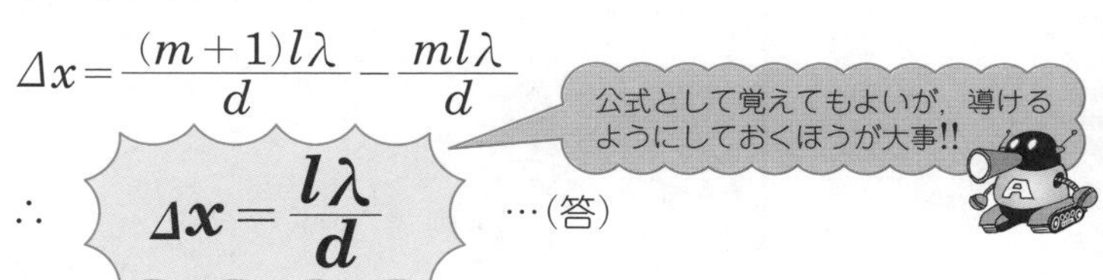

$$\therefore\ \Delta x=\frac{l\lambda}{d} \quad \cdots(答)$$

x_1, x_2, x_3, …と順に求めていく戦法もありっちゃありです…

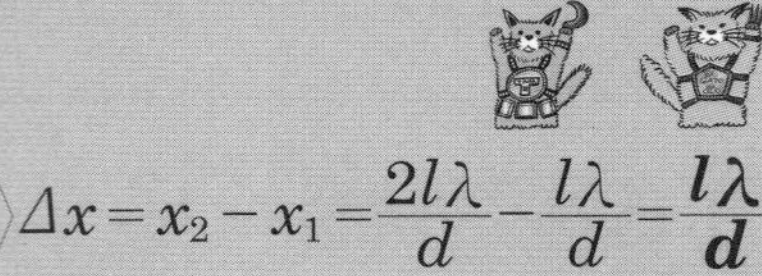

$$\frac{dx_1}{l}=2\times 1\times\frac{\lambda}{2}\qquad \therefore\ x_1=\frac{l\lambda}{d}$$

$$\Delta x=x_2-x_1=\frac{2l\lambda}{d}-\frac{l\lambda}{d}=\frac{l\lambda}{d}$$

$$\frac{dx_2}{l}=2\times 2\times\frac{\lambda}{2}\qquad \therefore\ x_2=\frac{2l\lambda}{d}$$

$$\Delta x=x_3-x_2=\frac{3l\lambda}{d}-\frac{2l\lambda}{d}=\frac{l\lambda}{d}$$

$$\frac{dx_3}{l}=2\times 3\times\frac{\lambda}{2}\qquad \therefore\ x_3=\frac{3l\lambda}{d}$$

⋮　　　⋮　　　⋮

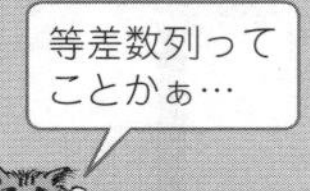

よって!!

$$\Delta x=\frac{l\lambda}{d}\ \text{となる!!}$$

その2 “回折格子はスリットだらけ!!”

ヤングの実験の複スリットは2つのスリットでしたが，このスリットの数が多くなったらどうなるか??　これが今回のお話です。

ガラス板の表面に非常に細かい間隔で多数の溝を刻んだものを**回折格子**と呼び，スリットの役割を果たします。

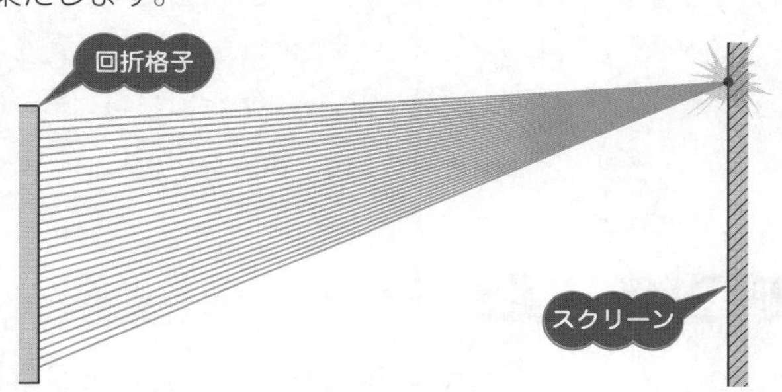

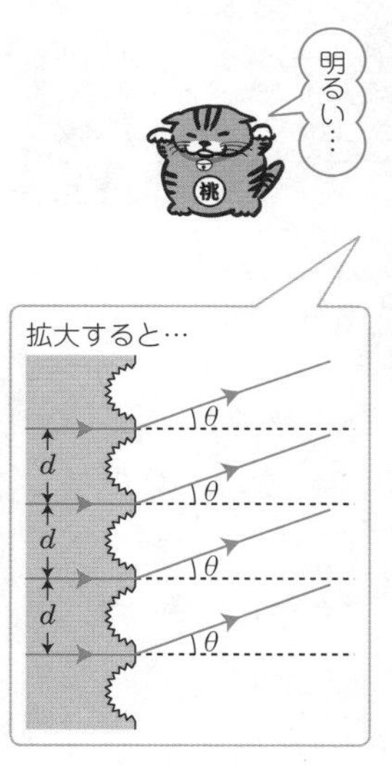

溝の部分は光が乱反射するので光を通さない状態になり，溝と溝の間の部分だけが光を通し，これがスリットの役割を果たします。この間隔dを**格子定数**と呼びます。

で!!　“ヤングの実験”のときと同様で，回折格子からスクリーンまでの距離に対してdは非常に小さな値なので，回折された光線はすべて平行と考えてOK!!

では!!　回折格子での経路差は!?

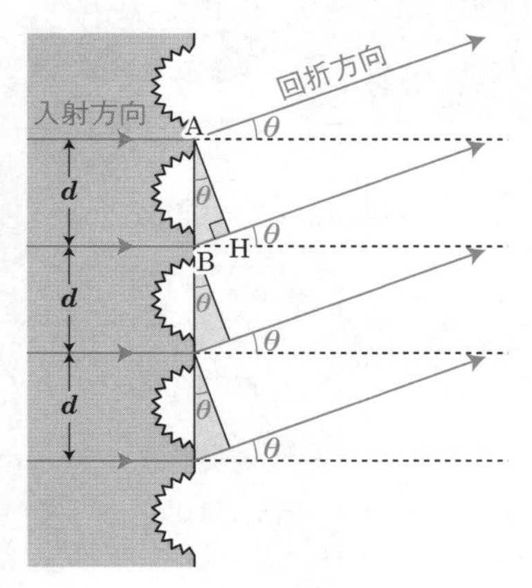

回折方向の光線はすべて平行とみなしてよい!!　そこで，光の入射方向と回折方向のなす角がθである場合，隣り合う光線の経路差は左図の直角三角形におけるBHとなる。

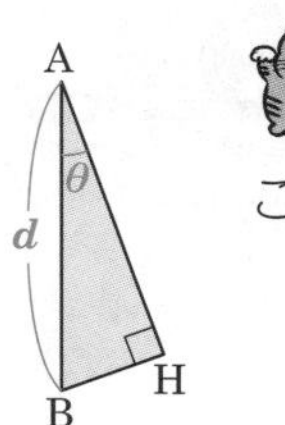

このとき!!　$\mathrm{BH} = d\sin\theta$

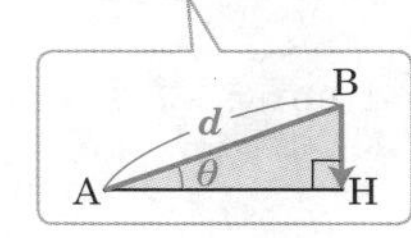

この経路差$\boldsymbol{d\sin\theta}$は隣り合うすべての光線に対して成立する。よって，この値が$m=0,\ 1,\ 2,\ 3,\ \cdots$として$\boldsymbol{2m}\times\dfrac{\boldsymbol{\lambda}}{\boldsymbol{2}}$，つまり$\boldsymbol{m\lambda}$に一致すれば，隣り合うすべての光線が強め合うので，“明るいしま”ができることを意味します。

よって!!

公式でーす!!

格子定数が$\boldsymbol{d}$である回折格子で，入射方向と回折方向のなす角を$\boldsymbol{\theta}$としたとき**明るいしま**ができる条件は，光の波長$\boldsymbol{\lambda}$を用いて…

$$\boldsymbol{d\sin\theta=m\lambda}\ (m=0,\ 1,\ 2,\ 3,\ \cdots)$$

回折格子において“暗いしま”が話題になることはありません!!

問題160　標準

波長3.2×10^{-7}[cm]の単色レーザー光線を回折格子に垂直に当てたところ，入射方向に対して$4.7°$の向きに最初の回折明線が確認された。この回折格子には，1[cm]あたりに何本の溝が刻まれているか。ただし，$\sin4.7°=0.082$とする。

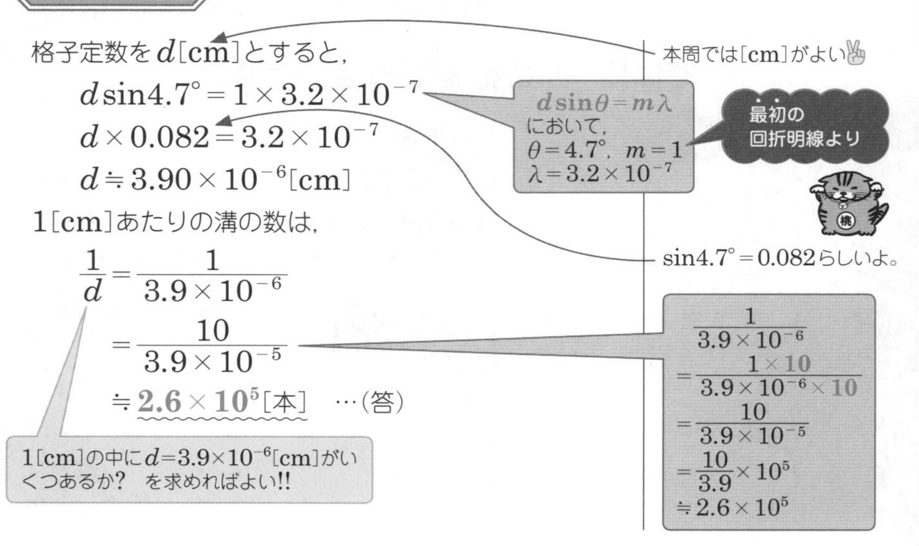

解答でござる

格子定数をd[cm]とすると，

$$d\sin4.7°=1\times3.2\times10^{-7}$$
$$d\times0.082=3.2\times10^{-7}$$
$$d\fallingdotseq3.90\times10^{-6}\,[\mathrm{cm}]$$

1[cm]あたりの溝の数は，

$$\frac{1}{d}=\frac{1}{3.9\times10^{-6}}$$
$$=\frac{10}{3.9\times10^{-5}}$$
$$\fallingdotseq\boldsymbol{2.6\times10^5}\,[本]\quad\cdots(答)$$

Theme 50 光の回折と干渉 後編

今回は反射もからんできます。

その1 “固定端か?? 自由端か??”

とにかく覚えろ!!

① 屈折率の小さい媒質から入射して，屈折率の大きい媒質を背に反射すると**固定端反射**になります。

　つまり，位相がπ**だけずれる!!**(**半波長分ずれる!!**)

② 屈折率の大きい媒質から入射して，屈折率の小さい媒質を背に反射すると**自由端反射**になります。

　つまり，位相は**ずれない!!**

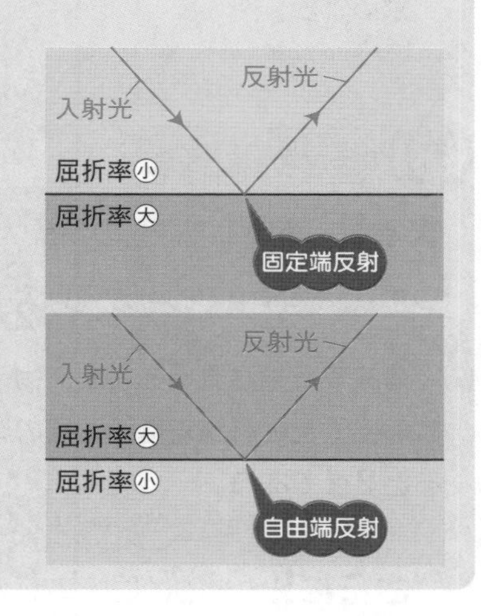

その2 “薄膜による干渉実験”

空気中での光の波長をλとします。空気に対する屈折率(単に“屈折率”と呼ぶことが多いです!!)がnである媒質中での光の波長λ'は…

$n=\dfrac{\lambda}{\lambda'}$ より，$\boldsymbol{\lambda'=\dfrac{\lambda}{n}}$ となります。

p.486を復習せよ!!

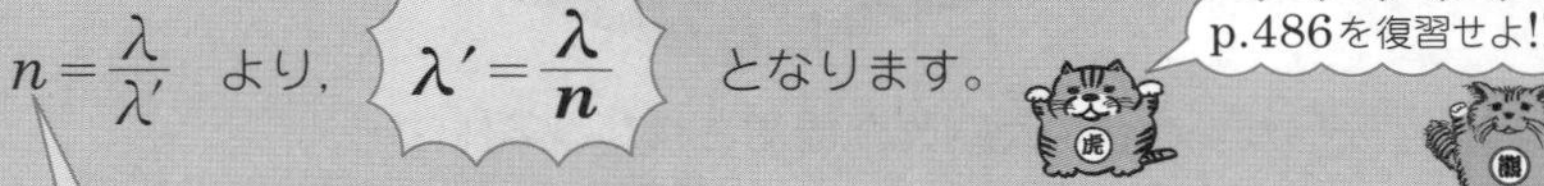

“強め合う”とか“弱め合う”という話は，波長がカギを握ってました!!
その波長が媒質によって変化してしまうわけです。すると…

問題161 標準

ガラスに屈折率nの薄膜をコーティングする!! ガラスに対して垂直に波長λの単色光を当てたところ，反射光が観測されなかった。このとき，次の各問いに答えよ。

(1) 薄膜の屈折率がガラスの屈折率より大きいとき，薄膜の厚さの最小値を求めよ。

(2) 薄膜の屈折率がガラスの屈折率より小さいとき，薄膜の厚さの最小値を求めよ。

前ページ参照!!

まず!! 薄膜中での光の波長は，$\dfrac{\lambda}{n}$となります。

つまり，薄膜中での半波長は$\dfrac{\lambda}{2n}$です!!　$\dfrac{1}{2}\times\dfrac{\lambda}{n}$

(1) 薄膜で反射される光①と，ガラスで反射される光②との経路差は，薄膜の厚さをdとすると$2d$である。

薄膜中を往復する距離です。

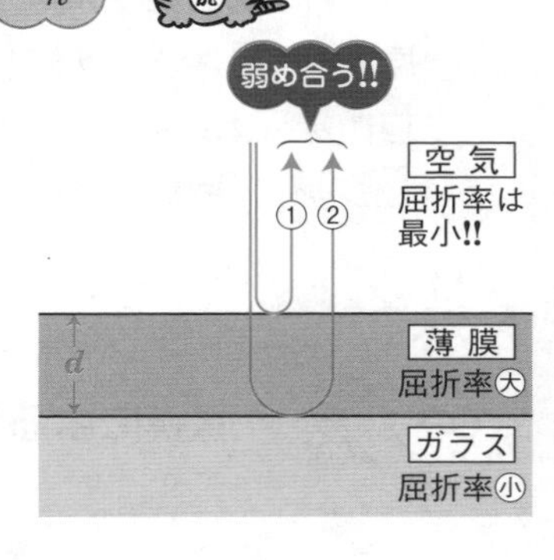

さらに!! 光①は屈折率が大きい媒質を背に反射しているので，固定端反射です。つまり，位相がπだけずれます(半波長分ずれる!!)。光②は屈折率が小さい媒質を背に反射しているので，自由端反射です。つまり，位相はずれません。

よって!!

光①と光②が弱め合い反射光が観測されない条件は…

$$2d = 2m\times\frac{\lambda}{2n}$$

薄膜中での半波長

$(m=0,\ 1,\ 2,\ 3,\ \cdots)$

本来なら，半波長$\dfrac{1}{2}\times\dfrac{\lambda}{n}=\dfrac{\lambda}{2n}$の奇数倍で，$(2m+1)\times\dfrac{\lambda}{2n}$とするところだが，光①が半波長分ずれているので，奇数倍と偶数倍が入れかわる!!

つまり,

$$2d=\frac{m\lambda}{n}$$

$$d=\frac{m\lambda}{2n}$$

$m=0$のときは$d=0$となり，薄膜の厚さが0となってしまうので，$m=1$のときが薄膜の厚さの最小値に対応する。よって，薄膜の厚さの最小値$d_{\min}$は,

$$d_{\min}=\frac{1\times\lambda}{2n}$$

上式で$m=1$とする!!

$$=\frac{\lambda}{2n}\quad\cdots(\text{答})$$

(2)　今回は光①は屈折率が大きい媒質を背に反射しているので，固定端反射!!　つまり，位相がπだけずれます(半波長分ずれます!!)。

さらに，光②も屈折率が大きい媒質を背に反射しているので，固定端反射!!　これもまた，位相がπだけずれます(半波長分ずれる!!)。

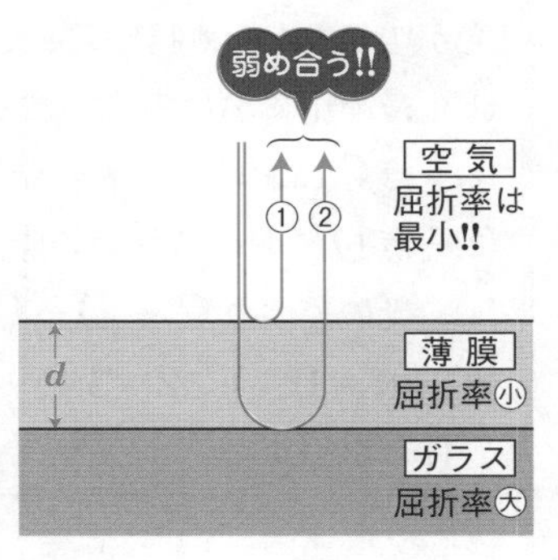

光①と光②が弱め合い反射光が観測されない条件は…

$$2d=(2m+1)\times\frac{\lambda}{2n}$$

$(m=0,\ 1,\ 2,\ 3,\ \cdots)$　薄膜中での半波長

光①も光②も位相がπ(半波長分)だけずれるので，ずれたものどうしで，条件はこれまでどおりにもどります!!

つまり,

$$d=\frac{(2m+1)\lambda}{4n}$$

$m=0$のときが薄膜の厚さの最小値に対応するから，薄膜の厚さの最小値$d_{\min}$は,

$$d_{\min}=\frac{\lambda}{4n}\quad\cdots(\text{答})$$

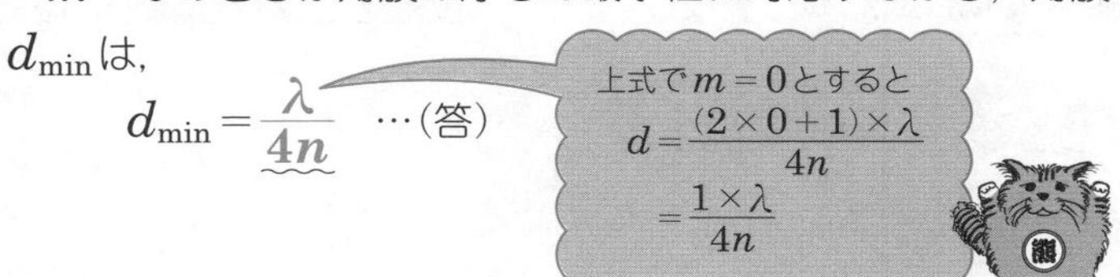

光が薄膜に斜めに入射する場合のお話です。本問は有名すぎるから，問題ごと覚えるべし!!

問題162 ちょいムズ 重要!!

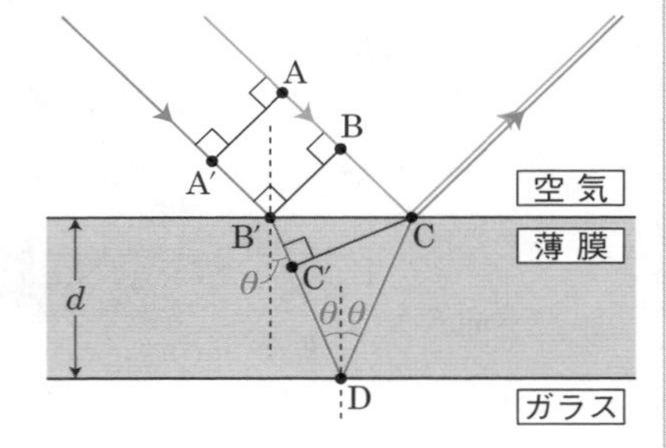

右図は，波長λの単色光が空気から薄膜に入射し，薄膜の上面Cですぐ反射する光と，薄膜中に屈折して入ったあと，ガラスの上面Dで反射する光が重なり合う様子を示している。AA′，BB′，CC′は波面を表しており，薄膜の厚さはdで，薄膜の屈折率はnである。ただし，nはガラスの屈折率よりも大きいとする。さらに，光が空気中から薄膜に入ったときの屈折角をθとして，次の各問いに答えよ。

(1)　薄膜中における光の波長を求めよ。

(2)　点Cにおける反射の際，光の位相はどのように変化するか。

(3)　点Dにおける反射の際，光の位相はどのように変化するか。

(4)　光の道のり C′→D→C を薄膜の厚さdと屈折角θを用いて表せ。

(5)　$m=0,\ 1,\ 2,\ 3,\ \cdots$として，光が強め合うときの薄膜の厚さdの条件を求めよ。

ビジュアル解答

p.581参照!!

(1)　薄膜中における光の波長は，$\dfrac{\lambda}{n}$ …(答)

(2)　**空気の屈折率 ＜ 薄膜の屈折率**

屈折率が大きい媒質を背に反射しているので，**固定端反射**です。

よって，位相はπだけずれる …(答)

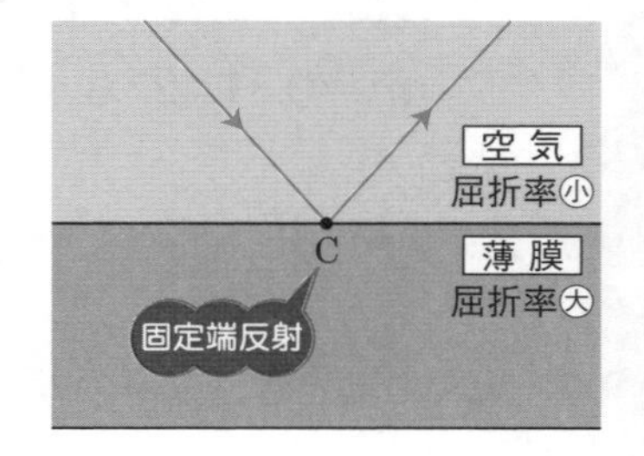

(3)　問題文にも書いてあるとおり,

薄膜の屈折率 ＞ ガラスの屈折率

屈折率が小さい媒質を背に反射しているので,**自由端反射**です。

よって,位相は**ずれない**　…(答)

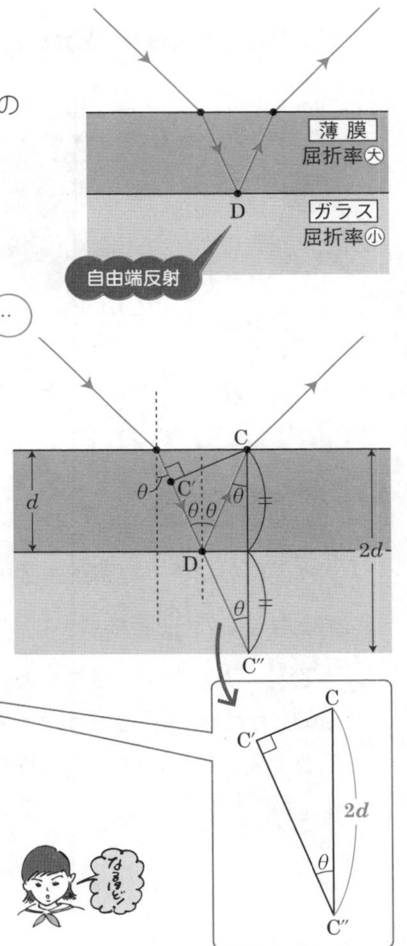

(4) この問題が最大のポイントです!!　……

右図において,△CDC″はCD＝C″Dの二等辺三角形だから,

等しい!!

$$\mathrm{C'D} + \mathrm{DC} = \mathrm{C'D} + \mathrm{DC''}$$
$$= \mathrm{C'C''} \quad \cdots ①$$

△CC″C′において,

$$\cos\theta = \frac{\mathrm{C'C''}}{2d}$$

つまり,

$$\mathrm{C'C''} = 2d\cos\theta \quad \cdots ②$$

①と②より,光の道のりC′→D→C,つまりC′D＋DCは,

$$\mathrm{C'D} + \mathrm{DC} = \mathbf{2d\cos\theta} \quad \cdots(\text{答})$$

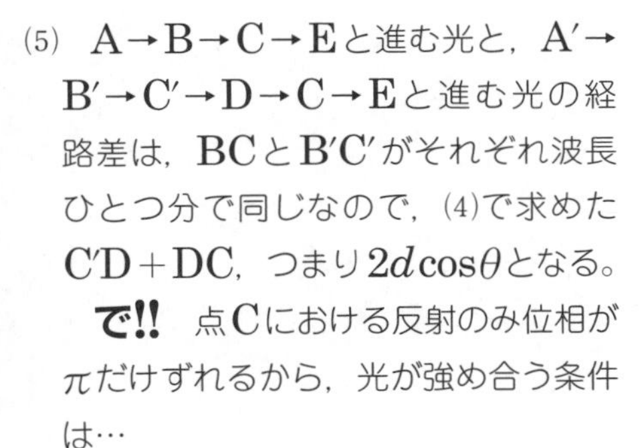

(5)　A→B→C→Eと進む光と,A′→B′→C′→D→C→Eと進む光の経路差は,BCとB′C′がそれぞれ波長ひとつ分で同じなので,(4)で求めたC′D＋DC,つまり$2d\cos\theta$となる。

で!!　点Cにおける反射のみ位相がπだけずれるから,光が強め合う条件は…

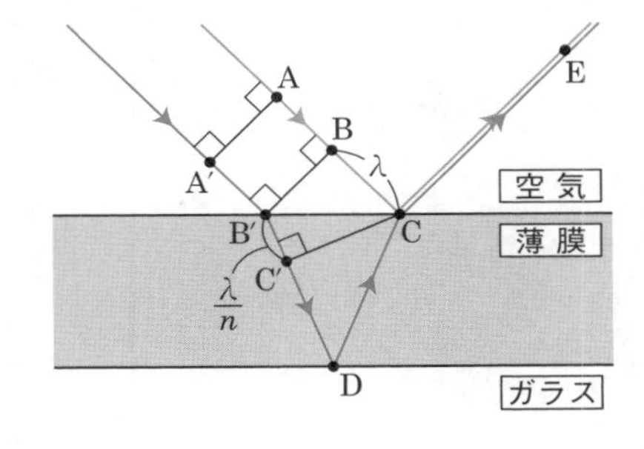

$$\mathbf{2}\boldsymbol{d}\cos\boldsymbol{\theta}=(\mathbf{2}\boldsymbol{m}+\mathbf{1})\times\frac{\boldsymbol{\lambda}}{\mathbf{2}\boldsymbol{n}}$$

薄膜中での半波長は $\frac{1}{2}\times\frac{\lambda}{n}=\frac{\lambda}{2n}$

本来，強め合う条件は偶数×半波長であるが，一方のみの位相が半波長分ずれたため，偶数と奇数が逆転する!!
で!! $m=0,\ 1,\ 2,\ 3,\ \cdots$とすると，$2m+1=1,\ 3,\ 5,\ 7,\ \cdots$となり，正の奇数をまんべんなく表すことができます

$$2d\cos\theta=\frac{(2m+1)\lambda}{2n}$$

$$\therefore\quad \boldsymbol{d}=\frac{(\mathbf{2}\boldsymbol{m}+\mathbf{1})\boldsymbol{\lambda}}{\mathbf{4}\boldsymbol{n}\cos\boldsymbol{\theta}}\quad\cdots(答)$$

光が強め合うときの薄膜の厚さdの条件です!!

補足コーナー

本問において，経路差は$\mathbf{2}\boldsymbol{d}\cos\boldsymbol{\theta}$です。このとき，波長は薄膜中の値となるので$\frac{\boldsymbol{\lambda}}{\boldsymbol{n}}$となります。

で!! 薄膜中での波長を強引に$\boldsymbol{\lambda}$のままであるとすると，経路差が$\boldsymbol{n}$倍の$\mathbf{2}\boldsymbol{nd}\cos\boldsymbol{\theta}$となったと考えることもできます。このように，もとの波長$\boldsymbol{\lambda}$を中心に考える距離を**光学的距離**と呼び，この光学的距離に直した経路差を**光路差**と申します。

本問では$2nd\cos\theta$

“くさび形の干渉実験”

このお話も問題として有名なので，いきなり問題にGO!!

問題163 標準

水平な板の上に2枚の平面ガラスを合わせて置き，その一端に厚さdの薄い物体を挟むと，くさび形の空気層が生じる。真上から波長λの単色光を当てると，等間隔の平行な明暗の干渉じまが観測された。

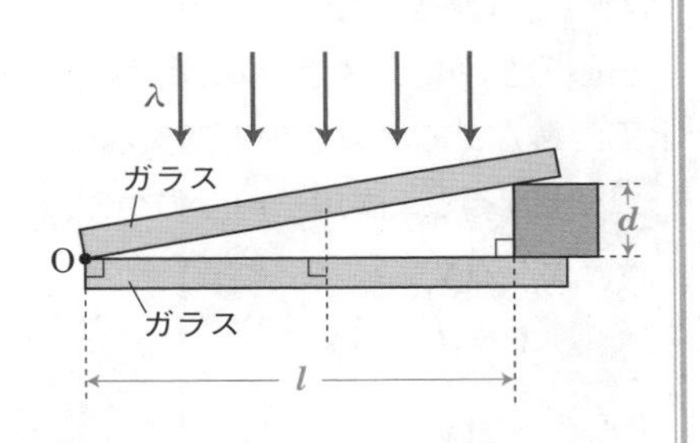

2枚のガラスの接点Oから薄い物体までの距離をlとして，次の各問いに答えよ。

(1)　ガラスの接点Oの位相は明線となるか，それとも暗線となるか。

(2)　暗線と暗線の間隔Δxを求めよ。

(3)　屈折率nの液体をくさび形の空気層に入れた場合，同じ波長の光を当てたときの暗線と暗線の間隔$\Delta x'$を求めよ。

ナイスな導入

あたりまえのお話ですが，ガラスは空気よりも屈折率が大きい!!

右図において，光線①は空気(屈折率㊛)を背に反射しているので自由端反射，光線②はガラス(屈折率㊚)を背に反射しているので固定端反射，つまり位相がπだけずれます(半波長分だけずれる!!)。

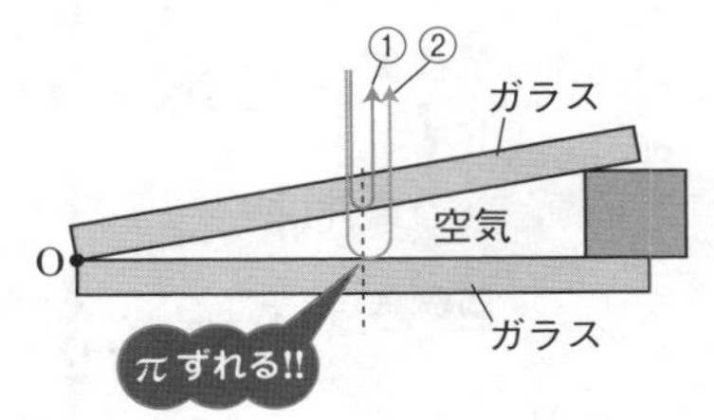

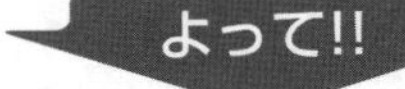

一方の光線のみの位相がπだけずれてしまうので，これまでの“強め合う”＆“弱め合う”条件が逆になり…

強め合う!!

明線となる条件  経路差＝奇数×半波長

暗線となる条件 ➡ 経路差＝偶数×半波長

弱め合う!!

で!! 経路差についてですが…

右図のように，ガラスの接点Oから，水平距離がxである位置の空気層の厚さをΔyとすると，直角三角形の相似から，

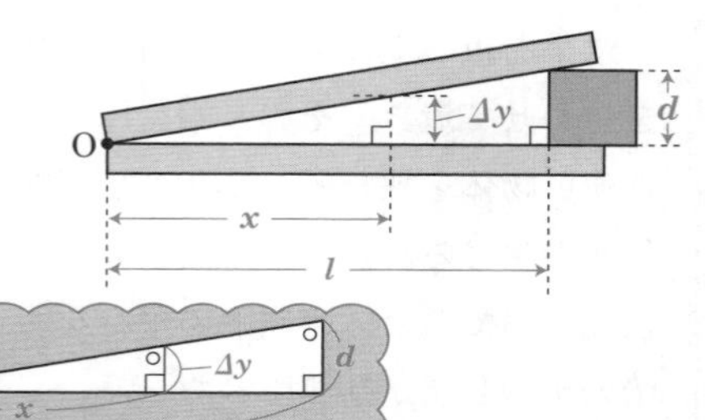

$$x : \Delta y = l : d$$

$$x \times d = \Delta y \times l$$

$$\therefore \quad \Delta y = \frac{dx}{l}$$

光線①と光線②の経路差は往復分を考え…

$$2 \times \Delta y$$

つまり，

$$2 \times \frac{dx}{l} = \frac{2dx}{l}$$

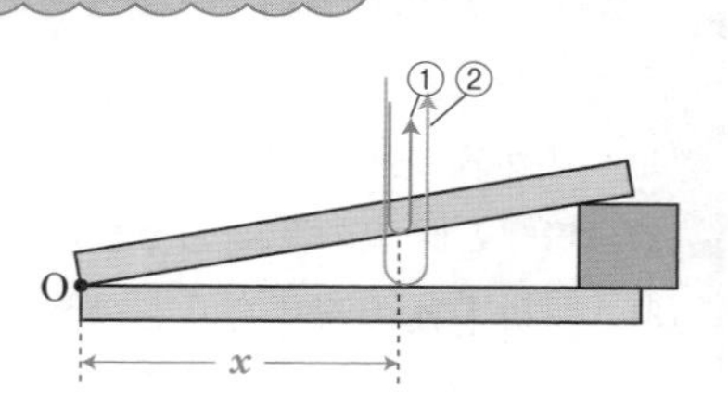

以上から

$m = 0,\ 1,\ 2,\ 3,\ \cdots$として…

明線となる条件は…

$$\boldsymbol{\frac{2dx}{l} = (2m + 1) \times \frac{\lambda}{2}}$$

奇数×半波長

暗線となる条件は…

$$\boldsymbol{\frac{2dx}{l} = 2m \times \frac{\lambda}{2}}$$

偶数×半波長

解答でござる

(1)　ガラスの接点$\overset{オー}{\mathrm{O}}$での経路差は$\overset{ゼロ}{0}$である。

$0=0\times\dfrac{\lambda}{2}$　より，暗線となる条件をみたす。

よって，ガラスの接点Oでは暗線となる　…(答)

経路差は0です!!
$0=0\times\dfrac{\lambda}{2}$
0×半波長
0は偶数です!!

波動

(2)　ガラスの接点Oが0番目の暗線と考えたとき，m番目の暗線と$m+1$番目の暗線のOからの水平距離をそれぞれ，x_m，x_{m+1}とすると，

O
x_m
x_{m+1}
Δx
暗線の間隔

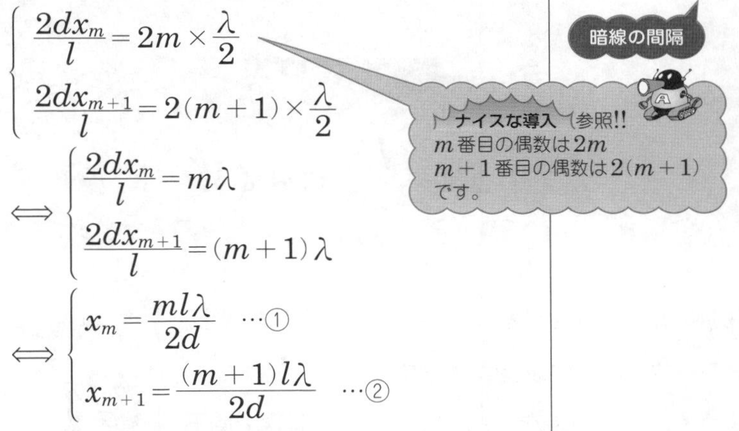

$$\begin{cases}\dfrac{2dx_m}{l}=2m\times\dfrac{\lambda}{2}\\[2ex]\dfrac{2dx_{m+1}}{l}=2(m+1)\times\dfrac{\lambda}{2}\end{cases}$$

$$\Longleftrightarrow\begin{cases}\dfrac{2dx_m}{l}=m\lambda\\[2ex]\dfrac{2dx_{m+1}}{l}=(m+1)\lambda\end{cases}$$

$$\Longleftrightarrow\begin{cases}x_m=\dfrac{ml\lambda}{2d}\quad\cdots①\\[2ex]x_{m+1}=\dfrac{(m+1)l\lambda}{2d}\quad\cdots②\end{cases}$$

①と②より，暗線と暗線の間隔Δxは，

$$\begin{aligned}\Delta x&=x_{m+1}-x_m\\&=\frac{(m+1)l\lambda}{2d}-\frac{ml\lambda}{2d}\\&=\frac{ml\lambda+l\lambda}{2d}-\frac{ml\lambda}{2d}\\&=\frac{l\lambda}{2d}\quad\cdots(答)\end{aligned}$$

$\dfrac{ml\lambda+l\lambda}{2d}-\dfrac{ml\lambda}{2d}$

ちなみに，明線と明線の間隔も同じ値になります!!

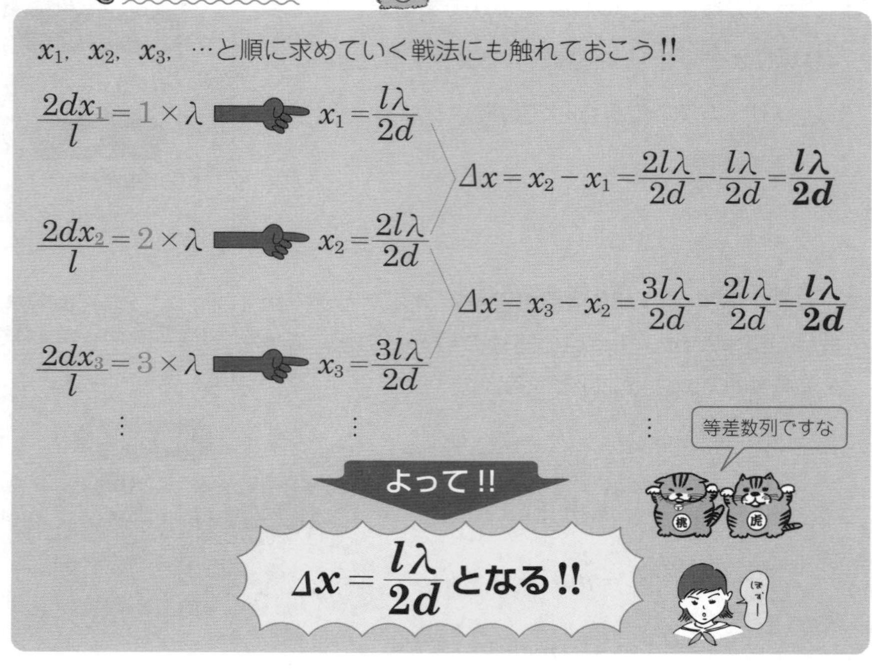

(3)　屈折率nの液体をくさび形の空気層に入れた場合，くさび形内での光の波長は$\frac{\lambda}{n}$となる。

よって，(2)の結果を利用して，暗線と暗線の間隔$\Delta x'$は，

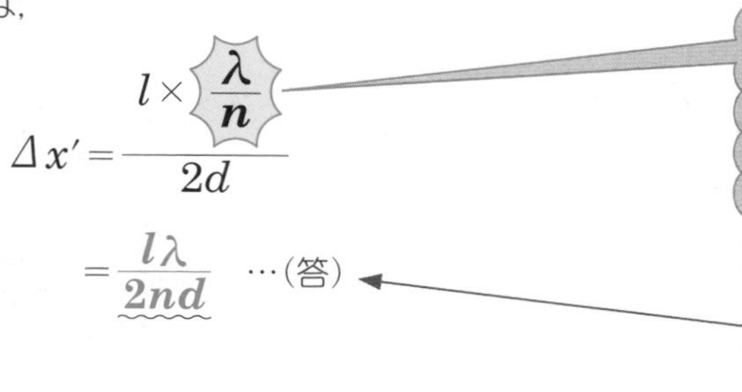

$$\Delta x'=\frac{l\times\frac{\lambda}{n}}{2d}$$

$$=\frac{l\lambda}{2nd}\quad\cdots(答)$$

(2)の$\Delta x=\frac{l\lambda}{2d}$の$\lambda$を$\frac{\lambda}{n}$に入れかえればOK!! 同じ苦労をくり返す必要はないぞ!!

$$\frac{l\times\frac{\lambda}{n}\times n}{2d\times n}=\frac{l\lambda}{2nd}$$

“ニュートンリング”

くさび形の空気層が曲面に変わっただけですよ

問題164 ちょいムズ

凸レンズは必ず球体の一部となっています。この球の半径を**曲率半径**と呼びます。

　大きな平面ガラスの上に，曲率半径Rの平凸レンズ(片面が平らな凸レンズ)をのせて，真上から波長λの単色光を当てると，接点Oを中心として同心円状の干渉じまが生じる。中心から数えて，m番目の明るい環の半径をr，その位置の空気層の厚さをdとする。このとき，次の各問いに答えよ。

(1)　中心Oは明るいか暗いか。

(2)　λをd，mで表せ。

(3)　dが非常に小さい値であることを考慮して，dをR，rで表せ。

(4)　(2)，(3)より，λをm，R，rで表せ。

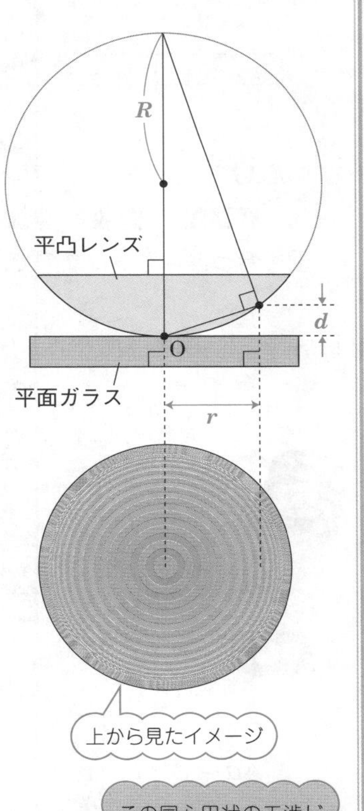

この同心円状の干渉じまをニュートンリングと呼ぶ!!　ニュートンが実験したらしいぜ

考え方は前問 問題163 と変わりません!!　本問のポイントは(3)です!!

非常に小さい数値の2乗は無視できます!!

例えば，$x=\dfrac{1}{10000}$のとき，$x^2=\dfrac{1}{100000000}$となり，かなり小さくなりますよねぇ??　よって，無視することが許されます。

解答でござる

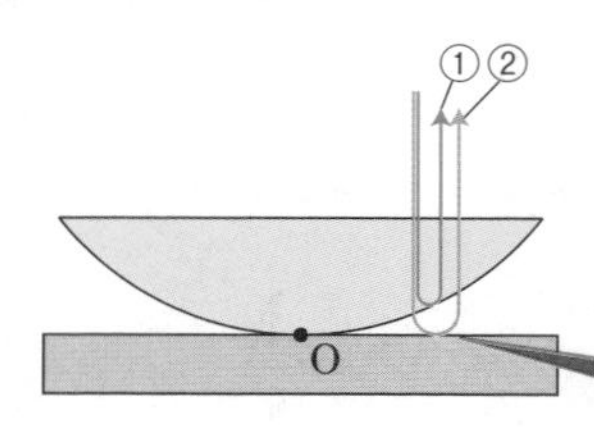

位相がπずれる!!

“くさび形の実験”のときと同様で，光線①の位相はずれませんが，光線②は屈折率が大きいガラスを背に反射するので，位相がπだけずれます。

(1)　中心Oでの経路差は0であるので，（0は偶数!!）

経路差 ＝ 偶数 × 半波長

弱め合う条件をみたすので，中心Oは**暗い**　…(答)

(2)　m番目に明るい環ができたことから，

“m番目”という表現の場合，$m=0$は考えてはいけない!!　$m=1,\ 2,\ 3,\ \cdots$と考えることが前提となります。

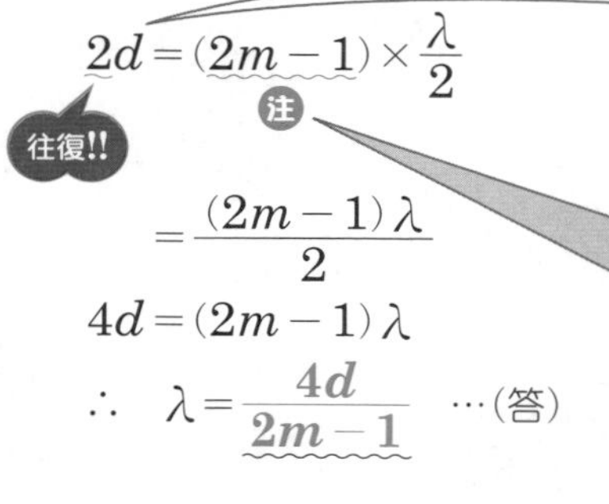

$$2d=(2m-1)\times\frac{\lambda}{2}$$

往復!!

注

$$=\frac{(2m-1)\lambda}{2}$$

$$4d=(2m-1)\lambda$$

$$\therefore\quad \lambda=\frac{4d}{2m-1}\quad\cdots(\text{答})$$

d　O　往復!!

“奇数×半波長”が条件ですが，
$2m+1$としてしまうと，
$m=1,\ 2,\ 3,\ \cdots$としたとき，
$2m+1=3,\ 5,\ 7,\ \cdots$となり，
“1”がぬける!!
よって，$2m-1$とするべし!!
$2m-1$であれば，
$m=1,\ 2,\ 3,\ \cdots$としたとき，
$2m-1=1,\ 3,\ 5,\ 7,\ \cdots$
となる!!

(3) 右図において，△ACHと△CBHは相似である。

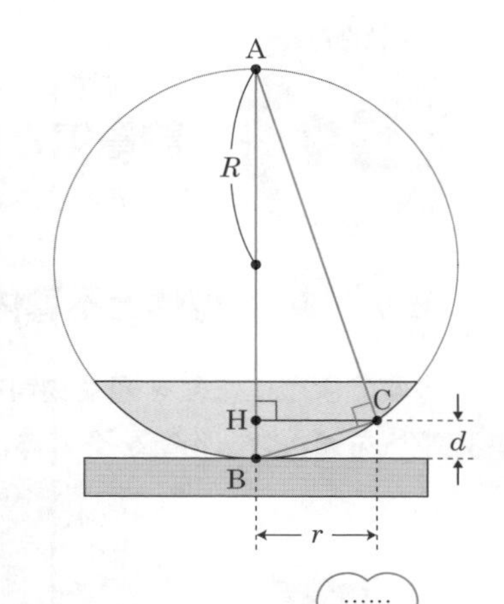

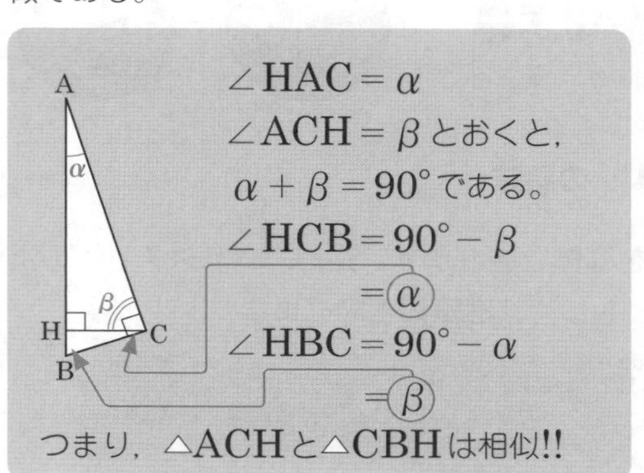

よって，

$$AH : CH = CH : BH$$

$$(2R - d) : r = r : d$$

$$(2R - d) \times d = r \times r$$

$$(2R - d)d = r^2$$

$$2Rd - d^2 = r^2$$

dはきわめて小さいので，d^2は無視すると，

$$2Rd = r^2$$

$$\therefore \quad d = \frac{r^2}{2R} \quad \cdots (答)$$

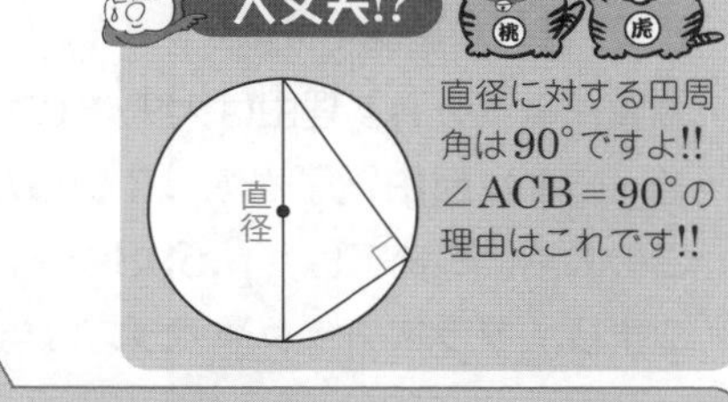

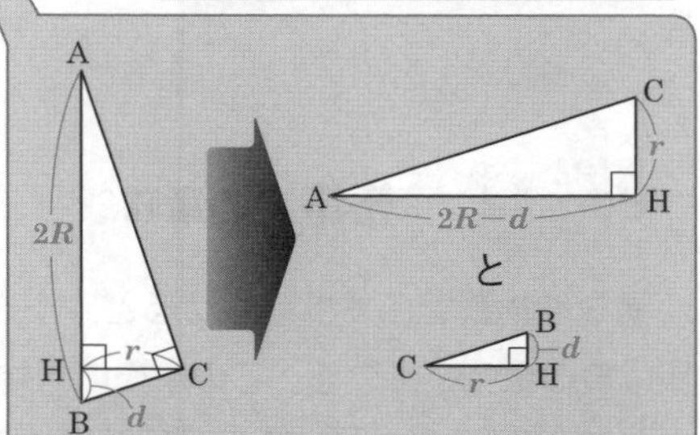

(4) (3)の解答を(2)の解答に代入して，

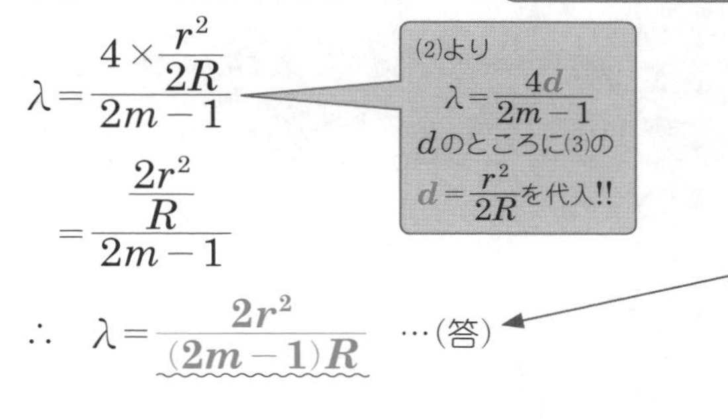

$$\lambda = \frac{4 \times \frac{r^2}{2R}}{2m - 1}$$

$$= \frac{\frac{2r^2}{R}}{2m - 1}$$

$$\frac{\frac{2r^2}{R} \times R}{(2m-1) \times R} = \frac{2r^2}{(2m-1)R}$$

$$\therefore \quad \lambda = \frac{2r^2}{(2m - 1)R} \quad \cdots (答)$$

Theme 51 静電気と静電誘導

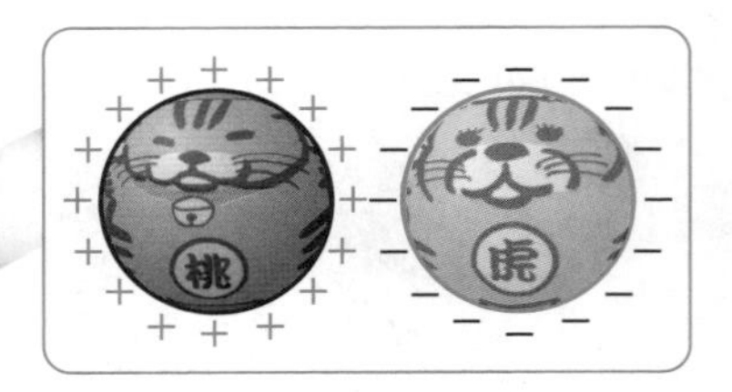

その1 “導体と不導体” の意味

金属のように電気を通す物質を**導体**と呼びます。逆に，プラスチックのように電気を通さない物質を**不導体**，もしくは**絶縁体**と呼びます。

導体の例としては金属全般と黒鉛(鉛筆の芯)です。不導体の例はプラスチック，ガラス，ゴムなどで，特に理科の実験ではエボナイトってヤツがよく登場します。

ここで!! 確認です。

金属が電気を通す理由は大丈夫ですか??

そーです。**自由電子**をもっているからですね

このお話については，p.598を参照してください。

つまり，プラスチックやガラスは自由電子をもっていないということになります。

その2 “帯電” の意味

異なる物質をこすり合わせると，一方の物質は正の電気を帯び，もう一方の物質は負の電気を帯びる。このように，物質が電気を帯びることを**帯電**といいます。さらに，電気には**正**と**負**の2種類があることも押さえておこう!!

プラスチック製の下敷きで髪の毛をこすると，髪の毛が下敷きにひっついてくるでしょ?? あれはまさに，下敷きと髪の毛の一方が正の電気に，もう一方が負の電気に帯電したからですよ!!

その3 “静電気”の意味

帯電した物体（**帯電体**と呼ぶ!!）の電気は，物体の表面に存在した状態で移動することはありません。このような電気を**静電気**と呼びます。

その4 “静電気力”の意味

正に帯電した物体どうし，負に帯電した物体どうしは，互いに反発し合います（**斥力**または**反発力**という）。また，正に帯電した物体と負に帯電した物体は，互いに引き合います（**引力**という）。

このように，帯電体の間にはたらく力を**静電気力**と呼びます。

その5 “電荷の単位”とは…??

帯電体の（帯電している）電気の量を**電荷**，または**電気量**と呼び，単位は［**C**（クーロン）］を用います。

問題165 キソ

同じ大きさの金属球2個を糸でつるし，一方に$+8.0\times10^{-6}$[C]，もう一方に-5.0×10^{-6}[C]の電荷を与えた。このとき，次の各問いに答えよ。

(1)　2つの金属球の間に生じる力は引力か斥力か。

(2)　2つの金属球を接触させたあと再び離したとき，この2つの金属球の間に生じる力は引力か斥力か。

解答でござる

(1)　正電荷と負電荷であるから，金属球の間に生じる力は引力　…(答)

異種に帯電した物体どうしには，互いに引き合う力がはたらきます。

(2)　2つの金属球を接触させると，いったん電荷が合計されます。この値は，

$$+8.0\times10^{-6}+(-5.0\times10^{-6})=+3.0\times10^{-6}[\mathrm{C}]$$

合計です!!

再び2つの金属球を離すと，金属球の大きさが等しいことから，この電荷が均等に配分される。

よって，2つの金属球の電荷はともに，

$$+3.0\times10^{-6}\times\frac{1}{2}=+1.5\times10^{-6}[\mathrm{C}]$$

電荷を分け合う!!

となる。

つまり，2つの金属球はともに正電荷をもつことになるので，金属球間に生じる力は斥力　…(答)

同種に帯電した物体どうしには，互いに反発し合う力がはたらきます!!　反発力とも言いますよ

このように，全電荷の合計が常に一定であることを**電気量保存の法則**と呼びます。

その6　“静電誘導”のお話

帯電体に金属などの導体を近づけると，自由電子が移動して電荷が生じます。これを**静電誘導**と申します。

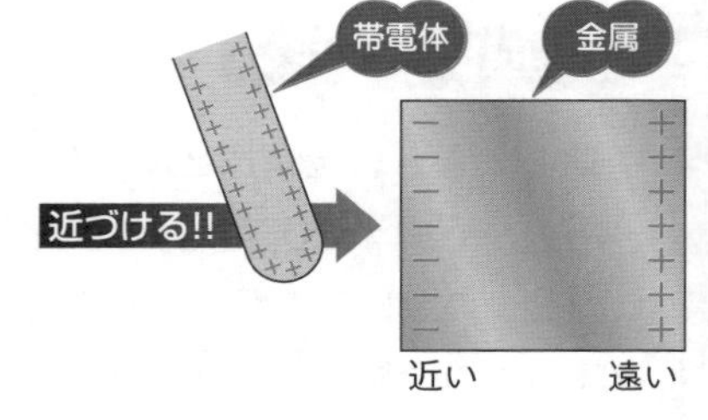

で!!　これにはルールがありまして…

①　帯電体に近い側には異種の電荷が生じる!!

②　帯電体に遠い側には同種の電荷が生じる!!

③　①と②の電気量の大きさは等しい!!

④　帯電体を近づければ近づけるほど(くっつけてはいけませんよ!!)，帯電体の電気量が大きければ大きいほど，静電誘導で発生する電気量は大きくなる!!

注　**静電誘導**は**導体**，**不導体**にかかわらず起こります。

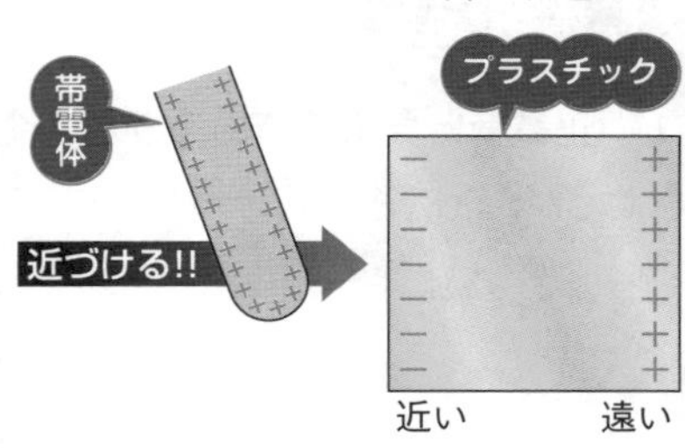

導体じゃなくってもいいんだよ…

静電誘導と言えば，この問題ですな…。「はく検電器」の登場です。

問題166　標準

帯電しているはく検電器に，負に帯電したエボナイトをゆっくりと近づけると，金属はくが完全に閉じてから，再び開いた。

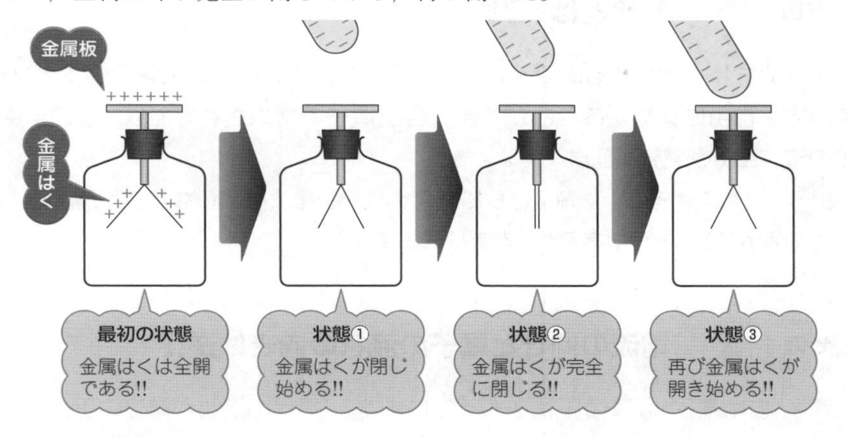

最初の状態の図を参考にして，状態①，状態②，状態③の電荷の分布の様子を図中にかき込め。

解答でござる

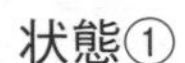

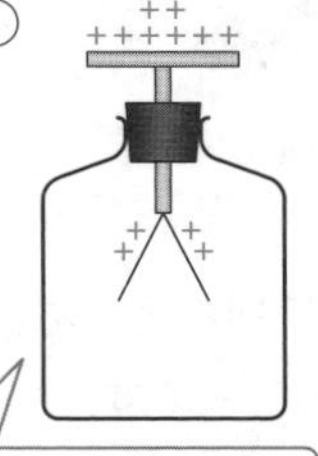

近づいてきた負電荷により，金属板側に正電荷が誘導され，金属はくの正電荷が減少し反発力を失う。よって，金属はくは閉じ始める。

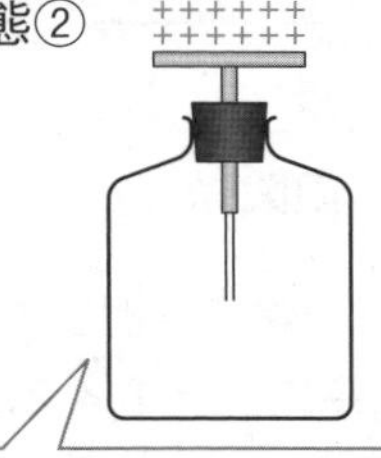

さらに近づいてきた負電荷により，さらに金属板側に正電荷が誘導され，金属はくの電荷がなくなる!!　これにより，反発力を完全に失い金属はくは閉じる!!

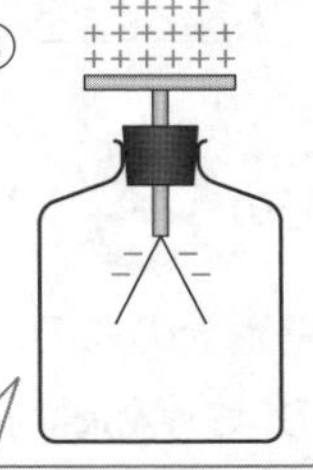

さらにさらに近づいてきた負電荷により，さらにさらに金属板側に正電荷が誘導され，金属はく側には負電荷が発生する!!　これにより，再び反発力が生じるので金属はくは開き始める!!

注　最初の図で＋マークが合計12個描かれているので，この個数には忠実にしたがったほうが無難ですよ

Theme 52 電流にズームイン!!

その1 “電流とは…??”

化学で詳しく学習する話ですが，金属でできた導線はその金属の陽イオンと，導線内を自由に移動することができる**自由電子**で構成されており，この自由電子の流れこそが電流の正体です。

注　金属であることを前提にしていますが，金属以外(黒鉛など)でも導線として活用できるものもあるが，あまり適さない。

その2 “電流の向きと電子の流れの向きは逆!!”

電子(自由電子)は**負の電荷**をもっています。“電子の流れが電流の正体”であると申しましたが，電流は電子の流れを**正の電荷**が移動する話に考え直したものなので，電流の向きと電子の流れの向きは逆になります。

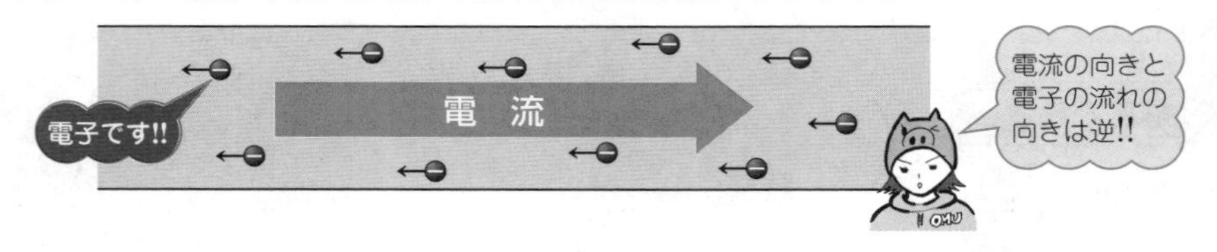

その3 “電池と電流”の関係

電池そのものの構造については化学で学習します。ここで押さえておいてほしいのは，**電流は正極から出て負極に返ってくる!!**　ということです。もちろん，電子の向きは電流と逆向きで，負極から出て正極に返ってきます。

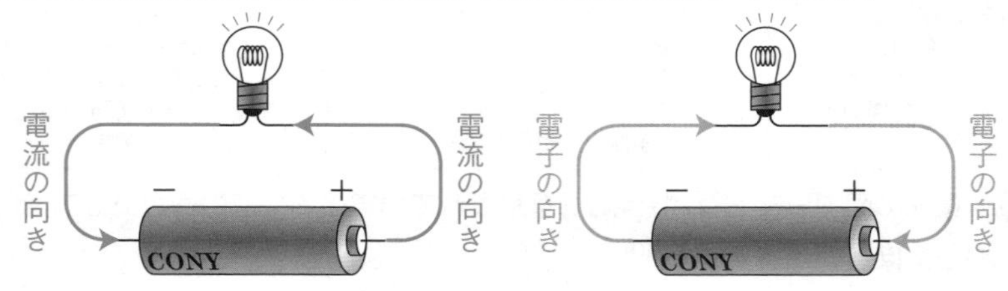

その4 “電流の大きさと単位”

電流の大きさは導線(一般的には導体)の断面を1秒間に通過する電気量で表されます。

ここで!!

“クーロン”と読みます。　“アンペア”と読みます。

1秒間に1[C]の電気量が通過したとき，この電流の大きさを**1[A]**と定義します。つまり，1[A]＝1[C/s]とも表せます。

例えば…

10秒間に20[C]の電気量が通過したとき…

1秒間のお話にすると…

$$\frac{20}{10}=2[\mathrm{C}]$$

10秒間で20[C]であるから…
1秒間では$\frac{20}{10}=2$[C]である。

よって，電流の大きさは2[A]となります。

このお話を一般化して…

導体の断面をt[s]の時間にQ[C]の電気量が通過するときの電流の大きさI[A]は…

$$I=\frac{Q}{t}$$

と表されます。

注　電流の大きさは必ず**正の値**で表します!!

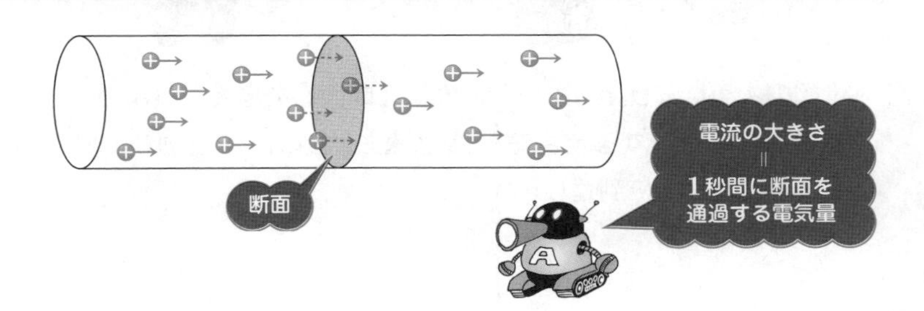

その5 “$I = envS$” のお話です

- 自由電子1個がもつ電荷を $-e$[C]（クーロン）とする!!
- 導線において，$1\,\mathrm{m}^3$あたりに含まれる自由電子の個数を n[個/m^3]とする!!
- 自由電子の平均の速さを v[m/s]（メートル毎秒）とする!!
- 導線の断面積を S[m^2]とする!!

以上から，電流の大きさ I[A]（アンペア）を表すと…

$$I = envS$$

となります。

さて，理由なんですが…

下の導線に注目!! 導線内の自由電子は右向きに流れていることにします。

つまり，電流は左向きに流れていることになります。

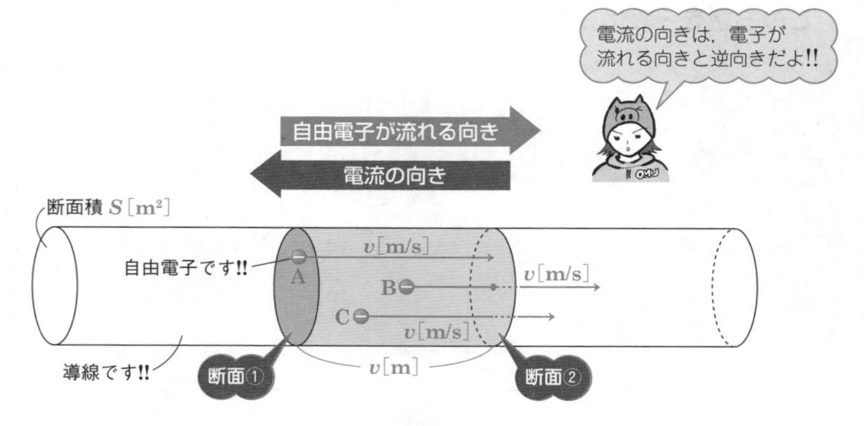

上図のように，v[m]離れた断面①と断面②を考えてみよう。

断面①上に存在する自由電子Aは速さ v[m/s]で運動しているので，ちょうど1秒後に断面②に到達します。

とゆーことは…

断面①と断面②の間に存在する自由電子$\mathbf{B}$や自由電子$\mathbf{C}$は，1秒後には断面②を通過していることになります。

つまり!! 断面①と断面②の間に含まれる自由電子はすべて，1秒後には断面②を通過することになります。

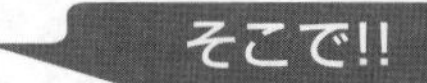

断面①と断面②の間の体積を求めると…

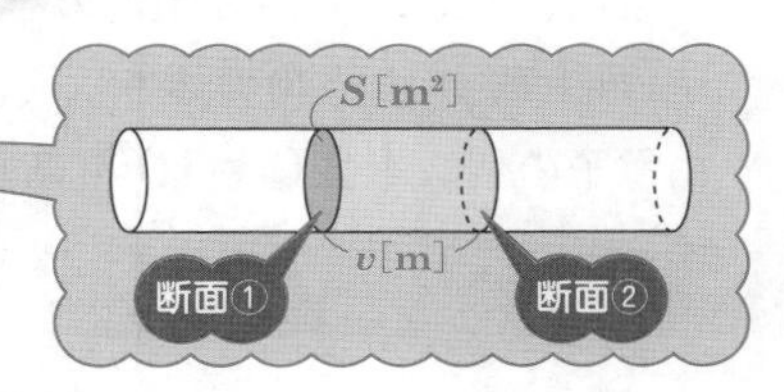

$$\underset{\text{高さ}}{v} \times \underset{\text{底面積}}{S} = \boldsymbol{vS}[\mathrm{m}^3]$$

で!! この中に含まれている自由電子の個数は…

$1\,\mathrm{m}^3$あたりに$\boldsymbol{n}$個の自由電子が存在することから…

$$n \times vS = \boldsymbol{nvS}[\text{個}]$$

このnvS[個]の自由電子はすべて，1秒間で断面②を通過することになります。

$1[\mathrm{m}^3]$あたりにn[個]
$2[\mathrm{m}^3]$あたりでは$n \times 2 = 2n$[個]
$10[\mathrm{m}^3]$あたりでは$n \times 10 = 10n$[個]
で!!
$vS[\mathrm{m}^3]$あたりでは…
$n \times vS = nvS$[個]

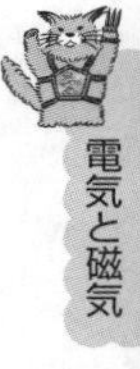

よって!!

自由電子1個あたりの電気量が$-\boldsymbol{e}$[C]であるから，1秒間で断面②を通過する自由電子の電気量の総和は…

$$\underset{\text{1個あたり}}{-e} \times \underset{\text{個数}}{nvS} = -\boldsymbol{envS}[\mathrm{C}]$$

仕上げです!!

この断面を1秒間に通過した自由電子の電気量の総和を正の値に直したものが，電流の大きさ$\boldsymbol{I}$[A]であるから…

$$\boldsymbol{I} = \boldsymbol{envS}[\mathrm{A}]$$

証明おわり✌

となります。

電流の大きさの定義についてはp.599参照!!
電流の大きさとは **"断面を1秒間に通過する電気量"** です。
ただし，電流の大きさは**正の値**で表します。

問題167　キソ

断面積4.0×10^{-6}[m^2]の導線に6.4[A]の電流が流れているとき，電子(自由電子)の平均の速さは何[m/s]か。ただし，導線1[m^3]あたりの自由電子の個数を2.0×10^{28}[個/m^3]，電子の電荷を-1.6×10^{-19}[C]とする。

解答でござる

$S=4.0\times10^{-6}$[m^3]
$I=6.4$[A]
$n=2.0\times10^{28}$[個/m^3]
$e=1.6\times10^{-19}$[C]
とする。

電子の電荷は…
$-e=-1.6\times10^{-19}$[C]
∴　$e=1.6\times10^{-19}$[C]
まぁ，電流の話をするときはマイナスは取れ!!　取れ!!

このとき，電子の平均の速さをv[m/s]とおくと，

$$I=envS$$

$I=envS$ (エンブス)

より，

$$v=\frac{I}{enS}$$

上記の数値を代入して，

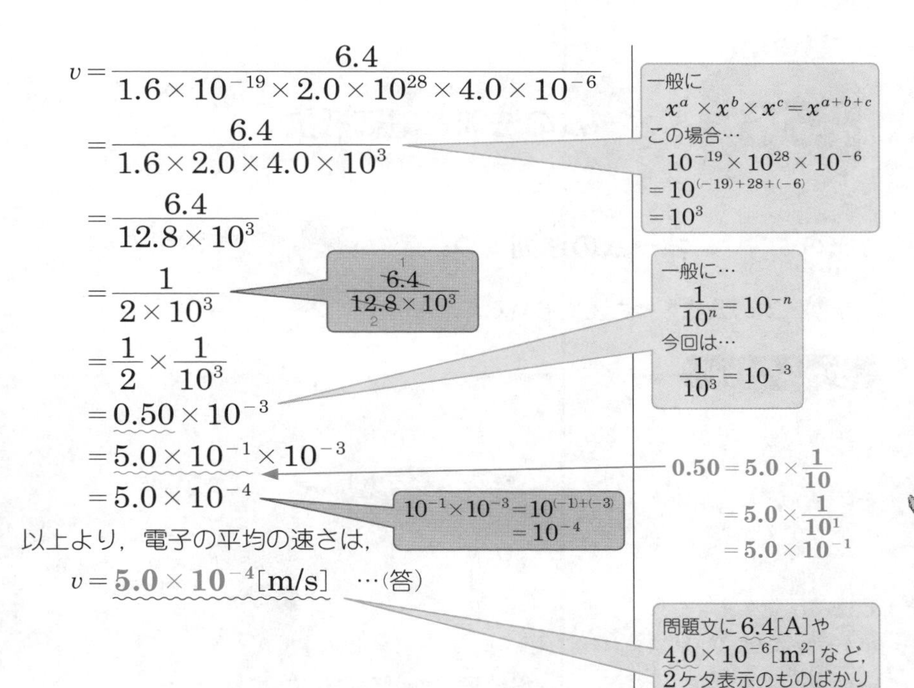

$$v=\frac{6.4}{1.6\times10^{-19}\times2.0\times10^{28}\times4.0\times10^{-6}}$$

$$=\frac{6.4}{1.6\times2.0\times4.0\times10^{3}}$$

$$=\frac{6.4}{12.8\times10^{3}}$$

$$=\frac{1}{2\times10^{3}}$$

$$=\frac{1}{2}\times\frac{1}{10^{3}}$$

$$=0.50\times10^{-3}$$

$$=5.0\times10^{-1}\times10^{-3}$$

$$=5.0\times10^{-4}$$

以上より，電子の平均の速さは，

$v=5.0\times10^{-4}$[m/s]　…(答)

一般に
$x^{a}\times x^{b}\times x^{c}=x^{a+b+c}$
この場合…
$10^{-19}\times10^{28}\times10^{-6}$
$=10^{(-19)+28+(-6)}$
$=10^{3}$

$\frac{\overset{1}{\cancel{6.4}}}{\underset{2}{\cancel{12.8}}\times10^{3}}$

一般に…
$\frac{1}{10^{n}}=10^{-n}$
今回は…
$\frac{1}{10^{3}}=10^{-3}$

$0.50=5.0\times\frac{1}{10}$
$=5.0\times\frac{1}{10^{1}}$
$=5.0\times10^{-1}$

$10^{-1}\times10^{-3}=10^{(-1)+(-3)}$
$=10^{-4}$

問題文に6.4[A]や4.0×10^{-6}[m^{2}]など，2ケタ表示のものばかりなので，解答も2ケタ表示で

Theme 53 オームの法則と電気抵抗

その1 “オームの法則”のお話

まず，次の公式を押さえておいてください。

オームの法則

$$V = RI$$

変形して…

$$I = \frac{V}{R}$$

いずれかの形で覚えておいてください。

このとき…

V ☞ **電圧**です。**電位差**とも呼び，単位は[V（ボルト）]です。

R ☞ **電気抵抗**です。単に**抵抗**と呼ぶことが多く，単位は[Ω（オーム）]です。

I ☞ すでにおなじみ!!　**電流**です。単位はもちろん[A（アンペア）]

いきなり電圧だの抵抗だの言われても意味がわからないよ

では!!　“高いところから低いところへと流れる川”の話に置きかえてイメージしてみましょう!!

ここで，次のように対応させてみましょう。

●川の流れ　対応!!　電流 $\boldsymbol{I}$

●高低差　対応!!　電圧（電位差）$\boldsymbol{V}$

●川の流れを妨げる岩など　対応!!　抵抗（電気抵抗）$\boldsymbol{R}$

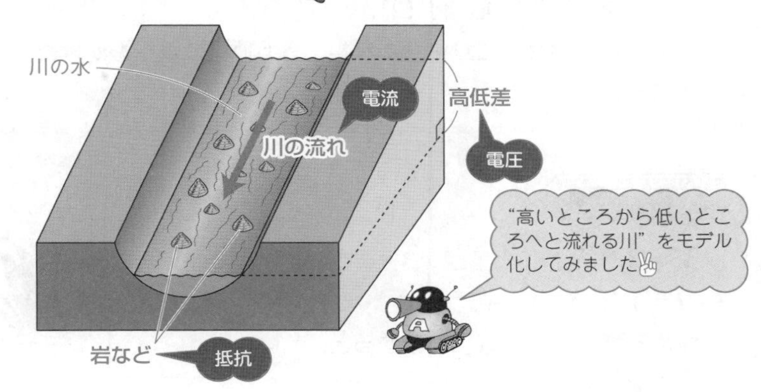

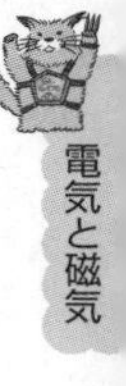

ここで，先ほどの“オームの法則”になぞらえて考えてみましょう。

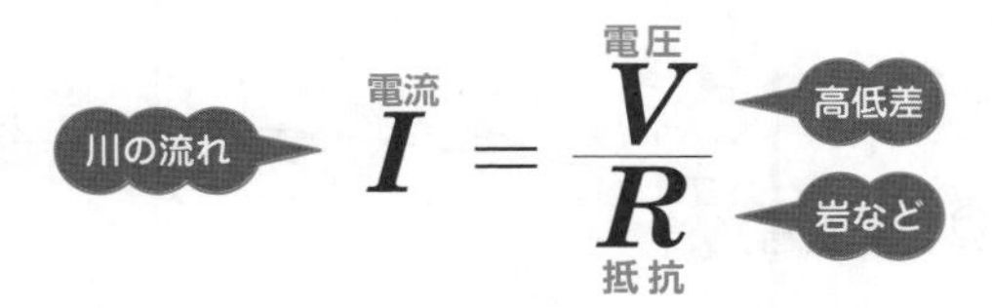

●この式から，Vを大きくするとIも大きくなることが理解できますね。正確に言うと，IとVは比例関係にあります。これは，高低差が大きくなると川の流れも大きくなるという，あたりまえの現象でイメージできます。

●さらに，Rを大きくするとIは小さくなることも理解できますね。正確に言うと，IとRは反比例の関係にあります。これは，川の流れを妨げる岩などが増えれば，川の水が流れにくくなり川の流れは小さくなるという，あたりまえの現象でイメージできます。

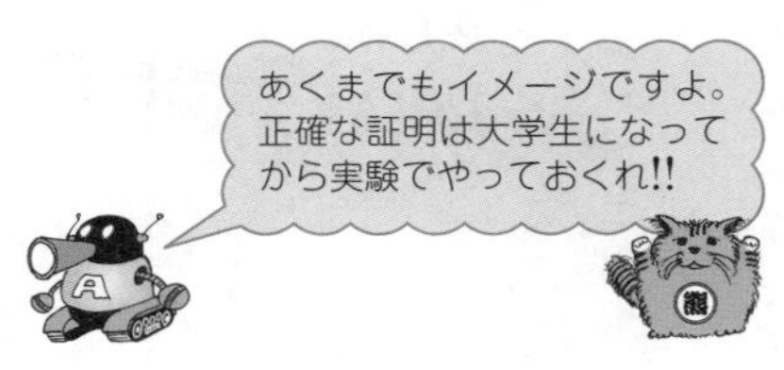

とりあえず，“オームの法則”を活用してみましょう。

問題168 **キソのキソ**

(1) ある導線に3.0[V]の電圧をかけたところ，1.2[A]の電流が流れた。この導線の電気抵抗は何[Ω]か。

(2) 電気抵抗が2.5[Ω]である導線に5.0[V]の電圧をかけたとき，何[A]の電流が流れるか。

解答でござる

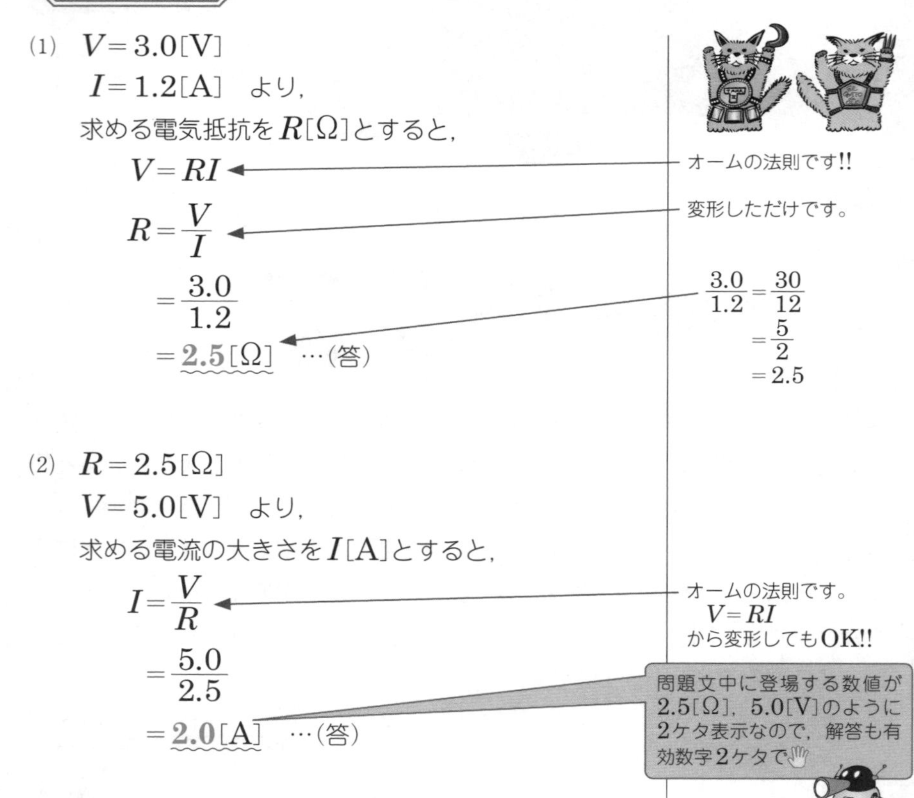

(1) $V = 3.0$[V]
$I = 1.2$[A] より，
求める電気抵抗をR[Ω]とすると，

$$V = RI$$

オームの法則です!!

$$R = \frac{V}{I}$$

変形しただけです。

$$= \frac{3.0}{1.2}$$

$$= \underline{2.5\,[\Omega]} \quad \cdots (答)$$

$$\frac{3.0}{1.2} = \frac{30}{12} = \frac{5}{2} = 2.5$$

(2) $R = 2.5$[Ω]
$V = 5.0$[V] より，
求める電流の大きさをI[A]とすると，

$$I = \frac{V}{R}$$

オームの法則です。
$V = RI$
から変形してもOK!!

$$= \frac{5.0}{2.5}$$

$$= \underline{2.0\,[\mathrm{A}]} \quad \cdots (答)$$

問題文中に登場する数値が2.5[Ω]，5.0[V]のように2ケタ表示なので，解答も有効数字2ケタでほんの少しだけレベルを上げてみましょう。

問題169　キソ

ある導線に電圧をかけ，この電圧を$10[\mathrm{V}]$から$25[\mathrm{V}]$に増加させたところ，電流の大きさは$3.0[\mathrm{A}]$増加した。この導線の電気抵抗を求めよ。

ナイスな導入

まず，中学校の復習から…

$y=3x$のグラフを考えてみてください。

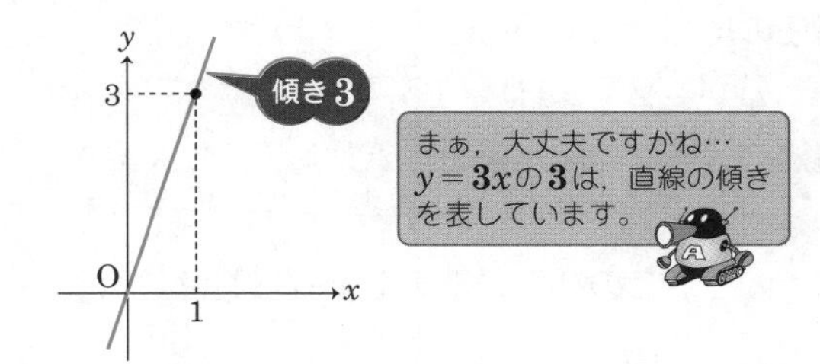

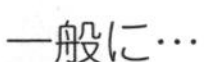

一般に…

直線$\boldsymbol{y=ax}$において，$\boldsymbol{a}$は傾きを表しています。

これを踏まえて，“オームの法則”を思い出してみましょう。

$$\boldsymbol{V=RI}$$

（$y=ax$と比較!!）

もう，わかりましたか??

Vをy，Iをxに対応させれば，**Rは傾き**になります。

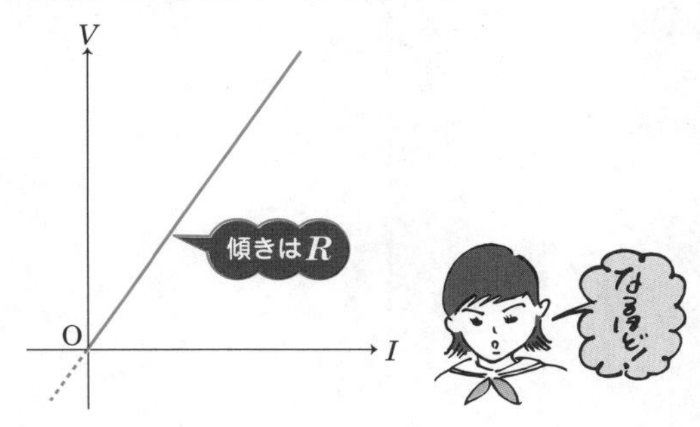

解答でござる

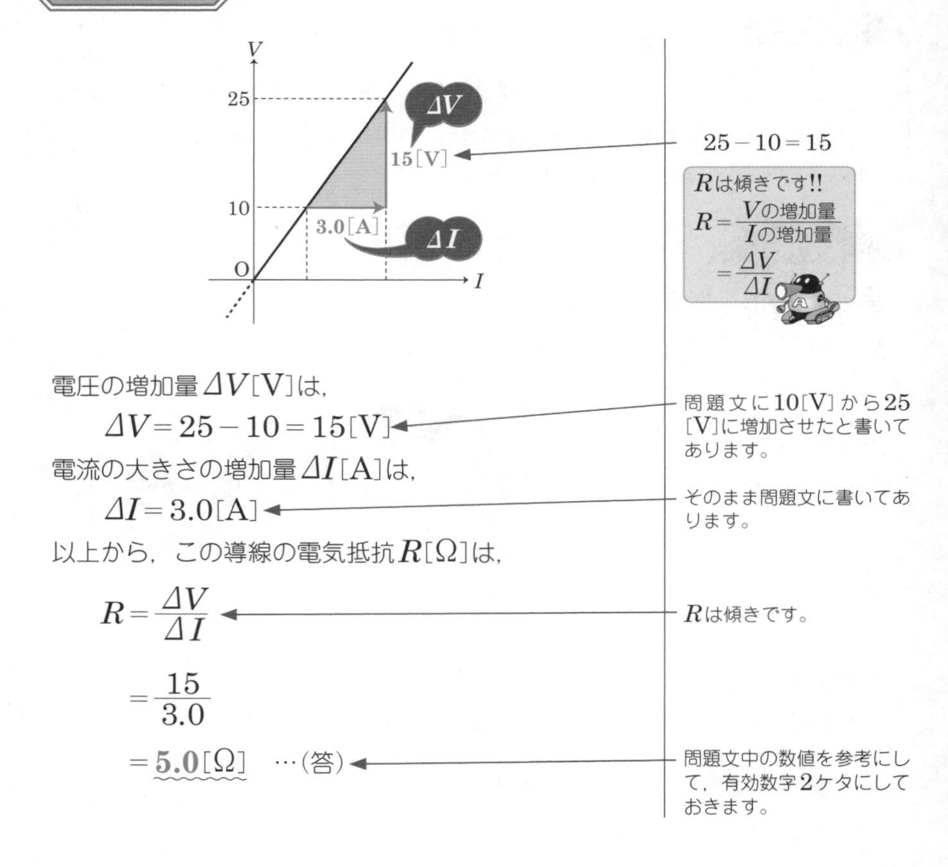

電圧の増加量ΔV[V]は，

$$\Delta V = 25 - 10 = 15\,[\mathrm{V}]$$

問題文に10[V]から25[V]に増加させたと書いてあります。

電流の大きさの増加量ΔI[A]は，

$$\Delta I = 3.0\,[\mathrm{A}]$$

そのまま問題文に書いてあります。

以上から，この導線の電気抵抗R[Ω]は，

$$R = \frac{\Delta V}{\Delta I}$$

Rは傾きです。

$$= \frac{15}{3.0}$$

$$= \mathbf{5.0}\,[\Omega] \quad \cdots(答)$$

問題文中の数値を参考にして，有効数字2ケタにしておきます。

その2　“抵抗率”って何だぁ??

一様な太さの導線において，この導線の電気抵抗$\boldsymbol{R}$[Ω]は導線の長さ$\boldsymbol{l}$[m]と導線の断面積$\boldsymbol{S}$[m²]で，次のように表すことができます。

$$R = \rho \frac{l}{S}$$

このとき，ρ（ロー）は導線の材質によって決まる定数で，**抵抗率**と呼びます。

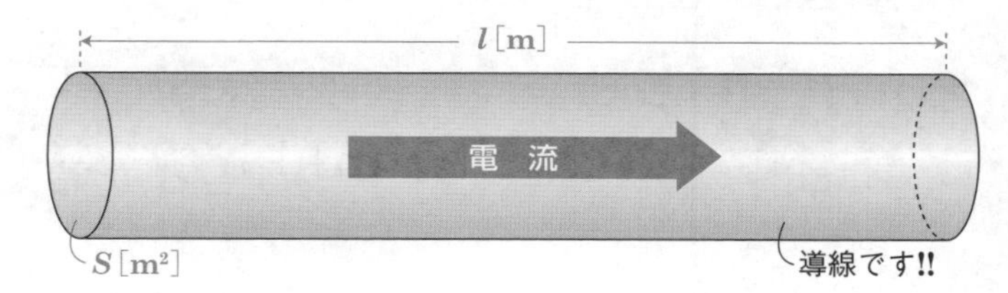

電気抵抗$\boldsymbol{R}$は電流の流れにくさを表したものであるから，導線が長ければ長いほど通りぬける手間がかかるので，電流は流れにくくなります。

つまり!!　電気抵抗$\boldsymbol{R}$は，導線の長さ$\boldsymbol{l}$に比例します。

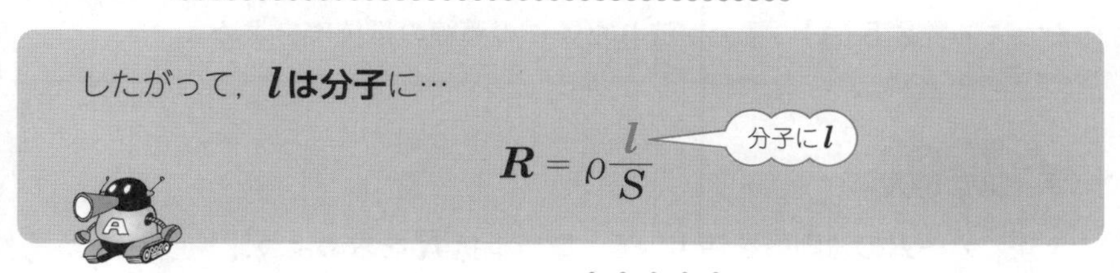

さらに，導線が太ければ太いほど電流は流れやすくなります。

つまり!!　電気抵抗$\boldsymbol{R}$は，導線の断面積$\boldsymbol{S}$に反比例します。

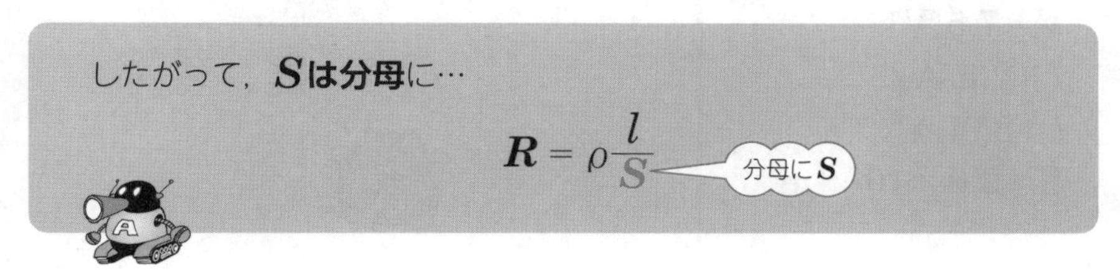

このお話は，ホースに水を通すイメージで解決できるのでは?? ホースが長いと水は通り抜けにくいし，ホースが太いと水は通り抜けやすい!!

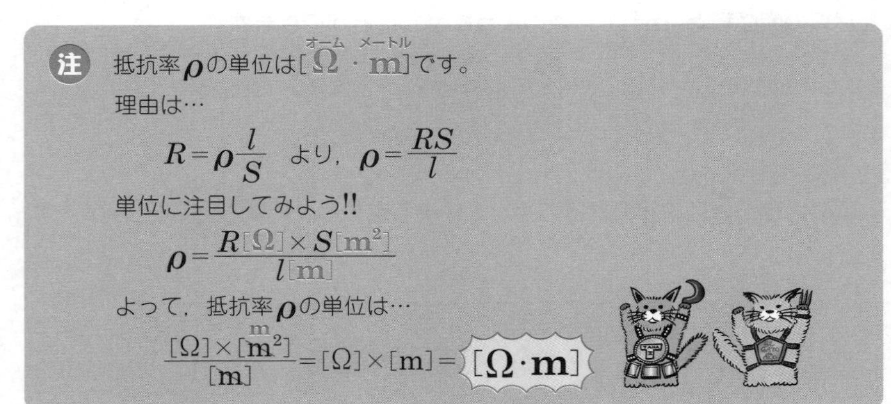

注 抵抗率$\boldsymbol{\rho}$の単位は$[\Omega \cdot \mathrm{m}]$（オーム・メートル）です。

理由は…

$$R=\boldsymbol{\rho}\frac{l}{S} \quad \text{より，} \quad \boldsymbol{\rho}=\frac{RS}{l}$$

単位に注目してみよう!!

$$\boldsymbol{\rho}=\frac{R[\Omega]\times S[\mathrm{m}^2]}{l[\mathrm{m}]}$$

よって，抵抗率$\boldsymbol{\rho}$の単位は…

$$\frac{[\Omega]\times[\mathrm{m}^2]}{[\mathrm{m}]}=[\Omega]\times[\mathrm{m}]=[\Omega\cdot\mathrm{m}]$$

では，演習タイムです。

問題170　**キソ**

長さ$3.0[\mathrm{m}]$，断面積$2.0\times10^{-7}[\mathrm{m}^2]$の導線に$7.5[\mathrm{V}]$の電圧をかけたところ，$2.5[\mathrm{A}]$の電流が流れた。この導線の抵抗率を求めよ。

ナイスな導入

まず“オームの法則”を活用して，電気抵抗$\boldsymbol{R}$を求めよう!!

解答でござる

$V=7.5[\mathrm{V}]$
$I=2.5[\mathrm{A}]$
$l=3.0[\mathrm{m}]$
$S=2.0\times10^{-7}[\mathrm{m}^2]$

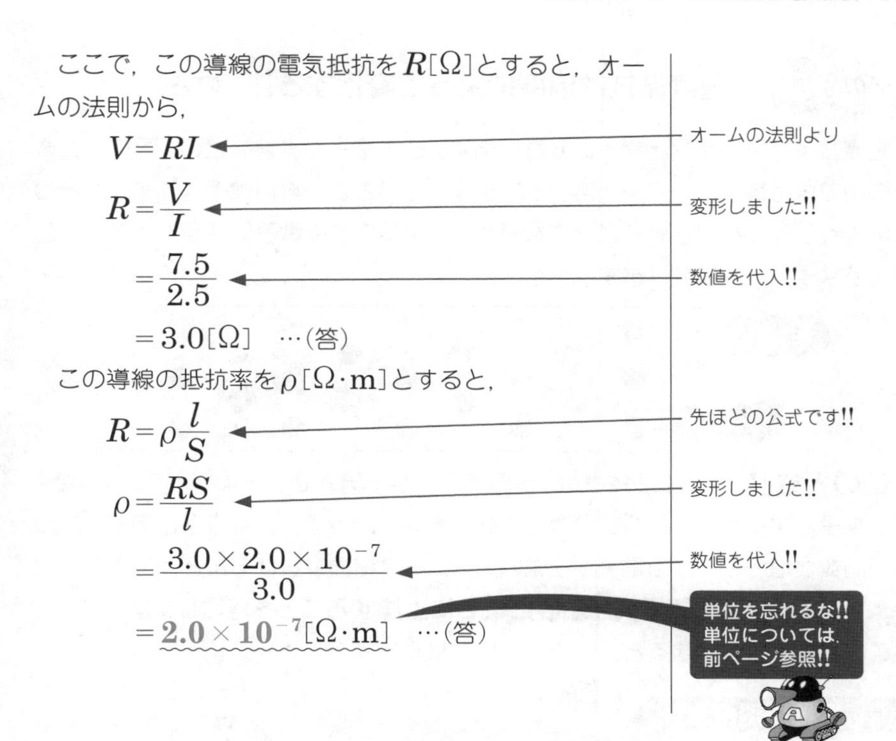

ここで，この導線の電気抵抗を $R[\Omega]$ とすると，オームの法則から，

$$V = RI$$

$$R = \frac{V}{I}$$

$$= \frac{7.5}{2.5}$$

$$= 3.0[\Omega]$$ …(答)

この導線の抵抗率を $\rho[\Omega\cdot\mathrm{m}]$ とすると，

$$R = \rho\frac{l}{S}$$

$$\rho = \frac{RS}{l}$$

$$= \frac{3.0 \times 2.0 \times 10^{-7}}{3.0}$$

$$= \mathbf{2.0 \times 10^{-7}}[\Omega\cdot\mathrm{m}]$$ …(答)

 “電気抵抗は温度によって変化する!!” の巻

金属原子は陽イオンと電子に分離します。この電子が導線などの金属のかたまりの中で自由電子として動きまわってます。このとき，自由電子は陽イオンとの衝突をくり返しながら動くことになります。1つの自由電子に注目すると，下図のようなイメージになります。

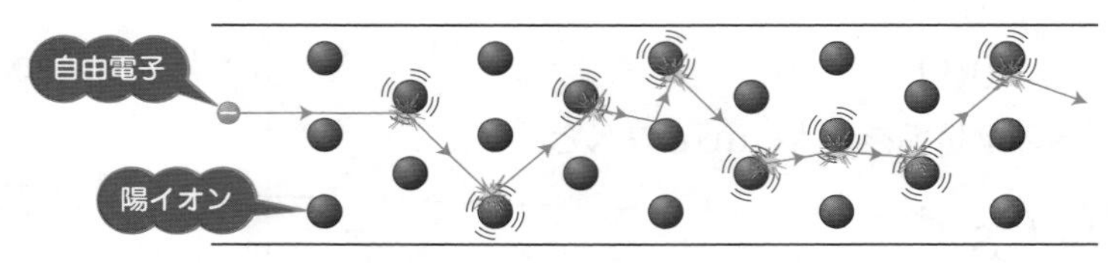

このとき!! 金属に熱を加え，金属の温度を上昇させてみましょう。すると，自由電子と陽イオンの熱運動が激しくなります。よって，自由電子と陽イオンの衝突回数が増加し，自由電子が金属内をスムーズに通り抜けることができなくなります。つまり，**電気抵抗が温度とともに上昇する**ことを意味します。

このお話を公式にすると，次のようになります。

電気抵抗の温度変化 

0[℃]のときの電気抵抗R_0[Ω]，t[℃]のときの電気抵抗をR[Ω]とすると…

$$R=R_0(1+\alpha t)$$

[1/℃]ではなく，絶対温度の単位[K](ケルビン)を用いて[1/K]です!!

となります。このとき，αは**温度係数**と呼ばれ，単位は［**1/K**］です。

このとき，0[℃]のときの抵抗率をρ_0[Ω·m]，t[℃]のときの抵抗率をρ[Ω·m]とすると，p.609の公式から…

$$R_0=\rho_0\frac{l}{S} \qquad R=\rho\frac{l}{S}$$

と表されます。lは導線の長さ，Sは導線の断面積でしたね。

これらを上の公式に代入してみましょう。すると…

$$\rho\frac{l}{S}=\rho_0\frac{l}{S}(1+\alpha t)$$

$R=R_0(1+\alpha t)$
$R=\rho\frac{l}{S}$　$R_0=\rho_0\frac{l}{S}$

$$\rho\frac{l}{S} = \rho_0\frac{l}{S}(1+\alpha t)$$

$$\therefore \quad \rho = \rho_0(1+\alpha t)$$

これも，公式として有名でして…

抵抗率の温度変化

0[℃]のときの抵抗率を$\boldsymbol{\rho_0}$[Ω・m]，$\boldsymbol{t}$[℃]のときの抵抗率を$\boldsymbol{\rho}$[Ω・m]とすると…

$$\boldsymbol{\rho = \rho_0(1+\alpha t)}$$

となります。

このとき，$\boldsymbol{\alpha}$は前ページと同じく**温度係数**で，単位は**[1/K]**です。

ちょっと言わせて

$R = R_0(1+\alpha t)$ p.612の公式です。

右辺を展開して…

$R = R_0 + \alpha R_0 t$

右辺を並べかえて…

$R = \alpha R_0 t + R_0$

で!!　Rとtに注目してみましょう!!

$\boldsymbol{R} = \alpha R_0 \boldsymbol{t} + R_0$

こ，こ，これは…
直線の方程式
$\boldsymbol{y = ax + b}$の形だ!!

tを横軸，Rを縦軸にすると…

tとRの関係を表すグラフは，次のような傾きαR_0，切片R_0の直線になります。

温度係数αの単位についてですが…

$$R = R_0(1 + \alpha t)$$

p.612の公式です。

両辺をR_0でわると…

$$\frac{R}{R_0} = 1 + \alpha t$$

このとき，左辺の$\frac{R}{R_0}$の単位は分子，分母ともに[Ω]なので，約分されてなくなります。

$\frac{[\Omega]}{[\Omega]}$ ☛ 単位なし!!

つまり，右辺の$1 + \alpha t$の単位もないということになります。

1（もともと単位なし!!）$+$ αt（単位は[℃]です!!） ☛ αの単位とtの単位はかける運命にあります。

αの単位が[1/℃]であれば，αtの単位に注目すると，

[1/℃]×[℃] ☛ 単位なし!!

となり，うまくいきます。

つまり，αの単位は[1/℃]です!!　と言いたいところですが

化学や物理の熱力学を学習した人なら知っていると思いますが，[℃]よりも[K（ケルビン）]のほうがカッコイイですよ。絶対温度ですから

そこで，αの単位は[1/℃]ではなく[1/K]でひとつヨロシク!!

問題171 キソ

ある金属線（金属の導線）の電気抵抗は，50[℃]のとき30[Ω]であった。この金属線の温度係数を4.0×10^{-3}[1/K]として，次の各問いに答えよ。

(1) 0[℃]におけるこの金属の電気抵抗は何[Ω]か。

(2) この金属線の電気抵抗が22[Ω]となるときの温度は何[℃]か。

(1)　ズバリ!!　p.612の公式を活用すればラク勝です。

$$\boldsymbol{R = \underset{\sim\sim}{R_0}(1 + \alpha t)}$$

$R = 30$[Ω]，$\alpha = 4.0 \times 10^{-3}$[1/K]，$t = 50$[℃]を代入すれば簡単に$R_0$を求めることができます。

(2)　またまた同じ公式です。

$$\boldsymbol{R = R_0(1 + \alpha \underset{\sim}{t})}$$

$R = 22$[Ω]，$\alpha = 4.0 \times 10^{-3}$[1/K]，$R_0$は(1)で求めた値です。
これらを代入すれば，簡単にtを求めることができます。

解答でござる

(1)　0[℃]における金属線の電気抵抗を$\boldsymbol{R_0}$[Ω]とすると，条件から，

$$30 = \boldsymbol{R_0} \times (1 + 4.0 \times 10^{-3} \times 50)$$
$$= R_0 \times (1 + 0.2)$$
$$= R_0 \times 1.2$$
$$R_0 = \frac{30}{1.2}$$
$$\therefore \quad R_0 = \underset{\sim\sim}{25}\,[\Omega]$$

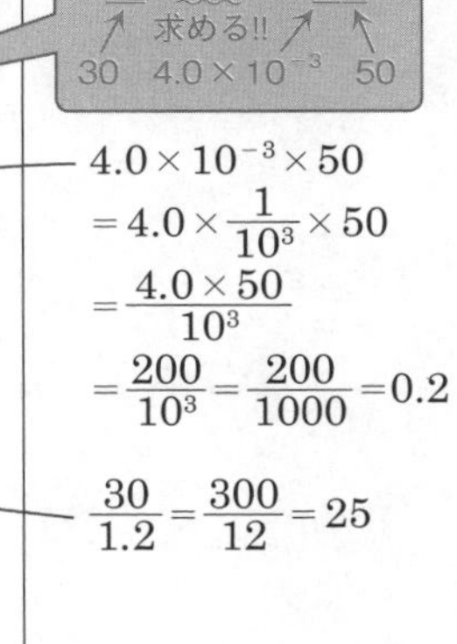

$$4.0 \times 10^{-3} \times 50 = 4.0 \times \frac{1}{10^3} \times 50 = \frac{4.0 \times 50}{10^3} = \frac{200}{10^3} = \frac{200}{1000} = 0.2$$

$$\frac{30}{1.2} = \frac{300}{12} = 25$$

(2)　$\boldsymbol{t}$[℃]における金属線の電気抵抗が22[Ω]であるとすると，条件から，

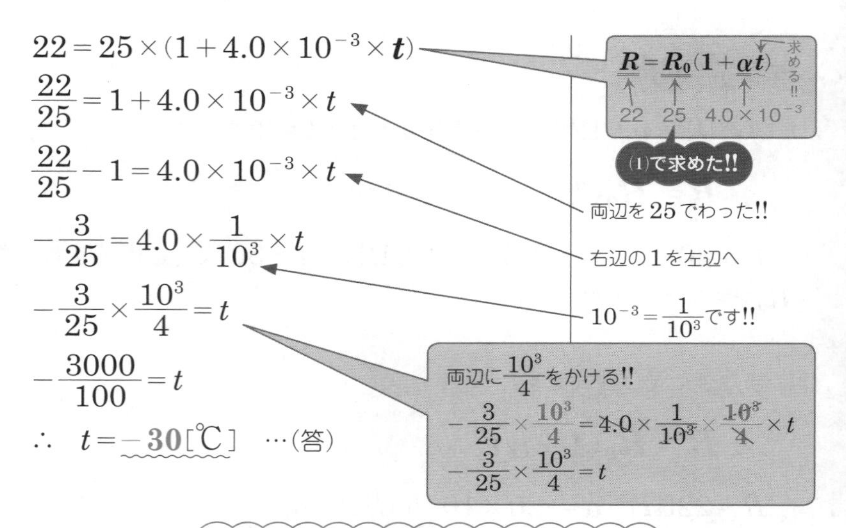

$$22 = 25\times(1+4.0\times10^{-3}\times \boldsymbol{t})$$

$$\frac{22}{25} = 1+4.0\times10^{-3}\times t$$

$$\frac{22}{25}-1 = 4.0\times10^{-3}\times t$$

$$-\frac{3}{25} = 4.0\times\frac{1}{10^3}\times t$$

$$-\frac{3}{25}\times\frac{10^3}{4} = t$$

$$-\frac{3000}{100} = t$$

$\therefore\quad t = \mathbf{-30}$[℃]　…(答)

上の計算のように，分数を意識してみると計算がラクだったりするよ✌　MUST DO!!

抵抗の接続

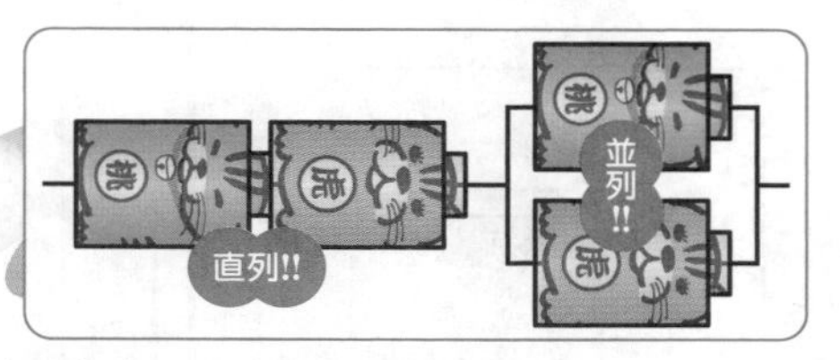

このあたりから，少しばかり抵抗(電気抵抗)の表現方法が変わります。これまでは，導線全体に電気抵抗があるような表現(実際そうです!!)でしたが，この抵抗をある部分に集中させて考え，残りの部分には抵抗がないものとします。

つまり…

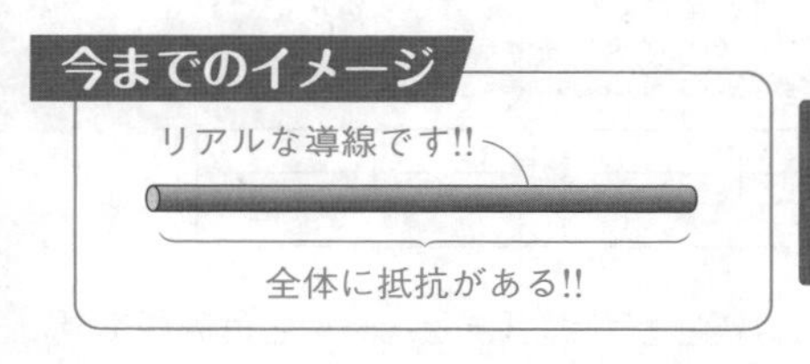

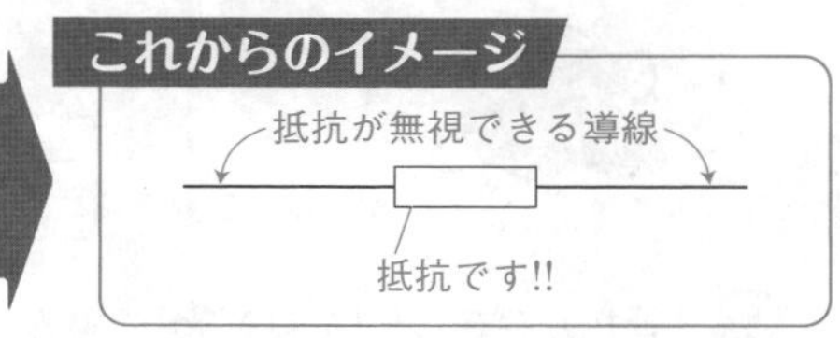

で!!　本題に入る前にもうひとつ…

“電圧をかける”という表現がすでに登場してますが，通常，電源に電池を用いて電圧をかけます。そこで，電池を表現する記号がありますので，正確に記憶しておいてください。

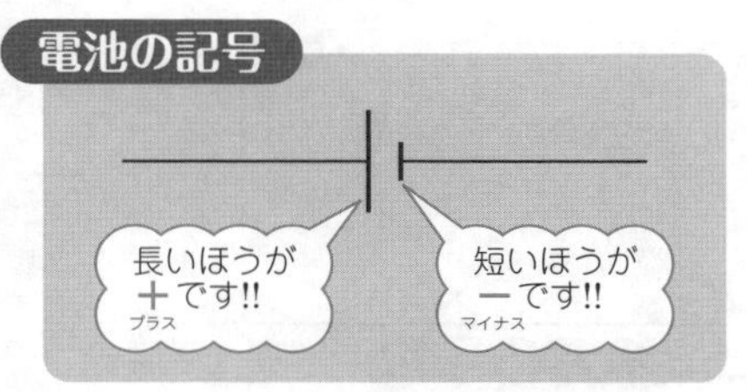

では，本題に入りましょう!!

その 1　“抵抗を直列につないだら…”の巻

① 複数の抵抗を電流の流れる道すじが1本になるようにつなぐことを**直列接続**と申します。抵抗を直列接続した回路の例をいくつかあげておきます。R_1, R_2, R_3, …は抵抗です。

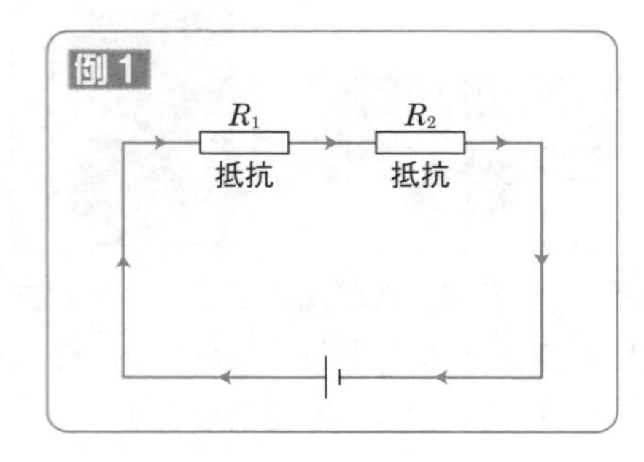

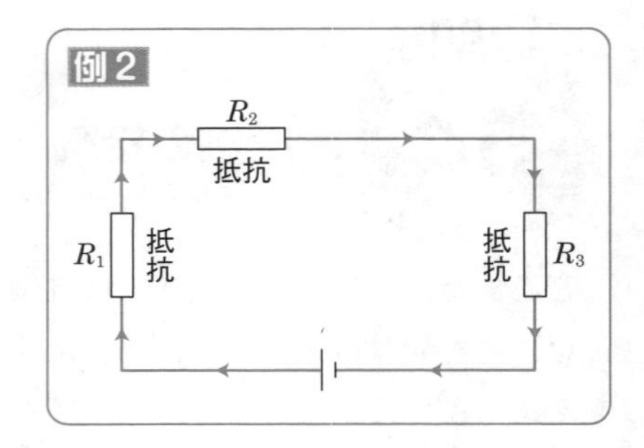

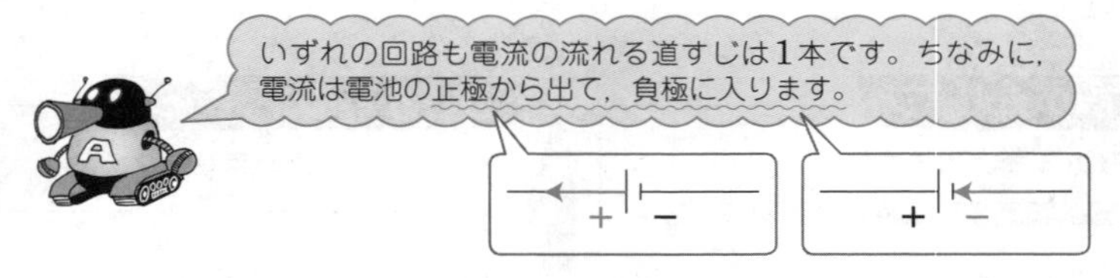

注　抵抗が存在していない部分の導線には電圧がかかりません。理由は簡単です。オームの法則$V=RI$において，$R=0$なので$V=0$となります。

②　抵抗を直列接続した場合，電源の電圧Vと抵抗R_1，R_2，R_3，…，R_nにかかる電圧V_1，V_2，V_3，…，V_nとの関係は，次のようになります。

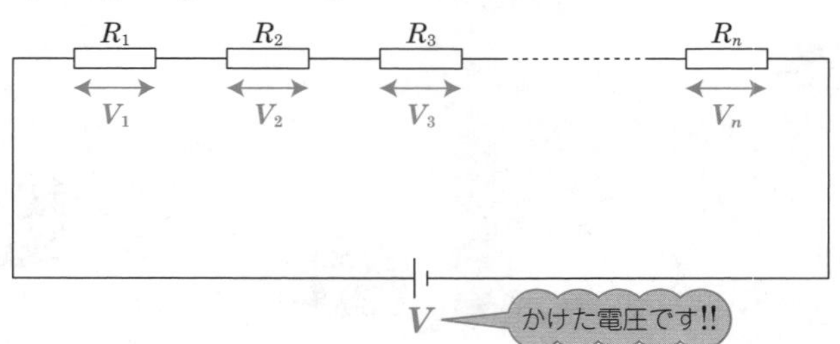

$$V=V_1+V_2+V_3+\cdots+V_n \quad \cdots①$$

特に，抵抗が2つのみの場合は…

$$V=V_1+V_2$$

③　②のとき，抵抗R_1，R_2，R_3，…，R_nには同じ大きさの電流が流れます。この電流の大きさをIとしましょう。

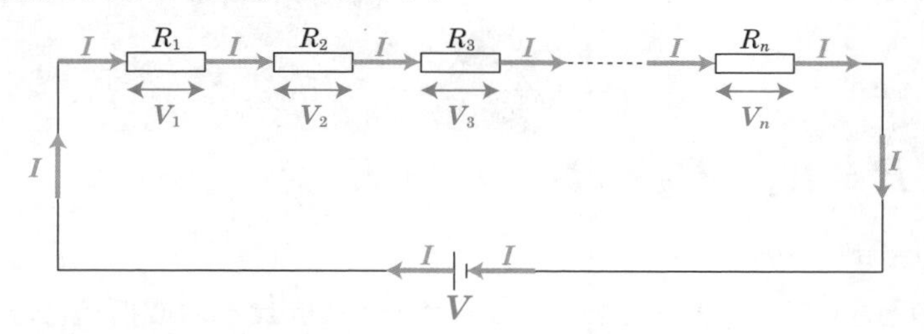

このとき，各抵抗において，オームの法則から，

$$V_1 = R_1 I \qquad V_2 = R_2 I \qquad V_3 = R_3 I \ \cdots \ V_n = R_n I$$

が成立します。これを，前ページの①の式に代入すると…

$$V = V_1 + V_2 + V_3 + \cdots + V_n$$
$$= R_1 I + R_2 I + R_3 I + \cdots + R_n I$$
$$\therefore \quad V = (R_1 + R_2 + R_3 + \cdots + R_n) I \quad \cdots ㋑$$

一方，上の回路の抵抗R_1，R_2，R_3，…，R_nをひとかたまりの抵抗として考えた抵抗を$\boldsymbol{R}$をすると…

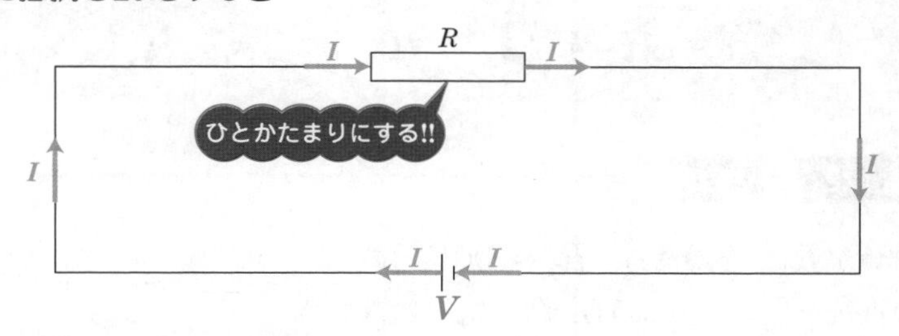

オームの法則から，

$$V = RI \quad \cdots ㋺$$

となります。

㋑と㋺を比較してみましょう!!

すると…

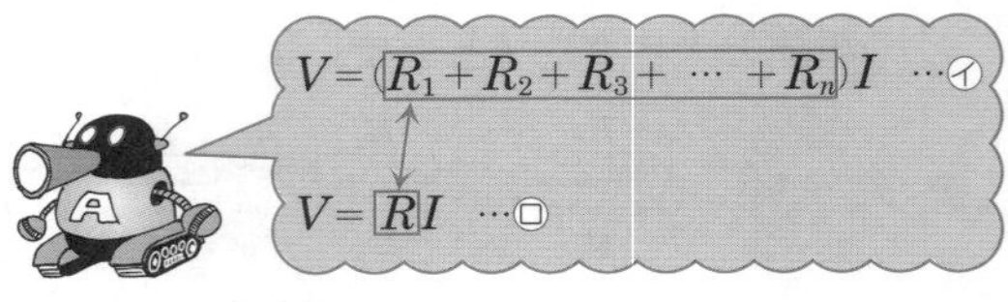

$$\boldsymbol{R=R_1+R_2+R_3+\cdots+R_n}$$

となります。

このとき，このひとかたまりとして考えた抵抗$\boldsymbol{R}$を**合成抵抗**と呼びます。特に，抵抗が2つのみの場合は…

単純に和を求めればいいのか…

$$\boldsymbol{R=R_1+R_2}$$

では，まとめておきましょう。

直列接続の合成抵抗

抵抗R_1，R_2，R_3，…，R_nを直列接続したときの合成抵抗Rは

$$\boldsymbol{R=R_1+R_2+R_3+\cdots+R_n}$$

問題172 キソ

抵抗値が$R_1=2.0[\Omega]$，$R_2=3.0[\Omega]$の2つの抵抗を図のように15[V]の電池に直列に接続した。このとき，次の各問いに答えよ。

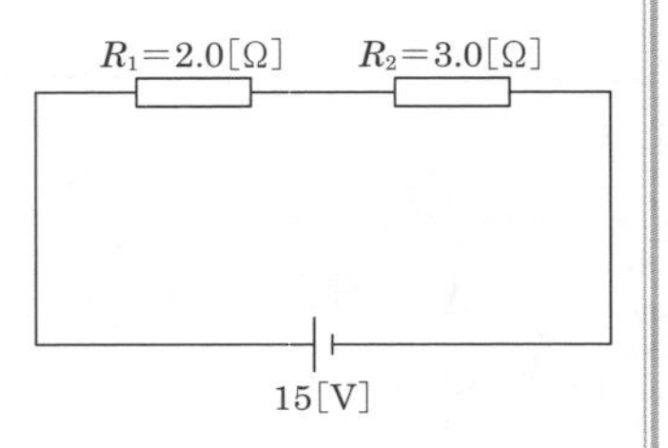

(1) 2つの抵抗の合成抵抗を求めよ。

(2) 電池から流れる電流の大きさを求めよ。

(3) 抵抗R_1に流れる電流の大きさを求めよ。

(4) 抵抗R_2に流れる電流の大きさを求めよ。

(5) 抵抗R_1にかかる電圧を求めよ。

(6) 抵抗R_2にかかる電圧を求めよ。

直列接続であるから，電流はどこでも同じ大きさです!!

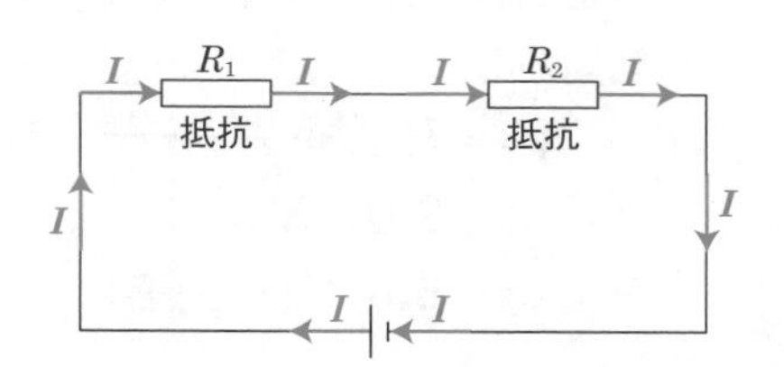

(2)，(3)，(4)の解答は同じ!!

解答でござる

(1)　2つの抵抗の合成抵抗を$R[\Omega]$とすると，

$$R = R_1 + R_2$$
$$= 2.0 + 3.0$$
$$= \underline{5.0[\Omega]} \quad \cdots(答)$$

直列接続の合成抵抗

簡単だなぁ…

(2)　電池から流れる電流の大きさを$I[\mathrm{A}]$とすると，オームの法則から，

$$15 = 5.0 \times I$$
$$\therefore \quad I = \underline{3.0[\mathrm{A}]} \quad \cdots(答)$$

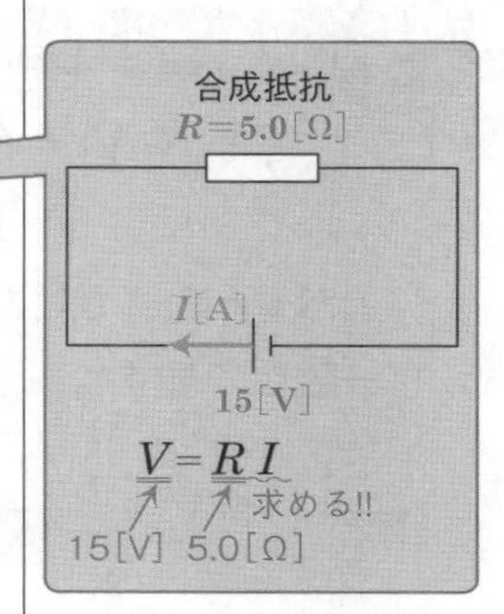

(3)　直列接続であるから，回路全体のどこでも電流の大きさは同じである。したがって，抵抗R_1に流れる電流の大きさは(2)の値と同じで，

$$\underline{3.0[\mathrm{A}]} \quad \cdots(答)$$

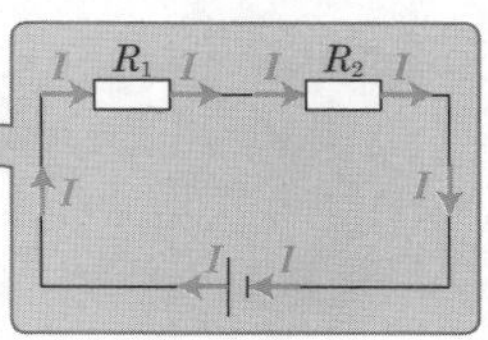

(4)　(3)と同様に，抵抗R_2に流れる電流の大きさは，

$$\underline{3.0[\mathrm{A}]} \quad \cdots(答)$$

(5)　抵抗R_1に流れる電流の大きさは3.0[A]であるから，抵抗R_1にかかる電圧をV_1[V]とすると，オームの法則から，

$$V_1 = R_1 I$$
$$= 2.0 \times 3.0$$
$$= \mathbf{6.0}\text{[V]}$$ …(答)

直列接続のとき，Iは共通!!

(6)　(5)と同様に，抵抗R_2にかかる電圧をV_2[V]とすると，

$$V_2 = R_2 I$$
$$= 3.0 \times 3.0$$
$$= \mathbf{9.0}\text{[V]}$$ …(答)

直列接続のとき，Iは共通!!

$$V_1 + V_2 = 6.0 + 9.0$$
$$= 15\text{[V]}$$

ちゃんと，かけた電圧(電池の電圧)と一致してますね✌

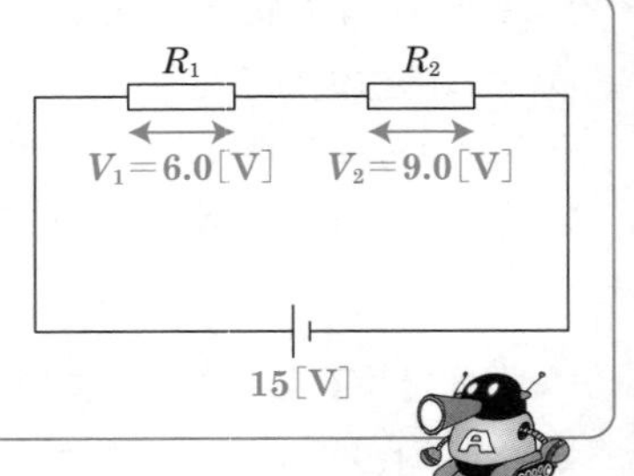

“抵抗を並列につないだら…” の巻

① 電源から出た電流が各抵抗に枝分かれして流れるようにするつなぎ方を抵抗の**並列接続**と申します。例をあげておきましょう!!

R_1, R_2, R_3は抵抗で，これらに流れる電流の大きさをI_1, I_2, I_3とします。

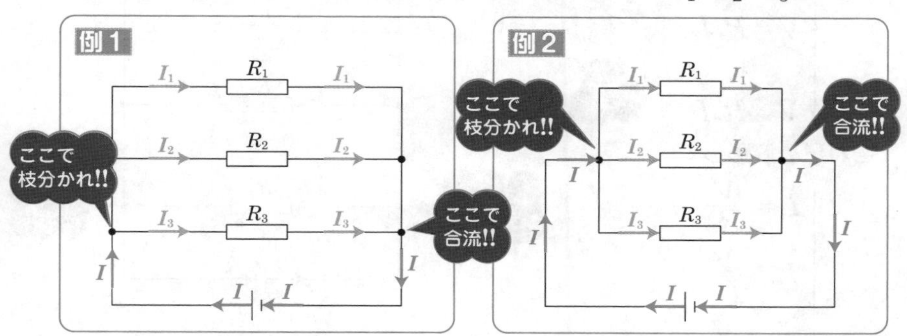

もうお気づきかもしれませんが，一見違うように見えて 例1 と 例2 は構造上まったく同じ回路です。問題によっていろいろと表現を変えてくるので気をつけよう!! もちろん，いずれの場合も$I = I_1 + I_2 + I_3$が成立します。

② 抵抗を並列接続した場合，すべての抵抗に同じ電圧がかかります。抵抗をR_1, R_2, R_3, …, R_nとして，これらの抵抗にかかる電圧をV_1, V_2, V_3, …, V_n, さらに電源の電圧をVとすると…

$$\boldsymbol{V = V_1 = V_2 = V_3 = \cdots = V_n}$$

が成立します。

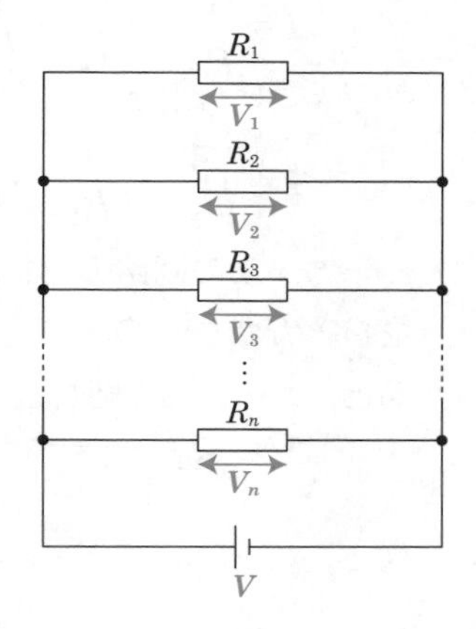

③　②において，抵抗R_1，R_2，R_3，…，R_nに流れる電流の大きさをI_1，I_2，I_3，…，I_nとして，さらに電源から流れ出る電流の大きさをIとすると，オームの法則から…

$$\begin{cases} V=R_1I_1 \\ V=R_2I_2 \\ V=R_3I_3 \\ \quad\vdots \\ V=R_nI_n \end{cases}$$

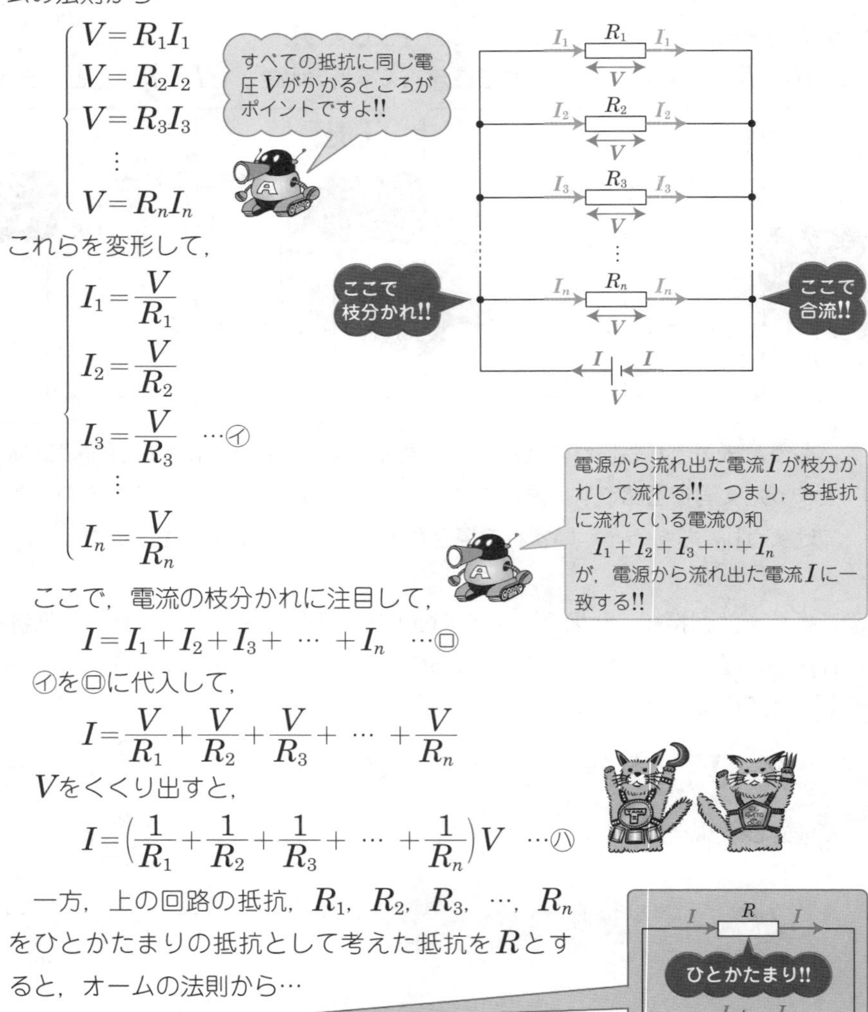

これらを変形して，

$$\begin{cases} I_1=\dfrac{V}{R_1} \\ I_2=\dfrac{V}{R_2} \\ I_3=\dfrac{V}{R_3} \quad \cdots ㋑ \\ \quad\vdots \\ I_n=\dfrac{V}{R_n} \end{cases}$$

ここで，電流の枝分かれに注目して，

$$I=I_1+I_2+I_3+\ \cdots\ +I_n \quad \cdots ㋺$$

㋑を㋺に代入して，

$$I=\frac{V}{R_1}+\frac{V}{R_2}+\frac{V}{R_3}+\ \cdots\ +\frac{V}{R_n}$$

Vをくくり出すと，

$$I=\left(\frac{1}{R_1}+\frac{1}{R_2}+\frac{1}{R_3}+\ \cdots\ +\frac{1}{R_n}\right)V \quad \cdots ㋩$$

一方，上の回路の抵抗，R_1，R_2，R_3，…，R_nをひとかたまりの抵抗として考えた抵抗をRとすると，オームの法則から…

$$V=RI$$

変形して…

$$I=\frac{V}{R}$$

$$\therefore\quad I=\frac{1}{R}\times V\quad\cdots㊁$$

$$I=\left(\boxed{\frac{1}{R_1}+\frac{1}{R_2}+\frac{1}{R_3}+\cdots+\frac{1}{R_n}}\right)V\quad\cdots㊇$$

$$I=\boxed{\frac{1}{R}}\times V\quad\cdots㊁$$

㊇と㊁を比較してみましょう!!　すると…

$$\boldsymbol{\frac{1}{R}=\frac{1}{R_1}+\frac{1}{R_2}+\frac{1}{R_3}+\ \cdots\ +\frac{1}{R_n}}$$

が成立します。

特に，抵抗が2つのみの場合は…

$$\boldsymbol{\frac{1}{R}=\frac{1}{R_1}+\frac{1}{R_2}}$$

この先を計算してみましょう!!

$$\frac{1}{R}=\frac{R_2}{R_1R_2}+\frac{R_1}{R_1R_2}$$

右辺を通分します!!

$$=\frac{R_1+R_2}{R_1R_2}$$

分数の足し算です!!

両辺の分子と分母をひっくり返して…

$$\frac{R}{1}=\frac{R_1R_2}{R_1+R_2}$$

つまり…

$$\boldsymbol{R=\frac{R_1R_2}{R_1+R_2}}$$

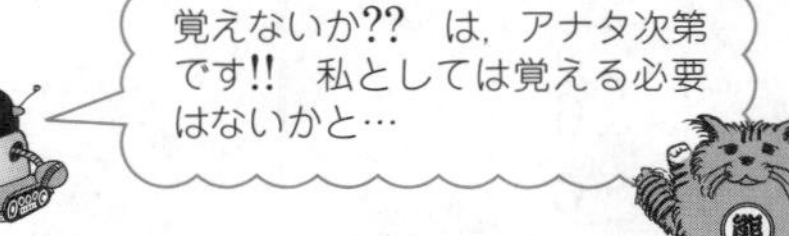

では，まとめておきましょう。

並列接続の合成抵抗

抵抗R_1，R_2，R_3，…，R_nを並列接続したときの合成抵抗を$\boldsymbol{R}$とすると，次の関係式が成立します。

$$\boldsymbol{\frac{1}{R}=\frac{1}{R_1}+\frac{1}{R_2}+\frac{1}{R_3}+\cdots+\frac{1}{R_n}}$$

問題173 キソ

抵抗値$R_1 = 2.0[\Omega]$，$R_2 = 3.0[\Omega]$の2つの抵抗を図のように18[V]の電池に接続した。このとき，次の各問いに答えよ。

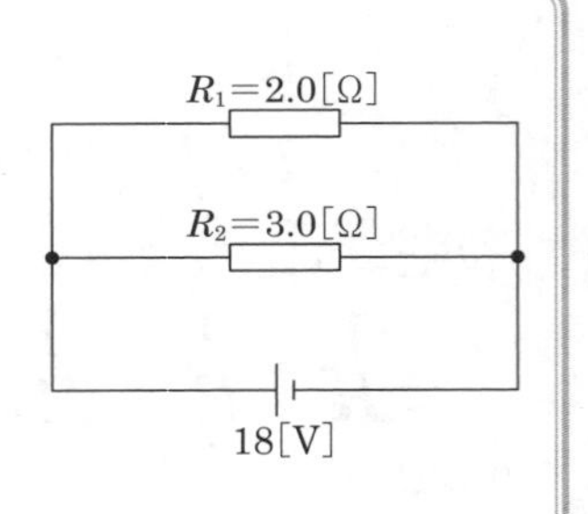

(1) 2つの抵抗の合成抵抗を求めよ。

(2) 電池から流れる電流の大きさを求めよ。

(3) 抵抗R_1に流れる電流の大きさを求めよ。

(4) 抵抗R_2に流れる電流の大きさを求めよ。

解答でござる

(1) 2つの抵抗の合成抵抗を$R[\Omega]$とすると，

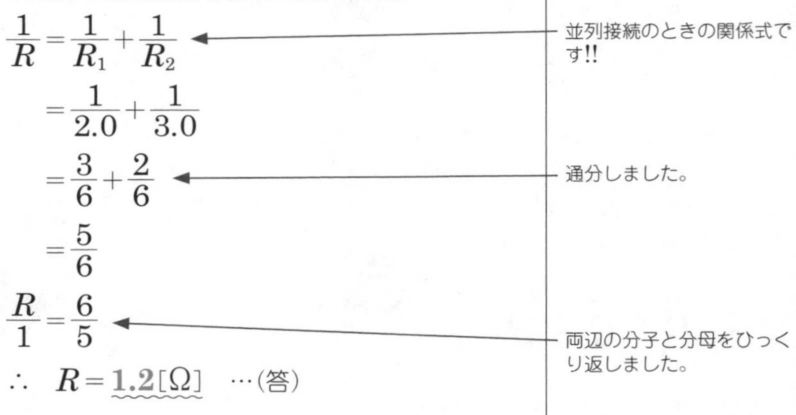

$$\frac{1}{R} = \frac{1}{R_1} + \frac{1}{R_2}$$

$$= \frac{1}{2.0} + \frac{1}{3.0}$$

$$= \frac{3}{6} + \frac{2}{6}$$

$$= \frac{5}{6}$$

$$\frac{R}{1} = \frac{6}{5}$$

$$\therefore \quad R = \mathbf{1.2}[\Omega] \quad \cdots(答)$$

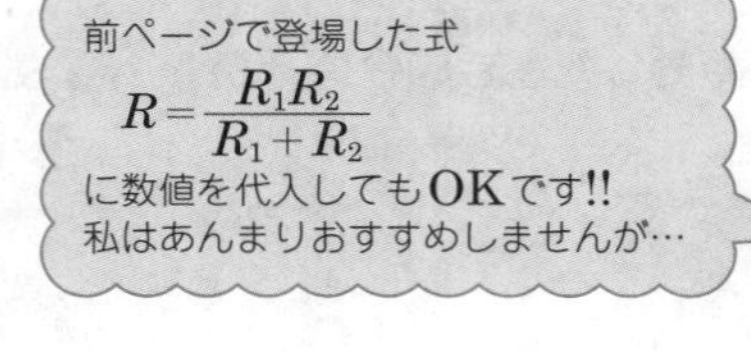

おいらも暗記したくないぞ…

(2)　電池から流れる電流の大きさをI[A]とすると，オームの法則から，

$$18 = 1.2 \times I$$

$$I = \frac{18}{1.2}$$

$$\therefore \quad I = \mathbf{15}[\mathrm{A}] \quad \cdots (答)$$

合成抵抗

$R = 1.2[\Omega]$

I[A]

18[V]

$$\frac{18}{1.2} = \frac{180}{12} = 15$$

(3)　抵抗R_1に流れる電流の大きさをI_1[A]とすると，オームの法則から，

$$18 = 2.0 \times I_1$$

$$\therefore \quad I_1 = \mathbf{9.0}[\mathrm{A}] \quad \cdots (答)$$

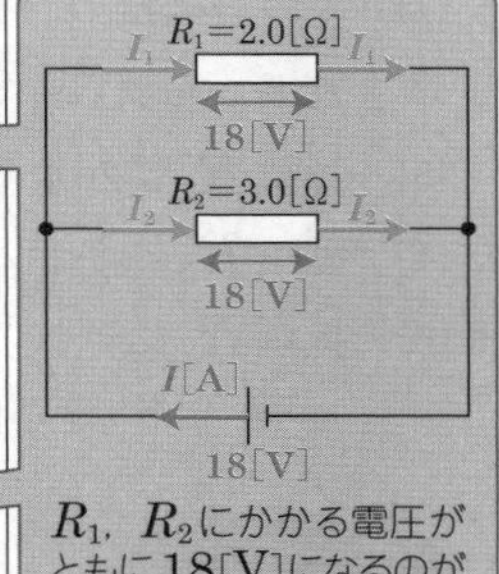

(4)　(3)と同様に，抵抗R_2に流れる電流の大きさをI_2[A]とすると，オームの法則から，

$$18 = 3.0 \times I_2$$

$$\therefore \quad I_2 = \mathbf{6.0}[\mathrm{A}] \quad \cdots (答)$$

R_1，R_2にかかる電圧がともに18[V]になるのがポイントです!!

電気と磁気

電池から流れ出た電流の大きさは，$I = 15$[A]
抵抗R_1に流れた電流の大きさは，$I_1 = 9.0$[A]
抵抗R_2に流れた電流の大きさは，$I_2 = 6.0$[A]
ちゃんと，$I = I_1 + I_2$　が成立してますね!!

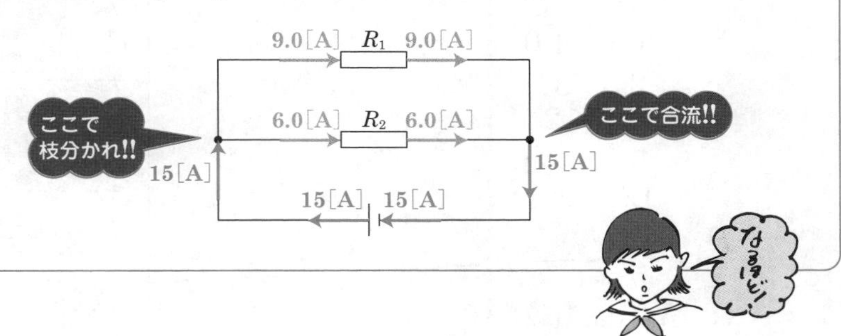

直列と並列をミックスしてみましょう!!

問題174　キソ

抵抗値$R_1 = 3.6[\Omega]$，$R_2 = 6.0[\Omega]$，$R_3 = 4.0[\Omega]$の3つの抵抗を図のように12[V]の電池に接続した。このとき，次の各問いに答えよ。

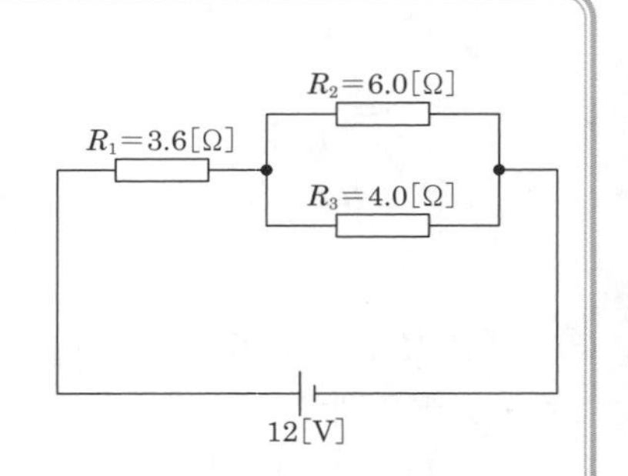

(1)　3つの抵抗の合成抵抗を求めよ。
(2)　電池から流れる電流の大きさを求めよ。
(3)　抵抗R_1にかかる電圧を求めよ。
(4)　抵抗R_3にかかる電圧を求めよ。
(5)　抵抗R_2に流れる電流の大きさを求めよ。

ナイスな導入

R_2とR_3は並列接続です!!　まず，R_2とR_3の合成抵抗を求めてしまいましょう!!

解答でござる

(1)　R_2とR_3の合成抵抗をR_4とすると，R_2とR_3は並列接続であるから，

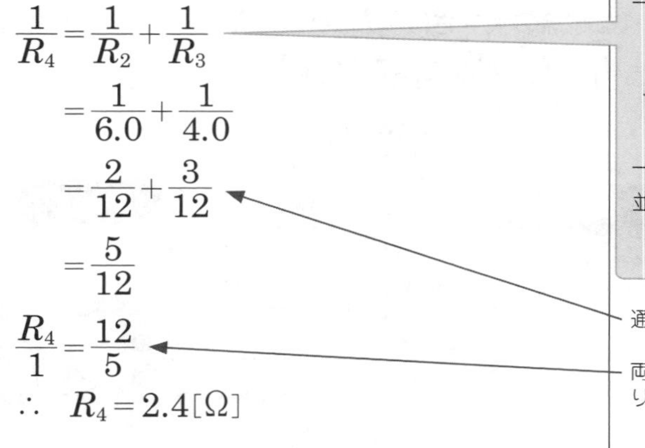

$$\frac{1}{R_4} = \frac{1}{R_2} + \frac{1}{R_3} = \frac{1}{6.0} + \frac{1}{4.0} = \frac{2}{12} + \frac{3}{12} = \frac{5}{12}$$

$$\frac{R_4}{1} = \frac{12}{5}$$

$$\therefore \quad R_4 = 2.4[\Omega]$$

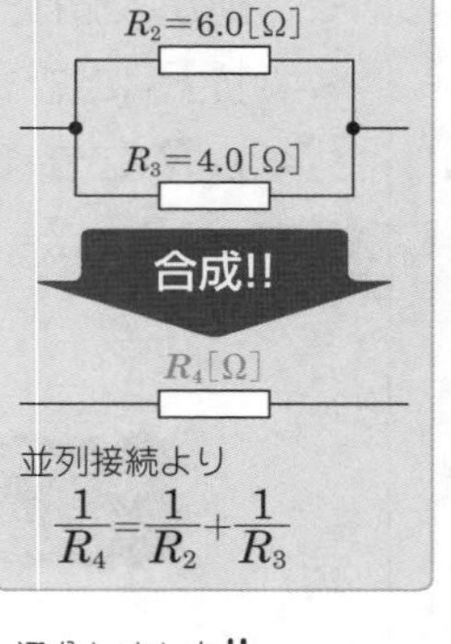

　ここで，3つの抵抗の合成抵抗をRとすると，
R_1とR_4は直列接続であるから，

$$R = R_1 + R_4$$
$$= 3.6 + 2.4$$
$$= \mathbf{6.0}[\Omega] \quad \cdots(答)$$

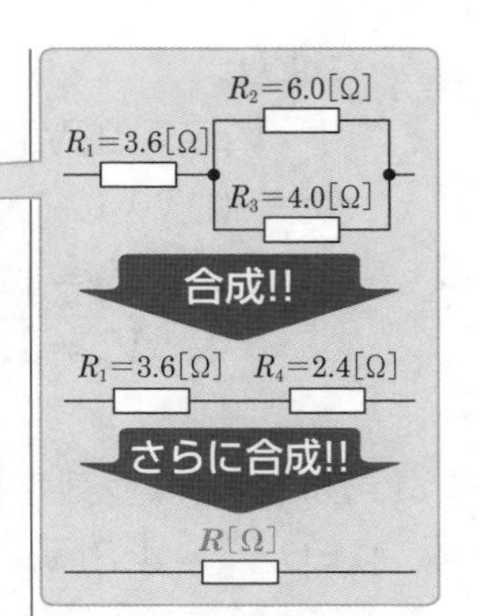

(2)　電池から流れる電流の大きさをI[A]とすると，
オームの法則から，

$$12 = 6.0 \times I$$
$$\therefore \quad I = \mathbf{2.0}[\mathrm{A}] \quad \cdots(答)$$

$R=6.0[\Omega]$
I
12[V]
オームの法則から
$V = R\,I$
12[V]　6.0[Ω]　求める!!

(3)　抵抗R_1に流れる電流の大きさは(2)で求めた電池から流れる電流の大きさに等しい。

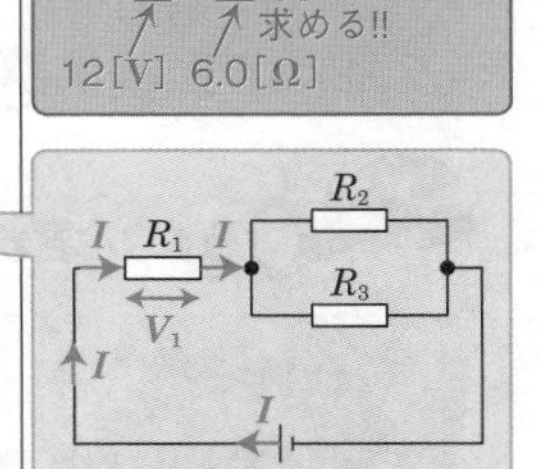

　よって，抵抗R_1にかかる電圧をV_1[V]とすると，
オームの法則から，

$$V_1 = 3.6 \times 2.0$$
$$= \mathbf{7.2}[\mathrm{V}] \quad \cdots(答)$$

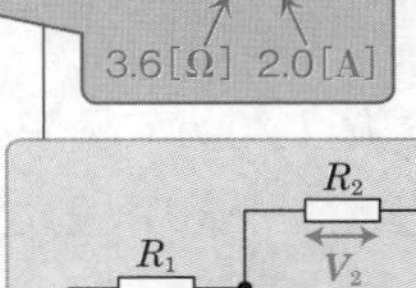

(4)　抵抗R_2にかかる電圧をV_2[V]，抵抗R_3にかかる電圧をV_3[V]とする。
　このとき，

$$V_1 + V_2 = 12 \quad \cdots①$$
$$V_1 + V_3 = 12 \quad \cdots②$$

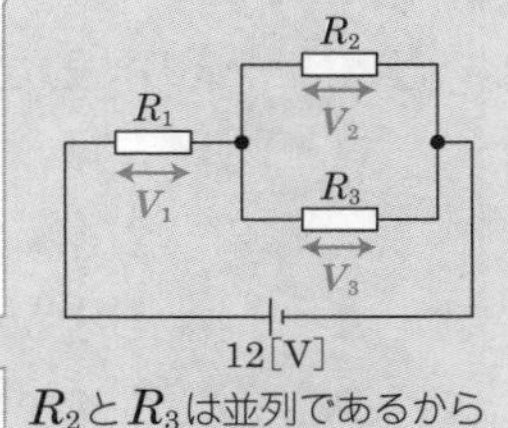

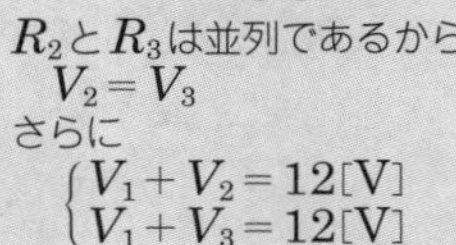

①は(4)で不要な式です!!
(5)で役に立つのと，確認のために書いておきました。

電気と磁気

(3)より,

$$V_1 = 7.2[\mathrm{V}] \quad \cdots③$$

③を②に代入して,

$$7.2 + V_3 = 12$$

$$\therefore \quad V_3 = 4.8[\mathrm{V}] \quad \cdots(答)$$

(5)　R_2とR_3は並列接続であるので$V_2 = V_3$である。

(4)より$V_3 = 4.8[\mathrm{V}]$であるから,

$$V_2 = 4.8[\mathrm{V}]$$

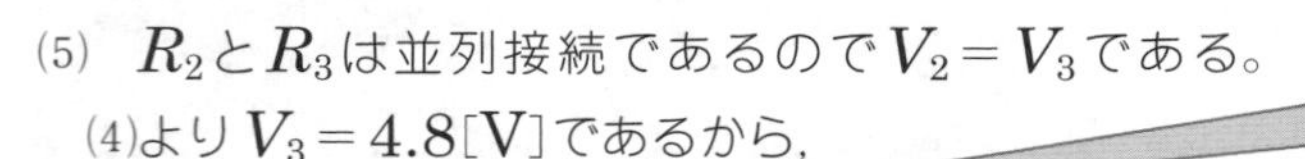

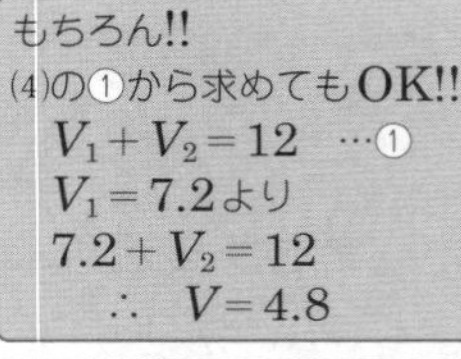

抵抗R_2に流れる電流の大きさをI_2とすると，オームの法則から,

$$V_2 = R_2 I_2$$

$$4.8 = 6.0 \times I_2$$

$$I_2 = \frac{4.8}{6.0}$$

$$\therefore \quad I_2 = 0.80[\mathrm{A}] \quad \cdots(答)$$

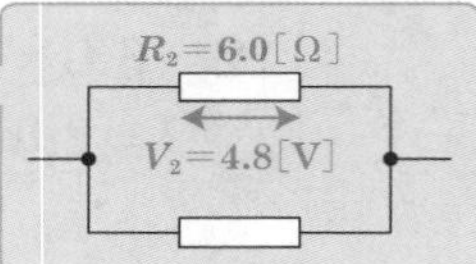

(4)で抵抗R_3にかかる電圧を求めるとき，(1)の途中で求めたR_2とR_3の合成抵抗$R_4 = 2.4[\Omega]$を活用してもOKです。

R_4にかかる電圧を$V_4[\mathrm{V}]$とすると，オームの法則から,

$$V_4 = R_4 I$$

$$= 2.4 \times 2.0$$

(2)より，$I = 2.0[\mathrm{A}]$です!!

$$= 4.8[\mathrm{V}]$$

ここで，R_3にかかる電圧を$V_3[\mathrm{V}]$とすると,

$$V_3 = V_4$$

$$= 4.8[\mathrm{V}] \quad \cdots(答)$$

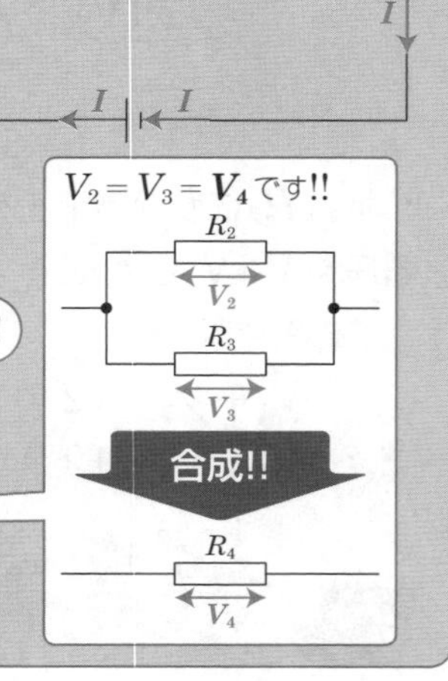

回路の見方をハッキリさせる意味で，次の問題を…。

問題175　**標準**

抵抗値 $R_1 = 3.0[\Omega]$，$R_2 = 7.0[\Omega]$，$R_3 = 2.0[\Omega]$，$R_4 = 3.0[\Omega]$ の4つの抵抗が構成された右図のような装置がある。このとき，次の各問いに答えよ。

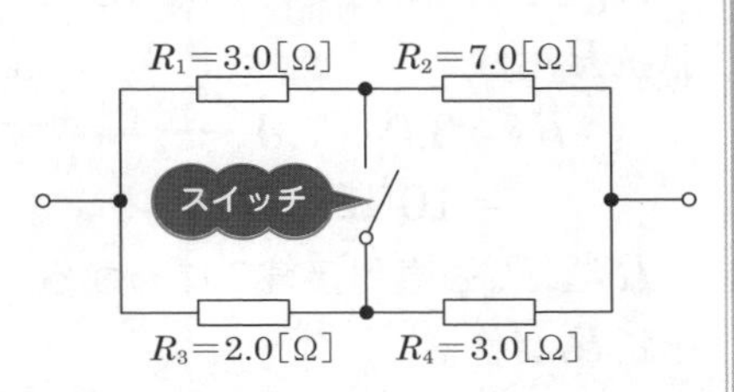

(1)　スイッチが開いているときの合成抵抗を求めよ。

(2)　スイッチが閉じているときの合成抵抗を求めよ。

ナイスな導入

(1)　スイッチが開いているとき!!

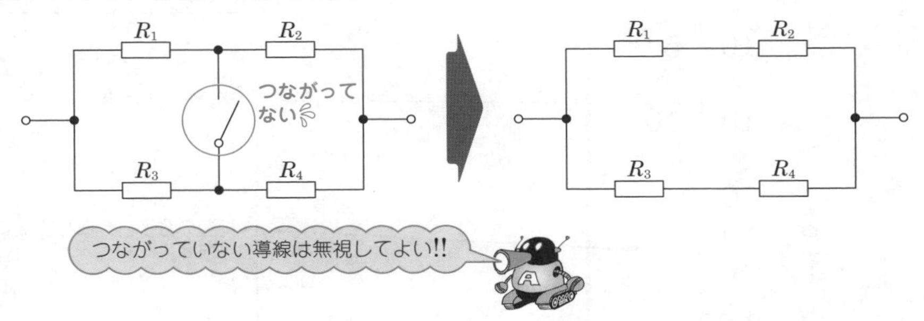

(2)　スイッチが閉じているとき!!

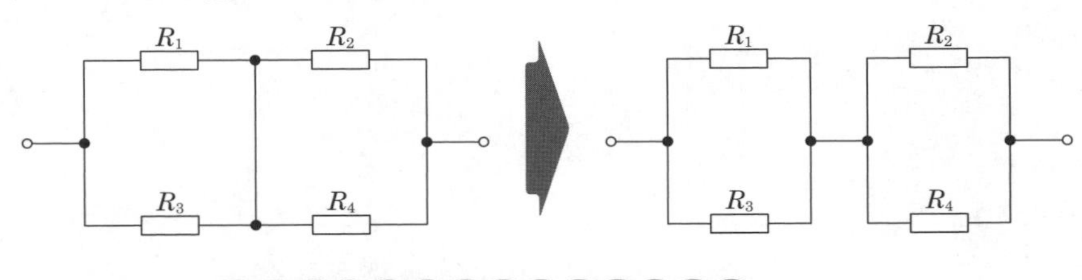

右のように回路をかき直すと見やすいですよ!!

解答でござる

(1) R_1とR_2は直列接続であるから，R_1とR_2の合成抵抗R_5は，

$$R_5 = 3.0 + 7.0$$
$$= 10[\Omega]$$

R_3とR_4も直列接続であるから，R_3とR_4の合成抵抗R_6は，

$$R_6 = 2.0 + 3.0$$
$$= 5.0[\Omega]$$

R_5とR_6は並列接続であるから，最終的な合成抵抗をRとすると，

$$\frac{1}{R} = \frac{1}{R_5} + \frac{1}{R_6}$$
$$= \frac{1}{10} + \frac{1}{5.0}$$
$$= \frac{1}{10} + \frac{2}{10}$$
$$= \frac{3}{10}$$
$$\frac{R}{1} = \frac{10}{3}$$
$$R = 3.33\cdots$$
$$\therefore \quad R \fallingdotseq 3.3[\Omega] \quad \cdots(答)$$

$R_1 = 3.0[\Omega]$ $R_2 = 7.0[\Omega]$
$R_3 = 2.0[\Omega]$ $R_4 = 3.0[\Omega]$
合成!!
$R_5 = 10[\Omega]$
$R_6 = 5.0[\Omega]$
さらに合成!!
R
このとき
$\frac{1}{R} = \frac{1}{R_5} + \frac{1}{R_6}$

通分しました!!

両辺の分子と分母をひっくり返す!!

問題文中の数値を参考にして，有効数字2ケタで

(2)　R_1とR_3は並列接続であるから，R_1とR_3の合成抵抗をR_7として，

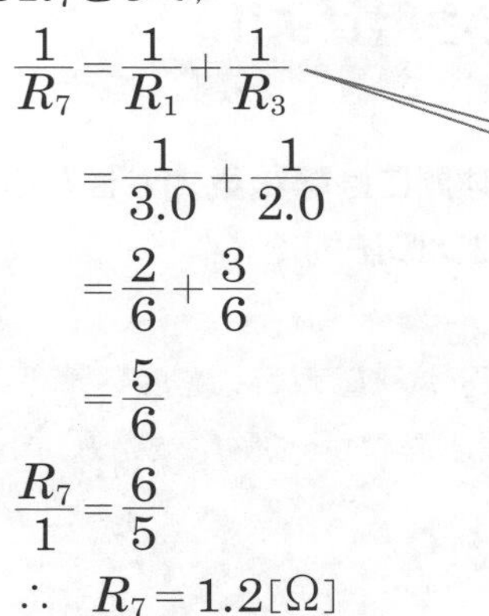

$$\frac{1}{R_7}=\frac{1}{R_1}+\frac{1}{R_3}$$
$$=\frac{1}{3.0}+\frac{1}{2.0}$$
$$=\frac{2}{6}+\frac{3}{6}$$
$$=\frac{5}{6}$$
$$\frac{R_7}{1}=\frac{6}{5}$$
$$\therefore\quad R_7=1.2[\Omega]$$

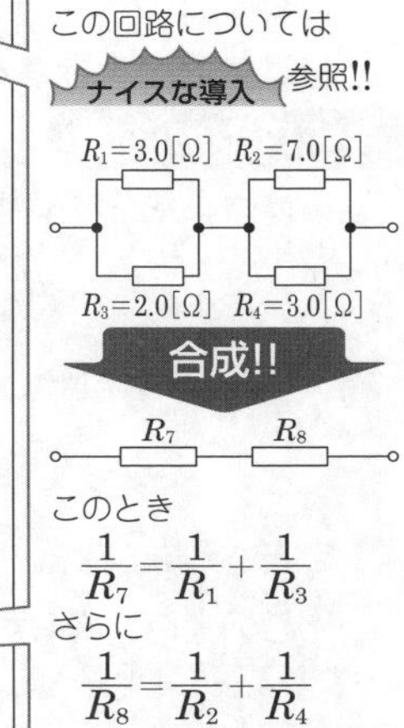

R_2とR_4も並列接続であるから，R_2とR_4の合成抵抗をR_8として，

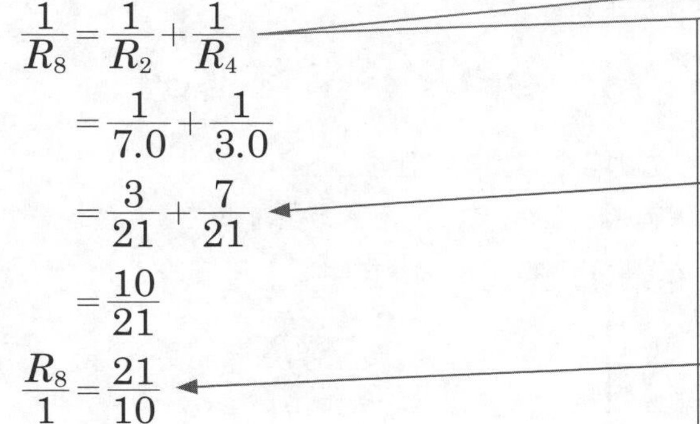

$$\frac{1}{R_8}=\frac{1}{R_2}+\frac{1}{R_4}$$
$$=\frac{1}{7.0}+\frac{1}{3.0}$$
$$=\frac{3}{21}+\frac{7}{21}$$
$$=\frac{10}{21}$$
$$\frac{R_8}{1}=\frac{21}{10}$$
$$\therefore\quad R_8=2.1[\Omega]$$

通分しました!!

両辺の分子と分母をひっくり返しました!!

R_7とR_8は直列接続であるから，最終的な合成抵抗をRとすると，

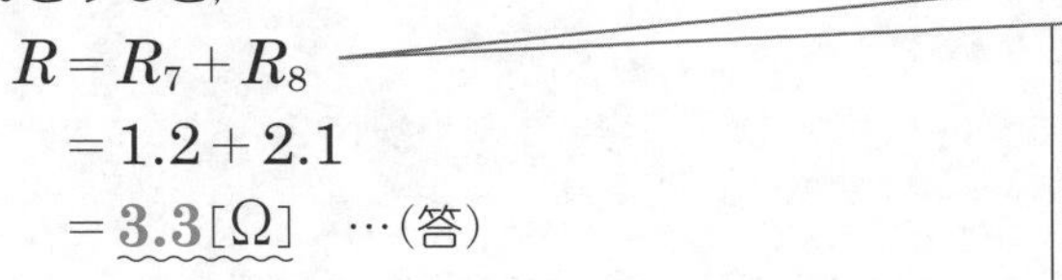

$$R=R_7+R_8$$
$$=1.2+2.1$$
$$=\mathbf{3.3}[\Omega]\quad\cdots(答)$$

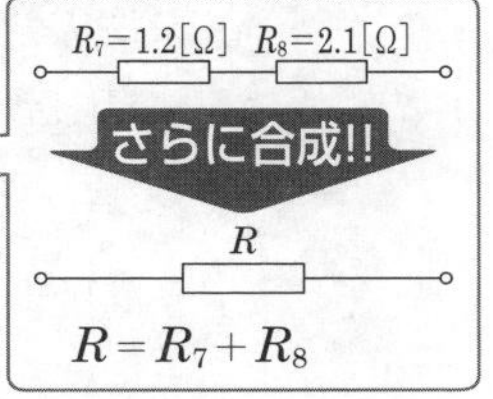

電気と磁気

Theme 55 クーロンの法則を活用せよ!!

帯電した2つの物体があるとき，この物体間には**静電気力**がはたらきます。この静電気力の大きさを求める公式が**クーロンの法則**です。

クーロンの法則

真空中でr[m]離れた2つの小さな帯電体の電荷(これを**点電荷**と呼びます!!)をq_1[C](クーロン)，q_2[C]としたとき，この間にはたらく静電気力F[N]は，

$$F = k_0 \frac{q_1 q_2}{r^2}$$

で表されます。

このとき，k_0は比例定数で…

$$k_0 = 9.0 \times 10^9 [\mathrm{N \cdot m^2/C^2}]$$

となってますので，この値も覚えておきましょう。

注1 q_1とq_2は電荷なので，**正電荷**の場合と**負電荷**の場合があります。このとき正負の符号はそのままで上の公式に代入してください!! その結果…

Fの値が**正**の場合…

q_1とq_2が同符号であったことを意味するので…

(プラスどうし or マイナスどうし)

2つの帯電体の間に反発し合う力(**斥力**(せきりょく)と呼びます)がはたらいていることになります。

Fの値が**負**の場合…

q_1とq_2が異符号であったことを意味するので…

(一方がプラスで，もう一方がマイナス)

2つの帯電体の間に引き合う力(**引力**と呼びます)がはたらいていることになります。

注2　比例定数k_0の単位が$[\mathrm{N \cdot m^2/C^2}]$であることを確認しよう!!

$$F = k_0 \frac{q_1 q_2}{r^2}$$ クーロンの法則です!!

$$Fr^2 = k_0 q_1 q_2$$ 右辺のr^2をはらいました。

$$\frac{Fr^2}{q_1 q_2} = k_0$$ 両辺をq_1q_2でわりました!!

$$\therefore \quad k_0 = \frac{Fr^2}{q_1 q_2}$$ 右辺と左辺を入れかえただけです。

単位を書き込んでみましょう!!

$$k_0 = \frac{F[\mathrm{N}] \times (r[\mathrm{m}])^2}{q_1[\mathrm{C}]q_2[\mathrm{C}]}$$

右辺の単位のみに注目して,

$$\frac{[\mathrm{N}] \times [\mathrm{m}]^2}{[\mathrm{C}] \times [\mathrm{C}]} = \frac{[\mathrm{N}] \times [\mathrm{m^2}]}{[\mathrm{C^2}]}$$

$$= [\mathrm{N \cdot m^2/C^2}]$$

左辺のk_0の単位は右辺の単位に一致するから,

kの単位は$[\mathrm{N \cdot m^2/C^2}]$

問題176　キソ

(1)　$2.5 \times 10^{-6}[\mathrm{C}]$の電荷と$-3.0 \times 10^{-6}[\mathrm{C}]$の電荷が$5.0 \times 10^{-2}[\mathrm{m}]$離して置いてある。この2つの電荷の間にはたらく静電気力の大きさを求めよ。また，この静電気力は引力であるか斥力であるかも答えよ。

(2)　$2.0 \times 10^{-6}[\mathrm{C}]$の電荷と$8.0 \times 10^{-7}[\mathrm{C}]$の電荷が$2.0 \times 10^{-2}[\mathrm{m}]$離して置いてある。この2つの電荷の間にはたらく静電気力の大きさを求めよ。また，この静電気力は引力であるか斥力であるかも答えよ。

ナイスな導入

“クーロンの法則”を活用すれば万事解決です。

問題文中で“静電気力の大きさを求めよ”とあるので，正の値で答えてください!!

解答でござる

(1)

$$q_1 = 2.5 \times 10^{-6}[\mathrm{C}]$$
$$q_2 = -3.0 \times 10^{-6}[\mathrm{C}]$$
$$r = 5.0 \times 10^{-2}[\mathrm{m}]$$
$$k_0 = 9.0 \times 10^{9}[\mathrm{N \cdot m^2/C^2}]$$

この値は暗記せよ!!

として，静電気力をF[N]とすると，

$$F = k_0 \frac{q_1 q_2}{r^2}$$

クーロンの法則です!!

$$= 9.0 \times 10^9 \times \frac{2.5 \times 10^{-6} \times (-3.0 \times 10^{-6})}{(5.0 \times 10^{-2})^2}$$

数値を代入しました!!

$$= 9.0 \times 10^9 \times \frac{(-7.5 \times 10^{-12})}{25 \times 10^{-4}}$$

$2.5 \times 10^{-6} \times (-3.0 \times 10^{-6})$
$= -2.5 \times 3.0 \times 10^{-6} \times 10^{-6}$
$= -7.5 \times 10^{-12}$

$(5.0 \times 10^{-2})^2$
$= 5^2 \times (10^{-2})^2$
$= 25 \times 10^{-4}$

$$= 9.0 \times 10^9 \times \frac{(-\overset{0.3}{\cancel{7.5}} \times 10^{-12})}{\cancel{25} \times 10^{-4}}$$

マイナスは前にもっていく!!

$$= -9.0 \times 0.3 \times \frac{10^9 \times 10^{-12}}{10^{-4}}$$
$$= -2.7 \times 10$$
$$= -27[\mathrm{N}]$$

$\frac{10^9 \times 10^{-12}}{10^{-4}}$
$= 10^{9+(-12)-(-4)}$
$= 10^{9-12+4}$
$= 10^1$
$= 10$

以上から，

静電気力の大きさは **27[N]** …(答)

この静電気力は **引力** …(答)

$F<0$より引力です!!
正電荷と負電荷だから普通に考えても引力であることがわかります。

(2)

$$q_1 = 2.0 \times 10^{-6}[\mathrm{C}]$$
$$q_2 = 8.0 \times 10^{-7}[\mathrm{C}]$$
$$r = 2.0 \times 10^{-2}[\mathrm{m}]$$
$$k_0 = 9.0 \times 10^9[\mathrm{N \cdot m^2/C^2}]$$

この値は覚えるべし!!

として，静電気力をF[N]とすると，

$$F = k_0 \frac{q_1 q_2}{r^2}$$

クーロンの法則です!!

$$= 9.0 \times 10^9 \times \frac{2.0 \times 10^{-6} \times 8.0 \times 10^{-7}}{(2.0 \times 10^{-2})^2}$$

数値を代入!!

$$= 9.0 \times 10^9 \times \frac{16 \times 10^{-13}}{4 \times 10^{-4}}$$

$$2.0 \times 10^{-6} \times 8.0 \times 10^{-7} = 2 \times 8 \times 10^{-6} \times 10^{-7} = 16 \times 10^{-13}$$

$$(2.0 \times 10^{-2})^2 = 2^2 \times (10^{-2})^2 = 4 \times 10^{-4}$$

$$= 9.0 \times 10^9 \times \frac{\overset{4}{\cancel{16}} \times 10^{-13}}{\cancel{4} \times 10^{-4}}$$

$$= 9.0 \times 4 \times \frac{10^9 \times 10^{-13}}{10^{-4}}$$

$$= 36 \times 1$$

$$= 36[\mathrm{N}]$$

$$\frac{10^9 \times 10^{-13}}{10^{-4}} = 10^{9+(-13)-(-4)} = 10^{9-13+4} = 10^0 = 1$$

一般に…　$a^0 = 1$です!!

$F > 0$より斥力です!!　正電荷どうしだから，普通に考えても反発し合う力（斥力）がはたらくことはわかります。

以上から，

静電気力の大きさは **36[N]**　…(答)

この静電気は**斥力**　…(答)

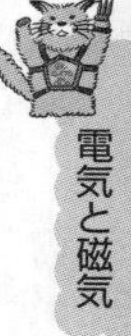

少しレベルをあげます!!

問題177　**標準**

長さl[m]の絹糸の一端を点Oに固定し，他端に質量m[kg]の帯電している小球Aをつるした。

これに$-q$[C]$(q>0)$に帯電した小球Bを小球Aに対して水平な方向から近づけたところ，小球Bが点Oの真下に達したとき，$\angle AOB=\theta$の状態でつり合った。このとき，次の各問いに答えよ。ただし，重力加速度はg[m/s^2]とする。

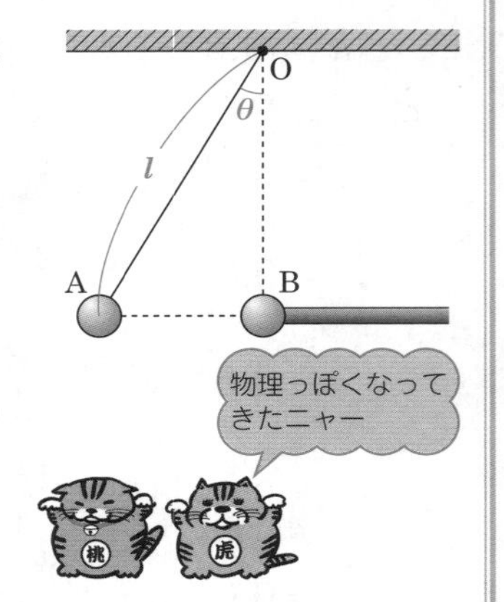

(1)　絹糸にはたらく張力T[N]を求めよ。

(2)　Aにはたらく静電気力の大きさF[N]を求めよ。

(3)　Aの電荷を求めよ。ただし，クーロンの法則の比例定数をk_0[N·m^2/s^2]とする。

ビジュアル解答

小球Aにはたらく静電気力は，小球Bから遠ざかろうとする反発力(斥力)であることは明らか!!

つまり，小球Bの電荷が負であることから，小球Aの電荷も同符号の負であることがわかる!!　これを踏まえて，物体Aにはたらく力をすべて記入しよう!!

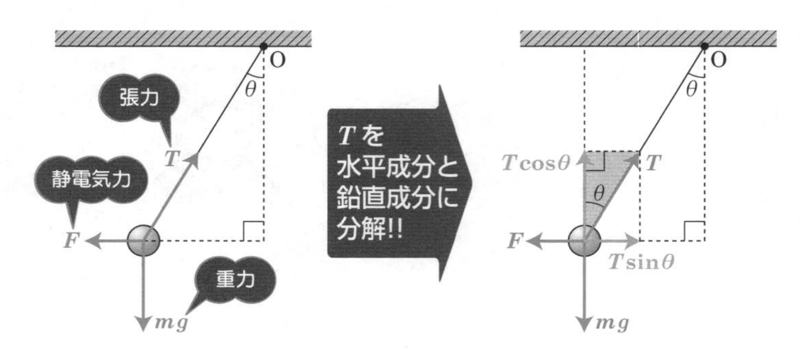

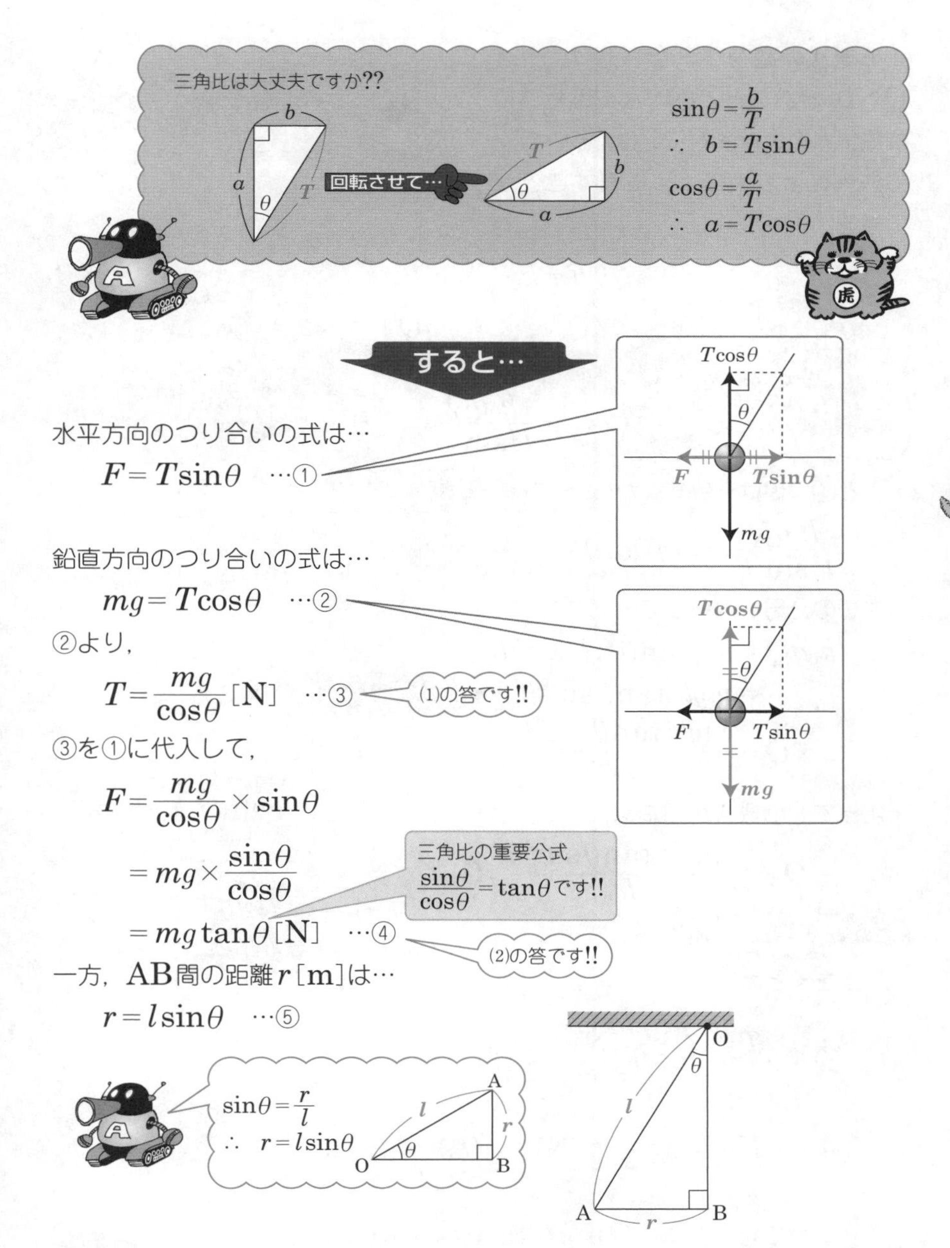

水平方向のつり合いの式は…

$$F = T\sin\theta \quad \cdots ①$$

鉛直方向のつり合いの式は…

$$mg = T\cos\theta \quad \cdots ②$$

②より,

$$T = \frac{mg}{\cos\theta}\,[\mathrm{N}] \quad \cdots ③$$

③を①に代入して,

$$F = \frac{mg}{\cos\theta} \times \sin\theta$$
$$= mg \times \frac{\sin\theta}{\cos\theta}$$
$$= mg\tan\theta\,[\mathrm{N}] \quad \cdots ④$$

一方, AB間の距離r[m]は…

$$r = l\sin\theta \quad \cdots ⑤$$

小球Aの電荷を$-Q$[C]（ただし，$Q>0$）とおくと，小球Aにはたらく静電気力の大きさF[N]は，クーロンの法則により次のように表すことができる。

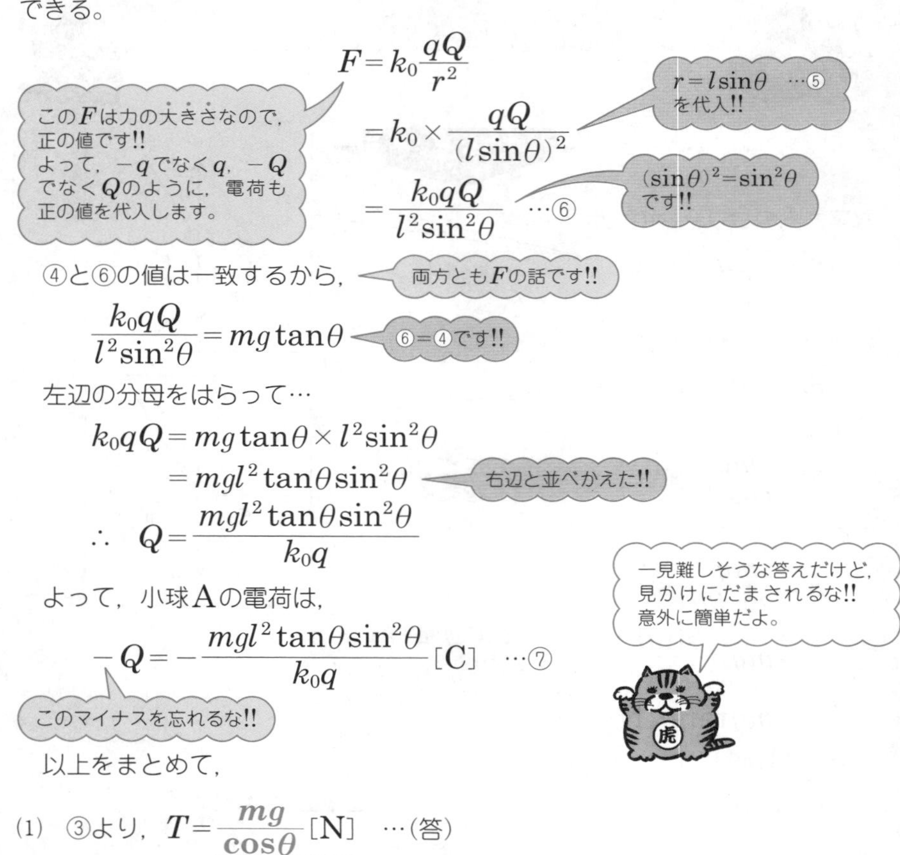

$$F=k_0\frac{qQ}{r^2}$$

$$=k_0\times\frac{qQ}{(l\sin\theta)^2}$$

$$=\frac{k_0qQ}{l^2\sin^2\theta}\quad\cdots⑥$$

④と⑥の値は一致するから，

$$\frac{k_0qQ}{l^2\sin^2\theta}=mg\tan\theta$$

左辺の分母をはらって…

$$k_0qQ=mg\tan\theta\times l^2\sin^2\theta$$

$$=mgl^2\tan\theta\sin^2\theta$$

$$\therefore\quad Q=\frac{mgl^2\tan\theta\sin^2\theta}{k_0q}$$

よって，小球Aの電荷は，

$$-Q=-\frac{mgl^2\tan\theta\sin^2\theta}{k_0q}\text{[C]}\quad\cdots⑦$$

以上をまとめて，

(1)　③より，$T=\dfrac{mg}{\cos\theta}$[N]　…(答)

(2)　④より，$F=mg\tan\theta$[N]　…(答)

(3)　⑦よりAの電荷は，$-\dfrac{mgl^2\tan\theta\sin^2\theta}{k_0q}$[C]　…(答)

Theme 56 電　界

その1 “電界” のお話

電荷をもつ物体(帯電体)が静電気力を受ける空間のことを**電界**，もしくは**電場**と呼びます。

電荷には正電荷と負電荷があり，電界(電場)から受けるそれぞれの静電気力の向きは逆になります。そこで…

正電荷が受ける力の向きを電界(電場)の向きと決めます。

その2 “電界の強さ” について…

電界の強さと力の公式

$+q$[C]の電荷がF[N]の力を受ける電界(電場)の強さをE[N/C]とすると…

$$F = qE$$

と定義されてます。

FとEはともに大きさと向きをもつベクトルであるので，

$$\overrightarrow{F} = q\overrightarrow{E}$$

と表現することもあります。

注　Eの単位についてですが…

$$F = qE$$

より，

$$E = \frac{F}{q}$$

単位をつけると…

$$E = \frac{F[\mathrm{N}]}{q[\mathrm{C}]}$$

$$\frac{[\mathrm{N}]}{[\mathrm{C}]} = [\mathrm{N/C}]$$

問題178　キソ

(1)　ある点に3.0×10^{-6}[C]の正電荷を置いたら，東向きに9.0×10^{-2}[N]の力を受けた。この点の電界の強さと向きを答えよ。

(2)　ある点に-2.5×10^{-6}[C]の負電荷を置いたら，北向きに5.0×10^{-3}[N]の力を受けた。この点の電界の強さと向きを答えよ。

電界の向きは頭の中で処理して，電界の強さと電荷は絶対値（正の値）で計算せよ!!

解答でござる

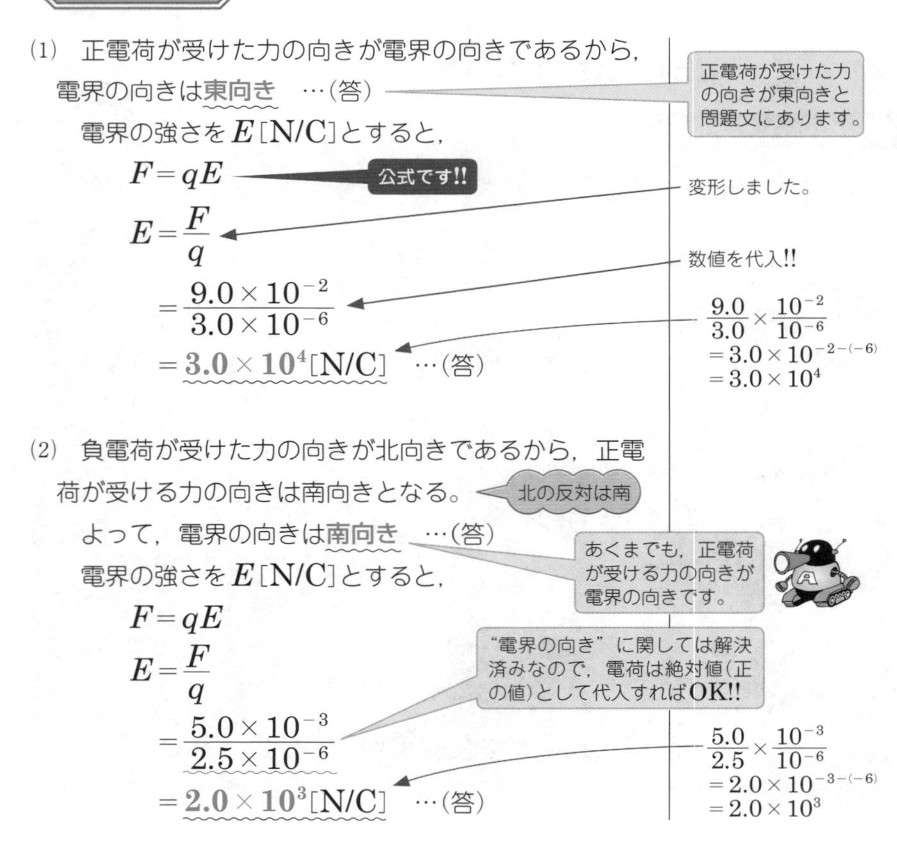

(1)　正電荷が受けた力の向きが電界の向きであるから，

電界の向きは**東向き**　…(答)

電界の強さをE[N/C]とすると，

$$F=qE$$

$$E=\frac{F}{q}$$

$$=\frac{9.0\times10^{-2}}{3.0\times10^{-6}}$$

$$=3.0\times10^{4}\text{[N/C]}$$　…(答)

(2)　負電荷が受けた力の向きが北向きであるから，正電荷が受ける力の向きは南向きとなる。

よって，電界の向きは**南向き**　…(答)

電界の強さをE[N/C]とすると，

$$F=qE$$

$$E=\frac{F}{q}$$

$$=\frac{5.0\times10^{-3}}{2.5\times10^{-6}}$$

$$=2.0\times10^{3}\text{[N/C]}$$　…(答)

“点電荷のまわりの電界” のお話

点電荷によって電界(電場)は生じます。この公式も押さえるべし!!

点電荷のまわりの電界

$+q$[C]の点電荷からr[m]離れた電界の強さE[N/C]は，次のように表されます。

$$E = k_0 \frac{q}{r^2}$$

ここで，k_0はクーロンの法則の比例定数$k_0 = 9.0 \times 10^9$[N・m^2/C^2]です(p.634参照!!)。

2つの点電荷q_1[C]，q_2[C]がr[m]離れて置いてあるとき，この間にはたらく静電気力F[N]は，

$$F = k_0 \frac{q_1 q_2}{r^2} \quad \cdots ①$$

p.634参照!!
クーロンの法則です!!

と表されます。

①より…

$$F = q_1 \times k_0 \frac{q_2}{r^2} \quad \cdots ②$$

q_1を前に出しただけです!!

点電荷q_2[C]によって生じる電界の強さをE[N/C]とする。このとき，点電荷q_1[C]にはたらく力F[N]は，点電荷q_2[C]によって生じる電界によるものとも考えられるので，次の式も成立する。

$$F = q_1 E \quad \cdots ③$$

②と③を比較して，

$$E = k_0 \frac{q_2}{r^2}$$

上の公式が証明されました✌

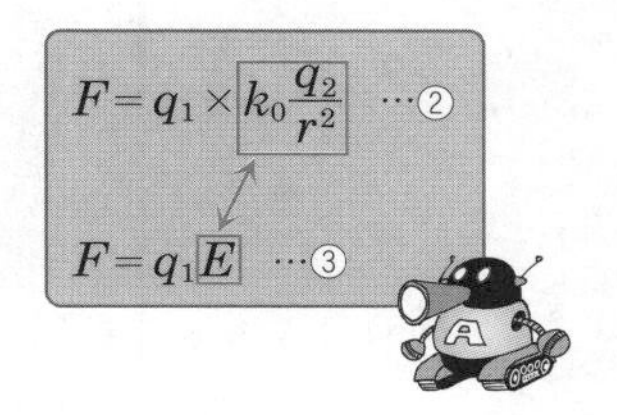

問題179　**キソ**

2.0×10^{-6}[C]の正の点電荷から西へ3.0×10^{-2}[m]離れた場所の電界の強さと向きを答えよ。

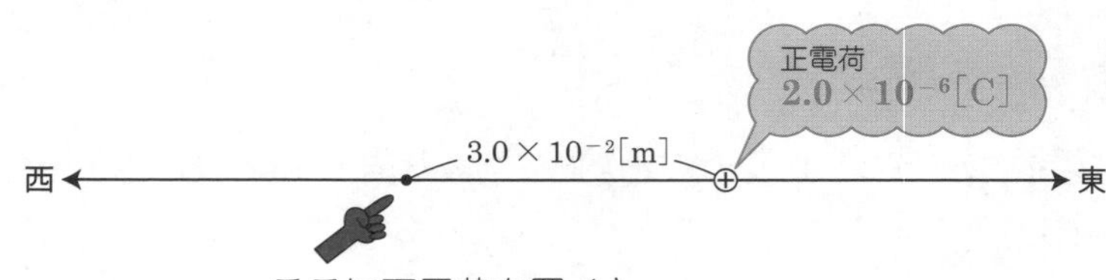

ここに正電荷を置くと…

正電荷どうしは反発し合う(斥力がはたらく)から…

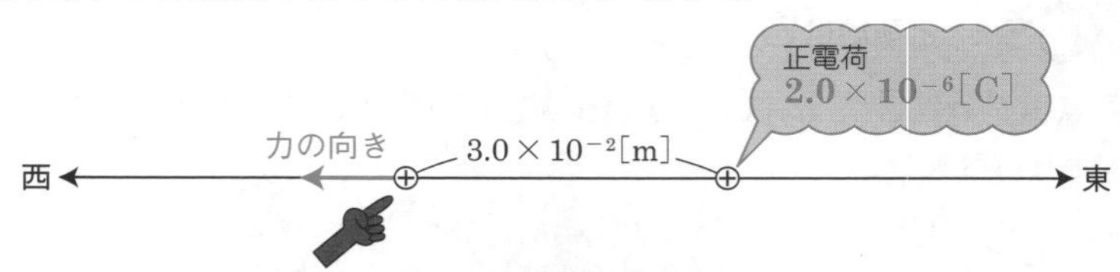

この正電荷にはたらく静電気力は西向きとなる!!

“**正電荷が受ける力の向きが電界の向き**”と定義されているから(p.641参照!!)，求めるべき電界の向きは西向きである。

電界の強さに関しては，前ページの公式を活用すればOK!!

解答でござる

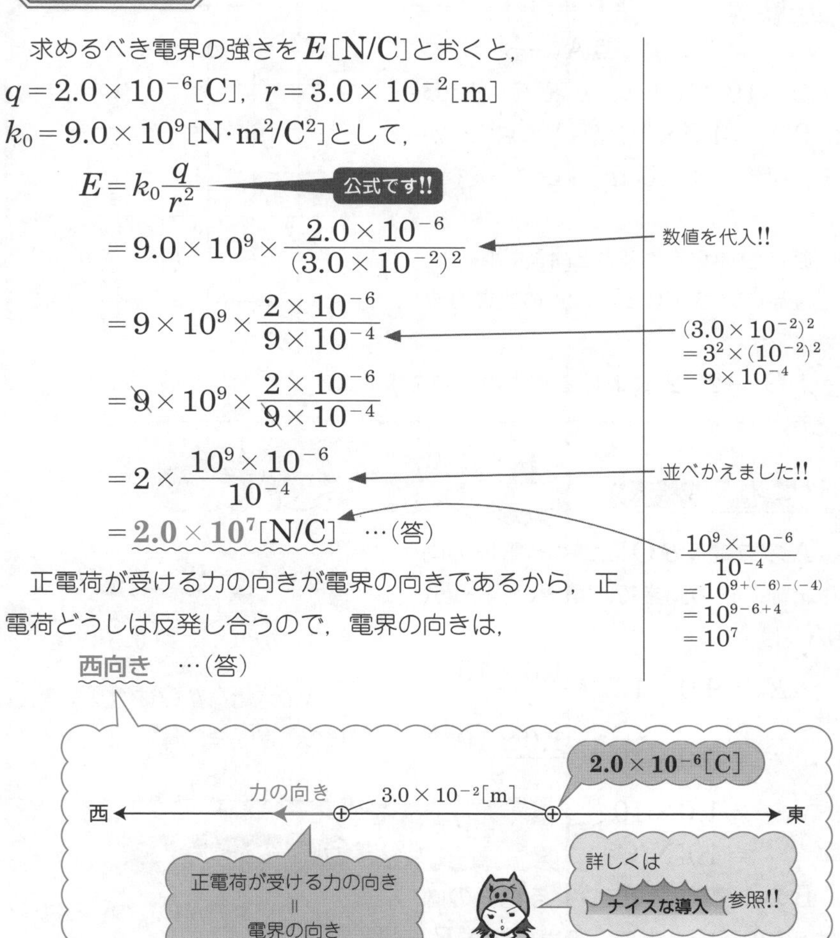

求めるべき電界の強さをE[N/C]とおくと，
$q=2.0\times10^{-6}$[C]，$r=3.0\times10^{-2}$[m]
$k_0=9.0\times10^9$[N·m²/C²]として，

$$E=k_0\frac{q}{r^2}$$
$$=9.0\times10^9\times\frac{2.0\times10^{-6}}{(3.0\times10^{-2})^2}$$
$$=9\times10^9\times\frac{2\times10^{-6}}{9\times10^{-4}}$$
$$=\cancel{9}\times10^9\times\frac{2\times10^{-6}}{\cancel{9}\times10^{-4}}$$
$$=2\times\frac{10^9\times10^{-6}}{10^{-4}}$$
$$=\mathbf{2.0\times10^7}\text{[N/C]}$$
…(答)

正電荷が受ける力の向きが電界の向きであるから，正電荷どうしは反発し合うので，電界の向きは，

西向き　…(答)

電気と磁気

点電荷を増やしてみよう!!

問題180　標準

xy 平面において，点 A$(-3,\ 0)$ に $+1.0\times10^{-8}$[C] の点電荷，点 B$(2,\ 0)$ に -4.0×10^{-8}[C] の点電荷がある。座標の単位を[m]（メートル）として，次の各問いに答えよ。

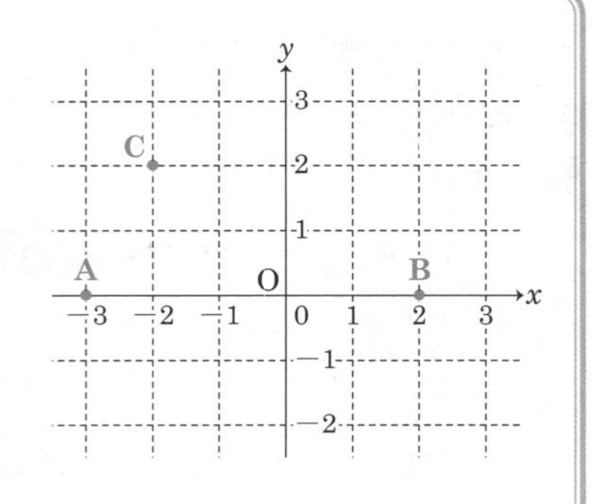

(1)　原点Oの電界の強さと向きを求めよ。

(2)　電界の強さが0となる点の座標を求めよ。

(3)　点 C$(-2,\ 2)$ における電界の強さを求めよ。

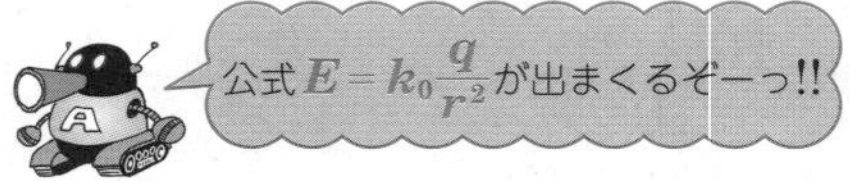

(1)① Aの点電荷がOにつくる電界の向きはx軸の正の向きで，電界の強さ E_A[N/C]は，

$$E_A=9.0\times10^9\times\frac{1.0\times10^{-8}}{3^2}$$

$$=9.0\times10^9\times\frac{1.0\times10^{-8}}{9}$$

$$=1.0\times10$$

$$=10\text{[N/C]}$$

$10^9\times10^{-8}=10^1=10$

② Bの点電荷がOにつくる電界の向きはx軸の正の向きで，電界の強さ E_B[N/C]は，

$$E_B=9.0\times10^9\times\frac{4.0\times10^{-8}}{2^2}$$

$$=9.0\times10^9\times\frac{4.0\times10^{-8}}{4}$$

$$=9.0\times10$$

$$=90\text{[N/C]}$$

$10^9\times10^{-8}=10^1=10$

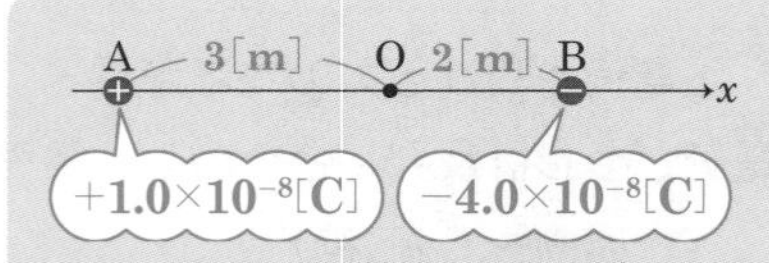

① Aの点電荷がOにつくる電界の向きは…

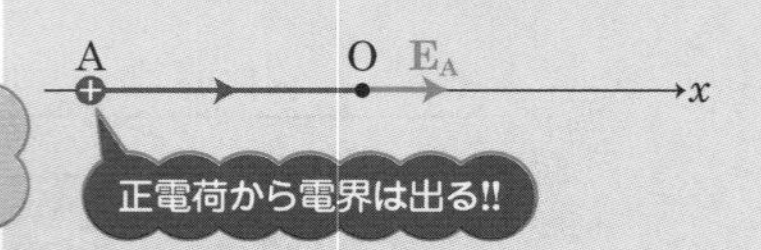

② Bの点電荷がOにつくる電界の向きは…

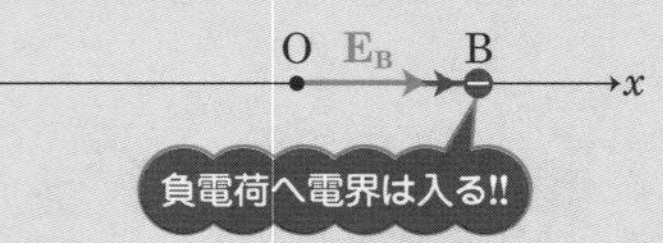

①と②より，原点Oの電界の強さEはE_AとE_Bの和となる。

$$E = E_A + E_B$$

（向きが同じベクトルの和は，数値を単純に加えればOK!!）

$$= 90 + 10$$

$$= 100$$

$\therefore$ $E =$ **1.0×10^2[N/C]**　…(答)

（有効数字2ケタ感を出そう!!）

電界の向きは**x軸の正の向き**　…(答)

(2)　**電界の強さが0となる場所はどこか!?**
まず，見当をつけよう!!

（賛成!!）

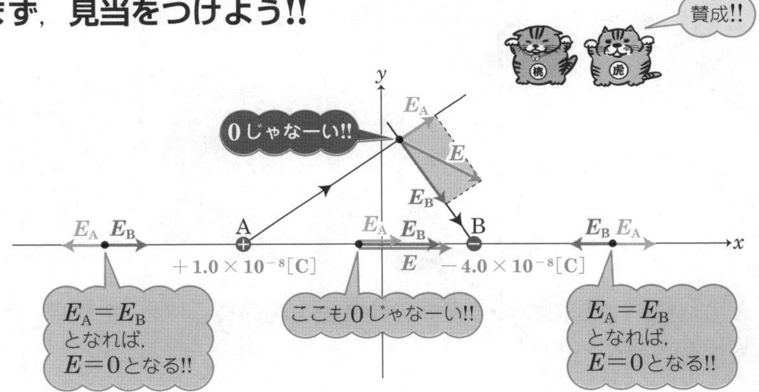

よって，電界の強さが0になる場所は…
AB間を除くx軸上であることがわかります!!

さらに，Aの点電荷の絶対値よりもBの点電荷の絶対値のほうが大きいことから，点Aに近く，点Bから遠い点でなければならない!!

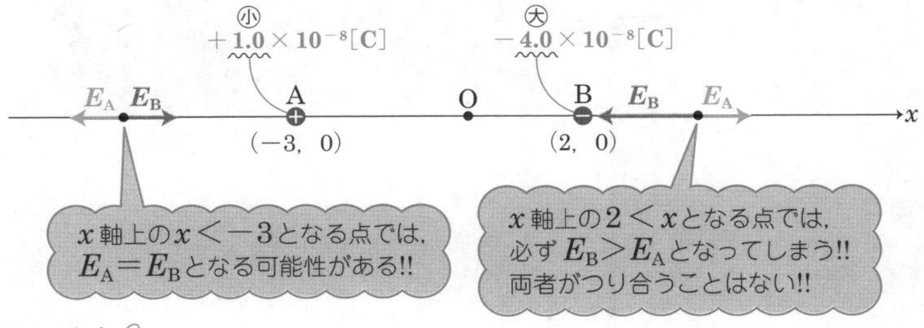

となってしまう

電界の強さが0となる場所は…
x軸上の$x<-3$をみたす点である!!

では，解答づくりを始めましょう!!

電界の強さが0になる点はx軸上であり，さらに点Aの左側でなければならない。よって，この座標をP(p，0)とおくと(ただし$p<-3$)…

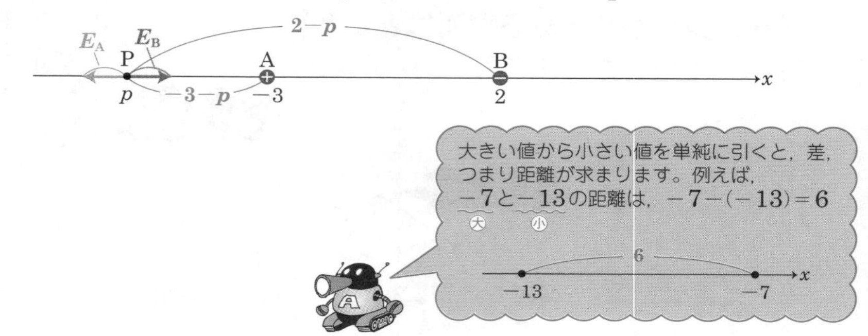

① Aの点電荷がPにつくる電界の向きはx軸の負の向き(左向き)で，電界の強さE_A[N/C]は，

$$E_A=9.0\times10^9\times\frac{1.0\times10^{-8}}{(-3-p)^2}$$

$$=\frac{9.0\times10}{(-3-p)^2}$$

$10^9\times10^{-8}=10^1=10$

$$=\frac{90}{(3+p)^2}\quad\cdots㋑$$

これぞ!! テクニック!!
$(-3-p)^2=\{-(3+p)\}^2$
$=(3+p)^2$
マイナスだらけだとウザイので，プラスに直すクセをつけよう!!

② Bの点電荷がPにつくる電界の向きはx軸の正の向き(右向き)で，電界の強さE_B[N/C]は，

$$E_B = 9.0 \times 10^9 \times \frac{4.0 \times 10^{-8}}{(2-p)^2}$$

$$= \frac{36 \times 10}{(2-p)^2}$$

$9.0 \times 4.0 \times 10^9 \times 10^{-8} = 36 \times 10$

$$= \frac{360}{(2-p)^2} \quad \cdots ㋺$$

点Pでの電界の強さが0となるためには，逆向きの電界の強さがつり合えばよい。つまり…

$$E_A = E_B$$

㋑と㋺を代入して，

$$\frac{90}{(3+p)^2} = \frac{360}{(2-p)^2}$$

$$90 \times (2-p)^2 = 360 \times (3+p)^2$$

両辺の分母をはらう!!

$$(2-p)^2 = 4(3+p)^2$$

両辺を90でわった!!

$$4 - 4p + p^2 = 4(9 + 6p + p^2)$$

$$4 - 4p + p^2 = 36 + 24p + 4p^2$$

$$3p^2 + 28p + 32 = 0$$

$$(3p+4)(p+8) = 0$$

タスキガケです!!
3 ╲╱ 4 → 4
1 ╱╲ 8 → 24 (+
28

$p < -3$より，$p = -8$

$p = -\frac{4}{3}$，-8となりますが…
$p < -3$より，$p = -\frac{4}{3}$はNG!!

よって，電界の強さが0となる座標は，

$(-8,\ 0)$ …(答)

この理由は前ページ参照!!

電気と磁気

(3)　本問は単なる**ベクトルの和**のお話ですよ

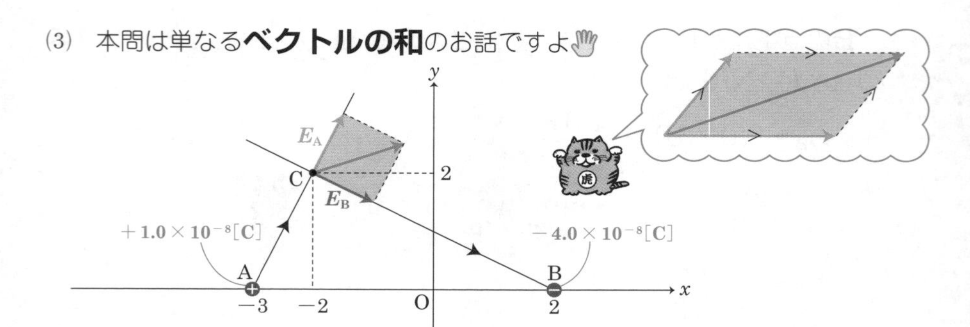

①　三平方の定理から，

$$AC^2 = 1^2 + 2^2$$

$$\therefore \quad AC^2 = 5 \quad \cdots ㊇$$

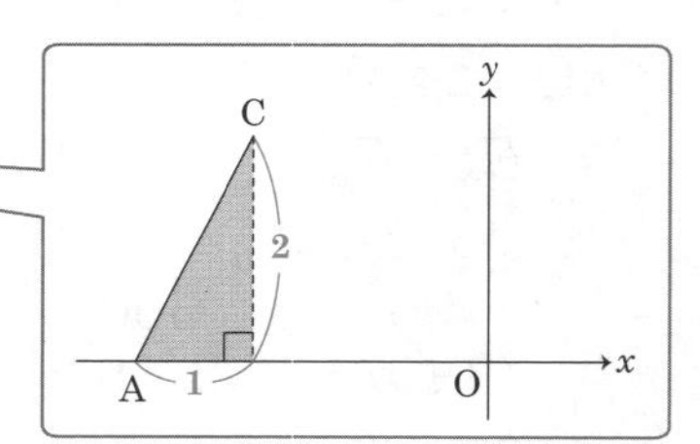

Aの点電荷がCにつくる電界の強さE_A[N/C]は，

$$E_A = 9.0 \times 10^9 \times \frac{1.0 \times 10^{-8}}{AC^2}$$

$$= 9.0 \times 10^9 \times \frac{1.0 \times 10^{-8}}{5}$$

㊇より，$AC^2 = 5$です!!

$$= \frac{\cancel{9 \times 10}^{\,90}}{5}$$

$$= 18\text{[N/C]}$$

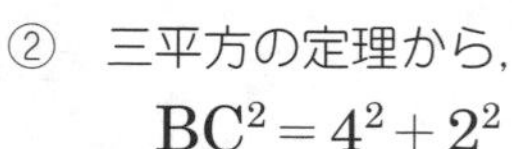

②　三平方の定理から，

$$BC^2 = 4^2 + 2^2$$

$$\therefore \quad BC^2 = 20 \quad \cdots ㊁$$

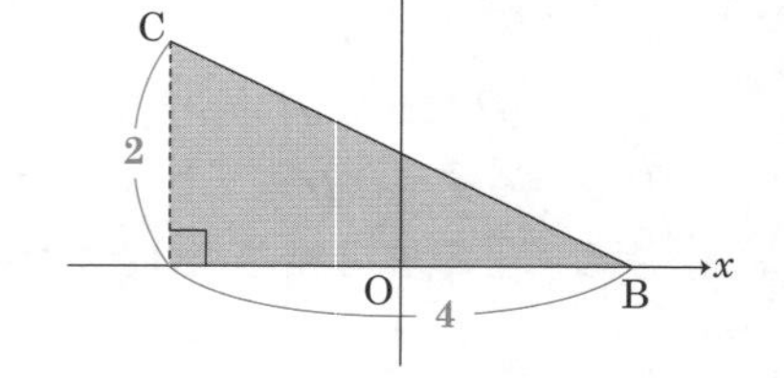

Bの点電荷がCにつくる電界の強さE_B[N/C]は，

$$E_B = 9.0 \times 10^9 \times \frac{4.0 \times 10^{-8}}{BC^2}$$

$$= 9.0 \times 10^9 \times \frac{4.0 \times 10^{-8}}{20}$$

$$= \frac{360}{20}$$

$$= 18\text{[N/C]}$$

㊁より，$BC^2 = 20$です!!

で!! $\angle \mathbf{ACB} = ??$

図形的にうまくいくことを期待しよう!!

$\mathrm{AB} = 5$，さらに㋩と㋥より，

$$\mathrm{AB}^2 = \mathrm{AC}^2 + \mathrm{BC}^2$$

つまり，三平方の定理をみたす。

$$\therefore \quad \angle \mathrm{ACB} = 90°$$

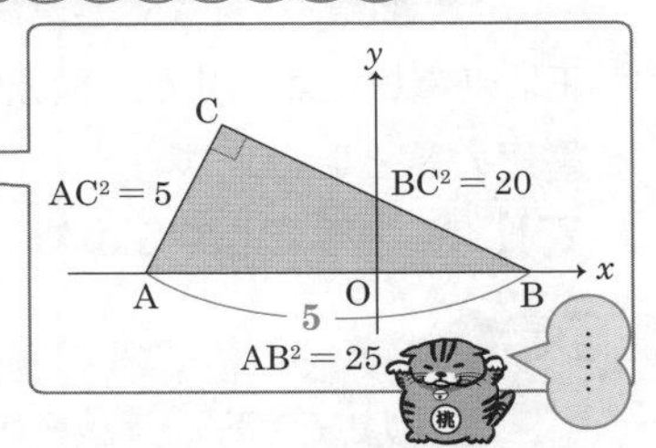

以上より，点Cにおける電界の強さEは，

$E_\mathrm{A} = E_\mathrm{B} = 18$[N/C]より，

$$E = 18 \times \sqrt{2}$$
$$\fallingdotseq 18 \times 1.41$$
$$= 25.38$$
$$\fallingdotseq \mathbf{25}\,[\mathrm{N/C}] \quad \cdots(\text{答})$$

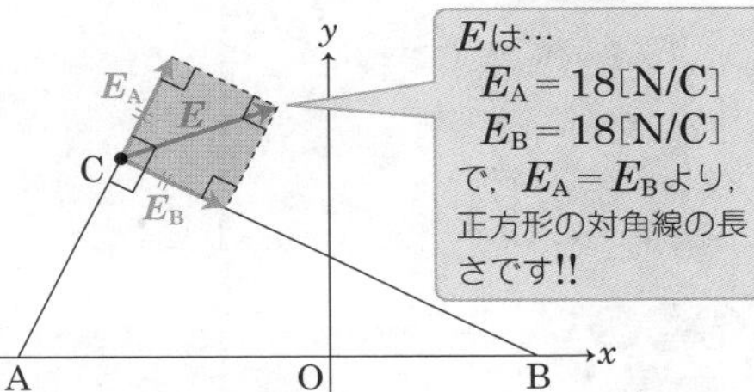

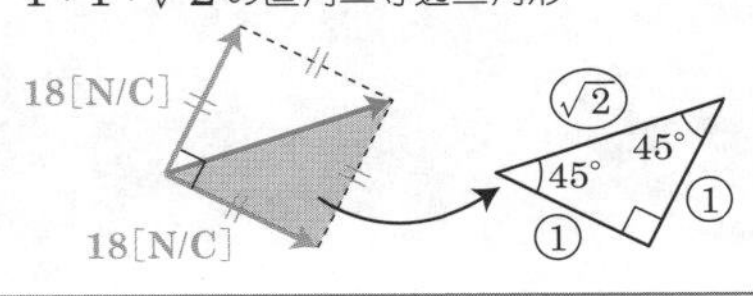

$\sqrt{2} = 1.41421356\cdots$
問題文中の数値から有効数字は2ケタが望ましいので，途中計算は1ケタ多い3ケタで行うほうが無難です。

その4 “電気力線”

正に帯電した点電荷が，電界中で静電気力を受けながら動く道すじを描いた線を**電気力線**と呼びます。

で!! この電気力線には次のような特徴があります。

電気力線は正電荷から出て，負電荷に入る!!

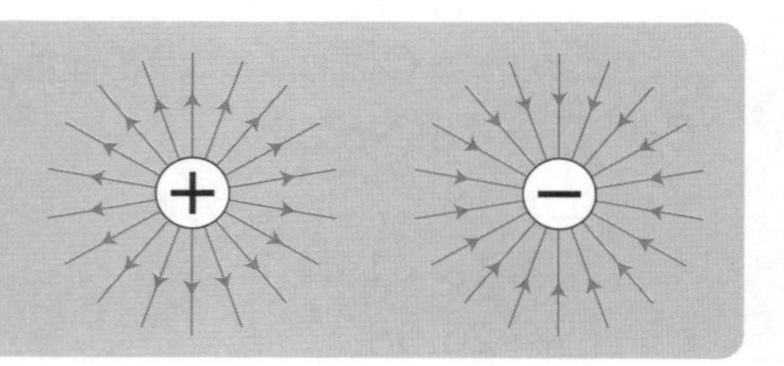

電気力線は絶対に交わったり，枝分かれすることはない!!

電気力線の密度は電界の強さに比例する!! つまり，密なところほど強い電界であることを表す。

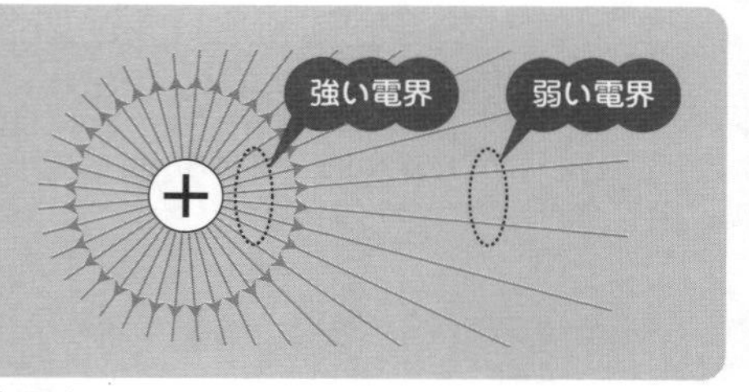

特徴というか，約束事です。

特徴3 で述べたように，電気力線の密度は電界の強さに比例します。そこで…

「強さE[N/C]の電界では，電気力線に垂直な面1 m^{2}あたりにE本の電気力線がある」と決めます。

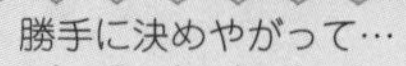

問題181 ちょいムズ

$+q$[C]の点電荷から出る電気力線の総数を求めよ。ただし，クーロンの法則の比例定数をk_0[N·m^2/C^2]とする。

ビジュアル解答

$+q$[C]の点電荷を中心とする半径r[m]の球面を考えたとき，球面上の電界の強さE[N/C]は，

$$E=k_0\frac{q}{r^2}\text{[N/C]}$$

である。

1 m^{2}の面積

$+q$

半径r[m]の球面

つまり…

半径r[m]の球面上の1[m^2]あたりに，

$k_0\frac{q}{r^2}$[本]の電気力線がある。

しかも!! これらはすべて，球面に対して垂直である。

よって!!

球面全体を垂直に貫く電気力線の総数Nは，半径r[m]の球の表面積が$4\pi r^2$[m^2]であるから…

$$N=4\pi r^2\times k_0\frac{q}{r^2}$$

$$\therefore\quad N=4\pi k_0 q$$

1[m^2]あたりに$k_0\frac{q}{r^2}$[本]

$\times 4\pi r^2$　　$\times 4\pi r^2$

$4\pi r^2$[m^2]あたりでは…

$4\pi r^2\times k_0\frac{q}{r^2}$[本]

このNこそが，$+q$[C]の点電荷から出る電気力線の総数である。

$$N = 4\pi k_0 q \quad \cdots(\text{答})$$

この結果を公式として載せてある参考書もありますが，私は反対です!!　自力でこの式を導く途中計算こそが大切!!　暗記したところで役には立ちませんよ

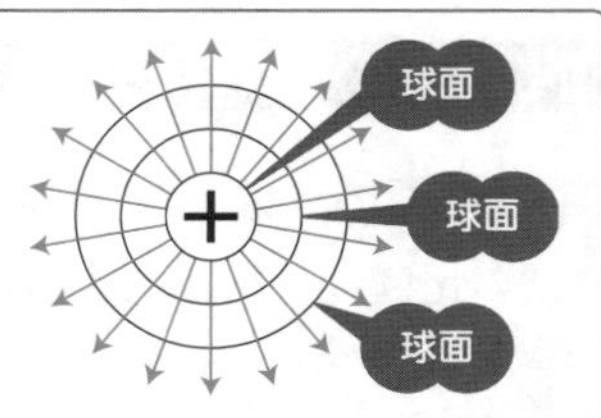

球面の大きさを変えても，電気力線の総数は変わりません!!　電気力線の密度が変わるだけです!!

よって!!

点電荷から出る電気力線の総数
＝
点電荷を中心とする半径r[m]の球面全体を垂直に貫く電気力線の総数

電気の問題を考えるとき，**真空**であることが大前提となります。問題文中に断り書きがないときは，勝手に真空と思ってください。

で!!　**真空の誘電率**という値がありまして，これをε_0（イプシロン）とすると…

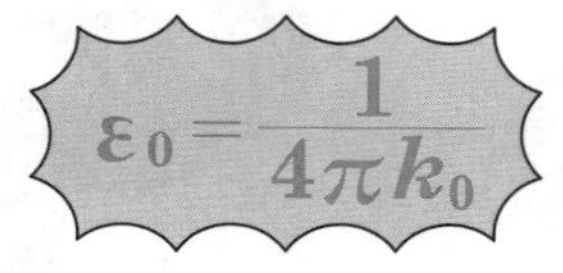

この公式は Theme 59 で再登場するよ!!

と定義されてます。これを変形すると…

$$\varepsilon_0 \times 4\pi k_0 = 1 \quad \text{より，} \quad 4\pi k_0 = \frac{1}{\varepsilon_0}$$

これを，問題181 の結果に代入すると…

$$N = \frac{1}{\varepsilon_0} \times q$$

$$\therefore \quad N = \frac{q}{\varepsilon_0}$$

$N = 4\pi k_0 q$ ← $4\pi k_0 = \dfrac{1}{\varepsilon_0}$を代入!!

真空中の$+q$[C]の電荷から出る電気力線の総数が$\dfrac{q}{\varepsilon_0}$［本］であることを示しており，これを**ガウスの法則**と呼びます。

Theme 57 電位と電位差

その1 "電位と仕事"

重力の世界に"高さ"があるように，静電気の世界に"**電位**"があります。電位の単位は[V](ボルト)で，"高さ"同様，基準点のとり方で変化する値です。

公式でーす!!

$+q$[C]の電荷を，電位がV_1[V]の点Aから電位がV_2[V]の点Bまで運ぶのに必要な仕事W[J]は…

$$W = q(V_2 - V_1)$$

ここで，$V = V_2 - V_1$とおくと…

$$W = qV$$

このとき，Vを**電位差**，または**電圧**と呼ぶ!!

問題182 キソ

3.0×10^{-6}[C]の電荷を，2.0×10^3[V]だけ電位が高いところまで運ぶのに必要な仕事(外部から加えなければならない仕事)を求めよ。

解答でござる

$W = 3.0 \times 10^{-6} \times 2.0 \times 10^3$ ← $W = qV$

$= \underline{6.0 \times 10^{-3}}$[J] …(答) ← $3.0 \times 2.0 \times 10^{-6} \times 10^3 = 6.0 \times 10^{-6+3} = 6.0 \times 10^{-3}$

"点電荷による電位"

公式でーす!!

$+q$[C]の点電荷からr[m]離れた点の電位V[V]は

$$V = k_0 \frac{q}{r}$$

注 この公式において，基準点は無限遠方である。

公式は使ってみるに限る!!

問題183 標準

下図のような直線上の点Aに$10q$[C]，点Bに$-8q$[C]，点Cに$18q$[C]の点電荷を置く。OA$=5r$[m]，OB$=2r$[m]，OC$=6r$[m]であるとき，点Oの電位を求めよ。ただし，クーロンの法則の比例定数をk_0[N·m^2/C^2]とする。

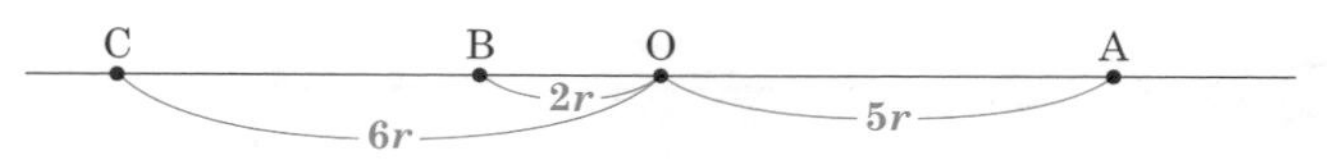

ナイスな導入

電位はベクトルではないので，単純に加えればよい!!

注 このようなタイプの問題では，電位の基準点に対するコメントがまったくない!! こんなときは，無限遠方が基準点であると考えてください。無限ですから，点A，点B，点C，点Oのすべての点に対して平等な基準点ということです。

解答でござる

Aの点電荷によるOの電位 V_{A} は，

$$V_{\mathrm{A}}=k_0\times\frac{10q}{5r}=\frac{2k_0q}{r}\quad\cdots①$$

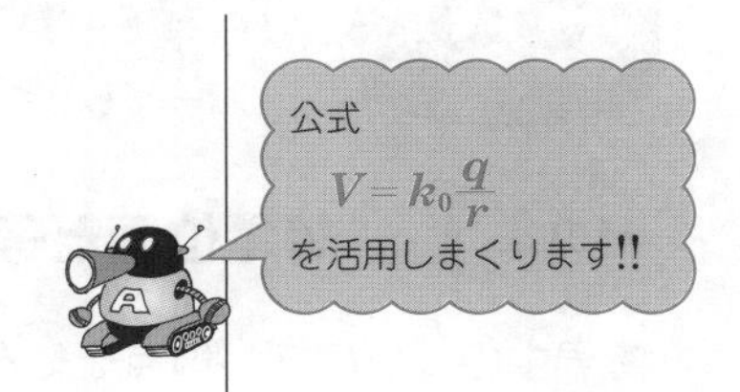

Bの点電荷によるOの電位 V_{B} は，

$$V_{\mathrm{B}}=k_0\times\frac{-8q}{2r}=-\frac{4k_0q}{r}\quad\cdots②$$

Cの点電荷によるOの電位 V_{C} は，

$$V_{\mathrm{C}}=k_0\times\frac{18q}{6r}=\frac{3k_0q}{r}\quad\cdots③$$

以上①，②，③より，Oの電位 V は，

$$V=\frac{2k_0q}{r}-\frac{4k_0q}{r}+\frac{3k_0q}{r}$$

単純に加えればOK!!

$$=\frac{k_0q}{r}\,[\mathrm{V}]\quad\cdots(答)$$

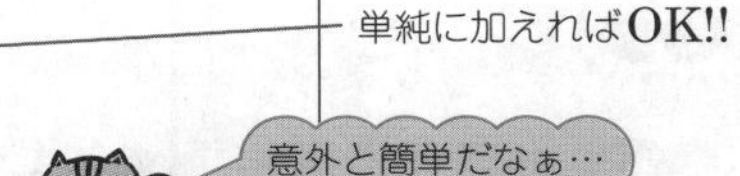

電気と磁気

Theme 58 電界と電位差の関係

その1 “等電位面と等電位線”

電界中の電位の等しい点を結んでいくと1つの面ができ，この面を**等電位面**と呼びます。この等電位面をある平面で切ると，切り口上に等電位面が線として現れます。この電位が等しい線を**等電位線**と呼びます。

そこで!! この等電位面(線)には，次のような特徴があります。

特徴1

電気力線と等電位面(線)は互いに直交する!!

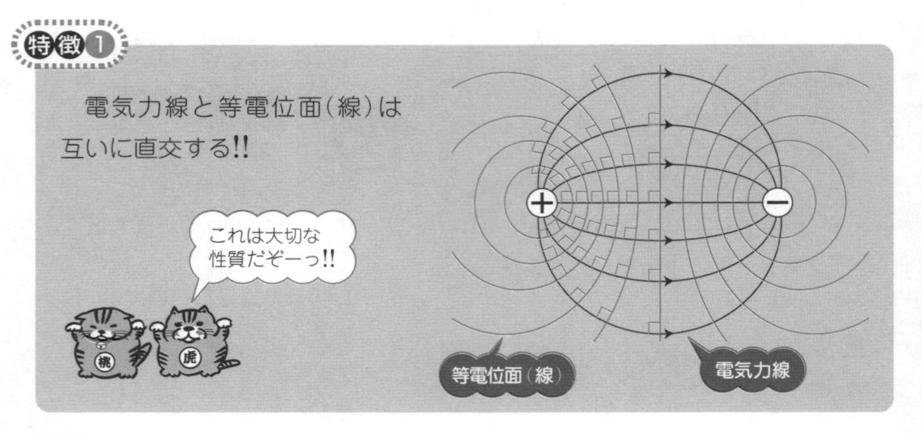

特徴2

等電位面(線)の密なところほど，電界が強い!!

(等電位面(線)の疎なところほど，電界が弱い!!)

注 電気力線が密なところは，自動的に等電位面(線)も密になります。

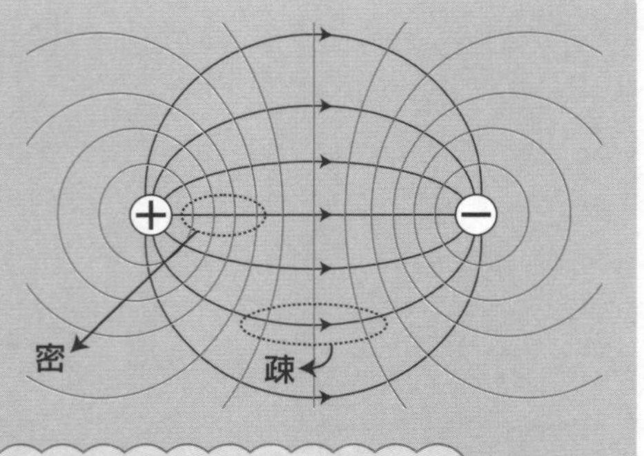

等電位面(線)上で電荷を動かすのに必要な仕事は$\mathbf{0}$です。まぁ，あたりまえですよね 等電位面(線)上では電位差が生じません。仕事の公式$\boldsymbol{W} = \boldsymbol{qV}$で$\boldsymbol{V} = \mathbf{0}$となるので，$\boldsymbol{W} = \boldsymbol{q} \times \mathbf{0} = \mathbf{0}$となります。

地上で物体を水平方向に動かしても，重力は仕事をしません!! これと同じことです。

その2 “一様な電界内の電位”

公式でーす!!

強さ$\boldsymbol{E}$[N/C]の一様な電界内において，電気力線に沿って$\boldsymbol{d}$[m]離れた2点間の電位差$\boldsymbol{V}$[V]は…

$$V = Ed$$

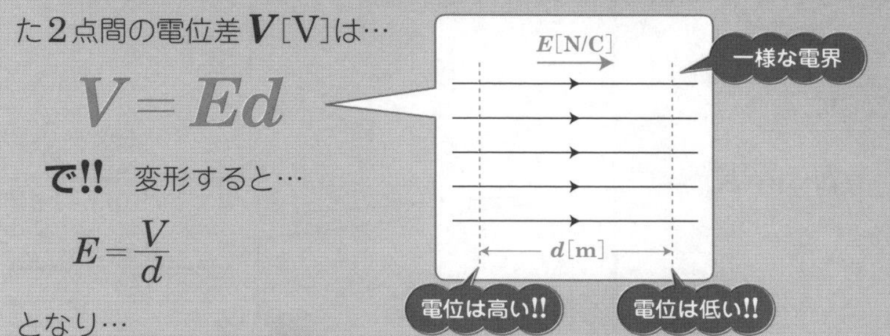

で!! 変形すると…

$$E = \frac{V}{d}$$

となり…

分子が$\boldsymbol{V}$[V](ボルト)で分母が$\boldsymbol{d}$[m](メートル)となるので，電界の強さ$\boldsymbol{E}$の単位は[V/m]とも表せることになります。

電界の強さの単位には，[N/C]と[V/m]の2つあるのか…

注 電界の向きに進むにしたがって，電位は下がります。重力の場合と照らし合わせて考えると，わかりやすいですよ!!

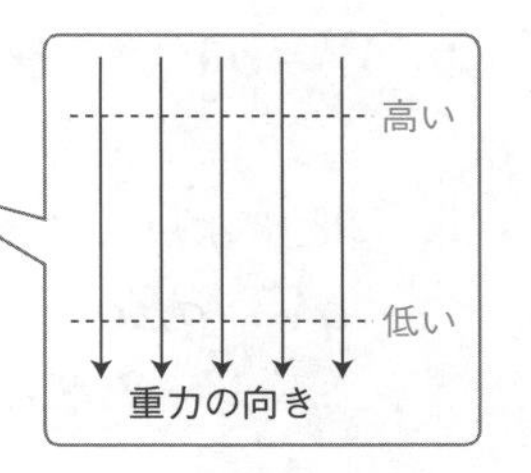

問題184　**標準**

　強さEの一様な電界内で，電界の向きにdだけ離れた2点をA，Bとし，Bに電荷qの粒子を置く。このとき，次の各問いに答えよ。

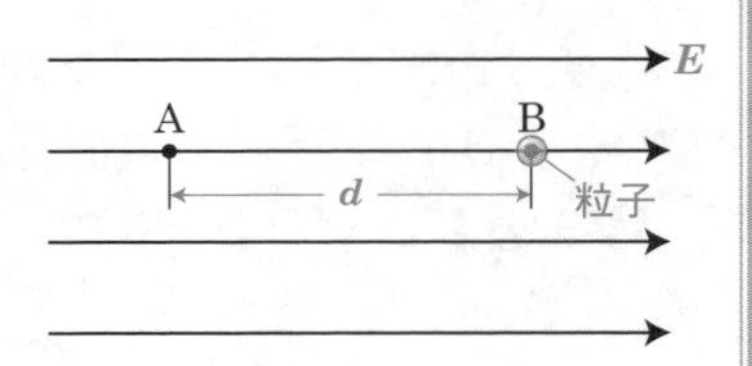

(1)　粒子が電界から受ける静電気力Fを求めよ。

(2)　粒子を静電気力に逆らって，BからAまで運ぶのに必要な仕事Wを求めよ。

(3)　AB間の電位差をVとして，Wをq，Vで表せ。

(4)　(2)と(3)から，E，V，dの関係式を導け。

解答でござる

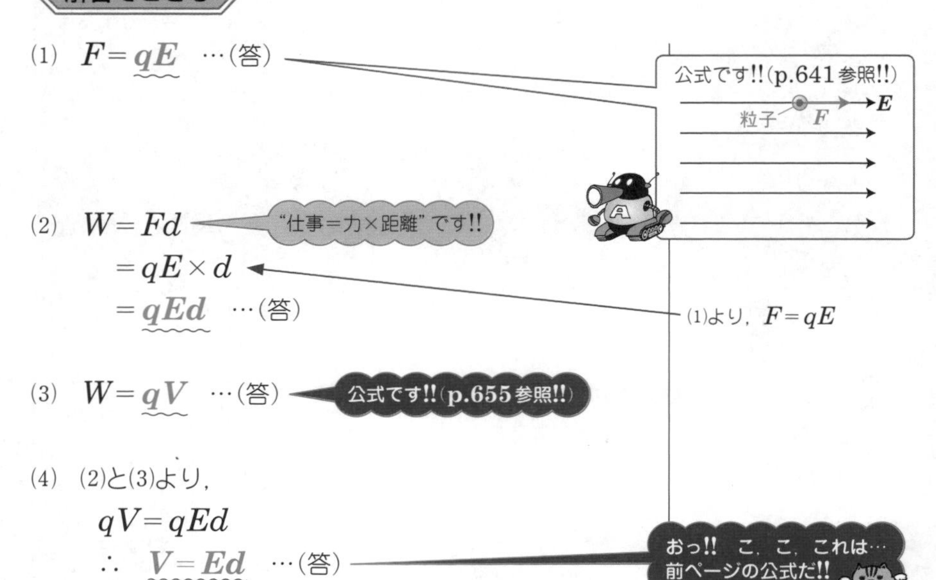

(1)　$F = qE$　…(答)

(2)　$W = Fd$
　　$= qE \times d$
　　$= qEd$　…(答)

(3)　$W = qV$　…(答)

(4)　(2)と(3)より，

$qV = qEd$

$\therefore\ V = Ed$　…(答)

問題185　標準

右図のようなxy平面において，x軸の正の向きの強さE[N/C]の電界がある。A(3, 1)，B(3, 5)，C(−4, 4)の3点を定め，座標の単位はすべて[m]としたとき，次の各問いに答えよ。

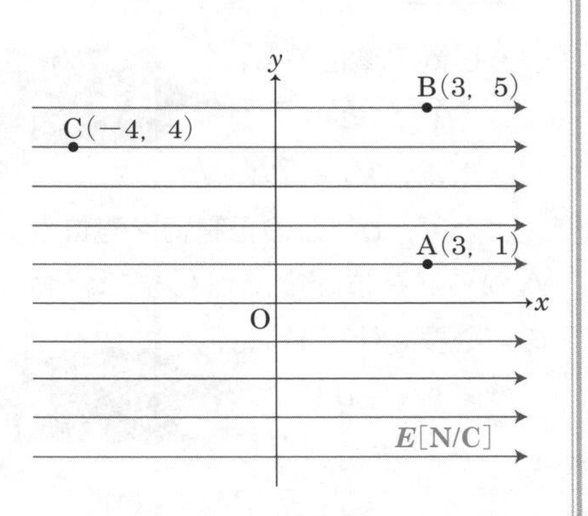

(1)　q[C]の正電荷を点Aから点Cまで移動させるのに必要な仕事を求めよ。

(2)　q[C]の正電荷を点Aから点Bまで移動させるのに必要な仕事を求めよ。

(3)　q[C]の正電荷を点Cから点Aまで移動させるのに必要な仕事を求めよ。

ナイスな導入

p.659でも述べましたが，電界の向きに進むにしたがって，電位は低くなります。

① 正電荷を電位が低い点から電位が高い点に移動させるのに必要な仕事は**正**です。

物体を低い点から高い点に移動させるのに必要な仕事が正であるのと同じイメージ。

② 正電荷を電位が高い点から低い点に移動させるのに必要な仕事は**負**です。

物体を高い点から低い点に移動させるのに必要な仕事が負であるのと同じイメージ。

③ 等しい電位間における仕事は0!!

物体を地面と水平に移動させるのに必要な仕事は0です!!

解答でござる

(1)　AC間の電位差 V_1 は,

$$V_1 = E \times 7$$

公式です!! $V = Ed$

$$\therefore \quad V_1 = 7E\,[\mathrm{V}]$$

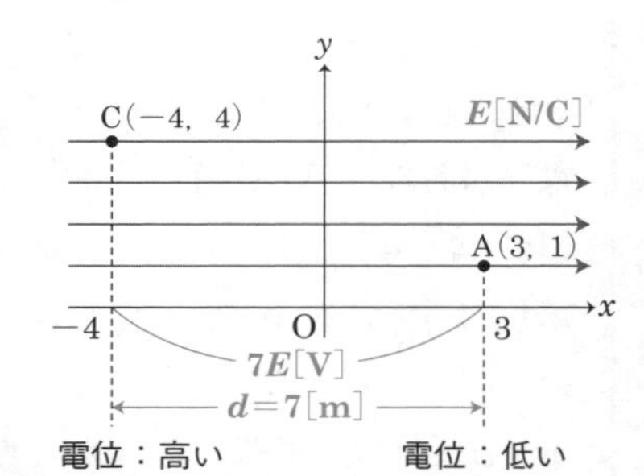

よって, q[C]の正電荷を電位が低い点Aから, 電位が高い点Cまで移動させるのに必要な仕事 W_1 は,

$$W_1 = qV_1$$

公式です!! $W = qV$

$$= q \times 7E$$

$$= \mathbf{7qE}\,[\mathrm{J}] \quad \cdots(答)$$

正電荷を, 電位が低い点から電位が高い点へ移動させる場合であるので, 仕事は正

(2)　AB間の電位差 V_2 は,

$$V_2 = 0\,[\mathrm{V}]$$

よって, 必要な仕事 W_2 は,

$$W_2 = \mathbf{0}\,[\mathrm{J}] \quad \cdots(答)$$

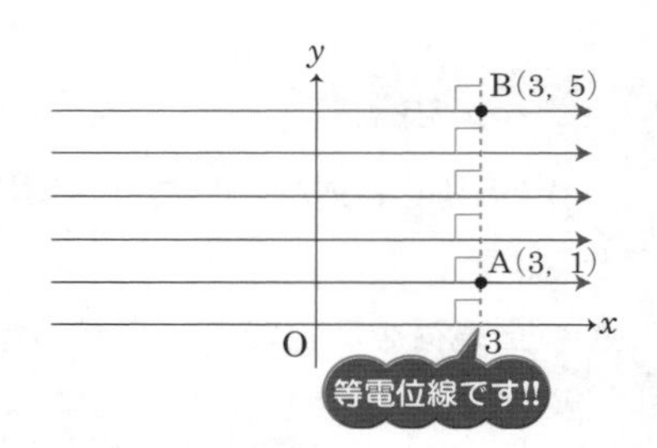

(3)

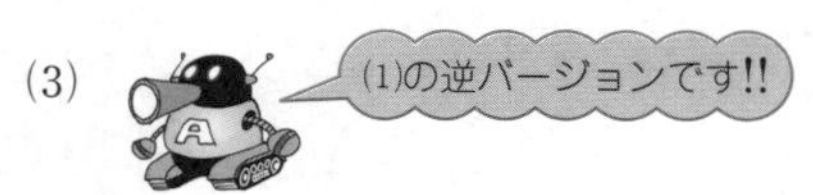

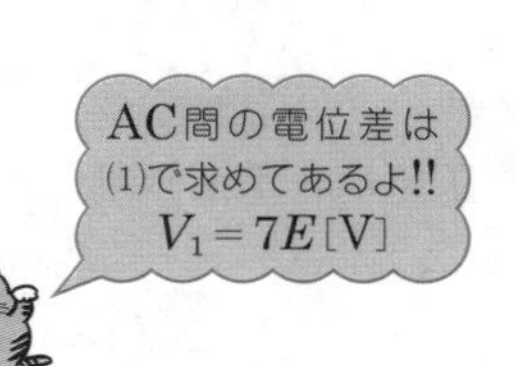

q[C]の正電荷を電位が高い点Cから, 電位が低い点Aまで移動させるのに必要な仕事 W_3 は,

$$W_3 = q \times (-V_1)$$

$$= -qV_1$$

$$= -q \times 7E$$

$$= \mathbf{-7qE}\,[\mathrm{J}] \quad \cdots(答)$$

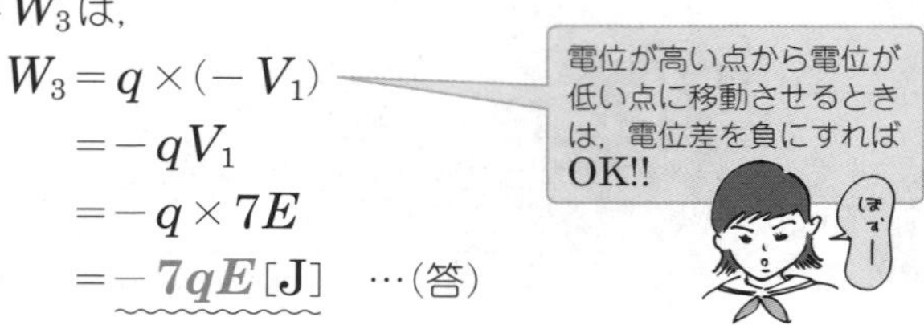

Theme 59　ついに登場!!　コンデンサー!!

その1 "平行板コンデンサー"

2枚の金属板を平行に向かい合わせたものを**平行板コンデンサー**と呼びます。平行板コンデンサーに電位差(電圧)を与えると，金属板の一方に正電荷，もう一方に負電荷が蓄えられます。

その2 "平行板コンデンサーに蓄えられる電荷"

公式でーす!!

どのくらいの電荷を蓄えることができるか??　の目安になる値を**電気容量**と呼び，単位は[F](ファラド)を用います。

で!!

平行板コンデンサーの電気容量を C[F]

平行板コンデンサーに加わる電圧を V[V]

平行板コンデンサーに蓄えられる電荷の大きさを Q[C]

とすると…

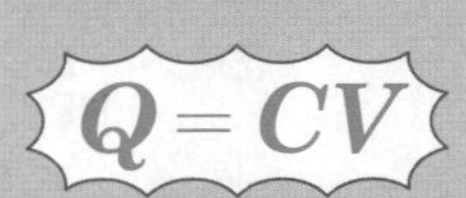

$$Q = CV$$

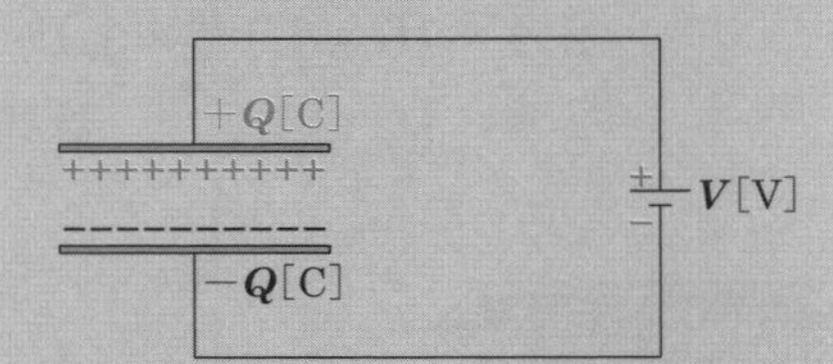

となります。

注　平行板コンデンサーの2枚の金属板を**極板**と呼び，一方の極板に蓄えられる電荷が $+Q$[C]であれば，もう一方の極板に蓄えられる電荷は $-Q$[C]となり，絶対値は必ず等しくなります。

問題186 キン

電気容量24[μF]の平行板コンデンサーを100[V]の電圧で充電したとき，この平行板コンデンサーに蓄えられる電荷の大きさを求めよ。

ナイスな導入

電気容量は非常に小さい値である場合が多いので，これに応じて単位がいろいろあります。

$$\mathbf{1[\overset{\text{マイクロファラド}}{\mu F}] = 1 \times 10^{-6}[F]}$$

$$\mathbf{1[\overset{\text{ピコファラド}}{pF}] = 1 \times 10^{-12}[F]}$$

解答でござる

$C = 24[\mu\text{F}]$
$\quad = 24 \times 10^{-6}[\text{F}]$

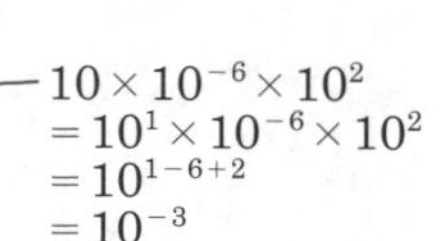

$V = 100$[V]であるから，平行板コンデンサーに蓄えられる電荷の大きさQ[C]は，

$Q = CV$ ← 公式です!!
$\quad = 24 \times 10^{-6} \times 100$
$\quad = 2.4 \times 10 \times 10^{-6} \times 10^2$
$\quad = \mathbf{2.4 \times 10^{-3}[C]}$ …(答)

$10 \times 10^{-6} \times 10^2$
$= 10^1 \times 10^{-6} \times 10^2$
$= 10^{1-6+2}$
$= 10^{-3}$

別解でござる

$C = 24[\mu\text{F}]$，$V = 100$[V]より，
$Q = 24 \times 100$
$\quad = 2400$
$\quad = \mathbf{2.4 \times 10^3[\mu C]}$

 “平行板コンデンサーの電気容量にズームイン!!”

平行板コンデンサーにおいて…

①極板の面積が大きくなると　→　電荷を蓄えやすい!!

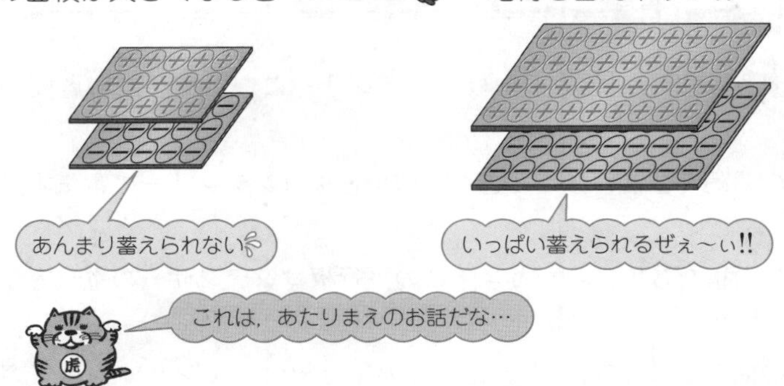

② 極板間の距離が大きくなると  電荷を蓄えにくい!!

理由は…

2枚の極板上の正電荷と負電荷は，クーロンの法則により引き合っています。極板間の距離が大きくなると引き合う力が弱まるので，電荷が極板上にとどまりにくくなります。

つまり…

公式でーす!!

平行板コンデンサーにおいて，極板の面積をS[m²]，極板間の距離をd[m]とすると，電気容量C[F]は…

$$C = \varepsilon_0 \frac{S}{d}$$

Sに比例する!!

dに反比例する!!

ここで，ε_0は**真空の誘電率**です。

$$\varepsilon_0 = \frac{1}{4\pi k_0}$$

と表されます（k_0はクーロンの法則の比例定数です!!）。

問題187 標準

電気容量が$100[\mu\mathrm{F}]$の平行板コンデンサーについて，次の各問いに答えよ。

(1) 極板の間隔を2倍にしたとき，この平行板コンデンサーの電気容量を求めよ。

(2) 極板の面積を3倍にしたとき，この平行板コンデンサーの電気容量を求めよ。

(3) 極板の間隔を$\dfrac{1}{5}$倍にしたとき，この平行板コンデンサーの電気容量を求めよ。

(4) 極板の面積を$\dfrac{1}{4}$倍にしたとき，この平行板コンデンサーの電気容量を求めよ。

(5) 極板の間隔を5倍にして，極板の面積を3倍にしたとき，この平行板コンデンサーの電気容量を求めよ。

ナイスな導入

平行板コンデンサーの電気容量Cは…

解答でござる

もとの電気容量は$100[\mu \mathrm{F}]$である。

反比例!!

(1)　極板の間隔を2倍にすると，電気容量は$\frac{1}{2}$倍となる。よって，電気容量は，

$$100 \times \frac{1}{2} = \mathbf{50[\mu F]} \quad \cdots(答)$$

比例!!

(2)　極板の面積を3倍にすると，電気容量も3倍となる。よって，電気容量は，

$$100 \times 3 = \mathbf{300[\mu F]} \quad \cdots(答)$$

反比例!!

(3)　極板の間隔を$\frac{1}{5}$倍にすると，電気容量は5倍となる。よって，電気容量は，

$$100 \times 5 = \mathbf{500[\mu F]} \quad \cdots(答)$$

比例!!

(4)　極板の面積を$\frac{1}{4}$倍にすると，電気容量も$\frac{1}{4}$倍となる。よって，電気容量は，

$$100 \times \frac{1}{4} = \mathbf{25[\mu F]} \quad \cdots(答)$$

反比例!!

(5)　極板の間隔を5倍にすると電気容量は$\frac{1}{5}$倍となり，極板の面積を3倍にすると電気容量も3倍となるから，求める電気容量は，

比例!!

$$100 \times \frac{1}{5} \times 3 = \mathbf{60[\mu F]} \quad \cdots(答)$$

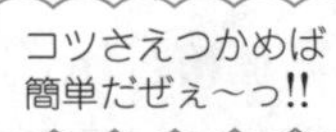

問題188　モロ難

あとまわしにしてもいいぜぇ～。

真空中で面積S[m^2]の極板を2枚，間隔d[m]で向かい合わせた平行板コンデンサーに，電圧V[V]を加えたところ，Q[C]の電荷が蓄えられた。このとき，次の各問いに答えよ。

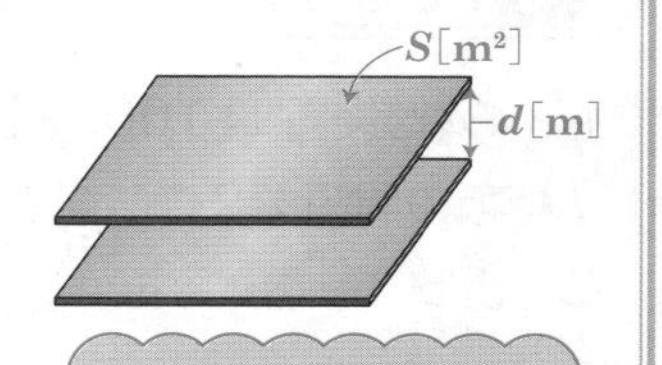

注　コンデンサーの問題において，Q[C]の電荷が蓄えられたということは，一方の極板に$+Q$[C]，もう一方の極板に$-Q$[C]の電荷が蓄えられたことを意味します!!

(1)　この平行板コンデンサーの電気容量C[F]をQ，Vで表せ。

(2)　極板間の電界の強さE[V/m]をV，dで表せ。

(3)　ガウスの法則(p.654参照!!)により，Q[C]の電荷から出る電気力線の総数N[本]は$N=\dfrac{Q}{\varepsilon_0}$で表される。ここで，$\varepsilon_0$は真空の誘電率である。極板間の電界の強さ$E$[V/m]を$Q$，$S$，$\varepsilon_0$で表せ。

(4)　(1)，(2)，(3)の結果から，電気容量C[F]をS，d，ε_0で表せ。

解答でござる

(1)　$Q=CV$　公式です!!　p.663参照!!

$$C=\frac{Q}{V}\text{(F)}\quad\cdots\text{(答)}$$

(2)　$V=Ed$　公式です!!　p.659参照!!

$$E=\frac{V}{d}\text{[V/m]}\quad\cdots\text{(答)}$$

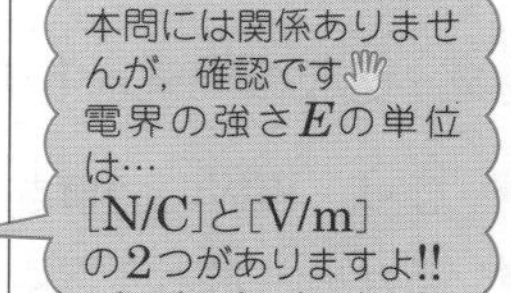

(3)　面積S[m^2]あたりの電気力線の本数がN[本]であるから，電界の強さE[V/m]は，

$$E=\frac{N}{S}$$
$$=N\times\frac{1}{S}\quad\cdots㋑$$

p.652参照!!
電界の強さE[V/m]は，1m^{2}あたりの電気力線の本数を表しています。

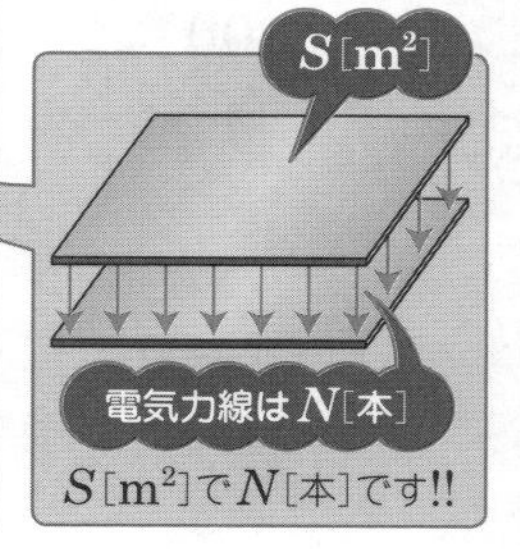

ガウスの定理より，

$$N=\frac{Q}{\varepsilon_0}\quad\cdots\text{ⓡ}$$

よって，ⓡをⓘに代入して，

$$E=\frac{Q}{\varepsilon_0}\times\frac{1}{S}$$

$$\therefore\quad E=\frac{Q}{\varepsilon_0 S}\,[\mathrm{V/m}]\quad\cdots(\text{答})$$

(4)　(1)より，

$$C=\frac{Q}{V}\quad\cdots①$$

(2)より，

$$\mathrm{E}=\frac{V}{d}\quad\cdots②$$

(3)より，

$$E=\frac{Q}{\varepsilon_0 S}\quad\cdots③$$

②と③から，

$$\frac{Q}{\varepsilon_0 S}=\frac{V}{d}$$

$$\frac{Q}{V}=\frac{\varepsilon_0 S}{d}$$

①を用いて，

$$C=\frac{\varepsilon_0 S}{d}$$

$\frac{Q}{V}=\frac{\varepsilon_0 S}{d}$ ↑ $C=\frac{Q}{V}\quad\cdots①$

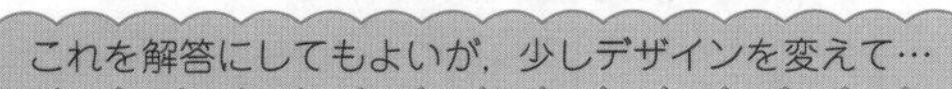

$$\therefore\quad C=\varepsilon_0\frac{S}{d}\,[\mathrm{F}]\quad\cdots(\text{答})$$

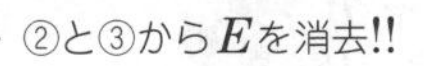

Vを左辺に…
$\varepsilon_0 S$を右辺に…

$$\frac{Q}{\boxed{\varepsilon_0 S}}=\frac{\boxed{V}}{d}$$

おーっ!!　こ，これは，p.665の公式…

このようにして，p.665の公式

$$C=\varepsilon_0\frac{S}{d}$$

は導かれるのであります!!

電気と磁気

“コンデンサーの間に…”

平行板コンデンサーの極板間にすき間なく**誘電体**を挿入すると，真空のときと事情が変わり，電気容量が変化します。

一般に…

誘電体の誘電率をεとすると…

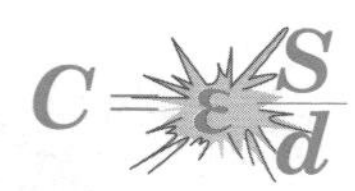

$$C = \varepsilon\frac{S}{d}$$

で表されます。つうか，真空の誘電率ε_0がεに変わっただけです!!

誘電体には抵抗が大きく電気を通しにくい物質を用います。このような物質を絶縁体，もしくは不導体といいます。

ほずー

“比誘電率”

誘電体の誘電率$\boldsymbol{\varepsilon}$と真空の誘電率$\boldsymbol{\varepsilon_0}$との比，$\dfrac{\boldsymbol{\varepsilon}}{\boldsymbol{\varepsilon_0}}$を**比誘電率**といいます。

公式でーす!!

誘電体の誘電率$\boldsymbol{\varepsilon}$，真空の誘電率$\boldsymbol{\varepsilon_0}$，そして比誘電率を$\boldsymbol{\varepsilon_r}$とすると…

$$\varepsilon_r = \frac{\varepsilon}{\varepsilon_0}$$

真空の誘電率の何倍か??
を表したものが$\boldsymbol{\varepsilon_r}$です。

すなわち…

平行板コンデンサーの極板間を比誘電率$\boldsymbol{\varepsilon_r}$の誘電体で満たすと，電気容量$\boldsymbol{C}$は極板間が真空のときの電気容量$\boldsymbol{C_0}$の$\boldsymbol{\varepsilon_r}$**倍**になる。

$$C = \varepsilon_r C_0$$

問題189　キン

電気容量が$32[\mu\mathrm{F}]$の平行板コンデンサーの極板間に，すき間なくポリスチレンをつめたところ，電気容量が$80[\mu\mathrm{F}]$になった。ポリスチレンの比誘電率を求めよ。

解答でござる

$C = 80[\mu\mathrm{F}]$，$C_0 = 32[\mu\mathrm{F}]$，比誘電率をε_rとすると，

$$C = \varepsilon_r C_0$$

つまり，

$$\varepsilon_r = \frac{C}{C_0} = \frac{80}{32} = 2.5 \quad \cdots(\text{答})$$

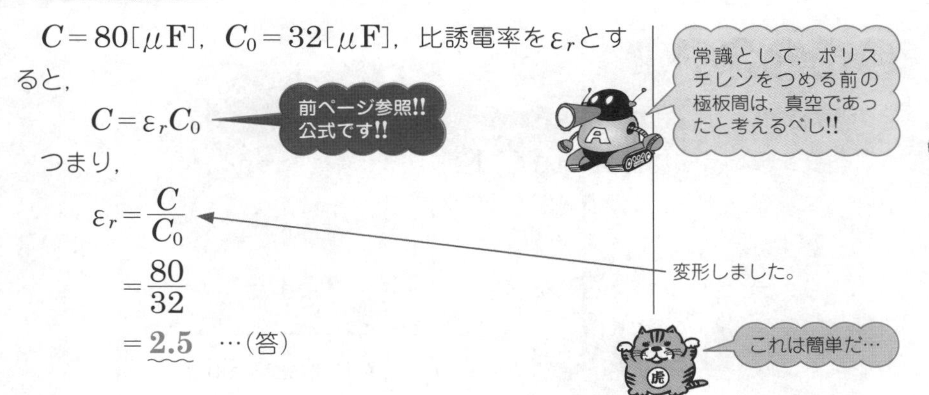

Theme 60 静電エネルギー

コンデンサーに蓄えられるエネルギーのことだよ

コンデンサーが電荷を蓄えたとき，極板間の電界には静電気による位置エネルギーが蓄えられる。これを**静電エネルギー**と呼びます。
まぁ，とにかく公式を覚えておいてくれ

公式でーす!!

コンデンサーに蓄えられる電荷を $\boldsymbol{Q}$[C]
コンデンサーの電気容量を $\boldsymbol{C}$[F]
コンデンサーにかかる電圧を $\boldsymbol{V}$[V]
とすると…
コンデンサーに蓄えられる**静電エネルギー** $\boldsymbol{U}$[J]は

$$U=\frac{1}{2}QV$$

$$U=\frac{1}{2}CV^2$$

$$U=\frac{Q^2}{2C}$$

と3とおりに表されます。

$U=\frac{1}{2}QV$だけ覚えておけば，
p.663の公式$Q=CV$から…

$$U=\frac{1}{2}QV \quad Q=CV$$
$$=\frac{1}{2}\times CV\times V$$
$$=\frac{1}{2}CV^2$$

できあがり

$Q=CV$より，$V=\frac{Q}{C}$から…

$$U=\frac{1}{2}QV \quad V=\frac{Q}{C}$$
$$=\frac{1}{2}Q\times\frac{Q}{C}$$
$$=\frac{Q^2}{2C}$$

できあがり

のように，簡単に導けます!!

問題190　**キソ**

次のコンデンサーがもつ静電エネルギーを求めよ。

(1)　0.020[C]の電荷を蓄え，極板間の電圧が600[V]であるコンデンサー

(2)　電気容量が6.0[μF]で，500[V]の電圧で充電されたコンデンサー

(3)　電気容量が8.0[μF]で，2.0×10^2[μC]の電荷を蓄えたコンデンサー

もう，お気づきですか??
そうです。一般的な問題において，いちいち“平行板コンデンサー”とはいいません。これからは単に“コンデンサー”と呼ぶことが多くなりますよ。

解答でござる

(1)　$Q=0.020$[C]，$V=600$[V]より，

静電エネルギーをU[J]とすると，

$$U=\frac{1}{2}QV$$ 公式です!!

$$=\frac{1}{2}\times0.020\times600$$

$$=\mathbf{6.0}\text{[J]}$$ …(答)

(2)　$C=6.0[\mu\text{F}]=6.0\times10^{-6}$[F]，$V=500$[V]より，

単位に注意!!
$1[\mu\text{F}]=1\times10^{-6}$[F]ですよ!!

静電エネルギーをU[J]とすると，

$$U=\frac{1}{2}CV^2$$

$500^2=250000=25\times10^4$

$$=\frac{1}{2}\times6.0\times10^{-6}\times500^2$$

$$=\frac{1}{2}\times6.0\times10^{-6}\times25\times10^4$$

$$=75\times10^{-2}$$

$$=\mathbf{0.75}\text{[J]}$$ …(答)

$\frac{1}{2}\times6.0\times25\times10^{-6}\times10^4$
$=75\times10^{-6+4}$
$=75\times10^{-2}$

75×10^{-2}
$=75\times\frac{1}{10^2}$
$=75\times\frac{1}{100}$
$=0.75$

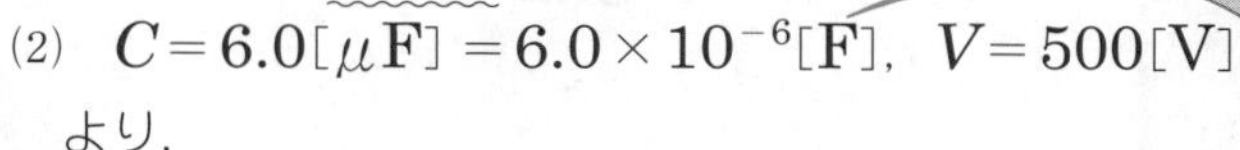

(2)における“充電された”とは，“電荷が蓄えられた”と同じ意味です!!

(3) $C = 8.0[\mu\mathrm{F}] = 8.0 \times 10^{-6}[\mathrm{F}]$

$Q = 2.0 \times 10^2[\mu\mathrm{C}] = 2.0 \times 10^2 \times 10^{-6}[\mathrm{C}]$

$= 2.0 \times 10^{-4}[\mathrm{C}]$

静電エネルギーをU[J]とすると，

$$U = \frac{Q^2}{2C}$$

$$= \frac{(2.0 \times 10^{-4})^2}{2 \times 8.0 \times 10^{-6}}$$

$$= \frac{4 \times 10^{-8}}{16 \times 10^{-6}}$$

$$= \frac{4}{16} \times 10^{-2}$$

$$= \frac{1}{4} \times 10^{-2}$$

$$= 0.25 \times 10^{-2}$$

$= \mathbf{2.5 \times 10^{-3}[J]}$ …(答)

$10^2 \times 10^{-6}$
$= 10^{2-6}$
$= 10^{-4}$

$(2.0 \times 10^{-4})^2$
$= 2.0^2 \times (10^{-4})^2$
$= 4 \times 10^{-4\times 2}$
$= 4 \times 10^{-8}$

$\frac{10^{-8}}{10^{-6}} = 10^{-8-(-6)}$
$= 10^{-2}$

一般に
$\frac{10^m}{10^n} = 10^{m-n}$
です!!

0.25×10^{-2}
$= 2.5 \times 10^{-1} \times 10^{-2}$
$= 2.5 \times 10^{-1-2}$
$= 2.5 \times 10^{-3}$

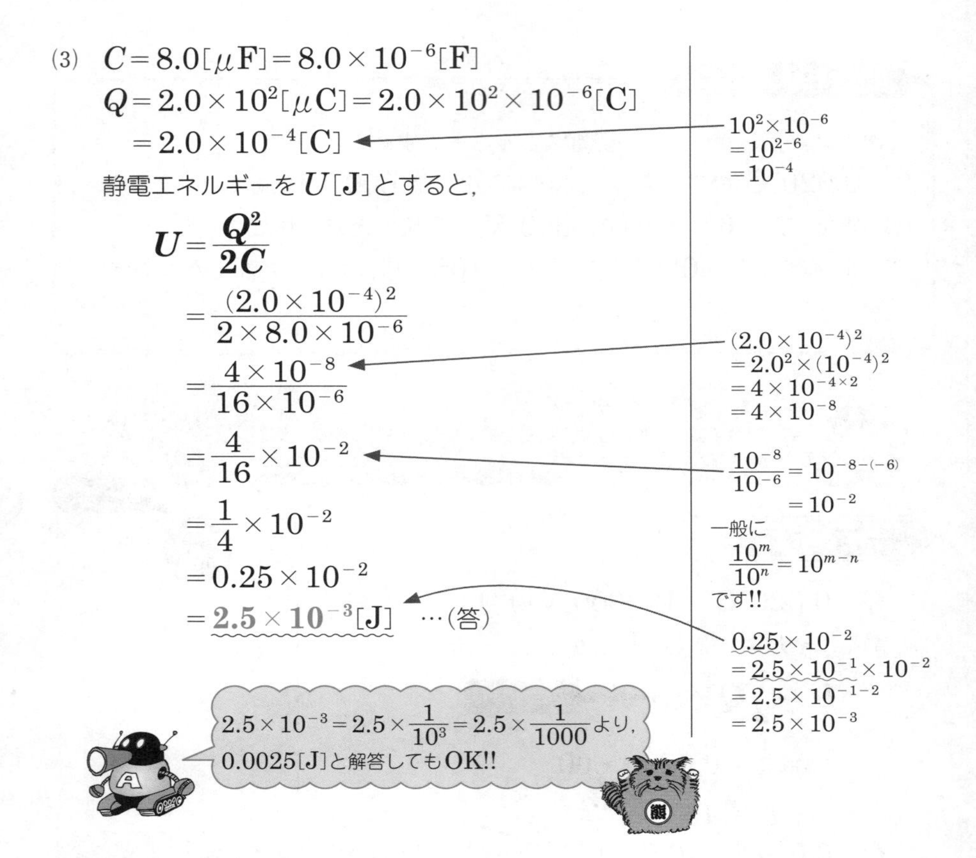

問題191　**標準**

極板の間隔を変えることのできるコンデンサーに，スイッチSを経て一定電圧の電池をつないでSを閉じる。

S
電池
コンデンサー

(1)　Sを閉じたまま極板の間隔を3倍にするとき，次の量はそれぞれ何倍となるか。

(イ)　コンデンサーに蓄えられる電荷
(ロ)　極板間の電位差（電圧）
(ハ)　極板間の電界の強さ
(ニ)　コンデンサーに蓄えられる静電エネルギー

(2)　Sを開いてから極板の間隔を3倍にするとき，次の量はそれぞれ何倍となるか。

(イ)　コンデンサーに蓄えられる電荷
(ロ)　極板間の電位差（電圧）
(ハ)　極板間の電界の強さ
(ニ)　コンデンサーに蓄えられる静電エネルギー

ナイスな導入

(1)　**スイッチSが閉じたまま!!**

電池の電圧がかかったまま!!

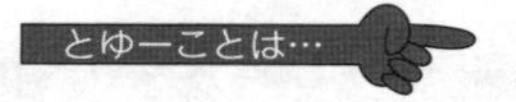

コンデンサーにかかる電圧は一定!!

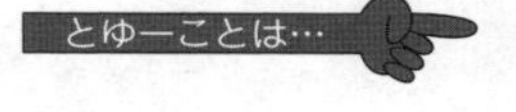

電荷はコンデンサーと電池を自由に行き来できる!!

(2) スイッチSを開く!!

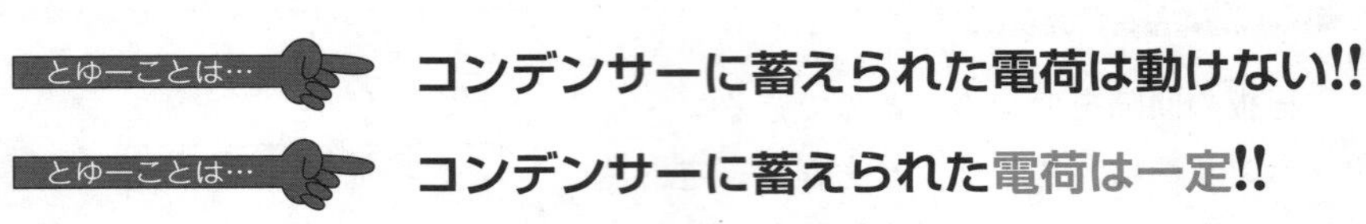

とゆーことは…　**コンデンサーに蓄えられた電荷は動けない!!**

とゆーことは…　**コンデンサーに蓄えられた電荷は一定!!**

とゆーことは…　**電池とのつながりがなくなったので，コンデンサーにかかる電圧は変化する!!**

解答でござる

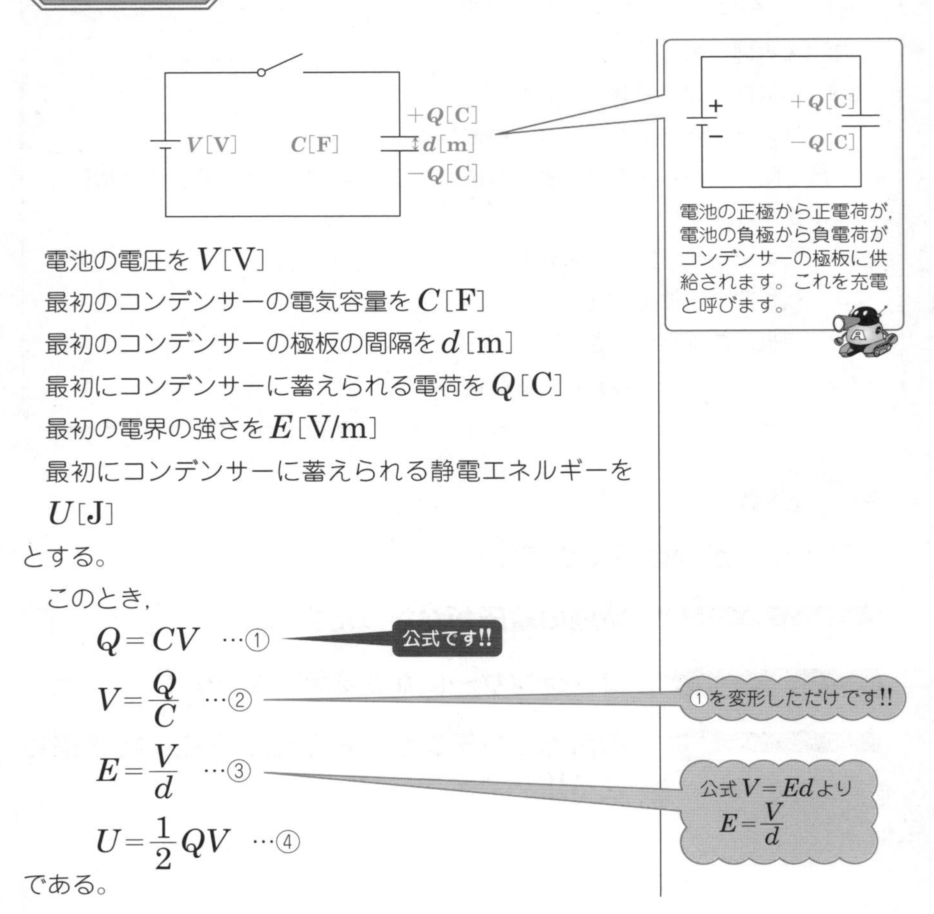

電池の電圧を V[V]
最初のコンデンサーの電気容量を C[F]
最初のコンデンサーの極板の間隔を d[m]
最初にコンデンサーに蓄えられる電荷を Q[C]
最初の電界の強さを E[V/m]
最初にコンデンサーに蓄えられる静電エネルギーを U[J]
とする。

このとき，

$$Q=CV \quad \cdots①$$

$$V=\frac{Q}{C} \quad \cdots②$$

$$E=\frac{V}{d} \quad \cdots③$$

$$U=\frac{1}{2}QV \quad \cdots④$$

である。

極板の間隔を3倍にすると，コンデンサーの電気容量は$\dfrac{1}{3}$倍となる。つまり，電気容量C'[F]は，

$$C' = C \times \frac{1}{3} = \frac{1}{3}C \quad \cdots⑤$$

となる。

p.665参照!!
$C = \varepsilon_0 \dfrac{S}{d}$
Cは極板の間隔dに反比例します。

(1) スイッチを閉じているので，コンデンサーにかかる電圧はV[V]のままである。

電池の電圧
=
コンデンサーにかかる電圧

(イ) コンデンサーに蓄えられる電荷Q'[C]は，

$$\begin{aligned} Q' &= C'V \\ &= \frac{1}{3}C \times V \quad \left(⑤より C' = \frac{1}{3}C\right) \\ &= \frac{1}{3}CV \\ &= \frac{1}{3}Q \quad (①より Q = CV) \end{aligned}$$

公式です!!

よって，コンデンサーに蓄えられる電荷は，

$\dfrac{1}{3}$倍となる …(答)

(ロ) 極板間の電位差(電圧)は変化しないので，

1倍となる …(答)

電池の電圧V[V]がかかったままですから

“何倍となるか?”と問われているので，こう答えるしかない!!

(ハ) 極板間の電圧の強さE'[V/m]は，

$$\begin{aligned} E' &= \frac{V}{3d} \\ &= \frac{1}{3} \times \frac{V}{d} \\ &= \frac{1}{3}E \quad \left(③より E = \frac{V}{d}\right) \end{aligned}$$

極板間隔を3倍にしたので，dから$3d$になってます。

よって，極板間の電界の強さは

$\dfrac{1}{3}$倍となる …(答)

(ニ)　コンデンサーに蓄えられる静電エネルギーU'[J]は,

$$U' = \frac{1}{2}Q'V$$

公式です!!

$$= \frac{1}{2} \times \frac{1}{3}Q \times V$$

(イ)より$Q' = \frac{1}{3}Q$です!!

$$= \frac{1}{3} \times \frac{1}{2}QV$$

$$= \frac{1}{3}U \quad \left(④より U = \frac{1}{2}QV\right)$$

よって，コンデンサーに蓄えられる静電エネルギーは,

$\frac{1}{3}$倍となる　…(答)

(2)　スイッチを開いているので，コンデンサーに蓄えられる電荷はQ[C]のままである。

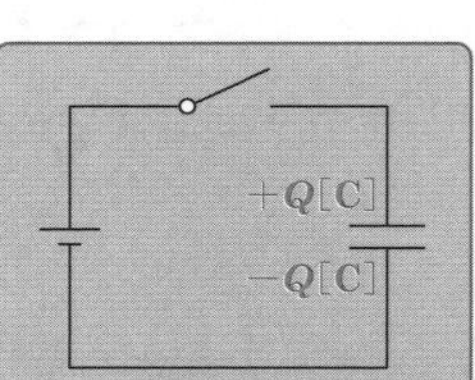

電荷がコンデンサーと電池の間を自由に行き来できなくなる!!

(イ)　コンデンサーに蓄えられる電荷は変化しないので,

1倍となる　…(答)

(ロ)　極板間の電位差(電圧)をV''[V]とすると,

$$Q = C'V''$$

公式です!!

$$= \frac{1}{3}C \times V'' \quad \left(⑤より C' = \frac{1}{3}C\right)$$

よって,

$$V'' = \frac{3Q}{C}$$

$Q = \frac{1}{3}C \times V''$
$3Q = CV''$
$\therefore \quad V'' = \frac{3Q}{C}$

$$= 3 \times \frac{Q}{C}$$

$$= 3V \quad \left(②より V = \frac{Q}{C}\right)$$

よって，極板間の電位差(電圧)は,

3倍になる　…(答)

(ハ)　極板間の電界の強さE''[V/m]は，

$$E''=\frac{3V}{3d}$$

電圧が$3V$[V]
極板の間隔が$3d$[m]
ともに3倍!!

$$=\frac{V}{d}$$

$$=E\quad\left(③より E=\frac{V}{d}\right)$$

よって，極板間の電界の強さは，

1倍となる　…(答)

(ニ)　コンデンサーに蓄えられる静電エネルギーU''[J]は，

$$U''=\frac{1}{2}QV''$$

公式です!!

$$=\frac{1}{2}\times Q\times 3V$$

(2)の(ロ)より$V''=3V$です!!

$$=3\times\frac{1}{2}QV$$

$$=3U\quad\left(④より U=\frac{1}{2}QV\right)$$

よって，コンデンサーに蓄えられる静電エネルギーは，

3倍となる　…(答)

その1 “コンデンサーの並列接続” のお話

電気容量がC_1[F]，C_2[F]，C_3[F]，…のコンデンサーを並列に接続して電圧V[V]の電池につなぐと，すべてのコンデンサーにV[V]の電圧がかかる!!

とゆーことは…

それぞれのコンデンサーに蓄えられる電荷をQ_1[C]，Q_2[C]，Q_3[C]，…とすると

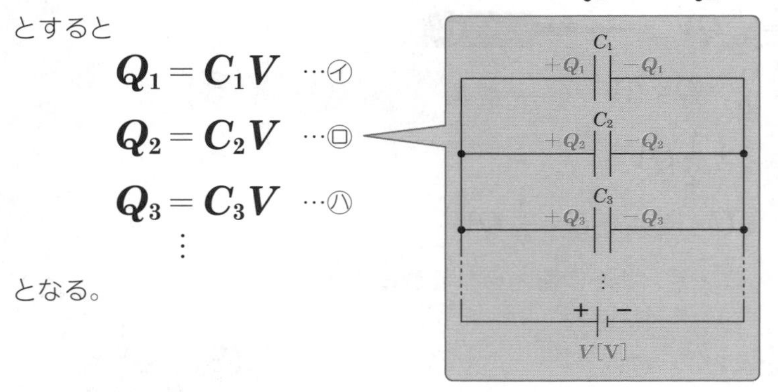

$$Q_1 = C_1 V \quad \cdots ㋑$$

$$Q_2 = C_2 V \quad \cdots ㋺$$

$$Q_3 = C_3 V \quad \cdots ㋩$$

$$\vdots$$

となる。

このとき!!

電池から各コンデンサーに送り出された電荷の総和Q[C]は…

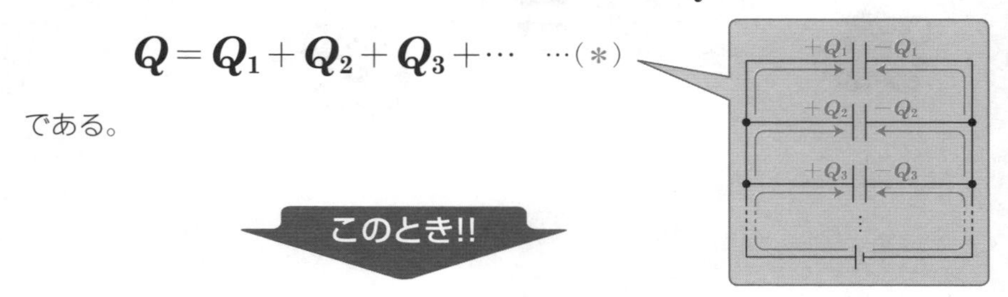

$$Q = Q_1 + Q_2 + Q_3 + \cdots \quad \cdots (*)$$

である。

このとき!!

これらのコンデンサーを1つのコンデンサーに置きかえたときの電気容量を C[F]とおくと…　これを**合成容量**と呼びます!!

$$Q = CV \quad \cdots ①$$

で表される。

コンデンサーが1つしかないイメージですよ!!
合計 Q[C]の電荷がすべて1つのコンデンサーに集中!!

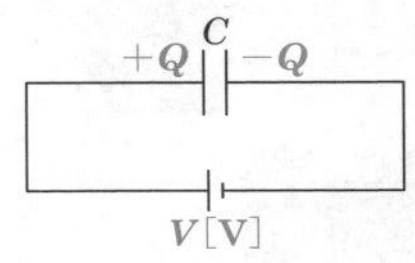

㋑+㋺+㋩+ …　から,

$$Q_1 + Q_2 + Q_3 + \cdots = (C_1 + C_2 + C_3 + \cdots) V$$

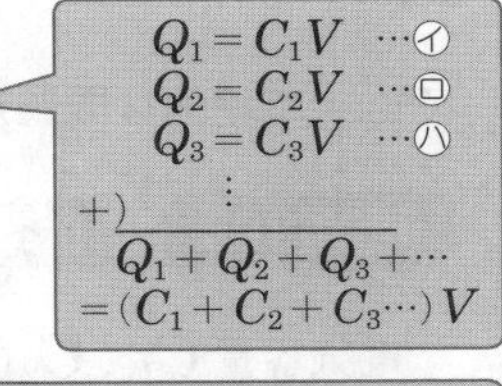

(＊)より,

$$Q = (C_1 + C_2 + C_3 + \cdots) V \quad \cdots ②$$

①と②を比較して…

$$C = C_1 + C_2 + C_3 + \cdots$$

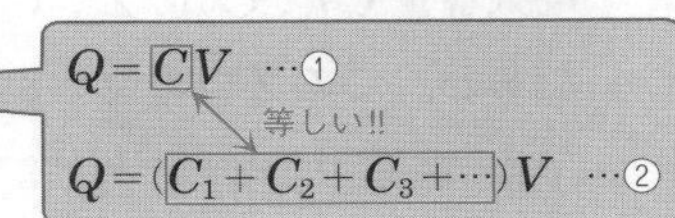

ザ・まとめ

電気容量が C_1[F], C_2[F], C_3[F], …のコンデンサーを並列接続したときの合成容量を C[F]とすると…

$$C = C_1 + C_2 + C_3 + \cdots$$

問題192 キソ

$1.2[\mu F]$のコンデンサーと$1.6[\mu F]$のコンデンサーを並列に接続したときの合成容量を求めよ。

解答でござる

$1.2 + 1.6 = \underline{2.8[\mu F]}$ …(答)

並列のときの合成容量は単純に加えるのみ!!

では，本格的な問題演習をしましょう!!

問題193 標準

電気容量C_1，C_2の2つのコンデンサーをそれぞれV_1，V_2の電圧で充電したあと，この2つのコンデンサーを並列に接続した。

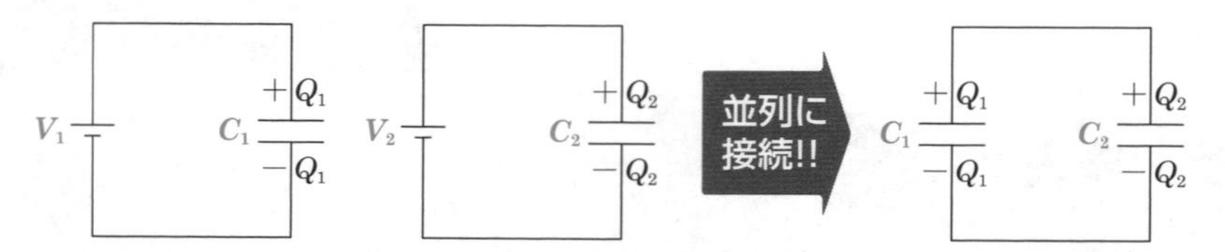

「2つのコンデンサーを並列に接続する」ということは，正電荷が蓄えられている極板どうし，負電荷が蓄えられている極板どうしを接続するということである。

(1) 電気容量C_1のコンデンサーに最初に蓄えられる電荷Q_1を求めよ。

(2) 電気容量C_2のコンデンサーに最初に蓄えられる電荷Q_2を求めよ。

(3) 2つのコンデンサーの合成容量Cを求めよ。

(4) 2つのコンデンサーを並列に接続したあとの極板間の電圧(電位差)を求めよ。

(5) 2つのコンデンサーを並列に接続したあとの電気容量C_1，C_2の2つのコンデンサーに蓄えられる電荷Q_1'，Q_2'を求めよ。

電荷を蓄えた2つのコンデンサーを並列に接続すると…

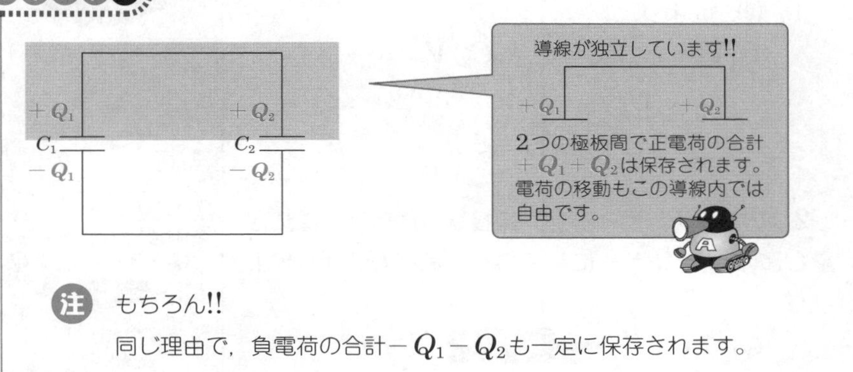

注　もちろん!!
同じ理由で，負電荷の合計$-Q_1-Q_2$も一定に保存されます。

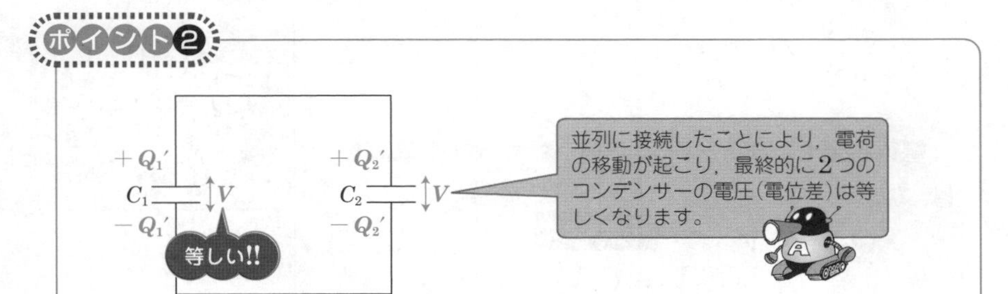

解答でござる

(1)　$Q_1 = C_1V_1$　…(答)　公式です!!

(2)　$Q_2 = C_2V_2$　…(答)　公式です!!

(3)　電気容量C_1，C_2の2つのコンデンサーを並列に接続したときの合成容量Cは，

$$C = C_1 + C_2 \quad \cdots(答)$$

p.681参照!!　並列接続のときの合成容量は単純に加えればOK!!

(4) 2つのコンデンサーを並列に接続したあとの極板間の電圧をVとすると，2つのコンデンサーの電荷の和はQ_1+Q_2で一定であるから，

$$Q_1+Q_2=CV$$

(1)，(2)，(3)より，

$$C_1V_1+C_2V_2=(C_1+C_2)V$$

$$\therefore\quad V=\frac{C_1V_1+C_2V_2}{C_1+C_2}\quad\cdots(\text{答})$$

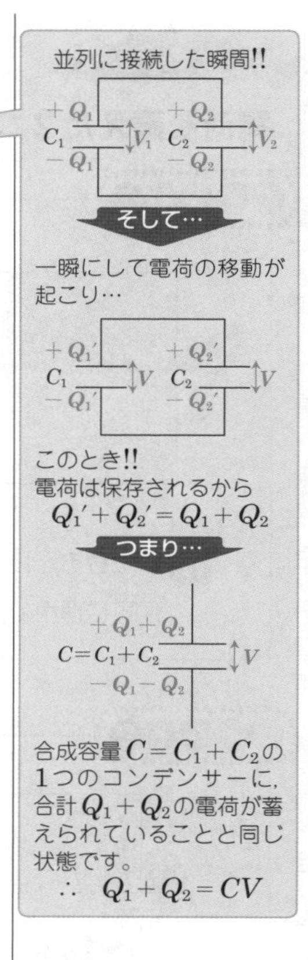

(5) 2つのコンデンサーを並列に接続したあとの電気容量C_1のコンデンサーに蓄えられる電荷Q_1'は，(4)より，

$$Q_1'=C_1V$$ 公式です!!

$$=C_1\times\frac{C_1V_1+C_2V_2}{C_1+C_2}$$

$$=\frac{C_1(C_1V_1+C_2V_2)}{C_1+C_2}\quad\cdots(\text{答})$$

電気容量C_2のコンデンサーに蓄えられる電荷Q_2'は，(4)より，

$$Q_2'=C_2V$$ 公式です!!

$$=C_2\times\frac{C_1V_1+C_2V_2}{C_1+C_2}$$

$$=\frac{C_2(C_1V_1+C_2V_2)}{C_1+C_2}\quad\cdots(\text{答})$$

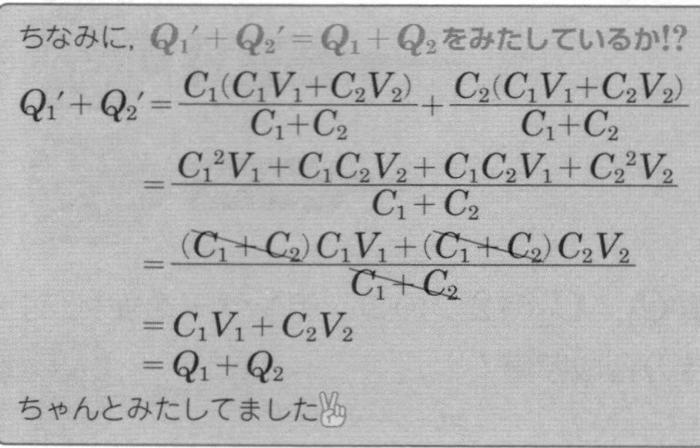

ちなみに，$Q_1'+Q_2'=Q_1+Q_2$をみたしているか!?

$$Q_1'+Q_2'=\frac{C_1(C_1V_1+C_2V_2)}{C_1+C_2}+\frac{C_2(C_1V_1+C_2V_2)}{C_1+C_2}$$

$$=\frac{C_1^2V_1+C_1C_2V_2+C_1C_2V_1+C_2^2V_2}{C_1+C_2}$$

$$=\frac{(C_1+C_2)C_1V_1+(C_1+C_2)C_2V_2}{C_1+C_2}$$

$$=C_1V_1+C_2V_2$$

$$=Q_1+Q_2$$

ちゃんとみたしてました✌

その2 “コンデンサーの直列接続”のお話

電気容量がC_1[F]，C_2[F]，C_3[F]，…のコンデンサーを直列に接続して電圧V[V]の電池につなぐと，すべてのコンデンサーに等しい電荷Q[C]が蓄えられる!!

理由は…

下図のように，極板を1枚ずつA，B，C，D，E，F，…と決める。

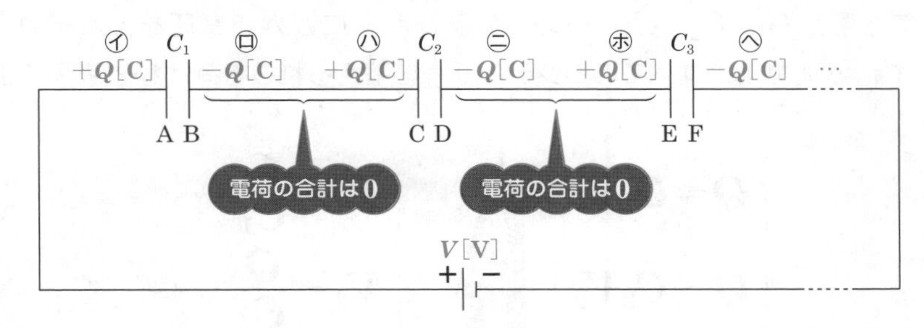

㋑　極板Aに$+Q$[C]の電荷が蓄えられたとする。

㋺　極板Bは極板Aとセットのコンデンサーであるから，あたりまえの話で，極板Bには$-Q$[C]の電荷が蓄えられる。

㋩　極板Bと極板Cをつなぐ導線は独立している!!

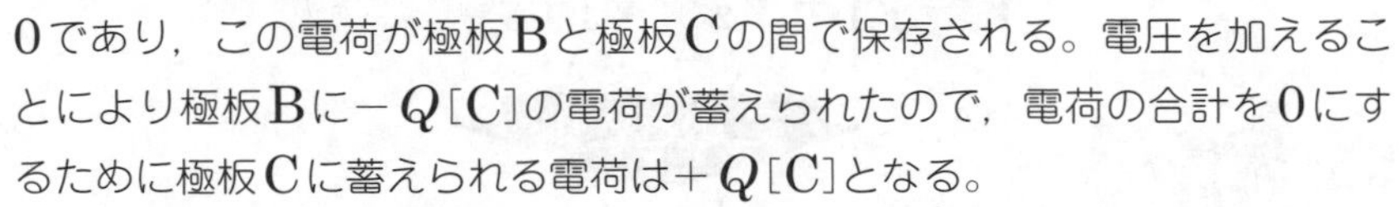

電圧を加える前は極板Bと極板Cの電荷は0であり，この電荷が極板Bと極板Cの間で保存される。電圧を加えることにより極板Bに$-Q$[C]の電荷が蓄えられたので，電荷の合計を0にするために極板Cに蓄えられる電荷は$+Q$[C]となる。

㋥　極板Cに$+Q$[C]ということは，あたりまえに極板Dに$-Q$[C]

㋭　㋩と同じ理由で，極板Eに$+Q$[C]の電荷が蓄えられる。

㋬　極板Eに$+Q$[C]ということは，あたりまえに極板Fに$-Q$[C]

以下くり返す!!

では，本題です!!

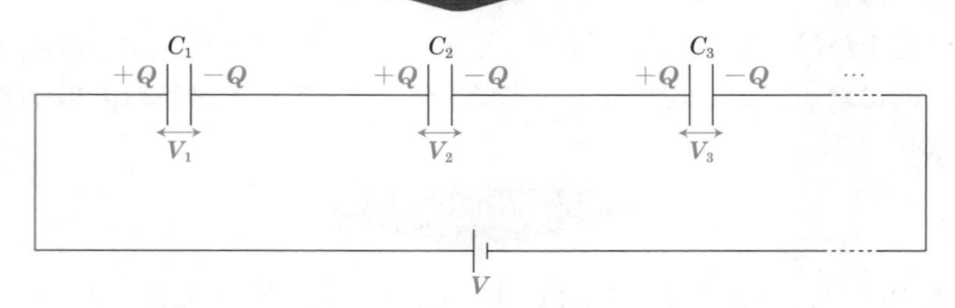

電気容量がC_1，C_2，C_3，…のコンデンサーにかかる電圧をそれぞれV_1，V_2，V_3，…とする。すべてのコンデンサーに蓄えられる電荷はQと考えてよいから，

$$\begin{cases} Q = C_1V_1 \\ Q = C_2V_2 \\ Q = C_3V_3 \\ \quad\vdots \end{cases} \quad \xrightarrow{\text{変形する!!}} \quad \begin{cases} V_1 = \dfrac{Q}{C_1} & \cdots㋑ \\ V_2 = \dfrac{Q}{C_2} & \cdots㋺ \\ V_3 = \dfrac{Q}{C_3} & \cdots㋩ \\ \quad\vdots \end{cases}$$

が成立する。

また，電位差(電圧)に注目して…

$$V = V_1 + V_2 + V_3 + \cdots \quad \cdots(*)$$

このとき!!

合成容量と呼びます。

これらのコンデンサーを1つのコンデンサーに置きかえたときの電気容量をC[F]おくと…

$$Q = CV$$

が成立する。変形すると…

$$V = \frac{1}{C}Q \quad \cdots①$$

と表される。

さらに…

㋑＋㋺＋㋩＋…から，

$$V_1 + V_2 + V_3 + \cdots = \frac{Q}{C_1} + \frac{Q}{C_2} + \frac{Q}{C_3} + \cdots$$

$$V_1 + V_2 + V_3 + \cdots = \left(\frac{1}{C_1} + \frac{1}{C_2} + \frac{1}{C_3} + \cdots\right)Q$$

Qでくくる!!

(＊)より，　$V = V_1 + V_2 + V_3 + \cdots$です!!

$$\boldsymbol{V = \left(\frac{1}{C_1} + \frac{1}{C_2} + \frac{1}{C_3} + \cdots\right)Q} \quad \cdots②$$

①と②を比較して，

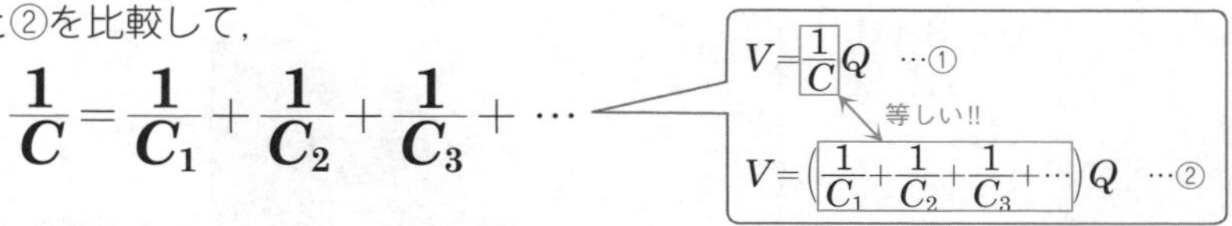

$$\boldsymbol{\frac{1}{C} = \frac{1}{C_1} + \frac{1}{C_2} + \frac{1}{C_3} + \cdots}$$

$V = \boxed{\frac{1}{C}}Q$　…①

等しい!!

$V = \left(\boxed{\frac{1}{C_1} + \frac{1}{C_2} + \frac{1}{C_3} + \cdots}\right)Q$　…②

ザ・まとめ

電気容量がC_1[F]，C_2[F]，C_3[F]，…のコンデンサーを直列接続したときの合成容量をC[F]とすると…

$$\frac{1}{C} = \frac{1}{C_1} + \frac{1}{C_2} + \frac{1}{C_3} + \cdots$$

電気抵抗のときと，直列・並列の公式が逆になるので注意しよう!!

問題194　キソ

3つのコンデンサー $C_1 = 2.0$[μF]，$C_2 = 4.0$[μF]，$C_3 = 12$[μF]を直列に接続したときの合成容量を求めよ。

解答でござる

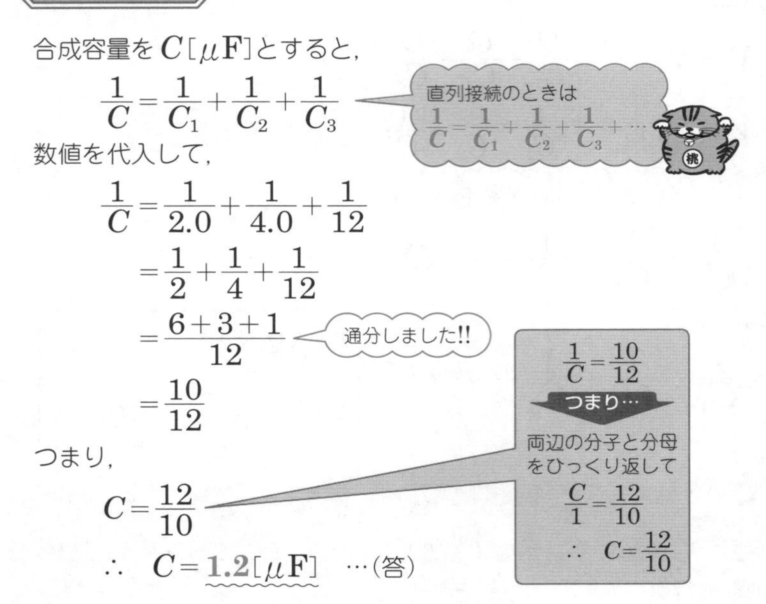

合成容量を $C[\mu\mathrm{F}]$ とすると，

$$\frac{1}{C}=\frac{1}{C_1}+\frac{1}{C_2}+\frac{1}{C_3}$$

数値を代入して，

$$\frac{1}{C}=\frac{1}{2.0}+\frac{1}{4.0}+\frac{1}{12}$$

$$=\frac{1}{2}+\frac{1}{4}+\frac{1}{12}$$

$$=\frac{6+3+1}{12}$$

$$=\frac{10}{12}$$

つまり，

$$C=\frac{12}{10}$$

$\therefore\quad C=\mathbf{1.2}[\mu\mathrm{F}]$ …(答)

問題195 キソ

3つのコンデンサー $C_1=2.0[\mu\mathrm{F}]$，$C_2=1.2[\mu\mathrm{F}]$，$C_3=1.8[\mu\mathrm{F}]$ を図のように接続したときの合成容量を求めよ。

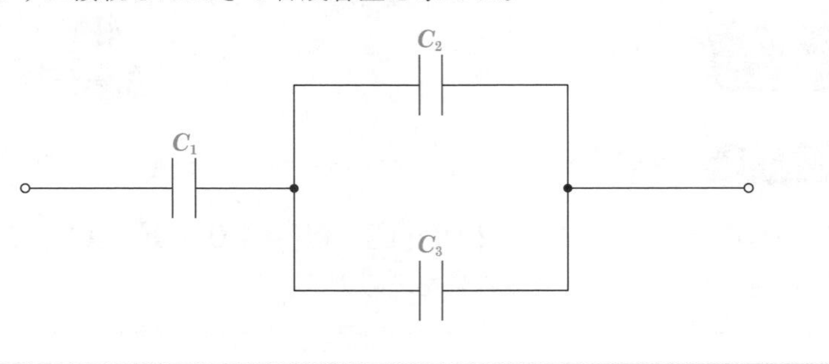

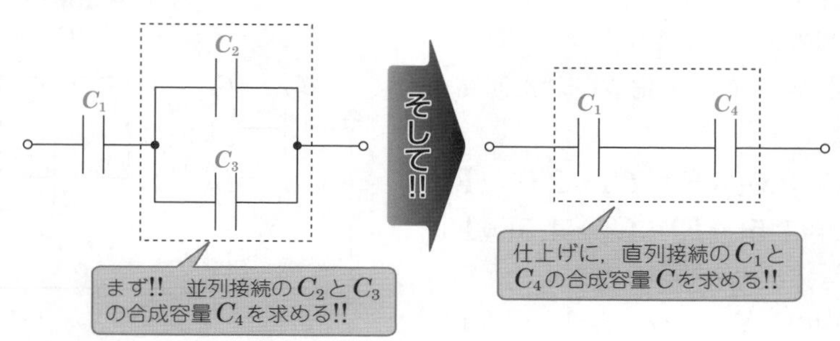

解答でござる

C_2とC_3は並列接続であるから，この合成容量C_4は，

$$C_4 = C_2 + C_3$$
$$= 1.2 + 1.8$$
$$= 3.0[\mu\mathrm{F}]$$

並列接続のときは単純に加える!!
$C = C_1 + C_2 + C_3 + \cdots$

C_1とC_4は直列接続であるから，この合成容量をCとおくと（このCが全体の合成容量となる!!），

$$\frac{1}{C} = \frac{1}{C_1} + \frac{1}{C_4}$$

直列接続のときは逆数の合計に注目!!
$\frac{1}{C} = \frac{1}{C_1} + \frac{1}{C_2} + \frac{1}{C_3} + \cdots$

数値を代入して，

$$\frac{1}{C} = \frac{1}{2.0} + \frac{1}{3.0}$$
$$= \frac{1}{2} + \frac{1}{3}$$
$$= \frac{5}{6}$$
$$C = \frac{6}{5}$$
$$\therefore \quad C = \mathbf{1.2}[\mu\mathrm{F}] \quad \cdots (答)$$

$\frac{1}{C} = \frac{5}{6}$
両辺の分子と分母をひっくり返して
$\frac{C}{1} = \frac{6}{5}$
$\therefore \quad C = \frac{6}{5}$

問題196　標準

右図のように，4つのコンデンサーと12[V]の電池で構成された回路がある。

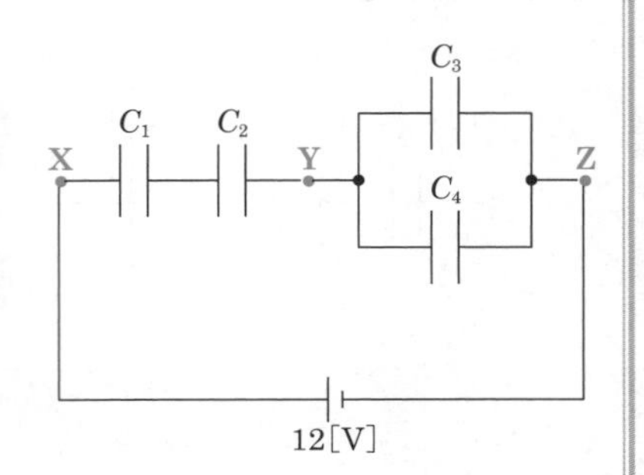

$C_1 = 3.0[\mu\text{F}]$　$C_2 = 2.0[\mu\text{F}]$

$C_3 = 1.5[\mu\text{F}]$　$C_4 = 4.5[\mu\text{F}]$

のとき，次の各問いに答えよ。

(1)　図のXY間の合成容量を求めよ。

(2)　図のYZ間の合成容量を求めよ。

(3)　図のXZ間の合成容量を求めよ。

(4)　XY間の電圧を求めよ。

(5)　YZ間の電圧を求めよ。

(6)　コンデンサー C_3 に蓄えられている電荷を求めよ。

(7)　コンデンサー C_4 に蓄えられている電荷を求めよ。

ビジュアル解答

有名公式である $Q = CV$ を活用するとき…

C の単位を$[\mu\text{F}]$（マイクロファラド），Q の単位を$[\mu\text{C}]$（マイクロクーロン）に設定すればこのまま使えます。

もちろん，V の単位は[V]（ボルト）のままです。変形してみれば μ（マイクロ）どうしが相殺されることが確認できます!!

$V = \dfrac{Q}{C} = \dfrac{Q[\cancel{\mu}\text{C}]}{C[\cancel{\mu}\text{F}]} \longrightarrow \dfrac{[\text{C}]}{[\text{F}]}$ のときと同じことになります。

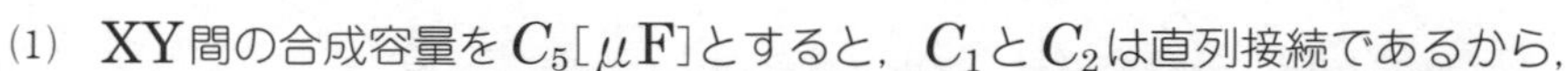

(1)　XY間の合成容量をC_5[μF]とすると，C_1とC_2は直列接続であるから，

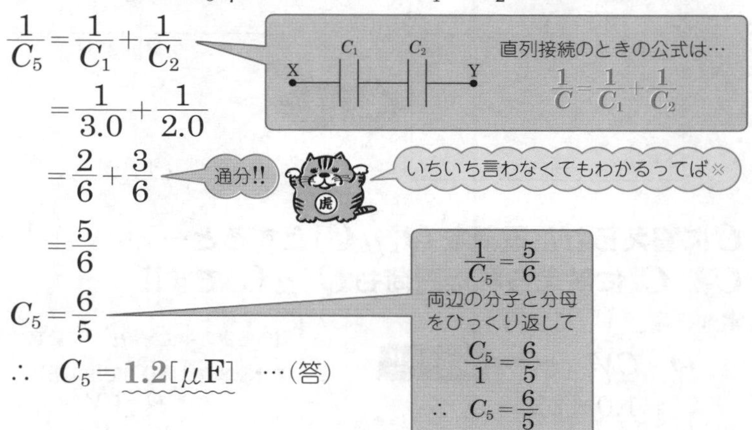

$$
\begin{aligned}
\frac{1}{C_5}&=\frac{1}{C_1}+\frac{1}{C_2}\\
&=\frac{1}{3.0}+\frac{1}{2.0}\\
&=\frac{2}{6}+\frac{3}{6}\\
&=\frac{5}{6}\\
C_5&=\frac{6}{5}
\end{aligned}
$$

$\therefore\ C_5=$ **1.2[μF]**　…(答)

(2)　YZ間の合成容量をC_6[μF]とすると，
C_3とC_4は並列接続であるから，

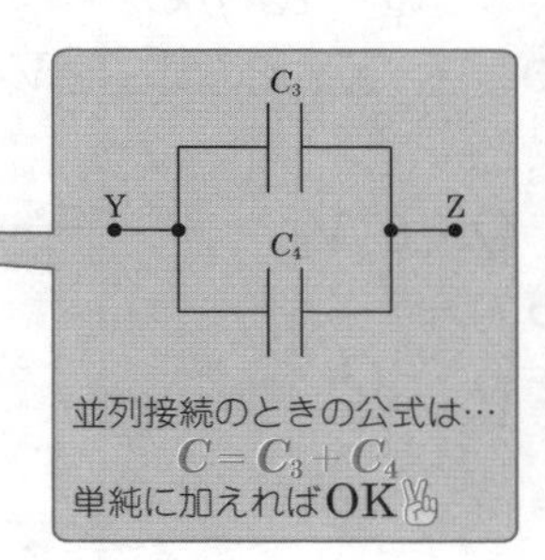

$$
\begin{aligned}
C_6&=C_3+C_4\\
&=1.5+4.5
\end{aligned}
$$

$\therefore\ C_6=$ **6.0[μF]**　…(答)

(3)　XZ間の合成容量をC[μF]とすると，C_5とC_6は直列接続であるから，

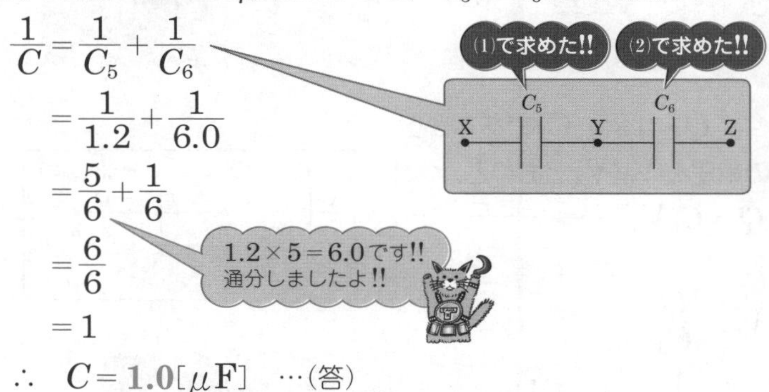

$$
\begin{aligned}
\frac{1}{C}&=\frac{1}{C_5}+\frac{1}{C_6}\\
&=\frac{1}{1.2}+\frac{1}{6.0}\\
&=\frac{5}{6}+\frac{1}{6}\\
&=\frac{6}{6}\\
&=1
\end{aligned}
$$

$\therefore\ C=$ **1.0[μF]**　…(答)

(4)

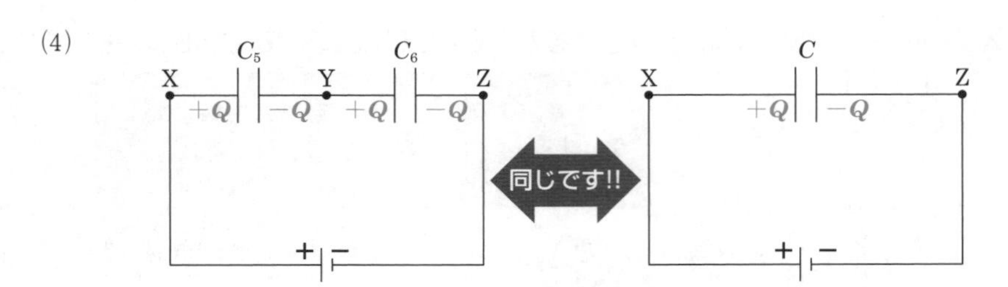

Cに蓄えられた電荷をQ[μC]とすると…
C_5，C_6に蓄えられた電荷もQ[μC]です!!

電池の電圧$V=12$[V]より，

$$Q=CV$$
$$=1.0\times12$$
$$\therefore\quad Q=12[\mu\mathrm{C}]$$

このとき，XY間の電圧をV_5[V]とおくと，

$$Q=C_5V_5$$

よって，

$$V_5=\frac{Q}{C_5}$$
$$=\frac{12}{1.2}$$
$$\therefore\quad V_5=\underline{10[\mathrm{V}]}\quad\cdots(答)$$

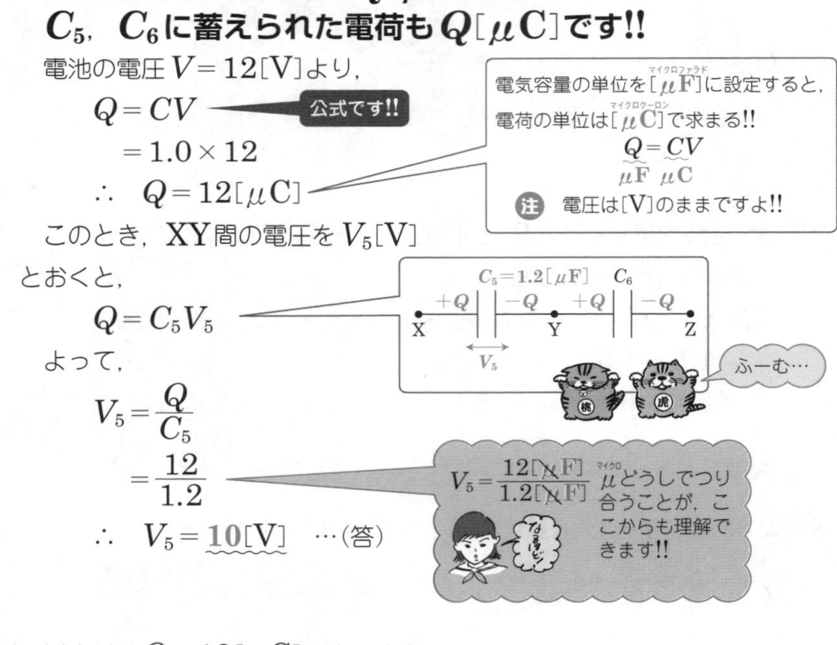

(5)　(4)より，$Q=12$[μC]であるから，
YZ間の電圧をV_6[V]とおくと，

$$Q=C_6V_6$$

よって，

$$V_6=\frac{Q}{C_6}$$
$$=\frac{12}{6.0}$$
$$\therefore\quad V_6=\underline{2.0[\mathrm{V}]}\quad\cdots(答)$$

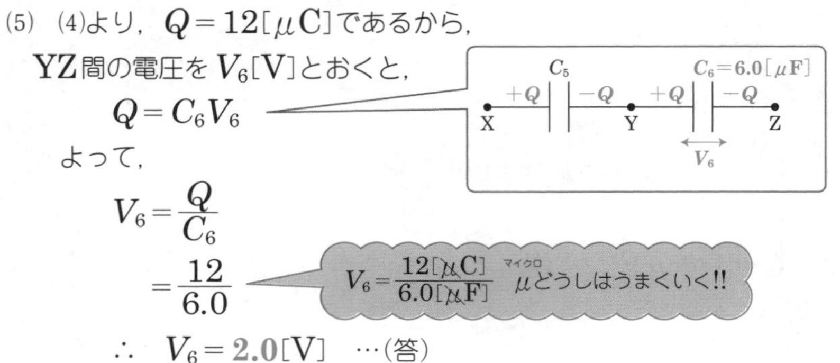

(6)

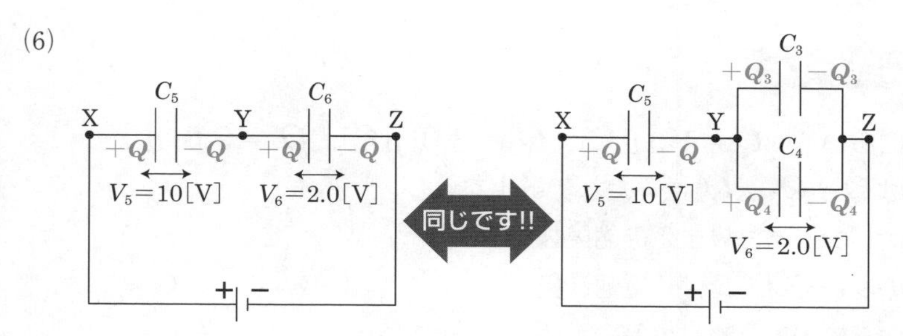

C_3に蓄えられた電荷を$Q_3[\mu C]$とおくと,

$$Q_3 = C_3 V_6$$
$$= 1.5 \times 2.0$$
$$\therefore \quad Q_3 = \mathbf{3.0[\mu C]} \quad \cdots(\text{答})$$

$(Q_3 = 3.0 \times 10^{-6}[C] \quad \cdots(\text{答})$
としてもOK!!)

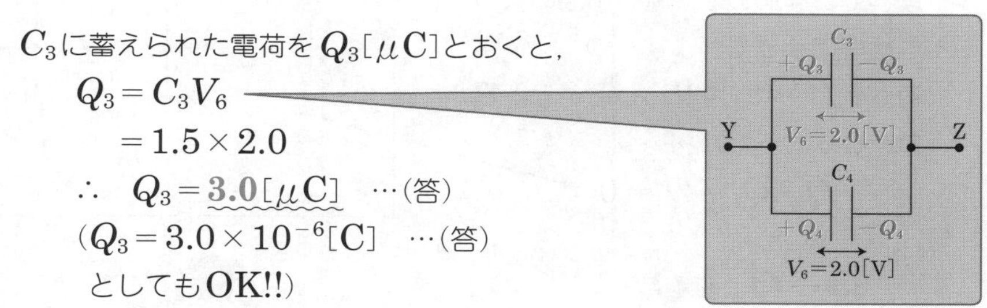

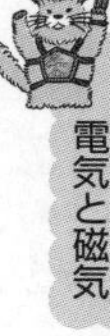

(7) C_4に蓄えられた電荷を$Q_4[\mu C]$とおくと,

$$Q_4 = C_4 V_6$$
$$= 4.5 \times 2.0$$
$$\therefore \quad Q_4 = \mathbf{9.0[\mu C]} \quad \cdots(\text{答})$$

$(Q_4 = 9.0 \times 10^{-6}[C] \quad \cdots(\text{答})$
としてもOK!!)

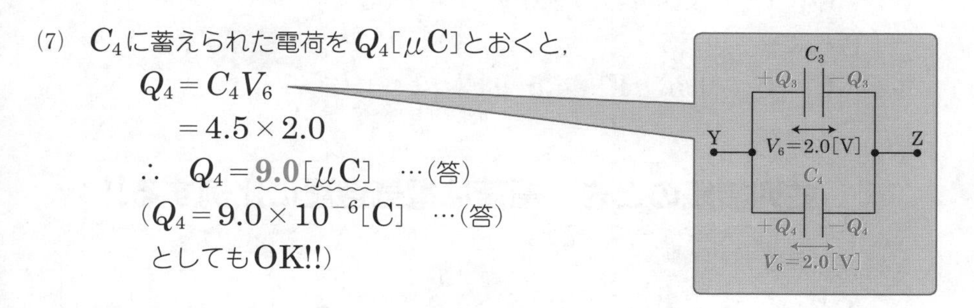

本問において，$Q=12[\mu\mathrm{C}]$，$Q_3=3.0[\mu\mathrm{C}]$，$Q_4=9.0[\mu\mathrm{C}]$

これは$Q=Q_3+Q_4$をみたしています。

これはじつにあたりまえの結果なんです!!

右図のグレーゾーンは，電池と接続していないので，離れ小島のような状態になっています。つまり，電荷が保存されます!!　もともと，電荷は0であったから…

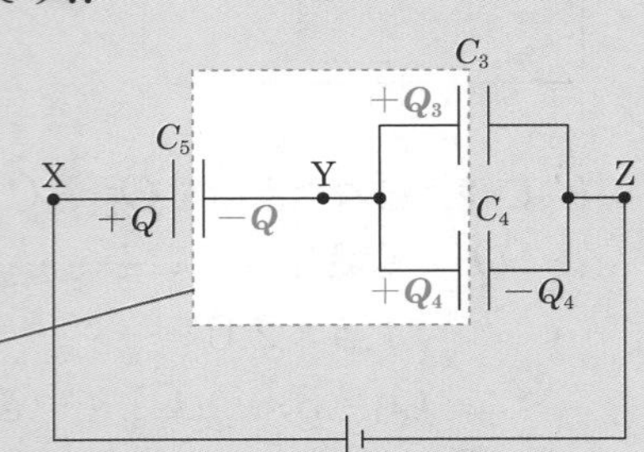

$$-Q+Q_3+Q_4=0$$

つまり…

$$\boldsymbol{Q=Q_3+Q_4}$$

となります!!　**で!!**　追加ですが…

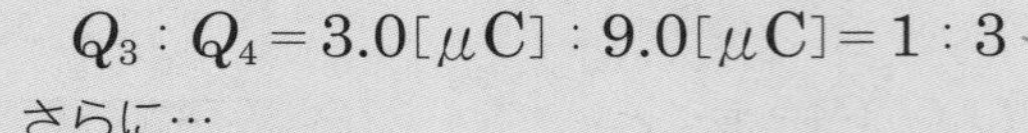

$$Q_3:Q_4=3.0[\mu\mathrm{C}]:9.0[\mu\mathrm{C}]=1:3$$

さらに…

$$C_3:C_4=1.5[\mu\mathrm{F}]:4.5[\mu\mathrm{F}]=1:3$$

一致!!

つまり…

並列接続のとき，電荷は電気容量に比例する!!

まぁ，参考までに

で!!　さらに追加ですが…

逆転!!

$$V_5:V_6=10[\mathrm{V}]:2[\mathrm{V}]=5:1$$

$$C_5:C_6=1.2[\mu\mathrm{F}]:6.0[\mu\mathrm{F}]=1:5$$

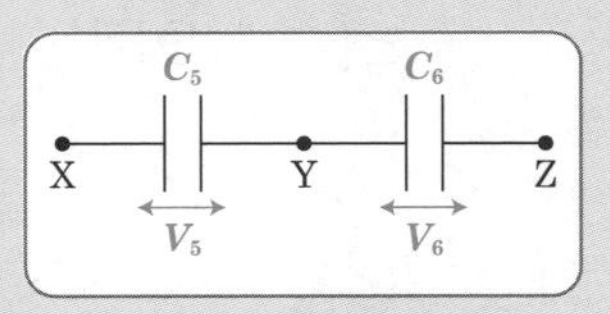

つまり…

直列接続のとき，電圧は電気容量に反比例します!!

言いかえると…

電圧は電気容量の逆数に比例します!!

$$\frac{1}{C_5}:\frac{1}{C_6}=\frac{1}{1.2}:\frac{1}{6.0}=5:1=V_5:V_6$$

“コンデンサーの耐電圧”のお話

コンデンサーの忍耐力のようなもんだね♪

コンデンサーの機能を損なわずに加えることができる最大の電圧を**耐電圧**と呼びます。そうです!! コンデンサーに加える電圧を調子に乗ってどんどん増やしていくと，コンデンサーに蓄えられる電気量もどんどん増加し，そして…，コンデンサーは耐えられなくなり…，いつか壊れる!!

電気と磁気

問題197　**キソ**

耐電圧450[V]のコンデンサーC_1，耐電圧380[V]のコンデンサーC_2，耐電圧520[V]のコンデンサーC_3の3つを並列につないだもの全体の耐電圧を求めよ。

ビジュアル解答

なにぃーっ!!

ぶっちゃけ，並列の場合はラク勝です!!

3つのコンデンサーC_1，C_2，C_3には等しい電圧が加わる。

つまり，最も耐電圧が小さいコンデンサーの耐電圧以上の電圧をかけることは不可能である!!

よって，全体の耐電圧は，

380[V]　…(答)

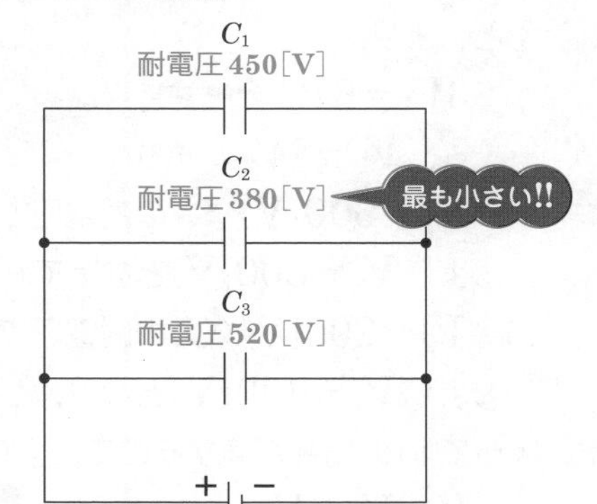

C_2の耐電圧が最も小さいので，この値がそのまま全体の耐電圧となる!!

問題198 標準

電気容量3.0[μF], 耐電圧600[V]のコンデンサー C_1 と, 電気容量6.0[μF], 耐電圧200[V]のコンデンサー C_2 を直列につないだもの全体の耐電圧を求めよ。

C_1 と C_2 にかかる電圧を V_1[V], V_2[V]とする。

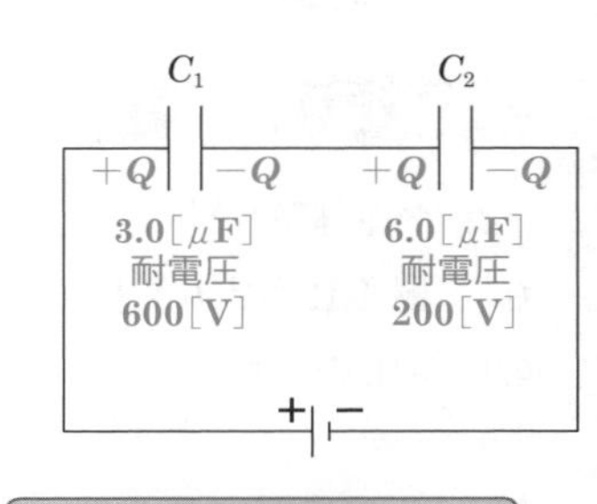

C_1 と C_2 は直列接続であるから, C_1 と C_2 に蓄えられる電荷は等しい。これを, Q[μC]とおくと,

これぞテクニック!!
電気容量の単位が[μF]なので, 電荷の単位も[μC]にすればなにも問題なし

$$\begin{cases} Q = 3.0 \times V_1 \\ Q = 6.0 \times V_2 \end{cases}$$

$$\Longleftrightarrow \begin{cases} Q = 3V_1 & \cdots ① \\ Q = 6V_2 & \cdots ② \end{cases}$$

①と②より,

$$3V_1 = 6V_2$$

①と②から Q を消去しました!!

$$\therefore \quad V_1 = 2V_2 \quad \cdots ③$$

i) $V_1 = 600$[V](C_1 の耐電圧です)に設定すると,
③より $V_2 = 300$[V]となってしまい, C_2 の耐電圧を超えてしまう。 NG!!

ii) $V_2 = 200$[V](C_2 の耐電圧です)に設定すると,
③より $V_1 = 400$[V]となり, C_1 の耐電圧を超えない。 OK!!

よって ii)の場合が適するので, 全体の耐電圧を V とすると,

$$V = V_1 + V_2$$
$$= 400 + 200$$
$$= \mathbf{600}\text{[V]} \quad \cdots(答)$$

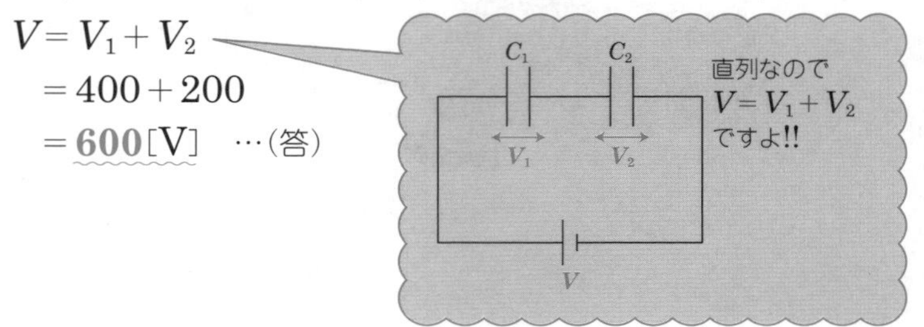

Theme 62 金属板＆誘電体

その1 “金属板を挿入してみよう!!”

金属板はその名のとおり金属製の板であるから，導体でありコンデンサーの極板や導線とまったく同じ性質です。

これを踏まえて，次の問題を考えてみてください。

問題199 標準

電気容量がC，極板間隔がdであるコンデンサーがある。このコンデンサーの極板間に厚さ$\frac{1}{4}d$の金属板を水平に挿入した。下図の(1)と(2)は金属板の位置を変えたものである。(1)の電気容量をC_1，(2)の電気容量をC_2として，C_1とC_2の関係式を求めよ。

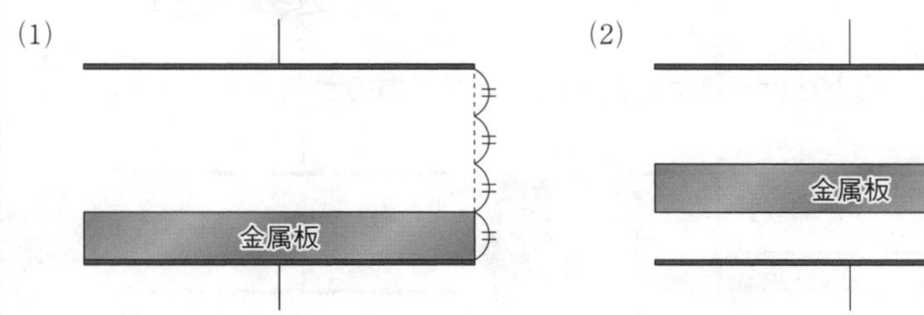

ビジュアル解答

$$C = \varepsilon_0 \frac{S}{d}$$

p.665参照!!
電気容量Cは極板間隔dに反比例します。

このことをよ──く頭にたたき込んだうえで…

(1)　金属板は極板や導線と同様の導体です!!　とゆーことは…

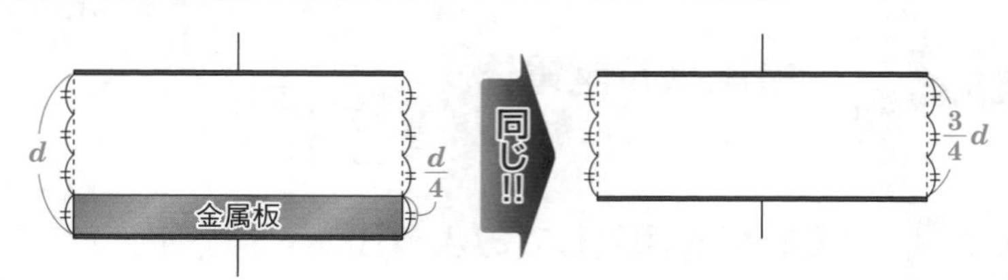

結局!!　コンデンサーの極板間隔が金属板の厚さの分，$\frac{1}{4}d$ だけせまくなるだけです!!

よって!!

コンデンサーの極板間隔が$\frac{3}{4}$倍となるから，コンデンサーの電気容量は，

$\frac{4}{3}$倍となる!!

電気容量は極板間隔に反比例するから，$\frac{3}{4}$の逆数の$\frac{4}{3}$倍となる!!

つまり…

$$C_1 = \frac{4}{3} \times C = \frac{4}{3}C \quad \cdots①$$

(2)　(1)と同様!!　金属板は極板や導線と同じ性質であるから…

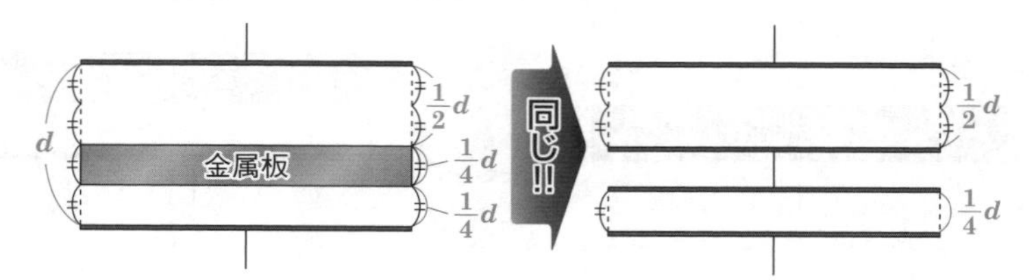

結局!!　極板間隔が$\frac{1}{2}d$のコンデンサーと，極板間隔が$\frac{1}{4}d$のコンデンサーを直列接続した状態と同じです!!

極板間隔が$\frac{1}{2}d$であるコンデンサーの電気容量C_3は，

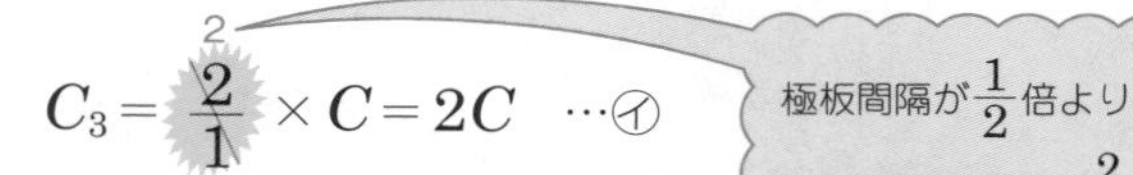

$$C_3 = \frac{2}{1} \times C = 2C \quad \cdots㋑$$

極板間隔が$\frac{1}{2}$倍より
電気容量は逆数の$\frac{2}{1} = 2$倍!!

極板間隔が$\dfrac{1}{4}d$であるコンデンサーの電気容量C_4は，

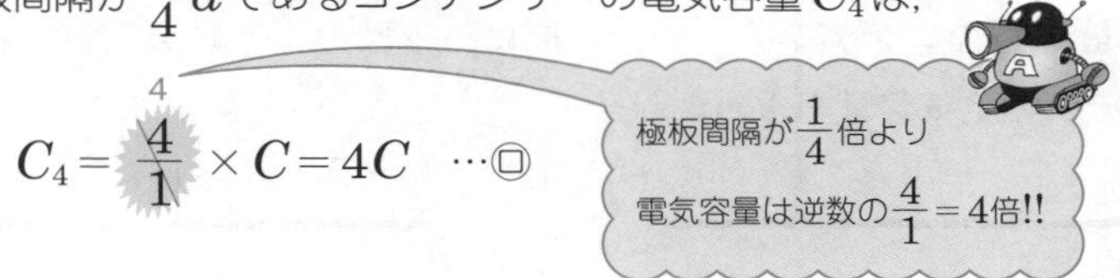

$$C_4=\frac{4}{1}\times C=4C \quad \cdots ㋺$$

これらが直列接続しているから，合成容量であるC_2との関係式は…

$$\frac{1}{C_2}=\frac{1}{C_3}+\frac{1}{C_4}$$

$$=\frac{1}{2C}+\frac{1}{4C} \quad (㋑と㋺を代入!!)$$

$$=\frac{2+1}{4C}$$

$$=\frac{3}{4C}$$

$$\therefore \quad C_2=\frac{4}{3}C \quad \cdots ②$$

$\dfrac{1}{C_2}=\dfrac{3}{4C}$
両辺の分子と分母をひっくり返して
$\dfrac{C_2}{1}=\dfrac{4C}{3}$
$\therefore \quad C_2=\dfrac{4}{3}C$

以上，①と②より

$$C_1=C_2 \quad \cdots (答)$$

つまり，金属板の挿入場所には無関係だってことです

お得な情報だ!!

ザ・まとめ

コンデンサーの極板間に**金属板**を挿入すると，金属板の厚さの分だけ極板間隔がせまくなる!!

注　金属板を挿入する場所は，極板に平行であればどこでもよい

電気容量がCのコンデンサーの極板間に，下図のように金属板を挿入した。それぞれの電気容量を求めよ。

(1)　　　　　　　　　　(2)

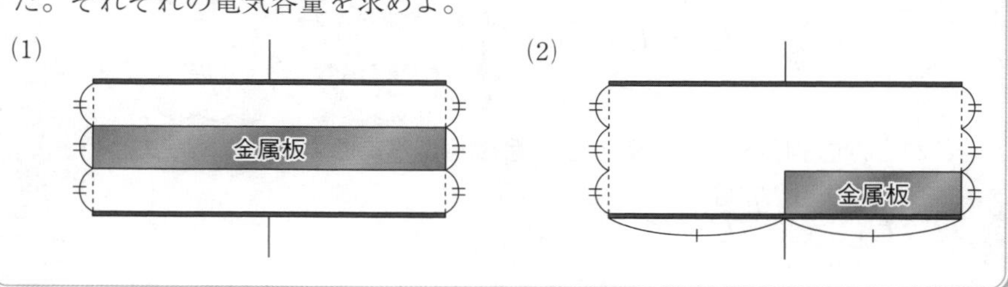

ビジュアル解答

(1)　金属板の厚さ$\left(\text{極板間隔の}\dfrac{1}{3}\right)$の分だけ極板間隔はせまくなるから，もとのコンデンサーの極板間隔の$\dfrac{2}{3}$となる。

よって，電気容量は…

極板間隔は$\dfrac{2}{3}$倍!!
よって，電気容量は逆数の$\dfrac{3}{2}$倍となる!!

$$\frac{3}{2}\times C=\frac{3}{2}C \quad \cdots(\text{答})$$

(2)

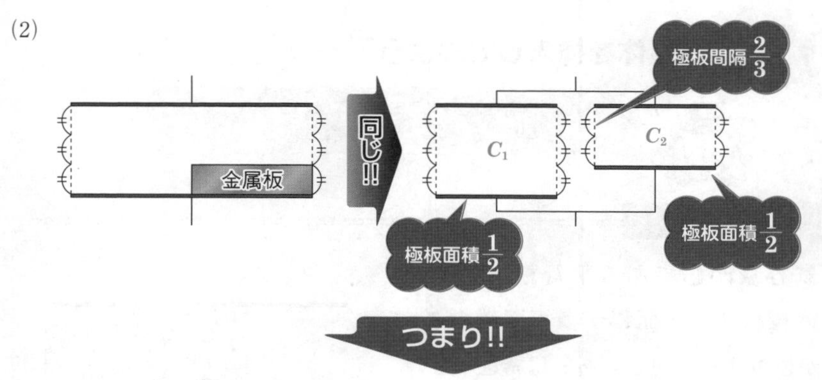

つまり!!

極板面積が$\frac{1}{2}$のコンデンサー(電気容量をC_1とする)と，極板面積が$\frac{1}{2}$で極板間隔が$\frac{2}{3}$のコンデンサー(電気容量をC_2とする)を並列接続した状態に相当する!!

このとき…

$$C_1 = \frac{1}{2} \times C = \frac{1}{2}C$$

電気容量は極板面積に比例します!! 極板面積が$\frac{1}{2}$倍ならば，電気容量も$\frac{1}{2}$倍となる!!

$$C_2 = \frac{1}{2} \times \frac{3}{2} \times C = \frac{3}{4}C$$

電気容量は極板間隔に反比例します!! 極板間隔が$\frac{2}{3}$倍ならば，電気容量は逆数の$\frac{3}{2}$倍!!

これらは並列接続であるから，合成容量をC'とすると，

$$C' = C_1 + C_2$$

並列接続のときは単純に加える!!

$$= \frac{1}{2}C + \frac{3}{4}C$$

$$= \frac{2}{4}C + \frac{3}{4}C$$

通分です!!

$$\therefore \quad C' = \frac{5}{4}C \quad \cdots(答)$$

電気と磁気

“誘電体を挿入してみよう”

誘電体は金属板のように簡単にはいきませんよ…
まぁ，具体的な問題を通して解説してまいります。

問題201 キソ

電気容量がCである平行板コンデンサーの極板間に，面積が極板面積の$\frac{2}{3}$，厚さが極板間隔と同じである比誘電率2の誘電体を挿入する。このコンデンサーの電気容量C'を求めよ。

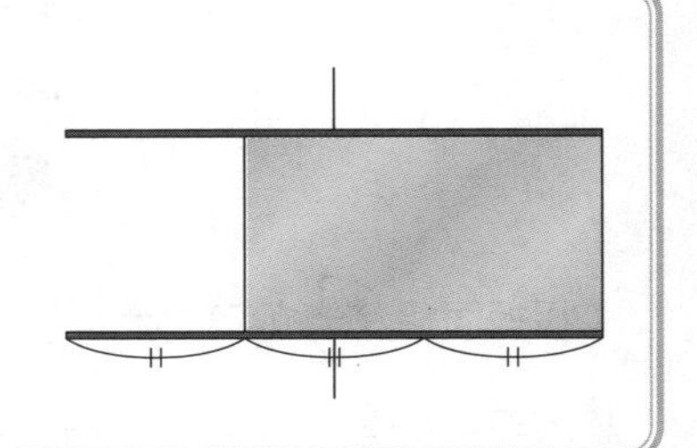

ビジュアル解答

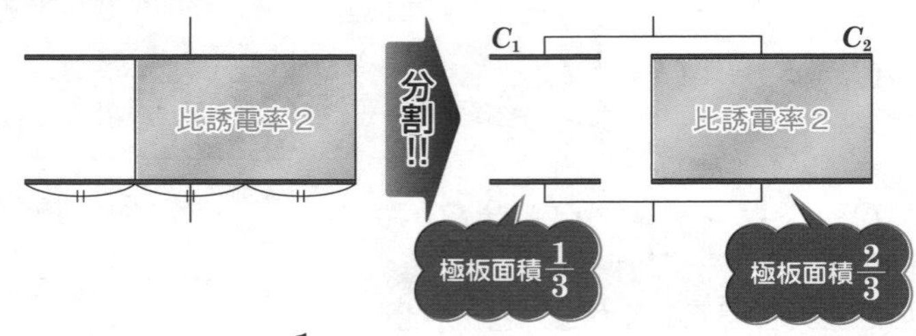

上図のように，極板面積が$\frac{1}{3}$であるコンデンサー(電気容量C_1)と，極板面積が$\frac{2}{3}$で，極板間を比誘電率2の誘電体でみたしたコンデンサー(電気容量C_2)を**並列接続**させた場合の合成容量C'を求めればよい!!

このとき!!

$$C_1 = \frac{1}{3} \times C = \frac{1}{3}C$$

極板面積が$\frac{1}{3}$倍より，もとの電気容量Cの$\frac{1}{3}$倍となる!!

$$C_2 = 2 \times \frac{2}{3} \times C = \frac{4}{3}C$$

比誘電率が2より，そのまま2倍すればOK!! (p.670参照)

極板面積が$\frac{2}{3}$倍より，もとの電気容量Cの$\frac{2}{3}$倍となる!!

以上より!!

合成容量C'は…

$$C' = C_1 + C_2$$
$$= \frac{1}{3}C + \frac{4}{3}C$$
$$\therefore \quad C' = \frac{5}{3}C \quad \cdots(答)$$

> 並列接続のときは単純に加える!!
> 公式は…
> $C = C_1 + C_2 + C_3 + \cdots$
> でしたね!!

問題202 標準

電気容量がCである平行板コンデンサーの極板間に，面積が極板面積と同じで，厚さが極板間隔の$\frac{2}{3}$である比誘電率4の誘電体を挿入する。このコンデンサーの電気容量C'を求めよ。

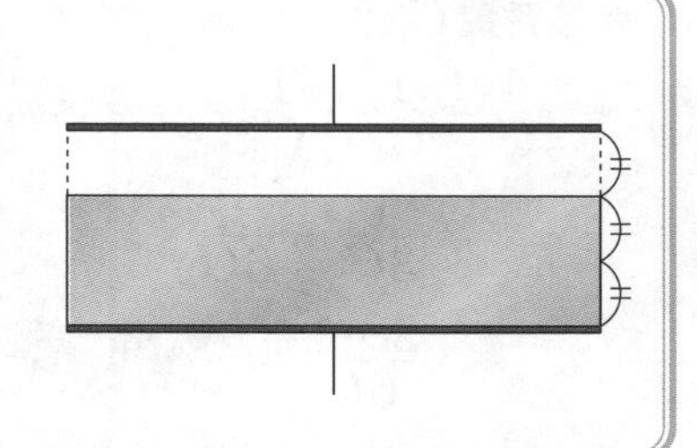

ビジュアル解答

上図のように，極板間隔が$\frac{1}{3}$であるコンデンサー（電気容量C_1）と，極板間隔が$\frac{2}{3}$で，極板間を比誘電率4の誘電体でみたしたコンデンサー（電気容量C_2）を**直列接続**させた場合の合成容量C'を求めればよい。

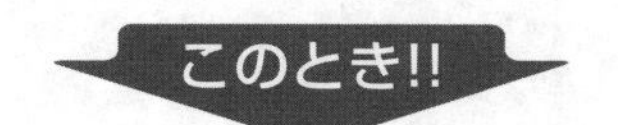

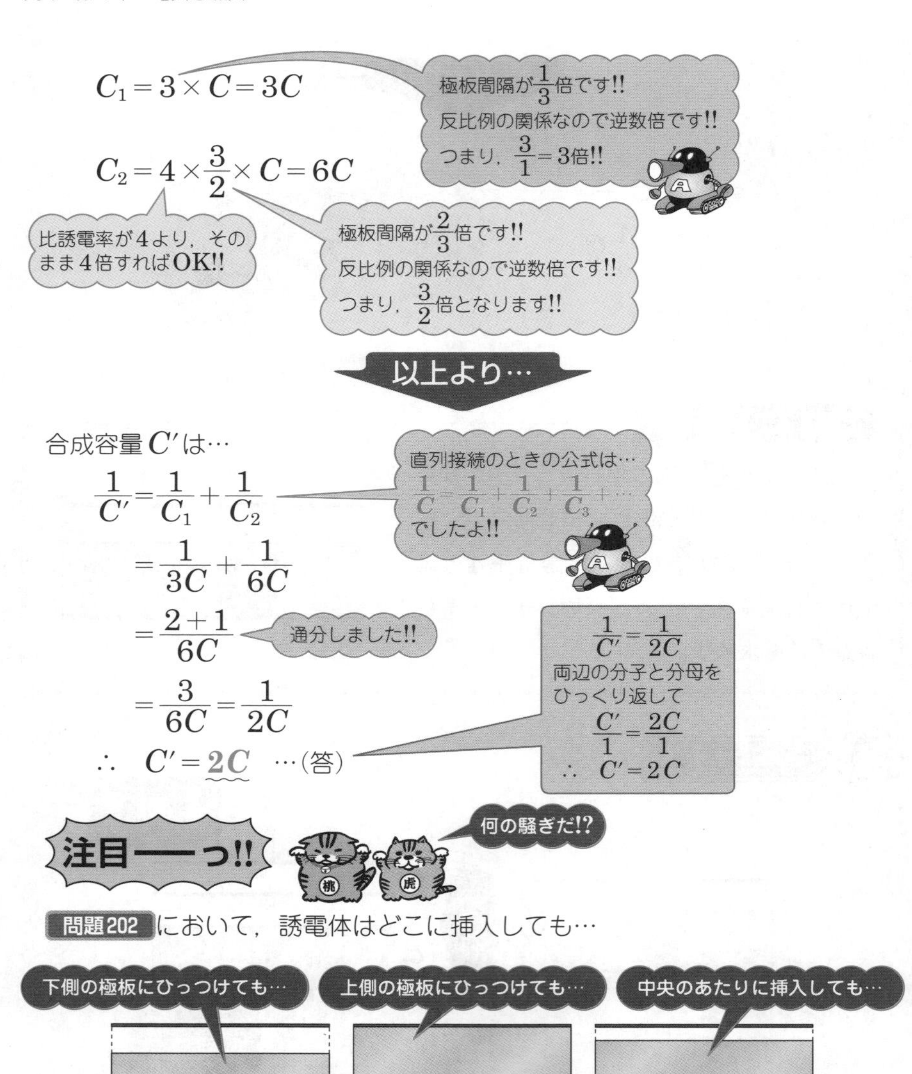

$$C_1=3\times C=3C$$

$$C_2=4\times\frac{3}{2}\times C=6C$$

合成容量 C' は…

$$\frac{1}{C'}=\frac{1}{C_1}+\frac{1}{C_2}$$

$$=\frac{1}{3C}+\frac{1}{6C}$$

$$=\frac{2+1}{6C}$$

$$=\frac{3}{6C}=\frac{1}{2C}$$

$\therefore\quad C'=\underline{2C}$　…(答)

問題202 において，誘電体はどこに挿入しても…

すべて同じ電気容量が求まります!!

ちょっと昔のお話を蒸し返すと，問題201においても…

すべて同じ電気容量が求まります!!
つまり!!　自分が解きやすい位置に誘電体を動かしてOK!!

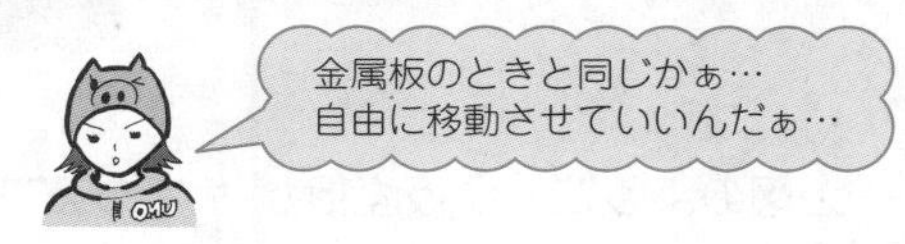

問題203　ちょいムズ

電気容量がCである平行板コンデンサーの極板間の中央に，面積が極板面積の$\frac{3}{4}$，厚さが極板間隔の$\frac{1}{3}$である比誘電率2の誘電体を挿入する。このコンデンサーの電気容量C'を求めよ。

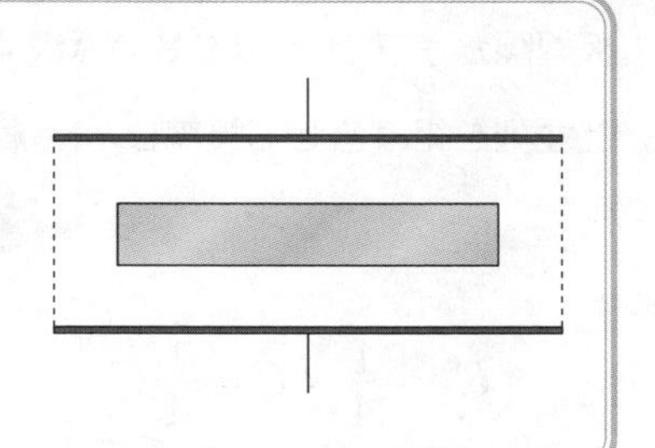

まず，自分が好きなように誘電体を動かせ!!

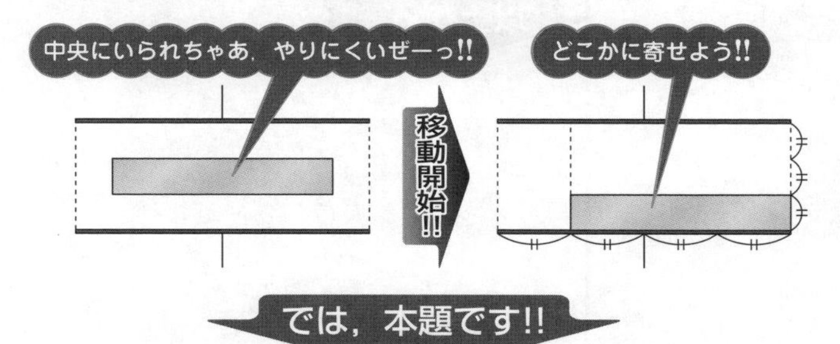

では，本題です!!

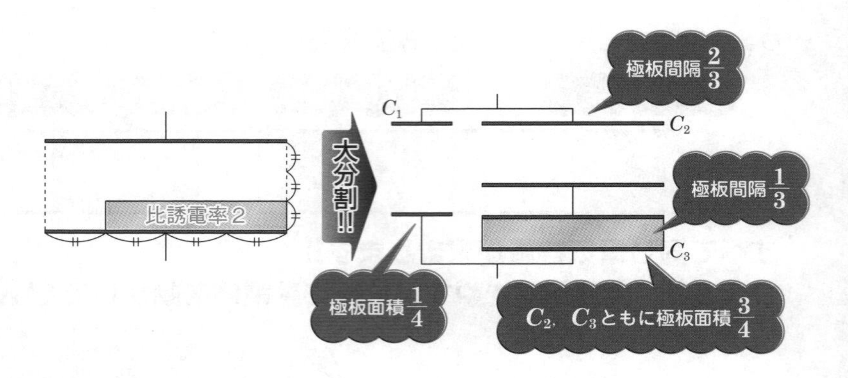

上図のように，極板面積が$\frac{1}{4}$であるコンデンサー(電気容量C_1)と，極板面積が$\frac{3}{4}$，極板間隔が$\frac{2}{3}$であるコンデンサー(電気容量C_2)と，極板面積が$\frac{3}{4}$，極板間隔が$\frac{1}{3}$で比誘電率2の誘電体でみたしたコンデンサー(電気容量C_3)を直列と並列を組み合せて接続した状態である。

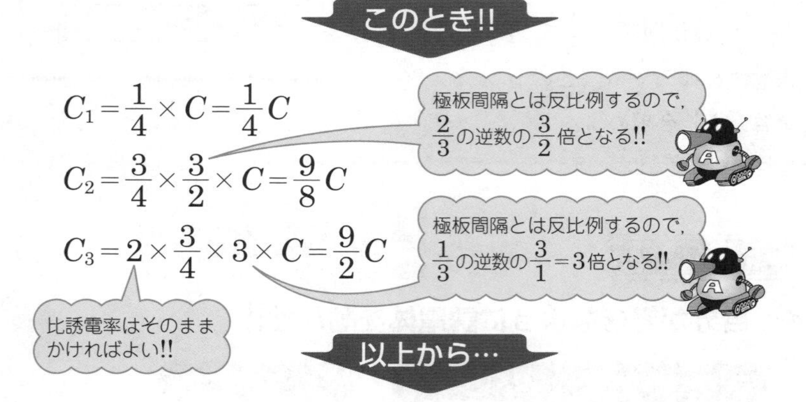

C_2とC_3の合成容量をC_4とすると，C_2とC_3は直列接続であるから，

$$\frac{1}{C_4}=\frac{1}{C_2}+\frac{1}{C_3}$$

直列接続のときの公式です。

$$=\frac{1}{\frac{9}{8}C}+\frac{1}{\frac{9}{2}C}$$

$$=\frac{1\times 8}{\frac{9}{8}C\times 8}+\frac{1\times 2}{\frac{9}{2}C\times 2}$$

$$=\frac{8}{9C}+\frac{2}{9C}$$

$$=\frac{10}{9C}$$

$$\therefore\quad C_4=\frac{9}{10}C$$

$\frac{1}{C_4}=\frac{10}{9C}$
両辺の分子と分母の
逆数をとって
$\frac{C_4}{1}=\frac{9C}{10}$
$\therefore\ C_4=\frac{9}{10}C$

さらに，C_1とC_4は並列接続であるから，C_1とC_4の合成容量C'は，

$$C'=C_1+C_4$$

$$=\frac{1}{4}C+\frac{9}{10}C$$

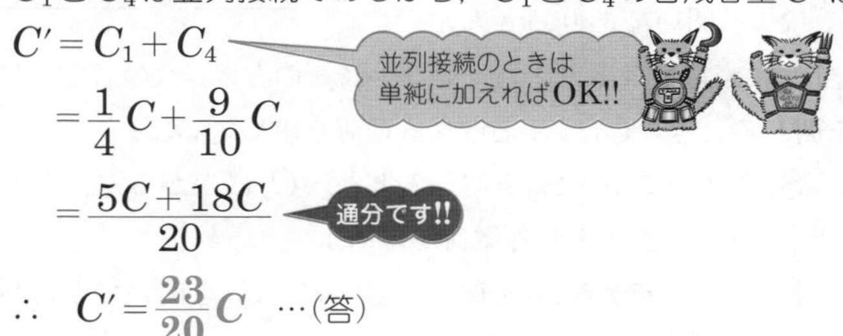

$$=\frac{5C+18C}{20}$$

通分です!!

$$\therefore\quad C'=\frac{23}{20}C\quad\cdots(\text{答})$$

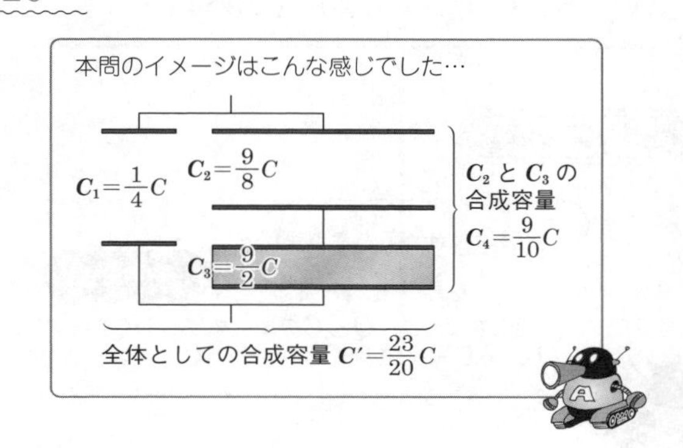

Theme 63 コンデンサーがらみの有名な問題たち

問題204　ちょいムズ

電圧 10[V]の電池と，電気容量が $C_1=2.0[\mu\mathrm{F}]$，$C_2=3.0[\mu\mathrm{F}]$のコンデンサーをスイッチ S_1，S_2とともに右図のように接続する。

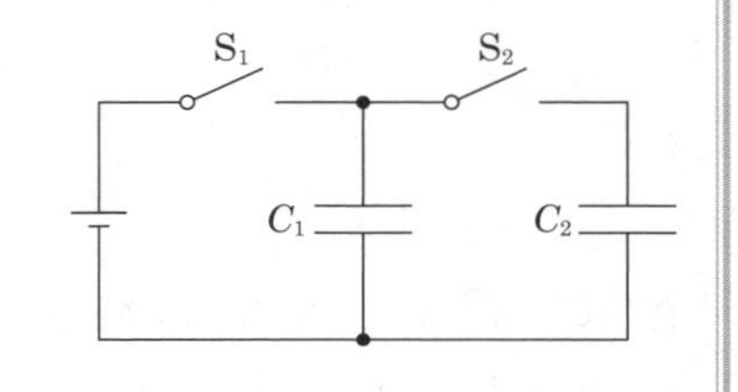

初め S_1，S_2は開いてあり，どちらのコンデンサーにも電荷は蓄えられていない。このとき，次の各問いに答えよ。

(1)　S_1を閉じるとき，C_1に蓄えられる電荷を求めよ。

(2)　次に，S_1を開いてから S_2を閉じるとき，C_2にかかる電圧を求めよ。

(3)　(2)のとき，C_2に蓄えられる電荷を求めよ。

(4)　次に，S_2を開いてから S_1を閉じ，さらに，S_1を開いてから S_2を閉じた。このとき，C_2にかかる電圧を求めよ。

ビジュアル解答

とりあえず断っておきますが…

$$Q=CV$$

超有名公式!!

を活用するとき，QとCの単位をそろえてずらすことは可能です!!
Qが[μC]のときはCが[μF]になります。

(1)　電池の電圧は$V_0 = 10$[V]である。S_1を閉じたとき，C_1に蓄えられる電荷をQ[μC]とすると，

$Q = C_1 V_0$
$= 2.0 \times 10$
$= 20$[μC]　…(答)
($Q = 20 \times 10^{-6}$
$= 2.0 \times 10^{-5}$[C]　…(答)　としてもOK!!)

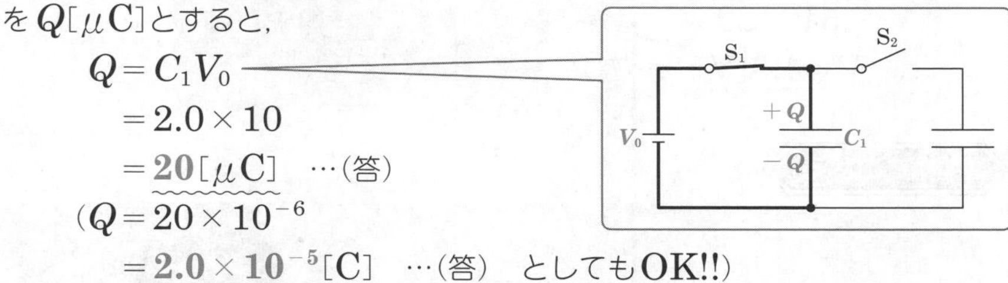

(2)

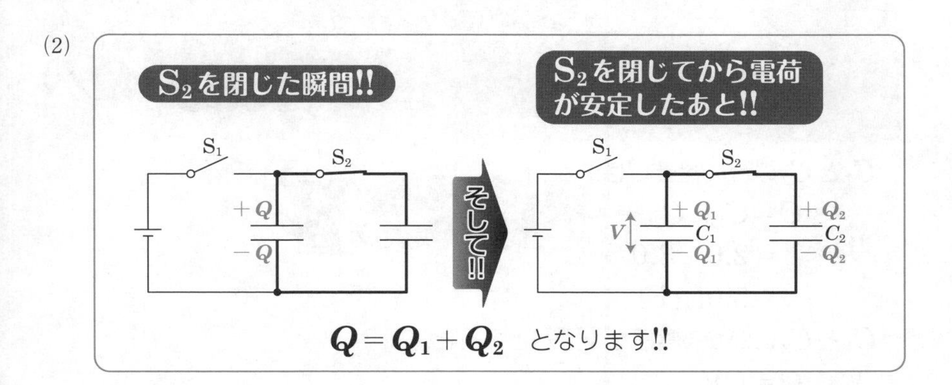

C_1に蓄えられる電荷をQ_1[μC]，C_2に蓄えられる電荷をQ_2[μC]とすると，電荷が保存されるから，

$Q_1 + Q_2 = Q$
$\therefore \quad Q_1 + Q_2 = 20$　…①

(1)より，$Q = 20$[μC]

さらに，C_1とC_2にかかる電圧をV[V]とおくと，

$Q_1 = C_1 V$
$= 2.0 \times V$
$\therefore \quad Q_1 = 2V$　…②
$Q_2 = C_2 V$
$= 3.0 \times V$
$\therefore \quad Q_2 = 3V$　…③

C_1とC_2は並列接続だから，電圧は等しい!!

②と③を①に代入して，

$$2V+3V=20$$
$$5V=20$$
$$\therefore\quad V=\mathbf{4.0}[\mathrm{V}]\quad\cdots(答)$$

問題文には“C_2にかかる電圧”とありますが，並列接続なので，C_1にかかる電圧も共通の値となります。

別解でござる

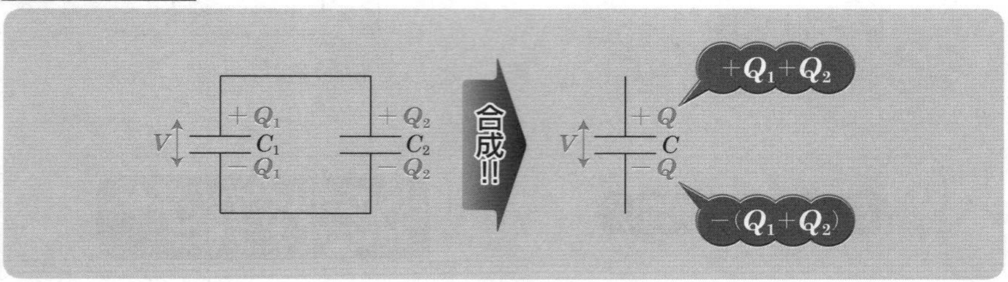

C_1とC_2の合成容量Cは，

$$C=C_1+C_2$$
$$=2.0+3.0$$
$$=5.0[\mu\mathrm{F}]$$

並列接続のときは単純に加えるべし!!

C_1とC_2にかかる電圧を$V[\mathrm{V}]$とおくと，

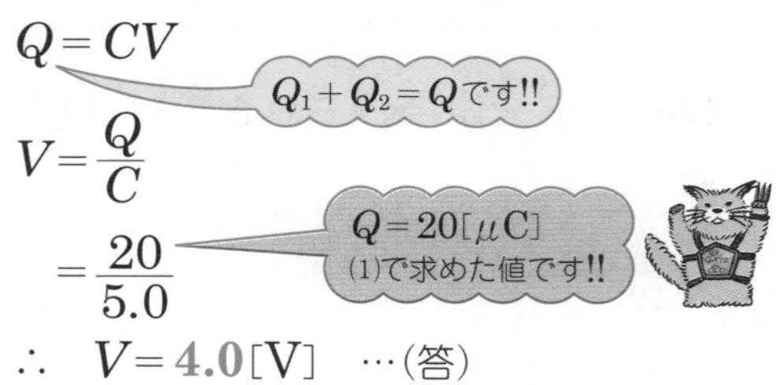

$$Q=CV$$
$$V=\frac{Q}{C}$$
$$=\frac{20}{5.0}$$
$$\therefore\quad V=\mathbf{4.0}[\mathrm{V}]\quad\cdots(答)$$

(3)　③より，

$$Q_2=3V$$
$$=3\times4.0$$
$$\therefore\quad Q_2=\mathbf{12}[\mu\mathrm{C}]\quad\cdots(答)$$

(2)参照!!

(2)より，$V=4.0[\mathrm{V}]$

別解でござる

$$Q_1 : Q_2 = C_1 : C_2$$

電荷の比＝電気容量の比

$$Q_1 : Q_2 = 2.0 : 3.0$$

$$\therefore \quad Q_1 : Q_2 = 2 : 3 \quad \cdots ㋑$$

$$Q_1 + Q_2 = Q$$

つまり，

$$Q_1 + Q_2 = 20 \quad \cdots ㋺$$

㋑と㋺より，

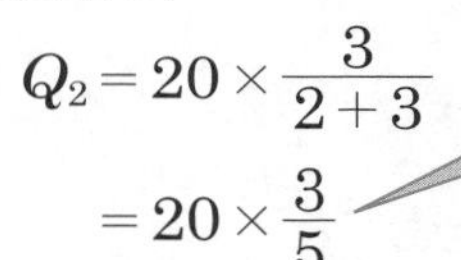

$$Q_2 = 20 \times \frac{3}{2+3}$$

$$= 20 \times \frac{3}{5}$$

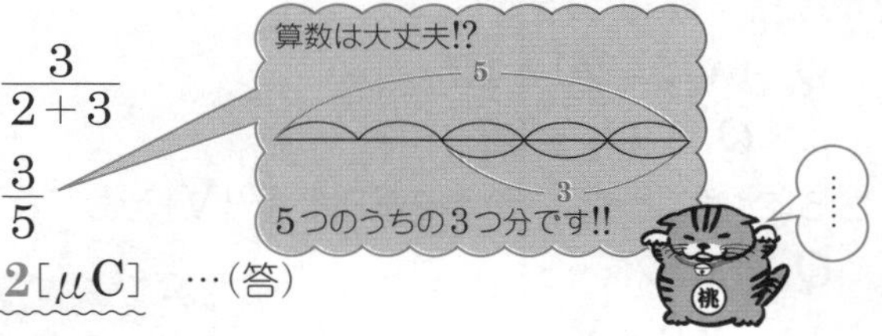

$$\therefore \quad Q_2 = \mathbf{12}[\mu C] \quad \cdots(答)$$

(4)　i）S_2を開いてからS_1を閉じると…

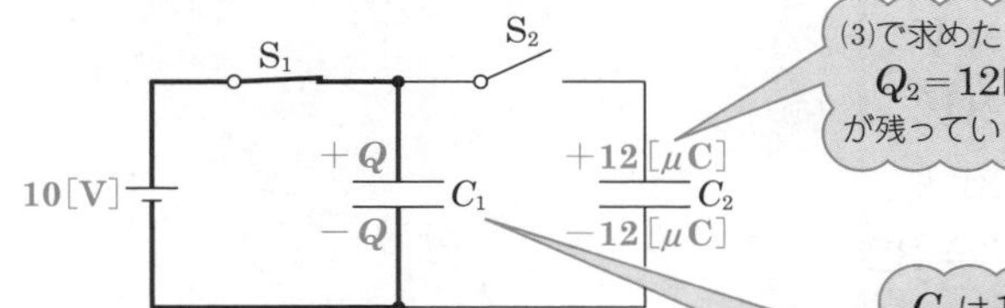

(3)で求めた
$Q_2 = 12[\mu C]$
が残っています!!

C_1は10[V]の電池によってリセットされます!!
(1)と同じ状態で，$Q = 20[\mu C]$の電荷が充電されます。

C_1に蓄えられる電荷は(1)と同様で，

$$Q = C_1 V_0$$

$$= 2.0 \times 10$$

$$\therefore \quad Q = 20[\mu C]$$

ii）さらに，$\mathrm{S_1}$を開いてから$\mathrm{S_2}$を閉じると…

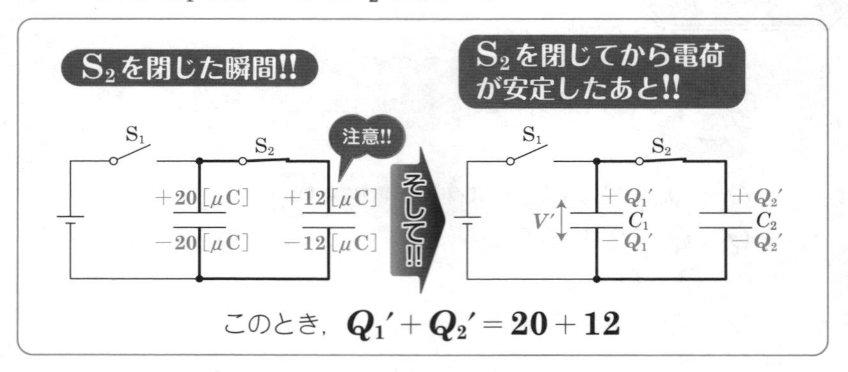

C_1に蓄えられる電荷をQ_1'[μC]，C_2に蓄えられる電荷をQ_2'[μC]とすると，電荷の保存から，

$$Q_1' + Q_2' = 20 + 12$$

$$\therefore \quad Q_1' + Q_2' = 32 \quad \cdots ④$$

さらに，C_1とC_2にかかる電圧をV'[V]とおくと，

$$Q_1' = C_1 V'$$
$$= 2.0 \times V'$$
$$\therefore \quad Q_1' = 2V' \quad \cdots ⑤$$
$$Q_2' = C_2 V'$$
$$= 3.0 \times V'$$
$$\therefore \quad Q_2' = 3V' \quad \cdots ⑥$$

C_1とC_2は並列接続です!!
よって，電圧は等しい!!

⑤と⑥を④に代入して，

$$2V' + 3V' = 32$$
$$5V' = 32$$
$$V' = \frac{32}{5}$$
$$\therefore \quad V' = \mathbf{6.4}\,[\mathrm{V}] \quad \cdots (答)$$

別解でござる　p.710と同様です!!

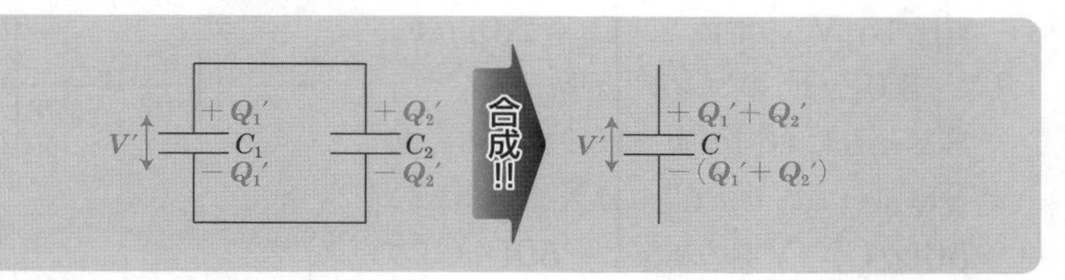

C_1とC_2の合成容量Cは,

$$C = C_1 + C_2 = 2.0 + 3.0 = 5.0[\mu\mathrm{F}]$$

C_1とC_2にかかる電圧をV'[V]とおくと,

$$Q_1' + Q_2' = CV'$$

$$20 + 12 = 5.0 \times V'$$

$$32 = 5V'$$

$$V' = \frac{32}{5}$$

$$\therefore \quad V' = \mathbf{6.4}[\mathrm{V}]$$ …(答)

問題205　ちょいムズ

電圧15[V]の電池と，$C_1=2.0$[μF]，$C_2=3.0$[μF]のコンデンサーをスイッチSとともに右図のように接続する。初めSは開いてあり，C_1にはX側の極板に+50[μC]，Y側の極板に−50[μC]の電荷が蓄えられており，C_2には電荷が蓄えられていない。この状態でスイッチを閉じる。

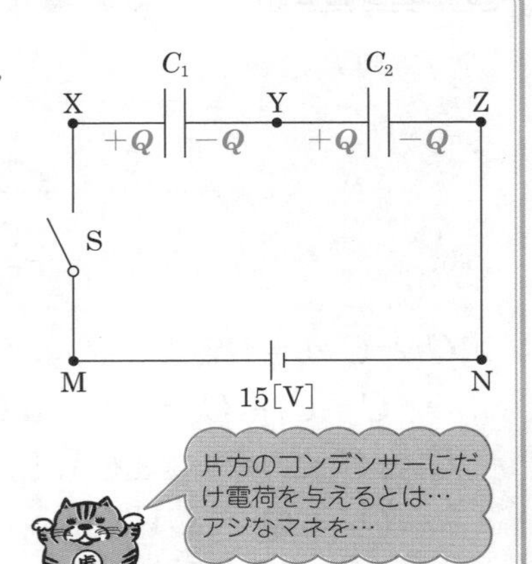

(1)　スイッチを移動する電荷はどの向きに何[μC]か。M→XかX→Mで答えよ。

(2)　Yを移動する電荷はどの向きに何[μC]か。右向きか左向きかで答えよ。

(3)　Xの電位を0[V]とすると，Yの電位は何[V]となるか。

ビジュアル解答

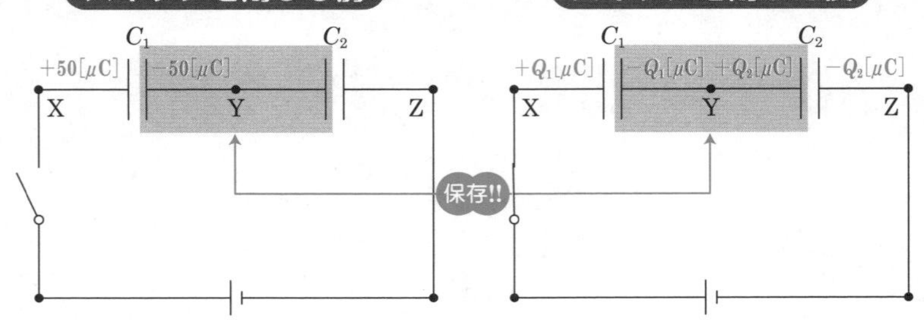

上図において…

$$-Q_1+Q_2=-50$$

となります!!

C_1に蓄えられた電荷を$Q_1[\mu\mathrm{C}]$，C_2に蓄えられた電荷を$Q_2[\mu\mathrm{C}]$とおくと，電荷の保存から，

$$-Q_1+Q_2=-50 \quad \cdots ①$$

C_1にかかる電圧を$V_1[\mathrm{V}]$，C_2にかかる電圧を$V_2[\mathrm{V}]$とすると，

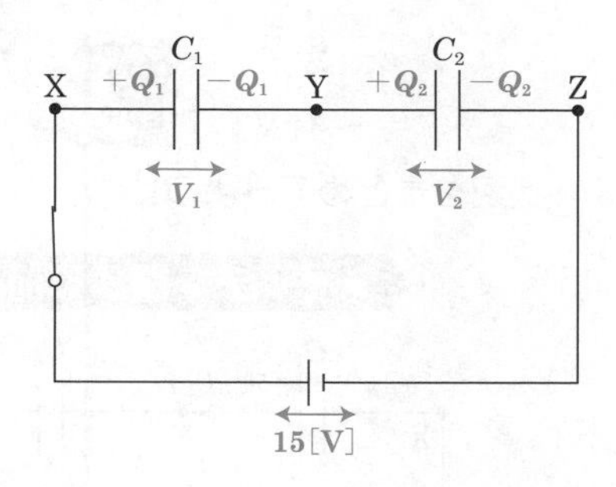

$$Q_1=C_1V_1$$

$$V_1=\frac{Q_1}{C_1}$$

$$=\frac{Q_1}{2.0}$$

$$\therefore \quad V_1=\frac{Q_1}{2} \quad \cdots ②$$

$$Q_2=C_2V_2$$

$$V_2=\frac{Q_2}{C_2}$$

$$=\frac{Q_2}{3.0}$$

$$\therefore \quad V_2=\frac{Q_2}{3} \quad \cdots ③$$

$V_1+V_2=15$より，この式に②と③を代入して，

$$\frac{Q_1}{2}+\frac{Q_2}{3}=15 \quad \cdots ④$$

両辺を6倍して，

$$3Q_1+2Q_2=90 \quad \cdots ④'$$

①と④′の連立方程式を解くと，

$$Q_1=38[\mu\mathrm{C}],\ Q_2=-12[\mu\mathrm{C}]$$

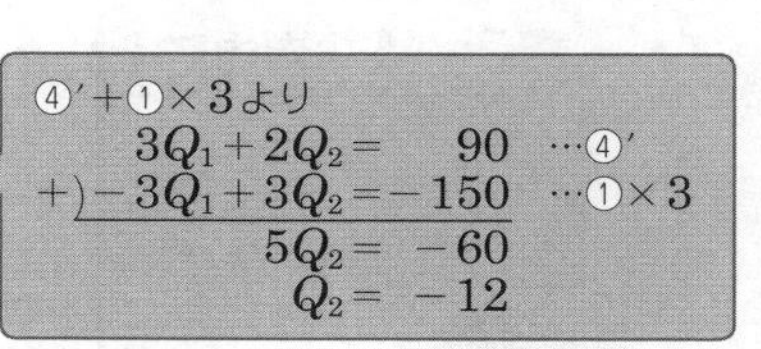

②より，

$$V_1=\frac{Q_1}{2}$$

$$=\frac{38}{2}$$

$$=19[\mathrm{V}]$$

③より，

$$V_2 = \frac{Q_2}{3}$$
$$= \frac{-12}{3}$$
$$= -4[\mathrm{V}]$$

えーっ!!
マイナス!?

状況をまとめてみよう!!

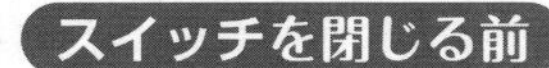

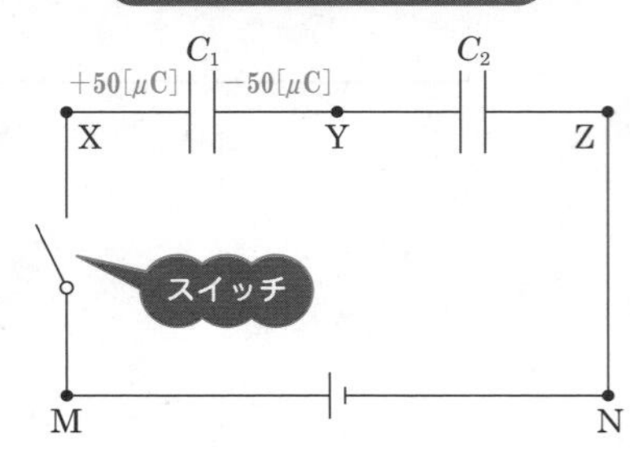

スイッチを閉じた後

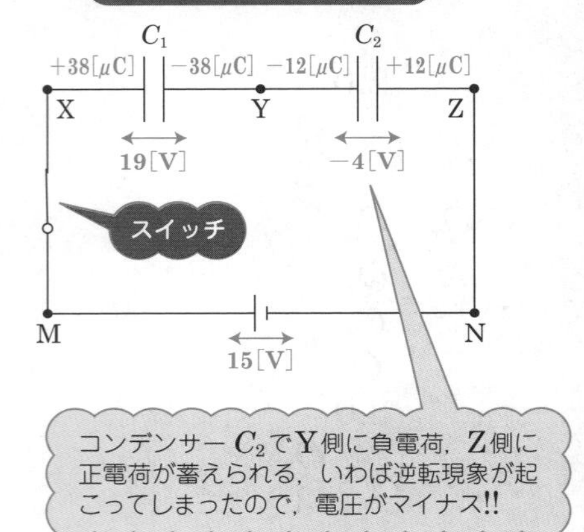

(1)　スイッチを移動する電荷に注目!!

$$50 - 38 = 12[\mu\mathrm{C}]$$

X→Mの向きに12[μC]移動する　…(答)

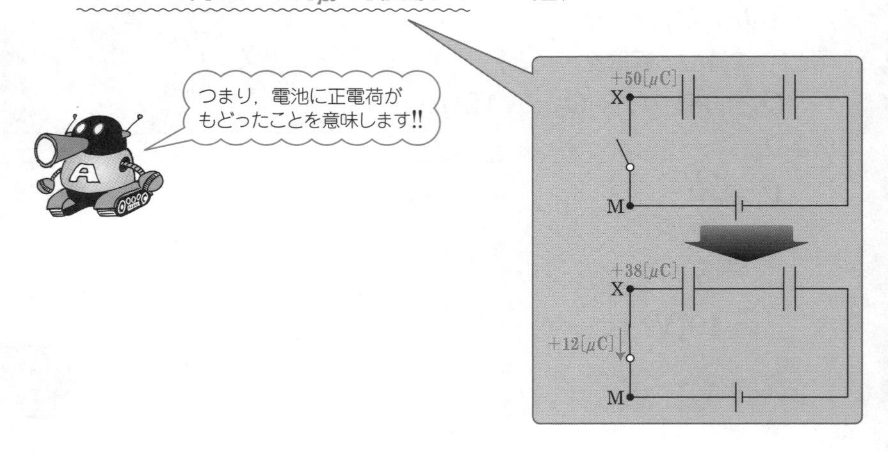

(2)　Yを移動する電荷に注目!!

$-38-(-50)=12[\mu C]$

左向きに12[μC]移動する　…(答)

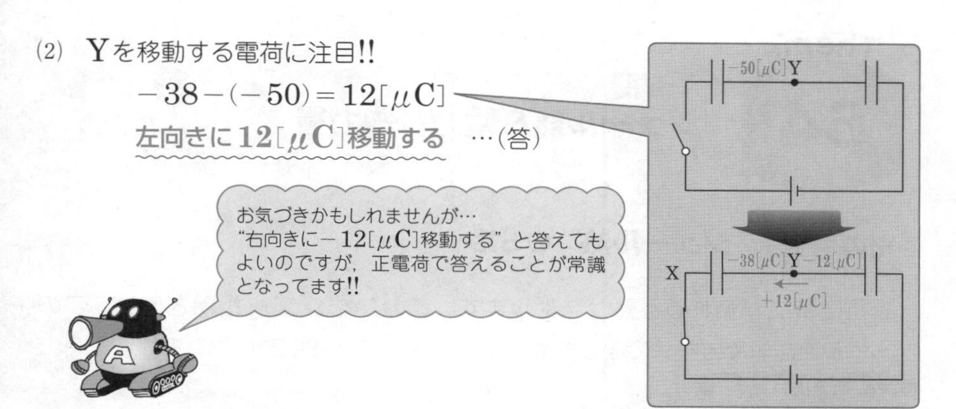

(3)　X側の極板に正電荷，Y側の極板に負電荷が蓄えられているので，Xの電位のほうがYの電位より高い!!

Xの電位を0[V]とすると，Yの電位はXよりも19[V]だけ低くなるから，Yの電位は，

－19[V]　…(答)

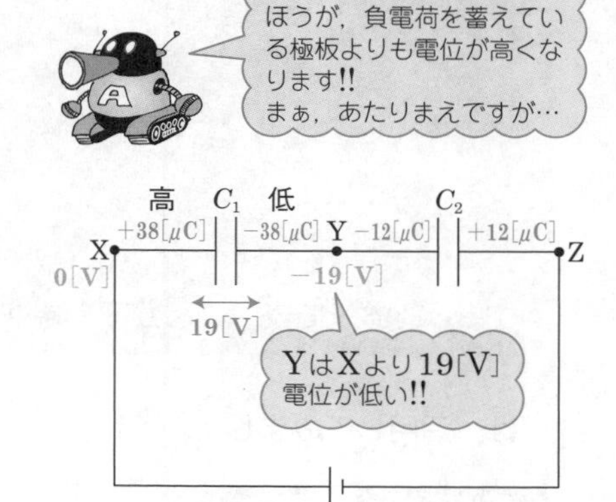

電気と磁気

Theme 64 ジュール熱＆電力＆電力量

その1 “ジュール熱”のお話

抵抗に電流が流れると熱が発生します。この熱を**ジュール熱**と呼び，このジュール熱の求め方を式で表したものが**ジュールの法則**です。

ジュールの法則

抵抗$\boldsymbol{R}$[Ω]に$\boldsymbol{V}$[V]の電圧がかかり$\boldsymbol{I}$[A]の電流が流れているとき，$\boldsymbol{t}$[s]間に発生するジュール熱$\boldsymbol{Q}$[J]は…

$$Q = VIt$$

$$Q = I^2Rt$$

$$Q = \frac{V^2}{R}t$$

と，3とおりに表すことができます。

では，活用してみましょう

問題206 標準

右図のような回路で，ニクロム線に0.20[A]の電流を20分間流した。電池の電圧が3.0[V]であるとき，次の各問いに答えよ。

(1)　発生するジュール熱を求めよ。

(2)　ニクロム線の抵抗を求めよ。

(3)　ニクロム線の断面積を2倍にして電池を変えずに同じ実験をするとき，発生するジュール熱は何倍となるか。

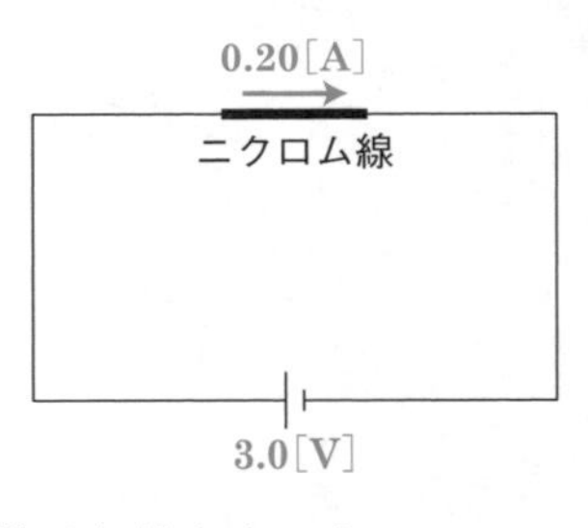

解答でござる

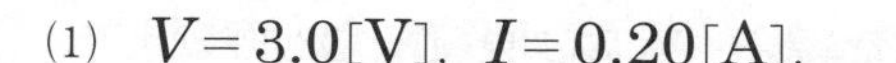

(1)　$V=3.0[\mathrm{V}]$，$I=0.20[\mathrm{A}]$，
$t=20\times60=1200[\mathrm{s}]$ ←── 秒 単位は[s]にすべし!!

ジュールの法則より，発生するジュール熱 $Q[\mathrm{J}]$は，

$$Q=VIt$$
(公式です!!)

$$=3.0\times0.20\times1200$$

$$=\mathbf{720[J]}$$ …(答) ←── $7.2\times10^2[\mathrm{J}]$ としてもOK!!

(2)　ニクロム線の抵抗を $R[\Omega]$とおくと，
オームの法則から，

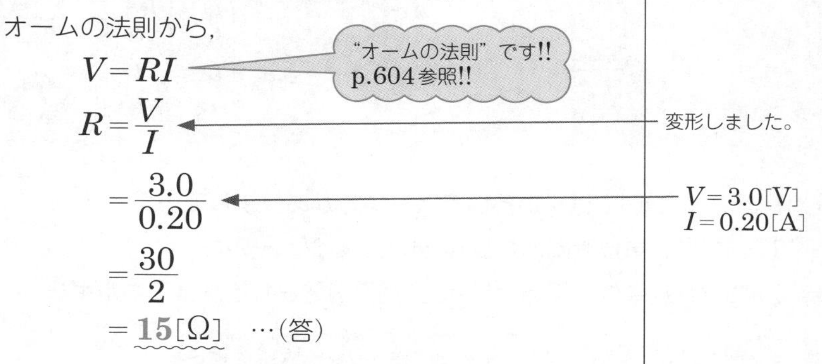

$$V=RI$$
("オームの法則"です!! p.604参照!!)

$$R=\frac{V}{I}$$ ←── 変形しました。

$$=\frac{3.0}{0.20}$$ ←── $V=3.0[\mathrm{V}]$ $I=0.20[\mathrm{A}]$

$$=\frac{30}{2}$$

$$=\mathbf{15[\Omega]}$$ …(答)

(3)　ニクロム線の断面積を2倍にしたことから，
ニクロム線の抵抗は$\frac{1}{2}$倍となる。

覚えてる!?　$R=\rho\frac{l}{S}$ (p.609参照!!)
抵抗は断面積 Sに反比例します!!

問題文中に"電池を変えずに"と書いてあります!!

ジュールの法則より，ジュール熱は電圧が一定のとき，抵抗に反比例する。

$Q=VIt$にオームの法則の
$V=RI\Rightarrow I=\frac{V}{R}$
を代入すると…
$Q=V\times\frac{V}{R}\times t$
$\therefore\quad Q=\frac{V^2}{R}t$
Vが一定のとき，Qは Rに反比例!!

よって，発生するジュール熱は，

2倍となる　…(答)

抵抗が$\frac{1}{2}$倍!!　反比例するから逆数の$\frac{2}{1}=2$倍!!

わざわざジュール熱の値を具体的に求める必要はないよ!!

その2 “電力”のお話

1秒あたりに発生するジュール熱のことを**電力**，または**消費電力**と呼びます。単位は[**J/s**]となるのですが，通常[W(ワット)]を用います。公式は簡単で，“ジュールの法則”の公式の時間tを取っぱらえばOK!! だって，$t=1$[s]ですから…

公式でーす!!

抵抗R[Ω]にV[V]の電圧がかかりI[A]の電流が流れているときの**電力(消費電力)**P[W(ワット)] は…

$$P=VI=I^2R=\frac{V^2}{R}$$

“ジュールの法則”

$$\begin{cases} Q=VIt \\ Q=I^2Rt \\ Q=\dfrac{V^2}{R}t \end{cases}$$

のtをとるだけ!!

電力(消費電力)については，いろいろと言い方がありまして…

“1秒あたり(単位時間あたり)に発生するジュール熱”

=“1秒あたり(単位時間あたり)に抵抗で消費される電気エネルギー”

日常生活において，この場合の抵抗とは電気器具だったりしますよ。

=“電流の仕事率”

この言い方はあまりしないかな…
でも，たまーにこの表現が登場します。

問題207 キソ

600[W]の表示があるドライヤーを100[V]の電源で使用したとき，ドライヤーに流れる電流を求めよ。

解答でござる

$P=600$[W]，$V=100$[V]，

流れる電流をI[A]とすると，

$P=VI$ ← 公式です!!

変形して，

$$I=\frac{P}{V}$$

$$=\frac{600}{100}$$

$$=\mathbf{6.0}[\mathrm{A}]$$　…(答)

簡単だなぁ…

本問では有効数字がいい加減なので，6[A]と解答してもOK!!

問題208　キソ

800[W]の表示があるアイロンを15分間使用したとき，発熱量は何[J]か。

解答でござる

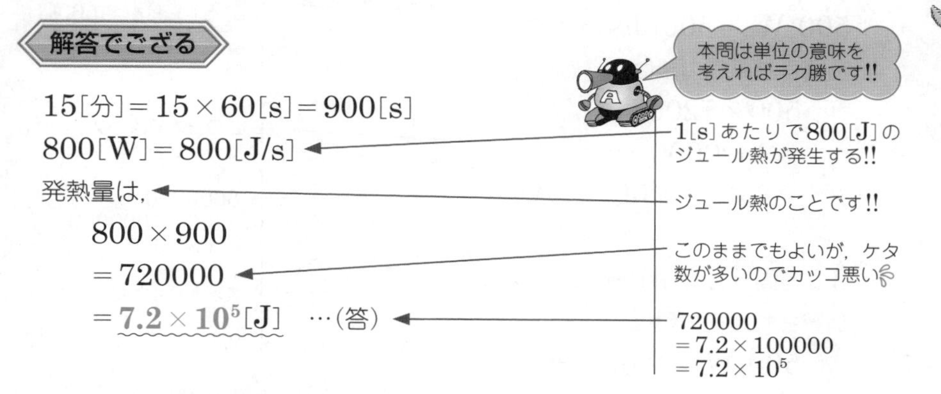

15[分]＝15×60[s]＝900[s]

800[W]＝800[J/s]　← 1[s]あたりで800[J]のジュール熱が発生する!!

発熱量は，　← ジュール熱のことです!!

800×900

＝720000　← このままでもよいが，ケタ数が多いのでカッコ悪い

$=\mathbf{7.2\times10^{5}}[\mathrm{J}]$　…(答)　← $720000 = 7.2\times100000 = 7.2\times10^{5}$

その3 “電力量” のお話

“ジュール熱” のことを “電力量” とも呼びます。

ニュアンスが少し変わりまして，ジュール熱は “発生する熱量” にスポットを当てているのに対して，電力量は “電力がした仕事の総量” にスポットを当てています。**問題208** でも理解できるように，両者の値は同じ値になります。つまり，**問題208** で求めた値は電力量でもあります。

当然，電力量の単位は[J](ジュール)なんですが…。

まぁ，問題を通して解説しますよ

問題209　キソ

$500[\mathrm{W}]$の表示がある電気器具を2.0時間使用したとき，消費される電力量について，次の各問いに答えよ。

(1)　消費される電力量は何$[\mathrm{J}]$か。

(2)　消費される電力量は何$[\mathrm{kWh}]$か。　何だ!!　この単位は!?

解答でござる

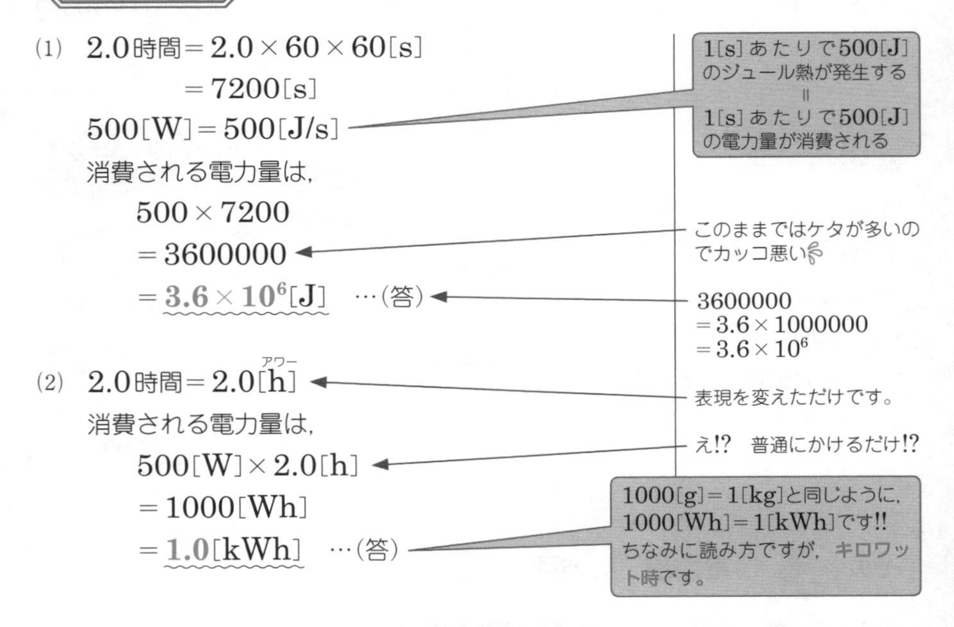

(1)　2.0時間$=2.0\times60\times60[\mathrm{s}]$

$=7200[\mathrm{s}]$

$500[\mathrm{W}]=500[\mathrm{J/s}]$

消費される電力量は，

500×7200

$=3600000$

$=\mathbf{3.6\times10^6[J]}$　…(答)

(2)　2.0時間$=2.0[\mathrm{h}]$（アワー）

消費される電力量は，

$500[\mathrm{W}]\times2.0[\mathrm{h}]$

$=1000[\mathrm{Wh}]$

$=\mathbf{1.0[kWh]}$　…(答)

通常，電力量はケタ数が大きくなるので，$[\mathrm{kWh}]$で表現することが多いです。

Theme 65 電池の起電力と内部抵抗

その1 "電圧降下" とは…??

抵抗に電流が流れると，抵抗の前後で電位差が生じる。電流が流れる向きに沿って電位が下がるので，この電位差を**抵抗による電圧降下**と呼びます。

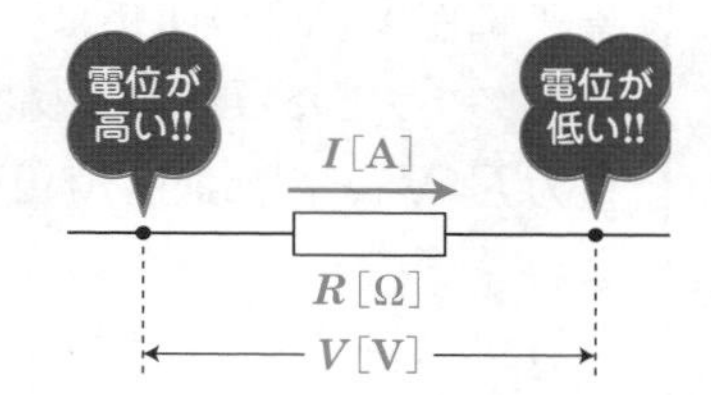

その2 "電池の起電力と内部抵抗" のお話

実際には電池の内部にも抵抗があり，これを**内部抵抗**と呼びます。さらに，電池に電流が流れていないときの電池の電圧を**起電力**と呼びます。

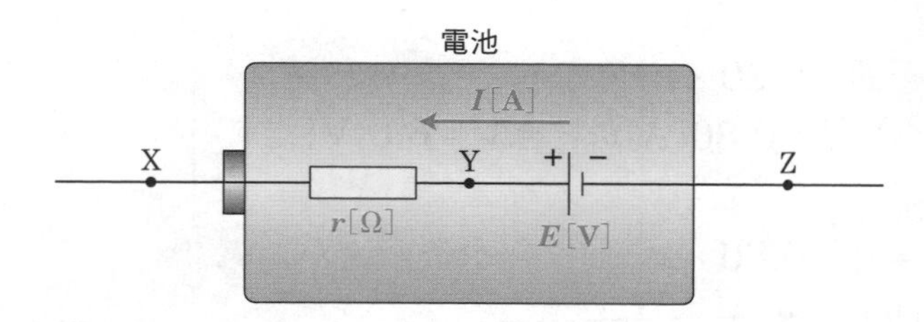

上図のように，起電力$\boldsymbol{E}$[V]，内部抵抗$\boldsymbol{r}$[Ω]の電池に$\boldsymbol{I}$[A]の電流を流した場合を考える。内部抵抗による電圧降下は，オームの法則により$\boldsymbol{rI}$[V]となる。このとき，ZよりもYのほうが$\boldsymbol{E}$[V]だけ電位が高いが，YよりもXのほうが$\boldsymbol{rI}$[V]だけ電位が低くなるので，電池の両端X，Zの間の電位差(電圧)$\boldsymbol{V}$[V]は…

$$V = E - rI$$

と表されます。また，このV[V]を電池の**端子電圧**と呼びます。

問題210　標準

ある電池に電流を流し，端子電圧を測定する実験をした。流す電流を変えていったところ，電流I[A]と端子電圧V[V]の関係は，右のようなグラフとなった。この電池の起電力E[V]と内部抵抗r[Ω]を求めよ。

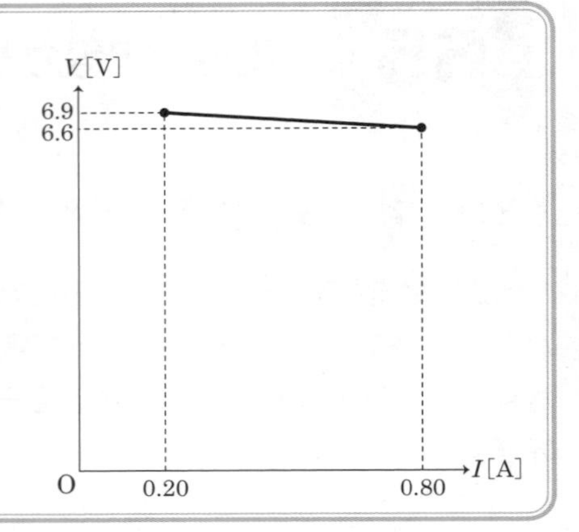

解答でござる

$V=E-rI$　…(＊)

先ほど登場した公式のようなものです。

グラフより，$I=0.20$[A]のとき$V=6.9$[V]だから，

$6.9=E-0.20\times r$　…①

代入しました!!

グラフより，$I=0.80$[A]のとき$V=6.6$[V]だから，

$6.6=E-0.80\times r$　…②

またまた代入しました!!

①×4－②より，

rを消去したい!!

$$
\begin{array}{rl}
27.6=4E-0.80\times r & \cdots ①\times 4 \\
-)\ 6.6=\ E-0.80\times r & \cdots ② \\
\hline
21=3E &
\end{array}
$$

$\therefore\ E=7.0$[V]　…③

③を①に代入して，

$6.9=7.0-0.20\times r$

$0.20\times r=0.1$

$\therefore\ r=0.50$[Ω]　…④

$0.20\times r=0.1$
$r=\dfrac{0.1}{0.2}=\dfrac{1}{2}$
$\therefore\ r=0.50$

③と④より，

$E=$**7.0**[V]，$r=$**0.50**[Ω]　…(答)

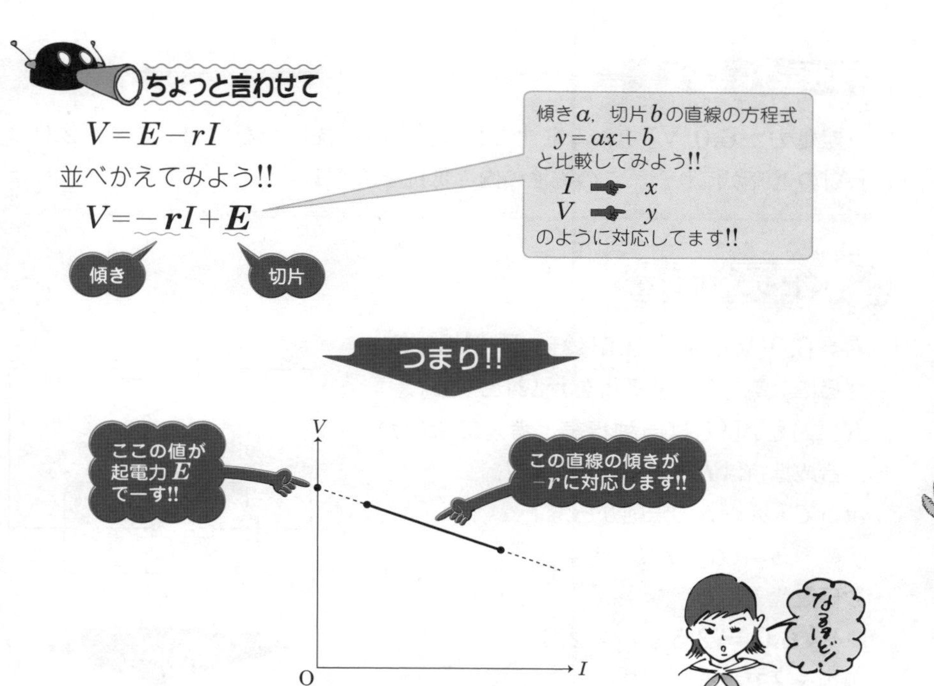
ちょっと言わせて
$V=E-rI$
並べかえてみよう!!
$V=-rI+E$
傾き
切片
傾きa，切片bの直線の方程式
$y=ax+b$
と比較してみよう!!
I → x
V → y
のように対応してます!!
つまり!!
ここの値が
起電力E
でーす!!
この直線の傾きが
$-r$に対応します!!
V
O
I
なるほど!

電気と磁気

問題211 **標準**

起電力が6.0[V]である電池を2.5[Ω]の抵抗につないだところ，2.0[A]の電流が流れた。この電池の内部抵抗を求めよ。

$E=6.0$[V]，$R=2.5$[Ω]，$I=2.0$[A]，
さらに，電池の内部抵抗をr[Ω]とする。

R[Ω]とr[Ω]は直列接続と考えてよいから，合成抵抗は$R+r$[Ω]となる!!

よって，オームの法則から，

$$E=(R+r)I$$

数値を代入して，

$$6.0=(2.5+r)\times 2.0$$

両辺を2でわると，

$$3.0=2.5+r$$

$$\therefore\quad r=\underline{0.50[\Omega]}\quad\cdots(答)$$

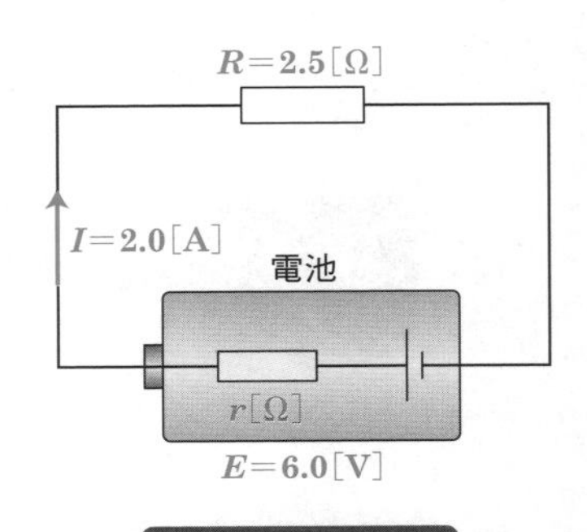

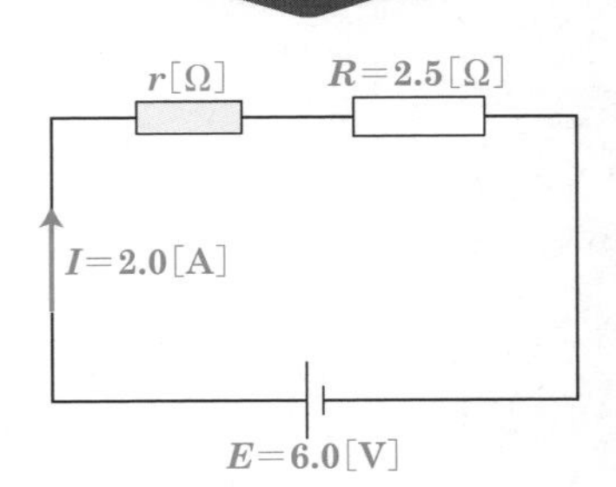

66 キルヒホッフの法則

キルヒホッフの第1法則

回路中のすべての分岐点において…

流れ込む電流の総和 ＝ 流れ出る電流の総和

となります。

例えば，右図のような場合…

$$I_1 + I_2 = I_3 + I_4 + I_5$$

となります。

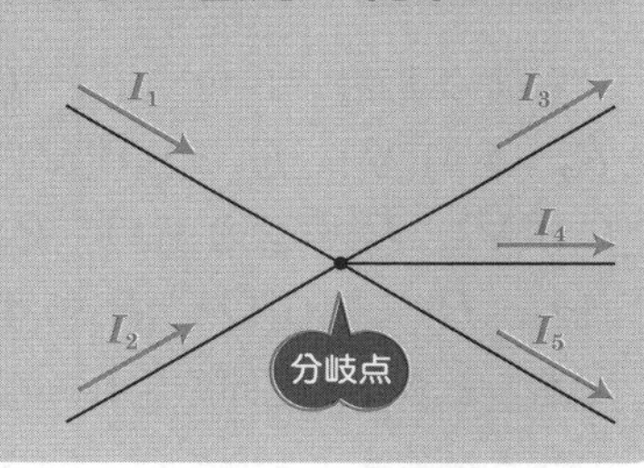

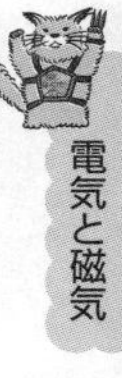

問題212　キソのキソ

右図のような回路において，電流が矢印の向きで，$I_1 = 2.0$[A]，$I_3 = 5.0$[A]であった。このとき，I_2を求めよ。

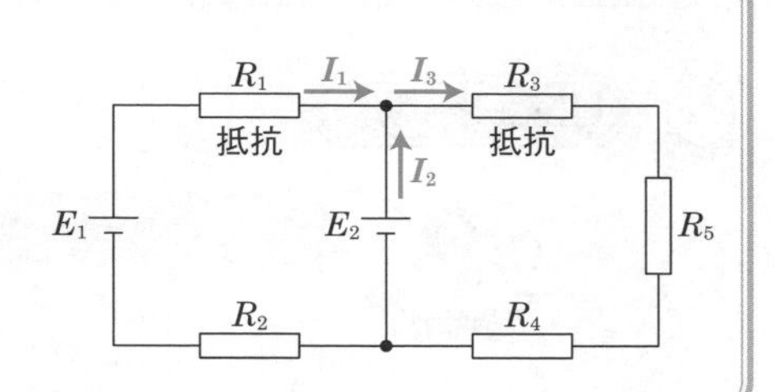

解答でござる

キルヒホッフの第1法則より，

$$I_1 + I_2 = I_3$$

つまり，

$$2.0 + I_2 = 5.0$$

$\therefore\quad I_2 = \underline{3.0\text{[A]}}$　…(答)

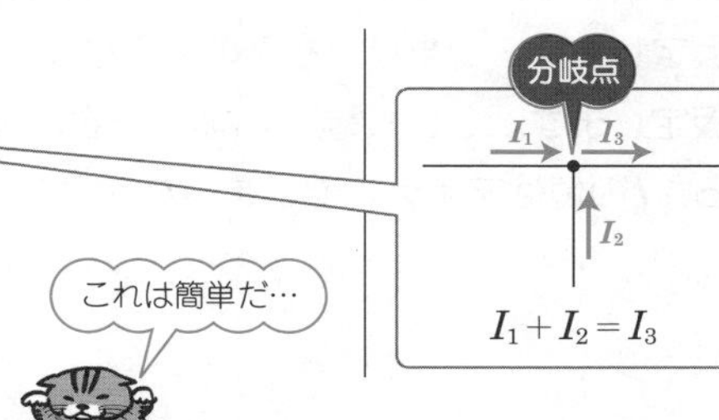

キルヒホッフの第2法則

電位が降下する場合を「＋」，電位が上昇する場合を「－」として…

回路を一周したときの電位の合計 ＝ 0

おそらくピンとこないですよねぇ!? では，問題をとおしてキルヒホッフの第2法則の活用術を体得しよう!!

問題213 標準

右図の回路において，$E_1=6.0$[V]，$E_2=2.0$[V]，$E_3=8.0$[V]，$E_4=3.0$[V]，$R_1=2.0$[Ω]，$R_2=3.0$[Ω]，$R_3=3.0$[Ω]，$R_4=4.0$[Ω]であるとき，XY間を流れる電流とその向きを答えよ。ただし，向きはXY間を上向きか下向きかで答えよ。

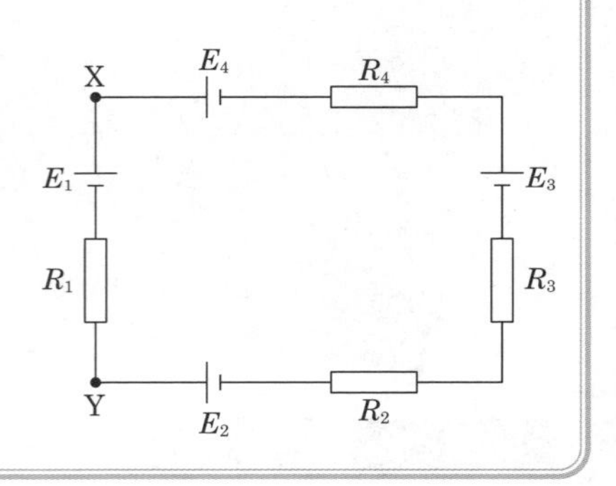

ビジュアル解答

では，“キルヒホッフの第2法則”を活用してみよう!!

ステップ イチ!! 電流の向きと大きさを仮定してみる!!

XY間を上向きにI[A]の電流が流れたと仮定します。つまり，右図のような電流を仮定します。もしも電流の向きが逆だったら，Iの値はマイナスで求まるだけです。

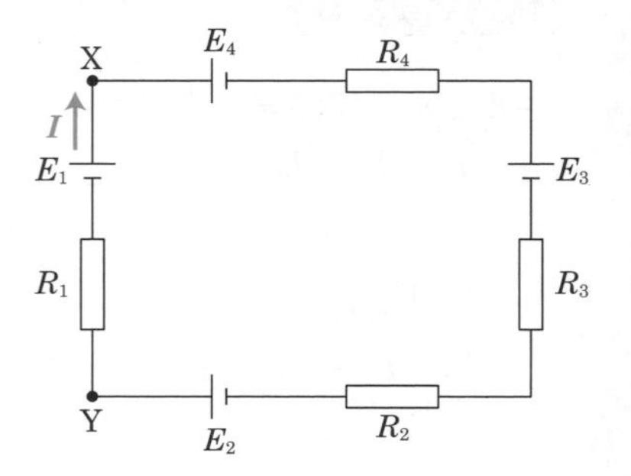

ステップ2　＋と－を書き込む!!

ここがポイント!!
私流の奥義(おうぎ)です。

ルールです!!

電池には正極に＋，負極に－を書き込むべし!!

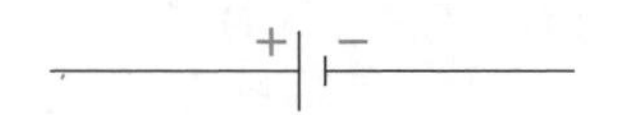

抵抗には電流の向きに沿って，
＋――→－　を書き込むべし!!

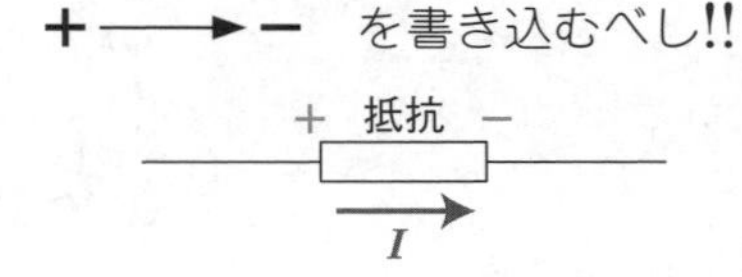

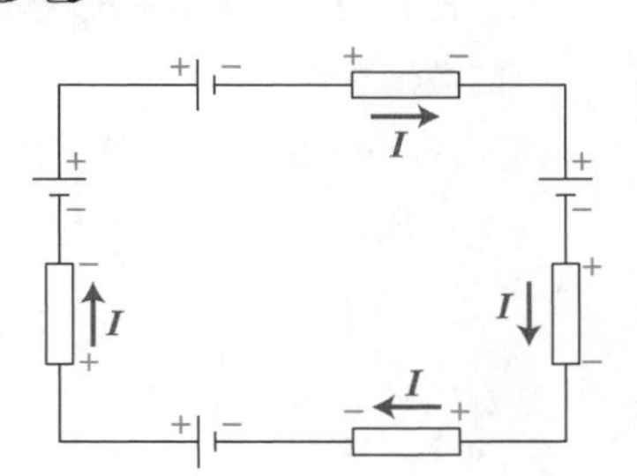

ステップ3　ぐるりと回路を一周して，電圧の合計＝0とせよ!!

ルールです!!

矢印の向きに沿って，
＋――→－　となったら，電圧は㊣
－――→＋　となったら，電圧は㊀
と考えて合計する。

回路を一周する向きは，↻でも，↺でもOK!!

べつに電流の向きに合わせる必要はありません。好きにしてください。

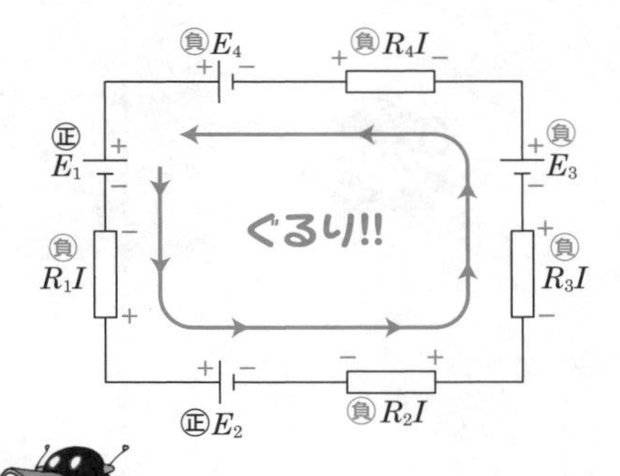

$$\overset{\text{㊣}}{E_1}-\overset{\text{㊮}}{R_1I}+\overset{\text{㊣}}{E_2}-\overset{\text{㊮}}{R_2I}-\overset{\text{㊮}}{R_3I}-\overset{\text{㊮}}{E_3}-\overset{\text{㊮}}{R_4I}-\overset{\text{㊮}}{E_4}=0$$

$$E_1+E_2-E_3-E_4=R_1I+R_2I+R_3I+R_4I$$

移項しただけです。

$$E_1+E_2-E_3-E_4=(R_1+R_2+R_3+R_4)I \quad \cdots(*)$$

（＊）に数値を代入して，

$$(6.0+2.0-8.0-3.0)=(2.0+3.0+3.0+4.0)I$$

$$-3.0=12I$$

$$I=-\frac{3}{12}$$

$$I=-\frac{1}{4}$$

$$\therefore \quad I=-0.25[\text{A}]$$

マイナスということは，ステップイチ!! で仮定した電流の向きが逆だったことを表します。

以上より，

電流は XY 間を**下向きに 0.25 [A]**　…（答）

（＊）の式に注目してください。

$$\underbrace{E_1+E_2-E_3-E_4}_{\text{起電力の総和}}=\underbrace{(R_1+R_2+R_3+R_4)I}_{\text{抵抗による電圧降下の総和}}$$

となっています。

“キルヒホッフの第2法則”をこのように表現することもできます。しかし，いきなりこの式を立てる方針は，符号の混乱を招くのでおすすめしません

問題214　標準

右図の回路で，$E_1 = 8.0$[V]，$E_2 = 12$[V]，$E_3 = 5.0$[V]，$R_1 = 20$[Ω]，$R_2 = 8.0$[Ω]，$R_3 = 10$[Ω]とする。

R_1，R_2，R_3に流れる電流とその向きを答えよ。ただし，向きは上向きか下向きかで答えよ。

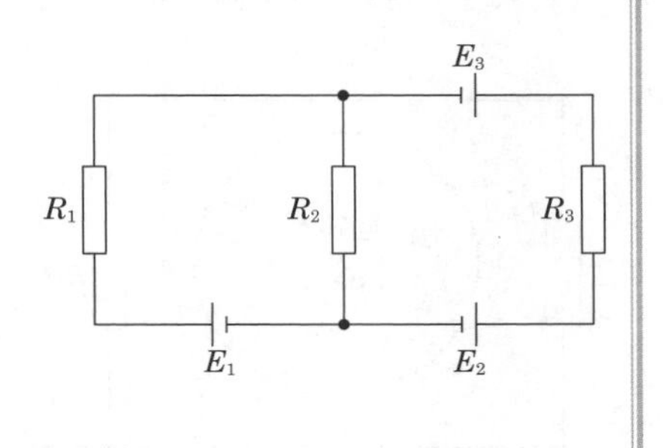

電流の向きと大きさを仮定してみる!!

分岐点に注目して，電流I_1，I_2，I_3が右図のように流れたと仮定します。

このとき，キルヒホッフの第1法則から，

$$I_1 = I_2 + I_3 \quad \cdots ①$$

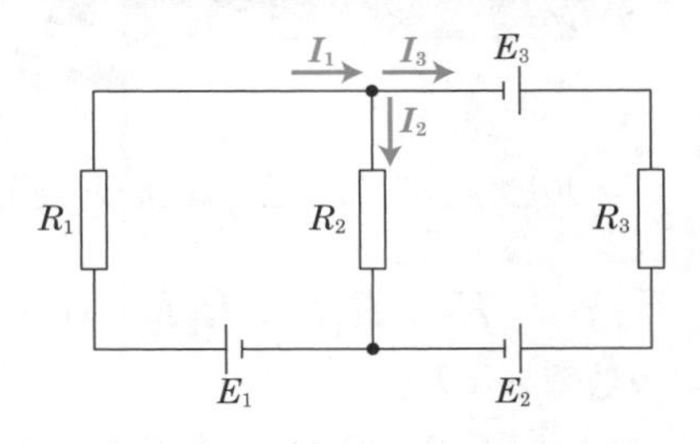

ステップ　ニッ!!

＋と－を書き込む!!

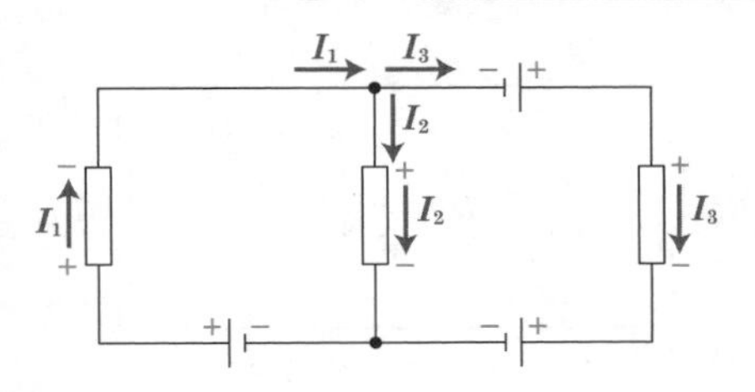

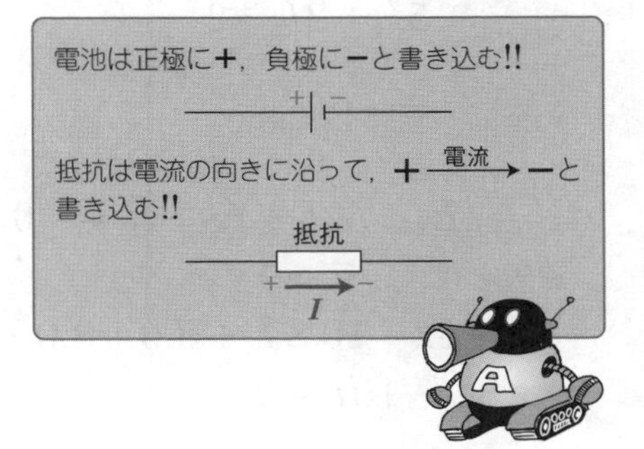

ぐるりと回路を一周して，電圧の合計＝0とせよ!!

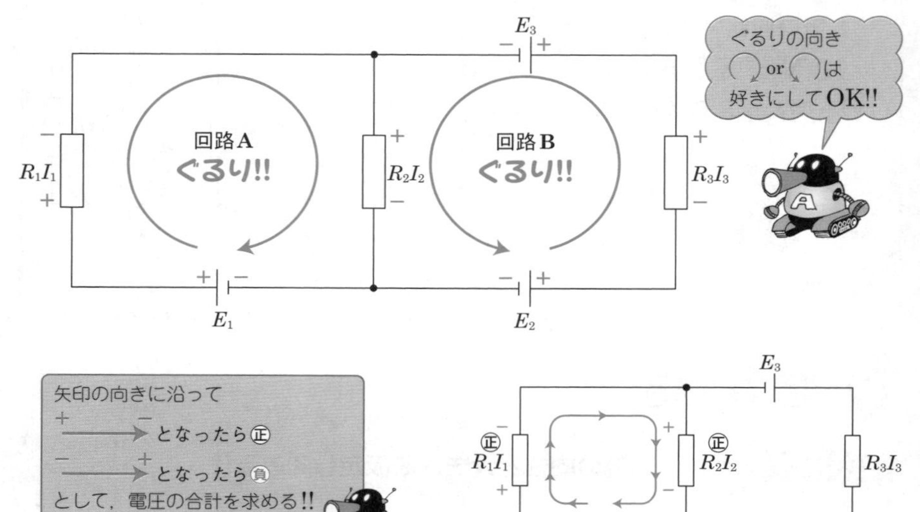

矢印の向きに沿って
+ ⟶ − となったら㊣
− ⟶ + となったら㊀
として，電圧の合計を求める!!

キルヒホッフの第2法則より，回路Aでは，

$$\overset{\text{負}}{-E_1}+\overset{\text{正}}{R_1I_1}+\overset{\text{正}}{R_2I_2}=0$$

回路を一周すると電圧の合計は0です!!

数値を代入して，

$$-8.0+20\times I_1+8.0\times I_2=0$$

$$20I_1+8I_2=8$$

両辺を4でわる!!

$$\therefore\quad 5I_1+2I_2=2 \quad \cdots②$$

同様に，回路Bでは，

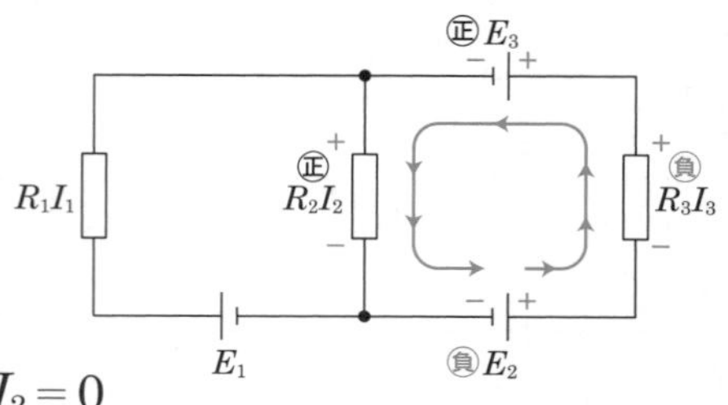

$$\overset{\text{負}}{-E_2}\overset{\text{負}}{-R_3I_3}+\overset{\text{正}}{E_3}+\overset{\text{正}}{R_2I_2}=0$$

数値を代入して，

$$-12-10\times I_3+5.0+8.0\times I_2=0$$

$$8I_2-10I_3=7 \quad \cdots③$$

あとは連立方程式①，②，③を解くだけです!!

$$\begin{cases} I_1 = I_2 + I_3 & \cdots ① \\ 5I_1 + 2I_2 = 2 & \cdots ② \\ 8I_2 - 10I_3 = 7 & \cdots ③ \end{cases}$$

①を②に代入して，

$$5(I_2 + I_3) + 2I_2 = 2$$

$$7I_2 + 5I_3 = 2 \quad \cdots ④$$

I_2とI_3の式をつくり，③と連立する作戦です!!

③＋④×2より，

$$\begin{aligned} 8I_2 - 10I_3 &= 7 \quad \cdots ③ \\ +)\ 14I_2 + 10I_3 &= 4 \quad \cdots ④\times 2 \\ \hline 22I_2 \qquad\quad &= 11 \end{aligned}$$

I_3を消去!!

$$I_2 = \frac{11}{22}$$

$$\therefore \quad I_2 = 0.50[\mathrm{A}] \quad \cdots ⑤$$

⑤を②に代入して，

$$5I_1 + 2 \times 0.50 = 2$$

$$5I_1 + 1 = 2$$

$$5I_1 = 1$$

$$I_1 = \frac{1}{5}$$

$$\therefore \quad I_1 = 0.20[\mathrm{A}] \quad \cdots ⑥$$

⑤を③に代入して，

$$8 \times 0.50 - 10I_3 = 7$$

$$4 - 10I_1 = 7$$

$$-10I_3 = 3$$

$$I_3 = -\frac{3}{10}$$

$$\therefore \quad I_3 = -0.30[\mathrm{A}] \quad \cdots ⑦$$

⑤，⑥，⑦より，I_3だけ負の値となったので，I_3だけがステップ1で仮定した電流の向きと逆であったことを示す。

電気と磁気

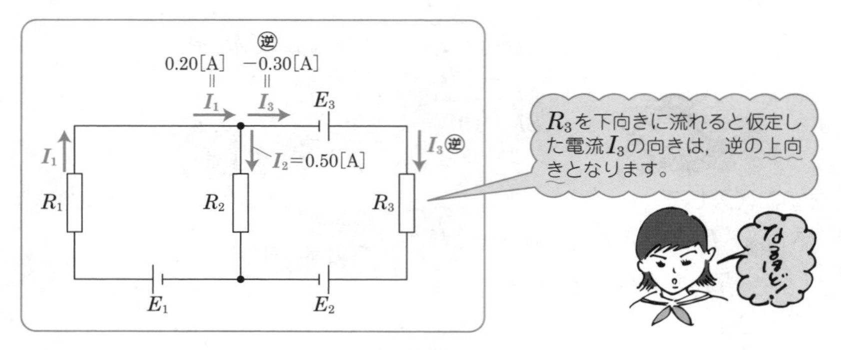

以上より，R_1，R_2，R_3を流れる電流は…

R_1を流れる電流は**上向きに 0.20[A]**　…(答)

R_2を流れる電流は**下向きに 0.50[A]**　…(答)

R_3を流れる電流は**上向きに 0.30[A]**　…(答)

Theme 67 直流回路におけるいろいろな問題

電池から一定の電流が送り出され，各抵抗に一定の電流が流れる回路が直流回路です。つまり，いままで扱っていた回路はすべて直流回路です。ここでは，この直流回路にまつわる有名な問題たちを紹介します。

その1 “ホイートストンブリッジ”

問題をとおして公式を導き出しましょう!!

問題215　標準

右図の回路において，XY間の検流計Ⓖに電流が流れないようにするには，4つの抵抗R_1，R_2，R_3，R_4がどのような関係になればよいか。関係式を求めよ。

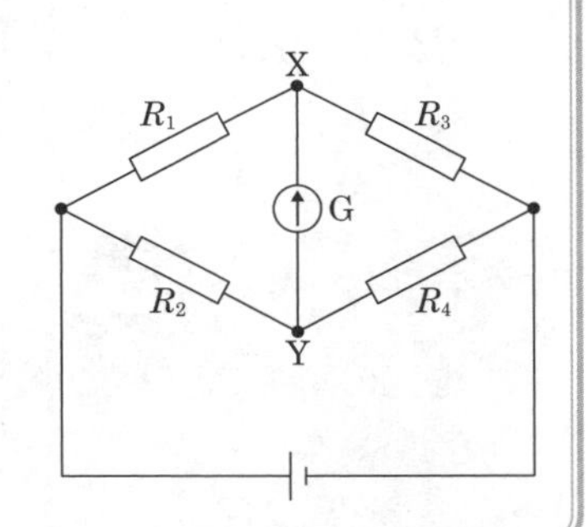

検流計とは電流が流れているかどうかを確認する装置です!!

ビジュアル解答

XY間に電流が流れないということは…

ポイント1

R_1に流れる電流＝R_3に流れる電流
R_2に流れる電流＝R_4に流れる電流

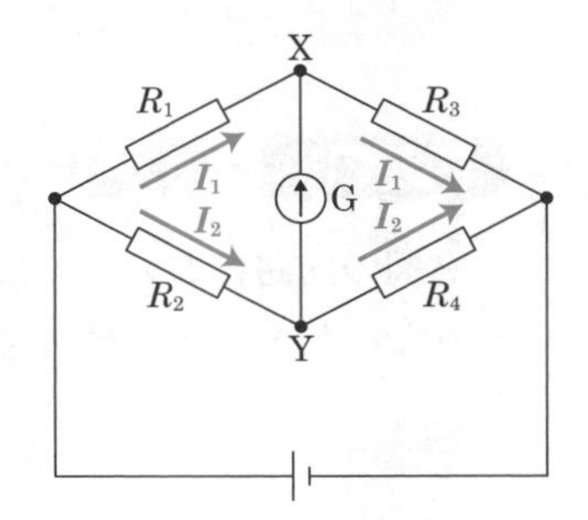

R_1，R_3に流れる電流をI_1
R_2，R_4に流れる電流をI_2
とおく!!

XY間に電位差が生じると電流が流れてしまうので，Xの電位とYの電位は等しい!!

つまり…

$$\begin{cases} R_1\text{にかかる電圧} = R_2\text{にかかる電圧} \\ R_3\text{にかかる電圧} = R_4\text{にかかる電圧} \end{cases}$$

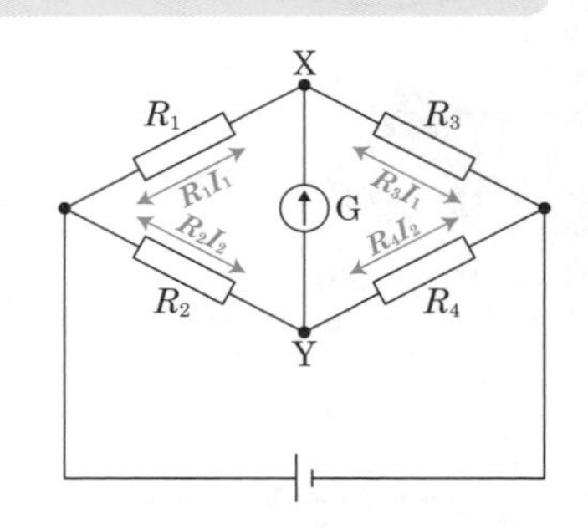

よって…

$R_1I_1 = R_2I_2$　…①

$R_3I_1 = R_4I_2$　…②

I_1とI_2を消去するために，①÷②を考え，

$$\frac{R_1I_1}{R_3I_1} = \frac{R_2I_2}{R_4I_2}$$

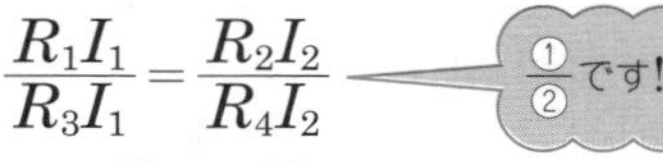

$\therefore\quad \frac{R_1}{R_3} = \frac{R_2}{R_4}$　…(答)

ザ・まとめ

右図の回路において，XY間に電流が流れない条件は…

$$\frac{R_1}{R_3} = \frac{R_2}{R_4}$$

また，このような回路をホイートストンブリッジと呼びます。

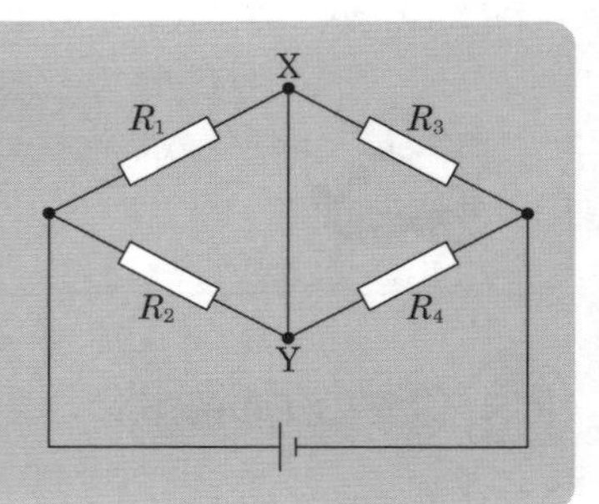

問題216　キソ

右図の回路において，検流計Ⓖに電流が流れないとき，抵抗Rの大きさを求めよ。

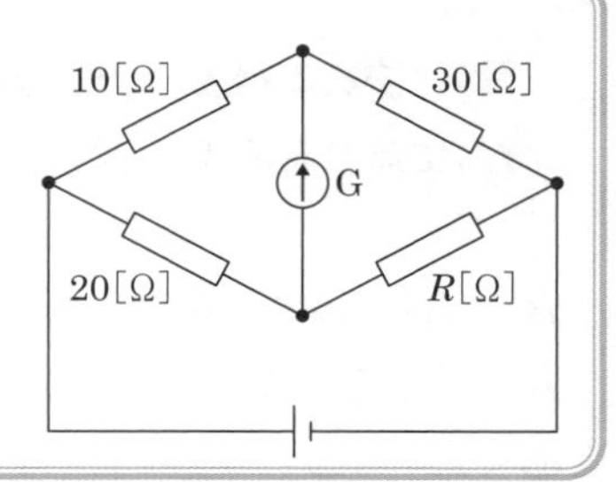

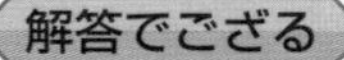

$$\frac{10}{30}=\frac{20}{R}$$

$$10R=20\times30$$

$$R=\underline{60[\Omega]}\quad\cdots(答)$$

その2　"電位差計"のお話

可変抵抗(大きさを自由に変えられる抵抗)によって，電池の起電力を精密に測定する装置を**電位差計**と呼びます。では，これをテーマにした問題をやってみましょう!!　そうすれば，電位差計のシステムも同時に理解できます。

問題217　標準

ABは一様な抵抗線で，PはAB上を自由に動かすことができる接点である。

電池Eは抵抗線ABに一定の電流I[A]を流し，AB間の電位差を一定に保つためだけにある(よって，計算には登場しません!!)。電池E_0はすでに起電力がわかっている電池で，この起電力をE_0[V]とする。

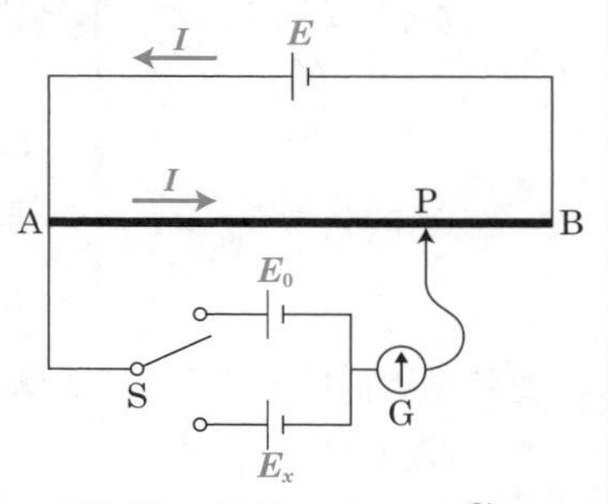

電池E_xの起電力E_x[V]を計測することがこの装置の目的である。Sはスイッチ，Ⓖ(↑)は検流計として，次の各問いに答えよ。

(1)　スイッチSをE_0側に入れると，AP間の抵抗値がR_0[Ω]のとき検流計(↑)に電流は流れなかった。このとき，E_0，R_0，Iの関係式を求めよ。

(2)　スイッチSをE_x側に入れると，AP間の抵抗値がR[Ω]のとき検流計(↑)に電流は流れなかった。このとき，E_x，R，Iの関係式を求めよ。

(3)　(1)，(2)より，E_xをR_0，R，E_0を用いて表せ。

(4)　(1)のときのAPの長さをl_0，(2)のときのAPの長さをlとしたとき，E_xをl_0，l，E_0を用いて表せ。

解答でござる

(1) 検流計に電流が流れないということは，

$$E_0 = \mathrm{AP}\text{間の電位差}$$

となる。

$$\therefore \quad E_0 = R_0 I \quad \cdots(\text{答})$$

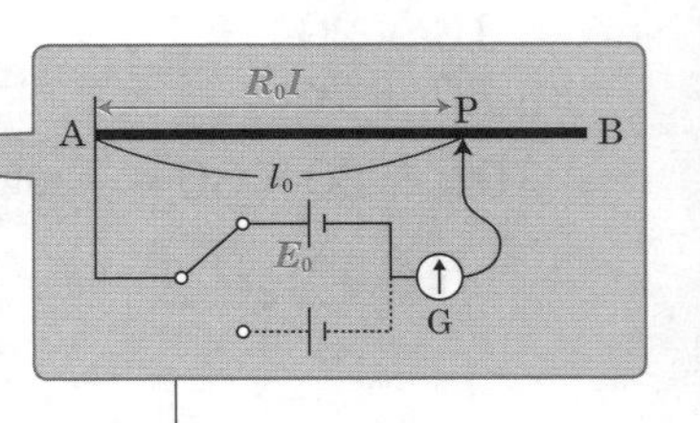

(2) (1)と同様に，検流計に電流が流れないということは，

$$E_x = \mathrm{AP}\text{間の電位差}$$

となる。

$$\therefore \quad E_x = RI \quad \cdots(\text{答})$$

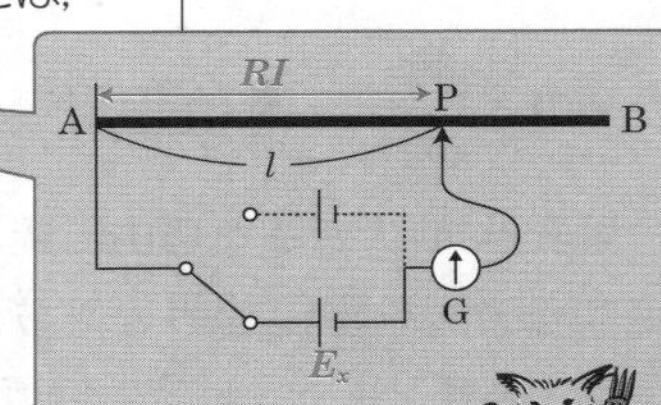

(3) (1)と(2)の(答)の式からIを消去すると，

$$\frac{E_x}{E_0} = \frac{RI}{R_0 I}$$

(2)の式/(1)の式です!!

$$= \frac{R}{R_0}$$

$$\therefore \quad E_x = \frac{R}{R_0}E_0 \quad \cdots(\text{答})$$

(4) 抵抗値は抵抗線の長さに比例するから，

p.609参照!!

$$R_0 : R = l_0 : l$$

$$Rl_0 = R_0 l$$

$$\therefore \quad \frac{R}{R_0} = \frac{l}{l_0}$$

これを(3)の(答)の式に代入して，

$$E_x = \frac{l}{l_0}E_0 \quad \cdots(\text{答})$$

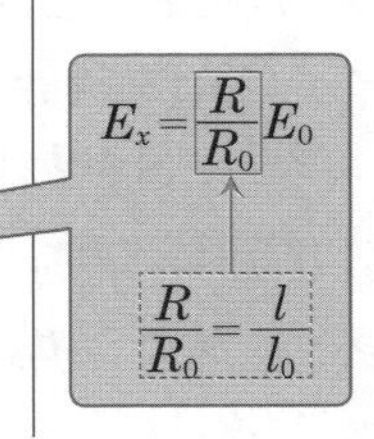

つまり，抵抗線の長さを測るだけで電池の起電力を測定できます。

“電流計の問題と言えばこれだ!!”

電流計の性能をアップさせるにはどうすればよいか?? 問題をとおして解説しましょう。

問題218 標準

内部抵抗が0.98[Ω]で，最大10[mA]まで測定できる電流計を最大500[mA]まで測定できるようにするためには，どうすればよいか。

右図のように，抵抗R[Ω]を電流計と並列につなぎ，500[mA]の電流のうち，490[mA]を抵抗R[Ω]側に流せばOK!!

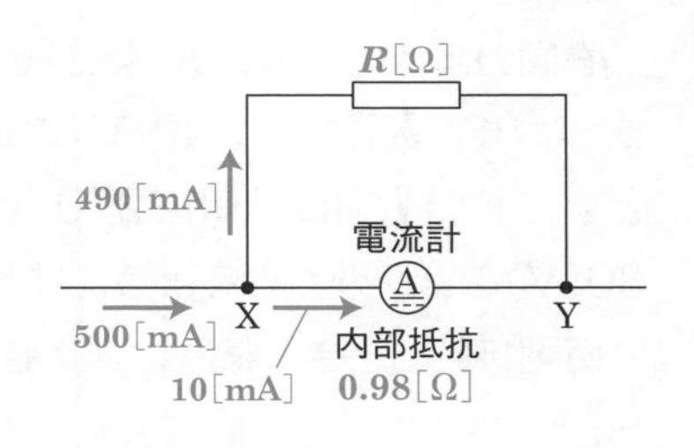

XY間の電位差に注目すると，

Rにかかる電圧＝Ⓐにかかる電圧

となるから…

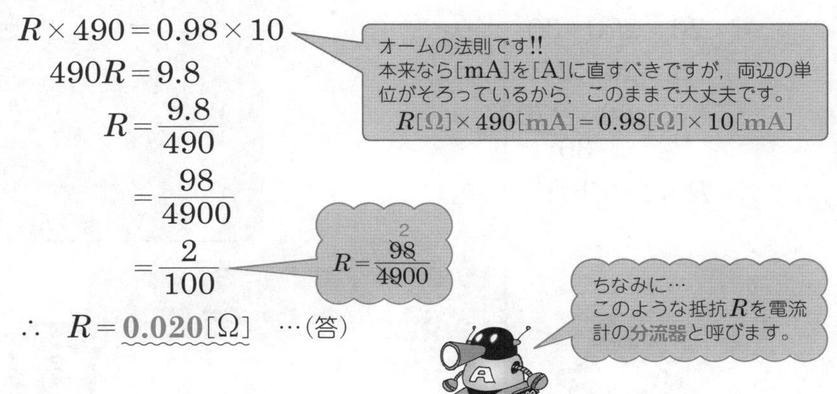

$$R \times 490 = 0.98 \times 10$$
$$490R = 9.8$$
$$R = \frac{9.8}{490}$$
$$= \frac{98}{4900}$$
$$= \frac{2}{100}$$

∴　$R = \underline{0.020[\Omega]}$　…(答)

“電圧計の問題と言えばこれだ!!”

電圧計の性能をアップさせるにはどうすればよいか??　問題をとおして解説しましょう。

問題219　標準

内部抵抗が20[kΩ]で，最大30[V]まで測定できる電圧計を最大300[V]まで測定できるようにするためには，どうすればよいか。

ビジュアル解答

X　R[kΩ]　Y　電圧計　Z
内部抵抗 20[kΩ]
270[V]　30[V]
300[V]

右図のように，抵抗R[kΩ]を電圧計と直列につなぎ，XZ間に300[V]の電圧をかけたとき，抵抗R[kΩ]側に270[V]，電圧計に30[V]の電圧がかかるようにすればOK!!

直列接続のとき，電圧は抵抗値に比例するから，

$$R : 20 = 270 : 30$$

$$30 \times R = 20 \times 270$$

$$R = \frac{20 \times 270}{30}$$

$$\therefore \quad R = 180[\text{k}\Omega] \quad \cdots(答)$$

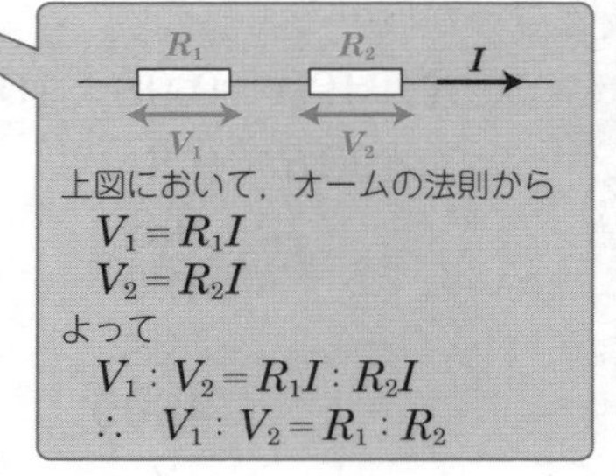

ちなみに…
このような抵抗Rを電圧計の倍率器と呼びます。

5 “非線形抵抗に流れる電流”

金属の電気抵抗は温度が上昇するにつれて大きくなります。これは金属イオンの熱運動が激しくなって自由電子の運動を妨げ，電流を流れにくくするからです。

このため，熱を多く発生させる金属に電圧をかける場合，抵抗値が変化するので，オームの法則にしたがわなくなります。これをテーマにした問題をやってみましょう。

問題220 標準

右図のグラフで表される電流―電圧特性の電球がある。この電球を下図のように5.0[Ω]の抵抗と直列につなぎ，18[V]の電池と接続した。このとき，電池から流れ出る電流を求めよ。

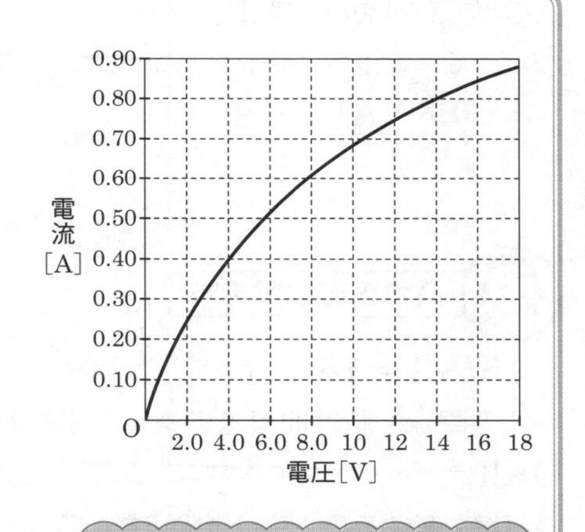

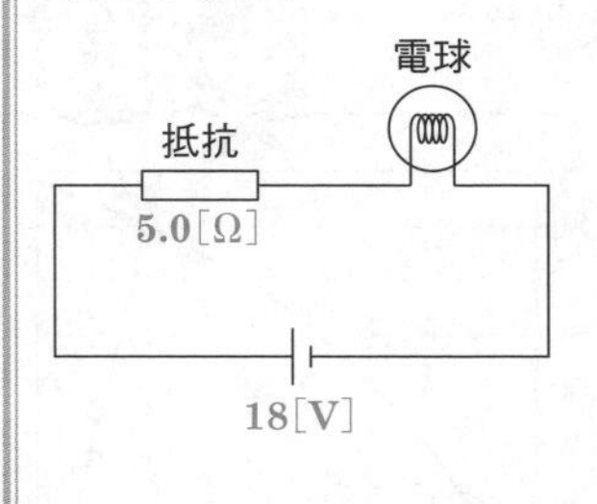

とにかく!!

電球にかかる電圧をV[V]

流れる電流をI[A]とおけ!!

ん!?

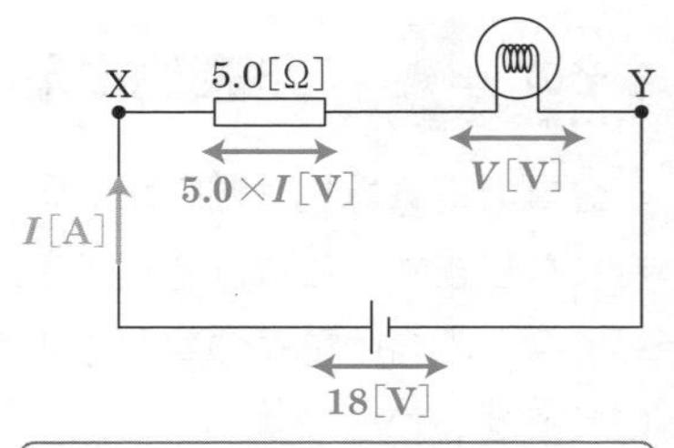

右図のように，回路を流れる電流をI[A]，電球にかかる電圧をV[V]とおくと，XY間の電位差に注目して，

$$5.0\times I+V=18$$

$$5I+V=18 \quad \cdots(*)$$

(＊)をみたす点をグラフ上からさがすと…

$V=14$，$I=0.80$

をとると

$$5\times 0.80+14=18$$

となり，(＊)をみたす!!

よって，電池から流れ出る電流は，

0.80[A]　…(答)

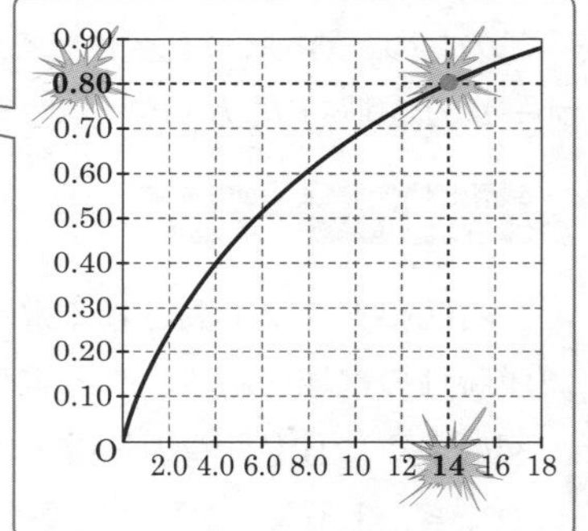

バカ正直な解き方

$$5I+V=18 \quad \cdots(*)$$

IもVも1次なので(＊)は直線である。

この直線と特性曲線との交点を求めればOK!!

直線を考える際，(＊)上の点をいろいろ調べるうちに$V=14$，$I=0.80$は見つかってしまう!!　どうせ答えはグラフ上の目盛りが読み取りやすい点(座標がピッタリな点)になる可能性がきわめて高いので，探してしまったほうが速いぜ✌

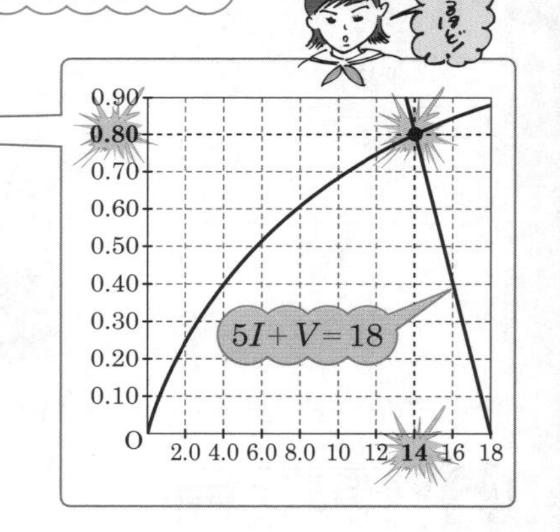

その6　“接地(アースとも呼びます!!)”

地球はきわめて大きな導体であり，その電位はほぼ一定である!!　つまり，導体を導線で地面につなぐと，その導体の電位は地面(地球)の電位と等しくなり，一定に保たれます。この“導線で地面につなぐ”ことを**接地**(または**アース**)と呼びます。

問題221　キソ

右図の回路において，$E=6.0$[V]，$R_1=2.0$[Ω]，$R_2=3.0$[Ω]である。ただし，点Yは接地してある。

(1)　電池から流れ出る電流I[A]を求めよ。

(2)　点Xの電位V_X[V]を求めよ。

(3)　点Zの電位V_Z[V]を求めよ。

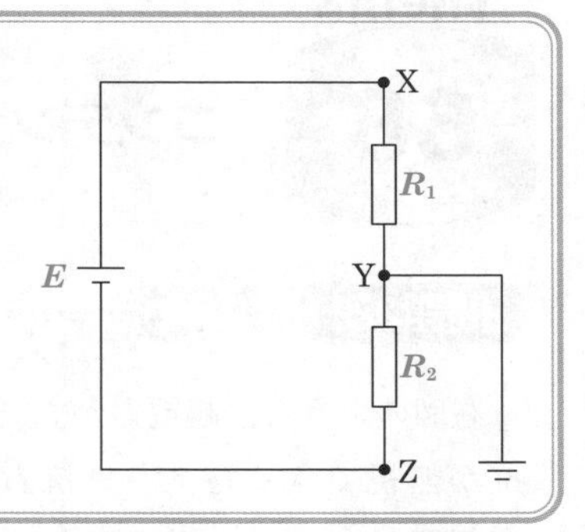

ナイスな導入

接地した点の電位は**0**[V]と考える!!

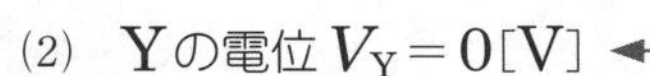

(1)　$E=(R_1+R_2)I$より

$6.0=(2.0+3.0)I$

$6=5I$

$\therefore\ I=\dfrac{6}{5}=$ **1.2**[A]　…(答)

> R_1とR_2は直列接続!!
> よって，合成抵抗はR_1+R_2
> コンデンサーとは逆!! なので注意しよう!!

(2)　Yの電位$V_Y=0$[V]　← 接地してあるから!!

XY間の電位差は$R_1I=2.0\times1.2=2.4$[V]

点Xは点Yよりも電位が高いから，

点Xの電位V_Xは，

$V_X=$ **2.4**[V]　…(答)

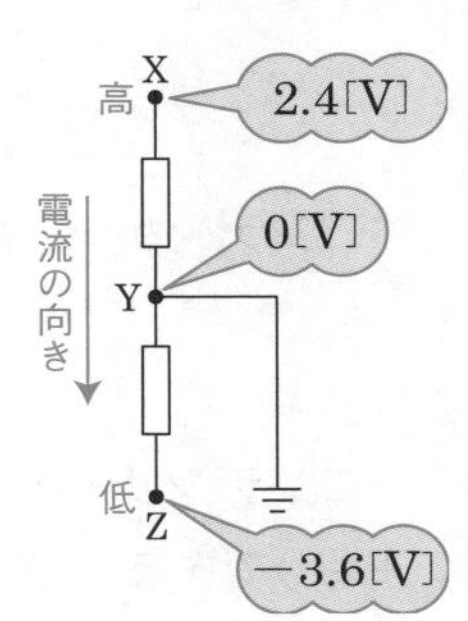

(3)　YZ間の電位差は$R_2I=3.0\times1.2=3.6$[V]

点Zは点Yよりも電位が低いから，

点Zの電位V_Zは，

$V_Z=$ **−3.6**[V]　…(答)

Theme 68 コンデンサーを含む直流回路

問題222 標準

　右図のような，起電力がEで内部抵抗が無視できる電池，抵抗R_1，R_2，電気容量Cのコンデンサー，さらにスイッチSで構成された回路がある。

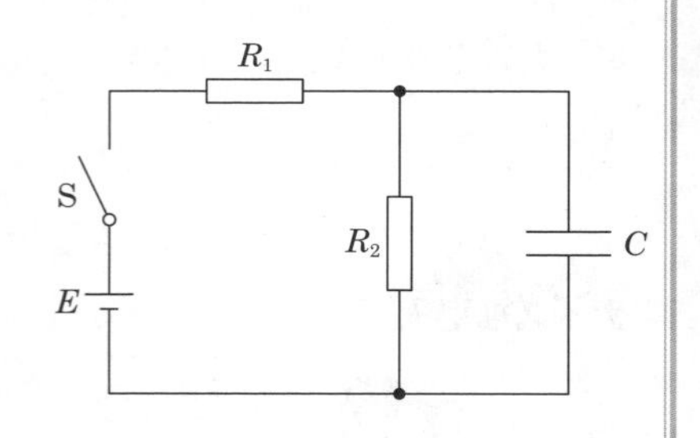

　最初Sは開いており，コンデンサーに電荷を与えていないものとする。このとき，次の各問いに答えよ。

(1)　Sを閉じた瞬間に電池から流れ出る電流I_0を求めよ。

(2)　充分時間がたったとき，電池から流れ出る電流Iを求めよ。

(3)　(2)のときコンデンサーに蓄えられる電荷を求めよ。

(4)　再びSを開いて十分時間がたったとき，コンデンサーに蓄えられる電荷を求めよ。

ビジュアル解答

(1)　Sを閉じた瞬間はコンデンサーに電荷はない!!

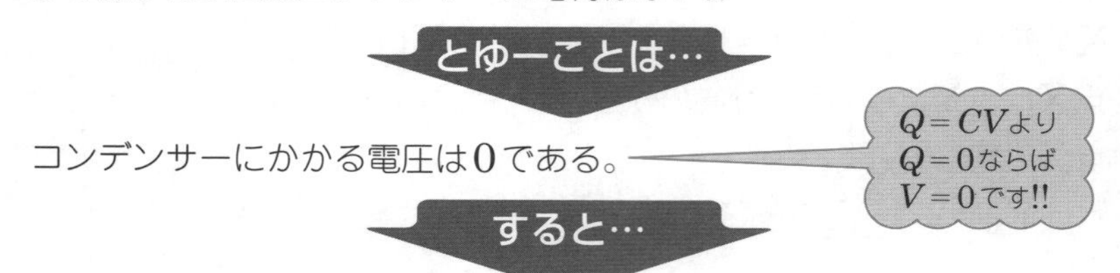

コンデンサーにかかる電圧は0である。

　コンデンサーと抵抗R_2は並列に接続されているので，抵抗R_2にかかる電圧も0である。つまり，抵抗R_2に電流は流れていない。

よって!!

電池から流れ出る電流I_0はすべてコンデンサー側に流れる!!

回路中の電圧降下は抵抗R_1によるR_1I_0だけであるから，

$$E = R_1I_0$$

$$I_0 = \frac{E}{R_1} \quad \cdots(答)$$

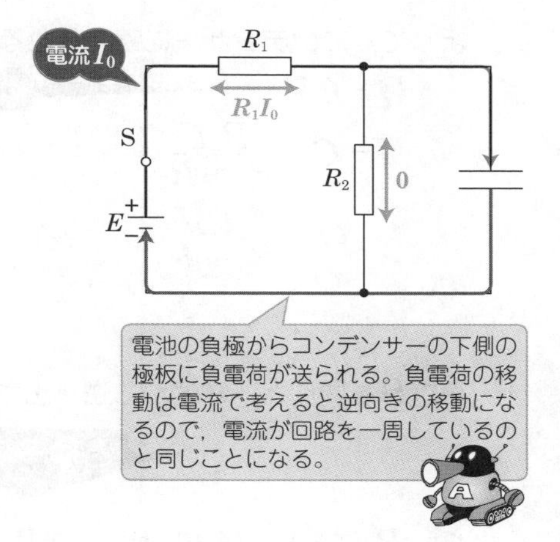

(2)　Sを閉じてから十分時間がたつとコンデンサーの充電は完了し，コンデンサー側へ流れる電流はなくなる!!

つまり!!

R_1とR_2は直列接続であるから，

$$E = R_1I + R_2I$$

$$= (R_1 + R_2)I$$

$$\therefore \quad I = \frac{E}{R_1 + R_2} \quad \cdots(答)$$

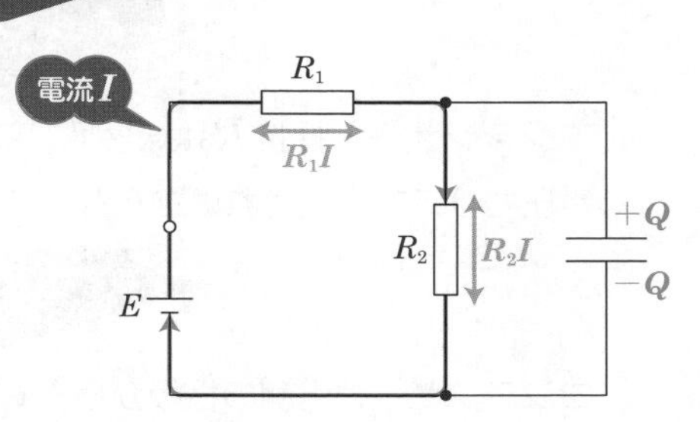

(3)　(2)のときコンデンサーにかかる電圧とR_2にかかる電圧は等しい。

この電圧をVとすると，

$$V = R_2I$$

$$= R_2 \times \frac{E}{R_1 + R_2}$$

$$= \frac{R_2E}{R_1 + R_2}$$

(2)より，$I = \dfrac{E}{R_1 + R_2}$です!!

よって，コンデンサーに蓄えられる電荷Qは，

$$Q = CV$$

公式です!!

$$= C \times \frac{R_2E}{R_1+R_2}$$

$$\therefore \quad Q = \frac{CR_2E}{R_1+R_2} \quad \cdots(答)$$

(4) 再びSを開くと，電池から送り出される電流が0になる!!

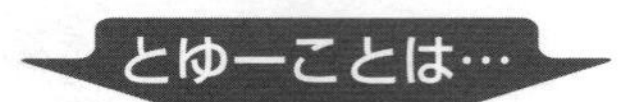

抵抗R_2に流れる電流は0になる!!

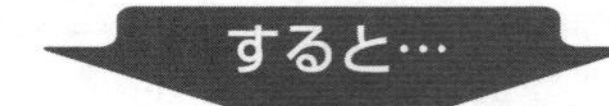

抵抗R_2にかかる電圧は0になる!!

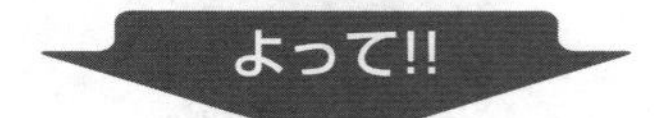

コンデンサーと抵抗R_2は並列に接続されているので，コンデンサーにかかる電圧も0にならなければならない!!

つまり!!

コンデンサーの上側の極板から$+Q$の電荷がコンデンサーの下側の極板に移動して，$-Q$と合わさる!!

すると，

$$+Q - Q = 0$$

となり電荷は消滅する!!

よって，電荷は$\underline{0}$ …(答)

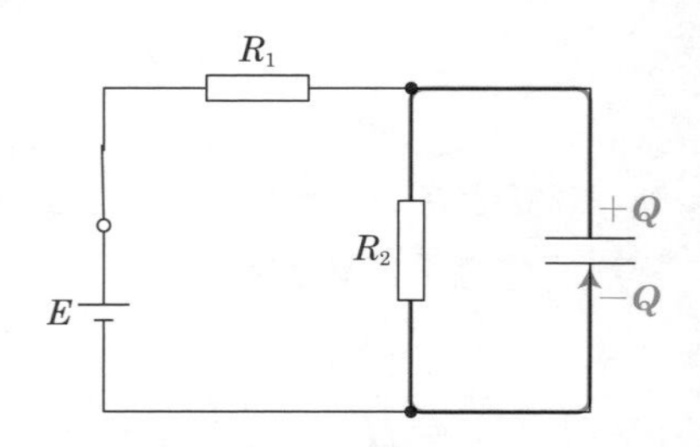

もちろん，下側の極板の$-Q$が上側の極板に移動したと考えてもOK!!
さらに，$+Q$と$-Q$がまん中のR_2あたりで出会って消滅したと考えてもOK!!

Theme 69 電流による磁界

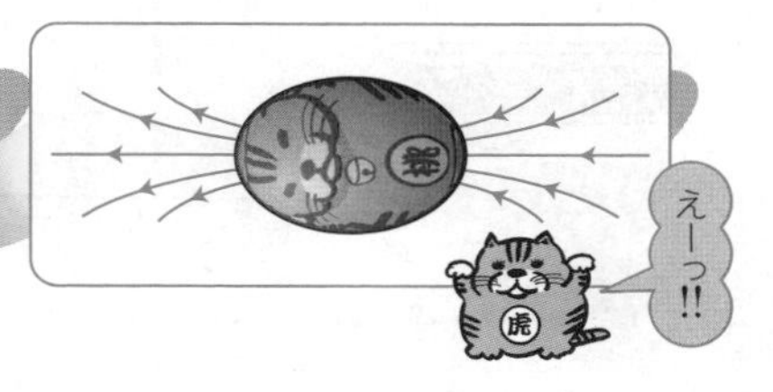

その1 “磁極”のお話です

1本の磁石には，**N極**と**S極**の2種類の**磁極**があります。同じ極どうしでは反発し合う力(**斥力**(せきりょく)と呼びます!!)がはたらき，異なる極どうしでは引き合う力(**引力**です!!)がはたらきます。

この斥力や引力を**磁力**，または**磁気力**と呼びます。
いろいろ学習する前に常識チェーック!!

問題223　キソのキソ

下図のような1本の棒磁石において，①～⑥の場所を考えてみます。

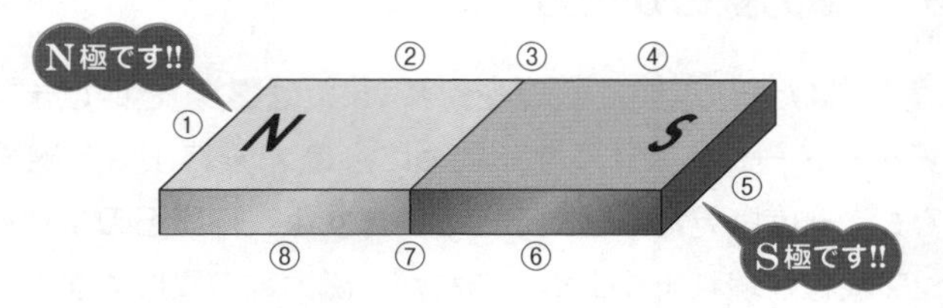

(1)　鉄粉(砂鉄)をよく吸いつける場所は①～⑥のうちどこか。

(2)　銀粉をよく吸いつける場所は①～⑥のうちどこか。

(3)　この棒磁石のまん中を糸でつるしたとき，北側を向くのは①～⑥のうちどこか。

(4)　この棒磁石のまん中を糸でつるしたとき，南側を向くのは①～⑥のうちどこか。

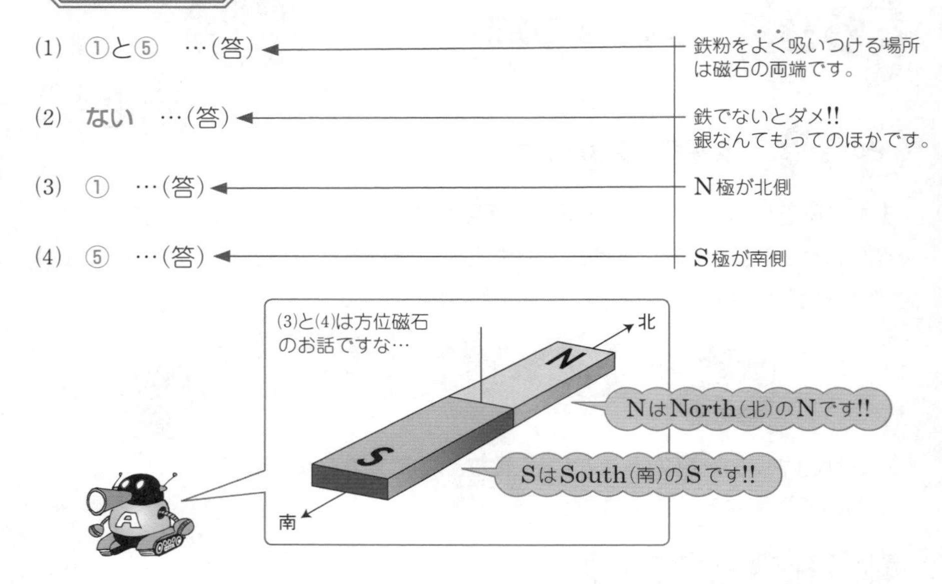

その2 “磁力線のかき方”について

磁力(磁気力)がはたらく空間のことを**磁界**(または**磁場**)と呼びます。この目に見えない世界をイメージしやすくするために，**磁力線**によって磁界の様子を表現します。でも，一度は見たことあると思いますよ。棒磁石のまわりに鉄粉をまくと，シマシマ模様が現れますよね。あれが，磁力線の原形です。

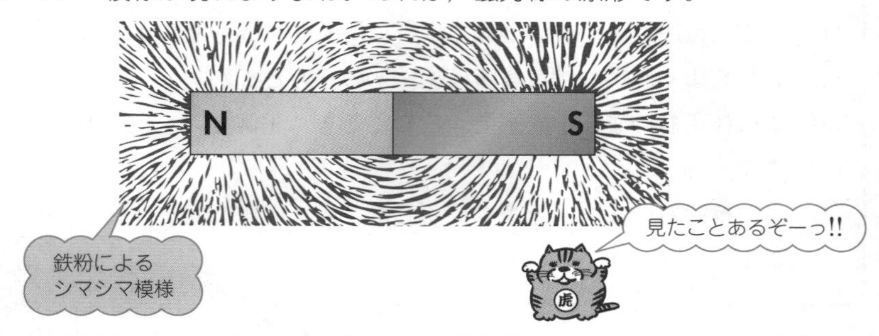

このままでは力の向きがあいまいなので，磁力線において次のように約束します。

磁力線は，**N極から出てS極に入る!!**

すると，先ほどの棒磁石における磁力線は次のようになります。なお，磁力線の向きに方位磁石のN極は向きます。

S極　N極
方位磁石です!!

N　S
ポイント①
ポイント②

磁力線の密度が磁界（磁場）の強さを表しています。つまり，上図のポイント①やポイント②のような磁力線が密集しているところは，磁界が強いことになります。

"磁力線をかけ!!" と言われた場合，何本かき込めばいいんだ…みたいに悩む人も多いと思いますが，そこは気にする必要はありません
次に典型的なタイプを用意しましたので，かき方のコツを覚えてしまおう!!

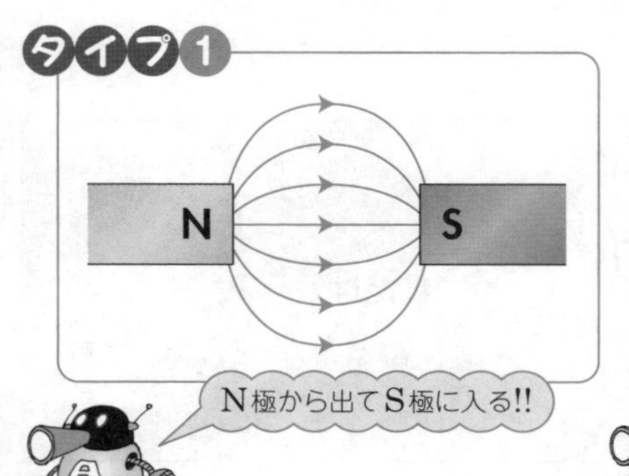

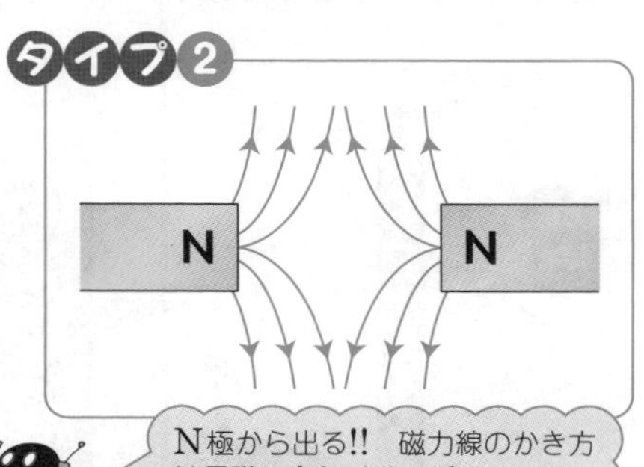

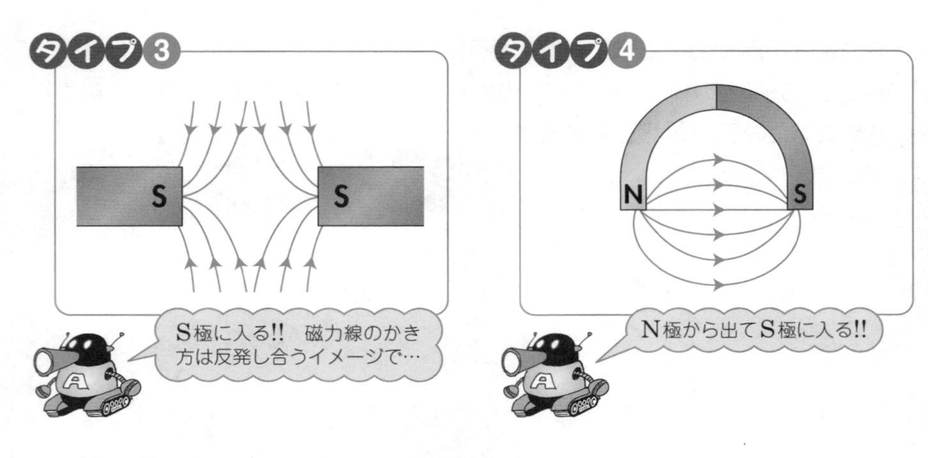

“直線電流がつくる磁界”

導線に電流を流すと，その導線のまわりに磁界が生じる。これは導線のまわりに方位磁石を置くことで確認できます。

この磁界の向きは，

をしたとき，親指の向きを電流の向きに対応させれば，残り4本の指の向きが磁界の向きに対応します(これを“右手の法則”と申します)。もうひとつ方法があって，ねじが進む向きを電流の向きに対応させれば，ねじを回すべき向きが磁界の向きに対応します(これを“右ねじの法則”と申します)。

しかし，ねじを回した記憶ってありますか??　ですから「右手でGood!!」のほうがよいと思いますよ。

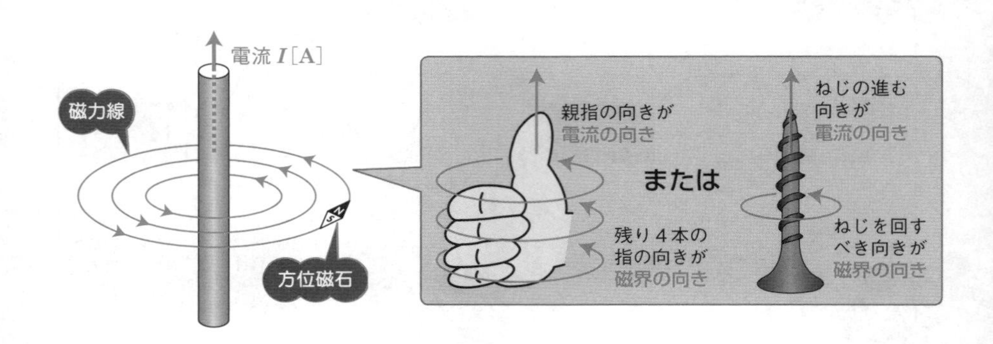

この磁界の強さを求める公式もございまして…

直線電流のつくる磁界（磁場）の強さ

直流電流のつくる磁界の強さ$\boldsymbol{H}$[A/m]は，電流の大きさ$\boldsymbol{I}$[A]と電流からの距離$\boldsymbol{r}$[m]により求められる!!

単位についてはのちほど…

$$H=\frac{I}{2\pi r}$$

注1　Hは電流の大きさIに比例し，距離rに反比例します。

注2　Hの単位ですが…

$$H=\frac{I\,[\mathrm{A}]}{2\times\pi\times r\,[\mathrm{m}]}$$

単位なし!!

右辺の単位のみに注目すると…

$$\frac{[\mathrm{A}]}{[\mathrm{m}]}=[\mathrm{A/m}]$$

つまり，Hの単位は[A/m]です。

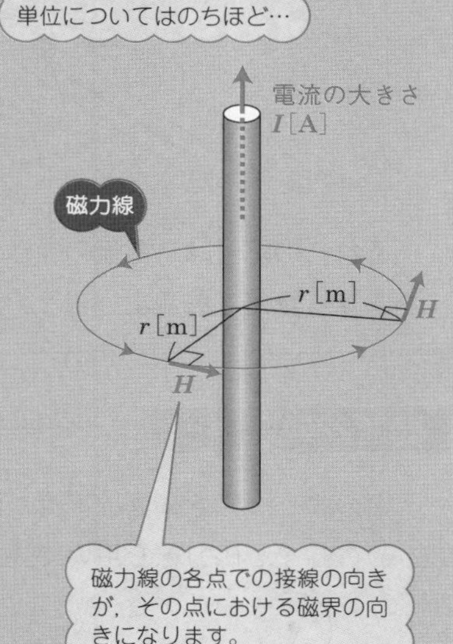

補足コーナー

これからスムーズに学習していただくために，いろいろと約束事がございます。

  この記号は，紙面の裏から表への向きを表しています。

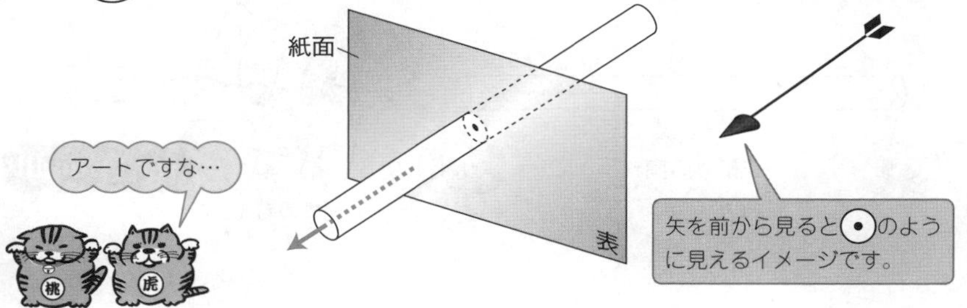

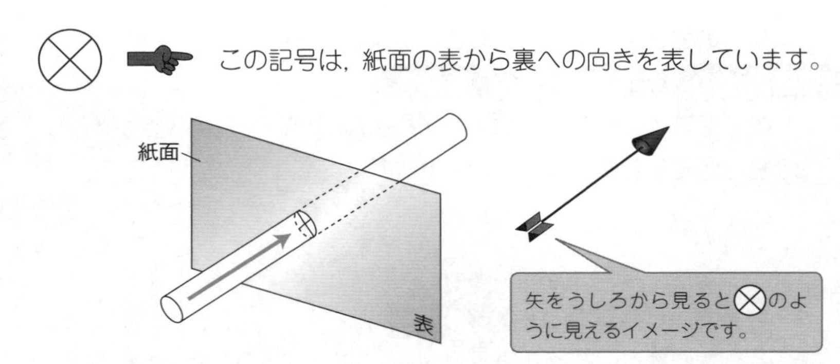

⊗ この記号は，紙面の表から裏への向きを表しています。

これらの記号は，電流の向きや磁界の向きを平面的に表すうえで役に立ちます。覚えておきましょう。

問題224　キソ

下記のような向きに直線電流が流れているとき，そのまわりに生じる磁界(磁場)の様子を磁力線を用いて表せ。

(1) 

(2) 

ナイスな導入

p.750で学習した“右手の法則”または“右ねじの法則”を活用して，磁界の向きを考えてください!!

さて，先ほど説明したばかりの記号，⊙と⊗が登場しましたね。

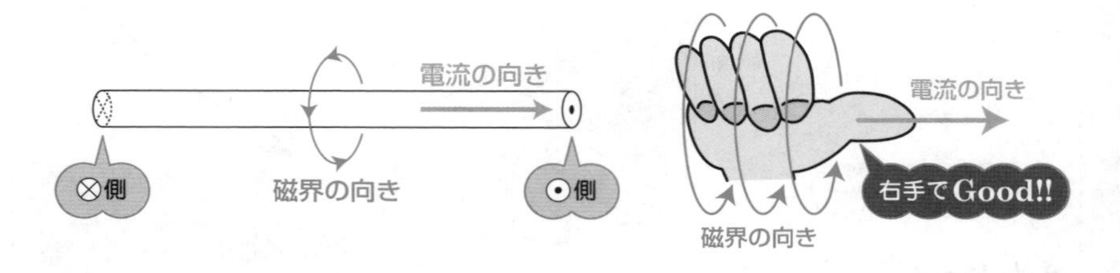

これを（⊙側から）見ると…　　　これを（⊗側から）見ると…

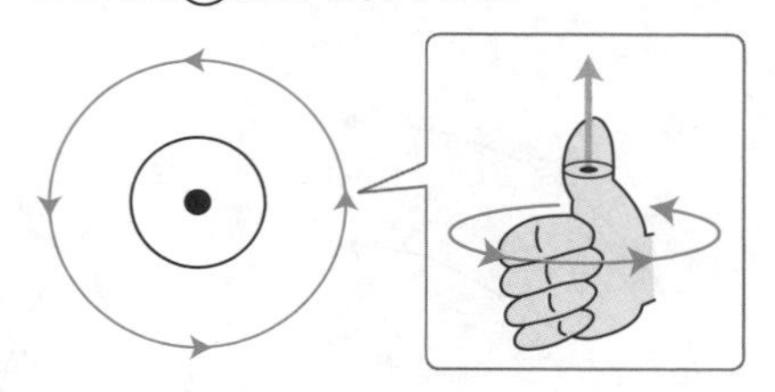

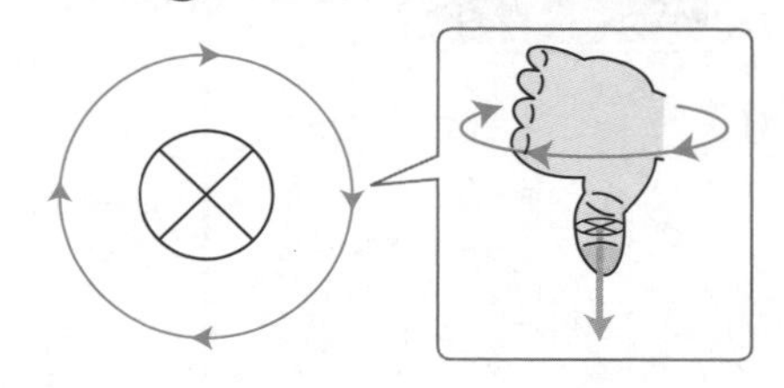

これで磁界の向きについては解決しました。

仕上げは磁力線をかき込むだけですが，**密度**に注意してください。p.749でも述べたとおり，磁力線の密度は磁界の強さを表しています。

磁界の強さHは電流からの距離rに反比例することに注意しましょう!!

$$H=\frac{I}{2\pi r}$$

rが小さいと，Hは大きい!!
rが大きいと，Hは小さい!!

つまーり!!

電流に近いところでは磁場が強いわけだから，磁力線は密集しています。逆に…電流から遠いところでは磁界が弱いわけだから，磁力線の過疎化が進んでいるはずです。

よって!!

(1)の場合では…

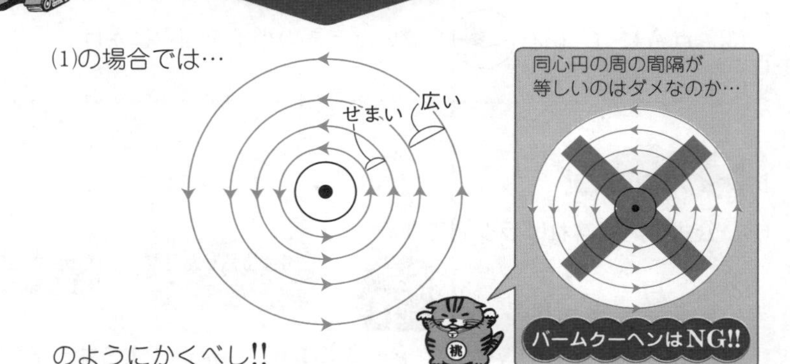

のようにかくべし!!

解答でござる

(1) (2)

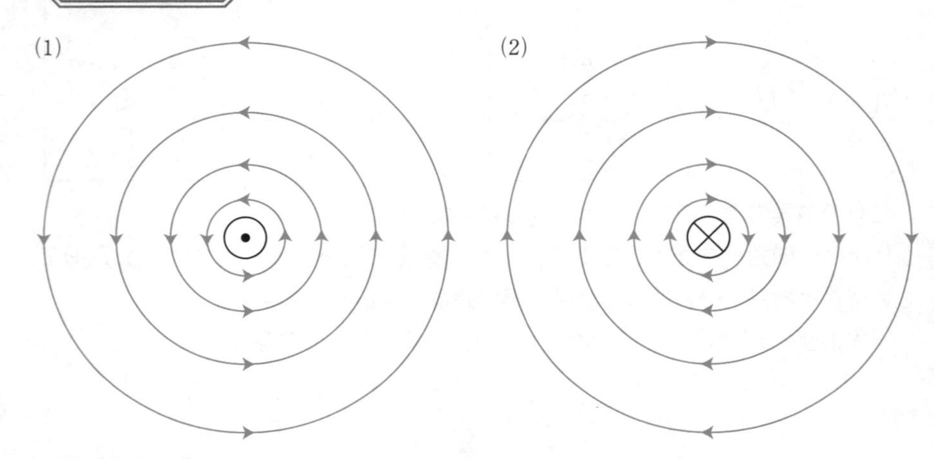

問題225 キソ

右図の⊙は紙面の裏から表に導線を流れる電流を表している。導線の中心から0.50[m]離れている点Aでの磁界の強さが3.0[A/m]であったとき，次の各問いに答えよ。ただし，円周率を3.1とする。

A

0.50[m]

(1) 電流の大きさを求めよ。

(2) 点Aにおける磁界の向きを図中に矢印で表せ。

(3) 点Aに方位磁石(S N)を置いたときの様子を図中にかけ。

ナイスな導入

(1) 公式を活用すればラク勝です。

$$H=\frac{I}{2\pi r}$$

において，$H=3.0$[A/m]，$r=0.50$[m]，$\pi=3.1$です。そこで，$I=?$

(2)　磁界の向きは磁力線の接線の向きです。

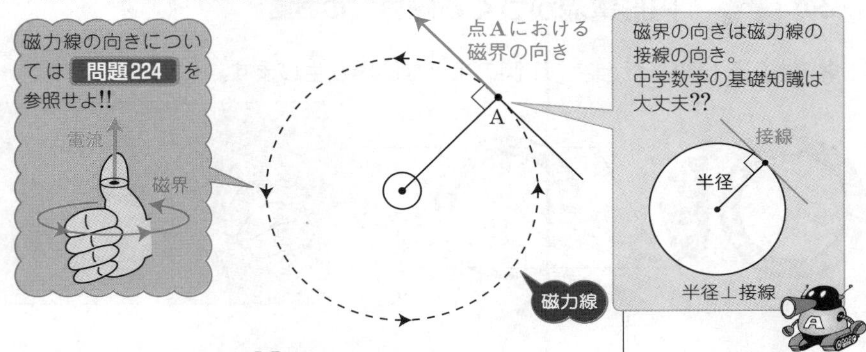

(3)　(2)の磁界の向きに，N極は向きます。

解答でござる

(1)　電流の大きさをI[A]とし，

$H=3.0$[A/m]，$r=0.50$[m]とする。

$$H=\frac{I}{2\pi r}$$　基本公式です!!

変形して，

$$I=2\pi rH$$　← 分母をはらいました。

数値を代入すると，

$$I=2\times3.1\times0.50\times3.0$$　← 円周率$\pi=3.1$です。問題文参照!!

$\therefore\ \ I=$ **9.3**[A]　…(答)

(2)　　　　(3)

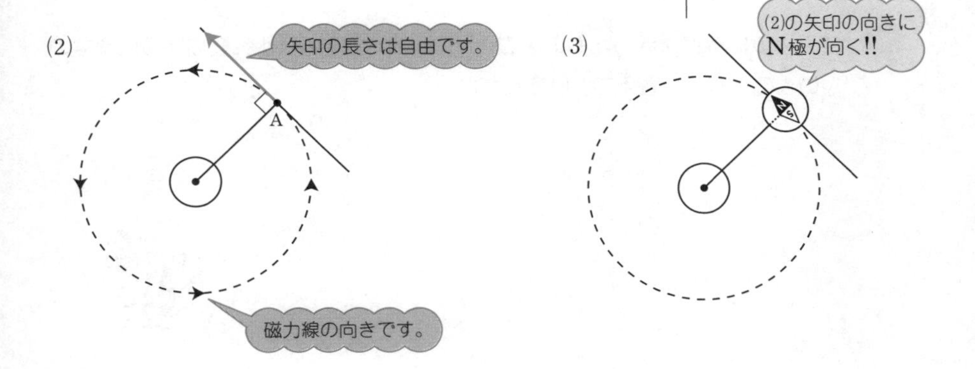

電気と磁気

その4 “円形電流がつくる磁界” のお話

電流を円形に流したとき，下図のような磁界が生じます。

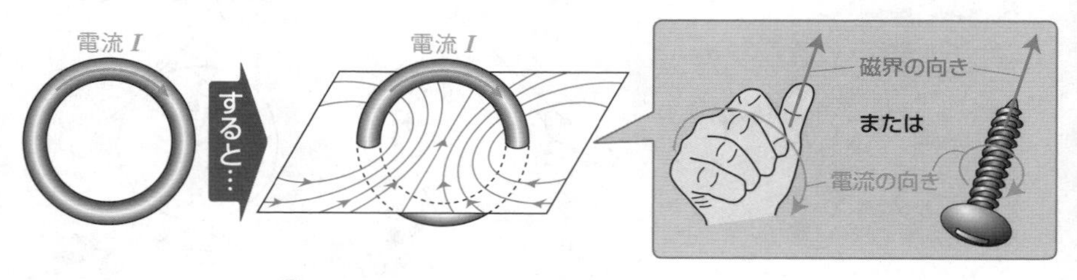

右手でGood!!をやったとき，親指の向きが磁界の向きに対応し，残り4本の指の向きが電流の向きに対応します（その3の磁界と電流を入れかえたタイプです）。これも“右手の法則”と呼びます。もちろん，“右ねじの法則”も使えます。ねじが進む向きが磁界の向きで，ねじを回す向きが電流の向きです。

今回は円形電流による中心の磁界の強さの公式があります。中心以外は求められません

円形電流による中心の磁界

半径 r[m]の円形の導線に I[A]の電流が流れているとき，中心における磁界（磁場）の強さ H[A/m]は…

$$H = \frac{I}{2r}$$

と表されます。

直線電流のときは

$$H = \frac{I}{2\pi r}$$

似てるから注意しよう!!

注 このように導線を巻いたものを**コイル**と呼びます。いずれ登場する用語なので，いまのうちに押さえておいてください。

問題226　**キソ**　もう登場してるじゃん!!　前ページのラスト参照!!

半径20[cm]の円形のコイルをつくった。次のそれぞれの場合，円形の中心における磁界の強さを求めよ。

(1)　コイルが一重で，6.0[A]の電流を流すとき。

(2)　コイルが10回巻きで，2.0[A]の電流を流すとき。

ナイスな導入

(1)は公式に代入すればラク勝✌

(2)のイメージは…

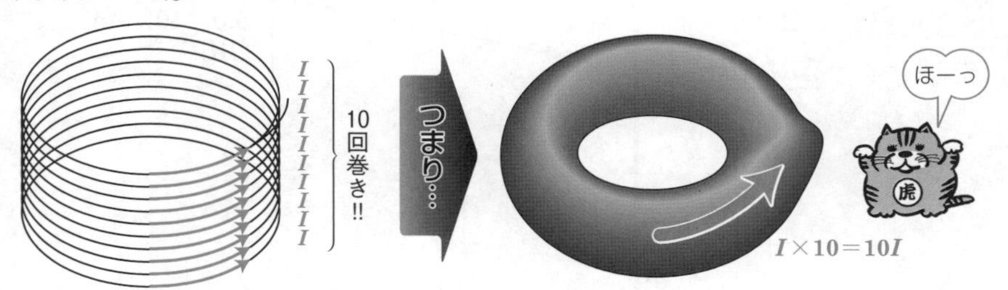

10回巻きで2.0[A]　

一重で2.0×10[A]

解答でござる

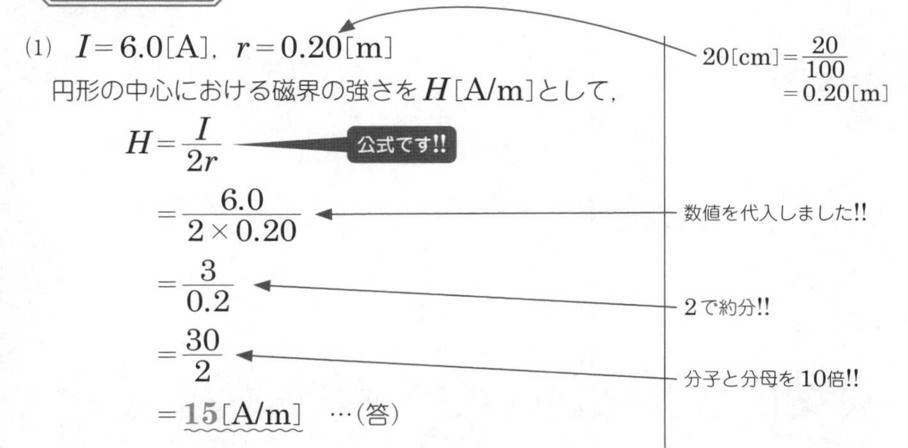

(1)　$I=6.0$[A]，$r=0.20$[m]

20[cm] $=\dfrac{20}{100}$ $=0.20$[m]

円形の中心における磁界の強さをH[A/m]として，

$$H=\frac{I}{2r}$$ ← 公式です!!

$$=\frac{6.0}{2\times 0.20}$$ ← 数値を代入しました!!

$$=\frac{3}{0.2}$$ ← 2で約分!!

$$=\frac{30}{2}$$ ← 分子と分母を10倍!!

$$=\mathbf{15}\text{[A/m]}$$ …(答)

(2)　10回巻きのコイルに2.0[A]の電流を流したということは，一重のコイルに2.0×10＝20[A]の電流を流したことに相当する。

そこで，$I=20$[A]，$r=0.20$[m]，円形の中心における磁界の強さをH[A/m]とすると，

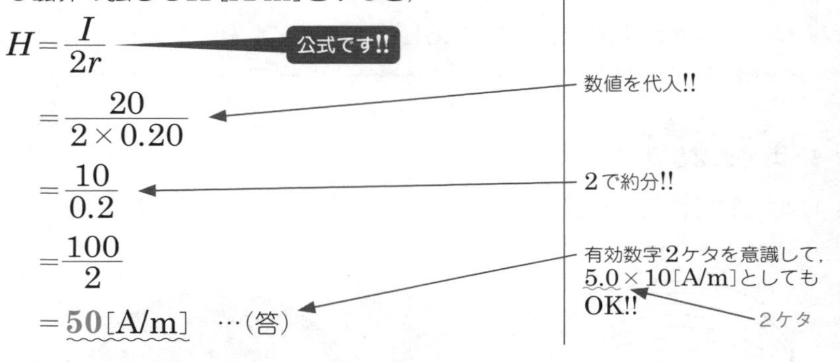

$$H=\frac{I}{2r}$$

$$=\frac{20}{2\times0.20}$$

$$=\frac{10}{0.2}$$

$$=\frac{100}{2}$$

$$=\mathbf{50}\text{[A/m]}$$ …(答)

その5 “ソレノイドがつくる磁界” のお話

導線を密に長く巻いたコイルをソレノイドと呼びます。問題226 の(2)で登場した10回巻きコイルは，たった10回なので密でもないし，長くもありません!! よって，ソレノイドにあらず!! 下図のようなコイルがソレノイドです。

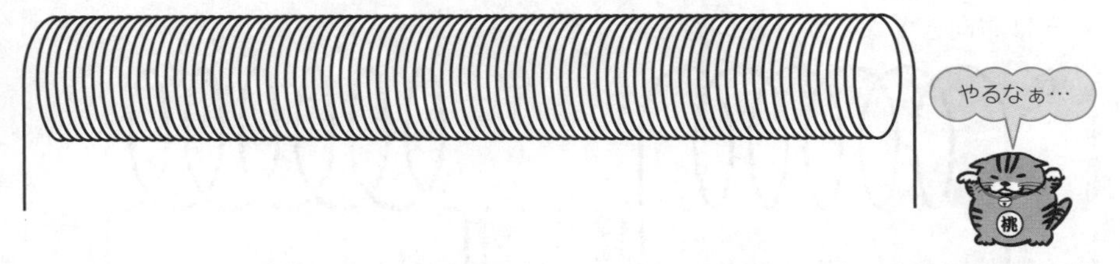

ソレノイドに電流を流しても磁界が生じます。その磁界の向きは“右手の法則”と“右ねじの法則”にしたがいます。

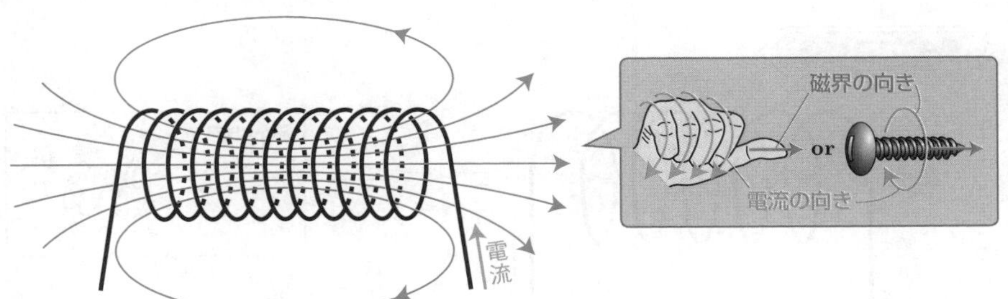

問題にソレノイドが登場する場合，あまりリアルな図をかくと逆にややこしいことになるので，すぐ上の図のように簡単にかくことが多いです。ソレノイドと呼ぶには，巻きが甘いですよね…

で，またまた公式がありまして…

ソレノイド内部の磁界の強さ

ソレノイドを流れている電流を I[A]，1 mあたりの巻き数を n[回/m]とすると，ソレノイド内部の磁界の強さ H[A/m]は…

$$H = nI$$

となります。

注 ソレノイドは，いわば特別なコイルです!! **問題226** で活用した公式はまったく使えないので，しっかり区別してください。

問題227 キソ

次のそれぞれのソレノイドに，矢印の向きの電流を流したとき，磁界の向きは右向きとなるか，左向きとなるか。

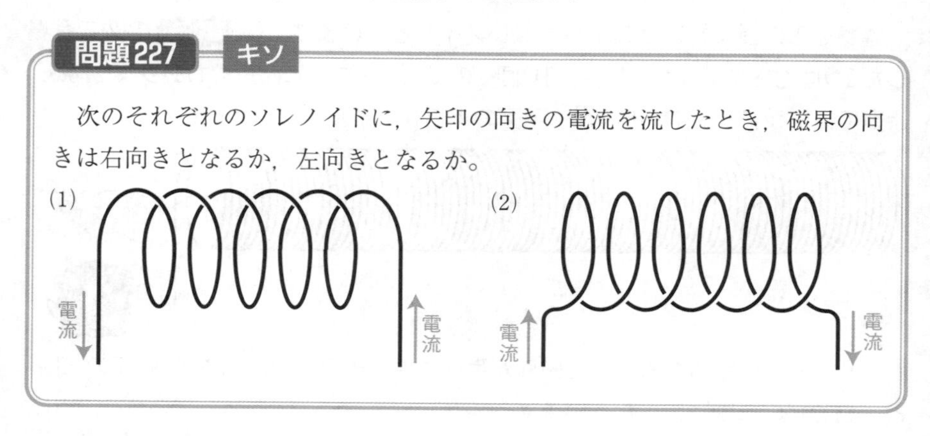

解答でござる

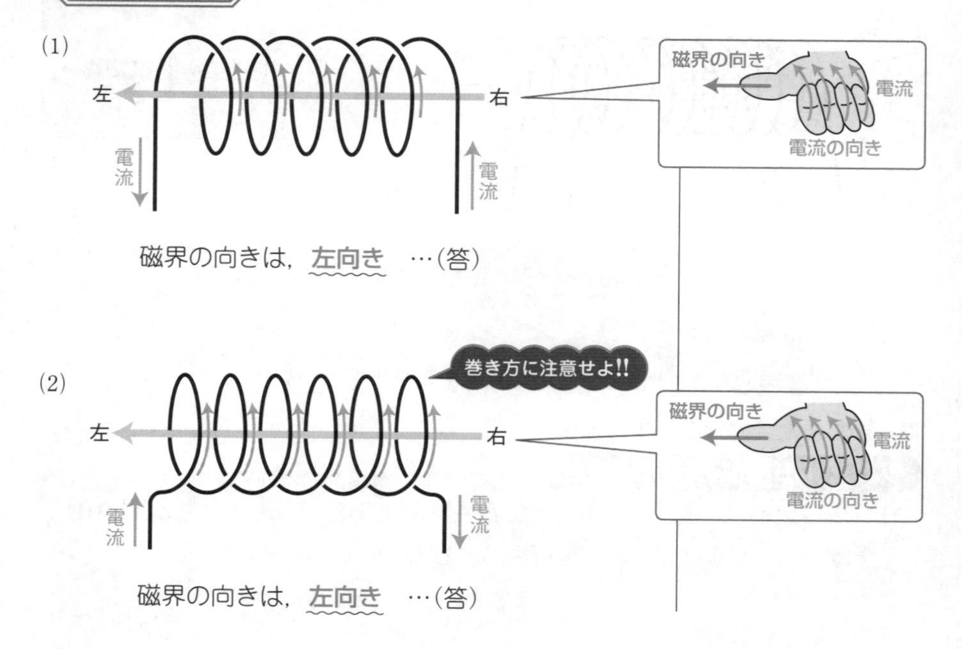

(1) 磁界の向きは，左向き …(答)

(2) 磁界の向きは，左向き …(答)

問題228 キソ

半径10[cm]の筒にコイルが巻かれており，コイルの巻き数は5.0×10^3[回]で，コイルの長さは2.0[m]である。このソレノイドに3.0[A]の電流を流すとき，ソレノイド内部の磁界の強さを求めよ。

ナイスな導入

長さ2.0[m]あたりのコイルの巻き数が5.0×10^3[回]であるから，長さ1.0[m]あたりのコイルの巻き数nは…

$$n=5.0\times10^3\div2.0$$
$$=2.5\times10^3[\text{回}/\text{m}]$$

あとは，ソレノイドの磁界の強さの公式に代入すればOK!!

$$H=nI$$

において，$n=2.5\times10^3$[回/m]，$I=3.0$[A]です。

え?? 気づきましたか?? "半径10[cm]の筒"の件はダミーです

使ってはいけない数値なので，無視してください。

解答でござる

1.0[m]あたりのコイルの巻き数n[回/m]は，

$$n=5.0\times10^3\div2.0$$
（2.0[m]で5.0×10^3[回]より）
$$=2.5\times10^3[\text{回}/\text{m}]$$

電流の大きさが$I=3.0$[A]であるから，ソレノイド内部の磁界の強さをH[A/m]として，

$$H=nI$$
（公式です!!）
$$=2.5\times10^3\times3.0$$
$$=\mathbf{7.5\times10^3[A/m]}$$ …(答)

Theme 70 フレミングの左手の法則

フレミングの左手の法則

左手の親指，人さし指，中指を互いに垂直に開くと，次のように対応します。

① 電流が磁界から受ける**力 F** の向きが**親指**
② **磁界 B** の向きが**人さし指**
③ **電流 I** の向きが**中指**

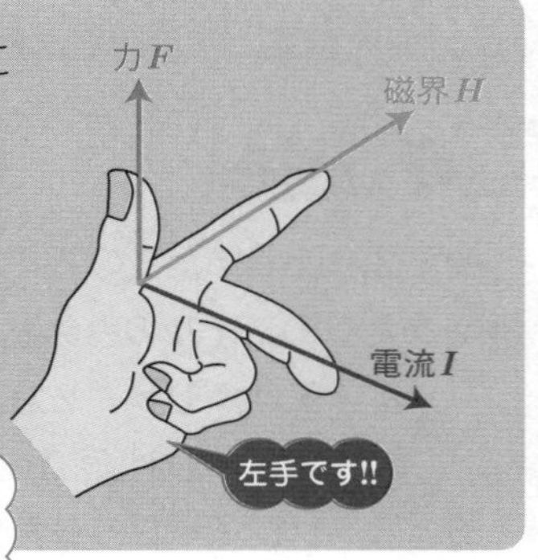

問題229　キソ

紙面に垂直に流れる直線電流 I に，下図のようにU字形磁石により磁界を加えたところ，導線は力を受けた。力の向きを“右向き”または“左向き”で答えよ。ただし，⊙は紙面の裏から表へ，⊗は紙面の表から裏へ流れる電流である。

(1)

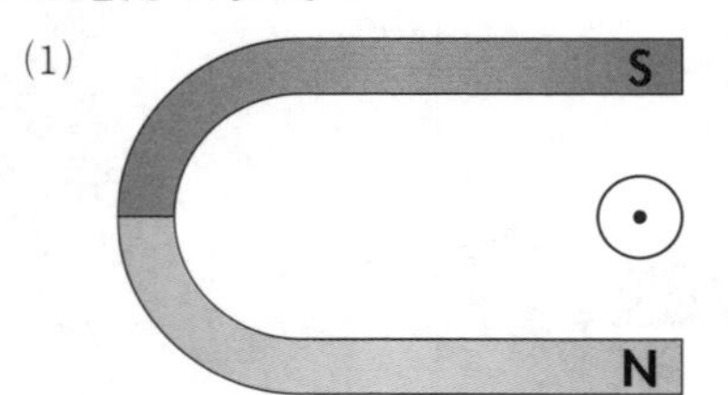

(2)

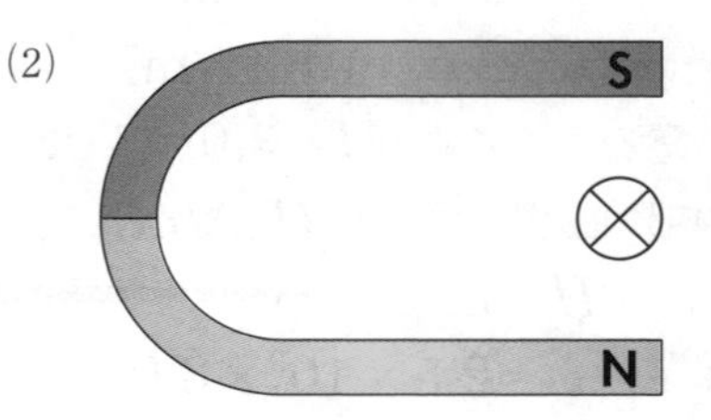

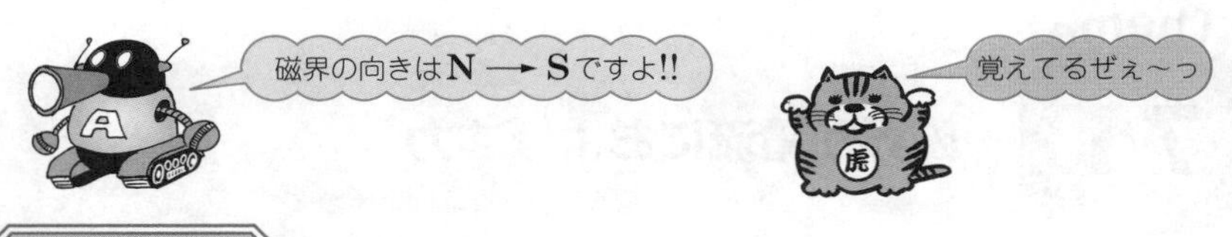

解答でござる

(1)

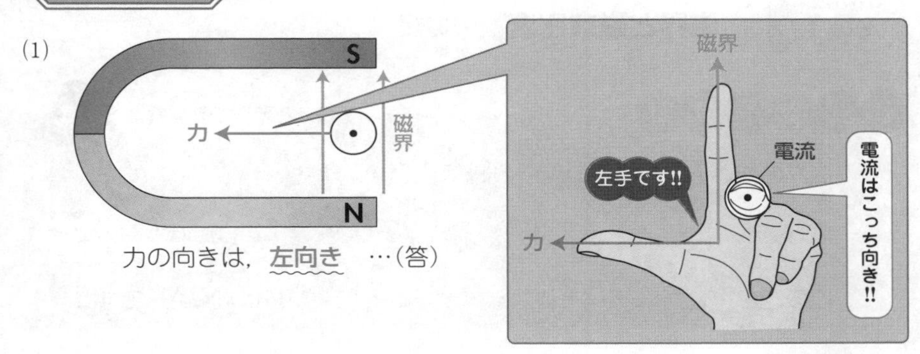

力の向きは，左向き　…(答)

(2)

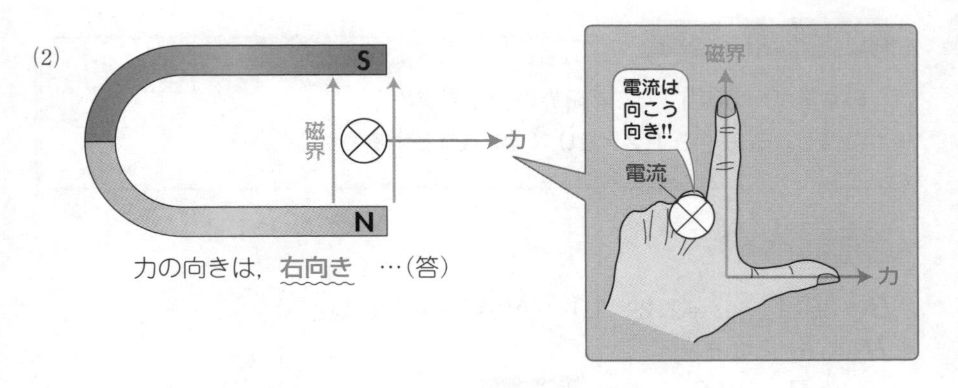

力の向きは，右向き　…(答)

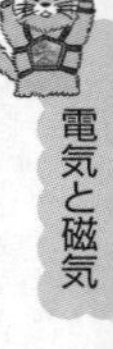

Theme 71 磁界が電流におよぼす力

その1 "磁界と磁束密度" のお話

公式でーす!!

"テスラ" と読みます。

磁界の強さ $\boldsymbol{H}$[A/m]の場所の**磁束密度** $\boldsymbol{B}$[T]は

$$\boldsymbol{B}=\boldsymbol{\mu H}$$

理由は次ページで

このとき，$\boldsymbol{\mu}$を**透磁率**と呼びます。ちなみに，単位は[N/A^2]です。

問題230 キソ

磁束密度が36[T]である磁界の強さを求めよ。
ただし，透磁率を1.2×10^{-7}[N/A^2]とする。

解答でござる

$B=36$[T]，$\mu=1.2\times10^{-7}$[N/A^2]，磁界の強さをH[A/m]とすると，

$$\boldsymbol{B}=\boldsymbol{\mu H}$$ 公式です!!

$$H=\frac{B}{\mu}$$ ← 変形しただけです。

$$=\frac{36}{1.2\times10^{-7}}$$

$$=\frac{36}{12\times10^{-8}}$$

← $1.2\times10^{-7}=\frac{12}{10}\times10^{-7}=12\times10^{-1}\times10^{-7}=12\times10^{-8}$

$$=3\times10^{8}$$ ← $\frac{1}{10^{-8}}=10^{8}$

$=\boldsymbol{3.0\times10^{8}}$[A/m] …(答) ← とりあえず有効数字2ケタで!!

“磁界が電流におよぼす力” のお話

公式でーす!!

磁束密度$\boldsymbol{B}$[T](テスラ)の磁界内で，磁界に対して角度$\boldsymbol{\theta}$で置かれた長さ$\boldsymbol{l}$[m]の導線に$\boldsymbol{I}$[A]の電流を流したとき，この導線にはたらく力の大きさ$\boldsymbol{F}$[N]は

$$F = BIl\sin\theta$$

と表されます。

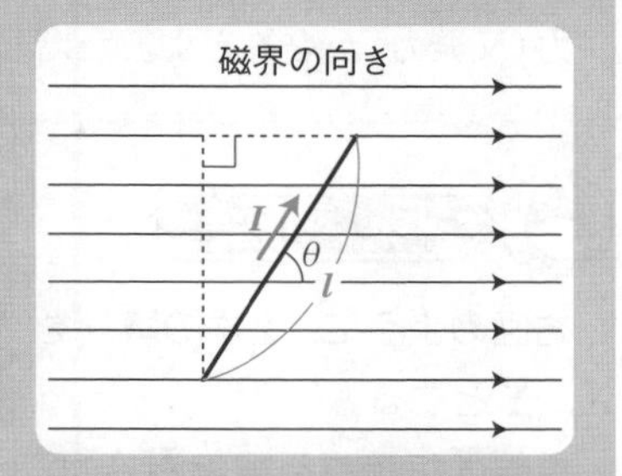

BIl(ビル)と覚えよう!!

つまり，

前ページの公式から，$\boldsymbol{B} = \boldsymbol{\mu H}$より，

$$F = \mu HIl\sin\theta$$

と表すこともできます。

$\mu = \dfrac{F}{HIl\sin\theta}$

と変形できます!!　単位に注目すると…

$[\mu\text{の単位}] = \dfrac{[\mathrm{N}]}{[\mathrm{A/m}] \times [\mathrm{A}] \times [\mathrm{m}]}$

$= [\mathrm{N/A^2}]$

注　$\sin\theta$には単位がない。これがμの単位が$[\mathrm{N/A^2}]$となる理由!!

問題231　キソ

磁束密度30[T]の磁界の中で，磁界に対して30°の向きで置かれた長さ1.5[m]の導線に，0.20[A]の電流を流した。導線にはたらく力の大きさを求めよ。

解答でござる

$F = BIl\sin\theta$ ← 公式です!!

$= 30 \times 0.20 \times 1.5 \times \sin 30^\circ$

$= 30 \times 0.20 \times 1.5 \times \dfrac{1}{2}$

$= \underline{4.5[\mathrm{N}]}$　…(答)

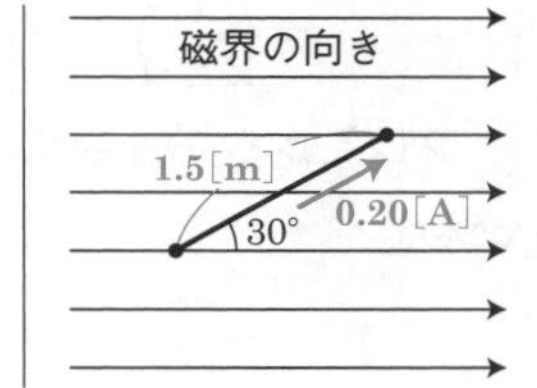

問題232 標準

d[m]の間隔で平行に置かれた導線に，同じ向きにI[A]の電流を流した。導線l[m]あたりにはたらく力の大きさF[N]はいくらか。また，引力か斥力(反発力)かも答えよ。ただし，透磁率をμ[N/A^2]とする。

ビジュアル解答

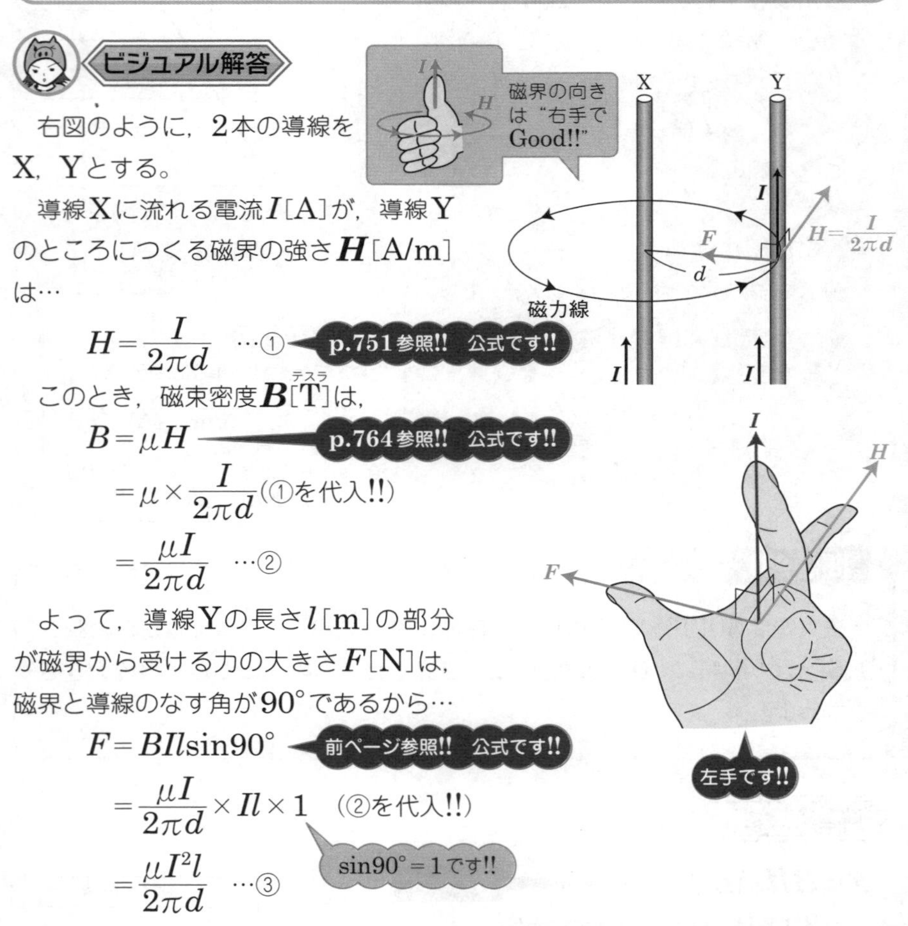

右図のように，2本の導線をX，Yとする。

導線Xに流れる電流I[A]が，導線Yのところにつくる磁界の強さH[A/m]は…

$$H=\frac{I}{2\pi d} \quad \cdots①$$

p.751参照!! 公式です!!

このとき，磁束密度B[T](テスラ)は，

$$B=\mu H$$

p.764参照!! 公式です!!

$$=\mu\times\frac{I}{2\pi d} \text{（①を代入!!）}$$

$$=\frac{\mu I}{2\pi d} \quad \cdots②$$

よって，導線Yの長さl[m]の部分が磁界から受ける力の大きさF[N]は，磁界と導線のなす角が90°であるから…

$$F=BIl\sin 90^\circ$$

前ページ参照!! 公式です!!

$$=\frac{\mu I}{2\pi d}\times Il\times 1 \quad \text{（②を代入!!）}$$

sin90°＝1です!!

$$=\frac{\mu I^2 l}{2\pi d} \quad \cdots③$$

フレミングの左手の法則から，③の力の向きは導線Xに引っ張られる向きである。

作用・反作用の法則から，導線Xも③と同じ力で，導線Yに引っ張られる向きに力を受ける。つまり，2本の導線の間には**引力**がはたらく。

以上から…

③です!!

力の大きさが$F=\dfrac{\mu I^2 l}{2\pi d}$[N]の引力がはたらく　…(答)

ちなみに，電流の向きを互いに反対向きにすると，斥力となります。
まとめると…
同じ向きの電流間　➡　引力!!
反対向きの電流間　➡　斥力(反発力)!!

問題233　標準

右図のように，長い直線状の導線に電流I[A]が上向きに流れている。この導線と同一平面内に，長方形コイルABCDがある。コイルの1辺ABは導線と平行で，導線からd[m]だけ離れている。いま，コイルに電流i[A]を右図の向きに流すとき，コイルにはたらく力の大きさと向きを答えよ。ただし，透磁率をμ[N/A^2]とする。

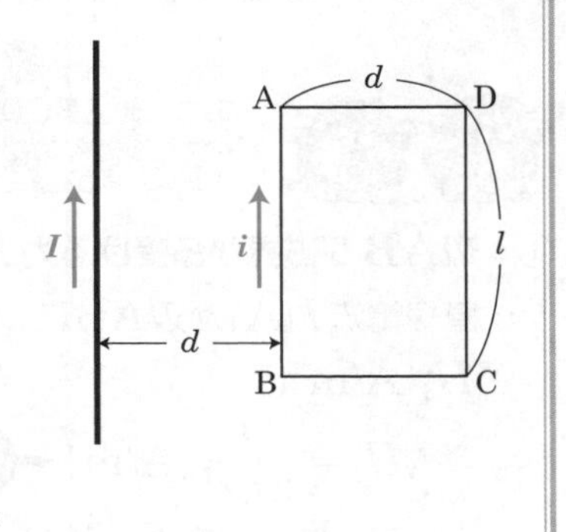

ビジュアル解答

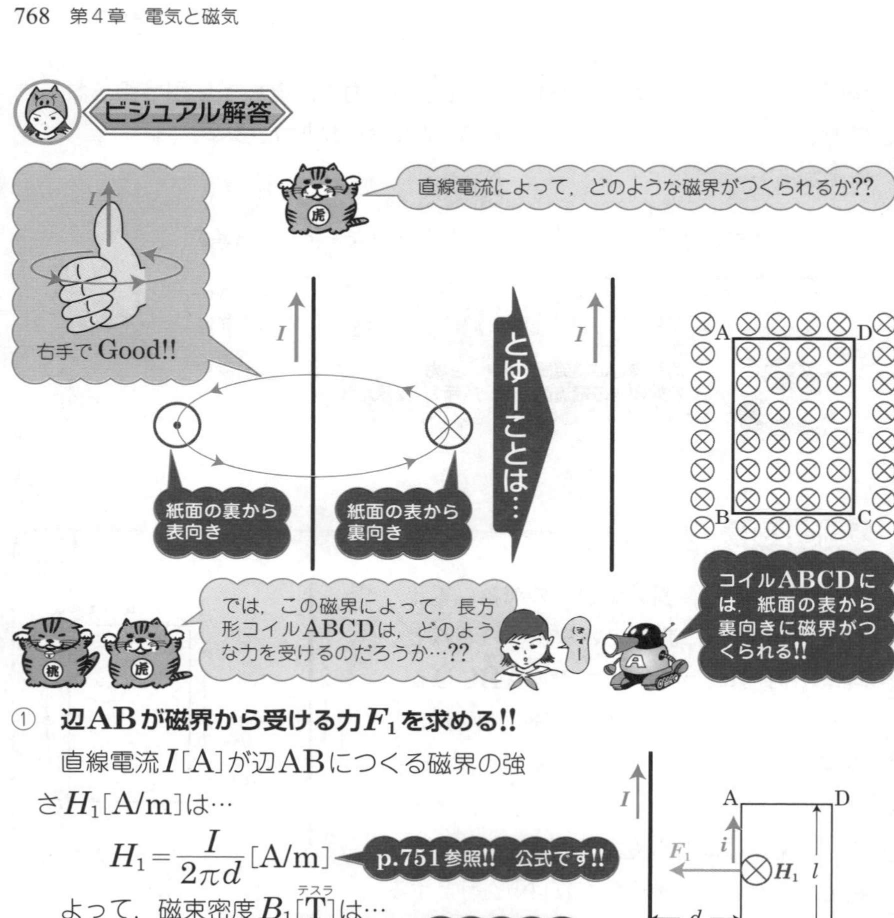

① **辺ABが磁界から受ける力F_1を求める!!**

直線電流I[A]が辺ABにつくる磁界の強さH_1[A/m]は…

$$H_1 = \frac{I}{2\pi d}\,[\mathrm{A/m}]$$

p.751参照!! 公式です!!

よって，磁束密度B_1[T(テスラ)]は…

$$B_1 = \mu H_1 = \frac{\mu I}{2\pi d}\,[\mathrm{T}]$$

p.764参照!! 公式です!!

辺ABの長さがl[m]で，iとH_1のなす角は90°であるから，辺ABが磁界から受ける力の大きさF_1[N]は…

$$F_1 = B_1 il\sin 90^\circ$$

p.765参照!! 公式です!!

$$= \frac{\mu I}{2\pi d} \times il \times 1$$

$$= \frac{\mu Iil}{2\pi d}\,[\mathrm{N}]$$

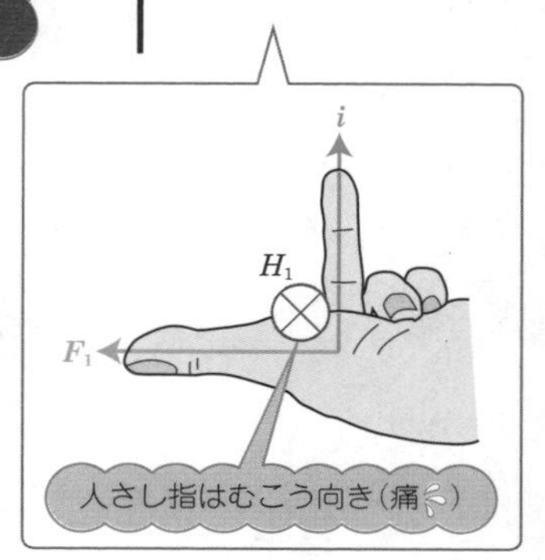

フレミングの左手の法則より，力F_1の向きは，“左向き”。

② 辺CDが磁界から受ける力F_2を求める!!

直線電流I[A]が辺CDにつくる磁界の強さH_2[A/m]は…

$$H_2=\frac{I}{2\pi\times 2d}$$

p.751参照!! 公式です!!

$$=\frac{I}{4\pi d}\ [\text{A/m}]$$

よって，磁束密度B_2[T（テスラ）]は…

p.764参照!! 公式です!!

$$B_2=\mu H_2=\frac{\mu I}{4\pi d}\ [\text{T}]$$

辺CDの長さがl[m]で，iとH_2のなす角は90°であるから，辺CDが磁界から受ける力の大きさF_2[N]は…

$$F_2=B_2 il\sin 90^\circ$$

p.765参照!! 公式です!!

$$=\frac{\mu I}{4\pi d}\times il\times 1$$

$$=\frac{\mu Iil}{4\pi d}\ [\text{N}]$$

人さし指は むこう向き

フレミングの左手の法則より，力F_2の向きは，“右向き”

③　辺BCが磁界から受ける力と，辺DAが磁界から受ける力は，互いに同じ大きさで逆向きなので，つり合っている!!

辺BCと辺DAは，直線状の導線から同じ位置にあるので，辺BCが下向きに受ける力F_3[N]と，辺DAが上向きに受ける力F_4[N]はつり合っている。

つまり，$F_3 = F_4$

よって，合力は0である!!

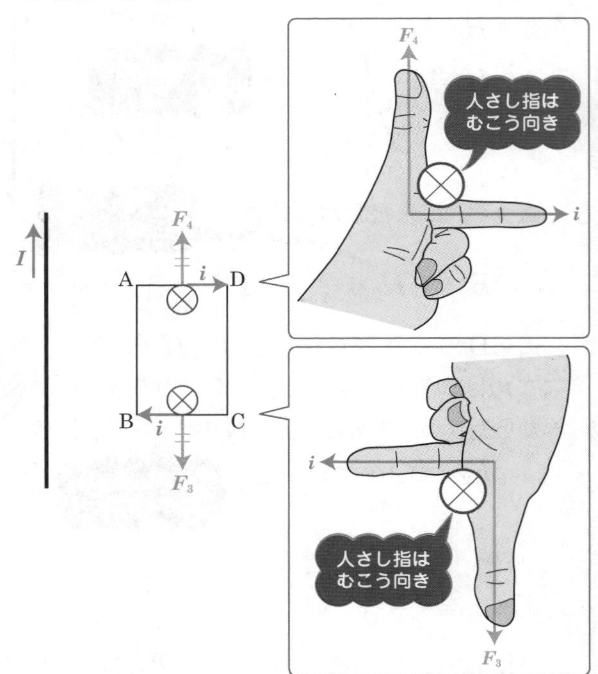

以上①，②，③より，長方形コイルABCDにはたらく力は…

鉛直方向の力は$F_3 = F_4$より，つり合っていて合力は0です。水平方向の力は$F_1 > F_2$より，左向きを正として合力は，

F_4
A　D
$F_1 = \dfrac{\mu Iil}{2\pi d}$　$F_2 = \dfrac{\mu Iil}{4\pi d}$
B　C
F_3

$$F_1 - F_2 = \frac{\mu Iil}{2\pi d} - \frac{\mu Iil}{4\pi d}$$
$$= \frac{2\mu Iil}{4\pi d} - \frac{\mu Iil}{4\pi d}$$

通分!!

$$= \frac{\mu Iil}{4\pi d}\,[\mathrm{N}]$$

よって，長方形コイルABCDにはたらく力は，

左向きに$\dfrac{\mu Iil}{4\pi d}$[N]　…(答)

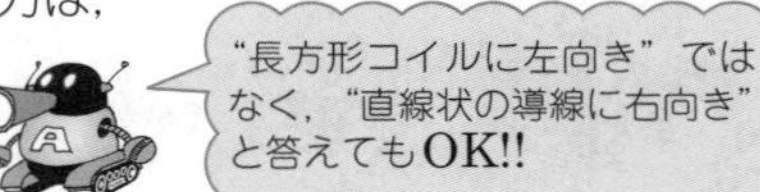

その3 “ローレンツ力”のお話

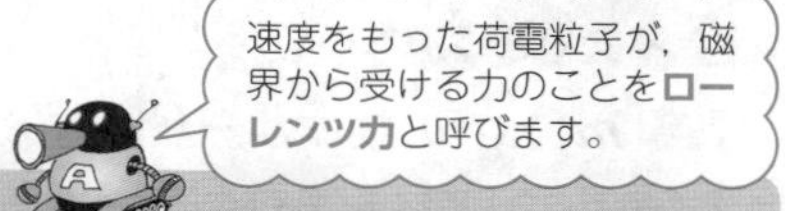

磁束密度$\boldsymbol{B}$[T]（テスラ）の磁界の中を，$+\boldsymbol{q}$[C]の荷電粒子が磁界に対して垂直な向きに速さ$\boldsymbol{v}$[m/s]で運動するとき，この荷電粒子にはたらく力の大きさ$\boldsymbol{F}$[N]は…

$$\boldsymbol{F}=\boldsymbol{Bvq}$$

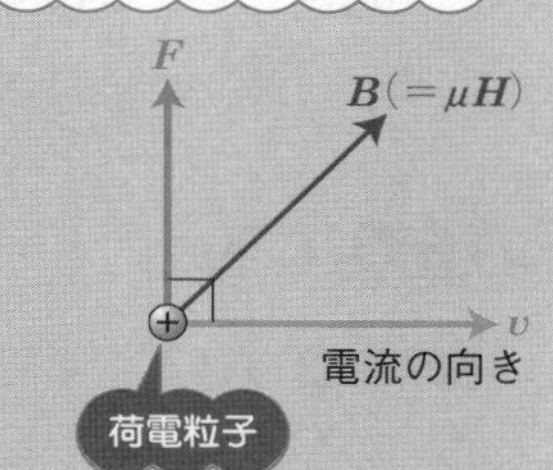

注 “正電荷が運動する向き＝電流の向き”なので，力の向きはフレミングの左手の法則にしたがう!!　ちなみに，負電荷のときは，vの向きと逆向きに電流の向きを考えればよい

F　$B(=\mu H)$　v　電流の向き　荷電粒子

問題234　標準

磁束密度B[T]の一様な磁界に，垂直に質量m[kg]，電荷$+q$[C]の荷電粒子がv[m/s]の速さで飛び込んだところ，この荷電粒子は等速円運動を始めた。このとき，次の各問いに答えよ。

(1)　荷電粒子が円運動をする向きは，右図の㋑と㋺のいずれであるか。

(2)　荷電粒子の円運動の半径r[m]を求めよ。

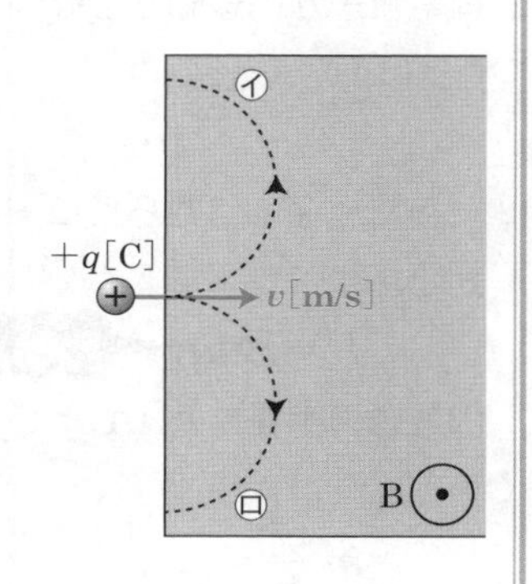

ナイスな導入

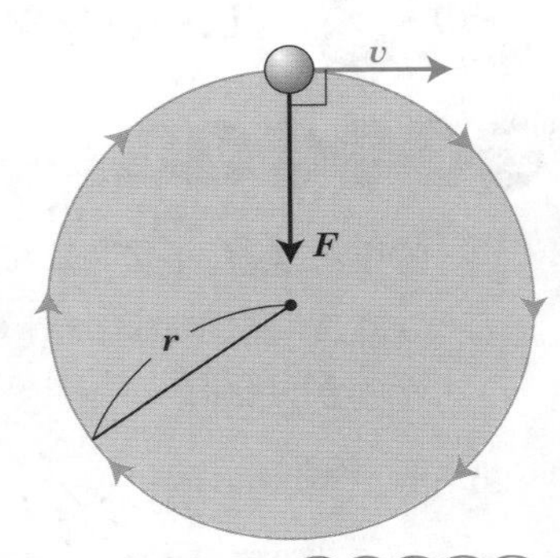

質量m[kg]の物体が，F[N]の向心力で速さv[m/s]，半径r[m]の等速円運動をするときの運動方程式は，

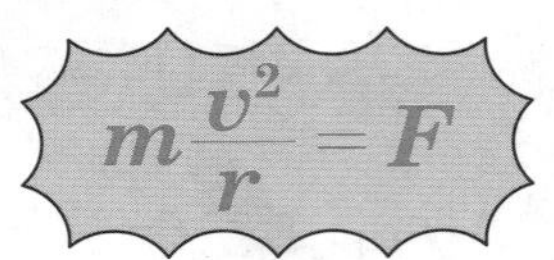

です。等速円運動については，Theme 24を参照!!

解答でござる

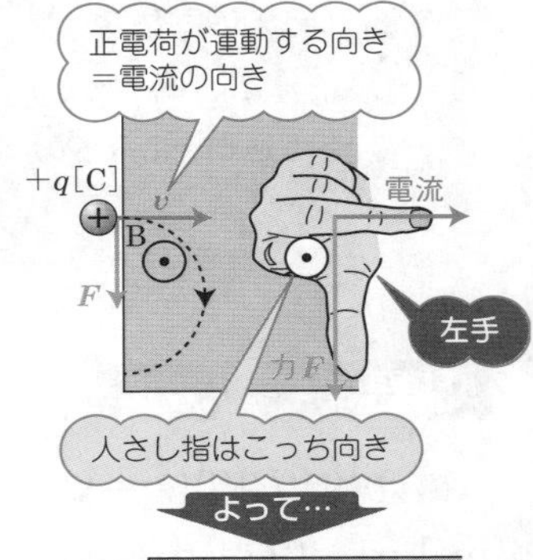

(1)　磁界に飛び込んだ瞬間に荷電粒子にはたらくローレンツ力は，フレミングの左手の法則により，下向きとなる。

つまり，荷電粒子は回の向きに曲げられる。荷電粒子が円運動をする向きは，

回　…(答)

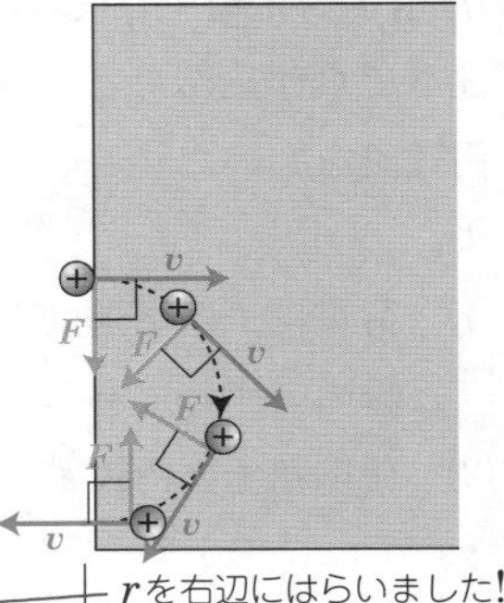

(2)　荷電粒子にはたらくローレンツ力の大きさF[N]は，

$$F=Bvq$$

前ページ参照!!　公式です!!

円運動の半径をr[m]として運動方程式を立てると，

$$m\frac{v^2}{r}=Bvq$$

これが向心力としてはたらくから，

$$mv^2=Bvqr$$

$$\frac{mv^2}{Bvq}=r$$

$$\therefore\quad r=\frac{mv}{Bq}\text{[m]}\quad \cdots\text{(答)}$$

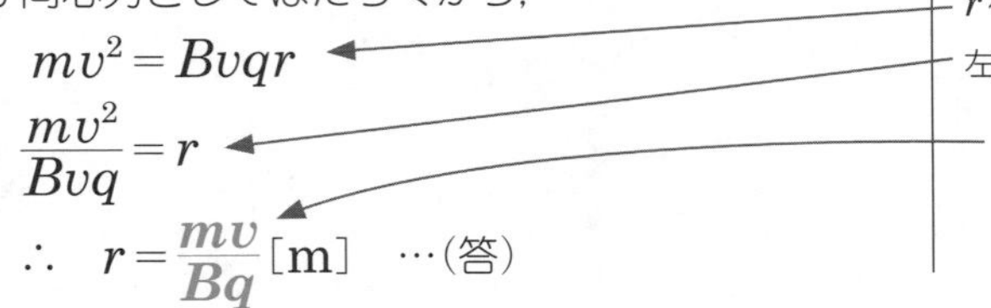

rを右辺にはらいました!!

左辺はvで約分できます!!

$$r=\frac{mv^2}{Bvq}=\frac{mv}{Bq}$$

Theme 72 電磁誘導 Part 1

コイルを貫く磁力線が変化するとコイルに起電力が生じ，この結果，コイルに電流が流れる。このときの起電力を**誘導起電力**と呼び，電流を**誘導電流**と呼ぶ。

その1 “レンツの法則” とは…??

誘導電流はコイルを貫く**磁力線の変化を打ち消す**向きに発生する。これを人呼んで**レンツの法則**と申します。

電気と磁気

問題235 キソ

右図のコイルに，棒磁石で次のようなことをしたとき，コイルに流れる電流の向きは㋑と㋺のいずれであるか。

(1) N極をコイルに近づける。

(2) N極をコイルから遠ざける。

(3) S極をコイルに近づける。

(4) S極をコイルから遠ざける。

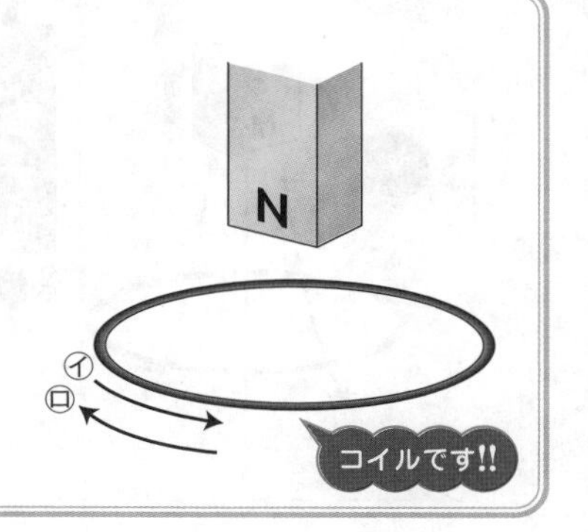

覚えてますか??　磁力線は**N極から出て**，**S極に入る!!**

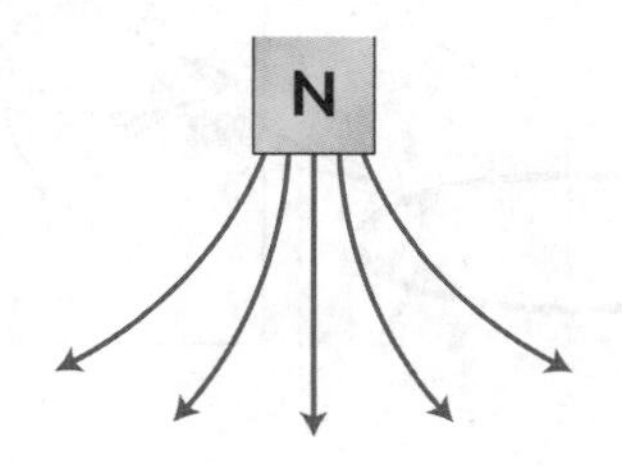

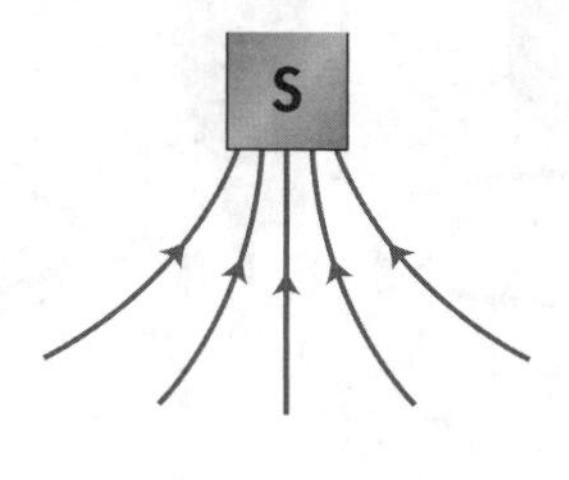

解答でござる

(1)

N極を近づけると…
コイル内に下向きの磁力線が増える!!

増加
N

よって!!

下向きの磁力線が増えたので，これを打ち消すように，上向きの磁力線をつくる向きに誘導電流が流れる!!
よって，㋑の向き

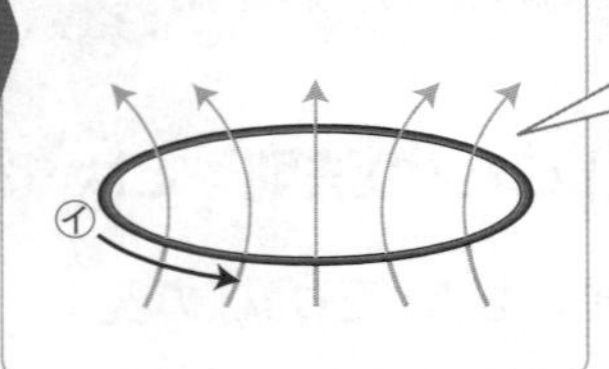

(2)

N極を遠ざけると…
コイル内の下向きの磁力線が減る!!

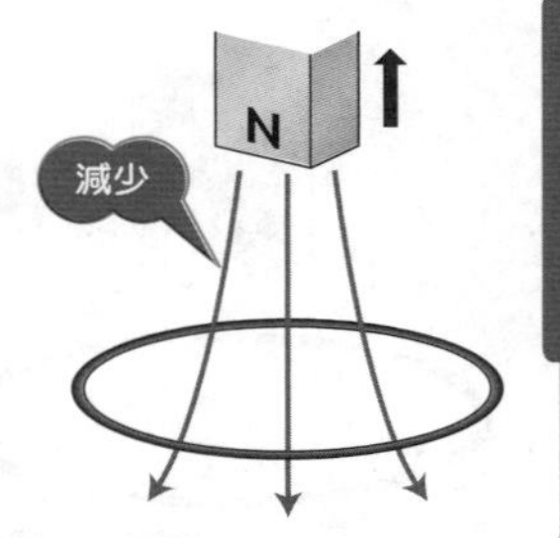

よって!!

下向きの磁力線が減るので，これを増やすべく，下向きの磁力線をつくる向きに誘導電流が流れる!!
よって，㋺の向き

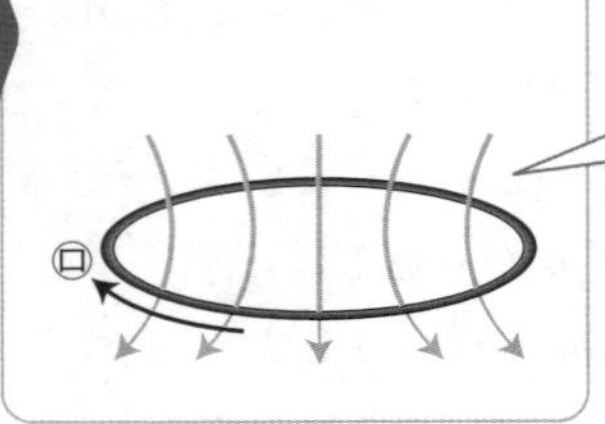

(3)

S極を近づけると…
コイル内に上向きの磁力線が増える!!

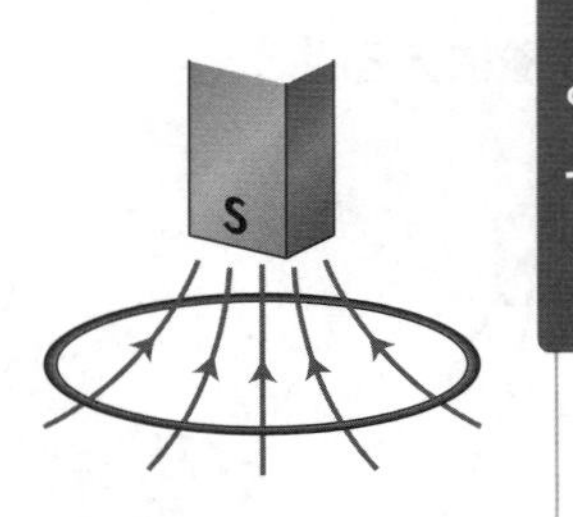

よって!!

上向きの磁力線が増えたので，これを打ち消すように，下向きの磁力線をつくる向きに誘導電流が流れる!!
よって，㋺の向き

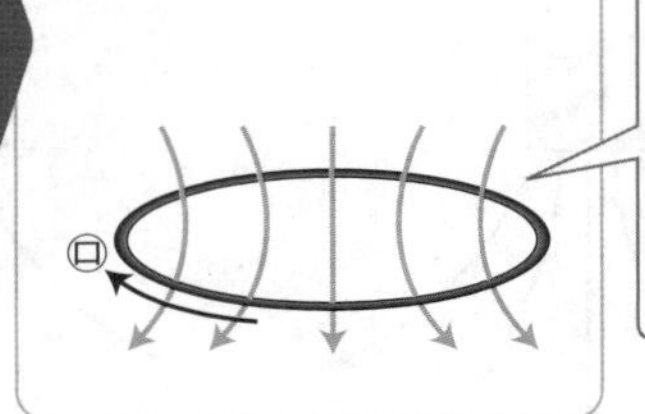

(4)

よって!!

上向きの磁力線が減るので，
これを増やすべく，上向きの
磁力線をつくる向きに誘導電
流が流れる!!
よって，㋑の向き

㋑

磁界
電流
右手でGood!!

解答でござる をまとめると…

(1)　㋑　　(2)　㋺　　(3)　㋺　　(4)　㋑

電気と磁気

問題236　キソ

右図のコイルに，棒磁石で次のようなことをしたとき，コイルに流れる電流の向きは㋑と㋺のいずれであるか。

(1)　N極をコイルに近づける。

(2)　N極をコイルから遠ざける。

(3)　S極をコイルに近づける。　(4)　S極をコイルから遠ざける。

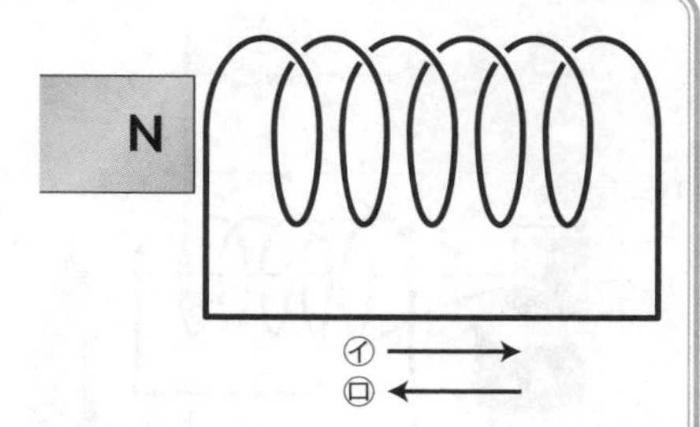

解答でござる

(1)

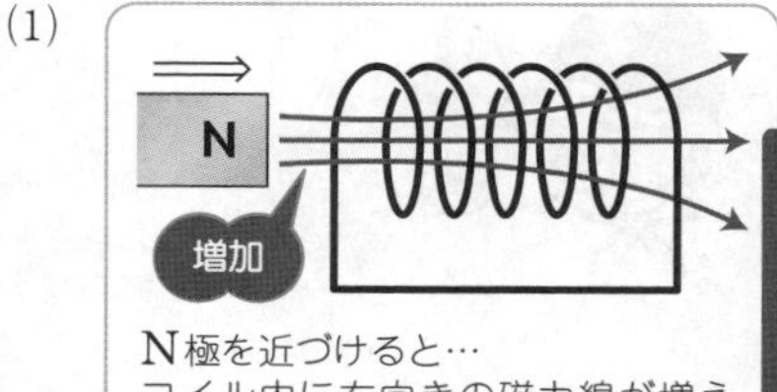

N極を近づけると…
コイル内に右向きの磁力線が増える!!

よって!!

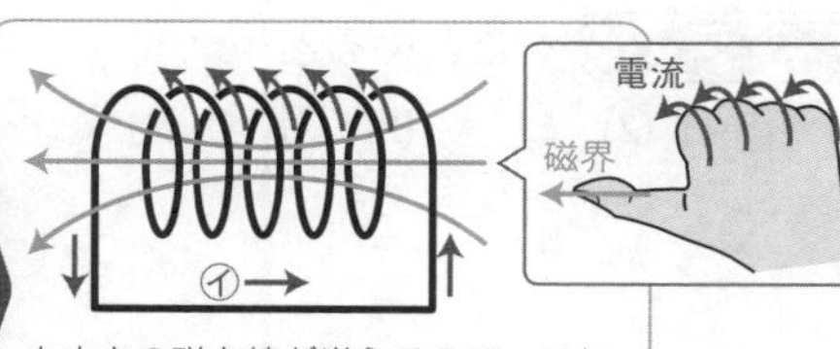

右向きの磁力線が増えるので，これを打ち消すように，左向きの磁力線をつくる向きに誘導電流が流れる!!
よって，㋑の向き

(2)

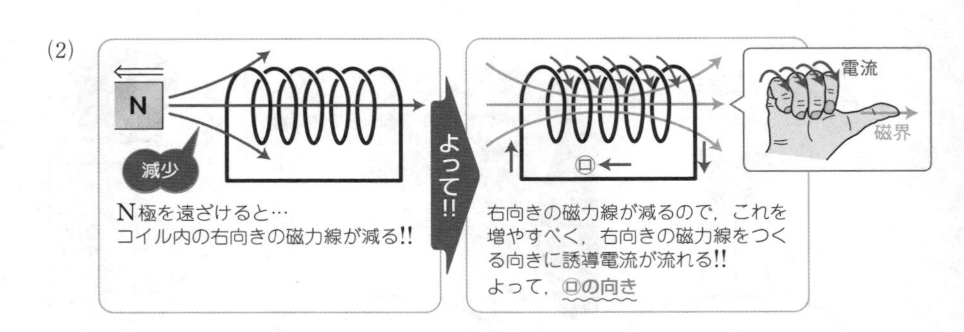

(3)

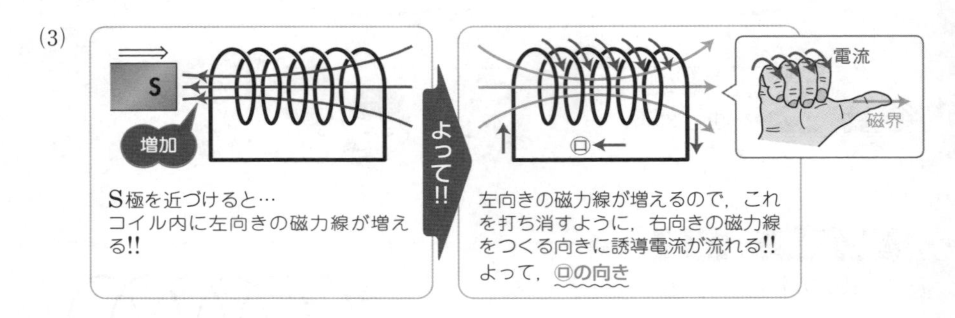

(4)

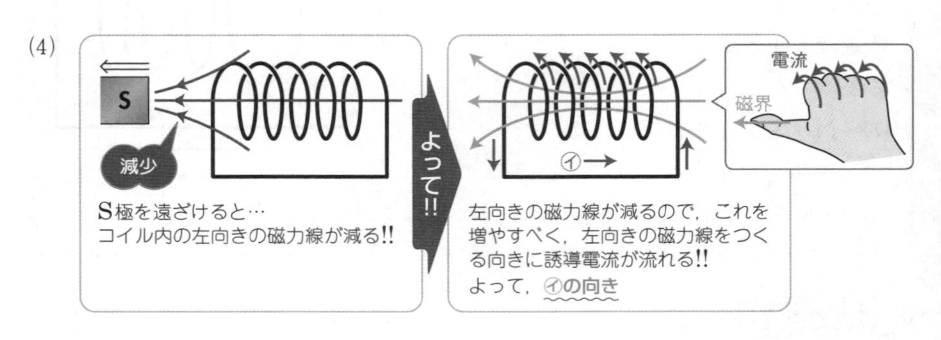

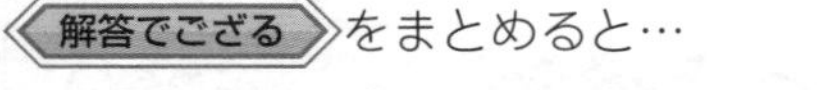
解答でござる をまとめると…

(1)　イ　　(2)　ロ　　(3)　ロ　　(4)　イ

その2 “ファラデーの電磁誘導の法則” のお話

誘導起電力の大きさは，コイルを貫く磁力線の本数の変化の速さとコイルの巻き数に比例します。

つまり，磁力線の本数を急速に変化させたり，コイルの巻き数が多かったりすると，誘導起電力の大きさも大きくなります。これを，**ファラデーの電磁誘導の法則**といいます。

Theme 73 電磁誘導 Part 2

その1 “磁束の定義”

磁束の単位は[Wb]（ウェーバ）です。

定義でーす!!

磁束密度B[T]（テスラ）の磁界の中に，磁界の向きと垂直な断面を考え，その面積をS[m^2]とすると，磁束Φ[Wb]（ウェーバ）は次のように定義されます。

$$\Phi = BS$$

ちなみに，記号Φは「ファイ」と読みます。

注　この公式により，$B=\dfrac{\Phi}{S}$となるので，磁束密度Bの単位は[Wb/m^2]でもOKということになります。

問題237　キソ

断面積が0.20[m^2]の円形コイルを垂直に貫く磁界がある。この磁界の磁束密度が6.0[T]であったとき，この円形コイル内の磁束を求めよ。

解答でござる

$B=6.0$[T]，$S=0.20$[m^2]，円形コイル内の磁束をΦ[Wb]とすると，

$$\Phi = BS$$ （定義です!!）

$$= 6.0 \times 0.20$$

$$= \mathbf{1.2}\text{[Wb]}$$ …(答)

単位は[Wb]（ウェーバ）です。

単位が鬼門だな…

“ファラデーの電磁誘導の法則”

p.777で紹介したファラデーの電磁誘導の法則を式で表したものが，これです!!

公式でーす!!

$\boldsymbol{n}$回巻かれたコイルを貫く磁束が，時間$\boldsymbol{\Delta t}$[s]の間に$\boldsymbol{\Delta \Phi}$[Wb]だけ変化したとき，コイルに生じる誘導起電力$\boldsymbol{V}$[V]は

$$V = -n\frac{\Delta \Phi}{\Delta t}$$

p.777でも述べたとおり，誘導起電力$\boldsymbol{V}$は，コイルの巻き数$\boldsymbol{n}$と磁束が変化する速さ$\dfrac{\Delta \Phi}{\Delta t}$に比例します。**マイナスがついている理由**は，誘導起電力が常に磁束の変化を妨げる向きに生じることを表しています。

問題238 キソ

断面積が$0.030[\mathrm{m^2}]$の200回巻きの円形コイルがある。このコイルを垂直に貫く磁界の磁束密度が，1.2秒間に$2.5[\mathrm{T}]$から$8.5[\mathrm{T}]$に増加した。このとき，この円形コイルに生じる誘導起電力を求めよ。

ナイスな導入

“誘導起電力を求めよ”と言われた場合は，通常，正の値で答えます。よって…

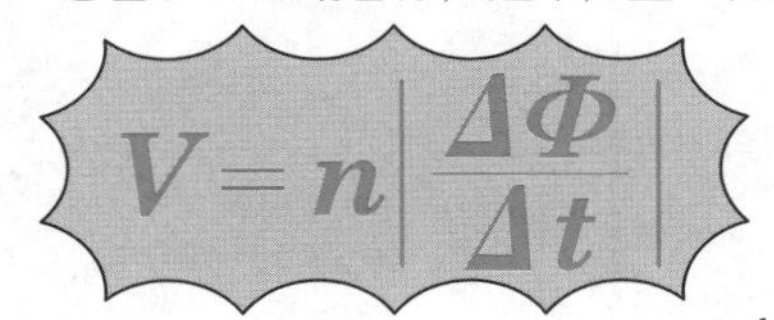

$$V = n\left|\frac{\Delta \Phi}{\Delta t}\right|$$

として考えればよい。こうすれば，磁束が減少する場合$\left(\dfrac{\Delta \Phi}{\Delta t} < 0\text{となる場合}\right)$も，$V$が正の値として求まります。

解答でござる

磁束密度B[T]が“$B_1=2.5$[T]から$B_2=8.5$[T]に増加した”ということは，円形コイルの断面積が$S=0.030$[m^2]であるから，

磁束Φ[Wb]は“$\Phi_1=\overset{B_1}{2.5}\times\overset{S}{0.030}$[Wb]から，$\Phi_2=\overset{B_2}{8.5}\times\overset{S}{0.030}$[Wb]に増加した”ということになります。

よって，磁束の変化$\Delta\Phi$は，

$$\begin{aligned}\Delta\Phi &= \Phi_2-\Phi_1\\ &=8.5\times0.030-2.5\times0.030\\ &=(8.5-2.5)\times0.030\\ &=6.0\times0.030[\mathrm{Wb}]\end{aligned}$$

← とりあえずこの状態で放置!!

この変化が$\Delta t=1.2$[s]の間に起こったから，

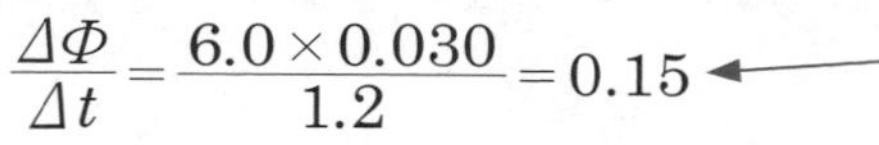

$$\frac{\Delta\Phi}{\Delta t}=\frac{6.0\times0.030}{1.2}=0.15$$

← ちなみに，単位は[Wb/s]ですが，どうでもいいです。

円形コイルが$n=200$[回]巻きであるから，この円形コイルに生じる誘導起電力V[V]は，

$$\boldsymbol{V}=\boldsymbol{n}\left|\frac{\boldsymbol{\Delta\Phi}}{\boldsymbol{\Delta t}}\right|$$

← **ナイスな導入** 参照!! こう覚えたほうが使えますよ!!

$$\begin{aligned}&=200\times|0.15|\\ &=200\times0.15\\ &=\underline{30}[\mathrm{V}]\quad\cdots(答)\end{aligned}$$

← 本問では磁束が**増加**したので，$\dfrac{\Delta\Phi}{\Delta t}>0$となり，絶対値は不要でした。

← すげぇー電圧

問題239　標準

右図のように，MNから右側に⊗向き（紙面の表から裏向き）に磁束密度B[T]の一様な磁界がかけられている。

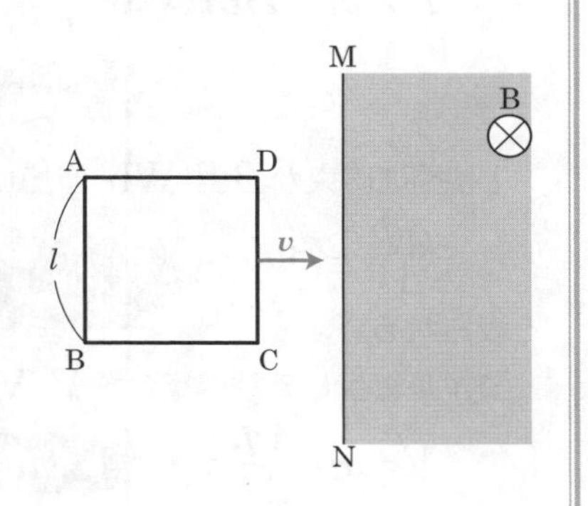

全抵抗がR[Ω]で，1辺の長さがl[m]の正方形コイルABCDを，DC//MNとなるように紙面に平行に置き，DCに垂直に一定の速さv[m/s]で動かしていく。

このとき，次の各問いに答えよ。

(1)　辺DCがMNの右側にあり，辺ABがMNの左側にあるとき，コイルに生じる誘導起電力を求めよ。

(2)　(1)のとき，コイルに流れる電流（誘導電流）を求めよ。また，この電流は導線ABをA→B，またはB→Aのどちら向きに流れるか。

(3)　辺ABがMNの右側にあるとき，コイルに生じる誘導起電力を求めよ。

(4)　(2)のとき，コイルに流れる電流（誘導電流）を求めよ。

電気と磁気

ビジュアル解答

(1)　辺DCがMNの右側にあり，辺ABがMNの左側にあるとき!!

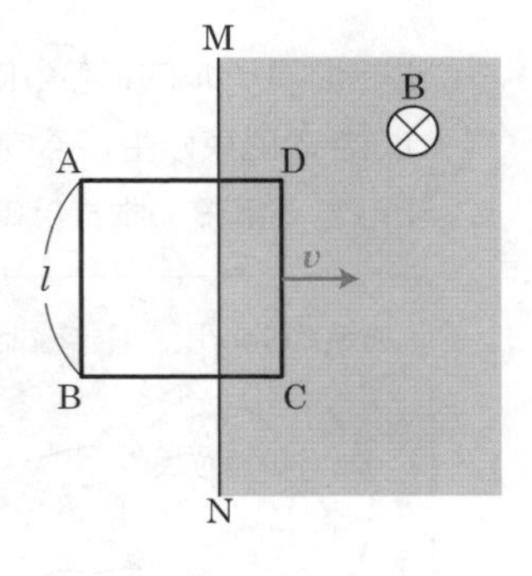

1秒間にv[m]進むから，1秒間に正方形コイル内に入り込む磁界領域の面積は…

vl[m^2]

となる。

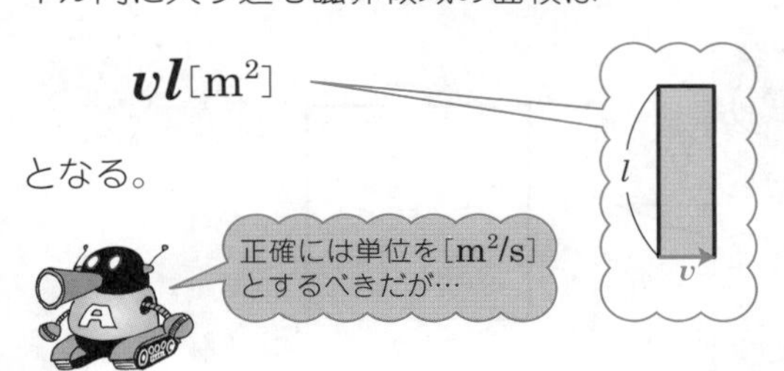

よって，1秒間に正方形コイル内に増加する磁束は…

$B \times vl = \boldsymbol{Bvl}$[Wb]　正確には[Wb/s]

磁束の定義 $\Phi = BS$ です!! 今回は $S = vl$

1秒間に磁束が Bvl[Wb]増加したわけだから，

$$\frac{\Delta\Phi}{\Delta t} = Bvl$$

$\frac{\Delta\Phi}{\Delta t}$ は1秒あたりの Φ の変化です!!

と表される。

コイルに生じる誘導電流を $\boldsymbol{V}$[V]とすると…

$$\boldsymbol{V} = \boldsymbol{n}\left|\frac{\boldsymbol{\Delta\Phi}}{\boldsymbol{\Delta t}}\right|$$

p.779参照!! 公式です!!

$$= 1 \times |Bvl|$$

$$\therefore\quad V = \boldsymbol{Bvl}\text{[V]}\quad \cdots\text{(答)}$$

$Bvl > 0$ より絶対値は不要

(2) コイルに流れる電流を $\boldsymbol{I}$[A]とすると，コイルの全抵抗が $\boldsymbol{R}$[Ω]であるから，オームの法則より，

$$V = RI \quad I = \frac{V}{R}$$

(1)より，

$$I = \frac{\boldsymbol{Bvl}}{\boldsymbol{R}}\text{[A]}\quad \cdots\text{(答)}$$

正方形コイル内に⊗向きの磁束が増加するから，これを打ち消すために⊙向きの磁束が生じる向きに電流は流れる。

よって，電流の向きは導線ABを **A→Bの向き** …(答)

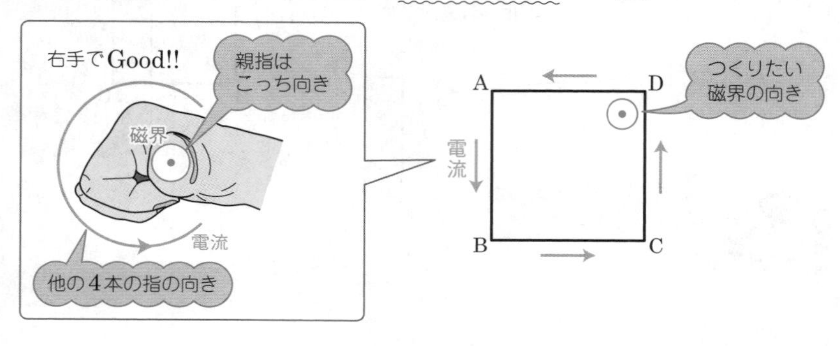

(3) 辺ABがMNの右側にあるとき!!

正方形コイルは完全に磁界内に入ってしまっているので，正方形コイルを貫く磁束は一定となり，磁束の変化はまったくなくなる!!

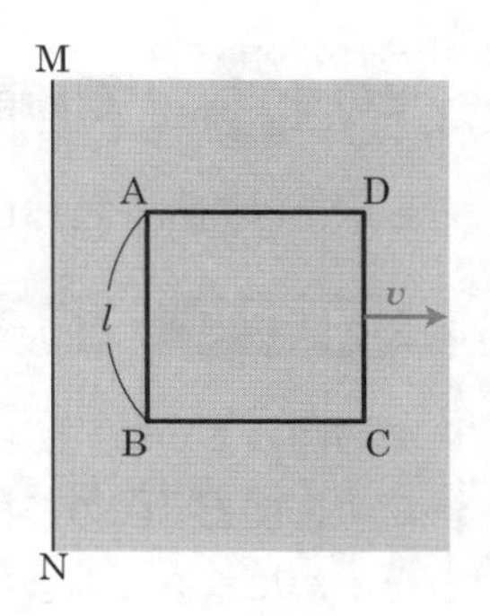

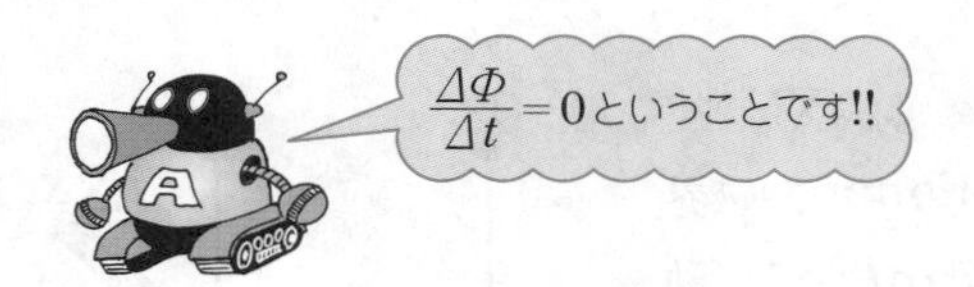

つまり，コイルに生じる誘導起電力は $0[\mathrm{V}]$ …(答)

(4) (3)より，コイルに流れる電流は $0[\mathrm{A}]$ …(答)

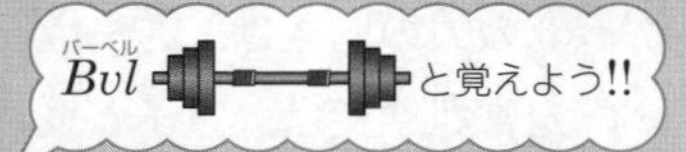

本問の(1)の解答って，じつは有名なんですよ!!

$$V=Bvl$$

バーベル Bvl と覚えよう!!

次の 問題240 でも登場します!!
詳しいことはそこで

その3 “電磁誘導をローレンツ力から説明する!!”

この話は問題をとおして体得しよう!!

問題240　ちょいムズ

右図のように，長さl[m]の導線XYを，磁束密度B[T]の一様な磁界の中で，磁界と導線に垂直な向きに速さv[m/s]で移動させる。電子の電荷を$-e$[C]として，次の各問いに答えよ。

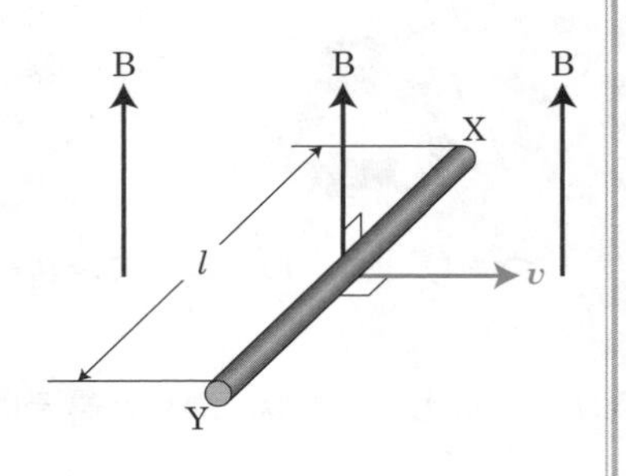

(1)　導線中の電子が磁界から受けるローレンツ力の大きさを求めよ。

(2)　(1)の力の向きは，X→YとY→Xのいずれであるか。

(3)　(2)より，XとYではどちらが高電位となるか。

(4)　(3)により，XY間に生じた電位差をV[V]としたとき，電界の強さE[V/m]を求めよ。

(5)　(4)の電界の向きは，X→YとY→Xのいずれであるか。

(6)　この電界により電子が受ける力の大きさを求めよ。

(7)　(6)の力の向きは，X→YとY→Xのいずれであるか。

(8)　定常状態では，電子が受けるローレンツ力と電子が電界から受ける力はつり合う。このことから，XY間に生じた電位差をB，l，vで表せ。

(1)

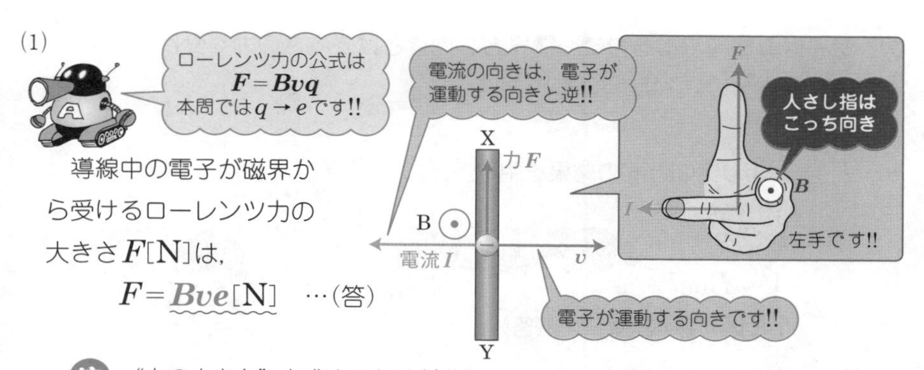

導線中の電子が磁界から受けるローレンツ力の大きさF[N]は，

$$F = Bve\,[\mathrm{N}] \quad \cdots(答)$$

注 “力の大きさ”を求めるわけだから，$-e$のマイナスをとって計算する!!

(2) 上図より，ローレンツ力Fの向きは$\mathrm{Y} \to \mathrm{X}$ …(答)

(3) (2)より，X側に電子が集まることになる。よって，X側が負に帯電し，Y側が正に帯電する。つまり，高電位になるのはY …(答)

(4) XY間に生じた電位差がV[V]，XY間の距離がl[m]であるから，電界の強さE[V/m]は，

$$E = \frac{V}{l}\,[\mathrm{V/m}] \quad \cdots(答)$$

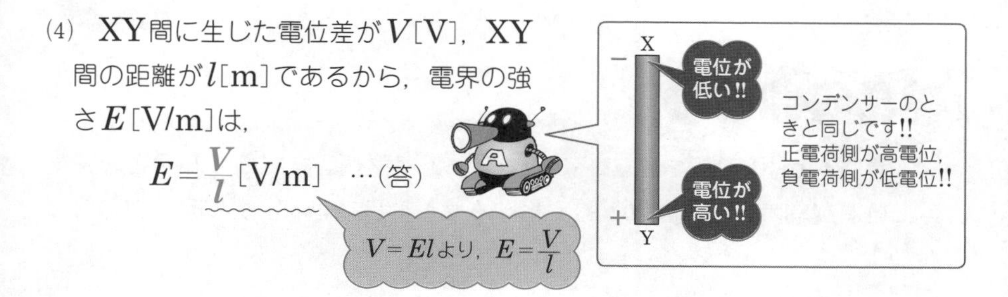

(5) 電界Eの向きは$\mathrm{Y} \to \mathrm{X}$ …(答)

(6) 電界Eより電子が受ける力の大きさをF'[N]とすると，

$$F' = eE$$

$$= e \times \frac{V}{l}$$

$$\therefore \quad F' = \frac{eV}{l}\,[\mathrm{N}] \quad \cdots(答)$$

(7) 電子は負電荷であるので，電界$\boldsymbol{E}$の向きとは逆向きの力を受ける。よって，力$\boldsymbol{F}'$の向きは$\mathbf{X \to Y}$ …(答)

(8) $\boldsymbol{F}' = \boldsymbol{F}$より，(1)と(6)の結果を用いて，

$$\frac{eV}{l} = Bve$$

$$eV = Bvel$$

$$\therefore \quad V = \boldsymbol{Bvl}\,[\mathrm{V}] \quad \cdots(答)$$

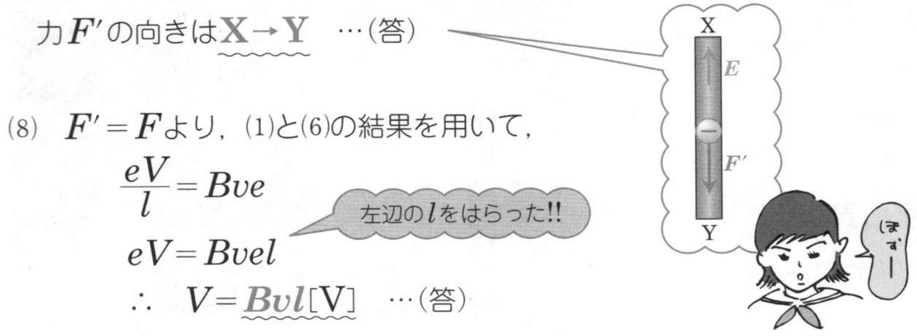

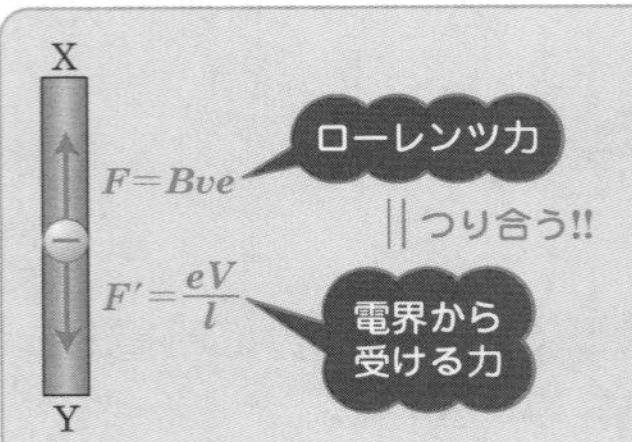

問題文中に“定常状態では，電子が受けるローレンツ力と電子が電界から受ける力はつり合う”と，あたりまえのように書いてあります。『別につり合わなくてもいいじゃん』とか思いません?? 突っ込んじゃいけないところですよ ここは割り切って覚えてしまってください!! この世の参考書はすべて，この辺りの話をさ――っと流してます

長さ$\boldsymbol{l}$[m]の導線を，磁束密度$\boldsymbol{B}$[T]の一様な磁界の中で，磁界と導線に垂直な向きに速さ$\boldsymbol{v}$[m/s]で移動させたとき，導線に生じる**誘導起電力**$\boldsymbol{V}$[V]は

$$\boldsymbol{V = Bvl}$$

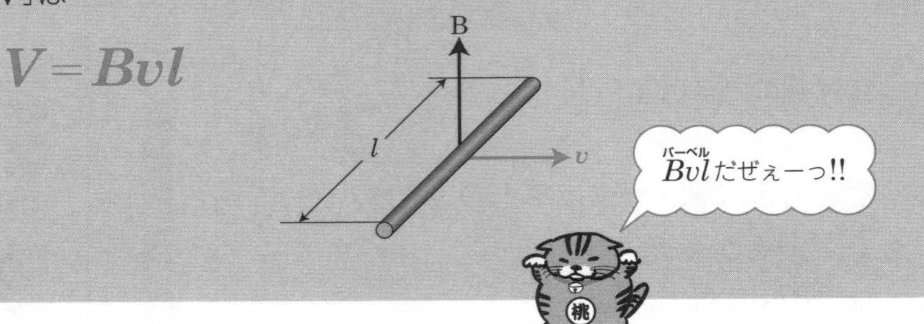

そこで!! もう一度 問題239 を考えてみよう!!

(1)は…

長さ$\boldsymbol{l}$[m]の導線DCが，磁束密度$\boldsymbol{B}$[T]の一様な磁界の中で，磁界と導線に垂直な向きに速さ$\boldsymbol{v}$[m/s]で移動しているから，導線に生じる誘導起電力$\boldsymbol{V}$[V]は…

$\boldsymbol{V} = \boldsymbol{Bvl}$[V] …(答)

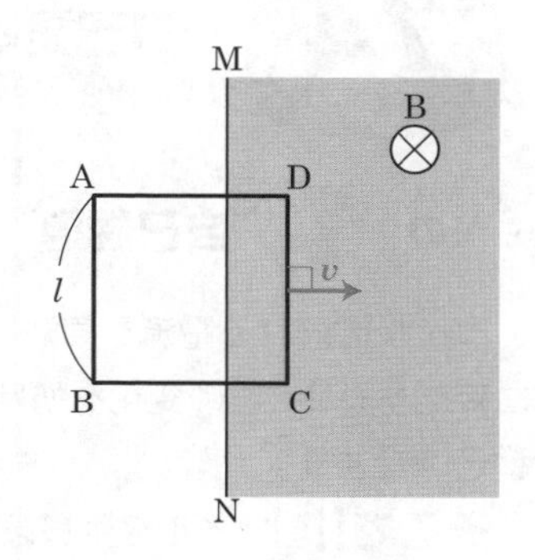

(3)は…

(1)と同じ状況が，導線ABと導線DCの両方で起こる!! つまり，導線ABと導線DCの両方に，誘導起電力$\boldsymbol{V} = \boldsymbol{Bvl}$[V]が生じる。これらは打ち消し合い，コイル全体では起電力はなくなる!!

つまり，誘導起電力は**0**[V] …(答)

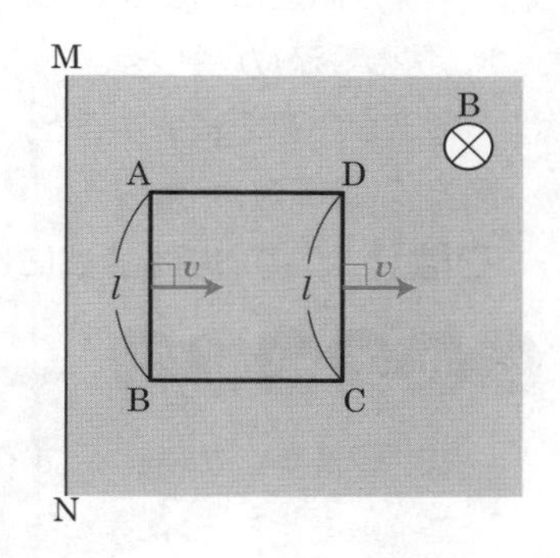

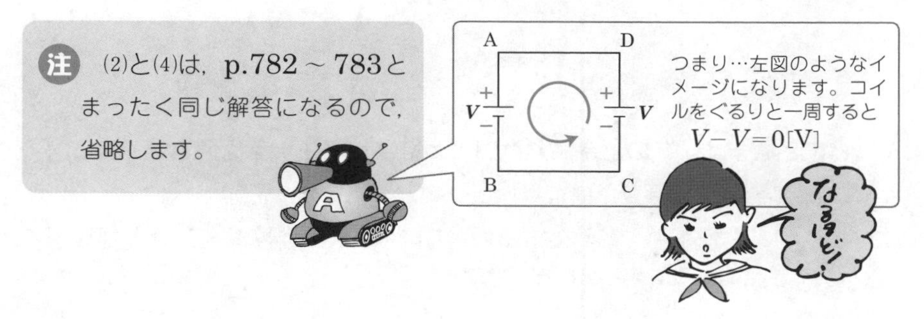

Theme 74 自己誘導と相互誘導

その1 “自己誘導”のお話

コイルに流れる電流を急速に変化させると，コイルの内部に生じる磁束も急速に変化する!!　この変化を妨げるように誘導起電力が生じる。この現象を**自己誘導**と呼びます。

そこで!!　コイルに生じる電流（誘導電流）の向きにスポットを当ててみよう!!

① 電流が急速に増加すると，この電流を妨げるように，コイル内に逆向きの電流（誘導電流）が生じる。

② 電流が急速に減少すると，この電流を増やすように，コイル内に同じ向きの電流（誘導電流）が生じる。

では!!　このお話を公式にしてみましょう!!

公式でーす!!

時間Δt[s]の間に，コイルを流れる電流をΔI[A]だけ変化させたとき，コイルに生じる**誘導起電力**（自己誘導起電力とも呼ぶ）V[V]は

$$V = -L\frac{\Delta I}{\Delta t}$$

と表されます。このとき，Lはコイルによって決まる比例定数で**自己インダクタンス**と呼び，単位は[H]（ヘンリー）です。

注　**マイナス**の意味は，誘導起電力がいつでも磁束の変化を妨げる向きに生じることを表しているだけです。

問題241 標準

自由に電圧を変えることができる直流電源と，抵抗と，自己インダクタンスが25[H]のコイルで構成された回路がある。このとき，電源はX側が正極で，Y側が負極である。コイルに流れる電流を2.0秒間で0.3[A]から1.5[A]に均一な変化率で増やすとき，コイルに生じる誘導起電力の大きさと，誘導電流の向き(A→B，またはB→A)を答えよ。

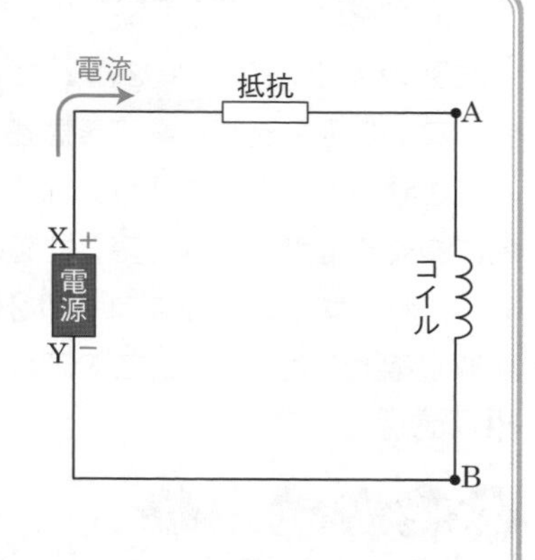

解答でござる

$\Delta t = 2.0$[s]

$\Delta I = 1.5 - 0.3 = 1.2$[A]　← 0.3[A]から1.5[A]に変化した。

$L = 25$[H]　← 自己インダクタンス(問題文中に書いてあります!!)

以上より，誘導起電力V[V]は，

$$V = -L\frac{\Delta I}{\Delta t}$$

公式です!!

$$= -25 \times \frac{1.2}{2.0}$$

$$= -25 \times \frac{12}{20}$$

$$= -15\text{[V]}$$

誘導起電力の大きさは**15[V]**　…(答)

← "大きさ" だから，マイナスをとって答える!!

誘導電流の向きは**B→A**　…(答)

A→Bの向きの電流が増加したわけだから，これを妨げるように，B→Aの向きに誘導電流が流れる!!

その2 “相互誘導”のお話

右図のようにコイルを置いたとき，コイル1を流れる電流を急速に変化させると，コイル1がコイル2内につくる磁束も急速に変化するので，これを妨げるようにコイル2に誘導起電力が生じます。この現象を**相互誘導**と呼びます。

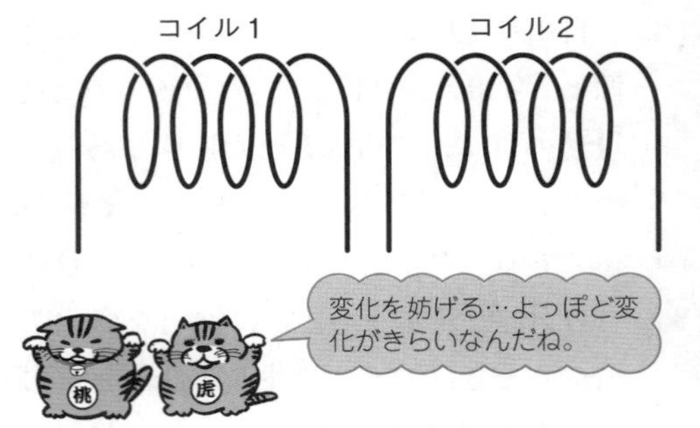

公式でーす!!

時間$\boldsymbol{\Delta t}$[s]の間に，コイル1に流れる電流を$\boldsymbol{\Delta I}$[A]だけ変化させたとき，コイル2に生じる**誘導起電力**(相互誘導起電力とも呼ぶ)$\boldsymbol{V}$は

$$V = -M\frac{\Delta I}{\Delta t}$$

と表されます。このとき，$\boldsymbol{M}$はコイルによって決まる比例定数で**相互インダクタンス**と呼び，単位は自己インダクタンスと同じ[H](ヘンリー)を用います。

注　**マイナス**の意味は，誘導起電力がいつでも磁束の変化を妨げる向きに生じることを表しているだけです。

問題242　標準

右図のように，コイル1とコイル2が鉄しんを通して並べてある。

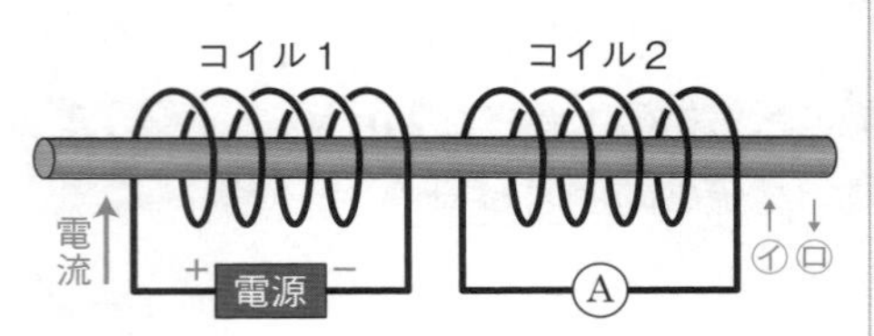

コイル1に流れる電流を，1.2秒間で0.80[A]から0.20[A]に均一な変化率で減らすとき，コイル2に生じる誘導起電力の大きさと，誘導電流の向き(図の㋑または㋺)を答えよ。ただし，2つのコイルの相互インダクタンスを3.0[H]とする。

鉄しんにコイルを巻きつけると，鉄しんが磁化され，電流のつくる磁界と重なり合い，強い磁界が生じる。つまり，誘導電流ははるかに大きくなる!!

ほぉー

$\Delta t = 1.2[\mathrm{s}]$

$\Delta I = 0.20 - 0.80 = -0.60[\mathrm{A}]$　減少させたので，マイナスに!!

$M = 3.0[\mathrm{H}]$　相互インダクタンスです!!　問題文参照!!

コイル2に生じる誘導起電力を$V[\mathrm{V}]$とすると，

$$V = -M\frac{\Delta I}{\Delta t}$$

公式です!!

$$= -3.0 \times \left(\frac{-0.60}{1.2}\right)$$

$$= 1.5[\mathrm{V}]$$

今回はプラスになりました!!
この時点で，コイル1と同じ向きにコイル2の誘導電流が流れることを意味しています。
しかし，電流の向きは下図のように，しっかり確認したほうが無難ですよ!!

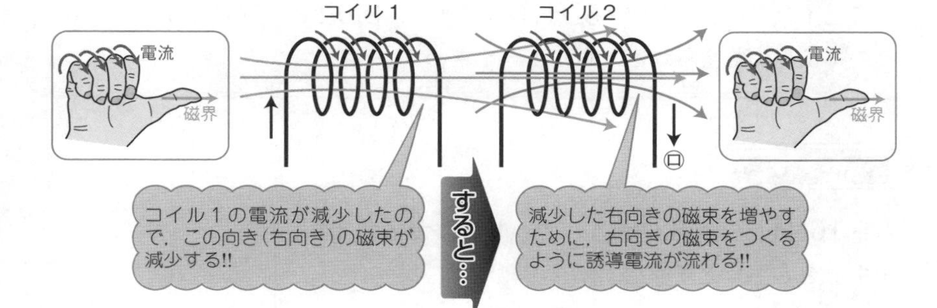

以上より，

誘導起電力の大きさは**1.5**[V]　…(答)

誘導電流の向きはロ　…(答)

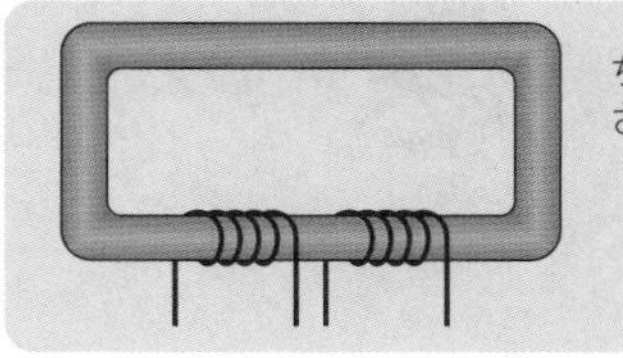

ちなみに，鉄しんをリング状にすると，さらに誘導電流は大きくなります!!

その3 “コイルに蓄えられる磁気エネルギー”

コイルに電流が流れると，コイルのまわりに磁界が生じます。これにより，コイルはエネルギー（磁気エネルギー）を蓄えていることになります。

まぁ，とにかく次の公式を覚えておいてくれ!!

公式でーす!!

自己インダクタンスがL[H]であるコイルに，I[A]の電流が流れているとき，コイルに蓄えられるエネルギー（磁気エネルギー）U[J]は

$$U=\frac{1}{2}LI^2$$

問題243　キソ

自己インダクタンスが16[H]のコイルに，3.0[A]の電流が流れている。このコイルに蓄えられるエネルギーを求めよ。

解答でござる

$L=16$[H]，$I=3.0$[A]，コイルに蓄えられるエネルギーをU[J]とすると，

$$U=\frac{1}{2}LI^2$$ 公式です!!

$$=\frac{1}{2}\times16\times3.0^2$$

$$=\frac{1}{2}\times16\times9$$

$$=\underline{72\text{[J]}}$$ …（答）

Theme 75 交流と電磁波

その1 "直流と交流の違いは…??"

直流 → 一定電圧により，一定の向きの電流が流れる!!

交流 → 電圧や電流の向きが周期的に変化する!!

その2 "周期と周波数"のお話

"波動"のときと同じです。

1秒間あたりの，電圧や電流が変化する回数のことを**周波数**(または**振動数**)と呼びます。

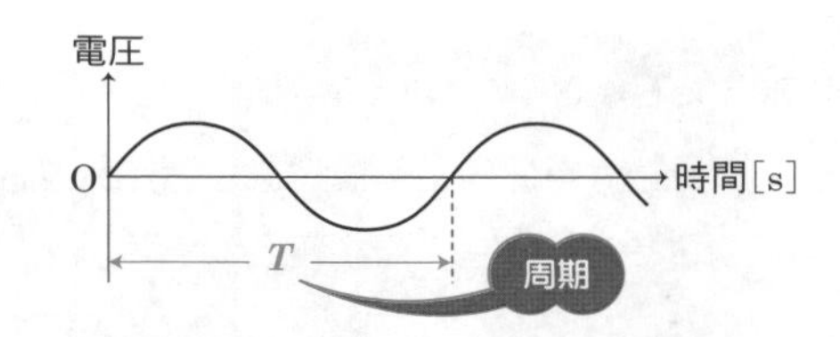

公式でーす!!

交流において，周期T[s]と周波数(振動数)f[Hz(ヘルツ)]の関係式は

$$f=\frac{1}{T}\quad もしくは\quad T=\frac{1}{f}$$

その3 "交流の消費電力"のお話

公式でーす!!

最大電圧がV_0[V]，最大電流がI_0[A]である交流の消費電力の平均値$\overline{P}$[W]は

$$\overline{P}=\frac{1}{2}V_0I_0$$

で表されます。

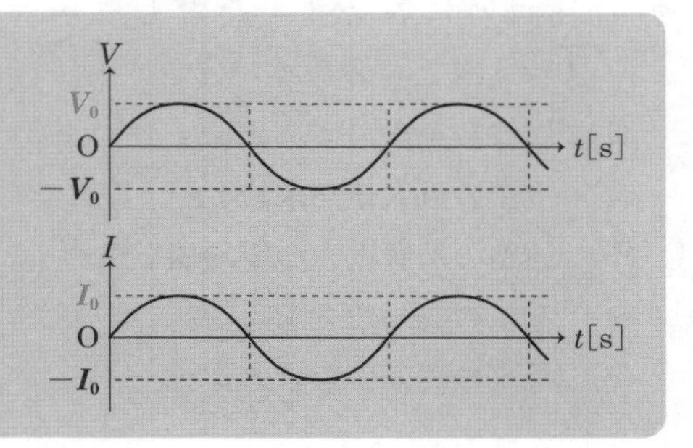

"交流の実効値"のお話

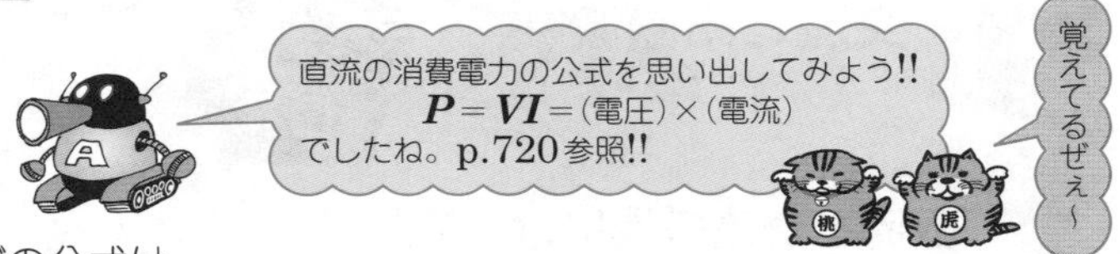

前ページの公式は…

$$\overline{P}=\frac{1}{2}V_0I_0=\frac{1}{\sqrt{2}}V_0\times\frac{1}{\sqrt{2}}I_0$$

（電圧） × （電流）

$\frac{1}{2}=\frac{1}{\sqrt{2}}\times\frac{1}{\sqrt{2}}$です!!

と変形できます。

つまり，直流の電圧$\frac{1}{\sqrt{2}}V_0$，直流の電流$\frac{1}{\sqrt{2}}I_0$の場合に相当することになり，この値を**実効値**と呼びます。

公式でーす!!

最大電圧V_0[V]，最大電流I_0[A]である交流において，**交流電圧の実効値V_e**[V]，**交流電流の実効値I_e**[V]は

$$V_e=\frac{1}{\sqrt{2}}V_0 \qquad I_e=\frac{1}{\sqrt{2}}I_0$$

問題244 標準

右図のように，時間とともに電圧が変化する交流電源を20[Ω]の抵抗とつないだ。このとき，次の各問いに答えよ。ただし，$\sqrt{2}=1.4$とする。

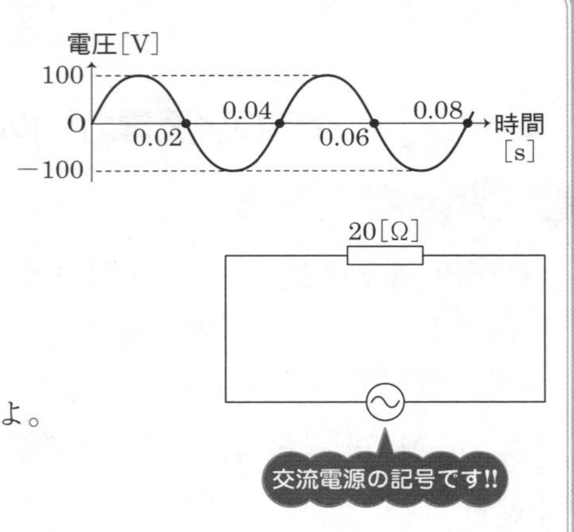

(1) 周波数を求めよ。

(2) 電流の最大値を求めよ。

(3) 回路の消費電力の平均値を求めよ。

(4) 電圧の実効値を求めよ。

(5) 電流の実効値を求めよ。

解答でござる

(1)　グラフより，周期T[s]は，

$$T = 0.04[\mathrm{s}]$$

周波数f[Hz]は，

$$f = \frac{1}{T} = \frac{1}{0.04} = \frac{100}{4} = \mathbf{25}[\mathrm{Hz}] \quad \cdots(答)$$

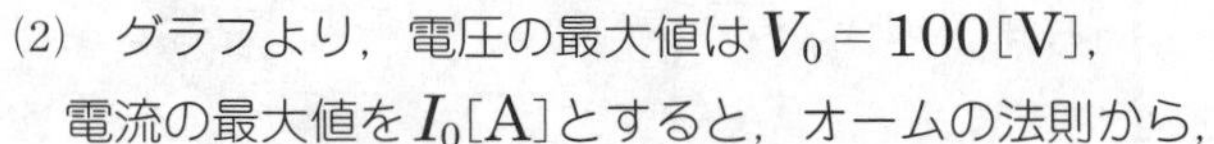

(2)　グラフより，電圧の最大値は$V_0 = 100$[V]，
電流の最大値をI_0[A]とすると，オームの法則から，

$$V_0 = RI_0$$

電圧が最大であれば，
電流も最大です!!

$$I_0 = \frac{V_0}{R}$$

$$= \frac{100}{20} \quad (R = 20[\Omega]より)$$

$$\therefore \quad I_0 = \mathbf{5}[\mathrm{A}] \quad \cdots(答)$$

(3)　消費電力の平均値を$\overline{P}$[W]として，

$$\overline{P} = \frac{1}{2}V_0I_0$$

p.793参照!!　公式です!!

$$= \frac{1}{2} \times 100 \times 5$$

$$= \mathbf{250}[\mathrm{W}] \quad \cdots(答)$$

2.5×10^2[W]，または
0.25[kW]でもOK!!

(4)　電圧の実効値をV_e[V]とすると，

分母を有理化しておくと，
計算しやすい!!

$$V_e = \frac{1}{\sqrt{2}}V_0 = \frac{\sqrt{2}}{2}V_0 = \frac{\sqrt{2}}{2} \times 100 = \frac{\overset{0.7}{\cancel{1.4}}}{\cancel{2}} \times 100 = \mathbf{70}[\mathrm{V}] \quad \cdots(答)$$

(5)　電流の実効値をI_e[A]とすると，

$$I_e = \frac{1}{\sqrt{2}}I_0 = \frac{\sqrt{2}}{2}I_0 = \frac{\sqrt{2}}{2} \times 5 = \frac{\overset{0.7}{\cancel{1.4}}}{\cancel{2}} \times 5 = \mathbf{3.5}[\mathrm{A}] \quad \cdots(答)$$

その5 “変圧器”のお話

相互誘導(p.790参照!!)の原理を活用して，電圧を変換する装置を**変圧器**(または**トランス**)と申します。

ザ・まとめ

交流電源とつないでいるほうのコイルを**1次コイル**，何かにつないで活用しようとしているほうのコイルを**2次コイル**と呼びます。

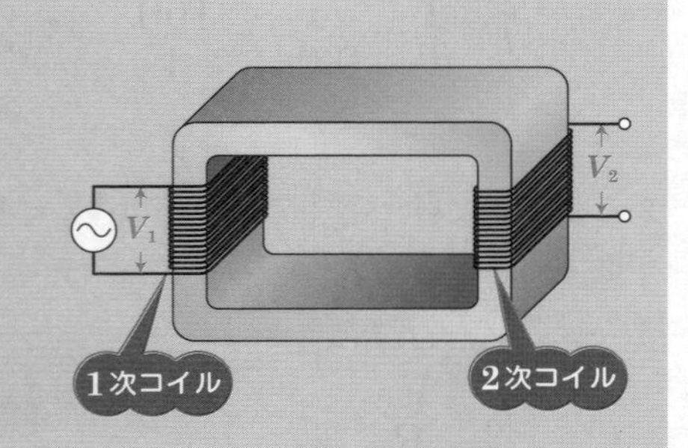

交流電源により，周期的に1次コイルに流れる電流が変化し，これにより周期的に変化する磁束が生じる!! その結果，2次コイルに誘導電流が流れる!!

1次コイルの電圧をV_1，巻き数をN_1，
2次コイルの電圧をV_2，巻き数をN_2 とすると

$$V_1 : V_2 = N_1 : N_2$$

問題245 キソ

電圧が3倍になる変圧器をつくりたい。1次コイルの巻き数が240[回]であるとき，2次コイルの巻き数を何回にすればよいか。

解答でござる

$240 \times 3 =$ **720[回]** …(答)

$N_1 : N_2 = V_1 : V_2$より，
$240 : N_2 = 1 : 3$
3倍!!
$\therefore \quad 1 \times N_2 = 240 \times 3$

簡単すぎないかい??

その6 “電磁波”のお話

電界の変化は磁界の変化を引き起こし，磁界の変化は電界の変化を引き起こします。この連鎖をくり返して空間を伝わる波のことを，**電磁波**と呼びます。

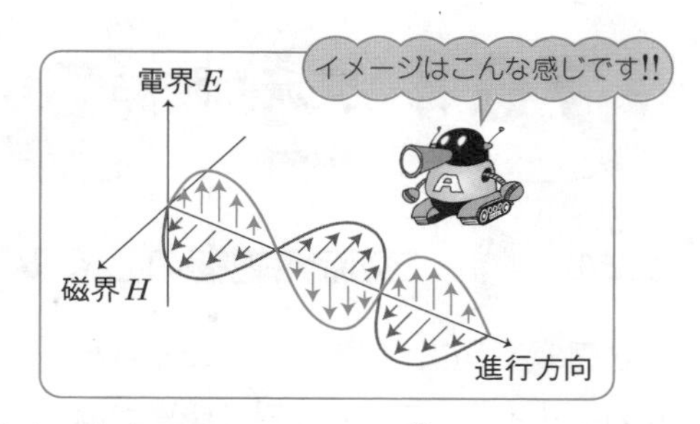

注　電界が振動する方向と磁界が振動する方向は，常に垂直です!!

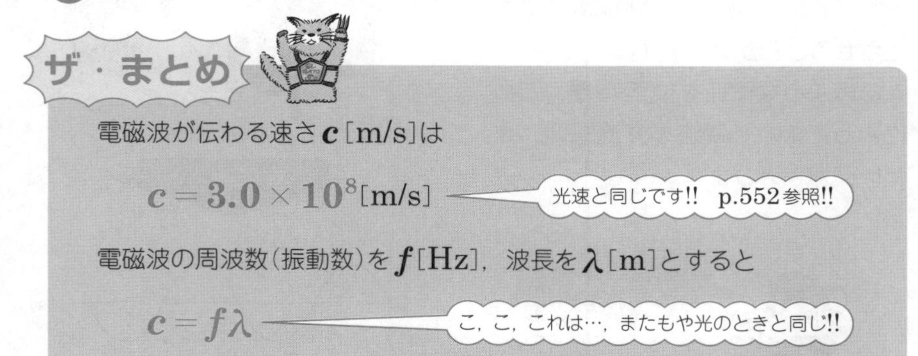

ザ・まとめ

電磁波が伝わる速さ c [m/s]は

$$c = 3.0 \times 10^8 \text{[m/s]}$$

光速と同じです!!　p.552参照!!

電磁波の周波数（振動数）を f [Hz]，波長を λ [m]とすると

$$c = f\lambda$$

こ，こ，これは…，またもや光のときと同じ!!

ちなみに，波長が0.1[mm]以上の電磁波を，特に**電波**と呼びます。

その7 “電磁波いろいろ”

電磁波の速さ c は一定!!
$c = f\lambda$ より，f が大きいということは λ が短い!!

電磁波は振動数が大きく波長が短いほど，エネルギー，直進力，透過力が強くなります。

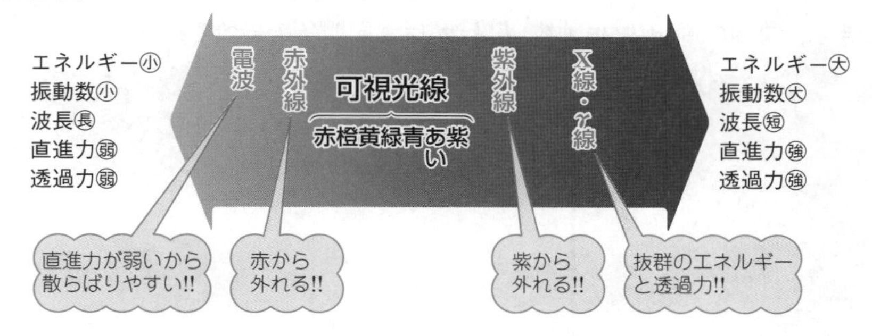

Theme 76 交流回路

コンデンサーとつないだり…
コイルとつないだり…
めんどうなヤローだぜ…

その1 “交流発電機のしくみ”

右図のように，磁場の中でコイルを回転させると，コイルを貫く磁束が周期的に変化するため，誘導起電力を発生させることができます。

このような電圧を**交流電圧**，これによって流れる電流を**交流電流**，または**交流**と呼びます。

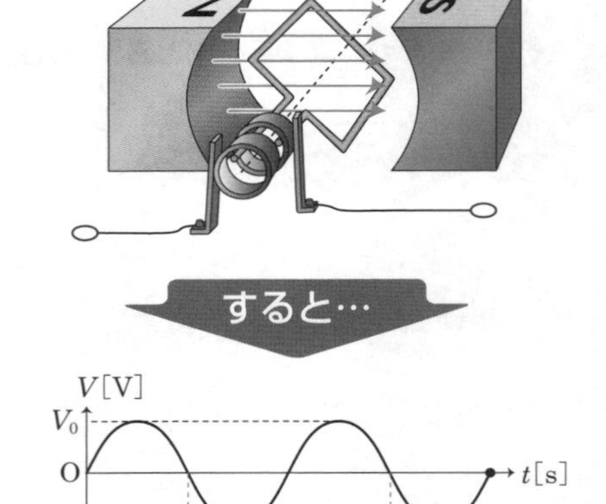

その2 “角周波数”とは…??

“等速円運動”でも登場しますよ!!

交流発電機が回転する角速度をω[rad/s]（交流回路では，このωを**角周波数**という）とすると，コイルが1回転する時間が交流の周期T[s]となるから，

$$T=\frac{2\pi}{\omega}\text{[s]}$$

一周2π[rad]＝360°を，秒速ω[rad]で進む!!

つまり，交流の周波数（振動数）f[Hz]は，周期Tの逆数であるから，

$$f=\frac{\omega}{2\pi}\text{[Hz]}$$

$$f=\frac{1}{T}=\frac{1}{\frac{2\pi}{\omega}}=\frac{1\times\omega}{\frac{2\pi}{\omega}\times\omega}=\frac{\omega}{2\pi}$$

その3 “コイルを流れる交流”

難しい話なので，ポイントだけ押さえてください!!

自己インダクタンスがL[H（ヘンリー）]のコイルに，角周波数ω[rad/s]の交流電圧を加えたとき…

① コイルの**リアクタンス**（コイルの抵抗に相当する値です!!）は，ωL[Ω]

② 電力の平均値$\overline{P}$は，$\overline{P}=0$[W]　こいつはスゴイ!!

③ コイルに流れる電流は，コイルにかかる電圧より位相が$\frac{\pi}{2}$**だけ遅れる!!**

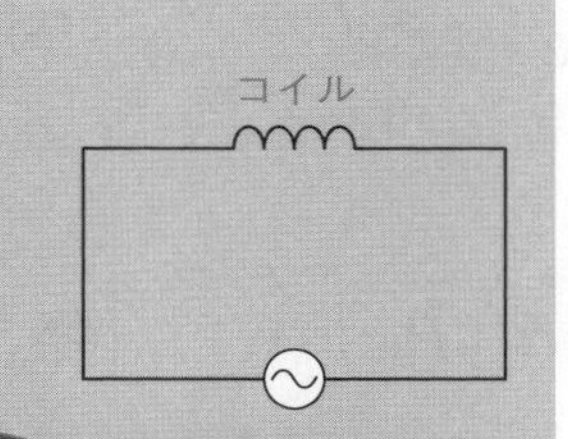

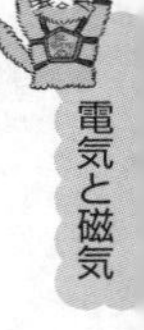

問題246　標準

右図のように，自己インダクタンスL[H]のコイルに，角周波数ω[rad/s]，最大値V_0[V]の交流電圧$V=V_0\sin\omega t$を加えた。このとき，次の各問いに答えよ。

(1) コイルに流れる電流Iを求めよ。

(2) コイルで消費される電力の平均値$\overline{P}$を求めよ。

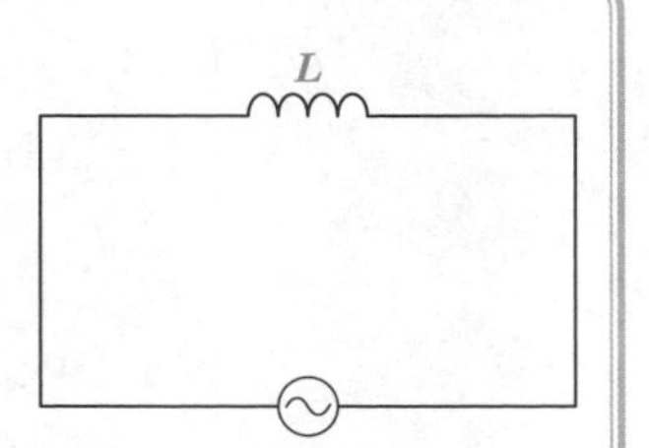

解答でござる

(1) コイルのリアクタンスはωL[Ω]　← コイルの抵抗と考えてOK!!

よって，電流の最大値をI_0[A]とすると，

$$V_0=\omega L I_0$$

オームの法則です!! $V=RI$ 本問では$R=\omega L$です!!

$$\therefore\quad I_0=\frac{V_0}{\omega L}\quad\cdots①$$

さらに，コイルを流れる電流はコイルにかかる電圧より位相が$\frac{\pi}{2}$だけ遅れるので，コイルに流れる電流Iは，

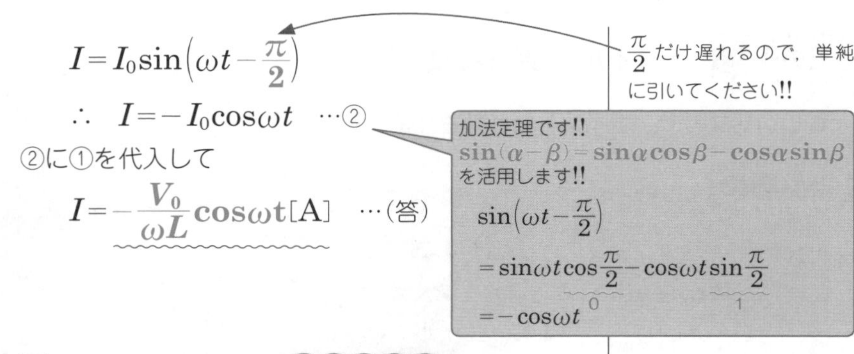

$$I = I_0 \sin\left(\omega t - \frac{\pi}{2}\right)$$

$$\therefore \quad I = -I_0 \cos\omega t \quad \cdots ②$$

②に①を代入して

$$I = -\frac{V_0}{\omega L}\cos\omega t\,[\mathrm{A}] \quad \cdots (答)$$

$\dfrac{\pi}{2}$だけ遅れるので，単純に引いてください!!

加法定理です!!
$\sin(\alpha-\beta) = \sin\alpha\cos\beta - \cos\alpha\sin\beta$
を活用します!!

$$\sin\left(\omega t - \frac{\pi}{2}\right) = \sin\omega t \cos\frac{\pi}{2} - \cos\omega t \sin\frac{\pi}{2} = -\cos\omega t$$

（$\cos\frac{\pi}{2} = 0$，$\sin\frac{\pi}{2} = 1$）

(2)　$\overline{P} = 0\,[\mathrm{W}]$　…(答)　覚えておこう!!

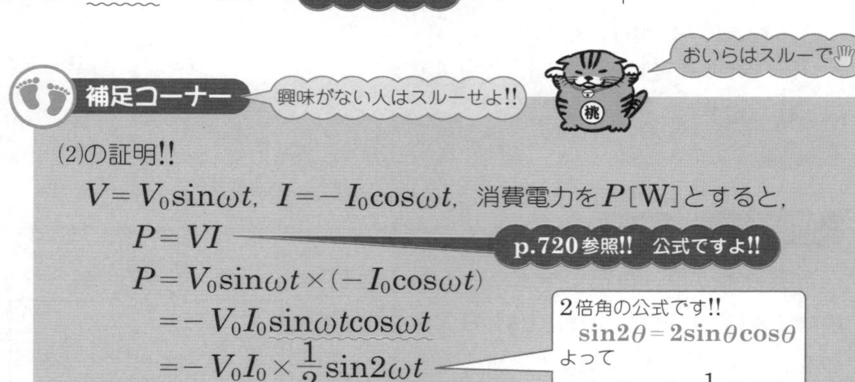

補足コーナー　興味がない人はスルーせよ!!

(2)の証明!!

$V = V_0 \sin\omega t$，$I = -I_0 \cos\omega t$，消費電力をP[W]とすると，

$$P = VI$$

p.720参照!!　公式ですよ!!

$$P = V_0 \sin\omega t \times (-I_0 \cos\omega t)$$
$$= -V_0 I_0 \sin\omega t \cos\omega t$$
$$= -V_0 I_0 \times \frac{1}{2}\sin 2\omega t$$
$$\therefore \quad P = -\frac{1}{2}V_0 I_0 \sin 2\omega t$$

2倍角の公式です!!
$\sin 2\theta = 2\sin\theta\cos\theta$
よって
$\sin\theta\cos\theta = \frac{1}{2}\sin 2\theta$
今回は$\theta = \omega t$です。

右のグラフにおいて，Aの面積とBの面積は同じなので，プラスとマイナスで消える!!　これを，次々とくり返していくので，電力の平均値$\overline{P}$は，

$$\overline{P} = 0\,[\mathrm{W}]となる!!$$

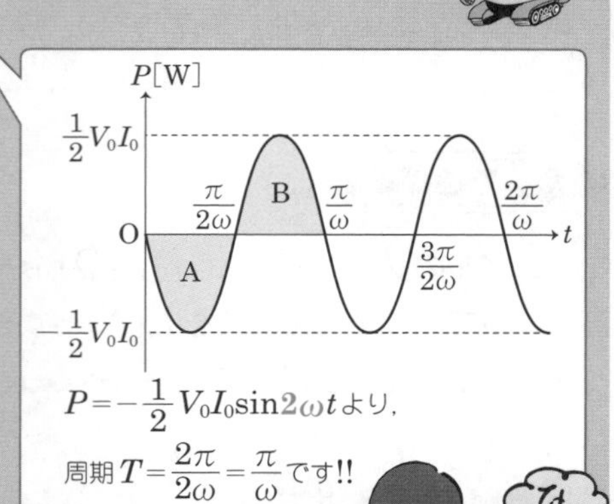

$P = -\frac{1}{2}V_0 I_0 \sin 2\omega t$より，

周期$T = \frac{2\pi}{2\omega} = \frac{\pi}{\omega}$です!!

なるほど!

その4　“コンデンサーを流れる交流”

これもまた難しい話なので，ポイントを押さえることから始めよう!!

電気容量がC[F]のコンデンサーに，
角周波数ω[rad/s]の交流電圧を加えたとき…

コンデンサー

① コンデンサーの**リアクタンス**(コンデンサーの抵抗に相当する値です!!)は，$\dfrac{1}{\omega C}$[Ω]

② 電力の平均値$\overline{P}$は，$\overline{P}=0$[W]　こいつはスゴイ!!

③ コンデンサーに流れる電流は，コンデンサーにかかる電圧より位相が**$\dfrac{\pi}{2}$だけ進む**!!

右図のように，電気容量C[F]のコンデンサーに，角周波数ω[rad/s]，最大値V_0[V]の交流電圧$V=V_0\sin\omega t$を加えた。このとき，次の各問いに答えよ。

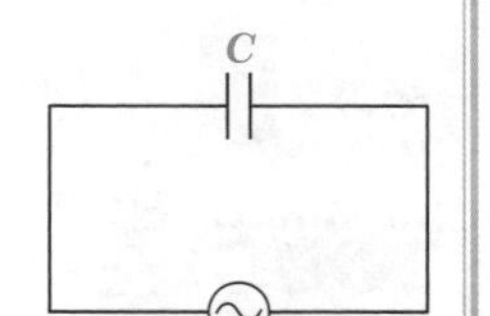

(1)　コンデンサーに流れる電流Iを求めよ。

(2)　コンデンサーで消費される電力の平均値$\overline{P}$を求めよ。

解答でござる

(1)　コンデンサーのリアクタンスは$\dfrac{1}{\omega C}$[Ω]　←　コンデンサーの抵抗と考えてOK!!

よって，電流の最大値をI_0[A]とすると，

$$V_0=\frac{1}{\omega C}\times I_0$$

$$\therefore\quad I_0=\omega CV_0\quad\cdots①$$

オームの法則です!!
$V=RI$
本問では$R=\dfrac{1}{\omega C}$です!!

電気と磁気

さらに，コンデンサーを流れる電流はコンデンサーにかかる電圧より位相が$\dfrac{\pi}{2}$だけ進むので，コンデンサーに流れる電流Iは，

$\dfrac{\pi}{2}$だけ進むので，単純に加えてください!!

$$I = I_0 \sin\left(\omega t + \frac{\pi}{2}\right)$$

$$\therefore \quad I = I_0 \cos\omega t \quad \cdots ②$$

加法定理です!!
$\sin(\alpha+\beta) = \sin\alpha\cos\beta + \cos\alpha\sin\beta$
を活用します!!

$$\sin\left(\omega t + \frac{\pi}{2}\right) = \sin\omega t \underbrace{\cos\frac{\pi}{2}}_{0} + \cos\omega t \underbrace{\sin\frac{\pi}{2}}_{1} = \cos\omega t$$

①を②に代入して，

$$I = \omega C V_0 \cos\omega t\,[\mathrm{A}] \quad \cdots(\text{答})$$

(2) $\overline{P} = 0\,[\mathrm{W}]$ …(答)　覚えておこう!!

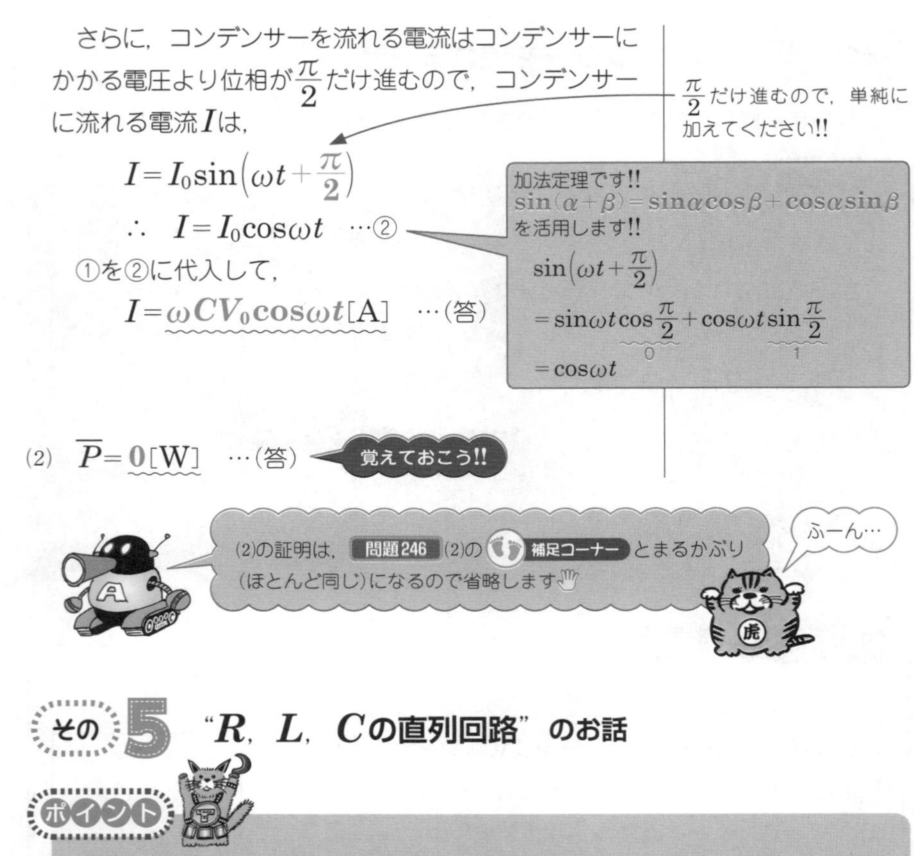

その5 “R，L，Cの直列回路”のお話

ポイント

R[Ω]の抵抗，自己インダクタンスがL[H]のコイル，電気容量がC[F]のコンデンサーを直列につなぎ，角周波数ω[rad/s]の交流電圧を加えたとき…

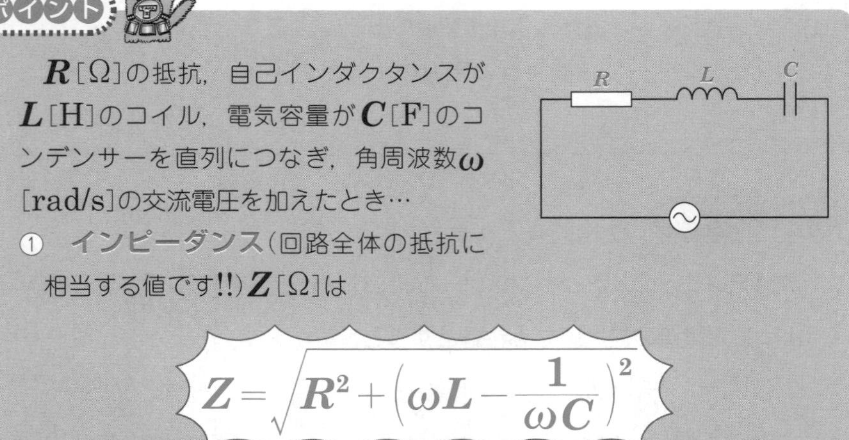

① インピーダンス（回路全体の抵抗に相当する値です!!）Z[Ω]は

$$Z = \sqrt{R^2 + \left(\omega L - \frac{1}{\omega C}\right)^2}$$

② インピーダンスZが最小になるとき，回路には最大電流が流れ，交流電流の振幅が最大となる**共振**という現象が起こる。このとき…

$$\omega L=\frac{1}{\omega C}$$

$$\omega^2 LC=1$$

$$\omega^2=\frac{1}{LC}$$

> $Z=\sqrt{R^2+\left(\omega L-\frac{1}{\omega C}\right)^2}$
>
> $\omega L-\frac{1}{\omega C}=0$
>
> つまり，$\omega L=\frac{1}{\omega C}$のとき
>
> Zは最小!!

$\omega>0$より，

$$\therefore\quad \boldsymbol{\omega=\frac{1}{\sqrt{LC}}}$$

このときのωを**共振角周波数**と呼びます。

よって，周波数(振動数)f[Hz]は，

$$f=\frac{\omega}{2\pi}=\frac{1}{2\pi}\times\omega=\frac{1}{2\pi}\times\frac{1}{\sqrt{LC}}=\boldsymbol{\frac{1}{2\pi\sqrt{LC}}}$$

この周波数(振動数)を，**共振周波数**と呼びます。

まとめておきましょう

共振周波数f[Hz]は

$$f=\frac{1}{2\pi\sqrt{LC}}$$

③ 回路を流れる電流が，回路にかかる電圧より位相がαだけ遅れるとすると

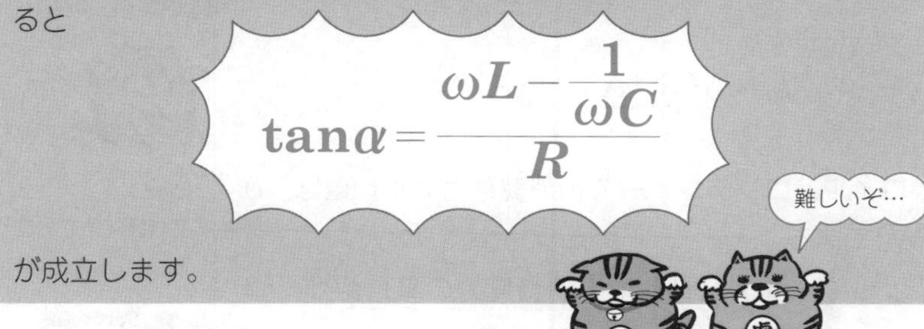

$$\tan\alpha=\frac{\omega L-\frac{1}{\omega C}}{R}$$

が成立します。

問題248　ちょいムズ

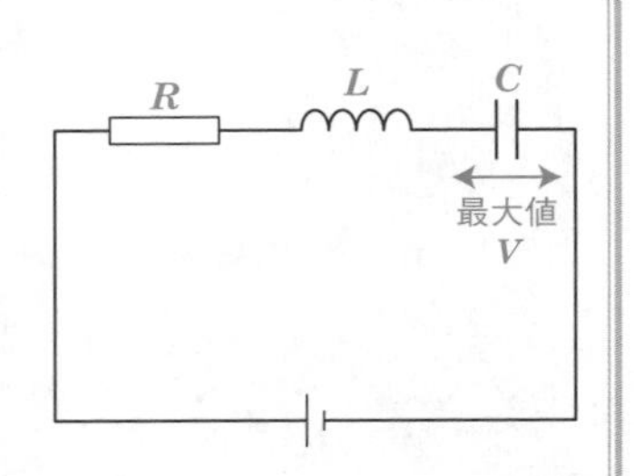

右図のように，R[Ω]の抵抗，自己インダクタンスL[H]のコイル，電気容量C[F]のコンデンサーを直列に接続した回路に，角周波数ω[rad/s]の交流電圧を加えた。コンデンサーにかかる電圧の最大値がV[V]だったとき，次の各問いに答えよ。

(1)　回路に流れる電流の最大値I_0を求めよ。

(2)　回路全体での消費電力の平均値$\overline{P}$を求めよ。

(3)　共振が起こるときの周波数を求めよ。

解答でござる

(1)　コンデンサーのリアクタンスは$\dfrac{1}{\omega C}$[Ω]

よって，コンデンサーに流れる電流の最大値Iは，

$$V = \frac{1}{\omega C} \times I$$

$$\therefore \quad I = \omega CV\,[\mathrm{A}]$$

オームの法則です!!
$V = RI$
$R = \dfrac{1}{\omega C}$です!!

R，L，Cは直列接続であるから，コンデンサーに流れる電流の最大値Iが，回路に流れる電流の最大値I_0である。よって，

$$I_0 = I$$

$$\therefore \quad I_0 = \omega CV\,[\mathrm{A}] \quad \cdots(答)$$

コンデンサーの部分だけに注目すればいいのか…

(2)　コイルとコンデンサーでの消費電力の平均値は，0[W]である。

これは覚えておこう!!

よって，抵抗R[Ω]での消費電力の平均値が，回路全体での消費電力の平均値となる。

ここがポイント!!

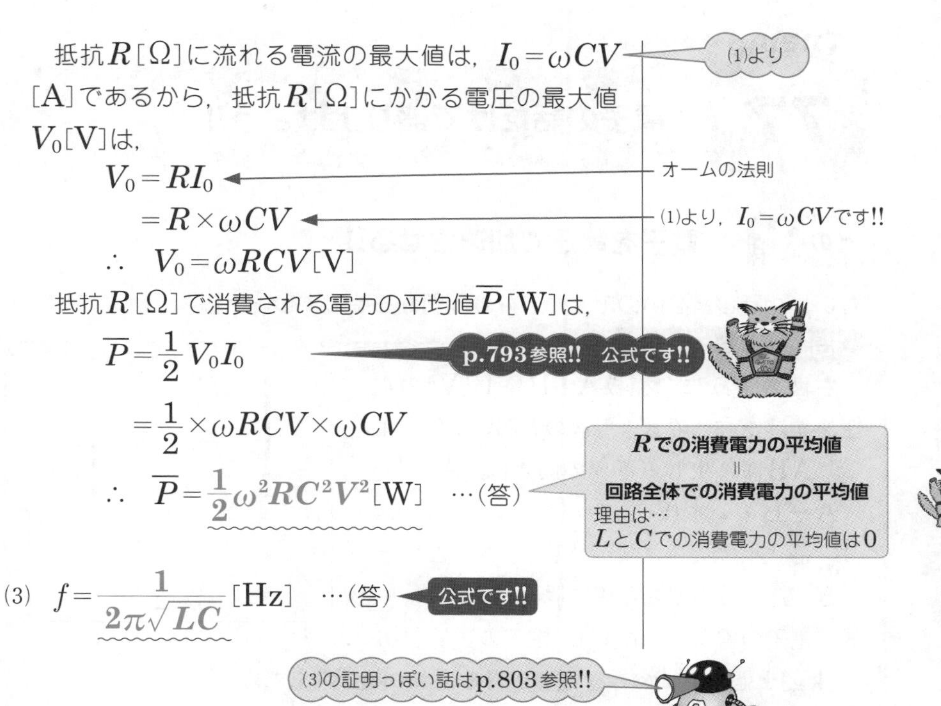

抵抗R[Ω]に流れる電流の最大値は，$I_0=\omega CV$ [A]であるから，抵抗R[Ω]にかかる電圧の最大値V_0[V]は，

$$V_0=RI_0$$
$$=R\times\omega CV$$
$$\therefore\quad V_0=\omega RCV\,[\mathrm{V}]$$

抵抗R[Ω]で消費される電力の平均値$\overline{P}$[W]は，

$$\overline{P}=\frac{1}{2}V_0I_0$$
$$=\frac{1}{2}\times\omega RCV\times\omega CV$$
$$\therefore\quad \overline{P}=\frac{1}{2}\omega^2RC^2V^2\,[\mathrm{W}]\quad\cdots(答)$$

(3)　$f=\dfrac{1}{2\pi\sqrt{LC}}$ [Hz]　…(答)

その6 “電気振動”のお話

右図のような回路を**振動回路**と呼びます。コンデンサーに電荷を与えると，この電荷がコイルに行ったりコンデンサーにもどったりをしばらくくり返します。この現象を**電気振動**と呼びます。この電気振動の周波数(振動数)は，p.803の共振周波数と同一で…

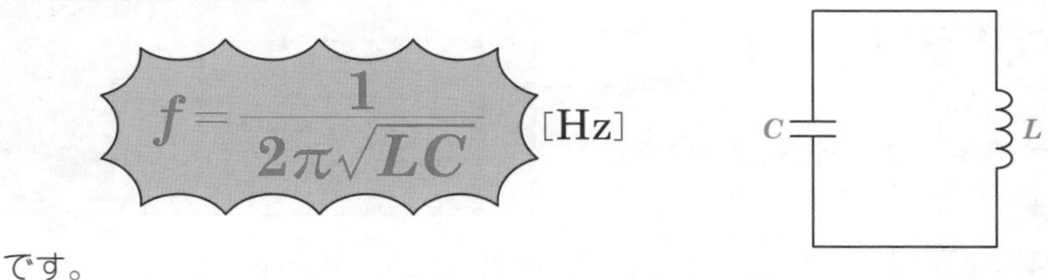

です。

Theme 77 電子の話だけで盛り上げよう!!

その1 “電子を電圧で加速させる!!”

たいした話じゃないので，いきなり問題から始めましょう。

問題249 キソ

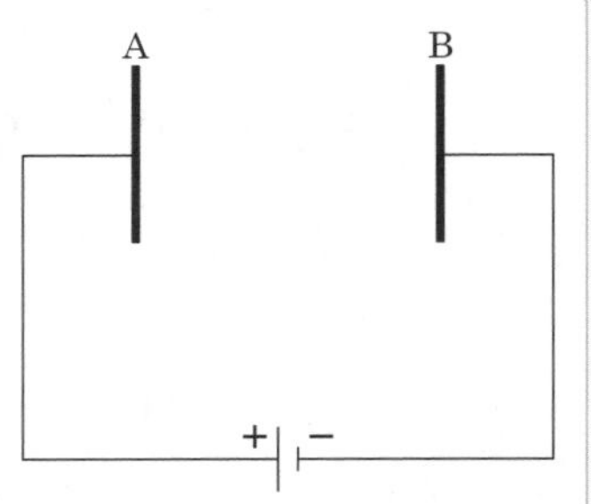

右図のように，極板A，BにV[V]の電圧をかけた。このとき，次の各問いに答えよ。

(1) AB間に生じる電界の向きは，A→B，A←Bのいずれであるか。

(2) 静止した電子を最大限加速させたいとき，A，Bのどちら側に置けばよいか。

(3) 電子の電荷を$-e$[C]，電子の質量をm[kg]として，(2)のとき電子が得る速さv[m/s]を求めよ。

ビジュアル解答

(1) AB間に生じる電界の向きは，

A→B …(答)

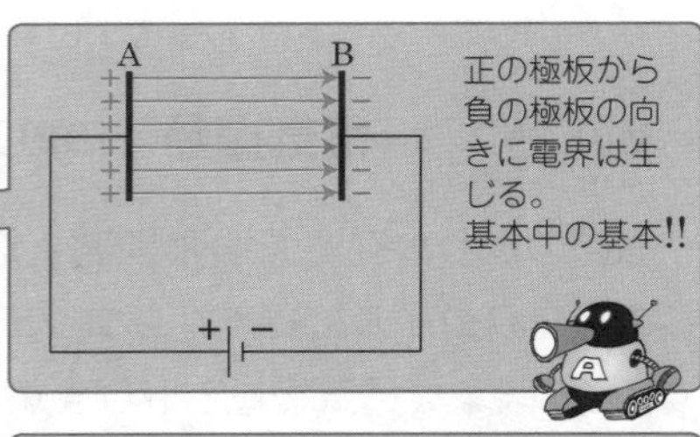

(2) 電子は負電荷なので，電界の向きとは逆向きの力を受け，加速される。

よって，B側に置けばよい …(答)

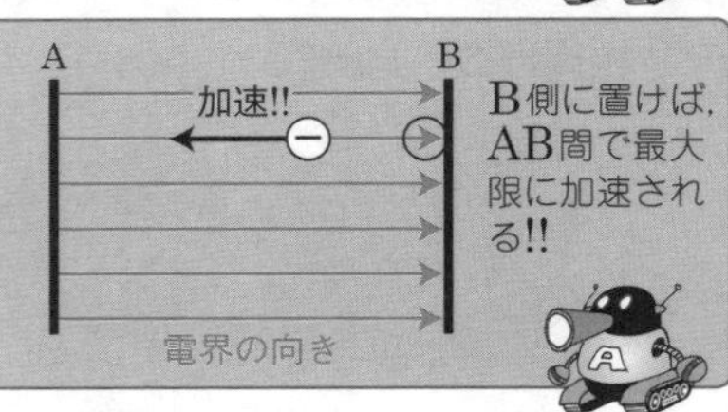

(3) 電界が電子にする仕事の大きさW[J]は，

$W = eV$[J] ← 公式です!! p.655参照!! $W = qV$のqがeに対応!!

これがすべて電子の運動エネルギーとなるから，

$$\frac{1}{2}mv^2 = eV$$

$$mv^2 = 2eV$$

$$v^2 = \frac{2eV}{m}$$

$v > 0$として,

$$v = \sqrt{\frac{2eV}{m}}\,[\text{m/s}] \quad \cdots(\text{答})$$

その2 “電子の軌道を電圧で曲げる!!”

問題をやってしまったほうが速い!!

問題250　標準

速度v_0[m/s]の電子が，右図のような帯電した平行な極板A，Bがつくる一様な電界に，垂直に飛び込んだ。その結果，電子は右図に示すような軌道を描いた。

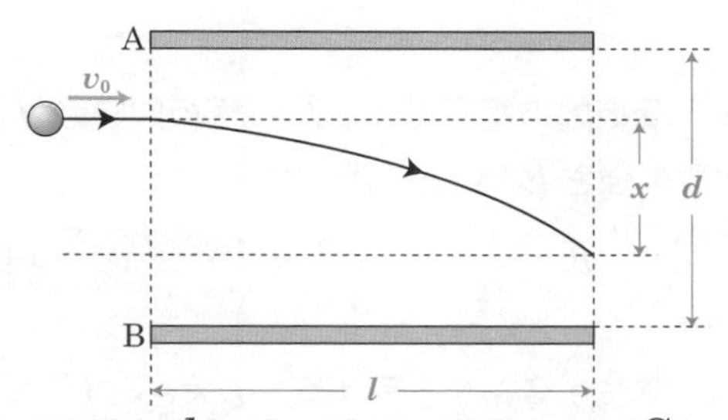

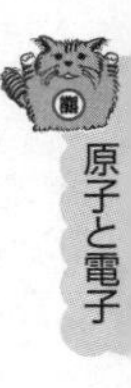

極板間の電圧をV[V]，極板間の距離をd[m]，電子の電荷を$-e$[C]，電子の質量をm[kg]，極板の長さをl[m]として，次の各問いに答えよ。

(1)　正に帯電している極板は，AとBのいずれであるか。

(2)　電界の強さE[V/m]を求めよ。

(3)　電界中で，電子が受ける力の大きさF[N]を求めよ。

(4)　電子が極板間を通過するのに要する時間t[s]を求めよ。

(5)　極板間を通過するまでに，電子が水平方向から下方にずれる距離x[m]を求めよ。

この極板A，Bのことを“偏向板”と呼んだりします。
あと，電子は非常に軽いので，重力の影響は無視しまっせ!!

ビジュアル解答

(1)　電子には，A→Bの向きに力がはたらいたことは，明らかである。

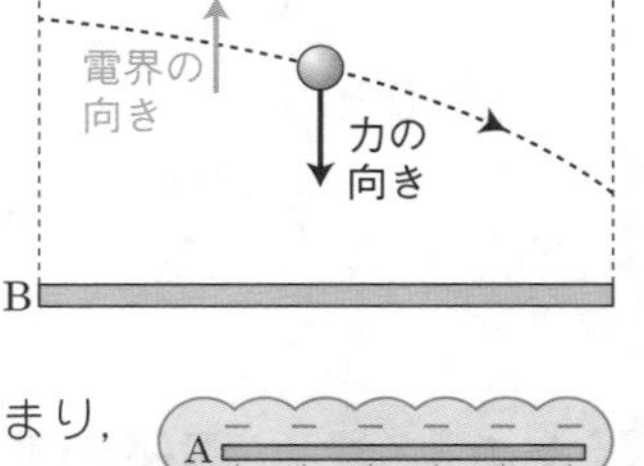

電子は負電荷であるから，力の向きと電界の向きは逆向きである!!

よって，電界の向きはB→Aの向きである。つまり，正に帯電している極板は，

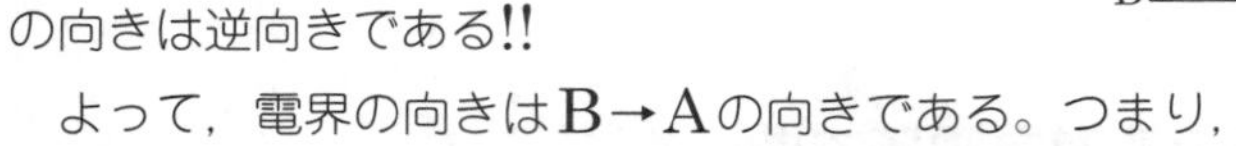

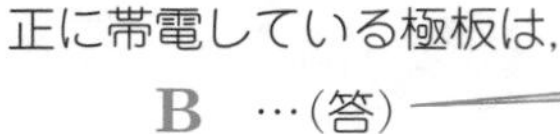

$\underset{\sim}{\mathbf{B}}$　…(答)

A　－　－　－　－　－　－
B　＋　＋　＋　＋　＋　＋

(2)　極板間の電圧がV[V]，極板間隔がd[m]であるから，極板間に生じる電界の強さE[V/m]は，

$$E=\frac{V}{d}$$　…(答)

$V=Ed$より。超基本公式です!!

(3)　電子が電界から受ける力の大きさF[N]は，

$$F=eE$$

公式です!!(p.641参照!!)
$F=qE$
のqがeに対応!!

(2)より，

$$F=e\times\frac{V}{d}$$

$$\therefore\quad F=\frac{eV}{d}\,[\mathrm{N}]$$　…(答)

(4)　電子には水平方向の力がはたらかないので，水平方向の速さはv_0[m/s]で一定である。よって，極板間を通過するのに要する時間t[s]は，

$$t=\frac{l}{v_0}\,[\mathrm{s}]$$　…(答)

距離／速さ

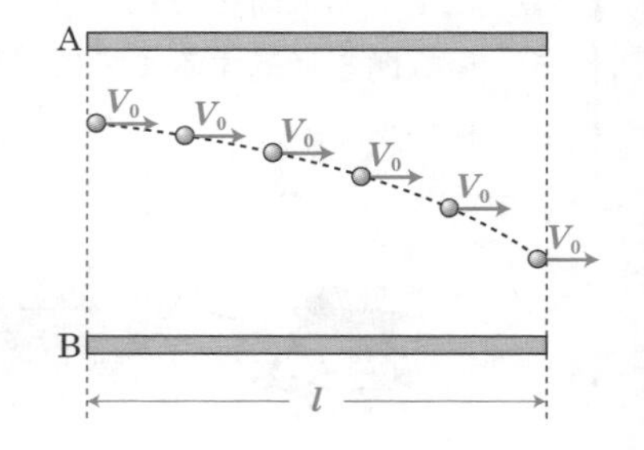

(5)　(3)で求めた力F[N]により，A→Bの向き(鉛直下向き)に生じる加速度の大きさをa[m/s^2]とすると，

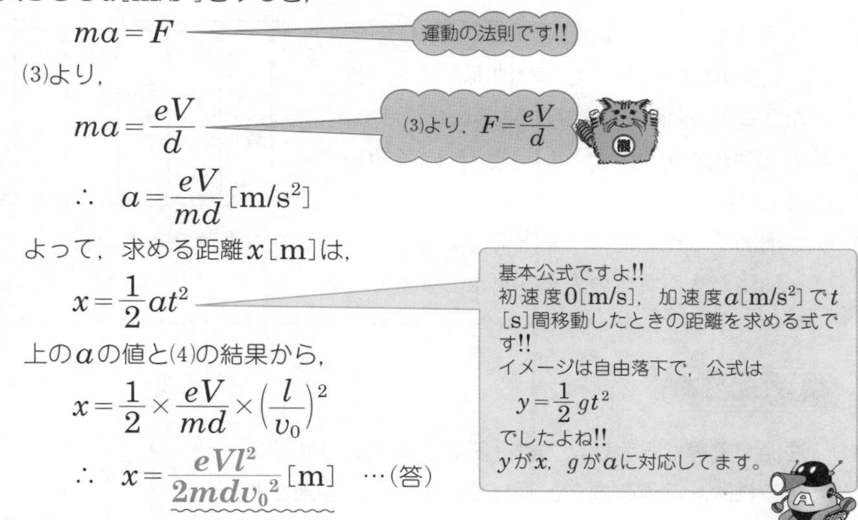

$$ma=F$$

(3)より，

$$ma=\frac{eV}{d}$$

$$\therefore\quad a=\frac{eV}{md}\text{[m/s}^2\text{]}$$

よって，求める距離x[m]は，

$$x=\frac{1}{2}at^2$$

上のaの値と(4)の結果から，

$$x=\frac{1}{2}\times\frac{eV}{md}\times\left(\frac{l}{v_0}\right)^2$$

$$\therefore\quad x=\frac{eVl^2}{2mdv_0{}^2}\text{[m]}\quad\cdots\text{(答)}$$

“電子の比電荷” のお話

荷電粒子の電荷と質量の比を**比電荷**と呼びます。特に，電子の場合，電子の電荷を$-e$[C]，電子の質量をm[kg]とおくと，電子の比電荷$\dfrac{e}{m}$は…

$$\frac{e}{m}=1.76\times10^{11}\text{[C/kg]}$$

暗記する必要なし!!

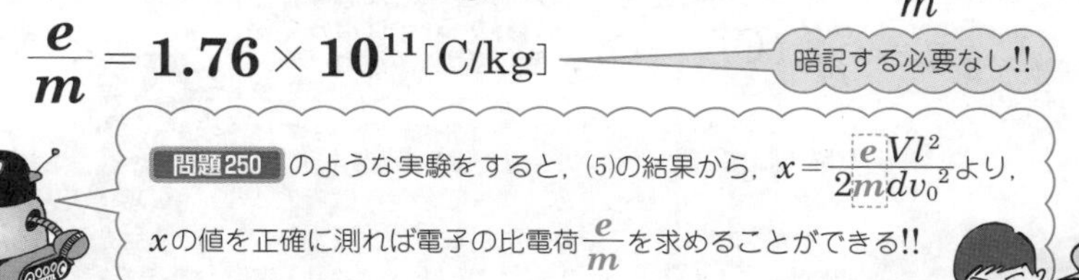

“電気素量” のお話

電子の電荷を$-e$[C]としたとき，このe[C]はこの世にあるすべての電気量の最小値となります。このことは，e[C]よりも小さい電気量の電荷が存在しないことを表しています。そこで，このe[C]は**電気素量**と呼ばれます。

$$e=1.60\times10^{-19}\text{[C]}$$

余裕があれば覚えておくとよい!!

問題251　**標準**

鉛直上向きに一様な電界E[V/m]の中に，質量m[kg]の帯電した油滴を静かに置いたところ，油滴はそのまま静止しつづけた。重力加速度をg[m/s^2]として，次の各問いに答えよ。

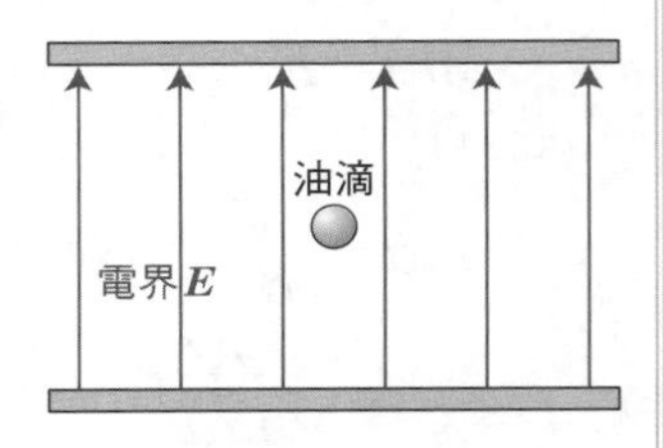

(1)　油滴がもつ電荷は，正電荷であるか，それとも負電荷であるか。

(2)　油滴がもつ電荷の大きさを求めよ。

解答でござる

(1)　油滴が電界から受けた力は，鉛直上向きのはずである。これは，電界の向きと同じであるから，油滴がもつ電荷は正電荷　…(答)

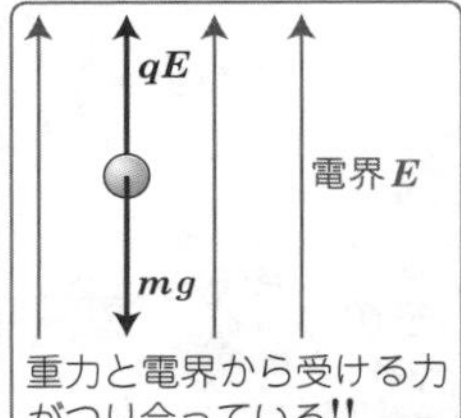

(2)　油滴がもつ電荷を$+q$[C]とする。
力のつり合いの式は，

(1)より正電荷!!

$$qE = mg$$

油滴が電界から受ける力 = 油滴にはたらく重力

$$\therefore\quad q = \frac{mg}{E}\,[\mathrm{C}]\quad\cdots(\text{答})$$

20年…

問題251 は，『ミリカンの油滴実験』と言います。
“電荷には最小単位が存在し，すべての電荷はこの最小単位の整数倍のとびとびの値になる”ことを信じ，ミリカンは20年余りの歳月を費し，電気素量$e = 1.60\times10^{-19}$[C]の値を求めた!!　実際は空気抵抗などもあるので，この実験は困難をきわめたらしいぜ!!

その5　“電子の質量”のお話

その3とその4の値から，電子の質量を求めることができます。
電子の質量をm[kg]とすると…

$$\boldsymbol{m = 9.1\times10^{-31}}\,[\mathrm{kg}]$$

暗記する必要なし!!

Theme 78 半導体とダイオード

P型とN型の違いとは…??

その1 "半導体"のお話

半導体とは，抵抗率が導体と不導体の中間の値を示す物質です。

電気を通すのか通さないのか，ハッキリしやがれ!!

……

ケイ素(Si)やゲルマニウム(Ge)などの半導体では，温度が**高く**なると一部の電子が結晶内を自由に移動できるようになるので，抵抗率が**下がる**。これを**真性半導体**と呼びます。

周期表の14族の連中だな…
C Si Ge Sn Pb
く さい ゲリは すん なりと…

……

……

この真性半導体に少し手を加えて実用化したものが，2種類あります!!
これを紹介しましょう

N型半導体

ケイ素(Si)またはゲルマニウム(Ge)の結晶中に微量のリン(P)を混ぜると，リン(P)の電子が余り，結合からはみ出す!! この余った電子が自由電子の役割を果たします。

注 N型のNは，電子が**マイナス**の電荷であることに由来します!! **ネガティブ**(マイナス志向)のNと覚えよう!!

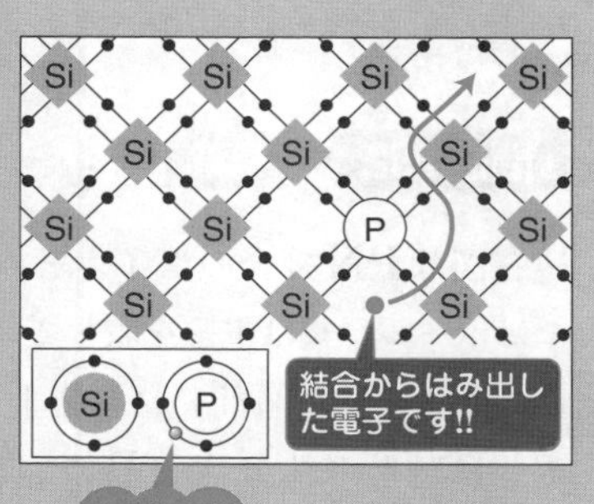

原子と電子

P型半導体

ケイ素(Si)またはゲルマニウム(Ge)の結晶中に微量のアルミニウム(Al)を混ぜると，アルミニウム(Al)の電子が不足し，電子の足りない穴ができる。これを**正孔**，または**ホール**と呼び，これは正電荷のはたらきをする。いわば，自由電子の正電荷バージョンです!!

注 P型のPは，正孔が**プラス**の電荷であることに由来します!!
ポジティブ(プラス志向)のPと覚えよう!!

その2 "ダイオード" のお話

その1で紹介したN型半導体とP型半導体を合体させる(これを**PN接合**と呼ぶ!!)と，一方にしか電流を流すことができない**ダイオード**(半導体ダイオード)というスゲェもんができる!! この一方のみに電流を流す作用を**整流作用**と呼びます。

問題252 標準

右図はPN接合のダイオードで，○はホール，●は電子を表している。このとき，次の各問いに答えよ。

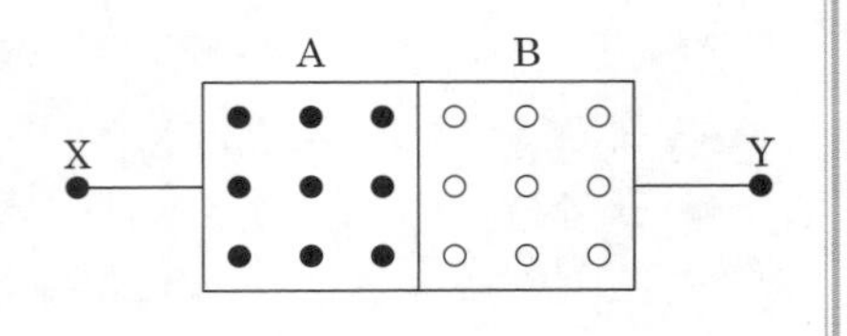

(1) P型半導体はAとBのいずれか。

(2) インジウム(In)は価電子数3個，ゲルマニウム(Ge)は価電子数4個，アンチモン(Sb)は価電子数5個の元素である。P型半導体に微量だけ含まれる不純物はどれか。

(3) X，Yを電源につなぐとき，どちらを正極につなげば電流が流れるか。

(1)　P型半導体 → 正電荷 → **ホール**(正孔)

よって，B …(答)

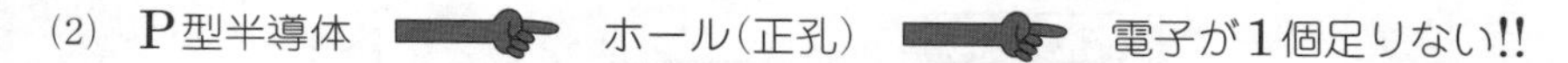

(2)　P型半導体 → ホール(正孔) → 電子が1個足りない!!

よって，価電子数3個の**インジウム(In)** …(答)

(3)　i)　Xを正極，Yを負極につないだ場合，負電荷である電子●は，電位が高いほう(正極側)に移動し，正電荷であるホール○は，電位が低いほう(負極側)に移動する!!

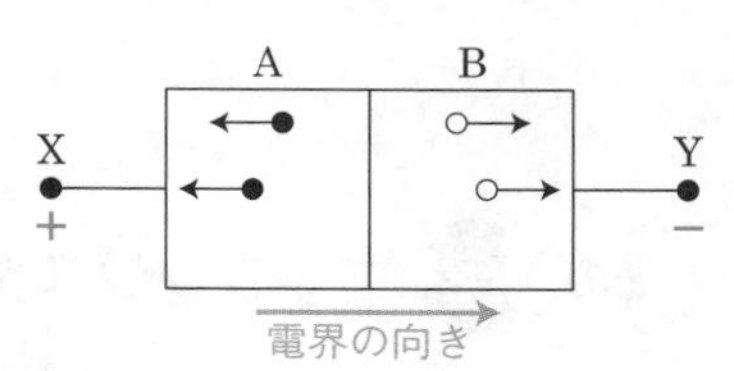

すると…

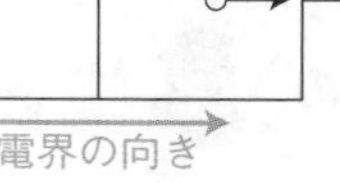

電子とホールが接合面で出会うことができないので，**電流は流れない!!**

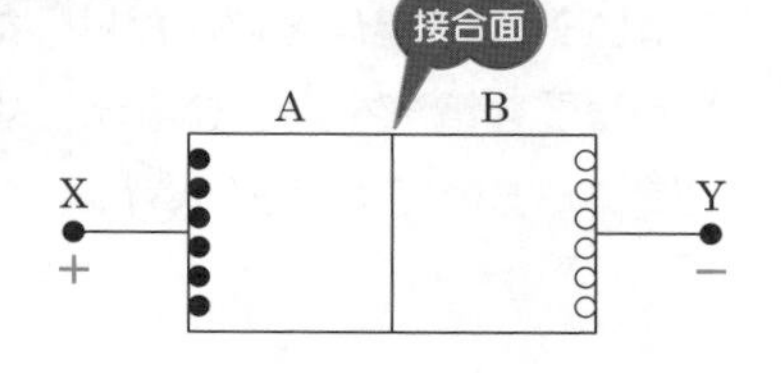

ii)　Xを負極，Yを正極につないだ場合，負電荷である電子は，電位が高いほう(正極側)に移動し，正電荷であるホールは，電位が低いほう(負極側)に移動する!!

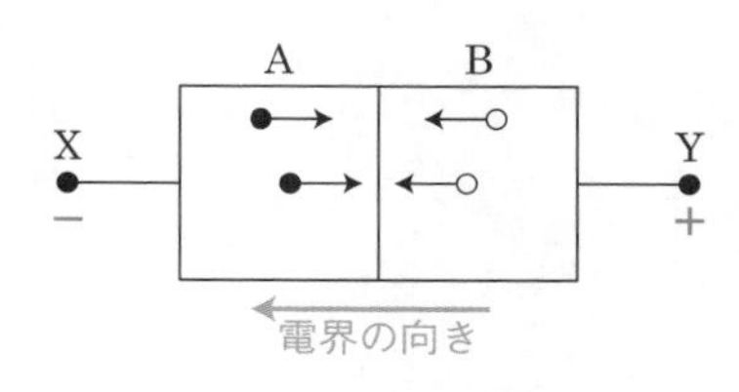

すると…

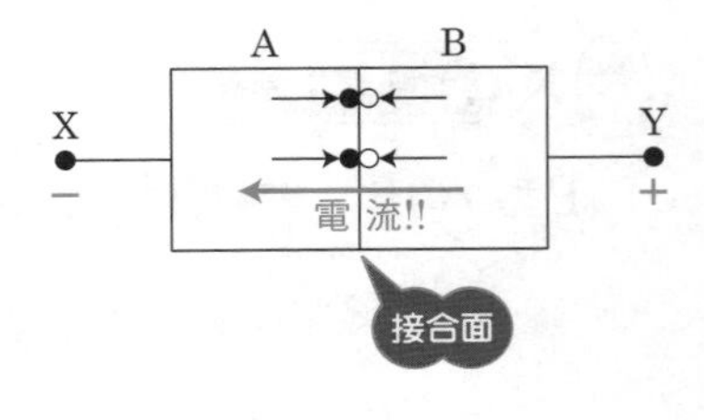

接合面で電子とホールが出会い，その結果，**電流が流れる**のと同じことになる!!

以上，ⅰ)とⅱ)の考察より，電流が流れるとき，正極をつなぐほうは，

Y …(答)

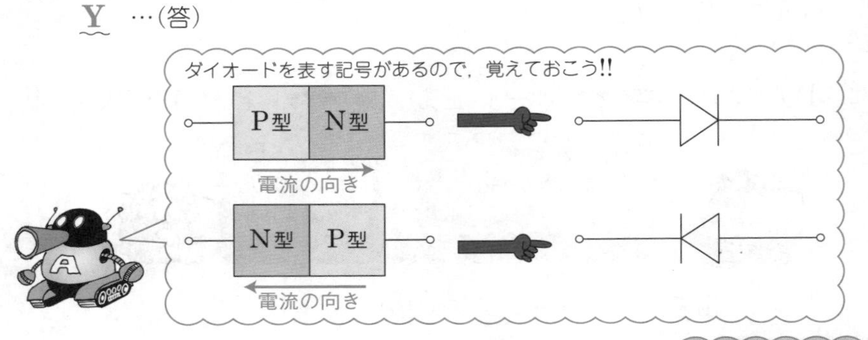

その3 "トランジスタ" のお話

2つのN型半導体の間に薄いP型半導体を挟んだり，2つのP型半導体の間に薄いN型半導体を挟んだりしたものを，**トランジスタ**と呼びます。こうすると，微弱な電流を大きな電流にする**増幅作用**が生じます。まぁ，頭のすみっこに置いておいてください

Theme 79 粒子性と波動性

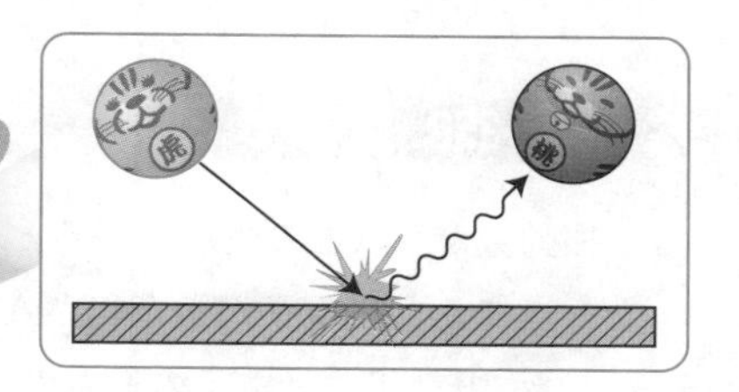

その1 "光電効果" のお話

振動数$\boldsymbol{\nu}$[Hz]の光は，$\boldsymbol{h\nu}$[J]のエネルギーをもちます。

このとき，$\boldsymbol{h}$をプランク定数と呼び，値は…

$$h = 6.63 \times 10^{-34}\,[\mathrm{J \cdot s}]$$

となります。

この値を暗記していないと解けない問題は，出題されません!! よって，覚える必要なし!!

なぜか，この分野から光の波の振動数をf[Hz]とせず，ν（ニュー）[Hz]とすることが多いです!! では，永久にサヨナラです。

で!! 金属に光を当てると，さまざまな運動エネルギーをもった電子が飛び出してきます!!(もちろん，目では見えませんよ✋)

この電子を**光電子**と呼び，この現象を**光電効果**と呼びます。

このお話にまつわる公式があります。

公式でーす!!

振動数$\boldsymbol{\nu}$[Hz]の光(エネルギーが$\boldsymbol{h\nu}$[J]の光)を金属に当てたとき，飛び出してくる光電子の運動エネルギーの最大値を$\boldsymbol{\frac{1}{2}mv_0{}^2}$[J]とすると，次の式が成り立ちます。

$$\frac{1}{2}mv_0{}^2 = h\nu - W$$

電子の質量がm[kg]
電子の速さの最大値がv_0[m/s]

ここで，$\boldsymbol{W}$[J]は金属から電子を引き出すのに必要な仕事の大きさを表す値で，**仕事関数**と呼ばれます。

つまり，$\boldsymbol{h\nu}$[J]が仕事関数$\boldsymbol{W}$[J]以上にならないと，電子は飛び出してこないということです。

注 仕事関数$\boldsymbol{W}$の値は金属の種類によって変わります。

問題253 標準

振動数がν以上の光を当てると光電子が飛び出し，振動数がνより小さい光を当てると光電子が飛び出さない金属がある。この金属に3νの光を当てたとき，飛び出す光電子の速さの最大値を求めよ。ただし，電子の質量をm，プランク定数をhとする。

解答でござる

この金属の仕事関数をWとすると，

$$\frac{1}{2}\times m\times 0^2 = h\nu - W$$

$$0 = h\nu - W$$

$$\therefore \quad W = h\nu \quad \cdots①$$

振動数νのとき，電子がちょうど飛び出す!!
つまり，電子の速さは0です!!
ちなみに，このギリギリの振動数を**限界振動数**と申します!!

振動数3νの光を当てたときの光電子の速さの最大値をv_0とすると，

$$\frac{1}{2}mv_0{}^2 = h\times 3\nu - W \quad \cdots②$$

前ページの公式
$\frac{1}{2}mv_0{}^2 = h\nu - W$
を使いまくります!!

①を②に代入して，

$$\frac{1}{2}mv_0{}^2 = 3h\nu - h\nu = 2h\nu$$

$$mv_0{}^2 = 4h\nu$$

$$v_0{}^2 = \frac{4h\nu}{m}$$

$v_0 > 0$より，

"速さ" はそもそも正の値で表示!!

$$\therefore \quad v_0 = \sqrt{\frac{4h\nu}{m}} = 2\sqrt{\frac{h\nu}{m}} \quad \cdots(\text{答})$$

$\sqrt{4} = 2$です!!

その2 "光子" のお話

光電効果は光が単なる**波動**と考えると説明できません。そこで，アインシュタインは光が$h\nu$[J]のエネルギーをもつ**粒子**であると考え，この粒子を**光子**

（または**光量子**）と呼びました。そうすれば，光電効果は光子が金属に衝突することにより，電子をたたき出したと考えることができます。

ザ・まとめ

振動数ν[Hz]の光子がもつエネルギーはプランク定数をhとして，

$$h\nu \text{ [J]} \quad \cdots ①$$

さらに!!　光子の速さをc[m/s]，波長をλ[m]としたとき，$c=\nu\lambda$であるから，$\nu=\dfrac{c}{\lambda}$となる。これを式①に代入すると…

$$h\nu=h\frac{c}{\lambda}=\frac{hc}{\lambda} \text{ [J]} \quad \cdots ②$$

その3 “X線の発生” のお話

X線は光の仲間で，波長がきわめて短い電磁波です。このX線（X線光子）は高速の電子を金属に衝突させて発生させます。光電効果の逆バージョンですね。

問題254　標準

右図のように，フィラメントFに電流を通すと，熱電子（電荷$-e$）が飛び出す。この初速度は0であるとする。陽極TとFとの間に電圧Vをかけると，電子は加速されTに衝突する。このとき，TからX線が発生する。このX線の波長の最小値λ_0を求めよ。ただし，光速をc，プランク定数をhとする。

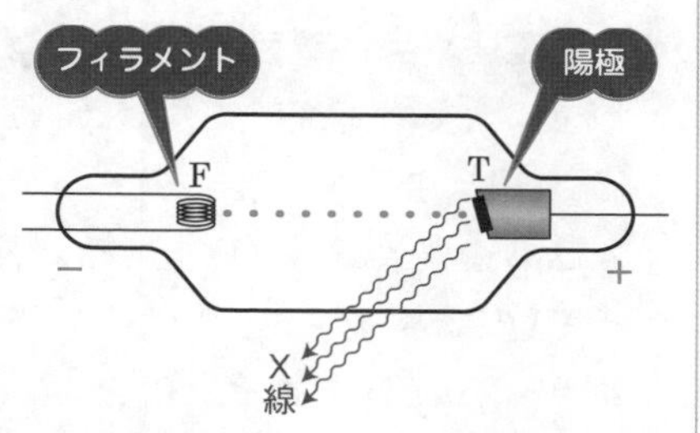

解答でござる

X線の振動数が最大値ν_0のとき，X線の波長は最小値λ_0となる。このときのX線のエネルギーは，最大値$h\nu_0$となる。

加速された電子が得るエネルギーはeVである。

公式です!!(p.655参照!!) $W=qV$のqがeになっただけです!!

このエネルギーがすべて，X線のエネルギーに変換されたとき，X線のエネルギーは最大値$h\nu_0$となる。

よって，

$$h\nu_0 = eV \quad \cdots①$$

加速された電子のエネルギーが，すべてX線のエネルギーとなる!! このとき，X線のエネルギーは最大!!

さらに，$c=\nu_0\lambda_0$より，

これは基本公式!! $v=f\lambda$ と同じです!!

$$\nu_0 = \frac{c}{\lambda_0} \quad \cdots②$$

②を①に代入して，

$$h \times \frac{c}{\lambda_0} = eV$$

$$hc = eV\lambda_0$$

左辺のλ_0をはらう!!

$$\therefore \quad \lambda_0 = \frac{hc}{eV} \quad \cdots(答)$$

公式として紹介している参考書もありますが，導けるようにすることのほうが大事!!

このような装置でX線を発生させると，加速電圧によって定まる波長の最小値λ_0以上のX線が連続的に生じる。これを**連続X線**と呼ぶ。

この連続X線以外に，ある波長のところで急にエネルギーが大きくなる部分が現れる。この部分を**固有X線**と呼ぶ。

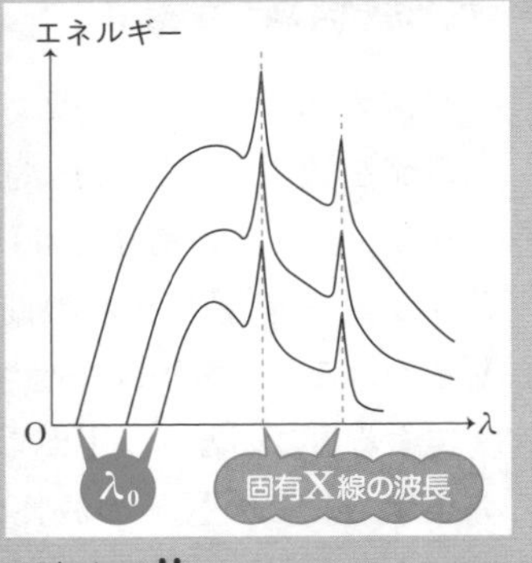

加速電圧によってλ_0は変化するが，固有X線の波長は変化せず，陽極の物質によって決まる!!

その4 “ブラッグ反射”のお話

X線は光と同じ電磁波ですから，規則正しく配列した結晶の原子によって反射・回折をします。このとき，次のルールがあります!!

① X線は反射の法則にしたがう!!

② 反射・回折されたX線の位相は変化しない!!

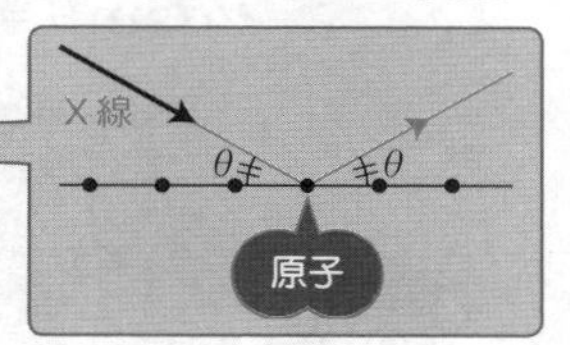

問題255 標準

ある物質の結晶はすべての原子が等間隔dの距離で，規則正しく配列している。

右図の㋑と㋺は，入射したX線が原子で反射される様子を示している。入射角と反射角をθとして，次の各問いに答えよ。

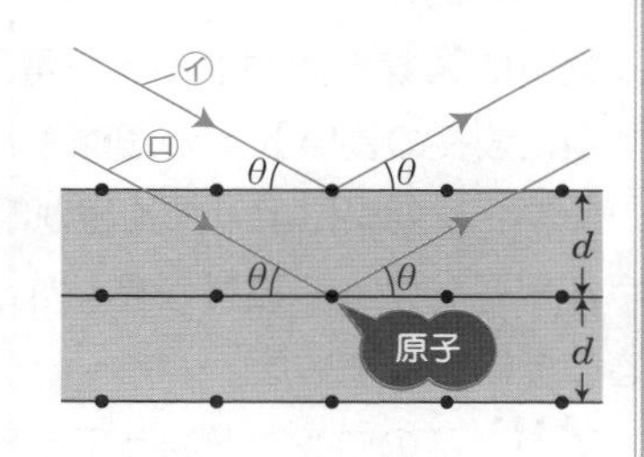

(1) X線㋑とX線㋺の経路差を求めよ。

(2) X線の波長をλとしたとき，反射X線が干渉して強め合う条件(ブラッグ反射の条件)を，$m=1,\ 2,\ 3,\ \cdots$として表せ。

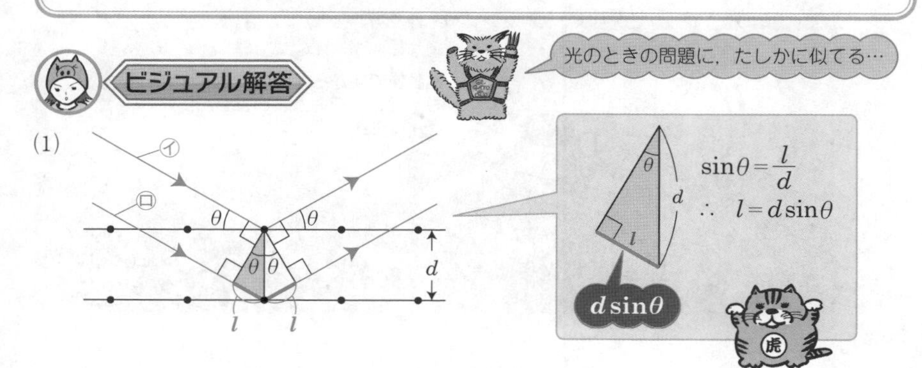

上図において，X線㋑とX線㋺の経路差は$\boldsymbol{2l}$である。

直角三角形に注目すると$\boldsymbol{l=d\sin\theta}$であるから，求める経路差は，

$$2l=2\times d\sin\theta=\underline{\boldsymbol{2d\sin\theta}}\quad\cdots(\text{答})$$

(2) (1)より，強め合う条件は，

$$2d\sin\theta = 2m \times \frac{\lambda}{2}$$

$$\therefore \quad 2d\sin\theta = m\lambda \quad \cdots(\text{答})$$

p.438参照!!
位相がずれないとき，
強め合う条件は
（偶数）×（半波長）

問題文中にも書かれているように，$m = 1, 2, 3, \cdots$です!!
$m = 0$がないのは，$m = 0$とすると$d = 0$となってしまい，
原子間の距離が0になってしまいます
こんな結晶はありません!!

その5 “コンプトン効果”のお話

物質にX線を照射すると，電子が飛び出すとともに散乱されるX線の中にわずかに波長の長いX線が観測されます。この現象を**コンプトン効果**と呼びます。コンプトン効果により，X線が電子と衝突して電子をはね飛ばし，その結果，エネルギーを失って波長が長くなったと考えられるので，X線の**粒子性**を裏づけることになりました。

で!! このコンプトンってヤツは，光子の運動量の公式まで導きやがった!!

公式でーす!!

波長λの光子の運動量は，プランク定数をhとして…

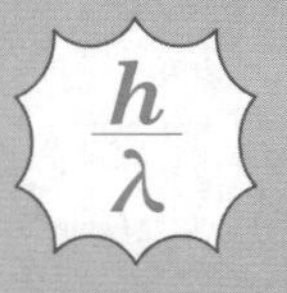

$$\frac{h}{\lambda}$$

運動量ですから，単位は[kg·m/s]でも，[N·s]でもかまいません!!
（Theme 20参照!!）

と表されます。

注 もちろん，X線（X線光子）にも使える公式でっせ

問題256　**モロ難**

右図のような，X線(X線光子)と電子の衝突について考えてみる。

波長λ_1の入射したX線が，電子との衝突により入射方向から角度θの方向に散乱され，波長はλ_2となり，静止していた電子はX線の入射方向に対して角度αの方向へ，速さvではね飛ばされた。光速をc，電子の質量をm，プランク定数をhとして，次の各問いに答えよ。

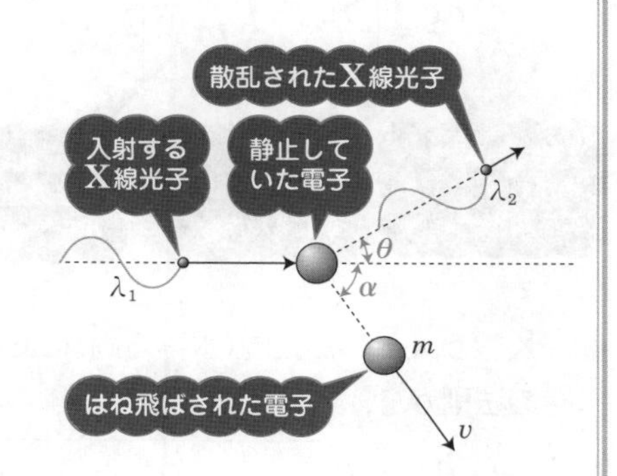

(1)　このような現象の名称を答えよ。

(2)　次の空欄を埋め，散乱前後におけるエネルギー保存の式を完成させよ。

$$\frac{hc}{\lambda_1}=\boxed{}$$

(3)　次の空欄を埋め，散乱前後における運動量保存の式を完成させよ。

$$\begin{cases}\dfrac{h}{\lambda_1}=\boxed{\quad(イ)\quad} \\ 0=\boxed{\quad(ロ)\quad}\end{cases}$$

(4)　(2)と(3)の式から，$\Delta\lambda=\lambda_2-\lambda_1$としたとき，$\Delta\lambda$を$c$，$m$，$h$，$\theta$を用いて表せ。ただし，$\dfrac{\lambda_2}{\lambda_1}+\dfrac{\lambda_1}{\lambda_2}\fallingdotseq 2$と近似してよい。

難関大を受験する人には必修です!!
(4)の計算の流れはくり返し演習して，覚え込んでしまおう!!

原子と電子

解答でござる

(1)　コンプトン効果　…(答)　← 前ページ参照!!

(2)　エネルギー保存の法則から，

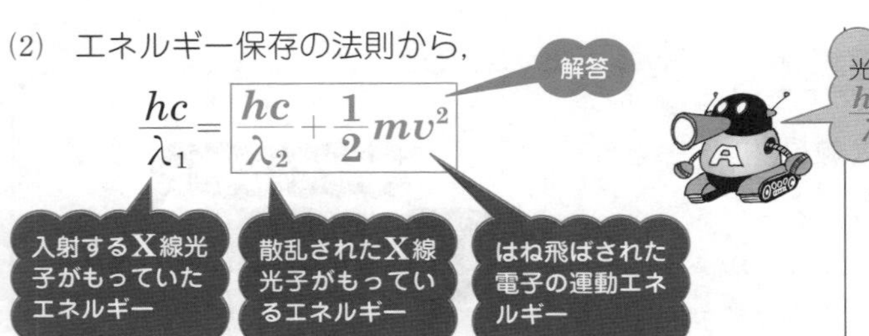

$$\frac{hc}{\lambda_1}=\boxed{\frac{hc}{\lambda_2}+\frac{1}{2}mv^2}$$

光子のエネルギーの公式は $\dfrac{hc}{\lambda}$ ですよ!!

㊟　電子は最初，静止しているので運動エネルギーは0です!!

(3)　X線が入射した方向（水平方向）における運動量の保存の法則から，

$$\frac{h}{\lambda_1}=\boxed{\frac{h}{\lambda_2}\cos\theta+mv\cos\alpha}$$

(イ)解答

運動量はエネルギーと違い，ベクトルです!! 水平成分と垂直成分に分けて考えよう!!

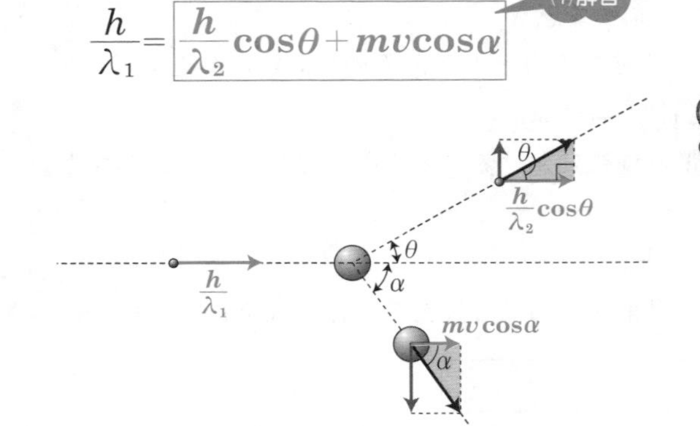

㊟　電子は最初，静止しているので運動量は0です!!

X線が入射した方向と垂直な方向（垂直方向）における運動量の保存の法則から，

$$0=\boxed{\frac{h}{\lambda_2}\sin\theta-mv\sin\alpha}$$

(ロ)解答

散乱前の運動量の垂直成分は0

散乱後の運動量の垂直成分である $\dfrac{h}{\lambda_2}\sin\theta$ と $mv\sin\alpha$ は逆向きであるので，一方を正とすると片方は負となる!!
というわけで

$$0=\boxed{mv\sin\alpha-\frac{h}{\lambda_2}\sin\theta}$$

としてもOK!!

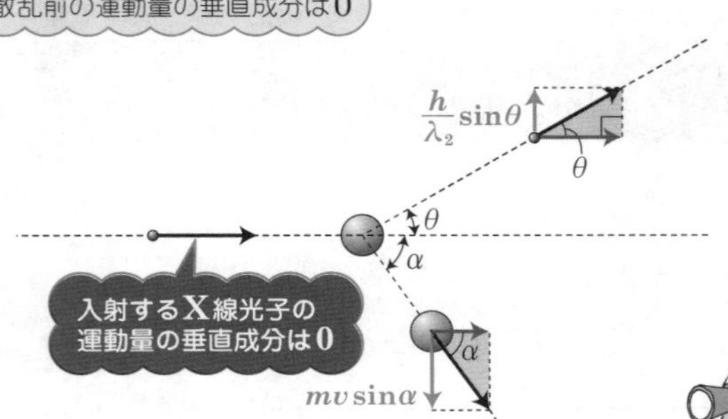

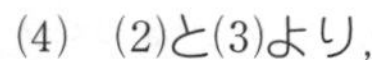

(4)　(2)と(3)より，

$$\begin{cases} \dfrac{hc}{\lambda_1} = \dfrac{hc}{\lambda_2} + \dfrac{1}{2}mv^2 & \cdots① \\ \dfrac{h}{\lambda_1} = \dfrac{h}{\lambda_2}\cos\theta + mv\cos\alpha & \cdots② \\ 0 = \dfrac{h}{\lambda_2}\sin\theta - mv\sin\alpha & \cdots③ \end{cases}$$

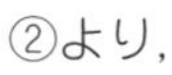

②より，

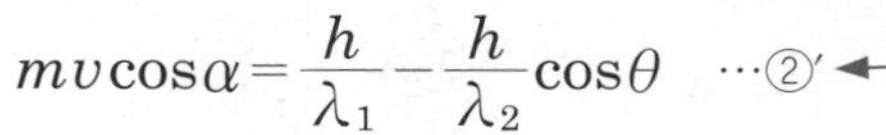

$$mv\cos\alpha = \frac{h}{\lambda_1} - \frac{h}{\lambda_2}\cos\theta \quad \cdots②'$$

移項しました!!

③より，

$$mv\sin\alpha = \frac{h}{\lambda_2}\sin\theta \quad \cdots③'$$

移項しました!!

②′の両辺を2乗すると，

ここがポイント!! $\boxed{\sin^2\alpha + \cos^2\alpha = 1}$ を活用して，αを消去したい!!

$$(mv\cos\alpha)^2 = \left(\frac{h}{\lambda_1} - \frac{h}{\lambda_2}\cos\theta\right)^2$$

$$m^2v^2\cos^2\alpha = \frac{h^2}{{\lambda_1}^2} - 2\frac{h^2}{\lambda_1\lambda_2}\cos\theta + \frac{h^2}{{\lambda_2}^2}\cos^2\theta \quad \cdots④$$

③′の両辺を2乗すると，

ここがポイント!! $\boxed{\sin^2\alpha + \cos^2\alpha = 1}$ を活用して，αを消去したい!!

$$(mv\sin\alpha)^2 = \left(\frac{h}{\lambda_2}\sin\theta\right)^2$$

$$m^2v^2\sin^2\alpha = \frac{h^2}{{\lambda_2}^2}\sin^2\theta \quad \cdots⑤$$

④＋⑤より，

$$m^2v^2(\sin^2\alpha + \cos^2\alpha) = \frac{h^2}{{\lambda_1}^2} - 2\frac{h^2}{\lambda_1\lambda_2}\cos\theta + \frac{h^2}{{\lambda_2}^2}(\sin^2\theta + \cos^2\theta)$$

$\sin^2\alpha + \cos^2\alpha = 1$ かつ $\sin^2\theta + \cos^2\theta = 1$ より，

三角関数の超基本公式!!

$$m^2v^2 \times 1 = \frac{h^2}{{\lambda_1}^2} - \frac{2h^2}{\lambda_1\lambda_2}\cos\theta + \frac{h^2}{{\lambda_2}^2} \times 1$$

$$m^2v^2 = \frac{h^2}{{\lambda_1}^2} - \frac{2h^2}{\lambda_1\lambda_2}\cos\theta + \frac{h^2}{{\lambda_2}^2} \quad \cdots⑥$$

一方，①より，

$$\frac{1}{2}mv^2 = \frac{hc}{\lambda_1} - \frac{hc}{\lambda_2}$$

両辺を $2m$ 倍して,

$$m^2v^2 = \frac{2mhc}{\lambda_1} - \frac{2mhc}{\lambda_2} \quad \cdots ⑦$$

⑥の左辺の m^2v^2 をつくりたい!!

⑥と⑦から m^2v^2 を消去して,

v を消したい!!

$$\frac{2mhc}{\lambda_1} - \frac{2mhc}{\lambda_2} = \frac{h^2}{{\lambda_1}^2} - \frac{2h^2}{\lambda_1\lambda_2}\cos\theta + \frac{h^2}{{\lambda_2}^2}$$

両辺を h でわると,

$$\frac{2mc}{\lambda_1} - \frac{2mc}{\lambda_2} = \frac{h}{{\lambda_1}^2} - \frac{2h}{\lambda_1\lambda_2}\cos\theta + \frac{h}{{\lambda_2}^2}$$

両辺を $\lambda_1\lambda_2$ 倍すると,

$$2mc\lambda_2 - 2mc\lambda_1 = \frac{h\lambda_2}{\lambda_1} - 2h\cos\theta + \frac{h\lambda_1}{\lambda_2}$$

左辺を $2mc$
右辺を h
でくくるべし!!

$$2mc(\lambda_2 - \lambda_2) = h\left(\boxed{\frac{\lambda_2}{\lambda_1} + \frac{\lambda_1}{\lambda_2}} - 2\cos\theta\right)$$

問題文参照!!
$\frac{\lambda_2}{\lambda_1} + \frac{\lambda_1}{\lambda_2} \fallingdotseq 2$

よって,

$$2mc(\lambda_2 - \lambda_1) \fallingdotseq h(2 - 2\cos\theta)$$
$$= 2h(1 - \cos\theta)$$

$$mc(\lambda_2 - \lambda_1) \fallingdotseq h(1 - \cos\theta)$$

両辺を2でわった。

$$\lambda_2 - \lambda_1 \fallingdotseq \frac{h}{mc}(1 - \cos\theta)$$

$\lambda_2 - \lambda_1 = \Delta\lambda$ より,

問題文参照!!

$$\boldsymbol{\Delta\lambda = \frac{h}{mc}(1 - \cos\theta)} \quad \cdots(答)$$

一般に, $0 < \theta < \frac{\pi}{2}$ のとき, $\cos\theta < 1$ であるから, $1 - \cos\theta > 0$ である。
よって…
$\Delta\lambda = \frac{h}{mc}(\underbrace{1 - \cos\theta}_{>0})$ より, $\Delta\lambda > 0$ となる。
つまり, $\lambda_2 > \lambda_1$ となり, 散乱後のX線の波長が入射したX線の波長よりも長くなることが理解できます。

“電子よ，お前もか!!” の巻

X線などの光が波動性と粒子性の両方をもつことから，ド・ブロイってヤツが「もしや電子とかも…??」と余計なことを考え出した!!　のちにこのアイデアは実証され，このような粒子の波動は**物質波**と呼ばれます。さらに，次の公式が導かれました。

お前のせいで，勉強することが増える※

公式でーす!!

電子とか，陽子とか，中性子みたいに小さくないとダメよ!!

質量m[kg]の粒子が速さv[m/s]で運動すると，波動性をもち，その波長λ[m]はプランク定数をh[J·s]として

$$\lambda = \frac{h}{mv}$$

で表される。波長λを**ド・ブロイ波の波長**，または**物質波の波長**と呼ぶ。

原子と電子

問題257 標準

電子を電圧Vで加速させたとき，電子波の波長λを求めよ。ただし，電子の電荷を$-e$，電子の質量をm，プランク定数をhとする。

物質波の粒子が電子のとき，特に電子波と呼びます!!

解答でござる

電子が電界によってなされた仕事eVが，すべて電子の運動エネルギーになるから，

公式です!!
$W=qV$
のqがeになった!!

$$\frac{1}{2}mv^2=eV$$

運動エネルギー＝なされた仕事

$$mv^2=2eV$$

$$v^2=\frac{2eV}{m}$$

$v>0$より，

“速さ(正の値)”を求めたい!!

$$v=\sqrt{\frac{2eV}{m}}$$

ド・ブロイ波の波長の公式から，

$$\lambda=\frac{h}{mv}$$

公式です!! 前ページ参照!!

$$\lambda=\frac{h}{m\times\sqrt{\frac{2eV}{m}}}$$

分母に注目!!
$m\times\sqrt{\frac{2eV}{m}}$
$=\sqrt{\frac{m^2\times 2eV}{m}}$
$=\sqrt{m\times 2eV}$
$=\sqrt{2meV}$

$$\therefore\quad \lambda=\frac{h}{\sqrt{2meV}}$$ …(答)

Theme 80 原子の構造

その1 “量子条件” のお話

電子は波動性ももっているので，電子の軌道の長さは電子の波長$\boldsymbol{\lambda}$の整数倍でなければならない!!

軌道の半径を$\boldsymbol{r}$とすると…

$$2\pi r = n\lambda \quad \cdots ① \quad (n = 1,\ 2,\ 3,\ \cdots)$$

と表されます。 軌道の長さ(円周の長さ)

λ
原子核

ド・ブロイ波の波長(物質波の波長)の公式から，電子の速さを$\boldsymbol{v}$，電子の質量を$\boldsymbol{m}$，プランク定数を$\boldsymbol{h}$として…

$$\lambda = \frac{h}{mv} \quad \cdots ②$$

p.825参照!!

②を①に代入して，

$$\boldsymbol{2\pi r = n \cdot \frac{h}{mv}}$$

自分で導けるようにしておいてください!!
暗記はおすすめしません

この条件式を**量子条件**と呼びます。また，この$n = 1,\ 2,\ 3,\ \cdots$を**量子数**と申します。

注 実際は “$2\pi r \times mv = nh$” と変形することが多い。

円周の長さ×運動量＝プランク定数の整数倍

原子と電子

問題258　**標準**

右図は水素原子を表しています。電子の電荷を$-e$，電子の質量をm，クーロンの法則の比例定数をk_0，プランク定数をhとして，次の各問いに答えよ。

(1)　電子が陽子のまわりを速さv，半径rの等速円運動をすると考えたとき，電子の運動方程式をつくれ。

(2)　$n=1, 2, 3, \cdots$として，量子条件を表せ。

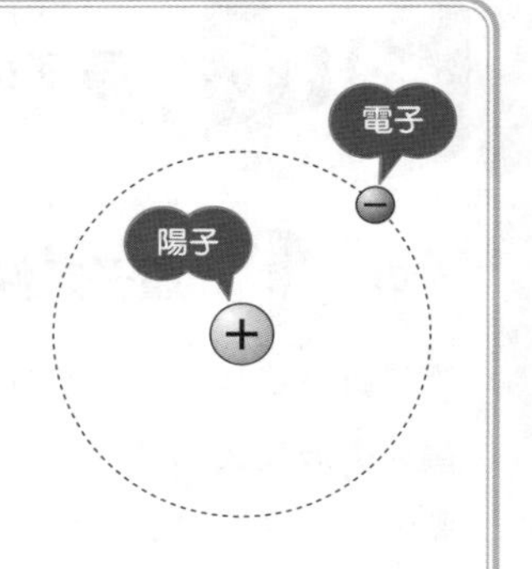

解答でござる

(1)　陽子(電荷$+e$)と電子の間にはたらく静電気力F[N]は，

$$F=k_0\frac{e\times e}{r^2}$$

p.634参照!!
クーロンの法則です!!

$$\therefore\quad F=k_0\frac{e^2}{r^2}\quad\cdots①$$

水素原子の原子核には1個の陽子が存在します!! 陽子の電気量は，電子の電気量と同じです!!

この力が引力としてはたらき，電子が等速円運動をするうえでの向心力となる。

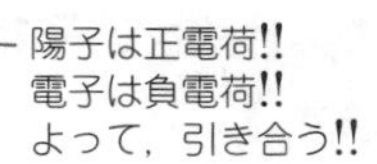

陽子は正電荷!!
電子は負電荷!!
よって，引き合う!!

ここで，向心加速度は$\dfrac{v^2}{r}$と表されるから，電子の等速円運動の運動方程式は，

等速円運動の公式だよ!!

$$m\frac{v^2}{r}=F\quad\cdots②$$

①を②に代入して，

$$m\frac{v^2}{r}=k_0\frac{e^2}{r^2}\quad\cdots(答)$$

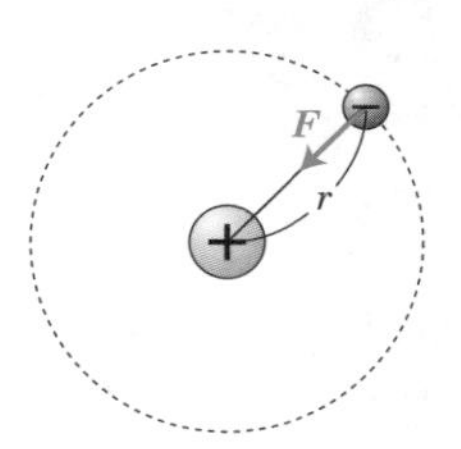

原子核は電子よりはるかに重いので，電子が原子核のまわりを回る!!
まさに，地球と同じです!!

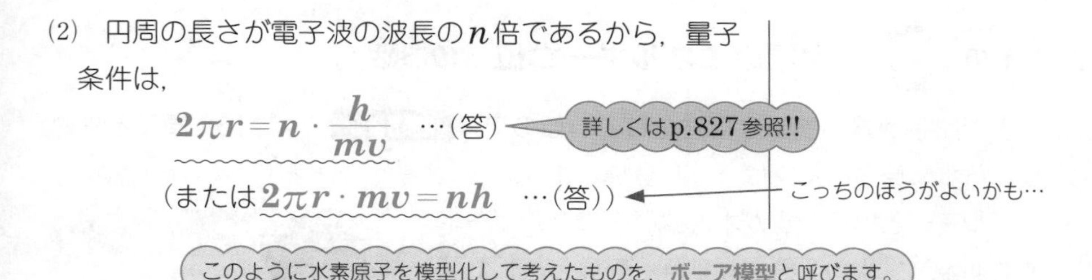

(2)　円周の長さが電子波の波長の n 倍であるから，量子条件は，

$$2\pi r = n \cdot \frac{h}{mv} \quad \cdots(答)$$

詳しくはp.827参照!!

（または $2\pi r \cdot mv = nh$　…(答)）　←こっちのほうがよいかも…

このように水素原子を模型化して考えたものを，**ボーア模型**と呼びます。

その2 “原子のエネルギー準位” のお話

原子がもつエネルギーは連続した値ではなく，とびとびの値となります。この値を**原子のエネルギー準位**と呼びます。これは，原子核のまわりを回っている電子がとびとびの独自の軌道に存在していることに原因があるので，**電子のエネルギー準位**と表現することもあります。

で!!　電子が高いエネルギー準位 E_n から，ひとつ低いエネルギー準位 E_m に移るとき，光子を1つ放出します。この光子の振動数を ν とすると…

$$E_n - E_m = h\nu$$

が成立します。つまり，エネルギー準位の差が，光子のエネルギーに変換されたということです。

 “水素のエネルギー準位”のお話

水素原子が最も簡単な構造をしているので，問題258のように，原子と言いながら水素原子のお話ばっかり登場します。

バルマーというヤツが水素原子のエネルギー準位を測定し，次のような規則性を発見しました。

公式でーす!!

水素原子から発せられる光(一般に**スペクトル**と呼ぶ!!)の波長を λ[m] とすると…

$$\frac{1}{\lambda} = R\left(\frac{1}{m^2} - \frac{1}{n^2}\right)$$

と表される。このとき，m と n は整数で $m < n$ である。

さらに，R は**リュードベリ定数**と呼ばれ

$$R = 1.10 \times 10^7 [1/\text{m}]$$

覚えなくてよい!!

で表される。

補足です

$m = 2$ と固定し，$n = 3,\ 4,\ 5,\ \cdots$ と代入した場合を**バルマー系列**と呼び，このとき求められる波長λは**可視光線領域**のスペクトルを表す。

ちなみに…

$m = 1$ と固定し，$n = 2,\ 3,\ 4,\ \cdots$ と代入した場合をライマン系列と呼び，このとき求められる波長λは**紫外線領域**のスペクトルを表す。

$m = 3$ と固定し，$n = 4,\ 5,\ 6,\ \cdots$ と代入した場合をパッシェン系列と呼び，このとき求められる波長λは赤外線領域のスペクトルを表す。

Theme 81 原子核の話だけで盛り上がるか…

その1 “原子の構造に迫る!!”

原子には中心に**正に帯電**している**原子核**があり，そのまわりに**負電荷**をもつ**電子**が回っています。**で!!** 中心にある原子核は，**正電荷**をもつ**陽子**と電気的に中性な**中性子**からできています。

原子核
中性子
電子
陽子

注1 電子と陽子の電気量は等しい!!

注2 陽子と中性子の質量はほぼ等しいが，電子の質量はこれらに比べてきわめて小さい!! $\left(\text{ちなみに，約}\dfrac{1}{1840}\text{です}\right)$

その2 “原子番号と質量数” のお話

まぁ，化学寄りのお話ですな…。

とにかく覚えろ!!

イオン化したらダメだよ

原子番号 ＝ 陽子の数 ＝ 電子の数

質量数 ＝ 陽子の数 ＋ 中性子の数

で!! 表記のうえでルールがありまして…

例 元素記号の左上に**質量数**を書きます。
元素記号の左下に**原子番号**を書きます。

$^{23}_{11}\mathrm{Na}$

問題259 キソのキソ

$^{207}_{82}\mathrm{Pb}$の陽子数と中性子数を求めよ。

解答でござる

陽子数…$\underline{82}$ …(答)，　中性子数…$\underline{125}$ …(答) ← 中性子数＝質量数－陽子数 $=207-82$

 “同位体(アイソトープ)” とは…??

原子番号が等しく，質量数が異なる原子どうしを**同位体(アイソトープ)**と呼びます。つまり，陽子数が等しく，中性子数が異なるということです!!

 “放射性崩壊” のお話

α崩壊

α線を出して，他の原子に変わる!!　α線の正体は $^{4}_{2}He$ であるので，

原子番号&陽子数 → 2つ減る!!

質量数 → 4つ減る!!

ということは…

中性子数 → 2つ減る!!

β崩壊

β線を出して，他の原子に変わる!!　このとき，中性子1個が陽子1個に変身します!!　えーっ!!

ちなみに，β線の正体は**高速の電子**です。

細かいことを気にせず，覚えておいて

原子番号&陽子数 → 1つ増える!!

中性子数 → 1つ減る!!

質量数 → 変化しない!!

γ崩壊

γ線を出すだけで，何も変化しません!!

ちなみに，γ線の正体は高エネルギーの(きわめて波長が短い)**電磁波**です。

問題260　キソ

(1)　$^{226}_{88}\mathrm{Ra}$ は α 崩壊して Rn になる。Rn の原子番号と質量を求めよ。

(2)　$^{234}_{90}\mathrm{Th}$ は β 崩壊して Pa になる。Pa の陽子数と質量数を求めよ。

解答でござる

(1)　質量数は $226-4=\underline{222}$　…(答)

　　陽子数は $88-2=\underline{86}$　…(答)

(2)　質量数は $\underline{234}$　…(答)

　　陽子数は $90+1=\underline{91}$　…(答)

問題261　標準

右図のように，α 線，β 線，γ 線に磁界をかけたところ，①，②，③のような軌道を描いた。

α 線，β 線，γ 線の軌道は，それぞれ①，②，③のうちどれか。

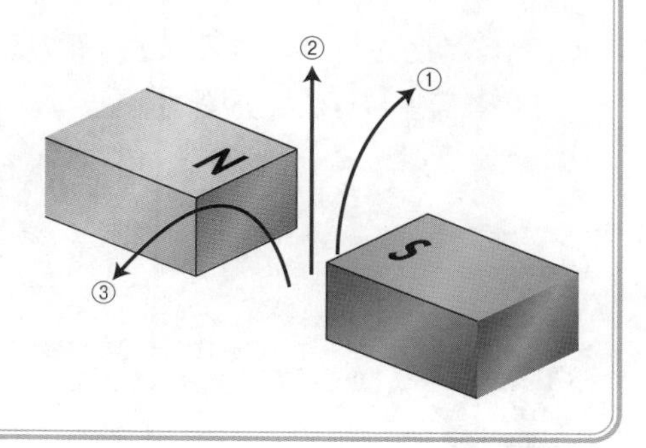

ナイス な導入

まず，γ線は単なる電磁波で電荷をもっていないので，ローレンツ力を受けることはない。よって，曲がることなく直進する!!

α線は$^4_2$Heなので正電荷，β線は高速の電子なので負電荷である。よって，それぞれローレンツ力を受ける向きが違うので，曲がる向きから判断することができます。**が!!** それ以前に，$^4_2$Heに比べて電子はきわめて軽いので，大きく曲げられるはずなので，曲がり具合からも簡単に判断できます。

解答でござる

その5 "半減期"のお話

崩壊によって原子核の数が現在の半分になるまでの時間を，**半減期**と申します。まぁ，次の公式が使えればいいや…。

公式でーす!!

半減期がTである原子核N_0個のうち，時間tだけ経過したあとに残っている原子核の数をNとすると

$$N = N_0\left(\frac{1}{2}\right)^{\frac{t}{T}}$$

で表されます。

問題262　**標準**

ラジウム**Ra**の半減期は1620年である。320[g]の**Ra**が5[g]になるのは，何年後か。

公式 $N = N_0\left(\frac{1}{2}\right)^{\frac{t}{T}}$

のNとN_0は，実際は個数であるが，質量としても成立します!! NとN_0の単位がそろっていればOKです

解答でござる

求める年数をt年として，

$$5 = 320 \times \left(\frac{1}{2}\right)^{\frac{t}{1620}}$$

> $N = N_0\left(\frac{1}{2}\right)^{\frac{t}{T}}$ において…
> $N = 5[\mathrm{g}]$
> $N_0 = 320[\mathrm{g}]$
> $T = 1620$年

$$\frac{5}{320} = \left(\frac{1}{2}\right)^{\frac{t}{1620}}$$

$$\frac{1}{64} = \left(\frac{1}{2}\right)^{\frac{t}{1620}}$$

$$\left(\frac{1}{2}\right)^6 = \left(\frac{1}{2}\right)^{\frac{t}{1620}}$$

> $\left(\frac{1}{2}\right)^6 = \frac{1}{64}$ です!!

$$\frac{t}{1620} = 6$$

> 等しい!! $\left(\frac{1}{2}\right)^{\boxed{6}} = \left(\frac{1}{2}\right)^{\boxed{\frac{t}{1620}}}$

$$t = 6 \times 1620$$

$$\therefore \quad t = 9720$$

よって，**9720年後**　…(答)

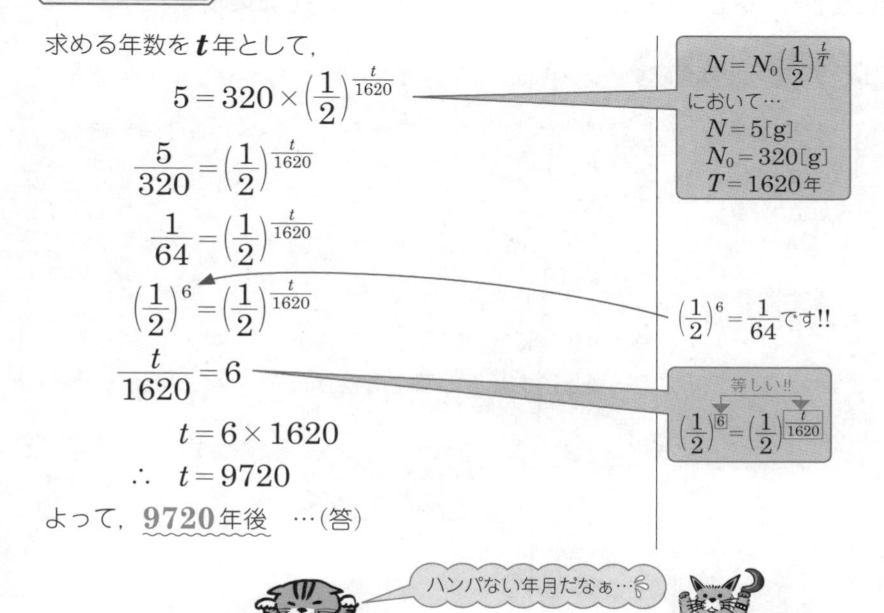

“原子核の結合エネルギー”

本題に入る前に用語を覚えてください
陽子と中性子のことをまとめて**核子**と呼びます。

原子核って不思議なもんで，原子核の質量は核子をバラバラに引き離して測った質量よりも，ほんのわずか小さくなります。この減少分を**質量欠損**と呼び，この質量欠損に相当するエネルギーを**結合エネルギー**と申します。

これは質量欠損の分のエネルギーが，核子の結合に使われていることを表しています。

公式でーす!!

質量欠損がm[kg]であったとき，結合エネルギーE[J]は光速をc[m/s]として…

$$E = mc^2$$

と表されます。

これは，アインシュタインによって導かれました。ウワサの“相対性理論”ってやつですよ。難しいお話なので，高校課程では深くは突っ込みませんが…

アインシュタイン…

問題263 標準

$^{20}_{10}$Neの原子核の質量は3.3432×10^{-26}[kg]
陽子の質量は1.6724×10^{-27}[kg]
中性子の質量は1.6748×10^{-27}[kg]である。
$^{20}_{10}$Neの原子核の結合エネルギーを求めよ。
ただし，光速を3.0×10^{8}[m/s]とする。

解答でござる

$^{20}_{10}$Neの陽子数は10，中性子数は10， ← $20-10=10$
質量欠損をm[kg]とすると，

陽子が10個　中性子が10個

$$m=(10\times1.6724\times10^{-27}+10\times1.6748\times10^{-27})-3.3432\times10^{-26}$$
$$=(1.6724\times10^{-26}+1.6748\times10^{-26})-3.3432\times10^{-26}$$
$$=3.3472\times10^{-26}-3.3432\times10^{-26}$$
$$=0.0040\times10^{-26}$$
$$=4.0\times10^{-29}\text{[kg]}$$

$10\times10^{-27}=10^{-26}$ ですよ!!

0.0040×10^{-26}
$=4.0\times10^{-3}\times10^{-26}$
$=4.0\times10^{-29}$

よって，結合エネルギーE[J]は，

$$E=mc^2$$ ← 基本公式です!!
$$=4.0\times10^{-29}\times(3.0\times10^{8})^2$$
$$=4.0\times10^{-29}\times9\times10^{16}$$
$$=36\times10^{-13}$$
$$=\underline{3.6\times10^{-12}\text{[J]}}\quad\cdots(\text{答})$$

光速は
$c=3.0\times10^{8}$[m/s]

$(10^8)^2=10^{16}$

$10^{-29}\times10^{16}$
$=10^{-29+16}$
$=10^{-13}$

36×10^{-13}
$=3.6\times10^{1}\times10^{-13}$
$=3.6\times10^{1-13}$
$=3.6\times10^{-12}$

Theme 82 ウザイ単位いろいろ

電子ボルト[eV]とかでは…!?

その1 "電子ボルト[eV]"のお話

電子が**1**[**V**]の電圧で加速されるときに得るエネルギーは…
電子の電荷が，$-e=-1.6\times10^{-19}$[**C**]であることから

$$eV = 1.6\times10^{-19}\times1$$
$$= \mathbf{1.6\times10^{-19}}\text{[J]}$$

p.655参照!!
公式ですよ!!
$W=qV$ のqがeです。

この値がどうかしたの…??

となります。

で!! この値があまりにも小さいので，この$\mathbf{1.6\times10^{-19}}$[**J**]を**1**[**eV**]と表します。

"電子ボルト"または"エレクトロンボルト"と読みます。

公式でーす!!

$$1.6\times10^{-19}\text{[J]} = 1\text{[eV]}$$

ジュール　電子ボルト

注 10^6[eV]＝1[MeV]や10^9[eV]＝1[GeV]を活用することもあります。

メガ電子ボルト　ギガ電子ボルト

問題264 キソ

電子を2.4×10^4[kV]の電圧で加速させたとき，電子が得た運動エネルギーは何[MeV]か。

解答でござる

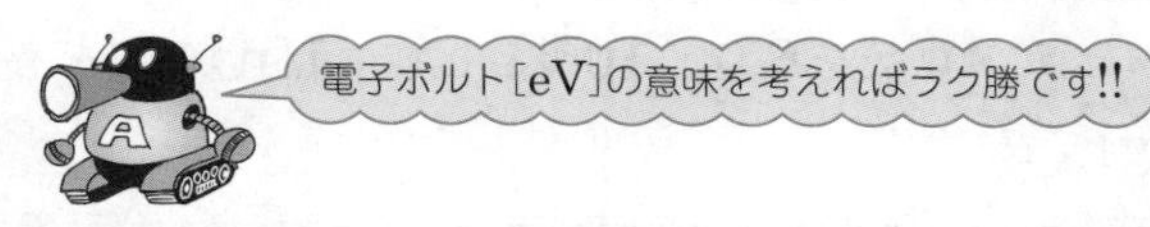

電子が1[V]の電圧で加速されるときに得るエネルギー ＝ 1[eV]

$$2.4 \times 10^4[\mathrm{kV}] = 2.4 \times 10^4 \times 10^3[\mathrm{V}]$$
$$= 2.4 \times 10^7[\mathrm{V}]$$

k(キロ)は，いつも10^3倍!!
例　$1[\mathrm{kg}] = 10^3[\mathrm{g}]$
　　$1[\mathrm{km}] = 10^3[\mathrm{m}]$

よって，加速された電子が得たエネルギーは，

$$2.4 \times 10^7[\mathrm{eV}] = 2.4 \times 10[\mathrm{MeV}]$$
$$= \mathbf{24}[\mathrm{MeV}] \quad \cdots(答)$$

$10^6[\mathrm{eV}] = 1[\mathrm{MeV}]$

“原子質量単位[u]” のお話

原子や原子核はきわめて質量が小さいので，[kg]や[g]ではなく，**原子質量単位**(記号はu)という小さな単位で表すことがあります。

この単位は，質量数が12である炭素^{12}Cの原子1個の質量の$\frac{1}{12}$と決められています。

問題265 キソ

各元素の原子の質量の大小を表した数値を原子量と呼び，原子量は質量数12の炭素原子^{12}Cの質量を12と決め，これを基準にして他の元素の相対的な質量を表した数値である。

アボガドロ数を6.0×10^{23}として，$1[u]$の値を有効数字3ケタ，単位[kg]で表せ。

化学の話だ…

解答でござる

^{12}Cが$1[mol]=6.0\times10^{23}$個集ったときの質量は，

$12[g]=\frac{12}{1000}[kg]$である。

化学の基礎事項です!! 原子量の値に単位[g]をつけると，$1[mol]=6.0\times10^{23}$個分の質量を表します!!

よって，^{12}C原子1個の質量は，

$$\frac{12}{1000}\div(6.0\times10^{23})$$
$$=\frac{12}{1000}\times\frac{1}{6.0\times10^{23}}$$
$$=2.0\times10^{-26}[kg]$$

6.0×10^{23}個で$\frac{12}{1000}[kg]$

$\frac{1}{1000}\times\frac{1}{10^{23}}=\frac{1}{10^3}\times\frac{1}{10^{23}}=\frac{1}{10^{26}}=10^{-26}$

$1[u]$の質量は^{12}C原子1個の質量の$\frac{1}{12}$であるから，

$$1[u]=2.0\times10^{-26}\times\frac{1}{12}$$
$$=\frac{2}{12}\times10^{-26}$$
$$=\frac{1}{6}\times10^{-26}$$
$$=0.166\cdots\times10^{-26}$$
$$\fallingdotseq 1.66\times10^{-27}[kg]\quad\cdots(答)$$

$\frac{1}{6}=0.166\cdots$

$\frac{1}{6}\times10^{-26}$
$=0.166\cdots\times10^{-26}$
$=1.66\cdots\times\frac{1}{10}\times10^{-26}$
$=1.66\cdots\times10^{-1}\times10^{-26}$
$=1.66\cdots\times10^{-1-26}$
$=1.66\cdots\times10^{-27}$

おまけ　三角関数は大丈夫ですか!?
三角関数のキソのキソのキソ

ザッとまとめておきます!

掟その1　角度のとり方

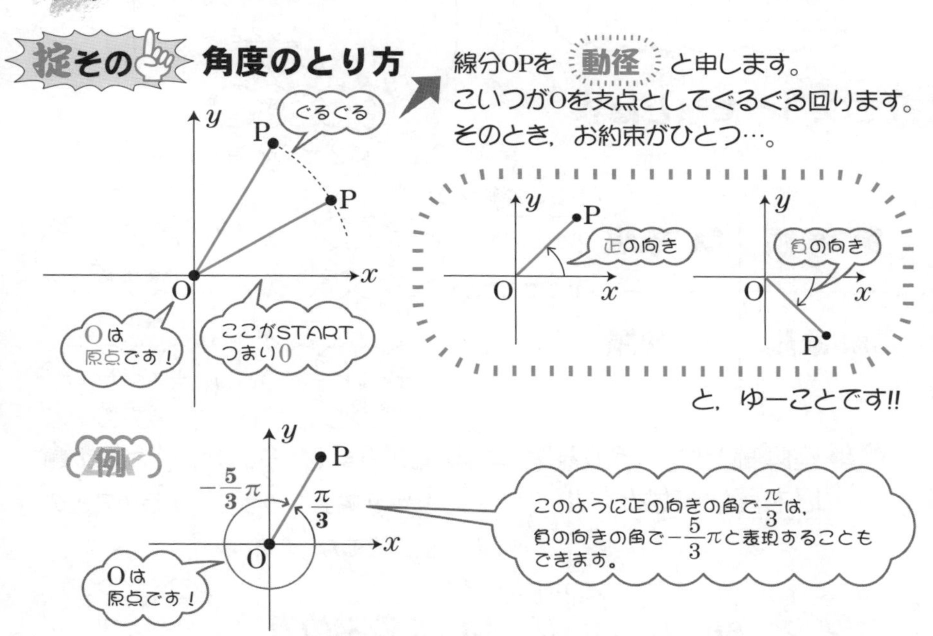

線分OPを **動径** と申します。
こいつがOを支点としてぐるぐる回ります。
そのとき，お約束がひとつ…。

と，ゆーことです!!

掟その2　一般角とは?

実は，動径OPはぐるぐる……何周してもOKなんです!

てことは…

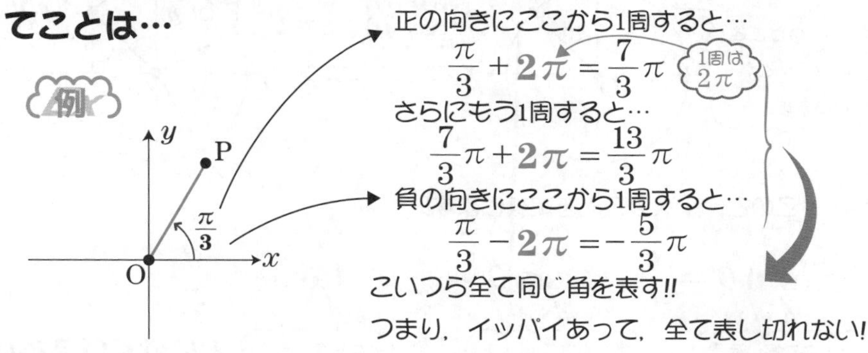

正の向きにここから1周すると…

$$\frac{\pi}{3}+2\pi=\frac{7}{3}\pi$$

さらにもう1周すると…

$$\frac{7}{3}\pi+2\pi=\frac{13}{3}\pi$$

負の向きにここから1周すると…

$$\frac{\pi}{3}-2\pi=-\frac{5}{3}\pi$$

こいつら全て同じ角を表す!!

つまり，イッパイあって，全て表し切れない!

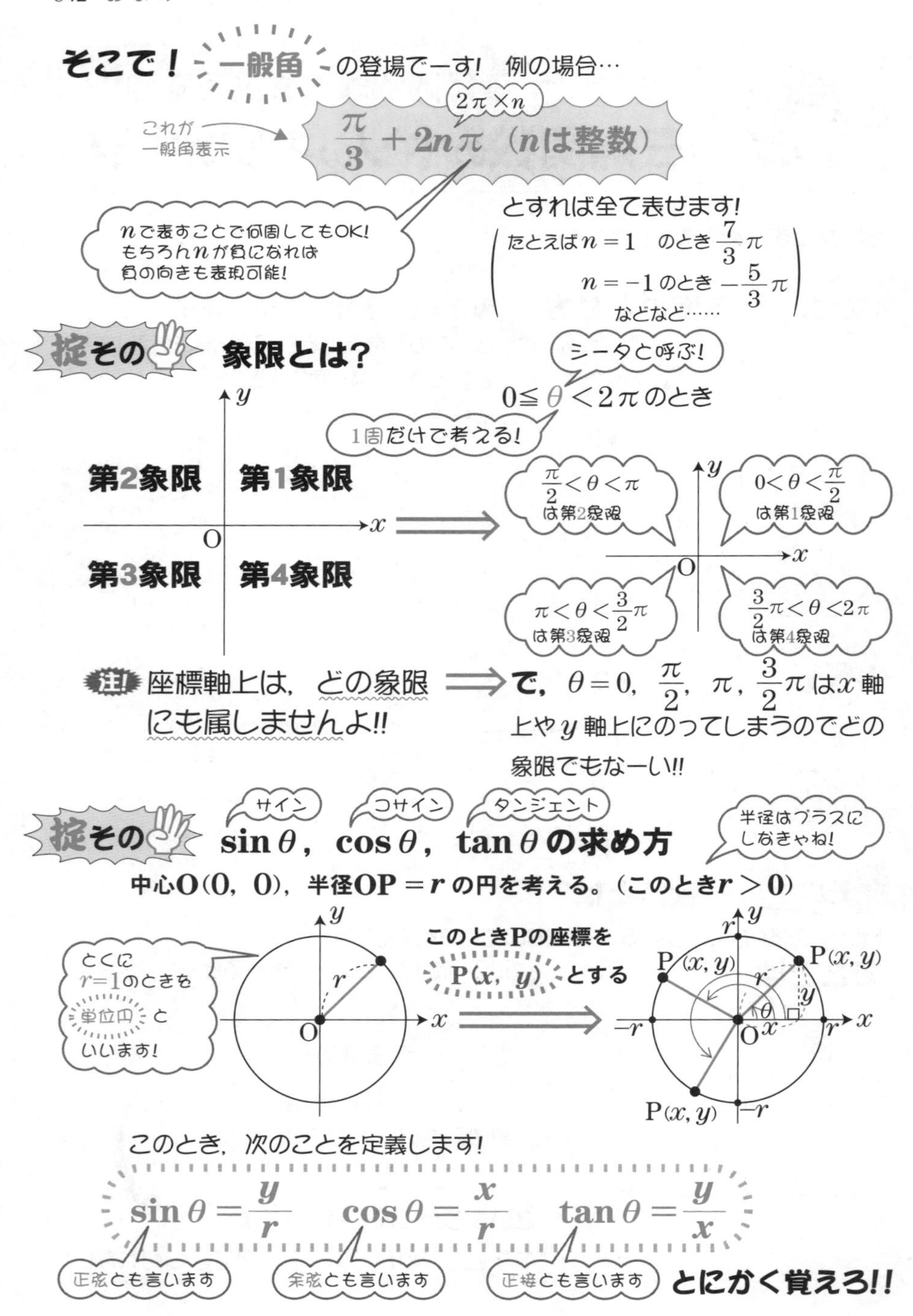

そこで！ 一般角 の登場でーす！ 例の場合…
2π×n
これが一般角表示
$\frac{\pi}{3}+2n\pi$ （nは整数）
nで表すことで何周してもOK! もちろんnが負になれば負の向きも表現可能！
とすれば全て表せます！
たとえば$n=1$ のとき $\frac{7}{3}\pi$
$n=-1$ のとき $-\frac{5}{3}\pi$
などなど……
掟その2 象限とは？
シータと呼ぶ！
$0 \leqq \theta < 2\pi$ のとき
1周だけで考える！
第2象限 第1象限
第3象限 第4象限
$\frac{\pi}{2}<\theta<\pi$ は第2象限
$0<\theta<\frac{\pi}{2}$ は第1象限
$\pi<\theta<\frac{3}{2}\pi$ は第3象限
$\frac{3}{2}\pi<\theta<2\pi$ は第4象限
注！ 座標軸上は，どの象限にも属しませんよ!!
で，$\theta=0$，$\frac{\pi}{2}$，π，$\frac{3}{2}\pi$ はx軸上やy軸上にのってしまうのでどの象限でもなーい!!
掟その3 $\sin\theta$，$\cos\theta$，$\tan\theta$ の求め方
サイン
コサイン
タンジェント
半径はプラスにしなきゃね！
中心O(0，0)，半径OP＝rの円を考える。（このとき$r>0$）
とくに$r=1$のときを単位円といいます！
このときPの座標をP(x，y)とする
このとき，次のことを定義します！
$\sin\theta=\frac{y}{r}$ $\cos\theta=\frac{x}{r}$ $\tan\theta=\frac{y}{x}$
正弦とも言います
余弦とも言います
正接とも言います
とにかく覚えろ!!

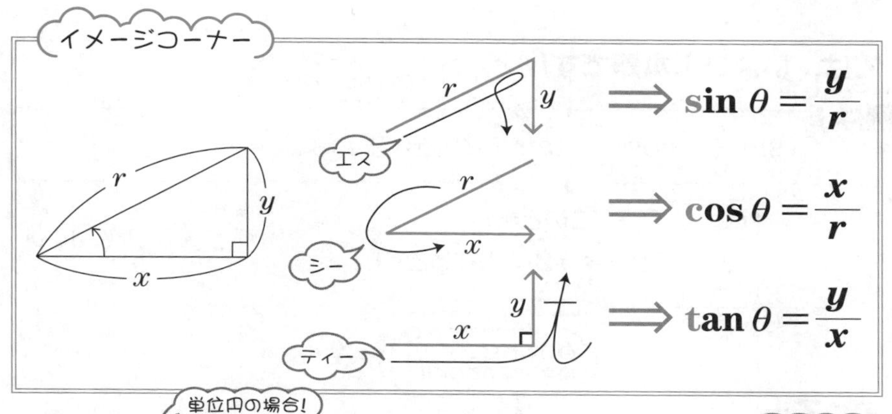

単位円の場合!

とくに $r=1$ のとき

$$\sin\theta = \frac{y}{1} = y \qquad \cos\theta = \frac{x}{1} = x \qquad \tan\theta = \frac{y}{x}$$

これは同じ

すなわち，半径1の円つまり単位円上では…

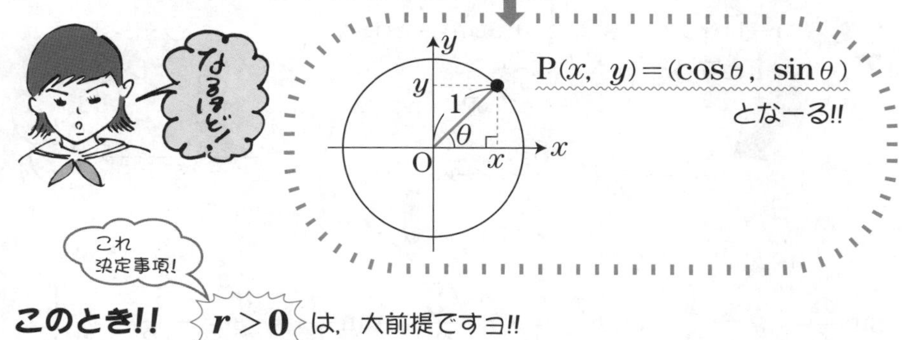

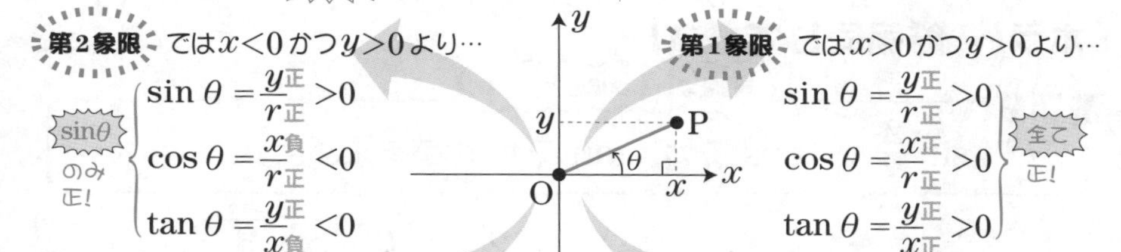

このとき!!　$r>0$ は，大前提ですヨ!!

第2象限 では $x<0$ かつ $y>0$ より…

$$\sin\theta = \frac{y_{正}}{r_{正}} > 0,\quad \cos\theta = \frac{x_{負}}{r_{正}} < 0,\quad \tan\theta = \frac{y_{正}}{x_{負}} < 0$$

sinθ のみ正!

第1象限 では $x>0$ かつ $y>0$ より…

$$\sin\theta = \frac{y_{正}}{r_{正}} > 0,\quad \cos\theta = \frac{x_{正}}{r_{正}} > 0,\quad \tan\theta = \frac{y_{正}}{x_{正}} > 0$$

全て正!

第3象限 では $x<0$ かつ $y<0$ より…

$$\sin\theta = \frac{y_{負}}{r_{正}} < 0,\quad \cos\theta = \frac{x_{負}}{r_{正}} < 0,\quad \tan\theta = \frac{y_{負}}{x_{負}} > 0$$

tanθ のみ正!

第4象限 では $x>0$ かつ $y<0$ より…

$$\sin\theta = \frac{y_{負}}{r_{正}} < 0,\quad \cos\theta = \frac{x_{正}}{r_{正}} > 0,\quad \tan\theta = \frac{y_{負}}{x_{正}} < 0$$

cosθ のみ正!

$\dfrac{正}{正} > 0$　$\dfrac{負}{負} > 0$

$\dfrac{負}{正} < 0$　$\dfrac{正}{負} < 0$

ですよ!!　you know!

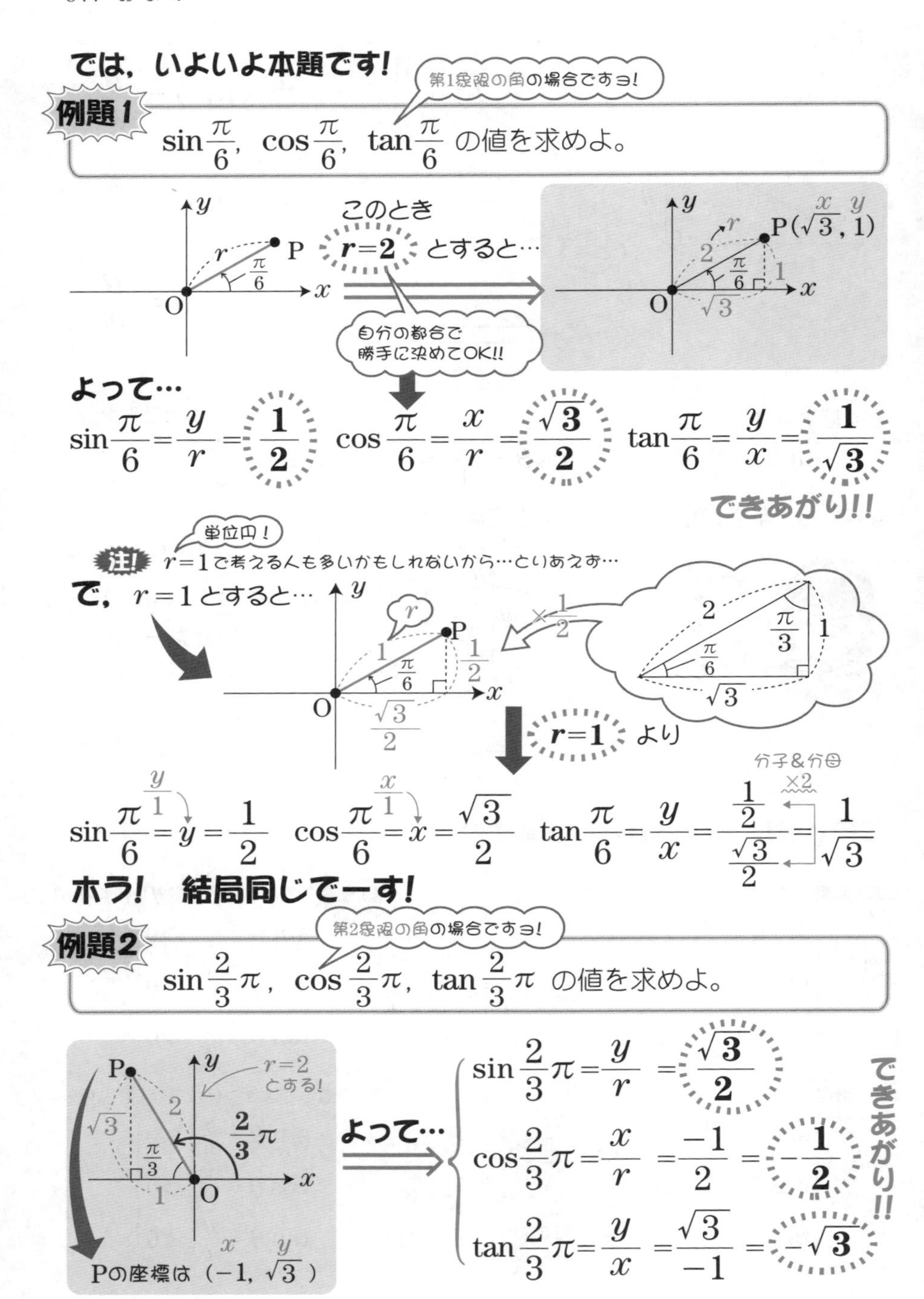

では，いよいよ本題です！
第1象限の角の場合ですヨ！
例題1
$\sin\frac{\pi}{6}$，$\cos\frac{\pi}{6}$，$\tan\frac{\pi}{6}$ の値を求めよ。
このとき
$r=2$ とすると…
自分の都合で
勝手に決めてOK!!
P$(\sqrt{3}, 1)$
よって…
$\sin\frac{\pi}{6}=\frac{y}{r}=\frac{1}{2}$　$\cos\frac{\pi}{6}=\frac{x}{r}=\frac{\sqrt{3}}{2}$　$\tan\frac{\pi}{6}=\frac{y}{x}=\frac{1}{\sqrt{3}}$
できあがり!!
単位円！
注！ $r=1$で考える人も多いかもしれないから…とりあえず…
で，$r=1$とすると…
$r=1$ より
分子&分母
×2
$\sin\frac{\pi}{6}=y=\frac{1}{2}$　$\cos\frac{\pi}{6}=x=\frac{\sqrt{3}}{2}$　$\tan\frac{\pi}{6}=\frac{y}{x}=\frac{\frac{1}{2}}{\frac{\sqrt{3}}{2}}=\frac{1}{\sqrt{3}}$
ホラ！　結局同じでーす！
第2象限の角の場合ですヨ！
例題2
$\sin\frac{2}{3}\pi$，$\cos\frac{2}{3}\pi$，$\tan\frac{2}{3}\pi$ の値を求めよ。
$r=2$ とする！
Pの座標は $(-1, \sqrt{3})$
よって…
$\sin\frac{2}{3}\pi=\frac{y}{r}=\frac{\sqrt{3}}{2}$
$\cos\frac{2}{3}\pi=\frac{x}{r}=\frac{-1}{2}=-\frac{1}{2}$
$\tan\frac{2}{3}\pi=\frac{y}{x}=\frac{\sqrt{3}}{-1}=-\sqrt{3}$
できあがり!!

例題3 第3象限の角の場合ですョ！

$\sin\frac{5}{4}\pi$， $\cos\frac{5}{4}\pi$， $\tan\frac{5}{4}\pi$ の値を求めよ。

$r=\sqrt{2}$ とする！

Pの座標は（-1，-1）

よって…

$$\sin\frac{5}{4}\pi=\frac{y}{r}=\frac{-1}{\sqrt{2}}=-\frac{1}{\sqrt{2}}$$

$$\cos\frac{5}{4}\pi=\frac{x}{r}=\frac{-1}{\sqrt{2}}=-\frac{1}{\sqrt{2}}$$

$$\tan\frac{5}{4}\pi=\frac{y}{x}=\frac{-1}{-1}=1$$

できあがり!!

例題4 第4象限の角の場合ですョ！

$\sin\frac{5}{3}\pi$， $\cos\frac{5}{3}\pi$， $\tan\frac{5}{3}\pi$ の値を求めよ。

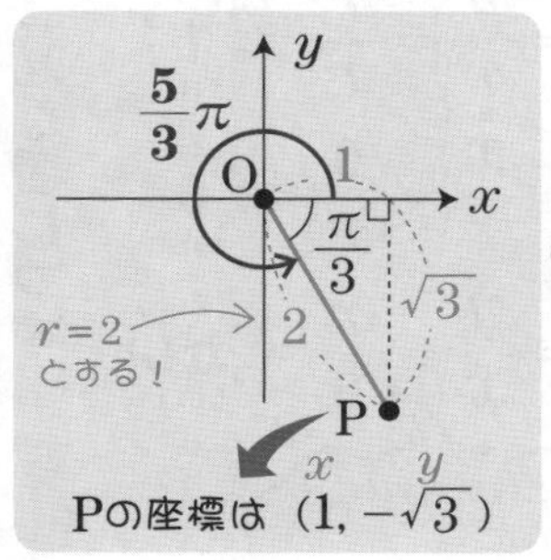

よって…

$$\sin\frac{5}{3}\pi=\frac{y}{r}=\frac{-\sqrt{3}}{2}=-\frac{\sqrt{3}}{2}$$

$$\cos\frac{5}{3}\pi=\frac{x}{r}=\frac{1}{2}$$

$$\tan\frac{5}{3}\pi=\frac{y}{x}=\frac{-\sqrt{3}}{1}=-\sqrt{3}$$

できあがり!!

例題1 → 第1象限では，すべてが正でしたネ!!

例題2 → 第2象限では，$\sin\theta$ だけが正でしたネ!!

例題3 → 第3象限では，$\tan\theta$ だけが正でしたネ!!

例題4 → 第4象限では，$\cos\theta$ だけが正でしたネ!!

うまく行きました♪

こんな感じに求めて下さいませ♥

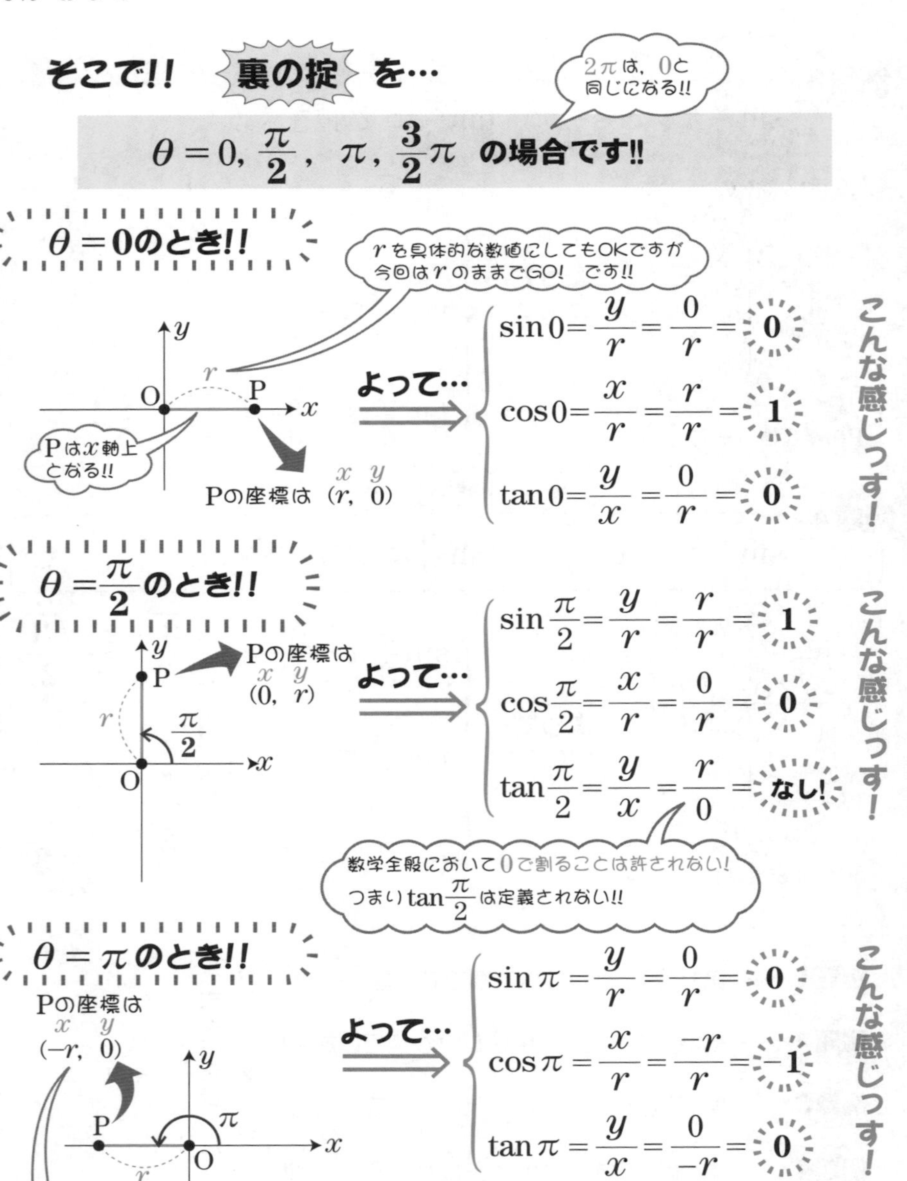

そこで!! 裏の掟 を…
2πは，0と同じになる!!
$\theta=0, \frac{\pi}{2}, \pi, \frac{3}{2}\pi$ の場合です!!
$\theta=0$のとき!!
rを具体的な数値にしてもOKですが今回はrのままでGO! です!!
Pはx軸上となる!!
Pの座標は $(r, 0)$
よって…
$\sin 0=\frac{y}{r}=\frac{0}{r}=0$
$\cos 0=\frac{x}{r}=\frac{r}{r}=1$
$\tan 0=\frac{y}{x}=\frac{0}{r}=0$
こんな感じっす!
$\theta=\frac{\pi}{2}$のとき!!
Pの座標は $(0, r)$
よって…
$\sin\frac{\pi}{2}=\frac{y}{r}=\frac{r}{r}=1$
$\cos\frac{\pi}{2}=\frac{x}{r}=\frac{0}{r}=0$
$\tan\frac{\pi}{2}=\frac{y}{x}=\frac{r}{0}=$なし!
こんな感じっす!
数学全般において0で割ることは許されない!
つまり$\tan\frac{\pi}{2}$は定義されない!!
$\theta=\pi$のとき!!
Pの座標は $(-r, 0)$
よって…
$\sin\pi=\frac{y}{r}=\frac{0}{r}=0$
$\cos\pi=\frac{x}{r}=\frac{-r}{r}=-1$
$\tan\pi=\frac{y}{x}=\frac{0}{-r}=0$
こんな感じっす!
$r>0$なもんでPのx座標が負だから $-r$

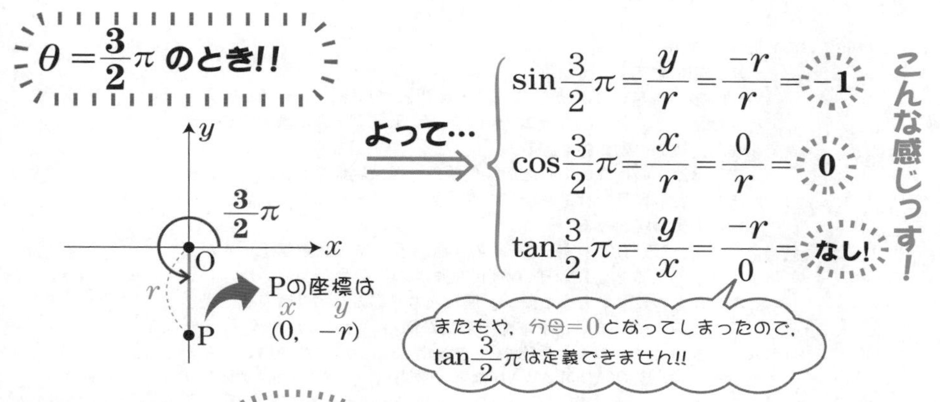

以上より，まとめっす!!

θ	0	$\frac{\pi}{6}$	$\frac{\pi}{4}$	$\frac{\pi}{3}$	$\frac{\pi}{2}$	$\frac{2}{3}\pi$	$\frac{3}{4}\pi$	$\frac{5}{6}\pi$	π
$\sin\theta$	0	$\frac{1}{2}$	$\frac{1}{\sqrt{2}}$	$\frac{\sqrt{3}}{2}$	1	$\frac{\sqrt{3}}{2}$	$\frac{1}{\sqrt{2}}$	$\frac{1}{2}$	0
$\cos\theta$	1	$\frac{\sqrt{3}}{2}$	$\frac{1}{\sqrt{2}}$	$\frac{1}{2}$	0	$-\frac{1}{2}$	$-\frac{1}{\sqrt{2}}$	$-\frac{\sqrt{3}}{2}$	-1
$\tan\theta$	0	$\frac{1}{\sqrt{3}}$	1	$\sqrt{3}$	×	$-\sqrt{3}$	-1	$-\frac{1}{\sqrt{3}}$	0

下につづく…

0のところに
もどる!

θ	$\frac{7}{6}\pi$	$\frac{5}{4}\pi$	$\frac{4}{3}\pi$	$\frac{3}{2}\pi$	$\frac{5}{3}\pi$	$\frac{7}{4}\pi$	$\frac{11}{6}\pi$	2π
$\sin\theta$	$-\frac{1}{2}$	$-\frac{1}{\sqrt{2}}$	$-\frac{\sqrt{3}}{2}$	-1	$-\frac{\sqrt{3}}{2}$	$-\frac{1}{\sqrt{2}}$	$-\frac{1}{2}$	0
$\cos\theta$	$-\frac{\sqrt{3}}{2}$	$-\frac{1}{\sqrt{2}}$	$-\frac{1}{2}$	0	$\frac{1}{2}$	$\frac{1}{\sqrt{2}}$	$\frac{\sqrt{3}}{2}$	1
$\tan\theta$	$\frac{1}{\sqrt{3}}$	1	$\sqrt{3}$	×	$-\sqrt{3}$	-1	$-\frac{1}{\sqrt{3}}$	0

と，くり返していまーす!

坂田　アキラ（さかた　あきら）
　N予備校講師。
　1996年に流星のごとく予備校業界に現れて以来、ギャグを交えた巧みな話術と、芸術的な板書で繰り広げられる“革命的講義”が話題を呼び、抜群の動員力を誇る。
　現在は数学の指導が中心だが、化学や物理、現代文を担当した経験もあり、どの科目を教えさせても受講生から「わかりやすい」という評判の人気講座となる。
　著書は、『改訂版　坂田アキラの　医療看護系入試数学Ⅰ・Aが面白いほどわかる本』『改訂版　坂田アキラの　数列が面白いほどわかる本』などの数学参考書のほか、理科の参考書として『改訂版　大学入試　坂田アキラの　化学基礎の解法が面白いほどわかる本』『大学入試　坂田アキラの　化学[無機・有機化学編]の解法が面白いほどわかる本』（以上、KADOKAWA）など多数あり、その圧倒的なわかりやすさから、「受験参考書界のレジェンド」と評されることもある。

完全版　大学入試　坂田アキラの
物理基礎・物理の解法が面白いほどわかる本

2023年９月20日　初版発行

著者／坂田 アキラ

発行者／山下 直久

発行／株式会社KADOKAWA
〒102-8177　東京都千代田区富士見2-13-3
電話　0570-002-301（ナビダイヤル）

印刷所／株式会社加藤文明社印刷所
製本所／株式会社加藤文明社印刷所

●お問い合わせ
https://www.kadokawa.co.jp/（「お問い合わせ」へお進みください）
※内容によっては、お答えできない場合があります。
※サポートは日本国内のみとさせていただきます。
※Japanese text only

定価はカバーに表示してあります。

ISBN 978-4-04-606495-0　C7042